中 国 国 家 标 准 汇 编

572

GB 29601～29618

（2013 年制定）

中国标准出版社　编

中国标准出版社

北　京

图书在版编目(CIP)数据

中国国家标准汇编:2013年制定.572:
GB 29601~29618/中国标准出版社编.—北京:
中国标准出版社,2014.9
ISBN 978-7-5066-7653-3

Ⅰ.①中… Ⅱ.①中… Ⅲ.①国家标准-
汇编-中国-2013 Ⅳ.①T-652.1

中国版本图书馆CIP数据核字(2014)第187387号

中国标准出版社出版发行
北京市朝阳区和平里西街甲2号(100029)
北京市西城区三里河北街16号(100045)

网址 www.spc.net.cn
总编室:(010)64275323 发行中心:(010)51780235
读者服务部:(010)68523946

中国标准出版社秦皇岛印刷厂印刷
各地新华书店经销

*

开本 880×1230 1/16 印张 53.75 字数 1 661 千字
2014年9月第一版 2014年9月第一次印刷

*

定价 220.00 元

出 版 说 明

1.《中国国家标准汇编》是一部大型综合性国家标准全集。自1983年起,按国家标准顺序号以精装本、平装本两种装帧形式陆续分册汇编出版。它在一定程度上反映了我国建国以来标准化事业发展的基本情况和主要成就,是各级标准化管理机构,工矿企事业单位,农林牧副渔系统,科研、设计、教学等部门必不可少的工具书。

2.《中国国家标准汇编》收入我国每年正式发布的全部国家标准,分为"制定"卷和"修订"卷两种编辑版本。

"制定"卷收入上一年度我国发布的、新制定的国家标准,顺延前年度标准编号分成若干分册,封面和书脊上注明"20××年制定"字样及分册号,分册号一直连续。各分册中的标准是按照标准编号顺序连续排列的,如有标准顺序号缺号的,除特殊情况注明外,暂为空号。

"修订"卷收入上一年度我国发布的、被修订的国家标准,视篇幅分设若干分册,但与"制定"卷分册号无关联,仅在封面和书脊上注明"20××年修订-1,-2,-3,……"字样。"修订"卷各分册中的标准,仍按标准编号顺序排列(但不连续);如有遗漏的,均在当年最后一分册中补齐。需提请读者注意的是,个别非顺延前年度标准编号的新制定的国家标准没有收入在"制定"卷中,而是收入在"修订"卷中。

读者配套购买《中国国家标准汇编》"制定"卷和"修订"卷则可收齐由我社出版的上一年度我国制定和修订的全部国家标准。

3.由于读者需求的变化,自1996年起,《中国国家标准汇编》仅出版精装本。

4.2013年我国制修订国家标准共1 979项。本分册为"2013年制定"卷第572分册,收入国家标准GB 29601～29618的最新版本。

中国标准出版社

2014年8月

目　　录

GB/T 29601—2013　不锈钢器皿 …………………………………………………………………… 1
GB/T 29602—2013　固体饮料………………………………………………………………………… 25
GB/T 29603—2013　镀锡或镀铬薄钢板全开式易开盖……………………………………………… 35
GB/T 29604—2013　感官分析　建立感官特性参比样的一般导则………………………………… 53
GB/T 29605—2013　感官分析　食品感官质量控制导则…………………………………………… 59
GB/T 29606—2013　不锈钢真空杯…………………………………………………………………… 79
GB/T 29607—2013　橡胶制品　镉含量的测定　原子吸收光谱法………………………………… 99
GB/T 29608—2013　橡胶制品　邻苯二甲酸酯类的测定 ………………………………………… 107
GB/T 29609—2013　橡胶　苯酚和双酚 A 的测定 ………………………………………………… 117
GB/T 29610—2013　橡胶制品　多溴联苯和多溴二苯醚的测定　气相色谱-质谱法 …………… 123
GB/T 29611—2013　生橡胶　玻璃化转变温度的测定　差示扫描量热法(DSC) ………………… 131
GB/T 29612—2013　炭黑中镉、铅、汞含量的测定 ………………………………………………… 139
GB/T 29613.1—2013　橡胶　裂解气相色谱分析法　第1部分:聚合物(单一及并用)的鉴定…… 147
GB/T 29614—2013　硫化橡胶中多环芳烃含量的测定 …………………………………………… 179
GB/T 29615—2013　汽车液压制动系统用橡胶护罩 ……………………………………………… 202
GB/T 29616—2013　热塑性弹性体　多环芳烃的测定　气相色谱-质谱法 ……………………… 213
GB/T 29617—2013　数字密度计测试液体密度、相对密度和 API 比重的试验方法 …………… 225
GB/T 29618.1—2013　现场设备工具(FDT)接口规范　第1部分:概述和导则…………………… 235
GB/T 29618.2—2013　现场设备工具(FDT)接口规范　第2部分:概念和详细描述……………… 268
GB/T 29618.41—2013　现场设备工具(FDT)接口规范　第41部分:对象模型
行规集成　通用对象模型……………………………………………………………… 414
GB/T 29618.302—2013　现场设备工具(FDT)接口规范　第302部分:通信行规集成
通用工业协议 ……………………………………………………………………… 758
GB/T 29618.309—2013　现场设备工具(FDT)接口规范　第309部分:通信行规集成
可寻址远程传感器高速通道 ……………………………………………………… 785
GB/T 29618.315—2013　现场设备工具(FDT)接口规范　第315部分:通信行规集成
MODBUS 现场总线规范 ………………………………………………………… 808

ICS 97.040.60
Y 73

GB

中华人民共和国国家标准

GB/T 29601—2013

不锈钢器皿

Stainless steel ware

2013-07-19 发布　　2014-02-01 实施

中华人民共和国国家质量监督检验检疫总局
中国国家标准化管理委员会　发布

前言

本标准按照GB/T 1.1—2009给出的规则起草。

本标准由中国轻工业联合会提出。

本标准由全国金属餐饮及烹饪器具标准化技术委员会(SAC/TC 410)归口。

本标准负责起草单位:广东顺发五金制品有限公司。

本标准参加起草单位:国家日用金属制品质量监督检验中心(沈阳)、浙江苏泊尔股份有限公司、浙江爱仕达电器股份有限公司、广东创生不锈钢制品有限公司、浙江华亚杯业有限公司、珠海双喜电器有限公司。

本标准主要起草人:谢俊雄、刘纲、毕智涛、蔡长寿、陈荣昌、陈合林、杨延生、程建华、牛贵升、张雪凌。

不锈钢器皿

1 范围

本标准规定了不锈钢器皿(以下简称器皿)的术语和定义、产品分类、要求、试验方法、检验规则、标志、标签、使用说明书及包装、运输和贮存。

本标准适用于以不锈钢板或不锈钢复合板加工成型的与食品接触的不锈钢器皿。

本标准不适用于不锈钢压力锅、不锈钢水壶、不锈钢真空杯以及其他真空保温容器。

2 规范性引用文件

下列文件对于本文件的应用是必不可少的。凡是注日期的引用文件,仅注日期的版本适用于本文件。凡是不注日期的引用文件,其最新版本(包括所有的修改单)适用于本文件。

GB/T 191　包装储运图示标志

GB/T 223.5　钢铁　酸溶硅和全硅含量的测定　还原型硅钼酸盐分光光度法

GB/T 223.11　钢铁及合金　铬含量的测定　可视滴定或电位滴定法

GB/T 223.18　钢铁及合金化学分析方法　硫代硫酸钠分离-碘量法测定铜量

GB/T 223.19　钢铁及合金化学分析方法　新亚铜灵-三氯甲烷萃取光度法测定铜量

GB/T 223.23　钢铁及合金　镍含量的测定　丁二酮肟分光光度法

GB/T 223.25　钢铁及合金化学分析方法　丁二酮肟重量法测定镍量

GB/T 223.28　钢铁及合金化学分析方法　α-安息香肟重量法测定钼量

GB/T 223.37　钢铁及合金化学分析方法　蒸馏分离-靛酚蓝光度法测定氮量

GB/T 223.59　钢铁及合金　磷含量的测定　铋磷钼蓝分光光度法和锑磷钼蓝分光光度法

GB/T 223.63　钢铁及合金化学分析方法　高碘酸钠(钾)光度法测定锰量

GB/T 223.85　钢铁及合金　硫含量的测定　感应炉燃烧后红外吸收法

GB/T 223.86　钢铁及合金　总碳含量的测定　感应炉燃烧后红外吸收法

GB/T 2828.1　计数抽样检验程序　第1部分:按接收质量限(AQL)检索的逐批检验抽样计划

GB/T 2829　周期检验计数抽样程序及表(适用于对过程稳定性的检验)

GB/T 3190　变形铝及铝合金化学成分

GB 4803　食品容器、包装材料用聚氯乙烯树脂卫生标准

GB/T 5009.81　不锈钢食具容器卫生标准的分析方法

GB/T 6388　运输包装收发货标志

GB/T 6543　运输包装用单瓦楞纸箱和双瓦楞纸箱

GB/T 6544　瓦楞纸板

GB 9684　食品安全国家标准　不锈钢制品

GB/T 10125　人造气氛腐蚀试验　盐雾试验

QB/T 3832　轻工产品金属镀层腐蚀试验结果的评价

3 术语和定义

下列术语和定义适用于本文件。

3.1

不锈钢器皿　stainless steel ware

以不锈钢板或不锈钢复合板加工成型的，用于与食品接触的器皿。包括锅类、杯类、盘类、盆类、盒类、桶类等。

3.2

主体　body

器皿中接触食品的不锈钢部分。

3.3

内径　inside diameter

器皿主体口部内沿径向长度(参见附录 A)。

3.4

外径　outside diameter

器皿主体外沿的最大径向长度(参见附录 A)。

3.5

容积　volume

器皿容水的最大体积。

3.6

额定容积　nominal volume

产品设计的容积。

3.7

复合底　layer bonding bottom

在器皿底部复合一层或多层金属板。

4　产品分类

4.1　品种

器皿按使用功能分为：锅类、杯类、盘类、盆类、盒类、桶类等(参见附录 A)。

4.2　规格

4.2.1　锅类的规格以内径和容积表示；杯类、盒类、桶类的规格以内径或容积表示；盘类、盆类的规格以外径表示；方型及异型的规格采用横向及纵向最大尺寸表示。

4.2.2　规格以内径或外径表示时，单位为厘米(cm)取整数，并优先采用偶数系列。

4.2.3　规格以容积表示时，单位为升(L)，数值取至小数点后一位数，容积小于 1L 的可用毫升(mL)为单位。

5　要求

5.1　通用要求

5.1.1　卫生要求

5.1.1.1　器皿的原料要求、感官要求、理化指标、添加剂应符合 GB 9684 的相关规定。

5.1.1.2　与食品接触部分的其他材料应符合相应国家标准的规定。

5.1.2 外观

5.1.2.1 产品标志应端正,字迹清晰、完整,并符合 8.1.1 的要求。

5.1.2.2 手可接触的部位应光滑、无毛刺、不伤手。

5.1.2.3 在正常情况下,所有与食品接触的表面应易清洗。

5.1.3 容积

器皿实际容积应不小于额定容积的 95%,按 6.2.3 试验应符合要求。

5.1.4 耐腐蚀性

器皿与食品接触的不锈钢材料按 6.2.4 试验后,耐腐蚀等级应不低于 8 级。

5.1.5 渗水

按 6.2.5 试验后,器皿不应有渗水现象。

5.1.6 底部

按 6.2.6 试验后,器皿底部不应外凸。

5.2 锅类

5.2.1 锅盖与锅身配合

5.2.1.1 锅盖与锅身配合应吻合,开合灵活,按 6.2.7 a) 试验后,盖的径向移动距离应不大于 3 mm。

5.2.1.2 按 6.2.7 b) 试验后,锅身应稳定,盖子不应翻跌。

5.2.2 锅身

按附录 B 试验后,锅口不应产生永久性变形。

5.2.3 手柄

5.2.3.1 手柄位置

手柄应安装在锅身装满水时的重心平面以上。浅型锅的手柄中心下沿位置到锅身底部的距离应不小于 30 mm。如果是双短柄锅具,应从使用时抓取部位的最低点测量(见图 1)。

单位为毫米

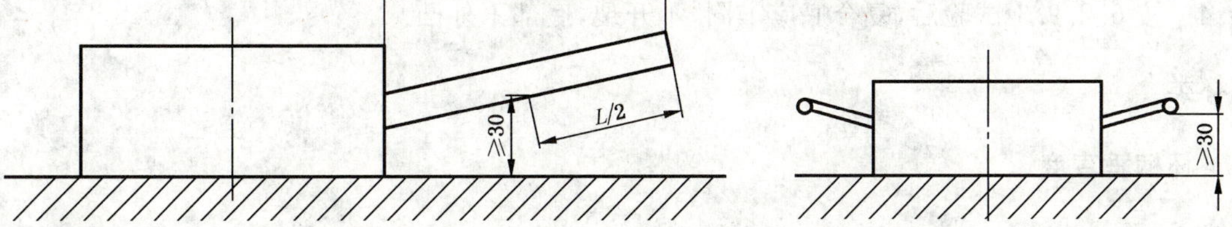

图 1 手柄位置示意图

5.2.3.2 手柄结构

按6.2.8.1试验，手柄结构应保证操作者使用时，手不应碰到手柄上的紧固螺钉。

5.2.3.3 手柄疲劳强度

手柄连接应牢固，按6.2.8.2试验后，安装部位应不松动，无永久性变形，手柄无裂纹等异常现象。

5.2.3.4 手柄(含盖耳)温升

按6.2.8.3试验时，下列材料其最高温度不得超过：

a) 金属 55 ℃

b) 塑料 70 ℃

c) 木材 89 ℃

d) 陶瓷、玻璃、石材 66 ℃

5.2.3.5 手柄牢固性

按6.2.8.4试验，手柄及手柄紧固件应不松动、不变形，手柄无裂纹，连接处无渗水。

5.2.3.6 手柄耐热性

按6.2.8.5试验，手柄主体配件不应有裂缝、起泡。

注：装饰性的部分不在本要求范围之内，例如热塑性镶嵌件或包边。

5.2.3.7 手柄抗扭强度

按6.2.8.6试验，手柄的扭曲变形角度不应超过10°，手柄紧固件应无松动。

5.2.3.8 手柄阻燃性

按6.2.8.7试验，手柄不应软化或有熔物滴落。如燃烧，移去火源后，燃烧应在15 s内自动熄灭，一经熄灭，手柄材料不应自燃。

5.2.4 复合底

5.2.4.1 单层复底金属应采用GB/T 3190中的工业纯铝板材或其他导热性良好的金属板材。复合层(不含锅身材料)厚度按6.2.9.1试验后，应不小于1.2 mm。

5.2.4.2 多层复底金属板材的里层应采用与单复合底相同的材料，外层应采用有防护的金属板。复合层(不含锅身材料)厚度按6.2.9.1试验后，应不小于2 mm。

5.2.4.3 按6.2.9.2试验后，复合底内凹量应不超过底部直径的0.6%。

5.2.4.4 按6.2.9.3试验后，复合底应牢固，不开裂，底部不外凸。

5.3 杯类

5.3.1 杯柄垂直度

按6.2.10.1试验后，杯柄的垂直度偏差应不大于2 mm。

5.3.2 杯柄牢固度

按6.2.10.2试验后，杯柄应无脱焊、脱焊痕迹或渗水、分离等缺陷。

5.3.3 杯盖与杯身配合

杯盖与杯身配合应吻合，按 6.2.10.3 试验，开合灵活。

5.4 盘类

盘底平面内凹量按 6.2.11 试验后，应不大于长轴长度的 1%。

5.5 盆类

5.5.1 盆口圆度

按 6.2.12.1 试验后，盆口圆度不大于外径的 1.5%。

5.5.2 盆口永久性变形

按 6.2.12.2 试验后，盆内口部不应产生永久性变形。

5.6 盒类

5.6.1 盒与盒盖配合

盒与盒盖配合应灵活，按 6.2.13.1 试验后，最大间隙应不大于 2 mm，盖边口高度应不小于 5 mm。

5.6.2 盒底平面内凹量

按 6.2.13.2 试验后，测量其值应不大于长轴长度的 1%。

5.6.3 盒扣柄

按 6.2.13.3 测试后，扣柄连接部位不应有脱焊、脱焊痕迹或渗水、分离等缺陷。

5.7 桶提环牢固度

按 6.2.14 试验后，提环连接部位不应脱落、变形，桶口部位不应产生永久性变形。

6 试验方法

6.1 试验条件

6.1.1 试验设备包括：

a) 测厚仪一台，精度为 0.02 mm；

b) 平台一块；

c) 恒温箱一台，精度为±2 ℃；

d) 塞尺一套；

e) 盐雾试验机一台；

f) 手柄疲劳强度试验机一台；

g) 手柄阻燃性试验装置一台；

h) 功率 2 kW 电炉具一台；

i) 手柄抗扭强度试验机一台；

j) 厚度为 5 mm、邵氏 A 硬度为 50±10 的橡胶板一块；

k) 热电偶温度计，精度为 0.1 ℃；

l) 衡器一台，精度等级为Ⅲ级，最小感量为 5 g；

m) 天平一只，精度为 0.2 g；

n) 游标卡尺、直尺、砝码、钳工工具、秒表、专用工具若干。

注：试验用仪器设备不拘型号，能达到试验要求即可。

6.1.2 试验在常温下进行。

6.2 试验项目

6.2.1 卫生要求

器皿主体材料的不锈钢化学成分按 GB/T 223 中相关部分或其他国家标准、行业标准规定方法进行试验。仲裁时采用 GB/T 223.5、GB/T 223.11、GB/T 223.18、GB/T 223.19、GB/T 223.23、GB/T 223.25、GB/T 223.28、GB/T 223.37、GB/T 223.59、GB/T 223.63、GB/T 223.85、GB/T 223.86 的方法。

6.2.1.1 器皿感官要求采用手感、目测进行检验。

6.2.1.2 器皿主体理化指标按 GB/T 5009.81 规定的方法进行检验。

6.2.1.3 添加剂按相应国家标准进行检验。

6.2.1.4 与食品接触部分的其他材料按相应国家标准规定的方法进行检验。

6.2.2 外观

器皿外观应在正常光线下，采用手感、目测或通用量具进行检验。

6.2.3 容积测定

步骤如下：

a) 把空的器皿放在衡器上称质量为 G_1。

b) 将器皿平放，向内注满水，称其带水质量为 G_2。

c) 容积按式(1)计算：

$$V=\frac{(G_2-G_1)}{\rho} \qquad \cdots\cdots(1)$$

式中：

V ——容积，单位为升(L)；

G_1——器皿质量，单位为千克(kg)；

G_2——器皿带水质量，单位为千克(kg)；

ρ ——水的密度，取 1 kg/L。

6.2.4 耐腐蚀性试验

器皿与食品接触的不锈钢材料按 GB/T 10125 的中性盐雾试验(NSS)法，连续喷雾 6 h。试验后，按 QB/T 3832 评价。

6.2.5 渗水试验

在室温下，将器皿放在水平台面上，装满常温水，放置 30 min，观察器皿。

6.2.6 底部试验

在室温下，将器皿放到平台上，目测和手感器皿与平台接触情况。

6.2.7 锅盖与锅身配合试验

步骤如下：

a) 圆形锅具加盖后，旋转锅盖并左右移动锅盖，锅盖不卡阻，并用钢直尺测量锅口平面，盖的径向移动距离。

b) 锅具加盖放置在5°的斜面上，观察锅盖是否滑离锅口或翻跌。

6.2.8 手柄试验

6.2.8.1 手柄结构试验

手柄结构试验按图2的方法进行，测试探头在任何方位接近手柄上的紧固螺钉时，指示灯不亮。

单位为毫米

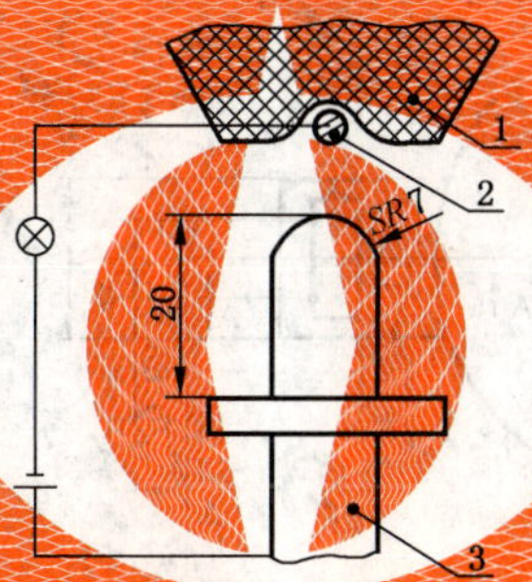

说明：

1——手柄；

2——紧固螺钉；

3——测试探头。

图2 手柄结构测试示意图

6.2.8.2 手柄疲劳强度试验

按附录B试验。

6.2.8.3 手柄(含盖耳)温升试验

步骤如下：

a) 在锅内加入2/3容积的水；

b) 将测温仪的探头安装在手柄下侧中央处或盖耳上端中央处；

c) 将加盖锅放在功率2 kW、直径略小于锅底的电炉具上加热；

d) 当锅内水温度达到沸点温度，把火调小，保持微沸状态；

e) 30 min后，记录图3中指定点的温度值(见图3)。

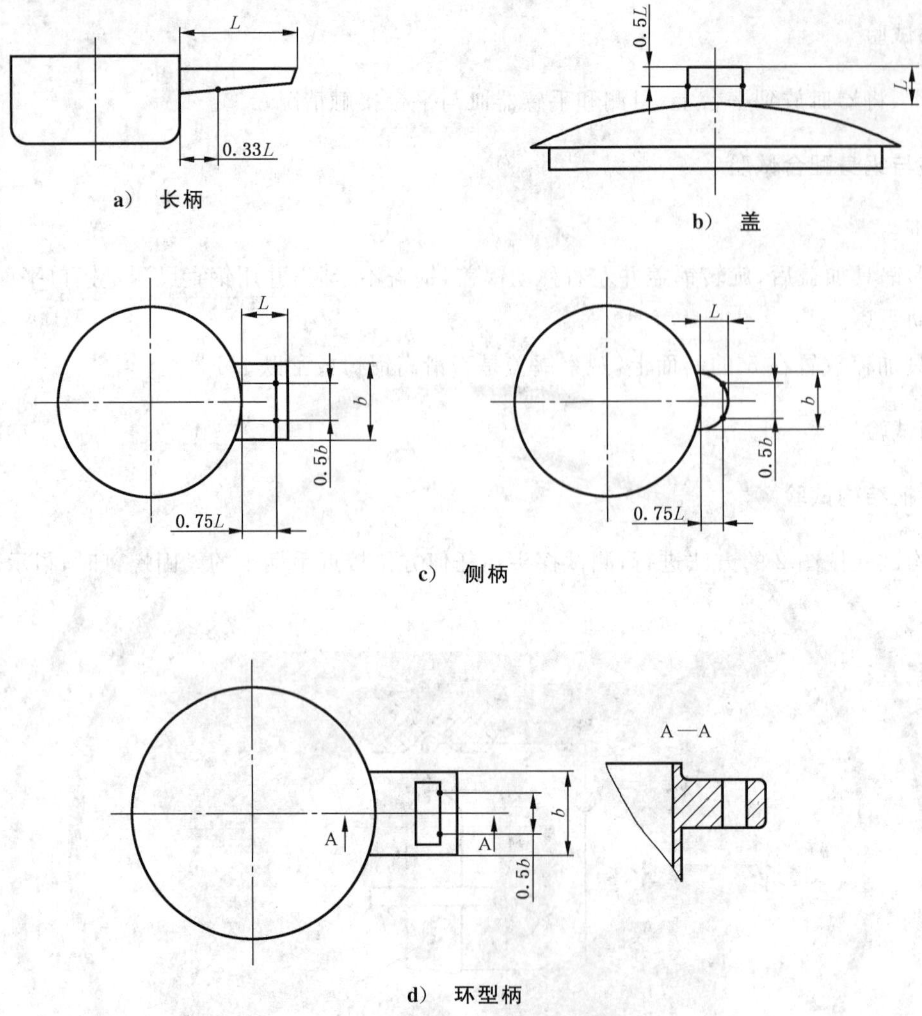

a） 长柄　b） 盖　c） 侧柄　d） 环型柄

图 3 温度测量点

6.2.8.4 手柄牢固性试验

步骤如下：

a） 手柄牢固性试验用挂重法，并按表 1 要求进行。

表 1 手柄载荷强度试验

名　　称	载荷位置	载荷方向	载荷力/N	载荷时间/min
双侧柄锅具	按图 4	与中心轴平行向上	$W=1/2W_1+3/2W_2$	1
长柄锅具	按图 5	与中心轴平行向下	$W=W_1+3W_2$	1
长柄＋侧柄锅具	按图 6	与中心轴平行向下	侧柄及长柄各按以上载荷要求	1
注：W—载荷力；W_1—试件自重力；W_2—试件最大容水重力。				

b） 卸载后，锅内注入常温水至锅口，放置 3 min，观察其连接处有无渗水情况。

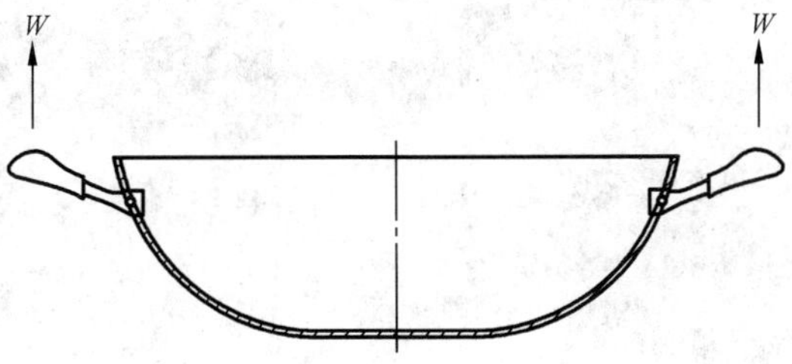

图 4 双侧柄锅具手柄牢固性试验示意图

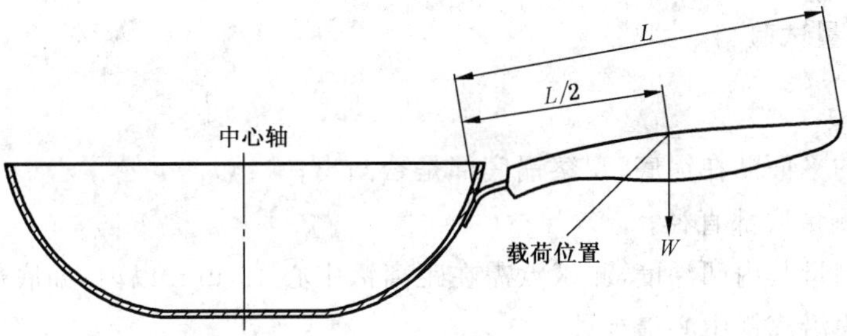

图 5 长柄锅具手柄牢固性试验示意图

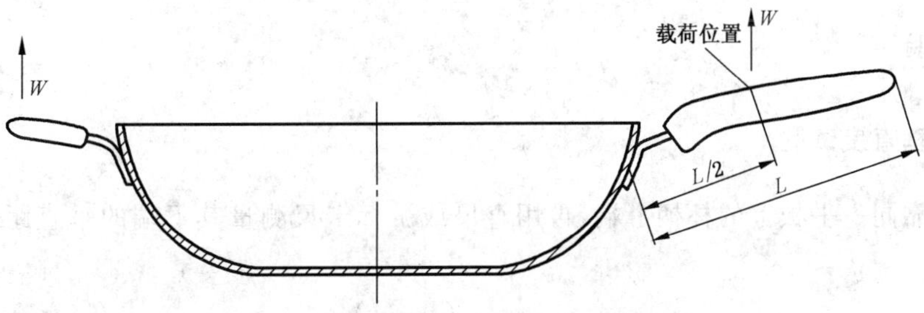

图 6 长柄+侧柄锅具牢固性试验示意图

6.2.8.5 手柄耐热性试验

步骤如下：

a) 将恒温箱加热到 150 ℃；

b) 将锅放入恒温箱内；

c) 让恒温箱回到起始温度；

d) 用计时器计时，让恒温箱在 150 ℃±5 ℃温度下，恒温 1 h；

e) 取出锅，放在一个干燥的平面上，让它冷却到室温；

f) 目视距离为 250 mm，观察手柄是否损坏。

6.2.8.6 手柄抗扭强度试验

按附录C试验。

6.2.8.7 手柄阻燃性试验

按附录D试验。

6.2.9 复合底试验

6.2.9.1 复合底厚度试验

用测厚仪进行测量，测量点在外底部直径1/2的圆周上，测均布四点，取平均值。

6.2.9.2 复合底内凹量试验

步骤如下：

a) 用游标卡尺的平面贴在锅底，观察锅底部是否凸出；

b) 用游标卡尺测量底部直径；

c) 用游标卡尺测量其内凹深度，测试点需在距离锅中心10 mm以内；如底部有压印凹凸标记，测量点为标记边沿离锅中心最近处。

6.2.9.3 复合底牢固度试验

将锅放入温度在260 ℃±10 ℃的恒温箱内恒温5 min，取锅浸入室温的水中冷却，目视复合底部有无开裂现象，重复25次，冷却至室温，放到平台上，目测和手感锅与平台接触情况。

6.2.10 杯类试验

6.2.10.1 杯柄垂直度试验

将一角尺紧靠同一平板上的杯柄上端，再用直尺或游标卡尺测量其下端的垂直距离。杯柄垂直度按式(2)计算：

$$f = H - \frac{(B-b)}{2} \qquad \cdots\cdots(2)$$

式中：

f ——垂直度偏差，单位为毫米(mm)；

H——杯柄下端与角尺的垂直距离，单位为毫米(mm)；

B——杯柄上端宽度，单位为毫米(mm)；

b ——杯柄下端宽度，单位为毫米(mm)。

6.2.10.2 杯柄牢固度试验

步骤如下：

a) 将等同于杯2倍水容积质量的砝码置于杯内，用杯柄平举起不小于0.8 m，静止支承10 min；

b) 取出砝码，往杯中注满水，静置10 min后观察。

6.2.10.3 杯盖与杯身配合试验

将杯盖与杯身配合后，开合杯盖，杯盖不卡阻。

6.2.11 盘底平面内凹量试验

将盘口向下，置于平板上，将直尺平行于长轴并横向竖起，用深度尺测量其最大内凹量。

6.2.12 盆类试验

6.2.12.1 盆口圆度试验

用游标卡尺或卷尺测量口径的最大值与最小值，计算其数值差。

6.2.12.2 盆口永久性变形试验

步骤如下：

a) 取等同于盆2倍水容积质量的砝码置于盆内；

b) 端起保持1 min，放下。连续重复5次；

c) 放下盆，取出砝码，用目测检查有无明显变形。

6.2.13 盒类试验

6.2.13.1 盒与盒盖配合试验

将等同于盒盛水容积质量的砝码放置于盒内，合盖后提起盖，盒身能自动脱落。再将砝码取出，合盖后提起盖，盒身不能自动脱落。最大间隙、盖边口高度用直尺或游标卡尺测量其数值。

6.2.13.2 盒底平面内凹量试验

将盒口向下，置丁平板上，将直尺平行于长轴并横向竖起，用深度尺测量其最大内凹量。

6.2.13.3 盒扣柄试验

将等同于盒2倍水容积质量的砝码置于盒内，以两盒扣为支点，把盒吊起高度不小于0.8 m处，静置10 min；然后取出砝码注满水观察。

6.2.14 桶提环牢固度试验

步骤如下：

a) 将等同于桶2倍水容积质量的砝码置于桶内，用提环平抬起高度不小于0.8 m处，静止支承10 min；

b) 然后取出砝码，往桶中注满水，静置10 min后观察。

7 检验规则

7.1 器皿的检验分出厂检验和型式检验。

7.2 出厂检验按GB/T 2828.1的规定，采用正常检验一次抽样方案，按每百单位产品不合格品数计算。出厂检验项目、检验水平、不合格分类及接收质量限(AQL)应符合表2的规定。

表 2　出厂检验项目及判别

序号	检验项目	不合格分类	对应条款	检验水平	接收质量限(AQL)
1	手可接触部位	A	5.1.2.2	S-2	2.5
2	标志		8.1.2	S-1	4.0
3	渗水		5.1.5		
4	容积	B	5.1.3		
5	手柄		5.2.3.1、5.2.3.2		
6	杯柄牢固度		5.3.2		
7	盆口永久性变形		5.5.2		
8	盒扣柄		5.6.3		
9	桶提环牢固度		5.7		
10	底部		5.1.6		
11	锅盖与锅身配合		5.2.1		
12	杯盖与杯身配合		5.3.3		
13	底平面内凹量		5.4、5.6.2		
14	盆口圆度		5.5.1		
15	盒与盒盖配合		5.6.1		
16	标志		8.1.1		
17	标签		8.2		
18	外观要求	C	5.1.2.1、5.1.2.3	S-2	10
19	杯柄垂直度		5.3.1		

7.3　型式检验按 GB/T 2829 规定，采用判别水平Ⅱ的二次抽样方案，卫生要求、标志和手可接触部位检验采用判别水平Ⅱ的一次抽样方案，按每百单位产品不合格品数计算。产品在下列情况之一时，应进行型式检验：

a)　新产品或老产品转厂生产的试制定型鉴定；
b)　正式生产后如结构、材料、工艺有较大改变，可能影响产品性能时；
c)　正常生产时，每一年进行一次型式检验；
d)　产品停产六个月以上重新恢复生产时；
e)　出厂检验结果与上次型式检验有较大差异时；
f)　国家质量监督机构提出进行型式检验要求时。

7.4　型式检验的项目、不合格分类、判别水平、样本大小、不合格质量水平(RQL)应符合表 3 规定。

表 3　型式检验项目及判别

序号	检验项目	不合格分类	对应条款	判别水平	器皿样本大小	不合格质量水平(RQL)
1	卫生要求		5.1.1		$n=3$	50
2	标志		8.1.2			
3	渗水	A	5.1.5		$n_1=n_2=3$	65
4	手可接触部位		5.1.2.2		$n=3$	50
5	耐腐蚀性		5.1.4	Ⅱ	$n_1=n_2=3$	65
6	复合底	B	5.2.4		$n_1=n_2=3$	65
7	容积		5.1.3			
8	底部	B	5.1.6		$n_1=n_2=3$	80
9	锅盖与锅身配合		5.2.1			
10	锅身		5.2.2			
11	手柄		5.2.3			
12	杯柄牢固度		5.3.2			
13	杯盖与杯身配合		5.3.3			
14	底平面内凹量		5.4、5.6.2			
15	盆口圆度		5.5.1			
16	盆口永久性变形	B	5.5.2		$n_1=n_2=3$	80
17	盒与盒盖配合		5.6.1	Ⅱ		
18	盒扣柄		5.6.3			
19	桶提环牢固度		5.7			
20	标志		8.1.1			
21	标签		8.2			
22	使用说明书		8.3			
23	外观要求	C	5.1.2.1、5.1.2.3		$n_1=n_2=3$	100
24	杯柄垂直度		5.3.1			

8　标志、标签和使用说明书

8.1　标志

8.1.1　在器皿的明显位置上应标有清晰的永久性标志:制造厂名或商标。

8.1.2　产品或最小销售包装上应有如下标志:

a)　商标;

b)　产品名称和规格;

c)　执行标准号;

d) 企业名称、厂址、联系电话和邮政编码；

e) 应标注“食品接触用”字样和主体不锈钢类型。

8.1.3 包装箱上的贮运图示标志应符合 GB/T 191 的有关规定，收发货标志应符合 GB/T 6388 的有关规定，并应有如下标志：

a) 商标；

b) 产品名称和规格；

c) 执行标准号和名称；

d) 企业名称、厂址、联系电话和邮政编码；

e) 出厂年月日；

f) 数量；

g) 净重、毛重、体积(长×宽×高)；

h) 怕湿、向上、小心轻放标志。

8.2 标签

合格证应有如下内容：

a) 商标；

b) 合格证(字样)及检验员(签名或代号)；

c) 制造日期；

d) 制造厂名。

8.3 使用说明书

使用说明书应包括如下内容：

a) 使用前请仔细阅读使用说明书；

b) 器皿主体材料的不锈钢类型；

c) 使用说明；

d) 注意事项及标有声明家庭用器皿的警示用语；

e) 产品执行标准号；

f) 企业名称、厂址、联系电话和邮政编码。

9 包装、运输和贮存

9.1 包装

9.1.1 产品包装应干燥、完整、清洁，附有使用说明书、合格证。

9.1.2 产品采用中性包装物，塑料包装物应符合 GB 4803 的规定。

9.1.3 简装产品，将产品直接用中性包装物包装后装入符合 GB/T 6543 规定的纸箱内。盒装产品，先将产品用中性包装物包装后装入符合 GB/T 6544 规定的瓦楞纸板包装盒内，再将盒装产品按规定装入符合 GB/T 6543 规定的纸箱内。

9.2 运输

9.2.1 运输时应轻装轻卸，严禁抛掷、翻滚和踩踏。

9.2.2 运输途中应谨防受潮、挤压及雨淋。

9.2.3 运输时不应与腐蚀性物品和有毒物品同时装运。

9.3 贮存

9.3.1 产品应存放在通风、无腐蚀性物品和气体、相对湿度小于85%的库房中。

9.3.2 产品存放离地距离应保持不小于100 mm,离墙距离应保持不小于200 mm,堆高不超过3 m。

附 录 A
（资料性附录）
不锈钢器皿的结构型式

A.1 不锈钢器皿锅类结构型式及部位名称，参见图 A.1。

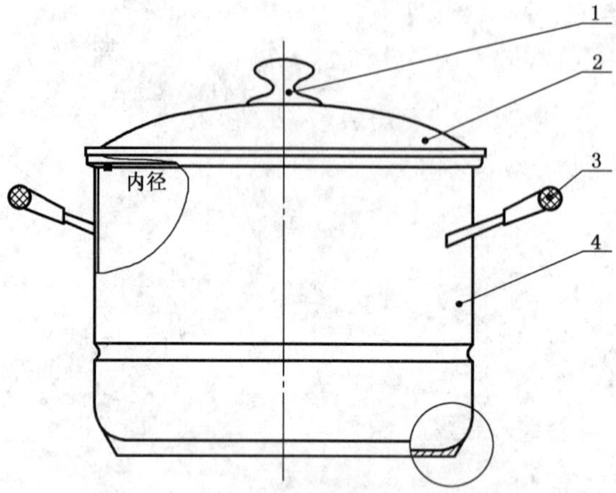

说明：

1—锅钮；

2—锅盖；

3—锅柄；

4—锅身。

图 A.1 锅类结构示意图

A.2 不锈钢器皿杯类结构型式及部位名称，参见图 A.2。

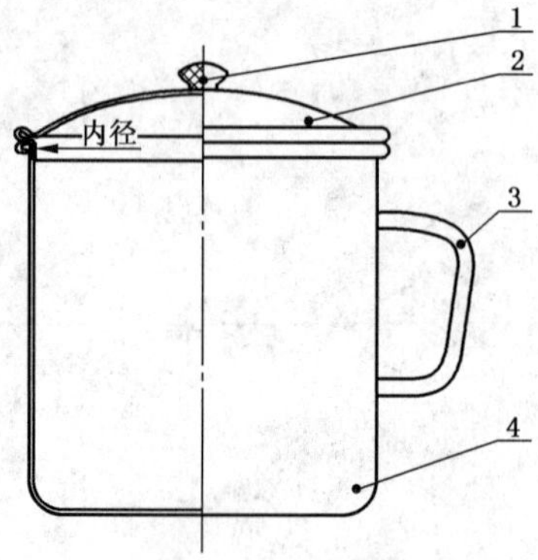

说明：

1——杯钮；

2——杯盖；

3——杯柄；

4——杯身。

图 A.2 杯类结构示意图

A.3 不锈钢器皿盘类结构型式，参见图 A.3。

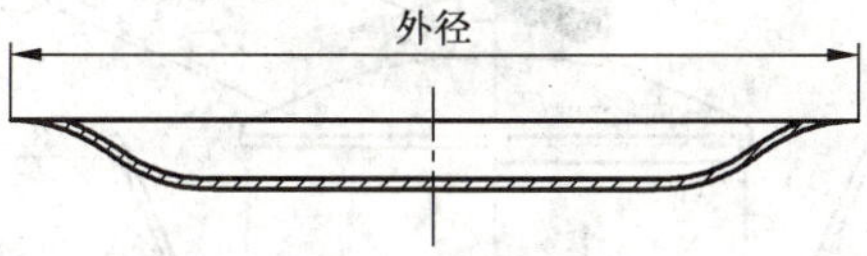

图 A.3 盘类示意图

A.4 不锈钢器皿盆类结构型式，参见图 A.4。

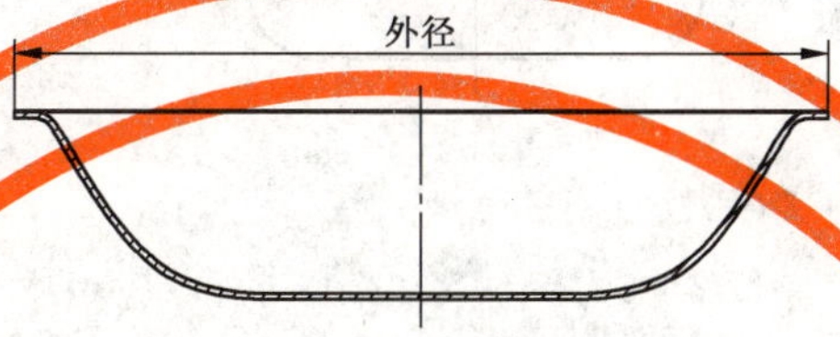

图 A.4 盆类示意图

A.5 不锈钢器皿盒类结构型式及部位名称，参见图 A.5。

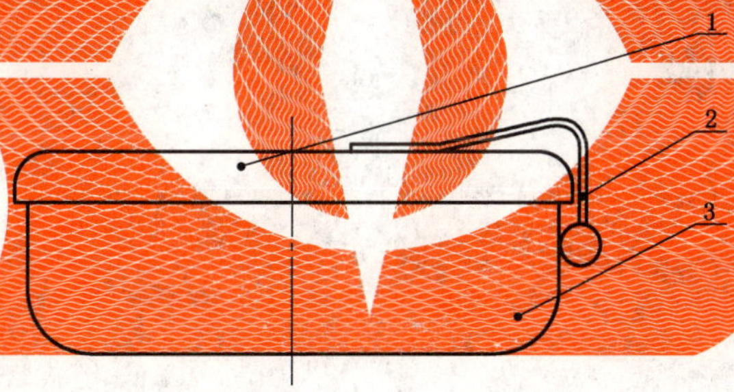

说明：

1——盒盖；

2——扣柄；

3——盒体。

图 A.5 盒类结构示意图

A.6 不锈钢器皿桶类结构型式及部位名称，参见图 A.6。

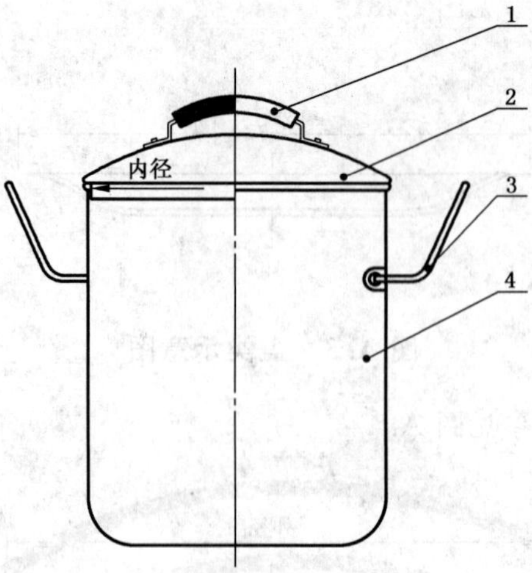

说明：

1——盖提手；

2——桶盖；

3——手把；

4——桶身。

图 A.6　桶类结构示意图

附 录 B
(规范性附录)
不锈钢器皿锅类手柄疲劳强度试验

B.1 试验设备

B.1.1 手柄抗疲劳强度试验机:一种将加载的锅具从一个水平表面,通过将手柄不断举起、放下的装置。要求 25 次/min,水平表面覆盖一层橡胶板(厚度:5 mm,邵氏硬度:50±10)。

B.1.2 装载物:能使产品在测试过程中保持稳定装载的材料,例如氧化铝粉(注:一般用石英砂)。

B.2 试验步骤

B.2.1 将产品固定在如图 B.1 所示的设备上。确保产品在平台上水平,当偏心轮处于最低点时,产品与工作平面的间距为 1 mm。

B.2.2 把相当于装满水产品的重量 1.5 倍的装载物装入产品内。

B.2.3 启动手柄抗疲劳强度试验机。产品在上下运动 15 000 个循环时,停止试验。从手柄抗疲劳强度试验机上取下产品,检验并记录任何对手柄或固定系统的永久性损坏。

单位为毫米

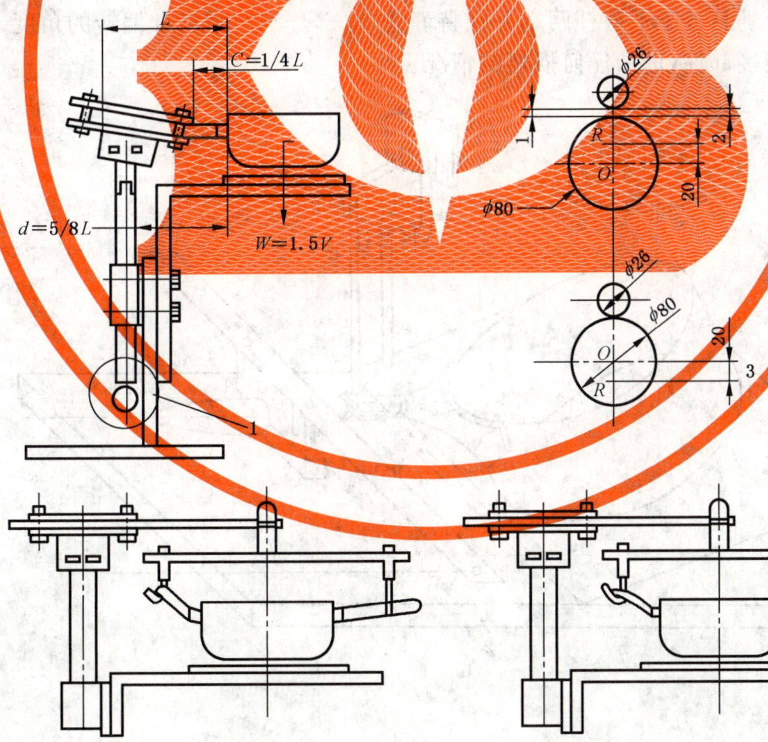

说明:

1——偏心轮;

2——偏心轮运动到最低位置;

3——偏心轮运动到最高位置;

O——偏心轮中心;

R——偏心轮旋转中心。

图 B.1 不锈钢器皿锅类手柄疲劳强度试验示意图

附 录 C
（规范性附录）
不锈钢器皿锅类手柄抗扭强度试验

C.1 试验设备

手柄抗扭强度试验机：

a） 平衡杆，长 1 m，质量为 1 kg±0.1 kg，包括附件夹紧装置，指示器；

b） 产品固定装置；

c） 测量手柄扭曲角度的一种分度表；

d） 测试砝码，质量为 1 kg。

C.2 试验步骤

C.2.1 把产品手柄（吊环或其他不属于手柄主体的配件不计入内）的中心部位固定在如图 C.1 所示平衡杆的中心，手柄与平衡杆之间不应有相对转动。

C.2.2 把产品固定在测试平台，调节紧固装置，使平衡杆达到水平，同时指针指向分度表的零位。

C.2.3 把测试砝码分别悬挂于平衡杆两端并保持静止 30 s，分别记录指针偏转的角度。

C.2.4 检查手柄和连接部件，记录任何损坏的情况。

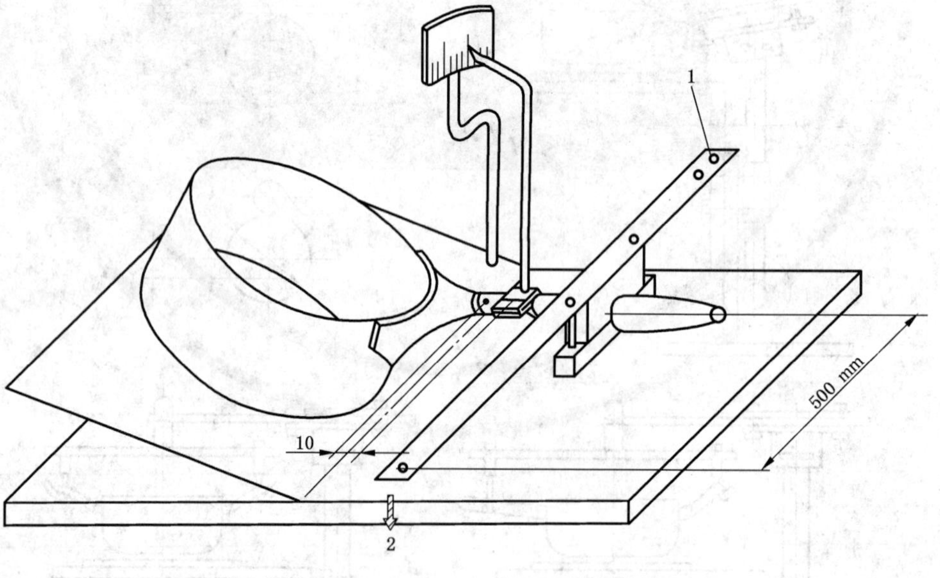

说明：

1——杠杆；

2——挂重位置。

图 C.1 不锈钢器皿锅类手柄抗扭强度试验示意图

附 录 D
（规范性附录）
不锈钢器皿锅类手柄阻燃性试验

D.1 试验设备

酒精灯。

D.2 试验步骤

D.2.1 将待测锅具安装在刚性底座上。

D.2.2 固定酒精灯位置，点燃火源后调节火焰高度，并保持火焰不会减弱或摇摆，使火焰外焰刚好与手柄的可燃部分接触，如图 D.1 所示。

D.2.3 手柄置于火焰上加热 30 s，移去火源，如燃烧，让手柄燃烧到火苗自动熄灭或燃烧持续 15 s 为止（两种情形中任何一种先达到即可），观察在此期间手柄是否熔化或有燃烧物脱落。

D.2.4 记下火焰移去后手柄的燃烧时间。

单位为毫米

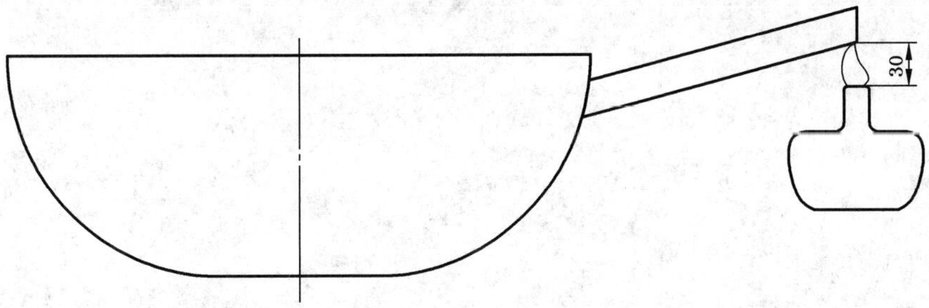

图 D.1 不锈钢器皿锅类手柄阻燃性试验示意图

ICS 67.160.20
X 51

GB

中华人民共和国国家标准

GB/T 29602—2013

固体饮料

Solid beverages

2013-07-19 发布 2014-02-01 实施

中华人民共和国国家质量监督检验检疫总局
中国国家标准化管理委员会 发布

前　言

本标准按照 GB/T 1.1—2009 给出的规则起草。

本标准由中国饮料工业协会提出。

本标准由全国饮料标准化技术委员会(SAC/TC 472)归口。

本标准起草单位:中国饮料工业协会技术工作委员会、雀巢(中国)有限公司、杭州娃哈哈集团有限公司、联合利华(中国)有限公司、卡夫食品企业管理(上海)有限公司、维维食品饮料股份有限公司、香飘飘食品有限公司、广东喜之郎集团有限公司、黑牛食品股份有限公司、大闽食品(漳州)有限公司。

本标准主要起草人:李羽楠、陶宏、翟鹏贵、李琳、姜桅、刘兴玲、沈士杰、黄湛深、罗宝剑、岳鹏翔、杨永兰。

固 体 饮 料

1 范围

本标准规定了固体饮料的术语和定义、产品分类、技术要求、试验方法、检验规则、标志、包装、运输和贮存。

本标准适用于第 3 章所定义的固体饮料。

2 规范性引用文件

下列文件对于本文件的应用是必不可少的。凡是注日期的引用文件,仅注日期的版本适用于本文件。凡是不注日期的引用文件,其最新版本(包括所有的修改单)适用于本文件。

GB 5009.3 食品安全国家标准 食品中水分的测定

GB 5009.5 食品安全国家标准 食品中蛋白质的测定

GB/T 5009.139 饮料中咖啡因的测定

GB 7718 食品安全国家标准 预包装食品标签通则

GB/T 8313 茶叶中茶多酚和儿茶素含量的检测方法

GB 10789 饮料通则

GB 28050 食品安全国家标准 预包装食品营养标签通则

3 术语和定义

下列术语和定义适用于本文件。

3.1

固体饮料 solid beverages

固体饮品

用食品原辅料、食品添加剂等加工制成的粉末状、颗粒状或块状等,供冲调或冲泡饮用的固态制品。

3.2

植脂末 creamer

以糖(包括食糖和淀粉糖)和(或)糖浆、食用油脂等为主要原料,添加或不添加乳或乳制品等食品原辅料、食品添加剂,经加工制成的粉状产品。

4 产品分类

4.1 风味固体饮料(powdered flavored beverage)

以食用香精(料)、糖(包括食糖和淀粉糖)、甜味剂、酸味剂、植脂末等一种或几种物质作为调整风味主要手段,添加或不添加其他食品原辅料和食品添加剂,经加工制成的固体饮料。

注:风味固体饮料可包括果味固体饮料、乳味固体饮料、茶味固体饮料、咖啡味固体饮料、发酵风味固体饮料等。

4.2 果蔬固体饮料(powdered fruit/vegetable beverage)

以水果和(或)蔬菜(包括可食的根、茎、叶、花、果)或其制品等为主要原料,添加或不添加其他食品原辅料和食品添加剂，经加工制成的固体饮料。

4.2.1 水果(果汁)粉(fruit powder)

以水果或其汁液为原料，不添加其他食品原辅料，可添加食品添加剂，经加工制成的固体饮料。

4.2.2 蔬菜(蔬菜汁)粉(vegetable powder)

以蔬菜或其汁液为原料，不添加其他食品原辅料，可添加食品添加剂，经加工制成的固体饮料。

4.2.3 果汁固体饮料(powdered fruit beverage)

以水果或其汁液、水果粉为主要原料，可添加糖(包括食糖和淀粉糖)和(或)甜味剂等一种或几种其他食品原辅料和食品添加剂，经加工制成的固体饮料。

4.2.4 蔬菜汁固体饮料(powdered vegetable beverage)

以蔬菜或其汁液、蔬菜粉为主要原料，可添加糖(包括食糖和淀粉糖)和(或)甜味剂、食盐等一种或几种其他食品原辅料和食品添加剂，经加工制成的固体饮料。

4.2.5 复合果蔬粉及其固体饮料(powdered mixed fruit/vegetable and beverage)

两种或两种以上的水果粉、或蔬菜粉、或果汁粉和蔬菜粉复合而成的固体饮料；

以两种或两种以上的水果粉、或蔬菜粉、或果汁粉和蔬菜粉为原料，可添加糖(包括食糖和淀粉糖)和(或)甜味剂、食盐等一种或几种其他食品原辅料和食品添加剂，经加工复合而成的固体饮料。

4.2.6 其他果蔬固体饮料(other powdered fruit/vegetable beverage)

4.2.1～4.2.5 以外的果蔬固体饮料。

4.3 蛋白固体饮料(powdered protein beverage)

以乳和(或)乳制品，或其他动物来源的可食用蛋白，或含有一定蛋白质含量的植物果实、种子或果仁或其制品等为原料，添加或不添加其他食品原辅料和食品添加剂，经加工制成的固体饮料。

4.3.1 含乳蛋白固体饮料(powdered milk beverage)

以乳和(或)乳制品为原料，可添加糖(包括食糖和淀粉糖)和(或)甜味剂等一种或几种其他食品原辅料和食品添加剂，经加工制成的固体饮料。

4.3.2 植物蛋白固体饮料(powdered vegetable protein beverage)

以含有一定蛋白质含量的植物果实、种子或果仁或其制品为原料，可添加糖(包括食糖和淀粉糖)和(或)甜味剂等一种或几种其他食品原辅料和食品添加剂，经加工制成的固体饮料。

4.3.3 复合蛋白固体饮料(powdered mixed protein beverage)

以乳和(或)乳制品、其他动物来源的可食用蛋白，或含有一定蛋白质含量的植物果实、种子或果仁或其制品等中的两种或两种以上为主要原料，可添加糖(包括食糖和淀粉糖)和(或)甜味剂等一种或几种其他食品原辅料和食品添加剂，经加工制成的固体饮料。

4.3.4 其他蛋白固体饮料(other powdered protein beverage)

4.3.1～4.3.3 以外的蛋白固体饮料。

4.4 茶固体饮料(powdered tea beverage)

以茶叶的提取液或其提取物或直接以茶粉(包括速溶茶粉、研磨茶粉)为原料,添加或不添加其他食品原辅料和食品添加剂,经加工制成的固体饮料。

4.4.1 速溶茶(速溶茶粉)(instant tea)

以茶叶的提取液或其浓缩液为主要原料,或采用茶鲜叶榨汁,不添加其他食品原辅料,可添加食品添加剂,经加工制成的固体饮料。

4.4.2 研磨茶粉(grinding tea powder)

以茶叶或茶鲜叶为原料,经过干燥、研磨或粉碎等物理方法制得的粉末状固体饮料,如抹茶、超微茶粉。

4.4.3 调味茶固体饮料(powdered flavored tea beverage)

以茶叶的提取液或其提取物或直接以茶粉(包括速溶茶粉、研磨茶粉)为原料,添加其他食品原辅料和食品添加剂,经加工制成的固体饮料。

4.4.3.1 果汁茶固体饮料(powdered fruit juice tea beverage)

以茶叶的提取液或其提取物或直接以茶粉、果汁(水果粉)为原料,可添加糖(包括食糖和淀粉糖)和(或)甜味剂等一种或几种其他食品原辅料和食品添加剂,经加工制成的固体饮料。

4.4.3.2 奶茶固体饮料(powdered milk tea beverage)

以茶叶的提取液或其提取物或直接以茶粉、乳或乳制品为原料,可添加糖(包括食糖和淀粉糖)和(或)甜味剂、植脂末等一种或几种其他食品原辅料和食品添加剂,经加工制成的固体饮料。

4.4.3.3 其他调味茶固体饮料(other powdered flavored tea beverage)

4.4.3.1～4.4.3.2以外的调味速溶茶固体饮料。

4.5 咖啡固体饮料(powdered coffee beverage)

以咖啡豆及咖啡制品(研磨咖啡粉、咖啡的提取液或其浓缩液、速溶咖啡等)为原料,添加或不添加其他食品原辅料和食品添加剂,经加工制成的固体饮料。

4.5.1 速溶咖啡(soluble coffee /instant coffee)

以咖啡豆和(或)咖啡制品(研磨咖啡粉、咖啡的提取液或其浓缩液)为原料,不添加其他食品原辅料,可添加食品添加剂,经加工制成的固体饮料。

4.5.2 研磨咖啡(烘焙咖啡)[ground (roast)coffee]

以咖啡豆为原料,经过干燥、烘焙和研磨制成的粉末状固体饮料。

4.5.3 速溶/即溶咖啡饮料(soluble/instant coffee beverage)

以咖啡豆及咖啡制品(研磨咖啡粉、咖啡的提取液或其浓缩液、速溶咖啡等)为原料,可添加糖(包括食糖和淀粉糖)和(或)甜味剂、乳或乳制品、植脂末等一种或几种其他食品原辅料和食品添加剂,经加工制成的固体饮料。

4.5.4 其他咖啡固体饮料(other powdered coffee beverage)

4.5.1～4.5.3 以外的咖啡固体饮料。

4.6 植物固体饮料(powdered botanical beverage)

以植物及其提取物(水果、蔬菜、茶、咖啡除外)为主要原料,添加或不添加其他食品原辅料和食品添加剂,经加工制成的固体饮料。

4.6.1 谷物固体饮料(powdered cereal beverage)

以谷物为主要原料,添加或不添加其他食品原辅料和食品添加剂,经加工制成的固体饮料。

4.6.2 草本固体饮料(powdered herbal beverage)

以药食同源或国家允许使用的植物(包括可食的根、茎、叶、花、果)或其制品的一种或几种为主要原料,添加或不添加其他食品原辅料和食品添加剂,经加工制成的固体饮料如凉茶固体饮料、花卉固体饮料。

4.6.3 可可固体饮料(powdered cocoa beverage)

以可可为主要原料,添加或不添加其他食品原辅料和食品添加剂,经加工制成的固体饮料,如可可粉、巧克力固体饮料。

4.6.4 其他植物固体饮料(other powdered botanical beverage)

4.6.1～4.6.3 以外的植物固体饮料,如食用菌固体饮料、藻类固体饮料。

4.7 特殊用途固体饮料(powdered beverage for special uses)

通过调整饮料中营养成分的种类及其含量,或加入具有特定功能成分适应人体需要的固体饮料,如运动固体饮料、营养素固体饮料、能量固体饮料、电解质固体饮料等。

4.8 其他固体饮料(other powdered beverage)

4.1～4.7 以外的固体饮料,如植脂末、泡腾片、添加可用于食品的菌种的固体饮料等。

5 技术要求

5.1 原辅材料要求

应符合相应的国家标准、行业标准等有关规定。

5.2 感官要求

冲调或冲泡后具有该产品应有的色泽、香气和滋味,无异味,无外来杂质。

5.3 水分要求

应不高于 7.0%。

注:对于含椰果、淀粉制品、糖渍豆等调味(辅料)包的组合包装产品,水分要求仅适用于可冲调成液体的固体部分。

5.4 基本技术要求

按照标签标示的冲调或冲泡方法稀释后应符合表 1 的规定。

表 1 基本技术要求

分类			项目		指标或要求
果蔬固体饮料	水果粉		按原始配料计算	果汁(浆)含量(质量分数)/%	100
	蔬菜粉			蔬菜汁(浆)含量(质量分数)/%	
	果汁固体饮料			果汁(浆)含量(质量分数)/%	≥10
	蔬菜汁固体饮料			蔬菜汁(浆)含量(质量分数)/%	≥5
	复合水果粉、复合蔬菜粉、复合果蔬粉			果汁(浆)和(或)蔬菜汁(浆)的含量(质量分数)/%	100
				不同果汁(浆)和(或)蔬菜汁(浆)的比例	符合标签标示
	复合果汁固体饮料、复合蔬菜汁固体饮料、复合果蔬汁固体饮料			果汁(浆)和(或)蔬菜汁(浆)的含量(质量分数)/%	≥10
				不同果汁(浆)和(或)蔬菜汁(浆)的比例	符合标签标示
蛋白固体饮料	含乳固体饮料		乳蛋白质含量(质量分数)/%		≥1
	植物蛋白固体饮料		蛋白质含量(质量分数)/%		≥0.5
	复合蛋白固体饮料		蛋白质含量(质量分数)/%		≥0.7
			不同来源蛋白质含量的比例		符合标签标示
	其他蛋白固体饮料		蛋白质含量(质量分数)/%		≥0.7
茶固体饮料	速溶茶粉、研磨茶粉	绿茶	茶多酚含量/(mg/kg)		≥500
		青茶			≥400
		其他茶			≥300
	调味茶固体饮料		茶多酚含量/(mg/kg)		≥200
			果汁含量(质量分数)/%(仅限于果汁茶)		≥5
			乳蛋白质含量(质量分数)/%(仅限于奶茶)		≥0.5
咖啡固体饮料[a]	速溶咖啡		咖啡因含量/(mg/kg)		≥200[a]
	研磨咖啡				
	速溶/即溶咖啡饮料				
风味固体饮料 植物固体饮料 特殊用途固体饮料 其他固体饮料			—		

[a] 声称低咖啡因的产品,咖啡因含量应小于 50 mg/kg。

5.5 食品安全要求

应符合相关的食品安全国家标准。

6 试验方法

按照标签标示的冲调或冲泡方法制备样品后进行检验。

6.1 感官检验

按照标签标示冲调或冲泡方法制备 50 mL 样品，倒入无色透明的容器中，置于明亮处，观察其状态、色泽，嗅其气味，品尝其滋味。

6.2 理化要求

6.2.1 水分

按 GB 5009.3 规定的方法测定。

6.2.2 蛋白质

按 GB 5009.5 规定的方法测定。

6.2.3 咖啡因

按 GB/T 5009.139 规定的方法测定。

6.2.4 茶多酚

按 GB/T 8313 规定的方法测定。

7 检验规则

7.1 组批与抽样

7.1.1 由生产企业的质量管理部门按照其相应的规则确定产品的批次。

7.1.2 每批产品中随机抽取至少 12 个最小独立包装(总净含量不少于 500 g)，分别用作感官检验、理化指标检验、菌落总数、大肠菌群指标检验以及留样备用。

7.2 出厂检验

每批产品出厂时，应对感官要求、水分、菌落总数、大肠菌群指标进行检验。

7.3 型式检验

7.3.1 型式检验项目：5.2～5.5 相对应产品品类要求的内容。

7.3.2 一般情况下，每年需对产品进行一次型式检验。发生下列情况之一时，应进行型式检验：

a) 原料、工艺发生较大变化时；

b) 停产后重新恢复生产时；

c) 出厂检验结果与平常记录有较大差别时。

7.4 判定规则

7.4.1 检验结果全部合格时，判定整批产品合格。若有三项以上(含三项)不符合本标准，直接判定整批产品为不合格品。

7.4.2 检验结果中有不超过两项(含两项)不符合本标准时，可在同批产品中加倍抽样进行复检，以复检结果为准。若复检结果仍有一项不符合本标准，则判定整批产品为不合格品。

8 标志、包装、运输和贮存

8.1 标签

预包装产品除应符合 GB 7718、GB 28050 外，还应符合以下要求：

a) 标注产品的冲调或冲泡方法；

b) 果蔬汁固体饮料应标注果汁和(或)蔬菜汁的含量，复合产品应标注不同果汁和(或)蔬菜汁的混合比例；

c) 复合蛋白固体饮料应标注不同蛋白来源的混合比例；

d) 果汁茶固体饮料应标注果汁含量。

8.2 包装

8.2.1 包装材料与容器除应符合相关标准，还应符合 GB 10789 的相应要求。

8.2.2 固体饮料产品的包装可采用组合包装形式，即同一包装容器内可以有多种包装形式，既可有固体性状的包装食品，也可有液体性状的包装食品，如椰果、淀粉制品、糖渍豆等包装食品。

8.3 运输和贮存

产品在运输过程中应避免日晒、雨淋、重压；产品应在清洁、避光、干燥、通风、无虫害、无鼠害的仓库内贮存；不应与有毒、有害、有异味、易挥发、易腐蚀的物品混装运输或贮存。需冷链运输贮藏的产品，应符合产品标示的贮运条件。

ICS 67.250
A 82

中华人民共和国国家标准

GB/T 29603—2013

镀锡或镀铬薄钢板全开式易开盖

Full aperture easy open end made of tinplate or ECCS

2013-07-19 发布　　2014-02-01 实施

中华人民共和国国家质量监督检验检疫总局
中国国家标准化管理委员会　发布

前　言

本标准按照 GB/T 1.1—2009 给出的规则起草。

本标准由中国轻工业联合会提出。

本标准由全国食品工业标准化技术委员会罐头分技术委员会(SAC/TC 64/SC 2)归口。

本标准起草单位:义乌市易开盖实业公司、浙江昌鸿制盖有限公司、中国食品发酵工业研究院、中国罐头工业协会、汕头市英联易拉盖有限公司、杭州中粮包装有限公司。

本标准主要起草人:王小华、黎北伟、张蔚、葛双林、仇凯、翁伟武、冯慧。

镀锡或镀铬薄钢板全开式易开盖

1 范围

本标准规定了以镀锡或镀铬薄钢板制成的全开式易开盖的术语和定义，产品分类，代码及主要尺寸符号，要求，试验方法，检验规则，标志、包装、运输及贮存的基本要求。

本标准适用于食品包装用镀锡或镀铬薄钢板全开式易开盖。

2 规范性引用文件

下列文件对于本文件的应用是必不可少的。凡是注日期的引用文件，仅注日期的版本适用于本文件。凡是不注日期的引用文件，其最新版本（包括所有的修改单）适用于本文件。

GB/T 191 包装储运图示标志

GB/T 2520 冷轧电镀锡钢板及钢带

GB/T 2828.1 计数抽样检验程序 第1部分：按接收质量限（AQL）检索的逐批检验抽样计划

GB/T 6682 分析实验室用水规格和试验方法

GB/T 24180 冷轧电镀铬钢板及钢带

QB/T 1877 包装装潢镀锡（铬）薄钢板印刷品

QB/T 2763 涂覆镀锡（或铬）薄钢板

3 术语和定义

下列术语和定义适用于本文件。

3.1

镀锡或镀铬薄钢板全开式易开盖 full aperture easy open end made of tinplate or ECCS

以镀锡或镀铬薄钢板为主要材料制成的、在盖面全周具一定深度的刻痕或具全周刻痕及辅助刻痕，并铆有拉环，开启时能沿刻痕完全撕开的盖。

3.2

拉环 ring tab

为开启易开盖而铆合在盖上的一种具有保护涂层的金属环。

3.3

内涂膜完整性 enamel rate

因原材料及加工工艺等因素，导致内涂膜表面出现不应有的微孔、划伤等缺陷，以缺陷引起的传导电流值表示。

4 产品分类、代码及主要尺寸符号

4.1 产品分类

4.1.1 根据外形，分为圆形易开盖和异形易开盖。异形易开盖包括方形易开盖、椭圆形易开盖、马蹄形易开盖、长圆形易开盖等。易开盖示意图见图1。

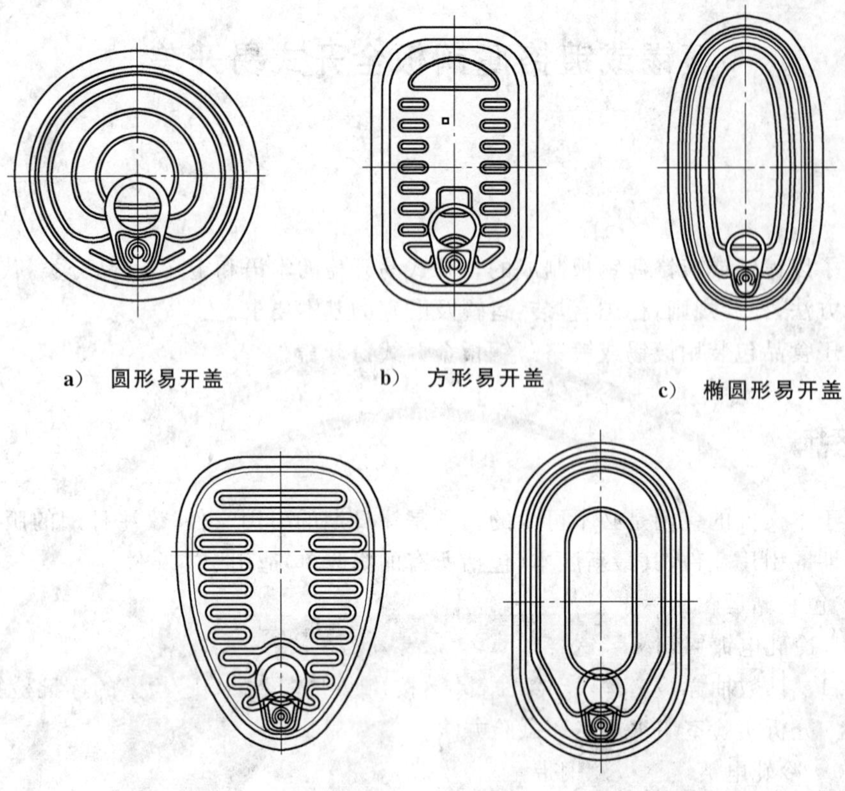

a) 圆形易开盖　b) 方形易开盖　c) 椭圆形易开盖

d) 马蹄形易开盖　e) 长圆形易开盖

图 1　易开盖示意图

4.1.2　根据食品加工工艺要求,分为非杀菌食品包装用易开盖、常压杀菌食品包装用易开盖、高压杀菌食品包装用易开盖。

4.2　产品代码

产品代码以其汉语拼音第一个字母(大写)表示,见表 1。

表 1　产品代码

分类	圆形易开盖	方形易开盖	椭圆形易开盖	马蹄形易开盖	长圆形易开盖
代码	Y	F	T	M	C

4.3　主要尺寸符号

产品主要尺寸符号及剖面示意图见图 2。

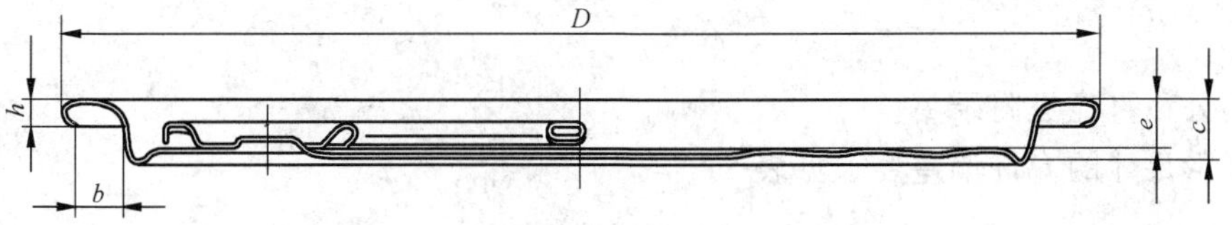

说明：

h ——钩边高度；

c ——埋头深度；

e ——盖面深度；

b ——钩边开度；

D——钩边外径(异形盖区分长边外径 D_1、短边外径 D_2)。

图 2 易开盖主要尺寸示意图

5 要求

5.1 原辅材料

5.1.1 镀锡或镀铬薄钢板

5.1.1.1 电镀锡薄板应符合 GB/T 2520 的规定，电镀铬薄板应符合 GB/T 24180 的规定。即经在线检查的、在正常贮存条件下适合整张印涂的电镀锡或镀铬薄钢板，且不得有下列缺陷：

a) 穿透钢板厚度的针孔；

b) 对使用有影响的伤痕、凹坑、折皱、锈迹等表面缺陷；

c) 对使用有影响的形状缺陷。

5.1.1.2 除上述要求外，电镀锡或镀铬薄钢板的镀锡量、镀铬量、耐冲击性能、厚度、调质度及厚度和调质度的允许偏差，均应有特定的要求。材料的规格、参数及质量要求应由供需双方商定。

5.1.2 涂覆镀锡或镀铬薄钢板

薄钢板内外应有涂膜覆盖。涂料品种、涂膜性能应根据 QB/T 2763 和内容物的特性由供需双方商定。

5.1.3 拉环材料

应有适当厚度、抗拉强度及延伸率的镀锌、镀锡、镀铬薄钢板或铝镁合金薄板，并经双面涂覆。

5.1.4 涂料

5.1.4.1 内壁涂料应能满足罐装内容物对涂膜性能的要求，内涂膜厚度应符合相关要求。

5.1.4.2 外壁涂料应选用耐高温烘烤、耐冲压、耐蒸煮的涂料。

5.1.5 密封胶

根据内容物的特征，选用不同性能的密封胶。

5.1.6 安全性能

应符合相应的食品安全国家标准的规定。

5.2 尺寸要求

5.2.1 产品的公称直径见附录A。

5.2.2 产品外形尺寸的允许偏差要求见表2。

表2 外形尺寸的允许偏差要求

项　　目	圆形易开盖允许偏差/mm	异形易开盖允许偏差/mm
钩边外径 D	±0.10	±0.15
钩边高度 h	±0.10	±0.15
埋头深度 c	±0.10	±0.15
盖面深度 e	±0.10	—

5.3 外观质量

5.3.1 易开盖结构应完整，拉环铆合良好。

5.3.2 盖面应清洁、平整，无污染。

5.3.3 外刻线应进行补涂。

5.3.4 密封胶干膜应均匀完整，无断胶、堆胶、溅胶，无明显气泡。

5.3.5 印刷质量应符合QB/T 1877的规定。

5.4 涂膜性能

5.4.1 固化性

无异味，经试验，内、外涂膜无泛白、剥离、脱落，无异味。

5.4.2 耐蚀性

5.4.2.1 抗酸性

经试验，涂膜无泛白、剥离、脱落和腐蚀。

5.4.2.2 抗硫性

经试验，涂膜无泛白、剥离、脱落，平面处无硫化斑，在弯折、膨胀圈或加强筋处允许有轻微的硫化斑，但不应有硫化铁产生。

5.4.3 抗冲击性

经试验，内、外涂膜无密集腐蚀点或线状腐蚀。

5.5 主要性能要求

5.5.1 启破力和全开力

产品的启破力、全开力的最大允许值见表3。

表 3 启破力和全开力最大允许值

盖　型	启破力最大容允许值/N	全开力最大容允许值/N
Y300 及以下圆形易开盖	30	80
Y305-Y401 圆盖	30	90
Y403 及以上圆盖	35	120
方形易开盖	28	80
椭圆形易开盖	28	80
其他异形易开盖	30	100

5.5.2 耐压强度和密封性

产品的耐压强度、密封性见表 4。

表 4 产品的耐压强度、密封性

盖　型	耐压强度/kPa	密　封　性
Y300 及以下圆盖	≥240	200 kPa,恒压 1 min,不泄漏
Y303-Y307	≥200	180 kPa,恒压 1 min,不泄漏
Y309-Y401	≥180	150 kPa,恒压 1 min,不泄漏
Y403 及以上圆盖	≥120	100 kPa,恒压 1 min,不泄漏
方形易开盖	≥150	120 kPa,恒压 1 min,不泄漏
其他异形易开盖	≥120	100 kPa,恒压 1 min,不泄漏

5.5.3 开启可靠性

正常开启时,拉环不得脱落。

5.5.4 内涂膜完整性

缺陷电流平均值≤5 mA,单个最大值≤8 mA。

注:用于炼乳或干品类食品包装的易开盖无此项要求。

5.6 密封胶干膜性能

5.6.1 干膜质量

5.6.1.1 产品的密封胶干膜质量见附录 B。

5.6.1.2 圆形易开盖密封胶干膜质量允许偏差:±10%。

5.6.1.3 异形易开盖密封胶干膜质量允许偏差:±15%。

5.6.2 含水率

产品的密封胶含水率应≤5%。

5.6.3 耐水性

产品经试验,密封胶应不溶解、不发黏、与盖面附着良好。

5.6.4 耐油性

产品经试验,密封胶应不溶解、不发黏、与盖面附着良好。

6 试验方法

本试验方法中所用的水,在未注明其他要求时,均指符合 GB/T 6682 分析实验室用水规格和试验方法三级以上的水。

本试验方法中所用的试剂,在未注明规格时,均指分析纯(AR)。若有特殊要求须另作明确规定。

本试验所用溶液在未注明用何种溶剂配制时,均指水溶液。

6.1 尺寸测定

用精度不大于 0.01 mm 的通用或专用量具测量。

6.2 外观质量

在正常光线下,正常视力目测检验。

6.3 涂膜性能

6.3.1 固化性

6.3.1.1 仪器和设备

a) 不锈钢筒;

b) 蒸汽杀菌锅。

6.3.1.2 试验步骤

将样盖浸没于盛有蒸馏水的不锈钢筒中,将不锈钢筒置于蒸汽杀菌锅内,加热至 121 ℃并恒温 30 min,自然降压、冷却后取出样盖。目视检查样盖的涂膜状况。

6.3.2 耐蚀性

6.3.2.1 试剂和溶液

6.3.2.1.1 柠檬酸溶液(20 g/L)

称取柠檬酸($C_6H_8O_7 \cdot H_2O$)20 g,用水溶解并稀释至 1 000 mL。

6.3.2.1.2 混合溶液 A[L 型半胱氨酸盐酸盐(0.5 g/L)、磷酸二氢钾(3.6 g/L)、磷酸氢二钠(7.2 g/L)的混合溶液]

称取 L 型半胱氨酸盐酸盐($C_3H_8NO_2SCl$)0.5 g 或 1 水 L 型半胱氨酸盐酸盐($C_3H_8NO_2SCl \cdot H_2O$)0.56 g、磷酸二氢钾 3.6 g、磷酸氢二钠 7.2 g,分别用水溶解,混合并稀释至 1 000 mL。溶液在配制后 4 h 内使用。

6.3.2.2 仪器和设备

a) 带密封盖的不锈钢筒；
b) 蒸汽高压杀菌锅。

6.3.2.3 试验步骤

6.3.2.3.1 用于常压杀菌的酸性内容物包装的易开盖

将样盖浸没于盛有柠檬酸溶液的不锈钢筒中，密封，将不锈钢筒置于蒸汽高压杀菌锅内，加热至100 ℃并恒温 30 min，自然降压、冷却后取出样盖。目视检查样盖的涂膜状况。

6.3.2.3.2 用于高压杀菌的含蛋白质内容物包装的易开盖

将样盖浸没于盛有混合溶液 A 的不锈钢筒中，密封，将不锈钢筒置于蒸汽高压杀菌锅内，加热至121 ℃并恒温 60 min，自然降压、冷却后取出样盖。目视检查样盖的涂膜状况。

6.3.2.3.3 用于高压杀菌的酸性或其他内容物包装的易开盖

将样盖浸没于盛有柠檬酸溶液的不锈钢筒中，密封，将不锈钢筒置于蒸汽高压杀菌锅内，加热至121 ℃并恒温 30 min，自然降压、冷却后取出样盖。目视检查样盖的涂膜状况。

6.3.3 抗冲击性

6.3.3.1 试剂和溶液

硫酸铜溶液(50 g/L)：称取五水硫酸铜($CuSO_4 \cdot 5H_2O$)50 g，用水溶解并稀释至 1 000 mL。

6.3.3.2 仪器和设备

a) 烧杯(1 000 mL)；
b) 陶瓷器皿或玻璃器皿。

6.3.3.3 试验步骤

6.3.3.3.1 炼乳或干品类食品包装用的易开盖

将样盖浸没于盛有硫酸铜溶液的陶瓷器皿或玻璃器皿中，5 min 后取出，清水冲洗、干燥，目视检查样盖内外涂膜的腐蚀状况。

6.3.3.3.2 其他易开盖

将样盖浸没于盛有硫酸铜溶液的陶瓷器皿或玻璃器皿中，30 min 后取出，清水冲洗、干燥，目视检查样盖内外涂膜的腐蚀状况。

6.4 主要性能指标

6.4.1 启破力和全开力

6.4.1.1 仪器和设备

开启力测试仪：精度不大于 1 N。

6.4.1.2 试验步骤

用开启力测试仪勾住拉环沿刻线打开样盖，读取样盖刻线启破瞬间和全开时的拉力值，即为启破力和全开力。

6.4.2 耐压强度和密封性

6.4.2.1 仪器和设备

耐压强度测试仪：分度值不大于 10 kPa。

6.4.2.2 试验步骤

6.4.2.2.1 用耐压强度测试仪测试，缓慢升压，读取样盖爆破时压力指示值，即为耐压强度值。

6.4.2.2.2 用耐压强度测试仪测试，缓慢升压至指定压力值并恒压 1 min，观察样盖泄漏情况。

6.4.3 开启可靠性

提起拉环磕破刻线，并顺着开启方向把拉环扳到底，再勾起拉环回拉打开样盖，观察样盖拉环情况。

6.4.4 内涂膜完整性

6.4.4.1 试剂和溶液

硫酸钠溶液(20 g/L)：称取硫酸钠(Na_2SO_4)20 g，用水溶解并稀释至 1 000 mL。

6.4.4.2 仪器和设备

涂膜完整性测试仪：精度不大于 0.1 mA。

6.4.4.3 试验步骤

用涂膜完整性测试仪测试，倒入硫酸钠试验溶液，在 6.3 V 的工作电压下，测量样盖第 4 秒时的内涂膜缺陷电流值。

6.5 密封胶干膜性能

6.5.1 干膜质量和含水率

6.5.1.1 仪器和设备

a) 分析天平：精度为 0.000 1 g；
b) 烘箱。

6.5.1.2 干膜质量的测定试验步骤

用分析天平称量未除去密封胶干膜的样盖，记录样盖质量(W_1)；除去密封胶干膜后，再次用分析天平称量样盖质量(W_2)。干膜质量(W)按式(1)计算：

$$W = W_1 - W_2 \qquad (1)$$

式中：

W ——密封胶干膜质量，单位为毫克(mg)；

W_1——未除去密封胶干膜的样盖质量，单位为毫克(mg)；

W_2——除去密封胶干膜后的样盖质量，单位为毫克(mg)。

6.5.1.3 含水率的测定试验步骤

用分析天平称量从样盖剥离下的密封胶干膜，记为 W_3；将密封胶干膜置于烘箱中经 125 ℃，30 min 烘干至恒重，再次称量，记为 W_4。密封胶膜含水率（$X\%$）按式(2)计算：

$$X = 100 \times (W_3 - W_4) / W_3 \qquad \cdots\cdots (2)$$

式中：

X ——密封胶膜含水率，%；

W_3 ——从样盖上取下的密封胶干膜的质量，单位为毫克(mg)；

W_4 ——从样盖上取下的密封胶干膜烘干后的质量，单位为毫克(mg)。

6.5.2 耐水性

6.5.2.1 试验步骤

将样盖浸没于 100 ℃的水中，保持 20 min，取出，目视观察密封胶干膜状况。

6.5.3 耐油性

6.5.3.1 试剂和溶液

食用级植物油(色拉油)。

6.5.3.2 试验步骤

将样盖浸于 120 ℃～130 ℃的植物油浴中，保持 20 min，取出，目视观察密封胶膜的状况。

7 检验规则

7.1 组或批

检验应按货批或货组进行，按一次交货的同一规格的产品为一个货批。同一个货批，经双方协商，可分为若干货组，货组应为整数倍的包装件。

7.2 检验分类

7.2.1 出厂检验

产品交货时应进行出厂检验，出厂检验项目包括产品的外观质量、尺寸偏差、涂膜固化性、耐蚀性、抗冲击性、启破力、全开力、耐压强度、密封性、开启可靠性、内涂膜完整性、密封胶干膜质量。

7.2.2 型式检验

7.2.2.1 每种盖型一般每年进行一次型式检验。有下列情况之一，亦应进行型式检验：

a) 主要原辅材料或关键工艺改变，可能影响产品性能时；

b) 停产 6 个月以上，恢复生产时；

c) 出厂检验结果与上次型式检验有较大差异时；

d) 国家质量监督机构提出进行型式检验的要求时。

7.2.2.2 型式检验项目为本标准要求的全部指标。

7.3 产品外观不合格分类

产品的外观不合格分类见表 5。

表 5 产品外观不合格分类

项 目	缺陷内容
A 类不合格	无拉环，未涂密封胶，涂膜严重脱落，钩边严重皱折，盖内明显污染
B 类不合格	钩边明显变形，堆胶或断胶、有明显气泡，表面锈蚀
C 类不合格	内外涂膜划痕、擦伤但金属不暴露，钩边轻度皱折和变形
炼乳包装用易开盖可以不涂密封胶	

7.4 抽样方案

7.4.1 内涂膜固化、耐蚀性按 GB/T 2828.1 中正常检验一次抽样方案进行检验，见表 6。

表 6 内涂膜固化、耐蚀性检验抽样方案及判定

检验水平	不合格分类	批量范围	接收质量限 AQL	样本数	判定数组 Ac Re
S-1	A 类不合格	≥35 000	1.0	13	0 1

7.4.2 其他出厂检验项目和型式检验项目按 GB/T 2828.1 中正常检验二次抽样方案进行检验，见表 7 和表 8。

表 7 检验水平和接收质量限

检验项目	检验水平	不合格分类	接收质量限 AQL
外观	S-4	A 类不合格	0.65
		B 类不合格	2.5
		C 类不合格	4.0
尺寸	S-3	C 类不合格	4.0
密封胶干膜性能	S-1	B 类不合格	2.5
耐压强度、密封性	S-1	A 类不合格	1.0
启破力	S-1	B 类不合格	2.5
全开力	S-1	B 类不合格	2.5
开启可靠性	S-1	A 类不合格	1.0
内涂膜完整性	S-1	A 类不合格	1.0
抗冲击性	S-1	A 类不合格	1.0

表 8 正常检验二次抽样方案

<table>
<tr><th rowspan="2">检查水平</th><th rowspan="2">批量范围</th><th rowspan="2">接收质量限 AQL</th><th rowspan="2">样本数</th><th colspan="2">判定数组</th></tr>
<tr><th>Ac</th><th>Re</th></tr>
<tr><td rowspan="2">S-1</td><td rowspan="2">≥35 000</td><td>1.0</td><td>13</td><td>0</td><td>1</td></tr>
<tr><td>2.5</td><td>5</td><td>0</td><td>1</td></tr>
<tr><td rowspan="2">S-3</td><td>35 001～500 000</td><td>4.0</td><td>20
20</td><td>1
4</td><td>3
5</td></tr>
<tr><td>≥500 001</td><td>4.0</td><td>32
32</td><td>2
6</td><td>5
7</td></tr>
<tr><td rowspan="6">S-4</td><td rowspan="3">35 001～500 000</td><td>0.65</td><td>50
50</td><td>0
1</td><td>2
2</td></tr>
<tr><td>2.5</td><td>50
50</td><td>2
6</td><td>5
7</td></tr>
<tr><td>4.0</td><td>50
50</td><td>3
9</td><td>6
10</td></tr>
<tr><td rowspan="3">≥500 001</td><td>0.65</td><td>80
80</td><td>0
3</td><td>3
4</td></tr>
<tr><td>2.5</td><td>80
80</td><td>3
9</td><td>6
10</td></tr>
<tr><td>4.0</td><td>80
80</td><td>5
12</td><td>9
13</td></tr>
</table>

7.5 判定规则

7.5.1 出厂检验判定规则

出厂检验项目全部符合本标准,判定该批为合格。出厂检验如有一项不符合标准,可以再次抽样复检,复检后仍不符合本标准,判定该批为不合格。

7.5.2 型式检验判定规则

型式检验项目全部符合本标准,判定型式检验合格。型式检验项目有两项不符合本标准,可以再次抽样复检,复检后仍有一项不符合本标准,判为型式检验不合格。

8 标志、包装、运输和贮存

8.1 标志

应符合 GB/T 191 的规定,出厂产品应有产品检验合格证,合格证上应标明生产企业名称、产品名称、产品规格、生产编号、生产日期、数量等。

8.2 包装

8.2.1 包装材料应清洁、干燥,不得有异味,无毒,无害。

8.2.2 产品采用呈中性的包装纸袋包装,再用双层瓦楞纸箱或托盘包装。纸箱包装的要封闭箱口。用托盘包装的，外加捆扎带和薄膜包封。

8.2.3 包装数量误差不超过规定值的2‰。

8.3 运输

采用集装箱方式运输，运输工具应清洁、干净、干燥，不允许有异味、污染。用其他方式运输应避免重压、雨淋、受潮、污染及损伤。

8.4 贮存

8.4.1 产品应贮存在干燥、通风、清洁的库房内，应防尘、防潮、防污染、防重压。

8.4.2 在正常贮存情况下（相对湿度≤70%），产品自生产之日起，产品保质期为两年。

附　录　A
（规范性附录）
镀锡或镀铬薄钢板全开式易开盖主要规格的公称直径

A.1　圆形易开盖主要规格的公称直径见表A.1。

表 A.1　圆形易开盖主要规格的公称直径

盖　型	公称直径/mm	允许公差/mm
Y200	49.5	±0.10
Y202	52.3	±0.10
Y209	62.5	±0.10
Y211	65.3	±0.10
Y214	69.9	±0.10
Y300	72.9	±0.15
Y303	77.6	±0.15
Y305	80.3	±0.15
Y307	83.3	±0.15
Y309	86.7	±0.15
Y315	95.5	±0.15
Y401	98.9	±0.20
Y403	102.4	±0.20
Y404	105.1	±0.20
Y502	126.5	±0.20
Y603	153.4	±0.20

A.2　异形易开盖主要规格的公称直径见表A.2。

表 A.2　异形易开盖主要规格的公称直径

盖　型	公称直径		
	长径/mm	短径/mm	允许公差/mm
F304	96.8	50.8	±0.15
F311	104.0	60.0	±0.15
F312	140.3	76.3	±0.15
F313	140.1	110.0	±0.15
F316	104.8	75.8	±0.15
T501	145.4	70.8	±0.15
T601	159.8	106.8	±0.15

表 A.2（续）

盖 型	公称直径		
	长径/mm	短径/mm	允许公差/mm
T604	125.7	83.0	±0.15
M812	120.0	85.0	±0.15
C901	147.4	80.4	±0.15

附 录 B
（规范性附录）
产品的密封胶干膜质量

产品的密封胶干膜质量见表B.1。

表 B.1 产品的密封胶干膜质量

盖 型		密封胶干膜质量/mg
圆形易开盖	Y200	40
	Y202	42
	Y209	50
	Y211	54
	Y214	58
	Y300	60
	Y305	68
	Y307	70
	Y309	78
	Y315	80
	Y401	83
	Y403	92
	Y404	96
	Y502	125
	Y603	169
方形易开盖	F304	85
	F311	95
	F312	145
	F313	150
	F316	115
椭圆形易开盖	T501	140
	T601	150
	T604	145
马蹄形易开盖	M812	120
长圆形易开盖	C901	140
注：本表“密封胶干膜质量”是以密封胶的密度为1.3 kg/L时的干膜体积换算而得，若密封胶的密度不等于1.3 kg/L，应换算其干膜质量。		

ICS 67.240
B 04

中华人民共和国国家标准

GB/T 29604—2013

感官分析 建立感官特性参比样的一般导则

Sensory analysis—General guidance for establishing references for sensory attributes

2013-07-19 发布　　　　2013-12-31 实施

中华人民共和国国家质量监督检验检疫总局
中国国家标准化管理委员会 发布

前　言

本标准按照 GB/T 1.1—2009 给出的规则起草。

本标准由中国标准化研究院提出并归口。

本标准起草单位：中国标准化研究院、广西壮族自治区质量技术监督局、北京农学院、中粮集团有限公司、江苏省农业科学院。

本标准主要起草人：赵镭、苏彩和、席兴军、支瑞聪、史波林、卢大新、丁庆波、黄序、牛丽影。

感官分析
建立感官特性参比样的一般导则

1 范围

本标准规定了建立感官特性参比样的基本原则和一般程序。

本标准适用于食品感官评价中感官特性参比样的建立，也适用于非食品消费品如化妆品、个人护理品、纺织品等进行感官评价时，感官特性参比样的建立。

2 规范性引用文件

下列文件对于本文件的应用是必不可少的。凡是注日期的引用文件，仅注日期的版本适用于本文件。凡是不注日期的引用文件，其最新版本(包括所有的修改单)适用于本文件。

GB/T 10221 感官分析 术语(ISO 5492)

GB/T 12315 感官分析 方法学 排序法(ISO 8587)

GB/T 16861 感官分析 通过多元分析方法鉴定和选择用于建立感官剖面的描述词(ISO 11035)

GB/T 19547 感官分析 方法学 量值估计法(ISO 11056)

ISO 4121 感官分析 定量反应尺度的使用指南(Sensory analysis—Guidelines for the use of quantitative response scales)

3 术语和定义

GB/T 10221 界定的以及下列术语和定义适用于本文件。为了便于使用，以下重复列出了 GB/T 10221中的某些术语和定义。

3.1

感官特性 sensory attribute

由感觉器官感知的产品特性。

注：对食品而言，一般包括外观、质地、香气、滋味、风味、口感等。

3.2

参比样 reference sample

用于定义或阐明一个特性或一个给定特性的某一特定水平的物质。

注 1：参比样可与被检样品不同，仅作为对照，其他样品与之比较。

注 2：参比样可以是产品或模拟体系。

注 3：当参比样用于一个给定特性的强度对照时，通常为具有某一特性的系列样品，涵盖特性强度最小至最大的变化区间。

注 4：改写 GB/T 10221—2012 定义 2.21。

3.3

感觉 sensation

感官刺激引起的心理生理反应。

[GB/T 10221—2012，定义 3.4]

3.4

(感觉)强度　intensity

感知到的感觉的大小。

[GB/T 10221—2012,定义 3.8]

3.5

(刺激)强度　intensity

引起这种感觉的刺激的大小。

[GB/T 10221—2012,定义 3.9]

3.6

物理量　physical variable

量度物体属性或描述物体运动状态及其变化过程的量。

注：感官分析中的物理量指引起感觉的刺激。

4　参比样的基本原则

4.1　普遍性

参比样宜是成品,无需加工或仅简单加工即可。应首先考虑选择市场上为人熟悉的产品。必要时可自行制备。

4.2　代表性

参比样应具有典型的期望参比的感官特性,该特性不被其具有的其他感官特性掩盖。

4.3　稳定性

在适宜的存放条件下,参比样应质量稳定,不同批次重现性好。

4.4　可替代性

以某种产品制备的参比样难以获得时,应能找到其替代品,如其他品牌的类似产品。

4.5　溯源性

宜建立参比的感官特性与某种可精确测量的物理量之间的相关性,从而可通过仪器测定值估算感官特性强度,以快速筛选参比样,并在一定程度上体现感官评价结果的溯源,用仪器辅助校准和检定人的感觉量。

5　建立参比样的一般程序

5.1　备选参比样的采集或构建

应根据最终参比样要涵盖的范围与发挥的作用来采集或构建备选参比样。若建立的是通用感官特性,则采集或构建的备选参比样应包括不同产品类型,并应涵盖该感官特性最小至最大强度范围的代表性产品或模拟产品体系。若参比样针对特定产品的某种感官特性而设,则采集或构建的备选参比样只限于该种产品或基于该种产品的模拟体系,样品范围同样能涵盖该种产品该感官特性最小至最大强度的变化区间。

5.2 参比样的初选

按照 GB/T 16861 对采集或构建的备选参比样进行感官描述词收集，从中筛选出针对某一种感官特性代表性强的样品。再按照 GB/T 12315 对这些样品依据感官特性强度大小进行排序，通过多重比较和分组进行样品归类。对同一组内的样品进行稳定性、代表性、可替代性等参比样建立的基本原则综合考察分析，初选出下一步待测的参比样。

5.3 参比样的确定

5.3.1 感官评价

按照量值估计法(见 GB/T 19547)或标度法(见 ISO 4121：2003)对待测参比样所期望参比的感官特性进行强度评价，获得参比特性的感觉强度值。

5.3.2 仪器分析

采用仪器分析手段如质地仪、流变仪，电子感官如电子鼻、电子舌等，对与待测参比样感官特性相关的物理量如 TPA(质地剖面分析仪)参数、流变参数、气味传感器特征值、滋味传感器特征值等进行测定，获得与参比特性相关的物理量测定值。

5.3.3 量值确定

参比样的量值宜包括感觉强度的标度值及与感官特性相关的特征物理量的参考值。感觉强度的标度值由 1 个或多个评价小组感官评价结果的平均值表示。特征物理量通过感官特性与物理量的相关性分析及进行特征提取来确定。特征物理量的参考值通过多次平行测定，以平均值及其变化范围表示。

5.4 参比样的适用性测试

应在重复性和再现性条件下对建立的参比样进行适用性测试。根据测试的结果对参比样的量值进行校正。

6 参比样的管理

参比样应在适当的贮藏条件下存贮以保证其稳定性，并根据其感官货架期，定期处置或更换。

ICS 67.240
B 04

中华人民共和国国家标准

GB/T 29605—2013

感官分析　食品感官质量控制导则

Sensory analysis—Guide for food sensory quality control

2013-07-19 发布　　2013-12-01 实施

中华人民共和国国家质量监督检验检疫总局
中国国家标准化管理委员会　发布

前　言

本标准按照 GB/T 1.1—2009 给出的规则起草。

本标准由中国标准化研究院提出并归口。

本标准主要起草单位:中国标准化研究院、中粮集团有限公司、中国合格评定国家认可中心、浙江工商大学、内蒙古蒙牛乳业(集团)股份有限公司。

本标准主要起草人：赵镭、刘文、支瑞聪、史波林、汪厚银、李志、丁庆波、黄序、史光华、张卫斌、白雪。

感官分析　食品感官质量控制导则

1　范围

本标准给出了食品感官质量控制应满足的基本要求，以及实施食品感官质量控制的一般程序。包括感官质量控制要素的描述、感官质量控制标样的建立、感官评价小组的组建、感官评价方法的选用和质量控制图的运用等。

本标准适用于食品企业进行产品感官质量控制，其他消费品企业也可参考使用。

2　规范性引用文件

下列文件对于本标准的应用是必不可少的。凡是注日期的引用文件，仅注日期的版本适用于本文件。凡是不注日期的引用文件，其最新版本(包括所有的修改单)适用于本文件。

GB/T 4091　常规控制图(ISO 8258)

GB/T 10221—2012　感官分析　术语(ISO 5492)

GB/T 12311　感官分析方法　三点检验(ISO 4120)

GB/T 16291.1　感官分析　选拔、培训与管理评价员一般导则　第1部分：优选评价员(ISO 8586-1)

GB/T 16291.2　感官分析　选拔、培训和管理评价员一般导则　第2部分：专家评价员(ISO 8586-2)

ISO 4121　感官分析　定量反应标度使用导则(Sensory analysis—Guidelines for the use of quantitative response scales)

ISO 13299　感官分析　方法学　感官剖面建立导则(Sensory analysis—Methodology—General guidance for establishing a sensory profile)

ISO 22935-1　奶和奶制品　感官分析　第1部分：评估者的雇用、选择、培训和监测用通用指南(Milk and milk products—Sensory analysis—Part 1: General guidance for the recruitment, selection, training and monitoring of assessors)

3　术语和定义

GB/T 10221—2012 界定的以及下列术语和定义适用于本文件。为了便于使用，以下重复列出了 GB/T 10221—2012 中的某些术语和定义。

3.1

感官特性　sensory attribute

由感觉器官感知的产品特性。对于食品而言，一般包括外观、质地、香气、滋味、风味、口感等。

3.2

质量　quality

反映产品、过程或服务能满足明确或隐含需要的特性总和。

[GB/T 10221—2012，定义 2.36]

3.3

质量控制　quality control

为达到质量要求所采取的作业技术或活动，以下简称质控。

3.4

外观 appearance

物质或物体的所有可见特性。

[GB/T 10221—2012,定义 4.1]

3.5

气味 odour

嗅闻某些挥发性物质时,嗅觉器官所感受到的感官特性。

[GB/T 10221—2012,定义 4.18]

3.6

味道 taste

在某可溶物质刺激下,味觉器官感知的感觉。

注 1:该术语不用于以"风味"表示的味感、嗅感和三叉神经感的复合感觉。

注 2:如果该术语被非正式地用于这种含义,它总是与某种修饰词连用。例如发霉的味道,覆盆子的味道,软木塞的味道等。

[GB/T 10221—2012,定义 3.12]

3.7

风味 flavour

品尝过程中感知到的嗅感、味感和三叉神经感的复合感觉。

注:它可能受触觉、温度、痛觉和(或)动觉效应的影响。

[GB/T 10221—2012,定义 4.20]

3.8

质地 texture

在口中从咬第一口到完成吞咽的过程中,由动觉和体觉感受器,以及在适当条件下视觉及听觉感受器感知到的所有机械的、几何的、表面的和主体的产品特性。

注 1:整个咀嚼过程中,物质与牙齿、腭接触以及与唾液混合时,形体变化影响感知能力。
听觉信息有助于对产品尤其是干制产品的质地进行判断。

注 2:机械特性与对产品压迫产生的反应(硬性、黏聚性、黏性、弹性、黏附性)有关。
几何特性与产品大小、形状及产品中微粒排列(密度、粒度和构造)有关。
表面特性与在口中产品表皮内或表皮周围水分和(或)脂肪含量引起的感觉有关。
主体特性与在口中产品构造中的水分和(或)脂肪含量,以及它们释放方式引起的感觉有关。

[GB/T 10221—2012,定义 4.41]

3.9

口感 mouthfeel

刺激的物理和化学特性在口中产生的混合感觉。

注:评价员将物理感觉(例如密度、黏度、粒度)定为质地特性,化学感觉(如涩度、致冷性)等定为风味特性。

[GB/T 10221—2012,定义 4.62]

3.10

评价小组 panel

参加感官分析的评价员组成的小组。

[GB/T 10221—2012,定义 2.9]

4 基本要求

4.1 多角度分析

应基于对产品感官质量的影响因素分析、生产企业自身技术水平评价、控制成本与经济效益核算、消费者接受性测试与市场反馈等多方面评估来建立与实施食品感官质量控制体系。

4.2　全过程控制

应涵盖产品制造的各个环节，如原材料采购、产品生产、包装、仓储、物流等所有影响产品感官质量变化的过程。

4.3　消费者接受

应基于产品的感官质量特征及消费者的接受性建立用于质量控制的关键感官特性及其可变化的上下限，更好地体现以满足消费者需求和偏爱为市场导向的产品质量控制，增强产品市场竞争力。

4.4　文件记录可控

各环节的感官质量要求和检验记录等应完备详细，易于理解沟通，能明确说明产品质量状态。

4.5　感官-仪器相关

若有可能，应分析感官评价与仪器分析之间的相关性，在确认两者的相关性后，建立仪器辅助的感官评价方法或者采用仪器进行快速和大量排查。

4.6　系统间协调

应将产品感官质量控制纳入到企业全面质量管理之中，使质量控制体系系统、全面并整体运行良好。

5　一般程序

5.1　概述

实施感官质量控制，首先要确定控制标准，应从感官质量控制要素描述和质控标样建立两方面确定。其次，要进行质量数据采集，包括感官评价小组组建、感官评价方法选用、感官评价结果分析和解释等。最后对质量数据进行统计过程控制。感官质量控制一般程序示意见图1。

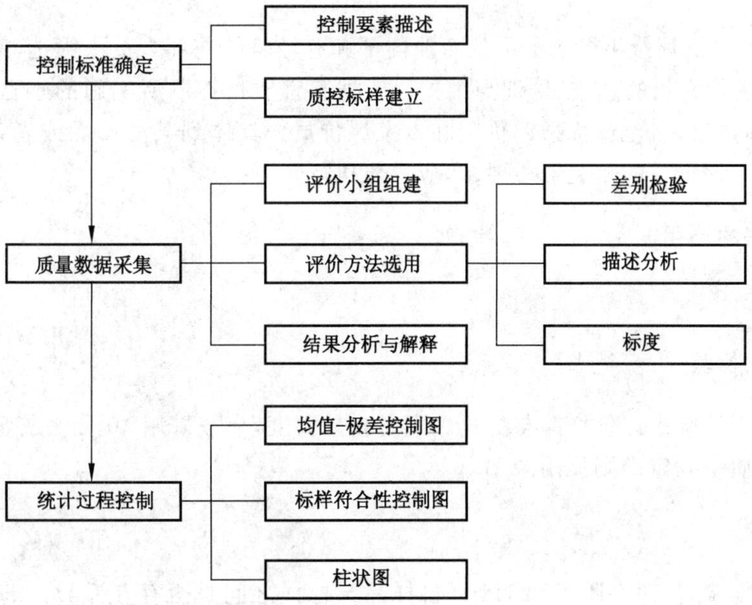

图1　感官质量控制一般程序示意图

5.2 感官质量控制要素的描述

应针对影响产品感官质量的采购、生产、流通等相关环节物料的关键感官特性进行详细描述，并建立感官质量控制要素描述表。描述表格式参见附录A中表A.1。关键感官特性主要指容易发生变化的特性以及会影响到消费者接受性和偏爱的特性，可通过感官特性改变和消费者测试来确定。

5.3 感官质量控制标样的建立

5.3.1 一般原则

与感官质量控制要素描述相配套，应建立质控标样，以便于理解和实际应用。各企业应根据自身产品质量特点及生产情况建立本企业用于感官质量控制的标样，并定期对标样进行核查和更新。建立的标样应能代表消费者认为该产品应具有的质量和可接受的质量变化，并在本企业内统一实施应用。

5.3.2 建立的方法

5.3.2.1 标样的制备或选择

对成品而言，标样可根据企业研发该产品时确定的配方与工艺制备，并在要求的条件下贮藏。亦可通过产品抽样，挑选出正常情况下实际生产中能达到较高质量的产品作为标样。对原料而言，由企业与供应商共同确定质控标样。

示例：对企业内不同生产地、不同生产线、同一批次、不同批次正常状况下生产的产品进行抽样，由产品研发人员及评价小组根据产品感官质量标准对其进行10点标度评分，得分在9分及以上者作为标样。

5.3.2.2 标样的留存与更新

应确定标样的包装条件、储存条件和库存量。在适宜包装和储存条件下留存适量的标样，确保其感官质量变化最小，并及时更换。对留存的标样和更新的标样，应做差别检验和描述性分析，证明两者之间无显著差异者才能进行更新。

5.4 感官评价小组的组建

用于感官质量控制的评价小组成员可从企业内部和有经验的外部人员中筛选，依据GB/T 16291.1和GB/T 16291.2进行人员的选拔、培训与维护。依据感官质量控制所实施的感官评价方法对评价员资质的要求，分别筛选出评价员、优选评价员和专家评价员。具体到某类产品或者某个行业，若已颁布标准中规定了其感官评价员的相关资质要求，应遵照执行。

5.5 感官评价方法的选用

5.5.1 差别检验法

5.5.1.1 对照差别检验

可采用对照差别检验来评价样品与标样之间的差异程度，一般采用10分法或5分法。检验回答表格式参见表A.2。质量判定准则见附录B。

5.5.1.2 三点检验

亦可采用三点检验，按照GB/T 12311评价样品与标样之间是否存在差异。若评价结果表明样品与标样之间存在差异，则视为被检样品不合格。反之，若不存在差异，则样品合格。

5.5.2 描述性分析法

若差别检验评分在8分(10分法)或4分以下(5分法)时应按照ISO 13299进行描述性分析,以进一步确认样品与标样的具体差别及其程度的大小。由评价员填写回答表,评价小组组长进行结果记录。评价员回答表和评价小组组长结果记录格式样分别参见表A.3和表A.4。

5.5.3 标度法

与差别检验相结合,还可以按照ISO 4121,使用标度法对那些在生产上容易发生变化的,以及变化后容易引起消费者拒绝的关键感官特性进行评价。其中,对产品可以有的感官特性进行强度评价;而对于在任何时候都不应出现的感官特性,采用排查法检验。可参照表A.5制定产品感官质量控制回答表。

5.6 质量控制图的运用

5.6.1 感官均值-极差($\overline{X}$-R)控制图法

依据常规均值-极差($\overline{X}$-R)控制图的方法,将一个过程定期收集的样品由评价小组进行感官评价测得的小组平均值绘制均值控制图。平均值代表质控标准,质控上下限则根据消费者测试确定的可接受及不可接受的感官质量变化以及企业的生产能力而确定。应根据消费者需求以及动态的检验结果及时调整质量控制的平均值和质控上下限,提高产品质量的控制水平。常规控制图建立的方法详见GB/T 4091。控制图图例参见图C.1。

5.6.2 标样符合性控制图法

可将与标样对照差别检验的结果绘制成标样符合性控制图。横坐标为样品,纵坐标为与标样进行对照差别检验的结果,参见图C.2。根据得分所处的区域,相应采取感官质量控制行动。即,评分在6分及以上的为合格产品,允许出厂;1~2分的为拒绝产品,予以废弃;3~5分的为可疑产品,不符合标准,但可以再处理加工使用。

5.6.3 柱状图法

可采用柱状图,直观跟踪不同批次、不同生产日期产品的感官质量变化情况,以及寻找可用来更新标样及检验校准样的样品。柱状图横坐标为样品,纵坐标为对照差别检验的评分结果。描述分析的结果标注于柱状图的上方。用文字表示与标样有差异的感官特性,用向上或向下的箭头表示特性强度与标样相比是强了还是弱了。示例参见图C.3。

附 录 A
（资料性附录）
描述表、回答表和记录表格式样

表 A.1～表 A.5 分别给出了感官质量控制过程中主要使用的控制要素描述表、对照差别检验回答表、描述性分析回答表、描述性分析结果记录表、关键特性及缺陷回答表的格式样。

表 A.1 ××感官质量控制要素描述表格式样

控制要素	基本要求	应避免的感官质量缺陷
外观	颜色	缺陷 1
	组织状态	缺陷 2
	……	……
滋味	滋味特性 1	缺陷 1
	滋味特性 2	缺陷 2
	……	……
风味	风味特性 1	缺陷 1
	风味特性 2	缺陷 2
	……	……
质地	质地特性 1	缺陷 1
	质地特性 2	缺陷 2
	……	……
口感	口感特性 1	缺陷 1
	口感特性 2	缺陷 2
	……	……

表 A.2 对照差别检验回答表格式样

________产品　　　　评价员姓名__________

感官质量控制　　　　评价时间__________

1 2	3 4 5	6 7 8	9 10
完全不同	差别较大	有点差别	匹配

样品编码	评 分			
	整体差异	关键特性 1	关键特性 2	……

表 A.3 ××产品感官质量描述性分析回答表格式样

样品编码： 评价员： 日期： 轮次：	
特 性	强 度
特性 1	
特性 2	
…	
特性 n	

表 A.4 ××产品感官质量控制描述性分析结果记录表格式样

样品编码		评价时间
感官特性	小组均值	可接受范围
特性 1	x_1	$x_{1\ min} \sim x_{1\ max}$
特性 2	x_2	$x_{2\ min} \sim x_{2\ max}$
…	…	…
特性 n	x_n	$x_{n\min} \sim x_{n\max}$

表 A.5 关键特性及缺陷回答表格式样

样品编码________ 评价员姓名________ 评价时间________

关键特性强度

	很低				很高
特性 1	□	□	□	□	□
特性 2	□	□	□	□	□
……	□	□	□	□	□

缺陷检查表：(有缺陷处划√)

缺陷 1 缺陷 2 ……

其他缺陷：________________________________

备注：________________________________

附 录 B
（规范性附录）
质量判定准则

B.1 感官评价结果的分析

评价小组人数在8人及以上的差别检验结果，计算小组平均值和标准偏差。评价小组人数少于8人的评价小组，可计算评价结果出现的频数。对出现严重偏离的结果应进行核查，以明确问题所在。对持否定意见的少数人的评价结果应特别重视，而不应只关注小组平均或者大多数人的结果。描述性分析的结果也可用描述频率来表达，即计算对样品某一特性强度描述出现的次数除以总评价次数。

示例1：评价小组中有2名评价员给出了2分的评价结果，而其他评价员则给出了6分、7分或8分的结果，小组平均的结果就有可能是6分及以上，似乎表明产品的变异性在可接受的范围。但这样的推断可能会忽视产品潜在的重要质量问题，而导致误判的较大风险，因此需要再次检验，以区分是产品本身存在问题还是评价员评价的问题。

示例2：11名评价员对苹果汁样品a进行了描述分析，其中7名认为，在甜味上样品a与标样相比强度太弱，则描述频率为7/11，说明样品a在甜味上出现较大质量偏移。

注：小组平均值保留到小数点后一位。用于质量判定时，按照四舍六入，五取下限的原则取整。如小组平均值为2.4，则取2；小组平均值为2.6，则取3；小组平均值为2.5，则取2。

B.2 10分法中的判定准则

10分法中，样品评分在9分～10分是符合标准的产品，6分～8分是存在小的质量偏离但可接受的产品，3分～5分是不符合标准不能出厂，但可以再处理加工使用的产品。1分～2分则是应被废弃的产品。其中，9分～10分定义为匹配。即被检样与标样的感官特性几乎完全相同，只有将两者放在一起仔细比较时才能发现很细微的差别。6分～8分定义为有点差别。即被检样基本符合产品要求，只有与标样放在一起比较才可发现差异。3分～5分定义为差别较大。即不符合产品要求，与标样的差别很大，很容易察觉，但未受到外来物质的污染。1分～2分定义为完全不同。即有明显缺陷，且可能有外来物质污染。

B.3 5分法中的判定准则

5分法中，将被检样的质量分为5个等级。每一等级与标样的偏离大小根据其代表的感官特性以及企业的质控标准来定。通常4级及以上被认为合格。

与标样相比，得分5为级数5，定义为无差异或轻微差异。得分4为级数4，定义为轻微至中等差异。得分3为级数3，定义为中等差异。得分2为级数2，定义为中等到较大差异。得分1为级数1，定义为较大差异与极大差异。

附 录 C
（资料性附录）
液态乳感官质量控制示例

C.1 总则

液态乳的感官质量控制应保持液态乳制品应有的或适宜的感官特性并避免感官质量缺陷的产生。一般应根据液态乳生产工艺中的关键控制点（critical control point，CCP），见图 C.1，分别对原料乳、半成品液态乳（超高温灭菌前）、成品液态乳（无菌灌装后）和入库成品液态乳（出厂前）进行感官质量检验与控制。每个环节应建立感官质量控制标准，采用适宜的感官质量评价方法和控制图方法等实施感官质量控制。

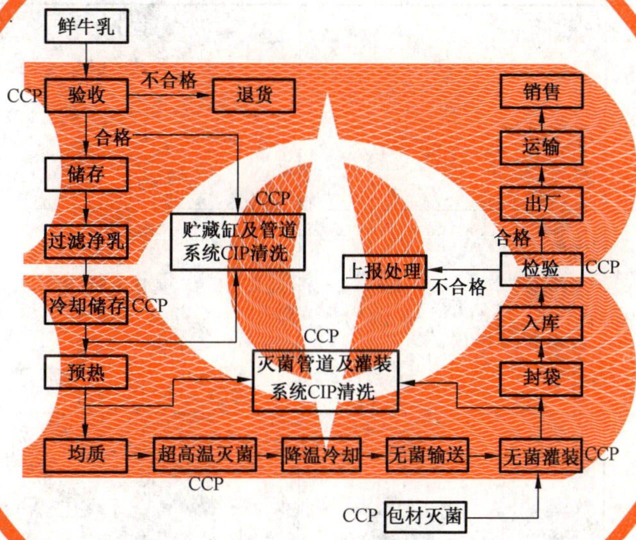

图 C.1 液态乳生产流程及关键控制点图

C.2 乳制品评价小组的组建

用于乳制品感官评价小组组建在满足 5.4 要求的基础上，可根据 ISO 22935-1 针对性细化实施。

C.2.1 筛选

基本方法见 GB/T 16291.1。基本味的识别与排序可依据表 C.1、表 C.2 所示进行测试。对乳制品的排序检验能力、差别检验能力和气味辨识与描述能力可依据表 C.3、表 C.4 和表 C.5 所示进行测试。

表 C.1 基本味的识别样品制备表

随机编码	识别为	味觉物质	浓度/(g/L)	样品制备
683	甜味	蔗糖	10	10g 蔗糖＋1 L 水
429	咸味	食盐	2	2g 食盐＋1 L 水
662	酸味	柠檬酸	0.3	0.3 g 柠檬酸＋1 L 水
353	苦味	咖啡因	0.3	0.3 g 咖啡因＋1 L 水
768	鲜味	谷氨酸钠	0.6	0.6 g 谷氨酸钠＋0.5 g 食盐＋1 L 水

表 C.2 基本味排序样品制备表

随机编码	基本味	正确的顺序	浓度/(g/L)
478	甜	3	10
753		1	0
578		4	15
248		2	5
145	酸	2	0.1
249		4	0.5
871		1	0
675		3	0.3
985	咸	2	1
813		1	0
713		4	2
632		3	1.5
268	苦	2	0.1
634		1	0
919		4	0.5
752		3	0.3

表 C.3 奶油味排序检验样品制备表

随机编码	正确的顺序	样品制备
268	1	脱脂 UHT 奶
634	4	全脂 UHT 奶＋20%(*V*/*V*)的 UHT 奶油
919	3	全脂 UHT 奶＋3%(*V*/*V*)的 UHT 奶油
753	2	全脂 UHT 奶

表 C.4 奶粉风味差别检验样品制备表

随机编码	样品	正确答案	样品制备(每人 30 mL)
737			脱脂奶粉
932	1 号奶粉		脱脂奶粉
895		不同	全脂奶粉
769			脱脂奶粉
862	2 号奶粉	不同	全脂奶粉
374			脱脂奶粉
191		不同	氧化的奶粉
748	氧化的 1 号奶粉		新鲜的奶粉
651			新鲜的奶粉
426			新鲜的奶粉
621	氧化的 2 号奶粉		新鲜的奶粉
848		不同	氧化的奶粉

表 C.5 气味辨识与描述能力测试表

随机编码	参比样	描述及评分		
		3 分	2 分	1 分
981	香茅油	香茅油味	柠檬味、洗洁精味	柑橘味、水果味
194	橙子	橙味	柠檬味	柑橘味、水果味
229	焦糖	焦糖味	香草味、麦芽味、焙烤味	甜味
371	丁酸	酸败的黄油味	乳酪味	呕吐物、宝宝奶嗝味
926	乙酸	乙酸味	醋味	酸味、牛奶异味
174	氨水	氨水味	洗洁精味、尿味	刺激味
746	顺-3-己烯-1-醇	青草味	青豆味	绿叶蔬菜味
831	3-辛烯醇	蘑菇味	地窖味、霉味	陈腐味
556	香草醛	香草味	奶油布丁味	糖果味

在所有的测试结束之后,对测试结果进行评价,合格的评价小组成员应满足以下要求:

a) 调查表填写完整,身体条件满足感官评价要求(如对乳制品不过敏),对感官评价有积极性,且能够保证准时参加检验;
b) 能够通过基本味的测试,正确率在 65%以上;
c) 描述性分析正确率在 50%以上;
d) 差别检验正确率在 65%以上。

C.2.2 培训

评价小组的培训应有计划的持续不断进行,培训的内容应包括:

a） 感官评价过程中的关键控制因素；

b） 感官评价所用到的各种方法：差别检验、标度法以及描述性分析等；

c） 感官特性术语与强度的训练；

d） 关于乳制品加工工艺与感官特性之间的相关性培训；

e） 使用参比样培训评价小组对乳品风味特性及强度的描述与辨别，参比样的制备可参考表C.6。

表C.6 评价小组培训用参比样制备表

感官特性	参比样	制 备
乙酸味	冰乙酸	—
氨味	氨水溶液	1 mL 氨水溶于 500 mL 水中
收敛感	茶叶	浸泡6个茶包(每个2.5g)在500 mL的水中，80℃加热10 min
收敛感	单宁酸	1 mg/mL 单宁酸水溶液
杏味	成熟的杏	—
牛膻味	对甲酚	20 mg/kg 对甲酚脱脂牛奶溶液
丁酸味	丁酸	20 mg/kg 丁酸乙醇溶液或 0.1 g/L 丁酸水溶液
焦糊味	糊牛奶	煮得焦糊的牛奶
焦糖味	液体焦糖	温水稀释一倍食用液体焦糖
纸板味	硬纸板	硬纸板浸泡在脱脂牛奶中过夜
谷物味	早餐玉米片、麦片	将麦片等浸泡在脱脂牛奶中30 min后过滤除去麦片
丁香味	丁香	用脱脂棉包裹丁香一段时间，待香味被脱脂棉吸附即可
清凉味	薄荷醇	0.8 mg/mL 薄荷醇乙醇溶液(冷藏)
牛舍味	干净的稻草	搜集牛舍中干净的稻草
奶油味	新鲜的奶油	—
爆米花味	2,3-二酮二乙酰丁烷	在滤纸上滴一滴 20 mg/kg 的2,3-二酮二乙酰丁烷
泥土味	泥土	收集含有腐烂叶子的泥土
油炸脂肪味	2,4-癸二烯醛	2 mg/L 2,4-癸二烯醛脱脂牛奶溶液
粪便味	甲基吲哚	0.05 mg/kg 甲基吲哚牛奶溶液
鱼腥味	海鱼	—
花香	苯乙胺	20 mg/kg 苯乙胺乙醇溶液
发酵果香	开始发酵的苹果	—
菠萝香	己酸乙酯或菠萝	20 mg/kg 己酸乙酯乙醇溶液
青草味	新割青草	—
湿青草味	顺3-己烯-1-醇	5 mg/kg(弱)或50 mg/kg(强)的顺3-己烯-1-醇水溶液
干草味	收割的干草	—
奶香味	十二内酯	0.1 mg/kg 十二内酯牛奶溶液
金属味	铁剂药片	铁剂药片磨碎溶解在水中
金属味	硫酸亚铁	千分之一的硫酸亚铁水溶液

表 C.6（续）

感官特性	参比样	制　　备
新鲜的，牛奶味	当天收集的牛奶	—
蘑菇味	蘑菇	10 g/kg 的 3-辛烯醇 1%丙二醇溶液
霉味	2,4,6-三氯苯甲醚	0.04%(V/V)的 2,4,6-三氯苯甲醚乙醇溶液，滴在脱脂棉上，然后置于棕色玻璃瓶中
洋葱味	淡黄色洋葱	将洋葱切片，煮 5 min，然后压碎
土豆味	3-甲硫基丙醛	0.04 mL/L 3-甲硫基丙醛乙醇溶液，滴在脱脂棉上
丙酸味	丙酸	1 mg/L 丙酸水溶液
腐臭的	丁酸	50 mL/L 丁酸水溶液
咸味	加盐牛奶	在 1 L 半脱脂牛奶中加入 1.5 g 氯化钠
青贮饲料味	青贮饲料	青草或玉米
肥皂味	肥皂	未加香的肥皂，搓碎
硫味/鸡蛋味	煮熟的鸡蛋	煮熟的鸡蛋，捣碎
牛脂味	动物脂肪	—
香草味	香草醛	0.2 mg/L 香草醛水溶液
酵母味	酵母	3%的酵母温水溶液

C.2.3　维护

应对评价小组定期进行小组表现与小组一致性的检查和维护，以确定该评价小组是否稳定、可靠，达到评价结果可重复。评价小组检查可使用已开展的评价实验进行重复测试，比较结果的重现性；也可使用评价小组筛选所用的方法进行重复测试。评价小组组长应记录评价员的表现，当有评价员不符合要求时令其退出。

C.3　感官控制要素的描述

液态乳感官质量控制要素包括外观、滋味、气味和质地，应达到的基本要求见表 C.7，应避免的感官质量缺陷描述见表 C.8。

表 C.7　液态乳感官质量控制要素

控制要素	基本要求
外观	色泽均匀，呈乳白或微黄色 无肉眼可见异物 无水乳分离
风味	具有乳固有的风味，无异味 通常纯牛乳应具有的风味包括乳香味、奶油味、甜味、咸味等
质地	均匀液体 无凝结、絮状沉淀 无粘稠

表 C.8 液态乳应避免的感官质量缺陷

缺陷项目	缺陷描述
风味缺陷	乳香味过淡或过浓 蒸煮味 包装材料味 酸败味 ……
外观及质地缺陷	分层、脂肪上浮 结块

C.4 与标样的对照差别检验

可采用对照差别检验用 10 分法来评价样品与标样之间的差异程度。检验回答表如表 C.9 所示。

表 C.9 液态乳感官质量控制差别检验回答表

________产品　　　　　　　　　　评价员姓名__________

感官质量控制　　　　　　　　　　评价时间____________

1 2	3 4 5	6 7 8	9 10
完全不同	差别较大	有点差别	匹配

样品编码	评分			
	整体差异	关键特性 1	关键特性 2	……

C.5 描述性分析

若差别检验评分在 8 分或以下进行描述性分析。描述性分析回答表示例见表 C.10。

表 C.10 巴氏杀菌乳感官质量描述性分析回答表

样品编码：	评价员： 日期： 轮次：
特 性	强 度
乳香味	
奶油味	
甜味	
咸味	
干粉味	
蒸煮味	
焦糊味	
纸板味	
金属味	
酸败味	
稠厚感	
……	

C.6 关键特性标度

针对不同产品，明确关键感官特性和须避免出现的感官缺陷，建立如表 C.11 所示的回答表，进行感官质量控制中的质量检验。

表 C.11 灭菌乳感官质量控制回答表

样品编码________ 评价员姓名________ 评价时间________

关键特性强度

	很低				很高
甜味	□	□	□	□	□
咸味	□	□	□	□	□
乳香味	□	□	□	□	□
风味	□	□	□	□	□
稠厚感	□	□	□	□	□
……	□	□	□	□	□

缺陷检查表：(有缺陷处划√)

酸败味□ 干粉味□ 油脂氧化味□ 豆味□ 饲料味□ 霉味□

鸡蛋味□ 膻 味□ 脂肪上浮□ 结块□ 药味□ 胀包□

其他缺陷：____

备注：____

C.7 控制图——草莓味乳饮料感官质量的统计控制

C.7.1 关键特性的感官均值-极差($\overline{X}-R$)控制图

草莓味是草莓味乳饮料的关键感官特性。适宜的风味强度是产品感官质量控制的目标。品控过程中,将评价小组对质控标样草莓味强度评价的平均值(4.5)作为该产品草莓味的质控标准。将经过消费者测试确定的可接受的草莓味强度变化的最大值(5.48)和最小值(3.52)分别作为质控的上限和下限。企业内定期抽样进行感官评价,建立如图 C.2 所示的控制图。

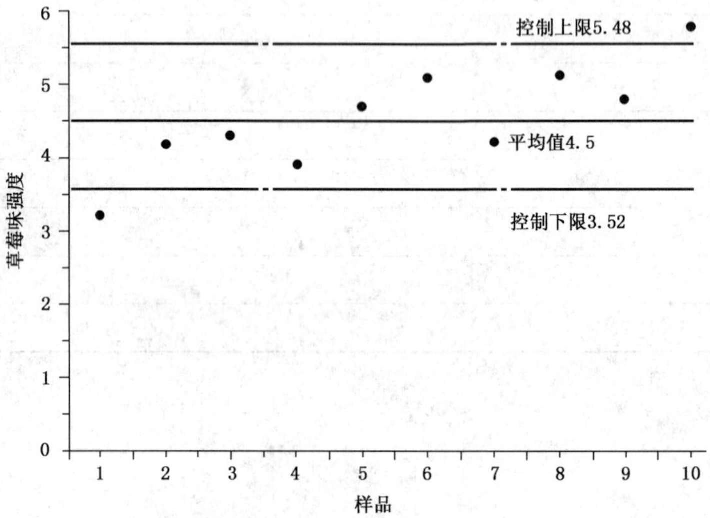

图 C.2 草莓味强度控制图

C.7.2 标样符合性控制图

从企业内抽取不同产地或不同生产线或不同批次的产品,由评价小组进行样品与标样之间的对照差别检验。将评价小组对同一样品评分的均值绘制成图 C.3,定期考察样品与标样的符合性情况,以评估不同产地或不同生产线或不同批次产品之间的感官质量稳定性。

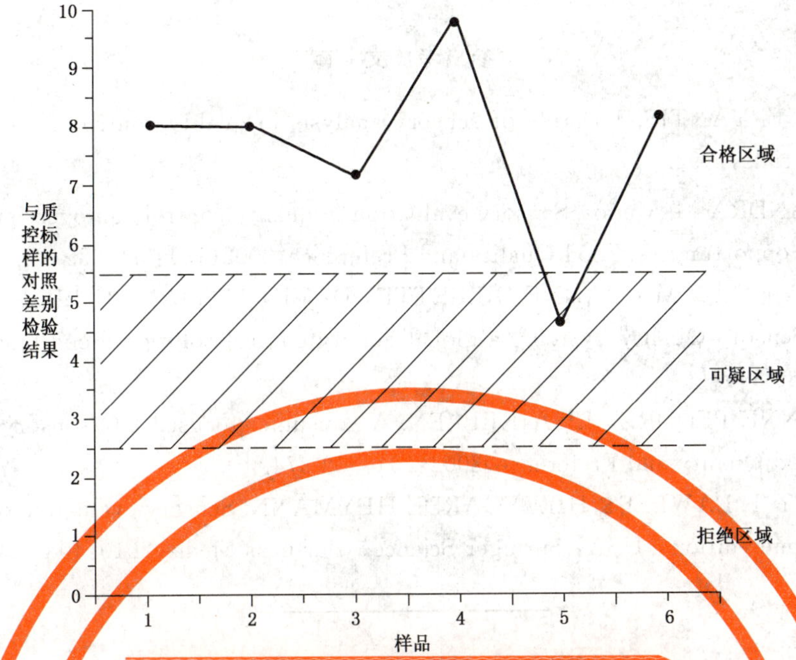

图 C.3　标样符合性控制图

C.7.3　柱状图与标样确定

从企业内抽取不同产地在同一生产时间段的质量较优的产品，将评价小组对照差别检验和描述性分析的结果绘制成图 C.4 所示的柱状图。横坐标为不同批号的产品，纵坐标为对照差别检验的结果，柱状图上方为描述性分析的结果。将 9 分以上得分最高的样品作为标样。同时分析不同样品偏离标样的情况，确定产品质量改进的方向。

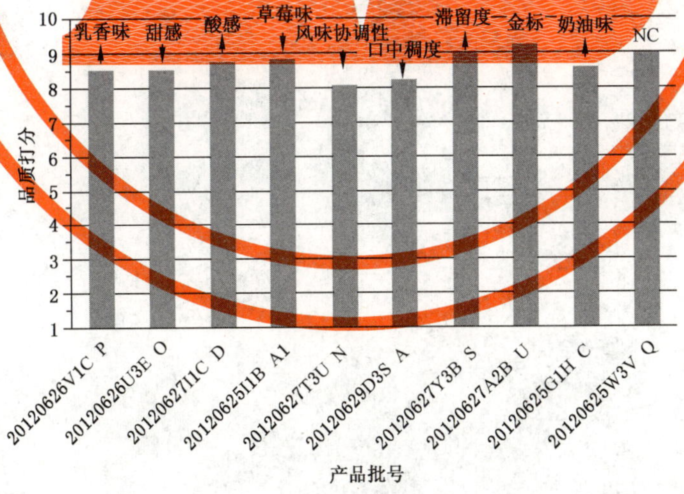

图 C.4　感官质量控制柱状图

参 考 文 献

[1] JUNE E. YANTIS. The role of sensory analysis in quality control. American Society for Testing and Materials,1992.

[2] ALEJANDRA M. Muñoz. Sensory evaluation in quality control: an overview, new developments and future opportunities. Food Quality and Preference,2002(13):329-339.

[3] SILVIA KING, MARIANNE GILLETTE, DAVID TITMAN, JULIE ADAMS, MARIA RIDGELY. The Sensory Quality System: a global quality control solution. Food Quality and Preference,2002(13):385-395.

[4] SUZANNE PECORE, LISA KELLEN. A consumer-focused QC/sensory program in the food industry. Food Quality and Preference,2002(13):369-374.

[5] HARRY T. LAWLESS,HILDEGARDE HEYMANN. Sensory evaluation of food principles and practices(second edition). USA: Springer Science+Business Media,2010:408-424.

ICS 97.180
Y 73

中华人民共和国国家标准

GB/T 29606—2013

不锈钢真空杯

Stainless steel vacuum flask

2013-07-19 发布　　2014-02-01 实施

中华人民共和国国家质量监督检验检疫总局
中国国家标准化管理委员会　发布

前言

本标准按照GB/T 1.1—2009给出的规则起草。

本标准由中国轻工业联合会提出。

本标准由全国金属餐饮及烹饪器具标准化技术委员会(SAC/TC 410)归口。

本标准负责起草单位:广东顺发五金制品有限公司。

本标准参加起草单位:国家日用金属制品质量监督检验中心(沈阳)、南龙集团有限公司、浙江哈尔斯真空器皿股份有限公司、先行集团有限公司、上海清水日用制品有限公司、浙江省永康市华川电器有限公司、安徽省富光实业股份有限公司、保康集团有限公司、雄泰集团有限公司。

本标准主要起草人:谢俊雄、刘纲、毕智涛、陈荣昌、应高峰、许崇毅、翁文武、卢晓阳、陆伟峰、胡文川、高响、李松、应雄、张雪凌、单智华。

不锈钢真空杯

1 范围

本标准规定了不锈钢真空杯(瓶、壶)的术语和定义、产品分类、要求、试验方法、检验规则、标志、包装、运输和贮存。

本标准适用于存放冷热水、饮料等液体(食品)的不锈钢真空杯、瓶、壶等日用器具(以下简称“产品”)。

2 规范性引用文件

下列文件对于本文件的应用是必不可少的。凡是注日期的引用文件,仅注日期的版本适用于本文件。凡是不注日期的引用文件,其最新版本(包括所有的修改单)适用于本文件。

GB/T 191 包装储运图示标志

GB/T 223.4 钢铁及合金 锰含量的测量 电位滴定或可视滴定法

GB/T 223.5 钢铁 酸溶硅和全硅含量的测定 还原型硅钼酸盐分光光度法

GB/T 223.11 钢铁及合金 铬含量的测定 可视滴定或电位滴定法

GB/T 223.18 钢铁及合金化学分析方法 硫代硫酸钠分离-碘量法测定铜量

GB/T 223.19 钢铁及合金化学分析方法 新亚铜灵-三氯甲烷萃取光度法测定铜量

GB/T 223.23 钢铁及合金 镍含量的测定 丁二酮肟分光光度法

GB/T 223.25 钢铁及合金化学分析方法 丁二酮肟重量法测定镍量

GB/T 223.28 钢铁及合金化学分析方法 α-安息香肟重量法测定钼量

GB/T 223.37 钢铁及合金化学分析方法 蒸馏分离-靛酚蓝光度法测定氮量

GB/T 223.59 钢铁及合金 磷含量的测定 铋磷钼蓝分光光度法和锑磷钼蓝分光光度法

GB/T 223.63 钢铁及合金化学分析方法 高碘酸钠(钾)光度法测定锰量

GB/T 223.85 钢铁及合金 硫含量的测定 感应炉燃烧后红外吸收法

GB/T 223.86 钢铁及合金 总碳含量的测定 感应炉燃烧后红外吸收法

GB/T 251 纺织品 色牢度试验 评定沾色用灰色样卡

GB/T 2828.1 计数抽样检验程序 第1部分:按接收质量限(AQL)检索的逐批检验抽样计划

GB/T 2829 周期检验计数抽样程序及表(适用于对过程稳定性的检验)

GB/T 3280 不锈钢冷轧钢板和钢带

GB/T 3922 纺织品耐汗渍色牢度试验方法

GB 4803 食品容器、包装材料用聚氯乙烯树脂卫生标准

GB/T 5009.81 不锈钢食具容器卫生标准的分析方法

GB/T 6388 运输包装收发货标志

GB/T 6543 运输包装用单瓦楞纸箱和双瓦楞纸箱

GB 9684 食品安全国家标准 不锈钢制品

GB/T 20878 不锈钢和耐热钢 牌号及化学成分

3 术语和定义

下列术语和定义适用于本文件。

3.1

不锈钢真空杯、瓶、壶 stainless steel vacuum flask,bottle,pot

用于存放冷热水、饮料等液体(食品),具有保温功能,杯身(瓶身、壶身)采用不锈钢材料加工成型的真空日用器具。

3.2

杯身(瓶身、壶身) flask body (the bottle body,the pot body)

产品的真空构造部分,由内胆和外壳等组成。

3.3

内胆 inner

产品杯身(瓶身、壶身)中与液体(食品)直接接触的内层部分。

3.4

外壳 exterior

产品杯身(瓶身、壶身)中用于连接内胆的外层部分。

3.5

内塞 inner stopper

独立于产品盖子,用于密封器具口部,具有阻(控)水、保温功能的部分。

3.6

口径 caliber

内胆口部的最小内径。

3.7

容量 capacity

产品装满水,经原盖(塞)密封后,水的实际装载体积。

3.8

公称容量 nominal capacity

产品或包装上所明示的容量。

4 产品分类

4.1 品种

4.1.1 产品按造型及使用功能分为:不锈钢真空杯、不锈钢真空瓶、不锈钢真空壶。

注:不锈钢真空杯、不锈钢真空瓶、不锈钢真空壶的结构型式及各部位名称,参见附录A。

4.1.2 产品按密封形式分为:有内塞、无内塞。

4.2 规格

产品规格以公称容量表示,单位为升(L)或毫升(mL)。

5 要求

5.1 材料

5.1.1 不锈钢材料理化指标要求

产品所选用的不锈钢材料均应符合 GB 9684 规定的理化指标要求。

5.1.1.1 内胆及附件材料

产品内胆及与液体(食品)直接接触的不锈钢附件应选用 GB/T 3280 中规定的 12Cr18Ni9、06Cr19Ni10 牌号奥氏体型不锈钢材料,或耐腐蚀性能要求不低于上述规定牌号的符合 GB 9684 等相关国家标准的其他不锈钢材料。

5.1.1.2 外壳材料

产品外壳应选用 GB/T 20878 规定的奥氏体型不锈钢材料。

5.1.2 辅助材料

产品杯身(壶身、瓶身)以外所选用的辅助材料应符合相应食品安全国家标准的规定。

5.2 感官要求

产品接触液体(食品)的表面感官要求应符合 GB 9684 的规定。

5.3 添加剂

添加剂的使用应符合 GB 9684 的规定。

5.4 容量

产品容量偏差应在公称容量的±5%以内。

5.5 保温效能

5.5.1 有内塞产品的保温效能应不低于表 1 的规定。

表 1 有内塞产品的保温效能

单位为摄氏度

容量 L	口径 mm					
	<34	≥34~<39	≥39~<44	≥44~<54	≥54~<74	≥74
<0.4	≥50	≥48	≥46	≥42	—	—
≥0.4~<0.6	≥44	≥42	≥40	≥37	≥34	≥32
≥0.6~<0.9	≥50	≥48	≥44	≥41	≥38	≥34
≥0.9~<1.2	≥56	≥53	≥50	≥47	≥44	≥40
≥1.2~<1.5	≥61	≥58	≥55	≥52	≥49	≥45
≥1.5~<1.8	≥64	≥61	≥58	≥55	≥52	≥48
≥1.8	≥65	≥63	≥61	≥58	≥55	≥51
注:小于 0.4 L 有内塞产品保温效能的测温时间为 12 h,其余有内塞产品保温效能的测温时间为 24 h。						

5.5.2 无内塞产品的保温效能应不低于表2的规定。

表2 无内塞产品的保温效能

单位为摄氏度

容量 L	口径 mm					
	<34	≥34～<54	≥54～<74	≥74～<94	≥94～<110	≥110～<125
<0.4	≥42	≥40	≥38	≥35	≥33	≥31
≥0.4～<0.6	≥44	≥42	≥40	≥39	≥35	≥33
≥0.6～<0.9	≥48	≥46	≥44	≥41	≥38	≥36
≥0.9～<1.2	≥54	≥52	≥49	≥46	≥42	≥40
≥1.2～<1.5	≥56	≥54	≥52	≥50	≥48	≥45
≥1.5～<1.8	≥57	≥56	≥55	≥53	≥50	≥47
≥1.8	≥58	≥57	≥56	≥55	≥53	≥50
注：无内塞产品的测温时间为6 h。						

5.5.3 保温效能按6.8试验后，应分别达到表1和表2的要求。

5.6 耐冲击性

按6.9试验后，产品应无漏水、裂纹和破损现象，且保温效能仍符合表1和表2的规定。

注：采用非螺纹旋合结构密封的产品不作无漏水要求。

5.7 密封用盖(塞)及热水异味

按6.10试验后，盖(塞)和热水应无明显异味。

5.8 橡胶制件的耐热水性

按6.11试验后，橡胶制件不应发粘，外观应无明显变形。

5.9 手柄和提环安装强度

按6.12试验后，手柄和提环应无损坏。

5.10 背带、吊带强度

按6.13试验后，背带、吊带及连接处不应有滑脱、断裂现象。

5.11 背带、吊带色牢度

按6.14试验后，背带、吊带色牢度应符合GB/T 251中规定的3级以上要求。

5.12 密封性

按6.15试验后，产品应无热水渗漏。

注：采用非螺纹旋合结构密封的产品不作密封性要求。

5.13 涂层的附着力

按6.16试验后，涂层应保留92个以上的棋盘格数。

5.14 表面印刷文字和图案的附着力

按6.17试验后,印刷文字和图案应无脱落。

5.15 密封用盖(塞)的旋合强度

按6.18试验后,产品盖(塞)应不滑牙。

注:采用非螺纹旋合结构密封的产品不作旋合强度要求。

5.16 使用性能

产品的活动部件应安装牢固,动作灵活,功能正常。

5.17 外观

5.17.1 产品外表面色泽应均匀,不应有裂纹、缺口,焊接处应光滑、无毛刺。

5.17.2 各部件颜色应均匀,表面无毛刺、无明显划痕。

5.17.3 印刷文字和图案应清晰完整。

5.17.4 电镀件不应露底、起皮、生锈。

5.17.5 产品标志应端正、清晰、完整,并符合8.1.1的要求。

6 试验方法

6.1 试验设备

试验设备包括:

a) 900 mm×600 mm×30 mm的硬质木板两块;

b) 冲击试验用支架一个;

c) 回流冷凝装置一套;

d) 准确度等级为1级,0 N·m~5 N·m的扭力测试仪一台;

e) 测量范围在0 ℃~100 ℃,允许误差±0.5 ℃的测温仪一台;

f) 准确度等级为Ⅲ级,0 kg~3 kg的电子秤一台;

g) 内外径游标卡尺、圈尺、秒表、砝码、刀具、剪子、挂绳、钳工工具。

6.2 不锈钢材料理化指标试验

不锈钢材料理化指标试验按GB/T 5009.81的方法进行。

6.3 不锈钢材料化学成分试验

不锈钢材料化学成分按GB/T 223中相关部分或其他国家标准、行业标准规定方法进行试验。仲裁时采用GB/T 223.4、GB/T 223.5、GB/T 223.11、GB/T 223.18、GB/T 223.19、GB/T 223.23、GB/T 223.25、GB/T 223.28、GB/T 223.37、GB/T 223.59、GB/T 223.63、GB/T 223.85、GB/T 223.86的方法。

6.4 辅助材料试验

按相应国家标准的规定进行试验。

6.5 感官要求试验

采用手感目测进行试验。

6.6 添加剂试验

按相应国家标准进行试验。

6.7 容量测定

6.7.1 将空的带盖(塞)产品放在电子秤上,称其质量为G_1;

6.7.2 将产品内注满常温水,用原盖(塞)密封,称其质量为G_2。

6.7.3 按式(1)计算其容积V:

$$V=\frac{G_2-G_1}{\rho} \quad \cdots\cdots(1)$$

式中:

V ——容积,单位为升(L);

G_1——产品质量,单位为千克(kg);

G_2——产品带水质量,单位为千克(kg);

ρ ——水的密度,取1 kg/L。

6.8 保温效能试验

产品敞口在规定环境温度20 ℃±5 ℃下,放置30 min以上,装入沸水(100 ℃)至密封盖(塞)下端。在产品内水温实测温度达到95 ℃±1 ℃时,立即旋紧密封。在同样环境条件下,经过24 h或12 h或6 h后,测定产品内水温。

6.9 耐冲击性试验

包括坠落冲击试验和摆动冲击试验,按附录B进行。

6.10 密封用盖(塞)及热水异味试验

将产品用40 ℃～60 ℃的温水清洗干净后,装满90 ℃以上的热水,旋紧盖(塞)放置30 min后,分别检查盖(塞)和热水。

如有争议,以五名检查人员中至少有三人的相同判断为准。

6.11 橡胶制件耐热水性试验

按照附录C进行。

6.12 手柄和提环安装强度试验

按照附录D进行。

6.13 背带、吊带强度试验

按照附录E进行。

6.14 背带、吊带色牢度试验

按GB/T 3922进行。

6.15 密封性试验

在产品内装入50%容量的90 ℃以上热水，经密封后，口部向上，以1次/s的频率、500 mm的幅度，上下挥动10次，检查有无漏水。

6.16 涂层附着力试验

用切割刀具(见图1)以30°的角度，在试验片的涂层面上划深度见底的100个(10×10)1 mm² 的棋盘格子，并且在上面粘上宽25 mm、粘着力(10±1)N/25 mm的压敏胶粘带，然后以与表面成直角的方向用力揭下胶带，计算没有被剥离的残留棋盘格子数。

单位为毫米

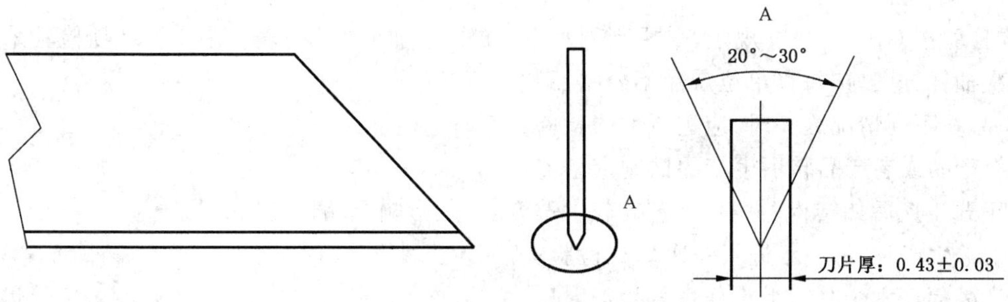

图1 切割刀具

6.17 表面印刷文字和图案的附着力试验

在文字和图案上面，粘上宽25 mm、粘着力(10±1)N/25 mm的压敏胶粘带，然后以与表面成直角的方向用力揭下胶带，检查有无脱落。

6.18 密封用盖(塞)的旋合强度试验

先用手拧紧盖(塞)，再对盖(塞)上施加3 N·m的扭矩，检查螺纹有无滑牙。

6.19 外观试验

采用手感、目测进行试验。

7 检验规则

7.1 产品检验分出厂检验和型式检验。

7.2 出厂检验按GB/T 2828.1的规定，采用正常检验一次抽样方案，按每百单位产品不合格品数计算。出厂检验项目、检验水平(IL)、不合格分类及接收质量限(AQL)应符合表3的规定。

表3 出厂检验项目及判别

序号	检验项目	不合格分类	对应条款	检验水平(IL)	接收质量限(AQL)
1	保温效能	A	5.5	S-2	4.0
2	密封用盖(塞)旋合强度		5.15		
3	密封性		5.12		

表 3（续）

序号	检验项目	不合格分类	对应条款	检验水平(IL)	接收质量限(AQL)
4	密封用盖(塞)及热水异味	B	5.7	S-2	6.5
5	涂层附着力		5.13		
6	表面印刷文字和图案的附着力		5.14		
7	使用性能		5.16		
8	外观	C	5.17	S-2	10
9	标志		8.1		

7.3 型式检验按 GB/T 2829 规定，采用判别水平Ⅱ的二次抽样方案，表 4 中 1、2、3 项检验采用判别水平Ⅱ的一次抽样方案，按每百单位产品不合格品数计算。

7.3.1 产品在下列情况之一时，应进行型式检验：

a) 新产品或老产品转厂生产的试制定型鉴定；

b) 正式生产后如结构、材料、工艺有较大改变，可能影响产品性能时；

c) 正常生产时，每一年进行一次型式检验；

d) 产品停产六个月以上重新恢复生产时；

e) 出厂检验结果与上次型式检验有较大差异时；

f) 国家质量监督机构提出进行型式检验要求时。

7.3.2 型式检验的项目、不合格分类、判别水平(DL)、样本大小、不合格质量水平(RQL)应符合表 4 的规定。

表 4 型式试验项目及判别

序号	项　目	不合格分类	对应条款	判别水平(DL)	样本大小(n)	不合格质量水平(RQL)
1	不锈钢材料理化指标要求	A	5.1.1	Ⅱ	$n=3$	50
2	辅助材料		5.1.2			
3	不锈钢材料化学成分		5.1.1.1 5.1.1.2			
4	感官要求		5.2			
5	添加剂		5.3			
6	耐冲击性	B	5.6	Ⅱ	$n_1=n_2=3$	65
7	橡胶制件耐热水性		5.8			
8	手柄和提环安装强度		5.9			
9	背带、吊带强度		5.10			
10	容量		5.4			
11	保温效能		5.5			
12	密封用盖(塞)及热水异味		5.7			
13	密封性		5.12			

表 4（续）

序号	项　　目	不合格分类	对应条款	判别水平(DL)	样本大小(n)	不合格质量水平(RQL)
14	密封用盖(塞)旋合强度	C	5.15	Ⅱ	$n_1=n_2=3$	80
15	涂层附着力		5.13			
16	背带、吊带色牢度		5.11			
17	标志		8.1			
18	外观		5.17			
19	使用说明书		8.3			

8　标志、包装、运输和贮存

8.1　标志

8.1.1　在产品的明显位置上应标有清晰的永久性标志，标志内容为：制造厂名或商标。

8.1.2　产品或最小销售包装上应有如下标志：

a)　商标；

b)　产品名称和规格；

c)　产品内胆、外壳及与液体(食品)直接接触的不锈钢附件材料的不锈钢类型及牌号；

d)　与液体(食品)直接接触部分塑料制件的材质；

e)　保温效能；

f)　执行标准号和名称；

g)　"食品接触用"字样；

h)　企业名称、厂址、联系电话和邮政编码。

8.1.3　包装箱上的贮运图示标志应符合 GB/T 191 的规定，收发货标志应符合 GB/T 6388 的规定，并应有如下标志：

a)　商标；

b)　产品名称和规格；

c)　执行标准号和名称；

d)　企业名称、厂址、联系电话；

e)　出厂年月；

f)　数量；

g)　净重、毛重、体积(长×宽×高)；

h)　怕湿、向上、小心轻放标志。

8.2　合格证

产品合格证应有如下内容：

a)　商标；

b)　合格证(字样)及检验员(签名或代号)；

c)　制造日期；

d)　制造厂名。

8.3 使用说明书

使用说明书应包括如下内容：

a) 使用前请仔细阅读使用说明书；

b) 产品内胆、外壳及与液体（食品）直接接触的不锈钢附件材料的不锈钢类型；

c) 使用说明；

d) 注意事项：

  1) 不得存放碳酸饮料（除非生产商明示）；

  2) 不得用于对乳制品或婴儿食品的长时间保温（有细菌繁殖的危险）；

  3) 不得使用微波炉等加热设备对产品进行加热；

  4) 不得使用洗碗机清洗（除非生产商明示）。

e) 产品执行标准号和名称；

f) 企业名称、厂址、联系电话和邮政编码。

8.4 包装、运输和贮存

8.4.1 包装

8.4.1.1 产品包装应干燥、完整、清洁，附有使用说明书、合格证。

8.4.1.2 产品采用塑料包装物应符合 GB 4803 的规定。

8.4.1.3 产品采用瓦楞纸盒包装应符合 GB/T 6543 的规定。

8.4.2 运输

8.4.2.1 运输时应轻装轻卸，严禁抛掷、翻滚和踩踏。

8.4.2.2 运输途中应谨防受潮、挤压及雨淋。

8.4.2.3 严禁与腐蚀性物品同时装运。

8.4.3 贮存

8.4.3.1 产品应存放在通风、无腐蚀性物品和气体、相对湿度小于 85％的库房中。

8.4.3.2 产品存放离墙距离保持在 200 mm 以上，离地面距离保持在 100 mm 以上，堆高不超过 3 m。

附　录　A
（资料性附录）
产品的结构型式

A.1　不锈钢真空杯结构型式及部位名称，参见图 A.1。

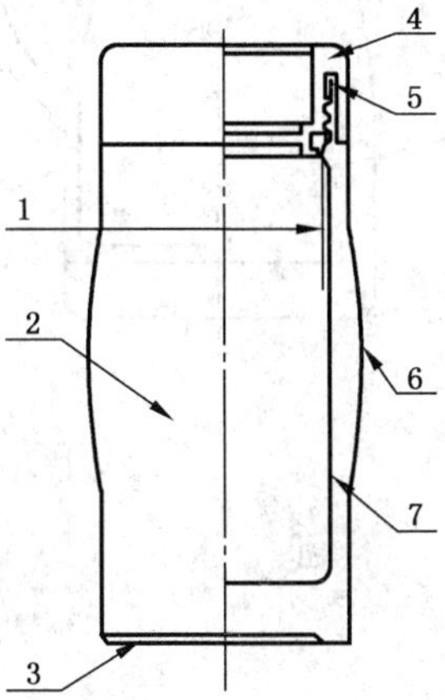

说明：

1——口径；
2——杯身；
3——底；
4——盖；
5——密封圈；
6——外壳；
7——内胆。

图 A.1　不锈钢真空杯结构型式示意图

A.2　不锈钢真空瓶结构型式及部位名称，参见图 A.2。

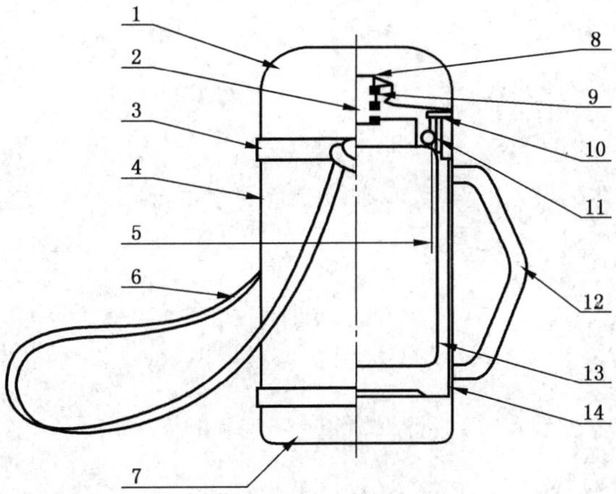

说明：

1——外盖；
2——密封圈；
3——外套；
4——瓶身；
5——口径；
6——背带；
7——底；
8——出水阀；
9——内塞；
10——内盖；
11——密封圈；
12——手柄；
13——内胆；
14——外壳。

图 A.2　不锈钢真空瓶结构型式示意图

A.3 不锈钢真空壶结构型式及部位名称，参见图 A.3。

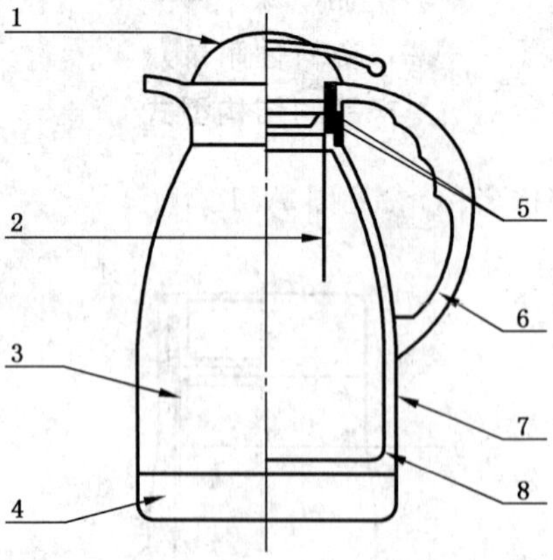

说明：

1——盖；

2——口径；

3——壶身；

4——底；

5——密封圈；

6——手柄；

7——外壳；

8——内胆。

图 A.3 不锈钢真空壶结构型式示意图

附 录 B
（规范性附录）
产品耐冲击试验方法

B.1 坠落冲击试验

B.1.1 将产品装满常温水并密封，用挂绳垂直悬挂在 400 mm 高处，在静止状态下坠落到经水平固定的厚度为 30 mm 以上的硬质木板上，参见图 B.1 a)。

B.1.2 再将产品装满常温水并密封，用挂绳水平悬挂在 400 mm 高处，在静止状态下，避开手柄部位，坠落到经水平固定的厚度为 30 mm 以上的硬质木板上，参见图 B.1 b)。

单位为毫米

a) 垂直悬挂　　　　b) 水平悬挂

说明：

1——挂绳；

2——木板；

用剪刀从 A 处剪断挂绳。

图 B.1 坠落冲击试验示意图

B.2 摆动冲击试验

将产品装满常温水并密封，用挂绳固定，保持 400 mm 长度，提起至 45°角位置，避开手柄部位，撞击垂直固定的厚度为 30 mm 以上的硬质木板，参见图 B.2。

单位为毫米

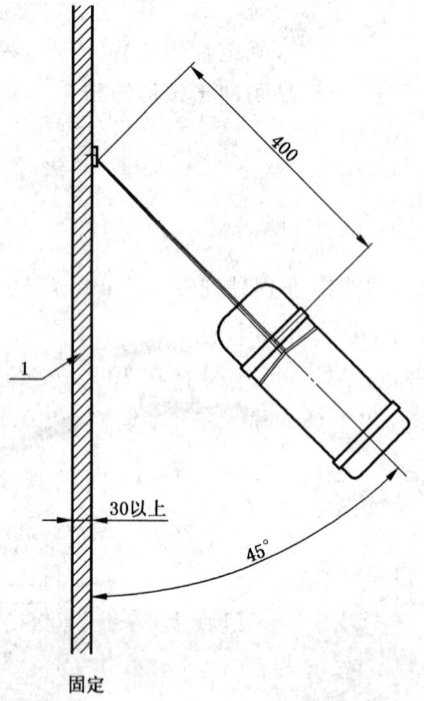

说明：

1——木板。

图 B.2 摆动冲击试验示意图

附　录　C
（规范性附录）
橡胶制件耐热水性试验方法

将橡胶制件置于回流冷凝装置的容器中，微沸 4 h 后取出，检查有无发粘。放置 2 h 后，裸眼检查其外观有无明显变形，参见图 C.1。

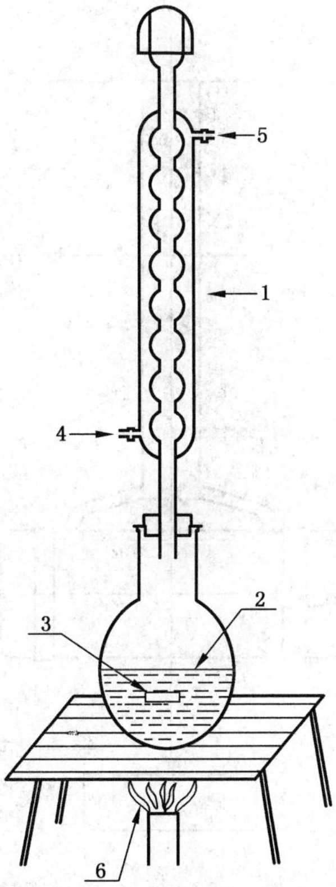

说明：

1——回流冷凝装置；

2——蒸馏水；

3——橡胶制件；

4——进水口；

5——出水口；

6——加热装置。

图 C.1　橡胶制件耐热水性试验示意图

附 录 D
（规范性附录）
手柄和提环安装强度试验方法

通过手柄或提环将产品悬挂，将相当于产品装满水(包括所有附件)6 倍重量的重物，按图 D.1 所示轻挂在产品上，保持 5 min，检查手柄或提环。

单位为毫米

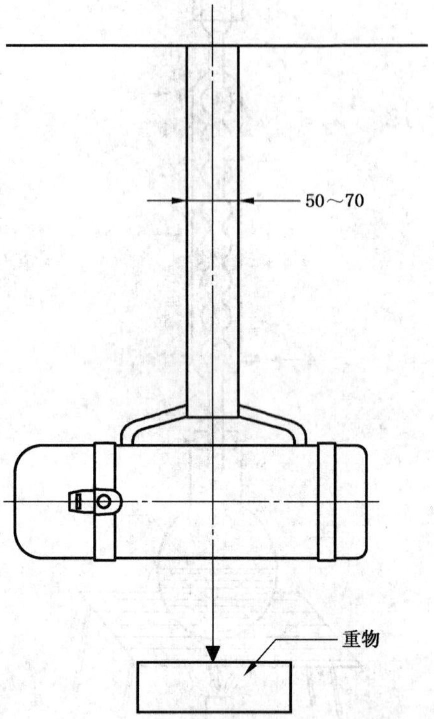

图 D.1 手柄和提环安装强度试验示意图

附 录 E
（规范性附录）
背带、吊带强度试验方法

E.1 背带强度试验

将背带展开至最长处，再通过背带将产品悬挂，用相当于产品装满水（包括所有附件）10 倍重量的重物，按图 E.1 所示轻挂在产品上，保持 5 min，检查背带及其连接处。

单位为毫米

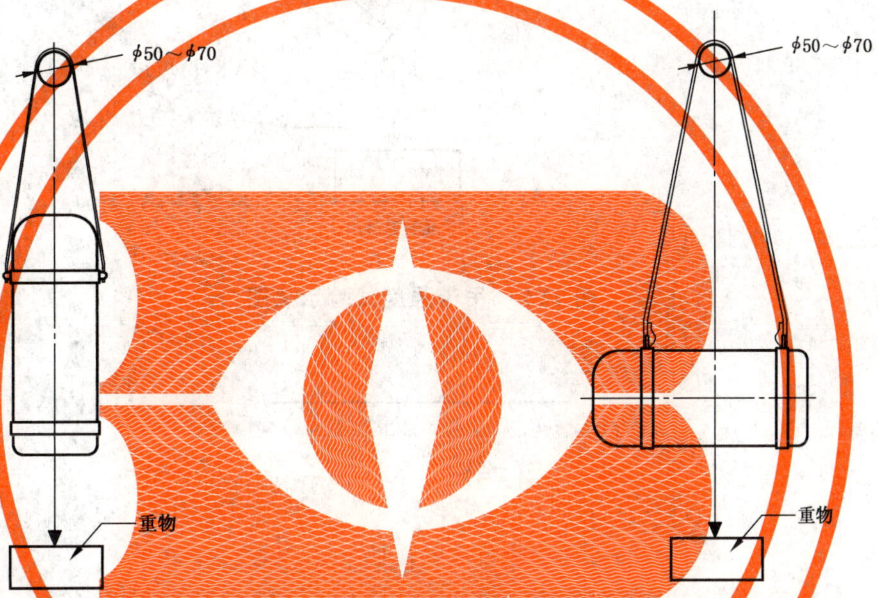

a）垂直悬挂　　b）水平悬挂

图 E.1 背带强度试验示意图

E.2 吊带强度试验

通过吊带将产品悬挂，用相当于产品装满水（包括所有附件）10 倍重量的重物，按图 E.2 所示轻挂在产品上，保持 5 min，检查吊带及其连接处。

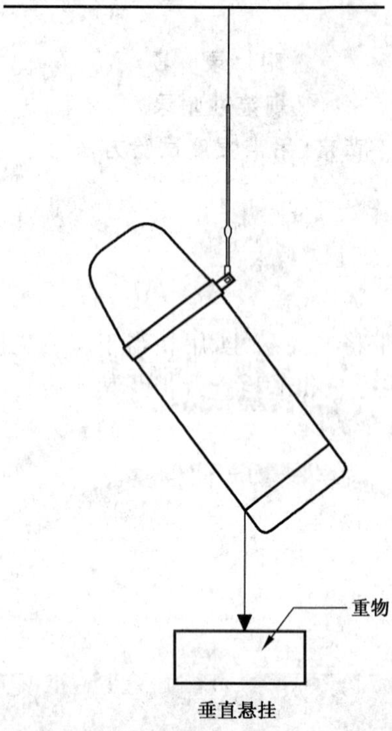

图 E.2 吊带强度试验示意图

ICS 83.060
G 40

中华人民共和国国家标准

GB/T 29607—2013

橡胶制品　镉含量的测定 原子吸收光谱法

Rubber product—Determination of cadmium content—Atomic absorption spectrometry

2013-07-19 发布　　2013-12-01 实施

中华人民共和国国家质量监督检验检疫总局
中国国家标准化管理委员会　发布

前　言

本标准按照 GB/T 1.1—2009 给出的规则起草。

本标准由中国石油和化学工业联合会提出。

本标准由全国橡胶与橡胶制品标准化技术委员会通用试验方法分技术委员会(SAC/TC 35/SC 2)归口。

本标准起草单位:杭州中策橡胶有限公司、贵州轮胎股份有限公司、山东玲珑轮胎有限公司、北京橡胶工业研究设计院、北京市理化分析测试中心。

本标准主要起草人:杨煜、项蝉、董爱景、周吉、陈少梅、岳敏、李海燕、吴赞、姜于、李林涛。

橡胶制品　镉含量的测定
原子吸收光谱法

1　范围

本标准规定了采用原子吸收光谱仪测定橡胶制品中镉含量的方法。

本标准适用于橡胶制品中镉含量的测定,特别是橡胶轮胎中镉含量的测定。

2　规范性引用文件

下列文件对于本文件的应用是必不可少的。凡是注日期的引用文件,仅注日期的版本适用于本文件。凡是不注日期的引用文件,其最新版本(包括所有的修改单)适用于本文件。

GB/T 4498　橡胶　灰分的测定

GB/T 17783　硫化橡胶样品和试样的制备　化学试验

3　原理

不含卤素的样品用干法灰化。含卤素的试样用硫酸和硝酸进行处理,蒸发残余酸后灰化。灰分与乙酸铵共煮溶解镉。如果有不溶性硅酸盐存在,要用盐酸、硝酸和过氧化氢一起煮沸,以转化成氯化物。试样溶解后,配置成适当浓度的溶液,以镉空心阴极灯为光源,测定相应波长的吸光度。根据在相同条件下确定的镉标准工作曲线,计算试样中相应元素的含量。

4　试剂

4.1　分析过程中,应使用分析纯试剂和去离子水或纯度与之相当的水。

4.2　硝酸:ρ=1.42 g/mL 。

4.3　硫酸:ρ=1.84 g/mL 。

4.4　盐酸:1+2(体积比)。

4.5　乙酸铵溶液:180 g/L。

4.6　镉标准溶液:1 mg/mL(可以购买或自行配制)。

4.7　过氧化氢溶液:30%(质量分数)。

4.8　硝酸银溶液: 10 g/L。

5　仪器

5.1　原子吸收分光光度计。

5.2　分析天平:精确到 0.1 mg。

5.3　高温炉:可控温度 550 ℃±25 ℃。

5.4　电热板或沙浴。

5.5　瓷蒸发皿:100 mL 。

5.6　50 mL 凯式烧瓶(或其他适当玻璃容器,要高型窄口)。

5.7　小玻璃漏斗。

5.8　瓷坩埚:50 mL。

6　取样

按照 GB/T 17783 规定进行取样。

7　分析步骤

7.1　试样的制备

7.1.1　试样的灰化

7.1.1.1　干法灰化

称取约 0.15 g(精确至 0.000 1 g,可根据样品中被测物浓度大小适当增加或减少),剪成粒径不大于 1 mm 的颗粒。将试样放入瓷坩埚中,按照 GB/T 4498 规定的方法 A 进行灰化,炉温为 550 ℃±25 ℃。

7.1.1.2　湿法灰化

如含卤素试样,则用湿法灰化。称取约 0.15 g(精确至 0.000 1 g,可根据样品中被测物浓度大小适当增加或减少),剪成粒径不大于 1 mm 的颗粒,将试样放入 50 mL 凯式烧瓶(5.6)(可适当放小玻璃漏斗防飞溅,由于硫酸加入后加热反应比较剧烈)中,加入 3 mL 的硫酸(4.3)。在电热板或沙浴上缓慢加热至试样完全溶解,加入 1 mL 的硝酸(4.2),继续加热直至橡胶完全分解。如反应不完全再加入 0.5 mL 硝酸(4.2)继续加热至消化液透明(最多加入的硝酸总量为 2 mL)。然后把它转移到 100 mL 的蒸发皿中,蒸发至近干,按照 GB/T 4498 规定的方法 A 进行灰化,炉温为 550 ℃±25 ℃。

对于未知样品可采取湿法灰化。

7.1.2　灰分的溶解

试样灰化后冷却至室温,加 15 mL 乙酸铵溶液,煮沸,用定量滤纸过滤至 100 mL 容量瓶中(滤液 A),用 15 mL 去离子水分 3 次洗涤滤纸,洗液并入滤液 A 中,滤纸和残渣放入瓷坩埚中于电热板或沙浴上低温炭化,于 550 ℃±25 ℃高温炉中灰化完全。

冷却至室温,加入 10 mL 盐酸(4.4)、5 mL 硝酸(4.2)和 1 mL 的过氧化氢溶液(4.7),煮沸约 10 min,冷却、过滤,用去离子水洗涤滤纸至无氯离子(用硝酸银溶液测试无白色沉淀),用蒸气浴蒸发至干,并用去离子水溶解残渣。然后将其并入滤液 A 中,用盐酸(4.4)稀释至刻度。

7.2　标准曲线的绘制

7.2.1　标准溶液的制备

用盐酸溶液(4.4)配置浓度为 0 μg/mL、0.05 μg/mL、0.1 μg/mL、0.2 μg/mL、0.5 μg/mL 的镉标准溶液。

7.2.2　标准溶液的空白溶液的制备

盐酸溶液(4.4)。

7.2.3 标准溶液吸光度的测定

启动光谱仪，使仪器充分稳定，把空心阴极灯放置合适位置，调整适当的波长(228.8 nm)选择仪器的最佳测试条件。

按照浓度由低到高顺序依次测定镉的吸光度，减去标准溶液的空白溶液的吸光度，作为校正后的吸光度。

7.2.4 标准曲线的绘制

以浓度为横坐标，校正后的吸光度为纵坐标，绘制标准曲线。

7.3 试液吸光度的测定

7.3.1 样品试液吸光度的测定

按照7.2.3中测试吸光度的步骤测试样品溶液的吸光度，每个试样测试2次，取算术平均值。同时做空白试验。试液吸光度减去空白溶液的吸光度，得到校正后的吸光度。如果样品中被测物质含量超出标准曲线浓度范围上限，可以适当稀释使样品中被测物质含量在标准曲线浓度范围内。

7.3.2 空白试验

不加试样，其他测试步骤与7.1和7.2.3测试吸光度的步骤相同。

为提高分析结果的准确性，可采用标准加入法。见附录A。

8 分析结果表示

8.1 试验结果的计算

试样中镉的含量 W，用校正后的吸光度直接从标准曲线中查出试验中加入标准溶液中被测物的浓度，按式(1)进行计算：

$$W=\frac{(\rho-\rho_0)\times V}{m}\times f \qquad \cdots\cdots(1)$$

式中：

W ——镉的含量，单位为毫克每千克(mg/kg)；

ρ ——标准曲线中查到的试液浓度，单位为微克每毫升(μg/mL)；

ρ_0 ——标准曲线中查到的空白溶液浓度，单位为微克每毫升(μg/mL)；

V ——试液体积，单位为毫升(mL)；

m ——样品的质量，单位为克(g)；

f —— 稀释的倍数。

8.2 试验次数

试验至少平行进行2次，结果取2次的算术平均值。

8.3 精密度

同一试验室平行测定2次结果之相对偏差不大于10%。

9 试验报告

试验报告应包括以下内容：

a) 本标准的编号；

b) 试样的详细信息；

c) 仪器的类型(火焰、石墨炉原子吸收仪分光光度计)；

d) 测试结果；

e) 试验中出现的任何异常情况；

f) 试验日期。

附 录 A
（资料性附录）
标准加入法

为了提高低浓度样品试验的准确性，可采用标准加入法测定镉含量。

可按下述步骤做标准加入法。从准备的试液中取相同体积 4 份。其中 3 份加入已知的但不同体积的镉混合标准溶液，分别在容量瓶中用盐酸(4.4)稀释至相同体积。分别测定 4 份溶液镉的吸光度。溶液的浓度为 X 轴(μg/mL)，吸光度为 Y 轴，延长直线到与 X 轴相交(吸光度为 0)，在与 X 轴交点处读出试液中镉的浓度，计算试液中镉的含量如图 A.1 所示。

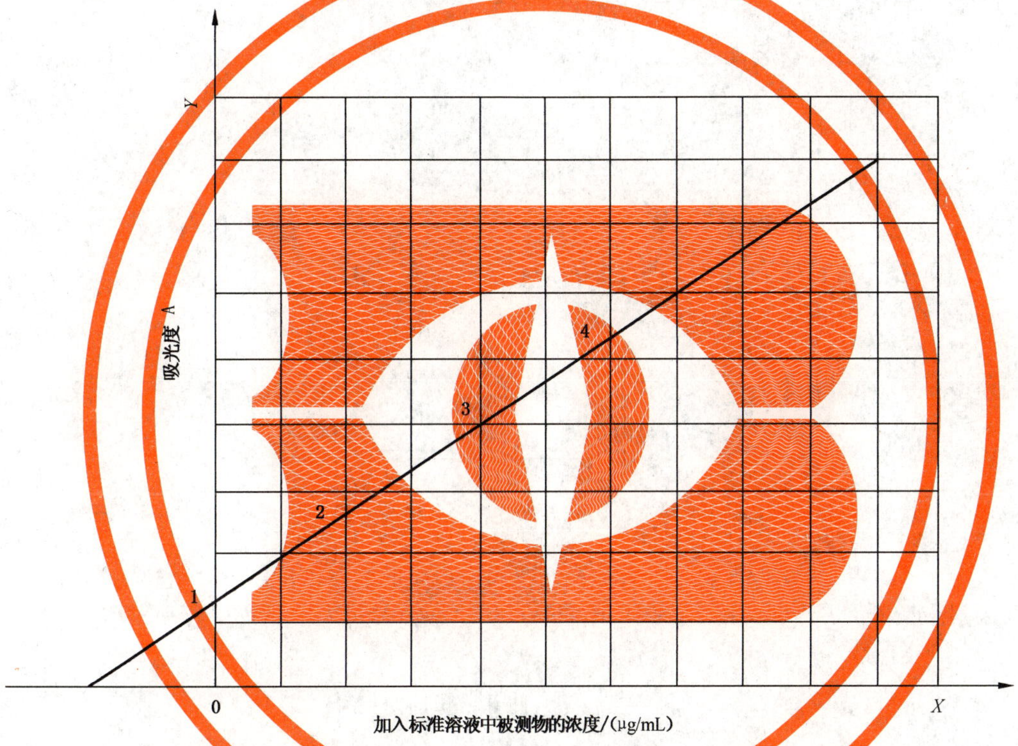

图 A.1 标准加入法示例

ICS 83.060
G 40

中华人民共和国国家标准

GB/T 29608—2013

橡胶制品　邻苯二甲酸酯类的测定

Rubber product—Determination of phthalate acid esters

2013-07-19 发布　　2013-12-01 实施

中华人民共和国国家质量监督检验检疫总局
中国国家标准化管理委员会　发布

前　言

本标准按照 GB/T 1.1—2009 给出的规则起草。

本标准由中国石油和化学工业联合会提出。

本标准由全国橡胶与橡胶制品标准化技术委员会通用试验方法分技术委员会（SAC/TC 35/SC 2）归口。

本标准起草单位：杭州中策橡胶有限公司、山东玲珑轮胎有限公司、北京橡胶工业研究设计院、杭州瑞旭产品技术有限公司、北京市理化分析测试中心。

本标准主要起草人：项婵、杨煜、陈少梅、丁晓英、谢君芳、厉昌海、徐美芬、范筱京、邵鹏。

橡胶制品　邻苯二甲酸酯类的测定

警告——使用本标准的人员应有正规实验室工作的实践经验。本标准并未指出所有可能的安全问题，使用者有责任采取适当的安全和健康措施，并保证符合国家有关法规规定的条件。

1　范围

本标准规定了采用气相色谱-质谱联用仪(GC-MS)测定橡胶制品中DBP、BBP、DEHP、DNOP、DINP、DIDP共6种邻苯二甲酸酯类增塑剂含量的方法。6种邻苯二甲酸酯类增塑剂的英文名称、化学文摘编号和分子式等参见附录A。

本标准适用于橡胶制品中6种邻苯二甲酸酯类增塑剂含量的测定。

2　规范性引用文件

下列文件对于本文件的应用是必不可少的。凡是注日期的引用文件，仅注日期的版本适用于本文件。凡是不注日期的引用文件，其最新版本(包括所有的修改单)适用于本文件。

GB/T 3516—2006　橡胶　溶剂抽出物的测定

3　原理

试样用二氯甲烷作提取溶剂进行索氏提取，提取液经固相萃取柱净化和正己烷定容后进行气相色谱-质谱联用仪(GC-MS)测定，采用总离子流色谱图(TIC)进行定性，选择离子检测(SIM)进行定量。

4　试剂和材料

4.1　除非另有说明，在分析中仅使用确认为分析纯的试剂。

4.2　二氯甲烷。

4.3　正己烷。

4.4　邻苯二甲酸酯标准品：纯度不低于95%，参见附录A。

4.5　标准储备溶液：分别准确称取适量的邻苯二甲酸酯标准品，用正己烷配制成DBP、BBP、DEHP、DNOP浓度为200 mg/L，DINP、DIDP浓度为1 000 mg/L的混合标准储备溶液。标准储备溶液宜在0 ℃～4 ℃冰箱中保存，配制后6个月内使用。

4.6　标准工作溶液：采用逐级稀释的方法配制DBP、BBP、DEHP、DNOP浓度从0.5 mg/L到10 mg/L，DINP、DIDP浓度从2.5 mg/L到50 mg/L之间的其中一级或者几级混合标准工作溶液。标准工作溶液宜在0 ℃～4 ℃冰箱中保存，配制后3个月内使用。

4.7　固相萃取柱(SPE)：针头式，硅胶(silica)填料500 mg，或相当者。

推荐用：VARIAN BOND ELUT JR-SI，500 mg(仅供参考)。

4.8　有机系微孔滤膜：孔径0.45 μm。

5 主要仪器和设备

5.1 气相色谱-质谱联用仪。

5.2 索氏抽提器。

5.3 分析天平(精确到0.000 1 g)。

5.4 防火花加热套或水浴。

5.5 容量瓶:50 mL。

5.6 超声波清洗机。

5.7 氮吹仪或类似浓缩功能的其他装置。

6 分析步骤

6.1 试样制备

用小刀或其他合适的切割工具从样品上剪取有代表性的样品,将它剪成截面为1 mm×1 mm、长为2 cm～3 cm的条。称取1 g(精确到0.000 1 g)样品,用定性滤纸包好后放入索氏抽提器中。

6.2 空白试验

除了不加试样,其他按以下检测步骤(6.3～6.6)进行检测。

6.3 提取

用60 mL的二氯甲烷按照GB/T 3516—2006中方法A规定于80 ℃～95 ℃水浴中抽提8 h以上。抽提完成后,氮气保护下吹干二氯甲烷,加入约3 mL正己烷至抽提烧瓶中,盖上瓶塞,超声震荡使萃取物中的邻苯二甲酸酯充分溶解于正己烷中,低温加热(使固形物溶解即可),氮吹浓缩至约1 mL后经硅胶萃取柱净化处理(净化前用10 mL正己烷进行活化),用正己烷溶剂清洗抽提瓶2次,每次0.5 mL。上样后用10 mL正己烷淋洗,25 mL二氯甲烷洗脱,只收集洗脱液,洗脱液经氮吹吹干二氯甲烷后用正己烷溶解,并转移入50 mL的容量瓶内,用正己烷定容至刻度线,用GC-MS检测分析。如果有必要,采用正己烷进一步稀释溶液,直至溶液中邻苯二甲酸酯类增塑剂的最终浓度处于线性校正浓度范围内。

注:如果有颗粒物质,取一部分试液经0.45 μm有机系微孔滤膜过滤后用于GC-MS检测分析。

6.4 GC-MS工作条件

由于测试结果取决于所使用的仪器,因此不可能给出色谱分析的普适参数。推荐的色谱条件如下:

a) 气相色谱-质谱联用仪(质量扫描范围:50 amu～500 amu);

b) 色谱柱:UA5(MS/HT)-30M-0.25F 30 m×0.25 mm×0.25 μm(可用DB-5MS 30 m×0.25 mm×0.25 μm替代),或相当者;

c) 载气:氦气,纯度≥99.999%,1.2 mL/min;

d) 进样口温度:290 ℃;

e) 进样体积:1 μL;

f) 进样方式:无分流进样;

g) 检测器:质量选择检测器;

h) GC-MS接口温度:280 ℃;

i) 离子源:电子电离源(EI);

j) 离子源温度:230 ℃;

k) 电子能量:70eV;

l) 升温程序:100 ℃(1 min)$\xrightarrow{30\ ℃/\text{min}}$180 ℃(1 min)$\xrightarrow{15\ ℃/\text{min}}$300 ℃(10 min);

m) 溶剂延迟时间:5 min。

6.5 定性分析

将试样与混合的邻苯二甲酸酯类标准溶液的总离子流色谱图(参见附录 B)比较,定性鉴别邻苯二甲酸酯类增塑剂。进行样品测定时,如果在相同的保留时间有色谱峰出现,并且在扣除背景后的样品质谱图中,根据附录 C 中每种邻苯二甲酸酯类的参考选择离子的种类及其丰度比(相对丰度>50%,允许±10%的偏差;相对丰度 20%~50%之间,允许±15%的偏差;相对丰度 10%~20%之间,允许±20%的偏差;相对丰度≤10%,允许±50%的偏差)进行确证。

注:在 6.4 中所列的 GC-MS 工作条件下,附录 C 中列出了 6 种邻苯二甲酸酯类的保留时间、特征选择离子的参考值。

6.6 定量分析

根据试液中被测物含量情况,选定浓度相近的标准工作溶液,与 6.4 相同条件下,分别对标准工作溶液与试液等体积参插进样测定。标准工作溶液和试液中待测定的邻苯二甲酸酯类的响应值均应在仪器检测的线性范围内,如果试液的检测响应值超出仪器检测的线性范围,可适当稀释后测定。

本标准采用外标法对邻苯二甲酸酯类进行定量分析。在色谱图中,选取适当的定量选择离子(参见附录 C)进行峰面积积分,DINP 和 DIDP 应分别将其所有同分异构体的色谱峰组的基线拉平后积分,计算其面积的总和,按式(1)计算样品中每种邻苯二甲酸酯类的含量。

注:DINP 和 DIDP 由于包含不可分离的同分异构体,出峰存在部分重叠,如果同时存在 DNOP,在色谱图上 DNOP 出峰也会与 DINP 出峰出现重叠。因此在选取定量离子时应避免 DNOP、DINP 和 DIDP 之间的相互干扰,DNOP 选择 $m/z=279$,DINP 选择 $m/z=293$ 和 DIDP 选择 $m/z=307$ 可在最大程度上减少相互之间的干扰。其提取离子色谱图参见附录 B。

7 结果计算

样品中每种邻苯二甲酸酯类的含量按式(1)计算:

$$X_i=\frac{c_{i,s}\times(A_i-A_{i,b})\times V}{A_{i,s}\times m} \qquad \cdots\cdots(1)$$

式中:

X_i ——试样中邻苯二甲酸酯 i 的含量,单位为毫克每千克(mg/kg);

$c_{i,s}$ ——标准工作溶液中邻苯二甲酸酯 i 的浓度,单位为毫克每升(mg/L);

A_i ——试液中邻苯二甲酸酯 i 的峰面积或峰面积之和;

$A_{i,b}$ ——空白中邻苯二甲酸酯 i 的峰面积或峰面积之和;

V ——试液定容体积,单位为毫升(mL);

$A_{i,s}$ ——标准工作溶液中邻苯二甲酸酯 i 的峰面积或峰面积之和;

m ——试样质量,单位为克(g)。

计算结果保留到小数点后一位。

8 精密度

2 次独立测试结果的绝对差值不大于这 2 个测定值的算术平均值的 20%。

9 试验报告

试验报告至少应包括以下内容：

a) 试样描述；

b) 使用的标准；

c) 试验结果；

d) 在试验中观察到的异常现象；

e) 试验日期。

附 录 A
（资料性附录）
6 种邻苯二甲酸酯类增塑剂的种类表

表 A.1　6 种邻苯二甲酸酯类增塑剂的种类表

序号	邻苯二甲酸酯盐类名称	英文名称	分子式	摩尔质量 g/mol	化学文摘号 (CAS No.)
1	邻苯二甲酸二丁酯	Dibutyl phthalate(DBP)	$C_{16}H_{22}O_4$	278.34	84-74-2
2	邻苯二甲酸苄基丁基酯	Butyl benzyl phthalate(BBP)	$C_{19}H_{20}O_4$	312.36	85-68-7
3	邻苯二甲酸二(2-乙基己基)酯	Di（2-ehtylhexyl） phthalate (DEHP)	$C_{24}H_{38}O_4$	390.56	117-81-7
4	邻苯二甲酸二正辛酯	Di(n-octyl) phthalate(DNOP)	$C_{24}H_{38}O_4$	390.56	117-84-0
5	邻苯二甲酸二异壬酯	Diisononyl phthalate(DINP)	$C_{26}H_{42}O_4$	418.61	28553-12-0 或 68515-48-0
6	邻苯二甲酸二异癸酯	Diisodecyl phthalate(DIDP)	$C_{28}H_{46}O_4$	446.68	26761-40-0 或 68515-49-1

附 录 B
（资料性附录）
6种邻苯二甲酸酯类增塑剂标准物质的气相色谱图

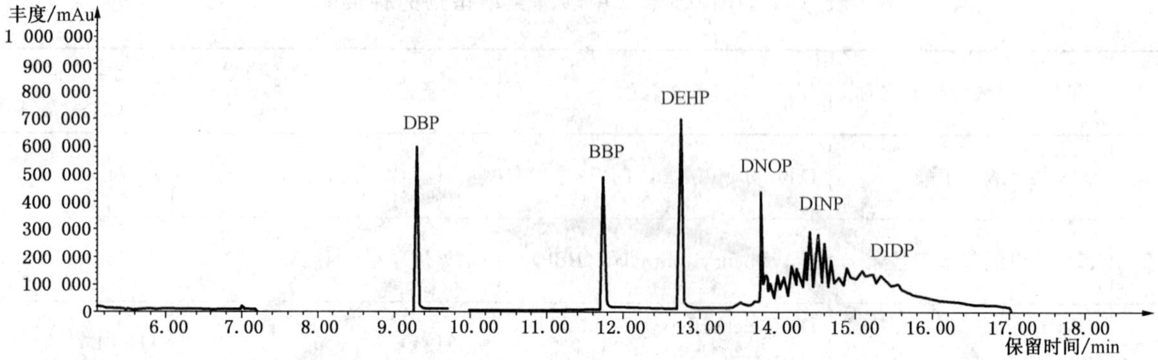

注：(DBP、BBP、DEHP、DNOP 各 5 mg/L，DINP、DIDP 各 25 mg/L。

图 B.1 邻苯二甲酸酯标准物的总离子流色谱图

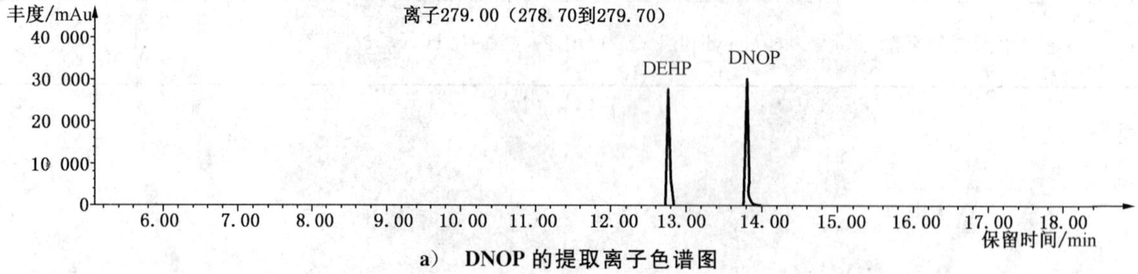

a） **DNOP 的提取离子色谱图**

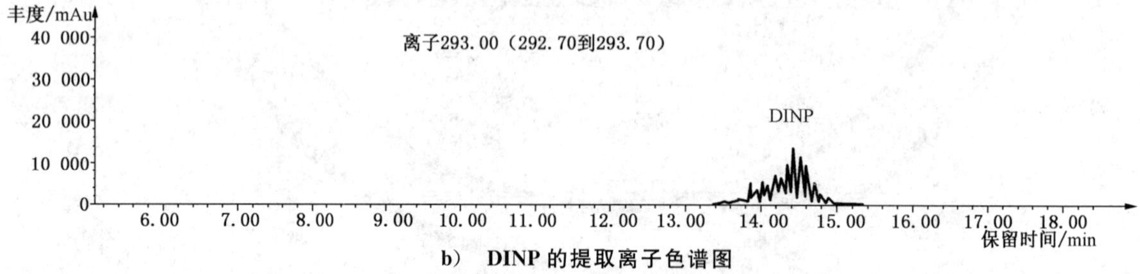

b） **DINP 的提取离子色谱图**

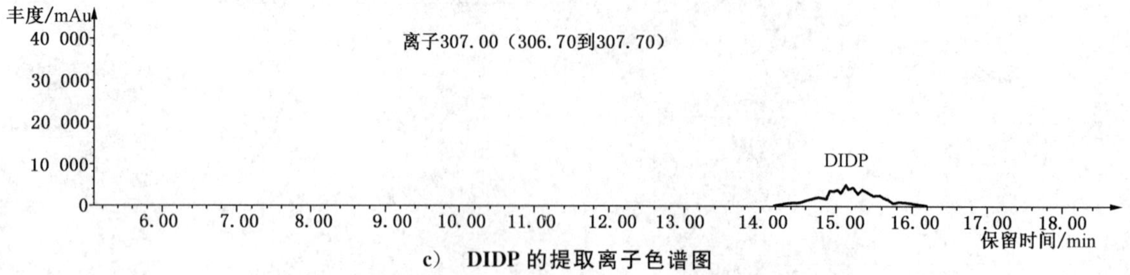

c） **DIDP 的提取离子色谱图**

图 B.2 DNOP、DINP 和 DIDP 的提取离子色谱图

附　录　C
（资料性附录）
6 种邻苯二甲酸酯盐类增塑剂的保留时间和特征选择离子

表 C.1　6 种邻苯二甲酸酯盐类增塑剂的保留时间和特征选择离子

序号	邻苯二甲酸酯增塑剂名称	保留时间 min	特征碎片离子		
			定性参考离子 amu	丰度比	定量离子 amu
1	邻苯二甲酸二丁酯	9.31	149,150,205,223	100：11：5：6	149
2	邻苯二甲酸苄基丁基酯	11.75	149,150,206,238	100：12：23：3	149
3	邻苯二甲酸二(2-乙基己基)酯	12.76	149,150,167,279	100：12：33：9	149
4	邻苯二甲酸二正辛酯	13.79	149,279,150,261	100：7：11：1	279
5	邻苯二甲酸二异壬酯	13.6～15.0	149,293,127,167	100：20：11：7	293
6	邻苯二甲酸二异癸酯	14.1～16.3	149,307,141,150	100：20：9：10	307

ICS 83.060
G 40

中华人民共和国国家标准

GB/T 29609—2013

橡胶 苯酚和双酚A的测定

Rubber—Determination of phenol and biphenyl-A

2013-07-19 发布 2013-12-01 实施

中华人民共和国国家质量监督检验检疫总局
中国国家标准化管理委员会 发布

前　言

本标准按照 GB/T 1.1—2009 给出的规则起草。

本标准由中国石油和化学工业联合会提出。

本标准由全国橡胶与橡胶制品标准化技术委员会通用试验方法分技术委员会（SAC/TC 35/SC 2）归口。

本标准起草单位：山东玲珑轮胎股份有限公司、厦门正新橡胶工业有限公司、贵州轮胎股份有限公司、北京橡胶工业研究设计院。

本标准主要起草人：陈少梅、刘丽、陈益珊、卞晓婷、周吉、何仙、丁晓英、谢君芳、刘自光。

橡胶　苯酚和双酚 A 的测定

警告——使用本标准的人员应有正规实验室工作的实践经验。本标准并未指出所有可能的安全问题，使用者有责任采取适当的安全和健康措施，并保证符合国家有关法规规定的条件。

1　范围

本标准规定了使用高效液相色谱仪对橡胶中苯酚和双酚 A 的测定方法。

本标准适用于橡胶中苯酚和双酚 A 的测定。

2　规范性引用文件

下列文件对于本文件的应用是必不可少的。凡是注日期的引用文件，仅注日期的版本适用于本文件。凡是不注日期的引用文件，其最新版本(包括所有的修改单)适用于本文件。

GB/T 3516　橡胶　溶剂抽出物的测定

GB/T 6682　分析实验室用水规格和试验方法

3　原理

用甲醇提取试样中的苯酚和双酚 A，提取液经过滤后，用高效液相色谱仪进行测定。根据其保留时间定性，用外标法定量。

4　试剂和材料

4.1　除非另有说明，所用试剂均为分析纯，水为 GB/T 6682 规定的一级水。

4.2　甲醇：色谱纯。

4.3　苯酚标准物质：纯度≥99.0%。

4.4　双酚 A 标准物质：纯度≥98.5%。

4.5　液氮。

4.6　苯酚和双酚 A 标准储备溶液：准确称取适量苯酚和双酚 A 标准物质(精确到 0.1 mg)，以甲醇配制成苯酚质量浓度为 200 mg/L、双酚 A 质量浓度为 400 mg/L 的标准储备溶液。根据需要用甲醇稀释成适用浓度的标准工作溶液。

5　仪器与设备

5.1　高效液相色谱仪：配置紫外检测器，自动进样器。

5.2　分析天平：精确至 0.1 mg。

5.3　索氏抽提器，见 GB/T 3516。

5.4　溶剂过滤器。

5.5　0.45 μm 针式油系过滤膜。

5.6 研磨仪。

5.7 筛网(孔径 1 000 μm)。

6 测定步骤

6.1 试样处理

将胶样剪成细小颗粒,经液氮冷冻后放入研磨仪中研磨,过孔径 1 000 μm 的筛网。称取通过筛网的胶样 5.0 g,用滤纸包好,放入索氏抽提器中,用 150 mL 甲醇提取 3.0 h。提取液用甲醇定容于 250 mL容量瓶。用 0.45 μm 针式油系过滤膜过滤。

6.2 标准工作溶液的制备

移取苯酚和双酚 A 标准储备溶液配制成苯酚质量浓度为 0.002 mg/mL、0.004 mg/mL、0.01 mg/mL、0.02 mg/mL、0.04 mg/mL、0.06 mg/mL,双酚 A 质量浓度为 0.004 mg/mL、0.008 mg/mL、0.02 mg/mL、0.04 mg/mL、0.08 mg/mL,0.12 mg/mL 的标准工作溶液。采用同样的配制方法配制空白试液。

6.3 测定

6.3.1 液相色谱测定条件

由于测试结果取决于所使用的仪器,因此不可能给出色谱分析的普适参数。推荐的色谱条件如下:

a) 色谱柱:C18 柱,柱长 150 mm,内径 4.6 mm,粒径 5 μm,或性能类似的色谱柱;

b) 流动相:甲醇—水(体积比)=60+40;

c) 流速:1.0 mL/min;

d) 紫外检测波长:270 nm;

e) 柱温:25 ℃;

f) 进样量:10 μL。

使用两根极性差别尽可能大的色谱柱,在相同的色谱测试条件下对被测试样进行测定,做出色谱图后对比定性。

6.3.2 绘制标准工作曲线

按照 6.3.1 推荐的色谱条件,对标准工作溶液及空白试液进行检测。以标准工作溶液浓度为横坐标,以对应的峰面积为纵坐标,绘制标准工作曲线。标准溶液色谱图参见附录 A。

6.3.3 试样测定

按照与绘制标准工作曲线相同的色谱条件,测试试样。

6.4 空白试验

除不称取试样外,均按步骤 6.1~6.3.3 进行。

7 结果计算

扣除空白值后,苯酚和双酚 A 的含量 ω,用 mg/kg 表示,可按式(1)进行计算:

$$\omega = \frac{(c - c_0) \times V}{m} \qquad \cdots\cdots(1)$$

式中：

ω——苯酚或双酚 A 在胶样中的含量，单位为毫克每千克(mg/kg)；

c ——未知样品溶液中苯酚或双酚 A 的质量浓度，单位为毫克每毫升(mg/mL)；

c_0——空白试液中苯酚或双酚 A 的质量浓度，单位为毫克每毫升(mg/mL)；

V——定容后抽提液的体积，单位为毫升(mL)；

m——抽提的胶样的质量，单位为千克(kg)。

计算结果取 2 次平行试验测试结果的算术平均值表示，计算结果表示到小数点后 2 位。

8 允许差

在重复性条件下获得的 2 次独立测定结果的绝对差值不应超过算术平均值的 10%。

9 试验报告

试验报告应包括下列内容：

a) 本标准的编号和名称；

b) 测试样品的详细说明；

c) 样品中苯酚或双酚 A 的含量，mg/kg；

d) 与规定的分析步骤的差异；

e) 在试验中观察到的异常现象；

f) 试验日期。

附 录 A
（资料性附录）
苯酚和双酚 A 标准溶液色谱图

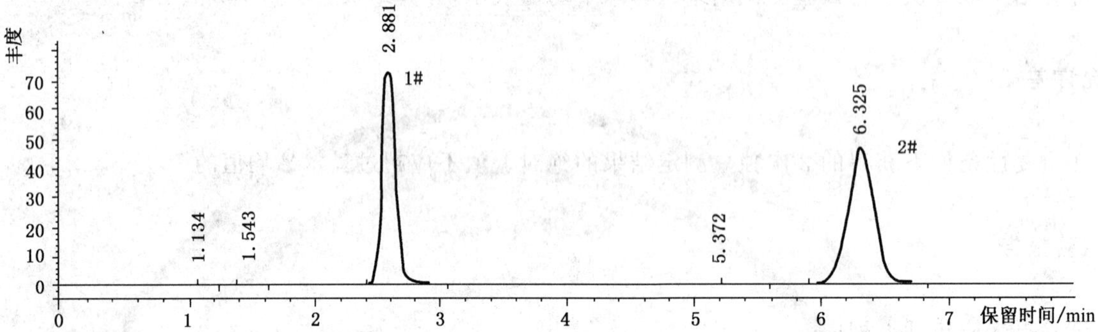

说明：

1＃——苯酚；

2＃——双酚 A。

图 A.1 苯酚和双酚 A 标准溶液色谱图

ICS 83.060
G 40

中华人民共和国国家标准

GB/T 29610—2013

橡胶制品 多溴联苯和多溴二苯醚的测定 气相色谱-质谱法

Rubber products—Determination of polybrominated biphenyls and polybrominated diphenyl ethers—Gas chromatography and mass spectrometry

2013-07-19 发布 2013-12-01 实施

中华人民共和国国家质量监督检验检疫总局
中国国家标准化管理委员会 发布

前　言

本标准按照 GB/T 1.1—2009 给出的规则起草。

本标准由中国石油和化学工业联合会提出。

本标准由全国橡胶与橡胶制品标准化技术委员会通用试验方法分技术委员会(SAC/TC 35/SC 2)归口。

本标准负责起草单位:北京橡胶工业研究设计院、北京市理化分析测试中心。

本标准主要起草人:魏岩、魏炜、丁晓英、谢君芳。

橡胶制品　多溴联苯和多溴二苯醚的测定　气相色谱-质谱法

警告——使用本标准的人员应有正规实验室工作的实践经验。本标准并未指出所有可能的安全问题，使用者有责任采取适当的安全和健康措施，并保证符合国家有关法规规定的条件。

1　范围

本标准规定了使用气相色谱-质谱法测定橡胶制品中多溴联苯(polybromobiphenyls，简称PBBs，结构式见图1)和多溴二苯醚(polybrominated diphenyl ethers，简称PBDEs，结构式见图2)的方法。

本标准适用于橡胶制品中多溴联苯和多溴二苯醚含量的测定，也适用于橡胶轮胎中多溴联苯和多溴二苯醚含量的测定。

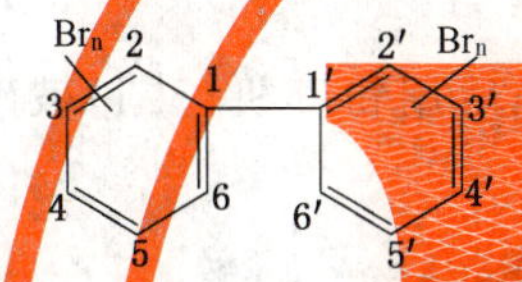

图1　多溴联苯的结构

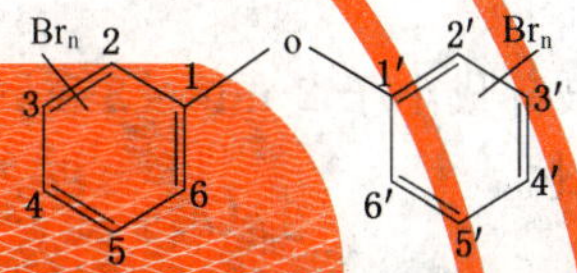

图2　多溴二苯醚的结构

2　规范性引用文件

下列文件对于本文件的应用是必不可少的。凡是注日期的引用文件，仅注日期的版本适用于本文件。凡是不注日期的引用文件，其最新版本(包括所有的修改单)适用于本文件。

GB/T 3516　橡胶　溶剂抽出物的测定

3　方法提要

样品采用甲苯作为提取溶剂进行索氏抽提，提取液经浓缩处理，用气相色谱-质谱仪进行定量分析。

4　试验和材料

4.1　除非另有说明，在分析中仅使用确认为分析纯的试剂和蒸馏水或相当纯度的水。

4.2　甲苯：色谱纯。

4.3　无水硫酸钠：优级纯。

4.4　硅胶：层析用，粒径为0.15 mm～0.25 mm(60目～100目)，在360 ℃活化10 h～12 h，冷却后干燥器内贮存。

4.5　二氯甲烷：色谱纯。

4.6　石英棉：用二氯甲烷(4.5)清洗或在400 ℃烘烤4 h。

4.7　液氮：纯度99.999%。

4.8　PBBs标准储备溶液：100 mg/L。

4.9 PBDEs 标准储备溶液:50 mg/L。

4.10 标准溶液的配置:分别移取浓度为 100 mg/L 的 PBBs(4.8)和 50 mg/L PBDEs(4.9)标准储备溶液适量体积,用甲苯或其他合适溶液稀释,配置成所需浓度的标准溶液。

5 仪器和设备

5.1 气相色谱-质谱仪。

5.2 索氏提取装置:符合 GB/T 3516 的规定。

5.3 旋转蒸发器。

5.4 粉碎机或类似设备。

5.5 10 mm×150 mm 具塞玻璃层析柱。

5.6 离心机。

5.7 分析天平:精确到 0.1 mg。

6 样品制备

将样品破碎成小于 2 mm×2 mm×2 mm 的小颗粒,液氮冷冻后用粉碎机(5.4)破碎成粒径小于 0.5 mm的颗粒。

7 分析步骤

7.1 提取

称取上述 0.1 g~0.5 g 样品,精确到 0.000 1 g。放入纤维素套管中。然后将其放至安装好的索氏提取装置(5.2)中,加入适量的甲苯(4.2)到接收瓶中,抽提 3 h,每秒流速 1 滴~2 滴。提取后将提取液浓缩至 5 mL。

7.2 净化

用甲苯润洗过的石英棉(4.6)塞住具塞玻璃层析柱(5.5)的一端,将甲苯提取液置于有 2 g 硅胶(4.4)层析柱中,硅胶的上下两层各装有 1 cm 高的无水硫酸钠(4.3)。用 30 mL 甲苯淋洗,流速以逐滴(约 30 滴/min)为宜,把所有淋洗液在旋转蒸发器(5.3)上浓缩,用氮气吹至近干,用甲苯定容至 2 mL。

可根据样品量调整所用硅胶质量,也可使用满足条件的商用色谱柱。

7.3 气相色谱-质谱条件

推荐的色谱条件如下:

7.3.1 色谱柱:VF-5HT 石英毛细管柱,15 m×0.25 mm(i.d.)×0.1 μm,或相当者。

7.3.2 色谱柱温度:50 ℃(3 min)$\xrightarrow{8\ ℃/min}$ 300 ℃(10 min)。

7.3.3 进样口温度:300 ℃。

7.3.4 色谱-质谱接口温度:300 ℃。

7.3.5 离子源温度:230 ℃或 250 ℃。

7.3.6 载气:氦气,纯度≥99.999%;流速:1.5 mL/min。

7.3.7 进样量:1 μL。

7.3.8 进样方式:不分流进样,1.0 min 后开阀。

7.3.9　电离方式：EI。

7.3.10　质量扫描范围：(100～1 000)m/z(amu)。

7.3.11　电离能量：70 eV。

7.3.12　溶剂延迟：5 min。

如果有不易分离的组分，使用2根极性差别尽可能大的色谱柱，在相同的色谱条件下对被测试样进行测定，做出色谱图后对比定性。

7.4　气相色谱-质谱测定

标准溶液(4.9)和样液等体积穿插进样，根据提取离子色谱峰或选择离子色谱峰面积用外标法定量。如果样液与标准溶液的总离子流图中，在相同保留时间有峰出现，则根据表1、表2中定性、定量离子对其测定。

按照7.3条件对混合标准溶液进行分析，所得多溴联苯和多溴二苯醚的总离子色谱图分别参见附录A和附录B。

表1　多溴联苯及其定性离子和定量选择离子的相对分子质量

峰号	化学名称	分子式	相对分子质量	定性离子的相对分子质量	定量选择离子的相对分子质量
1	一溴联苯	$C_{12}H_9Br$	233	234,232,152	234
2	二溴联苯	$C_{12}H_8Br_2$	312	312,310,152	312
3	三溴联苯	$C_{12}H_7Br_3$	391	392,390,230	390
4	四溴联苯	$C_{12}H_6Br_4$	470	470,310,308	310
5	五溴联苯	$C_{12}H_5Br_5$	549	628,468,466	390
6	六溴联苯	$C_{12}H_4Br_6$	628	705,546,544	468
7	七溴联苯	$C_{12}H_3Br_7$	707	785,546,544	705
8	八溴联苯	$C_{12}H_2Br_8$	786	864,705,703	785
9	九溴联苯	$C_{12}HBr_9$	864	864,705,703	705
10	十溴联苯	$C_{12}Br_{10}$	944	944,783,781	783

表2　多溴二苯醚及其定性离子和定量选择离子的相对分子质量

峰号	化学名称	分子式	相对分子质量	定性离子的相对分子质量	定量选择离子的相对分子质量
1	一溴联苯醚	$C_{12}H_9BrO$	249	250,248,141	248
2	二溴联苯醚	$C_{12}H_8Br_2O$	328	328,326,168	328
3	三溴联苯醚	$C_{12}H_7Br_3O$	407	408,406,248	406
4	四溴联苯醚	$C_{12}H_6Br_4O$	486	488,486,326	486
5	五溴联苯醚	$C_{12}H_5Br_5O$	565	564,406,404	564
6	六溴联苯醚	$C_{12}H_4Br_6O$	644	643,484,482	484
7	七溴联苯醚	$C_{12}H_3Br_7O$	723	722,562,456	562
8	八溴联苯醚	$C_{12}H_2Br_8O$	802	801,642,639	639
9	九溴联苯醚	$C_{12}H_1Br_9O$	881	881,721,719	721
10	十溴联苯醚	$C_{12}Br_{10}O$	960	959,799,797	799

7.5 空白试验

除了不加试样外，按上述7.1～7.4测定步骤进行。

7.6 结果表示

PBBs和PBDEs的含量X，以mg/kg表示，按式(1)进行计算：

$$X=\frac{(A_i-A_0)\times C_s\times V}{A_s\times m} \qquad \cdots\cdots(1)$$

式中：

X ——试样中PBBs或PBDEs的含量，单位为毫克每千克(mg/kg)；

A_i ——样液中PBBs或PBDEs的色谱峰面积；

A_0 ——空白样品的色谱峰面积；

C_s ——标准工作液中PBBs和PBDEs的质量浓度，单位为微克每毫升(μg/mL)；

V ——样液最终定容体积，单位为毫升(mL)；

A_s ——标准工作液中PBBs和PBDEs的色谱峰面积；

m ——试样量，单位为克(g)。

每次平行测定2个试样，取2次测试结果的算术平均值作为试验结果。试验结果取1位小数。2次独立测定结果的绝对差值不应超过算术平均值的10%。

8 试验报告

试验报告应包括以下内容：

a) 本标准的名称及编号；

b) 样品的详细说明；

c) 单个测试结果和平均值；

d) 与本标准规定的分析步骤的差异；

e) 在试验中出现的异常现象；

f) 试验日期。

附 录 A
（资料性附录）
多溴联苯标准品的总离子流色谱图

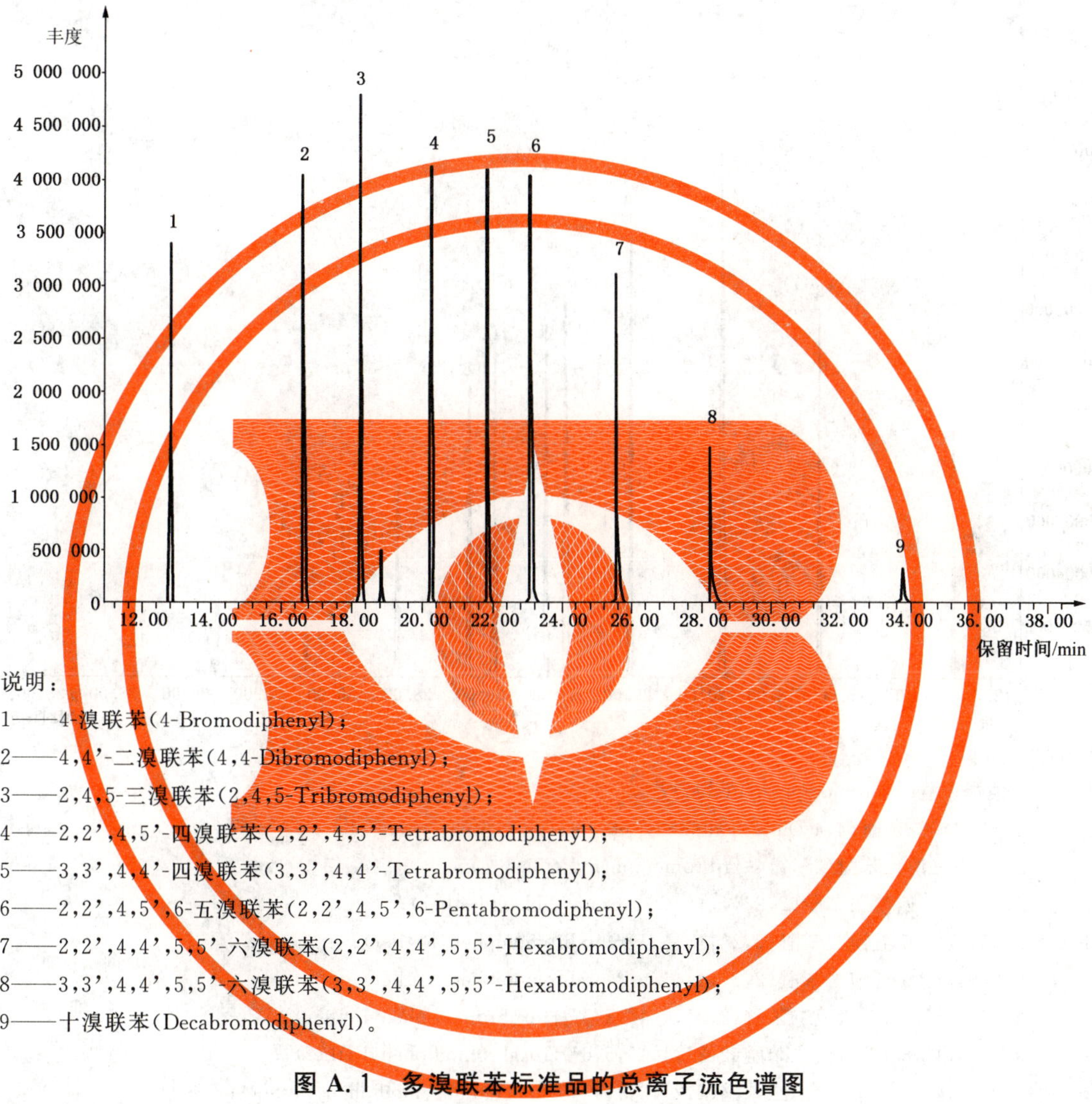

说明：

1——4-溴联苯(4-Bromodiphenyl)；

2——4,4'-二溴联苯(4,4-Dibromodiphenyl)；

3——2,4,5-三溴联苯(2,4,5-Tribromodiphenyl)；

4——2,2',4,5'-四溴联苯(2,2',4,5'-Tetrabromodiphenyl)；

5——3,3',4,4'-四溴联苯(3,3',4,4'-Tetrabromodiphenyl)；

6——2,2',4,5',6-五溴联苯(2,2',4,5',6-Pentabromodiphenyl)；

7——2,2',4,4',5,5'-六溴联苯(2,2',4,4',5,5'-Hexabromodiphenyl)；

8——3,3',4,4',5,5'-六溴联苯(3,3',4,4',5,5'-Hexabromodiphenyl)；

9——十溴联苯(Decabromodiphenyl)。

图 A.1 多溴联苯标准品的总离子流色谱图

附 录 B
（资料性附录）
多溴二苯醚标准品的总离子流色谱图

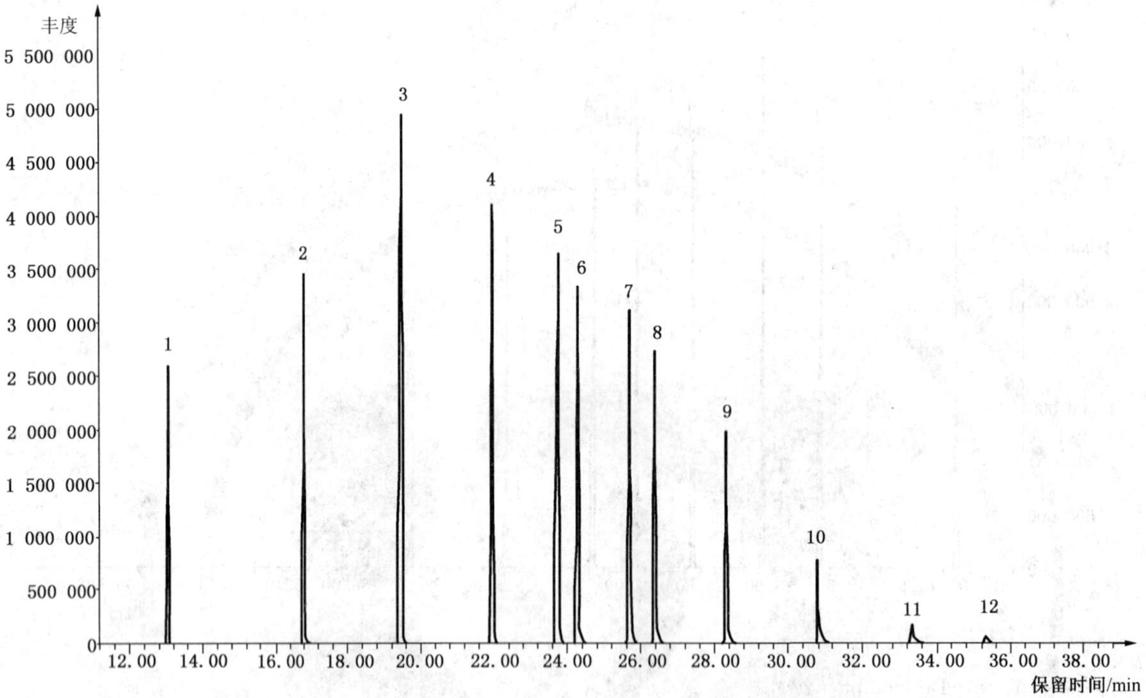

说明：

1 ——4-溴二苯醚(4-Bromodiphenyl ether)；

2 ——4,4'-二溴二苯醚(4,4-Dibromodiphenyl ether)；

3 ——2',3,4-三溴二苯醚(2',3,4-Tribromodiphenyl ether)；

4 ——2,2',4,4'-四溴二苯醚(2,2',4,4'-Tetrabromodiphenyl ether)；

5 ——2,2',4,4',5-五溴二苯醚(2,2',4,4',5-Pentabromodiphenyl ether)；

6 ——2,2',4,4',6-五溴二苯醚(2,2',4,4',6-Pentabromodiphenyl ether)；

7 ——2,2',4,4',5,5'-六溴二苯醚(2,2',4,4',5,5'-Hexabromodiphenyl ether)；

8 ——2,2',4,4',5,6'-六溴二苯醚(2,2',4,4',5,6'-Hexabromodiphenyl ether)；

9 ——2,2',3,4,4',5',6-七溴二苯醚(2,2',3,4,4',5',6-Heptabromodiphenyl ether)；

10——2,2',3,4,4',5,5',6-八溴二苯醚(2,2',3,4,4',5,5',6-Octabromodiphenyl ether)；

11——2,2',3,3'4,4',5,5',6-九溴二苯醚(2,2',3,3'4,4',5,5',6-Nonabromodiphenyl ether)；

12——2,2',3,3'4,4',5,5',6,6'十溴二苯醚(2,2',3,3'4,4',5,5',6,6'Decabromodiphenyl ether)。

图 B.1 多溴二苯醚标准品的总离子流色谱图

ICS 83.060
G 40

中华人民共和国国家标准

GB/T 29611—2013/ISO 22768:2006

生橡胶　玻璃化转变温度的测定
差示扫描量热法(DSC)

Rubber, raw—
Determination of the glass transition temperature—
Differential scanning calorimetry (DSC)

[ISO 22768:2006, Rubber, raw—
Determination of the glass transition temperature
by differential scanning calorimetry (DSC), IDT]

2013-07-19 发布　　　　2013-12-01 实施

中华人民共和国国家质量监督检验检疫总局
中国国家标准化管理委员会　发布

前 言

本标准按照GB/T 1.1—2009给出的规则起草。

本标准使用翻译法等同采用ISO 22768:2006《生橡胶　用差示扫描量热法(DSC)测定玻璃化转变温度》。

与本标准中规范性引用的国际文件有一致性对应关系的我国文件如下:

——GB/T 2941—2006　橡胶物理试验方法试样制备和调节通用程序(ISO 23529:2004,IDT)

——GB/T 14838—2009　橡胶与橡胶制品　试验方法标准精密度的确定(ISO/TR 9272:2005,IDT)

本标准由中国石油和化学工业联合会提出。

本标准由全国橡胶与橡胶制品标准化技术委员会通用试验方法分技术委员会(SAC/TC 35/SC 2)归口。

本标准起草单位:杭州中策橡胶有限公司、赛轮股份有限公司、上海双钱轮胎公司、山东玲珑轮胎有限公司、中国石油天然气股份有限公司独山子石化分公司研究院、北京橡胶工业研究设计院。

本标准主要起草人:杨煜、孙雪峰、刘爱芹、张艳玲、黄中瑛、陈少梅、孙枫、杨红玲、丁晓英、谢君芳、李林涛。

生橡胶 玻璃化转变温度的测定 差示扫描量热法(DSC)

警告——使用本标准的人员应有正规实验室工作的实践经验。本标准并未指出所有可能的安全问题,使用者有责任采取适当的安全和健康措施,并保证符合国家有关法规规定的条件。

1 范围

本标准规定了用差示扫描量热仪(DSC)测定生橡胶的玻璃化转变温度(Tg)的方法。

本标准适用于生橡胶玻璃化转变温度的测定。

2 规范性引用文件

下列文件对于本文件的应用是必不可少的。凡是注日期的引用文件,仅注日期的版本适用于本文件。凡是不注日期的引用文件,其最新版本(包括所有的修改单)适用于本文件。

GB/T 19466.1—2004 塑料 差示扫描量热法(DSC) 第1部分:通则(ISO 11357-1:1997,IDT)

ISO/TR 9272 橡胶与橡胶制品 试验方法标准精密度的确定(Rubber and rubber products—Determination of precision for test method standards)

ISO 23529 橡胶 物理测试方法试样的制备和调节通用程序(Rubber—General procedures for preparing and conditioning test pieces for physical test methods)

3 术语和定义

GB/T 19466.1—2004 界定的以及下列术语和定义适用于本文件。

3.1

玻璃化转变 glass transition

无定形聚合物或半结晶聚合物的无定形区域的玻璃态和高弹态之间的可逆转变。

3.2

玻璃化转变温度 glass transition temperature

Tg

发生玻璃化转变的温度范围的近似中点的温度。

注:本标准中的玻璃化转变温度定义为按温度升高速率为 20 ℃/min 得到的 DSC 曲线中的转折点。

4 原理

在规定的气氛和程序温度控制下,利用 DSC 测量橡胶的热焓随温度的变化,并由所得的曲线确定玻璃化转变温度。

5 主要仪器

5.1 差示扫描量热仪

差示扫描量热仪应在标准的实验室温度下操作，并防止阳光直接照射，避免气流和环境温度变化的影响。

5.2 样品皿

用来装试样和参比样，由相同质量的同种材料制成。在测量条件下，样品皿不与试样和气氛发生物理或化学变化。

样品皿应具有良好的导热性能，能够加盖和密封，并能承受在测量过程中产生的过压。

5.3 气源

高纯级氮气或氦气。

5.4 天平

精确至 0.000 1 g。

6 测试样品

试样应具有代表性，称样量为 0.01 g～0.02 g。

7 样品调节

测试样品和标样的调节见 ISO 23529。

8 校准

根据仪器制造商的建议校准差示扫描量热仪。

建议使用分析级的标准样品对温度进行校准，理想标样的选取要求其熔点范围能涵盖所有待测物质的熔点，低温下标样可选用辛烷和环己烷，较高温度下可选用铟。

9 测试步骤

9.1 保护气体流量

惰性保护气体流量在整个试验过程中保持不变，允许偏差为±10%，合适的载气流量为 10 mL/min～100 mL/min。

9.2 装载试样

所有测试样品的质量应相近，精确到 0.001 g。制备的试样尽可能有一个平整的表面，能与样品皿有很好的热接触。

试样与样品皿之间紧密的热接触能得到很好的重复性。

用镊子把试样放入样品皿中，用盖密封，然后放入差示扫描量热仪中。不应直接用手接触试样和样品皿。

9.3 温度扫描

9.3.1 将试样以 10 ℃/min 的速率冷却至大约－140 ℃，并保持 1 min。

注：试样的起始温度定在－140 ℃是因为测试的橡胶(例如：高顺式聚丁二烯)的玻璃化转变温度很低，若橡胶的玻璃化转变温度较高，则不需要把初始温度定在－140 ℃。

起始温度的选择应保证在玻璃化转变区域有比较稳定的基线，一般比预测的玻璃化转变温度要低 30 ℃～40 ℃。

如果不能维持设定的冷却速率，那么尽可能调整冷却速率与设定值接近。

9.3.2 温度扫描的速率为 20 ℃/min，一直加热到高于玻璃化转变区域上限值 30 ℃为止。

注：大多数仪器可以采用程序升温来实现自动热循环。

10 结果表示

利用仪器软件得到的玻璃化转变曲线的拐点即为玻璃化转变温度(Tg)。

注：如果想直接从曲线上得到玻璃化转变温度，更好的方法是通过对曲线微分来得到曲线的拐点。

11 试验报告

试验报告应包括以下内容：

a) 参照的标准；
b) 试样的全部信息；
c) 试样的质量，单位为克(g)；
d) 所用 DSC 仪器型号；
e) 所用惰性气体类型及流速；
f) 所用的标准样品；
g) 所用的热循环；
h) 试样的 Tg 值，单位为摄氏度(℃)，并附 DSC 曲线；
i) 试验日期。

12 精密度

12.1 总则

12.1.1 2004 年开始实施的实验室间试验方案(ITP)，采用 ISO/TR 9272（在进行本 ITP 期间正在投票复审)的精度程序和指导方针来测定 Tg 的精密度，且其他精密度的细则和术语可以参照这个修订版。

12.1.2 实验室间测试程序将采用 NdBR(钕催化高-顺式 BR)，SBR1502，SBR1721 和 OESSBR 这 4 种橡胶，这些橡胶代表了 Tg 值在－100 ℃～20 ℃这个范围内的物质。30 实验室参与了 ITP，并采用 1 型精密度类型。一个测试结果就代表此标准说明指定的 DSC 程序测得的一个 Tg 值，而 2 个 Tg 值是在相隔 1 个星期的 2 个试验日测得的，每个试验日需要完成 10 ℃/min 和 20 ℃/min 2 个升温速率的测试。为了精密度的分析，所有 Tg 值都采用开尔文温度，这样可以避免在计算时出现负值，更重要的是，可以得到不接近于零的 Tg 平均值，这样所得到的材料的相对精度(百分制)就更有意义，即可以避免出现很大的数值。

12.1.3 在没有精密度确定结果实际适用于所试验的产品或材料的文件情况下，由实验室间试验方案确定的精密度不适用于任一组材料或产品的验收或拒收。

12.2 精密度结果

12.2.1 精密度结果见表1，这些数据是4种材料以10 ℃/min和20 ℃/min这2种升温速率试验，并根据ISO/TR 9272删除了一些异常数据后的结果。精密度结果总则的表述详见(12.2.2)，同时包括了绝对精度(r或R)和相对精度[(r)或(R)]。

表1 玻璃化转变温度精密度数据

材料	平均水平		实验室内			实验室间			实验室数量[a]
	℃	K	s_r	r	(r)	s_R	R	(R)	
10 ℃/min的测量方式									
1-NdBR	−106.3	166.7	0.379	1.06	0.64	1.531	4.29	2.57	20
2-SBR 1502	−54.5	218.5	0.382	1.07	0.49	1.160	3.25	1.49	25
3-SBR 1721	−34.3	238.7	0.408	1.14	0.48	1.417	3.97	1.66	24
4-OESSBR	−24.3	248.7	0.245	0.69	0.28	1.449	4.06	1.63	23
合并或平均值[b]	—	—	0.354	0.990	0.473	1.39	3.89	1.84	—
20 ℃/min的测量方式									
1-NdBR	−104.8	168.2	0.273	0.76	0.45	1.418	3.97	2.36	19
2-SBR 1502	−52.7	220.3	0.462	1.29	0.59	1.431	4.01	1.82	27
3-SBR 1721	−32.2	240.8	0.372	1.04	0.43	1.164	3.26	1.35	22
4-OESSBR	−21.9	251.1	0.190	0.53	0.21	1.724	4.83	1.92	24
合并或平均值[b]	—	—	0.324	0.908	0.420	1.43	4.02	1.86	—

注1：所用符号：
s_r＝实验室内标准差(测量单位)；
r＝重复性(测量单位)；
(r)＝重复性(开尔文氏单位下平均水平的百分比)；
s_R＝实验室间标准差(测量单位表示的实验室间总偏差)；
R＝再现性(测量单位)；
(R)＝再现性(开尔文氏单位下平均水平的百分比)。

注2：相对精密度参数(r)和(R)计算时的Tg值用开尔文氏单位。

[a] 异常值删除后实验室数量；3步骤分析；总共30个实验室参与。

[b] 简单的平均计算。

12.2.2 重复性和再现性的表述如下：

a) 重复性：试验方法的重复性，即局部区域精密度已由每个表中所列材料(橡胶)的表1中给出的值确定。通过正确使用本标准规定的试验方法获得的2个试验结果之差大于表列以测量单位表示的r值和以百分比表示的(r)值应视为可疑，即来自不同的样本。这样的判断意味着应采取一些适当的研究措施。

b) 再现性：试验方法的再现性，即全部区域精密度已由每个表中所列材料(橡胶)的表1中给出的值确定。不同实验室通过正确使用本标准规定的试验方法获得的2个试验结果之差大于表列

以测量单位表示的 R 值和以百分比表示的(R)值应视为可疑,即来自不同的样本。这样的判断意味着应采取一些适当的研究措施。

12.2.3 附加说明:表 1 最后一栏(最后计算精密度时所采用的实验室的数量)表明有大量实验室的数据由于出现异常而放弃使用。材料 NdBR 的数据少是因为一些实验室没有递交实验数据。然而,材料测试中异常值的删除对于精度的改进是有影响的,总体上说(即所有 4 种材料),重复性 r 减小了,10 ℃/min的升温速率时减低系数为 0.56,而 20 ℃/min 时为 0.46,毕竟是因为弃用了重复性异常数值。同样的,再现性 R 也减小了,10 ℃/min 和 20 ℃/min 的升温速率时的减低系数都为 0.71。个别实验室的结果的重复性或/和再现性没能达成一致。

升温速率为 10 ℃/min 和 20 ℃/min 所得的精密度结果没有明显差异。10 ℃/min 的重复性的 r 为 9%,高于 20 ℃/min,而 10 ℃/min 的再现性的 R 为 3%,低于 20 ℃/min。

表 1 中最后的精密度是代表了 ITP 中大多数实验室成员的精度,可以认为是拥有高质量测试手段的核心成员进行这种性能测试的基准测试水平。

12.2.4 偏倚是试验所得平均值与公认参照值或真实值之差。因为本试验方法的参照值不存在,所以偏倚不能确定。

13 结论

升温速率为 20 ℃/min 所得的玻璃化转变温度比 10 ℃/min 时要高大约 2 ℃,而这两种升温速率对精密度没有明显差异。所以,为了方便起见,采用较快的升温速率为佳。

ICS 83.040.20
G 49

中华人民共和国国家标准

GB/T 29612—2013

炭黑中镉、铅、汞含量的测定

Determination of cadmium, lead, mercury content for carbon black

2013-07-19 发布 2013-12-01 实施

中华人民共和国国家质量监督检验检疫总局
中国国家标准化管理委员会 发布

前 言

本标准按照 GB/T 1.1—2009 给出的规则起草。

本标准由中国石油和化学工业联合会提出。

本标准由全国橡胶与橡胶制品标准化技术委员会炭黑分技术委员会(SAC/TC 35/SC 5)归口。

本标准负责起草单位:中橡集团炭黑工业研究设计院、宁波德泰化学有限公司、曲靖众一精细化工股份有限公司。

本标准主要起草人:聂素青、邓毅、马伟伟、蒋良强。

炭黑中镉、铅、汞含量的测定

警告:使用本标准的人员应有正规实验室工作的实践经验。本标准并未指出所有可能的安全问题。使用者有责任采取适当的安全和健康措施,并保证符合国家有关法规规定的条件。

1 范围

本标准规定了用原子吸收分光光度计法(A法)、等离子发射光谱仪法(B法)(仲裁法)、X荧光光谱仪法(C法),测定炭黑中镉(Cd)、铅(Pb)、汞(Hg)含量的试验方法。

本标准适用于炭黑。

2 规范性引用文件

下列文件对于本文件的应用是必不可少的。凡是注日期的引用文件,仅注日期的版本适用于本文件。凡是不注日期的引用文件,其最新版本(包括所有的修改单)适用于本文件。

GB 3778 橡胶用炭黑

GB/T 3780.8 炭黑 第8部分:加热减量的测定

GB/T 3780.10 炭黑 第10部分:灰分的测定

GB/T 6682 分析实验室用水规格和试验方法

GB 6819 溶解乙炔

GB/T 12808 实验室玻璃仪器 单标线吸量管

3 采样

炭黑按GB 3778的规定进行采样。

4 仪器

常规实验室设备及以下设备。

4.1 铂坩埚,容积约35 cm^3。

4.2 原子吸收分光光度计,装有空气/乙炔气燃烧器及镉、铅、汞空心阴极灯。

4.3 等离子发射光谱仪。

4.4 X荧光光谱仪。

4.5 分析天平,精度为0.1 mg。

4.6 烧杯,容积为100 cm^3。

4.7 容量瓶,容积为100 cm^3、500 cm^3、1 000 cm^3。

4.8 单标线移液管,容量1 cm^3、5 cm^3、10 cm^3、20 cm^3,应符合GB/T 12808中A级规定。

5 原子吸收分光光度计法(A法)

5.1 试验方法

将样品灰化后,用盐酸溶液溶解残余物,稀释,并吸入原子吸收分光光度计的火焰中,分别在

228.8 nm、283.3 nm、253.7 nm 波长处测定吸光度，据此计算镉、铅、汞含量。

5.2 试剂和材料

除非另有规定，仅使用分析纯试剂，试验用水是蒸馏水或同等纯度的水，应符合 GB/T 6682 中二级水的要求。

注 1：建议优先选用商品镉、铅、汞标准溶液来代替 5.2.2～5.2.7 配制的溶液。

5.2.1 盐酸溶液(质量分数为 12%)

用 50 cm^3 水稀释 20 cm^3 盐酸进行配制。

5.2.2 镉标准储备溶液(1 000 mg/dm^3)

在 100 cm^3 的烧杯中，将 1.000 g±0.001 g 的高纯镉或 1.142 g 氧化镉溶于 10 cm^3 水和 5 cm^3 硝酸的混合液中，在通风橱中煮沸以排出氮氧化物，冷却后将溶液转移到 1 000 cm^3 的容量瓶中，加水稀释至刻度并摇匀。1 cm^3 此标准溶液含 1 000 μg 镉。

5.2.3 镉标准溶液(10 mg/dm^3)

用移液管将 5.0 cm^3 的镉标准储备溶液移入一个 500 cm^3 的容量瓶中，加入 1 cm^3 硝酸，加水稀释至刻度并摇匀。1 cm^3 此标准溶液含 10 μg 镉。

5.2.4 铅标准储备溶液(1 000 mg/dm^3)

在 100 cm^3 的烧杯中，将 1.000 g±0.001 g 的高纯铅或 1.598 g 硝酸铅溶于 10 cm^3 水和 5 cm^3 硝酸的混合液中，在通风橱中煮沸以排出氮氧化物，冷却后将溶液转移到 1 000 cm^3 的容量瓶中，加水稀释至刻度并摇匀。1 cm^3 此标准溶液含 1 000 μg 铅。

5.2.5 铅标准溶液(10 mg/dm^3)

用移液管将 5.0 cm^3 的铅标准储备溶液移入一个 500 cm^3 的容量瓶中，加入 1 cm^3 硝酸，加水稀释至刻度并摇匀。1cm^3 此标准溶液含 10 μg 铅。

5.2.6 汞标准储备溶液(1 000 mg/dm^3)

在 100 cm^3 的烧杯中，将 1.000 g±0.001 g 的高纯汞或氧化汞 1.080 g 溶于 10 cm^3 水和 5 cm^3 硝酸(ρ=1.42 mg/m^3)的混合液中，煮沸以排出氮氧化物，冷却后将溶液转移到 1 000 cm^3 的容量瓶中，加水稀释至刻度并摇匀。1 cm^3 此标准溶液含 1 000 μg 汞。

5.2.7 汞标准溶液(10 mg/dm^3)

用移液管将 5.0 cm^3 的汞标准储备溶液移入一个 500 cm^3 的容量瓶中，加入 1 cm^3 硝酸，加水稀释至刻度并摇匀。1 cm^3 此标准溶液含 10 μg 汞。

5.2.8 乙炔气

高纯气，含量 99.9%以上，压力大于 0.5 MPa，符合 GB 6819 的技术要求以压缩气方式供给。

5.3 分析步骤

5.3.1 试样溶液的制备

5.3.1.1 标准校准溶液的制备

5.3.1.1.1 镉(Cd)标准校准溶液的制备

在4个100 cm^3 容量瓶中,分别加入10 mg/dm^3 的1 cm^3、5 cm^3、10 cm^3、20 cm^3 镉标准溶液,加水稀释至刻度并摇匀。这4个瓶分别含0.1 μg、0.5 μg、1.0 μg、2.0 μg的镉。

5.3.1.1.2 铅(Pb)标准校准溶液的制备

在4个100 cm^3 容量瓶中,分别加入10 mg/dm^3 的10 cm^3、20 cm^3、30 cm^3、50 cm^3 铅标准溶液,加水稀释至刻度并摇匀。这4个瓶分别含1 μg、2 μg、3 μg、5 μg的铅。

5.3.1.1.3 汞(Hg)标准校准溶液的制备

在4个100 cm^3 容量瓶中,分别加入10 mg/dm^3 的1 cm^3、5cm^3、10 cm^3、20 cm^3 汞标准溶液,加水稀释至刻度并摇匀。这4个瓶分别含0.1 μg、0.5 μg、1.0 μg、2.0 μg的汞。

5.3.1.2 标准校准溶液吸光度的测定

5.3.1.2.1 按照仪器说明书的要求,依次将5.3.1.1.1制备的镉标准校准溶液吸入原子吸收分光度计的火焰中,并记录在波长为228.8 nm处的吸光度值。每次测定后,将水吸入火焰中。

5.3.1.2.2 按照仪器说明书的要求,依次将5.3.1.1.2制备的铅标准校准溶液吸入原子吸收分光度计的火焰中,并记录在波长为283.3 nm处的吸光度值。每次测定后,将水吸入火焰中。

5.3.1.2.3 按照仪器说明书的要求,依次将5.3.1.1.3制备的汞标准校准溶液吸入原子吸收分光度计的火焰中,并记录在波长为253.7 nm处的吸光度值。每次测定后,将水吸入火焰中。

5.3.1.3 绘制校准曲线

分别以标准校准溶液的镉、铅、汞含量为横坐标,单位用μg/cm^3 表示,与对应的吸光度值为纵坐标画3条溶液吸光度校准曲线。

5.3.2 空白试验

空白试验与试样测定同时进行,采用相同的试剂和步骤,但不加试样。

5.3.3 测定

5.3.3.1 镉、铅、汞试样溶液的制备

5.3.3.1.1 取适量试样按GB/T 3780.8的规定进行干燥。

5.3.3.1.2 镉、铅试样溶液的制备:称取约8 g的炭黑试样于铂坩埚内,根据GB/T 3780.10的规定燃烧试样。在通风橱内,加约30 cm^3 的盐酸溶液于装有灰烬的坩埚中,将坩埚置于沙盘上,缓慢加热,直至灰烬溶解,并转移到一个100 cm^3 的容量瓶中(若有不能溶解的残渣,应用定量滤纸过滤),每次用少量的水冲洗坩埚,共计3次。将洗涤液移入容量瓶内,加水至刻度。

5.3.3.1.3 汞试样溶液的制备:称取约8g的炭黑试样于铂坩埚内,在100 Pa及250 ℃的条件下,在密闭的石英反应器中将炭黑用硝酸完全消化。在通风橱内,加约30 cm^3 的盐酸于装有灰烬的坩埚中,将

坩埚置于沙盘上，缓慢加热，直至灰烬溶解，并转移到一个 100 cm^3 的容量瓶中，每次用 1 cm^3 的水冲洗坩埚，共计 2 次。将洗涤液移入容量瓶内，加水至刻度。

5.3.3.2 试样溶液镉吸光度的测定

5.3.3.2.1 按照仪器使用说明书，将试样溶液和空白溶液吸入原子吸收光谱仪的火焰中，并测定在 228.8 nm 处的吸光度。

5.3.3.2.2 如果试样溶液的吸光度比镉含量最高的标准校准溶液的吸光度还大，则应将试样溶液用水进一步稀释，使稀释后试样溶液吸光度处于校准溶液吸光度范围内，重复测定，并在结果计算中乘以稀释倍数。

5.3.3.2.3 查校准曲线，确定对应于试样溶液和空白试验溶液吸光度的镉含量。

5.3.3.3 试样溶液铅吸光度的测定

5.3.3.3.1 按照仪器使用说明书，将试样溶液和空白溶液吸入原子吸收光谱仪的火焰中，并测定在 283.3 nm 处的吸光度。

5.3.3.3.2 如果试样溶液的吸光度比铅含量最高的标准校准溶液的吸光度还大，则应将试样溶液用水进一步稀释，使稀释后试样溶液吸光度处于校准溶液吸光度范围内，重复测定，并在结果计算中乘以稀释倍数。

5.3.3.3.3 查校准曲线，确定对应于试样溶液和空白试验溶液吸光度的铅含量。

5.3.3.4 试样溶液汞吸光度的测定

5.3.3.4.1 按照仪器使用说明书，将试样溶液和空白溶液吸入原子吸收光谱仪的火焰中，并测定在 253.7 nm 处的吸光度。

5.3.3.4.2 如果试样溶液的吸光度比汞含量最高的标准校准溶液的吸光度还大，则应将试样溶液用水进一步稀释，使稀释后试样溶液吸光度处于校准溶液吸光度范围内，重复测定，并在结果计算中乘以稀释倍数。

5.3.3.4.3 查校准曲线，确定对应于试样溶液和空白试验溶液吸光度的汞含量。

5.4 结果表示

5.4.1 试样(镉 Cd、或铅 Pb、或汞 Hg)含量按式(1)计算，以 mg/kg 计：

$$\omega(\mathrm{Cd、Pb、Hg}) = \frac{V \times (\rho_1 - \rho_2)}{m} \qquad \cdots\cdots(1)$$

式中：

ω ——试样(镉 Cd 或铅 Pb 或汞 Hg)的含量，单位为毫克每千克(mg/kg)；

V ——试样溶液的体积，单位为立方厘米(cm^3)；

ρ_1 ——试样溶液中镉、铅、汞含量的数值，单位为微克每立方厘米($\mu g/cm^3$)；

ρ_2 ——空白试验溶液中镉(Cd)或铅(Pb)或汞(Hg)含量的数值，单位为微克每立方厘米($\mu g/cm^3$)；

m ——试样的质量，单位为克(g)。

如果试样溶液需稀释，则式(1)的右边要乘以稀释倍数。

结果精确到 0.1 mg/kg。

6 等离子发射光谱仪法(B 法)

6.1 方法概要

样品由载气(氩)带入雾化系统进行雾化后,以气溶胶形式进入等离子体的轴向通道,在高温和惰性气氛中被充分蒸发、原子化、电离和激发,发射出所含元素的特征谱线。根据特征谱线的存在与否,鉴别样品中是否含有某种金属元素(定性分析);根据特征谱线强度确定样品中相应金属元素的含量(定量分析)。

6.2 样品制备

一种方法是根据 GB/T 3780.10 的规定燃烧试样,用盐酸溶液溶解余下的灰烬。另一种是在 100 Pa、250 ℃条件下,在密闭的石英反应器中将炭黑用硝酸完全消化,该方法可以使易挥发的金属如 Hg、As 等氧化物的损失率降到最小。然后采用等离子发射光谱法对溶液中的重金属分别进行定量。

6.3 实验步骤

用离子发射光谱仪测试炭黑中镉(Cd)、铅(Pb)、汞(Hg)的含量。由于仪器类型的不同,在这里不能详细叙述。试验按照仪器说明书进行操作。

7 X 荧光光谱仪法(C 法)

7.1 方法概要

X 荧光光谱仪(XRF)由激发源(X 射线管)和探测系统构成。X 射线管产生入射 X 射线(一次 X 射线),激发被测样品。受激发的样品中的每一种元素会放射出二次 X 射线,并且不同的元素所放射出的二次 X 射线具有特定的能量特性或波长特性。探测系统测量这些放射出来的二次 X 射线的能量及数量。然后,仪器软件将探测系统所收集到的信息转换成样品中各种元素的种类及含量。

7.2 实验步骤

用 X 荧光光谱仪测试炭黑中镉(Cd)、铅(Pb)、汞(Hg)的含量。由于仪器类型的不同,在这里不能详细叙述。试验按照仪器说明书进行操作。炭黑中铜(Cu)、锑(Sb)、砷(As)、钡(Ba)、铬(Cr)、硒(Se)含量的测定见附录 A。

8 试验报告

试验报告应包括以下内容:

a) 试样的名称及标识;

b) 本标准编号;

c) 使用的方法(A 法、B 法或 C 法);

d) 与基本分析步骤的差异;

e) 试验中的异常现象;

f) 试验日期。

附 录 A
(资料性附录)
炭黑中铜、锑、砷、钡、铬、硒含量的测试

A.1 范围

本附录规定了用等离子发射光谱仪法(B法)、X荧光光谱仪法(C法)测定炭黑中铜(Cu)、锑(Sb)、砷(As)、钡(Ba)、铬(Cr)、硒(Se)含量的试验方法。

本附录适用于炭黑。

A.2 等离子发射光谱仪法(B法)

A.2.1 方法概要

见6.1。

A.2.2 样品制备

见6.2。

A.2.3 实验步骤

用等离子发射光谱仪(4.3)测试炭黑中铜(Cu)、锑(Sb)、砷(As)、钡(Ba)、铬(Cr)、硒(Se)的含量。由于仪器类型的不同,在这里不能详细叙述。试验按照仪器说明书进行操作。

A.3 X荧光光谱仪法(C法)

A.3.1 方法概要

见7.1。

A.3.2 实验步骤

用X荧光光谱仪(4.4)测试炭黑中铜(Cu)、锑(Sb)、砷(As)、钡(Ba)、铬(Cr)、硒(Se)的含量。由于仪器类型的不同,在这里不能详细叙述。试验按照仪器说明书进行操作。

ICS 83.060
G 40

中华人民共和国国家标准

GB/T 29613.1—2013/ISO 7270-1:2003

橡胶　裂解气相色谱分析法
第1部分:聚合物(单一及并用)的鉴定

Rubber—Analysis by pyrolytic gas-chromatographic methods—Part 1:Identification of polymers (single polymers and polymer blends)

(ISO 7270-1:2003,IDT)

2013-07-19 发布　　2013-12-01 实施

中华人民共和国国家质量监督检验检疫总局
中国国家标准化管理委员会　发布

前　言

GB/T 29613《橡胶　裂解气相色谱分析法》分为两个部分：

——第1部分：聚合物(单一及并用)的鉴定；

——第2部分：橡胶：苯乙烯/丁二烯/异戊二烯比率的测定。

本部分为GB/T 29613的第1部分。

本部分按照GB/T 1.1—2009给出的规则起草。

本部分使用翻译法等同采用国际标准ISO 7270-1:2003《橡胶　裂解气相色谱分析方法　第1部分：聚合物(单一及并用)的鉴定》及其技术勘误ISO 7270-1:2003/Amd.1:2010。

与本部分中规范性引用的国际文件有一致性对应关系的我国文件如下：

——GB/T 3516—2006　橡胶　溶剂抽出物的测定(ISO 1407:1992,MOD)。

本部分由中国石油和化学工业联合会提出。

本部分由全国橡胶与橡胶制品标准化技术委员会通用试验方法分会(SAC/TC 35/SC 2)归口。

本部分起草单位：安徽佳通轮胎有限公司、中国石油天然气股份有限公司石油化工研究院兰州化工研究中心、赛轮股份有限公司、中油股份独山子石化分公司研究院、北京橡胶工业研究设计院。

本部分主要起草人：林俊、吴金翠、薛慧峰、王芳、刘爱芹、王德玉、孙枫、王文祥、周乃东、吕佳萍。

橡胶 裂解气相色谱分析法 第1部分:聚合物(单一及并用)的鉴定

警告:使用本部分的人员应有正规实验室工作的实践经验。本部分并未指出所有可能的安全问题,使用者有责任采取适当的安全和健康措施,并保证符合国家有关法规规定的条件。

1 范围

GB/T 29613的本部分规定了在相同测试条件下,根据裂解气相色谱图,鉴定生胶、硫化胶或未硫化胶中聚合物单一及并用的方法。本部分可以用于单一橡胶或并用橡胶的定性分析,但有某些聚合物不能区分,在下文中有讨论。本部分不能用于定量分析。

本部分适用于单一聚合物的鉴定。当聚合物混合物的裂解色谱图中有一个特征的碳氢化合物时,此方法也适用于聚合物混合物的鉴定,详细描述见第4章。此方法也适用于其他类型聚合物的鉴定,但分析者应加以验证。

注:使用本部分时,要求操作者对气相色谱应具有一定的理论知识和实践经验,以便能够正确地实施本部分所规定的操作和解析所得的试验结果。

2 规范性引用文件

下列文件对于本文件的应用是必不可少的。凡是注日期的引用文件,仅注日期的版本适用于本文件。凡是不注日期的引用文件,其最新版本(包括所有的修改单)适用于本文件。

GB/T 5576—1997 橡胶和胶乳命名法(ISO 1629:1995,IDT)

ISO 1407:1992 橡胶 溶剂抽出物的测定(Rubber—Determination of solvent extract)

3 原理

在预先设定好的裂解色谱条件下,对生胶或硫化胶及混炼胶进行裂解,其裂解产物导入到气相色谱仪进行分析,得到的色谱图作为该物质的裂解色谱图。在相同的裂解色谱条件下,用未知橡胶和已知橡胶(或已知并用橡胶)的裂解色谱图进行比较鉴定。

4 橡胶聚合物(单一或并用)

4.1 概要

下列橡胶分组按照GB/T 5576—1997进行。

4.2 M组

a) 氯化聚乙烯(CM)和氯磺化聚乙烯(CSM)。

注:裂解色谱图不能用于鉴别氯化聚乙烯和氯磺化聚乙烯。

b) 乙丙橡胶(二元乙丙橡胶和三元乙丙橡胶):乙烯-丙烯共聚物(EPM)和乙烯-丙烯-二烯烃三元共聚物(EPDM)。

注：当裂解色谱图中出现二烯烃单体的特征峰时，裂解色谱图也可以用于区分三元共聚物与二元共聚物。

c) 丙烯酸酯类橡胶(ACMs)。

4.3 O组

氯醚橡胶(CO)，共聚氯醚橡胶[二元共聚物(ECO)和三元共聚物]。

注：裂解色谱图不能用于鉴别不同类型的氯醚橡胶。

4.4 Q组

硅橡胶类(聚硅氧烷)。

4.5 R组

a) 聚丁二烯橡胶(BR)。

注：裂解色谱图不能用于鉴别含有不同异构体的丁二烯橡胶。

b) 氯丁橡胶(CR)。

注：裂解色谱图不能用于鉴别各种类型的氯丁橡胶，或从被氯化的橡胶中区分氯丁橡胶。

c) 丁基橡胶：异丁烯-异戊二烯共聚物(IIR)。

注：裂解色谱图不能鉴别丁基橡胶、卤化丁基橡胶或聚异丁烯。

d) 聚异戊二烯橡胶：天然橡胶(NR)或合成异戊橡胶(IR)。

注：裂解色谱图不能鉴别天然异戊二烯橡胶与合成异戊二烯橡胶。

e) 丁腈橡胶：丙烯腈-丁二烯共聚物(NBR)。

注：在某些情况下，裂解色谱图能够鉴别丁腈橡胶和氢化丁腈橡胶。但是，丁腈橡胶和聚丁二烯橡胶并用或不同类型丁腈橡胶间并用时，裂解色谱图不能与单一的丁腈橡胶区分鉴别。

f) 丁苯橡胶：苯乙烯-丁二烯共聚物(SBR)。

注：在某些情况下，裂解色谱图能够鉴别嵌段共聚丁苯橡胶和无规共聚的丁苯橡胶。但是，丁苯橡胶和聚丁二烯橡胶并用或不同类型丁苯胶并用时，裂解色谱图不能与单一的丁苯橡胶区分鉴别。

4.6 并用橡胶

除丁苯橡胶(SBR)和聚丁二烯橡胶(BR)并用物不能鉴定外，本方法可以鉴定以下橡胶聚合物的并用：

a) 聚异戊二烯橡胶(NR或IR)；

b) 聚丁二烯橡胶(BR)；

c) 丁基橡胶类(IIRs)；

d) 丁苯橡胶类(SBRs)。

5 试剂

所用试剂应为分析纯。

5.1 抽提用溶剂

可以使用以下试剂(见7.2)：

5.1.1 丙酮。

5.1.2 甲醇。

5.1.3 丁酮。

5.2 载气

5.2.1 氮气。

5.2.2 氦气。

5.3 火焰离子检测器所用气体

氢气和纯化后的压缩空气。

6 仪器

6.1 抽提器

详见 GB/T 3516 规定。

6.2 裂解/气相色谱系统

6.2.1 概要

用于获取裂解色谱图的设备由裂解器、气相色谱仪、气相色谱柱和数据处理系统四部分组成。

6.2.2 裂解器

以下电加热型裂解器均适用。

6.2.2.1 微型炉裂解器:试样在石英管中裂解。

6.2.2.2 居里点裂解器:将试样置于铁磁性材料包裹的进样器(裂解探头)中,加热到居里点温度使试样裂解。

6.2.2.3 铂金丝裂解器:将试样置于铂金丝缠绕的进样器(裂解探头)中,加热试样使其裂解。

6.2.3 气相色谱仪

带有氢火焰离子检测器(FID)或热导检测器(TCD)的色谱仪均适用于本部分。

选择性检测器,例如电子捕获检测器(ECD)、火焰光度检测器(FPD)、火焰热离子检测器(FTD)、原子发射光谱检测器(AED)都能给出有用的信息。为了鉴定裂解产物,也可以使用质谱检测器。

6.2.4 色谱柱

不同长度、直径、固定相或固定液的色谱柱均适用于本部分,关键在于色谱柱对挥发性裂解产物要具有良好的分离效果。

注 1:具有良好分离效果的毛细管柱均适用,但是并非必要条件。

注 2:含有非极性聚二甲基硅氧烷和用二苯基、氰基丙基苯基或其他基团部分改性的中极性聚硅氧烷毛细管柱均适用。

注 3:通常毛细管柱只需要简单的评价,而使用极性和非极性的填充柱时有必要经常性地进行诸多条件的评价。

操作条件的选择取决于所使用的色谱柱。附录 A 中表 A.1 列出了本部分中所含聚合物的裂解色谱图号查询表,表 A.2～表 A.5 列出了使用极性和非极性色谱柱时裂解气相色谱的参考操作条件,得到的裂解色谱图见图 A.1～图 A.44。其中由表 A.2 操作条件得到的色谱图见图 A.1～图 A.15,由表 A.3 操作条件得到的色谱图见图 A.16～图 A.27,由表 A.4 操作条件得到的色谱图见图 A.28～图 A.32,由表 A.5 操作条件得到的色谱图见图 A.33～图 A.44。

6.2.5 数据处理系统

可使用记录仪、色谱积分仪或色谱工作站进行数据处理。

7 测试步骤

7.1 要确保测试条件相同,这样才能准确比较未知聚合物的裂解色谱图与参考裂解色谱图。

7.2 建议对试样进行抽提,以除去可能影响色谱分离效果的添加剂。对于充油橡胶,填充油的抽提是非常必要的,否则填充油会严重干扰裂解色谱图。按照 ISO 1407:1992 规定的方法 A 或者方法 B 进行抽提。所选择的溶剂(5.1)不能与聚合物发生反应,而且应尽可能除去添加剂。抽提后,干燥试样,否则残留溶剂可能会干扰裂解产物(见 8.4)。

7.3 取样量应适宜。通常质量在 0.1 mg～5 mg 之间,为了获得良好的重复性,测试样品的尺寸应尽可能地小。

7.4 将试样放入裂解器(6.2.2)中进行裂解。对微型炉裂解器或居里点裂解器,适宜的温度范围是 400 ℃～800 ℃,对于铂金丝裂解器,适宜的温度范围是 800 ℃～1 200 ℃。

7.5 记录裂解色谱图,并将测试样品的裂解色谱图与在同一条件下获得的已知单一聚合物或聚合物混合物的裂解色谱图进行比较。

8 结果分析

8.1 每个聚合物都可以通过其主要裂解峰的保留时间来表征。有些聚合物裂解后产生特征性的碳氢化合物,其定性相对比较容易。此类型聚合物及其裂解产物如下:

a) 聚异戊二烯橡胶:天然橡胶(NR)或合成异戊橡胶(IR),主要裂解产物为异戊二烯和 1-甲基-4-异丙烯基环已烯(异戊二烯二聚体);

b) 丁苯橡胶(SBR):主要裂解产物为丁二烯、4-乙烯基-1-环已烯(丁二烯二聚体)和苯乙烯;

c) 聚丁二烯橡胶(BR):主要裂解产物为丁二烯、4-乙烯基-1-环已烯(丁二烯二聚体);

d) 丁基橡胶(IIR):主要裂解产物为异丁烯。

8.2 有些聚合物裂解并不产生特征性的碳氢化合物,这时需要仔细查看该聚合物的裂解色谱图,同时做一些辅助检测,如卤素和氮素的测试,这有助于进一步的鉴定。

8.3 未知聚合物的特征碳氢化合物的鉴定可以通过与已知聚合物混合物裂解色谱图保留时间的比较,或者与直接用纯的碳氢化合物所得的色谱图来比较。结果可以用列表表述,以便参考。

8.4 分析者应知道,哪些添加剂可能未被抽出,这些添加剂中哪些会对色谱图产生干扰,哪些不会。

9 试验报告

试验报告应包含以下内容:

a) 待测样品的详细说明;

b) 使用的裂解器的类型;

c) 裂解温度;

d) 使用的气相色谱条件;

e) 使用的数据处理系统;

f) 样品中所检测到的橡胶或并用橡胶的名称。

附 录 A
(规范性附录)
推荐的不同色谱柱条件及此条件下的色谱图号和查询表

表 A.1 本部分中所含聚合物的裂解色谱图号查询表

组	橡胶名称	图号			
		微型炉裂解器	居里点裂解器	微型炉裂解器	居里点裂解器
		中极性毛细管柱	中极性毛细管柱	极性填充柱	非极性填充柱
M 组					
CM	氯化聚乙烯	1	—	—	—
CSM	氯磺化聚乙烯	2	16	—	33
EPM	二元乙丙橡胶	3	—	—	—
EPDM	三元乙丙橡胶	4	17	—	34
ACM	丙烯酸酯类橡胶	5	18	28	35
O 组					
CO	氯醚橡胶	6	19	—	36
Q 组					
	聚硅氧烷	7	20	—	37
R 组					
BR	聚丁二烯橡胶	8	21	—	38
CR	氯丁烯橡胶	9	22	29	39
IIR	丁基橡胶	10	23	—	40
XIIR	卤化丁基橡胶	11	—	—	—
NR 或 IR	天然橡胶或合成异戊橡胶	12	24	30	41
NBR	丁腈橡胶	13	25	31	42
HNBR	氢化丁腈橡胶	14	26	—	43
SBR	丁苯橡胶	15	27	32	44

表 A.2 微型炉裂解器-毛细管色谱柱法的推荐操作条件

裂解	裂解器	微型炉裂解器
	裂解温度	600 ℃
色谱柱	固定液	5%二苯基聚硅氧烷 Ultra ALLOY-5
	膜厚	1.0 μm
	柱内径	0.25 mm
	柱长	30 m
色谱操作条件	载气	He
	进样口温度	320 ℃
	检测器类型	FID
	检测器温度	350 ℃
程序升温		50 ℃,恒温 2 min,然后以 10 ℃/min 升至 280 ℃,在 280 ℃恒温 10 min

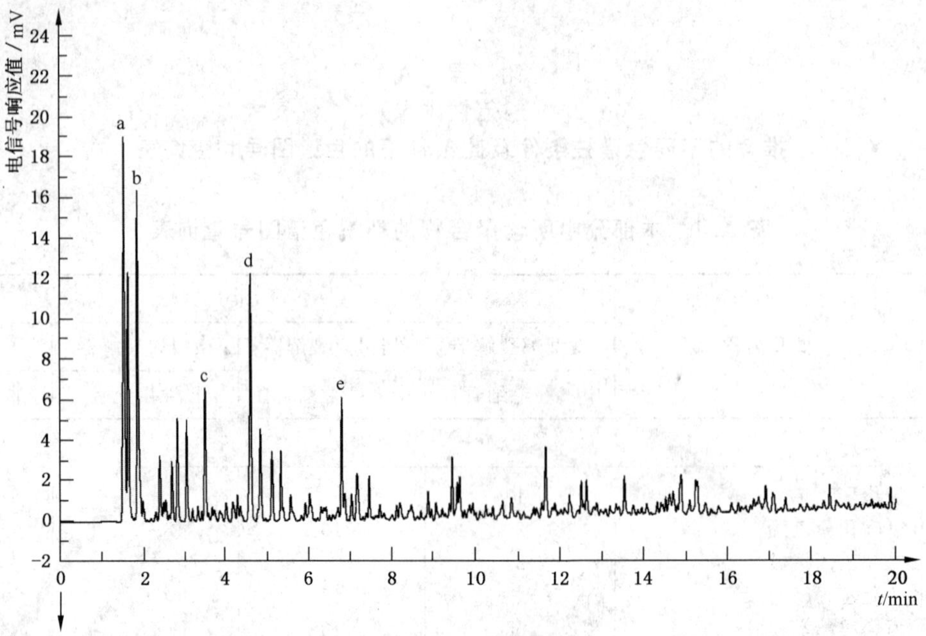

保留时间/min：
a——1.53；
b——1.50；
c——1.85；
d——4.60(苯)；
e——6.80(甲苯)。

图 A.1 氯化聚乙烯(CM)

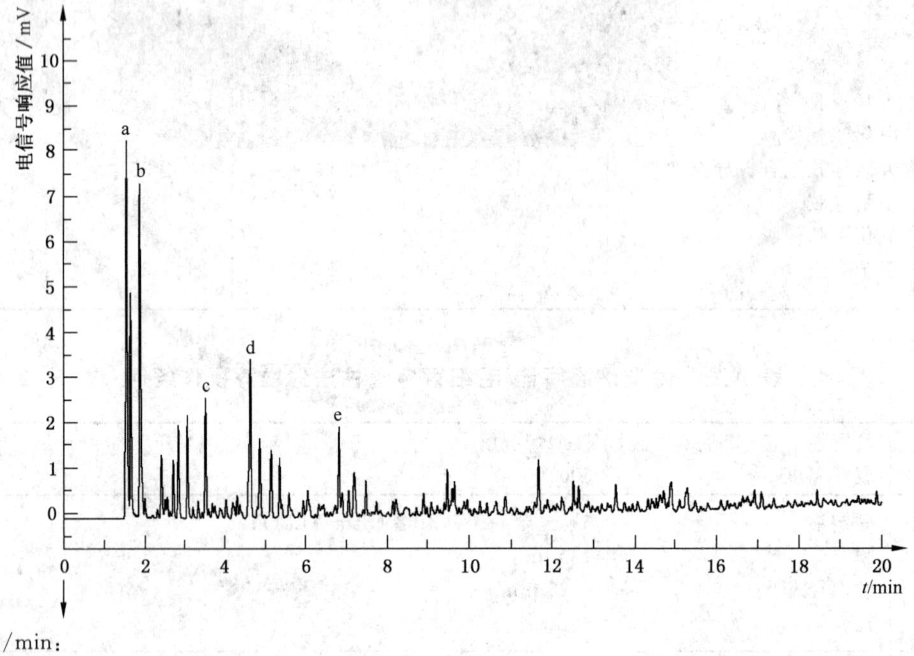

保留时间/min：
a——1.55；
b——1.87；
c——3.52；
d——4.62(苯)；
e——6.82(甲苯)。

图 A.2 氯磺化聚乙烯(CSM)

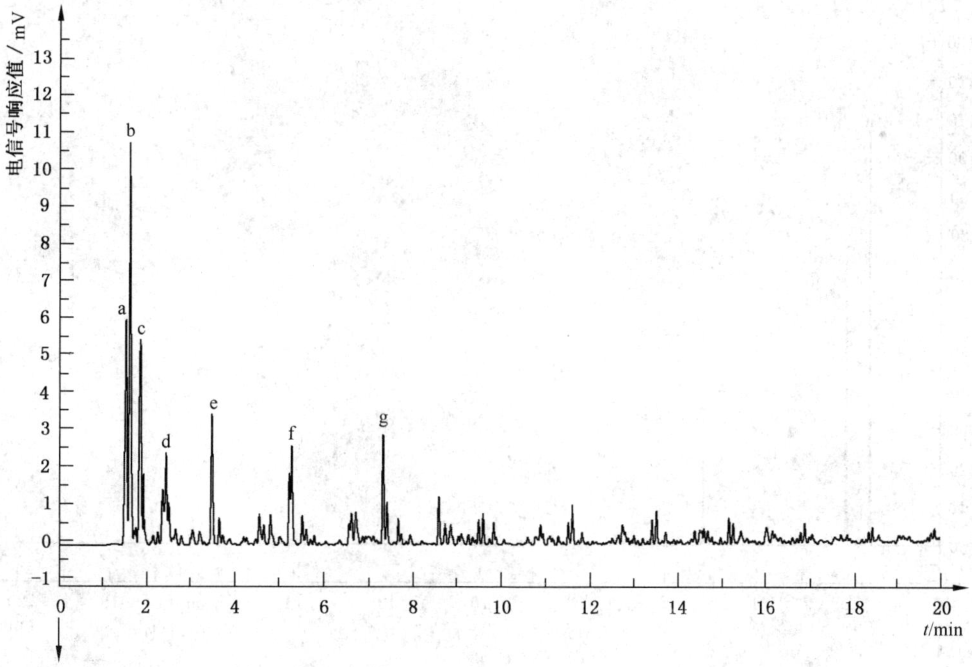

保留时间/min：

a——1.56；

b——1.65；

c——1.89(C4)；

d——2.40(C5)；

e——3.52(C6)；

f——5.33(C7)；

g——7.38(C8)。

图 A.3 二元乙丙橡胶(EPM)

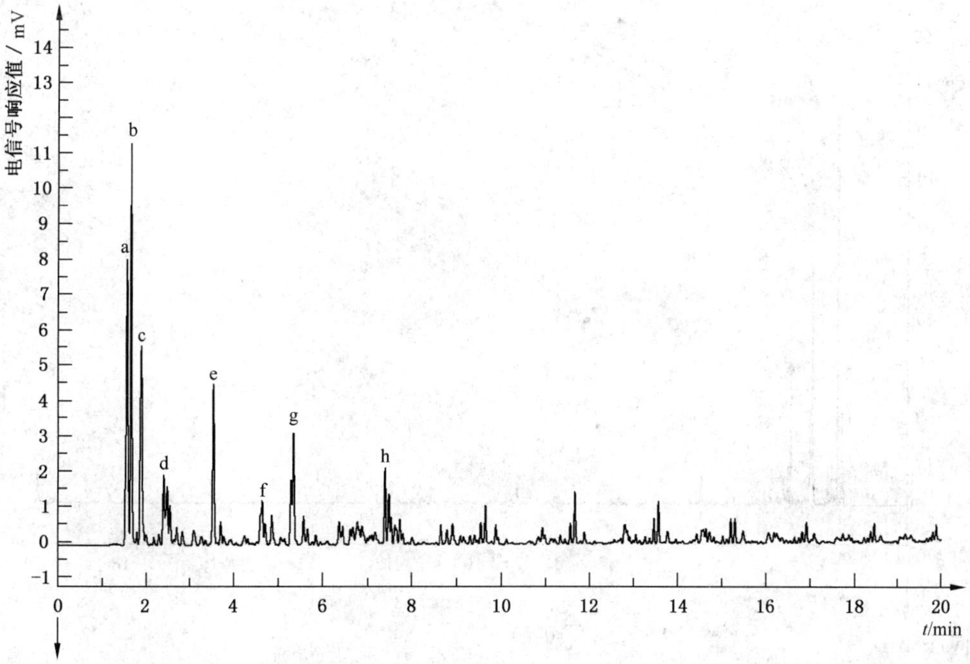

保留时间/min：

a——1.57；

b——1.66；

c——1.90(C4)；

d——2.40(C5)；

e——3.53(C6)；

f——4.64；

g——5.34(C7)；

h——7.40(C8)。

图 A.4 三元乙丙橡胶(EPDM)

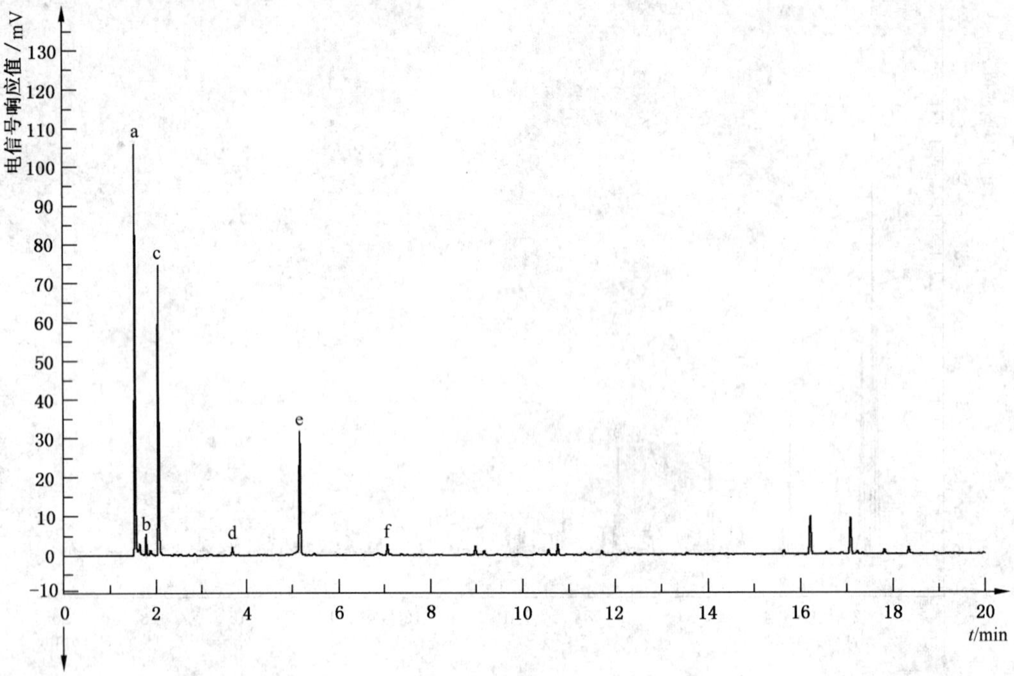

保留时间/min：

a——1.55；

b——1.79；

c——2.06(乙醇)；

d——3.67；

e——5.17(丙烯酸乙酯)；

f——7.07。

图 A.5 丙烯酸酯橡胶(ACM)

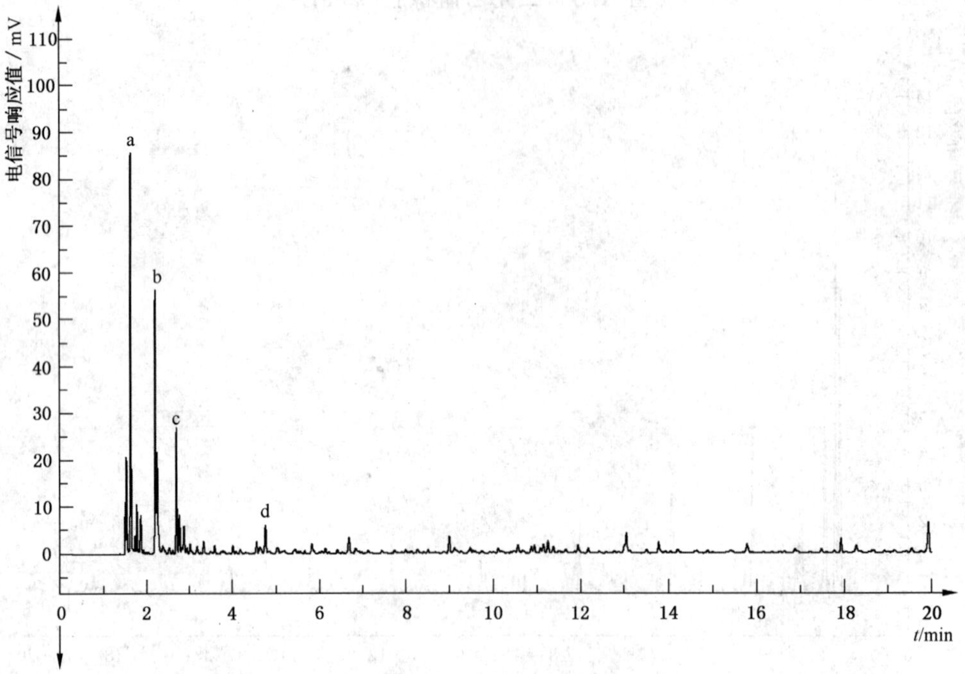

保留时间/min：

a——1.63；

b——2.20；

c——2.69(3-氯-1-丙烯)；

d——4.67。

图 A.6 氯醚橡胶(CO)

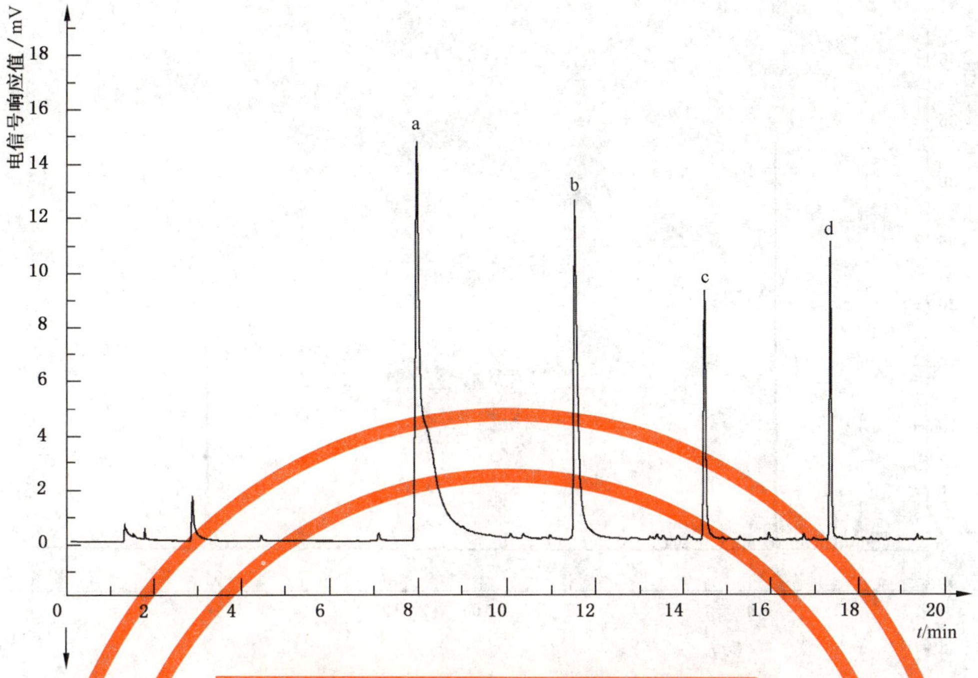

保留时间/min：

a——8.17(*n*=3)；

b——11.75(*n*=4)；

c——14.70(*n*=5)；

d——17.59(*n*=6)。

图 A.7 硅橡胶：[Si(CH_3)$_{20}$]$_n$

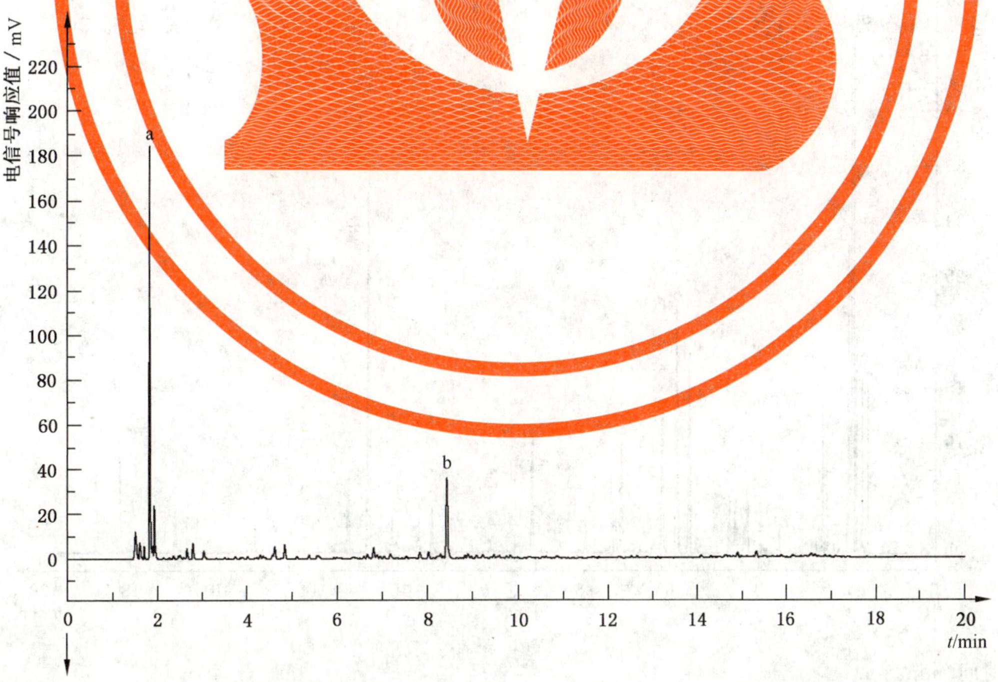

保留时间/min：

a——1.84(丁二烯)；

b——8.43(4-乙烯基-1-环己烯)(二聚体)。

图 A.8 聚丁二烯橡胶(BR)

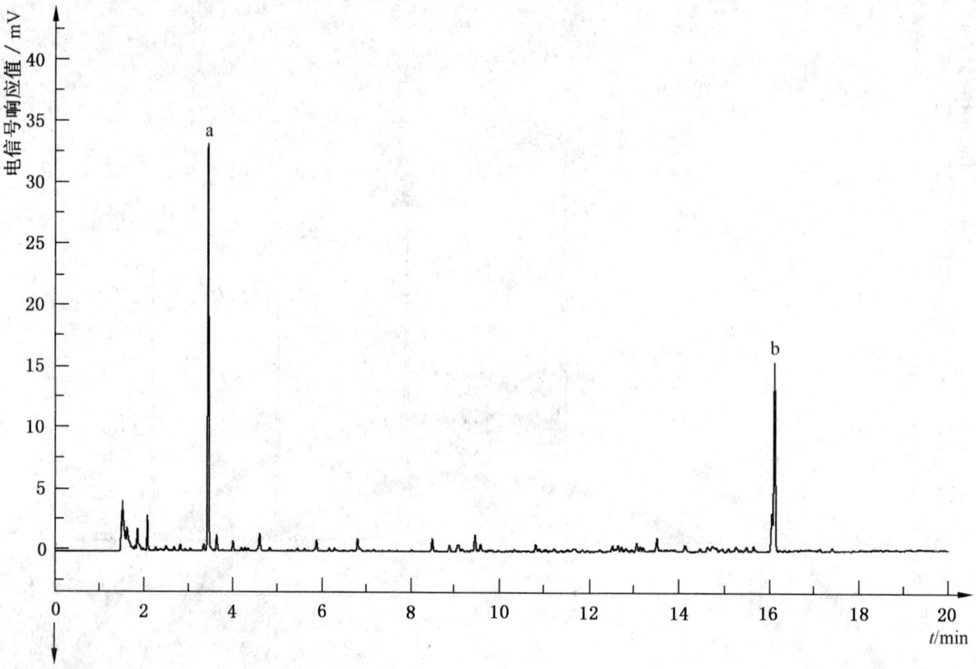

保留时间/min：

a——3.43(氯丁二烯)；

b——16.13(二聚体)。

图 A.9 氯丁橡胶(CR)

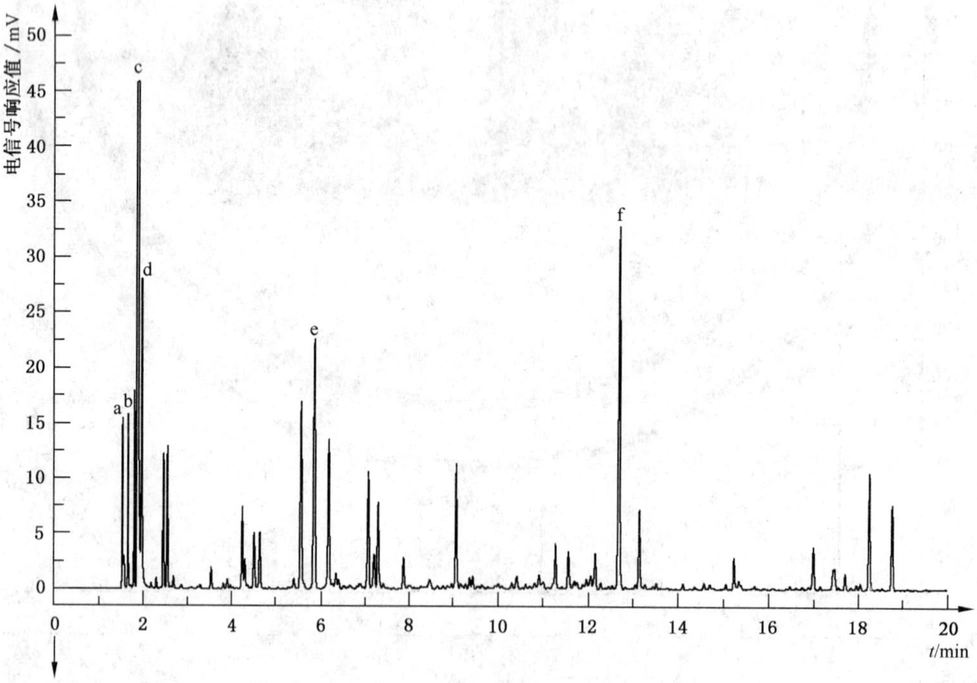

保留时间/min：

a——1.51；

b——1.78；

c——1.84(异丁烯)；

d——1.95；

e——5.83；

f——12.69。

图 A.10 丁基橡胶 (IIR)

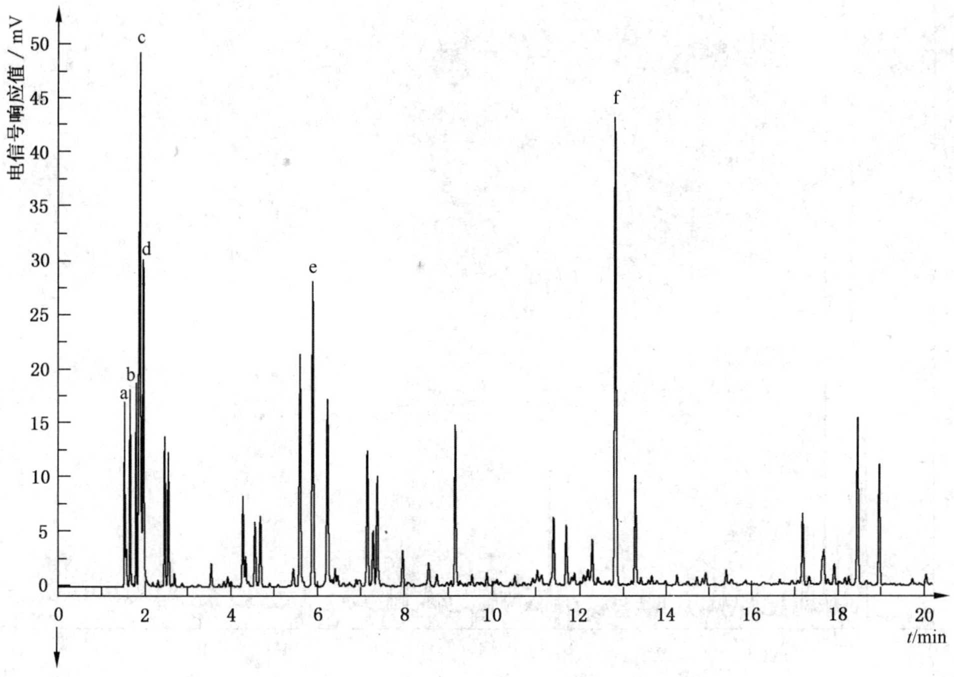

保留时间/min：

a——1.51；　　c——1.84(异丁烯)；　　e——5.84；

b——1.78；　　d——1.95；　　f——12.71。

图 A.11　氯化丁基橡胶(CIIR)

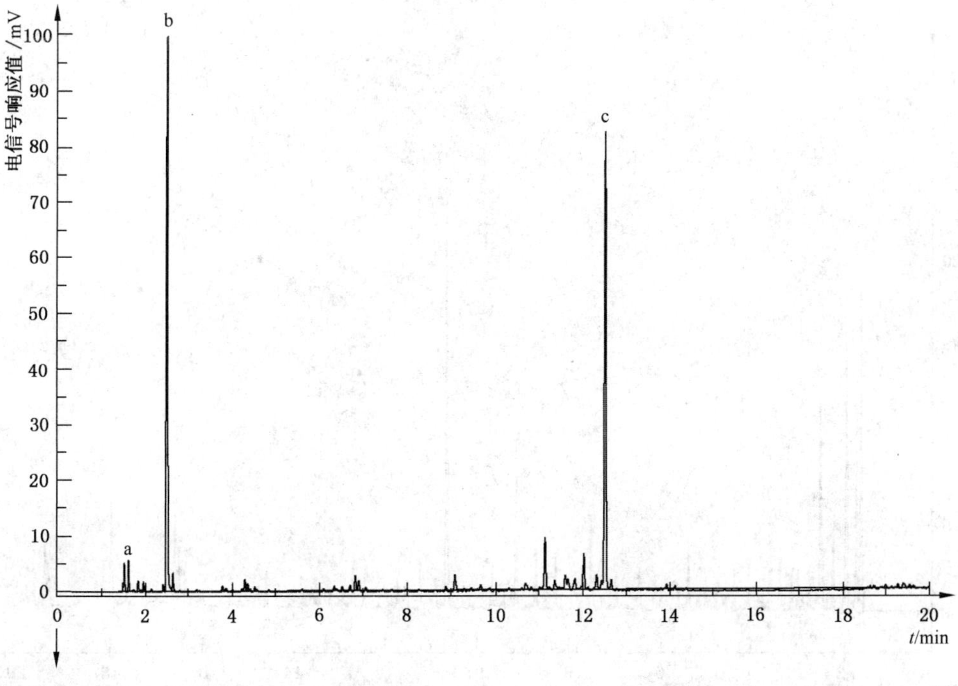

保留时间/min：

a——1.62；

b——2.50(异戊二烯)；

c——12.50(二戊烯)(二聚体)。

图 A.12　天然橡胶(NR)

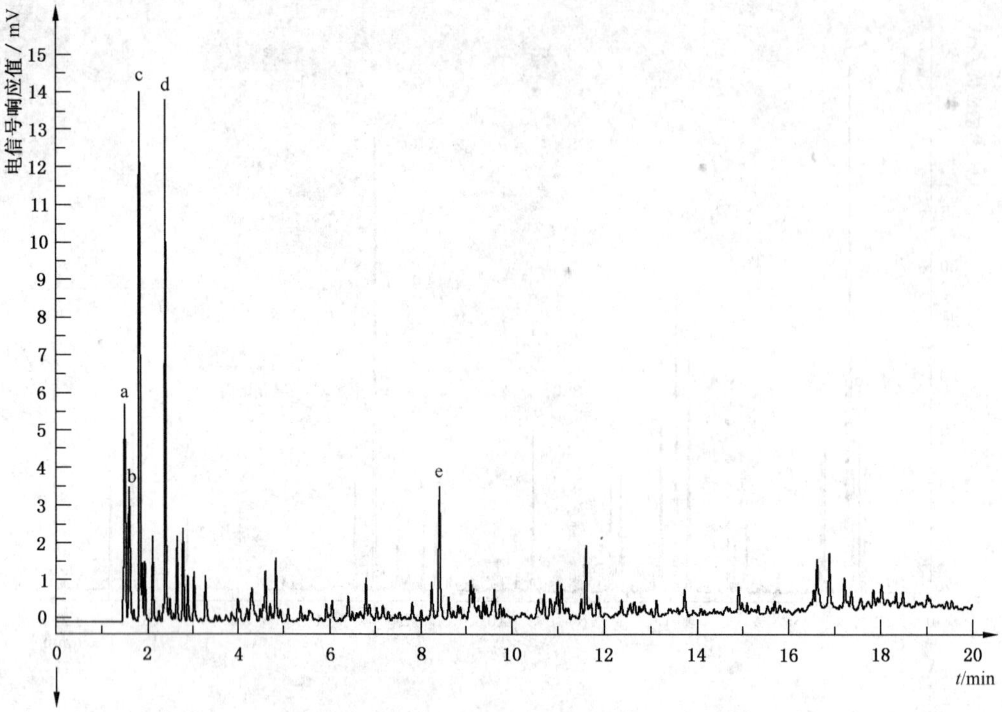

保留时间/min：

a——1.54；

b——1.63；

c——1.86(丁二烯)；

d——2.43(丙烯腈)；

e——8.43(丁二烯二聚物)。

图 A.13 丁腈橡胶（NBR）

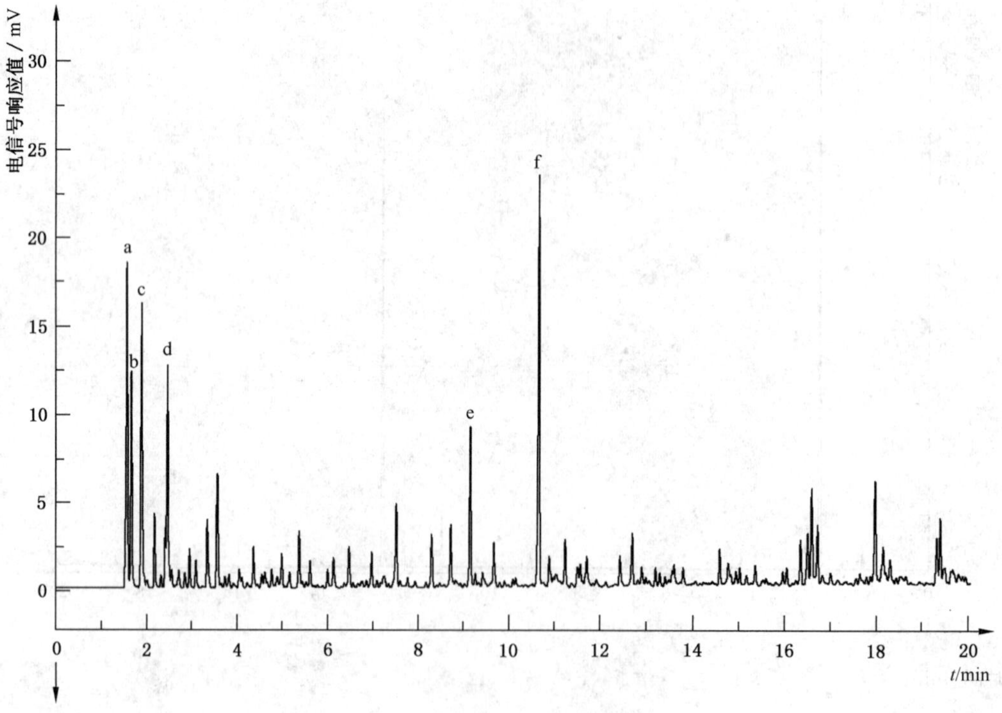

保留时间/min：

a——1.57；

b——1.67；

c——1.89(丁二烯)；

d——2.46(丙烯腈)；

e——9.14；

f——10.63。

图 A.14 氢化丁腈橡胶（HNBR）

保留时间/min：

a——1.85(丁二烯)；

b——8.44(4-乙烯基-1-环己烯)(丁二烯二聚物)；

c——9.49(苯乙烯)。

图 A.15 丁苯橡胶(SBR)

表 A.3 居里点裂解器-毛细管色谱柱的推荐操作条件

裂解	裂解器	居里点裂解器
	裂解温度	590 ℃ (5 s)
色谱柱	固定相	5%二苯基聚硅氧烷-DB-5 ms
	膜厚	0.25 μm
	柱内径	0.25 mm
	柱长	30 m
色谱操作条件	载气	He
	进样口温度	280 ℃
	检测器类型	FID
	检测器温度	280 ℃
程序升温		50 ℃,恒温 2 min,然后以 10 ℃/min 升至 280 ℃,在 280 ℃恒温 10 min

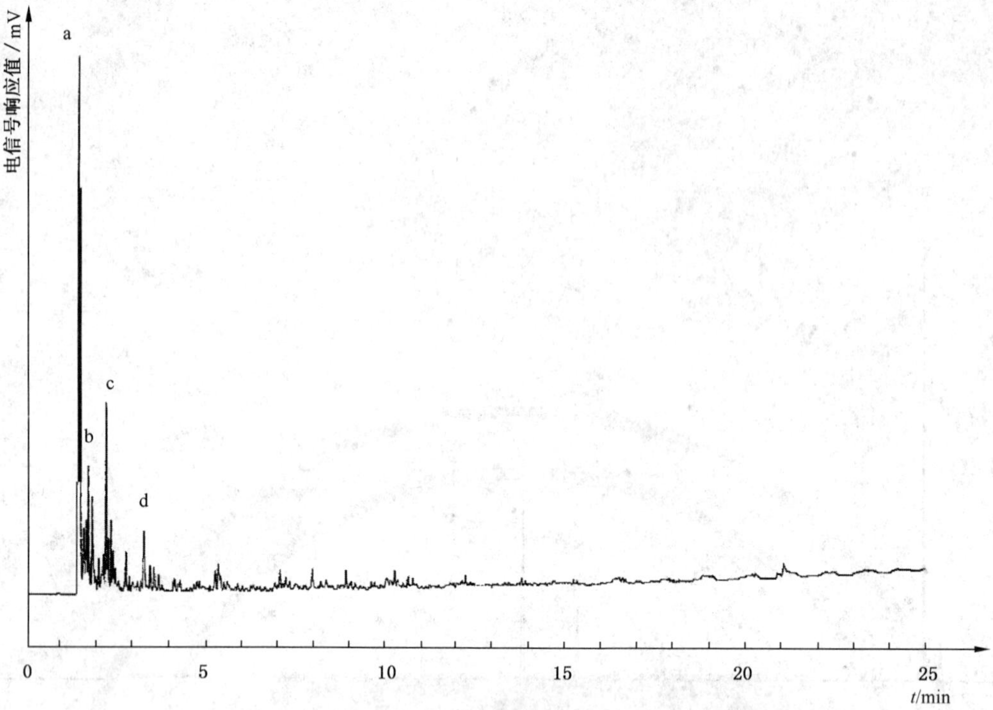

保留时间/min:

a——1.486;　　c——2.460;

b——1.886;　　d——3.360。

图 A.16　氯磺化聚乙烯(CSM)

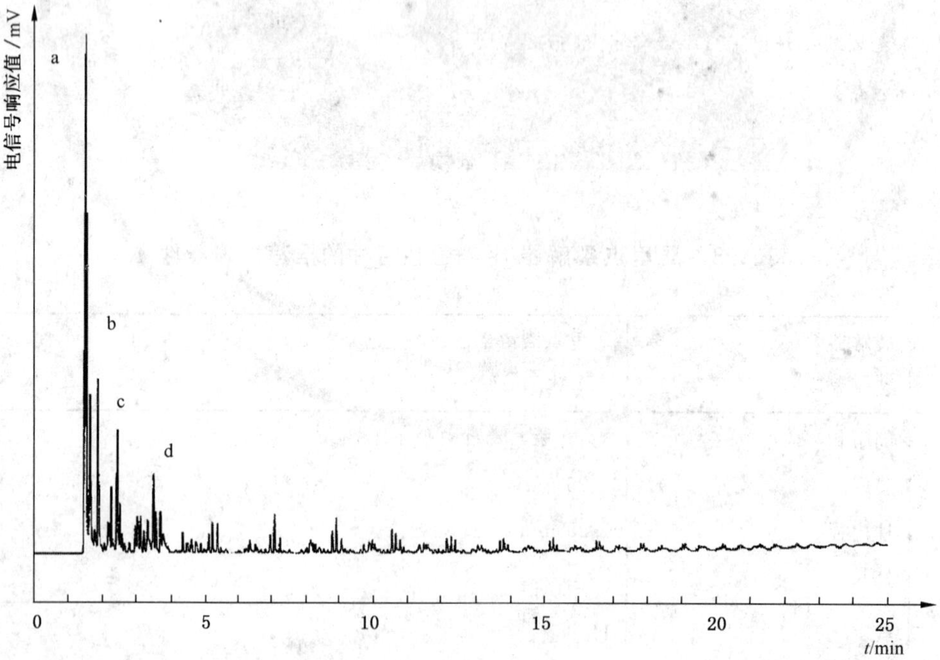

保留时间/min:

a——1.500;　　c——2.460;

b——1.886;　　d——3.510。

图 A.17　三元乙丙橡胶(EPDM)

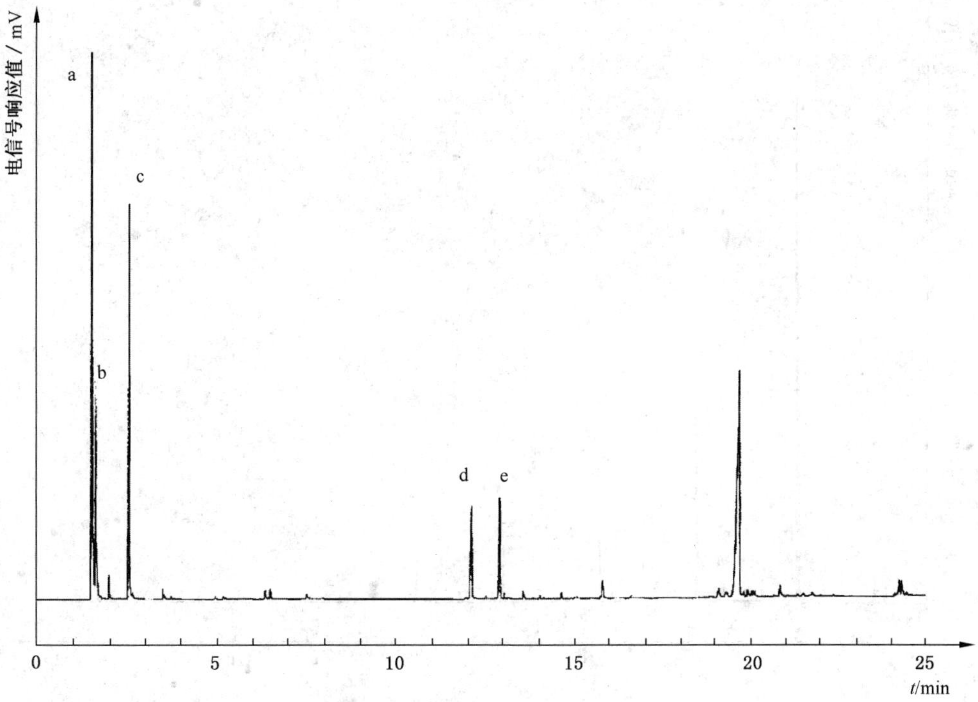

保留时间/min：

a——1.47；　　d——12.13；

b——1.58；　　e——12.92。

c——2.52；

图 A.18　丙烯酸酯橡胶(ACM)

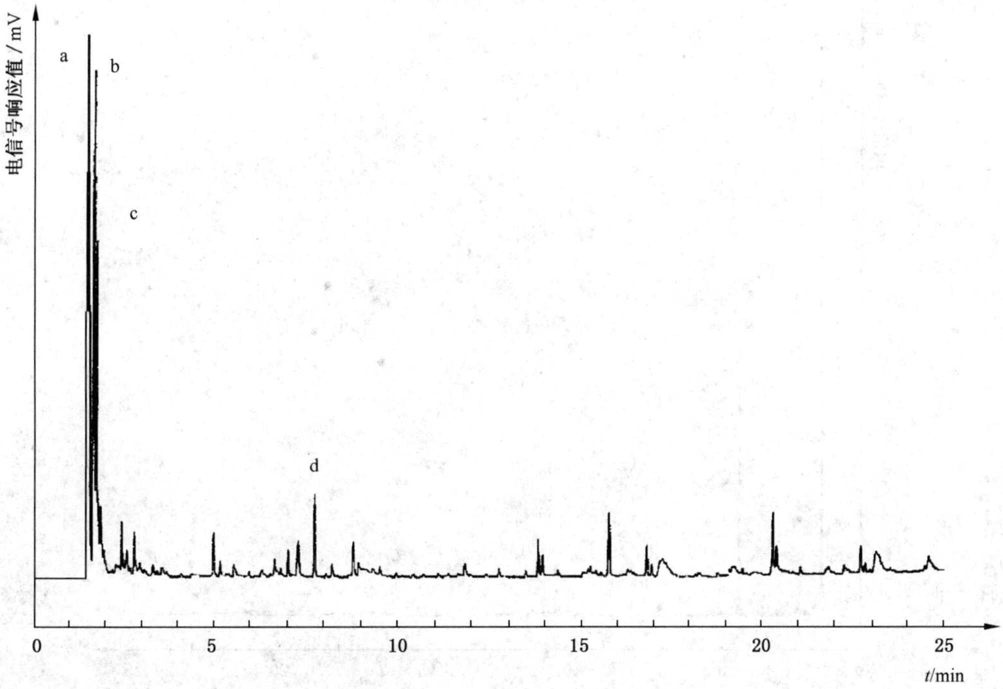

保留时间/min：

a——1.50；　　c——1.73；

b——1.64；　　d——7.74。

图 A.19　氯醚橡胶（CO）

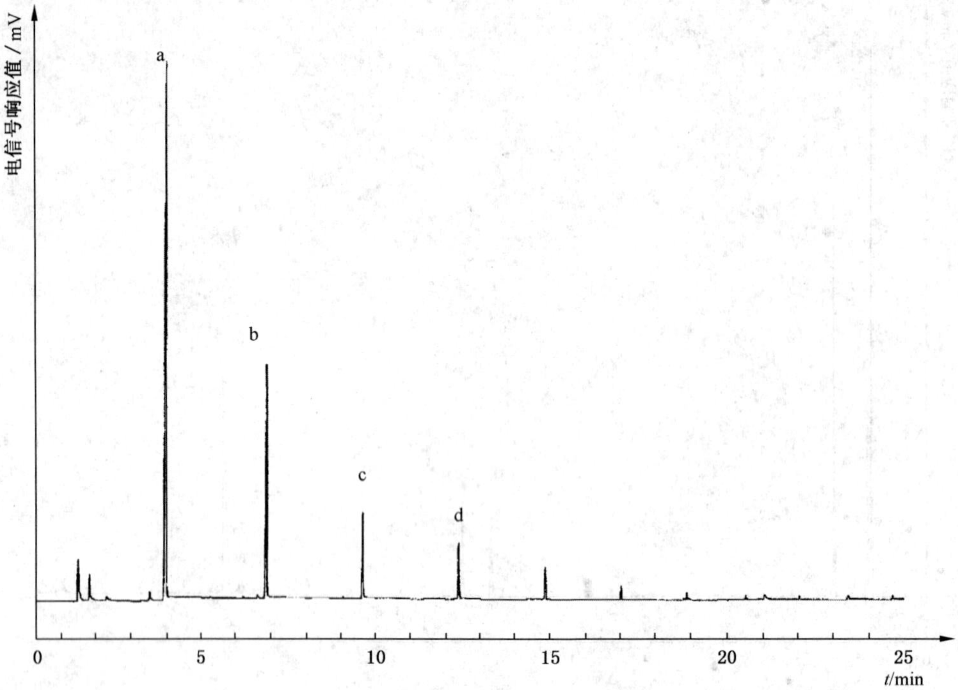

保留时间/min：

a——3.96；　　c——9.62；

b——6.88；　　d——12.37。

图 A.20　硅橡胶

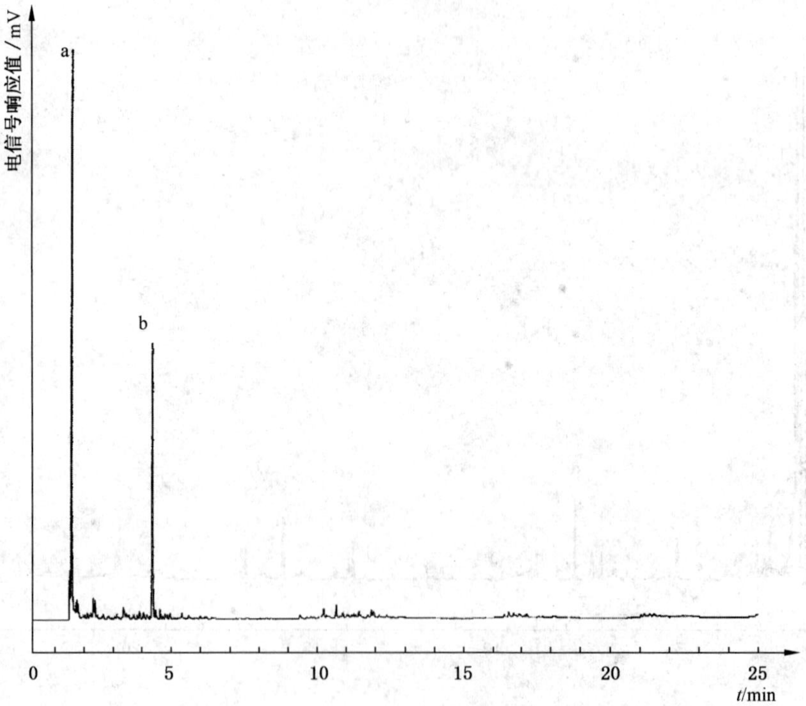

保留时间/min：

a——1.51(丁二烯)；

b——4.36(4-乙烯基-1-环己烯)(二聚物)。

图 A.21　聚丁二烯橡胶（BR）

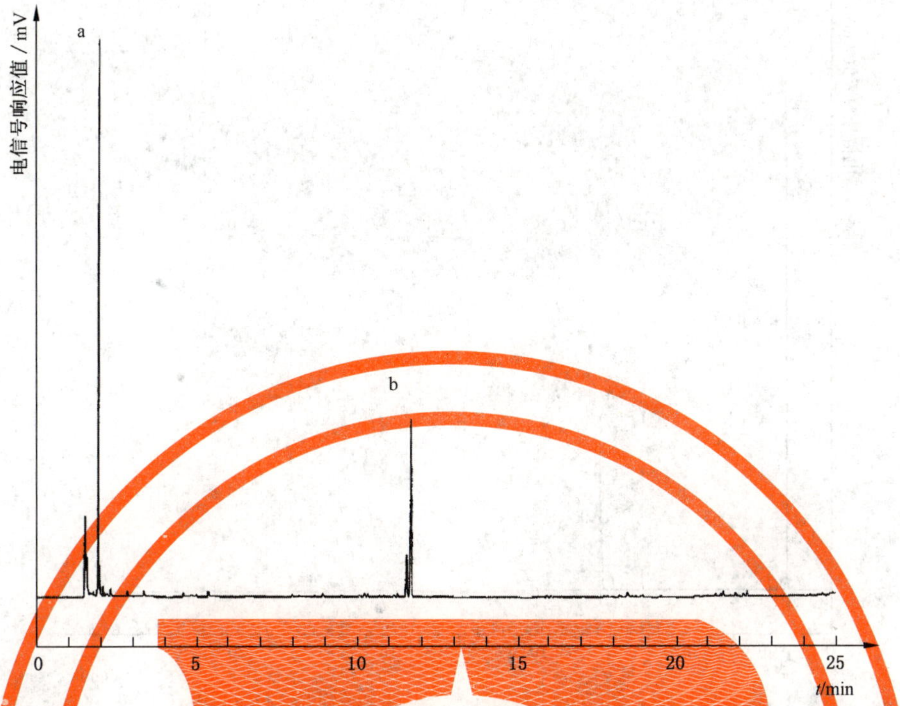

保留时间/min:
a——1.91(氯丁二烯);
b——11.66(二聚物)。

图 A.22 氯丁橡胶(CR)

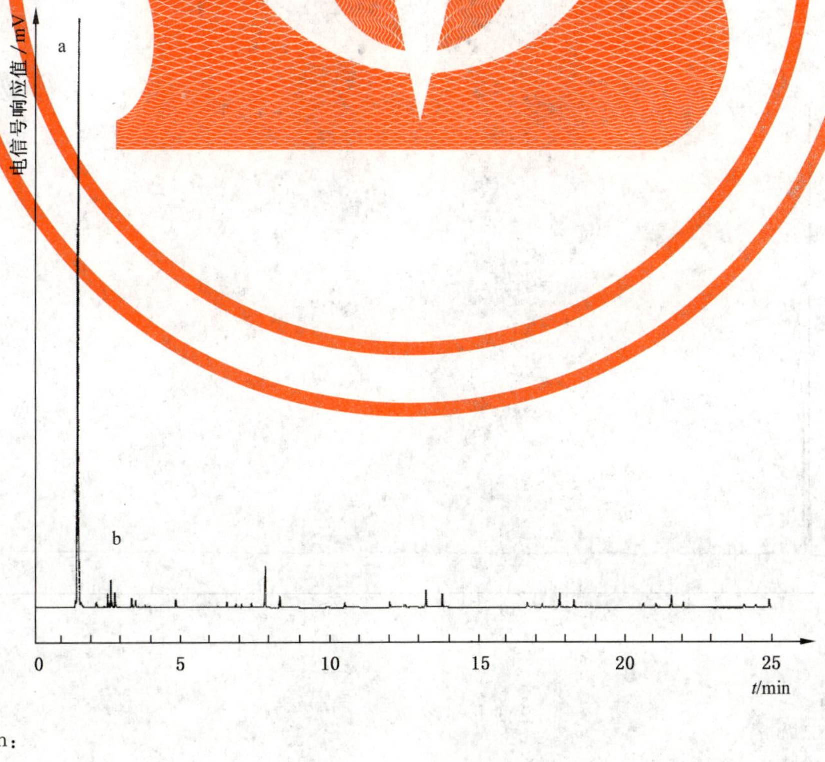

保留时间/min:
a——1.54;
b——2.67。

图 A.23 丁基橡胶(IIR)

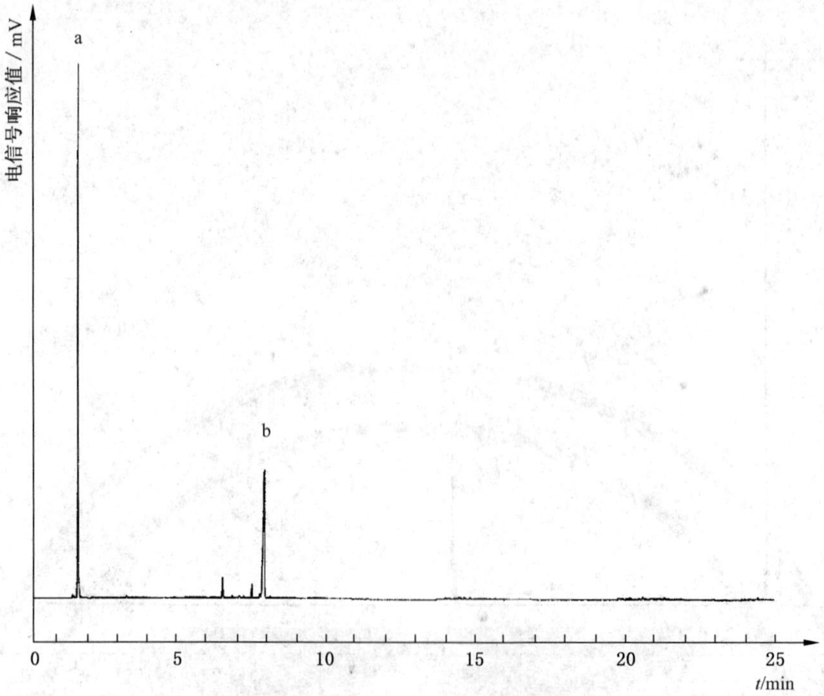

保留时间/min:

a——1.67(异戊二烯);

b——7.93(二戊烯)(二聚体)。

图 A.24 天然橡胶(NR)

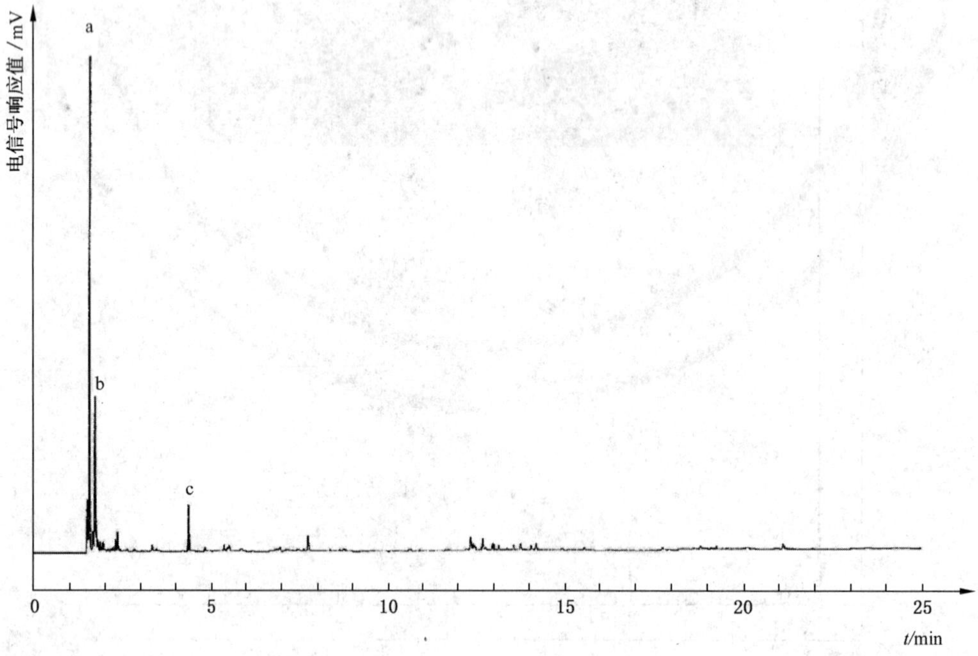

保留时间/min:

a——1.55(丁二烯);

b——1.66(丙烯腈);

c——4.34(4-乙烯基-1-环己烯)(丁二烯二聚物)。

图 A.25 丁腈橡胶(NBR)

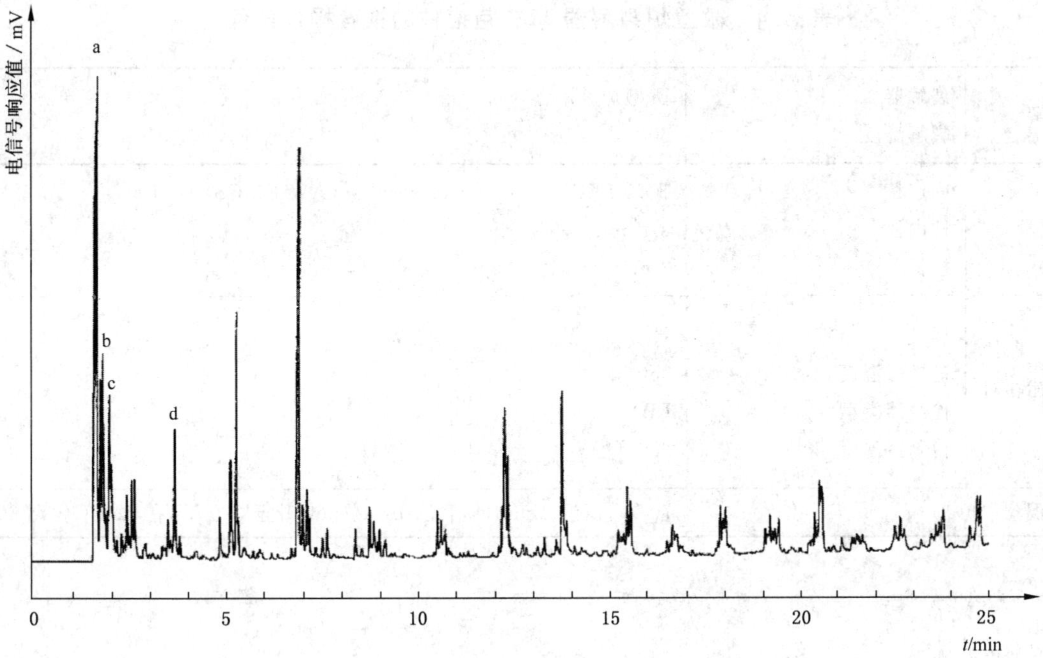

保留时间/min：

a——1.57；　　c——1.92；

b——1.74；　　d——3.63。

图 A.26　氢化丁腈橡胶（HNBR）

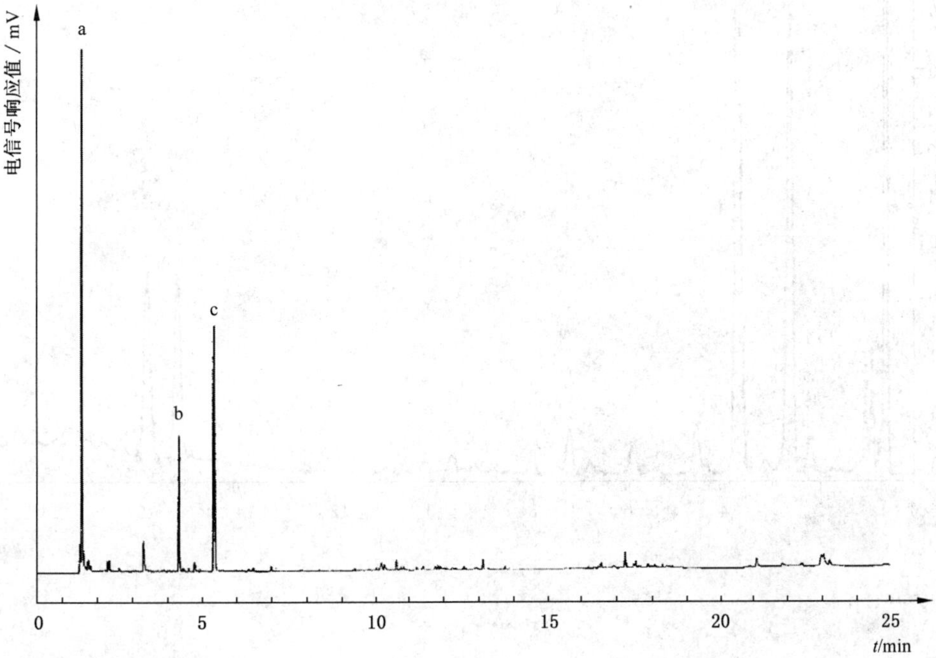

保留时间/min：

a——1.55(丁二烯)；

b——4.34(4-乙烯基-1-环己烯)(丁二烯二聚物)；

c——5.34(苯乙烯)。

图 A.27　丁苯橡胶(SBR)

表 A.4 微型炉裂解器-填充色谱柱的推荐操作条件

裂解	裂解器 裂解温度	微型炉裂解器 600 ℃
色谱柱	固定相 柱内径 柱长	10% PEG 20 M/Chromosorb W (AW-DMCS) 80/100 2.2 mm (不锈钢) 2 m
色谱操作条件	载气 进样口温度 检测器类型 检测器温度	He 250 ℃ FID 250 ℃
程序升温		70 ℃,恒温 2 min,然后以 10 ℃/min 升至 220 ℃,在 220 ℃恒温 30 min

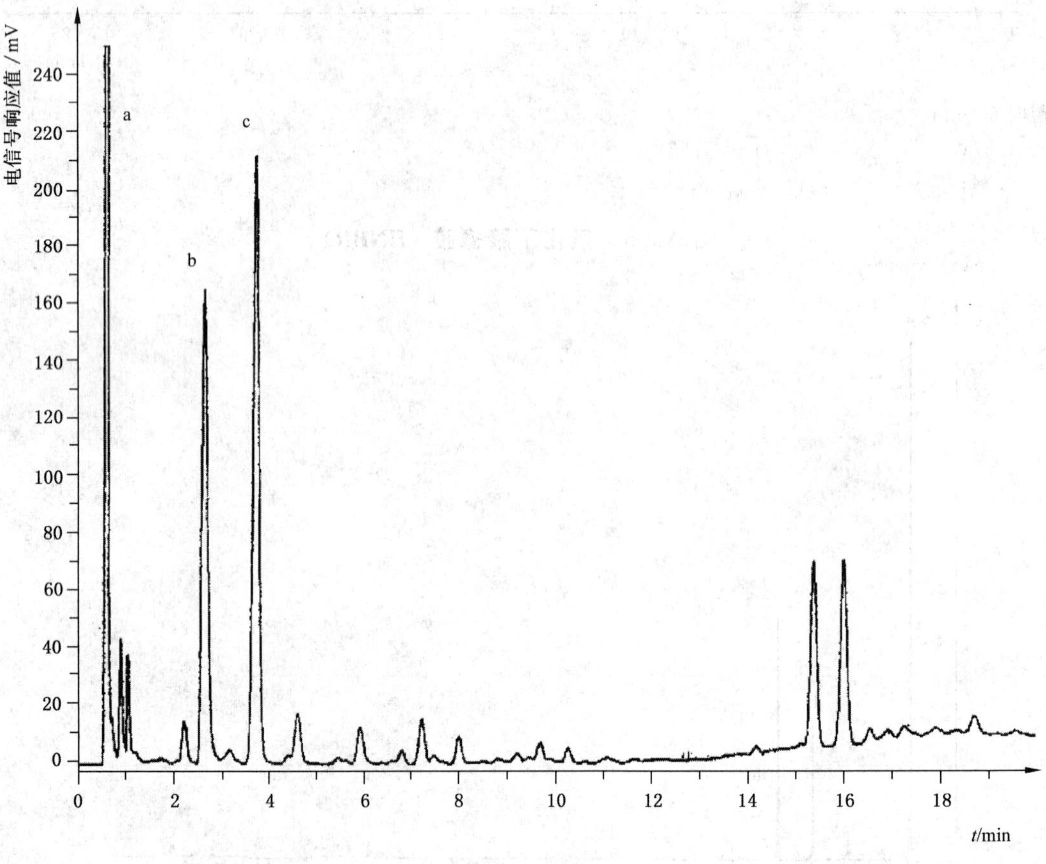

保留时间/min:

a——0.60;

b——2.61;

c——3.70。

图 A.28 丙烯酸酯橡胶(ACM)

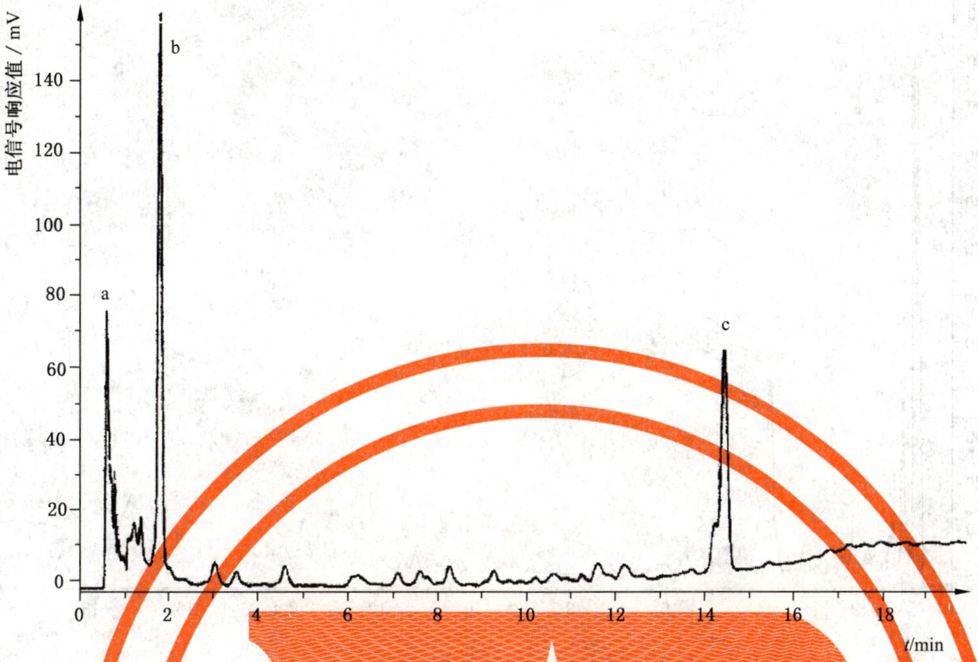

保留时间/min：
a——0.59；
b——1.81(2-氯丁二烯)；
c——14.44。

图 A.29 氯丁橡胶(CR)

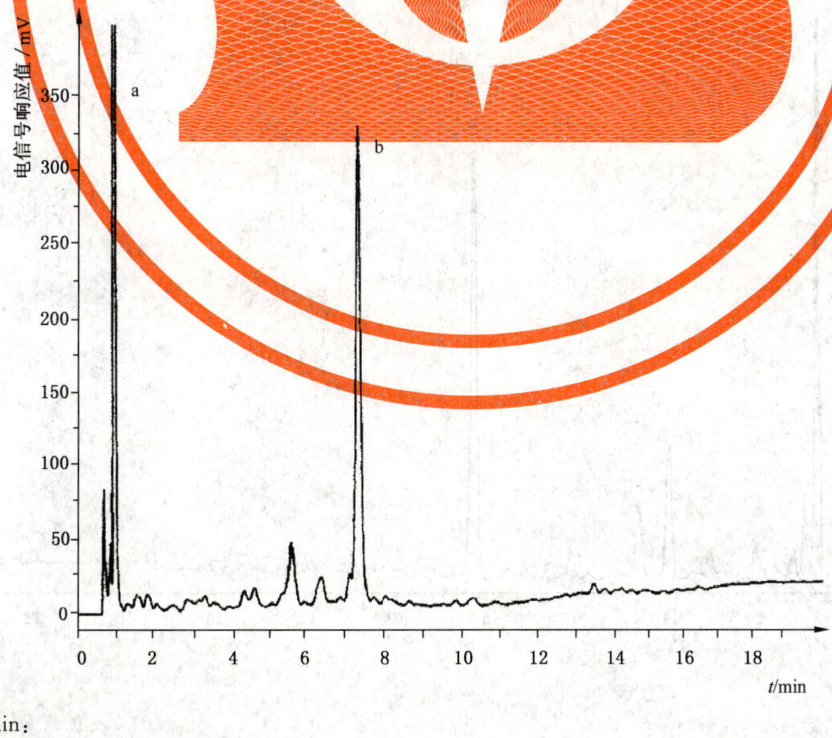

保留时间/min：
a——0.91(异戊二烯)；
b——7.31(二戊烯)(异戊二烯二聚物)。

图 A.30 天然橡胶(NR)

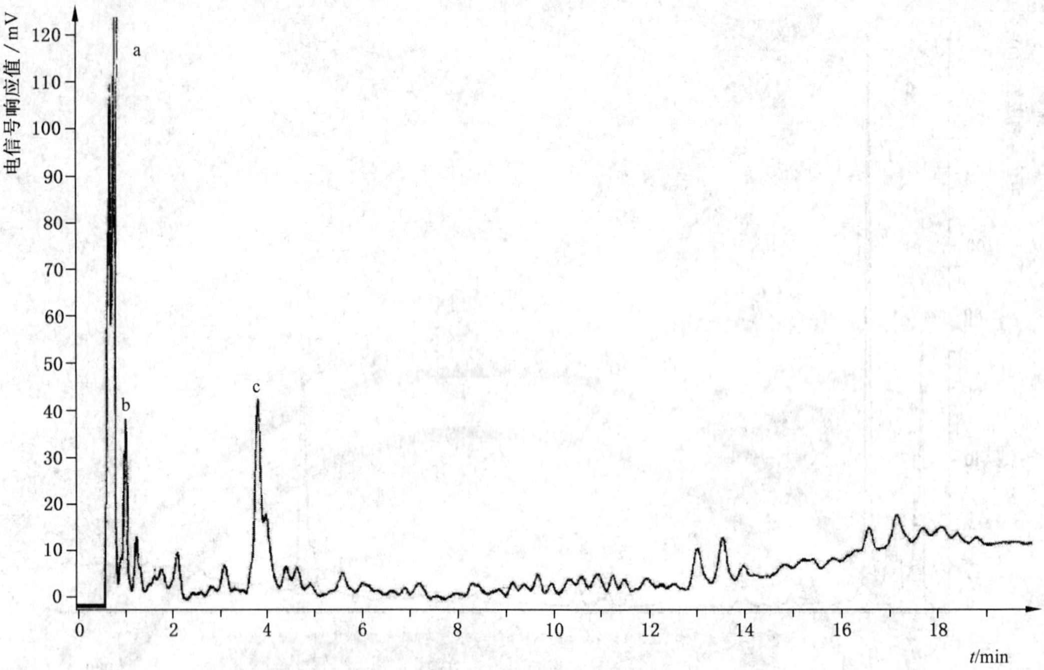

保留时间/min:
a——0.71(丁二烯);
b——0.97(丙烯腈);
c——3.67(4-乙烯基-1-环己烯)(丁二烯二聚物)。

图 A.31 丁腈橡胶(NBR)

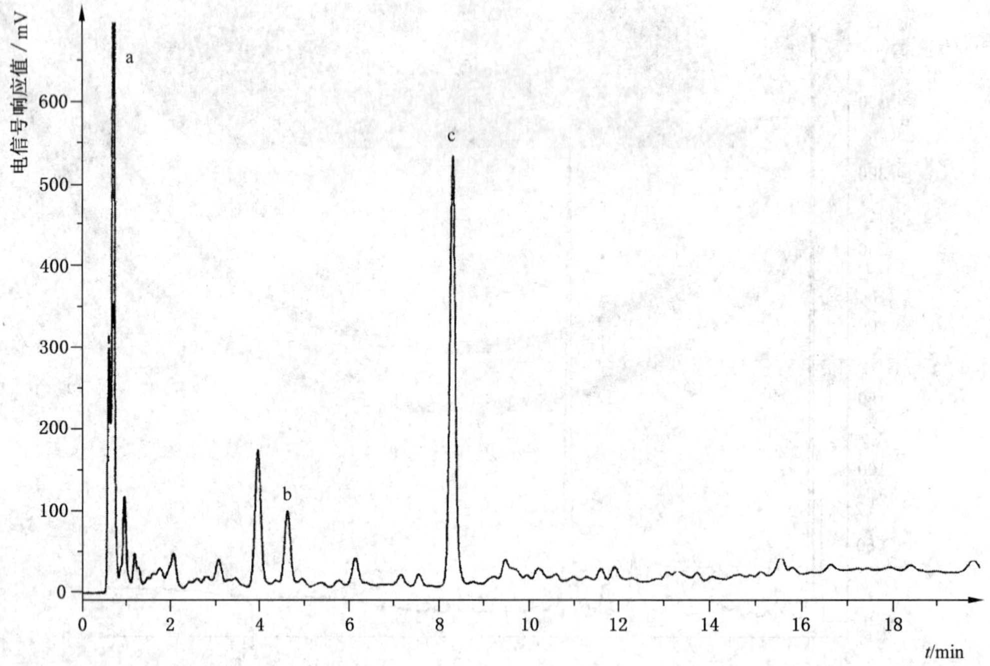

保留时间/min:
a——0.71(丁二烯);
b——4.63(4-乙烯基-1-环己烯)(丁二烯二聚物);
c——8.31(苯乙烯)。

图 A.32 丁苯橡胶(SBR)

表 A.5 居里点裂解器-填充色谱柱的推荐操作条件

裂解	裂解器	居里点裂解器
	裂解温度	590 ℃ (3 s)
色谱柱	固定相	20% Silicone DC-200/Chromosorb W (AW-DMCS) 80/100
	柱内径	3 mm (玻璃)
	柱长	3 m
色谱操作条件	载气	N_2
	进样口温度	250 ℃
	检测器类型	FID
	检测器温度	250 ℃
程序升温		50 ℃,恒温 2 min,然后以 10 ℃/min 升至 200 ℃,在 200 ℃恒温 10 min

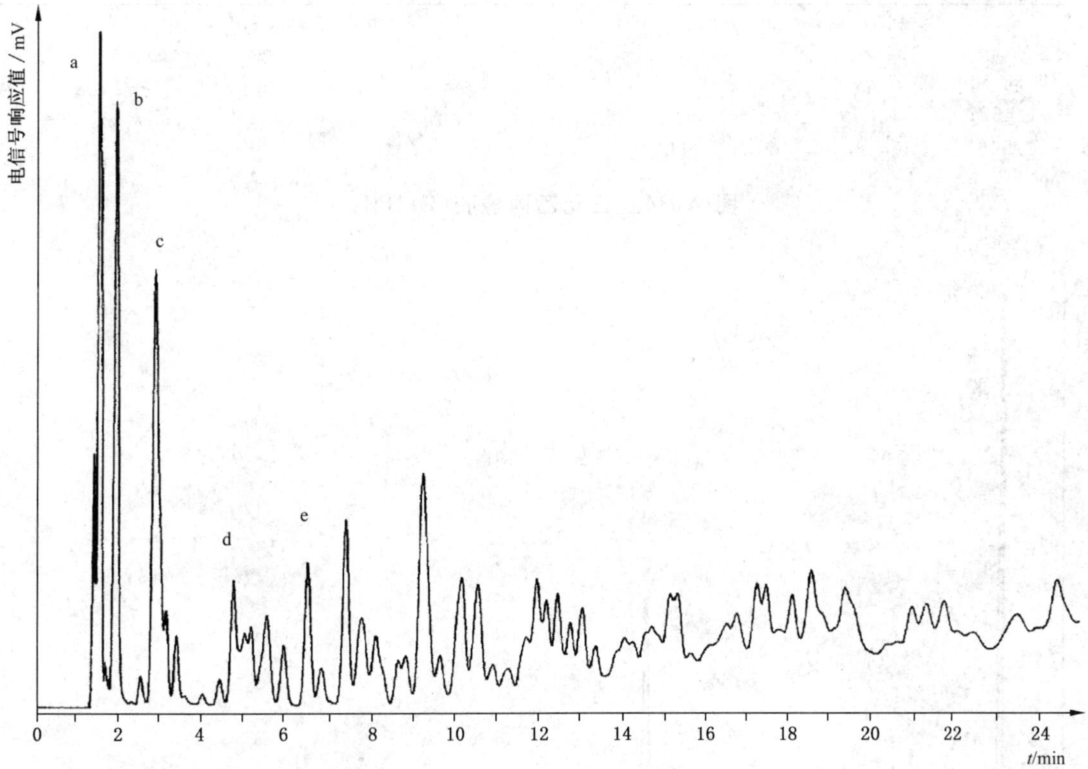

保留时间/min:

a——1.506;

b——1.913;

c——2.843;

d——4.710;

e——6.492。

图 A.33 氯磺化聚乙烯(CSM)

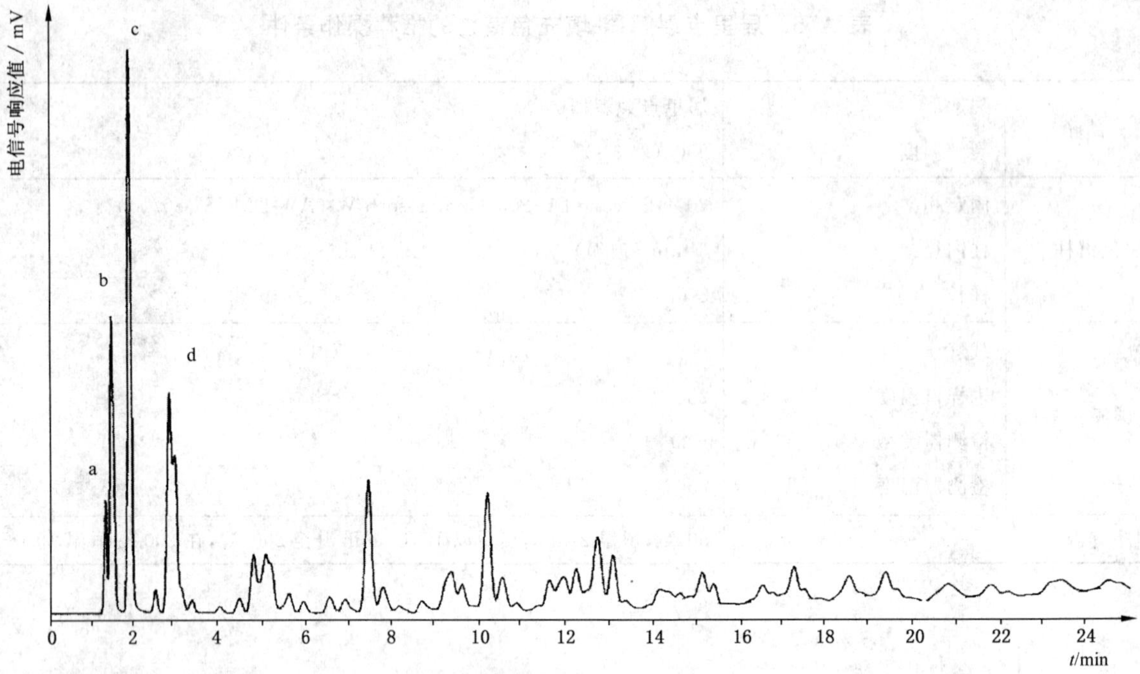

保留时间/min：

a——1.432；

b——1.546；

c——1.960；

d——2.886。

图 A.34　三元乙丙橡胶(EPDM)

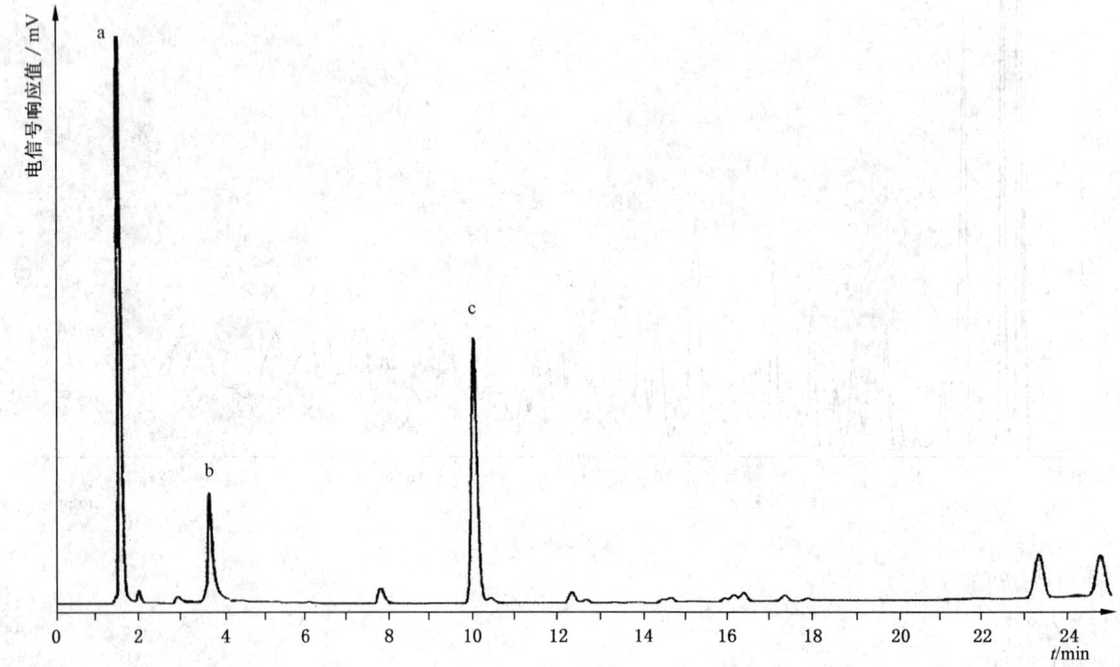

保留时间/min：

a——1.542；

b——3.666；

c——9.975。

图 A.35　丙烯酸酯橡胶(ACM)

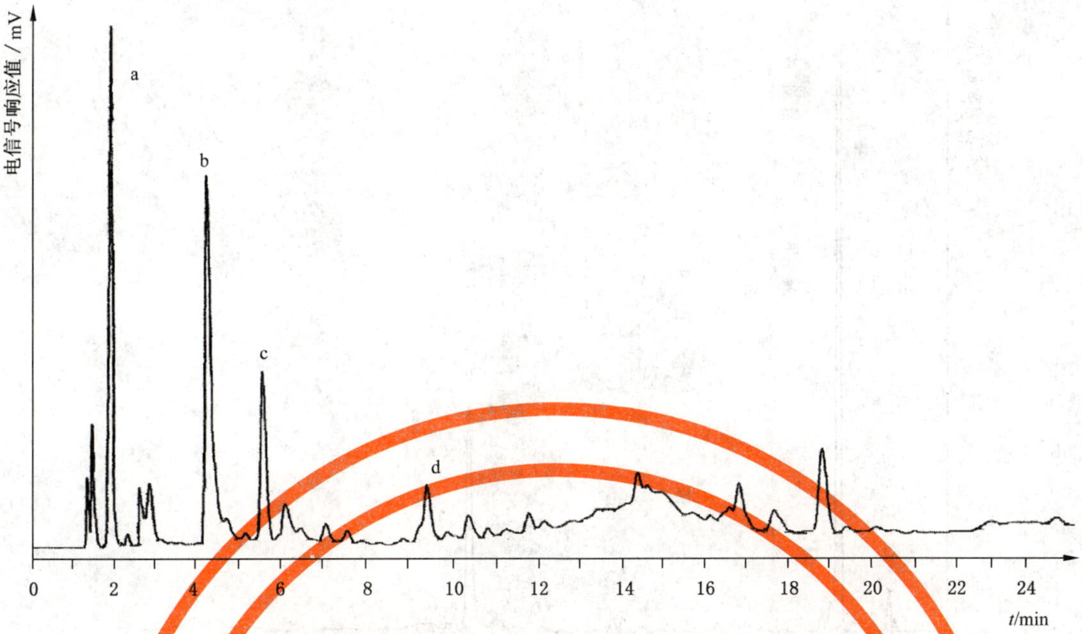

保留时间/min:

a——1.882;　　　　c——5.524;

b——4.133;　　　　d——9.394。

图 A.36　氯醚橡胶(CO)

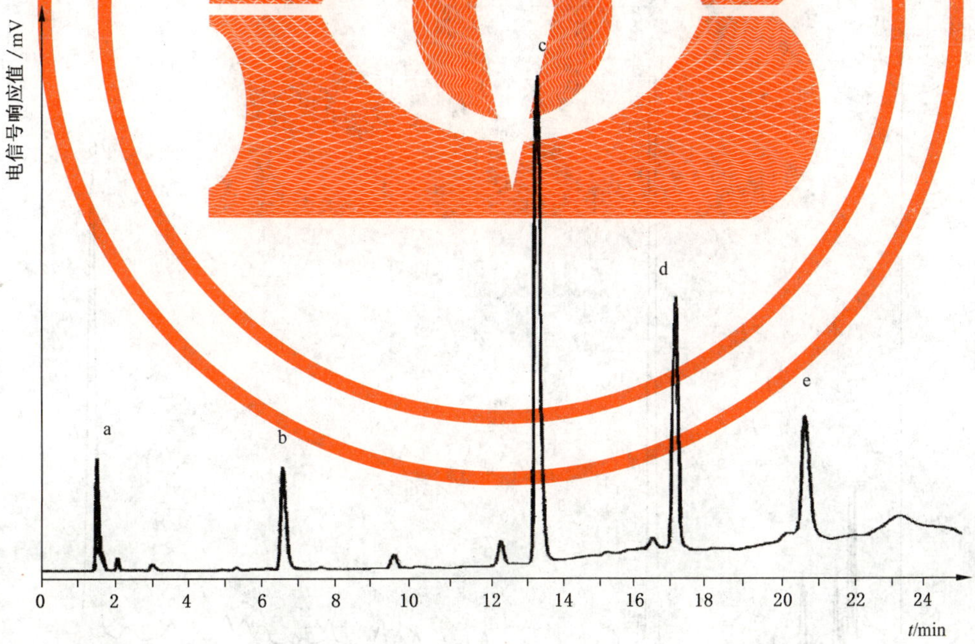

保留时间/min:

a——1.429;　　　　d——17.117;

b——6.501;　　　　e——20.723。

c——13.384;

图 A.37　硅橡胶

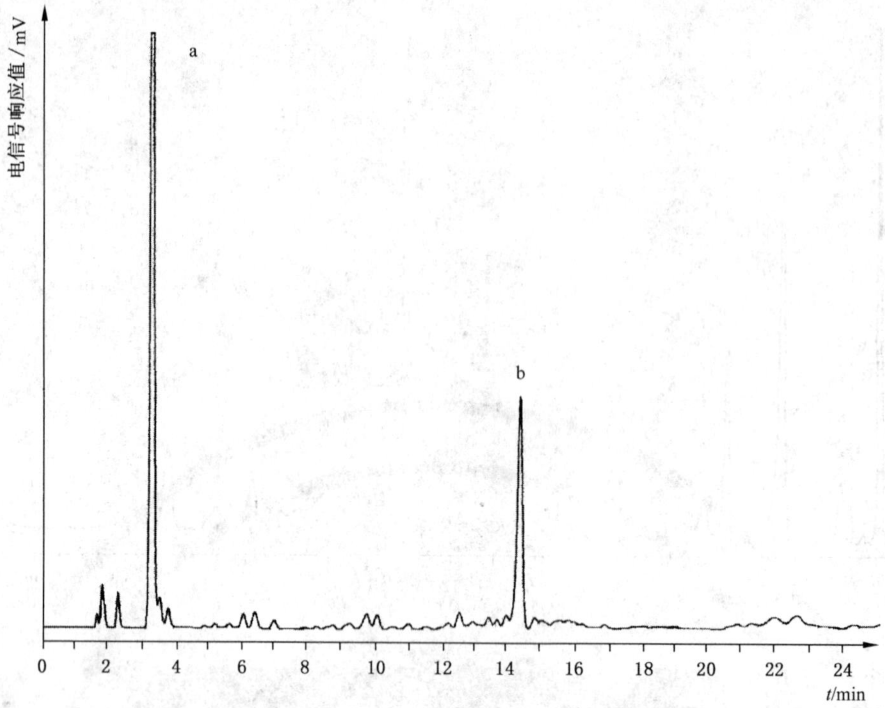

保留时间/min：
a——3.25(丁二烯)；
b——14.27(4-乙烯基-1-环己烯)(丁二烯二聚物)。

图 A.38 聚丁二烯橡胶(BR)

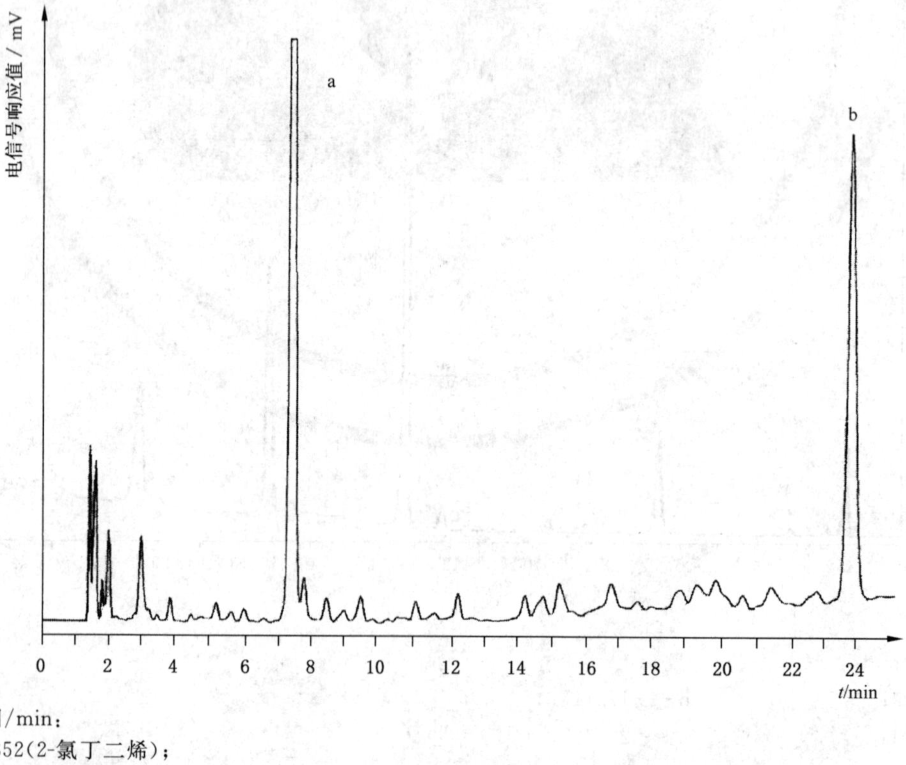

保留时间/min：
a——7.352(2-氯丁二烯)；
b——23.703(二聚物)。

图 A.39 氯丁橡胶(CR)

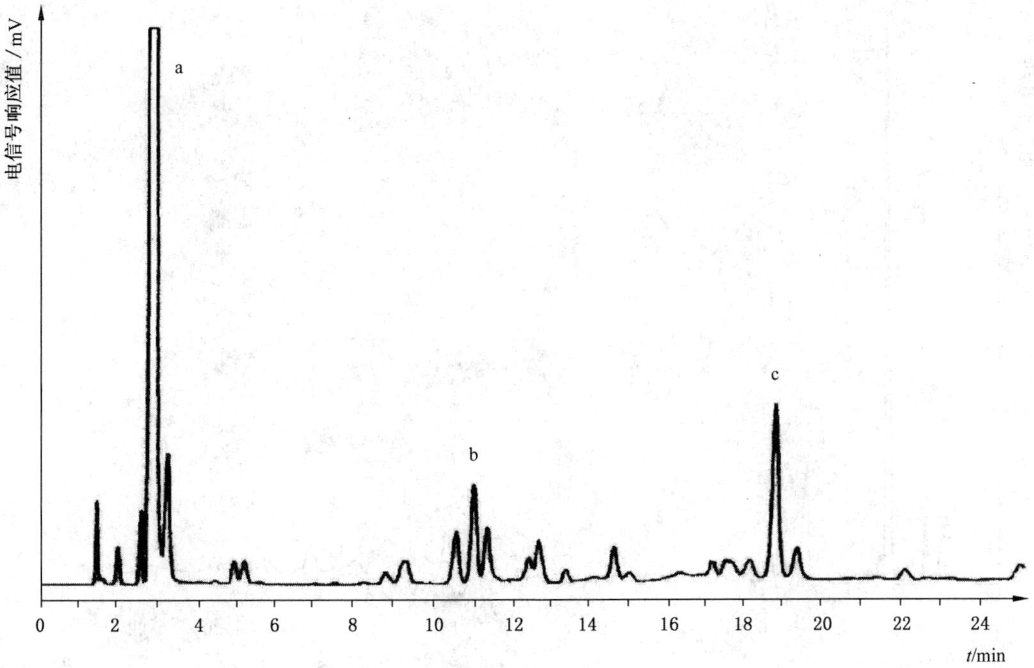

保留时间/min:
a——2.71(异丁烯);
b——10.98(异丁烯二聚物);
c——18.62(异丁烯三聚物)。

图 A.40　丁基橡胶(IIR)

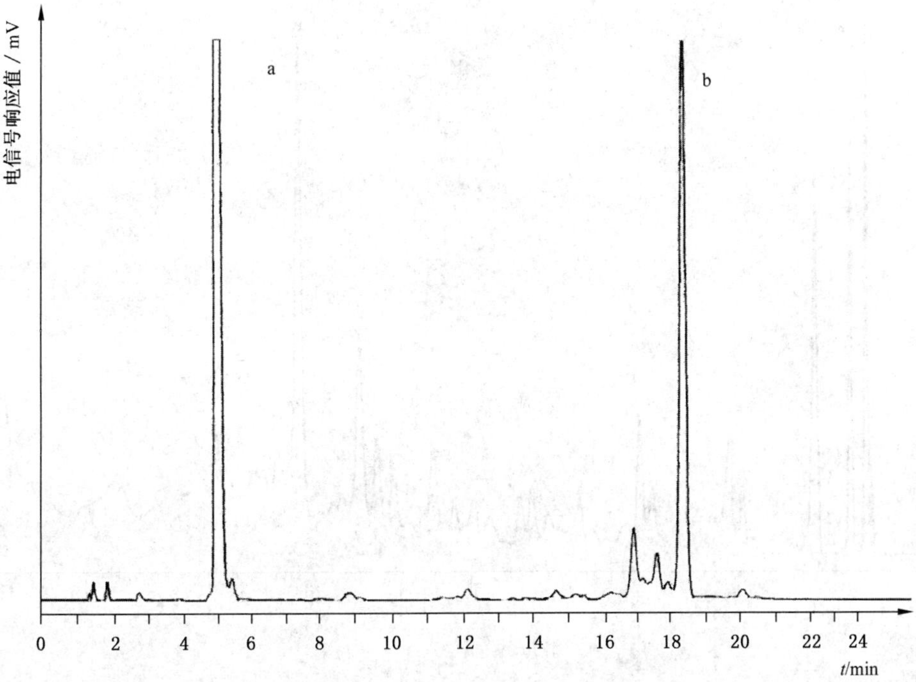

保留时间/min:
a——4.971(异戊二烯);
b——18.987(二戊烯)(异戊二烯二聚物)。

图 A.41　天然橡胶(NR)

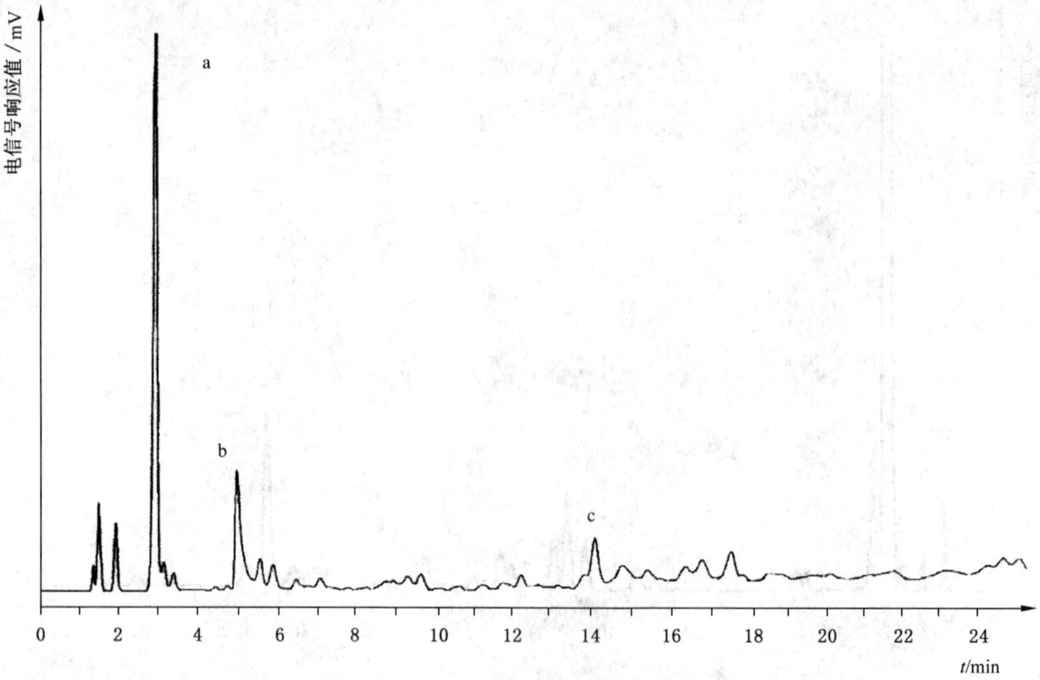

保留时间/min：
a——2.912(丁二烯)；
b——4.991(丙烯腈)；
c——14.114(4-乙烯基-1-环己烯)(丁二烯二聚物)。

图 A.42　丁腈橡胶(NBR)

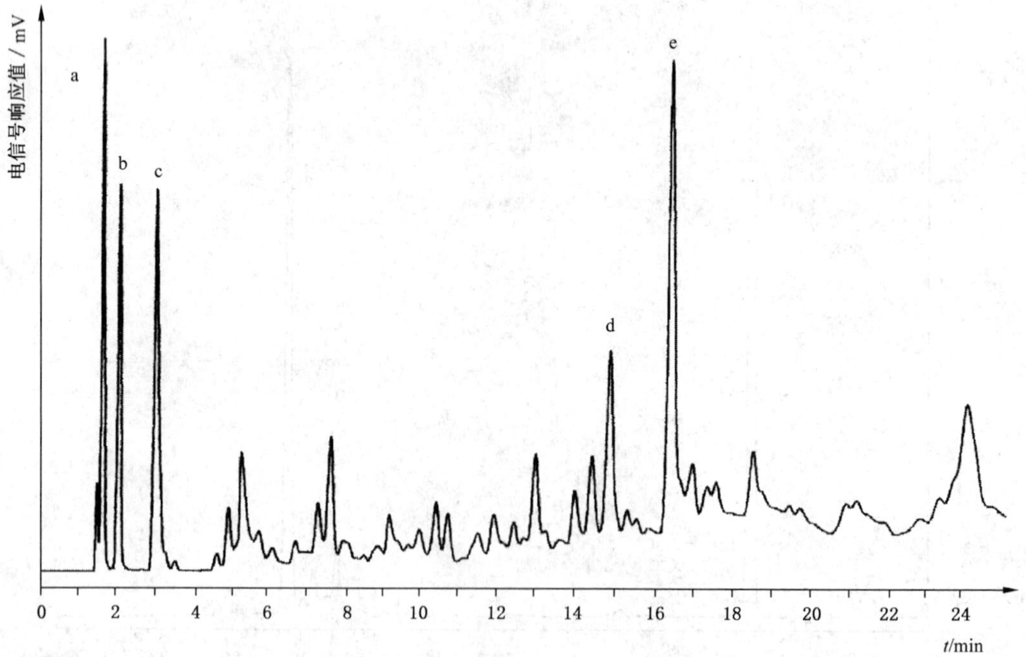

保留时间/min：
a——1.542；
b——1.976；
c——2.897；
d——14.73；
e——16.316。

图 A.43　氢化丁腈橡胶(HNBR)

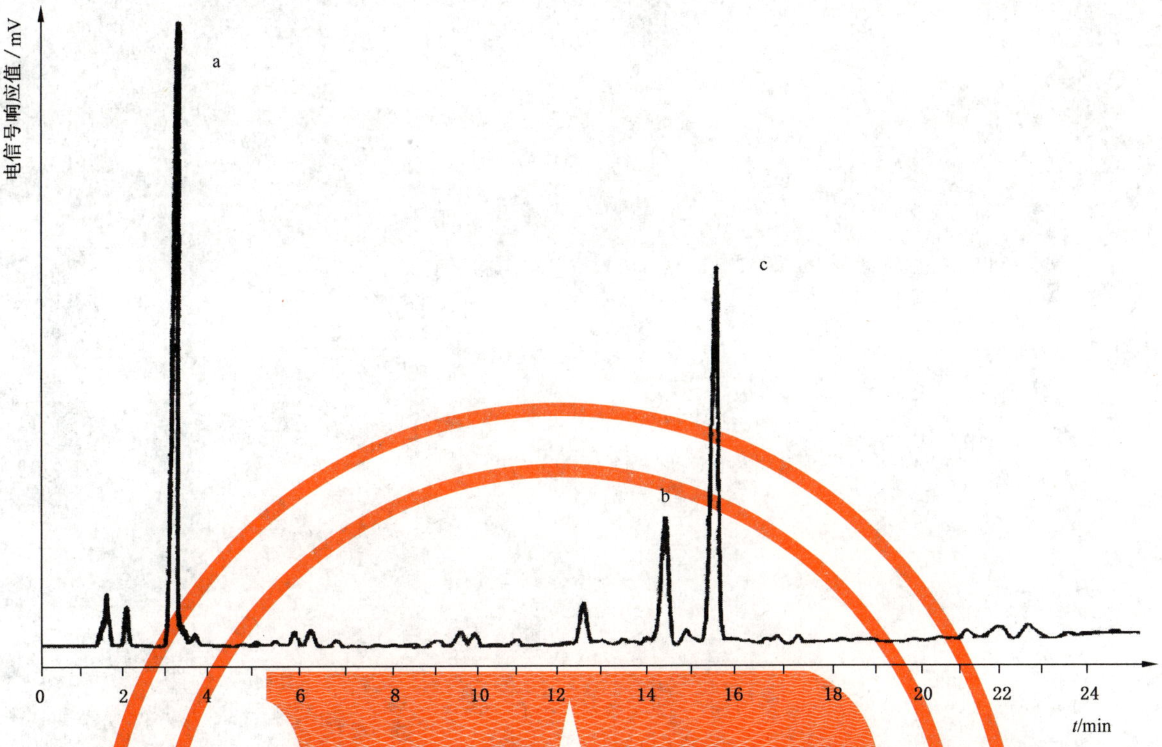

保留时间/min：

a——3.25(丁二烯)；

b——14.244(4-乙烯基-1-环己烯)(丁二烯二聚物)；

c——15.331(苯乙烯)。

图 A.44　丁苯橡胶(SBR)

ICS 83.060
G 40

中华人民共和国国家标准

GB/T 29614—2013

硫化橡胶中多环芳烃含量的测定

Determination the content of polycyclic aromatic hydrocarbonsin vulcanized rubber compounds

(ISO 21461:2009, Rubber—Determination of the aromaticity of oil in vulcanized rubber compounds, MOD)

2013-07-19 发布　　2013-12-01 实施

中华人民共和国国家质量监督检验检疫总局
中国国家标准化管理委员会　发布

前　言

本标准按照 GB/T 1.1—2009 给出的规则起草。

本标准使用重新起草法修改采用 ISO 21461:2009《橡胶　硫化胶中芳烃油的测定》。

本标准与 ISO 21461:2009 的主要技术差异及原因如下：

——关于规范性技术文件，本标准作了具有技术性差异的调整，以适应我国技术条件，调整的情况集中反映在第 2 章"规范性引用文件"中，具体调整如下：

- 用修改采用国际标准的 GB/T 3516 代替 ISO 1407(见 4.3.2)；
- 增加引用了 GB/T 14838(见 4.6)。

——方法 A 更改了使用的氘代氯仿溶剂纯度(见 4.2.3.4)，以便于购买合适的试剂。

——方法 A 增加了溶剂空白试验(见 4.4.3.2.5)，以确保测试结果的准确度。

——方法 A 修改了计算公式(见 4.4.3.2.6，ISO 21461:2009 的 6.3.2.4)，因为增加了溶剂空白试验。

——增加了第 5 章方法 B，因为气相色谱-质谱法测定芳烃油含量被国内外广泛使用。

本标准与 ISO 21461:2009 相比，在结构上有较多调整，附录 A 给出了本标准与 ISO 21461:2009 的章条编号对照一览表。

本标准由中国石油和化学工业联合会提出。

本标准由全国橡胶与橡胶制品标准化技术委员会通用试验方法分技术委员会(SAC/TC 35/SC 2)归口。

本标准负责起草单位：厦门正新橡胶工业有限公司、北京北化院燕山分院、山东玲珑轮胎股份有限公司、广州市华南橡胶轮胎有限公司、杭州中策橡胶有限公司、普利司通中国投资有限公司、青岛伊科思新材料股份有限公司、北京橡胶工业研究设计院、北京市理化分析测试中心、杭州瑞旭产品技术有限公司。

本标准主要起草人：刘英儒、卞晓婷、王足远、陈少梅、罗吉良、项婵、吴彩云、林庆菊、苍飞飞、范筱京、厉昌海、卜少华、丁晓英、谢君芳。

硫化橡胶中多环芳烃含量的测定

警告：使用本标准的人员应有正规实验室工作的实践经验。本标准并未指出所有可能的安全问题，使用者有责任采取适当的安全和健康措施，并保证符合国家有关法规规定的条件。

1 范围

本标准规定了两种测定硫化橡胶中多环芳烃含量的方法。方法A是核磁共振氢谱法，方法B是气相色谱-质谱法。

本标准适用于硫化橡胶中多环芳烃含量的测定，也适合于轮胎中多环芳烃含量的测定。

2 规范性引用文件

下列文件对于本文件的应用是必不可少的。凡是注日期的引用文件，仅注日期的版本适用于本文件。凡是不注日期的引用文件，其最新版本(包括所有的修改单)适用于本文件。

GB/T 3516 橡胶 溶剂抽出物的测定(GB/T 3516—2006，ISO 1407:1992，MOD)

GB/T 14838 橡胶与橡胶制品 试验方法标准精密度的确定(GB/T 14838—2009，ISO/TR 9272:2005，IDT)

3 术语和定义

下列术语和定义适用于本文件。

3.1

多环芳烃 polycyclic aromatic hydrocarbon;PAH

分子中含有两个或两个以上苯环的碳氢化合物。根据苯环的连接方式可将多环芳烃分为多苯代脂肪烃、联苯和稠合多环芳烃三类。

4 方法A：核磁共振氢谱法(^{1}H NMR)

4.1 原理

三个或多个环组成的非线性PAHs分子结构中在分子边沿有典型的三边凹区，这个区域的氢原子被叫做“湾区氢”(见图1)，^{1}H NMR波谱仪能够很灵敏地识别并定量这个区域的氢原子，也就是多环芳烃油的特征氢原子。

本方法描述了使用^{1}H NMR测定样品溶液中“湾区氢”百分含量的步骤，从而表征硫化橡胶中油的芳烃特性。“湾区氢”原子含量越高，芳香性就越高。

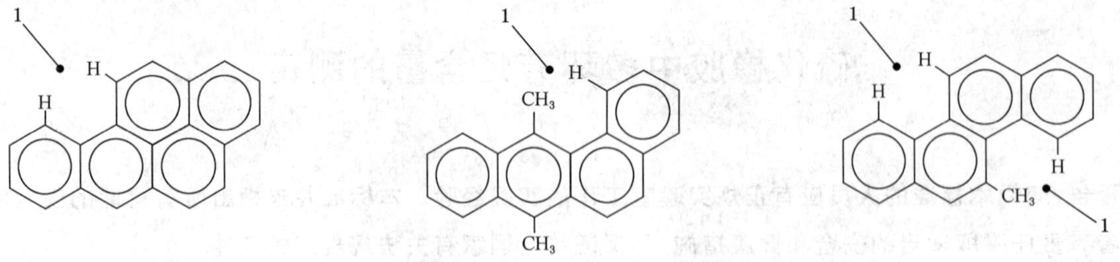

a) 苯并芘　　b) 7,12-二甲基苯并蒽　　c) 5-甲基䓛

说明：

1——湾区。

图 1　常见的含湾区氢的多环芳烃

4.2　试剂和材料

4.2.1　除非另有其他说明，所有的试剂均应为分析纯。

4.2.2　抽提溶剂：丙酮。

4.2.3　制备试样的试剂：

4.2.3.1　正己烷。

4.2.3.2　二氯甲烷。

4.2.3.3　氮气：纯度>99.9%，干燥过程中保护抽提物不被氧化。

4.2.3.4　氘代氯仿：氘代度≥99.8%，内含体积分数≤1‰的四甲基硅烷(TMS)，NMR 级。

4.3　仪器和设备

4.3.1　分析天平：精确到 0.1 mg。

4.3.2　抽提装置：见 GB/T 3516 规定。

4.3.3　蒸气浴。

4.3.4　提取纯化仪器，包括如下规定的部分：

——2 mL，5 mL，25 mL 或 30 mL 的玻璃注射器，带圆锥形推进件，可手动进行固相萃取(SPE)纯化操作；

——固相萃取柱：含 500 mg 硅胶；

——实验室玻璃仪器；

——(可选)固相抽提装置：接真空泵，可以同时净化多种抽提物；

——一次性针头。

4.3.5　核磁共振波谱仪，至少 200 MHz。宜采用如下条件对数据进行采集：

——探头：^{1}H；

——相位角：30°；

——谱宽：$-2\times10^{-6}\sim+12\times10^{-6}$；

——采样次数：256；

——延迟时间：2 s。

4.4　分析步骤

4.4.1　样品提取

4.4.1.1　样品量应足够多，以能够提供至少 0.35 g 的提取油。附录 B 给出了从轮胎中制备实验室样品的指南。

4.4.1.2 把样品剪成大小不超过1 mm×1 mm×2 mm的颗粒。

4.4.1.3 用小滤纸卷起试样插入到抽提器(4.3.2)中,或直接把试样放入到抽提器中。向抽滤瓶中注入丙酮(4.2.2),抽提8 h。

4.4.1.4 为避免氧化,使用氮气(4.2.3.3)吹干提取液。

4.4.2 提取液的纯化

4.4.2.1 称取100 mg±5 mg(精确到0.1 mg)干的抽提物到小瓶中,用1 mL二氯甲烷(4.2.3.2)溶解,可能有不溶物存在。

4.4.2.2 SPE柱的调节:用5 mL的注射器注入5 mL正己烷(4.2.3.1)。

4.4.2.3 当所有的正己烷都注射完,把二氯甲烷溶液定量地转移到SPE柱中,用烧杯或玻璃瓶收集洗脱液。另取0.5 mL二氯甲烷冲洗瓶子,以保证把蒸发残留物完全地转移到SPE柱中。

4.4.2.4 当所有的二氯甲烷溶液被吸收到SPE柱后,开始用25 mL正己烷洗脱非极性组分。在洗脱过程中,保持平稳流速,流速不超过5 mL/min。

4.4.2.5 当所有25 mL正己烷通过SPE柱时,停止收集已经纯化的部分。

4.4.2.6 为避免氧化,使用氮气(4.2.3.3)吹干提取液。

4.4.2.7 称量干燥残渣(精确到0.1 mg),计算回收百分数。

4.4.2.8 重复抽滤纯化过程两次(4.4.2.1~4.4.2.7),每次使用新鲜的纯化剂。

4.4.2.9 计算3次回收百分数的平均值。如果单个测试值在平均值的±5%内,进行4.4.3的操作。否则,继续抽提纯化过程直到3个测试值都在平均值的±5%内。

4.4.3 NMR分析

4.4.3.1 概述

对4.4.2.7中得到的残渣中纯化后的萃取物,进行^{1}H NMR谱测定。

4.4.3.2 NMR测试

4.4.3.2.1 在一玻璃小瓶中,用约1 mL氘代氯仿(4.2.3.4)溶解从4.4.2.7和4.4.2.8中得到的干燥残渣。如果有需要,用一小磁力搅拌器或机械搅拌机加速溶解;如果溶剂不够的话,多加一些氘代氯仿。

4.4.3.2.2 对从4.4.2.7和4.4.2.8得到的三个纯化抽取物进行核磁共振测试。

4.4.3.2.3 向核磁共振样品管中添加约0.5 mL样品溶液(4.4.3.2.1),将样品置入仪器中按4.3.5条件进行核磁试验。

4.4.3.2.4 采样完成后,应用傅立叶变换获得自由感应衰减信号FID,由指数函数(LB= 0.3 Hz)放大以获得频谱(参见附录C的例子)。用TMS以零定标。

4.4.3.2.5 随同进行氘代氯仿溶剂空白试验。

4.4.3.2.6 对氢谱进行积分并记录以下面积:

I_0:芳香烃面积,$6.0\times10^{-6}\sim9.5\times10^{-6}$,包括氯仿信号(未氘代的氯仿);

I_1:纯的芳烃面积($I_1=I_0-I_{CHCl_3}$);

I_2:湾区面积($8.3\times10^{-6}\sim9.5\times10^{-6}$);

I_3:脂肪类和烯烃类区域面积($0.2\times10^{-6}\sim5.8\times10^{-6}$);

$I_{TMS-blank}$:空白试验中TMS的积分面积;

$I_{CHCl_3-blank}$:空白试验中$CHCl_3$积分面积;

I_{TMS}:样品溶液中 TMS 的积分面积;

I_{CHCl_3}:样品溶液中未氘代的氯仿面积 $\left(I_{CHCl_3}=\frac{I_{CHCl_3-blank}}{I_{TMS-blank}}\times I_{TMS}\right)$。

4.5 计算

对于 3 个纯化的抽提物,按照式(1)计算"湾区氢"的质量分数[$w(H_{Bay})$],结果取平均值,保留到小数点后两位:

$$w(H_{Bay})=\frac{I_2}{I_1+I_3}\times 100\% \qquad \cdots\cdots(1)$$

注:符号说明同 4.4.3.2.6。

4.6 精密度

有 5 个实验室参加了实验室比对项目。测定 3 个不同橡胶样品的"湾区氢"百分含量(所采用的配方参见附录 D)。实验室内重复性试验为 2 个,试验跨度为 7 d。精密度的计算,重复性和再现性的表示都按照 GB/T 14838 执行,测定 2 型实验室精密度。结果见表 1。

表 1 ^{1}H NMR 测定"湾区氢"百分含量的精密度数据

样品	平均值/%	实验室内			实验室间		
		S_r	r	(r)	S_R	R	(R)
1 号样品	0.48	0.045	0.13	26.7	0.047	0.13	27.9
2 号样品	0.19	0.036	0.1	55.2	0.045	0.13	69.5
3 号样品	0.07	0.033	0.09	142	0.046	0.13	197.9
平均值		0.038	0.11	74.6	0.046	0.13	98.4
参加实验室数量:$p=5$;样品数量 $q=3$。							

注:S_r=实验室内标准偏差(测量单位);
r=重复性(测量单位);
(r)=重复性(平均水平的百分比);
S_R=实验室间的标准偏差(测量单位表示的实验室间总偏差);
R=再现性(测量单位);
(R)=再现性(平均水平的百分比)。

5 方法 B:气相色谱-质谱法

5.1 原理

试样经超声波水浴提取,提取液冷却后即为待测溶液,用气相色谱-质谱联用仪(GC-MS)测定,内标法定量。

5.2 试剂和材料

5.2.1 乙酸乙酯:分析纯。

5.2.2 16 种 PAHs 混合标准溶液。

5.2.3 内标物 1:八氘代萘溶液(naphthalene-d8),用于校正附录 E 中 2 号 PAH。

5.2.4 内标物 2：十氘代芘溶液（pyrene-d10），或十氘代蒽溶液（anthracene-d10），或十氘代菲溶液（phenanthrene-d10），用于校正附录 E 中 3 号～12 号 PAH。

5.2.5 内标物 3：十二氘代苝溶液（perylene-d12），或十二氘代苯并[a]芘溶液[benzo(a)pyrene-d12]，三苯基苯（triphenylbenzene），用于校正附录 E 中 13 号～15 号和 17 号～19 号 PAH。

5.2.6 内标物混合溶液的配制：准确移取适量内标物 1(5.2.3)、内标物 2(5.2.4)、内标物 3(5.2.5)，用乙酸乙酯(5.2.1)稀释成含内标物 1 质量浓度为 0.3 mg/L、内标物 2 质量浓度为 0.42 mg/L、内标物 3 质量浓度为 0.96 mg/L 的混合内标液。至少应使用 3 种内标物质。

5.2.7 混合标准溶液配制：准确移取适量 16 种 PAHs 混合标准溶液(5.2.2)，用乙酸乙酯(5.2.1)逐级稀释成质量浓度为 0.1 mg/L、0.05 mg/L、0.02 mg/L、0.01 mg/L、0.002 mg/L 的系列标准溶液各 1 mL，再分别加入 100 μL 内标物混合溶液(5.2.6)，混合均匀。

注：基于萘与其他 15 种 PAH 相比，具有相对挥发性，它在与皮肤接触类产品中是一种难以评估的物质，所产生的萘的测试结果往往只反映测试样品在测定时的一个短暂的状态。

5.3 仪器和设备

5.3.1 气相色谱-质谱联用仪。

5.3.2 超声波水浴装置：在不放入金属筐时，其功率应大于 0.28 W/cm²，带有内部或外部调温器（温控器）。

5.3.3 分析天平：精确至 0.1 mg。

5.4 样品制备

用剪刀（或类似工具）将样品剪成粒径小于 3 mm 的颗粒。若待测样为轮胎结构，可参照附录 B 裁取试片。

5.5 分析步骤

5.5.1 提取

准确称取 0.2 g 剪碎后的样品，精确至 0.000 1 g，放入螺口刻度试管（带密封盖），准确加入 10 mL 乙酸乙酯并密封试管，置于超声波水浴装置中，在 60 ℃水温下超声提取 60 min。提取完成后，取出刻度试管冷却至室温并混合均匀，此提取液可依据其实际情况直接进样，或者用乙酸乙酯(5.2.1)稀释后用于测试。

准确移取 1 mL 稀释后的上述待测液，加入 100 μL 内标物混合溶液(5.2.6)，混匀后进行气相色谱-质谱分析。高浓度样品可进行两次提取测试。

5.5.2 内标标准曲线的绘制

对标准混合溶液(5.2.7)进行气相色谱-质谱分析，以待测物的质量浓度为横坐标，待测物和对应内标物峰面积的比值为纵坐标作图，可得一条通过原点的直线，即内标标准曲线。

5.5.3 测定

5.5.3.1 测试条件

可供参考的气相色谱-质谱条件如下：

a) 色谱柱：30 m × 0.25 mm×0.25 μm，HP-5 ms，5%苯基-甲基聚硅氧烷；

b) 升温程序：50 ℃(2 min) $\xrightarrow{25\ ℃/min}$ 200 ℃(0 min) $\xrightarrow{8\ ℃/min}$ 300 ℃(5.5 min)；

c) 进样口温度：280 ℃；

d) 接口温度:280 ℃;
e) 离子源温度:270 ℃;
f) 四极杆温度:150 ℃;
g) 电离方式:EI;
h) 电离能量:70 eV;
i) 质量扫描范围:45 aum～350 aum;
j) 测定方式:选择离子监测(SIM);
k) 进样方式:脉冲无分流进样,进样压力 103.45 kPa(15 psi),1 min 后开阀;
l) 载气:氦气,纯度≥99.999%,1.0 mL/min;
m) 进样量:1.0 μL;
n) 溶剂延迟:5 min。

5.5.3.2 气相色谱-质谱定性及定量分析

根据各实验室自身仪器所适合的分析条件对混合标准溶液及待测液进行分析,根据色谱峰的保留时间并参照附录 E 中多环芳烃的定性离子进行定性分析。参考附录 E 中的定量离子,采用内标法定量。气相色谱-质谱选择离子色谱图参见附录 F。

5.5.3.3 空白试验

除不加试样外,按照上述步骤进行空白试验。

5.6 结果计算

按式(2)计算待测液中多环芳烃的浓度:

$$c_i = \frac{1}{K_i} \times \frac{A_i}{A_s} \qquad \cdots\cdots (2)$$

式中:

c_i ——待测液中每种多环芳烃的浓度,单位为毫克每升(mg/L);
K_i——每种多环芳烃内标标准曲线的斜率;
A_i——待测液中每种多环芳烃的峰面积;
A_s——待测液中每种多环芳烃所对应内标物的峰面积。

按式(3)计算试样中多环芳烃的含量:

$$X_i = \frac{(c_i - c_0) \times V}{m} \times f \qquad \cdots\cdots (3)$$

式中:

X_i ——试样中每种多环芳烃的含量,单位为毫克每千克(mg/kg);
c_i ——待测液中每种多环芳烃的浓度,单位为毫克每升(mg/L);
c_0 ——空白溶液中每种多环芳烃的浓度,单位为毫克每升(mg/L);
V ——待测液的体积,单位为毫升(mL);
f ——待测液的稀释因子;
m ——试样的质量,单位为克(g)。

试验结果取两次测定结果的平均值,保留至小数点后一位。

5.7 精密度

同一实验室两次平行测定结果的相对标准偏差不大于 5%。

6 试验报告

试验报告应包括以下内容并按照下列要求进行：采用方法 A 测试的报告应包含下述项目中的 a)～e)以及 h)～k)；采用方法 B 测试的报告应包含下述项目中的 a)～b)以及 f)～k)。

a) 本标准的名称和编号；

b) 待测试样品的详细说明；

c) 硅胶的详细情况(4.3.4 中的固相萃取柱)；

d) 按 4.4.2.7 和 4.4.2.8 计算的三个回收百分值；

e) I_0，I_{CHCl_3}，I_1，I_2，I_3 和 $w(H_{Bay})$的平均值；

f) 色谱柱的详细情况；

g) 每种多环芳烃的含量及总的多环芳烃含量；

h) 检测限；

i) 测试中出现的异常现象；

j) 与本标准存在差异的任何操作细节或可选条件，如不同于标准中规定的仪器测试参数；

k) 测试日期。

附　录　A
（资料性附录）
本标准与 ISO 21461:2009 相比的结构变化

本标准与 ISO 21461:2009 相比在结构上有较多调整，具体章节编号对照情况见表 A.1。

表 A.1　本标准与 ISO 21461:2009 的章条编号对照情况

本标准章条编号	ISO 21461:2009 的章条编号
4	—
4.1	6.3.2
4.2	4
4.2.1	4.1,4.1.1
4.2.2	4.2
4.2.3.1	4.2.1
4.2.3.2	4.2.2
4.2.3.3	4.2.3
4.2.3.4	4.2.4
—	4.2.5
4.3	5
4.3.1	5.1
4.3.2	5.2
4.3.3	5.3
4.3.4	5.4
—	5.4.1
—	5.4.2
—	5.4.3
—	5.4.4
—	5.4.5
4.3.5	5.5
4.4	6
4.4.1	6.1
4.4.1.1	6.1.1
4.4.1.2	6.1.2
4.4.1.3	6.1.3
4.4.1.4	6.1.4
4.4.2	6.2
4.4.2.1	6.2.1

表 A.1（续）

本标准章条编号	ISO 21461:2009 的章条编号
4.4.2.2	6.2.2
4.4.2.3	6.2.3
4.4.2.4	6.2.4
4.4.2.5	6.2.5
4.4.2.6	6.2.6
4.4.2.7	6.2.7
4.4.2.8	6.2.8
4.4.2.9	6.2.9
4.4.3	6.3
4.4.3.1	6.3.1
4.4.3.2	6.3.3
4.4.3.2.1	6.3.3.1
4.4.3.2.2	6.3.3.5
4.4.3.2.3	
4.4.3.2.4	6.3.3.3
6.4.3.2.5	—
4.4.3.2.6	6.3.3.4
4.5	7
4.6	8
5	—
6	9

除表 A.1 列出的章条外，其他章条编号与 ISO 21561:2009 相同。

附　录　B
（资料性附录）
轮胎上洁净橡胶样品的制备

B.1　概述

轮胎本身结构的复杂性导致取样过程繁琐。如图B.1所示轮胎包含多个不同的部分。同时，需要有一定程度的经验来判断和观察轮胎的切割样。本附录是为如何解剖轮胎以及从切割样上取样提供基本的指导。

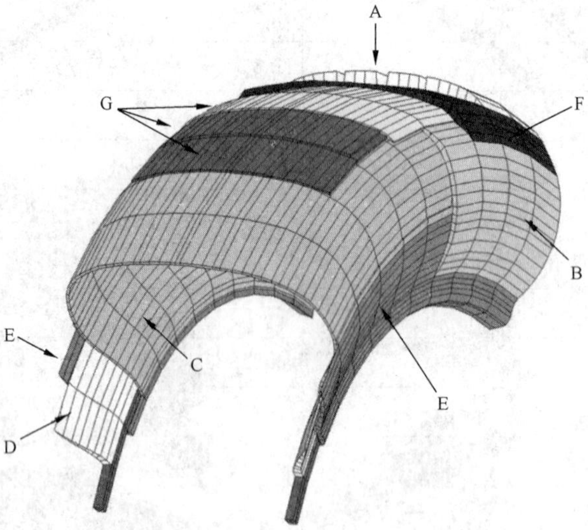

说明：
A——胎面；
B——胎侧；
C——内衬层和胎体帘布层；
D——三角胶；
E——子口护胶/耐磨胶；
F——冠带层；
G——带束层。

图B.1　轮胎结构

图B.1是一个轮胎主要结构的示意图，由于设计的不同，可能导致实际样品与图示结构不完全相同。

观察一个平整的横切面，如果有条件可以借助放大镜，这有助于在取样前确定样品的结构。

B.2　仪器

B.2.1　剖片机，用于从轮胎上将材料切割成0.1 mm～0.2 mm厚度的试片。

任何针对弹性材料取样而设计的合适的仪器都可以采用。

B.2.2　小刀和切割工具，以及合适的护目镜和防护服。

B.2.3　放大镜。

B.3 操作步骤

以下步骤仅针对从新的轮胎上取得合适尺寸的切割样(根据轮胎的尺寸会有所不同)。进行适当的修改后,这个步骤能适用于目前市面上的所有型号和尺寸的轮胎(如轿车胎、卡车胎、摩托车胎等)。

如 4.4.1.1 所述,每个部分至少应提取 0.35 g 的油,意味着最小取样量介于 2 g~20 g 之间。这是由可抽提物质的含量所决定的。此外,由于实际限制,由厚度小于 1 mm 的硫化胶组成的轮胎结构(轿车胎的带束层和胎体帘布层),可能很难取得足够的样品用于分析。

按照以下步骤取样:

a) 第 1 步:用合适的切割工具,从轮胎上割下一块切割样,包含:胎面胶、冠带层(如果存在)和带束层(如图 B.1 中的 A、F 和 G)。观察切割样的横断面确认不存在任何可能污染样品的材料。从胎面上切取一个完整的样品,若存在冠带层,采用剖片机取样,样品表面的 0.1 mm~0.5 mm 部分应剖下丢弃,避免被相邻的胶料污染。

b) 第 2 步:从轮胎上割下的胎侧部分,包含:胎侧胶、子口护胶、三角胶、内衬层及被包埋在内衬层和胎侧之间的胎体帘布层(如图 B.1 中的 B、C、D 和 E)。胎圈钢丝应与切割片分开,随后切割片被如下步骤分解成各个部分:

   1) 子步骤 2A:将切割片用小刀沿图 B.2 所示的切割线 1 和切割线 2 切下,从胎侧切取平整的样品,根据对胎侧横断面的观察来设置剖片深度,利用剖片机获得所需的内衬层样品。胎侧样品表面的 0.5 mm~1 mm 部分应剖下丢弃,防止样品被相邻的胶料污染。但由于内衬胶的厚度很薄,这个要求不太容易达到。在这种情况下,应借助放大镜仔细检查以排除帘布层可能带来的污染。

   2) 子步骤 2B:将切割片用小刀沿图 B.2 所示的切割线 2 和切割线 3 切下,这部分平整的样品用来制得子口护胶和三角胶样品,根据对胎侧横断面的观察来设置切割片深度,借助剖片机将不感兴趣的部分小心地剖去。

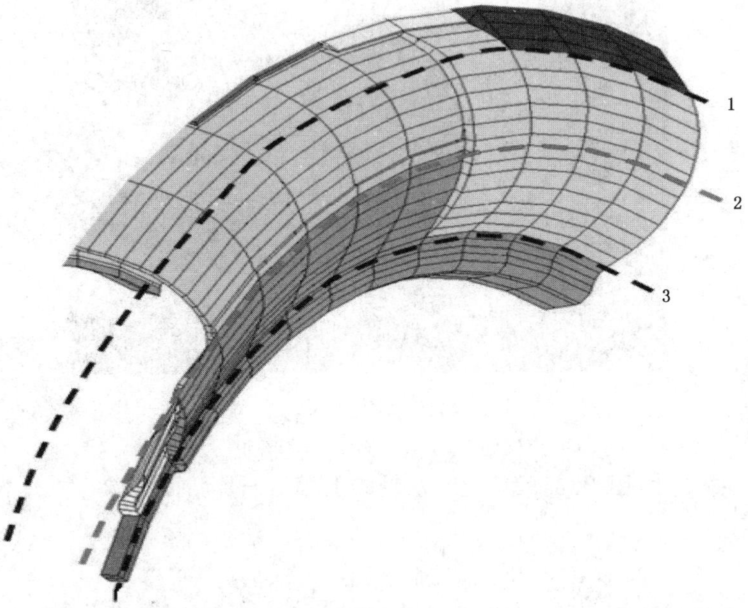

说明:
1——切割线 1;
2——切割线 2;
3——切割线 3。

图 B.2 切割胎侧部分

B.4 照片

图 B.3～图 B.15 示范了操作过程中的各个步骤。

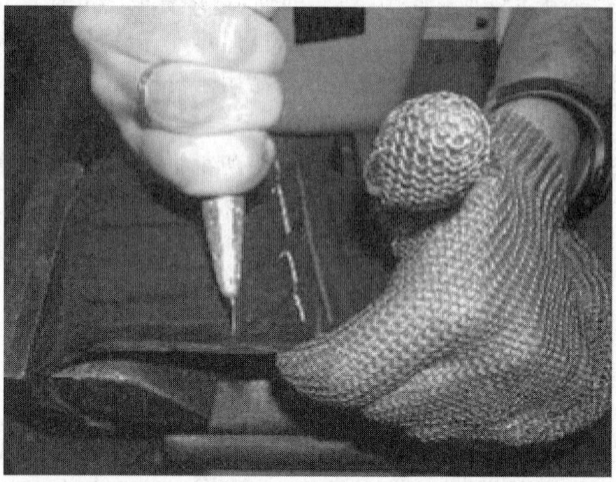

图 B.3　第 1 步:用小刀和切割槽切取胎面部分

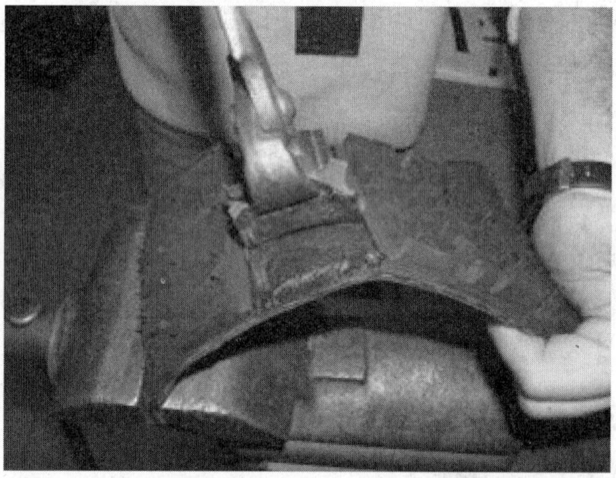

图 B.4　第 1 步:从轮胎上取下一片胎面结构

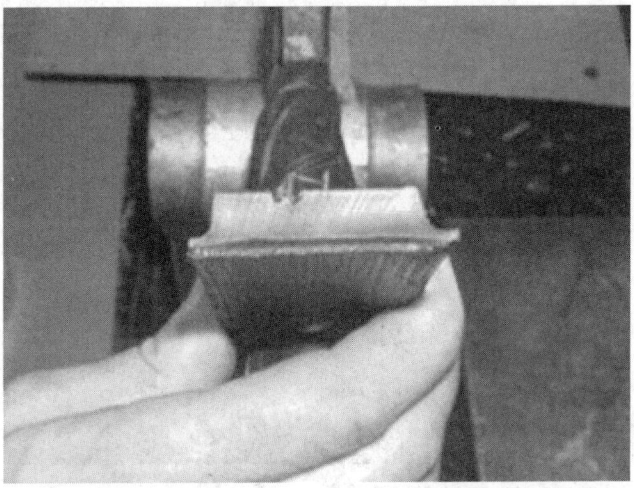

图 B.5　第 1 步:在剖去带束层前观察(图示的轮胎中没有胶面下层胶)

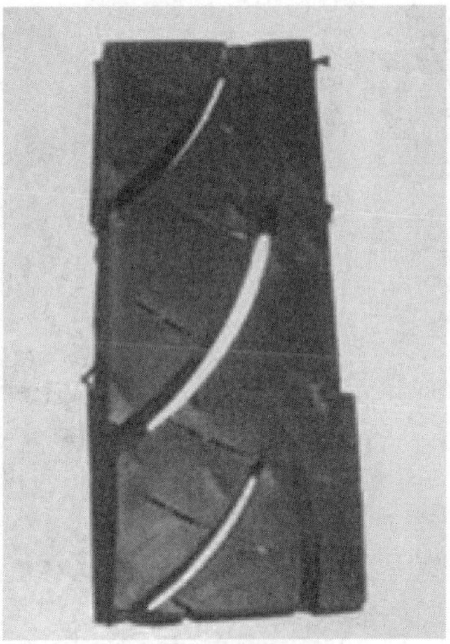

图 B.6　第 1 步:剖去表层胶料后的胎面胶样品,已经可以用于分析

图 B.7　第 2 步:沿切割线 3(图 B.2)切去钢丝

图 **B.**8　第 2 步:沿切割线 1(图 **B.**2)切去胎侧部分

图 **B.**9　第 2 步:切去胎面和胎圈钢丝后的胎侧部分

图 **B.**10　子步骤 2**A**:沿切割线 2(图 **B.**2)切去后的胎侧部分

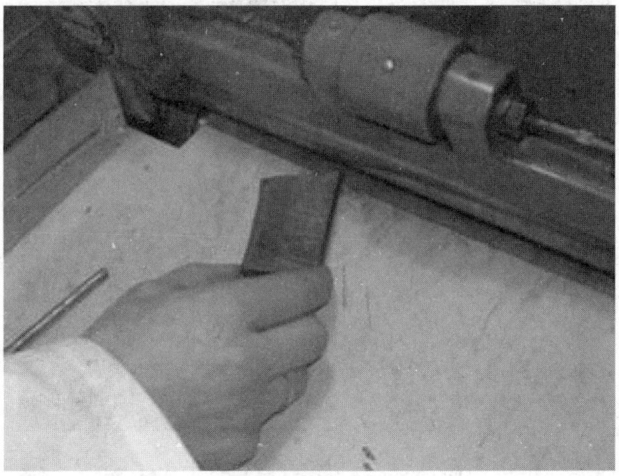

图 B.11　子步骤 2A:借助剖片机对胎侧部分的表层处理以获得干净的胎侧样品

图 B.12　子步骤 2A:剖去表层胶料后的胎侧胶样品,可以用于分析

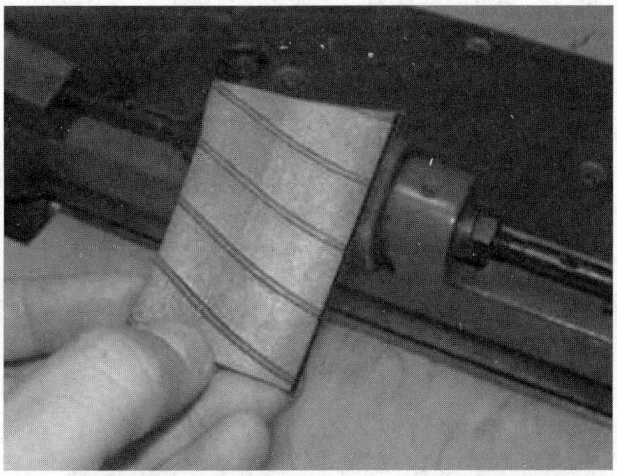

图 B.13　子步骤 2A:从胎侧部分制取内衬层样品

图 B.14　子步骤 2B：从胎侧部分制取耐磨胶和三角胶样品

（介于图 B.2 所示的切割线 2 和切割线 3 之间）

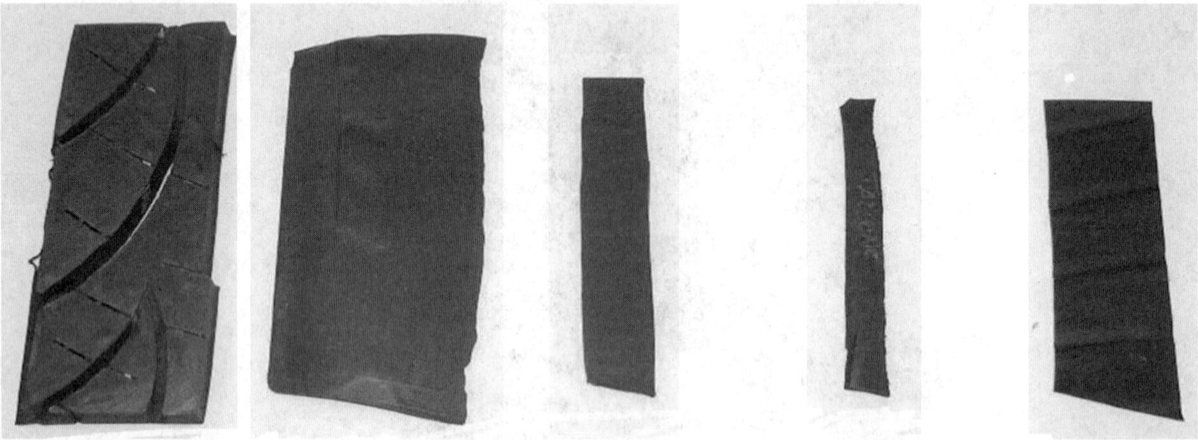

a）　胎面胶　　b）　胎侧胶　　c）　耐磨胶　　d）　三角胶　　e）　内衬层

图 B.15　可以用于分析的样品

附 录 C
（资料性附录）
含有芳烃油的胶料抽提物的 ^{1}H NMR 谱图

C.1 全谱

全谱见图 C.1、图 C.2。

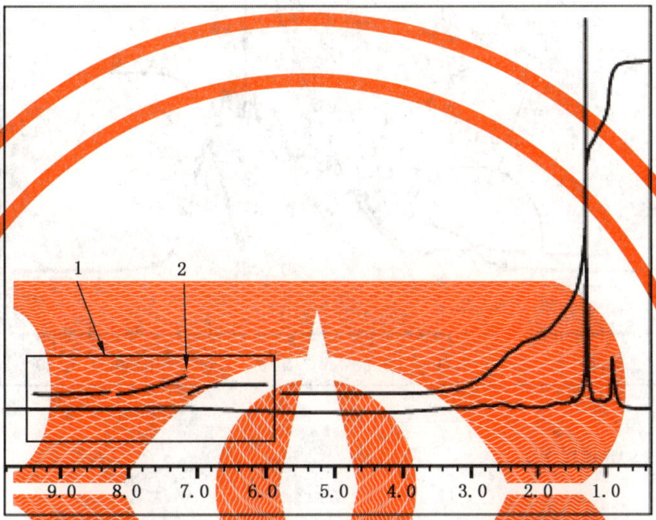

说明：
1——芳烃区；
2——未氘代的 $CHCl_3$。

图 C.1 含有芳烃油的胶料抽提物的 ^{1}H NMR 谱

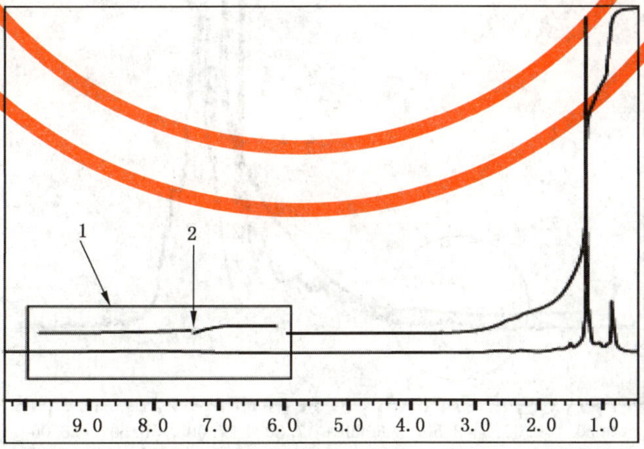

说明：
1——芳烃区；
2——未氘代的 $CHCl_3$。

图 C.2 含有 MES 油的胶料抽提物的 ^{1}H NMR 谱

C.2 放大的芳烃油特殊“湾区”

放大的芳烃油特殊“湾区”见图 C.3、图 C.4。

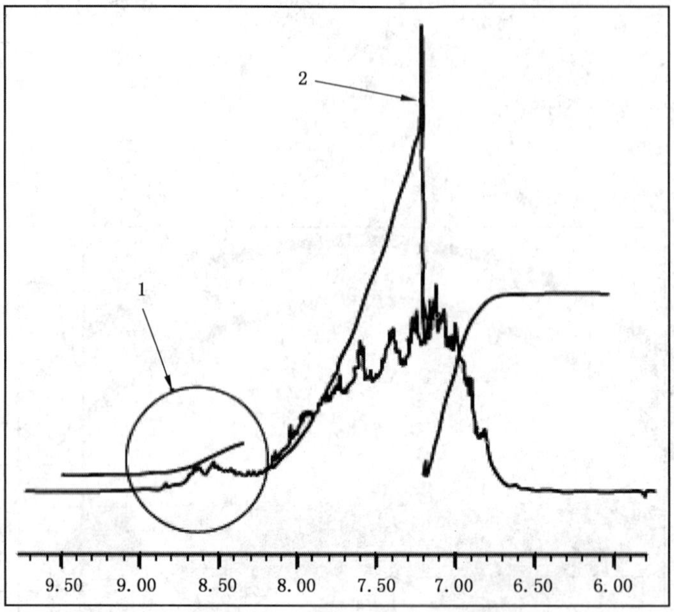

说明：

1——湾区($8.3\times10^{-6}\sim9.5\times10^{-6}$)；

2——未氘代的 $CHCl_3$。

图 C.3 含芳烃油[$w(H_{Bay})=0.46$]的胶料抽提物芳烃油湾区 ^1H NMR 谱

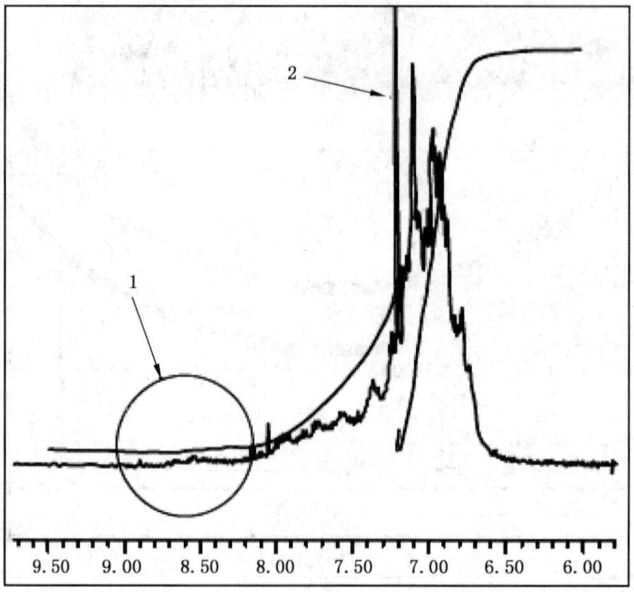

说明：

1——湾区；

2——未氘代的 $CHCl_3$。

图 C.4 含芳烃油[$w(H_{Bay})=0.04$]的胶料抽提物芳烃油湾区 ^1H NMR 谱

附 录 D
（资料性附录）
典型的橡胶胶料^1H NMR 分析结果（用于 4.6 中实验室比对）

典型的橡胶胶料^1H NMR 分析结果见表 D.1。

表 D.1 典型的橡胶胶料^1H NMR 分析结果

成分	配方 1(质量份)	配方 2(质量份)	配方 3(质量份)
聚合物： NR	50	50	50
SBR1500	50	50	50
炭黑(N330)	65	65	65
操作油： DAE	20	—	—
TDAE	—	20	—
MES	—	—	20
抗氧化剂(6PPD)	2	2	2
氧化锌	3	3	3
硬脂酸	2	2	2
促进剂(CBS)	1.5	1.5	1.5
硫磺	1.5	1.5	1.5
结果			
平均值：I_0	2.63×10^7	1.91×10^7	1.34×10^7
I_{CHCl_3}	0.10×10^7	0.08×10^7	0.08×10^7
I_1	2.53×10^7	1.83×10^7	1.26×10^7
I_2	13.3×10^5	5.5×10^5	1.49×10^5
I_3	2.61×10^8	3.16×10^8	3.34×10^8
$w(H_{Bay})$	0.46	0.16	0.04

附 录 E
（资料性附录）
16种多环芳烃和3种内标物的分子式、相对分子质量、定性离子和定量选择离子

16种多环芳烃和3种内标物的分子式、相对分子质量、定性离子和定量选择离子见表E.1。

表E.1 16种多环芳烃和3种内标物的分子式、相对分子质量、定性离子和定量选择离子

序号	物质名称	分子式	相对分子质量	特征碎片离子/aum	
				定性	定量
1	八氘代萘(内标1)	$C_{10}D_8$	136	108,136,137	136
2	萘	$C_{10}H_8$	128	127,128,129	128
3	苊烯	$C_{12}H_8$	152	151,152,153	152
4	苊	$C_{12}H_{10}$	154	152,153,154	153
5	芴	$C_{13}H_{10}$	166	165,166,167	166
6	菲	$C_{14}H_{10}$	178	176,178,179	178
7	蒽	$C_{14}H_{10}$	178	176,178,179	178
8	荧蒽	$C_{16}H_{10}$	202	101,202,203	202
9	十氘代芘(内标2)	$C_{16}D_{10}$	212	106,212,213	212
10	芘	$C_{16}H_{10}$	202	101,202,203	202
11	苯并[a]蒽	$C_{18}H_{12}$	228	226,228,229	228
12	䓛	$C_{18}H_{12}$	228	226,228,229	228
13	苯并[b]荧蒽	$C_{20}H_{12}$	252	126,252,253	252
14	苯并[k]荧蒽	$C_{20}H_{12}$	252	126,252,253	252
15	苯并[a]芘	$C_{20}H_{12}$	252	126,252,253	252
16	十二氘代苝(内标3)	$C_{20}D_{12}$	264	260,264,265	264
17	茚并[1,2,3-cd]芘	$C_{22}H_{12}$	276	138,276,277	276
18	二苯并[a,h]蒽	$C_{22}H_{14}$	278	139,278,279	278
19	苯并[g,h,i]苝	$C_{22}H_{12}$	276	138,276,277	276

附 录 F
（资料性附录）
16 种多环芳烃和 3 种内标物的典型气相色谱-质谱选择离子色谱图

16 种多环芳烃和 3 种内标物的典型气相色谱-质谱选择离子色谱图见图 F.1。

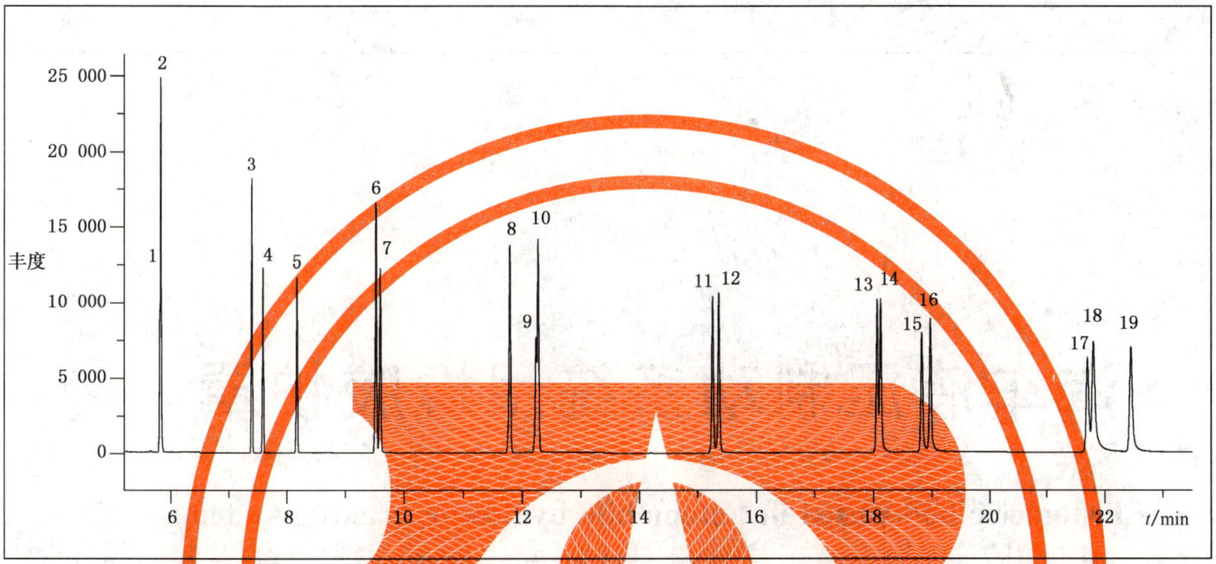

说明：
1——八氘代萘(naphthalene-d_8)；
2——萘(naphthalene)；
3——苊烯(acenaphthylene)；
4——苊(acenaphthene)；
5——芴(fluorene)；
6——菲(phenanthrene)；
7——蒽(anthracene)；
8——荧蒽(fluoranthene)；
9——芘(pyrene)；
10——十氘代芘(pyrene-d_{10})；
11——苯并[a]蒽(benzo[a]anthracene)；
12——䓛(chrysene)；
13——苯并[b]荧蒽(benzo[b]fluoranthene)；
14——苯并[k]荧蒽(benzo[k]fluoranthene)；
15——苯并[a]芘(benzo[a]pyrene)；
16——十二氘代苝(perylene-d_{12})；
17——茚并[1,2,3-cd]芘(indeno[1,2,3-cd]pyrene)；
18——二苯并[a,h]蒽(dibenzo[a,h]anthracene)；
19——苯并[g,h,i]苝(benzo[g,h,i]perylene)。

图 F.1　16 种多环芳烃和 3 种内标物的典型气相色谱-质谱选择离子色谱图

ICS 83.140.50;43.040.40
G 43

中华人民共和国国家标准

GB/T 29615—2013

汽车液压制动系统用橡胶护罩

Elastomeric boots used in automobile hydraulic braking systems

[ISO 4927:2005 Road vehicles—Elastomeric boots for drum-type, hydraulic brake wheel cylinders using a non-petroleum base hydraulic brake fluid(service temperature 120 ℃ max);

ISO 6117:2005 Road vehicles—Elastomeric boots for cylinders drum-type, hydraulic brake wheel cylinders using a non-petroleum base hydraulic brake fluid (service temperature 100℃ max),MOD]

2013-07-19 发布　　2013-12-01 实施

中华人民共和国国家质量监督检验检疫总局
中国国家标准化管理委员会　发布

前 言

本标准按照 GB/T 1.1—2009 给出的规则起草。

本标准使用重新起草法修改采用 ISO 4927:2005《道路车辆 用于非石油基液压制动液的鼓式液压制动轮缸用弹性体护罩(最高工作温度 120 ℃)》(英文版)和 ISO 6117:2005《道路车辆 用于非石油基液压制动液的鼓式液压制动轮缸用弹性体护罩(最高工作温度 100 ℃)》(英文版)。

本标准与 ISO 4927:2005 和 ISO 6117:2005 的主要技术差异及原因如下:

——关于规范性引用文件,本标准做了具有技术性差异的调整,以适应我国的技术条件,调整的情况集中反映在第 2 章"规范性引用文件"中,具体调整如下:

- 用等效采用国际标准的 GB/T 3512 代替了 ISO 188:1998(见 4.2.3.1.1、4.2.4.1.1、4.2.6.1.2、4.2.7.1);
- 用等同采用国际标准的 GB/T 6031 代替了 ISO 48(见 4.2.1、4.2.2.1);
- 用修改采用国际标准的 GB 12981 代替了 ISO 4925(见 4.2.3.3);
- 删除了 ISO 4926;
- 增加引用了 GB/T 528 (见表 1)、GB/T 531.1(见表 1)、GB/T 1690(见表 1)、GB/T 5721(见7.3)、GB/T 7758 (见表 1)、GB/T 7759(见表 1)。

——为了区分最高使用温度不同的护罩,增加分类,并增加了最高工作温度为 150 ℃的材料(见 3.1)。

——为了便于橡胶护罩生产过程中的质量控制,增加胶料的物理性能要求(见 3.2)。

——为了适应我国的标准体系,试验用的制动液由符合 ISO 4926 的要求改为符合 GB 12981 要求(见 4.2.3.3)。

——为了便于编写和表述完整,增加高温、低温冲程试验的试验结果(见 4.2.4.4、4.2.5.3)。

——为了区分耐热试验的温度条件,增加了Ⅰ类、Ⅱ类、Ⅲ类材料的试验条件(见表 2、表 3、表 4)。

——删除了 3.4"抽样"。

——增加了第 5 章"检验规则"。

——增加了 6.3。

这些差异涉及的条款已通过在其外侧页边空白位置的垂直单线(|)进行了标示。

ISO 4927:2005 和 ISO 6117:2005 在文本结构上完全相同,本标准与 ISO 4927:2005 和 ISO 6117:2005 相比,章条结构的差异为:

——将 ISO 4927:2005 和 ISO 6117:2005 中的 3.1,调整为本标准的 3.3;

——将 ISO 4927:2005 和 ISO 6117:2005 中的 3.2,调整为本标准的 6.1;

——将 ISO 4927:2005 和 ISO 6117:2005 中的 3.3,调整为本标准的 6.2;

——将 ISO 4927:2005 和 ISO 6117:2005 中的第 4 章"试验要求",调整并修改为本标准的 3.4"成品的性能";

——将 ISO 4927:2005 和 ISO 6117:2005 中的第 5 章"试验程序",调整并修改为本标准的 4.2"成

品的性能试验”。

本标准由中国石油和化学工业联合会提出。

本标准由全国橡胶与橡胶制品标准化技术委员会密封制品分技术委员会(SAC/TC 35/SC 3)归口。

本标准起草单位:贵州大众橡胶有限公司、安徽中鼎泰克汽车密封件有限公司、青岛北海密封技术有限公司、浙江宁波乔士橡塑有限公司、西北橡胶塑料研究设计院、青岛开世密封工业有限公司。

本标准主要起草人:马宁、马小鹏、徐立刚、蒋大平、高静茹、高鑑明、詹炜、袁玉虎。

汽车液压制动系统用橡胶护罩

1 范围

本标准规定了用于汽车液压制动系统轮缸的模压橡胶护罩的要求、试验方法、检验规则、标识、包装、运输和贮存。

本标准适用于非石油基型制动液的鼓式制动器护罩和盘式制动器护罩及其性能评价试验方法。

本标准不适用于石油基型制动液的制动缸橡胶护罩和橡胶与增强层黏合的橡胶护罩。

2 规范性引用文件

下列文件对于本文件的应用是必不可少的。凡是注日期的引用文件,仅注日期的版本适用于本文件。凡是不注日期的引用文件,其最新版本(包括所有的修改单)适用于本文件。

GB/T 528　硫化橡胶或热塑性橡胶　拉伸应力应变性能的测定(GB/T 528—2009,ISO 37:2005,IDT)

GB/T 531.1　硫化橡胶或热塑性橡胶　压入硬度试验方法　第1部分:邵氏硬度计法(邵尔硬度)(GB/T 531.1—2008,ISO 7619-1:2004,IDT)

GB/T 1690　硫化橡胶或热塑性橡胶耐液体试验方法(GB/T 1690—2010,ISO 1817:2005,MOD)

GB/T 2828.1　计数抽样检验程序　第1部分:按接收质量限(AQL)检索的逐批检验抽样计划(GB/T 2828.1—2012,ISO 2859-1:1999,IDT)

GB/T 3512　硫化橡胶或热塑性橡胶　热空气加速老化和耐热试验(GB/T 3512—2001,eqv ISO 188:1998)

GB/T 5721　橡胶密封制品标志、包装、运输、贮存的一般规定

GB/T 6031　硫化橡胶或热塑性橡胶硬度的测定(10～100IRHD)(GB/T 6031—1998,idt ISO 48:1994)

GB/T 7758　硫化橡胶　低温性能的测定　温度回缩法(TR 试验)(GB/T 7758—2002,ISO 2921:1997,IDT)

GB/T 7759　硫化橡胶、热塑性橡胶　常温、高温和低温下压缩永久变形测定(GB/T 7759—1996,eqv ISO 815:1991)

GB/T 7762　硫化橡胶或热塑性橡胶　耐臭氧龟裂　静态拉伸试验(GB/T 7762—2003,ISO 1413-1:1989,MOD)

GB 12981　机动车辆制动液(GB 12981—2012,ISO 4925:2005,MOD)

GB 29334—2012　用于非石油基液压制动液的汽车液压制动缸用的弹性体皮碗和密封圈

3 要求

3.1 分类

橡胶密封护罩按工作温度范围分为三类:

Ⅰ类:工作温度范围为－40 ℃～100 ℃;

Ⅱ类:工作温度范围为－40 ℃～120 ℃;

Ⅲ类:工作温度范围为−40 ℃～150 ℃。

3.2 胶料的物理机械性能

胶料的物理机械性能要求见表1。

表1 胶料物理机械性能

序号	项目		要求		
			Ⅰ类	Ⅱ类	Ⅲ类
1	硬度(邵尔A或IRHD)		50±5	60±5	60±5
2	拉伸强度/MPa	≥	10	10	10
3	拉断伸长率/%	≥	300	300	300
4	压缩永久变形/%	≤			
	(1) 100 ℃,24 h		30		
	(2) 120 ℃,24 h			40	
	(3) 150 ℃,24 h				55
5	热空气老化				
	(1) 100 ℃,72 h				
	硬度变化(邵尔A或IRHD)		0～+10		
	拉伸强度变化率/%	≥	−40		
	拉断伸长率变化率/%	≥	−40		
	(2) 120 ℃,72 h				
	硬度变化(邵尔A或IRHD)			0～+10	
	拉伸强度变化率/%	≥		−40	
	拉断伸长率变化率/%	≥		−40	
	(3) 150 ℃,72 h				
	硬度变化(邵尔A或IRHD)				0～+10
	拉伸强度变化率/%	≥			−40
	拉断伸长率变化率/%	≥			−40
6	耐液体				
	(1) 100 ℃,72 h				
	硬度变化(邵尔A或IRHD)		−10～+10		
	拉伸强度变化率/%	≥	−40		
	拉断伸长率变化率/%	≥	−25		
	体积变化/%		−15～+15		
	(2) 120 ℃,72 h				
	硬度变化(邵尔A或IRHD)			−10～+10	
	拉伸强度变化率/%	≥		−40	
	拉断伸长率变化率/%	≥		−40	
	体积变化/%			−15～+15	
	(3) 150 ℃,72 h				
	硬度变化(邵尔A或IRHD)				−10～+10
	拉伸强度变化率/%	≥			−40
	拉断伸长率变化率/%	≥			−40
	体积变化/%				−15～+15
7	低温性能(TR10)/℃	≤	−45	−45	−45

3.3 成品的外观质量和尺寸

成品的外观应没有气泡、针孔、裂纹、凸起、嵌入的外来杂质或其他能检验出来的物理缺陷;成品尺寸应符合图样的规定。

3.4 成品的性能

3.4.1 高温下的耐液体

按4.2.3进行高温下的耐液体试验后,试样表面不应有气泡或掉皮,体积变化和硬度变化应在下面的极限范围以内:

——体积变化:－15%～＋15%;

——硬度变化:－10IRHD ～＋10IRHD。

3.4.2 高温冲程性能

按4.2.4进行高温冲程试验后,护罩不应有任何贯穿的裂口,并应与缸体和推进杆配合紧密。

3.4.3 低温冲程性能

按4.2.5进行低温冲程试验后,护罩不应有任何贯穿的裂口,并应与缸体和推进杆配合紧密。

3.4.4 拉伸永久变形性能

按4.2.6进行拉伸永久变形试验后,护罩的拉伸永久变形不应超过75%。

3.4.5 静态耐热性能

按4.2.7进行耐热试验后,护罩应符合以下要求:

a) 当护罩被弯曲到类似于实际工作条件时,不应出现裂纹;

b) 硬度变化应在－5IRHD ～＋10IRHD的极限范围内;

c) 从老化箱中取出之后,不应有明显的发黏。

3.4.6 耐臭氧性能

按4.2.8进行试验后,试样在2倍的放大镜下检验,试样表面不应出现破裂、断裂。

4 试验方法

4.1 胶料的物理机械性能试验

4.1.1 硬度按GB/T 531.1、GB/T 6031的规定进行。

4.1.2 拉伸强度和拉断伸长率按GB/T 528的规定进行。

4.1.3 压缩永久变形按GB/T 7759的规定进行,采用A型试样。

4.1.4 热空气老化按GB/T 3512的规定进行。

4.1.5 耐液体按GB/T 1690的规定进行。

4.1.6 低温性能按GB/T 7758的规定进行。

4.2 成品的性能试验

4.2.1 制备要求

所有的试样应从样本的同一常规部位上裁取,硬度试样应按GB/T 6031进行制备。

4.2.2 硬度的测量

4.2.2.1 硬度的测量应按 GB/T 6031 的规定。

4.2.2.2 对提交的 3 个试样进行试验,记录硬度范围。

4.2.2.3 当护罩的形状防碍采用 GB/T 6031 的方法进行测量时,可以由制造商和用户协商一个可供选择的方法来代替(见 GB 29334—2012 的 6.7)。

4.2.3 高温下的耐液体

4.2.3.1 仪器和材料

4.2.3.1.1 符合 GB/T 3512 中规定的老化箱。

4.2.3.1.2 能密封的玻璃容器,容量约 250 mL,高约 125 mm,直径约 50 mm。

4.2.3.1.3 两个有玻璃塞的称重瓶,瓶口尺寸足以放入试样。

4.2.3.1.4 异丙醇或乙醇,试剂级 95%(体积分数)的清洗用溶剂。

4.2.3.2 试样

应从两个护罩上各裁取重约 3 g～5 g 的一段。

4.2.3.3 试验液体

试验用制动液应为符合 GB 12981 规定的相容性液体或供需双方协商使用的制动液。

4.2.3.4 程序

4.2.3.4.1 用异丙醇或乙醇(4.2.3.1.4)冲洗试样,用清洁、不起毛的布擦干,除去灰尘和碎屑。试样在异丙醇或乙醇中不应超过 30 s。

4.2.3.4.2 测量和记录试样的初始硬度(见 4.2.2)。

4.2.3.4.3 称量每个试样在空气中的质量(m_1),精确到 0.001 g,然后称量试样在室温下浸泡在蒸馏水中的表观质量(m_2)。快速将每个试样浸入异丙醇或乙醇中,然后用清洁、不起毛的布擦干。

4.2.3.4.4 将两个试样完全浸没在盛有 75 mL 试验液的玻璃容器(4.2.3.1.2)中,拧紧容器的盖子。

4.2.3.4.5 装有Ⅰ类材料的容器放入 100 ℃±2 ℃老化箱(4.2.3.1.1)中 70 h±2 h;装有Ⅱ类材料的容器放入 120 ℃±2 ℃老化箱中 70 h±2 h;装有Ⅲ类材料的容器放入 150 ℃±2 ℃老化箱中 70 h±2 h。老化后,从老化箱中取出容器,在 23 ℃±5 ℃下冷却 60 min～90 min 后,从容器中取出试样,用异丙醇或乙醇清洗,用干净、不起毛的布擦干。

4.2.3.4.6 试样从异丙醇或乙醇中取出并擦干后,分别置于装有塞子的玻璃称重瓶(4.2.3.1.3)中,然后称量质量(m_3)。取出每个试样然后称量其浸泡在蒸馏水中的表观质量(m_4),所有的称量都精确到 0.001 g。

4.2.3.4.7 在用异丙醇或乙醇冲洗后的 60 min 内,测量每个试样的最终体积和硬度。

4.2.3.5 试验结果

4.2.3.5.1 体积变化以原始体积的体积变化率 ΔV 表示,体积变化率由式(1)给出:

$$\Delta V=\frac{(m_3-m_4)-(m_1-m_2)}{(m_1-m_2)}\times 100 \qquad \cdots\cdots(1)$$

式中:

ΔV——体积变化,%

m_1 ——空气中的初始质量，单位为克(g)；

m_2 ——在水中的初始表观质量，单位为克(g)；

m_3 ——试验液体浸泡后，在空气中的质量，单位为克(g)；

m_4 ——试验液体浸泡后，在水中的初始表观质量，单位为克(g)。

结果取平均值。

4.2.3.5.2 测量并记录硬度变化，结果取平均值。

4.2.3.5.3 观察试样表面是否有气泡或掉皮。

4.2.4 高温冲程试验

4.2.4.1 仪器

4.2.4.1.1 符合 GB/T 3512 中规定的老化箱。

4.2.4.1.2 冲程装置，其冲程与压力的关系应符合 GB 29334—2012 的图 1。

4.2.4.2 试样

应采用两个护罩作为试样。

4.2.4.3 程序

4.2.4.3.1 将两个作为试样的轮缸护罩安装到专门设计的缸体上或等同物上。然后将缸体装配到传动装置上，设定频率为 1 000 次/h±100 次/h、行程为 4.8 mm±0.5 mm。

4.2.4.3.2 按 GB 29334—2012 中 6.3.3.6 的要求进行试验，Ⅰ类、Ⅱ类、Ⅲ类材料的试验条件见表 2。

4.2.4.3.3 试验结束，从老化箱中取出缸体，冷却至室温后取出样品。

表 2 高温冲程试验条件

类型	试验温度 ℃	试验时间 h	行程数/时间 次/h	活塞规定行程 mm
Ⅰ类	100±2	70±2	1 000±100	4.8±0.5
Ⅱ类	120±2			
Ⅲ类	150±2			

4.2.4.4 试验结果

观察试样是否有贯穿的裂口，是否与缸体和推进杆配合紧密。

4.2.5 低温冲程试验

4.2.5.1 仪器

4.2.5.1.1 低温箱

低温箱要足够大，能容纳试验装置，且实验员不需将试验装置从低温箱中取出就能检查和操作。低温箱内应保持均匀干冷的大气，且温度在−40 ℃±2 ℃范围内。

4.2.5.1.2 冲程装置

其冲程与压力的关系应符合 GB 29334—2012 的图 1。

4.2.5.2 试样

应采用两个护罩作为试样。

4.2.5.3 程序

将两个作为试样的轮缸护罩安装到专门设计的缸体上或等同物上。将试验护罩和试验装置放入低温箱(4.2.5.1.1)中并暴露在−40 ℃±2 ℃的温度下22 h±1 h。经过22 h±1 h的低温后,在低温箱内用冲程装置对护罩做6个冲程,行程为4.8 mm±0.5 mm,间隔为30 s。

4.2.5.4 试验结果

观察试样是否有贯穿的裂口,是否与缸体和推进杆配合紧密。

4.2.6 拉伸永久变形

4.2.6.1 仪器

4.2.6.1.1 圆形拉伸芯轴

圆形拉伸芯轴(d_3)的直径比护罩端口直径大15%。端口直径用光学仪器测量,在垂直方向测量两个值,结果取平均值。使用的芯轴的表面粗糙度应达到Ra16 μm,以防割坏橡胶。

4.2.6.1.2 老化箱

符合GB/T 3512中规定的老化箱。

4.2.6.2 试样

应采用三个护罩作为试样。

4.2.6.3 程序

4.2.6.3.1 准确测量和记录三个护罩试样的端内径(d_1),将护罩装配到拉伸芯轴(4.2.6.1.1)上。将该装置放入老化箱(4.2.6.1.2)内,按表3规定的试验条件进行试验。试验后取出装置,并在室温下冷却1 h。卸下护罩,使之恢复30 min~1 h,再测量和记录内径(d_2)。

表3 拉伸永久变形试验条件

类型	试验温度 ℃	试验时间 h	试验前变形 %
Ⅰ类	100±2	70±2	15^{0}_{-3}
Ⅱ类	120±2		
Ⅲ类	150±2		

4.2.6.3.2 拉伸永久变形以原始拉伸变形的百分率(Δd)表示,拉伸变形的百分率按式(2)给出:

$$\Delta d = \frac{(d_2 - d_1)}{(d_3 - d_1)} \times 100 \qquad \cdots\cdots(2)$$

式中:

Δd ——拉伸永久变形百分率,%;

d_1 ——护罩老化前的内径,单位为毫米(mm);

d_2 ——护罩老化后的内径,单位为毫米(mm);

d_3 ——拉伸芯轴的直径，单位为毫米(mm)。

4.2.6.4 试验结果

试验结果取平均值。

4.2.7 静态耐热试验

4.2.7.1 仪器

符合 GB/T 3512 中规定的老化箱。

4.2.7.2 试样

采用两个护罩作为试样。

4.2.7.3 程序

4.2.7.3.1 按 4.2.2 测量护罩的初始硬度。

4.2.7.3.2 将试样按不同试验条件悬挂放入老化箱(4.2.7.1)中，按表 4 规定的试验条件进行试验，试验结束后从老化箱中取出，在室温下冷却 16 h～96 h，然后测量硬度。

表 4 耐热试验条件

类型	试验温度 ℃	试验时间 h
Ⅰ类	100±2	70±2
Ⅱ类	120±2	
Ⅲ类	150±2	

4.2.7.4 试验结果

报告硬度变化；观察试样是否明显地发黏；检验试样被弯曲到类似于实际工作条件时是否有裂纹。

4.2.8 臭氧老化试验

4.2.8.1 仪器

4.2.8.1.1 符合 GB/T 7762 要求的臭氧老化箱：保持臭氧浓度在 50×10^{-8}。

4.2.8.1.2 拉伸芯轴(见 4.2.6.1.1)。

4.2.8.2 试样

应采用两个护罩作为试样。

4.2.8.3 程序

4.2.8.3.1 将作为试样的护罩装配到拉伸芯轴(4.2.8.1.2)上，并在室温下停留 22 h±1 h。

4.2.8.3.2 然后将安装在芯轴上的护罩放入温度为 40 ℃±2 ℃、臭氧浓度为 50×10^{-8} 的臭氧老化箱(4.2.8.1.1)内 70 h。

4.2.8.3.3 试样从臭氧老化箱中取出，在 2 倍的放大镜下检验。

4.2.8.4 试验结果

在2倍的放大镜下，观察试样的表面是否出现明显的破裂、断裂或其他损害。

5 检验规则

5.1 出厂检验

5.1.1 胶料

5.1.1.1 同班同机台生产的同种胶料为一批。

5.1.1.2 应逐辊进行胶料的硬度、拉伸强度和拉断伸长率检验；每月进行一次热空气老化和耐液体试验，低温性能试验每季一次。

5.1.1.3 当胶料检验结果出现不合格时，应取双倍试样对不合格项目进行复试；若复试不合格，则所代表的该批胶料为不合格品。

5.1.2 成品

5.1.2.1 护罩以不超过10 000件为一批。

5.1.2.2 护罩的外观应逐件进行检验。

5.1.2.3 护罩的尺寸检验按GB/T 2828.1中的特殊检查水平S-2、接收质量限(AQL)为4进行抽样。

5.1.2.4 护罩高温下的耐液体(3.4.1)和静态耐热试验(3.4.5)每三个月不少于一次。

5.2 型式检验

当有下列情况之一时，应对本标准规定的全部要求进行型式试验：

——新产品定型或产品转厂生产时；

——正式生产后，如材料、工艺有较大改变可能影响产品性能时；

——出厂检验结果与上次型式检验有较大差异时；

——国家质量监督机构提出型式检验要求时。

6 标识、包装、运输和贮存

6.1 标识

制造商的商标标记和图纸规定的其他说明应模压在每个护罩上。

6.2 包装

护罩包装应满足用户规定的要求。

6.3 运输和贮存

应按GB/T 5721的有关规定进行，护罩的贮存期为两年。

ICS 83.060
G 40

中华人民共和国国家标准

GB/T 29616—2013

热塑性弹性体　多环芳烃的测定 气相色谱-质谱法

Thermoplastic elastomer—Determination of polycyclic aromatic hydrocarbons—Gas chromatography-mass spectrometry

2013-07-19 发布　　　　2013-12-01 实施

中华人民共和国国家质量监督检验检疫总局
中国国家标准化管理委员会　发布

前　言

本标准按照 GB/T 1.1—2009 给出的规则起草。

本标准由中国石油和化学工业联合会提出。

本标准由全国橡胶与橡胶制品标准化技术委员会(SAC/TC 35)归口。

本标准主要起草单位:浙江三博聚合物有限公司、中华人民共和国宁波出入境检验检疫局、嵊州市产品质量监督检验所。

本标准参加起草单位:宁波市石油化工行业协会。

本标准主要起草人:冯震、郑琳、吴小华、陈海婷、陈建国、周谢东、周赞斌、徐青。

热塑性弹性体　多环芳烃的测定
气相色谱-质谱法

警告:使用本标准的人员应有正规实验室工作的实践经验,本标准并未指出所有可能的安全问题。使用者有责任采取适当的安全和健康措施,并保证符合国家有关法规规定的条件。

1　范围

本标准规定了采用气相色谱-质谱联用仪(GC/MS)测定热塑性弹性体及其制品中多环芳烃的方法。

本标准适用于热塑性弹性体及其制品中多环芳烃的测定,各多环芳烃的检出限为0.2 mg/kg。

2　规范性引用文件

下列文件对于本文件的应用是必不可少的。凡是注日期的引用文件,仅注日期的版本适用于本文件。凡是不注日期的引用文件,其最新版本(包括所有的修改单)适用于本文件。

GB/T 6682　分析实验室用水规格和试验方法

GB/T 8170　数值修约规则与极限数值的表示和判定

GB/T 14838　橡胶与橡胶制品　试验方法标准精密度的确定

3　原理

用甲苯作为萃取剂经超声提取、净化、浓缩或稀释定容后采用气相色谱-质谱联用仪进行分析,内标法定量。

4　试剂和材料

除非另有说明,分析中仅使用分析纯的试剂和符合GB/T 6682中规定的二级水。

4.1　甲苯:色谱纯。

4.2　环己烷:色谱纯。

4.3　二甲亚砜:用环己烷(4.2)饱和。

4.4　氯化钠。

4.5　4%的氯化钠溶液:4 g氯化钠(4.4)溶于100 mL水中。

4.6　内标物1:萘-d8 (naphthalene-d8),纯度≥99%。

4.7　内标物2:芘-d10 (pyrene-d10)或蒽-d10 (anthracene-d10)或菲-d10(phenanthrene-d10),纯度≥99%。

4.8　内标物3:苯并[a]芘-d12 [benzo(a)pyrene-d12]或二萘嵌苯-d12(perylene-d12)或三苯基苯(triphenylbenzene),纯度≥99%。

4.9　16种多环芳烃标准品:纯度≥96%,参见附录A,或含16种多环芳烃的有证混合标准溶液。

4.10　内标工作溶液(20 μg/mL):分别称取适量内标物1(4.6)、内标物2(4.7)、内标物3(4.8),用甲苯(4.1)溶解并稀释,配制成三种内标物浓度均为20 μg/mL的内标工作溶液。

4.11 多环芳烃混合标准溶液：将多环芳烃标准品或标准溶液(4.9)用环己烷配制成一组含16种多环芳烃浓度范围为2.5 μg/L～250 μg/L的混合标准溶液系列，加入合适体积的内标工作溶液(4.10)使得每个标准溶液中三种内标物浓度为100 μg/L，溶液密封置于4 ℃冰箱中保存。

5 仪器和设备

5.1 气相色谱-质谱联用仪。

5.2 超声波水浴，功率至少为200 W，且在不放入筐子时单位面积功率达到0.28 W/cm^2，带有调温器。

5.3 分析天平，0.1 mg。

5.4 旋转蒸发仪。

5.5 25 mL或50 mL具塞锥形瓶。

5.6 分液漏斗，250 mL。

6 样品的制备、萃取及净化

从材料上选取有代表性的样品，用剪刀、斜口钳或尖嘴钳等将样品剪成最大尺寸为2 mm～3 mm的颗粒。

称取约0.25 g剪碎后的样品与10 mL甲苯(4.1)置于具塞锥形瓶(5.5)内混匀，加入内标工作溶液(4.10)50 μL，将该容器放置于超声波水浴中，不用筐，亦不悬挂。在恒温60 ℃下萃取1 h。取出冷却至室温并做短暂摇动。

在加热温度不大于40 ℃时，采用旋转蒸发仪将萃取液(物)浓缩至大约1 mL，加入10 mL环己烷(4.2)溶解样品(必要时超声溶解)，将溶解后的样品转移至已加入8 mL二甲亚砜(4.3)的分液漏斗中，剧烈摇动约1 min，离心或静置分层后，将下层二甲亚砜相转移至另一分液漏斗中。残液再用8 mL二甲亚砜重复提取一次，合并萃取液，弃去环己烷层。

向二甲亚砜萃取液中加入5 mL环己烷(4.2)和80 mL氯化钠溶液(4.5)，剧烈摇动2 min，静置分层。将下层水相放入另一分液漏斗中，再用5 mL环己烷重复提取一次，合并萃取液，弃去水相。将萃取液连续用5 mL70 ℃的氯化钠溶液(4.5)洗涤2次，弃去水层。合并环己烷层，供测试。

注：二甲亚砜熔点为18 ℃，请在室温大于20 ℃下操作。

7 气相色谱-质谱联用仪条件

7.1 色谱柱：30 m×0.25 mm(内径)×0.10 μm(膜厚)，DB-5MS石英毛细管柱或相当者。

7.2 程序升温：初始温度50 ℃，保持1 min，以25 ℃/min的速度升至200 ℃，再以8 ℃/min的速度升至300 ℃，保持5 min。

7.3 进样口温度：280 ℃。

7.4 色谱-质谱接口温度：250 ℃。

7.5 四极杆温度：150 ℃。

7.6 离子源温度：230 ℃。

7.7 载气：氦气，纯度≥99.999％，1.0 mL/min。

7.8 电离方式：EI。

7.9 电离能量：70 eV。

7.10 质量扫描范围：m/z＝50～450。

7.11 测定方式:选择离子监测方式。

7.12 进样方式:不分流进样。

7.13 进样量:1.0 μL。

8 气相色谱-质谱联用仪的测定

8.1 定性分析

按第7章的分析条件设定仪器参数,将多环芳烃的混合标准溶液(4.11)注入气相色谱-质谱联用仪(5.1)中进行测试,对照标准谱图,确定试样中各多环芳烃的保留时间。再将样液注入气相色谱仪中进行测试,与标准样品谱图进行比较,根据色谱峰的保留时间和多环芳烃定性离子的丰度比(参见附录A)进行定性分析。16种多环芳烃的气相色谱-质谱选择离子检测色谱图参见附录B。

8.2 定量测定

按第7章规定的气相色谱分析条件,分别对加内标物的标准溶液和样液进行测试,得出内标物峰面积 A_{is} 和各个多环芳烃的峰面积 A_{ci}。按照式(1)和式(2)计算溶液中各多环芳烃的浓度。样品萃取液中内标物及各多环芳烃组分的响应值均应在标准曲线的线性范围内,当测试液中被检测组分浓度超出范围时,用环己烷稀释或浓缩后再进行测试。

8.3 空白试验

随同样品进行空白试验。

9 结果计算

9.1 校正因子

按式(1)计算校正因子:

$$R_i = \frac{A_{is} \times m_{ci}}{A_{ci} \times m_{is}} \quad \cdots\cdots(1)$$

式中:

R_i ——多环芳烃对各自内标物的校正因子;

A_{is} ——相应内标物的峰面积;

m_{ci} ——标准溶液中各多环芳烃 i 的质量,单位为毫克(mg);

A_{ci} ——标准溶液中各多环芳烃 i 的峰面积;

m_{is} ——标准溶液中相应内标物的质量,单位为毫克(mg)。

9.2 多环芳烃的含量

样品中多环芳烃的含量按式(2)计算:

$$X_i = \frac{R_i \times (A_i - A_0) \times m_{is}}{m \times A_{is}} \times 1\,000 \quad \cdots\cdots(2)$$

式中:

X_i——试样中各多环芳烃的含量,单位为毫克每千克(mg/kg);

A_i——样液中各多环芳烃的峰面积;

A_0——空白液中各多环芳烃的峰面积;

m_{is}——测试液中相应内标物的质量,单位为毫克(mg);

R_i——多环芳烃对各自内标物的校正因子；
m ——试样的质量，单位为克（g）；
A_{is}——测试液中相应内标物的峰面积。

9.3 结果表示

计算数据按 GB/T 8170 修约，结果表示至小数点后一位。

10 精密度

本标准的重复性和再现性基于 GB/T 14838 确定，精密度结果参见附录 C，使用指南参见附录 D。

11 试验报告

试验报告至少应给出以下几个方面的内容：

a） 本标准编号；
b） 识别测试样品所需的全部资料；
c） 试验结果；
d） 与规定的分析步骤的差异；
e） 在试验中观察到的异常现象；
f） 试验日期。

附 录 A
（资料性附录）
多环芳烃的相对分子质量、特征离子以及内标的选择

多环芳烃的相对分子质量、特征离子以及内标的选择参见表 A.1。

表 A.1 多环芳烃的相对分子质量、特征离子以及内标的选择

序号	中英文名称	CAS No.	相对分子质量	特征离子(*m*/*z*)		内标
				定性离子	定量离子	
1	萘 naphthalene	91-20-3	128	129,128,127	128	萘-d8
2	苊烯 acenaphthylene	208-96-8	152	153,152,151	152	芘-d10或蒽-d10或菲-d10
3	苊 acenaphthene	83-32-9	154	154,153,152	153	
4	芴 fluorene	86-73-7	166	167,166,165	165	
5	菲 phenanthrene	85-01-8	178	179,178,176	178	
6	蒽 anthracene	120-12-7	178	179,178,176	178	
7	荧蒽 fluoranthene	206-44-0	202	203,202,101	202	
8	芘 pyrene	129-00-0	202	203,202,101	202	
9	苯并[a]蒽 benzo[a]anthracene	56-55-3	228	229,228,226	228	
10	䓛chrysene	218-01-9	228	229,228,226	228	
11	苯并[b]荧蒽 benzo[b]fluoranthene	205-99-2	252	253,252,126	252	苯并[a]芘-d12或二萘嵌苯-d12或三苯基苯
12	苯并[k]荧蒽 benzo[k]fluoranthene	207-08-9	252	253,252,126	252	
13	苯并[a]芘 benzo[a]pyrene	50-32-8	252	253,252,126	252	
14	茚并[1,2,3-cd]芘 indeno[1,2,3-cd]pyrene	193-39-5	276	277,276,138	276	
15	二苯并[a,h]蒽 dibenzo[a,h]anthracene	53-70-3	278	279,278,139	278	
16	苯并[g,h,i]苝(二萘嵌苯) benzo[g,h,i]perylene	191-24-2	276	277,276,138	276	

附　录　B
（资料性附录）
16 种多环芳烃和内标物的气相色谱-质谱选择离子色谱图

16 种多环芳烃和内标物的气相色谱-质谱选择离子色谱图参见图 B.1。

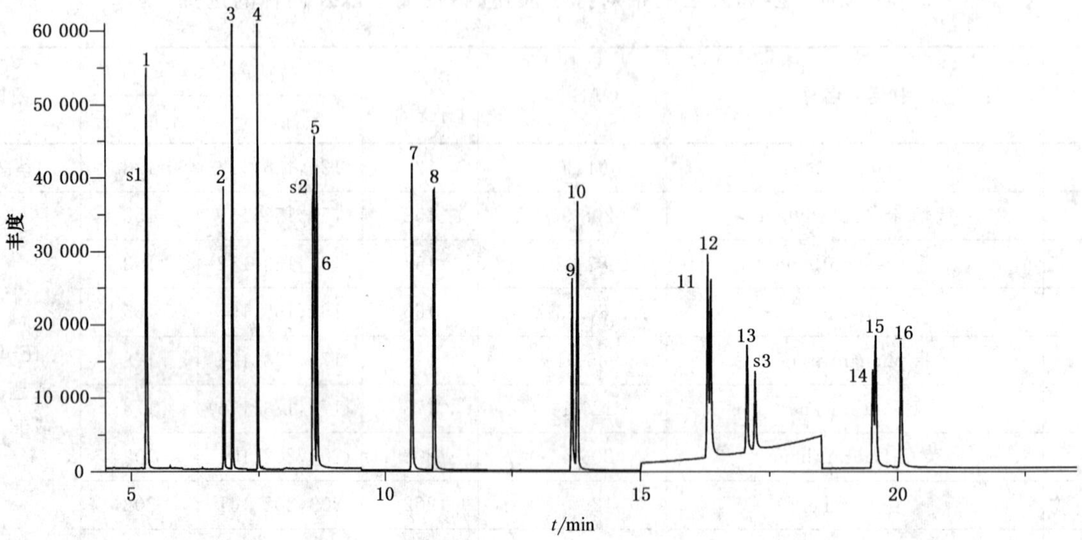

说明：

s1——萘-d8　naphthalene-d8；
1——萘　naphthalene；
2——苊烯　acenaphthylene；
3——苊　acenaphthene；
4——芴　fluorene；
s2——菲-d10　phenanthrene-d10；
5——菲　phenanthrene；
6——蒽　anthracene；
7——荧蒽　fluoranthene；
8——芘　pyrene；
9——苯并[α]蒽　benzo[a]anthracene；
10——䓛　chrysene；
11——苯并[b]荧蒽　benzo[b]fluoranthene；
12——苯并[k]荧蒽　benzo[k]fluoranthene；
13——苯并[α]芘　benzo[a]pyrene；
s3——二萘嵌苯-d12　perylene-d12；
14——茚并[1,2,3-cd]芘　indeno[1,2,3-cd]pyrene；
15——二苯并[α,h]蒽　dibenzo[a,h]anthracene；
16——苯并[g,h,i]苝(二萘嵌苯)　benzo[g,h,i]perylene。

图 B.1　16 种多环芳烃和内标物的气相色谱-质谱选择离子监测色谱图

附 录 C
（资料性附录）
精 密 度

C.1 试验计划说明

实验室内试验计划如下：

采用样品加标的方式进行多环芳烃的精密度试验，对 SEBS(氢化苯乙烯-丁二烯-苯乙烯嵌段共聚物)、TPO(2,4,6-三甲基苯甲酰基-二苯基氧化膦)、TPU(热塑性聚氨酯弹性体)和 SBS(苯乙烯-丁二烯-苯乙烯嵌段共聚物)材质的热塑性弹性体分别添加 2 μg 和 20 μg 的多环芳烃，进行超声萃取，净化，内标法定量。每个水平测定 5 次。

实验室间试验计划如下：

制备添加了 16 种多环芳烃的不同浓度水平的热塑性阳性样品——TPE-S(2)、TPE-S(20)、TPE-S(100)，4 个实验室参与该计划，每水平测定 3 次。

将完全制备好的样品送到每个实验室。

两个试验计划均以 1 型精密度进行评价。

C.2 精密度结果

精密度的计算结果列于表 C.1、表 C.2。表 C.1 列出实验室内试验计划的结果，表 C.2 给出实验室间试验计划的结果。

表 C.1、表 C.2 中所使用的符号定义如下：

r ——重复性，单位为微克(μg)；

(r) ——重复性(相对的)，%；

R ——再现性，单位为微克(μg)；

(R) ——再现性(相对的)，%。

表 C.1 精密度(重复性)结果(实验室内试验计划)

化合物名称	添加水平/μg	SEBS			TPO			TPU			SBS		
		平均值/μg	r/μg	(r)/%	平均值/μg	r/μg	(r)/%	平均值/μg	r/μg	(r)/%	平均值/μg	r/μg	(r)/%
萘	20	20.48	0.26	1.3	19.8	2.39	12.1	19.1	0.80	4.2	18.2	1.19	6.6
	2	2.33	0.03	1.1	2.0	0.31	15.5	1.9	1.49	78.7	2.2	0.15	6.8
苊烯	20	19.92	1.11	5.6	18.4	2.48	13.5	18.6	1.11	6.0	18.0	1.37	7.6
	2	2.27	0.31	13.6	1.8	0.13	6.9	1.9	0.13	6.7	1.9	0.13	6.7
苊	20	15.74	1.41	9.0	13.9	2.25	16.2	14.5	0.71	4.9	14.7	1.15	7.9
	2	1.68	0.33	19.5	1.7	0.25	15.3	1.6	0.00	0.0	1.7	0.31	18.3
芴	20	18.68	1.23	6.6	17.1	3.13	18.3	17.1	0.56	3.3	17.4	0.40	2.3
	2	1.92	0.16	8.3	1.9	0.25	12.9	1.9	0.15	8.2	2.0	0.23	11.8

表 C.1（续）

化合物名称	添加水平/μg	SEBS 平均值/μg	SEBS r/μg	SEBS (r)/%	TPO 平均值/μg	TPO r/μg	TPO (r)/%	TPU 平均值/μg	TPU r/μg	TPU (r)/%	SBS 平均值/μg	SBS r/μg	SBS (r)/%
菲	20	21.82	1.21	5.5	20.9	5.91	28.3	19.3	1.57	8.1	18.7	1.37	7.3
	2	2.11	0.41	19.4	2.3	0.23	10.3	2.1	0.15	7.1	2.2	0.20	9.0
蒽	20	20.08	1.16	5.8	18.7	2.65	14.2	18.6	1.02	5.5	18.1	0.64	3.6
	2	2.03	0.19	9.1	1.9	0.15	8.2	1.9	0.20	10.4	1.8	0.15	8.3
荧蒽	20	21.61	0.41	1.9	21.0	3.50	16.7	19.7	1.29	6.6	19.3	1.13	5.8
	2	2.34	0.06	2.8	2.1	0.15	7.5	2.1	0.13	5.9	2.0	0.15	7.8
芘	20	21.67	0.66	3.0	20.6	4.14	20.1	19.3	1.37	7.1	18.9	1.07	5.7
	2	2.26	0.06	2.6	2.0	0.15	7.4	2.0	0.13	6.2	1.9	0.20	10.4
苯并[a]蒽	20	23.07	3.54	15.3	22.9	4.87	21.3	21.5	2.06	9.6	20.9	1.47	7.0
	2	2.35	0.63	26.9	2.3	0.15	6.5	2.3	0.13	5.5	2.1	0.20	9.4
䓛	20	22.12	2.70	12.2	22.7	4.91	21.6	21.0	1.27	6.1	20.2	1.04	5.1
	2	2.28	0.51	22.3	2.3	0.23	10.3	2.3	0.23	10.3	2.1	0.15	7.5
苯并[b]荧蒽	20	19.98	1.42	7.1	19.4	3.09	15.9	19.3	1.72	8.9	21.2	2.11	9.9
	2	2.18	0.23	10.7	1.9	0.23	12.2	1.9	0.40	20.8	1.8	0.15	8.2
苯并[k]荧蒽	20	18.60	1.98	10.7	19.1	4.19	22.0	19.3	1.41	7.3	17.4	1.37	7.9
	2	2.16	0.28	13.1	2.1	0.40	18.9	2.0	0.58	29.6	2.2	0.32	14.3
苯并[a]芘	20	20.15	1.07	5.3	19.2	2.50	13.0	19.4	0.20	1.0	18.9	0.51	2.7
	2	2.20	0.06	2.6	2.0	0.13	6.2	1.9	0.46	24.0	2.0	0.00	0.0
茚并[1,2,3-cd]芘	20	21.21	4.49	21.2	19.1	0.80	4.2	20.0	0.75	3.8	19.6	1.00	5.1
	2	2.03	0.48	23.6	2.0	0.31	15.2	2.0	0.38	18.4	2.1	0.15	7.4
二苯并[a,h]蒽	20	21.52	4.84	22.5	19.3	0.78	4.0	20.0	0.72	3.6	19.8	1.08	5.5
	2	2.05	0.57	27.9	2.0	0.37	18.1	2.1	0.46	22.1	2.1	0.13	5.9
苯并[g,h,i]苝(二萘嵌苯)	20	21.29	4.47	21.0	19.1	0.80	4.2	20.0	0.89	4.4	19.4	1.03	5.3
	2	2.02	0.51	25.3	2.0	0.28	14.0	2.0	0.52	26.2	2.1	0.15	7.5

注：萘具有特殊性，基于萘与其他15种多环芳烃相比，具有相对较强的挥发性，它在与皮肤接触类产品中是一种难以评估的物质。萘的测试结果往往只反映测试样品在测定时的一个短暂的状态。可以找到测试机构在测试过程中萘的损失及二次污染的经验。

表 C.2 精密度(再现性)结果(实验室间试验计划)

化合物名称	TPE-S(2)			TPE-S(20)			TPE-S(100)		
	平均值/μg	R/μg	(R)/%	平均值/μg	R/μg	(R)/%	平均值/μg	R/μg	(R)/%
萘	2.41	0.25	10.4	15.4	2.02	13.1	84.5	3.88	4.6
苊烯	1.88	0.35	18.6	14.7	2.38	16.1	83.9	10.69	12.7
苊	1.75	0.44	25.0	13.2	2.29	17.4	72.6	10.26	14.1
芴	2.12	0.22	1.9	15.4	2.56	16.7	85.2	8.73	10.3
菲	2.55	0.69	27.2	18.2	1.40	7.7	94.9	1.80	1.9
蒽	2.23	0.26	11.6	17.8	3.34	18.8	90.6	3.20	3.5
荧蒽	2.46	0.23	9.2	19.8	2.65	13.4	97.8	5.04	5.1
芘	2.59	0.26	10.2	20.4	3.46	17.0	101.1	3.69	3.6
苯并[a]蒽	2.45	0.86	35.2	19.4	1.89	9.8	99.2	8.08	8.1
䓛	2.73	0.10	3.7	21.4	3.92	18.3	104.7	10.72	10.2
苯并[b]荧蒽	2.01	0.40	20.0	18.0	3.32	18.4	91.6	4.25	4.6
苯并[k]荧蒽	2.23	0.77	34.7	18.1	5.64	31.3	87.2	13.9	15.9
苯并[a]芘	2.37	0.64	27.0	19.8	5.01	25.3	98.7	9.73	9.9
茚并[1,2,3-cd]芘	2.23	0.55	24.8	18.0	4.99	27.7	91.0	3.07	3.4
二苯并[a,h]蒽	2.42	0.35	14.5	18.16	5.47	30.1	91.5	1.68	1.8
苯并[g,h,i]苝(二萘嵌苯)	2.34	0.45	19.2	18.12	4.94	27.3	92.58	1.09	1.2

注：萘具有特殊性，基于萘与其他15种多环芳烃相比，具有相对较强的挥发性，它在与皮肤接触类产品中是一种难以评估的物质。萘的测试结果往往只反映测试样品在测定时的一个短暂的状态。可以找到测试机构在测试过程中萘的损失及二次污染的经验。

附 录 D
（资料性附录）
精密度结果使用指南

D.1 使用精密度结果的一般程序如下，用符号$|\chi_1-\chi_2|$表示任何两次测量值的正差。

D.2 在相应的精密度表中（无论所考虑的是什么试验参数），查得与所测参数的平均值接近的平均值，该平均值所对应的r、(r)、R或(R)可用于判定精密度。

D.3 下列一般重复性陈述和相应的r和(r)值可用于判定精密度。

D.3.1 绝对差：在正常和正确操作的试验程序下，用标牌相同材料的样品得到的两个试验平均值的差$|\chi_1-\chi_2|$，平均每20次中不得多于一次超过表列重复性r。

D.3.2 两个试验平均值间的百分数差：在正常和正确的试验程序下，用标牌相同材料的样品得到两个试验值间的百分数偏差$[|\chi_1-\chi_2|/(\chi_1+\chi_2)/2]\times 100$，平均每20次中不得多于一次超过表列重复性$(r)$。

D.4 下列一般再现性陈述和相应R和(R)值可用于判定精密度。

D.4.1 绝对差：在两个实验室用正常和正确操作的试验程序，用标牌相同材料的样品得到的两个独立测量的试验平均值间绝对差$|\chi_1-\chi_2|$，平均每20次中不得多于一次超过表列再现性R。

D.4.2 两个试验平均值间的百分数差：在两个实验室用正常和正确的试验程序，用标牌相同材料的样品得到两个独立测量的试验平均值的百分数偏差$[|\chi_1-\chi_2|/(\chi_1+\chi_2)/2]\times 100$，平均每20次中不得多于一次超过表列再现性$(R)$。

ICS 75.080
E 30

中华人民共和国国家标准

GB/T 29617—2013

数字密度计测试液体密度、相对密度和API比重的试验方法

Determination of density, relative density, and API gravity of liquids by digital density meter

2013-07-19 发布　　2013-12-15 实施

中华人民共和国国家质量监督检验检疫总局
中国国家标准化管理委员会　发布

前　言

本标准按照 GB/T 1.1—2009 给出的规则起草。

本标准修改采用美国试验与材料协会标准 ASTM D4052-09《数字式密度计测定液体密度和相对密度以及 API 比重的标准试验方法》制定。

为了适合我国国情，本标准在采用 ASTM D4052-09 时进行了修改。本标准与 ASTM D4052-09 在技术内容上主要有以下差异：

——规范性引用文件中引用我国相应的国家标准及行业标准。

——重复性和再现性文字按照我国的习惯进行表述。

——增加了 API 比重术语和意义相关内容。

——测试步骤中取消对手动进样及自动进样分单次和两次平行测定的区别，统一为两次平行测定，并删除了单次测定相关内容。

本标准由全国质量监管重点产品检验方法标准化技术委员会(SAC/TC 374)提出并归口。

本标准负责起草单位：深圳市计量质量检测研究院、中检华纳(北京)质量技术中心有限公司。

本标准主要起草人：李思源、赵彦、黄开胜、杨万颖、周永生、陈泽虹、徐董育、黄伟林、季明、张世元、陈彦贞。

数字密度计测试液体密度、相对密度和API比重的试验方法

1 范围

1.1 本标准规定了在测试温度下成均相液体的石油馏分及黏性油的密度、相对密度以及API比重的试验方法。

1.2 本标准适用于在测试温度下，蒸气压低于100 kPa，运动黏度不大于15 000 mm^2/s液体样品。对于蒸气压大于100 kPa的情况，如果确定U型振荡管中没有气泡存在(气泡的存在将影响测试结果)也可进行试验。本标准适用的产品包括但不限于：汽油、柴油、喷气飞机燃料、基础油、蜡和润滑油等。

1.3 本标准所讨论的精密度是在15 ℃下获得，蜡在15 ℃下呈固态，因此本标准所讨论的精密度不适用于蜡的密度测试结果。对于蜡的检测，仪器宜配置一个高温控制装置，确保样品注入试样管时为液态。在使用高温控制装置时，应咨询仪器制造商以得到适当的操作和安全指导。

1.4 本标准不适用于无法确定是否存在气泡的深色液体样品。

1.5 本标准采用国际单位制，特殊说明的情况除外。

1.6 本标准并未对所有的安全事项进行阐述，标准中有注明的，请遵照执行。用户在使用本标准之前，应建立适当的安全和防护措施并制定相应的制度。

2 规范性引用文件

下列文件对于本文件的应用是必不可少的。凡是注日期的引用文件，仅注日期的版本适用于本文件。凡是不注日期的引用文件，其最新版本(包括所有的修改单)适用于本文件。

GB/T 1885 石油计量表 (GB/T 1885—1998，eqv ISO 91-2:1991)

GB/T 4756 石油液体手工取样法(GB/T 4756—1998，eqv ISO 3170:1988)

GB/T 6682 分析实验室用水规格和试验方法(GB/T 6682—2008，ISO 3696—1987，MOD)

SY/T 5317 石油液体管线自动取样法

ASTM D 287 原油和石油产品API比重的标准试验方法(液体比重计法)[Standard Test Method for API Gravity of Crude Petroleum and Petroleum Products(Hydrometer method)]

ASTM D 1250 石油计量表(Standard Guide for Use of the Petroleum Measurement Tables)

3 定义

下列术语和定义适用于本文件。

3.1

密度 density

在规定温度下，单位体积内所含物质的质量数，以 g/cm^3、g/mL 或者 kg/m^3 表示。

3.2

相对密度 relative density

物质在给定温度下的密度与给定温度下标准物质的密度之比值。

3.3

API 比重　API gravity

美国石油协会用来表示油品比重的一种约定尺度。相应温度下的相对密度(比重)的特定函数,其关系式为:

$$^{\circ}\mathrm{API}=\frac{141.15}{\rho_{SG}}-131.5 \quad \cdots\cdots(1)$$

式中:

ρ_{SG}——指 15.56 ℃下样品相对于 15.56 ℃下水的相对密度。

3.4

调试　adjustment

通过设置和调整密度计的参数,使密度计达到适合操作的过程。

注:对某些新的、商品化的数字密度计来说,要进行调试,而不仅仅是校准。调试过程使用干燥的空气和刚煮沸并冷却的二次蒸馏水作为标准物质,以建立操作温度范围下的测试线性关系。

3.5

校准　calibration

在规定条件下,为确定测量仪器或测量系统所指示的量值,或实物量具或参考物质所代表的量值,与对应的由标准所复现的量值之间关系的一组操作。

4 方法提要

利用手动或自动进样设备,将少量液体样品(大约 1 mL～2 mL)注入振荡管中。由于振荡管的质量改变导致管的振荡频率(或周期)也会改变。利用频率以及事先校准数据就可测试样品的密度、相对密度或 API 比重。

5 意义和用途

5.1 密度是物质的基本物理性质,对石油和石油产品而言,它可以结合其他性质一起来表征石油和石油产品的轻重组分。

5.2 测试石油和石油产品密度、相对密度和 API 比重,对将其在测试温度下的体积转换为某些特定温度(如 20 ℃或 15 ℃)下的体积是十分必要的。

5.3 API 比重是表征石油产品质量的一个重要指标,它结合其他性质能了解烃类的近似组分及其热值。

6 仪器

6.1 数字密度计:由 U 型振荡管、电子激发系统、频率计数器和显示器等构成的数字密度分析仪器。数字密度计在测试时应能准确地调节样品的温度或者能按 6.2 所述控制样品温度,且应达到本标准所规定的精度要求。

6.2 循环恒温浴(可选设备):能使循环液体的温度保持在要求温度±0.05 ℃的范围内,温度控制单元可作为数字密度计的一部分。

6.3 注射器:用于手动进样,容量不少于 2 mL,有尖端或者适配尖端,与振荡管的开口端相匹配。对于溶解性能很强的样品宜使用玻璃注射器,不宜使用医用一次性注射器。

6.4 流通器(或称压力适配器):通过泵、压力或者真空装置,使样品导入 U 型振荡管(可选设备)。

注：对于容易引起轻组分损失的样品不宜采用真空取样，因为易形成气泡。使用流通器方法取样时，建议为样品容器配置特殊的盖子或阀门，防止来自压力泵的空气取代部分测试样品进入U型振荡管。

6.5 自动进样器：用于自动进样分析的装置。自动进样器的设计应确保测试前及测试过程中样品的完整性，并且使进入数字密度计的样品具有代表性。

6.6 温度传感器：温度测试准确度能达到±0.05 ℃，如果使用液体玻璃温度计作为温度传感器，至少应该精确校准至0.1 ℃分度，并配备与仪器连接的温度传感器座，用于设置测试温度和监测温度变化情况。校准温度计的时候，冰点和连接孔应该精确到0.05 ℃。对于非水银温度计，温度传感器应该每年至少用经认证的和可溯源的标准校准一次。

6.7 超声波浴：不带加热（可选），具有合适的尺寸以容纳装样的容器，主要用于分析黏性样品前去除样品中夹带的气泡。

7 试剂和材料

除非另有规定，本方法使用的试剂均为分析纯，允许使用其他更高纯度的试剂。

7.1 水

应符合GB/T 6682的二级或更高等级要求。经二次蒸馏，使用前煮沸除去溶解的空气并冷却的新鲜水可作为校准的标准物质。

7.2 清洗溶剂

例如，石脑油（注意：易燃品），或者其他能彻底地清洗、去除U型振荡管里样品的溶剂，对仪器应无腐蚀。

7.3 丙酮（注意：易燃品）

用于清洗和干燥U型振荡管。

7.4 干燥的空气

用于吹扫干燥试样管和作为校准的标准物质。

8 取样

8.1 取样：是指从管路、罐或其他任何系统中获取有代表性的部分样品，并转入实验室检测容器中的过程。容器体积和样品量应满足能取得代表性样品的要求。

8.2 实验室样品：指按GB/T 4756或SY/T 5317要求取样得到的代表性样品。

8.3 测试样品：指取自实验室样品，用于注入密度计试样管的小部分样品。获得测试样品的步骤见8.4和8.5。

8.4 为得到均匀的样品，需对样品进行混合，但要注意避免产生气泡，样品混合时应按照GB/T 4756和SY/T 5317要求进行。室温下在敞口的容器中混合样品容易导致一些样品的挥发性组分损失（例如，汽油），因此，对于这些易损失挥发组分的样品，应在密闭的耐压容器中或者低温下进行混合。对于黏性润滑油这些容易携带气泡的样品，在不加热的情况下进行超声波振荡10 min能有效去除样品中的气泡（见6.7）。

8.5 可使用合适的注射器从混合好的实验室样品中吸取测试样品。如果密度计附带了合适的吸样部件和连接管等附件（或自动进样装置），则可将混合样品容器中的样品直接导入密度计的U型振荡管中。

9 仪器准备

调整恒温浴或内部温度控制器达到测试要求的温度，并使密度计U型振荡管保持在设定温度。在与测试样品密度或相对密度相同的温度下进行仪器校准，或在分析样品前按3.4进行仪器调试。

注：精确的设置和控制试样管中的测试温度极其重要，以mg/L为单位时，0.1 ℃的温度偏差将导致密度结果小数点后第四位的变化。

10 仪器校准

10.1 仪器首次安装、改变测试温度(仪器能自动调试除外)，或者质量控制样品结果异常时，应对仪器进行校准。

10.2 当对仪器进行校准时，应根据试样管里分别充满空气和水(见7.1)时得到的振动周期计算常数A和常数B。其他，如正壬烷、正十三烷、环己烷和正十六烷(用于高温)等标准物质，只要有证和可溯源至国家标准也可使用。

注：某些新推出的仪器具有全量程自动黏度修正功能，此功能可以最大程度地消除密度测试过程中由样品黏度引起的潜在偏差。

10.2.1 当测试振动周期T时，先用清洗剂，后用丙酮，再用干燥空气干燥样品管。污染或潮湿的空气将影响校准结果，因此，当存在这种情况时，应将用于校准的空气预先通过适当的净化和干燥装置。同时，应将U型管的进、出口端相互连接密闭以防止潮湿空气进入。

10.2.2 当U型管内的干燥空气在测试温度下达到热平衡时，记录此时空气的振动周期T_a值。

10.2.3 使用适当的注射器或按6.4～6.5所述装置，吸取少量(大约1 mL～2 mL)水(见7.1)注入到试样管中。测试管中的水应均匀、不存在气泡。当读数稳定，记录水的振动周期T_w值。

10.2.4 根据式(2)计算测试温度下空气密度：

$$d_a = 0.001\,293 \times \frac{273.15}{t} \times \frac{p}{101.3} \quad \cdots\cdots\cdots\cdots(2)$$

式中：

d_a ——测试温度下的空气密度，单位为克每毫升(g/mL)；

t ——测试温度，单位为开尔文(K)；

p ——大气压，单位为千帕(kPa)。

10.2.5 从表1中查得该测试温度下水的密度。

10.2.6 利用观察到空气和水的振动周期值、空气和水的密度值，通过公式(3)、公式(4)计算常数A和B：

$$A = \frac{T_w^2 - T_a^2}{d_w - d_a} \quad \cdots\cdots\cdots\cdots(3)$$

$$B = T_a^2 - (A \times d_a) \quad \cdots\cdots\cdots\cdots(4)$$

式中：

T_w ——试样管内为水时观测的振动周期，单位为秒(s)；

T_a ——试样管内为空气时观测的振动周期，单位为秒(s)；

d_w ——测试温度下水的密度，单位为克每毫升(g/mL)；

d_a ——测试温度下空气的密度，单位为克每毫升(g/mL)。

如果使用其他校准液体，则使用相应的振动周期T值和d值。

表 1 水的密度

温度/℃	密度/(g/mL)	温度/℃	密度/(g/mL)	温度/℃	密度/(g/mL)
0.0	0.999 840	21.0	0.997 991	40.0	0.992 212
3.0	0.999 964	22.0	0.997 769	45.0	0.990 208
4.0	0.999 972	23.0	0.997 537	50.0	0.988 030
5.0	0.999 964	24.0	0.997 295	55.0	0.985 688
10.0	0.999 699	25.0	0.997 043	60.0	0.983 191
15.0	0.999 099	26.0	0.996 782	65.0	0.980 546
15.56	0.999 012	27.0	0.996 511	70.0	0.977 759
16.0	0.998 943	28.0	0.996 231	75.0	0.974 837
17.0	0.998 774	29.0	0.995 943	80.0	0.971 785
18.0	0.998 595	30.0	0.995 645	85.0	0.968 606
19.0	0.998 404	35.0	0.994 029	90.0	0.965 305
20.0	0.998 203	37.78	0.993 042	100	0.958 345
注：本表为 1990 年的国际温标(ITS90)的密度，引自伦敦石油协会 1991 年石油及产品分析的标准方法附录 G。					

10.2.7 如果仪器具有从常数 A、B 和样品测量的振动周期 T 值自动计算密度的功能，则按照仪器生产商的说明输入常数到仪器中进行计算。

10.2.8 按 10.3 所述进行日常常规校准检查，必要时则进行调试。

10.2.9 按 10.2.1～10.2.7 的步骤校准相对密度，用 1.000 替代式(3)中的 d_w 进行计算。

10.3 根据需要每周对常数 A 值和 B 值进行检查并调试。通常因试样管中有日常洗涤无法去除的残留物时才需对仪器进行校准值。虽然这种情况能通过调整常数 A 值和 B 值进行弥补，但建议最好用强氧化性酸(警告——公认的致癌物，能引起严重灼伤) 彻底地清洗试样管后再进行调试。

10.3.1 按 10.2.1 所述清洗并干燥试样管，直到仪器达到稳定值。如果所显示的该温度下空气密度值不正确，则重复清洗程序，或者从最后一位数开始调整常数 B 值，直至仪器显示正确的空气密度值。

10.3.2 若在 10.3.1 中需要对常数 B 值进行调整，则按 10.2.3 所述在试样管中用水(见 7.1)重新进行校正，待仪器显示稳定读数。如果已标定仪器显示的密度值不正确，则从常数 A 值的小数点后最后一位开始调整，直至仪器显示该温度下正确的水的密度值；如果仪器显示的是相对密度值，则调整至显示值为 1.000 0。

注：在进行每周校正时，可能发现多于一组的 A 值和 B 值，它们第四位小数有区别，但是都能得到正确的空气和水的密度值。设置的选择取决于结果读数接近上界值还是下界值，通过该方法确定的设置将对样品结果的第四位数产生影响。

10.4 某些型号的密度计仅能显示振动周期 T 值，校准此类仪器需测试仪器常数 K 值，常数 K 值是通过密度或相对密度计算得到的。

10.4.1 按 10.2.1 所述清洗和干燥试样管，待仪器显示稳定的读数，记录空气的振动周期 T_a 值。

10.4.2 按 10.2.3 所述注入水(见 7.1)于试样管中，待仪器显示稳定的读数，记录水的振动周期 T_w 值。

10.4.3 利用测试的空气和水的振动周期 T 值，和由 10.2.4 和 10.2.5 得到的密度值，使用公式(5)计算仪器常数 K：

$$K_1 = \frac{d_w - d_a}{T_w^2 - T_a^2} \qquad \cdots\cdots(5)$$

$$K_2 = \frac{1.000\ 0 - d_a}{T_w^2 - T_a^2} \qquad \cdots\cdots(6)$$

式中：

K_1——密度测试时仪器常数；

K_2——相对密度测试时仪器常数；

T_w——试样管充满水时观测的振动周期，单位为秒(s)；

T_a——试样管充满空气时观测的振动周期，单位为秒(s)；

d_w——该测试温度下水的密度，单位为克每毫升(g/mL)；

d_a——该测试温度下空气的密度，单位为克每毫升(g/mL)。

11 质量控制检查

11.1 仪器使用期间，通过分析一个具有代表性的质控样品(QC样)，每周至少对仪器进行一次检查，只要对一个质控样品进行分析即可，采用控制图技术对测试结果进行分析，确保仪器数据处于可控状态。如果质控样品的分析结果超出实验室的控制限，表明需要对仪器进行校准或调试。实验室宜配备充足的质控样品以备使用，且在预期的储存条件下质控样品是均质稳定的。在质控检测之前，操作者宜确定质控样品(QC样)的平均水平和控制限。为确保质控样品数据的质量，应用本标准的精密度检查质控样品(QC样)的精密度。

11.2 尽管不是强制性的，但推荐定期测定有证的标准物质(如可追溯至国家标准)来验证测定的准确性，此有证的标准物质应有别于校准仪器时所用的标准物质。

12 试验步骤

12.1 手动进样

12.1.1 用合适的注射器或者按6.4所述的装置把少量样品(大约1 m～2 mL)注入密度计清洁干燥的U型振荡管中。

12.1.2 也可采用虹吸方式进样，将聚四氟乙烯毛细管接在试样管入口端，毛细管的另一端则浸入样品中，用注射器或真空管在试样管出口端吸气将样品吸进试样管中(见6.4注)。

12.1.3 打开照明灯仔细检查U型振荡管，确保U型振荡管中试样无气泡，且试样液面超过右边的悬挂点(对于具备自我检查气泡功能的仪器可以省略此步骤)。样品必须均匀无气泡，如果存在气泡必须重新进样，并再次检查是否存在气泡。

注：如果样品颜色太深以致不能确定气泡的存在时，则此试验结果不适用第15章所述的精密度评价。

12.1.4 对于大多数密度计而言，在注入样品并检查气泡后，宜立即关闭照明灯，因为照明灯产生的热量会影响测试温度。但是也有一些新型的密度计，不关闭照明灯对结果也不会产生影响。宜根据仪器指导书决定是打开还是关闭照明灯。

12.1.5 当仪器稳定地显示出四位数字的密度值、相对密度值、API比重和五位有效数字的振动周期T值时，表示已经达到温度平衡，这时可按需要记录密度值、相对密度值、API比重或者振动周期T值。

12.1.6 精密度评价采用两次平行手动进样取平均值的方式，即在一次进样后再重复12.1.1～12.1.5步骤。如果两次测试密度结果之差满足重复性要求，对两次测试结果取平均值，否则放弃这两次测试结果重新取样测试直到满足以上要求。平均结果满足精密度要求的测试数据才作为报告结果。

12.2 自动进样

12.2.1 使用自动进样器(见6.5)进样时应注意自动进样器一般都有适合的样品黏度范围，在利用自动进样器测试黏度较大的样品时，在测试前要按照仪器使用说明进行设定，以确保测试样品的完整性及代表性。

12.2.2 实验室用自动进样器对汽油、馏分油、基础油或者润滑油进行密度、相对密度及 API 比重平行测试时，两次结果之差也要满足重复性的要求，取满足该要求的两次测试数据的平均值作为报告结果。如果两次结果之差超出这个范围，则要放弃数据，重新取样测试，直到满足上述要求。如果始终达不到这个要求，实验室需进行核查，并采取适当的措施使测试结果满足要求后才可进行随后的分析。

12.2.3 用适当的方式记录测得的密度、相对密度或 API 比重，或三者中部分的组合。

13 计算

13.1 自动计算型密度计：可直接记录或打印测试结果。测试结果表示为密度或相对密度，密度的单位为 g/cm³、g/mL 或 kg/m³。

13.2 非自动计算型密度计：利用所测得样品的振动周期 T_s 值和水的振动周期 T_w 值，以及按 10.4.3 所述测试得到的仪器常数 K 值，按照公式(7)和(8)计算密度(单位为 g/cm³、g/mL 或 kg/m³)或相对密度。所有计算保留六位有效数字，测试结果修约至四位有效数字。

$$\text{密度}(t)=d_w+K_1\times(T_s^2-T_w^2) \quad \cdots\cdots(7)$$

$$\text{相对密度}(t/t)=1+K_2\times(T_s^2-T_w^2) \quad \cdots\cdots(8)$$

式中：

t ——测试温度，单位为摄氏度(℃)；

T_w——试样管充满水时观测的振动周期，单位为秒(s)；

T_s ——试样管充满样品时观测的振动周期，单位为秒(s)；

d_w ——测试温度下水的密度，单位为克每毫升(g/mL)；

K_1 ——密度计算时的仪器常数；

K_2 ——相对密度计算时的仪器常数。

13.3 如果将密度计的测试结果转化为另一温度下的密度、相对密度，可以使用 GB/T 1885 作为指导方法。

注：对于特定类型样品的分析，在用本方法得出密度、相对密度的结果，或两者组合基础上，使用 ASTM D 1250 中的适当的换算公式进行换算(忽略玻璃膨胀系数)。某些数字密度计能自动计算和报告样品的 API 比重结果。

14 报告结果

平行测试两次，取两次测试结果的平均值作为报告结果。

14.1 密度报告结果必须包含测试温度和单位。

示例：密度(20 ℃)=0.876 5 g/mL 或 876.5 kg/m³。

14.2 相对密度报告结果包含测试温度和参考温度，无单位。

示例：相对密度，(20 ℃/20 ℃)=0.876 5。

14.3 密度或相对密度的报告结果需保留四位有效数字。

14.4 API 比重的报告结果需精确到 0.1 °API。

14.5 当对测试结果存在争议时，应根据样品类型，选择 12.1.1 中所规定手动进样方式作为仲裁方法。

15 精密度

按下述规定判断试验结果的可靠性(95%的置信水平)。方法的精密度来自多个实验室 15 ℃下的测试结果，测试统计结果如下。

15.1 重复性 *r*

在同一实验室，由同一操作者使用同一仪器，按照相同的测试方法，对同一试样测试获得的两个试验结果之差不能超过表2中的数值。

表2 密度(g/mL)、相对密度和API比重

密度(g/mL)、相对密度		API比重	
范围	重复性	范围	重复性
0.71～0.78	0.000 31	51～66	0.063
0.80～0.88	0.000 11	29～45	0.022

15.2 再现性 *R*

在不同的实验室，由不同操作者使用不同的仪器，按照相同的测试方法，对同一试样测定的两个单一、独立的试验结果之差不能超过表3中的数值。

表3 密度(g/mL)、相对密度和API比重

密度(g/mL)、相对密度		API比重	
范围	再现性	范围	再现性
0.71～0.78	0.001 95～0.031 5 (D－0.75)	51～66	0.60＋0.037 (G－60)
0.80～0.88	0.000 50	29～45	0.128
注1：D为检测得到的密度或相对密度。 注2：G为检测得到的API比重。			

ICS 25.040
N 10

中华人民共和国国家标准

GB/T 29618.1—2013/IEC 62453-1:2009

现场设备工具(FDT)接口规范 第1部分:概述和导则

Field device tool (FDT) interface specification—Part 1:Overview and guidance

(IEC 62453-1:2009,IDT)

2013-07-19 发布　　2013-12-15 实施

中华人民共和国国家质量监督检验检疫总局
中国国家标准化管理委员会　发布

前　言

GB/T 29618《现场设备工具(FDT)接口规范》暂分为以下几个部分：

——第1部分:概述和导则；

——第2部分:概念和详细描述；

——第301部分:通信行规集成　FF现场总线规范；

——第302部分:通信行规集成　通用工业协议；

——第303-1部分:通信行规集成　PROFIBUS现场总线规范；

——第303-2部分:通信行规集成　PROFINET输入输出接口规范；

——第306部分:通信行规集成　INTERBUS现场总线规范；

——第309部分:通信行规集成　HART现场总线规范；

——第315部分:通信行规集成　MODBUS现场总线规范；

——第41部分:对象模型行规集成　通用对象模型；

——第501部分:通用对象模型的通信实现　FF现场总线规范；

——第502部分:通用对象模型的通信实现　通用工业协议；

——第503-1部分:通用对象模型的通信实现　PROFIBUS现场总线规范；

——第503-2部分:通用对象模型的通信实现　PROFINET输入输出接口规范；

——第506部分:通用对象模型的通信实现　INTERBUS现场总线规范；

——第509部分:通用对象模型的通信实现　HART现场总线规范；

——第515部分:通用对象模型的通信实现　MODBUS现场总线规范；

——第61部分:通用对象模型的设备类型管理器样式指南。

本部分为GB/T 29618的第1部分。

本部分按照GB/T 1.1—2009和GB/T 20000.2—2009给出的规则起草。

本部分使用翻译法等同采用IEC 62453-1:2009《现场设备工具(FDT)接口规范　第1部分:概述和导则》。

本部分做了下列编辑性修改：

a)　删除了IEC 62453-1:2009的前言,重新编写了本部分的前言；

b)　凡有"IEC 62453"的地方改为"GB/T 29618"；

c)　按照汉语习惯对一些编排格式进行了修改；

d)　将一些适用于国际标准的表述改为适用于我国标准的表述。

本部分由中国机械工业联合会提出。

本部分由全国工业过程测量和控制标准化技术委员会(SAC/TC 124)归口。

本部分参加起草单位:西南大学、赫优信(上海)自动化系统贸易有限公司、机械工业仪器仪表综合技术经济研究所、罗克韦尔自动化(中国)有限公司、上海恩德斯豪斯(E+H)自动化设备有限公司、上海自动化仪表有限公司、施耐德电气(中国)公司、苏州美名软件有限公司、浙江大学智能系统与控制研究所、中国四联仪器仪表集团。

本部分主要起草人:欧阳劲松、王春喜、谢素芬、刘宽、黑伟亮、杜佳琳、王信红、包伟华、刘进、田英明、华镕、袁海峰、冯冬芹、刘枫、吕静、张渝、黄仁杰。

引　言

企业自动化需要两种主要的数据流:从企业层到现场设备,包括信号和组态数据的"垂直"数据流;运行在相同或不同通信技术上的现场设备之间的"水平"通信。

随着现场总线和控制系统的集成,需要实现许多其他任务。除了现场总线和设备特定的软件工具外,还需要能将这些工具集成到更高层次的、系统范围的、用于规划或工程的工具。特别在大型、异构控制系统中,例:典型的流程工业领域,为易于所有各方(人员)方便使用,对工程接口的无歧义定义是非常重要的。

为了确保工厂范围的控制与自动化技术的一致性管理,完全把现场总线、设备和子系统无逢集成为覆盖整个自动化生命周期的大范围的自动化任务的一部分是必要的。

从系统生命周期和整个工厂自动化的角度来看,如果必须使用多种不同制造商的特定工具,那么这些工具中的数据通常会成为不可见的数据孤岛。

针对以上问题,GB/T 29618.1—2013 提供了称之为 FDT(现场设备工具)的解决方案。FDT 定义了特定设备的软件组件和控制系统工程工具之间进行集成的软件接口规范。该特定设备的软件组件称之为 DTM(设备类型管理器),通常由设备制造商提供,而控制系统工程工具则由系统制造商提供。

FDT 接口规范支持在客户/服务端体系结构中的功能控制和数据访问,并且通常对所有现场总线都是开放的,因此支持集成不同设备和软件模块到异构控制系统中。这个标准接口的使用有利于多厂家的不同软件组件的开发和集成,并易于功能扩展。

GB/T 29618.1—2013 通用应用接口支持应用开发者、系统集成者、现场设备和网络组件制造商的利益,还简化采购、降低系统费用并帮助管理生命周期。最大的节省则在于对控制系统的操作、工程和维护上。

GB/T 29618.1—2013 的目标是支持:

- 用于所有自动化领域中(例如,过程自动化,工厂自动化和类似的监控应用)异构现场总线环境、多制造商设备、功能块和模块化子系统的生命周期管理的通用工厂级工具;
- 在包括现场总线、设备、功能块和模块化子系统的控制系统内进行完整、一致的数据交换;
- 将不同自动化设备、功能块和模块化子系统组件简易有效地集成到控制系统的生命周期管理工具中,该集成与制造商无关。

FDT 概念支持监控应用的设计和集成,但不为其他工程任务,例如"电子配线设计""机械设计"提供解决方案。工厂管理的内容如"维护设计""优化控制""数据存档"不属于 FDT 规范。将来的 FDT 版本可能会包括其中的一些方面。

现场设备工具(FDT)接口规范 第1部分:概述和导则

1 范围

GB/T 29618 的本部分规定了 GB/T 29618 的概述和导则,包括:

——说明了 GB/T 29618 的结构和内容(见第 5 章);

——提供了通用于 GB/T 29618 的其他部分的一些说明;

——描述了与 GB/T 29618 的其他部分的关系。

本部分适用于 GB/T 29618 的其他部分。

2 规范性引用文件

下列文件对于本文件的应用是必不可少的。凡是注日期的引用文件,仅注日期的版本适用于本文件。凡是不注日期的引用文件,其最新版本(包括所有的修改单)适用于本文件。

IEC 61158(所有部分) 测量和控制中的数字数据通信 工业控制系统现场总线(Fieldbus for use in industrial control systems)

IEC 61499-1:2003 工业过程测量和控制系统用功能块 第1部分:结构(Function Blocks for industrial process measurement and control systems—Part 1:Architecture)

IEC 61784(所有部分) 工业通信网络(Industrial communication networks—Profiles)

ISO/IEC 19501:2005 信息技术 开放性分布式处理 统一建模语言(UML)版本 1.4.2 (Information technology—Open Distributed Processing—Unified Modeling Language(UML) Version 1.4.2)

3 术语和定义、符号和缩略语、约定

下列术语和定义适用于本文件。

3.1 术语和定义

3.1.1

参与者 actor

用例的用户与用例相交互时所扮演的一组一致的角色。

[ISO/IEC 19501]

注:参与者与每一用例通信时,只具有一种角色。

3.1.2

地址 address

通信协议特定的访问标识。

3.1.3

应用程序 application

解决工业过程测量和控制中的问题的特定软件功能单元。

注:一个应用程序可分布在多个资源中,并且可与其他应用通信。

3.1.4

业务对象　business object

表示某种实体的对象，具有特定的状态和行为(例如，DTM、BTM 和通道)。

注：业务对象术语最初被定义为设计模式 3 层结构的一部分，业务对象是业务层的一部分。

3.1.5

块类型管理器　block type manager；BTM

一种特殊的 DTM，用于管理和操作设备内部模块的软件组件。

3.1.6

通信　communication

在 DTM 和设备之间或两个设备之间某种现场总线协议特定的数据传送。

3.1.7

通信通道　communication channel

一种通道对象，表示与现场设备通信的访问点。

3.1.8

组态　configuration

通过设置工厂现场设备的参数和总线拓扑结构所创建的系统配置信息。

3.1.9

配置　configure

(见“参数化”)

设置工厂设备实例数据的参数和设备之间的逻辑关系，以建立工厂现场总线系统拓扑结构(离线)。

3.1.10

连接　connection

与所选设备进行通信所建立的数据路径。

3.1.11

数据　data

参数值的集合。

3.1.12

数据类型　data type

一组值的集合，以及这些值允许的一组操作。

[ISO 2382 系列]

3.1.13

DCS 制造商/系统制造商　DCS manufacturer/system manufacturer

工程系统的制造商。

3.1.14

设备　device

(见“现场设备”)

a) 工业自动化系统中可联网的独立物理实体，具有在特定环境中执行规定功能的能力，并由其接口分隔开。

[GB/T 19769.1—2005]

b) 在自动化系统中实现控制、驱动和/或传感功能的实体，具有到其他此类实体的接口。

3.1.15

设备制造商　device manufacturer

现场总线设备的制造商。

3.1.16

设备类型　device type

基于如制造商、现场总线协议、设备类型标识、设备分类、版本信息或其他信息的抽象特性的设备特征。

注：根据用于定义的特性集，这些特征的范围可能是变化多样的，并且对于每个 DTM 是制造商特定的。

3.1.17

分布式系统　distributed system

建立在网络之上的软件系统。

注：这种分布式系统的实现是制造商特定的(例如：DTM 和 Presentation 在不同的 PC 上运行，或 DTM 在不同 PC 上的多用户系统中运行)。

3.1.18

文档　documentation

人可读的、关于设备实例的信息。

注：可以是数据库中的电子信息。

3.1.19

设备类型管理器　device type manager;DTM

a)　包含设备特定应用软件的软件组件；

b)　表示"类型管理器(Type Manager)"的通用类。

注：保留了"D"是因为它是市场上熟知的缩写。

3.1.20

DTM 设备类型　DTM device type

某种硬件设备类型的描述。

注：一个 DTM 当中可以定义一种或多种 DTM 设备类型，表明可使用该 DTM 对一种或多种硬件设备进行配置诊断等操作。

3.1.21

实体　entity

特定的事物，如人、地点、过程、对象、概念、关联或事件。

[GB/T 19769.1—2005]

3.1.22

现场设备　field device

(见"设备")

3.1.23

框架应用程序　frame application

DTM 的运行环境，可以是控制工程工具，独立运行工具或网页。

3.1.24

FDT 模型　FDT model

一种描述 DTM 和框架应用程序之间相互关系和行为的模型。

3.1.25

功能　function

实体的特定目的或其特有活动。

[GB/T 19769.1—2005]

3.1.26

硬件　hardware

相对于程序、规程、规则和相关文档的物理装置。

[IEC/AFNOR Dictionary of Computer Science]

3.1.27

实现　implementation

使系统的硬件和软件成为可操作的开发阶段。

[GB/T 19769.1—2005]

3.1.28

实例化　instantiation

特定类型的实例的创建。

[GB/T 19769.1—2005]

3.1.29

接口　interface

由两个功能单元共享的边界,由适当的功能特性、信号特性或其他特性来定义。

[GB/T 2900.56—2008]

3.1.30

映射　mapping

定义与其他集合的量或值有对应关系的值的集合。

[ISO/AFNOR 计算机科学词典]

3.1.31

多用户环境　multi user environment

允许多个用户进行操作的环境。

3.1.32

网络　network

通过一组给定的通信设备相互连接的所有通信元件,这些通信元件包括媒体、连接器、中继器、路由器、网关和相关节点。

[IEC 61158-5-X]

注:在 GB/T 29618 的本部分范围内,网络是指一个或多个具有不同协议的互连的现场总线系统。

3.1.33

嵌套通信　nested communication

通过级联的通信通道建立起来的通信。

3.1.34

操作　operation

明确定义的动作,当将其用于已知实体的任何允许的组合时,将产生一个新的实体。

[ISO/AFNOR 计算机科学词典]

3.1.35

参数　parameter

将一个常量值赋予一个特定应用的变量,并且该变量可代表该应用。

[ISO/AFNOR 计算机科学词典]

3.1.36

参数化　parameterize

(见"配置")

在设备、块或对象中设置参数。

3.1.37

持久数据　persistent data

存储的数据,其在关闭、重启和维护活动中仍会保留。

3.1.38

过程通道　process channel

一种通道对象,表示通过现场总线传输的过程值(I/O值)及其参数(例如,数据类型、量程等)。

3.1.39

服务　service

资源的功能性能力,可以用服务原语序列来模型化。

[GB/T 19769.1—2005]

3.1.40

会话　session

包含一次或多次数据交换的信息传递。通常这种信息传递是面向连接的,并且需要保证数据的安全性和完整性。

3.1.41

同步　synchronization

根据使用环境的数据同步。

注:例如,同步可发生在DTM和设备之间,或发生在引用同一实例数据的若干DTM实例之间。

3.1.42

系统　system

在已定义的环境中被视为一个整体的相关元素的集合,并与其环境相分离。

[GB/T 2900.56—2002]

注1:这类元素可能是物质对象、概念和相关结果(例如:组织形式、数学方法和编程语言)。

注2:系统被视为通过一个虚拟面与环境和其他外部系统相分离。该虚拟面可以切断系统与环境和其他外部系统的联系。

3.1.43

临时数据　transient data

在配置或参数化过程中还未存储的暂时数据。

3.1.44

类型　type

规定所有该类型实例所共享的公共属性的软件元素。

[GB/T 19769.1—2005]

3.1.45

变量　variable

在不同时刻可具有不同值,在某一时刻只具有一个值的软件实体。

[GB/T 19769.1—2005]

注1:变量的值通常限于某种数据类型。

注2:变量可分为输入变量、输出变量和内部变量。

3.1.46

用例　use case

系统(或其他实体)可以执行的、与系统的参与者进行交互的动作序列的规范,包括其变型。

[ISO/IEC 19501]

3.2　符号和缩略语

下列符号和缩略语适用于本文件。

BTM	Block type manager	块类型管理器
COM	Component object model	组件对象模型

CP	Communication profile	通信行规
CPF	Communication profile family	通信行规簇
DCS	Distributed control system	分布式控制系统
DD	Device description	设备描述
DTM	Device type manager	设备类型管理器
ERP	Enterprise resource planning	企业资源规划
FA	Frame application	框架应用程序
FB	Function block	功能块
FDT	Field device tool	现场设备工具
GUI	Graphical user interface	图形用户界面
ID	Identifier	标识符
IDL	Interface definition language	接口定义语言
I/O	Input/Output	输入/输出
IT	Information technology	信息技术
MES	Manufacturing execution systems	制造执行系统
OEM	Original equipment manufacturer	原始设备制造商
OLE	Object linking and embedding	对象链接及嵌入
OPC	Open connectivity via open standards	使用开放标准的开放性连接(原始定义:用于过程控制的 OLE)
PC	Personal computer	个人计算机
PLC	Programmable logic controller	可编程逻辑控制器
SCADA	Supervisory,control and data acquisition	监视、控制和数据采集
UML	Unified modeling language	统一建模语言
UUID	Universal unique identifier	全球唯一标识
XML	Extensible markup language	可扩展标识语言

3.3 约定

本部分中使用的 UML 符号的约定见附录 A。

4 现场设备工具概述

4.1 概要

在工业自动化中,一个控制系统经常包含许多通过通信网络传输的数字信号和模拟输入/输出信号。大量不同制造商提供的现场设备必须通过直接连接或 I/O 复用单元接入到网络中。许多应用使用了超过 100 个来自各个制造商的不同现场设备类型。

为了支持设计的任务,每个设备都有特定的组态和参数化功能。当为设备配置现场总线耦合器和总线通信时,必须考虑设备特定的属性和设置,控制系统必须知道设备的存在状态及其功能。在控制系统的规划时,需要有效地集成设备输入输出信号和功能块服务。

由于缺少通用的接口标准,控制系统项目中繁杂的设备类型和庞大的设备提供商数目使得组态任务变得困难和费时。操作人员必须掌握不同的工具,并且数据还必须在这些工具间交换(见图 1)。只有通过大量高强度高成本的系统测试才能确保数据、文档和系统组态的一致性。

控制系统中负责服务和诊断任务的中央控制室既不能完全覆盖现场设备的所有功能,也不能确保设备或模块特定的工具能够集成到其他系统软件工具中。一般情况下,设备特定的工具只能直接连接到特定的现场总线或现场设备本身。

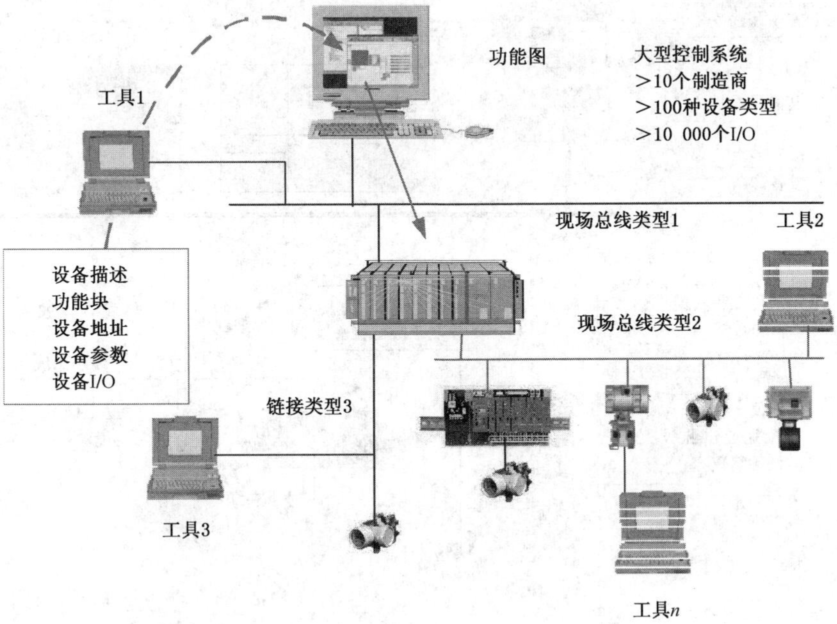

图 1 不同工具和现场总线集成的限制

4.2 FDT的目标

4.2.1 通用特性

将现场设备或模块完全集成到自动化系统中，需要一条从工程师站或操作员站出发，经过系统和现场总线，到达单个现场设备的通信路径。

FDT 支持：

- 通过直接访问所有的现场设备实现系统规划、设备诊断和服务的集中式管理；
- 自动化系统及其现场总线和设备的集成的、一致的组态和文档；
- 自动化系统和现场设备的通用数据的组织；
- 集中数据管理和数据安全；
- 不同设备和模块类型到自动化系统的简单、快速的集成。

现场设备到自动化技术工程系统的集成，不仅限于基本的组态、服务和诊断功能，而且还可以使用设备本身提供的高级功能。

4.2.2 对设备和模块制造商的价值

FDT 技术允许单个设备和模块属性的集成，包括不同设备和模块类型的特定特征和特殊特性。制造商提供的规划和服务工具，可以作为设备或模块特定的软件组件集成到工程系统中。制造商可以定义组态、服务和诊断功能，也可以设计设备和模块在自动化系统工程环境中的界面。

以一个标准化的软件组件来支持设备在任何自动化系统中的组态、服务和诊断功能，可以降低制造商的成本。以前由于未制定标准，必须开发和维护多个设备和模块类型，而 FDT 可以消除这些工程特定的或控制系统特定的频繁修改。

4.2.3 对系统制造商和集成商的价值

控制系统制造商和集成商只需一次性实现定义的接口，就能集成所有的现场总线设备和模块(见

图 2)。这消除了制造商特定的和/或设备特定的实现及其维护。

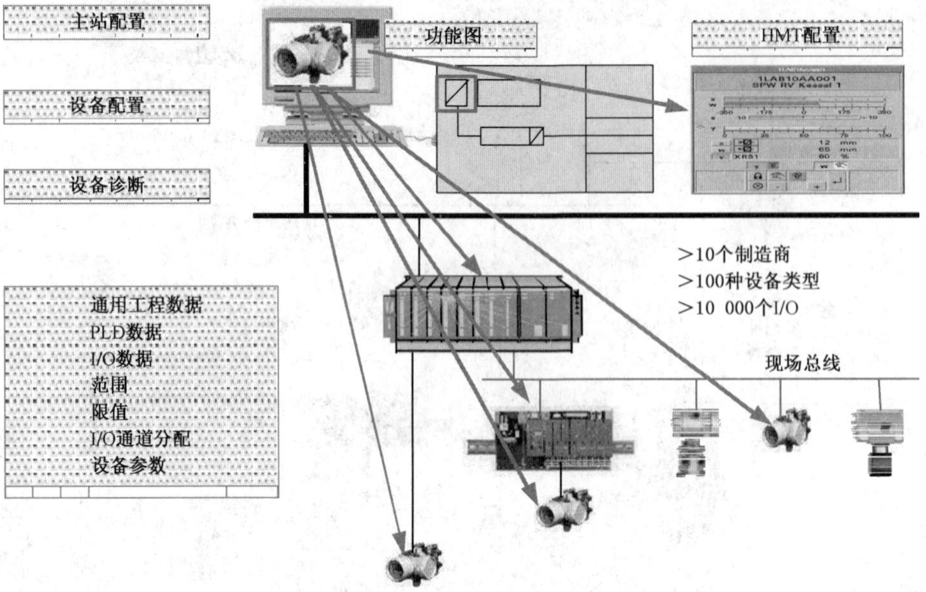

图 2　所有设备和模块全集成到同构系统中

4.2.4　其他应用

尽管 FDT 主要设计用于控制设备功能和存取数据以配置控制系统的各部分,但 FDT 接口也可用于应用的多个地方。在最低层次上,设备或模块的原始数据可以通过 FDT 接口进入 SCADA、DCS 或 PLC 来配置总线主站。在较高层次上,框架应用程序可以通过 DTM 启动设备特定的诊断应用。FDT 的体系结构和设计使得创建和集成可扩展的 DTM 成为可能。DTM 的功能完全取决于设备本身的能力,而不受系统工程工具的限制。

4.3　FDT 模型

4.3.1　概述

FDT 可方便实现设备特定的软件组件、现场总线接口特定的软件组件和主机系统之间的交互(见图 3)。

- 设备特定的软件组件被称为设备类型管理器(DTM);
- 现场总线接口特定的软件组件被称为通信通道;
- 主机系统被称为框架应用程序。

框架应用程序提供 DTM 的运行环境。典型情况下,框架应用程序由使用 DTM 的客户应用、用于设备数据永久存储的数据库和到现场设备的通信通道组成。客户应用是关注于特定方面的单个应用程序,如组态、观察、通道分配和使用 DTM 提供的服务。

DTM 封装了设备特定的软件应用和协议特定的定义。因此,通过集成相应的 DTM,框架应用程序就能够处理任何类型的设备,而无需了解设备或现场总线特定的知识。

设备和模块特定的软件组件具有几种类型,以覆盖自动化系统中经常使用的产品的集成。例如,DTM 对象可以表示常规的测量和控制设备。一些特定的 DTM 可以表示:

- 在网络中可以移动的、也可以由不同模块整合的软件实体或功能块,也称为块 DTM(BTM)对象;

- 模块化设备的组合，例如插到板上的 I/O 站（提供 I/O 和控制的组合功能），也称为模块 DTM 对象。

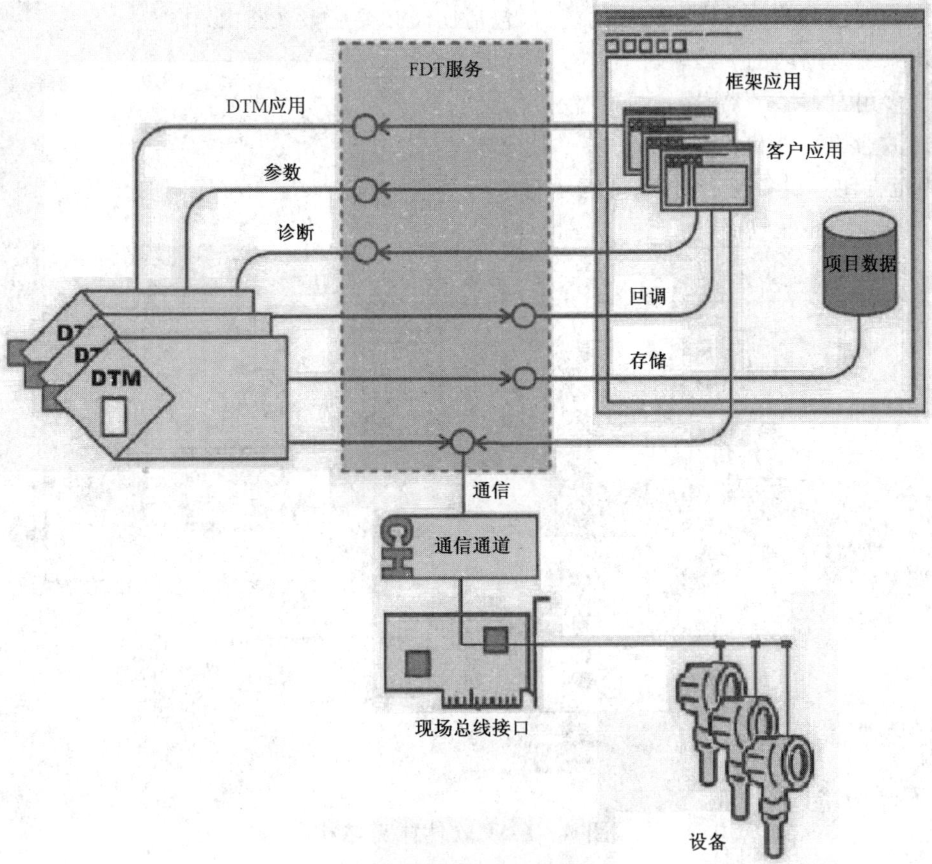

图 3　通用的体系结构和组件

通信通道表示到现场总线或点对点通信的入口点。它提供独立于现场总线协议接口的服务。一般来说，协议特定的服务映射到通道提供的服务上。框架应用程序或 DTM 可使用这些服务来与已连接的设备进行数据交换，或初始化某个功能（例如，标识请求、设备复位、广播等）。

FDT 定义了每个组件必须提供的服务以及这些组件之间交换的数据。服务以独立于现场总线的方式定义，但一些服务要交换现场总线特定的数据。与制造商无关的现场总线的内容和数据格式在 GB/T 29618.3xy 规范中定义。GB/T 29618.3xy 定义了 FDT 中协议行规的集成。FDT 也允许制造商定义自己的内容和数据格式，例如，制造商特定的现场总线或点对点的通信。

FDT 概念的主要特性有：

- 框架应用程序代表了主机工具，DTM 通过它与控制系统、维护和工程应用进行交互；
- DTM 是主要的概念，可以用于简单设备，也可以用于模块化设备和软件组件（功能块）；
- 提供了嵌套通信来满足连接智能现场设备的异构和分层网络的需求。这使得标准中存在不同种类的通信部分；
- 通过图形化界面为用户提供对智能现场设备及其 DTM 的功能的交互式访问。这些内容被称为表示对象。

4.3.2　框架应用程序

框架应用程序为 FDT 系统提供了运行环境。取决于不同的用途，框架应用程序可以具有不同的界面（例如独立的配置和工程系统）。以下一般需求适用于所有的框架应用程序：

- 无需设备和模块特定的知识；
- 管理所有的DTM实例和存储实例数据的能力；
- 管理和创建DTM通信和连接的能力(包括任何必要的报文路由)；
- 确保系统范围内的一致性配置；
- 允许多用户和服务器/客户机的操作(可选)；
- 管理数据的版本和一致性。

FDT规范方便了设备特定对象(即表示对象和DTM)与框架应用程序间的交互,如图4所示。

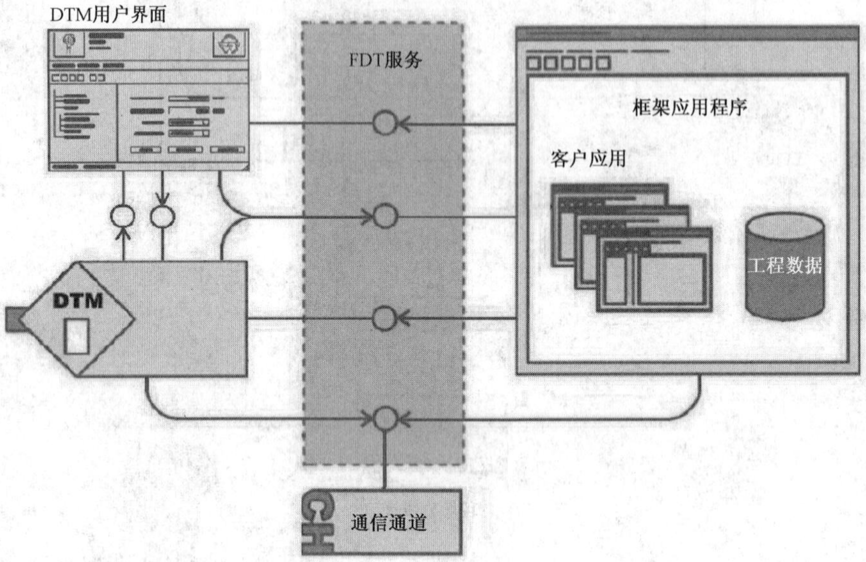

图4 FDT软件体系结构

框架应用程序提供设备特定对象的运行环境。典型情况下,框架应用程序包含了使用DTM的客户应用、永久存储设备数据的数据库和到现场设备的通信链接。

客户应用是关注于特定方面的单个应用程序,如组态、观察、通道分配,并使用DTM作为服务器所提供的功能。

注:GB/T 29618区分对象(框架应用程序和DTM)间的交互规范和实现这些对象的实现技术。它只规定了期望对象提供给客户应用程序使用的行为。

4.3.3 设备类型管理器

DTM对象由设备制造商随设备一起提供。DTM的特性如下:

- 通常不是一个独立的工具;
- 具有本规范定义的图形用户界面;
- 设备的所有规则都已知;
- 包含所有用户的对话框;
- 用户界面(多语言的,包括帮助系统);
- 参数的有效性检查(也取决于其他设备特定的参数);
- 自动生成相关参数;
- 为所需复杂的校准和启动程序定义了处理顺序;
- 读写现场设备的参数;
- 用户化的设备诊断功能;
- 为建立通信提供类型特定的数据;

- 提供设备/实例特定的数据,例如用于功能规划中;
- 设备或实例特定的文档;
- 与任何其他设备不直接连接;
- 不包含关于工程环境的信息;
- 支持一种或多种设备类型。

每个设备制造商按照所支持设备的功能性要求,为DTM选择功能的个数和范围。一个DTM至少覆盖一种现场设备。然而,DTM也可覆盖设备族(例如,压力变送器)或制造商的整个产品范围。通过工程工具的界面来处理通信(通过控制系统的不同总线系统)和数据管理。

在整个系统规划或工厂管理的框架内,DTM通常必须集成到合适的工程工具中。基于数据一致性的考虑,不推荐独立工具和系统工程工具并行访问同一设备。但在特殊情况下,可能要实现并行的独立操作,例如当从独立工具移植到DTM时。

DTM作为工程工具或任何其他应用的组件被安装,它管理设备示例并提供通信机制,以及通过设备特定任务来支持该组件。本部分的后续内容将这些应用归类为“框架应用程序”。

4.3.4 通信通道概念

GB/T 29618规定了FDT对象及其接口,这些接口支持框架应用程序与被称为DTM的设备或模块特定应用之间的交互。框架应用程序可以是工程师站工具、操作员站工具或独立工具。FDT采用了客户机/服务器的架构,DTM作为服务器,提供设备信息和功能,框架应用程序则作为客户机访问信息并调用相关的功能。

DTM可被连接到单个框架应用程序,或连接到基于一个或多个制造商提供的不同组件的分布式框架应用程序。框架应用程序可以管理和集成一个或多个制造商提供的多种DTM(如图5所示)。

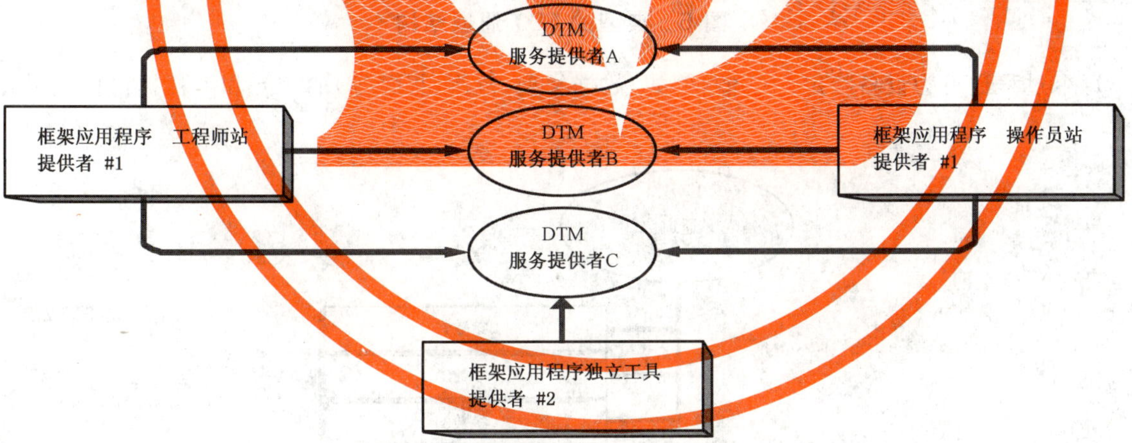

图5 通用FDT客户机/服务器关系

在高的抽象层次上,DTM由服务器对象和通道对象组成。从外部应用的角度来看,这个模型提供了硬件设备的一个视图。服务器对象表示设备或模块的一组可访问的功能集。

通道对象按功能分为通信通道和过程通道两种。

通信通道对象提供对现场总线的访问,与通信技术相关。

过程通道提供关于设备或模块的I/O值的信息(例如,访问、单位、范围和标签)。这些信息为客户应用提供正确的参数关系可视化是必需的。

DTM使用通信通道来传输数据(即DTM是通信通道的客户端)。如果设备直接连接到现场总线,则FDT对象的层次结构在图6的右侧部分给出。框架应用程序或通信DTM通过通信通道与设备直接进行通信。如果设备位于异构的通信层次当中(图6的左侧部分),则该层次是由图6左侧的FDT对象来表示。每个现场总线由一个通信通道表示,DTM 并不识别下层的通信层次。依照此模型,DTM 维护设备的功能性,所用的通信通道对象支持下层现场总线通信。

DTM 为 I/O 参数的语义信息提供了过程通道(即 DTM 为信息服务器)。DTM 使用过程通道将语义信息提供给应用。

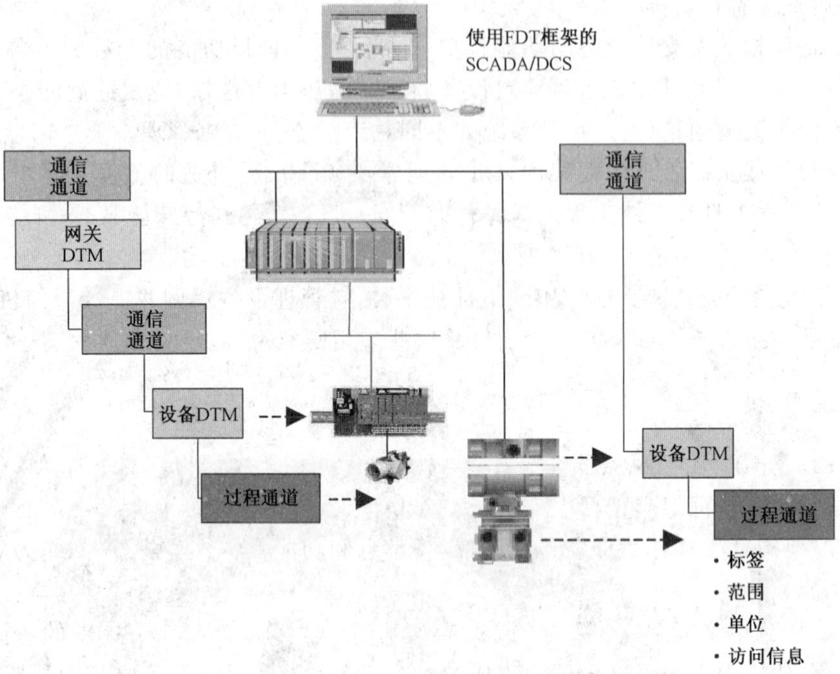

图 6 典型的 FDT 通道结构

每个过程通道为设备特定 I/O 值(例如,数据类型、范围、报警等)的访问和解释提供信息,如图 7 所示。

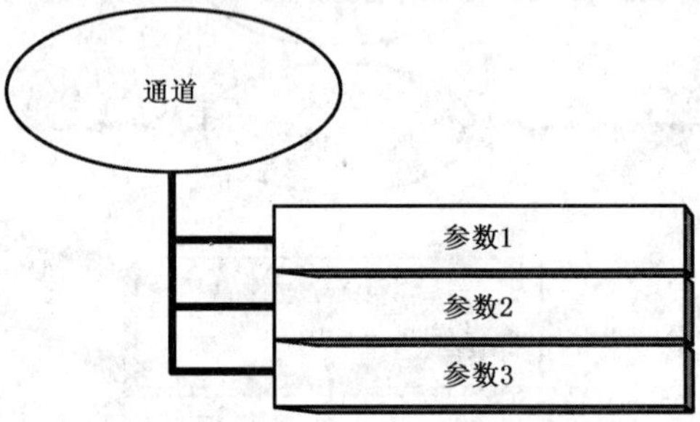

图 7 通道/参数的关系

这些 I/O 值相关参数为框架应用程序提供了集成设备 I/O 值所需的全部信息。一般而言,传送描述 I/O 值相关参数的过程通道并不是数据源,只是数据源的表示。这些参数只是简单地指定了数据的地址,而不是地址所指向的实际数据源。

4.3.5 表示对象

表示对象为 DTM、BTM 和通信通道提供可选的图形用户界面。表示对象可被集成到框架应用程序的 GUI 中,也可以是在框架应用程序的 GUI 之外运行的对象(例如,独立可执行的对象)。

5 现场设备工具(FDT)接口规范标准及相关文件的结构

5.1 结构概述

除了本概述以外,FDT 接口规范具有如图 8 所示的几部分。

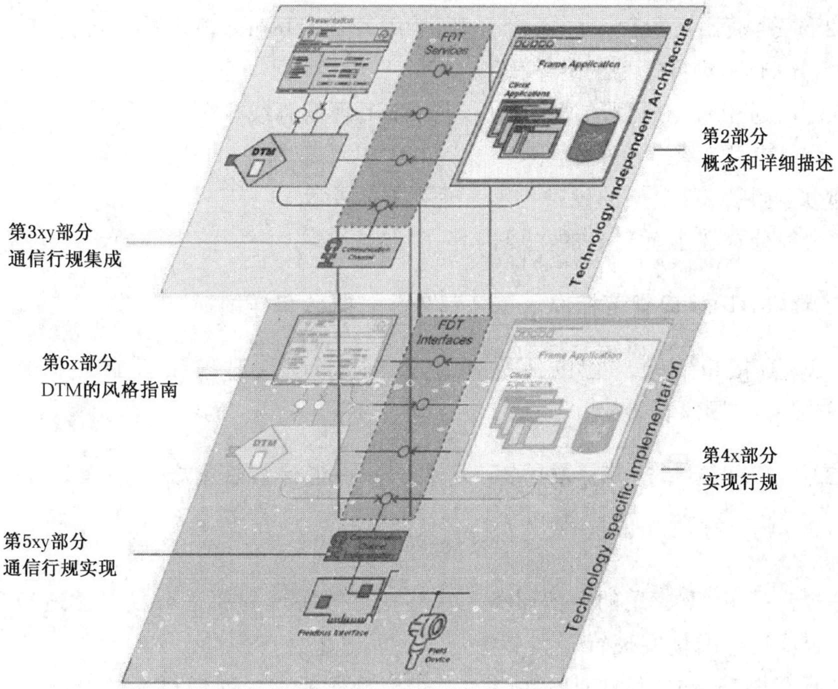

图 8 GB/T 29618 的结构

FDT 接口规范标准描述了设备特定对象(DTM 和表示对象)、客户应用程序(在框架应用程序中)和 FDT 通道(通信功能)之间的接口。接口是基于服务的,这些服务具有客户机服务器交互所需的命令和信息。

现场设备工具(FDT)接口规范标准采用的结构将对象、客户应用和通道服务规范与其到特定实现技术的映射分离。

现场设备工具(FDT)接口规范标准各部分的使用如下:

- 第 2 部分规定了对象和服务的概念及详细描述;
- 第 3xy 部分规定了不同通信服务的通信行规集成;
- 第 4x 部分规定了对象模型集成行规的实现技术;
- 第 5xy 部分规定了不同通信服务的通用对象模型的通信实现。

现场设备工具(FDT)接口规范标准暂分为以下部分:

- 第 1 部分:概述和导则;
- 第 2 部分:概念和详细描述;
- 第 301 部分:通信行规集成 FF 现场总线规范;
- 第 302 部分:通信行规集成 通用工业协议;
- 第 303-1 部分:通信行规集成 PROFIBUS 现场总线规范;
- 第 303-2 部分:通信行规集成 PROFINET 输入输出接口规范;
- 第 306 部分:通信行规集成 INTERBUS 现场总线规范;

- 第 309 部分:通信行规集成　HART 现场总线规范;
- 第 315 部分:通信行规集成　MODBUS 现场总线规范;
- 第 41 部分:对象模型行规集成　通用对象模型;
- 第 501 部分:通用对象模型的通信实现　FF 现场总线规范;
- 第 502 部分:通用对象模型的通信实现　通用工业协议;
- 第 503-1 部分:通用对象模型的通信实现　PROFIBUS 现场总线规范;
- 第 503-2 部分:通用对象模型的通信实现　PROFINET 输入输出接口规范;
- 第 506 部分:通用对象模型的通信实现　INTERBUS 现场总线规范;
- 第 509 部分:通用对象模型的通信实现　HART 现场总线规范;
- 第 515 部分:通用对象模型的通信实现　MODBUS 现场总线规范;
- 第 61 部分:通用对象模型的设备类型管理器样式指南。

第 5 章的剩余部分描述了各部分的主要内容。

5.2　现场设备工具(FDT)接口规范标准　第 2 部分——概念和详细描述

第 2 部分是 FDT 接口规范。它包括所有对象、对象行为、对象接口服务和交互的抽象规范。GB/T 29618.2 是推荐性国家标准。

5.3　现场设备工具(FDT)接口规范标准　第 3xy 部分——通信行规集成

5.3.1　概述

第 3xy 部分规定了 FDT 应用的通信服务。这些特征的实现需要适合技术的适当行规。第 5xy 部分的相关部分规定了这些通信实现行规。

第 3xy 部分具有规范性内容,并且至少具有一个实现所要求的通信技术行规。

注:最初的规范包括几个通信技术行规,本部分的将来版本中可增加其他行规。

5.3.2　通信行规集成　FF 现场总线规范

GB/T 29618.301 提供了将基金会现场总线(FOUNDATION)[1] 技术集成到 FDT 接口规范(GB/T 29618.301)的信息。

5.3.3　通信行规集成　通用工业协议

GB/T 29618.302 提供了将 CIP[2] 技术集成到 FDT 接口规范(GB/T 29618.302)的信息。

5.3.4　通信行规集成　PROFIBUS 现场总线规范

GB/T 29618.303-1 提供了将 PROFIBUS[3] 技术集成到 FDT 接口规范(GB/T 29618.303-1)的信息。

---

1) FOUNDATION®现场总线是现场总线基金会(非赢利组织)的商标名。本信息的给出是为了方便本部分的用户,但不表示 IEC 对以 FOUNDATION 命名产品的认可。如果可以得到相同的结果,可以使用等同的产品。

2) CIP 是 Open DeviceNet Vendor Association, Inc(ODVA)的商标名。本信息的给出是为了方便本部分用户,但不表示 IEC 对此商标持有人或其任何产品的认可。符合本行规并不要求使用 CIPTM 商标名。使用 CIPTM 商标名需要得到 ODVA 的允许。

3) PROFIBUS 标志是 PROFIBUS 国际(PI)组织注册的商标名。PI 是支持 PROFIBUS 现场总线的非赢利贸易组织。本信息的给出是为了方便本部分用户,但不表示 IEC 对此商标持有人或其任何产品的认可。符合本行规并不要求使用 PROFIBUS 商标名。使用 PROFIBUS 商标名需要得到商标持有人的允许。

5.3.5 通信行规集成 PROFINET 输入输出接口规范

GB/T 29618.303-2 提供了将 PROFINET[4] 技术集成到 FDT 接口规范(GB/T 29618.303-2)的信息。

5.3.6 通信行规集成 INTERBUS 现场总线规范

GB/T 29618.306 提供了将 INTERBUS[5] 技术集成到 FDT 接口规范(GB/T 29618.306)的信息。

5.3.7 通信行规集成 HART 现场总线规范

GB/T 29618.309 提供了将 HART[6] 技术集成到 FDT 接口规范(GB/T 29618.309)的信息。

5.3.8 通信行规集成 MODBUS 现场总线规范

GB/T 29618.315 提供了将 Modbus[7] 技术集成到 FDT 接口规范(GB/T 29618.315)的信息。

5.4 现场设备工具(FDT)接口规范标准 第 41 部分——对象模型集成行规

5.4.1 概述

GB/T 29618.2 为 FDT 应用规定了对象行为需求和客户机/服务器功能。实现这些特性需要适当技术的合适行规。GB/T 29618.41 的各部分规定了这些对象实现行规。

第 4x 部分具有资料性内容,对 GB/T 29618.2 的附加内容做了解释。为实现基于特定技术的 FDT,这些附加内容是必要的。每个第 4x 部分都定义了一个特定技术,第 41 部分规定了通用对象模型技术的实现行规。

注:最初的规范包括一个对象模型行规,GB/T 29618 的将来版本中可增加其他行规。

5.4.2 对象模型集成行规——通用对象模型

GB/T 29618.41 包含了由实现技术的相关接口(如 COM)提供的服务的所有细节。GB/T 29618.41 是推荐性国家标准。

5.5 现场设备工具(FDT)接口规范标准 第 5xy 部分——通信行规实现

5.5.1 概述

GB/T 29618.5xy 为 FDT 应用规定了通信服务的实现语法。这些通信实现行规是基于 GB/T 29618.3xy 各部分规定的通信服务。

---

4) PROFINET 标志是 PROFIBUS 国际(PI)组织注册的商标名。PI 是支持 PROFIBUS 现场总线的非营利贸易组织。本信息的给出是为了方便本部分的用户,但不表示 IEC 对此商标持有人或其任何产品的认可。符合本行规并不要求使用 PROFIBUS 商标名。使用 PROFIBUS 商标名需要得到商标持有人的允许。

5) INTERBUS 是 Phoenix Contact GmbH & Co. KG.,的商标名,该商标名使用的控制授予非赢利组织 INTERBUS Club(http://www.interbusclub.com/)。本信息的给出是为了方便本部分用户,但不表示 IEC 对此商标持有人或其任何产品的认可。符合本行规并不要求使用 INTERBUS 商标名。INTERBUS 商标名的使用需要得到 INTERBUS Club 的允许。

6) HART®是 HART 通信基金会提供的商标名。本信息的给出是为了方便本部分用户,但不表示 IEC 对以 FOUNDATION 命名产品的认可。如果可以得到相同的结果,可以使用等同的产品。

7) Modbus 是 Schneider Automation Inc. 的商标。该商标在美国注册。本信息的给出是为了方便本部分用户,但不表示 IEC 对此商标持有人或其任何产品的认可。符合本行规并不要求使用 Modbus 商标。使用 Modbus 商标需要得到 Schneider Automation Inc. 的许可。

GB/T 29618.5xy 具有资料性内容,并且至少具有一个实现所要求的通信技术行规。

注:最初的规范包括几个通信技术行规,本部分的将来版本中可增加其他行规。

5.5.2 通用对象模型的通信实现 FF 现场总线规范

GB/T 29618.501 提供了将 FOUNDATION 现场总线[8] 技术集成到 FDT 接口规范(GB/T 29618.501)的语法。

5.5.3 通用对象模型的通信实现 通用工业协议

GB/T 29618.502 提供了将 CIP[9] 技术集成到 FDT 接口规范(GB/T 29618.502)的语法。

5.5.4 通用对象模型的通信实现 PROFIBUS 现场总线规范

GB/T 29618.503-1 提供了将 PROFIBUS[10] 技术集成到 FDT 接口规范(GB/T 29618.503-1)的语法。

5.5.5 通用对象模型的通信实现 PROFINET 输入输出接口规范

GB/T 29618.503-2 提供了将 PROFINET[11] 技术集成到 FDT 接口规范(GB/T 29618.503-2)的语法。

5.5.6 通用对象模型的通信实现 INTERBUS 现场总线规范

GB/T 29618.506 提供了将 INTERBUS[12] 技术集成到 FDT 接口规范(GB/T 29618.506)的语法。

5.5.7 通用对象模型的通信实现 HART 现场总线规范

GB/T 29618.509 提供了将 HART[13] 技术集成到 FDT 接口规范(GB/T 29618.509)的语法。

5.5.8 通用对象模型的通信实现 MODBUS 现场总线规范

GB/T 29618.515 提供了将 Modbus[14] 技术集成到 FDT 接口规范(GB/T 29618.515)的语法。

---

8) FOUNDATION 现场总线是现场总线基金会(非赢利组织)的商标名。给出本信息是为了方便本部分用户,命名的产品并没有得到 CENELEC 的认可。可以使用等价的产品,只要可以得到相同的结果。

9) CIP 是 Open DeviceNet Vendor Association, Inc 的商标名。给出本信息是为了方便本部分用户,并没有得到 IEC 的商标持有人和其任何产品的认可。与本部分相符并不要求使用 CIP 商标名。使用 CIP 商标名需要得到的 Open DeviceNet Vendor Association, Inc 允许。

10) PROFIBUS 标志是 PROFIBUS 国际(PI)注册的商标名。PI 是支持 PROFIBUS 现场总线的一个非赢利贸易组织。给出本信息是为了方便本部分用户,并没有得到 CENELEC 的商标持有人和其任何产品的认可。符合本行规并不要求使用 PROFIBUS 商标名。使用 PROFIBUS 商标名需要得到商标持有人的允许。

11) PROFINET 标志是 PROFIBUS 国际(PI)注册的商标名。PI 是支持 PROFIBUS 现场总线的一个非营利贸易组织。给出本信息是为了方便本部分用户,并没有得到 CENELEC 的商标持有人和其任何产品的认可。符合本行规并不要求使用 PROFIBUS 商标名。使用 PROFIBUS 商标名需要得到商标持有人的允许。

12) INTERBUS 是 Phoenix Contact GmbH & Co. KG.,的商标名,商标名的控制授予给非赢利组织 INTERBUS Club(http://www.interbusclub.com/)。给出本信息是为了方便本部分的用户,并没有得到 IEC 的商标持有人或其任何产品的认可。符合本行规并不要求使用 INTERBUS 商标名。INTERBUS 商标名的使用需要得到 INTERBUS Club 的允许。

13) HART 是 HART 通信基金会提供的商标名。给出本信息是为了方便本部分的用户,命名的产品并没有得到 IEC 的认可。可以使用等价的产品,如果可以得到相同的结果。

14) Modbus 是 Schneider Automation Inc. 的商标。该商标在美国注册。给出本信息是为了方便本部分的用户,并没有得到 IEC 的商标持有人和其任何产品的认可。符合本行规并不要求使用 Modbus 商标。使用 Modbus 商标需要得到 Schneider Automation Inc. 的许可。

5.6 现场设备工具(FDT)接口规范标准 第 6x 部分——DTM 风格指南

5.6.1 概述

除了在 GB/T 29618.2 和 GB/T 29618.41 中提供技术规范外,GB/T 29618 标准还提供了支持 DTM 一致的外观和感受的指南。

GB/T 29618.6x 部分具有资料性内容,对 GB/T 29618 的附加内容做了解释。为实现基于特定技术的一致的外观和感觉,这些附加内容是必要的。每个第 6x 部分都定义了一个对特定技术的支持,第 61 部分规定了通用对象模型技术的风格指南。

5.6.2 通用对象模型的设备类型管理器(DTM)的风格指南

GB/T 29618.61 包含了基于某一特定实现技术的 GUI 设计的所有细节。GB/T 29618.61 是推荐性国家标准。

6 现场设备工具(FDT)接口规范标准和其他标准化工作的关系

一般情况下,现场设备和模块作为组件集成到工业自动化系统中以执行所要求的应用。工业自动化系统的结构可被表示为由通信系统连接的多个层次集,如图 9 所示。

通信系统(例如,现场总线)把现场设备连接到下一层的控制器,典型的控制器有可编程逻辑控制器(PLC)、分散式控制系统(DCS)或制造执行系统(MES)。因为工程工具和调试工具既能访问现场设备又能访问控制器,所以这些工具也位于控制器层中。

在较大的自动化系统中,可以通过通信系统(例如,以太网)连接下一层。这一层包括复杂的可视化系统(HMI)、中心工程工具和 SCADA 主机系统。现场设备(具有或不具有如上所述的控制器)的多个分组既可以互相连接,也可以通过通信网络(例如,现场总线)连接到更高层次的系统上。

还可以提供其他层次,以支持制造执行系统(MES)、企业资源规划系统(ERP)和其他基于信息技术(IT)的系统通过局域网和控制器间接地访问现场设备,或通过路由器直接地访问现场设备。

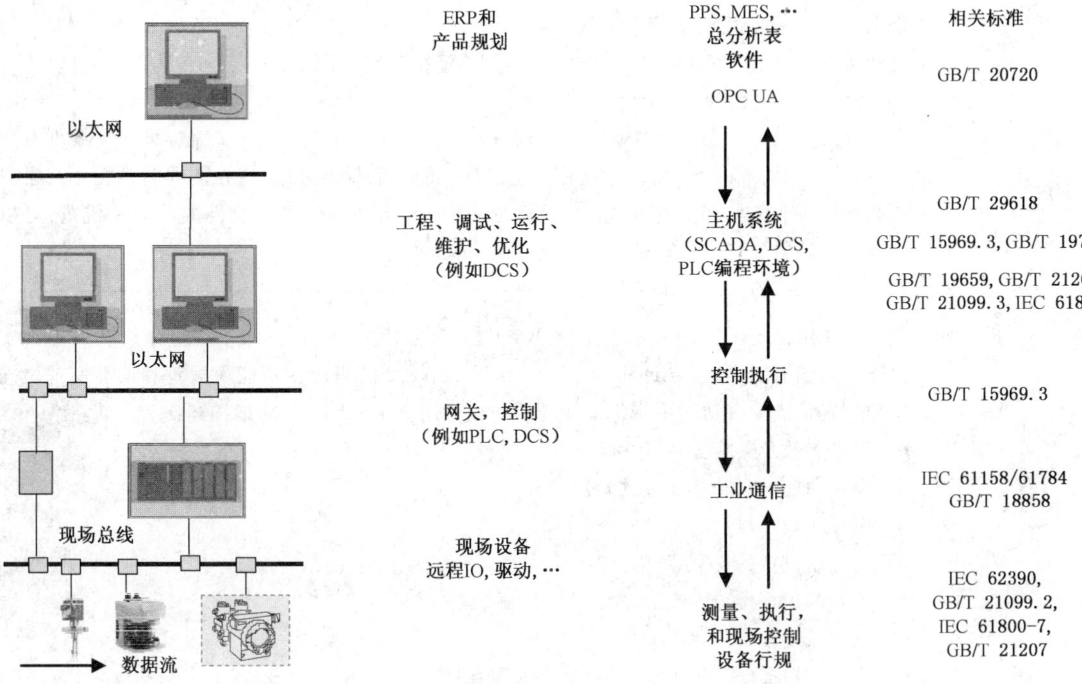

图 9 在自动化分层结构中与 GB/T 29618 相关的标准

有大量现场设备到自动化系统通信和集成相关的标准。图9示出了这些标准的层次结构,这些层次通常实现标准所规定的功能或元素。

设备行规通常按照参数列表、功能块或对象在现场设备中实现(GB/T 21207.x、IEC 61800-7系列、GB/T 21099.2和IEC/TR 62390)。IEC 61158、IEC 61784-1/IEC 61784-2和GB/T 18858系列包含了工业通信标准。GB/T 15969系列包含了可编程控制器的编程语言。GB/T 19659、GB/T 21099.3、IEC 61519-1和IEC 61850系列包含了表示现场设备的描述语言。GB/T 15969系列和GB/T 19769系列的元素可用于运行、调试和维护站中更高功能的设计和编程。

GB/T 29618标准提供了不同主机应用的通用接口,这些主机应用需要与现场设备及其相关控制功能进行交互。

更高层次的应用(例如,MES和ERP)在IEC 62264中描述。

表1给出了以上提及标准的概要。

表1 相关标准的概要

标准号	概 要
GB/T 15969.3	此标准描述了文本化编程语言,如结构化文本(Structured Text)和指令表(Instruction List),以及图形化编程语言,如梯形图、功能块图。所有语言都与PLC的通用软件模型和变量、任务等通用元素一起使用
IEC 61158	IEC 61158是多种基于现场总线和以太网的工业通信规范的集合。这些通信系统代表了工业通信技术的当前水平
GB/T 19769系列	用于工业测量和控制系统的功能块。使用事件驱动结构的通用功能块模型
IEC 61784-1/ IEC 61784-2	IEC 61784-1/IEC 61784-2描述了基于IEC 61158规范的现场总线通信行规
IEC 61800-7	IEC 61800-7-*n*是电气驱动系统的通用接口和行规。第7-1部分是关于电气驱动的通用接口定义,第7-2部分规定了多个电气驱动行规,第7-3部分规定了第7-1部分和第7-2部分的行规和接口的映射,以实现与IEC 61158等网络通信技术共同工作
GB/T 21099.2	本部分通过设备模型来定义FB,这些设备模型定义了GB/T 21099.2兼容设备的组件及用于测量、执行和处理的FB规范。这包括基本特性的一般规则,以支持控制同时避免定义阻碍创新和不同工业领域规范的细节。GB/T 21099的此部分提供了概念性的功能块规范,可以由工业组织映射到特定的通信系统及其相关定义中
GB/T 21099.3	此部分规定了电子设备描述语言(EDDL)技术,这使得可通过使用工程生命周期的工具实现真正产品细节的集成。EDDL填补了GB/T 21099.2的概念性功能块规范和产品实现之间的空隙。它是描述自动化系统组件属性的一种通用语言。EDDL功能描述: ● 设备参数及其相互依赖关系; ● 设备功能,例如,仿真模式,校准; ● 图形化表示,例如,菜单; ● 与控制设备的交互; ● 增强的用户接口; ● 图形系统; ● 永久数据存储

表 1（续）

标准号	概　　要
IEC 61850 系列	IEC 61850 系列“变电站的通信和系统”是变电站自动化的信息模型和信息交换的全球性标准。IEC 61850 系列已成为电力系统信息建模的基本标准，设备之间信息交换的基本标准，以及应用于整个电能供应链中的系统和设备配置的基本标准。变电站产生的和使用的信息被模型化为逻辑节点、数据对象和数据属性
GB/T 21207	GB/T 21207《低压开关设备和控制设备　入网工业设备描述的基本原则》定义了互连的工业设备的通用表示框架，包括了行规文档模板。它主要集中于上述的设备种类。这种表示法遵循 IEC/TR 62390《通用自动化设备行规导则》给出的原则，也参考了 GB/T 19659
GB/T 18858 系列	为了在工业自动化应用中使用，《低压开关设备和控制设备　控制器-设备接口(CDI)》规定了低压开关装置、控制排档和控制器(例如，可编程控制器，个人计算机)之间的通信接口。第 1 部分规定了 CDI 的通用需求，其后部分通过使用第 1 部分定义的通用文档结构，规定了几种 CDI 技术
IEC/TR 62390	此技术报告为工业现场总线设备和控制设备的设备行规的开发提供了导则，与其复杂性无关。此导则专注于设备的功能方面。它是由标准化产品委员会、现场总线协会和产品制造商所使用的推荐大纲，以为互联设备的开发提供行规。此导则的某些方面也可用于独立的设备。此导则旨在提供通用的和更一般的方式来发布设备信息和行为
GB/T 16720.1	制造报文规范(MMS)。MMS 规定了控制和监视智能电子设备所需要的报文结构。它是 OSI 参考模型第 7 层的一种规范
GB/T 19659	GB/T 19659《工业自动化系统与集成　开放系统应用集成框架》的第 1 部分定义了描述集成模型、应用互操作行规及其组件行规(过程行规、信息交换行规和资源行规)的一般元素和规则。其他部分定义了描述基于特定现场总线技术的通信网络行规和通信相关方面的设备行规的技术特定元素和规则。此标准规定了一种设备模型，该设备模型支持 XML 架构，以生成 XML 设备描述文件
ISO/IEC 19501	《信息技术　开放式分布处理　统一建模语言(UML)》中 UML 提供了规范对象及其关联和行为的方式。UML 经常在国际标准中使用

这些标准相互之间有多种关系，如图 10 和表 1 所示。图 10 中的实线表示规范性引用，虚线表示资料性引用(包含在本部分的参考文献中)。这些标准分为三组：

- 工业通信；
- 测量、执行、现场控制和设备行规；
- 设备描述。

连接线表明哪种工业通信标准支持哪种现场设备标准。IEC 62390 具有连接现场设备相关标准和各种设备描述规范的功能。

如图 10 所示，GB/T 29618 标准能在 DTM 中使用现场设备功能、设备描述和控制器相关的其他标准。同样地，它能使用 IEC 61784-1/IEC 61784-2 的所有通信行规族。

ISO/IEC 19501:2005(即 UML)提供了抽象的描述模型和语言，用于形式化描述 GB/T 29618 标准的规范内容，如表 1 所示。

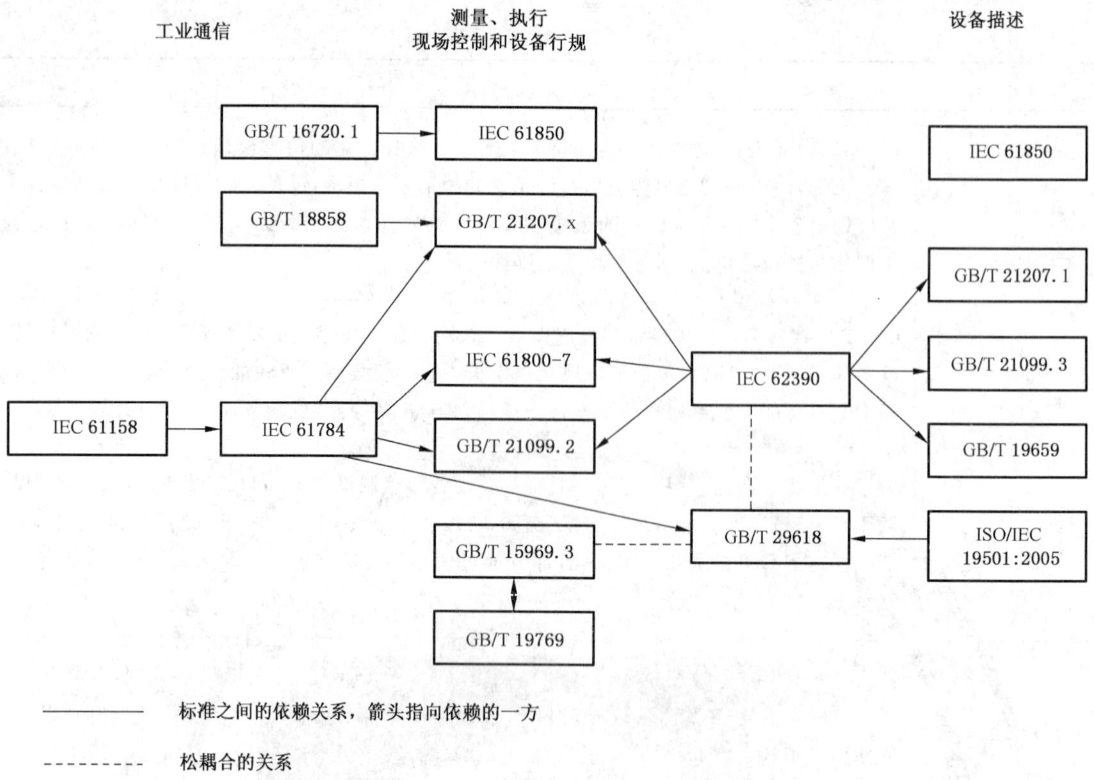

图 10 按用途分组的与 GB/T 29618 相关的标准

7 到 DTM 的移植

工业系统使用了许多不同的现场设备和模块，包括从简单的 I/O 传感器到复杂、模块化的远程 I/O 和驱动器。这些设备和模块按复杂性可分为四组：

a） 仅循环通信的简单设备，例如光栅；

b） 具有固定硬件和软件的可调设备，例如压力变送器；

c） 具有模块化硬件但固定软件块的可调设备，例如远程 I/O；

d） 具有模块化硬件和可编程软件块的可调设备，例如复杂的伺服驱动。

这些不同的设备带有不同种类的功能描述（设备描述），或甚至带有设备自己的组态工具。这取决于设备提供的功能。FDT 允许将所有这些设备通过 DTM 以统一的方式集成到框架应用程序中。例如，通过现有的设备描述技术（包含设备能力信息的文件）就能充分描述 a)组和 b)组的简单设备。可以开发“通用 DTM”来解释这些设备描述，并使其内含的信息和功能对于系统和用户是可用的。一旦开发出某种设备或模块描述的通用 DTM，则支持该描述的所有模块都可以使用相同的 DTM 进行集成。

c)组和 d)组的设备可能已具有独立的工具。FDT 提供了接口和特性来使这些工具带有 FDT 接口，并使用已有的独立工具来创建 DTM。通过外部工具而具备的 DTM 可以使用这种方式来移植到 FDT，并保护已有的投资。这种移植的最终目标是提供集成 GUI 的 DTM。

每个制造商可自由地为已有的或新的设备和模块选择以下选项，见图 11：

- 保留基于现有描述的通用解决方法；
- 提供作为独立工具而进行维护的 DTM；
- 创建特定的 DTM 来完全地描述所有可用特性和处理设备或模块的方法。

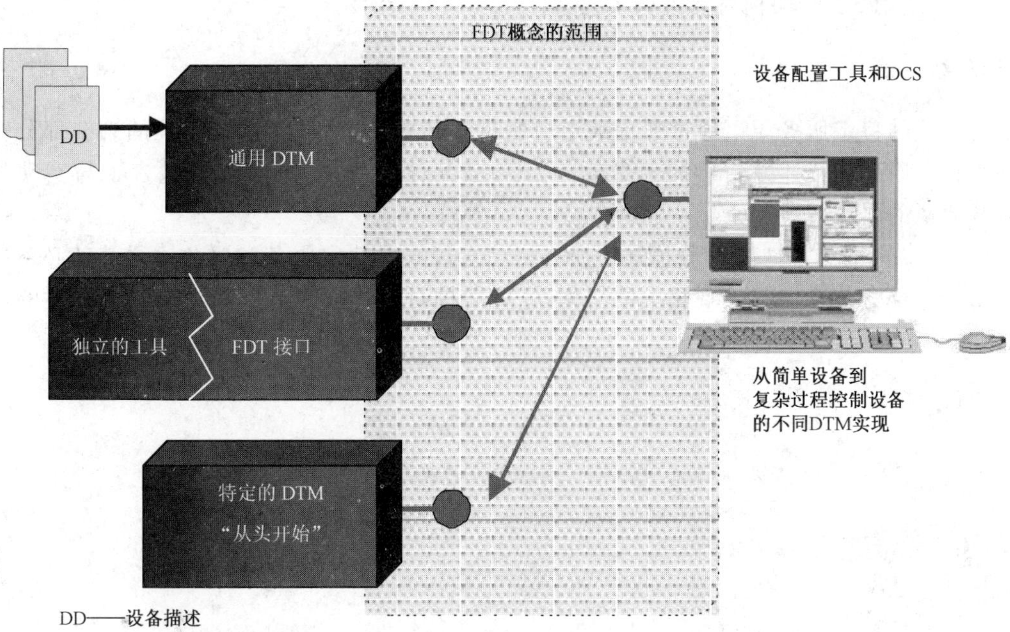

图 11 DTM 的实现

8 现场设备工具(FDT)接口规范标准简介

8.1 体系结构

GB/T 29618 标准的第 2 部分以抽象方式描述了 FDT 的功能和所选择的体系结构。这些描述包括：

- 主要的概念性元素；
- 元素之间的关系(例如，聚合或泛化)；
- 元素之间的交互；
- 所有 FDT 元素的服务和服务原语的描述，及其必备的和可选的参数。参数为结构化的数据类型。

GB/T 29618 标准的第 41 部分描述了服务的每个实现技术相关的细节。这意味着为 FDT 规定了详细的服务原语语法和接口定义。

8.2 动态行为

GB/T 29618 标准的第 2 部分描述了 FDT 系统的动态行为，通过序列图给出了使用抽象报文名称的交互。

GB/T 29618 标准的第 41 部分使用 FDT IDL 中定义的语法来描述这些交互的细节。

GB/T 29618 标准的第 2 部分以状态机的形式，描述了 DTM 的动态行为以及数据的管理。第 2 部分使用状态机来描述 DTM 行为的抽象方面。第 41 部分通过将服务语法映射到接口的方式，描述了状态和转换的细节。

GB/T 29618 标准的第 41 部分描述了附加的实现特定的动态行为。

8.3 结构化数据类型

服务原语的参数为结构化的数据类型。GB/T 29618 标准的第 2 部分将其描述为抽象的数据类型。第41部分使用XML架构对其进行了描述。

8.4 现场总线通信

通信行规族的特定服务原语通过通信通道机制进行传输。GB/T 29618标准的第2部分对该通信通道机制进行了原理性描述并给出抽象参数。GB/T 29618标准的第41部分包含了与实现相关的通信通道服务原语的语法规范。

GB/T 29618标准的第3xy部分描述了所有通信行规族的特定服务和服务原语及其必备的和可选的参数。第5xy部分包含了与实现相关的架构,这些架构对于传输相关第3xy部分所描述的通信服务原语是必要的。

附 录 A
（资料性附录）
UML 表示法

A.1 概述

注释(note)

注释包括人们阅读 UML 框图(或模型)的信息。注释提供了附加内容来帮助解释图中未明示的细节(见图 A.1)。

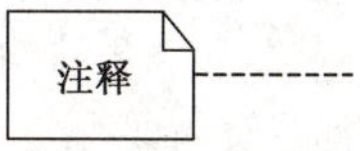

图 A.1 注释

A.2 类图

类图是 UML 规范方法中的一种。GB/T 29618 的类图中使用的 UML 元素解释如下。

类(class)

类是对具有相同属性、操作、方法、关系和语义的一组对象的描述(见图 A.2)。

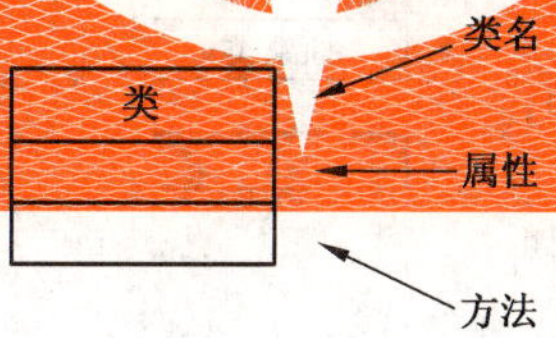

图 A.2 类

抽象类(abstract class)

抽象类是不能被直接实例化的一种类,仅用于规范目的。如果一个类不具有实例,则属于抽象类。一个抽象类仅能用于继承。抽象类由一个斜体的类名表示。

关联(association)

关联是两个或多个类之间的语义关系,规定了其类实例之间的连接(见图 A.3)。

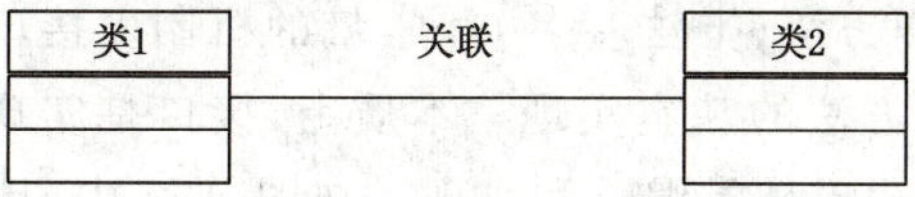

图 A.3 关联

复合(composition)

复合是对称关联的一种形式,规定了合成体(整体)类和附属体(部分)类之间的整体-部分关系。这种关系中,移除整体也就移除了部分(见图 A.4)。

图 A.4 复合

聚合(aggregation)

聚合是非对称关联的一种形式,规定了聚合体(整体)类和附属体(部分)类之间的整体-部分关系(见图 A.5)。

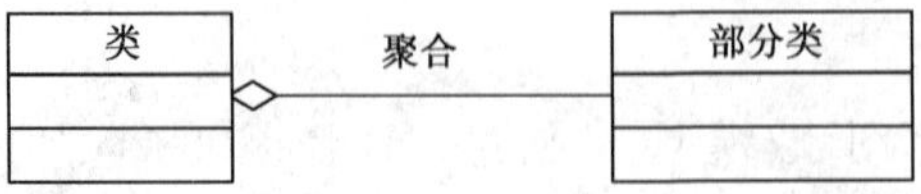

图 A.5 聚合

依赖(dependency)

依赖是关联的一种形式,规定了两个类之间的依赖关系。用箭头来表明非对称性依赖(见图 A.6)。

图 A.6 依赖

泛化(generlization)

泛化是一般元素和特殊元素之间的分类学关系。这与第一个元素是完全一致的但增加了一些附加信息。泛化用于类、包、用例和其他元素。此构造也用于描述继承(见图 A.7)。

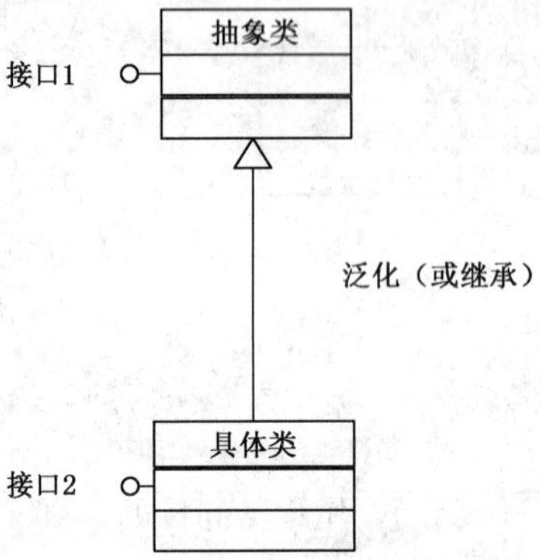

图 A.7 抽象类、泛化和接口

接口(interface)

接口是方便封装和重用一组方法(方法签名)和常量的机制。接口可以是仅包含方法签名的抽象类,也可同时包含常量。不规定方法的基本实现。本质上,接口是实现方法和常量的标准化封装的保证。接口可由抽象类继承,也可由具体类继承和实现。在图 A.7 中,具体类实现了接口 1(由抽象类继承)和接口 2。

多重性(multiplicity)

多重性规范被表示为一个由逗号分隔的整数序列所组成的文本字符串(见图 A.8)。每个间隔表示一个整数范围(可能是有限的),格式为:下界..上界,其中上界和下界为整数值,规定了从下界到上界包含的闭合的整数范围。另外,星号(*)可以用作上界,表示无限的上界。

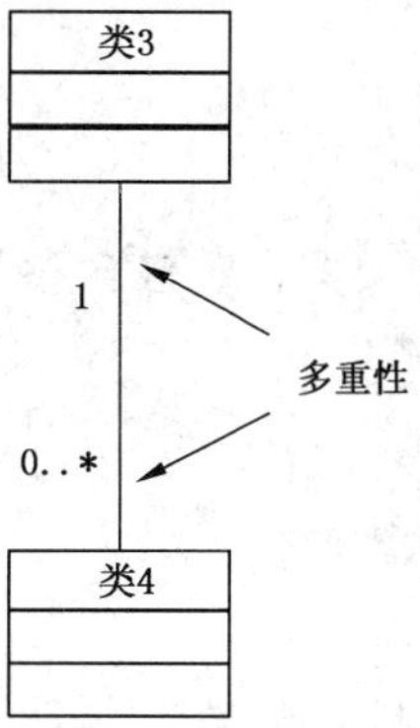

图 A.8 复用

A.3 状态图

状态图是表示状态机的图。在状态机图中，状态和各种不同的顶点（虚状态）通过适当的状态和虚状态符号表示，转换由连接它们的带方向的弧线表示（见图 A.9）。

图 A.9 UML 状态图的元素

状态用圆角矩形表示。可选地，它可具有附加的名称标签。

初始状态（虚状态）用小的实心圆表示。

最终状态用小的带实心圆的圆圈（类似牛眼）表示。

复合（超级）状态用包含两个小椭圆的圆角矩形表示。该状态由一组子状态组成，这些子状态由转换按序连接而成（见图 A.10）。

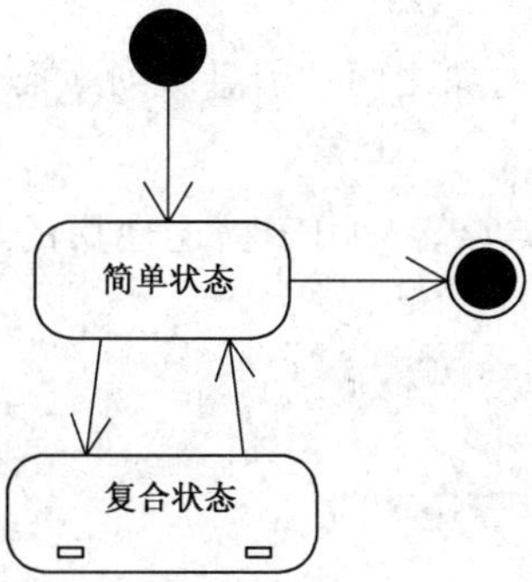

图 A.10 UML 状态图示例

A.4 用例图

用例图是规定系统要求的用法的一种类图。它包含参与者、用例及其联系。图 A.11 给出了本部分使用的 UML 语法。

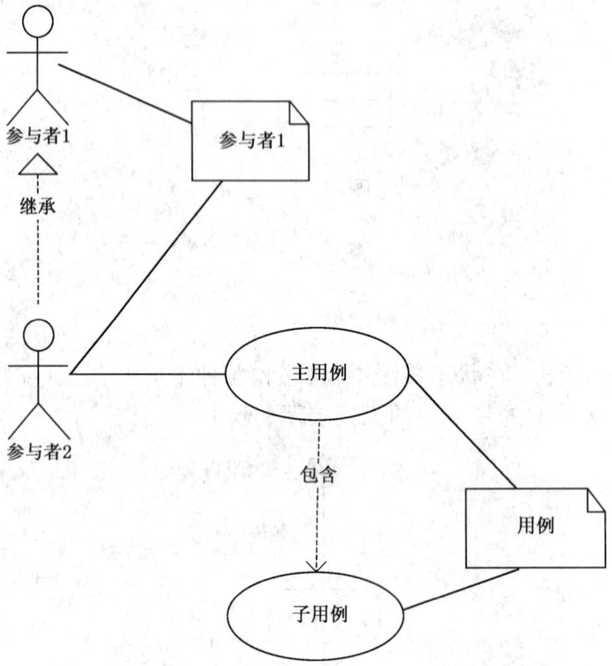

图 A.11 UML 用例的语法

参与者用一个人形图表示。它可以代表一个人或一个与指定系统交互的外部其他系统。

用例通过描述参与者和系统之间的交互来描述功能需求。如果复杂交互由多个简单交互组成，则这通过“包含(include)”关系来表示。

“继承(inheritance)”关系由指向父节点(即更一般的元素)的带三角的虚线表示。GB/T 29618 的本部分使用了参与者之间的继承，来描述一个参与者继承其他参与者执行某种用例的许可。

A.5 序列图

序列图是通过关注在生命线上的对象之间的消息序列来描述交互的一种图(见图 A.12)。

对象实例通过垂直线表示。

消息用箭头表示。在本规范中，实心箭头用于描述通用的事件发生，与该消息的同步或异步处理无关。

消息序列从图的顶部开始。

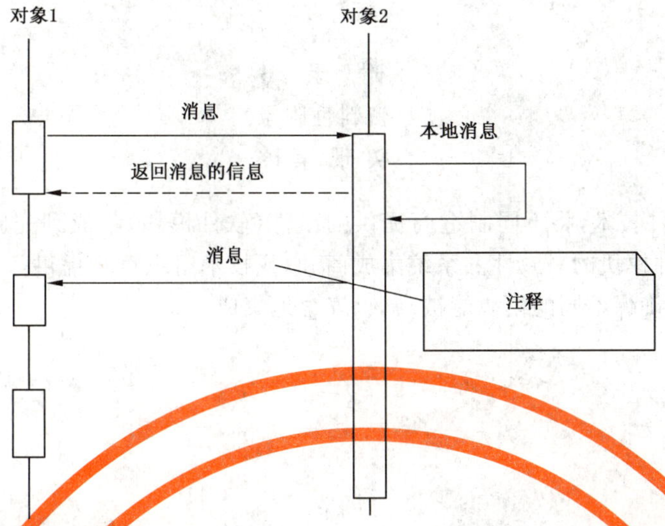

图 A.12 UML 序列图

附 录 B
（资料性附录）
实现策略

FDT技术基于组件技术，将不同制造商提供的组件（软件模块）集成到完整的系统中。基于FDT的软件提供者负责软件模块的一致性。系统集成商和/或技术组织负责提供一个丰富的集成框架和测试程序，或认证过程来确保不同的模块能被高效、安全地集成。

参 考 文 献

[1] IEC 60050(all parts),International Electrotechnical Vocabulary

注:参见 IEC Multilingual Dictionary—Electricity,Electronics and Telecommunications(可从 http://domino.iec.ch/iev 获取 CD-ROM)

[2] ISO/IEC 7498(all parts),Information processing systems—Open Systems Interconnection—Basic Reference Model

[3] ISO 2382(all parts),Information technology—Vocabulary.

[4] ISO/AFNOR Dictionary of Computer Science

[5] IEC 61131(all parts),Programmable controllers

[6] IEC 61499(all parts),Function blocks

[7] IEC 61800-7(all parts),Adjustable speed electrical power drive systems—Part 7-X:Generic interface and use of profiles for power drive systems

[8] IEC 61850(all parts),Communication networks and systems in substations

[9] IEC 61915-1,Low-voltage switchgear and controlgear—Device profiles for networked industrial devices—Part 1:General rules for the development of device profiles

[10] IEC 62026(all parts),Low-voltage switchgear and controlgear—Controller-device interfaces (CDIs)

[11] IEC/TR 62390,Common automation device—Profile guideline

[12] ISO 9506-1,Industrial automation systems—Manufacturing Message Specification—Part 1:Service definition

[13] IEC 61804-2,Function blocks(FB) for process control—Part 2:Specification of FB concept

[14] IEC 61804-3,Function blocks(FB) for process control—Part 3:Electronic Device Description Language(EDDL)

[15] ISO 15745(all parts),Industrial automation systems and integration—Open systems application integration framework

[16] IEC 62453(all parts),Field Device Tool(FDT) interface specification

ICS 25.040
N 10

中华人民共和国国家标准

GB/T 29618.2—2013/IEC 62453-2:2009

现场设备工具(FDT)接口规范 第2部分:概念和详细描述

Field device tool(FDT) interface specification—Part 2:Concepts and detailed description

(IEC 62453-2:2009,IDT)

2013-07-19 发布　　　　2013-12-15 实施

中华人民共和国国家质量监督检验检疫总局
中国国家标准化管理委员会 发布

前　言

GB/T 29618《现场设备工具(FDT)接口规范》暂分为以下几个部分：

——第1部分:概述和导则；

——第2部分:概念和详细描述；

——第301部分:通信行规集成　FF现场总线规范；

——第302部分:通信行规集成　通用工业协议；

——第303-1部分:通信行规集成　PROFIBUS现场总线规范；

——第303-2部分:通信行规集成　PROFINET输入输出接口规范；

——第306部分:通信行规集成　INTERBUS现场总线规范；

——第309部分:通信行规集成　HART现场总线规范；

——第315部分:通信行规集成　MODBUS现场总线规范；

——第41部分:对象模型行规集成　通用对象模型；

——第501部分:通用对象模型的通信实现　FF现场总线规范；

——第502部分:通用对象模型的通信实现　通用工业协议；

——第503-1部分:通用对象模型的通信实现　PROFIBUS现场总线规范；

——第503-2部分:通用对象模型的通信实现　PROFINET输入输出接口规范；

——第506部分:通用对象模型的通信实现　INTERBUS现场总线规范；

——第509部分:通用对象模型的通信实现　HART现场总线规范；

——第515部分:通用对象模型的通信实现　MODBUS现场总线规范；

——第61部分:通用对象模型的设备类型管理器样式指南。

本部分为GB/T 29618的第2部分。

本部分按照GB/T 1.1—2009和GB/T 2000.2—2009给出的规则起草。

本部分使用翻译法等同采用IEC 62453-2:2009《现场设备工具(FDT)接口规范　第2部分:概念和详细描述》。

根据GB/T 1.1—2009对IEC 62543-2:2009做了下列编辑性修改：

a) 删除了IEC 62453-2:2009的前言,重新编写了本部分的前言；

b) 凡有“IEC 62453”的地方改为“GB/T 29618”；

c) 按照汉语习惯对一些编排格式进行了修改；

d) 将一些适用于国际标准的表述改为适用于我国标准的表述。

本部分由中国机械工业联合会提出。

本部分由全国工业过程测量和控制标准化技术委员会(SAC/TC 124)归口。

本部分参加起草单位:西南大学、赫优信(上海)自动化系统贸易有限公司、机械工业仪器仪表综合技术经济研究所、罗克韦尔自动化(中国)有限公司、上海恩德斯豪斯(E+H)自动化设备有限公司、上海自动化仪表有限公司、施耐德电气(中国)公司、苏州美名软件有限公司、浙江大学智能系统与控制研究所、中国四联仪器仪表集团。

本部分主要起草人:欧阳劲松、王春喜、谢素芬、刘宽、黑伟亮、杜佳琳、王信红、包伟华、刘进、田英明、华镕、袁海峰、冯冬芹、刘枫、吕静、张渝、黄仁杰。

引　言

本部分为 FDT(现场设备工具)组件的开发者提供接口规范,FDT 组件用于客户端/服务器结构中的功能控制和数据访问。本部分是开发标准接口过程中的分析和设计的结果。这些标准接口易于多个制造商开发可无缝互操作的服务器和客户端。

将现场设备集成到控制系统中,需要执行一些其他任务。除了需要现场总线特定工具和设备特定工具外,还需将这些工具集成到更高层次系统范围内的规划或工程工具中。特别是,为了在大规模异构的控制系统中(典型地在过程工业领域)使用,明确定义易于使用的相关工程接口是非常重要的。

按照本部分创建的设备特定的软件组件称为设备类型管理器(DTM)。它通过本部分定义的 FDT 服务,将所有设备特定的数据、功能和业务规则都集成到系统中。

FDT/DTM 方法对所有类型的现场总线都是开放的,允许将各种设备集成到异构系统中。

图 1 给出了 GB/T 29618.2 在 GB/T 29618 标准结构中的位置。

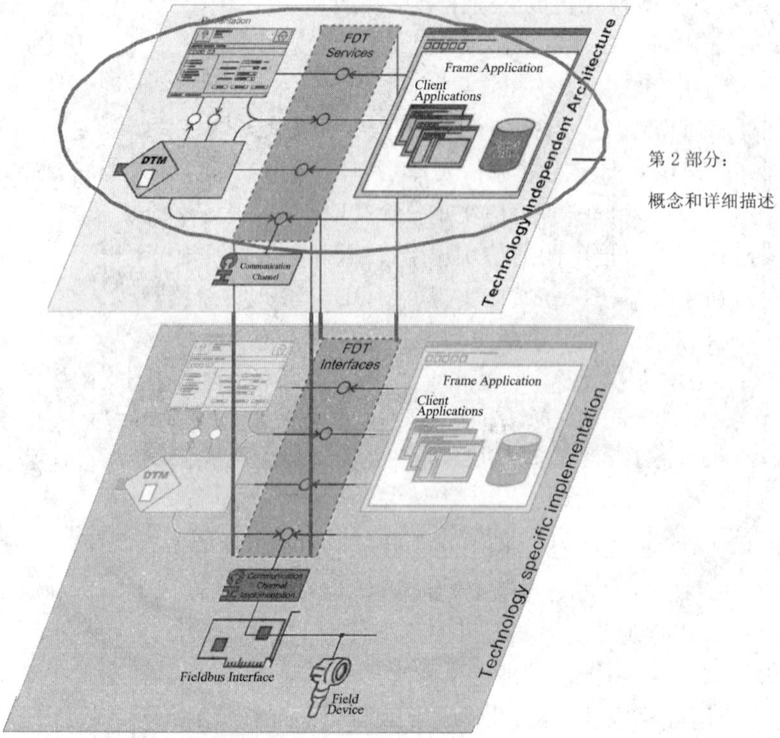

图 1　GB/T 29618 中的第 2 部分

现场设备工具(FDT)接口规范 第2部分:概念和详细描述

1 范围

GB/T 29618 的本部分规定了通用对象、通用对象行为和通用对象之间的交互,它们是 FDT 的基础。

本部分解释了现场设备工具概念的通用原则。本部分的原则适用于各种工业应用中,例如:工程系统、组态程序、监视和诊断应用等。

2 规范性引用文件

下列文件对于本文件的应用是必不可少的。凡是注日期的引用文件,仅注日期的版本适用于本文件。凡是不注日期的引用文件,其最新版本(包括所有的修改单)适用于本文件。

GB/T 29618.1—2013 现场设备工具(FDT)接口规范 第1部分:概述和导则(IEC 62453-1:2009,IDT)

GB/T 29618.41—2013 现场设备工具(FDT)接口规范 第41部分:对象模型集成规则 通用对象模型(IEC 62453-41:2009,IDT)

GB/T 29618.3xy(所有部分) 现场设备工具(FDT)接口规范 第3xy部分:通信行规集成(IEC 62453-3xy (所有部分),IDT)

GB/T 15969(所有部分) 可编程序控制器[IEC 61131(所有部分),IDT]

IEC/TR 62390:2005 通用自动化设备 行规导则(Common automation device—Profile guideline)

3 术语和定义、符号和缩略语和约定

3.1 术语和定义

GB/T 29618.1 界定的以及以下术语和定义适用于本文件。

3.1.1

FDT 版本 FDT version

相关技术特定组织定义的实现版本。

注:FDT 版本在 IEC/TR 62453-41 中规定。

3.1.2

整体式 DTM monolithic DTM

整体式 DTM 代表包含其所有模块的整个设备。

注:本规范中也包含表示设备模块的其他概念,例如模块 DTM(Module DTM)和 BTM。

3.2 符号和缩略语

DD Device description 设备描述

OODMS Object oriented database management system 面向对象的数据库管理系统

RDBMS　Relational database management system　关系数据库管理系统

3.3　约定

3.3.1　状态可用性声明

状态可用性声明使用[_]和[X]来声明在一个服务在某一特定状态下是否是可用的。表示的含义如下：

[_]"＜状态名称＞"在这种状态下的服务是不可用的；

[X]"＜状态名称＞"在这种状态下的服务是可用的。

3.3.2　数据类型名称和对数据类型的引用

A.1 中解释了对数据类型命名和引用的约定。

4　基本原理

4.1　概述

本条介绍 FDT 模型,并包含现场设备集成需求方面的内容。

4.2　抽象 FDT 模型

4.2.1　FDT 模型总览

图 2 给出了 FDT 定义的对象以及它们之间相互关系的总览。

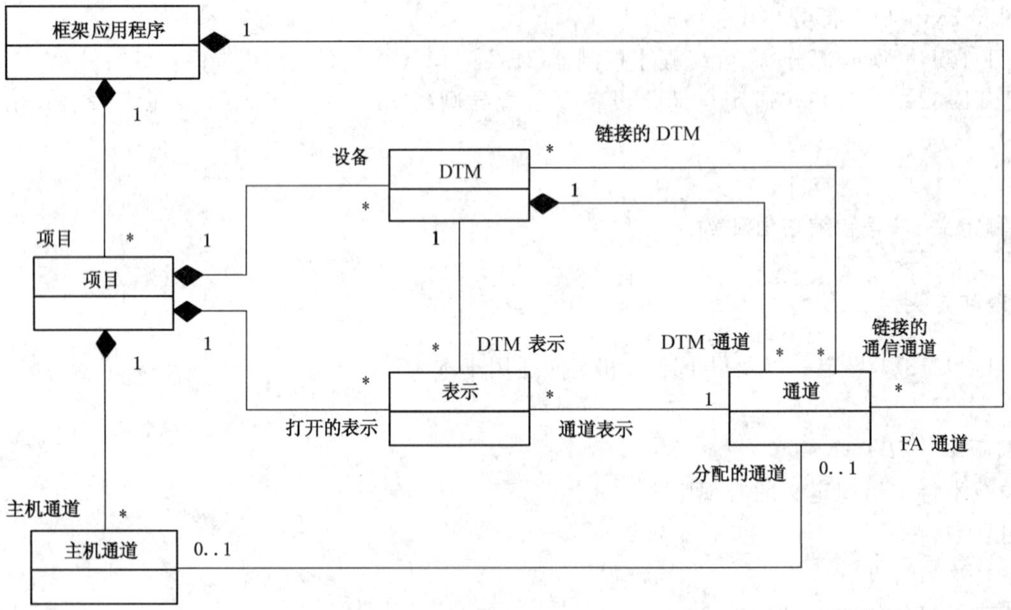

图 2　抽象 FDT 模型

表 1 包含所有对象的简要描述。随后章节将提供对象和相关服务的详细描述。

FDT 对象可全部在一个平台上执行,或者在分布式系统中执行。

为了数据交换以及对象之间的交互,使用附录 A 中定义的数据类型。这些数据类型的具体实现在 GB/T 29618.41 文档中定义。这些文档描述了到特定实现技术的映射。

表 1 FDT 对象描述

对象	描　述
框架应用程序 Frame Application	框架应用程序是一种表示环境的逻辑对象,例如,工程系统或独立的工具(见 4.2.2)。它控制项目中 DTM 实例的生命周期。 一个框架应用程序可处理几个项目
项目 Project	项目属于框架应用程序。 项目是一种描述设备实例管理的逻辑对象。它在框架应用程序中控制设备实例的生命周期和数据集。 项目只是框架应用程序的内部对象,因此 FDT 未定义任何项目的服务
主机通道 HostChannel	主机通道属于框架应用程序。 主机通道是一种表示主机系统一部分功能的逻辑对象,例如,DCS 或 PLC。 当需要设备 I/O 数据处理的附加信息时,主机通道是必需。例如:如果 DTM 或 BTM 数据引用了多个 I/O 值。 例如:一个八位位组常用于表示 8 个数字 I/O 点的状态值。在这些应用中,主机通道对象提供通道数据内容和各个过程 I/O 点之间的关联。 为了使周期 I/O 数据在一个框架应用程序中可用,设备的 I/O 功能块和过程值之间应具有关联。I/O 功能块的输入和输出用主机通道表示,过程值用通道表示。主机通道和通道之间的关联被称为通道分配。 主机通道只是框架应用程序的内部对象,所以 FDT 未定义任何主机通道的服务
DTM	DTM 是一种包含设备特定应用软件的软件组件。它封装了所有设备特定的数据、功能和业务规则。 DTM 一般不能单独运行。它需要框架应用程序(见 4.2.2)作为运行环境。 典型地,DTM 由设备制造商开发,并随设备一起提供。DTM 的软件设计决定了 DTM 是适用于一种特定的设备类型,还是适用于一组不同的设备类型或一个设备类型族。 安装在现场的每个设备由一个 DTM 对象来表示。因此,需要一个或几个 DTM 对象来处理不同的设备。DTM 被安装在系统中,这样通过为新的设备安装新的 DTM,可动态地扩展系统。 一个 DTM 可表示不同类型的设备,例如,现场设备、通信设备或网关设备(见 4.2.3)
BTM	BTM(见 4.2.3.6)用来表示设备中的柔性软件对象,如功能块。 这些软件块比软件模块具有更大的灵活性,例如,它们可在设备之间移动。 同样,协议也可要求将设备结构按块来进行模型化
表示 Presentation	表示对象(见 4.2.4)代表(可视的)用户界面。 表示对象属于 DTM、BTM 或通道
通道 Channel	通道对象有三种行为方式:作为通信通道,作为过程通道以及前述两种通道的组合(见 4.2.5)

表 2 解释了图 2 中给出的各种关联。

表 2 FDT 对象间关联的说明

关联	描　述
分配的通道 assigned channel	为了使周期 I/O 数据在框架应用程序中可用,设备的 I/O 功能块和过程值之间须具有关联。I/O 功能块由主机通道表示,过程值由通道表示。框架应用程序(项目)负责处理这种关联。 用例: ● 通道分配 服务: 信息服务 ■ DTM 服务:GetChannels ■ 通道服务:ReadChannelInformation 管理服务 ■ 通道服务:WriteChannelInformation 依赖服务 ■ 用于通道管理的专用 DTM 服务
通道表示 Channel presentation	表示对象的实例通过该关系与它们的通道对象(DTM 业务对象)的实例相关联。 用例: ■ 带有 DTM 特定 GUI 的所有通道用例 服务: 信息服务 (见 7.3) ■ 通道服务:GetChannelFuntions ■ 通道服务:GetGuiInformation 依赖服务: ■ 框架服务:OpenPresentationRequest ■ 框架服务:ClosePresentationRequest
设备 device	项目通过关联设备拥有 DTM 实例的列表。 项目的释放会导致所有关联 DTM 实例的释放。一个 DTM 实例不能存在于多个项目中。 用例: ■ 系统生成 ■ 系统规划 服务: 信息服务 ■ 框架服务:GetChildNodes 管理服务 ■ 与子拓扑管理相关的服务,见 7.6.2 ■ ValidateAddChild ■ ChildAdded ■ ValidateRemoveChild ■ ChildRemoved ■ 与拓扑管理相关的 FA 服务

表 2（续）

关联	描　　述
DTM 通道 DTM channel	DTM 可具有一个通道列表，这些通道通过 DTM 通道相关联。通道是 DTM 的一部分。 服务 信息服务 ■ 框架服务：GetChannels 管理服务 ■ 没有服务来管理该关联，通道实例的生命周期由 DTM 控制
DTM 表示 DTM presentation	表示对象的实例通过该关系与它们的 DTM 实例相关联。 用例： ■ 具有 DTM 特定 GUI 的所有 DTM 用例 服务： ■ 打开表示对象 ■ 关闭表示对象
FA 通道 FA channel	框架应用程序(项目)可具有一个通信通道的列表。没有服务来管理该关联。 见 4.2.2。
主机通道 host channel	FA 将 DTM 的过程通道映射到项目的内部 IO 管理。
链接的通信通道 linked communication channel	通过该关联给出 DTM 的拓扑结构。在拓扑树中，DTM 对象是通道的子节点。该关联给出了设备到通道的连接。 框架应用程序(项目)负责处理该关联。 服务： ■ 可通过 GetParentNodes 来探测所链接的通道 ■ SetLinkedCommunicationChannel ■ ReleaseLinkedCommunicationChannel
链接的 DTM linked DTM	通过该关联给出现场设备的拓扑。在拓扑树中，通道对象是设备的父节点。该关联给出了通道到设备的连接。 框架应用程序(项目)负责处理该关联。 服务： ■ 可以通过 GetChildNodes 检测所链接的 DTM ■ SetLinkedCommunicationChannel ■ ReleaseLinkedCommunicationChannel
打开的表示 opened presentation	打开的表示对象通过该关联链接到项目。 框架应用程序(项目)负责管理该关联
项目 project	一个框架应用程序可以创建和管理多个项目，这些项目通过“project”关联来连接。 框架应用程序(项目)负责处理该关联

4.2.2 框架应用程序(FA)

框架应用程序是 DTM 的运行环境。它提供 7.7 中描述的服务。寄宿的 DTM 可以使用这些服务。如果框架应用程序具有内置的通信功能，则它能提供通信通道(见 4.2.5.3)，这些通信通道提供访问现场总线的服务。在这种情况下，它具有对通信的完全控制，并能够执行低级操作，例如监视或过滤。不具有内置通信功能的框架应用程序则使用通信 DTM(见 4.2.3.2)。图 3 给出了框架应用程序和通信通道对象之间的关系。

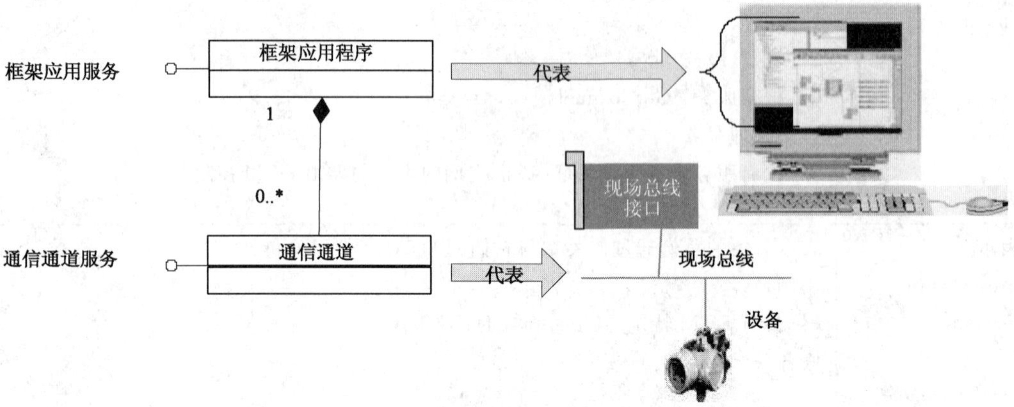

图 3 集成通信通道的框架应用程序

框架应用程序的通道对象表示从 FDT 特定通信到框架应用程序特定通信的网关。在框架应用程序一侧，通信通道可以是 PC I/O 板或带有处理单元和专用总线系统的工程化拓扑。

4.2.3 设备类型管理器(DTM)

4.2.3.1 DTM 概述

DTM 提供 7.2 中描述的服务(见图 4)。从框架应用程序角度看，所有管理相关和任务相关的与设备功能的交互都可通过这些服务获得。

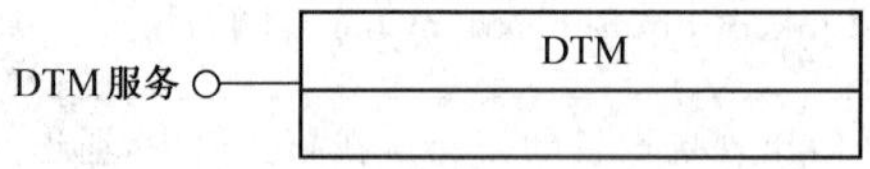

图 4 设备类型管理器(DTM)

DTM 可以表示带有数据类型 net:DtmDeviceInstanceTopology 的设备结构。该信息可通过 GetActiveTypeInfo 服务(见 7.2.3.4)来获得。设备的结构可以通过数据类型为 net:Module 的列表来描述。每一模块可具有多个属性，包括组态数据、过程通道和通信通道。

DTM 使用数据类型 fdt:DtmDeviceTypes 来公开所支持设备类型的列表(见 4.7.1)。

不同类型的设备，例如，通信设备、现场设备、模块，网关或块，由不同类型的 DTM 来表示。

4.2.3.2 通信 DTM(COMM-DTM)

通信 DTM 是一种特殊类型的 DTM，它含有用于特定通信硬件的应用软件。例如，它可支持波特率、起始位和停止位等组态设置。

通信 DTM 应提供通信通道(见 4.2.5.3)，这些通信通道提供访问现场总线的服务(见图 5)。

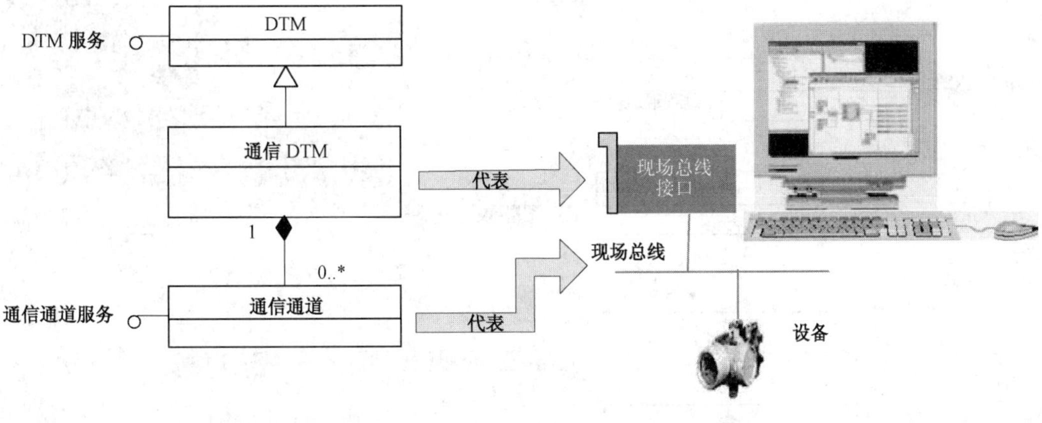

图5 通信DTM

与由框架应用程序(4.2.2)提供通道相比,DTM提供通信通道的好处在于:这些通信通道可集成到框架应用程序中,这样就能扩展系统可访问的协议的数量。这两种提供通信通道的方式可在框架应用程序中共存。

4.2.3.3 设备DTM

设备DTM含有用于"常规"现场设备(例如,压力变送器或阀)的应用软件。这种DTM支持设备的配置和参数化等功能,如图6所示。

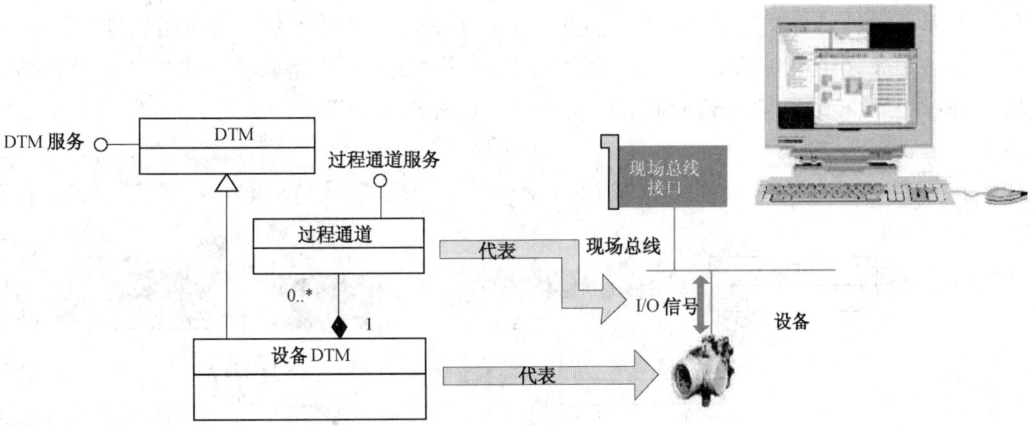

图6 设备DTM

如果要求设备的I/O信号或过程值对于主机系统是可访问的,则设备DTM应提供过程通道对象(见4.2.5.2)。

4.2.3.4 网关DTM

网关DTM是一种特殊类型的DTM,它含有用于链接现场总线的设备的应用软件(见图7)。

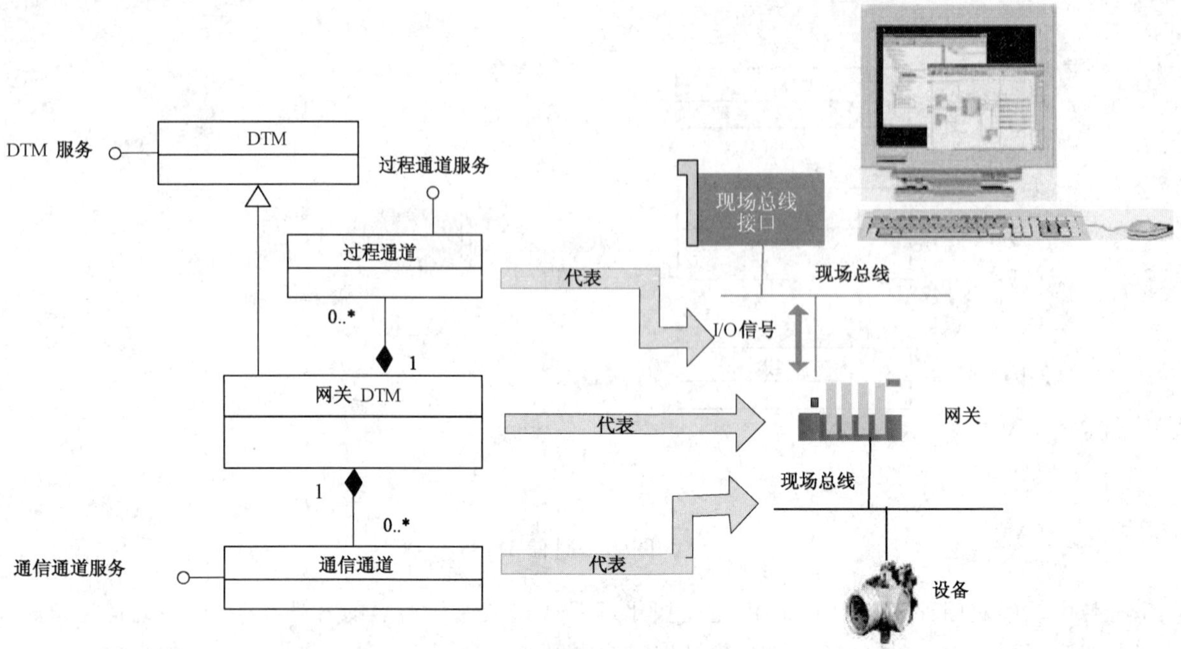

图 7　网关 DTM

这种 DTM 可被视为通信 DTM 和设备 DTM 的组合。如果要求网关的 I/O 信号或过程值对于主机系统是可访问的，则该 DTM 应提供通信通道(见 4.2.5.3)来实现对所链接的现场总线的访问，并为该 DTM 所连接的现场总线提供过程通道(见 4.2.5.2)。

4.2.3.5　模块 DTM

模块 DTM 是一种特殊类型的 DTM，它包含用于设备硬件或软件模块的应用软件(见图 8)。

一些设备被细分为模块和子模块。模块既可以是硬件模块也可以是软件模块。硬件模块插入到设备的物理槽上，例如 I/O 模块可插入到远程 I/O 设备中。这种模块化设备可由几个 DTM 表示，如图 8 所示。

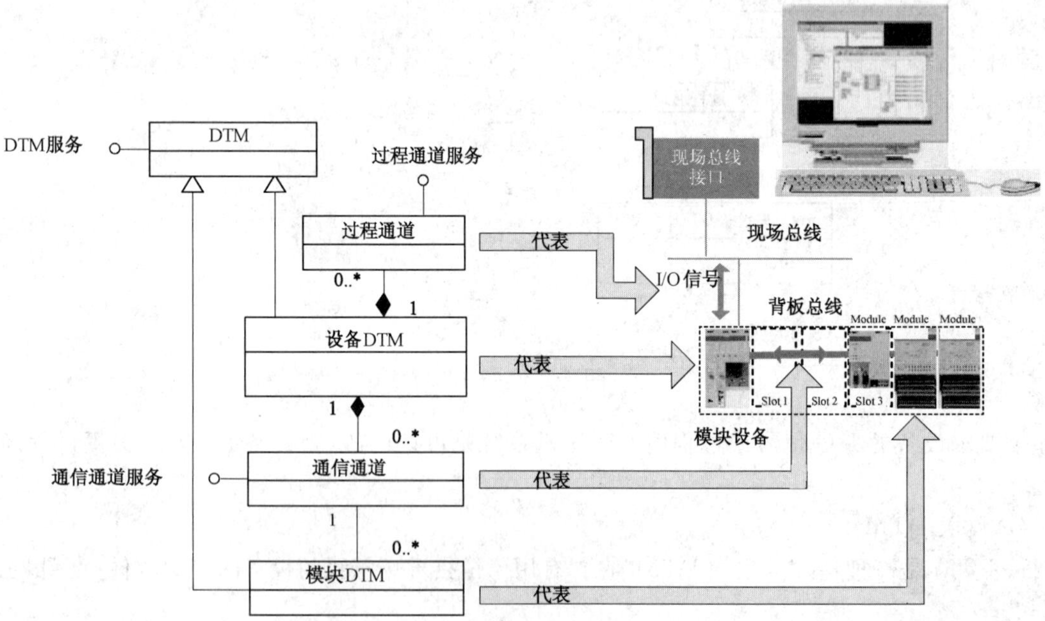

图 8　模块 DTM

设备 DTM 或网关 DTM 是整个设备表示的根元素。这种 DTM 应提供通信通道(见 4.2.5.3),以提供访问连接不同模块和子模块的背板总线的服务。用一个通道来表示整个背板总线,还是用多个通道来表示插入模块的各个槽,这取决于 DTM 软件的设计。

模块由模块 DTM 来表示。设备(或网关)DTM 和模块 DTM 通常由模块化设备供应商一起提供和交付。

模块 DTM 通过其通信通道连接到设备(或网关)DTM。模块 DTM 能够通过通信通道提供的服务与该模块进行通信。这种概念称为"嵌套通信",详细描述见 4.6。

如果模块 DTM 表示的模块是其他(链接的)现场总线的访问点,则模块 DTM 本身应该提供自身的通信通道。

4.2.3.6 块类型管理器(BTM)

BTM 是一种特殊类型的 DTM,它包含用于设备内部可访问对象(例如,功能块和资源块)的应用软件(见图 9)。

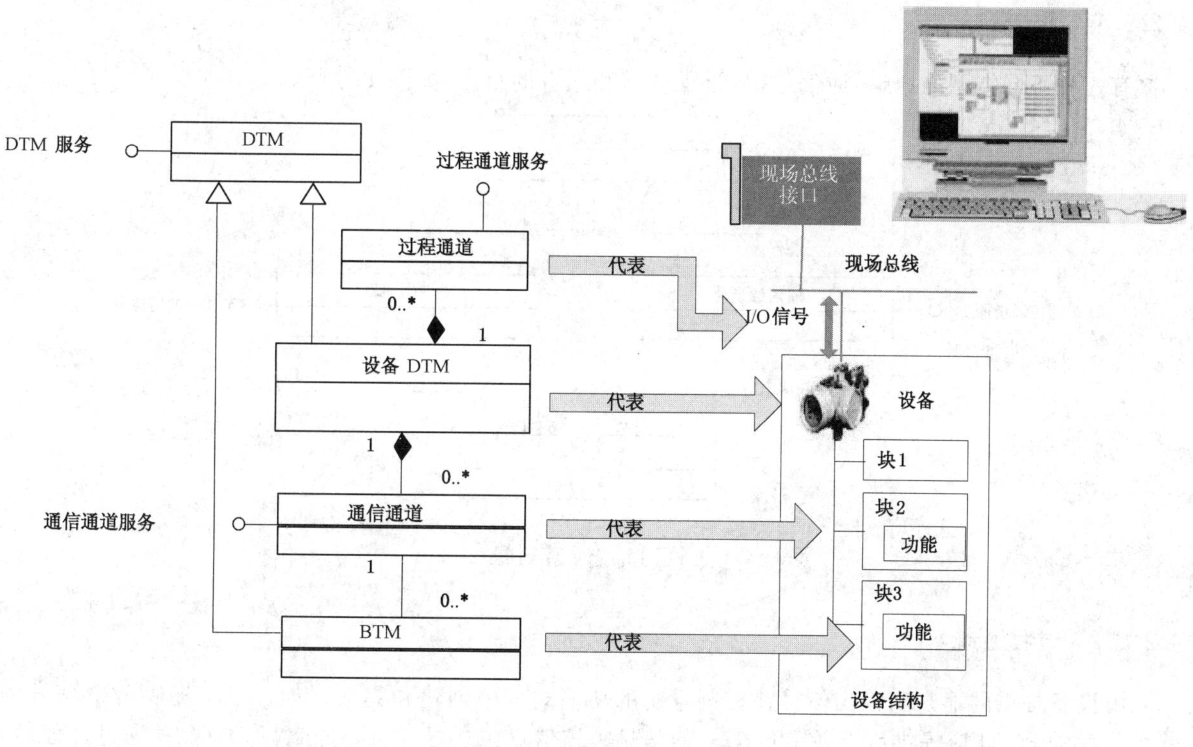

图 9 块类型管理器(BTM)

设备 DTM 或网关 DTM 是整个设备表示的根元素。这种 DTM 应提供通信通道(见 4.2.5.3),以提供访问设备中块信息的服务。

块由 BTM 表示。软件块比设备软件模块(见 4.2.3.5)更灵活,例如,标准化块可以在设备之间移动。设备(或网关)DTM 和设备特定块的 BTM 通常由设备供应商一起提供和交付。标准化块的 BTM 也可由第三方供应商提供。

BTM 通过设备(或网关)DTM 的通信通道连接到设备(或网关)DTM,BTM 可通过通信通道提供的服务与其自身块进行交互。该概念称为"嵌套通信",详细描述见 4.6。

BTM 的概念独立于现场总线协议。然而,协议可能要求将设备结构模型化为块。因此,是否使用及如何使用 BTM 概念来模型化设备结构在描述 FDT 中协议行规集成的GB/T 29618.3xy 中定义。

4.2.4 表示对象

每一设备特定对象(DTM、BTM 和通信通道)可与支持 7.3 中定义的服务的表示对象打包在一起,见图 10。

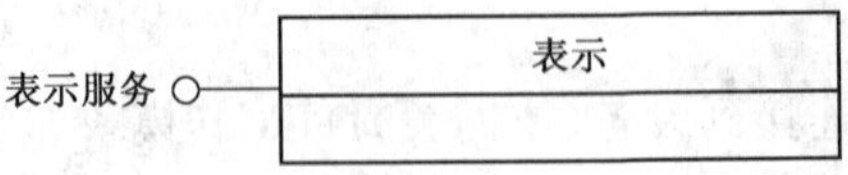

图 10 表示对象

这些表示对象是为业务对象提供图形化用户界面的实现特定的对象。

表示对象可以是一种集成到框架应用程序的 GUI 中的对象,也可以是一种运行于框架应用程序的 GUI 之外的对象(例如,单独的可执行程序)。

4.2.5 通道对象

4.2.5.1 通道概述

有三种不同类型的通道:通信通道、过程通道和两者的组合,如图 11 所示。

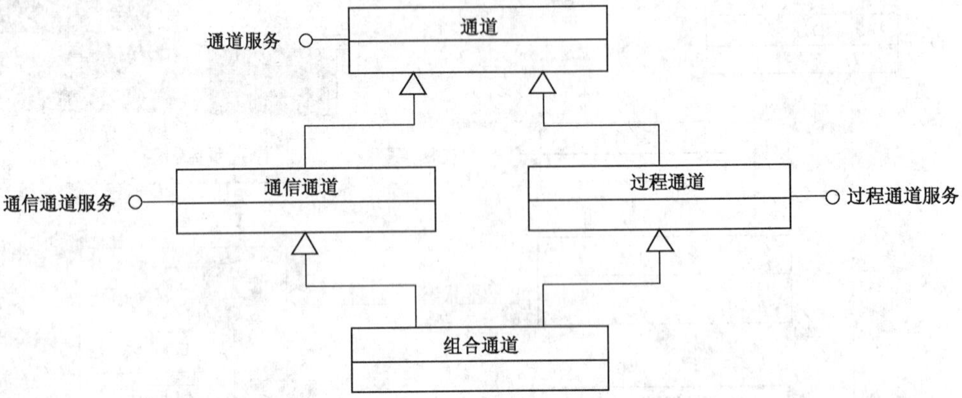

图 11 通道对象

4.2.5.2 过程通道

由设备提供的输入和输出信号在控制系统的功能规划中创建和集成。如果设备提供 I/O 信号,则其相关联的 DTM 应提供该设备 I/O 信号的信息。该信息包括寻址、信号和数据类型,并通过过程通道进行传递。该信息不包含当前 I/O 信号值。

过程通道支持 7.5 中定义的服务。这些服务提供对 I/O 信号信息(例如,寻址、信号和数据类型等)的访问,但不提供对当前 I/O 信号值的访问。

过程通道提供的 I/O 信号信息是协议特定的。过程通道应提供哪些信息在描述 FDT 中协议行规集成的 GB/T 29618.3xy 文档中定义。

I/O 信号的数量和类型可取决于设备组态。因此,过程通道的数量和所提供的信息也可取决于用户对设备的组态。框架应用程序能够通过 WriteChannelData 服务(见 7.5.1.2)来设置 ProtectedByChannelAssignent 参数,以通知 DTM 禁止进一步的更改,这是因为通道已集成到控制系统的功能规划中(HostChannel 已被分配)。在这种情况下,DTM 不应接受与该通道有关的任何更改。

4.2.5.3 通信通道

通信通道表示现场总线、制造商特定的背板总线,或点到点连接的入口点。它甚至可以表示设备内

块的逻辑通信。通信通道属于框架应用程序(见 4.2.2)或 DTM(见 4.2.3)

通信通道提供与通信硬件无关的服务。一般来说,协议特定服务一对一地映射到通道提供的服务。框架应用程序或 DTM 可以使用这些服务来与所连接的设备交换数据,或启动某个功能(例如,标识请求、设备复位、广播等)。4.6 中进一步描述了一般通信的概念。

通信通道应该能够处理到同一设备的几个连接,也可负责处理到不同设备的连接。它保证以对等连接的方式建立到某个设备的链接。通信通道应提供的服务在 7.6 中定义。纯粹的通信相关服务(见 7.6.1)只定义了与所连接设备交互的框架。服务应传递或返回的数据(参数)在描述 FDT 中协议行规集成的 GB/T 29618.3xy 文档中定义。GB/T 29618.3xy 文档。

对于制造商特定的协议(例如,背板总线或点到点),纯粹的通信相关服务(见 7.6.1)可由制造商特定服务替代。根据这种方法,只有由该制造商提供的 DTM 能相互通信,因此应定义一个制造商特定的总线类别(见 4.3)。对于制造商无关的现场总线协议,应提供描述 FDT 中协议行规集成的 GB/T 29618.3xy 文档并使用标准的通信服务。

4.2.5.4 过程通道和通信通道的组合

典型地,过程通道和通信通道的组合属于网关 DTM(见 4.2.3.4)。它表示通过网关设备所连接的现场总线可见的 I/O 信号。该 I/O 信号对应于所链接的现场总线上的循环通信。同时,这种通道表示到所链接现场总线(点到点连接)的入口点,如图 12 所示。

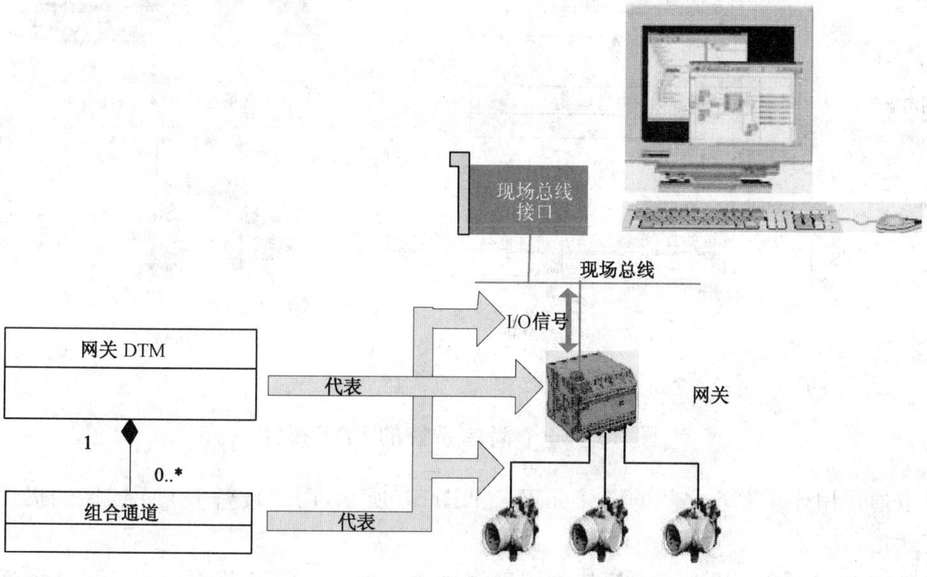

图 12 过程通道和通信通道的组合

换句话说,组合通道应既支持网关所连接现场总线的过程通道服务(见 7.5),也支持用于访问连接到所链接现场总线(或点到点连接)的设备的通信通道服务(见 7.6)。

4.3 模块性

不同现场总线协议使用不同的设备模型。FDT 支持以下不同方法来描述设备结构:

——DtmDeviceInstanceTopology;

——模块 DTM;

——BTM。

4.4 总线类别

DTM 公开所封装的协议特定定义的相关信息。通过 GetTypeInformation 服务(见 7.2.3.1)返回的信息包含所谓的总线类别。该总线类别是一个现场总线协议(或点到点通信)的全球唯一标识符。

FDT 概念区分支持的总线类别和要求的总线类别：

——支持的总线类别是指 DTM 提供协议特定的通信服务(对应的通信通道)来访问现场总线；

——要求的总线类别是指 DTM 要求协议特定的通信服务来与其设备交换数据。

4.5 系统和 FDT 拓扑

框架应用程序负责管理系统的拓扑结构。这意味着，框架应用程序应该在规划中组织访问设备的路由。DTM 应不必管理关于系统拓扑的任何信息。

系统拓扑管理是框架应用程序特定的。有些框架应用程序可能要求用户交互，其他的可能支持自动操作，如拓扑导入或现场总线扫描(见 6.2)。

DTM 公开所有要求的信息，例如名称、制造商、支持的设备类型的版本和相应的标识属性。这些信息使得框架应用程序(和用户)能够为设备选择适合的 DTM(见 7.2.3)。

框架应用程序根据系统拓扑结构来初始化并链接 DTM。DTM 的链接被称为 FDT 拓扑。图 13 给出了具有一个现场总线和两个连接设备的简单系统的 FDT 拓扑。

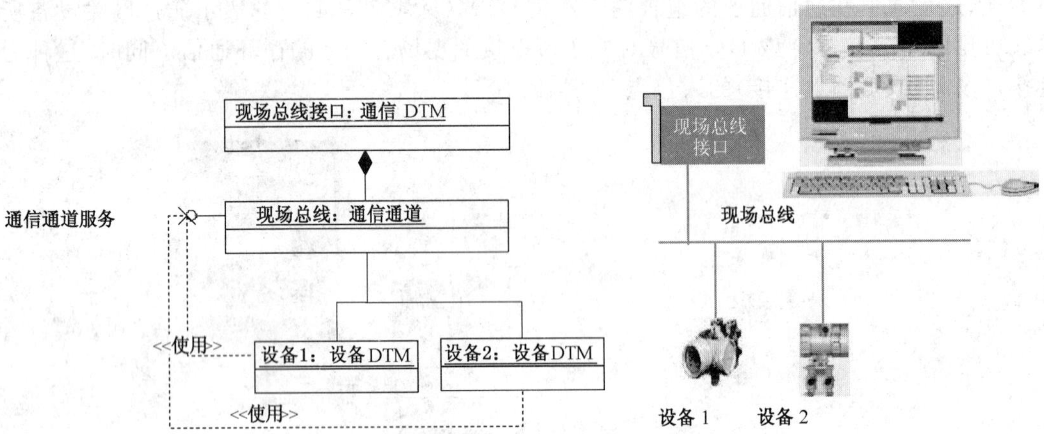

图 13 一个简单系统的 FDT 拓扑

通信通道通常用作 DTM 之间的链接元素。如图 13 所示，两个设备 DTM 链接到提供对现场总线访问的通信通道。

通信通道和 DTM 之间的链接由框架应用程序创建。然而，DTM 是否应该链接须由通信通道最终决定。在创建链接之前，框架应用程序需要调用 ValidateAddChild 服务(见 7.6.2.1)。通信通道应至少检查被链接的 DTM 所要求的总线类别是否与其自身所支持的总线类别相符。如果不相符，则应该链接被拒绝。另外，通信通道可执行额外的检查，例如所链接 DTM 的数量是否超过了限制。8.1 中的序列图更详细的描述了这种顺序。

不论是通信通道(或对应的 DTM)还是所链接的 DTM 都不必管理拓扑信息。框架应用程序支持通过 GetParentNodes 服务(7.7.3.5)和 GetChildNodes 服务来请求拓扑信息(7.7.3.6)。

对于具有网关、模块化设备和带块设备的更复杂系统，其 FDT 拓扑管理采用相同方式。

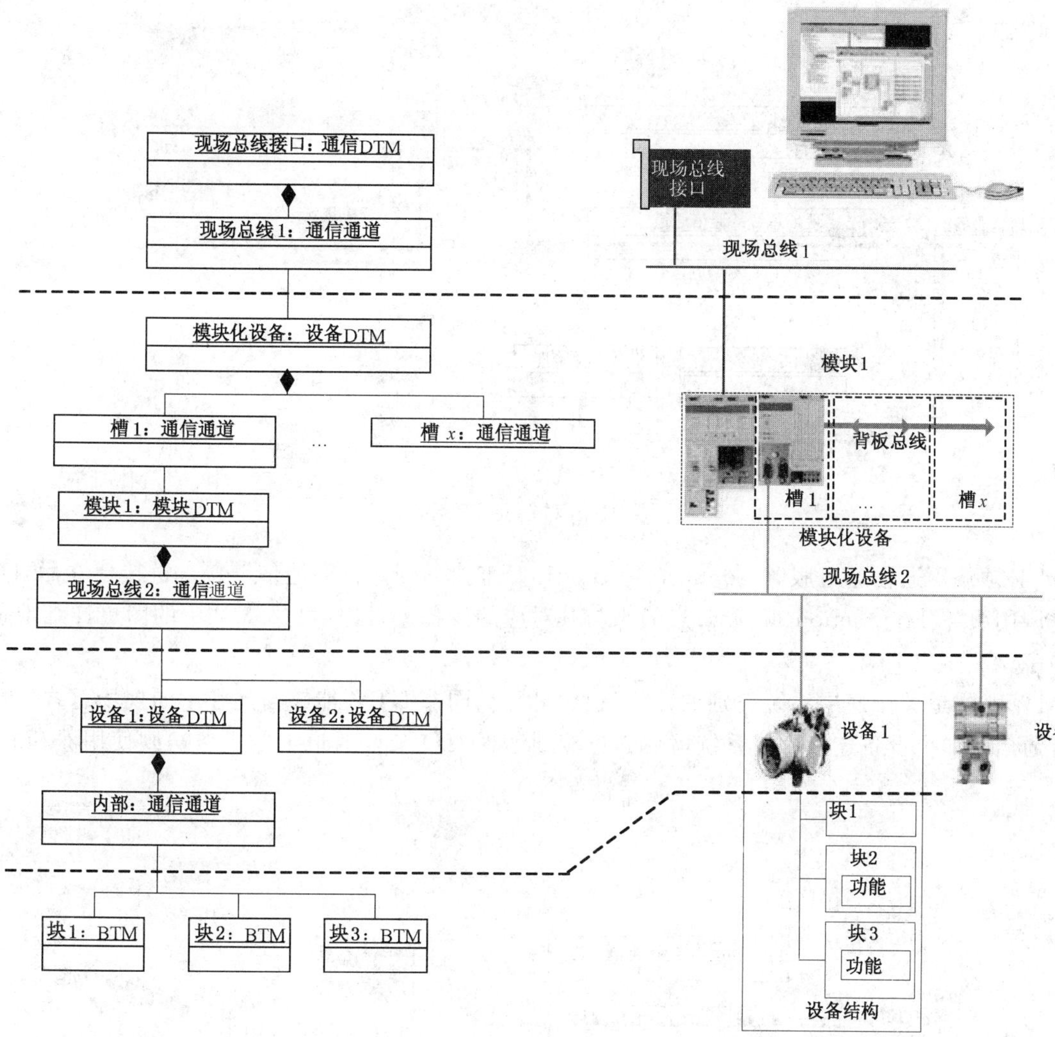

图 14　复杂系统拓扑的 FDT 拓扑

从根部开始，所有 DTM 都按照物理系统的拓扑结构通过通信通道进行链接。

由多个 DTM(例如，图 14 中的模块化设备和设备 1 的 DTM)表示的设备的根元素 DTM 可支持 FDT 子拓扑的自动创建，FDT 子拓扑对应于整个设备结构。框架应用程序支持 CreateChild(见 7.7.3.2)、DeleteChild(见 7.7.3.3)和 MoveChild(7.7.3.4)服务，以使得 DTM 能够更改 FDT 拓扑。

4.6　对等通信和嵌套通信

框架应用程序在任何情况下都必须提供 DTM 和设备之间的对等连接。

DTM 与其设备间能否进行通信由框架应用程序来控制。框架应用程序必须通过调用 SetLinked-CommunicationChannel 服务(见 7.2.4.2)来传递通信通道以使用该 DTM，并以 TRUE 调用 Enabled-Communication 服务(见 7.2.4.3)以允许通信。为了访问设备，DTM 使用通信通道服务(见 7.6.1)如图 15 所示。

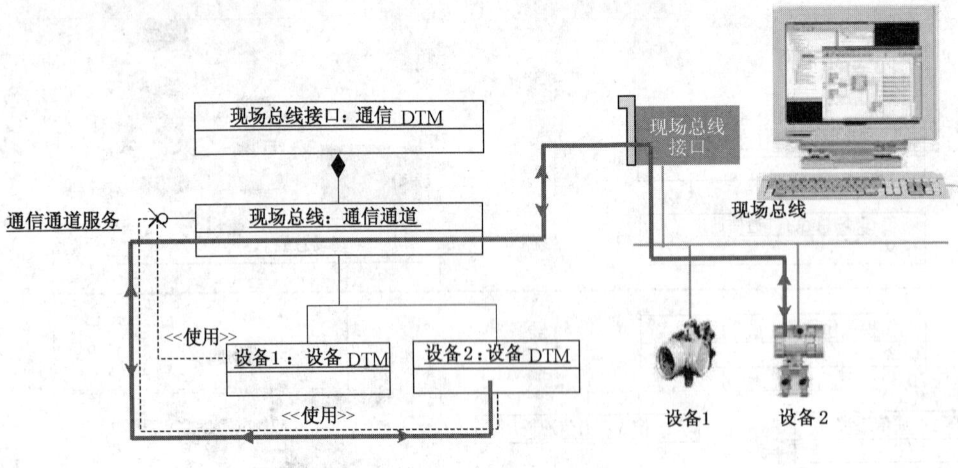

图 15　对等通信

DTM 必须调用通信通道服务 Connect（见 7.6.1.2）来建立到设备的通信链接。链接建立后，DTM 可以通过调用服务 Transaction（见 7.6.1.6）来与其对应的设备进行通信。8.3.2 中的图更详细地描述了这种顺序。

DTM 不必知道关于底层系统类别的任何信息。因此，同一 DTM 能够与连在不同现场总线接口的设备进行通信。如果设备连接到子系统（例如，连接到远程 I/O 某一通道上的设备），则使用嵌套通信，见图 16。

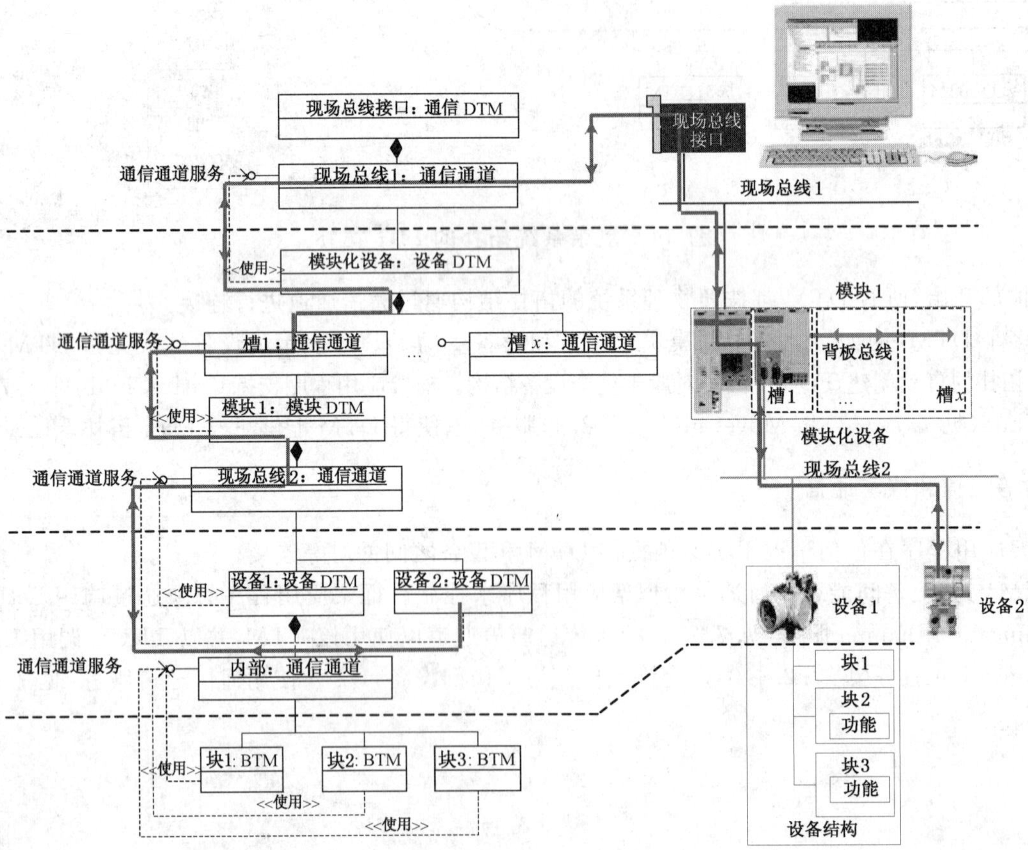

图 16　嵌套通信

从根部开始，框架应用程序应将所链接的通信通道传递给所有 DTM，以使这些 DTM 能够与其设备进行通信。与对等通信相似，所有 DTM 简单地使用通信通道服务来与其设备进行通信而不必知道嵌套通信(例如，图 16 中设备 2 的 DTM)。8.3.3 中的图更详细地描述了这种顺序。

FDT 中的通信遵循以下概念：

——每一通信通道封装来自其下层所链接 DTM 的通信报文，不必知道其内容；

——通信通道下层所链接的 DTM 不知道关于系统拓扑的任何信息；

——DTM 应只支持其自身的通信协议；

——通过任何系统拓扑的通信/路由是可能的，没有限制。

4.7 DTM、DTM 设备类型和硬件标识信息

4.7.1 DTM 和 DTM 设备类型

DTM 支持两种服务来请求关于自身的信息和所支持设备类型的信息(见图 17)。通常，框架应用程序使用这种信息来创建库，在创建 FDT 拓扑过程中选择 DTM，或进行简单的验证。

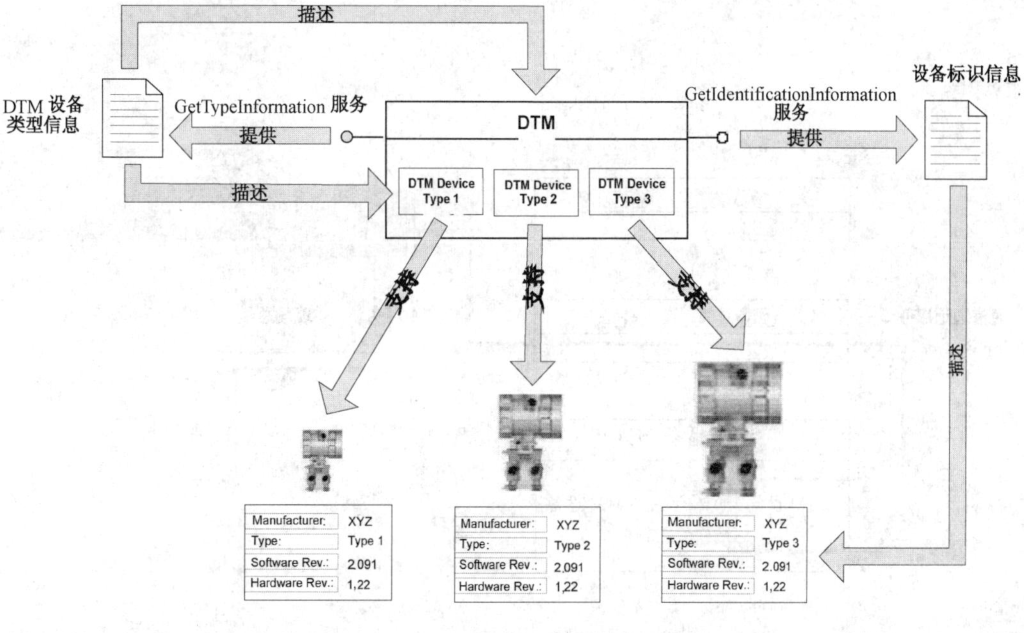

图 17 DTM、DTM 设备类型和设备标识信息

DTM 是包含设备特定应用软件的软件组件。GetTypeInformation(见 7.2.3.1)服务返回关于这种软件的通用信息，例如软件的名称、版本和制造商、FDT 版本(也见 4.12)，以及所支持设备类型的列表。

DTM 中特定设备类型的表示被称为 DTM 设备类型。一个 DTM 可以包含一个或多个 DTM 设备类型。DTM 设备类型具体的设计和实现超出了 FDT 的范围，但是 GetTypeInformation 服务也返回关于这些软件的相关信息，例如名称、版本、制造商、所支持的协议等。

当框架应用程序添加一个 DTM 到 FDT 拓扑时，它选择一种支持的 DTM 设备类型(见 7.2.4.1，Initialize 服务)。DTM 应在其实例化数据中保持该选择不变，以便当表示同一设备的 DTM 在下次初始化时恢复该信息。DTM 应通过 GetActiveTypeInfo 服务(见 7.2.3.4)来提供关于所选的 DTM 设备类型的信息。该服务应总是返回当前的 DTM 设备类型。如果更新了 DTM，则新的 DTM 应返回更新了的 DTM 设备类型信息。

4.7.2 支持的硬件标识

由DTM设备类型处理的物理设备类型的有关信息可由GetIdentificationInformation服务(见7.2.3.2)返回。例如,设备的制造商、类型、硬件和嵌入的软件版本。DTM甚至可以为一些特定设备标识元素返回通配符,以表示DTM设备类型可用于与通配符相匹配的所有设备。例如,用于硬件版本的字符星号“*”表示DTM设备类型支持所有的硬件版本。

GetIdentificationInformation服务返回的信息是现场总线特定的,因此在描述FDT中协议行规集成的GB/T 29618.3xy文档中定义。然而,FDT定义了将信息转换为协议无关格式的方法,以允许没有协议特定信息的框架应用程序使用它。这种转换是实现技术相关的,因此在描述映射到特定实现技术的GB/T 29618.4x文档中定义。

4.7.3 所连接硬件的标识

此外,DTM支持HardwareInformation服务(见7.2.3.3)以允许在线读取所连接设备的设备信息,见图18。

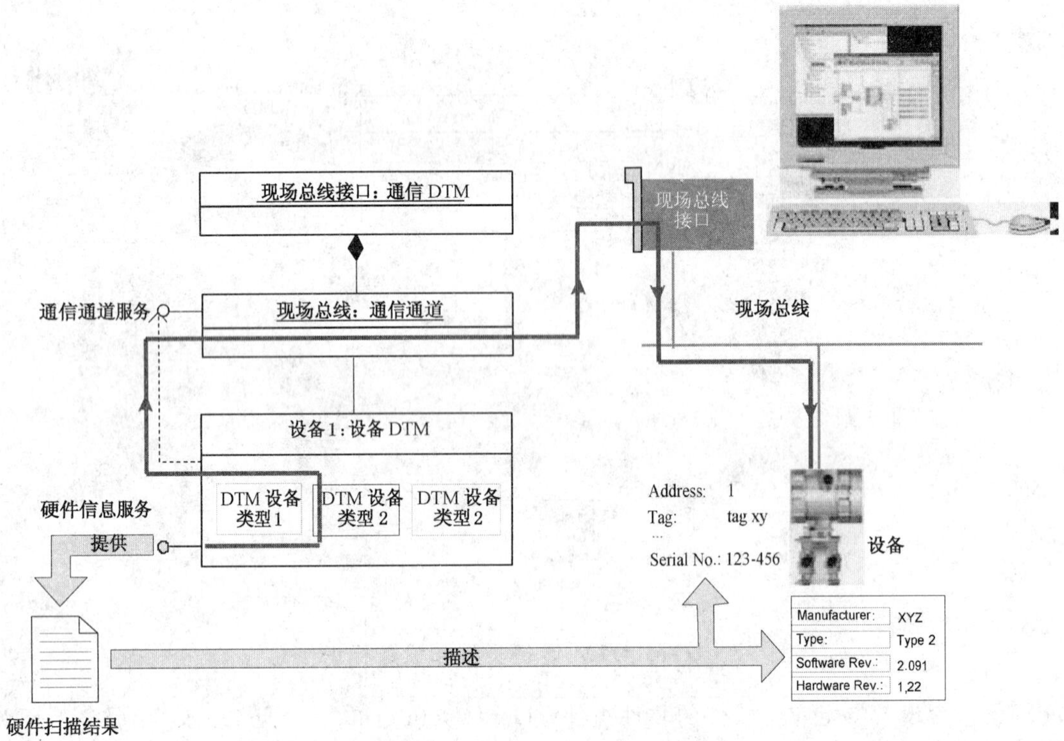

图18 已连接硬件的标识

该服务返回设备类型相关的信息(如制造商、类型、硬件和嵌入软件的版本)以及设备实例相关的信息(如现场总线地址、位号和序列号)。与GetIdentificationInformation(见7.2.3.2)返回的信息相似,该信息也是现场总线特定的。因此,具体格式和到协议无关格式的转换也在描述FDT中协议行规集成的GB/T 29618.3xy文档中定义。见6.2.4和6.2.5中的示例。

4.8 DTM数据永久存储和同步

有三种DTM相关的数据:

——实例相关数据(称为“实例数据”)。实例相关数据属于DTM本身。由DTM决定存储哪些数据,但DTM必须保证通过装载这些数据能够表示已存储的设备实例;

——非实例相关数据。非实例相关数据属于某个项目，或者是全局的或 DTM 设备类型特定的；

——批量数据。DTM 特定的数据，例如，历史数据、临时数据。

所有类型的数据格式是 DTM 特定的，但 DTM 应给出一个全球唯一标识符来指定存储实例数据所使用的格式。另外，DTM 应提供其能够装载的兼容数据格式的一个列表。这些格式标识符包含在 GetTypeInformation(见 7.2.3.1)返回的 DTM 设备类型信息中。在 DTM 软件升级(见 8.9)后，框架应用程序可以使用这种格式标识符来找到正确的 DTM。

FDT 中定义了两种类型的 DTM 数据永久存储机制。DTM 应使用框架应用程序项目的存储区，或使用专用的 DTM 存储区，见图 19。

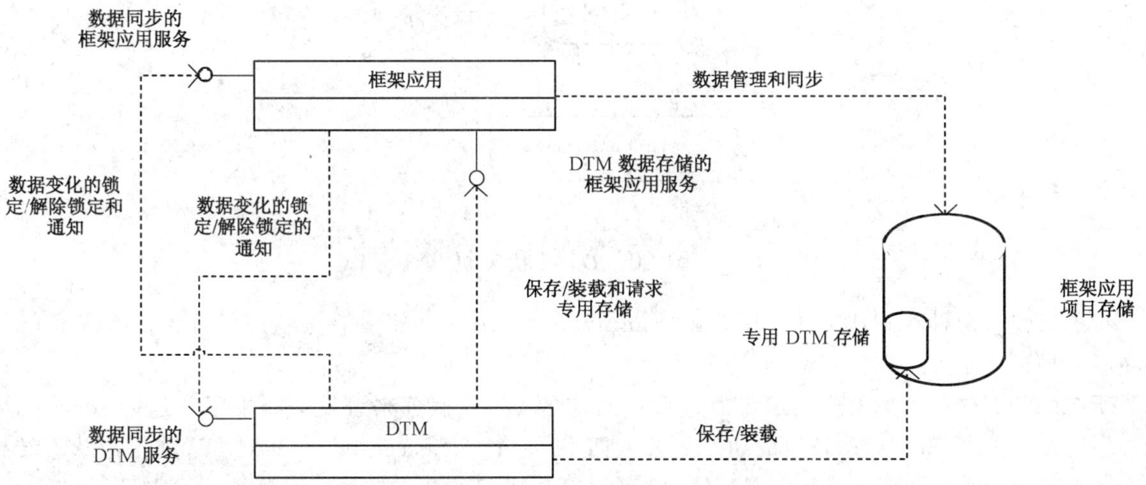

图 19 **FDT 存储和同步机制**

LoadInstanceData 服务(见 7.7.5.1)和 SaveInstanceData 服务(见 7.7.5.2)使 DTM 能够将实例相关的数据保存和装载到框架应用程序项目的存储区中。框架应用程序必须保证多用户和多客户端数据访问的数据一致性。DTM 应使用“DTM 数据同步框架应用程序服务”，以尝试在实例相关的数据更改前锁定它。框架应用程序应使用“数据同步相关的 DTM 服务”，以通知 DTM 相关事件，例如：数据是否被其他 DTM 实例锁定。多用户情况见 8.5。

GetPrivateDtmStorageInformantion 服务(见 7.7.5.3)返回专用 DTM 存储区的相关信息。专用 DTM 存储区由 DTM 直接访问，而无须使用框架应用程序提供的其他服务。专用 DTM 存储区允许 DTM 保存实例相关的、非实例相关的和批量数据。DTM 本身必须保证多用户和多客户端数据访问的数据一致性。框架应用程序负责为专用 DTM 存储区创建备份策略。

如果专用 DTM 存储区不可用，则 DTM 应能工作而不受任何不良影响。应该确保由 SaveInstanceData(见 7.7.5.1)和 LoadInstanceData(见 7.7.5.2)服务管理的实例数据不受影响。

专用 DTM 存储机制是与实现技术相关的，因此在规定到特定技术映射的 GB/T 29618.4x 文档中定义。

4.9 DTM 设备参数访问

DTM 支持对存储在 DTM 实例数据中的设备参数的读写服务(见 7.2.8)，也支持对所连接设备的直接读写服务(见 7.2.10)。

可获得哪些设备参数取决于 DTM，并与设备类型和现场总线类型有关。设备参数提供了语义信息(见表 A.4 的 SemanticId)。例如，通过使用这些信息，框架应用程序能够获得关于单个参数或数据结构的含义和用法的信息。标识符的定义是协议特定的，因此在描述 FDT 中协议行规集成的 GB/T 29618.3xy 规范中定义。

4.10 DTM 状态机

4.10.1 DTM 状态

图 20 定义了 DTM 的不同状态。

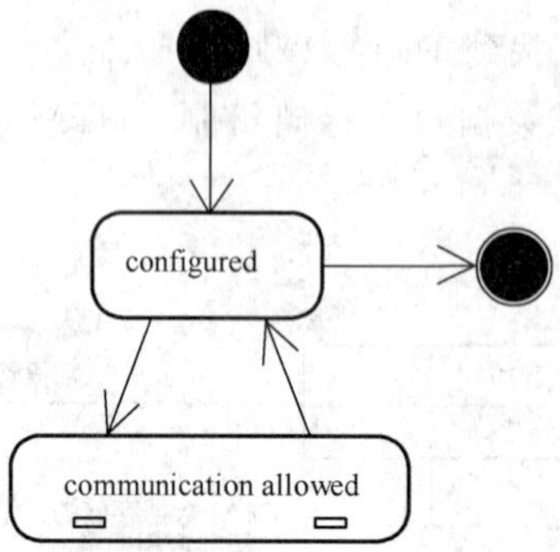

图 20 DTM 状态机

状态机包含两种状态:"configured"和"communicationAllowed"。在某状态下可获得哪些 DTM 服务在服务描述中定义,见第 7 章。

所有的状态转换由框架应用程序通过调用对应的 DTM 服务来触发。如果服务返回 fdt:serviceSucceeded = TRUE,则状态转换成功。如果返回 fdt:serviceSucceeded = FALSE,则拒绝状态转换,且 DTM 保持它的前一个状态。在哪些情况下允许 DTM 拒绝状态转换在服务描述中定义。

状态转换:初始状态— "configured"状态

应该调用 Initialize 服务(见 7.2.4.1)以使 DTM 从初始状态进入到"configured"状态。

状态转换:"configured"状态—"communicationAllowed"状态

应该以 TRUE 为参数值调用 EnableCommunication 服务(见 7.2.4.3),以使 DTM 从"configured"状态进入到"communicationAllowed"状态。这种调用的先决条件是,框架应用程序已通过调用 SetLinkedCommunicationChannel 服务(见 7.2.4.2)来将通信的基础结构通知给 DTM。

只有在该状态下,才允许 DTM 通过调用其链接的通信通道的 Connect 服务(见 7.6.1.2)来建立到其设备的通信链接。该状态的子状态在通信状态机里描述(见 4.10.2)。

状态转换: "communicationAllowed"状态—"configured"状态

应该以 FALSE 为参数值调用 EnableCommunication 服务,以使 DTM 从"communicationAllowed"状态进入"configured"状态。

状态转换:"configured"状态—最终状态

应该调用 Terminate 服务(见 7.2.4.6),以使 DTM 从"configured"状态进入其最终状态。

表 3 给出了这些转换的总览。

表 3 DTM 状态转换

开始状态	结束状态	触发	条件
初始状态	configured	Initialize	
configured	communicationAllowed	EnableCommunication(TRUE)	DTM 可用的通信基础结构
communicationAllowed	configured	EnableCommunication(FALSE)	
configured	最终状态	Terminate	

4.10.2 "communicationAllowed"子状态

该状态机描述了 DTM 状态"communicationAllowed"中的子状态(见图 21)。

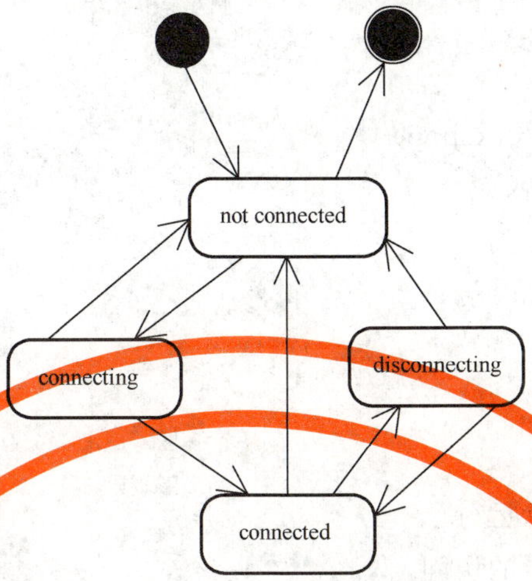

图 21 允许通信的子状态

表 4 提供了 DTM"communicationAllowed"子状态转换的描述。

表 4 DTM"communicationAllowed"的子状态转换

开始状态	结束状态	触发	条件	动作
notConnected	connecting	DTM Online 服务的触发		Connect 请求
connecting	notConnected		连接不能建立	
connecting	connected	Connect 响应		
connected	notConnected	连接被通信终止		
connected	disconnecting	DTM 的 Online 服务结束		Disconnect 服务
disconnected	connected		连接不能终止	
disconnected	disconnected	DisConnect 响应		

4.11 基本操作阶段

4.11.1 角色和访问权限

当框架应用程序启动 DTM 后,将用户角色传递给 DTM,DTM 应该按照角色限制对参数的访问。功能的可用性和用户界面的界面也可调整。

例如:

- 观察者不能访问校准功能;
- 观察者不应该修改参数。

见 5.2。

4.11.2 操作阶段

如果框架应用程序向 DTM 请求可用的功能,它传递操作阶段,DTM 使用操作阶段可改变功能的可用性和用户界面的界面。

共有5个操作阶段：

- 工程化(Engineering)
  对现场进行规划和配置，
  不能在线访问；
- 调试(Commissioning，Workshop)
  安装现场基础设施和设备，
  扫描网络以验证规划的网络，
  将项目数据下载到现场，
  设备的编程、诊断，
  参数调整；
- 运行(Runtime)
  现场已完成调试并且开始运行，
  对组态和参数化数据受限的访问，
  扫描以验证网络，
  替换有缺陷的设备，
  读取过程值和诊断信息；
- 服务(Service)
  该操作阶段用于服务工具框架应用程序。
  扫描以创建拓扑，
  扫描以验证网络，
  所有服务相关的操作，
  对设备无限制的访问；
- 不支持(Not supported)
  应用不支持以上定义的操作阶段。
  如果框架应用程序传递"not supported"，则DTM应提供所有的功能。
  表5描述了在不同框架应用程序类型中操作阶段的使用。

表5 操作阶段

系统框架应用程序	服务工具框架应用程序	其他框架应用程序
Engineering	Service	notSupported
Commissioning		
Runtime		

例如，DTM允许维护执行者在调试阶段进行完全在线参数化，但在运行阶段，它不允许在线参数化或只允许对某些参数进行在线参数化。

4.12 FDT版本互操作性

4.12.1 版本互操作性概述

FDT是基于组件的概念，会不断增强为改进的新版本。相反，控制系统环境典型地可运行10～15

年。如果必须替换控制系统中的硬件和软件组件,则可能出现设计为不同 FDT 版本的组件的混合使用。

这引出了一个问题,即不同 FDT 版本的组件如何协同工作。

本条主要处理关于 FDT 版本互操作性的两个主题:

1) 持续性

新版本的 FDT 组件(框架应用程序和 DTM)应该能够装载老版本的实例数据。

2) 组件互操作性

不同 FDT 版本的组件应该能正确地互操作。新 FDT 版本的 DTM 应能在老版本框架应用程序中运行,反之亦然。即使设备 DTM 和通信 DTM 的 FDT 版本不同,也应能进行通信。这些组件的交互是技术相关的,因此在 GB/T 29618.4x 文档中详细定义。

对将来的 FDT 增强版本的一个限制条件是要确保不同 FDT 版本的最大兼容性。这使得原先为不同 FDT 版本设计的 FDT 组件能获得最大的互操作性。

在 GB/T 29618.4x 文档中,FDT 关心两个不同层次上的版本互操作性。

1) 规范层次

FDT 规范的目标是不同规范的完全兼容性。适当设计的 FDT 组件无需额外的实现就可以获得兼容性。

2) 实现层次

在 GB/T 29618.4x 文档中,FDT 版本由主、次、发布和构建版本号组成,例如:1.2.0.3 中 1 为主版本号,2 为次版本号,0 为发布版本号,3 为构建版本号。关于主版本号,兼容性的定义稍有不同:

- GB/T 29618.4x 规范确保具有相同 FDT 主版本号的 FDT 组件之间的兼容性;
- 具有不同 FDT 次版本号、发布版本号和构建版本号的 FDT 组件之间的兼容性,可以通过额外的代码途径来获得。FDT 提供所需的信息和机制来支持该层次上的完全兼容性。如果新的功能添加到 FDT 规范中,则根据其适度的重要性来增加次版本号或发布版本号。如果规范或类型库中存在必要的错误修复,则增加构建版本号。

4.12.2 DTM 和设备版本号

为新的 FDT 主版本提供新的 DTM 时,强烈推荐使用新的注册信息(见 7.2.2)。如果 DTM 的注册信息发生改变,则 FDT GB/T 29618.4x 将提供升级到新版本的机制。

在设备类别中,新的 DTM 版本能够提供与旧 DTM 版本设备相同的列表或子集。这种情况下,FDT 框架应用程序将处理 DTM 的两个版本,就像其他 DTM 能够将同一现场设备处理为两个不同的 DTM 一样。

没有使用新注册信息的高 FDT 版本的 DTM,应该至少支持该 DTM 早期版本所支持的所有 DTM 设备类型。

4.12.3 永久性

如果框架应用程序的版本发生改变,或者 DTM 的版本发生改变,永久性(已存储项目的装载)可能成为问题。

即使 DTM 版本已经改变,框架应用程序应该能够装载旧的实例数据,并为 DTM 提供未更改的实例数据。只要 DTM 的注册信息没有改变,DTM 应该能够装载旧的实例数据。如果 DTM 的注册信息已经改变,FDT 将提供 GB/T 29618.4x 文档中定义的与技术相关的机制来升级为新的 DTM。通过这种方式，有可能将DTM已有的旧的实例数据装载到另一个DTM对象中。新的DTM负责对实例数据的相应转换。

新的DTM应该提供它能够装载的DTM实例数据相关的信息(数据集的兼容性)。它应该支持旧DTM的所有DTM设备类型。如果框架应用程序识别出新的DTM，它可以通知用户(例如，“一个新的可兼容的DTM已经安装，你想使用新的版本替换旧的版本吗?”)。如果得到用户确认，则新的DTM将被实例化以取代旧的DTM，并装载和转换旧的实例数据。

4.12.4 嵌套通信

4.12.4.1 嵌套通信概述

因为按照FDT的拓扑，DTM可串接在一起，它们需要正确地通信。因为所涉及的DTM可能支持不同的FDT版本，应该考虑以下的限制。

4.12.4.2 信息交换

通过通信服务交换的信息可包含与版本相关的参数。

因此，DTM应该只按照其父组件的FDT版本来使用通信服务参数。父组件的版本信息应该在Connect服务(见7.6.1.2)的响应信息中提供。然后，DTM应该只使用与该FDT版本兼容的通信参数。

4.12.4.3 通信通道升级

如果通信通道升级为更高的次版本，则它应该支持旧的FDT次版本。这是因为其已有的一些子对象可能不支持更高次版本的接口。

4.12.4.4 版本兼容性

在嵌套通信中，网关DTM返回的版本号取决于其父组件的功能。

如果网关DTM的版本号比父组件的版本号高，则网关DTM：

- 应该返回与父组件相同的版本号，并按照该版本号提供功能；或
- 在可能的情况下，应提供更高的功能。网关DTM应保证所有要求的功能由其父组件提供。

5 FDT会话模型和用例

5.1 会话模型概述

本条描述了在设计FDT规范时所考虑的用例。框架应用程序可只支持这些用例的子集，也可支持未在本条中定义的其他用例。

图22给出了主要的用例。

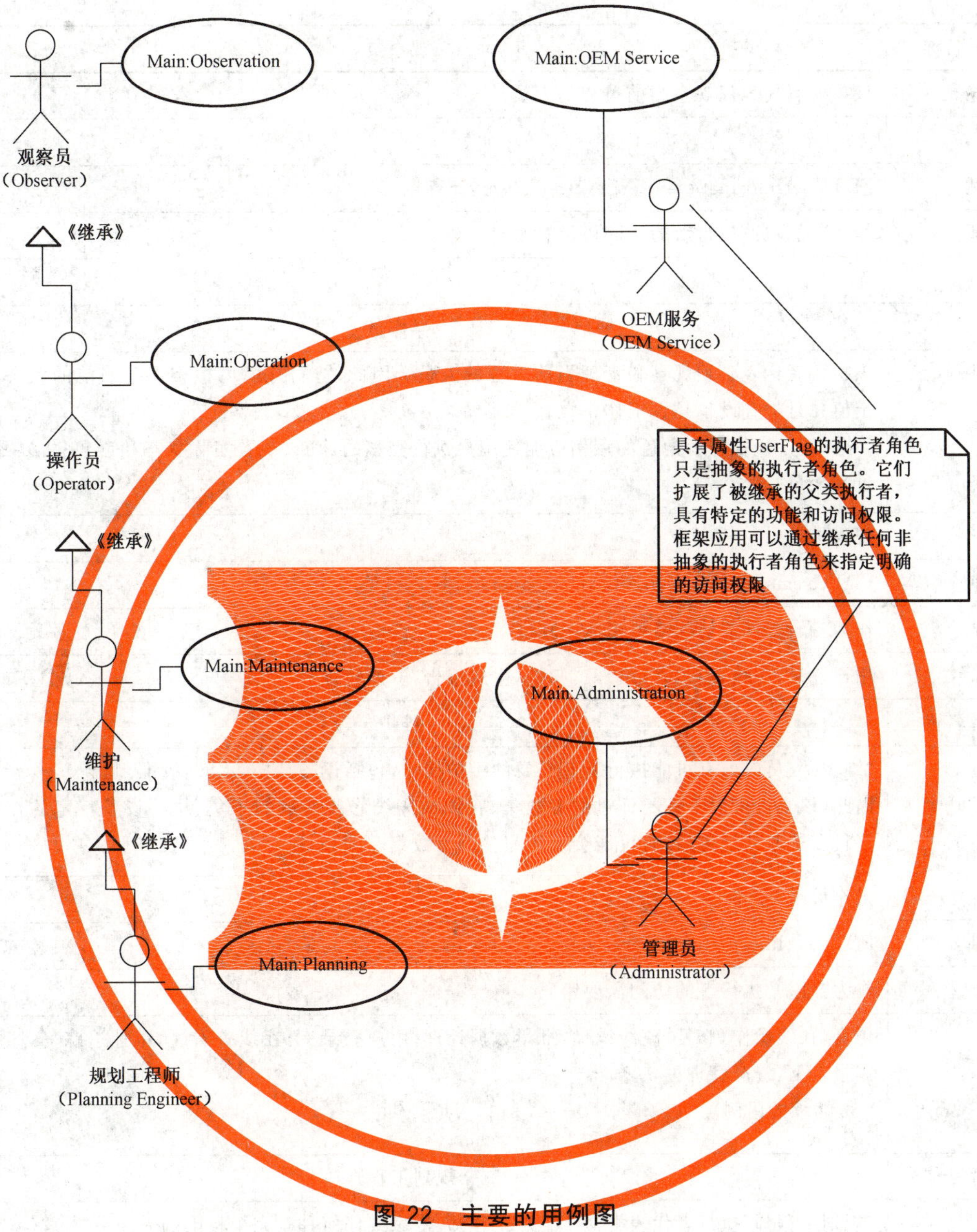

图 22　主要的用例图

以下几条中定义了用例的细节，包括文字描述和一些必要场景。

5.2　执行者

上述用例图中的执行者类型以层次化的方式构造。

“维护(Maintenance)”执行者继承“操作员(Operator)”执行者。“规划工程师(Planning Engineer)”执行者继承“维护”执行者的用例。“管理员”和“OEM 服务(OEM Service)”都可以通过其他用例扩展继承的执行者。传递给更高层次执行者的用例可以通过扩展的方式来匹配其目的。

表 6 给出了这些执行者角色的简要描述。

表 6 执行者

执行者名称	观察员
简要描述	该执行者代表仅观察当前过程的人员
继承	无
用户级别	FDTUserInformation. userLevel = observer
访问验证	作为“观察员”执行者的访问可没有密码
用例	无
执行者名称	操作员
简要描述	该执行者代表必须观察和管理当前过程的人员。因此,“操作员”可检查设备当前的状态、修改设定值并且检查设备是否工作正常。 因此,用于该执行者角色的用例应能使用户执行完整的诊断、观看实际状态和参数集,以及当前的过程变量
继承	观察员
用户级别	FDTUserInformation. userLevel = operator
访问验证	作为“操作员”的访问需要密码
用例	用户登录,在线查看,审计追踪,归档,生成报告,资产管理
执行者名称	维护
简要描述	“维护”人员应该有可能执行所有必要的维护操作,包括设备替换、示教、校准、调节…… 因此,该人员可以下载验证过的参数集、在线或离线修改参数的子集、执行设备特定的在线操作,并且在这些处理过后,有可能会上传完整的参数集
继承	操作员
用户级别	FDTUserInformation. userLevel = maintenance
访问验证	作为“维护”执行者的访问需要密码
用例	仿真,在线操作,修复,离线操作,批量数据处理,用户登录 *,在线查看 *,审计追踪 *,归档 *,生成报告 *,资产管理 * (* 继承的用例)
执行者名称	规划工程师
简要描述	“规划工程师”执行者代表类似于工厂工程师、专家或任何具有完全权限的人。 该人员可以访问框架应用程序的全部功能,并能无限制地使用 DTM 的功能。只有 OEM 特定的操作是被锁定的
继承	维护
用户级别	FDTUserInformation. userLevel = planningEngineer
访问验证	作为“规划工程师”执行者的访问需要密码
用例	DTM 实例处理 仿真 *,在线操作 *,修复 *,离线操作 *,批量数据处理 *,用户登录 *,在线查看 *,审计追踪 *,归档 *,生成报告 *,资产管理 * (* 继承的用例)

表 6（续）

执行者名称	管理员（抽象的执行者）
简要描述	“管理员”执行者代表在工程化环境中必须执行管理操作的人员。 负责添加或移除软件组件
继承	取决于框架应用程序
用户标志 *	FDTUserInformation. administrator ＝ TRUE
访问验证	作为“管理员”执行者的访问要求密码
用例	集成 所有继承的用例
执行者名称	OEM 服务（抽象的执行者）
简要描述	“OEM 服务”执行者可以执行 DTM 特定功能的完整集合。 “OEM 服务”执行者可以访问 OEM 特定的操作，例如内部计数器复位和替换固件。 “OEM 服务”只有继承的用例，但是所继承的用例（特别是“在线操作”用例）可有重大的扩展
继承	取决于框架应用程序
用户标志 *	FDTUserInformation. oemService ＝ TRUE
访问验证	“OEM 服务”的访问验证应该具有两个安全级别： 1)　框架应用程序密码：允许访问框架应用程序的功能； 2)　设备特定的密码：允许访问设备的 OEM 操作。 设备特定密码的确认由 DTM 甚至设备本身负责
用例	仅继承的用例
* “用户标志（UserFlag）”可以和任何“用户级别（UserLevel）”结合，以指定“管理员”或“OEM 服务”执行者的继承执行者角色。	

5.3 用例

5.3.1 用例概述

以下条以表的形式描述用例图的所有用例。为了减少信息，在所包括的用例的所有属性中，那些与相关主用例的属性相同的属性不再显示。

5.3.2 观察

只有“观察”用例可以由“观察员”（见图 23）执行者执行。“观察员”执行者代表具有最低访问级别的人员。没有与该人员相关联的用例。

图 23　观察用例

5.3.3 操作

“操作员”(见图 24)执行者可以使用操作用例。表 7 提供了操作用例的描述。

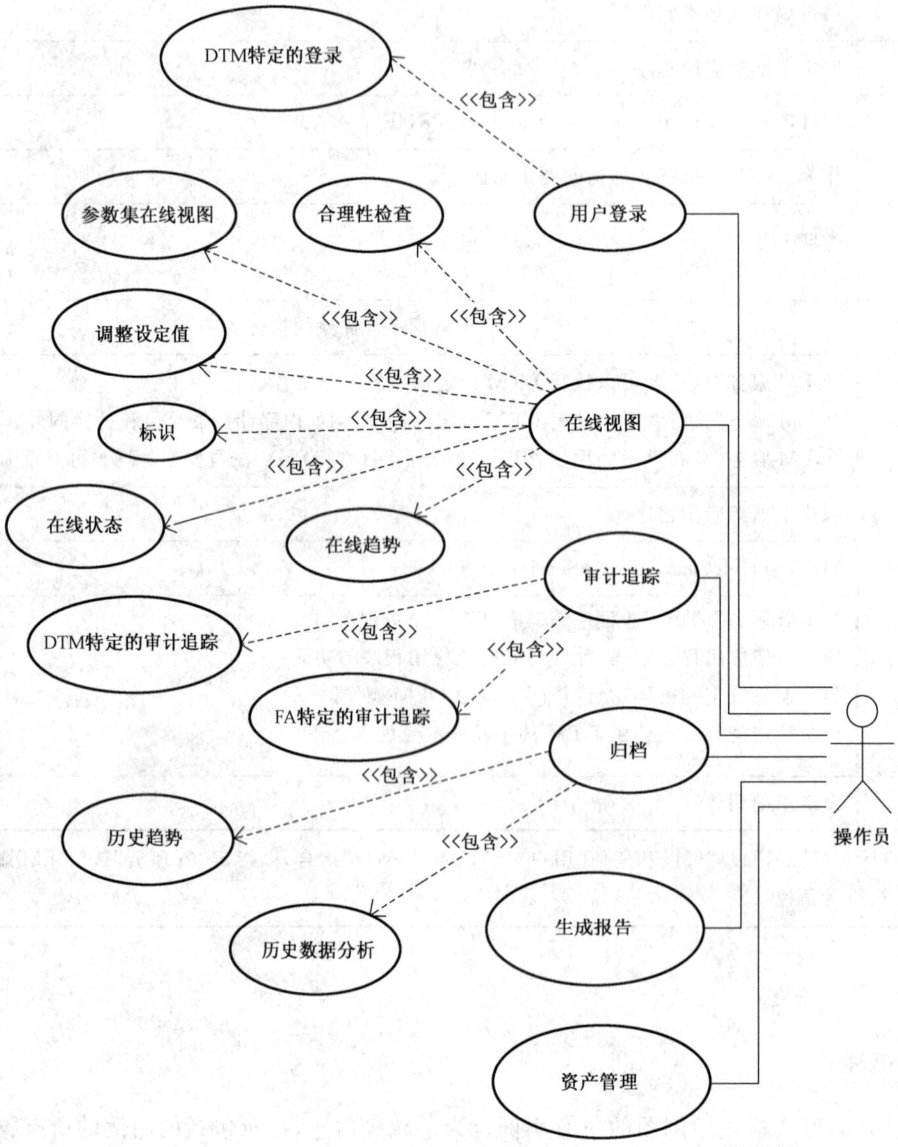

图 24 操作用例

表 7 操作用例

用例		用户登录(User Login)
简要描述		特定执行者类型的人员登录到框架应用程序。如果验证失败,则该人员只能作为“观察员”执行者
GUI		框架应用程序的一部分
打印		不支持
设备连接		未建立
用户级别	观察员	取决于框架应用程序
	操作员	可访问
	维护	
	规划工程师	
用户标志	管理员	
	OEM 服务	可通过扩展功能(见下面)访问
包括的用例		DTM 特定的登录(DTM Specific Login)
简要描述		访问制造商特定的信息,例如,产品代码、修改日志
GUI		DTM 的一部分
打印		不支持
设备连接		典型地,需要已建立的连接
用户标识	OEM 服务	只有“OEM 服务”可访问
用例		在线查看(Online View)
简要描述		该用例提供浏览设备参数和状态的全部操作
GUI		GUI 是 DTM 的一部分,框架应用程序提供对一组设备的在线查看
打印		在线查看应该始终支持打印功能,以创建文档
设备连接		需要到一个或多个设备的已建立连接 (调整 SetValue 可能会影响设备数据)
用户级别	观察员	不可访问
	操作员	可访问
	维护	
	规划工程师	
用户标志		无变化
包括的用例		参数集在线查看(Parameter Set Online View)
简要描述		允许执行者从设备装载参数以进行浏览和文档化(打印) (DTM applicationId: fdtObserve)
包括的用例		调整 SetValue(Adjust SetValue)
简要描述		允许执行者调整设备(例如,定位器,控制器)的 SetValue (DTM applicationId: fdtAdjustSetValue)
包括的用例		在线状态(Online Status)
简要描述		用于查看和分析当前设备状态的用例 (DTM applicationId: fdtDiagnosis)

表 7（续）

<table>
<tr><td colspan="2">包括的用例</td><td>在线趋势(Online Trend)</td></tr>
<tr><td colspan="2">简要描述</td><td>用于产生和观察动态在线值趋势的用例</td></tr>
<tr><td colspan="2">包括的用例</td><td>合理性检查(Plausibility Check)</td></tr>
<tr><td colspan="2">简要描述</td><td>每次修改了设备参数或组态数据后，将自动执行合理性检查。只要合理性检查失败，就不能将数据写入到设备中</td></tr>
<tr><td colspan="2">包括的用例</td><td>标识(Identify)</td></tr>
<tr><td colspan="2">简要描述</td><td>显示设备实例信息的标识，例如，地址、位号、现场总线版本号、DD 版本号，固件等。这些信息是与协议相关的，可包括设备类型特定的信息，也可提供进一步的信息：文档的引用、给设备实例添加注释的区域。参见协议特定的 FDT-JIG-Annex 规范的设备标识章节
(DTM applicationId：fdtIdentify)</td></tr>
<tr><td colspan="2">包括的用例</td><td>审计追踪(Audit Trail)</td></tr>
<tr><td colspan="2">简要描述</td><td>允许执行者查看和删除审计追踪数据的用例</td></tr>
<tr><td colspan="2">GUI</td><td>支持审计追踪的组件必须提供适当的 GUI</td></tr>
<tr><td colspan="2">打印</td><td>打印文档是审计追踪所需要的，因此必须支持打印</td></tr>
<tr><td colspan="2">设备连接</td><td>不必连接</td></tr>
<tr><td rowspan="4">用户级别</td><td>观察员</td><td>不可访问</td></tr>
<tr><td>操作员</td><td rowspan="2">只能查看</td></tr>
<tr><td>维护</td></tr>
<tr><td>规划工程师</td><td>浏览、导出和删除</td></tr>
<tr><td colspan="2">用户标志</td><td>无变化</td></tr>
<tr><td colspan="2">包括的用例</td><td>DTM 特定的审计追踪(DTM-Specific Audit Trail)</td></tr>
<tr><td colspan="2">简要描述</td><td>每个 DTM 可支持对自身的审计追踪
(DTM applicationId：fdtAuditTrail)</td></tr>
<tr><td colspan="2">包括的用例</td><td>框架应用程序特定的审计追踪(FA-Specific Audit Trail)</td></tr>
<tr><td colspan="2">简要描述</td><td>框架应用程序可以使用内部数据和通过审计追踪服务从 DTM 导出的 DTM 属性，实现系统全局的审计追踪</td></tr>
<tr><td colspan="2">包括的用例</td><td>归档(Archive)</td></tr>
<tr><td colspan="2">简要描述</td><td>“归档”用例描述为了查看和数据分析而对框架应用程序归档的访问</td></tr>
<tr><td colspan="2">GUI</td><td>支持归档功能的组件必须提供适当的 GUI</td></tr>
<tr><td colspan="2">打印</td><td>每个归档组件也都应该支持打印</td></tr>
<tr><td colspan="2">设备连接</td><td>不必要</td></tr>
<tr><td rowspan="4">用户级别</td><td>观察员</td><td>不可访问</td></tr>
<tr><td>操作员</td><td rowspan="2">只能查看</td></tr>
<tr><td>维护</td></tr>
<tr><td>规划工程师</td><td>浏览、导出和删除</td></tr>
<tr><td colspan="2">用户标志</td><td>无变化</td></tr>
</table>

表 7（续）

<table>
<tr><td colspan="2">包括的用例</td><td>历史趋势(Historical Trend)</td></tr>
<tr><td colspan="2">简要描述</td><td>存档操作可以支持历史数据的可视化(例如,趋势)</td></tr>
<tr><td colspan="2">包括的用例</td><td>历史数据分析(Historic Data Analysis)</td></tr>
<tr><td colspan="2">简要描述</td><td>一些框架应用程序和 DTM 可支持扩展的操作来分析历史数据</td></tr>
<tr><td colspan="2">包括的用例</td><td>报告生成(Report Generation)</td></tr>
<tr><td colspan="2">简要描述</td><td>用例的打印功能通常可以从其 GUI 启动。
除了打印 GUI 的实际视图之外,一些框架应用程序可以实现可配置的归档机制,以允许执行者生成报告。该报告可通过组合几个用例或几个设备的打印文档来产生。
例如,可以为一个设备生成包含“在线查看”、“审计追踪”和“在线操作”的打印输出的报告,或生成包含 HART 多路器及其客户端的组态的报告</td></tr>
<tr><td colspan="2">GUI</td><td>框架应用程序</td></tr>
<tr><td colspan="2">打印</td><td>结合一个或多个 DTM 的框架应用程序</td></tr>
<tr><td colspan="2">设备连接</td><td>取决于报告的类型</td></tr>
<tr><td colspan="2">用户级别,用户标志</td><td>打印的信息可取决于用户等级和用户标志</td></tr>
<tr><td colspan="2">包括的用例</td><td>资产管理(Asset Management)</td></tr>
<tr><td colspan="2">简要描述</td><td>框架应用程序提供了资产管理机制</td></tr>
<tr><td colspan="2">GUI</td><td>支持资产管理功能的组件必须提供适当的 GUI
(DTM applicationId: fdtAssetManagement)</td></tr>
<tr><td colspan="2">打印</td><td>支持该用例的框架应用程序应该提供打印功能</td></tr>
<tr><td colspan="2">设备连接</td><td>不必要</td></tr>
<tr><td rowspan="4">用户级别</td><td>观察员</td><td>不可访问</td></tr>
<tr><td>操作员</td><td rowspan="2">只能查看</td></tr>
<tr><td>维护</td></tr>
<tr><td>规划工程师</td><td>浏览、导出和删除</td></tr>
<tr><td colspan="2">用户标志</td><td>无变化</td></tr>
</table>

5.3.4 维护

“维护工程师”执行者可以使用维护用例,见图 25。表 8 描述维护用例。

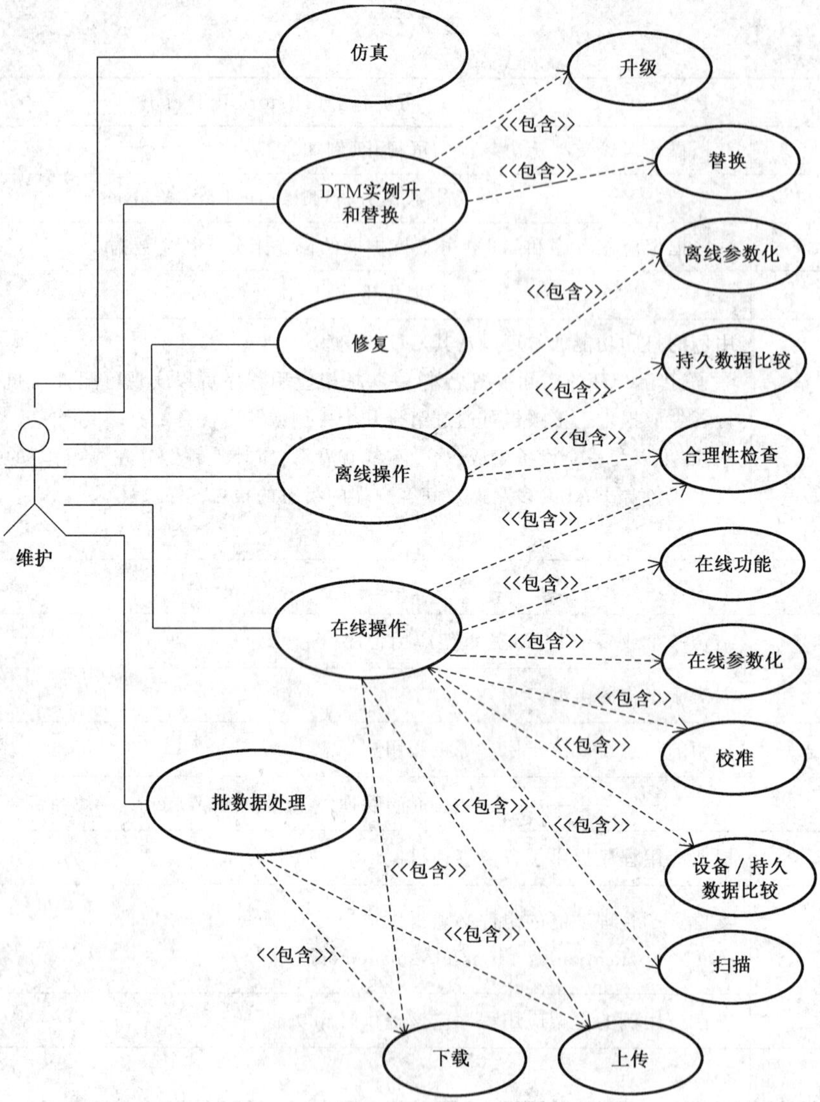

图 25　维护用例

表 8　维护用例

<table>
<tr><td colspan="2">用例</td><td>仿真(Simulation)</td></tr>
<tr><td colspan="2">简要描述</td><td>该用例仿真设备的行为
因此,允许该执行者执行设备参数的临时改变,如强制设备设置一个固定的电流模拟输出</td></tr>
<tr><td colspan="2">GUI</td><td>DTM 特定的</td></tr>
<tr><td colspan="2">打印</td><td>DTM 特定的</td></tr>
<tr><td colspan="2">设备连接</td><td>应该具有已建立的连接</td></tr>
<tr><td rowspan="4">用户级别</td><td>观察员</td><td rowspan="2">不可访问</td></tr>
<tr><td>操作员</td></tr>
<tr><td>维护</td><td rowspan="2">可访问</td></tr>
<tr><td>规划工程师</td></tr>
<tr><td colspan="2">用户标志</td><td>无变化</td></tr>
</table>

表 8（续）

用例		离线操作(Offline Operation)
简要描述		该用例包括所有不需要建立到设备的连接的操作。 只有在上传和下载时需要暂时建立到设备的连接
GUI		DTM 和框架应用程序
打印		DTM
设备连接		取决于所包括的用例
用户级别	观察员	不可访问
	操作员	
	维护	可访问
	规划工程师	
用户标志		无变化
包括的用例		合理性检查(Plausibility Check)
简要描述		每次改变参数值以后,自动执行合理性检查。只要合理性检查失败,就不能将数据保存到数据库或写入到设备中。根据规则或应用环境,有两个选项: 1) 当显示警告信息以后,可保存不一致的数据; 2) 出于安全原因,当显示警告信息以后,禁止写数据
用户		对于更高级别的执行者,合理性检查可以更宽松
包括的用例		离线参数化(Offline Parameterization)
简要描述		用户可以修改参数值。这种修改在作为永久数据存储以后,只影响框架应用程序数据库中的数据。数据在没有被存储以前,应该标记为临时数据
GUI		DTM(applicationId: fdtOfflineParameterize)
打印		DTM
设备连接		不必连接
包含的用例		永久数据的比较(Persistent Data Comparison)
简要描述		允许用户将离线的参数集与其他实例的参数集、设备默认或项目默认的参数集作比较。 数据集是可编辑的,并且数据可以从一个数据集传递到另一个数据集
GUI		DTM(applicationID: fdtOfflineCompare)
打印		可以由 DTM 支持
设备连接		不必要
用例		修复(Repair)
简要描述		该用例代表修复或更换设备时应该执行的操作。 例如:当设备重新安装时,框架应用程序支持临时性设备删除,当设备重新安装后会自动下载参数
用户级别	观察员	不可访问
	操作员	
	维护	可访问
	规划工程师	
用户标志	管理员	无变化
	OEM 服务	可通过扩展的功能(见下面)进行访问

表 8（续）

用例		DTM 实例升级和替换(DTM Instance Upgrade and Replacement)
简要描述		该用例代表升级或替换 DTM 时应该执行的操作。当新的 DTM 与先前的 DTM 不同时，使用升级或替换。 新 DTM 的数据格式可以与先前 DTM 的数据格式兼容(升级)，也可以不兼容(替换)
用户级别	观察员	不可访问
	操作员	
	维护	可访问
	规划工程师	
用户标志	管理员	无变化
	OEM 服务	无变化
包含的用例		替换(Replacement)
简要描述		该用例代表在数据集格式不兼容情况下，替换 DTM 所应该执行的操作
包含的用例		升级(Upgrade)
简要描述		该用例代表在数据集格式兼容情况下，升级 DTM 所应该执行的操作
用例		在线操作(Online Operation)
简要描述		该用例包括所有与设备直接交互的操作
GUI		DTM 特定的
打印		DTM 特定的
设备连接		连接的或断开连接的
用户	操作员	不可访问
用户级别	观察员	不可访问
	操作员	
	维护	可访问
	规划工程师	除 OEM 特定参数外，都可以访问
用户标志	管理员	无变化
	OEM 服务	可扩展的功能(见下面)进行访问
包括的用例		在线功能(Online Functions)
简要描述		“在线功能”用例提供与设备直接通信的所有过程。该用例既可以包括简单的过程(例如，复位)，也可以包括具有多个场景的更复杂的过程(例如，校准或示教)
包括的用例		在线参数化(Online Parameteration)
简要描述		该用例启动后，从设备中读出所有的参数，并在 GUI 中呈现给用户。在 GUI 中，用户可以修改参数，这取决于用户等级。如果修改的参数处于已验证状态，则设备将立即升级。 (DTM applicationId：fdtOnlineParameterize)
包括的用例		设备数据和永久数据比较(Device-/Persistent Data Comparison)
简要描述		该用例让用户可以比较永久数据和设备数据。用户可以编辑数据并且可以在两个数据源之间复制数据 (DTM applicationId：fdtOnlineCompare)

表 8（续）

包括的用例		校准(Calibration)
简要描述		该用例调用校准程序以调节输入(例如,压力变送器)或电流的输出 (DTM applicationId: fdtCalibration)
包括的用例		合理性检查(Plausibility Check)
简要描述		每次改变设备参数或组态数据后,自动执行合理性检查。只要合理性检查失败,就不能将数据写入到设备中
用户级别、用户标志		对于更高级别的执行者,合理性检查可以更宽容
包括的用例		上传(Upload)
简要描述		从设备中读取整个参数集到框架应用程序的数据库中。 由“OEM 服务”执行者启动的上传可以上传额外的 OEM 参数。
GUI		如果框架应用程序支持一组设备的上传和下载,则框架应用程序可提供 GUI 以更好地控制上传过程
打印		不支持
设备连接		需要临时连接
包括的用例		下载(Download)
简要描述		与上传类似,但是方向相反
GUI		如果框架应用程序支持一组设备的上传和下载,则框架应用程序可提供 GUI 以更好地控制下载过程
打印		不支持
设备连接		需要临时的连接
包括的用例		扫描(Scan)
简要描述		从通道对象中获得可用设备的列表。通道对象由 DTM 或由框架应用程序提供
GUI		框架应用程序可提供 GUI 来表示设备列表
打印		不支持
设备连接		需要临时的连接(通道应该能够在线访问)
用例		批量数据处理(Bulk Data Handling)
简要描述		该用例表示一次处理(例如,上传和下载、参数调节或报告生成)一组设备的可能性。该用例在系统级处理批量数据
GUI		框架应用程序
打印		不支持
设备连接		需要连接
用户级别	观察员	不可访问
	操作员	
	维护	可访问
	规划工程师	
用户标志		无变化

表 8（续）

包括的用例	上传(Upload)
简要描述	从一组设备读取全部参数到框架应用程序的数据库中
包括的用例	下载(Download)
简要描述	与上传相似，但方向相反

5.3.5 规划

规划用例用于“规划工程师”执行者，见图 26。表 9 提供了规划用例的描述。

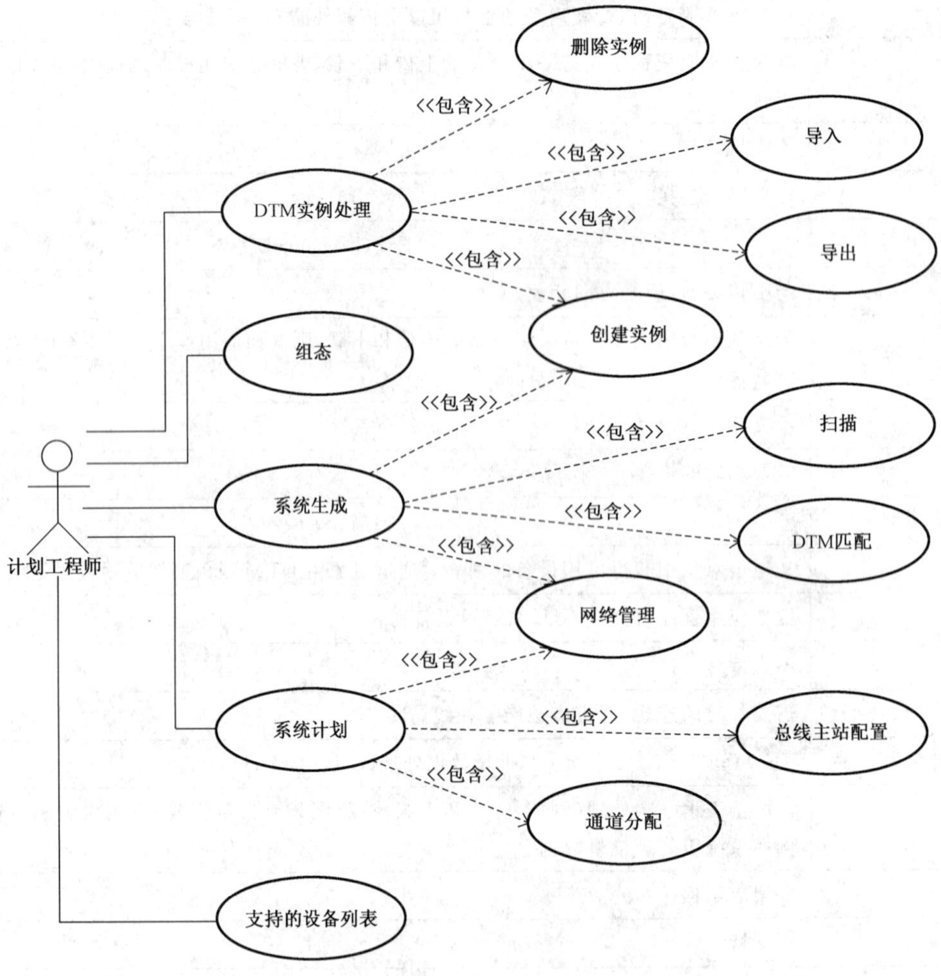

图 26 规划用例

表 9 规划用例

用例		DTM 实例处理(DTM Instance Handling)
简要描述		通过该用例,"规划工程师"执行者可以处理(例如,实例化、导入、导出、删除)框架应用程序中的设备实例
GUI		框架应用程序和 DTM
打印		不支持
设备连接		不需要
用户级别	观察员	不可访问
	操作员	
	维护	
	规划工程师	可访问
用户标志		无变化
包括的用例		创建实例(Create Instance)
简要描述		在该用例中,可以创建新的设备实例并将其放置到项目中。 在创建新设备实例后,应实例化设备的参数集。该操作由 DTM 执行
GUI		框架应用程序和 DTM(如果它支持设备的默认选择)
包括的用例		导入(Import)
简要描述		可以通过从数据库(例如,模板数据库)中导入数据来实例化参数集,或通过从已经实例化并经过验证的设备复制参数集来实例化参数集
GUI		FA
包括的用例		导出(Export)
简要描述		为了从一个设备实例复制数据到另一个设备实例,可以导出设备实例的数据
GUI		FA
包括的用例		删除实例(Delete Instance)
简要描述		删除设备实例
GUI		FA
用例		组态(Configuration)
简要描述		该用例使"规划工程师"执行者能够配置复杂的设备
GUI		DTM (DTM applicationId: fdtConfiguration)
打印		可以支持
设备连接		不应有建立的连接
用户级别	观察员	不可访问
	操作员	
	维护	
	规划工程师	可访问
用户标志		无变化

表 9（续）

用例		系统生成(System Generation)
简要描述		该用例根据扫描结果为拓扑的创建执行所有必要的操作
GUI		框架应用程序和 DTM
打印		框架应用程序和 DTM
设备连接		必要
用户级别	观察员	不可访问
	操作员	
	维护	
	规划工程师	可访问
用户标志		无变化
包括的用例		扫描(Scan)
简要描述		使用通道对象的 Scan 服务来获取可用设备的列表。通道对象可由 DTM 或框架应用程序提供
GUI		框架应用程序可以提供 GUI 来表示设备列表
打印		不支持
设备连接		需要临时的连接(当前通道应该已经打开在线访问)
包括的用例		网络管理(Network Management)
简要描述		用于网络管理的用例。例如,地址设置作为通信 DTM 的一个功能 (DTM applicationId: fdtNetworkManagement)
包括的用例		DTM 匹配(DTM Matching)
简要描述		该用例用于找出与扫描用例中获取的信息最匹配的 DTM
包括的用例		创建实例(Create Instance)
简要描述		在该用例中,可以创建新的设备实例并将其放置到项目中。 创建新的设备实例后,应实例化设备的参数集。该操作由 DTM 执行
GUI		框架应用程序和 DTM(如果它支持设备默认选择)
用例		系统规划(System Planning)
简要描述		该用例执行用于编辑拓扑信息的所有必要操作
GUI		框架应用程序和 DTM
打印		框架应用程序和 DTM
设备连接		没有必要
用户级别	观察员	不可访问
	操作员	
	维护	
	规划工程师	可访问
用户标志		无变化

表 9（续）

<table>
<tr><td colspan="2">包含的用例</td><td>网络管理(Network Management)</td></tr>
<tr><td colspan="2">简要描述</td><td>用于网络管理的用例。例如,地址设置作为通信 DTM 的一个功能
(DTM applicationId: fdtNetworkManagement)</td></tr>
<tr><td colspan="2">包含的用例</td><td>总线主站组态(Bus Master Configuration)</td></tr>
<tr><td colspan="2">简要描述</td><td>用于组态总线主站 DTM 的用例</td></tr>
<tr><td colspan="2">包含的用例</td><td>通道分配(Channel Assignment)</td></tr>
<tr><td colspan="2">简要描述</td><td>用于编辑 FDT 通道分配的用例</td></tr>
<tr><td colspan="2">用例</td><td>支持的设备列表(List of Supported Device)</td></tr>
<tr><td colspan="2">简要描述</td><td>在该用例中,可以浏览和编辑项目中支持的所有设备的列表。
“规划工程师”执行者可以从这个列表中选择某个设备来创建一个新的设备实例。
具有“管理员”执行者标志集的执行者可以修改这个列表</td></tr>
<tr><td colspan="2">GUI</td><td>框架应用程序</td></tr>
<tr><td colspan="2">打印</td><td>不支持</td></tr>
<tr><td colspan="2">设备连接</td><td>没有连接</td></tr>
<tr><td rowspan="4">用户级别</td><td>观察员</td><td rowspan="3">不可访问</td></tr>
<tr><td>操作员</td></tr>
<tr><td>维护</td></tr>
<tr><td>规划工程师</td><td>只允许浏览</td></tr>
<tr><td rowspan="2">用户标志</td><td>管理员</td><td>可以编辑</td></tr>
<tr><td>OEM 服务</td><td>无变化</td></tr>
</table>

5.3.6 OEM 服务

“OEM 服务”用例可以为“OEM 服务”执行者(见图 27)提供对其他执行者角色的用例的扩展访问。

图 27 OEM 服务

5.3.7 管理

具有额外管理者权限的用户可以使用管理用例,见图 28。表 10 提供了对管理者用例的描述。

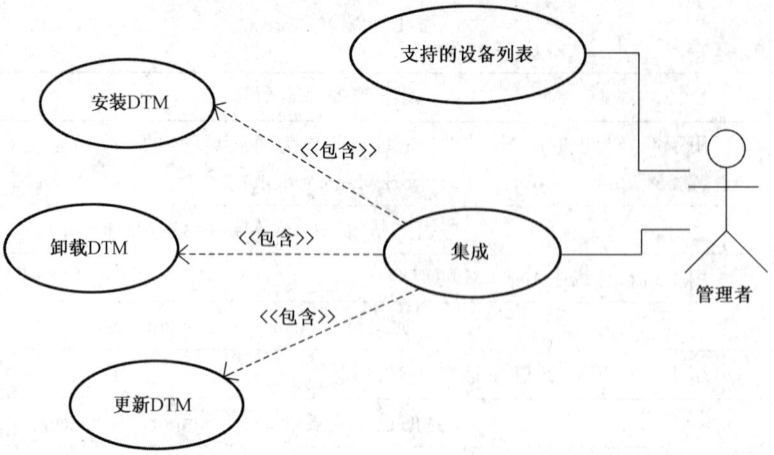

图 28 管理者用例

表 10 管理者用例

用例		集成(Integration)
简要描述		该用例允许执行者安装、卸载或更新新的 DTM。安装和卸载不由框架应用程序控制
GUI		框架应用程序可以支持 DTM 的管理
打印		不支持
设备连接		不应有建立的连接
用户	操作员	不可访问
	维护	
	规划工程师	
	管理员	可访问
	OEM 服务	不可访问
包含的用例		安装(Install)
简要描述		新 DTM 的安装
GUI		由 DTM 负责
包含的用例		卸载(Deinstall)
简要描述		DTM 的卸载
GUI		由 DTM 负责
包含的用例		更新 DTM(Update DTM)
简要描述		DTM 安装的更新/修改
GUI		由 DTM 负责

6 一般概念

6.1 地址管理

现场总线系统通常使用地址概念来区别不同的已连接的设备。因此，为了建立到相关设备的在线连接，DTM 通常需要该设备的地址信息(见 7.6.1.2“Connect 服务”)。

连接到使用地址概念的总线系统的设备 DTM 必须提供 NetworkManagementInfo 服务(见 7.2.11)。这些服务允许 DTM 对设备的地址信息进行读写。寻址方式是现场总线特定的，因此，传递到服务的具体信息由 FDT 中描述协议行规集成的 GB/T 29618.3xy 文件定义。

提供通信通道(DTM 或框架应用程序)的组件总是负责已连接 DTM 的地址设定。如图 29 所示，提供通信通道的 DTM，应该支持一个表示(Presentation)对象使用户能够设定地址(ApplicationID=fdtNetworkManagement，见表 A.4)。

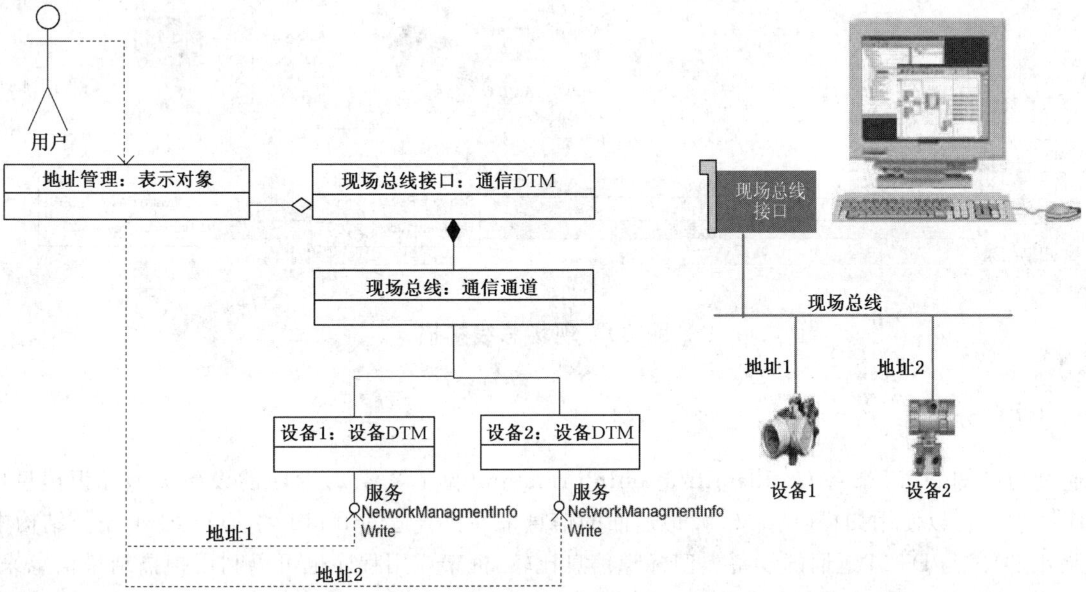

图 29 通过 DTM 表示对象进行地址设定

此外，通信通道本身支持服务 SetChildrenAddresses(见 7.6.2.5)，使框架应用程序可以启动地址设定。8.2 的序列图更加详细地描述了不同的地址设定情况。

如果通信通道由框架应用程序提供，则地址管理如何实现不在此标准的范围内。

6.2 扫描和 DTM 分配

6.2.1 扫描简介

许多现场总线协议(或点对点通信)定义了扫描服务，支持请求包含已连接设备信息的活动列表。在后面条款中描述的信息和服务，允许框架应用程序在不了解协议特定定义的情况下，生成或验证 FDT 拓扑结构。

6.2.2 扫描

扫描由通信通道服务 Scan(见 7.6.4.1)支持。

对于由现场总线协议(见图 30)定义的方法可以确定的所有已连接设备，此服务返回这些设备的设备类型和实例相关信息。如:设备制造商、类型、硬件和嵌入软件的版本或现场总线地址、位号和序列号。此信息是现场总线特定的。具体的格式以及到协议无关的格式(框架应用程序无需了解现场总线特定知识就可使用)的转换,由 FDT 中描述协议行规集成的 GB/T 29618.3xy 文件定义。

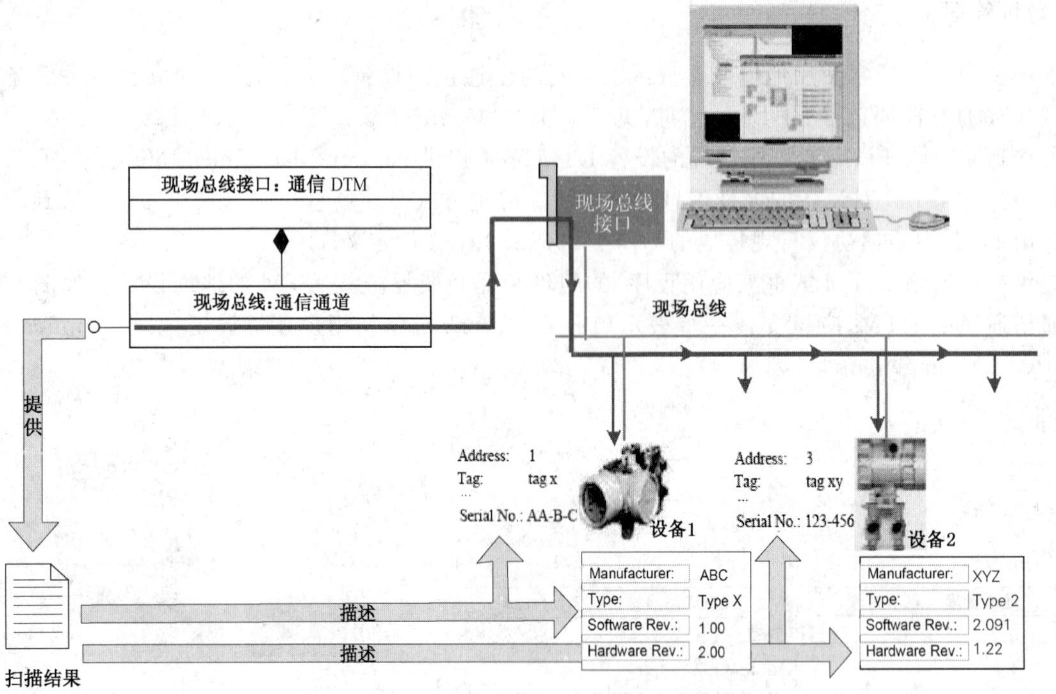

图 30　现场总线扫描

6.2.3　DTM 分配

通过与已知 DTM 服务 GetIdentificationInformation(见 7.2.3.2)返回的设备类型标识信息比较,框架应用程序可以使用扫描(见 7.6.4.1)返回的信息来寻找合适的 DTM,添加到 FDT 拓扑结构中。

此外,通过与 DTM 返回的设备类型标识信息比较,框架应用程序也可以利用扫描结果信息来验证现有的 FDT 拓扑结构中的 DTM 是否合适。

框架应用程序基于内部规则完成比较。扫描信息中的每个元素都能与 DTM 设备标识信息比较。

6.2.4　制造商特定的设备标识

有时,设备不能由现场总线协议定义的方法唯一标识。例如,一个制造商的几个不同设备类型采用相同的类型 ID。在这种情况下,一次扫描中框架应用程序可能为设备找到几个不同的 DTM 设备类型或者甚至是看似合适的 DTM。然而,这样一个设备可以通过设备制造商定义的方法标识。

FDT 使制造商能实现 DTM 中具体设备标识信息,并且框架应用程序以独立于制造商和协议的方式利用它。

用于此设备的 DTM 应该将制造商特定的身份标识属性添加到 GetIdentificationInformation(见 7.2.3.2)返回的设备标识信息中。如果现在框架应用程序尝试寻找一个合适的 DTM,那么只能找到匹配的设备标识,但是仅由设备制造商已知的其他元素信息不包含在扫描结果中。在这种情形下,框架应用程序应该寻找 DTMSupportLevel 设为"identSupport"(见表 A.11)的 DTM 设备类型,并临时地将其添加到 FDT 拓扑结构中,通过 HardwareInformation 服务(见 7.2.3.3)来请求设备的额外信息。那么 DTM 将应用制造商特定的设备标识方法,返回 HardwareInformation 服务调用获得的额外的设备标识元素,使框架应用程序将原有的临时"identSupport"DTM 替换为合适的 DTM 和 DTM 设备类型。

6.2.5 通信硬件扫描

FDT 也定义了扫描作为 FDT 拓扑结构根元素的通信硬件的方法，来访问系统拓扑结构的顶层现场总线或点对点连接。

此机制基于反复试验原理。框架应用程序只是实例化每个已注册的或预选的通信 DTM，调用 HardwareInformation(见 7.2.3.3)并检查服务是否返回已找到的通信硬件信息或错误信息。

6.3 现场总线主站或通信调度器的组态

许多现场总线采用专用设备来控制不同参与者之间的通信，如主站-从站或令牌传递概念。

控制现场总线通信的设备被称为现场总线主站或通信调度器。通常，需要为这些设备配置连接到现场总线设备的总线参数信息。一般采用设备特定的配置工具来完成配置。描述现场总线主站或通信调度器的 FDT 组件，应该提供这种配置工具。那意味着配置工具要么作为框架应用程序的一部分，要么作为 DTM 的一部分，如图 31 所示。

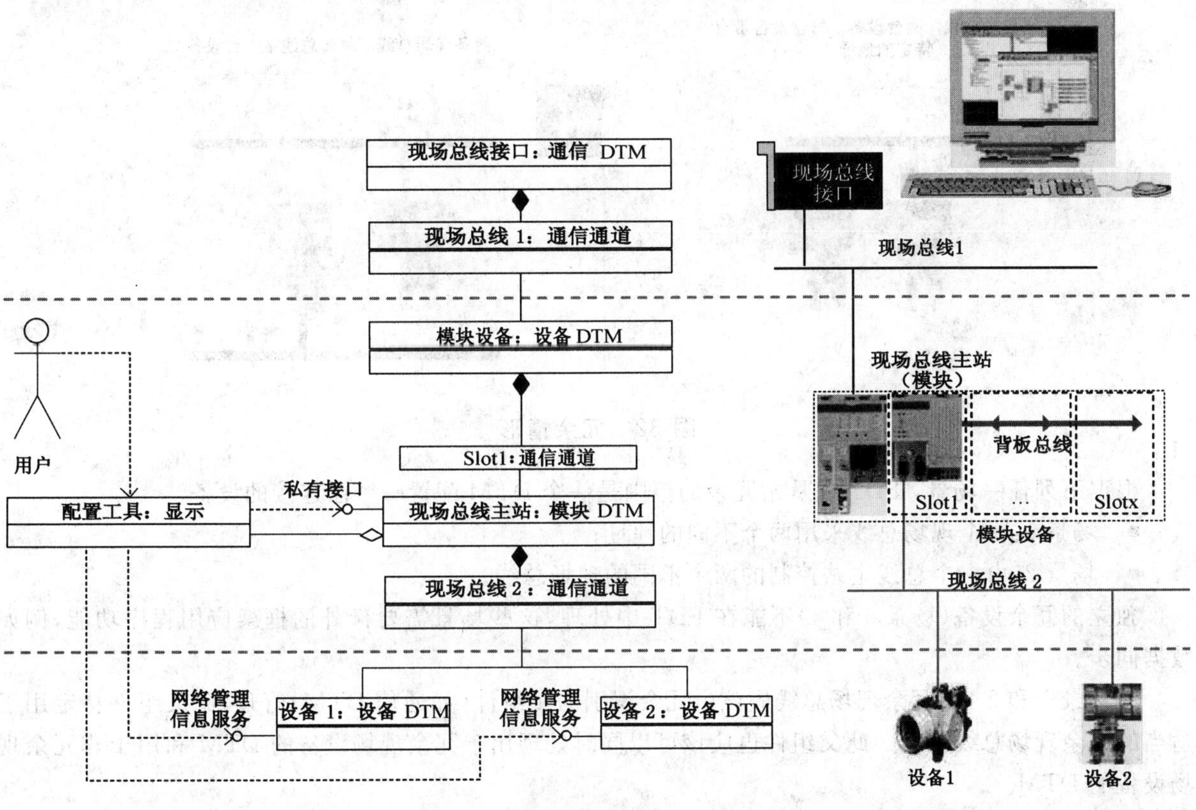

图 31 现场总线主站配置工具作为 DTM 的一部分

组态工具可以通过现场总线参与者相应的 DTM 的 NetworkManagementInfo 服务(见 7.2.11)，读写各自的总线参数信息。主站或通信调度器总线参数信息可以通过组态工具和相应 DTM 之间定义的专用方法访问。

在组态工具设定了所有总线参数信息以后，通过标准的 FDT 通信操作，每个 DTM 负责将信息写入各自设备，如通过 WriteDataToDevice 服务(见 7.2.12.3)请求下载。

可以通过 NetworkManagementInfo 服务读写的具体总线参数信息，由 FDT 中描述协议行规集成的 GB/T 29618.3xy 文件定义。此外，在 GB/T 29618.3xy 文件(描述协议)中更加详细地描述了通用的总线配置。

6.4 从站冗余

6.4.1 冗余概述

在系统中，为了提高系统可靠性，对系统关键组件的重复称为冗余，通常用于备份或故障安全。图32所示为自动化工业中最常见的冗余场景。

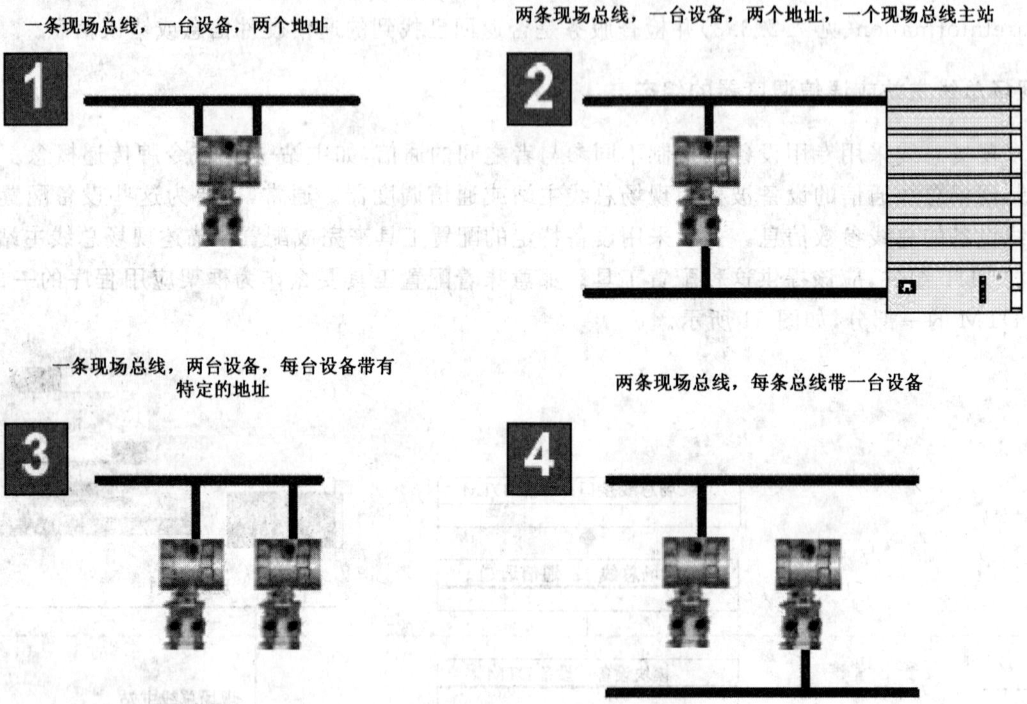

图 32 冗余情形

根据下列任一场景，FDT 中从站冗余的范围是一个 DTM 配置一个已连接的设备：

- 场景 1：一个现场总线采用两个不同的地址；
- 场景 2：由一个总线主站控制的两个不同的现场总线。

独立的冗余设备（场景 3 和 4）不能在 FDT 中处理，这些场景需要额外的框架应用程序功能，例如数据同步。

在场景 1 和 2 中，冗余现场总线应该由冗余识别的父组件（如通信 DTM）管理，此父组件特定用于适当的冗余现场总线技术。此父组件也应该可以同时处理用于冗余现场设备的 DTM 和用于非冗余现场设备的 DTM。

6.4.2 框架应用程序冗余支持

在不需要特定冗余支持或知识的情况下，任意 FDT 框架应用程序可以使用能够处理从站冗余的 DTM。FDT 框架应用程序可以有选择的支持 OnAddedRedundantChild（见 7.7.4.1）和 OnRemovedRedundantChild 服务（见 7.7.4.2），来获取通报，并且可以在拓扑结构视图中显示冗余的从站，例如一台现场设备与两条不同的线连接或在拓扑结构视图中采用特定设备图标。

在不考虑冗余的框架应用程序中，不能在拓扑结构视图中区分描述冗余从站的 DTM。但是 DTM 和父组件显示了额外的信息，如附加的现场总线地址。然而在这个框架应用程序中，DTM 提供了关于现场总线冗余的全部功能。

由于采用一个 DTM 实例描述一个冗余从站，不需要考虑针对于数据集同步或多用户的附加功能。

6.4.3 用于冗余现场总线的父组件

用于冗余从站的现场总线通信，由现场总线和冗余技术特定的父组件进行处理，如特定的通信DTM。所有用于连接冗余从站的现场总线，应该由一个这样的父组件的实例处理。如在场景2中，采用父组件的一个适当通信通道，来描述每条现场总线。因此，在不了解现场总线结构物理冗余的情况下，框架应用程序可以使用这样的父组件。

在调用ValidateAddChild服务（见7.6.2.3）和ChildAdded服务（见7.6.2.2）期间，父组件能够检查DTM实例NetworkManagementInfoRead服务（见7.2.11.1）返回的信息，检查出被添加的设备DTM是否可以处理冗余。在这种情况下，可以使用父组件中特定地址选择对话。此地址选择是现场总线和冗余特定的。由父组件决定是自动还是在用户交互以后处理冗余。

如果框架应用程序支持冗余，父组件必须通过OnRemovedRedundantChild（见7.7.4.2）把冗余DTM的信息通知给框架应用程序。

父组件应该能处理所有可能到冗余设备的通信路径。调用NetworkManagementInfoWrite服务（见7.2.11.2），能提供完整的冗余地址信息给处理冗余设备的DTM实例。此DTM可以使用这个信息来显示所有可用的通信路径。在Connect服务（见7.6.1.2）期间，DTM将完整的地址信息提供给父组件。那么父组件能选择当前活动的通信路径。可以在父组件中改变通信路径，而不需要和设备DTM进行交互。

父组件也能处理描述非冗余现场设备的DTM。在这种情况下，处理DTM时不使用FDT中冗余的特定数据定义。

6.4.4 设备DTM的冗余支持

能够处理冗余设备的DTM在NetworkManagementInfoRead服务（见7.2.11.1）中提供了额外信息。

在调用ChildAdded服务（见7.6.2.2）之后，父组件将冗余地址的完整信息给设备DTM。然后，设备DTM可以检测相应的从站是否可以作为一个冗余从站。完整的地址信息可以在Connect（见7.6.1.2）中被设备DTM使用，同时也可用于诊断及状态信息。通常在设备DTM中附加的冗余处理是必须的。

处理冗余设备的DTM，应该检查通过调用NetworkManagementInfoWrite（见7.2.11.2）提供的所有地址。如果设备DTM不能处理这些地址，例如因为只能使用厂家特定的偏移量，则应产生一个错误信息，并且将负响应返回给调用的父组件。在这种情况下，父组件能检测那些不能用于冗余现场总线的设备DTM。设备DTM应该将所有冗余信息保存到实例数据中。

描述冗余从站的DTM，能够用作不支持冗余的父组件的子组件。在这种情况下，设备DTM不应该使用FDT中附加的冗余功能、GUI或冗余的特定数据定义。

6.4.5 扫描和冗余从站

现场总线扫描为冗余从站的每个地址提供一个入口，不能检测出冗余从站。

在场景1中，冗余地址到实例的映射只能用于DTM本身。在场景2中，该映射只能基于项目知识来完成。典型的是，在冗余系统中不执行扫描。

7 FDT服务规范

7.1 服务规范概述

本部分规定了为FDT对象定义的服务。服务定义是抽象的描述，并且不描述规范实现。抽象描述和由服务衍生的实际实现之间的映射，在技术特定的实现部分进行定义。

用于每个对象的服务被组织成服务集。每个服务集定义了一组相关的服务。服务集的结构是规范中使用的逻辑分组，可能不会在实现中应用。

每个服务都要被归档，内容包含：

- 服务摘要；
- 请求和响应值列表；
- 服务描述；
- 状态可用性描述。

服务摘要给出了简要的概述。

在请求和响应值列表中，描述了用于服务的参数。对每个参数（见附录 A，参数数据类型的描述），定义了参数对于服务调用（请求）或作为返回值（响应）是必备的（“M”）、可选的（“O”）或不必要的（“-”）。

服务的描述定义了服务的行为和用法。

状态可用性描述定义了每个服务在“configured（已配置）”或“communicationAllowed（通信允许）”状态下是否可用。

本部分没有规定已定义服务的实现是可选的还是必备的。技术特定的实现部分对此作了规定。每个技术特定的部分提供一个描述服务实际实现的附录（如：服务到接口方法的映射）。

注：用于未被实现服务的通知机制也可能是技术特定的。对于一些技术，如果服务器不提供特定的接口，未被实现的服务也可能由客户端识别。对于其他技术，未被实现的服务可能由特殊的服务响应识别。

服务是否以同步或异步的模式执行取决于实现技术。“同步”意味着在整个服务执行期间，服务调用者都被阻塞。“异步”意味着调用者能继续其他操作直到服务运行结束。所用的服务执行模式在 GB/T 29618.4x 文件中定义，此文件描述了到特定实现技术的映射。两种执行模式可以混合用于服务的执行。另外，可定义对活动服务执行的取消。

7.2 DTM 服务

7.2.1 通用服务

7.2.1.1 PrivateDialogEnabled 服务

框架应用程序采用此服务来通知 DTM，是否允许它打开一个私有的对话窗口。该服务的参数见表 11。

表 11 PrivateDialogEnabled 服务的参数

	请求	响应
Enabled（布尔量）	M	—

在运行期间，这个特殊条件由框架应用程序设定。例如，在以下情况下，是有必要的：

- 正在运行的用户动作不应该被打断；
- 不允许动态打开的窗口获取焦点或隐藏其他窗口，或者
- 在不同于 GUI 的主机上执行 DTM。

将 Enabled 设定为 FALSE，意味着 DTM 不应该打开任何除了已经由 FA 服务（如：OpenPresentationRequest 服务和 UserDialog 服务）打开的 GUI。如果在这种情况下发生任何错误，DTM 仍然能通过 OnErrorMessage 服务（见 7.7.2.1）向框架应用程序发送通知。

如果 DTM 需要一个用户动作，并因此必须打开一个用户对话框，那么它应该调用框架应用程序的 UserDialog 服务（见 7.7.7.3）。如果没有 GUI 可以显示，这个请求的默认行为不打开对话框，并且将

默认返回值提供给 DTM。因此这取决于框架应用程序是否允许打开对话框，延迟请求直到当前用户动作结束，或者通过发送默认响应来拒绝请求。

如果因不允许私有对话框导致特定功能不能执行，DTM 应通过 UserDialog 服务通知用户。

私有对话实例：

- 信息框（也就是标准信息框）；
- 文件或打印机选项对话（也就是由操作系统提供）；
- （默认的）web 浏览器；
- （默认的）邮件客户端；
- 帮助文档视图；
- 手册阅读器；
- 启动屏幕；
- 外部单机应用程序；
- 任何其他窗口。

如果在框架应用程序的控制下打开对话，它们被定义为非私有对话。

例如：

- 通过服务 UserDialog 打开的对话；
- 通过服务 OpenPresentationRequest 打开的 DTM GUI；
- 通过服务 OpenPresentation 启动的应用；
- 框架应用程序为了提供一个从 GetFunctions 接收到响应的<Document（文档）>入口，而打开的窗口。

此服务在以下状态下可用：

[X]“configured（已配置）”；

[X]“communicationAllowed（通信允许）”。

7.2.1.2 SetLanguage 服务

在初始化阶段，对于所有表示对象和用户或错误信息所用的语言，框架应用程序采用此服务来通知 DTM。该服务的参数见表 12。

表 12 SetLanguage 服务的参数

	请求	响应
LanguageID	M	—

在 DTM 初始化时，框架应用程序设定了语言，因此同一实例的所有表示对象具有相同的语言。同时，事件服务信息如 OnErrorMessage 服务（见 7.7.2.1）和通过 GetTypeInformation 服务（见 7.2.3.1）或 GetDocumentation 返回的人类可读内容，都将采用请求的语言。如果 DTM 不支持请求语言，它将使用当前的语言（如果它已经被初始化）或第一次初始化时设置当前语言为默认语言。

DTM 所支持的语言被列在 GetTypeInformation 服务（见 7.2.3.1）返回的信息中。一个 DTM 实例总是采用一种语言进行初始化。在显示表示对象时，是否可以改变表示对象的当前语言取决于 DTM。数值、货币、时间和数据的输出格式应该基于操作系统的区域性选项。

此服务在以下状态下可用：

[X]“configured（已配置）”；

[X]“communicationAllowed（通信允许）”。

7.2.1.3 SetSystemGuiLabel 服务

框架应用程序调用此服务，来设定 DTM 实例在框架应用程序当中唯一的人类可读标识。该服务的参数见表 13。

表 13 SetSystemGuiLabel 服务的参数

	请求	响应
windowTitle	M	—

框架应用程序调用此服务来设定系统标签，如用于信息框或者表示对象，此信息框或表示对象是 DTM 的一部分，并且没有嵌入在框架应用程序用户界面中。框架应用程序将为框架应用程序中的 DTM 实例，设定唯一的人类可读标识，这保证设备和 DTM 信息框等之间唯一的标识。DTM 应该将系统标签用于各种各样的窗口，这些窗口由 DTM 本身打开。DTM 可以扩展这个带特定信息的标题。框架应用程序必须尽可能早的调用此服务。只要没有调用此服务，DTM 就必须使用设备位号作为默认的人类可读字符。

DTM 将不会储存人类可读标识。当调用此服务时，更新所有打开窗口的标签是强制性的。

此服务在以下状态下可用：

[X]“configured(已配置)”；

[X]“communicationAllowed(通信允许)”。

7.2.2 安装相关的 DTM 服务

每个可在框架应用程序中集成的 DTM，都将会在系统中注册。除了注册之外，DTM 应该给出 DTM 是代表设备、模块还是块的信息。

DTM 被安装、卸载或修改[如：支持新设备类型或更新 DTM(修复 bug)]时，它应该通知系统。

通过采用这个信息，框架应用程序可以建立一个带有系统上所有可用的 DTM 的数据库。详细的实现取决于所使用的技术，并在 GB/T 29618.4x 文件中描述。

7.2.3 DTM/设备信息相关的 DTM 服务

7.2.3.1 GetTypeInformation 服务

返回通用的 DTM 类型信息，如名称、版本、厂家和所支持的 DTM 设备类型。该服务用于 DTM 的参数见表 14。

表 14 GetTypeInformation 服务(用于 DTM)的参数

	请求	响应
fdt:VersionInformation	—	M
fdt:Version	—	M
fdt:DtmDeviceTypes	—	M

此服务提供对 DTM 特定信息的访问。一旦实例化 DTM，这些数据就有效。DTM 不需要任何实例特定的数据来提供此信息。

通常框架应用程序采用此信息来创建库，选择 DTM 或用于简单的验证。

如果在 BTM 中调用此服务，那么采用下列服务请求和响应参数。该服务用于 BTM 的参数见表 15。

表 15　GetTypeInformation 服务(用于 BTM)的参数

	请求	响应
fdt:VersionInformation	—	M
fdt:Version	—	M
fdt:BtmBlockTypes	—	M

此服务在以下状态下可用：

[X]“configured(已配置)”；

[X]“communicationAllowed(通信允许)”。

7.2.3.2　GetIdentificationInformation 服务

请求特定 DTM 设备类型和协议的设备标识信息。该服务用于 DTM 的参数见表 16。

表 16　GetIdentificationInformation 服务(用于 DTM)的参数

	请求	响应
fdt:BtmBlockType	M	—
fdt:ProtocolId	M	—
fieldbus:DeviceTypeIdentifications Or devIdent:DeviceTypeIdentificationList	—	M

此服务返回所请求的设备或模块类型的设备标识信息。这个响应也可能包含协议特定的信息。

如果在通信 DTM 中调用服务，那么响应包含 devIdent:DeviceTypeIdentificationList。

如果在 BTM 中调用此服务，那么采用下列服务请求和响应参数。该服务用于 BTM 的参数见表 17。

表 17　GetIdentificationInformation 服务(用于 BTM)的参数

	请求	响应
fdt:DtmDeviceTypes	M	—
fdt:ProtocolId	M	—
fieldbus:DeviceTypeIdentifications	—	M

此服务在以下状态下可用：

[X]“configured(已配置)”；

[X]“communicationAllowed(通信允许)”。

7.2.3.3　HardwareInformation 服务

请求扫描硬件的可用性和对应的标识信息。该服务用于 DTM 的参数见表 18。

表 18 **HardwareInformation 服务(用于 DTM)的参数**

	请求	响应
ScanIdentificationList	—	M
注: ScanIdentificationList 要么可能是 ident:ScanIdentificationList 要么可能是 fieldbus:ScanIdentifications。		

框架应用程序执行此功能来检查相应的硬件是否响应,并请求标识信息。

此服务在以下状态下可用:

[_]“configured(已配置)”;

[X]“communicationAllowed(通信允许)”。

7.2.3.4 GetActiveTypeInfo 服务

DTM 应该提供所选 DTM 设备类型信息。该服务用于 DTM 的参数见表 19。

表 19 **GetActiveTypeInfo 服务的参数**

	请求	响应
fdt:DtmDeviceType	—	M
net:DtmDeviceInstanceTopology	—	O

此服务应该总是返回当前的 DTM 设备类型。那意味着一旦 DTM 进行更新,那么返回被修改的 DTM 设备类型(如更高的软件版本),而不是在 Initialize 服务(见 7.2.4.1)调用期间给定的 DTM 设备类型。

可选的,此服务返回相应的设备的内部结构信息。返回的信息是协议特定的和设备特定的。

如果在 BTM 中调用此服务,那么采用下列服务请求和响应参数。该服务用于 BTM 的参数见表 20。

表 20 **GetActiveTypeInfo 服务(用于 BTM)的参数**

	请求	响应
btm:BtmBlockType		M—

此服务在以下状态下可用:

[X]“configured(已配置)”;

[X]“communicationAllowed(通信允许)”。

7.2.4 DTM 状态机相关的 DTM 服务

7.2.4.1 Initialize 服务

为了使 DTM 进入工作状态,此服务初始化 DTM。该服务用于 DTM 的参数见表 21。

表 21 Initialize 服务(用于 DTM)的参数

	请求	响应
fdt:DtmDeviceType	M	—
user:FDTUserInformation	M	—
fdt:FrameVersion	O	—
fdt:SystemTag	M	—
fdt:FrameObjectReference	M	—
fdt:serviceSucceeded	—	M

DTM 收到的信息,对于设备类型来说,它是将描述的信息,对于用户来说,它是将要访问 DTM 的信息,对于运行环境来说,它是 DTM 的标识和框架应用程序的参考。

通常,期望 DTM 根据当前用户的角色来调整所提供的功能。

也期望 DTM 根据运行环境(根据 FrameVersion)的 FDT 功能来调整自己的行为。

如果在 BTM 中调用此服务,那么采用下列的服务请求和响应参数。该服务用于 BTM 的参数见表 22。

表 22 Initialize 服务(用于 BTM)的参数

	请求	响应
btm:BtmBlockType	M	—
user:FDTUserInformation	M	—
fdt:FrameVersion	O	—
fdt:SystemTag	M	—
fdt:FrameObjectReference	M	—
fdt:serviceSucceeded	—	M

此服务在以下状态下可用:

[X] "Initial State(初始状态)";

[_] "configured(已配置)";

[_] "communicationAllowed(通信允许)"。

调用此服务致使状态转变为"configured(已配置)"状态。

7.2.4.2 SetLinkedCommunicationChannel 服务

此服务把 FDT 拓扑中已连接的通信通道通知给 DTM,此通道应该用来与其设备通信。该服务的参数见表 23。

表 23 SetLinkedCommunicationChannel 服务的参数

	请求	响应
fdt:CommunicationObjectReference	M	—
fdt:serviceSucceeded	—	M

通信通道由框架应用程序设定:DTM 通过调用 GetSupportedProtocols 服务(见 7.6.1.1)可以检查所支持的通信协议,通过调用 ReadChannelData 服务(见 7.5.1.1)可以检查 GatewayBusCategory 信息。通常,框架应用程序负责在通信通道和 DTM(见 4.3)之间建立一个有效的链接,但是如果 DTM 支持多种协议,并需要找出将使用哪种协议时,有必要进行此检查操作。

此服务在以下状态下可用:

[X]"configured(已配置)";

[_]"communicationAllowed(通信允许)"。

7.2.4.3 EnableCommunication 服务

此服务允许或许可 DTM 与其设备通信。该服务的参数见表 24。

表 24 EnableCommunication 服务的参数

	请求	响应
Boolean(布尔量)	M	—
fdt:serviceSucceeded	—	M

框架应用程序以"TRUE"参数调用此服务,将 DTM 从"configured(已配置)"状态更改为"communicationAllowed(通信允许)"状态。然后,允许 DTM 通过调用通信通道 Connect 服务(见 7.6.1.2),建立一个到设备的通信链接。

框架应用程序以"FALSE"参数调用此服务,将 DTM 从"communicationAllowed(通信允许)"状态更改回"configured(已配置)"状态。如果 DTM 接受了调用(fdt:ServiceSucceeded = TRUE),所有已建立的通信链接将会被关闭[见 Disconnect 服务(7.6.1.3)或 AbortRequest 服务(7.6.1.4)]。如果通信服务的调用是激活的,并且不能被终止,允许 DTM 拒绝调用(fdtServiceSucceeded = FALSE)。

此服务在以下状态下可用:

[X]"configured(已配置)";

[X]"communicationAllowed(通信允许)"。

7.2.4.4 ReleaseLinkedCommunicationChannel 服务

此服务通知 DTM,释放由 SetLinkedCommunicationChannel 服务(见 7.2.4.2)设定的通信通道。该服务的参数见表 25。

表 25 ReleaseLinkedCommunicationChannel 服务的参数

	请求	响应
fdt:serviceSucceeded	—	M

此服务在以下状态下可用:

[X]"configured(已配置)";

[_]"communicationAllowed(通信允许)"。

7.2.4.5 ClearInstanceData 服务

此服务用来通知 DTM,必须清除日志文件或协议等。实例数据将被框架应用程序删除。该服务的参数见表 26。

表 26 ClearInstanceData 服务的参数

	请求	响应
fdt:serviceSucceeded	—	M

此服务用来通知 DTM,必须清除如私有存储(见 4.8)中的日志文件或协议。在此服务调用后,实例数据将被框架应用程序删除。框架应用程序负责确保删除的前提。那意味着框架应用程序将确保,所有已启动的与此实例数据相关的 DTM 实例已被终止。

此服务在以下状态下可用:

[X]"configured(已配置)";

[_]"communicationAllowed(通信允许)"。

7.2.4.6 Terminate 服务

此服务通知 DTM,必须释放到其他组件的引用。DTM 将被框架应用程序终止。该服务的参数见表 27。

表 27 Terminate 服务的参数

	请求	响应
fdt:serviceSucceeded	—	M

DTM 必须将到其他组件的所有引用释放,并且必须终止所有待执行的或正在运行的功能。它也应该关闭所有用户界面。由 DTM 决定临时数据是否会被储存。

此服务在以下状态下可用:

[X]"configured(已配置)";

[_]"communicationAllowed(通信允许)"。

7.2.5 功能相关的 DTM 服务

7.2.5.1 GetFunctions 服务

返回 DTM 支持的标准(由 ApplicationId 定义)或者附加的功能(由 FunctionId 定义)信息。该服务的参数见表 28。

表 28 GetFunctions 服务的参数

	请求	响应
fdt:OperationPhase	M	—
func:Functions	—	M

此服务提供 DTM 功能信息,来使框架应用程序(例如)创建 DTM 特定菜单。一旦实例化 DTM,数据就有效,但是信息有可能改变,取决于特定实例。

对于功能的任何变化(如:数值、状态、标签等),DTM 将会通过调用 OnFunctionChanged 服务(见 7.7.2.4)通知框架应用程序。

使用用户界面执行功能的信息将会由服务 GetGuiInformation(见 7.2.5.3)请求,不使用用户界面的功能调用将会由 InvokeFunction 服务(见 7.2.5.2)启动。

服务额外提供了对 DTM 文档的访问,这可由框架应用程序或特殊阅读器程序显示。

期望 DTM 根据当前用户的角色调整所提供的功能列表。只要 DTM 没有获取有效的用户信息,它应该表现为,具有最低权限的用户(“观测者”)正在使用该 DTM。

带相关模块 ID 的功能(所谓的模块功能),可能不会在 DTM 节点的标准菜单中直接显示。它们可能在与 DTM 模块相关的子菜单中出现,或在 DTM 模块节点菜单中出现。为了确保用户能调用模块功能,框架应用程序将提供一个在 DTM 节点菜单中的子菜单“模块”,或提供用于 DTM 模块的合适菜单,或通过其他方法提供这些功能。

DTM 必须确保所有可访问的模块功能(激活的或未隐藏的)是有效的。那意味着框架应用程序并不负责 GetActiveTypeInfo 服务(见 7.2.3.4)返回的现有模块列表和给定模块 ID 之间的匹配。

在设定的行为模式下,DTM 禁用一组功能(功能数据类型),同时会禁用位于此组功能下的所有子功能(功能数据类型)。如果 DTM 没有禁用子功能,框架应用程序仍然能够使用子功能。

如果框架应用程序不支持上述的操作行为模式(“notSupported”),DTM 将提供所有基于当前状态和当前用户角色的功能。

如果 DTM 想要限制已打开的用户界面的数量,它将禁用相应的功能。如果用户界面关闭,DTM 必须重新激活功能。

此服务在以下状态下可用:

[X]“configured(已配置)”;

[X]“communicationAllowed(通信允许)”。

7.2.5.2 InvokeFunctions 服务

启动无用户界面的 DTM 功能。该服务的参数见表 29。

表 29 InvokeFunctions 服务的参数

	请求	响应
func:FDTFunctionCallList	M	—

此服务执行无用户界面的 DTM 功能。DTM 支持的功能信息由 GetFunctions 服务(见 7.2.5.1)返回。

此服务在以下状态下可用:

[X]“configured(已配置)”;

[X]“communicationAllowed(通信允许)”。

7.2.5.3 GetGuiInformation 服务

此服务提供如何启动 DTM 用户界面的信息。该服务的参数见表 30。

表 30 GetGuiInformation 服务的参数

	请求	响应
func:FDTFunctionCall	M	—
func:GUIInformation	—	M

它返回用于激活框架应用程序来实例化用户界面的信息。根据所返回的信息,表示对象可能是一类允许集成到框架应用程序 GUI 中(见 7.7.7.1)的对象,或者可能是一个在框架应用程序 GUI 外部运

行(见 7.2.5.4)的对象。

这些对象之间的集成和交互作用是技术上相互依赖的,并且在 GB/T 29618.4x 文件中定义。

此服务在以下状态下可用:

[X]"configured(已配置)";

[X]"communicationAllowed(通信允许)"。

7.2.5.4 OpenPresentation 服务

它请求 DTM 打开一个用户界面,用于一个特定的功能调用。该服务的参数见表 31。

表 31 OpenPresentation 服务的参数

	请求	响应
fdt:invokeID	M	—
func:FDTFunctionCall	M	—
fdt:windowTitle	M	—
fdt:DisplayContext	O	—
fdt:serviceSucceeded	—	M

FDTFunctionCall 请求打开关联的表示对象。通常,由框架应用程序决定已传递的 FDTFunctionCall,由 DTM 决定描述种类。

此服务应总是把用户界面放至前台,或者至少给出一个错误消息。已经启动的表示对象,由 InvokeID 识别,应被推至前台。已经启动的带新 InvokeID 的表示对象的请求应被 DTM 拒绝。

InvokeID 被框架应用程序用于 ClosePresentation 服务(见 7.2.5.5)请求内部的联合。此外,它允许框架应用程序处理打开的用户界面列表。

此服务在以下状态下可用:

[X]"configured(已配置)";

[X]"communicationAllowed(通信允许)"。

7.2.5.5 7.2.5.5 ClosePresentation 服务

请求 DTM 关闭 InvokeID 标识的用户界面。该服务的参数见表 32。

表 32 ClosePresentation 服务的参数

	请求	响应
fdt:invokeID	M	—
fdt:serviceSucceeded	—	M

DTM 只检查是否能关闭用户界面。在可以的情况下,它返回成功,并会启动用户界面的关闭程序。在关闭期间,如果必要的话,它必须为实例数据解锁,并且释放设备在线连接。DTM 自身不被终止。

在错误的情况下,DTM 将会通过调用 OnErrorMessage 服务(见 7.7.2.1)来提供更多细节。

InvokeID 被框架应用程序用于关联适当的 OpenPresentation 服务(见 7.2.5.4)请求。

此服务在以下状态下可用：

[X]“configured(已配置)”；

[X]“communicationAllowed(通信允许)”。

7.2.6 通道对象相关的 DTM 服务

7.2.6.1 GetChannels 服务

返回 DTM 的通道对象。该服务的参数见表 33。

表 33 GetChannels 服务的参数

	请求	响应
ChannelObjectReferenceList	—	M

此服务返回 DTM 的通道。对于简单的设备，通道对象仅仅提供通道分配信息。

此服务在以下状态下可用：

[X]“configured(已配置)”；

[X]“communicationAllowed(通信允许)”。

7.2.7 文档相关的 DTM 服务

7.2.7.1 GetDocumentation 服务

此服务提供用于特定 DTM 功能的 DTM 特定文档。该服务的参数见表 34。

表 34 GetDocumentation 服务的参数

	请求	响应
func:FDTFunctionCall	M	—
doc:Documentation	—	M

此服务应返回能被直接用于归档目的的信息。所返回的信息内容由已传递的功能调用 ID 定义，此功能调用 ID 由 GetFunctions 服务(见 7.2.5.1)提供。只支持带 Printable 属性的功能。框架应用程序应把返回的信息转换为用户可读格式的信息。

此服务在以下状态下可用：

[X]“configured(已配置)”；

[X]“communicationAllowed(通信允许)”。

7.2.8 用来访问实例数据的 DTM 服务

这些服务激活框架应用程序来访问设备参数。DTM 提供实例数据在当前内存中的描述。哪些参数有效，取决于具体的 DTM、设备类型和现场总线类型。

7.2.8.1 InstanceDataInformation 服务

返回设备特定参数的信息。该服务的参数见表 35。

表 35 InstanceDataInformation 服务的参数

	请求	响应
fdt:DatasetState	—	M
fdt:StorageState	—	M
param:DtmItemInfoList	—	M
fdt:ModifiedInDevice		M

此服务提供设备特定参数和状态的信息。信息可能包含配置参数相关的信息以及资产管理相关的数据,或者对于没有公共数据的设备来说,可能是空的。所提供数据的内容也可能取决于当前设备的配置和用户的角色。

如果参数列表或状态改变,DTM 可能会提供几个响应。

此服务提供 DTM 的临时数据。那意味着,如果 DTM 是激活的或者有一个打开的用户界面等,所提供的参数可以与实际储存的实例数据不同。已接收数据的状态已分类。

所提供的参数也可能用于通道对象[由 ReadChannelData 服务(见 7.5.1.1)提供]。信息"SemanticId"(见表 A.4)能识别这些项的关系。

此服务在以下状态下可用:

[X] "configured(已配置)";

[X] "communicationAllowed(通信允许)"。

7.2.8.2 InstanceDataRead 服务

此服务提供对 DTM 实例数据的读访问。该服务的参数见表 36。

表 36 InstanceDataRead 服务的参数

	请求	响应
param:ItemId list	M	—
param:DtmItem list	—	M

通过此服务,框架应用程序可以请求来自 DTM 实例数据的数据。

此服务在以下状态下可用:

[X] "configured(已配置)";

[X] "communicationAllowed(通信允许)"。

7.2.8.3 InstanceDataWrite 服务

此服务提供对 DTM 实例数据的写访问。该服务的参数见表 37。

表 37 InstanceDataWrite 服务的参数

	请求	响应
param:DtmItem list	M	M

通过此服务,框架应用程序请求 DTM 将特定数据写入实例数据中。此外,为了保持实例数据的一致性,DTM 必须应用业务规则。

响应包含由请求指定的，并被成功写入数据的设备数据(可能与预计写入的数值不同，例如设备中的取整操作)。

此服务在以下状态下可用：

[X]“configured(已配置)”；

[X]“communicationAllowed(通信允许)”。

7.2.9 用于评价实例数据的 DTM 服务

7.2.9.1 Verify 服务

通过 DTM 的内部业务规则验证完整的实例数据。该服务的参数见表 38。

表 38 Verify 服务的参数

	请求	响应
fdt:serviceSucceeded	—	M

框架应用程序调用此服务，通常是为了确保一致的数据集，例如：在永久加载之后或上线之前。

此服务在以下状态下可用：

[X]“configured(已配置)”；

[X]“communicationAllowed(通信允许)”。

7.2.9.2 CompareDataValueSets 服务

支持相同 DatasetId 的外部 DTM 实例数据与实例数据本身进行比较。该服务的参数见表 39。

表 39 CompareDataValueSets 服务的参数

	请求	响应
fdt:SystemTag	M	—
fdt:serviceSucceeded	—	M

用于组态、参数化和标识的参数值和结构与对比(comparison)相关。数据的运行时相关参数(如：运行时间)与对比(comparison)无关。

此服务在以下状态下可用：

[X]“configured(已配置)”；

[X]“communicationAllowed(通信允许)”。

7.2.10 用于访问设备数据的 DTM 服务

这些服务提供框架应用程序在线访问设备的特定参数。DTM 将同时为多个异步请求做好准备。将以接收到的顺序处理请求。

此服务不会修改实例数据。

7.2.10.1 DeviceDataInformation 服务

此服务提供一个有效的设备特定参数和过程值的列表。该服务的参数见表 40。

表 40　DeviceDataInformation 服务的参数

	请求	响应
param:DtmItemInfo list	—	M

提供一个可用的设备特定参数和过程值的列表。在 DTM 中,此列表可能包含与配置参数、过程值以及资产管理相关数据相关的项目,如,阀门动作次数。在 DTM“configured(已配置)”状态下,已返回的项列表是基于当前实例数据的,当前实例数据可能与设备配置数据不同。在这种情况下,DeviceDataRead(见 7.2.10.2)和 DeviceDataWrite 服务(见 7.2.10.2)可能失败。

此服务提供一个可从 DTM 中读出或者写入 DTM 的项列表,通过 DeviceDataRead 服务能将这些项读出,通过 DeviceDataWrite 服务能将这些项写入 DTM 中。这些数据的源是设备本身。

此表中所提供的项也可以用于通道的 ReadChannelData 服务(见 7.5.1.1)或者 DTM 的 InstanceDataInformation 服务(见 7.2.8.1)。通过“SemanticId”(见表 A.4)能识别相关项。

这些信息可能依赖于设备的当前配置。如果参数列表或参数状态改变,DTM 可能提供多个响应。

此服务在以下状态下可用:

[X]“configured(已配置)”;

[X]“communicationAllowed(通信允许)”。

7.2.10.2　DeviceDataRead 服务

此服务提供对设备数据的读访问。该服务的参数见表 41。

表 41　DeviceDataRead 服务的参数

	请求	响应
param:ItemId list	M	—
param:DtmItem list	—	M

此服务激活框架应用程序来请求设备数据。错误信息应通过相关响应提交给框架应用程序。

服务的执行不应改变实例数据中的数据。

DTM 应总是接受此请求。如果不能处理这个请求,失败的原因将会作为响应的一部分。

DTM 一次能处理多个请求。

此服务在以下状态下可用:

[_]“configured(已配置)”;

[X]“communicationAllowed(通信允许)”。

7.2.10.3　DeviceDataWrite 服务

此服务提供对设备数据的写访问。该服务的参数见表 42。

表 42　DeviceDataWrite 服务的参数

	请求	响应
param:DtmItem list	M	—

此服务激活框架应用程序来请求 DTM，根据设备特定规则，将特定数据写入设备。错误信息应被相关响提交给框架应用程序。

此服务的执行不应改变实例数据中的数据。

DTM 必须检查，能否通过请求锁定来操作实例数据中的标记"ModifiedInDevice"(见表 A.4)。如果锁定请求失败，DTM 也必须拒绝 DeviceDataWrite 调用，并应提供一个合适的响应。

DTM 应总是接受请求。如果不能处理这个请求，DTM 应把失败的原因作为响应的一部分，异步地提供给请求者。

DTM 一次能处理多个请求。

作为 DtmItem 列表的响应，包含了已成功写入数据的设备数据(可能与预计的写入值不同，例如设备中的取整操作)。

此服务在以下状态下可用：

[_]"configured(已配置)"；

[X]"communicationAllowed(通信允许)"。

7.2.11 网络管理信息相关的 DTM 服务

7.2.11.1 NetworkManagementInfoRead 服务

此服务提供对网络管理信息的读访问。该服务的参数见表 43。

表 43 NetworkManagementInfoRead 服务的参数

	请求	响应
net:NetworkInfo	—	M

此服务提供对网络管理信息的读访问。所返回的信息是协议特定的。例如，它包含设备总线地址，位号和更多总线特定的组态设定。

在 6.1 中，更加详细地描述了此服务的用法。

此服务在以下状态下可用：

[X]"configured(已配置)"；

[X]"communicationAllowed(通信允许)"。

7.2.11.2 NetworkManagementInfoWrite 服务

此服务提供对网络管理信息的写访问。该服务的参数见表 44。

表 44 NetworkManagementInfoWrite 服务的参数

	请求	响应
net:NetworkInfo	M	—

此服务提供对网络管理信息的写访问，网络管理信息能被 NetworkManagementInfoRead 服务(见 7.2.11.1)读取。

在 6.1 中，更加详细地描述了此服务的用法。

此服务在以下状态下可用：

[X]"configured(已配置)"；

[X]"communicationAllowed(通信允许)"。

7.2.12 在线操作相关的 DTM 服务

7.2.12.1 DeviceStatus 服务

此服务提供设备状态的信息。该服务的参数见表 45。

表 45 DeviceStatus 服务(用于 DTM)的参数

	请求	响应
status:DTMDeviceStatus	—	M

DTM 应加载设备的当前状态。取决于不同的现场总线协议,DTM 可能额外上载 DTM 当前的诊断信息。根据此信息,DTM 应提供人可读格式的状态。此功能不应打开一个用户界面来允许完整网络的检查。

BTM 应返回相关块的状态。

此服务在以下状态下可用:

[_]"configured(已配置)";

[X]"communicationAllowed(通信允许)"。

7.2.12.2 CompareDataValueSetWithDeviceData 服务

此服务将 DTM 实例数据和设备数据进行比较。该服务的参数见表 46。

表 46 CompareDataValueSetWithDeviceData 服务(用于 DTM)的参数

	请求	响应
onlineComp:DTMOnlineCompare	—	M

此服务用于批处理,并且应无需用户界面工作。它把实例数据和从设备上载的设备数据进行比较。如果 DTM 能从设备上载数据,那么它应比较数据,并返回数据是否相等。否则,响应应包含通信错误信息。

如果 DTM 没有可比较的在线数据,那么它应返回"noComparableData"作为"StatusFlag"的值。

比较应仅包含配置、参数化和设备标识重要的数据,不比较运行相关的数据(如:运行时间)。

此服务在以下状态下可用:

[_]"configured(已配置)";

[X]"communicationAllowed(通信允许)"。

7.2.12.3 WriteDataToDevice 服务

此服务请求将在线数据写入设备。该服务的参数见表 47。

表 47 WriteDataToDevice 服务(用于 DTM)的参数

	请求	响应
fdt:serviceSucceeded	—	M

此服务由框架应用程序发起。对于所有应在试车期间加载的DTM,此服务是必备的。此服务用来将设备试车所需的所有参数从DTM实例数据写入到设备中。

在出错的情况下,DTM应通过OnErrorMessage服务(见7.7.2.1),通知框架应用程序。

此服务在以下状态下可用:

[_]“configured(已配置)”;

[X]“communicationAllowed(通信允许)”。

7.2.12.4 ReadDataFromDevice服务

此服务请求从设备读取在线数据。该服务的参数见表48。

表48 ReadDataFromDevice服务(用于DTM)的参数

	请求	响应
fdt:serviceSucceeded	—	M

此服务由框架应用程序发起。对于所有应在试车期间加载的DTM,此服务是必备的。此服务用来将设备试车所需的所有参数从设备读取到DTM实例数据中。

在出错的情况下,DTM应通过OnErrorMessage服务(见7.7.2.1),通知框架应用程序。

此服务在以下状态下可用:

[_]“configured(已配置)”;

[X]“communicationAllowed(通信允许)”。

7.2.13 数据同步相关的DTM服务

7.2.13.1 OnLockInstanceData服务

在多用户环境中,有必要通知DTM,它对实例数据的当前访问权限,特别是在其他DTM已获取对实例数据的写访问权时。见8.5。该服务的参数见表49。

表49 OnLockInstanceData服务的参数

	请求	响应
fdt:SystemTag	M	—
user:UserName	M	—

如果其他DTM通过LockInstanceData服务(见7.7.6.1)已经锁定了实例数据,框架应用程序必须向所有引用相同实例数据的DTM实例发送OnLockInstanceData。

接收此通知时,DTM应不允许任何操作来修改实例相关数据,例如在一个打开的用户界面情况下,禁用输入域。

此服务在以下状态下可用:

[X]“configured(已配置)”;

[X]“communicationAllowed(通信允许)”。

7.2.13.2 OnUnlockInstanceData 服务

在多用户环境中，有必要通知 DTM，它对实例数据的当前访问模式，特别是其他 DTM 获取对实例相关数据的读/写访问权时。该服务的参数见表 50。

表 50 OnUnlockInstanceData 服务的参数

	请求	响应
fdt:SystemTag	M	—
user:UserName	M	—
ServiceSucceeded	—	M

如果 DTM 通过 UnlockInstanceData 服务(见 7.7.6.2)解除了实例数据的锁定，框架应用程序必须通过 OnUnlockInstanceData 服务，向所有引用相同实例数据的 DTM 发送信息。当接收此通知时，支持数据同步的 DTM 返回正响应值，并应允许实例数据的修改。不支持数据同步的 DTM 将返回负响应值，并应不允许任何数据的修改，见 8.5。

此服务在以下状态下可用：

[X]“configured(已配置)”;

[X]“communicationAllowed(通信允许)”。

7.2.13.3 OnInstanceDataChanged 服务

在多用户环境中，有必要将数据更改通知给 DTM。该服务的参数见表 51。

表 51 OnInstanceDataChanged 服务的参数

	请求	响应
fdt:SystemTag	M	—
Information	M	—

如果 DTM 已经修改并储存数据，它必须调用带有已被修改数据的 FA 的 InstanceDataChanged 服务(见 7.7.6.3)。框架应用程序将把此信息传送到所有其他引用相同实例数据的 DTM，并通过调用此 DTM 的 OnInstanceDataChanged 服务支持同步锁定。

此服务在以下状态下可用：

[X]“configured(已配置)”;

[X]“communicationAllowed(通信允许)”。

7.2.13.4 OnChildInstanceDataChanged 服务

在 FDT 拓扑结构中，有必要将已修改的数据通知父 DTM。该服务的参数见表 52。

表 52 OnInstanceChildDataChanged 服务的参数

	请求	响应
fdt:SystemTag	M	—

如果 DTM 已经修改任何数据，必须调用带有实例特定变化信息的 FA 的 InstanceDataChanged 服务(见 7.7.6.3)。框架应用程序将通过调用 OnInstanceDataChanged 服务(见 7.2.13.3)，向所有引用相同实例数据的 DTM 传送此文档。

考虑到关联的父 DTM[一级父节点、二级父节点(见 GetParentNodes 服务，7.7.3.5)]，框架应用程序将执行下列动作：在多用户环境下，框架应用程序将通过 DTM 的 OnChildInstanceDataChanged 服务(见 7.2.13.4)向关联的父 DTM 发送通知，此通知仅仅被发送到一个父 DTM，此父 DTM 拥有对相关实例数据的锁定。

如果当前没有父 DTM 被启动，框架应用程序应启动父 DTM。

此服务在以下状态下可用：

[X]"configured(已配置)"；

[X]"communicationAllowed(通信允许)"。

7.2.14 导入和导出相关的 DTM 服务

7.2.14.1 Export 服务

此服务允许创建完整的 DTM 永久数据导出映像。该服务的参数见表 53。

表 53 Export 服务的参数

	请求	响应
fdt:StorageObject	—	M

此服务允许创建完整的 DTM 永久数据导出映像，不管数据是储存在框架应用程序项目存储中，还是储存在私有的 DTM 存储中(见 4.8)。此服务返回的数据应包含 DTM 实例相关数据和实例无关数据。

此服务在以下状态下可用：

[X]"configured(已配置)"；

[_]"communicationAllowed(通信允许)"。

7.2.14.2 Import 服务

此服务能将先前由 Export 服务(见 7.2.14.1)导出的数据导入回 DTM 中。该服务的参数见表 54。

表 54 Import 服务的参数

	请求	响应
fdt:StorageObject	M	—

此服务能将先前由 Export 服务(见 7.2.14.1)导出的数据导入回 DTM 中。

此服务在以下状态下可用：

[X]"configured(已配置)"；

[_]"communicationAllowed(通信允许)"。

7.3 表示对象服务

框架应用程序、表示对象及 DTM 之间的交互和状态控制是技术相关的，在 GB/T 29618.4x 文件中定义。

7.4 通道对象服务

7.4.1 通道对象服务简介

此条定义基本的通道服务，这些服务是过程通道和通信通道共用的。

7.4.2 ReadChannelInformation 服务

此服务返回通用的(协议无关的)通道信息。该服务的参数见表 55。

表 55 ReadChannelInformation 服务的参数

	请求	响应
fdt:Tag		M
fdt:ChannelPath		M
fdt:ChannelId		M
fdt:FrameApplicationTag		O

此服务在以下状态下可用：

[X]“configured(已配置)”；

[X]“communicationAllowed(通信允许)”。

7.4.3 WriteChannelInformation 服务

此服务写入通用的(协议无关的)通道信息。该服务的参数见表 56。

表 56 WriteChannelInformation 服务的参数

	请求	响应
fdt:ProtectedByChannelAssignment	M	—
fdt:FrameApplicationTag	O	—
fdt:serviceSucceeded		M

此服务在以下状态下可用：

[X]“configured(已配置)”；

[X]“communicationAllowed(通信允许)”。

7.5 过程通道对象服务

7.5.1 IO 相关信息的服务

7.5.1.1 ReadChannelData 服务

此服务返回与现场总线相关的通道参数信息。该服务的参数见表 57。

表 57 **ReadChannelData 服务的参数**

	请求	响应
fdt:ProtocolId	M	
fieldbus:ChannelData		M

此服务返回带有通道特定参数的描述。现场总线通过参数 ProtocolId 来选择。

ReadChannelData 服务调用者使用的 protocolId 来源于 DtmDeviceInstanceTopology 信息中的 NetworkInfo 成员。DtmDeviceInstanceTopology 信息通过 GetActiveTypeInfo 服务获得。

返回参数特用于通道分配。

此服务在以下状态下可用:

[X]"configured(已配置)";

[X]"communicationAllowed(通信允许)"。

7.5.1.2 **WriteChannelData 服务**

此服务设定通道特定参数的变化。该服务的参数见表 58。

表 58 **WriteChannelData 服务的参数**

	请求	响应
fdt:ProtocolId	M	
fieldbus:ChannelData	M	
fdt:serviceSucceeded		M

根据现场总线特定描述,此服务接收通道特定参数。现场总线由参数 ProtocolId 来定义。

如果通道接受所有改变的完整信息,服务返回;否则通道拒绝所有传送来的改变。在这种情况下,通道通过 OnErrorMessage 服务(见 7.7.2.1)将错误的详细信息通知给框架应用程序。

此服务处理 DTM 临时数据。这意味着新数据不会被隐式存储。

此服务在以下状态下可用:

[X]"configured(已配置)";

[X]"communicationAllowed(通信允许)"。

7.6 通信通道对象服务

7.6.1 通信相关的服务

7.6.1.1 **GetSupportedProtocols 服务**

此服务返回通信通道所支持的协议信息。该服务的参数见表 59。

表 59 **GetSupportedProtocols 服务的参数**

	请求	响应
fdt:BusCategoryList	—	M

此服务返回现场总线协议 UUID。所支持的协议可能是静态的，或者取决于设备组态。如果在运行期间一条通道支持多个协议，这条通道必须并行支持所有协议。

如果有 DTM 与通道连接，不允许此服务改变所支持的协议，因为改变可能造成无效的拓扑结构(见 4.3)。支持何种协议可能取决于拓扑结构的规划。因此只有在没有已连接 DTM 的情况下，允许配置通信通道来支持不同的协议。

此服务在以下状态下可用：

[_]“configured(已配置)”；

[X]“communicationAllowed(通信允许)”。

7.6.1.2 Connect 服务

此服务建立一条到设备的新通信链接。该服务的参数见表 60。

表 60 Connect 服务的参数

	请求	响应
fdt:CommunicationClientObjectReference	M	—
fdt:SystemTag	O	—
fdt:BusCategory	M	—
fieldbus:ConnectRequest	M	—
fieldbus:ConnectResponse	—	M
fdt:CommunicationReferenceID	—	M

此服务获取带有现场总线特定通信参数的信息。将被使用的现场总线协议由参数 BusCategory 标识。

此请求包含附加的现场总线协议特定信息，用于通信通道建立连接。例如，重复计数或前导计数等信息。此类信息是否适用取决于环境。

此外，此请求包含现场总线信息和协议特定信息，这些信息用于寻址连接到特定现场总线上的设备。

在连接请求中的 SystemTag(见表 A.4)是通信客户端的 SystemTag。用于通过调用 GetDtm 服务(见 7.7.3.7)来访问 DTM。如果没有提供 SystemTag，那么通信客户端不是 DTM(可能是框架应用程序或者其他组件)。

此服务在以下状态下可用：

[_]“configured(已配置)”；

[X]“communicationAllowed(通信允许)”。

7.6.1.3 Disconnect 服务

此服务释放到设备的通信链接。对于一台设备的多个连接来说，链接由 Connect 服务(见 7.6.1.2)返回的通信引用来标识。该服务的参数见表 61。

表 61 **Disconnect 服务的参数**

	请求	响应
fdt:CommunicationReferenceID	M	—
fieldbus:DisConnectRequest	M	—
fieldbus:DisConnectResponse	—	M

通过此服务，服务调用者从通信通道接收连接是否被释放的信息。

此服务释放所有挂起的响应数据，并且至少释放 Connect 服务(见 7.6.1.2)传递的 CommunicationClientObjectReference。

此服务在以下状态下可用：

[_]“configured(已配置)”；

[X]“communicationAllowed(通信允许)”。

7.6.1.4 **AbortRequest 服务**

此服务中止到设备的通信链接而无需任何响应。该服务的参数见表 62。

表 62 **AbortRequest 服务的参数**

	请求	响应
fdt:CommunicationReferenceID	M	—

此服务终止所有挂起的请求，并不等待结果直接返回。连接的终止不会被证实。

此服务在以下状态下可用：

[_]“configured(已配置)”；

[X]“communicationAllowed(通信允许)”。

7.6.1.5 **AbortIndication 通知服务**

此服务提供连接(由 CommunicationReferenceID 标识)已经被中止的通知。该服务的参数见表 63。

表 63 **AbortIndication 服务的参数**

	请求	响应
fdt:CommunicationReferenceID		M

此服务把连接中止的通知返回给所连接的通信组件或 DTM。此连接上所有挂起的请求也都被终止。

连接的终止不会被证实。

可以通过调用服务终止连接，或者“自动”终止连接(如：被底层通信架构自动通知的设备消失)。此服务在以下状态下可用：

[_] “configured(已配置)”；

[X] “communicationAllowed(通信允许)”。

7.6.1.6 Transaction 服务

此服务执行数据结构与通信客户端特定设备的交换。该服务的参数见表 64。

表 64 Transaction 服务的参数

	请求	响应
fdt:CommunicationReferenceID	M	—
fieldbus:TransactionRequest	M	—
fieldbus:TransactionResponse	—	M

对于协议特定的通信请求，服务返回协议特定的通信响应。

通信通道开发者不应该期望，设备在同一时间只有一个挂起的请求。例如，几个客户端（如：框架应用程序和设备 DTM）正在尝试对同一台设备索取信息。

即使底层现场总线协议仅允许在同一时间向一台或多台设备发送一个请求，通信通道应能处理许多请求。

在协议没有规定的情况下，通信通道按接收到的顺序处理请求，否则按协议特定的顺序处理请求。

设备 DTM 开发者应该考虑，已采用的通信架构会导致通信延迟。因此，设备 DTM 宜限定通信请求的数量。

另外，由于可能有很多原因会导致事务请求被拒绝，设备 DTM 应能够处理被拒绝的请求。

此服务在以下状态下可用：

[_] “configured(已配置)”；

[X] “communicationAllowed(通信允许)”。

7.6.1.7 SequenceDefine 服务

SequenceDefine 服务定义通信事务的序列，并为通信事务的执行做好准备。当请求 SequenceStart 服务时，将完成通信事务。

DTM 中只定义一个序列，所有先前序列请求的事务都被终止。该服务的参数见表 65。

表 65 SequenceDefine 服务的参数

	请求	响应
fdt:CommunicationReferenceID	M	
fieldbus:SequenceDefine	M	—
fdt:serviceSucceeded		M

通信通道必须保存已定义的序列，直到请求 SequenceStart 服务。

此服务在以下状态下可用：

[_] “configured(已配置)”；

[X] “communicationAllowed(通信允许)”。

7.6.1.8 SequenceStart 服务

SequenceStart 服务完成 SequenceDefine 服务(见 7.6.1.7)定义的通信事务序列的执行。该服务的参数见表 66。

表 66 SequenceStart 服务的参数

	请求	响应
fdt:CommunicationReferenceID	M	
fdt:serviceSucceeded		M

通信事务的序列按定义的事务顺序且不间断地完成,直到执行完最后一个事务服务。每完成一个事务,通信通道通知客户端该事务的结果。

此服务在以下状态下可用:

[_] "configured(已配置)";

[X] "communicationAllowed(通信允许)"。

7.6.2 子拓扑结构管理相关的服务

7.6.2.1 ValidateAddChild 服务

此服务验证由 SystemTag 指定的 DTM 能否被添加到子拓扑结构中(见 4.3)。该服务的参数见表 67。

表 67 ValidateAddChild 服务的参数

	请求	响应
ffdt:SystemTag	M	—
fdt:serviceSucceeded	—	M

通道验证链接。如果链接有效,将返回成功。

如果 DTM 需要子节点的更多信息,能通过使用 SystemTag 作为参数调用 GetDtm 服务(见 7.7.3.7)来访问 DTM。

此服务在以下状态下可用:

[X] "configured(已配置)";

[X] "communicationAllowed(通信允许)"。

7.6.2.2 ChildAdded 服务

通知通道一个新 DTM 被添加到子拓扑结构中。该服务的参数见表 68。

表 68 ChildAdded 服务的参数

	请求	响应
ffdt:SystemTag	M	—

此服务通知通道一个由 SystemTag 指定的新 DTM 已被添加到子拓扑结构中。

如果通道需要更多关于子 DTM 的信息,可以通过使用 SystemTag 作为参数调用 GetDtm(见 7.7.3.7)来访问 DTM。

此服务只用于通知拓扑结构改变。在重新加载的情况下,如项目相关数据的重新加载,不应调用此服务。

此服务在以下状态下可用:

[X] “configured(已配置)”;

[X] “communicationAllowed(通信允许)”。

7.6.2.3 **ValidateRemoveChild 服务**

此服务验证一个由 SystemTag 指定的子 DTM 能否从子拓扑结构中移除。该服务的参数见表 69。

表 69 ValidateRemoveChild 服务的参数

	请求	响应
ffdt:SystemTag	M	—
fdt:serviceSucceeded	—	M

通道必须验证 DTM 能否从拓扑结构中移除。

如果 DTM 需要更多关于子 DTM 的信息,可以通过使用 SystemTag 作为参数调用 GetDtm(见 7.7.3.7)来访问 DTM。

此校验应该包含对活动连接的检查,如果通过此通道的连接是活动的,返回故障。

此服务在以下状态下可用:

[X] “configured(已配置)”;

[X] “communicationAllowed(通信允许)”。

7.6.2.4 **ChildRemoved 服务**

通过此服务,通知通道已连接的 DTM 从子拓扑结中移除。该服务的参数见表 70。

表 70 ChildRemoved 服务的参数

	请求	响应
ffdt:SystemTag	M	—

通知通道一个已连接的 DTM,由 SystemTag 指定,已经从子拓扑结构中移除。

如果需要更多关于子 DTM 的信息,可以通过传递已接收的 SystemTag 的服务 GetDtm(见 7.7.3.7)访问 DTM。

此服务只被用于通知拓扑结构改变。在如项目相关数据卸载(destruction)的情况下,不应调用此服务。

此服务在以下状态下可用:

[X] “configured(已配置)”;

[X] “communicationAllowed(通信允许)”。

7.6.2.5 SetChildrenAddresses 服务

此服务请求为特定的设备列表进行总线地址设定,并返回包含成功信息的设备列表。该服务的参数见表71。

表71 SetChildrenAddresses服务的参数

	请求	响应
fdevList DeviceList	M	—
devList DeviceList	—	M

请求为一台设备或设备列表进行总线地址设定。此请求可能指定,被调用的通信通道应打开一个用户界面,用于用户请求设定设备地址。为了获得一个合格的响应,错误信息将包含在所返回的信息中。

作为执行此服务的一部分,可以调用OpenPresentationRequest服务(7.7.7.1)来请求用户选择的地址。

DTM上的总线地址通过NetworkManagementInfoWrite服务(见7.2.11.2)设定。DTM不应采用此信息来执行设定现场设备地址的通信事务。

此服务在以下状态下可用:

[X] "configured(已配置)";

[X] "communicationAllowed(通信允许)"。

7.6.3 GUI和功能相关的服务

7.6.3.1 GetChannelFunctions 服务

此服务返回DTM通道对象功能的信息。该服务的参数见表72。

表72 GetChannelFunctions服务的参数

	请求	响应
ffdt:OperationPhase	M	—
func:Functions	—	M

此服务提供通道功能信息。

通道应通过调用OnFunctionChanged服务(见7.7.2.4),把任何功能改变(例如:数量,状态,标签等)通知给框架应用程序。

可以提供几个响应。通常此信息被框架应用程序用来创建菜单。

此服务在以下状态下可用:

[X] "configured(已配置)";

[X] "communicationAllowed(通信允许)"。

7.6.3.2 GetGuiInformation 服务

此服务提供启动一个通道的用户界面相关信息。该服务的参数见表73。

表 73 GetGuiInformation 服务的参数

	请求	响应
ffunc:FDTFunctionCall	M	—
func:GUIInformation	—	M

返回允许框架应用程序实例化用户界面的信息。通道应只支持允许集成到框架应用程序 GUI 中的表示对象。

这些对象之间的集成和交互是技术相关的,并且在 GB/T 29618.4x 文件中定义。

此服务在以下状态下可用:

[X] "configured(已配置)";

[X] "communicationAllowed(通信允许)"。

7.6.4 扫描相关的服务

7.6.4.1 Scan 服务

此服务执行对子拓扑结构(见 6.2.2)的扫描。该服务的参数见表 74。

表 74 Scan 服务的参数

	请求	响应
fdevList:BusAddressRange	O	—
fieldbus:ScanIdentifications	—	M

返回包含现场总线相关信息列表的信息,用于标识已连接的设备。可选的 BusAddressRange 可以将扫描的范围限定为设备特定的地址和范围。

此服务在以下状态下可用:

[_] "configured(已配置)";

[X] "communicationAllowed(通信允许)"。

7.7 框架应用程序服务

7.7.1 通用状态的可用性

所有框架应用程序服务在以下 DTM 状态下可用:

[X] "configured(已配置)";

[X] "communicationAllowed(通信允许)"。

7.7.2 通用事件相关的 FA 服务

7.7.2.1 OnErrorMessage 服务

对于 DTM 在服务调用期间的错误,框架应用程序采用此服务接收通知。该服务的参数见表 75。

表 75 **OnErrorMessage 服务的参数**

	请求	响应
ffdt:SystemTag	M	—
fdt:ErrorMessage	M	—

如果 DTM 工作于无用户界面状态,此服务是必须的。如果 DTM 工作于无用户界面状态,将不允许在对话窗口中显示错误信息。

由框架应用程序来处理信息。在错误或警告的情况下,人可读的字符可以在框架应用程序对话框中显示。

为了向用户提供有用信息(如关于错误的信息),在服务调用失败和不采用 UserDialog 服务的情况下,推荐使用此服务。

7.7.2.2 **OnProgress 服务**

通过此服务,框架应用程序接收 DTM 关于服务调用处理的进度通知。该服务的参数见表 76。

表 76 **OnProgress 服务的参数**

	请求	响应
ffdt:SystemTag	M	—
fdt:ProgressInformation	M	—

在活动的服务调用期间,需要花费更长时间,DTM 使用此服务来通知框架应用程序,至少是通知用户正在进行的活动。如果 DTM 不能决定实际进程,改变可能有用,例如改变标题。

由框架应用程序决定如何处理信息。

7.7.2.3 **OnOnlineStatusChanged 服务**

通过此服务,框架应用程序接收 DTM 关于通信链接状态的通知。该服务的参数见表 77。

表 77 **OnOnlineStatusChanged 服务的参数**

	请求	响应
ffdt:SystemTag	M	—
fdt:OnlineStatus(previous)	M	—
fdt:OnlineStatus(current)	M	
fdt:CommunicationError	O	

DTM 应通过此服务来通知框架应用程序通信链接状态的改变。DTM 应指定最新的以及先前的在线状态,如果通信错误触发了状态改变,也包括额外的错误信息。

7.7.2.4 **OnFunctionsChanged 服务**

通过此服务,框架应用程序接收 DTM 关于自身当前可用附加功能已发生改变的信息通知。该服务的参数见表 78。

表 78 OnFunctionsChanged 服务的参数

	请求	响应
ffdt:ChannelPath	O	—
fdt:SystemTag	M	—

DTM 应采用此服务来通知框架应用程序，更新涉及扩展功能的菜单或功能调用。框架应用程序通过 GetFunctions 服务(见 7.2.5.1)，获取当前可用的 DTM 功能。

如果提供了参数 ChannelPath，相应通道的功能已经发生改变。在这种情况下，框架应用程序通过 GetChannelFunctions 服务(见 7.6.3.1)，获取当前可用的 DTM 功能。

7.7.3 拓扑结构管理相关的 FA 服务

7.7.3.1 GetDtmInfoList 服务

此服务返回 DTM 相关信息列表。该服务的参数见表 79。

表 79 GetDtmInfoList 服务的参数

	请求	响应
fdtmInfo:DTMInfo list	—	M
dtmInfo:BTMInfo list		M

返回 DTM 相关信息列表。此信息允许 DTM 通过使用 CreatChild 服务(见 7.7.3.2)将其他 DTM 添加到 FDT 拓扑结构中。

由框架应用程序决定列表中的哪些 DTM 信息被返回。例如，即使安装了 PROFIBUS DTM，此列表也可能只包含 HART DTM 信息。

7.7.3.2 CreatChild 服务

此服务允许 DTM 将其他 DTM 添加到 FDT 拓扑结构中。该服务用于 DTM 的参数见表 80。

表 80 CreatChild(DTM)服务的参数

	请求	响应
ffdt:DtmDeviceType	M	—
fdt:ChannelObjectReference	M	—
fdt:SystemTag	—	M

此服务允许 DTM 将 DTM 设备类型标识的其他 DTM 添加到 ChannelObjectReference 标识的子结构中。

框架应用程序实例化此 DTM。此服务返回 DTM 的 SystemTag，如果操作失败，不应返回 SystemTag。框架应用程序必须执行 8.1.2 中序列图描述的行为。

如果调用此服务来添加 BTM，请求中使用表 81 定义的 BTM 模块类型。

表 81 **CreatChild(BTM)服务的参数**

	请求	响应
fbtm:BtmBlockType	M	—
fdt:ChannelObjectReference	M	—
fdt:SystemTag	—	M

7.7.3.3 **DeleteChild 服务**

此服务允许 DTM 从 FDT 拓扑结构中移除另一个 DTM。该服务的参数见表 82。

表 82 **DeleteChild 服务的参数**

	请求	响应
ffdt:SystemTag	M	—
fdt:ChannelObjectReference	M	—
fdt:serviceSucceeded	—	M

此服务允许 DTM 将 SystemTag 指定的另一个 DTM 从 ChannelObjectReference 标识的子拓扑结构中移除。

框架应用程序必须在移除了 DTM 的通信通道上调用 ValidateRemoveChild 服务(见 7.6.2.3)。如果这是拓扑结构中的最后引用,框架应用程序必须删除实例数据。框架应用程序也必须调用相对于行为的 ClearInstanceData 服务(见 7.2.4.5)。如果存在一个子拓扑结构,操作应失败。

7.7.3.4 **MoveChild 服务**

此服务允许 DTM 移动 FDT 拓扑结构中另一个 DTM。该服务的参数见表 83。

表 83 **MoveChild 服务的参数**

	请求	响应
ffdt:SystemTag	M	—
fdt:SystemTag	M	
fdt:ChannelObjectReference	M	—
fdt:serviceSucceeded	—	M

此服务允许 DTM 将 SystemTag 指定的另一个 DTM 移动到目标 DTM 的 SystemTag 和 ChannelObjectReference 标识的其他子拓扑结构中。

框架应用程序必须调用为 CreateChild(见 7.7.3.2)和 DeleteChild 服务(见 7.7.3.3)定义的 ValidateAddChild 和 ValidateRemoveChild 服务。

7.7.3.5 **GetParentNodes 服务**

此服务允许 DTM 请求在 FDT 拓扑结构中直接上层 DTM 列表。该服务的参数见表 84。

表 84 **GetParentNodes 服务的参数**

	请求	响应
ffdt:SystemTag	M	—
fdt:SystemTag List	—	M
fdt:SystemTag		M

将要创建的 DTM 列表由请求中的 SystemTag 标识。此服务返回在 FDT 拓扑结构中所有上层 DTM 的 SystemTag 列表，以及用来标识主父 DTM 的单个 SystemTag。

7.7.3.6 GetChildNodes 服务

此服务允许 DTM 请求在 FDT 拓扑结构中直接下层 DTM 列表。该服务的参数见表 85。

表 85 **GetChildNodes 服务的参数**

	请求	响应
ffdt:SystemTag	M	—
fdt:ChannelObjectReference	M	—
fdt:SystemTag List	—	M

将要创建的 DTM 列表和通信通道列表由 SystemTag 和 ChannelObjectReference 标识。此服务返回在 FDT 拓扑结构中所有下层 DTM 的 SystemTag 列表。

7.7.3.7 GetDtm 服务

服务允许 DTM 请求 SystemTag 标识的另一个 DTM 的引用。该服务的参数见表 86。

表 86 **GetDtm 服务的参数**

	请求	响应
ffdt:SystemTag	M	—
fdt:DtmObjectReference	—	M

此服务允许 DTM 请求由 SystemTag 标识的另一个 DTM 的引用。框架应用程序实例中的附加调用应返回一致的 DTM ObjectReference。

已经请求引用的 DTM 必须调用 ReleaseDtm 服务(见 7.7.3.8)来释放此引用。框架应用程序必须执行某种引用计数，这是处理同一 DTM 实例的多个引用所必须的。

7.7.3.8 ReleaseDtm 服务

此服务应该用来释放由 GetDtm 服务(见 7.7.3.7)请求的相关 DTM 的引用。该服务的参数见表 87。

表 87 **ReleaseDtm 服务的参数**

	请求	响应
ffdt:SystemTag	M	—
fdt:serviceSucceeded	—	M

此服务应用来释放由 SystemTag 标识的相关 DTM 的引用,该 DTM 由 GetDtm 服务(见 7.7.3.7)请求获取。

7.7.4 冗余相关的 FA 服务

7.7.4.1 OnAddedRedundantChild 服务

如果处理冗余设备的其他 DTM 被添加到拓扑结构中,父 DTM 应把此信息发送给框架应用程序。然后框架应用程序能在一个附加的冗余通信通道上显示此实例。该服务的参数见表 88。

表 88 **OnAddedRedundantChild 服务的参数**

	请求	响应
ffdt:SystemTag	M	—
fdt:ChannelObjectReference	M	—
fdt:serviceSucceeded	—	M

父 DTM 已经将 SystemTag 标识的 DTM 添加到 ChannelObjectReference 标识的通信通道中,此 DTM 处理冗余从站。框架应用程序不应在此通道上调用 ValidateAddChild(见 7.6.2.1)和 ChildAdded(见 7.6.2.12)服务。

7.7.4.2 OnRemoveRedundantChild 服务

如果从拓扑结构中移除处理冗余设备的其他 DTM,父 DTM 应把这个信息发送给框架应用程序。框架应用程序能在附加的冗余通信通道中隐藏该实例。该服务的参数见表 89。

表 89 **OnRemoveRedundantChild 服务的参数**

	请求	响应
ffdt:SystemTag	M	—
fdt:ChannelObjectReference	M	—
fdt:serviceSucceeded	—	M

父 DTM 将 SystemTag 标识的 DTM 从 ChannelObjectReference 标识的通信通道中移除,此 DTM 处理冗余从站。框架应用程序不应在此通道上调用 ValidateRemoveChild(见 7.6.2.3)和 OnRemoveChild(见 7.6.2.4)服务。

7.7.5 DTM 数据存储相关的 FA 服务

7.7.5.1 SaveInstanceData 服务

此服务允许 DTM 将实例数据保存到框架应用程序管理的项目存储中(见 4.8)。该服务的参数见表 90。

表 90　SaveInstanceData 服务的参数

	请求	响应
ffdt:StorageObject	M	—
fdt:serviceSucceeded	—	M

此服务允许 DTM 将实例数据保存到框架应用程序管理的项目存储中。由框架应用程序决定在请求中传递的数据是立即储存在项目存储中，还是缓存在内存中直到其他事件发生（如：显式的用户请求）。

调用此服务的 DTM 应保持实例数据的锁定（见 serviceLockInstanceData 服务，7.7.6.1），否则服务调用失败（返回 fdtServiceSucceeded＝FALSE）。

7.7.5.2　LoadInstanceData 服务

此服务允许 DTM 从框架应用程序（见 4.8）管理的项目存储中加载实例数据。该服务的参数见表 91。

表 91　LoadInstanceData 服务的参数

	请求	响应
ffdt:StorageObject	—	M

调用此服务的 DTM 获取与 SaveInstanceData 服务存储的数据完全相同的数据。

7.7.5.3　GetPrivateDtmStorageInformation 服务

此服务允许 DTM 请求框架应用程序（见 4.8）私有数据存储的信息。该服务的参数见表 92。

表 92　GetPrivateDtmStorageInformation 服务的参数

	请求	响应
fInstanceRelatedStorageInfo	—	M
ProjectRelatedStorageInfo	—	M

响应参数 InstanceRelatedStorageInfo 包括允许 DTM 访问属于调用实例的存储信息。响应参数 ProjectRelatedStorageInfo 包括允许 DTM 访问项目中此 DTM 类型的所有实例共享的存储信息。私有的 DTM 储存机制是技术实现相关的，因此在 GB/T 29618.4x 文件中定义，此文件定义了到特定技术的映射。

如果框架应用程序不能提供对私有 DTM 数据存储的访问，那么没有信息返回。在这种情况下，DTM 应能不受影响地工作。应确保对 SaveInstanceData（见 7.7.5.1）和 LoadInstanceData（见 7.7.5.2）管理的实例数据不受影响。

如果调用 ClearInstanceData 服务（见 7.2.4.5），DTM 应清除实例相关存储。如果 DTM 持有任何项目相关存储和实例相关存储之间的引用，那么 DTM 也应在项目相关存储中清除这些引用。

7.7.6 DTM 数据同步相关的 FA 服务

7.7.6.1 LockInstanceData 服务

此服务允许 DTM 请求对实例数据的独占性写访问。该服务的参数见表 93。

表 93 LockInstanceData 服务的参数

	请求	响应
ffdt:serviceSucceeded	—	M

在多用户环境中,框架应用程序验证请求,并准予访问。在单用户系统中,总是准予独占性访问。仅当准予通过此服务访问时,DTM 应对实例相关数据作修改。见 8.5。

仅当需要修改数据时,DTM 应请求锁定实例数据。当允许下列情况时,DTM 应拥有独占性写访问权:

- 通过表示对象配置实例数据;
- 通过 ReadDataFormDevice 服务(见 7.2.12.4)保持设备和实例数据之间的数据同步;
- 通过 DeviceDataWrite 服务(见 7.2.10.3)修改设备数据,或通过参数化 GUI 更新设备(ModifiedInDevice)中已修改的信息数据。

如果没有准予写访问,DTM 不应对实例数据作修改,并应通过通知 OnErrorMessage 服务(见 7.7.2.1)通知用户。

7.7.6.2 UnlockInstanceData 服务

此服务允许 DTM 通知框架应用程序,它需要解锁实例数据的写访问。该服务的参数见表 94。

表 94 UnlockInstanceData 服务的参数

	请求	响应
ffdt:serviceSucceeded	—	M

当实例数据不再处于被修改状态时,DTM 应立即保存此数据,并调用此服务。在多用户环境中,框架应用程序应通过 InstanceDataChanged 服务(见 7.7.6.3)将已改变的数据,通知给其他具有相同实例数据引用的 DTM 实例。

如果服务响应不成功,DTM 应通过通知 OnErrorMessage 服务(见 7.7.2.1)通知用户,清除系统数据库。在单用户系统中,服务响应总是成功的。

7.7.6.3 InstanceDataChanged 服务

此服务允许 DTM 将数据改变的信息通知给框架应用程序。该服务的参数见表 95。

表 95 OnInstanceDataChanged 服务的参数

	请求	响应
fInformation	M	—

如果DTM已经改变并保存数据，必须调用这个带有已改变数据信息的服务。框架应用程序应通过调用DTM的OnInstanceDataChanged服务（见7.2.13.3），将此信息传递给所有具有相同实例数据引用的DTM实例。

7.7.7 表示相关的FA服务

7.7.7.1 OpenPresentationRequest 服务

此服务允许DTM或通道请求框架应用程序用户界面中的表示对象。该服务的参数见表96。

表96 OpenPresentationRequest 服务的参数

	请求	响应
ffunc:FDTFunctionCall	M	—
ui:RunAsModal	O	
fdt:ChannelPath	O	
fdt:invokeID	—	M
fdt:ServiceSucceeded	—	M

此服务允许DTM或通道打开一个框架应用程序用户界面中的表示对象，由FDTFunctionCall标识。框架应用程序将使用DTM的GetGuiInformation服务（见7.2.5.3）或通道的GetGuiInformation服务（见7.6.3.2）来获取更多关于表示对象的信息。

如果参数RunAsModal设定为TRUE，此服务表现形式为：框架应用程序至少必须确保调用DTM的所有表示对象是禁用的，这样不可能再有用户输入。

如果已提供参数ChannelPath，那么相应通道的表示对象应被打开。

此服务返回InvokeID，此InvokeID可用来通过调用ClosePresentationRequest服务来关闭已打开的表示对象。

7.7.7.2 ClosePresentationRequest 服务

此服务允许DTM或通道关闭一个已打开的表示对象。该服务的参数见表97。

表97 ClosePresentationRequest 服务的参数

	请求	响应
ffdt:invokeID	M	
fdt:ServiceSucceeded	—	M

此服务允许DTM或通道关闭一个已打开的表示对象。传递的参数InvokeID标识表示对象，该表示对象由OpenPresentationRequest服务（见7.7.7.1）打开。

7.7.7.3 UserDialog 服务

此服务允许DTM打开框架应用程序用户界面中的用户信息。该服务的参数见表98。

表 98 UserDialog 服务的参数

	请求	响应
fui:UserMessage	M	—
ui:UserMessage	—	M

DTM 应将此服务用于标准的用户信息,如错误信息或通知信息。尤其当 DTM 不允许打开一个私有的用户对话框时(见 PrivatDialogEnabled 服务,7.2.1.1)。

此服务返回用户动作的选择或者信息的特定默认应答。由框架应用程序决定是显示用户信息,或是发送默认应答。

在分布式系统的情况下,框架应用程序应确保在相同的工作区域显示 DTM 的用户对话框和用户界面。

7.7.8 审计追踪相关的 FA 服务

7.7.8.1 RecordAuditTrailEvent 服务

所有 DTM 应使用此服务,将审计追踪信息发送到框架应用程序。由框架应用程序自己来实现 audit-trail-application,audit-trail-application 记录设备特定信息并提供用户界面。该服务的参数见表 99。

表 99 RecordAuditTrailEvent 服务的参数

	请求	响应
ffdt:SystemTag	M	—
audittrail:LogEntry	M	—
audittrail:TransactionInfo	O	—

DTM 发出的数据改变通知由框架应用程序审计追踪工具记录。

LogEntry 的内容取决于 DTM。审计追踪工具的执行是框架应用程序特定的。

当参数 audittrail:TransactionInfo 值为 startTransaction 时,应被用来请求用于下列行为(如:组态或仿真)的审计追踪。此服务的所有调用将被记录下来,直到把参数 audittrail:TransactionInfo 值设为 endTransaction 时,再次调用此服务,关闭记录。

当记录已经被关闭,框架应用程序可以将它用于自身特定的审计追踪功能,如添加注释等。

8 FDT 动态行为

8.1 生成 FDT 拓扑

8.1.1 由框架应用程序触发生成 FDT 拓扑

框架应用程序负责生成和管理拓扑。图 33 的序列给出了框架应用程序是如何管理 DTM 和通信通道之间的链接的。

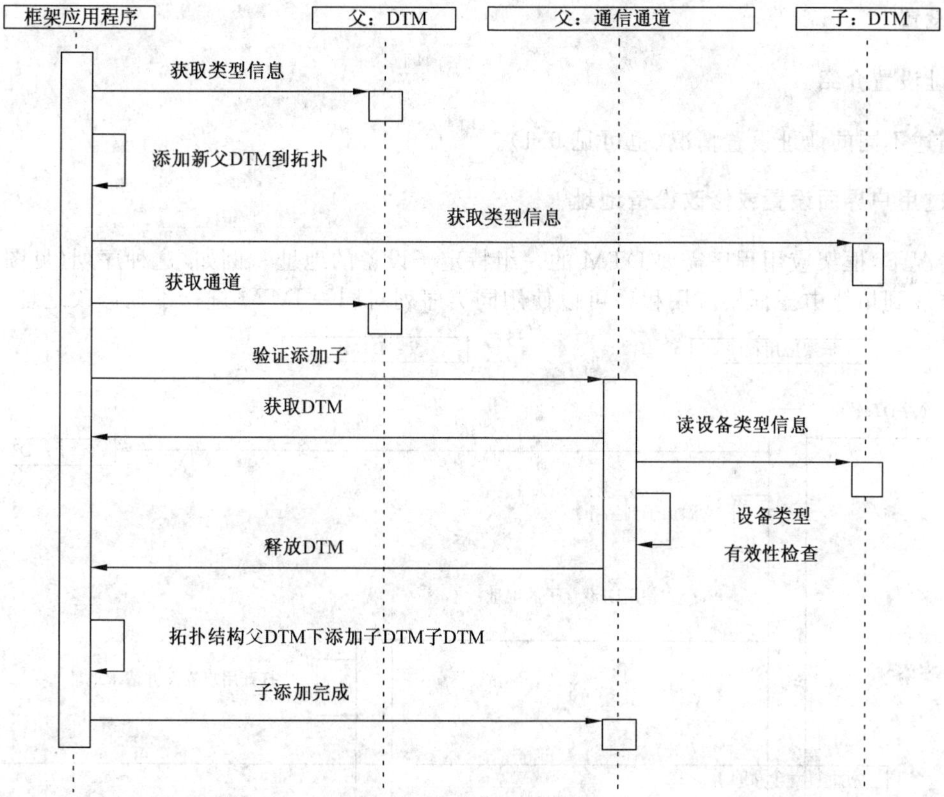

图 33 框架应用触发生成 FDT 拓扑

8.1.2 由 DTM 触发生成 FDT 拓扑

图 34 给出了 DTM 触发产生 FDT 拓扑的序列。

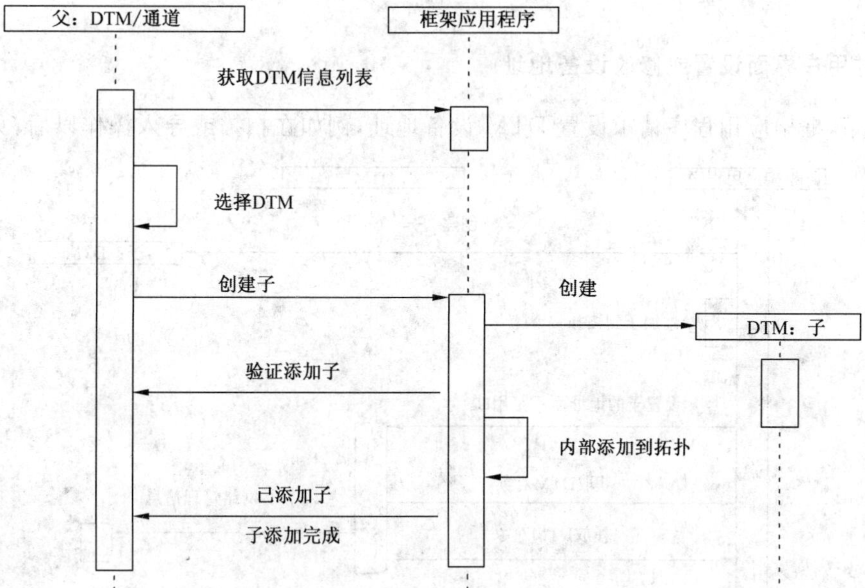

图 34 DTM 触发生成 FDT 拓扑

8.2 地址设置

8.2.1 地址设置介绍

本条描述不同的地址设置情况(也可见 6.1)。

8.2.2 通过用户界面设置或修改设备地址

这种情况下,框架应用程序需要 DTM 的一组特定子设备的地址。例如,这种序列(见图 35)起始于新的设备添加到拓扑中。框架应用程序可以使用同类序列对同一 DTM 进行手动修改地址。

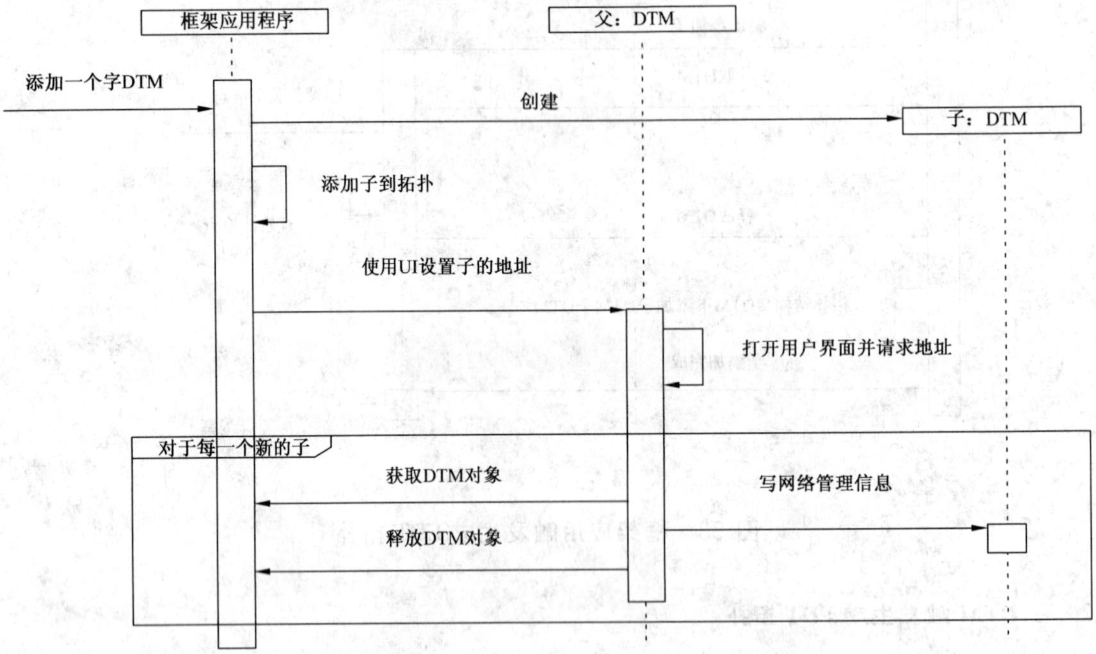

图 35 设置或修改设备地址——使用用户界面

8.2.3 不通过用户界面设置或修改设备地址

这种情况下,框架应用程序请求设置 DTM 设备地址,例如在扫描或导入操作以后,见图 36。

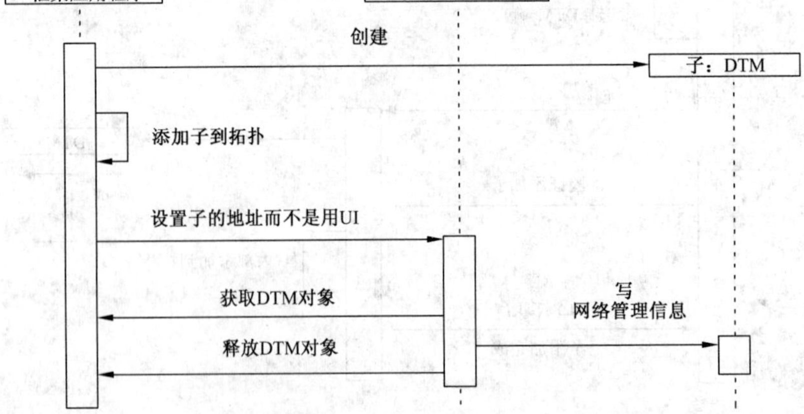

图 36 设置或修改设备地址——没有用户界面

框架应用程序通过 NetworkManagementInfoWrite 服务(见 7.2.11.2)提交地址列表给父 DTM。

8.2.4 通过用户界面显示或修改所有子设备的地址

这种情况下(见图 37),框架应用程序请求 DTM 显示或修改所有子设备的设备地址。例如用户在通信或网关 DTM 的范围内选择了相应的菜单,则启动该序列。

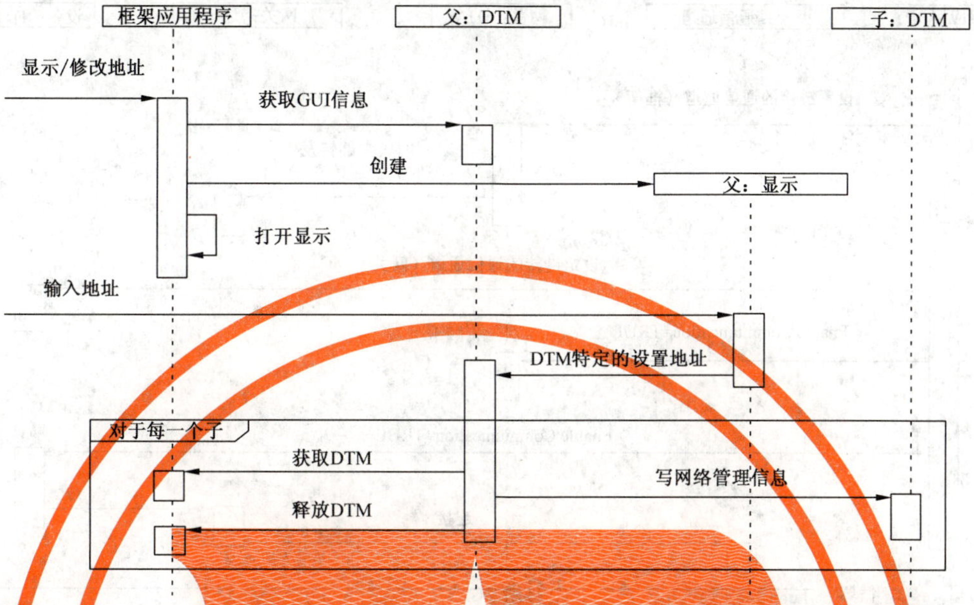

图 37 界面显示或修改所有子设备的地址——使用用户界面

8.3 通信

8.3.1 通信概述

本条描述 DTM 与其设备的不同通信情况。

8.3.2 对等通信

图 38 的序列图给出了使用链接通信通道提供服务的 DTM 的对等通信。

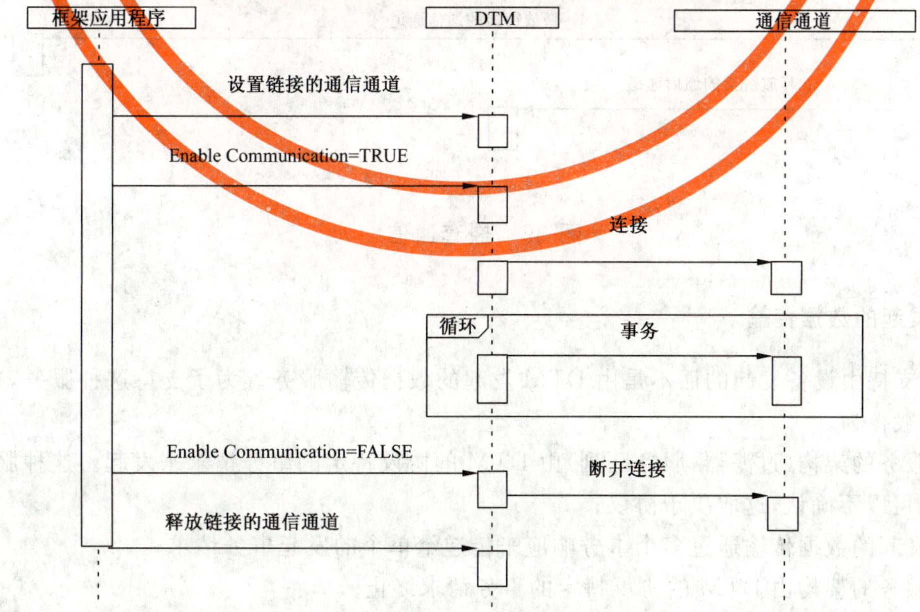

图 38 对等通信

8.3.3 嵌套通信

图 39 的序列图给出了通过网关和框架应用程序提供的通信通道的 DTM 通信。

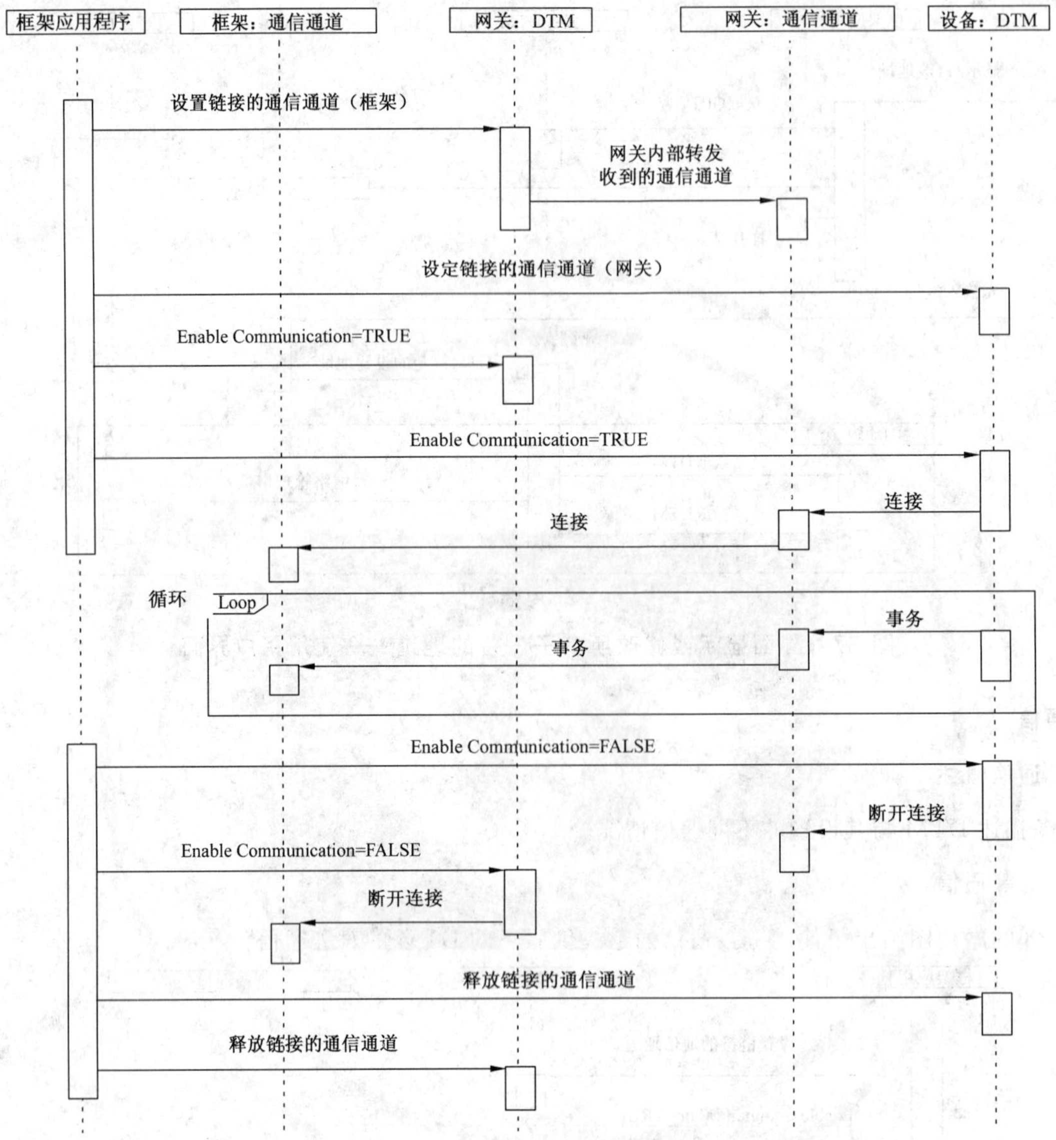

图 39 嵌套通信

8.3.4 设备发起的数据传输

一些协议支持由设备发起的而不是由 DTM 发起的数据传输服务。为了支持这种服务，在 FDT 中定义以下的一般行为。

- 这种服务的架构(过滤器，服务队列)由 DTM 的协议特定的事务请求来发起。这种服务可以确认，也可以不确认，这取决于协议；
- 设备发起的数据传输通过多个事务响应来传递给单个的发起事务请求；
- 这些服务的架构由 DTM 的协议特定的事务请求终止。

设备发起的数据传输需要由通信架构管理。这就是有必要清晰地标识发起和终止这种行为类型请求的原因。

发起或终止设备发起的数据传输的事务服务(见 7.6.1.6)是传输协议特定的。终止该数据传输的事务要包括所有必需的信息(如有必要,可以引用启动该数据传输的事务服务)。

如果 DTM 启动了设备上的设备发起的初始化数据传输(见图 40),它也应该终止该服务。在 DTM 离线之前(见 7.6.1.3 的 Disconnect 断开连接服务或 7.6.1.4 的 AbortRequest 服务),必须进行终止。如果由 AbortIndication(见 7.6.1.5)通知终止了连接,该服务将自动终止。

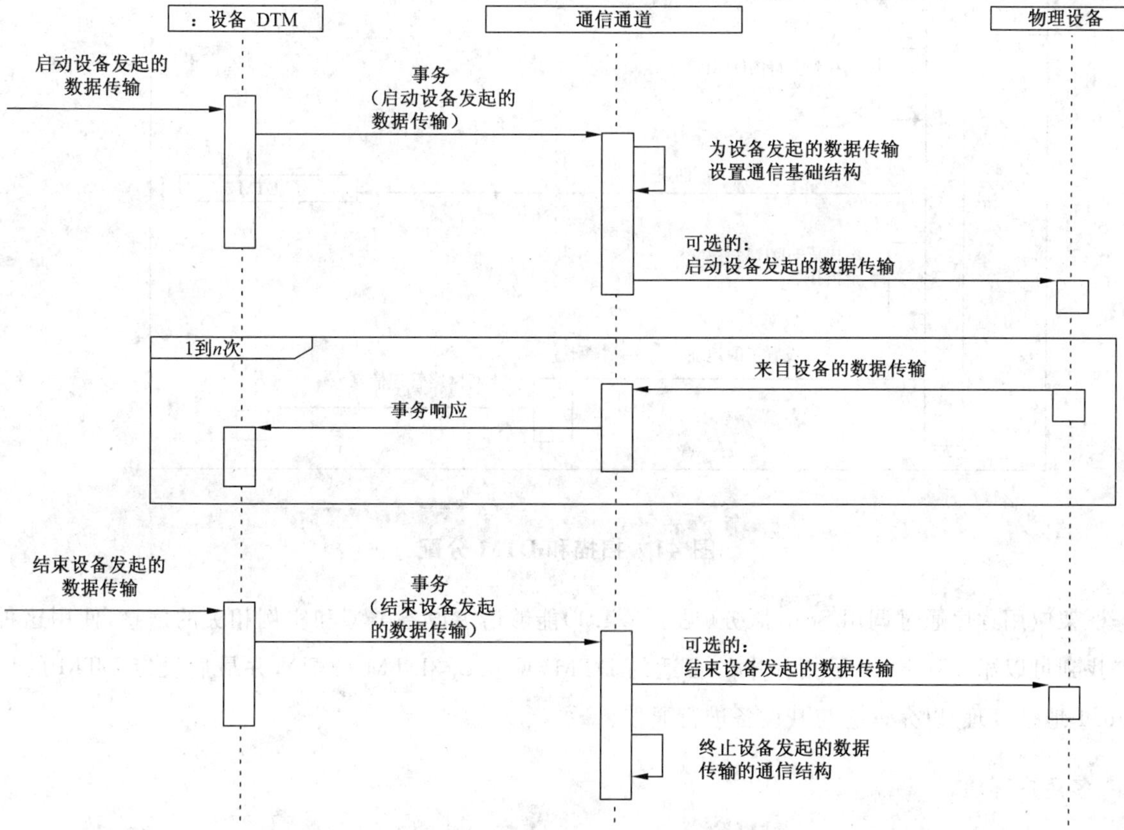

图 40 设备发起的数据传输

这种服务的支持是协议特定的和设备特定的。如果通信通道不能支持这类型服务,它应该返回它不能支持这种功能的错误指示。

具体的协议特定的事务定义在 FDT 的描述协议行规集成的 GB/T 29618.3xy 规范中。

8.4 扫描和 DTM 分配

图 41 的序列给出了框架应用程序如何根据 Scan 服务(见 7.6.4.1)返回的信息来生成 FDT 子拓扑。

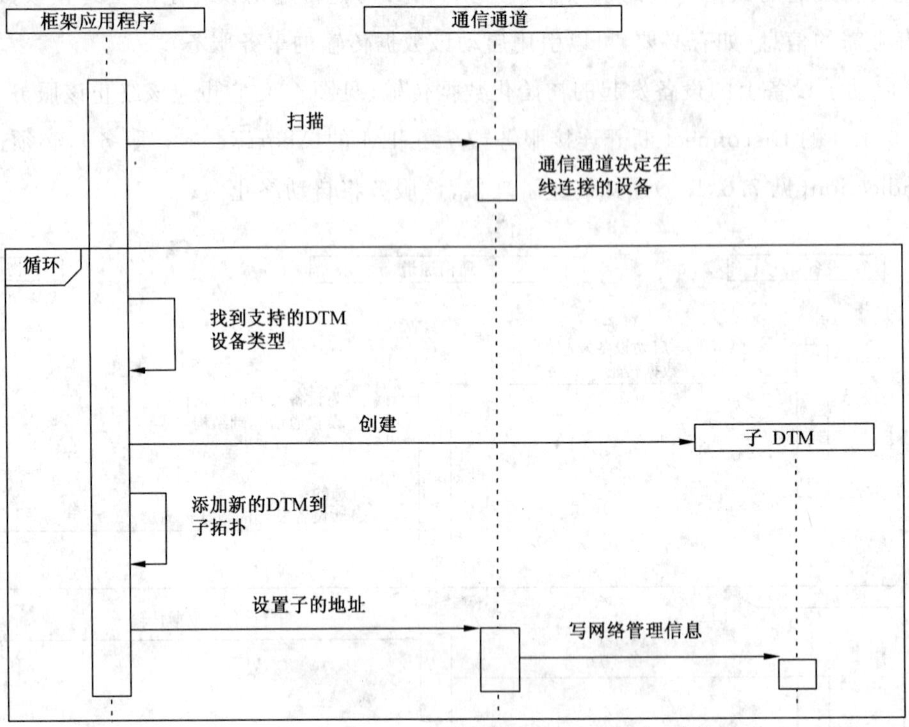

图 41　扫描和 DTM 分配

框架应用程序通过调用 Scan 服务(见 7.6.4.1)能够请求设备类型和实例相关的信息,使用这种信息来找到可以添加到 FDT 子拓扑中的合适的 DTM(见 6.2.3DTM 分配),并最后设定 DTM 的地址(见 6.1 地址管理)以允许它与其设备进行通信。

8.5　多用户环境

8.5.1　概述

为了节省时间,例如大型安装项目的试运行时间,经常将系统设计为多用户访问的形式。其目的是,允许多个用户并行地工作并保证数据一致性,同时防止无意的数据修改,例如在并行工作时对相关的数据进行组态。图 42 给出了多用户系统的总览。

处理设备中修改(比如设备的本地操作)的机制在 8.7.4 中描述。

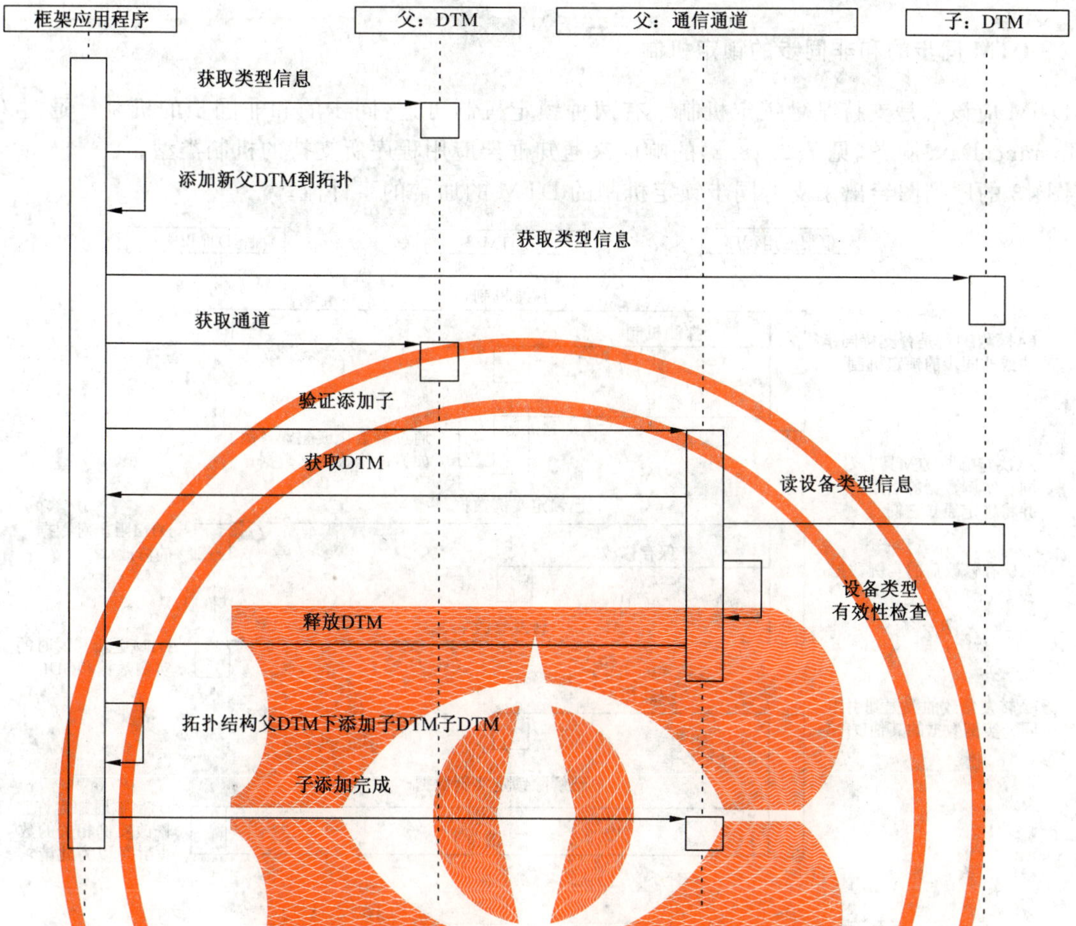

说明：此图显示了一个框架应用程序管理多用户(例如，一个框架应用程序的多个实例运行于共用一个数据库的多个客户端上)，多用户的多框架应用程序不在这个范围之内。

图 42　多用户系统

在多用户环境中，超过多于一个 DTM 去访问实例数据是很常见的。为了同步这些由不同工作区的多个用户启动的 DTM，FDT 提供了一种锁定机制。这种事件机制的目标是使得只有一个 DTM 拥有对实例相关数据的读/写访问权限，其他的 DTM 只能读访问。

在数据集的所有修改的过程中，应对已存储数据集的访问进行管理。这些修改包括通过 DTM 的 GUI 的修改和通过 DTM 的 InstanceData 服务的修改。

为了防止对设备的多个 DTM 访问，应该只有在实例数据集已被锁定时，才提供对设备的在线写访问。这意味着，只有执行修改设备数据的服务(例如在线参数化 GUI 和 WriteDataToDevice 服务)，才锁定数据集，但仅读设备数据时(例如监视)，不用锁定。

因此，只有在必要时或在修改数据期间，DTM 才锁定它的数据。在框架应用程序保存了实例数据，并且不再有进一步的修改之后，DTM 应该立即解除对实例数据的锁定，以允许多用户环境中的其他 DTM 实例并发访问该设备数据。

在打开修改数据的 GUI 之前，DTM 应该尝试锁定其实例数据。如果锁定成功了，则允许对实例数据的修改，例如参数化、同步。如果不允许锁定，DTM 则不允许对其实例数据的任何修改。

当不再需要修改数据时(例如，关闭了所有写访问的 GUI、同步已经完成)，DTM 应该请求保存其实例数据，并且在保存之后解除锁定。

不允许 DTM 不必要地拥有对其实例数据的写访问。否则，DTM 就不适合用于多用户环境中。例如,DTM不应该在初始化后立即锁定其实例数据,并且直到终止时才解除锁定。

8.5.2 DTM同步的和非同步的锁定机制

DTM应该总是支持某种锁定机制。有两种锁定机制可选:同步的和非同步的机制。通过OnUnlockInstanceData服务(见7.2.13.2)的响应来通知框架应用程序所支持的机制类型。

图43的序列图给出了支持同步锁定机制的DTM的通常的事件流。

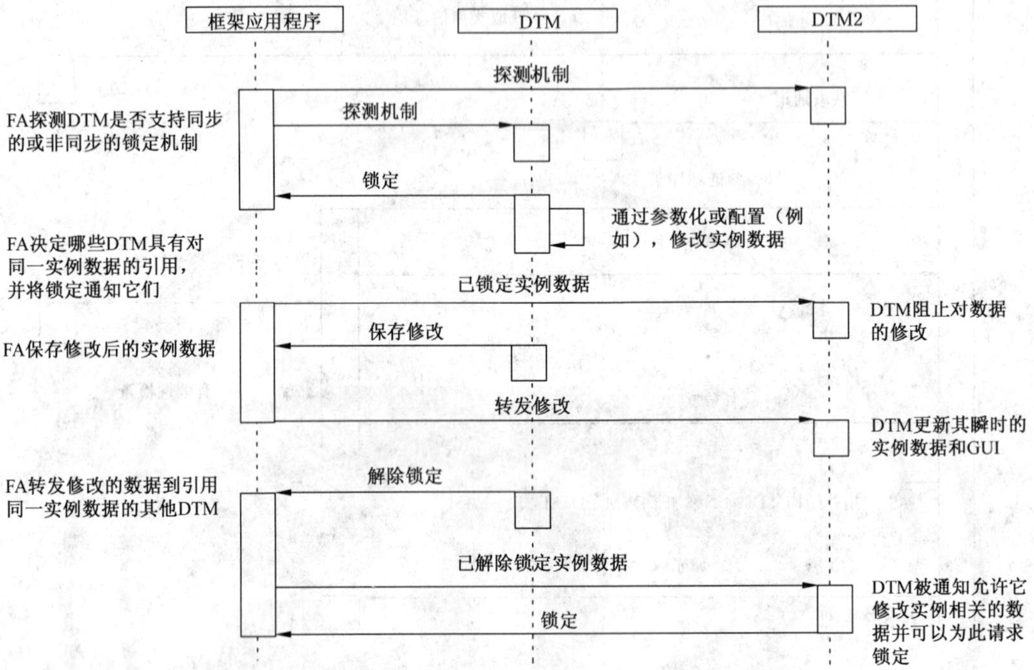

图43 通常的同步锁定机制

图44的序列图给出了支持非同步锁定机制的DTM的通常的事件流。

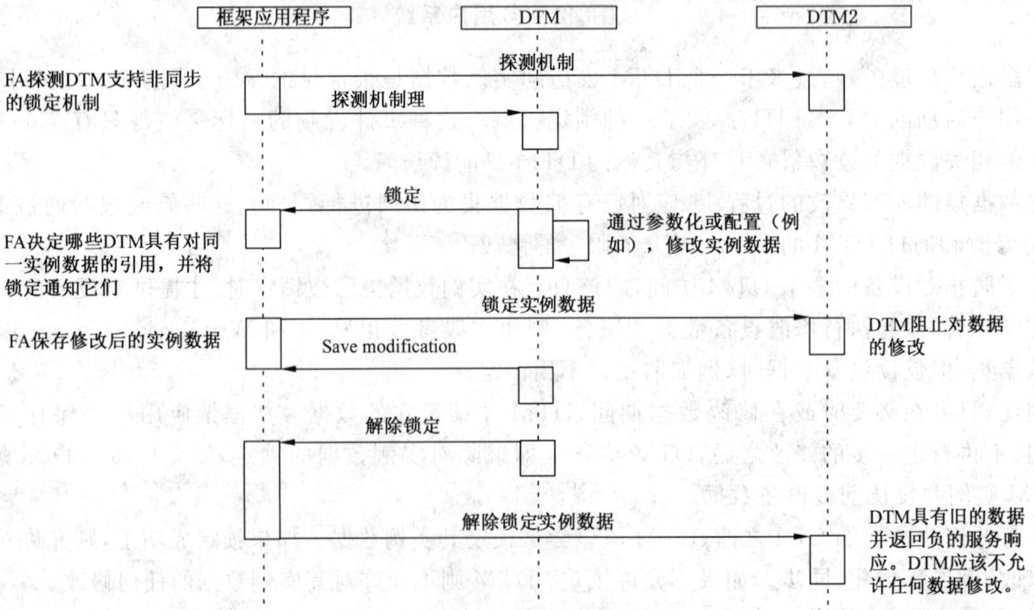

图44 通常的非同步锁定机制

图 45 的序列图给出了支持同步锁定机制的 DTM 的参数化场景方案。

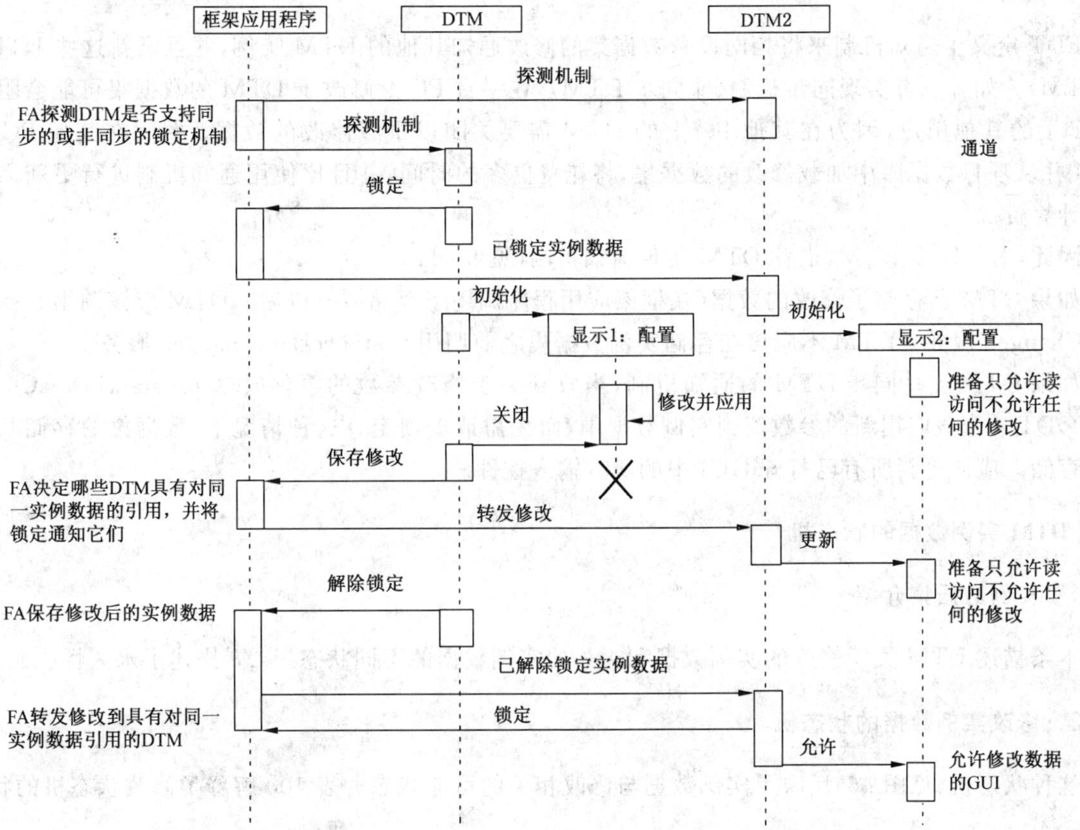

图 45　同步锁定机制情况下的参数化

8.5.3　其他规则

其他的规则有：

- 在打开包含可修改参数的表示对象之前，DTM 应该尝试锁定数据集。如果锁定成功，可使所有的用户输入区有效。如果不成功，应该禁止用户输入区。在锁定数据集的情况下，关闭所有的表示对象以后，DTM 应该请求保存数据集，并在框架应用程序已保存数据集以后（框架应用程序已调用了存储服务之后）解除锁定。如果表示对象不包含可修改的参数，例如像监视一样的应用，则不应该锁定数据集；
- 从设备装载数据之前，DTM 应该也尝试锁定数据集。从设备装载数据以后，DTM 应该请求 FA 存储其数据并在 FA 存储之后解除数据集的锁定。如果数据集不能被锁定，DTM 应该使用错误消息通知用户。这种情况下，将不执行该动作；
- 为了支持多用户环境，应该使锁定时间尽量的短。这意味着，例如，如果 DTM 在实例化之后锁定了其数据集，并且只有在被终止时才解除数据集的锁定，这种 DTM 是不适合在多用户环境中使用的。只有有必要并且只在修改数据期间，DTM 才锁定其数据集。在实例数据已被框架应用程序存储并且不再进一步的修改之后，DTM 应该立即解除其数据集的锁定。这允许在多用户环境中其他 DTM 实例并发的访问设备数据；
- 当 DTM 收到关于解除数据集锁定的通知时，若允许修改数据集的表示对象是激活的，并且如果当前用户的访问权限允许修改实例数据集，则 DTM 应该询问用户是否需要写访问。当用户需要写访问时，DTM 必须锁定数据集。只有 DTM 获得了锁定，DTM 才使能输入控件。

8.6 变更通知

FDT 定义了通知机制来将相同设备数据集的修改通知其他的 DTM 实例，并且刷新这些 DTM(同步 DTM)。如果没有实现同步机制(非同步 DTM)，在一台 PC 上修改了 DTM 的数据集可能会阻塞不同 PC 上的其他用户，因为在其他 PC 上的 DTM 需要关闭以重载修改的数据。关闭在其他 PC 上的 DTM 并从项目数据库中加载修改的数据集，将花费更多的时间，并且比使用通知机制进行更新需要更多的计算资源。

因此，对于同步 DTM，推荐 DTM 实现通知机制(见 8.5.2)。

如果 DTM 已存储了修改的数据(在框架应用程序调用了存储服务以后)，DTM 应该调用 InstanceDataChanged 服务。DTM 不应该在存储实例数据集之前调用 InstanceDataChanged 服务。

如果 DTM 支持同步 DTM 的通知机制，当收到关于修改参数的事件时(OnInstanceDataChanged 服务)，DTM 应该应用新的参数值到实例数据中，而无需请求锁定。这种情况下，数据集的存储状态为永久存储。应该更新所有已打开 GUI 中的所有输入控件。

8.7 DTM 实例数据的状态机

8.7.1 实例数据集介绍

本条描述 DTM 关于修改的实例数据和永久的实例数据的不同状态。4.8 描述了永久性机制。

8.7.2 修改实例数据的状态机

这种状态机(见图 46)反映了实例数据与修改相关的可能状态。表 100 解释了修改状态机的状态。

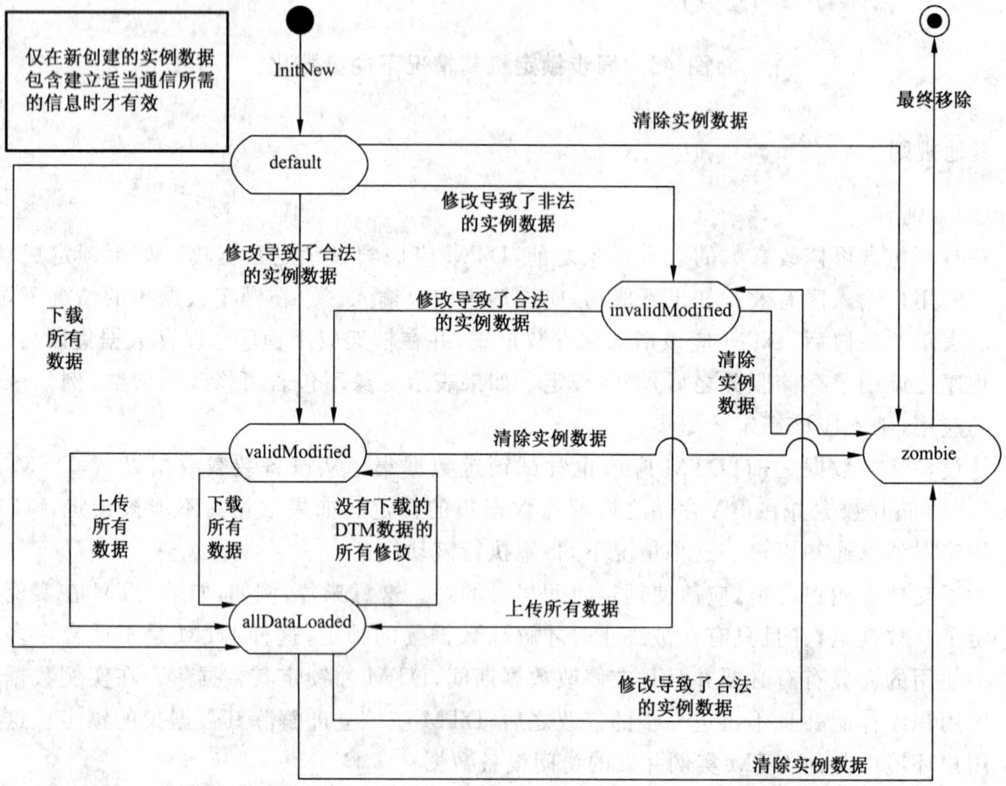

图 46 实例数据的修改状态机

表 100　实例数据的修改状态机

状态	含义
Default	实例数据的内容为默认的数据。该状态通常出现于创建新的实例数据之后
validModified	修改了实例集。数据处于一致性的状态
invalidModified	修改了实例集。数据没有处于一致性的状态
allDataLoaded	数据从相关设备中装载，或装载到相关设备中。**注：**该状态并不意味着，设备中的数据与相关实例的数据相同。因为用户可能使用 FDT 之外的工具，FDT 不能保证这种状态
zombie	准备删除该实例数据，不允许访问这些数据

数据集状态可以用于验证哪一个设备是与其 DTM 同步的，哪一设备需要重新装载。例如 allDataLoaded 表示设备是与 DTM 同步的，应该不用再次装载。只有数据真正被修改了，才修改该状态。如果请求了锁定或者某个表示对象是激活的，但没有修改数据集，则不应该修改该状态，因为重新装载一个设备是个耗时的动作。

8.7.3　存储实例数据的状态机

图 47 的状态机反映了关于数据永久存储的实例数据的可能状态。表 101 解释了永久性状态机的状态。

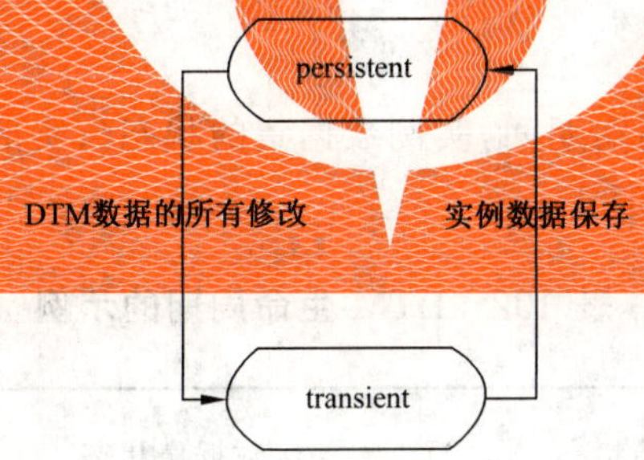

图 47　实例数据的永久性状态机

表 101　实例数据的永久性状态机

状态	含义
persistent	实例相关数据的内容是永久的。该状态通常出现于使用框架应用程序的永久性 SaveInstanceData 服务(见 7.7.5.1)保存了数据之后
transient	实例数据被修改，这些修改还没有被永久地保存。DTM 中所有修改的数据都是临时的，并且没有与其他 DTM 实例或框架应用程序同步

至少在以下条件之一发生时，DTM 应该请求存储其实例数据：

- 如果终止了最后一个可以修改参数值的表示对象；
- 从设备读取参数以后，或将参数写入设备以后(ReadDataFromDevice 或 WriteDataToDevice 服务)；

- 参数值被其他组件修改以后(InstanceDataWrite),并且没有激活的可以修改参数值的表示对象。

8.7.4 设备数据集的修改

保持设备数据集和DTM实例数据集的同步是有用的。在在线模式下,DTM应该询问用户是否要同步DTM与其设备的数据。这种行为是具备applicationId的fdtOfflineParameterize和fdtOnlineParameterize的表示对象所必备的。

必备标签<fdt:modifiedInDevice>用来表示此同步状态。

8.7.4.1 fdtOnlineParameterize 表示对象

当用户关闭了DTM用户界面之后,DTM应该询问用户是否应该同步实例数据集和当前的设备组态。这将覆盖实例数据集中已存在的参数修改(状态不等于allDataLoaded,见8.7.3)。这种情况下,DTM应该在以上提及的消息中包含这种信息。

如果用户确认要进行同步,DTM应该装载完整的设备数据集到实例数据集中。如果DTM可以保证设备数据和实例数据集的一致性,在考虑设备特定的业务规则下,它可以只上载修改了的设备参数。

8.7.4.2 fdtOfflineParameterize 表示对象

如果用户关闭了DTM用户界面,并且如果DTM可以连接到设备(即DTM处于允许通信状态中),则DTM应该询问用户是否应该初始化一个完整的写操作,以同步实例数据集和当前的设备组态。

如果用户确认进行下载,DTM应该下载完整的数据集到设备中。如果DTM可以保证设备数据和实例数据集的一致性,在考虑设备特定的业务规则下,它可以只写入已修改的参数。

8.7.5 存储生命周期

表102描述了在DTM生命周期期间,实例数据集的状态。实例数据集的状态由dataSetState(见图46)和storageState(见图47)来定义。

表102 DTM生命周期的示例

场景	存储状态	数据集状态	可否在设备中被修改	备注
DTM初始化	transient	Default	False	
DTM初始化后,正在存储数据	persistent	Default	False	
读取设备数据失败之后	persistent	Default	False	状态没有改变,因为读取不成功,数据集没有变化
读取设备数据成功之后	transient	allDataLoaded	False	
从设备读取和存储数据集之后	persistent	allDataLoaded	False	
通过(例如)GUI在线参数化,修改设备数据之后	transient 因为 <modifiedInDevice> 标签已改变	validModified	True	设备接收了新的数据,所以,为了同步数据集,从设备读取数据是必要的

表 102（续）

场景	存储状态	数据集状态	可否在设备中被修改	备注
存储数据集之后	persistent	validModified	True	
从设备读取数据之后	transient 因为 dataSetState 已改变	allDataLoaded	False	
修改了实例数据集之后	transient	如果修改符合设备的业务 逻辑：validModified 否则：invalidModified	False	
存储了数据集之后	persistent	validModified	False	
DTM 释放之后	—/—	—/—		
使用永久数据 启动 DTM 之后	persistent	validModified	False	

8.8 处理冗余从站的父组件

处理冗余现场总线的父组件，例如通信 DTM，在 ChildAdded 服务执行中，通过检查子 DTM NetworkManagementInfoRead 服务返回的信息，能够检测到可以处理冗余从站的设备 DTM。通信 DTM 选择冗余的通信路径（自动地选择或通过对话框选择），并通过调用 NetworkManagementInfoWrite 设置冗余信息到设备 DTM。

在调用通信通道的 Connect 服务中，DTM 提供这种冗余信息。对于每一个这种已打开的连接，通信通道能够使用其中一条可用的路径，而无需进一步与设备 DTM 进行交互。

框架应用程序实现的与冗余相关的服务（见 7.7.4）能够管理关于冗余 DTM 的拓扑信息。在这种框架应用程序中，拓扑视图可以显示出这种冗余信息。另一方面，通信 DTM 和冗余从站的设备 DTM 可以用于不支持冗余的框架应用程序中，因为所有的冗余功能由通信通道和其子 DTM 处理。

图 48 给出了管理冗余拓扑的相关序列。

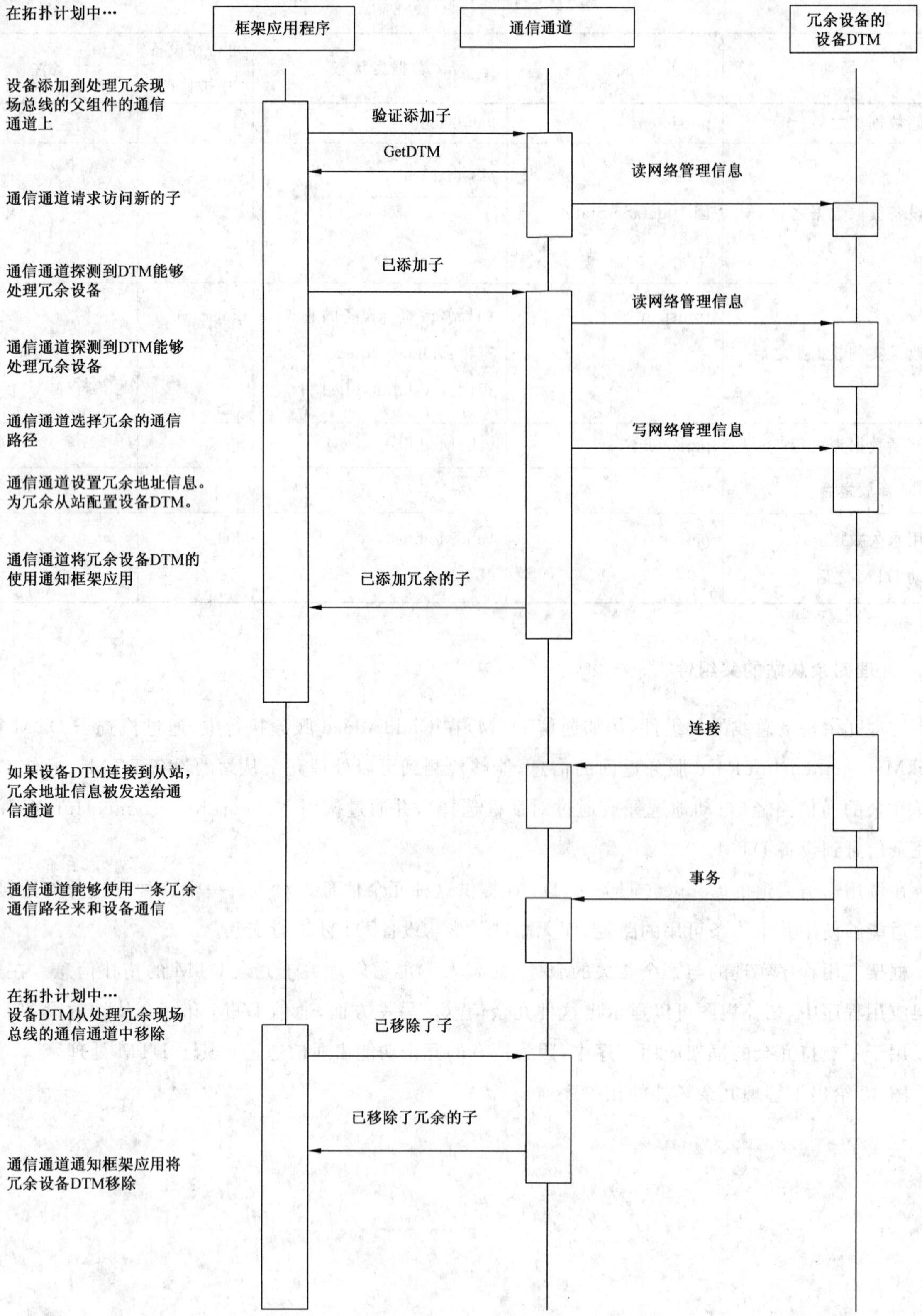
在拓扑计划中…
框架应用程序
通信通道
冗余设备的
设备DTM
设备添加到处理冗余现场总线的父组件的通信通道上
验证添加子
GetDTM
读网络管理信息
通信通道请求访问新的子
已添加子
通信通道探测到DTM能够处理冗余设备
读网络管理信息
通信通道探测到DTM能够处理冗余设备
通信通道选择冗余的通信路径
写网络管理信息
通信通道设置冗余地址信息。
为冗余从站配置设备DTM。
通信通道将冗余设备DTM的使用通知框架应用
已添加冗余的子
连接
如果设备DTM连接到从站，冗余地址信息被发送给通信通道
事务
通信通道能够使用一条冗余通信路径来和设备通信
在拓扑计划中…
设备DTM从处理冗余现场总线的通信通道中移除
已移除了子
已移除了冗余的子
通信通道通知框架应用将冗余设备DTM移除

图 48　管理冗余拓扑

8.9 DTM 升级

8.9.1 一般规则

在更新期间需要解决的第一步是验证保存的数据是否可以与新的 DTM 相关联。

每一 DTM 应该公开指定其数据集格式的一个统一标识符(dataSetId)。DTM 可以提供它可以装载的兼容的数据集格式的列表。这些 dataSetId 作为 GetTypeInformation 服务的一部分返回。

如果 DTM 的 ClassIdentifier 没有改变，版本更新的处理取决于 DTM。当在这种情况下装载数据，框架应用程序可能不会考虑所支持的数据集格式的列表。当装载数据后，DTM 应该进行附加的数据兼容性的检查。

8.9.2 保存将要升级的 DTM 的数据

第一步是要存储将要更新的 DTM 的信息。

框架应用程序需要存储以下 DTM 的附加信息：

- DTM 的 ClassIdentifier；
- 被存储数据格式的 dataSetId；
- 存储的类型；
- 设备的附加信息。

这些信息与存储的数据相关，稍后框架应用程序可以使用这种信息来标识和管理数据集。

图 49 提供了序列图。

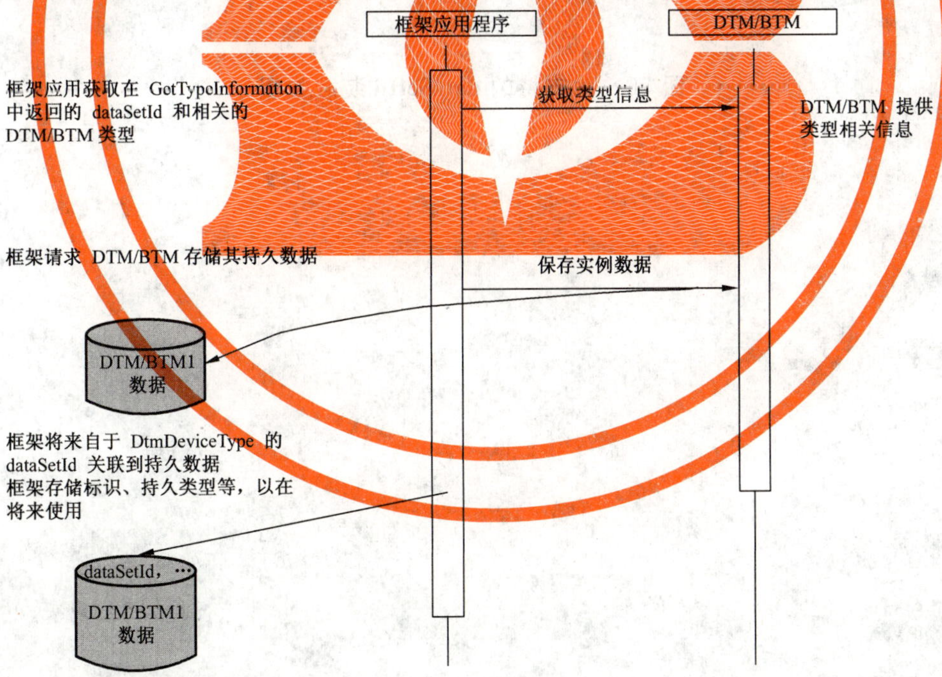

图 49 关联数据到 dataSetId

8.9.3 装载数据到升级后的 DTM

因为存储的数据与存储的信息相关，稍后框架应用程序可以用它来选择一个可以处理存储数据的不同的 DTM。

图 50 给出了序列图。

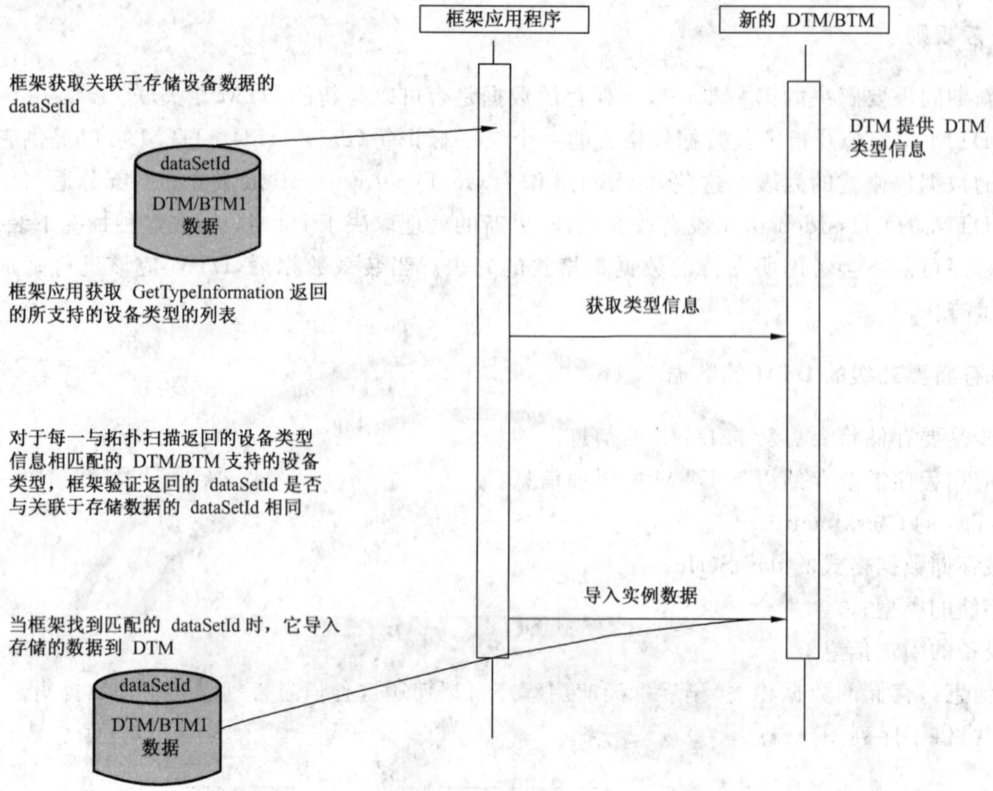

图 50 为支持的 dataSetId 装载数据

附 录 A
（规范性附录）
FDT 数据类型定义

A.1 概述

本章节定义了FDT使用的所有数据类型。数据类型按照功能进行分组。逻辑上适合在一起的数据类型列在一张表中。对于每一个组定义了一个对应的命名空间。命名空间由一个前缀标识。当引用一个自身命名空间范围之外的数据类型时，需要在数据类型引用之前加上前缀。

数据类型的名称可由不同的单词构成，并且以"Camel Case"的方式书写，这种方式中大写的字母表示一个新单词的开始。简单数据类型的名称以一个小写字母开始。结构化数据类型的名称以一个大写的字母开始。

例如：

定义在命名空间"fdt"中的简单的数据类型"address"：…… fdt:address

定义在命名空间"fdt"中的简单的数据类型"semanticId"：…… fdt:semanticId

定义在命名空间"fdt"中的结构化数据类型"SemanticInformation"：…… fdt:SemanticInformation

对于每一数据类型都定义了基本的数据类型和描述。

定义在本附录数据类型表的"数据类型"列和"描述"列中数据类型的名称和语义是规范性的。数据类型表提供的"定义"列中含有资料性的内容。

对于结构化的数据类型，"定义"列由"基本数据类型"、"用法"和"多重性"组成。"基本数据类型"描述了数据类型的结构以及子元素的数据类型。

"用法"描述了子元素是如何在结构化数据类型中使用的。

用法的可能的值有：

O ——可选的(不一定提供该数据元素)；

M——必备的(应该提供该数据元素)；

C ——条件的(是否提供该数据元素，取决于某一条件，该条件应该在右边的列中描述)；

S ——选择的(该元素与其他的元素互斥，这可能发生在某一"choice of"结构中，或相反。如果存在不是"choice of"的条件，则应该在"描述"列中给出条件的描述。

"多重性"定义了子元素在结构化数据类型中的出现频率。使用的语法由UML符号定义。多数时候，给定的信息和用法信息相关(例如，可选的元素可能具有[0..1]的多重性，必备的元素可能具有[1..1]的多重性)。但是，有的情况下，多重性可能提供其他的信息(例如，在条件的和选择的用法情况下)。

A.2 基本数据类型

GB/T 29618定义的数据类型是基于GB/T 15969系列标准定义的数据类型之上的。表A.1定义了附加的基本数据类型。

表 A.1 基本数据类型

数据类型	描　述
ClassIdentifier	特定实现类的技术特定的标识符
LanguageID	用户界面本地化的唯一标识符。该 ID 是标准的国际化的数字简写。(例如,标准德语:0x0407;美国英语:0x0409)
ObjectReference	对象实例的技术特定的引用
UUID	全球唯一标识符
URI	用于标识或命名某一资源的精简字符串。URL 和 URN 术语是 URI 的上下文相关的某一方面,很少需要区分它们。 URI 的例子有: URI 语法本质上是 URI 模式名称,如"http"、"ftp"、"mailto"、"urn"、"file"等,后接一个冒号,然后是模式特定的部分

A.3　一般数据类型

命名空间:fdt

本条定义的简单数据类型(见表 A.2)和结构化数据类型(见表 A.4)是服务特定数据类型定义的基础,或用作服务的参数。

表 A.2 简单的一般数据类型

数据类型	定　义	描　述
address	STRING	参数寻址信息。对于每种通信协议,该参数值的格式在相应部分中描述。本协议部分提供了地址属性的导则。大部分协议都规定 DTM 应该将寻址信息提供给框架应用程序
alarmType	enumeration(highHighAlarm| highAlarm| lowLowAlarm| lowAlarm)	报警类型的标识符,给出了高、低报警的关系和高高、低低报警的关系
applicationDomain	STRING	应用域,应用于所提供的 semanticId。可以是协议特定的标识符或者 FDT 定义的不同的应用程序域

表 A.2(续)

数据类型	定 义	描 述
applicationId	enumeration(fdtAdjustSetValue | fdtAssetManagement | fdtAuditTrail | fdtConfiguration | fdtDiagnosis | fdtForce| fdtManagement | fdtObserve | fdtOfflineCompare | fdtOfflineParameterize| fdtOnlineCompare| fdtOnlineParameterize| fdtIdentify | fdtCalibration | fdtMainOperation| fdtNetworkManagement)	当前应用程序上下文的标识符
binData	ARRAY OF USINT	包含二进制数据的变量
bitLength	UDINT	以位计算的二进制变量的长度
bitPosition	UDINT	一个位在枚举中的位置(0 为起始位置)
boolValue	BOOL	配置的静态布尔数据的变量,如报警值
build	INT	FDT 规范的生成版本号部分,DTM 的实现基于此。例如,对于 FDT 规范 1.2.1.0,该值应设为 0
busAddress	STRING	
busRedundancy	UDINT	冗余的现场总线接口的数量
byteArray	ARRAY OF USINT	用于传输二进制数据的数据类型
byteLength	UDINT	描述数据类型的字节数量,例如字符串
channelId	STRING	通道标识符
channelMode	enumeration(communication | moduleSlot | processValue)	通道类型信息枚举

表 A.2（续）

数据类型	定　义	描　述
channelPath	STRING	返回标识设备中通道的路径。该字符串不应该为空。它一直以设备实例的 systemTag 开始，然后是通道标识符。DTM 必须保证设备实例的路径是唯一的。通道路径是处理系统结构的基本信息。 <systemTag>/<id> 另外，channelPath 包含根据 GetParameter 获取的信息中寻找通道的信息。因此，在整体式 DTM 情况下，至少包含通道属于设备还是属于模块的信息。 在通信通道情况下，具有生成 channelPath 的一些特殊规则。 如何产生通信通道（也作为从子设备的过程通道接收数据的过程通道）的 channelPath，取决于通道的功能。 如果通道是被动的，即它从子设备接收数据，并对其自身的[ReadChannelData]信息不加修改地提供这种数据，channelPath 应该通过自身设备实例的系统标签和通道标识符、子设备的系统标签和编排的通道的标识符来生成 <systemTag>/<id>//<systemTag>/<id> 如果通道是主动的，即它从子设备接收数据，处理数据并在自身的[ReadChannelData]信息中提供结果。channelPath 应该通过其设备实例的系统标签和通道标识符来生成。 <systemTag>/<id> 这种方式允许对具有网关功能的设备的内部通道分配进行导航
classificationDomainId	enumeration (powerDistribution | motionControl | measurement | operatorInterface | modulesAndControllers)	按照 IEC 62390 附录 G 的设备分类的域分组。见表 A.3

表 A.2(续)

数据类型	定　义	描　述
classificationId	enumeration (flow | level | pressure | temperature | valve | positioner | actuator | nc_rc | encoder | speedDrive | hmi | analogInput | analogOutput | digitalInput | digitalOutput | electrochemicalAnalyser | dtmSpecific | universal | analyser | remoteIO | analogCombinedIO | digitalCombinedIO | recorder | controller | angle | limitSwitch | converter | motor | | switchboard | circuitBreaker | powerMonitoring | distributionPanel | contactor | protectionStarter | softStarter | drive | axisControl | motorControlCenter | controlValve | electrical | density | quality | speedOrRotaryFrequency | radiation | weightMass | distanceOrPositionPresence | pushButton | joystick | keypad | pilotLight | stackLight | display | combinedButtonsAndLights | operatorStation | generalInput | generalOutput | combinedInputOutput | relay | timer | scanner| programmableController)	按照通道或设备的首要功能分类的唯一标识符。"classificationId"应该从表:"根据 IEC/TR 62390:2005 附录 G 的设备分类"中选择,并使用对应的"classificationDomainId"属性。如果在表中不存在适合的分类,它应该从"FDT 分类标识符表"中选择,并不含"classificationDomainId"属性。见表 A.3
communicationError	enumeration (abort | busy | invalidCommunicationReference | noConnection | noParallelServices | noPendingRequest | unknownError | timeout | dtmSpecific | notSupportedFeature | sequenceTimeExpired)	通信期间发生的现场总线协议无关的错误。特别是嵌套通信期间发生的错误。现场总线特定的通信错误在本部分的现场总线特定的部分定义。 通信组件,例如通信 DTM,检测到的通信错误应该在返回到子组件的数据中进行处理。 设备返回的错误(作为现场总线事务的结果)应该由协议特定的读响应或写响应元素返回,通常使用现场总线特定的状态和错误。 通信 DTM 检测到的所有错误应该映射到 fdt:communicationError 的一个枚举值(例如,abort busy invalidCommunicationReference noConnection noParallelServices noPendingRequest unknownError timeout dtmSpecific notSupportedFeature),并且返回 fdt:CommunciationError 元素给子 DTM。 对于 DTM 发送到父组件的事务请求,它应该能够处理以上两类错误响应

表 A.2（续）

数据类型	定　义	描　述
communicationReferenceID	UUID	到设备的通信链接的标识符。该标识符由通信组件在连接期间分配。 随后的所有通信调用必须使用这个通信引用
communicationType	enumeration (supported | required)	表明协议支持的类型： "supported"：DTM 在通道上可以提供的总线协议。 "required"：DTM 期望的父 DTM 的总线协议。 **注：** 实际支持的总线协议取决于 DTM 的组态。这种数据类型给出了可能支持的协议，而不是实际可用的协议
dataSetID	UUID	数据集版本号的唯一标识符
dataSetState	enumeration (default | validModified |invalidModified | allDataLoaded)	与修改相关的实例数据集的状态（参见 4.8）
dataType	enumeration (byte |float | double | int |unsigned | enumerator| bitEnumerator | index| ascii | packedAscii |password | bitString |hexString | date | time| dateAndTime |duration | binary |structured |dtmSpecific)	所传输变量的数据类型的标识符
dataTypeDescriptor	STRING	数据类型的描述
date	DATE	元素中的日期变量
description	STRING	对支持的和当前的数据集格式的人可读的描述，在部分支持的情况下，可以用来为用户提供附加的信息
descriptor	STRING	某一元素上下文中的人可读的描述
deviceGraphicState	enumeration (device | diagnosis | oem)	DeviceIcon 和 DeviceBitmap 元素使用的可能的设备状态列表。可能的状态有： • device：设备的符号表示； • diagnostic：如果在线诊断可用，设备的符号表示； • oem：在特殊操作模式下（例如，OEM 服务），设备的符号表示。 框架应用程序应该按照协议特定规则显示正确的图片

表 A.2（续）

数据类型	定　义	描　述
deviceTypeId	UDINT	现场总线规范的命名空间中的设备类型的唯一标识符
deviceTypeInformation	STRING	设备提供的附加的设备类型信息。例如，PROFIBUS 设备必须为本属性提供 GSD 信息作为人可读的字符串。该信息应该基于使用 DTM SetLanguage 服务所设置的当前区域。 **注：** GSD 信息可以通过 InstanceDataInformation 和 GetTypeInformation 服务来访问
deviceTypeInformationPath	URI	包含"deviceTypeInformation"属性提供的信息的文件所在路径。 推荐使用这个属性提供设备类型的协议特定的描述。在协议特定的文档中(GB/T 29618.3xy)规定该属性的使用
deviceTypeVariant	STRING	制造商特定设备类型变体定义字符串
deviceTypeVariantInfo	STRING	包含了制造商特定设备类型变体定义的附加信息
display	STRING	为任务(如，文档)提供的人可读的显示字符串
displayFormat	STRING	display 属性的显示格式描述(例如，浮点值的"%3.2f")
documentClassification	enumeration (help |technicalDocumentation |orderingInformation|miscellaneous)	指定文档的主题
documentLanguageId	UDINT	文档所用语言的标识符。language-id 定义为 Windows 本地标识符(LCID)
dtmDevTypeID	UUID	dtmDevTypeID 是设备类型相关软件的 DTM 特定唯一标识符。 对于相同的设备类型，该值保持不变，即使 DtmDeviceType 元素的标识信息有所更新。 dtmDevTypeID 的值可能是 DTM 更新的结果。 dtmDevTypeID 的值应该总是与先前的 DTM 版本的相同设备相关(例如，提供向后兼容性)

表 A.2(续)

数据类型	定　义	描　述
dtmDevTypeIDVersion	UDINT	dtmDevTypeID 的版本号。它也用于标明与 DtmDeviceType 相关的信息已改变了。框架应用程序可以使用这种信息,例如,更新 DTM 库中 DTM 的相关信息。 **示例:** 当 DTM 是基于 DD 的,DD 的更新会引起 dtmDevTypeIDVersion 的改变,而不会改变 dtmDevTypeID
errorCode	ARRAY OF USINT	现场总线规范相关的状态信息
errorMessage	STRING	人可读的错误信息
filePath	URI	文件(例如,文档、可执行文件)的路径
frameApplicationTag	STRING	用于标识和导航的框架应用程序特定标签。DTM 应该在通道特定的用户界面上显示该标签
functionId	DINT	DTM 提供的功能标识符
help	STRING	文档的人可读帮助字符串
id	STRING	元素的唯一标识符。该标识符在对元素直接访问的集合中使用。该 id 应该在设备实例的命名空间中是唯一的
idref	STRING	表示由"id"属性指定的元素的引用。该标识符在对元素直接访问的集合中使用
index	UDINT	枚举中的索引
invokeId	UUID	如果一个服务提供者并行处理多个上、下文,表示服务调用的上下文标识符。该标识符用于引用前边的上下文调用
label	STRING	文档的人可读的标签
languageId	UDINT	支持的语言或者 DTM 应该交互的语言的标识符。 见 DTM 服务 Setlanguage

表 A.2（续）

数据类型	定　义	描　述
levelOfSupport	enumeration (full |partial)	提供关于对所支持的数据集版本的支持程度的表示。 full:完全支持该数据集 partial:数据集中的一些信息不能在升级过程中使用。附加的信息应该在“description”属性中提供。可以用于警告用户一些值可能会丢失
major	INT	DTM 实现所基于的 FDT 规范版本的主版本部分。例如,FDT 规范 1.2.1.0 的主版本应该是 1
manufacturerId	UDINT	现场总线规范的命名空间中制造商的唯一标识符
minor	INT	DTM 实现所基于的 FDT 规范版本的次版本部分。例如,FDT 规范 1.2.1.0 的次版本应该是 2
modifiedInDevice	BOOL	提供关于实例数据集当前状态更多信息的标志。 TURE 表示一个参数在设备上已经改变了,但在实例数据集中没有改变(例如,参看 Online parameterization 用例、访问设备数据的 DTM 服务)。只有在设备数据发生改变的情况下,才设置“modifiedInDevice”标志。 在成功上载或下载完整的数据集的情况下,应该重置“modifiedInDevice”标志(设置为 FALSE)。 设备中的数据也可以通过 FDT 之外的工具直接进行修改。这种情况下,不应该设置“modifiedInDevice”标志。 数据集应该在应用启动前锁定,这有可能需要修改“modifiedInDevice”标志(“modifiedInDevice”标志是实例数据集的一部分,如果数据集没有被锁定,则不能修改它)
name	STRING	元素上下文中人可读的名称
number	INT	数字变量,如浮点数、整数或其他数字数据类型
onlineStatus	enumeration (communicationSet |goingOnline |goingOffline |online)	描述“允许通信”子状态的 DTM 的在线状态信息

表 A.2（续）

数据类型	定　义	描　述
operationPhase	enumeration (notSupported |engineering |commissioning |runtime | service)	当前操作阶段的信息
orderCode	STRING	设备变体的订购代码
parameters	STRING	如果文件的属性为可执行文件，则包含要传递给应用程序的参数
path	URI	设备图标的路径
percent	USINT	0..100%的进度状态
physicalLayer	UUID	描述现场总线物理层的 CATID
physicalLayerName	STRING	物理层的人可读的描述
protectedByChannelAssignment	BOOL	定义通道是否由框架应用程序设置为只读。如果存在通道分配，则设置为 TRUE
protocolId	UUID	协议的标识。这种数据类型的标准值在协议特定文档(GB/T 29618.3xy)中定义
protocolIdName	STRING	与 protocolId 关联的协议的人可读名称。这种数据类型的标准值在协议特定文档(GB/T 29618.3xy)中定义
readAccess	BOOL	指定此值是否可以从设备读取
reference	STRING	结构变量的引用
release	INT	DTM 实现所基于的 FDT 规范版本的发布部分。对于 FDT 规范 1.2.1.0，它应该为 1
semanticId	STRING	元素的语义标识符。该标识符应该至少在元素上下文中是唯一的。例如，通过使用这种属性，框架应用程序能够获得关于单个数据结构的含义和用法信息。标识符的定义是协议特定的，并在协议特定的附录中有详细描述。 另外，为了覆盖网络信息，定义了以下协议无关的 semanticId： —fdt::DeviceAddress —fdt:busMasterConfigurationPart 具有这些 semanticId 之一的参数应该与 NetworkManagementInfoRead(见 7.2.11.1)服务提供的对应信息(例如，总线地址)是同一个参数

表 A.2(续)

数据类型	定　义	描　述
serviceSucceeded	BOOL	TRUE 表示服务成功,FALSE 表示服务失败
showProgress	BOOL	如果应该显示进度则设置为 TRUE,否则在框架应用程序中不会显示进度并应该关闭打开的进度条
signalType	enumeration (input |output)	指定信号为输入或输出
staticValue	INT	配置的静态数据的变量,例如报警值
statusFlag	enumeration (ok |warning | error |invalid)	设备或模块当前状态的标识符
storageState	enumeration (persistent | transient)	永久存储状态相关的实例数据集的状态(见 4.8)
string	STRING	元素中的字符串变量
subDeviceType	STRING	设备类型 id 命名空间中设备类型的制造商特定的唯一标识符。该参数应该在初始化期间通过初始化服务传递给 DTM,以对所请求的子类型提供预配置的建议。例如,同一变送器可以预配置为对液位或流量的测量
substituteType	enumeration (lastValue |lastValidValue |upperRange |lowerRange)	替代值的类型
systemTag	STRING	框架应用程序中 DTM 的唯一标识符
tag	STRING	设备、模块或通道的唯一标识符
time	DATE_AND_TIME	元素中的时间变量
url	URI	包含到 Web 文档的 URL
vendor	STRING	组件厂商人可读的描述
version	STRING	组件版本的人可读的描述,如“1.0”
windowTitle	STRING	框架应用程序需要的窗口标题
writeAccess	BOOL	规定值是否可以写入到设备中

表 A.3 定义了设备类型分类的值的范围。

表 A.3 classificationId 枚举值的定义

域		子域
classificationDomainId	IEC 域组名	classificationId
General FDT	＜none＞	valve
		actuator
		nc_rc
		encoder
		speedDrive
		hmi
		analogInput
		analogOuput
		digitalInput
		digitalOutput
		electrochemicalAnalyser
		dtmSpecific
		universal
		analyser
		remoteIO
		analogCombinedIO
		digitalCombinedIO
		recorder
		controller
		angle
		limitSwitch
		converter
		motor
powerDistribution	Power distribution(配电)	switchboard
		circuitBreaker
		powerMonitoring
		distributionPanel
motionControl	Motion control(运动控制)	contactor
		protectionStarter
		softStarter
		drive
		axisControl
		motorControlCenter

表 A.3（续）

域		子域
		motorMonitoring
		positioner
		controlValve
measurement	Detection，measurement(探测，测量)	electrical
		density
		flow
		level
		quality
		pressure
		speedOrRotaryFrequency
		radiation
		temperature
		weightMass
		distanceOrPositionOrPresence
operatorInterface	Dialogue / operator interfaces(对话/操作接口)	pushButton
		joystick
		keypad
		pilotLight
		stackLight
		display
		combinedButtonsAndLights
		operatorStation
modulesAndControllers	Logic / universal I/O modules and controllers(逻辑/通用输入输出模块和控制器)	generalInput
		generalOuput
		combinedInputOuput
		relay
		timer
		scanner
		programmableController

表 A.4 一般的结构化数据类型

设备类型	定义			描述
	基本数据类型	用法	多重性	
Alarm	STRUCT			报警的描述
	alarmType	M	[1..1]	
	Unit	O	[0..1]	
	choice of	O	[0..1]	
	StaticValue	S	[1..1]	
	NumberData	S	[1..1]	
	AlarmEnumerationEntries	S	[1..1]	
	ChannelReferences	S	[1..1]	
AlarmEnumerationEntries	STRUCT			报警枚举条目的集合
	AlarmEnumerationEntry	M	[1..*]	
AlarmEnumerationEntry	STRUCT			报警枚举条目
	bitPosition	M	[1..1]	
	name	M	[1..1]	
	boolValue	M	[1..1]	
	descriptor	O	[0..1]	
Alarms	STRUCT			报警的集合
	Alarm	M	[1..*]	
ApplicationId	STRUCT			编码为枚举值的 FDT 全局应用程序标识符
	applicationId	M	[1..1]	
FDTApplicationIds	STRUCT			应用程序标识符的集合
	ApplicationId	O	[0..*]	
BinaryVariable	STRUCT			包含二进制数据的元素
	binData	M	[1..1]	
BitEnumeratorEntries	STRUCT			EnumerationEntry 的集合
	EnumeratorEntry	M	[1..*]	
BitEnumeratorVariable	STRUCT			当前的 EnumeratorEntry 和可能的 EnumeratorEntry 的集合
	BitVariable	M	[1..1]	
	BitEnumeratorEntries	O	[0..1]	
BitVariable	STRUCT			枚举中选中的元素
	EnumeratorEntry	O	[0..*]	
BoolValue	STRUCT			配置的布尔数据的变量
	boolValue	O	[0..1]	

表 A.4（续）

设备类型	定　义			描　述
	基本数据类型	用法	多重性	
BusCategories	STRUCT			BusCategory 的集合
	BusCategory	M	[0..*]	
BusCategory	STRUCT			现场总线的描述
	protocolId	M	[1..1]	
	protocolIdName	O	[0..1]	
	CommunicationTypeEntry	O	[0..*]	
	PhysicalLayer	O	[0..*]	
BusRedundancy	STRUCT			冗余现场总线接口的数据
	busRedundancy	M	[1..1]	
ChannelInformation	STRUCT			FDT 通道的类型信息。此元素用于 InstanceDataInformation 服务返回的文档中
	BusCategories	M	[1..1]	BusCategories 元素应该包含此通道支持的现场总线协议
	ChannelModes	M	[1..1]	
ChannelMode	STRUCT			通道的类型信息元素
	channelMode	M	[1..1]	
ChannelModes	STRUCT			ChannelMode 元素的列表
	ChannelMode	M	[1..*]	
ChannelObjectReference	ObjectReference			通道对象的引用
ChannelReference	STRUCT			标识符所标识的对象的引用
	idref	M	[1..1]	
	ChannelInformation	O	[0..1]	
ChannelReferences	STRUCT			ChannelObjectReferences 的集合
	ChannelReference	M	[1..*]	
ChannelType	STRUCT			通道组件的描述
	VersionInformation	M	[1..1]	
	BusCategory	O	[0..1]	
ClassificationId	STRUCT			分类标识符
	classificationId	M	[1..1]	
ClassificationIds	STRUCT			ClassificationId 元素的集合
	classificationDomainId	O	[0..1]	
	ClassificationId	M	[1..*]	

表 A.4（续）

设备类型	定　义			描　述
	基本数据类型	用法	多重性	
CommunicationClientObjectReference	ObjectReference			通信客户端对象的引用
CommunicationData	STRUCT			用于转换二进制通信数据的变量
	byteArray	M	[1..1]	
CommunicationError	STRUCT			在嵌套通信期间发生的现场总线协议无关的错误描述
	communicationError	M	[1..1]	协议无关的错误
	tag	M	[1..1]	通信通道的设备标签
	errorCode	O	[0..1]	现场总线特定的错误编码
	descriptor	O	[0..1]	错误描述
CommunicationObjectReference	Technology specific ObjectReference			通信对象的引用。这种数据类型取决于使用的实现技术（见 GB/T 29618.4x)
CommunicationTypeEntry	STRUCT			通信类型的枚举元素
	communicationType	M	[1..1]	
CurrentDatasetFormat	STRUCT			用于存储数据的数据集的当前版本
	dataSetID	M	[1..1]	
	description	O	[0..1]	
DataSetFormats	STRUCT			DTM 支持并且使用的永久数据的数据格式
	CurrentDatasetFormat	M	[1..1]	
	SupportedDatasetFormat	O	[0..*]	
Deadband	STRUCT			Deadband 是触发（例如）新的趋势值的值变化数量
	number	M	[1..1]	
DeviceBitmap	STRUCT			设备的位图，格式为 70×40 像素（宽×高）、16 色
	deviceGraphicState	M	[1..1]	
	path	M	[1..1]	
DeviceIcon	STRUCT			设备的图标
	deviceGraphicState	O	[0..1]	
	path	M	[1..1]	
DeviceTypeVariant	STRUCT			包含制造商特定的设备类型变体的信息。 设备类型变体是物理设备的一个属性，对软件没有影响（例如，法兰材料、防爆证书…）。但是，一些框架应用程序会将这种信息用于归档
	deviceTypeVariant	M	[1..1]	
	deviceTypeVariantInfo	O	[0..1]	
	orderCode	O	[0..1]	

表 A.4（续）

设备类型	定　义			描　述
	基本数据类型	用法	多重性	
DeviceTypeVariants	STRUCT			DeviceVariant 元素的集合。DeviceVariant 元素应该只在 DTM 信息数据上下文中使用
	DeviceTypeVariant	M	[1..*]	
Display	STRUCT			显示变量
	string	M	[1..1]	
DisplayContext	Technology specific display context			显示的上下文信息。这种数据类型取决于所使用的实现技术(见 GB/T 29618.4x)
DocumentExe	STRUCT			定义用于显示 DTM 文档的可执行文件
	file	M	[1..1]	
	parameters	O	[0..1]	
DocumentFile	STRUCT			定义文件文档
	filePath	M	[1..1]	
DocumentUrl	STRUCT			定义 Web 中某一文档的 URL 实现提示： 文件、URL 和可执行文档可以使用 ShellExecute( ) 方法来实现
	url	M	[1..1]	
DtmDeviceType	STRUCT			设备类型的描述
	readAccess	O	[0..1]	
	writeAccess	O	[0..1]	
	manufacturerId	O	[0..1]	
	deviceTypeId	O	[0..1]	
	subDeviceType	O	[0..1]	
	deviceTypeInformation	O	[0..1]	
	deviceTypeInformationPath	O	[0..1]	
	classificationId	O	[0..1]	
	dtmDevTypeID	M	[1..1]	
	dtmDevTypeIDVersion	M	[1..1]	
	VersionInformation	M	[1..1]	
	SupportedLanguages	M	[1..1]	
	BusCategories	O	[0..1]	
	DeviceIcon	O	[0..*]	

表 A.4（续）

设备类型	定　义			描　述
	基本数据类型	用法	多重性	
DtmDeviceType	DtmDocuments	O	[0..1]	设备类型的描述
	DeviceBitmap	O	[0..*]	
	ClassificationIds	O	[0..1]	
	DataSetFormats	O	[0..1]	
	choice of	O	[0..1]	
	DeviceTypeVariants	S	[1..1]	
	DeviceTypeVariant	S	[1..1]	
DtmDeviceTypes	STRUCT			设备类型的集合
	DtmDeviceType	M	[1..*]	
DtmDocument	STRUCT			定义由 DTM 提供，由框架应用程序显示的文档
	label	M	[1..1]	
	help	O	[0..1]	
	documentClassification	M	[1..1]	
	documentLanguageId	O	[0..1]	
	choice of	M	[1..1]	
	DocumentFile	S	[0..1]	
	DocumentUrl	S	[0..1]	
	DocumentExe	S	[0..1]	
DtmDocuments	STRUCT			DTM 文档的列表。该标签允许 DTM 发布文档
	collection of	M	[1..1]	
	DtmDocument		[1..*]	
DtmObjectReference	ObjectReference			DTM 的引用
DtmVariable	STRUCT			带有名称、值、范围等的变量描述
	SemanticInformation	M	[1..*]	DTM 应该为 DTM 实例支持的所有现场总线协议提供 SemanticInformation 元素
	name	M	[1..1]	
	descriptor	O	[0..1]	
	Value	M	[1..1]	
	Unit	O	[0..1]	
	Ranges	O	[0..1]	
	statusFlag	O	[0..1]	
	StatusInformation	O	[0..1]	
DtmVariableReference	STRUCT			DTM 变量的引用
	reference	M	[1..1]	

表 A.4（续）

设备类型	定　义			描　述
	基本数据类型	用法	多重性	
DtmVariables	STRUCT			DTM 变量的集合
	SemanticInformation	O	[0..*]	
	name	M	[1..1]	
	descriptor	O	[0..1]	
	collection of	M	[1..1]	
	DtmVariables		[0..*]	
	DtmVariable		[0..*]	
EnumeratorEntries	STRUCT			EnumeratorEntry 的集合
	EnumeratorEntry	M	[1..*]	
EnumeratorEntry	STRUCT			枚举的元素
	index	M	[1..1]	
	name	M	[1..1]	
	descriptor	O	[0..1]	
EnumeratorVariable	STRUCT			当前的 EnumeratorEntry 和可能的 EnumeratorEntry 的集合
	Variable	M	[1..1]	
	EnumeratorEntries	O	[0..1]	
FDTVersion	STRUCT			定义规定版本信息的元素。DTM 在这个版本上进行实现
	major	M	[1..1]	
	minor	M	[1..1]	
	release	M	[1..1]	
	build	M	[1..1]	
FrameObjectReference	ObjectReference			对框架应用程序的引用
FrameVersion	STRUCT			描述框架应用程序的版本
	FDTVersion	M	[1..1]	
LanguageId	STRUCT			包含了 languageId（见 languageId）
	languageId	M	[1..1]	
LowerRange	STRUCT			定义下限元素
	choice of	O	[0..1]	
	NumberData	S	[1..1]	
	StringData	S	[1..1]	
	TimeData	S	[1..1]	
	ChannelReference	S	[1..1]	

表 A.4（续）

设备类型	定　义			描　述
	基本数据类型	用法	多重性	
LowerRawValue	STRUCT			反映传输的真实值(例如通过PROFIBUS)的数字项。该值映射到相关的范围(LowerRangeValue)。 例如,如果 PROFIBUS 设备映射 10～100 mbar 到 1 024～4 096 的整数值。LowerRawValue 为 1 024,UpperRawValue 为 4 096
	number	M	[1..1]	
NumberData	STRUCT			数字变量,例如浮点数、整型或其他数值数据类型
	number	M	[1..1]	
PhysicalLayer	STRUCT			现场总线(如 PROFIBUS PA)的物理层的唯一标识符
	physicalLayer	M	[1..1]	
	physicalLayerName	O	[0..1]	
PresentationObjectReference	ObjectReference			表示对象的引用
ProgressInformation	STRUCT			进度信息
	description			运行进度的描述
	percent			
	showProgress			
Range	STRUCT			描述过程变量的有效范围
	LowerRange	M	[1..1]	
	UpperRange	M	[1..1]	
	Unit	O	[0..1]	
	LowerRawValue	O	[0..1]	
	UpperRawValue	O	[0..1]	
Ranges	STRUCT			范围的集合
	readAccess	O	[0..1]	
	writeAccess	O	[0..1]	
	Range	M	[1..*]	
SemanticInformation	STRUCT			该元素提供数据对象的语义信息。对于每一对象,至少应该提供一个带有 FDT 定义的协议特定 semanticId 的 SemanticInformation 元素。DTM 应该对于 DTM 实例支持的所有现场总线协议提供 SemanticInformation 元素
	applicationDomain	M	[1..1]	
	semanticId	M	[1..1]	
	address	O	[0..1]	

表 A.4（续）

设备类型	定　义			描　述
	基本数据类型	用法	多重性	
StaticValue	STRUCT			配置静态数据(例如报警值)的变量
	staticValue	M	[1..1]	
StatusInformation	STRUCT			设备或模块的当前状态信息
	readAccess	O	[0..1]	
	writeAccess	O	[0..1]	
	EnumeratorEntry	M	[1..*]	
StringData	STRUCT			字符串变量
	string	M	[1..1]	
StorageObject	ObjectReference			用于数据存储和加载服务的技术特定的对象
StructuredElement	STRUCT			作为显示值的变量,或引用某一带有数据长度信息的变量
	bitLength	M	[1..1]	
	choice of	M	[1..1]	
	Display	S	[1..1]	
	DtmVariableReference	S	[1..1]	
StructuredElements	STRUCT			结构化元素的集合
	StructuredElement	M	[1..*]	
StructuredVariable	STRUCT			描述二进制的值及其结构信息
	BinaryVariable	M	[1..1]	
	StructuredElements	M	[1..1]	
	dataTypeDescriptor	O	[0..1]	
SubstituteType	STRUCT			替换值的类型
	substituteType	M	[1..1]	
SubstituteValue	STRUCT			描述与受干扰通道值的行为相结合使用的替换值
	choice of	M	[1..1]	
	SubstituteType	S	[1..1]	
	Variant	S	[1..1]	
SupportedDatasetFormat	STRUCT			可以被 DTM 更新的支持的数据集的列表
	dataSetID	M	[1..1]	
	levelOfSupport	O	[0..1]	
	description	O	[0..1]	
SupportedLanguages	STRUCT			语言标识符的集合
	LanguageId	M	[1..*]	

表 A.4（续）

设备类型	定　　义			描　　述
	基本数据类型	用法	多重性	
TimeData	STRUCT			时间日期值的元素
	time	M	[1..1]	
Unit	STRUCT			当前的单位以及过程变量可能单位的集合
	readAccess	O	[0..1]	
	writeAccess	O	[0..1]	
	choice of	O	[0..1]	
	EnumeratorVariable	S	[1..1]	
	ChannelReference	S	[1..1]	
UpperRange	STRUCT			
	choice of	O	[0..1]	上限元素的定义
	NumberData	S	[1..1]	
	StringData	S	[1..1]	
	TimeData	S	[1..1]	
	ChannelReference	S	[1..1]	
UpperRawValue	STRUCT			反映传输的真实值(例如通过PROFIBUS)的数值项。该值映射到相关的范围(UpperRangeValue)。 例如,如果 PROFIBUS 设备映射 10～100 mbar 到 1 024～4 096 的整数值,则 UpperRawValue 为 4 096,UpperRange 为 4 096
	number	M	[1..1]	
Value	STRUCT			包含了变量本身或变量的显示字符串
	readAccess	O	[0..1]	
	writeAccess	O	[0..1]	
	choice of	M	[1..1]	
	Display	S	[1..1]	
	Variant	S	[1..1]	
Variable	STRUCT			选择枚举的元素
	EnumeratorEntry	M	[1..1]	
Variant	STRUCT			具有数据类型和显示格式的变量
	dataType	M	[1..1]	
	byteLength	O	[0..1]	
	displayFormat	O	[0..1]	

表 A.4(续)

设备类型	定　义			描　述
	基本数据类型	用法	多重性	
Variant	choice of	M	[1..1]	具有数据类型和显示格式的变量
	StringData	S	[1..1]	
	NumberData	S	[1..1]	
	TimeData	S	[1..1]	
	EnumeratorVariable	S	[1..1]	
	BitEnumeratorVariable	S	[1..1]	
	BinaryVariable	S	[1..1]	
	StructuredVariable	S	[1..1]	
VersionInformation	STRUCT			使用的组件版本的描述。 例如 • DTM 的版本(如果在 DtmInfo 中使用); • 物理设备的版本(如果在 DtmDeviceType)中使用
	readAccess	O	[0..1]	
	writeAccess	O	[0..1]	
	name	M	[1..1]	
	vendor	O	[0..1]	
	version	O	[0..1]	
	date	O	[0..1]	
	descriptor	O	[0..1]	

A.4　用户信息数据类型

命名空间:user

本条定义的简单数据类型(见表 A.5)和结构化数据类型(见表 A.6)是定义服务特定的数据类型的基础或用作服务参数。

表 A.5　简单用户信息数据类型

数据类型	定　义	描　述
administrator	BOOL	描述用户是否具有管理权限的标记(默认为"FALSE")
loginLocation	STRING	描述用户登录的位置
loginTime	DATE_AND_TIME	上次登录的时间
oemService	BOOL	描述用户是否具有 OEM 服务权限的标记(默认为"FALSE")
projectName	STRING	框架应用程序命名空间中项目的唯一标识符
sessionDescription	STRING	用户会话的描述(可由用户给出)
userLevel	enumeration (observer | operator | maintenance | planningEngineer)	指定用户权限的用户级别
userName	STRING	当前用户的名称

表 A.6 结构化的用户信息数据类型

数据类型	定义			描述
	基本的数据类型	用法	多重性	
FDTUserInformation	STRUCT			用户角色的描述，包括权限、当前的会话等信息
	projectName	M	[1..1]	
	userName	M	[1..1]	
	userLevel	M	[1..1]	
	oemService	O	[0..1]	
	administrator	O	[0..1]	
	loginTime	O	[0..1]	
	loginLocation	O	[0..1]	
	sessionDescription	O	[0..1]	

A.5 DTM 信息数据类型

命名空间：dtminfo

本条定义的数据类型(见表 A.7)是定义服务特定的数据类型的基础或用作服务参数。

表 A.7 结构化的 DTM 信息数据类型

数据类型	定义			描述
	基本的数据类型	用法	多重性	
DtmInfo	STRUCT			描述 DTM 本身
	fdt:FDTVersion	M	[1..1]	
	fdt:VersionInformation	M	[1..1]	
	fdt:DtmDeviceTypes	M	[1..*]	

A.6 BTM 数据类型

命名空间：btm

本条定义的简单数据类型(见表 A.8)和结构化数据类型(见表 A.9)用作定义服务特定的数据类型的基础或用作服务参数。

表 A.8 简单 BTM 数据类型

数据类型	定义	描述
blockCategory	UUID	块类型(如模拟输入块、资源块)的唯一标识符

表 A.8（续）

数据类型	定　义	描　述
blockCategoryName	STRING	人可读的块类型的名称
blockTag	STRING	块的唯一标识符
index	UDINT	整数值,提供从块开始处或结构开始处的偏移
label	STRING	可读的名称。如果存在可选属性“label”,则属性“name”包含语言无关的标识符
profile	UINT	现场总线基金会分配的号码,唯一地标识了块所使用的行规
profileRevision	UINT	行规的版本号,块定义在它的基础上
slot	UDINT	提供参数编组号码的整数。在Profibus中,它可以提供槽号(如果设备支持槽)。在基金会现场总线中,如果该仪表支持多于一个的应用VFD,它可以提供应用VFD号码
usage	enumeration (contained | input | output | eventSource | eventSink)	指示该对象是否能被其他功能块(I)设置,是否提供值给其他功能块(O),是否只是给其他设备提供通信支持。类型为Visible String,1个八位位组

表 A.9　结构化的 BTM 数据类型

数据类型	定　义			描　述
	基本的数据类型	用法	多重性	
BlockIcon	STRUCT			块的图标
	fdt:path	M	[1..1]	
BlockTypeCategory	STRUCT			块的类型
	blockCategory	M	[1..1]	
	blockCategoryName	O	[0..1]	
BtmBlockType	STRUCT			块类型的描述
	fdt:readAccess	O	[0..1]	
	fdt:writeAccess	O	[0..1]	
	fdt:manufacturerId	O	[0..1]	
	profile	O	[0..1]	
	profileRevision	O	[0..1]	
	fdt:VersionInformation	M	[1..1]	
	fdt:SupportedLanguages	O	[0..1]	
	BlockTypeCategory	O	[0..1]	
	fdt:BusCategories	M	[1..1]	
	BlockIcon	O	[0..1]	

表 A.9（续）

数据类型	定　义			描　　述
	基本的数据类型	用法	多重性	
BtmVariable	STRUCT			带有 name，index，value，range 等的块变量描述
	fdt:name	M	[1..1]	
	label	M	[1..1]	
	index	M	[1..1]	
	slot	O	[0..1]	
	fdt:descriptor	O	[0..1]	
	usage	M	[1..1]	
	fdt:Value	M	[1..1]	
	fdt:Unit	O	[0..1]	
	fdt:Ranges	O	[0..1]	
	fdt:statusFlag	O	[0..1]	
	fdt:StatusInformation	O	[0..1]	
BtmVariables	STRUCT			BTM 变量的集合
	fdt:name	M	[1..1]	
	label	M	[1..1]	
	index	M	[1..1]	
	collection of	M	[1..1]	
	BtmVariables		[0..*]	
	BtmVariable		[0..*]	

A.7　设备和扫描的标识数据类型

命名空间:ident

本条定义的数据类型(见表 A.10 和表 A.11)是定义服务特定的数据类型的基础或用作服务参数。

表 A.10　简单的设备标识数据类型

数据类型	定　义	描　　述
configuredState	enumeration (configuredAndPhysicallyAvailable | configuredAndNotPhysicallyAvailable | availableButNotConfigured | notApplicable)	该属性只用于具有主站组态的协议，如 Profibus。对于所有其他的协议，使用“notApplicable”。 该属性定义连接到该总线地址的扫描到的模块是否处于已配置的状态。框架应用程序可选择地使用该属性来显示信息给用户。 以下的值在枚举中是合法的： • configuredAndPhysicallyAvailable； • configuredAndNotPhysicallyAvailable； • availableButNotConfigured； • notApplicable

表 A.11（续）

数据类型	定义 基本的数据类型	用法	多重性	描述
IdSerialNumber	STRUCT			包含扫描的设备或块的序列号。该属性只存在于扫描的在线过程中，并只用于给出信息。它不能用于进行匹配。 **注**：制造商和设备类型的序列号可以是唯一的。 **注**：为了显示全球统一的设备标识，框架应用程序必须对 IdManufacturer，IdTypeID 和 IdSerialNumber 进行组合
	value	O	[0..1]	
	protocolSpecificName	M	[1..1]	
IdTypeID	STRUCT			标识设备或块类型
	value	O	[0..1]	
	protocolSpecificName	M	[1..1]	
	RegExpr	O	[0..*]	Scan 服务的响应中不存在该元素
IdSoftwareRevision	STRUCT			包含设备或块的软件版本
	value	O	[0..1]	
	protocolSpecificName	M	[1..1]	
	RegExpr	O	[0..*]	Scan 服务的响应中不存在该元素
IdHardwareRevision	STRUCT			包含设备或块的硬件版本
	value	O	[0..1]	
	protocolSpecificName	M	[1..1]	
	RegExpr	O	[0..*]	Scan 服务的响应中不存在该元素
IdDTMSupportLevel	STRUCT			该元素只用于 DTMDeviceTypeIdentSchema，不用于 DTMScanIdentSchema。它不能用于进行匹配。它可以被框架应用程序显示，以便用户作出分配决定
	value	O	[0..1]	
	protocolSpecificName	M	[1..1]	
	RegExpr	O	[0..*]	Scan 服务的响应中不存在该元素

表 A.11（续）

数据类型	定义			描述
	基本的数据类型	用法	多重性	
IdValue	STRUCT			包含标识参数的配对的名称和值，但没有框架应用程序的语义信息
	name	M	[1..1]	
	value	O	[0..1]	
	protocolSpecificName	M	[1..1]	
	RegExpr	O	[0..*]	Scan 服务的响应中不存在该元素
IdValues	STRUCT			标识元素的列表，这些元素没有由以上列出的 Idxxx 元素特别地定义。这些标识元素没有进一步的协议无关的语义信息
	IdValue	O	[0..*]	
RegExpr	STRUCT			包含类型匹配或不匹配的一个或多个的正则表达式属性（参见正则表达式规范）
	match	O	[0..1]	
	nomatch	O	[0..1]	
ScanIdentification	STRUCT			包含单个的扫描到的设备或块的所有标识元素。包含定义明确的语义和 IdValues
	configuredState	O	[0..1]	
	fdt:CommunicationError	O	[0..1]	
	IdBusProtocol	M	[1..1]	
	IdBusProtocolVersion	M	[1..1]	
	IdAddress	M	[1..1]	
	IdManufacturer	M	[1..1]	
	IdTypeID	M	[1..1]	
	IdSoftwareRevision	M	[1..1]	
	IdHardwareRevision	M	[1..1]	
	IdDeviceTag	M	[1..1]	
	IdSerialNumber	M	[1..1]	
	IdValues	O	[0..1]	
ScanIdentificationList	STRUCT			多个扫描到的物理设备或块的标识列表
	fdt:protocolId	M	[1..1]	
	resultState	M	[1..1]	
	ScanIdentification	O	[0..*]	

A.8 功能数据类型

命名空间:func

本条定义的简单数据类型(见表 A.12)和结构化数据类型(见表 A.13)是定义服务特定的数据类型的基础或用作服务参数。

表 A.12 简单功能数据类型

数据类型	定　义	描　述
checked	BOOL	菜单项目的状态
defaultFunctionId	DINT	包含用于打开默认表示对象或打开某个默认功能的功能 ID
enabled	BOOL	菜单项目的状态
hasGUI	BOOL	指出 DTM 是否为扩展的功能提供用户界面
help	STRING	功能的人可读的帮助
hidden	BOOL	菜单项目的状态
label	STRING	功能的人可读的标签
mime-type	STRING	DTM 提供的文档的 Mime-type
moduleId	UDINT	设备实例命名空间中模块的唯一标识符。应该使用定义在 DTMParameter 文档中的相同的 id
path	URI	为了某一功能必须嵌入的对象(例如,位图或其他图形化元素)的路径
printable	BOOL	指出 DTM 是否为某一功能支持可打印的文档(通过 GetDocumentation 服务来访问)
printableStandardFunction	BOOL	指出此标准功能是否是可打印的
programName	STRING	指出文档浏览程序的名称
resizable	BOOL	指出用户界面是否可以调整大小
resizableStandardFunction	BOOL	指出某一标准功能的 GUI 是否可以调整大小
separator	BOOL	特殊的菜单项目
toggle	BOOL	菜单项目的状态,指出该菜单项目是否是有效的

表 A.13 结构化的功能数据类型

数据类型	定　义			描　述
	基本的数据类型	用法	多重性	
Document	STRUCT			如果用户选择了此项目,则定义了由 DTM 提供并由框架应用程序显示的文档
	label	M	[1..1]	
	help	M	[1..1]	
	path	M	[1..1]	
	choice of	M	[1..1]	

表 A.13（续）

数据类型	定义			描述
	基本的数据类型	用法	多重性	
Document	MimeType	S	[1..1]	如果用户选择了此项目，则定义了由 DTM 提供并由框架应用程序显示的文档
	OpenWith	S	[1..*]	
	Icon	O	[0..1]	
FDTFunctionCall	STRUCT			指定了特定功能调用的元素的定义。包含 fdt:FunctionID
	fdt:functionId	M	[1..1]	
	fdt:ApplicationId	O	[0..1]	
	ops:operationPhase	O	[0..1]	
Function	STRUCT			定义一个非标准功能的条目（与 ApplicationIds 有关）。包含 fdt:FunctionID
	label	M	[1..1]	
	fdt:name	M	[1..1]	
	help	M	[1..1]	
	hasGUI	O	[0..1]	
	printable	O	[0..1]	
	resizable	O	[0..1]	
	functionId	M	[1..1]	
	Icon	O	[0..1]	
	Status	O	[0..1]	
	fdt:FDTApplicationIds	O	[0..1]	
Functions	STRUCT			定义功能条目的组
	label	M	[1..1]	
	fdt:name	M	[1..1]	
	help	M	[1..1]	
	moduleId	O	[0..1]	
	Status	O	[0..1]	
	collection of	O	[0..*]	
	Function		[0..*]	
	Document		[0..*]	
	StandardFunction		[0..*]	
	Functions		[0..*]	
	StandardFunctions		[0..*]	
	Functions		[0..*]	
	StandardFunctions		[0..*]	
GUIInformation	<technology specific>			关于如何启动功能的用户界面的信息

表 A.13(续)

数据类型	定义			描述
	基本的数据类型	用法	多重性	
Icon	STRUCT			功能的图标
	path	M	[1..1]	
MimeType	STRUCT			DTM 提供的文档的 Mime-type。框架应用程序使用 Mime-type 来决定文档的合适的浏览器
	mime-type	O	[0..1]	
OpenWith	STRUCT			用于打开文档的程序的名称
	programName	O	[0..1]	
StandardFunction	STRUCT			定义一个标准功能的条目(包含 applicationIds)。该条目没有自己的标签。标签应由框架应用程序提供
	fdt:name	M	[1..1]	
	help	M	[1..1]	
	printableStandardFunction	O	[0..1]	
	resizableStandardFunction	O	[0..1]	
	functionId	M	[1..1]	
	Icon	O	[0..1]	
	Status	O	[0..1]	
	fdt:ApplicationId	M	[1..1]	
StandardFunctions	STRUCT			定义标准功能项的组。该项没有自己的标签。框架应用程序应该提供这种标签。它不能包含标准的功能
	fdt:ApplicationId	M	[1..1]	
	fdt:name	M	[1..1]	
	help	M	[1..1]	
	moduleId	O	[0..1]	
	Status	O	[0..1]	
	collection of	O	[0..*]	
	Function		[0..*]	
	Functions		[0..*]	
Status	STRUCT			功能的状态
	toggle	M	[1..1]	
	checked	M	[1..1]	
	enabled	M	[1..1]	
	hidden	M	[1..1]	
	separator	M	[1..1]	

A.9 AuditTrail 数据类型

命名空间:auditTrail

本条定义的简单数据类型(见表 A.14)和结构化数据类型(见表 A.15)用作定义服务特定的数据类型的基础,或用作服务参数。

表 A.14 简单的 auditTrail 数据类型

数据类型	定义	描述
path	URI	必须嵌入到文档的对象(如,位图或其他的图形化元素)的路径
title	STRING	文档的人可读的标题

表 A.15 结构化的 auditTrail 数据类型

数据类型	定义			描述
	基本的数据类型	用法	多重性	
AuditTrailDeviceStatusEvent	STRUCT			设备状态的描述
	fdt:statusFlag	M	[1..1]	
	fdt:StatusInformation	O	[0..1]	
LogEntry	STRUCT			变量改变、执行的功能或设备状态事件的通知
	fdt:descriptor	O	[0..1]	
	choice of	M	[1..1]	
	AuditTrailFunctionEvent	S	[1..1]	
	AuditTrailVariableEvent	S	[1..1]	
	AuditTrailDeviceStatus-Event	S	[1..1]	
AuditTrailFunction-Event	STRUCT			执行的功能的描述
	fdt:display	M	[1..1]	
AuditTrailVariable	STRUCT			变量改变的描述
	fdt:display	M	[1..1]	
	fdt:Unit	O	[1..1]	
	fdt:Ranges	O	[1..1]	
	fdt:statusFlag	O	[1..1]	
	fdt:StatusInformation	O	[1..1]	
AuditTrailVariableEvent	STRUCT			变量改变的通知
	fdt:name	M	[1..1]	
	fdt:descriptor	O	[0..1]	
	ChangedFrom	M	[1..1]	
	ChangedTo	M	[1..1]	

表 A.15(续)

数据类型	定义			描述
	基本的数据类型	用法	多重性	
ChangedFrom	STRUCT			审计追踪变量的最后的值
	AuditTrailVariable	M	[1..1]	
ChangedTo	STRUCT			审计追踪变量的新的值
	AuditTrailVariable	M	[1..1]	
TransactionInfo	STRUCT			用于为执行功能(例如组态或仿真)请求启动和停止审计追踪
	systemTag	M	[1..1]	

A.10 文档数据类型

命名空间:doc

本条定义的简单数据类型(如表 A.16)和结构化数据类型(见表 A.17)用作定义服务特定的数据类型的基础,或用作服务参数。

表 A.16 简单的文档数据类型

数据类型	定义	描述
path	URI	必须嵌入到文档的对象(如,位图或其他的图形化元素)的路径
title	STRING	文档的人可读的标题

表 A.17 结构化的文档数据类型

数据类型	定义			描述
	基本的数据类型	用法	多重性	
Documentation	STRUCT			特定的 FDTFunctionCall 的 DTM 文档
	title	M	[1..1]	
	fdt:classificationId	O	[1..1]	
	fdt:manufacturerId	O	[1..1]	
	fdt:deviceTypeId	O	[1..1]	
	dtmi:deviceTypeInformation	O	[1..1]	
	fdt:descriptor	O	[1..1]	
	fdt:date	O	[1..1]	
	fdt:windowTitle	O	[1..1]	
	fdt:VersionInformation	M	[1..1]	

表 A.17(续)

数据类型	定义			描述
	基本的数据类型	用法	多重性	
Documentation	fdt:ClassificationIds	O	[1..1]	特定的 FDTFunctionCall 的 DTM 文档
	DocumentVariables	M	[1..1]	
	choice	O	[1..1]	
	DTMStyleForComplete-Document	M	[1..1]	
	DTMSpecificXMLData	M	[1..1]	
DocumentVariable	STRUCT			人可读的变量描述,具有名称、值、范围等
	fdt:name	M	[1..1]	
	fdt:descriptor	O	[1..1]	
	fdt:display	M	[1..1]	
	fdt:Unit	O	[1..1]	
	fdt:Ranges	O	[1..1]	
	fdt:statusFlag	O	[1..1]	
	fdt:StatusInformation	O	[1..1]	
DocumentVariables	STRUCT			文档变量的集合
	fdt:name	M	[1..1]	
	fdt:descriptor	O	[1..1]	
	collection of	M	[1..1]	
	DocumentVariables		[0..*]	
	DocumentVariable		[0..*]	
	GraphicReference		[0..*]	
DTMSpecificXMLData	STRUCT			可选的附加信息,应该以私有的样式来描述
DTMStyleForCompleteDocument	STRUCT			如果 DTM 返回的文档不能以 FDT 标准的样式进行描述,则 DTM 必须提供的可选的样式信息
GraphicReference	STRUCT			对必须嵌入到文档中的对象(例如位图或其他的图形化元素)的引用
	title	M	[1..1]	
	fdt:descriptor	O	[1..1]	
	path	M	[1..1]	

A.11 DeviceList 数据类型

命名空间：devList

本条定义的简单数据类型(见表 A.18)和结构化数据类型(见表 A.19)用作定义服务特定的数据类型的基础，或用作服务参数。

表 A.18 简单的 devList 数据类型

数据类型	定 义	描 述
errorDescription	STRING	dtmSpecificError 发生时的详细的错误信息
errorInfo	enumeration (ok | failedToSet | failedDuplicateAddress| cancelled | dtmSpecificError)	如果用作 DeviceList 元素的属性，当返回 DTMDeviceListSchema 时，使用该数据类型来指示错误的概要。当在 Device 元素中使用时，表示特定地址的错误信息。 枚举： • ok：地址设置成功，用于 DeviceList 和 Device； • failedToSet：用在 Device 中，指示 NetworkManagementInfoWrite 失败； • failedDuplicateAddress：用于指示地址已经可用，不用设置； • cancelled：用于指示用户取消了设置； • dtmSpecificError：指示出现了 DTM 特定的错误。这种情况下，使用错误描述文本来给出更详细的错误信息
showUserInterface	enumeration (openUserInterface | noUserInterface | setNextValidAddress)	指示通信通道是否应该打开某一用户界面，以便获取用户选择的某个协议特定的地址。 枚举： • openUserInterface：应该打开用户界面，以请求用户的地址； • noUserInterface：不应该打开用户界面； • setNextValidAddress：通信通道必须在没有用户界面的情况下设置下一个合法的地址。这种情况下，通信通道不使用 busAddress。 如果没有设置该属性，则设置为 noUserInterface

表 A.19 结构化的 devList 数据类型

数据类型	定 义			描 述
	基本的数据类型	用法	多重性	
BusAddress	STRUCT			包含单个的 busAddress
	fdt:busAddress	M	[1..1]	
BusAddressRange	STRUCT			总线地址的范围。该结构化的数据类型定义了起始地址和结束地址(例如，在 ScanRequest 中使用)
	BusAddress	M	[1..*]	

表 A.19（续）

数据类型	定义			描述
	基本的数据类型	用法	多重性	
Device	STRUCT			包含对应 DTM 的设备标识信息和系统标签
	fdt:systemTag	M	[1..1]	
	errorInfo	O	[1..1]	
	errorDescription	O	[1..1]	
	BusAddressRange	M	[1..1]	
DeviceList	STRUCT			对应于设置的设备地址的 DTM 系统标签列表
	errorInfo	O	[1..1]	
	errorDescription	O	[1..1]	
	showUserInterface	O	[1..1]	
	Device	M	[1..*]	

A.12 网络管理数据类型

命名空间:net

本条定义的简单数据类型(见表 A.20)和结构化数据类型(见表 A.21)用作定义服务特定的数据类型的基础,或用作服务参数。

表 A.20 简单的网络管理数据类型

数据类型	定义	描述
busAddress	String	设备的协议特定的地址
configurationData	ARRAY OF USINT	按照现场总线规范,二进制流的协议特定的组态数据
moduleId	USINT	设备实例命名空间中模块的唯一标识符
moduleTypeId	USINT	设备类型命名空间中模块类型的唯一标识符
redundant	BOOL	规定设备或模块是否是冗余的
slot	USINT	设备实例命名空间中模块的槽的唯一标识符

表 A.21 结构化的网络管理数据类型

数据类型	定义			描述
	基本的数据类型	用法	多重性	
DeviceAddress	STRUCT			设备的协议特定的地址
	fdt:busAddress	M	[1..1]	
	configurationData	O	[0..1]	

表 A.21（续）

数据类型	定义 基本的数据类型	用法	多重性	描述
UserDefinedBus	STRUCT			NetworkInfo 的协议特定的部分，定义在 GB/T 29618.3xy 文档中
	<protocol specific>			
NetworkInfo	STRUCT			设备实例网络组态的描述
	fdt:protocolId	M	[1..1]	
	fdt:BusRedundancy	O	[0..1]	
	choice of	O	[0..*]	
	DeviceAddress	S	[1..1]	
	UserDefinedBus	S	[1..1]	
DtmDeviceInstanceTopology	STRUCT			DtmDeviceType 内部拓扑的描述
	fdt:readAccess	O	[0..1]	
	fdt:writeAccess	O	[0..1]	
	NetworkInfo	O	[0..1]	
	fdt:ChannelReferences	O	[0..1]	
	InternalChannel	M	[1..*]	
InternalChannel	STRUCT			内部通道是内部拓扑中内部模块的连接点
	fdt:readAccess	O	[0..1]	
	fdt:writeAccess	O	[0..1]	
	moduleId	M	[1..1]	
	moduleTypeId	O	[0..1]	
	slot	O	[0..1]	
	redundant	O	[0..1]	
	configurationData	O	[0..1]	
	fdt:VersionInformation	M	[1..1]	
	fdt:ChannelReferences	O	[0..1]	
Module	STRUCT			设备硬件或软件模块的描述
	fdt:readAccess	O	[0..1]	
	fdt:writeAccess	O	[0..1]	
	moduleId	M	[1..1]	
	moduleTypeId	O	[0..1]	
	slot	O	[0..1]	
	redundant	O	[0..1]	

表 A.21(续)

数据类型	定义			描述
	基本的数据类型	用法	多重性	
Module	configurationData	O	[0..1]	设备硬件或软件模块的描述
	fdt:VersionInformation	M	[1..1]	
	fdt:ChannelReferences	O	[0..1]	

A.13 实例的数据类型

命名空间:param

本条定义的简单数据类型(见表 A.22)和结构化数据类型(见表 A.23)用作定义服务特定的数据类型的基础,或用作服务参数。

表 A.22 简单的实例数据类型

数据类型	定义	描述
itemErrorDescription	enumeration (dtmSpecific | noLock | notLongerValid | outOfResources | invalidValue)	描述一个错误的枚举: • dtmSpecific:DTM 特定的错误; • noLock:不能锁定实例数据集; • notLongerValid:该项不再有效。这可能因为组态改变而发生; • outOfResources:DTM 没有资源来执行请求。如果 DTM 不能对请求进行排队,则可能发生; • invalidValue:被请求的值是无效的
itemId	STRING	项的唯一标识符
itemKind	enumeration (alarm | analogInput | analogOutput | computation | contained | correction | device | diagnostic | digitalInput | digitalOutput | discrete | discretInput | discreteOutput | dynamic | frequency | frequencyInput | frequencyOutput | hart | input | local | localDisplay | operate | output | sensorCorrection | service | tune | others)	项的上下文关系的标识符。它是某种关于值的类型的分类。 枚举,每个条目说明如下: • alarm:包含报警界限; • analogInput:模拟输入块的一部分; • analogOutput:模拟输出块的一部分; • computation:运算块的一部分; • contained:表示设备的物理特性; • correction:校正块的一部分; • device:表示设备的物理特性; • diagnostic:指示设备的状态; • digitalInput:数字输入块的一部分; • digitalOutput:数字输出块的一部分; • discrete:离散块的一部分; • discretInput:离散输入块的一部分;

表 A.22（续）

数据类型	定　　义	描　　述
itemKind		• discreteOutput:离散输出块的一部分； • dynamic:没有网络激励的设备更改； • frequency:频率块的一部分； • frequencyInput:频率输入块的一部分； • frequencyOutput:频率输出块的一部分； • hart:HART 块的一部分； • input:输入块的一部分。输入块是一种特殊类型的运算块，完成单位转换、标度转换和阻尼功能。输入块的参数可由其他块的输出来决定； • local:由应用程序在本地使用。本地项没有存储在设备中，但可以将它们发送到某一设备； • localDisplay:本地显示块的一部分。本地显示块包含与设备本地接口相关的项（键盘、显示器等）； • operate:用来控制块的操作； • output:输出块的一部分。输出的值可以被其他块的输入访问； • sensorCorrection:传感器校正块的一部分； • service:当执行例行维护时使用； • tune:用于调整块的算法； • others:如果所有其他的条目都不匹配，则使用
itemType	enumeration (standard | |specific)	关于项是否遵循语义的信息，该语义是通过为特定协议定义的通用规则来定义的（standard），或是 DTM/供应商特定的语义（specific）
label	STRING	人可读的名称
limitBits	enumeration (none | low |high | constant)	项的限值状态 **注**：可在 OPC XML-DA 规范 1.0 版本中找到附加的信息
moduleName	STRING	该属性包含模块的名称
qualityBits	enumeration (bad | badConfigurationError | badNotConnected | badDeviceFailure | badSensorFailure | badLastKnownValue | badCommFailure | badOutOfService | badWaitingForInitialData | uncertain | uncertainLastUsableValue | uncertainSensorNotAccurate | uncertainEUExceeded| uncertainSubNormal| good | goodLocalOverride)	项的质量状态 **注**：可在 OPC XML-DA 规范 1.0 版本中找到附加的信息

表 A.23 结构化的实例数据类型

数据类型	定义 基本的数据类型	用法	多重性	描述
DtmItem	STRUCT			包含参数值或过程值和其他可选的信息，例如时间戳
	fdt:id	M	[1..1]	
	TimeStamp	M	[1..1]	
	Quality	M	[1..1]	
	choice of	M	[1..1]	
	fdt:Variant	S	[1..1]	
	ItemError	S	[1..1]	
DtmItemInfo	STRUCT			参数或过程值的描述，可以通过访问 DTM 实例数据的服务来获取。该信息包含描述性的属性（如名称）和如何访问该项的信息。项的信息和项本身的关系是通过 ItemId 来实现的
	fdt:id	M	[1..1]	
	fdt:SemanticInformation	M	[1..*]	DTM 应该为 DTM 实例支持的所有现场总线协议提供 <SemanticInformation>元素
	fdt:name	M	[1..1]	
	fdt:dataType	M	[1..1]	
	itemType	M	[1..1]	
	fdt:descriptor	O	[0..1]	
	moduleName	O	[0..1]	
	fdt:readAccess	O	[0..1]	
	fdt:writeAccess	O	[0..1]	
	label	O	[0..1]	
	ItemKind	M	[1..*]	
	UnitDescription	O	[0..1]	
	choice of	M	[1..1]	
	RangeDescriptions	S	[0..1]	
	ValueDescription	S	[0..1]	
DtmItemInfoGroup	STRUCT			DTM 项信息的列表
	fdt:name	M	[1..1]	
	fdt:semanticId	M	[1..1]	
	label	O	[0..1]	

表 A.23（续）

数据类型	定义			描述
	基本的数据类型	用法	多重性	
DtmItemInfoGroup	DtmItemInfo	O	[0..*]	DTM 项信息的列表
	DtmItemInfoGroup	O	[0..*]	
DtmItemInfoList	STRUCT			DTM 项信息的列表、项信息组的列表
	DtmItemInfo	O	[0..*]	
	DtmItemInfoGroup	O	[0..*]	
DtmItemList	STRUCT			DTM 项的列表
	DtmItem	M	[1..*]	
DtmItemSelection	STRUCT			为了执行服务(或类似的)选择的项
	fdt:id	M	[1..1]	
DtmItemSelectionList	STRUCT			选择的项的列表
	DtmItemSelection	M	[1..*]	
ItemError	STRUCT			通信错误或其他错误
	choice of	O	[0..1]	
	ItemErrorDescription	S	[1..1]	
	fdt:CommunicationError	S	[1..1]	
ItemErrorDescription	STRUCT			非通信错误的描述
	itemErrorDescription	M	[1..1]	
	fdt:descriptor	O	[0..1]	
ItemKind	STRUCT			项上下文关系的标识
	itemKind	M	[1..1]	
ItemReference	STRUCT			在 XML 文档中对其他项的引用
	fdt:idref			
LowerRangeDescription	STRUCT			下限的描述
	choice of	O	[0..1]	
	ItemReference	S	[1..1]	
	fdt:StringData	S	[1..1]	
	fdt:NumberData	S	[1..1]	
	fdt:TimeData	S	[1..1]	
PossibleEnumerations	STRUCT			项可能的枚举值
	fdt:EnumeratorEntries	M	[1..1]	

表 A.23（续）

数据类型	定义 基本的数据类型	用法	多重性	描述
Quality	STRUCT			项的质量的描述。 对于写请求： 框架应用程序可以定义质量。设备/参数支持质量定义的情况下，值和质量应该由 DTM 传给设备，否则 DTM 应该只处理 good 质量的值
	qualityBits	M	[1..1]	
	limitBits	O	[0..1]	
RangeDescription	STRUCT			范围的描述
	LowerRangeDescription	M	[1..1]	
	UpperRangeDescription	M	[1..1]	
	fdt:LowerRawValue	O	[0..1]	
	fdt:UpperRawValue	O	[0..1]	
RangeDescriptions	STRUCT			项的范围的描述
	RangeDescription	M	[1..*]	
TimeStamp	STRUCT			项的时间戳的描述
	fdt:time	M	[1..1]	
UnitDescription	STRUCT			项的单位的描述
	choice of	O	[0..1]	
	ItemReference	S	[1..1]	
	fdt:EnumeratorEntry	S	[1..1]	
UpperRangeDescription	STRUCT			上限的描述
	choice of	O	[0..1]	
	ItemReference	S	[1..1]	
	fdt:StringData	S	[1..1]	
	fdt:NumberData	S	[1..1]	
	fdt:TimeData	S	[1..1]	
ValueDescription	STRUCT			项的值的描述
	PossibleEnumerations	M	[1..1]	

A.14 DeviceStatus 的数据类型

命名空间：status

本条定义的简单数据类型（见表 A.24）和结构化数据类型（见表 A.25）用作定义服务特定的数据类型的基础，或用作服务参数。

表 A.24 简单的设备状态数据类型

数据类型	定义	描述
deviceInitiatedCommunication	BOOL	设备当前正在使用设备发起的通信

表 A.25 结构化的设备状态数据类型

数据类型	定义			描述
	基本的数据类型	用法	多重性	
DtmDeviceStatus	STRUCT			设备当前状态的描述
	fdt:statusFlag	M	[1..1]	
	deviceInitiatedCommunication	O	[0..1]	
	fdt:StatusInformation	O	[0..1]	

A.15 OnlineCompare 数据类型

命名空间:onlineComp

本条定义的简单数据类型(见表 A.26)和结构化数据类型(见表 A.27)用作定义服务特定的数据类型的基础,或用作服务参数。

表 A.26 简单的在线比较数据类型

数据类型	定义	描述
statusFlag	enumeration (equal |notEqual |noComparableData)	描述数据是否相等

表 A.27 结构化的在线比较数据类型

数据类型	定义			描述
	基本的数据类型	用法	多重性	
DTMOnlineCompare	STRUCT			包含比较结果或通信错误
	statusFlag	M	[1..1]	
	fdt:StatusInformation	O	[0..1]	

A.16 UserInterface 数据类型

命名空间:ui

本条定义的简单数据类型(见表 A.28)和结构化数据类型(见表 A.29)用作定义服务特定的数据类型的基础,或用作服务参数。

表 A.28　简单的用户界面数据类型

数据类型	定　　义	描　　述
helpContext	INT	帮助的内容（例如，帮助文件中的引用编号）
helpFile	STRING	帮助文件的定义
messageButtons	enumeration (buttonsAbortRetryIgnore | buttonsOk | buttonsOkCancel | buttonsRetryCancel | buttonsYesNo | buttonsYesNoCancel)	应该出现在消息框中的按钮类型的定义
messageDefault	enumeration (buttonAbort | buttonRetry | buttonIgnore | buttonOk | buttonCancel | buttonYes | buttonNo)	默认按钮的定义
messageType	enumeration (messageExclamation | messageInformation | message-Question | messageStop)	消息的类型，例如感叹、信息等
resultMessage	enumeration (nobutton | buttonAbort | buttonRetry | buttonIgnore | buttonOk | buttonCancel | buttonYes | buttonNo)	用户交互结果的定义
resultStatus	enumeration (notSupported| denied | systemResponse |ok)	
runAsModal	BOOL	用户界面为模态对话框
title	STRING	

表 A.29　结构化的用户界面数据类型

数据类型	定　　义			描　　述
	基本的数据类型	用法	多重性	
TextLine	STRUCT			消息中单行文本的定义
	fdt:string	M	[1..1]	
UserMessage	STRUCT			整个消息的定义
	runAsModal	O	[0..1]	
	messageType	M	[1..1]	
	messageButtons	M	[1..1]	
	messageDefault	M	[1..1]	
	title	M	[1..1]	
	helpFile	O	[0..1]	
	helpContext	O	[0..1]	
	collection of	M	[1..1]	
	TextLine		[0..*]	
	fdt:DtmVariable		[0..*]	
	resultMessage	O	[0..1]	
	resultStatus	O	[0..1]	

A.17 现场总线特定的数据类型

表 A.30 给出了协议特定的数据类型。这些数据类型应该定义在描述 FDT 中整合协议行规的 GB/T 29618.3xy 文档中。

该命名空间定义的抽象数据类型应该使用 GB/T 29618.3xy 文档中的特定数据类型进行替换。

命名空间:fieldbus

表 A.30 现场总线数据类型

数据类型	描　　述
ChannelData	通道的协议特定的具体信息(见 7.6.1.2)
ConnectRequest	Connect 服务中提供的协议特定的具体信息(见 7.6.1.2)
ConnectResponse	Connect 服务中提供的协议特定的具体信息(见 7.6.1.2)
DeviceTypeIdentification	可以转换为 devIdent:DeviceTypeIdentification 的协议特定的标识信息
DeviceTypeIdentifications	DeviceTypeIdentification 元素的集合
DisconnectRequest	Disconnect 服务中提供的协议特定的具体信息(见 7.6.1.3)
DisconnectResponse	Disconnect 服务中提供的协议特定的具体信息(见 7.6.1.3)
ScanIdentification	可以转换为 devIdent:ScanIdentification 的协议特定的标识信息
ScanIdentifications	ScanIdentification 元素的集合
SequenceDefine	SequenceBegin 服务中提供的协议特定的信息(见 7.6.1.7)。SequenceDefine 数据类型典型地包含多个 TransactionRequest,也可能包含关于序列执行的附加协议的具体信息
TransactionRequest	Transaction 服务中提供的协议特定信息(见 7.6.1.6)
TransactionResponse	Transaction 服务中提供的协议特定信息(见 7.6.1.6)

ICS 25.040
N 10

中华人民共和国国家标准

GB/T 29618.41—2013/IEC 62453-41:2009

现场设备工具(FDT)接口规范 第41部分:对象模型行规集成 通用对象模型

Field device tool (FDT) interface specification—Part 41:Object model integration profile—Common object model

(IEC 62453-41:2009,IDT)

2013-07-19 发布

2013-12-15 实施

中华人民共和国国家质量监督检验检疫总局
中国国家标准化管理委员会 发布

前　言

GB/T 29618《现场设备工具(FDT)接口规范》暂分为以下几个部分：

——第1部分：概述和导则；

——第2部分：概念和详细描述；

——第301部分：通信行规集成　FF现场总线规范；

——第302部分：通信行规集成　通用工业协议；

——第303-1部分：通信行规集成　PROFIBUS现场总线规范；

——第303-2部分：通信行规集成　PROFINET输入输出接口规范；

——第306部分：通信行规集成　INTERBUS现场总线规范；

——第309部分：通信行规集成　HART现场总线规范；

——第315部分：通信行规集成　MODBUS现场总线规范；

——第41部分：对象模型行规集成　通用对象模型；

——第501部分：通用对象模型的通信实现　FF现场总线规范；

——第502部分：通用对象模型的通信实现　通用工业协议；

——第503-1部分：通用对象模型的通信实现　PROFIBUS现场总线规范；

——第503-2部分：通用对象模型的通信实现　PROFINET输入输出接口规范；

——第506部分：通用对象模型的通信实现　INTERBUS现场总线规范；

——第509部分：通用对象模型的通信实现　HART现场总线规范；

——第515部分：通用对象模型的通信实现　MODBUS现场总线规范；

——第61部分：通用对象模型的设备类型管理器样式指南。

本部分为GB/T 29618的第41部分。

本部分按照GB/T 1.1—2009和GB/T 20000.2—2009给出的规则起草。

本部分使用翻译法等同采用IEC 62453-41:2009《现场设备工具(FDT)接口规范　第41部分：对象模型行规集成　通用对象模型》(英文版)。

根据GB/T 1.1—2009对IEC 62453-41:2009做了下列编辑性修改：

a) 删除了IEC 62453-41:2009的前言，重新编写了本部分的前言；

b) 凡有"IEC 62453"的地方改为"GB/T 29618"；

c) 按照汉语习惯对一些编排格式进行了修改；

d) 将一些适用于国际标准的表述改为适用于我国标准的表述。

本部分由中国机械工业联合会提出。

本部分由全国工业过程测量和控制标准化技术委员会(SAC/TC 124)归口。

本部分参加起草单位：西南大学、赫优信(上海)自动化系统贸易有限公司、机械工业仪器仪表综合技术经济研究所、罗克韦尔自动化(中国)有限公司、上海恩德斯豪斯(E+H)自动化设备有限公司、上海自动化仪表有限公司、施耐德电气(中国)公司、苏州美名软件有限公司、浙江大学智能系统与控制研究所、中国四联仪器仪表集团。

本部分主要起草人：欧阳劲松、王春喜、谢素芬、刘宽、黑伟亮、杜佳琳、王信红、包伟华、刘进、田英明、华镕、袁海峰、冯冬芹、刘枫、吕静、张渝、黄仁杰。

引　言

本部分是为现场设备工具(FDT)开发者而制定的接口规范。它包括功能控制和在C/S体系结构下的数据访问。此接口规范是在分析和设计开发标准接口的过程中产生的,该标准接口是为了简化不同厂商的客户端和服务器之间能够进行无缝互操作而开发的。

现场总线集成到控制系统中必须执行几项任务。在大多数的现场总线中,虽然有现场总线工具和设备描述工具,但是没有一个统一的方式将这些工具集成到更高层次的系统级规划和工程工具中。为了更大程度地满足异构控制系统,特别是在过程工业领域,对所有涉及的、易于使用的工程接口做一个明确的定义是非常重要的。

称为设备类型管理器(DTM)的设备特定软件组件由现场设备制造商随设备一起提供。DTM通过此规范定义的FDT接口集成到工程工具中。这种集成方法对大多数的现场总线开放并且满足了将不同类型的设备集成到异构控制系统的需要。

图1给出了GB/T 29618.41是如何与GB/T 29618系列的结构对应的。

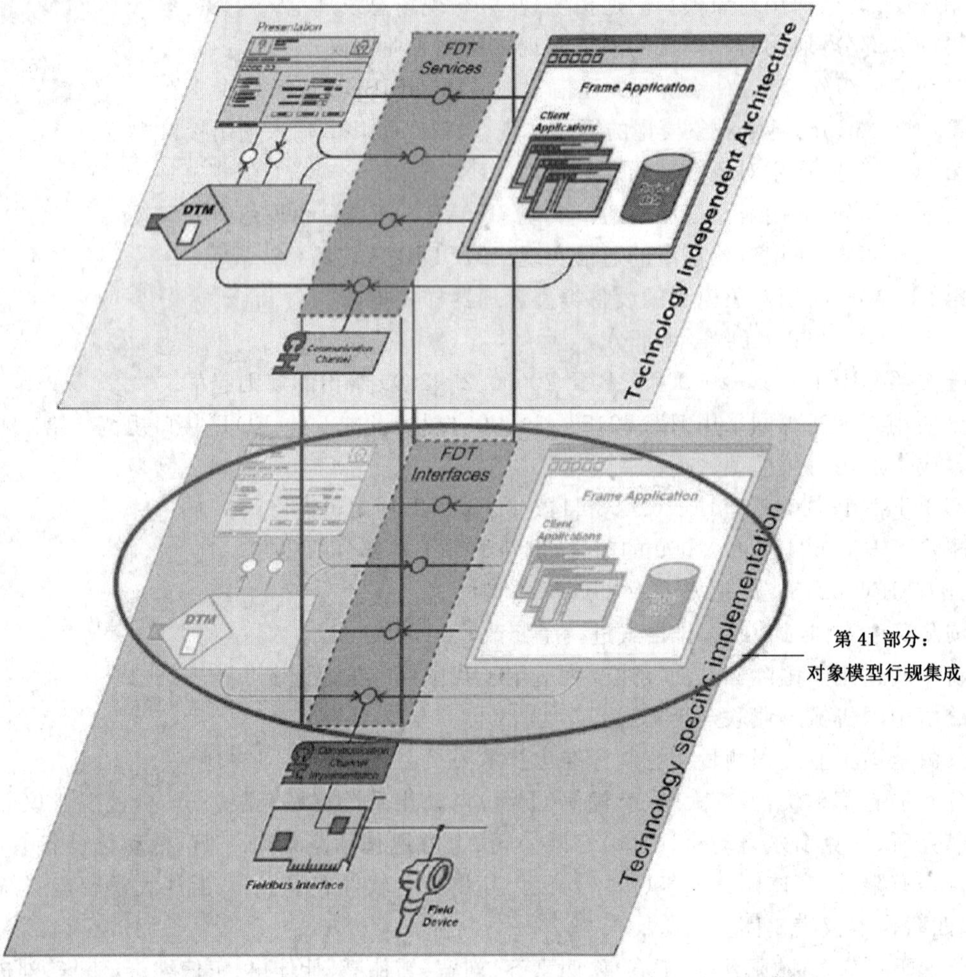

图1　GB/T 29618系列的第41部分

现场设备工具(FDT)接口规范 第41部分:对象模型行规集成 通用对象模型

1 范围

GB/T 29618 的本部分是一个技术报告,它定义了如何基于 MS COM 技术实现通用 FDT 原理,包括通过 COM 接口的对象行为和对象交互。

本部分规定了协议特定的功能和通信服务的技术特定的实现。

本部分是资料性的,然而当本部分被应用时,应按照规范实现其需求。

本部分规定了 FDT 1.2.1 版。

2 规范性引用文件

下列文件对于本文件的应用是必不可少的。凡是注日期的引用文件,仅注日期的版本适用于本文件。凡是不注日期的引用文件,其最新版本(包括所有的修改单)适用于本文件。

GB/T 29618.1—2013 现场设备工具(FDT)接口规范 第1部分:概述和导则(IEC 62453-1:2009,IDT)

GB/T 29618.2—2013 现场设备工具(FDT)接口规范 第2部分:概念和详细描述(IEC 62453-2:2009,IDT)

ISO/IEC 19501:2005 信息技术 开放分布式过程 统一建模语言(UML)版本 1.4.2

3 术语和定义、符号和缩略语、约定

3.1 术语和定义

GB/T 29618.1、GB/T 29618.2 和 MSDN 界定的以及下列术语和定义适用于本文件。

3.1.1

ActiveX

基于微软组件对象模型(COM/DCOM)的 GUI 组件技术。

注:早期标准使用 OLE 控件(OCX)。

3.1.2

异步功能 asynchronous function

非阻塞功能,当该功能在后台被执行时,调用过程继续执行。

3.1.3

CLSID

用于 COM 类的 UUID。

3.1.4

ProgID

用于 COM 类的可读 ID。

3.1.5

同步功能 synchronous function

阻塞功能,当该功能被执行时,调用过程停止执行。

3.2 缩略语

下列缩略语适用于本文件。

API	应用程序编程接口(Application Programming Interface)
BTM	块类型管理器(Block Type Manager)
CLSID	类 ID(Class ID)
DCOM	分布式 COM(Distributed COM)
DLL	动态链接库(Dynamic Linked Library)
DOM	文档对象模型(Document Object Model)
DTM	设备类型管理器(Device Type Manager)
FA	框架应用程序(Frame Application)
FDT	现场设备工具(Field Device Tool)
GUI	图形用户界面(Graphical User Interface)
UUID	通用唯一标识符(Universally Unique Identifer)
GUID	全球唯一标识符(UUID)(Globally Unique Identifier)
HART	高速可寻址远程变送器(Highway Addressable Remote Transducer)
IID	接口 ID(Interface ID)
LCID	区域设置 ID(Locale ID)
MIDL	微软接口定义语言(Microsoft Interface Definition Language)
MSDN	微软开发者网络(Microsoft Developer Network)
OCX	OLE 控件(OLE Controls)
OLE	对象链接和嵌入(Object Linking and Embedding)
ProgID	程序的 ID(Programmatic ID)
XDR	XML 简化数据(XML Data Reduced)
XSL	可扩展样式表语言(Extensible Stylesheet Language)
XSLT	XSL 转换(XSL Transformations)

3.3 约定

用于本部分的 UML 标记法的约定定义在 GB/T 29618.1。

4 实现概念

4.1 技术定位

微软引入的 ActiveX 技术使定义既包括数据又包括函数的接口成为可能。这些可能性已经成功地与 OPC(最初用于过程控制的 OLE)定义一起使用。

在 FDT 中,仅仅为现场设备的工程组件指定了 ActiveX 技术的接口,如果工程系统实现了相应的接口,那么 ActiveX 技术就会为组件提供自动集成,并负责工程系统和设备软件组件的交互,而且 FDT 接口规范允许带有集成用户界面的设备组件集成,也允许嵌入由设备组件提供的用于特殊工程任务的 ActiveX 控件。

本部分定义的 FDT 客户端/服务器结构是基于微软 COM 实现的。

本部分规定了 COM 接口(接口是什么),而不规定这些接口的实现(不规范如何实现)。它规定了接口应该向使用它们的客户端应用程序提供什么样的行为。FDT 规范既不规定 DTM 的实现,也不规定框架应用程序的实现。

本部分包含了体系结构,以及更适用于那些体系结构的接口描述。与所有的 COM 实现一样,FDT 的体系结构是客户端/服务器模型,其中 DTM 是框架应用程序管理的服务器组件。

4.2 抽象 FDT 对象模型实现

4.2.1 概述

FDT 对象实现为 COM 对象。一般要求这些对象可以实现为进程内服务器,也可以实现为进程外服务器。框架应用程序负责组织这些 COM 对象在分布式系统中执行(基于供应商特定的实现)。

4.2.2 FDT 框架应用程序(FA)

从 DTM 的角度看,所有与框架应用程序交互任务相关的接口可以通过框架应用程序的主要 IFdt-Container 接口获取(见图 2)。

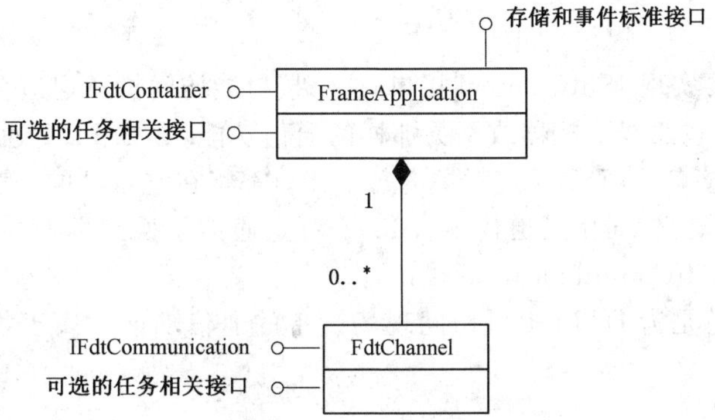

图 2 框架应用程序接口

在复杂的工厂环境中,也有复杂的通信网络用于连接过程设备。DTM 不需要系统网络拓扑结构的任何信息。所以由框架应用程序组织路由访问设备。框架应用程序必须提供每种情况下的对等连接(物理的或逻辑的)。所以由框架应用程序管理访问一个设备的多个用户。

4.2.3 设备类型管理器(DTM)

4.2.3.1 DTM 接口

DTM 以 COM 接口的方式提供服务,见图 3。

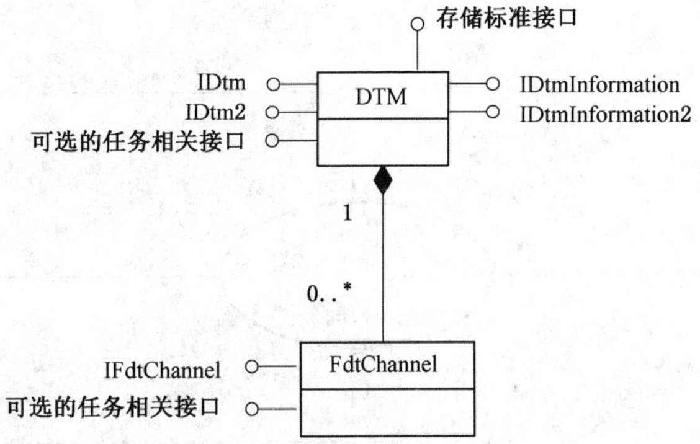

图 3 DTM 接口

每个 DTM 必须实现 IDtm 和 IDtmInformation 接口(见 5.2)。这些接口提供控制 DTM 的服务和信息。从框架应用程序的角度来看,所有与设备功能交互任务相关的接口可以通过这些接口获取,提供哪个任务相关接口依赖于 DTM 及其相应设备的功能。每个接口将在下面的条款中详细描述。

4.2.3.2 块类型管理器(BTM)

BTM 需要实现的接口与 DTM 类似。块特定的架构(schema)代替了设备相关的 XML 架构(Schema)来提供块信息。例如,BtmInformationSchema 代替 DTMInformationSchema。

4.2.4 表示对象

符合本部分定义的表示对象可以是一个可被 DTM 集成的 ActiveX 对象(允许集成到 FA 的 GUI 中)或一个独立的程序。

GB/T 29618.61(IEC/TR 62453-61)为 ActiveX 用户界面提供样式指导,即界面的通用外观和体验感受。

4.2.5 FDT 通道对象

FDT 通道对象至少要实现 IFdtChannel 接口,这个接口能访问描述通道自身的所有通道参数。

如果设备提供了如现场总线适配器或网关那样的通信功能,那么 FDT 通道对象应通过该通道(通信通道)为通信实现更多接口。FDT 通道对象的每个接口都将在它自己的条款中详细描述。

如 GB/T 29618.2 中定义,通信通道代表从 FDT 特定通信切换到框架应用程序特定通信的网关。至少应为通信通道实现 IFdtCommunication 接口。

IFdtCommunicatin 总是为 DTM 提供访问现场设备的通信功能。属于物理现场总线的所有行为必须用这个接口实现。

4.3 对象交互

4.3.1 通过 XML 的参数交换

对象之间的数据交换基于 COM 接口之间传输 XML 文档(XDR 格式)实现。这种数据交换的一个例子是:通过 XML 参数交换,为框架应用程序与 DTM(见图 4)之间交换信息提供一种方法。在典型的过程控制系统中,诸如监视、通道分配或主机配置的多种用例需要关于设备组态的信息。

XML 并不取代私有格式;它对以私有格式存储的数据提供访问。建议数据以本地化的,最合理的方式存储。XML 提供一个可扩展的标准来连接 FDT 组件。数据交换通过 XML 文档完成。在这些 XML 文档内部,XML 标签用于界定多条数据。XML 允许读它的应用程序进行数据解析。为了确保数据交换双方对交换数据的理解一致,FDT 利用 XML 架构(schema)验证。利用象 DOM(W3C 的文档对象模型)一样的标准化的工具进行数据访问。

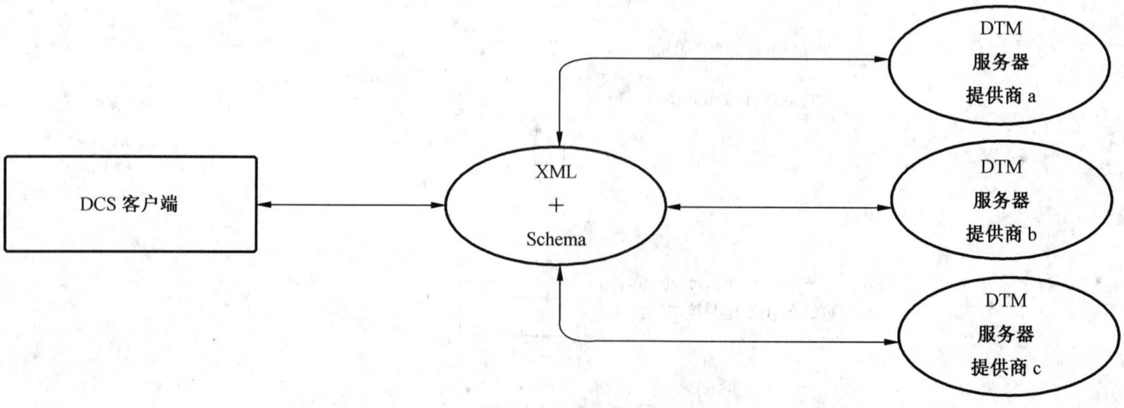

图 4 通过 XML 的 FDT 客户端/服务器关系

XML 架构(schema)自身是有效的 XML 语法,用于验证 XML 数据。它们允许文档结构和元素数据类型的验证。

W3C 的文档对象模型是文档结构的一种标准的内部表示方式。它的目的是为了使编程者更容易地访问组件以及删除、添加或编辑它们的内容、属性和风格。实质上,DOM 使得编程者可以编写运行在所有浏览器、服务器和平台上的应用程序。虽然编程者可能需要采用不同的编程语言,他们不必改变编程模型。

通常 XML 解析器产生 DOM。微软提供这样的 XML 解析器。在 VC++、Visual Basic 和 VBScrip 中可以使用 DOM API。

用 XML 架构(schema)解析 XML 文档可以确保一个有效的 DOM 具有定义良好的元素。

推荐 FDT 开发者始终用 DOM 操作,因为:

——XML 解析器从传递的 XML 数据产生 DOM;

——架构(Schema)确保具有良好定义元素的有效 DOM;

——DOM 为数据访问提供标准的树式和集合式方法;

——DOM 为数据传递产生 XML 数据。

XML 文档验证确保符合 XML 架构(Schema)的属性内容是有效的。

——非字符串数据类型[Ui4,枚举(Enumeration),…]:在文档的验证过程中,空的或者无效的属性值会被检查到;

——字符串和 bin. hex 数据类型:空值是允许的。不产生解析错误。

为了避免互操作问题,开发者应考虑如下基本规则:

——接收 XML 文档时:

为了确保实现的健壮性,开发者应该注意有可以接收到那些"string"或"bin. hex"类型的属性值是空值的 XML 文档。FDT 组件应能够以合适的方式处理该问题。

——提供 XML 文档时:

一般应避免空的可选属性,因为它们可能是互操作问题和资源浪费的潜在原因。同样,如果可选的 XML 元素不包含信息,就应将其删除。例外,空"string"属性在某些情况下可能有意义(如下示例所示)。

如果框架应用程序不能提供关于登录地点和会话描述的信息,应删除相关的属性。

注:如果框架应用程序不能提供属性值,不应提供该属性:

示例 1:错误用法

```
〈FDT xmlns = "x-schema:FDTUserInformationSchema.xml" xmlns:fdt = "x-schema:FDTDataTypesSchema.xml"〉
    〈FDTUserInformation projectName = "Project1" userName = "ThisUser" userLevel = "maintenance"
                        loginLocation = "" sessionDescription = ""/〉
〈/FDT〉
```

示例 2:正确用法

```
〈FDT xmlns = "x-schema:FDTUserInformationSchema.xml" xmlns:fdt = "x-schema:FDTDataTypesSchema.xml"〉
    〈FDTUserInformation projectName = "Project1" userName = "ThisUser" userLevel = "maintenance"/〉
〈/FDT〉
```

如果会话描述正常存在,但是用户没有输入值,那么使用一个空属性有意义。

示例 3:可接受的用法

```
〈FDT xmlns = "x-schema:FDTUserInformationSchema.xml" xmlns:fdt = "x-schema:FDTDataTypesSchema.xml"〉
    〈FDTUserInformation projectName = "Project1" userName = "ThisUser" userLevel = "maintenance"
```

```
    sessionDescription=""/>
</FDT>
```

4.3.2 用法示例

DTM和框架应用程序之间的参数交换是通过XML文档来完成。当使用XML解析器在内存中生成XML数据表示时(如,DOM),提供面向对象的数据访问。存储(永久)的实例数据也可以处理为XML文档以简化DTM开发并在DTM内实行一致的数据处理,但是如果数据存储为XML,那么该数据的内容只有DTM才能识别(见图5)。

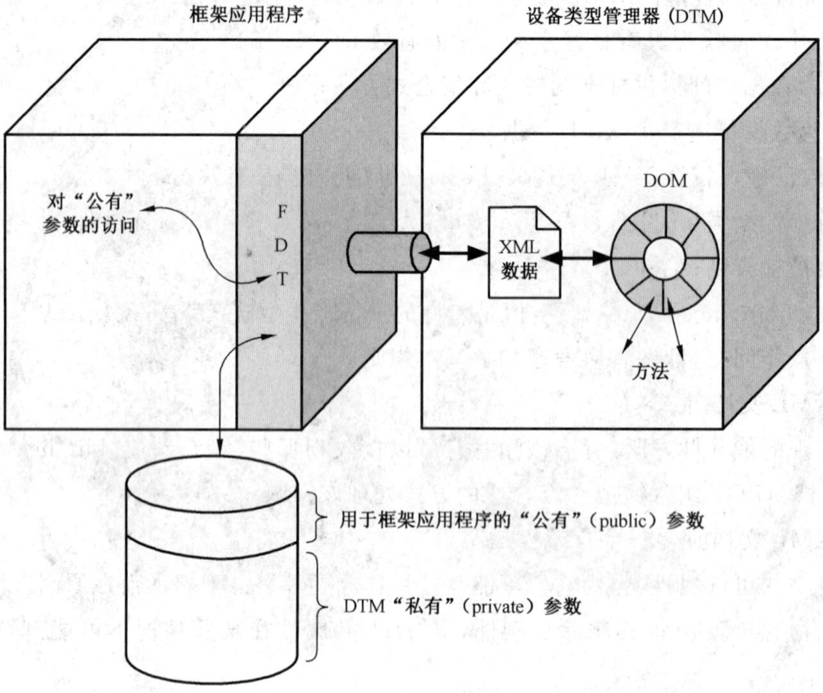

图5 数据访问和存储

用于通信的XML文档包括设备数据和必要的路由信息,路由信息用于建立DTM和现场设备之间的对等连接(见图6)。

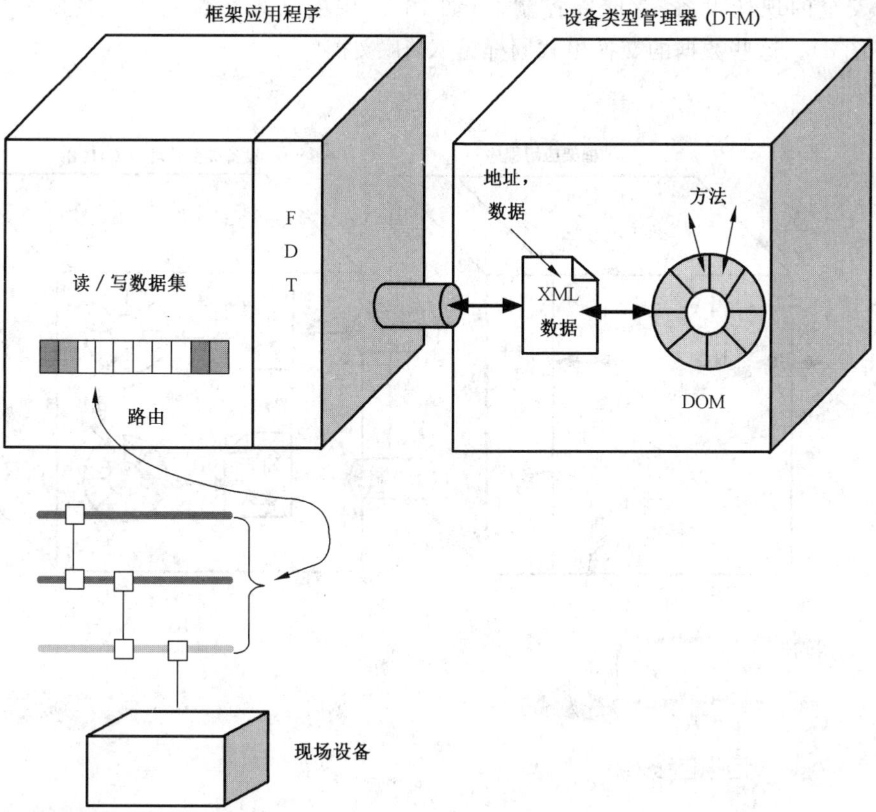

图 6 通信

此处 DTM 只需知道对等连接的地址信息即可，框架应用程序添加运行期间所有必需的路由信息。为了项目中的现场设备的文档和现场设备特定文档的归档，DTM 和 FDT 一起联合使用来排版(见图 7)。

框架应用程序支持缺省样式表。

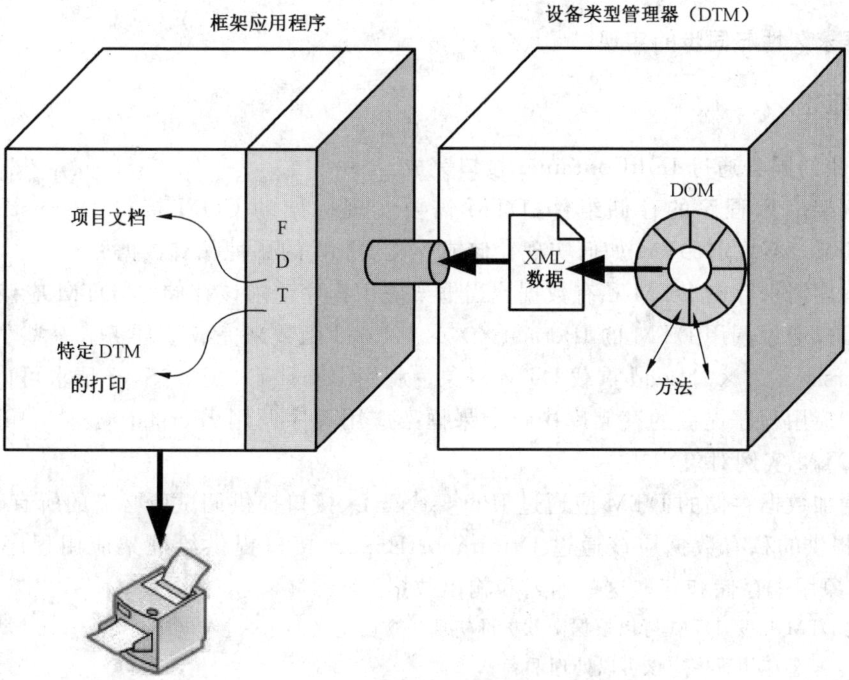

图 7 归档

对于故障安全的现场设备，存储在控制器(如 PLC)中的从现场设备上载的实例数据必须通过 DTM 验证(见图 8)。这些数据的交换格式同样是 XML 文档。

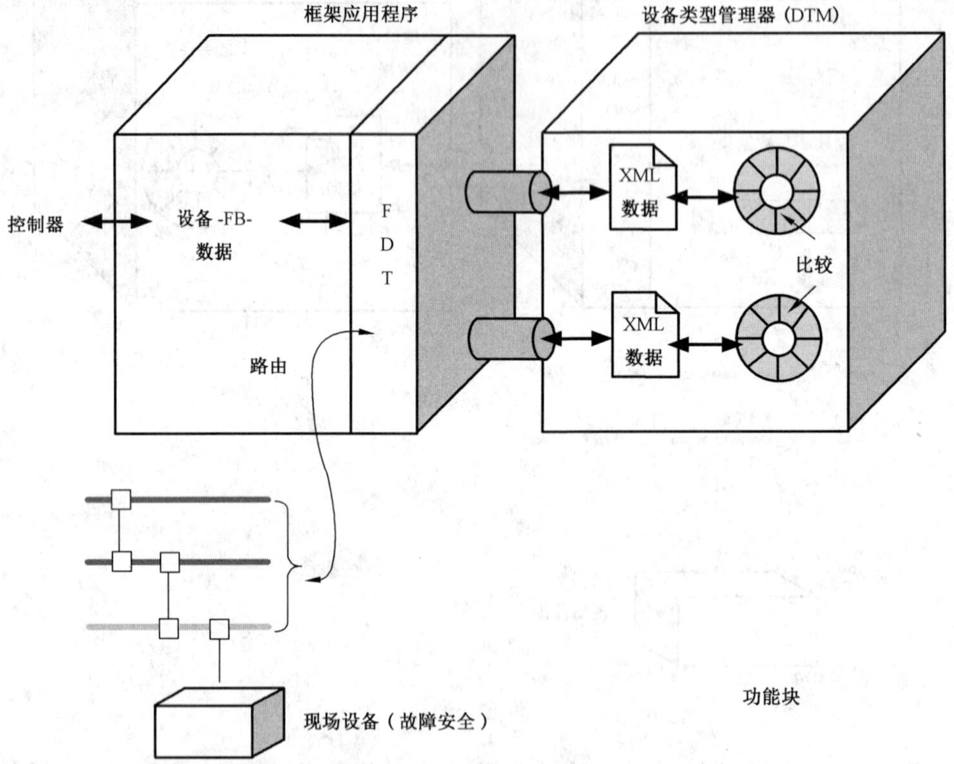

图 8　故障安全设备的参数校验

4.4　DTM 数据永久性与同步的实现

4.4.1　永久性概述

DTM 数据集的同步通过 IFdtContainer 接口完成。

为了使用框架应用程序的存储组件，DTM 需要实现标准的 COM 接口 IPersistPropertyBag 和 IPersistStreamInit。不规定 DTM 如何实现存储或存储 DTM 的哪种私有数据。

框架应用程序请求存储 DTM 私有数据。当框架应用程序请求该存储时，DTM 应该能够重建它的全部的状态。可以通过调用 DTM 的 IPersist×××∷Load 函数来完成该任务。一些 DTM 不支持多次调用用函数 IPersist×××∷Load 重载 DTM 对象。利用 IPersist×××:Save 请求可以将 DTM 私有数据存储到框架应用程序提供的存储库中。如果框架应用程序调用 IPersist×××:InitNew 方法，可以初始化新的 DTM 实例对象。

使用私有附加数据存储的 DTM 应通过 IPersist×××接口提供调试所必需的所有数据，不能通过 IPersist×××提供的私有数据应该通过 DtmImportExport 接口提供给框架应用程序以便输入和输出。IStream 对象用来存储和获取这些输入和输出数据。

注：为了简化 DTM 开发，DTM 可以根据微软标准实现一个已定义的永久接口(IPersistStreamInit 或 IPersistPropertyBag)。框架应用程序应该可以处理两者。

DTMs 的引用不属于 DTM 的实例数据，DTM 不存储任何其他 DTM 的引用。DTM 可以通过 IFdtTopology∷GetParentNodes()和 IFdtTopology∷GetChildNotes()来获取它的父节点和子节点的相关信息。

通过标准 COM 错误机制，DTM 可以报告数据载入错误(HRESULT 不等于 S_OK)。DTM 可以选择性地将人可读的错误信息写进标准的 COM 全局错误信息中(Win32 SetLastError 方法)

4.4.2 永久性接口

关于 IPersistStreamInit 和 IPersistPropertyBag 的详细信息，请参考微软的文档，如 MSDN。

4.5 DTM 状态机

下列状态机表示了 DTM 的不同状态(见图 9)。这个状态机是建立在 GB/T 29618.2 所定义的通用状态机的基础上，为了适应基于 COM 实现的特定需求作了相应扩展。

表 1 提供了转换描述。

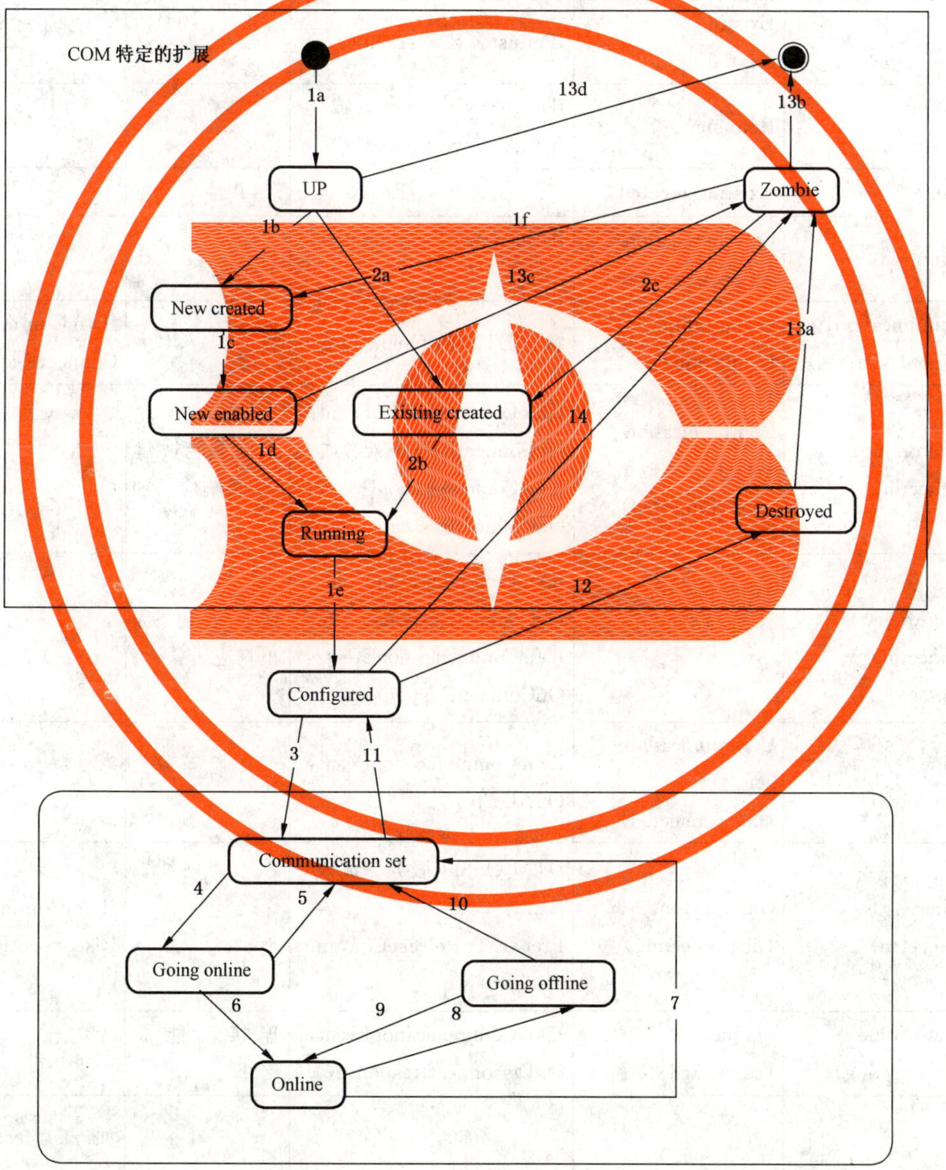

图 9 DTM 的状态机

表 1 DTM 状态机定义

ID	初始状态	终止状态	触发	条件	动作
1a	〈non existent〉	Up	CoCreateInstance()		
1b	Up	New created	IPersist×××:InitNew()		
1c	New created	New enabled	IDtm:Environment() 或 IDtm2:Environment2()		
1d	New enabled	Running	IDtm:InitNew()		
1e	Running	Configured	IDtm:Config()		
1f	zombie	New created	IPersist×××:InitNew()		
2a	Up	Existing created	IPersist×××:Load()		
2b	Existing created	Running	IDtm:Environment()或 IDtm2:Environment2()		
2c	Zombie	Existing created	IPersist×××:Load()		
3	Configured	Communication set (not connected)	IDtm: SetCommunication ()		
4	Communication set (not connected)	Going online (connecting)	触发 DTM 的 Online 服务		IDtmCommunication: ConnectRequest()
5	Going online (connecting)	Communication set (not connected)	IDtmCommunicationEvent: OnConnectResponse()或 IDtmCommunicationEvent2: OnConnectResponse2()	连接不能被建立,负响应	
6	Going online (connecting)	Online	IDtmCommunicationEvent: OnConnectResponse()或 IDtmCommunicationEvent2: OnConnectResponse2()	连接被建立,正响应	
7	Online (connected)	Communication set (not connected)	IDtmCommunicationEvent: OnAbort()		
8	Online (connected)	Going offline (disconnecting)	DTM Online 服务完成或 IDtm: PrepareToReleaseCommunication()		IDtmCommunication: DisconnectRequest()
9	Going offline (disconnecting)	Online (connected)	IDtmCommunicationEvent: OnDisconnectResponse()	连接不能被终止	
10	Going offline (disconnecting)	Communication set(not connected)	IDtmCommunicationEvent: OnDisconnectResponse()	连接被终止	如果 reparedToRelease Communication 被调用,(见转换 8) IDtmEvents: OnPreparedToRelease-Communication()

表 1（续）

ID	初始状态	终止状态	触发	条件	动作
11	Communicationset (not connected)	Configured	IDtm: ReleaseCommunication()		
12	Configured	Destroyed	IDtm:PrepareToDelete()		
13a	Destroyed	Zombie	IDtm:PrepareToRelease()		IDtmEvents: OnPreparedToRelease()
13b	Zombie	〈NonExisting〉	Release()		
13c	new enabled	Zombie	IDtm:PrepareToRelease()		IDtmEvents: OnPreparedToRelease()
13d	Up	〈NonExisting〉	Release()		
14	Configured	Zombie	IDtm:PrepareToRelease()		IDtmEvents: OnPreparedToRelease()

5 一般概念

5.1 概述

本条提供关于FDT接口的一般信息和关于FDT设计者要求这些接口如何实现和如何使用的一些背景信息。

5.2 任务相关的FDT接口概述

所有FDT接口是任务相关的。每个对象应实现所有其他对象要求的一组必备的接口。通过实现可选FDT接口，一个对象能够支持附加的功能，如一个DTM可以提供XML格式的文件或特殊的诊断，框架应用程序也能提供审计追踪功能。

每个对象能够在运行期间确定其他对象的那些可选接口的可用性。

所有定义的FDT接口是固定的且不可改变。附加的未来扩展将以附加的可选接口为基础。因而DTM或框架应用程序能够通过实现或利用那些附加的FDT接口来添加对更高版本FDT的支持。

根据DTM的功能，除了一组默认的必备接口，可能还必须支持一组附加的接口(见表2)。

表 2 任务相关的DTM接口

设备类型管理器	可用性	用户界面	ActiveX控件用户界面	带在线数据的设备	网关DTM	用于PC/现场总线适配器的通信DTM
IPersist×××	必备的					
IDtm	必备的					
IDtm2	必备的					
IDtmActiveXInformation	可选的		必备的			
IDtmApplication	可选的	必备的				

表 2（续）

设备类型管理器	可用性	用户界面	ActiveX 控件用户界面	带在线数据的设备	网关 DTM	用于 PC/现场总线适配器的通信 DTM
IDtmChannel	可选的				必备的	必备的
IDtmDocumentation	必备的					
IDtmDiagnosis	必备的					
IDtmImportExport	可选的					
IDtmInformation	必备的					
IDtmInformation2	必备的					
IDtmOnlineDiagnosis	必备的					
IDtmOnlineParameter	可选的			必备的		
IDtmParameter	必备的					
IFdtCommunicationEvents	可选的			必备的	必备的	
IFdtCommunicationEvents2	可选的			必备的	必备的	
IDtmHardwareIdentification	可选的					
IDtmSingleDeviceDataAccess	可选的			必备的		
IDtmSingleInstanceDataAccess	必备的					
IFdtEvents	必备的					

DTM-ActiveX 的必备接口显示在表 3 中。

表 3　任务相关的 DTM-ActiveX 接口

DTM ActiveX 控件	有效性
IDtmActiveXControl	必备的

根据通道的功能，除了必备的默认接口，可能还必须支持一组附加的接口（见表 4）。

表 4　任务相关的通道接口

设备类型管理器	可用性	有用户接口的通道	网关 DTM 的通道	用于 PC/现场总线适配器的通信 DTM
IFdtChannel	必备的			
IFdtChannelActiveXInformation	可选的	必备的		
IfdtChannelSubTopology	可选的		必备的	必备的
IfdtChannelSubTopology2	可选的		必备的	必备的
IfdtCommunication	可选的		必备的	必备的
IfdtFunctionBlockData			必备的	必备的
IfdtChannelScan			必备的	必备的

Channel-ActiveX 的必备接口显示在表 5 中。

表 5　任务相关的 Channel-ActiveX 接口

FDT 通道 ActiveX 控件	可用性
IfdtChannelActiveXControl	必备的
IfdtChannelActiveXControl2	必备的

BTM 的必备接口显示在表 6 中。

表 6　任务相关的 BTM 接口

块类型管理器	可用性
IBtm	必备的
IDtmActiveXControlInformation	必备的
IDtmChannel	可选的
IDtmDocumentation	必备的
IDtmDiagnosis	必备的
IDtmImportExport	可选的
IBtmInformation	必备的
IDtmInformation2	必备的
IDtmOnlineDiagnosis	必备的
IDtmOnlineParameter	必备的
IBtmParameter	必备的
IFdtCommunicationEvents	必备的
IFdtCommunicationEvents2	必备的
IDtmHardwareIdentification	必备的
IDtmSingleDeviceDataAccess	必备的
IDtmSingleInstanceDataAccess	必备的
IFdtEvents	必备的

BTM-ActiveX 的必备接口显示在表 7 中。

表 7　任务相关的 BTM-ActiveX 接口

BTM ActiveX 控件	可用性
IBtmActiveXControl	必备的

依据框架应用程序的功能，并不需要支持所有为框架应用程序定义的接口。

任务相关的框架应用程序接口显示在表 8 中。

表 8 任务相关的框架应用程序接口

设备类型管理器	可用性	有用户界面
IDtmEvents	必备的	
IDtmEvents2	必备的	
IDtmAuditTrailEvents	必备的	
IFdtActiveX	可选的	
IFdtActiveX2	可选的	
IFdtBulkData	可选的	
IFdtContainer	必备的	
IFdtDialog	必备的	
IFdtTopology	必备的	
IFdtBtmTopology	必备的	
IDtmScanEvents	可选的	
IDtmRedundancyEvents	可选的	
IDtmSingleDeviceDataAccessEvents	必备的	
IDtmSingleInstanceDataAccessEvents	必备的	

此外，保留前缀 FDT、DTM 和 BTM 用于 FDT 规范中标识符和名称的定义。这可以防止对接口或定义私有扩展的多个发布版本之间的冲突。

一般而言，所有的 FDT 接口用现场总线和制造商无关的方法设计。新现场总线的扩展通过新的 XML 架构(Schema)完成。通过新接口来提供新任务的功能扩展。

5.3 接口方法的返回值

接口方法通过定义良好的返回值(标记为[out,retval])来表明一个方法的成功或失败。除非 COM 错误(HRESULT)在该规范中定义，否则它不应用于返回 FDT 函数相关的错误。如果没有定义返回值(如对于所有的事件方法)，则假定方法总是成功的。

5.4 双接口

为了支持 VC++，VB，JAVA 和其他 COM 兼容的开发语言，FDT 规范中定义的所有接口都实现为双接口。对象的功能在独立的面向任务的接口中实现，因此通过 dispatch 接口只可访问默认接口。这防止了将附加接口调度到仅支持 dispatch 的客户端，但是附加接口可以通过一个包装器使其对于仅支持 dispatch 的客户端是可访问的，该包装器将其他接口作为属性，或者将所有的方法合并到一个接口。

为了获取更好的性能，开发者应使用定制的接口。但是一般可以使用 dispatch 接口，因为，与每种 FDT 方法的运行时间相比，大部分 FDT 方法的调度时间可以忽略不计。

5.5 统一的字符编码(Unicode)标准

所有FDT接口的字符串参数是BSTR,因此也是UNICODE字符串。

微软MIDL版本3.0或者后续版本要求正确地编译IDL代码并产生代理/存根软件。微软Windows NT4.0(或后续版本)或者带有DCOM支持的Windows95要求正确处理FDT参数的调度。

注意:为了实现在微软WindowsNT和Windows95上都能运行的FDT软件,这些组件有必要在运行时测试这些平台。在微软Windows95系统,通常任何传给Win32的字符串必须完成从UNICODE到ANSI的转换。VB隐含地做了该转换。

该规范中,为了防止数据库中的转换错误(UNICODE〈-->ANSI,大写〈-->小写,等),仅有的限制就是NUL字符(如0)仅允许作为BSTR方法参数的最后一个字符。

5.6 异步行为vs.同步行为

一般而言,每个函数调用都是同步的。在FDT中有两种特殊的异步行为。

——启动DTM用户界面后,DTM与框架应用程序异步工作。在这种情况下,异步的含义是用户用DTM工作,而框架应用程序是通信与数据访问的服务器。当DTM关闭用户界面时,通过向框架应用程序发送通告结束这种状态;

——当DTM已经打开它的用户界面,DTM以异步方式调用通信接口。通信函数调用需要返回的时间依赖于系统的拓扑结构和总线协议,并且它将阻塞应用程序几秒钟。把通信函数调用划分为请求函数和响应函数可以实现非阻塞行为而无需面对多线程实现的复杂情况。DTM可以发送它的一个请求或多个请求而不被到来的响应所打断。当响应到达,DTM得到一个通告并能从通信组件接收到该响应。由于这个机制,一方面DTM不应实现超时控制,另一方面通信必须为每个请求提供响应。只有响应能包含超时信息。

5.7 ProgID

ProgID限于39个字符。该要求是为支持C++、Visual Basic、Java和其他COM兼容的开发语言而定的。

5.8 DTM实现、DTM设备类型和硬件标识信息

5.8.1 设备标识

图10显示了DTM提供的标识信息和作为扫描结果提供的标识信息之间是如何转换和比较的。

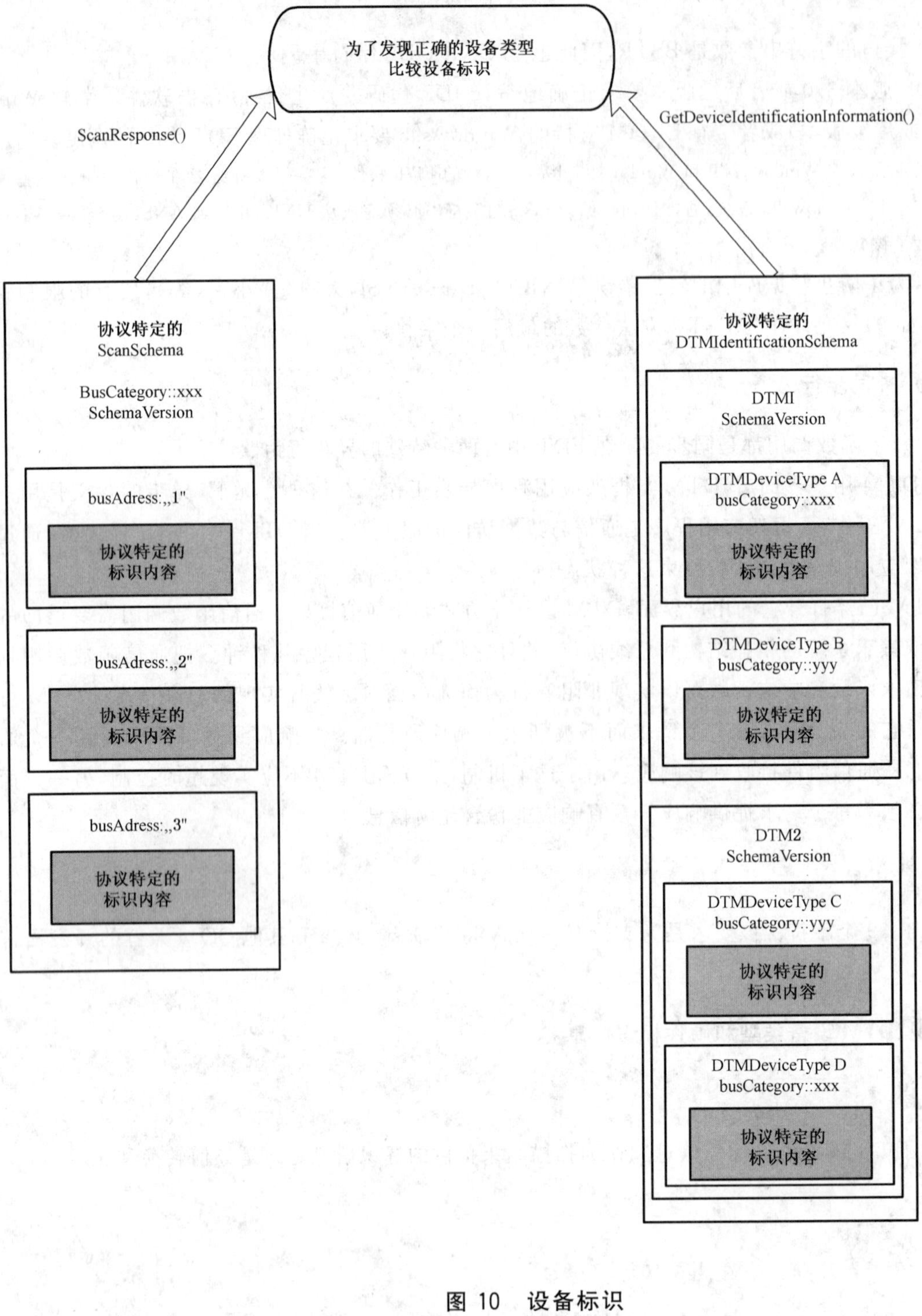

图 10　设备标识

为了标识一个正确的 DTMDeviceType，框架应用程序必须将扫描物理设备的标识信息与 DTM-DeviceType 的标识信息进行比较。利用现场总线特定的 XSL 转换，这些文件应当转换为与现场总线无关的格式。

图 11 显示了协议特定的架构(Schema)如何被集成在 FDT 规范中，也显示了其如何被框架应用程序和 DTM 使用(例子显示了 HART)：

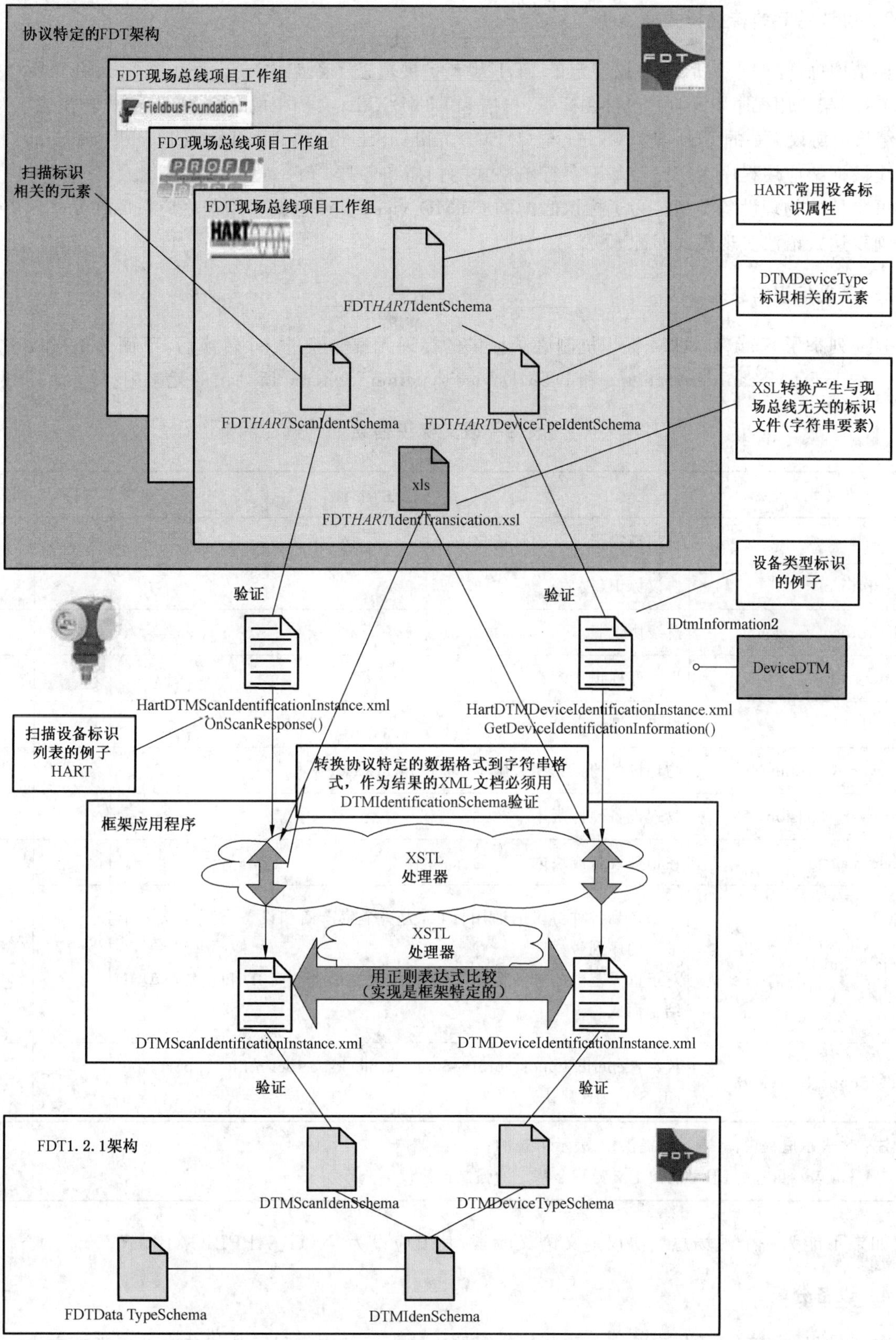

协议特定的FDT架构
FDT现场总线项目工作组
Fieldbus Foundation™
FDT现场总线项目工作组
FDT现场总线项目工作组
HART
扫描标识相关的元素
HART常用设备标识属性
FDTHARTIdentSchema
DTMDeviceType标识相关的元素
FDTHARTScanIdentSchema
FDTHARTDeviceTpeIdentSchema
XSL转换产生与现场总线无关的标识文件(字符串要素)
xls
FDTHARTIdentTransication.xsl
设备类型标识的例子
验证
验证
IDtmInformation2
DeviceDTM
HartDTMScanIdentificationInstance.xml
OnScanResponse()
HartDTMDeviceIdentificationInstance.xml
GetDeviceIdentificationInformation()
扫描设备标识列表的例子
HART
转换协议特定的数据格式到字符串格式，作为结果的XML文档必须用DTMIdentificationSchema验证
框架应用程序
XSTL
处理器
XSTL
处理器
用正则表达式比较
(实现是框架特定的)
DTMScanIdentificationInstance.xml
DTMDeviceIdentificationInstance.xml
验证
验证
FDT1.2.1架构
DTMScanIdenSchema
DTMDeviceTypeSchema
FDTData TypeSchema
DTMIdenSchema

图 11 结构总揽

5.8.2 协议特定的转换样式表(xsl)

如结构总览图 11 中所示,协议特定的 FDT 规范扩展覆盖了除架构(Schema)之外,还有转换样式表(.xsl)。框架应用程序用 xsl,将包含在标识(扫描和 DTM)XML 文档中的、协议特定格式转换成字符串。转换结果由协议无关的 FDT 架构(Schema)(DTMScanIdentSchema 和 DTMDeviceTypeIdentSchema)验证。输出能被框架应用程序用来比较基于字符串格式的扫描和 DTM 值。通过正则表达式,DTM 可定义一系列可支持的物理设备类型。为了标识匹配的 DTMDeviceType,框架应用程序应按照在 5.8.5 中定义的正则表达式语法实现模式匹配。

5.8.3 语义标识信息

表 9 列举了 Scan 和 DTM 标识机制必须提供的标识元素。经过 xsl 转换后,下面的值应以字符串格式存在于 DTMScanIdentSchema 和 DTMDeviceTypeIdentSchema 所列出的元素中。

表 9 语义标识信息

语义元素名	描述	扫描	DTM
IdAddress	被扫描物理设备的现场总线地址	×	—
IdBusProtocol	协议标识(枚举)	×	×
IdBusProtocolVersion	总线协议版本	(P)	(p)
IdManufacurer	生产商标识	×	?
IdTypeID	设备类型标识	×	?
IdSoftwareRevision	物理设备的工具相关版本-固件(Firmware)版本	×	?
IdHardwareRevision	物理设备硬件版本	×	?
IdDeviceTag	在物理设备或块内设置的标签名	×	—
IdSerialNumber	为了得到各种协议的通用标识,为一个生产商和设备类型定义一个唯一的序列号。 对于世界范围的唯一标识,该属性应总是由生产商 ID 和设备类型 ID 结合而成	×	—
IdDTMSupportLevel	枚举:genericSupport,profileSupport,blockspecificProfileSupport,specificSopport(默认)	—	×
注:×表示应提供;—表示不提供;? 表示可选的; (p)表示可选的,但可能被定义为一个特定的强制性协议。			

如果不能为一个现场总线协议定义语义元素,其值应设为“NOT_APPLICABLE”。

5.8.4 设备分配

扫描结果与 DTM 设备标识信息及设备分配的比较由框架应用程序基于其内部规则来完成。

扫描文档的每个元素可与 DTM 设备标识信息进行比较。

DTM 设备标识文档的元素应与扫描文档内的值相匹配。

5.8.5 正则表达式规范

如果 DTM 设备标识文档的元素包含一个范式(Pattern),框架应用程序应使用正则表达式(见表10)来比较扫描和设备标识信息。

表 10 正则表达式

<table>
<tr><th>元字符</th><th>描述</th></tr>
<tr><td>.</td><td>匹配任意单个字符</td></tr>
<tr><td>[]</td><td>表明一个字符类,匹配括号内的任意字符(如,[abc]匹配“a”,“b”和“c”)</td></tr>
<tr><td>^</td><td>如果这个元字符在字符类起始位置出现,它否定这个类。一个否定的字符类匹配除括号内的那些字符外的任意字符(如,[^abc]匹配除“a”,“b”和“c”外的所有字符)。如果^在正则表达式的起始位置,它匹配以其为起始的输入(如,^[abc]将仅匹配以“a”,“b”和“c”开始的输入)</td></tr>
<tr><td>-</td><td>在一个字符类里,表明字符的范围(如,[0-9]匹配任何“0”-“9”之间的数字)</td></tr>
<tr><td>?</td><td>表明前述的表达式是可选的:它匹配一次或一次也不匹配(如,[0-9][0-9]? 匹配“2”和“12”)</td></tr>
<tr><td>+</td><td>表明前述的表达式匹配一次或多次(如,[0-9]+匹配“1”,“13”和“666”等)</td></tr>
<tr><td>*</td><td>表明前述的表达式匹配零次或多次</td></tr>
<tr><td>??,+?,*?</td><td>?,+,and * 的非贪婪(Non-Greedy)版本。不象贪婪(Greedy)版本尽可能多地匹配,这些字符尽可能少的匹配。例:给定输入“〈abc〉〈def〉,当〈.*〉匹配“〈abc〉〈def〉”时,〈.*?〉匹配“〈abc〉”</td></tr>
<tr><td>()</td><td>分组操作符。例:[0-9]+,)*[0-9]+匹配由逗号分开的数字序列。(如“1”或“1,23,456”)</td></tr>
<tr><td>\</td><td>换码符逐字地解释下一个字符(如,[0-9]+匹配一个或更多的字符,但[0-9]\+匹配紧接加号的数字。也用于缩写词(如,用于文字数字式字符;见本表下一行$)。如果\跟着字符 n,它匹配第 n 组(从 0 开始)。例:“〈{.*?}〉.*?〈/\0〉”匹配“〈head〉Contents〈head〉”。
注意 C++字符串文字,应使用两个反斜线符号:“\\+”,\\a,“〈{.*?}〉.*?〈/\\0〉”</td></tr>
<tr><td>$</td><td>在正则表达式末尾,这个字符匹配输入的末尾。例:[0-9]$匹配输入末尾的数字</td></tr>
<tr><td>|</td><td>间隔符:间隔两个表达式,正确地匹配其中一个(如,“T|the”匹配“The”或“the”)</td></tr>
<tr><td>!</td><td>否定操作符:紧跟!的表达式不匹配输入。例:a!b 匹配不跟“b”的“a”</td></tr>
</table>

5.9 从站冗余实现

5.9.1 概述

从站冗余实现定义在 GB/T 29618.2 中。

5.9.2 拓扑导入/导出

不支持 DTM 处理冗余从站的框架应用程序无法在 FDT 拓扑输出文件中提供冗余信息。

如果相应的 DTM 实例未经 IDtmRedundancy::OnAddedRedundantChild()事件调用添加到拓扑结构中,支持 DTM 处理冗余从站的框架应用程序只能在 ChannelNode 中添加一个 DTMNode 元素。

相反,拓扑结构文档的相应 DTM 元素必须包含带有冗余地址信息的 BusInformation 元素。

6 FDT 服务规范实现:FDT 接口

6.1 FDT 接口概述

FDT 接口规范包括以下内容:

——DTM;

——BTM;

——表示对象;

——DTMActiveX 控件;

——BTMActiveX 控件;

——Fdt 通道 ActiveX 控件;

——FdtChannel;

——框架应用程序。

在本条中详细地描述了这些对象及其接口的行为。为 DTM 或框架应用程序创建 FDT 对象(如存储或通信对象)的开发者应实现本条所定义的功能。

本条也引用并定义了两种接口所预期的行为,这两种接口包括标准 COM 接口、FDT 兼容对象应实现的 FDT 特定接口。

6.2 FDT 对象

6.2.1 FDT 对象模型

这些 FDT 对象及其最起码的接口描述了现场设备应用集成到框架应用程序的任务。DTM、BTM 和通道的所有接口以及框架应用程序的接口都是通过 COM 对象来实现,所以客户端可以在服务器对象的任意一个接口上通过调用 Queryiterface 来访问它们。因而一个客户端在运行期间能够检测每个对象可选接口的可用性。

DTM、ActiveX 和框架应用程序提供的这些接口见图 12 和图 13。框架应用程序创建了 ActiveX 后,DTM 便可与 ActiveX 对象协作。

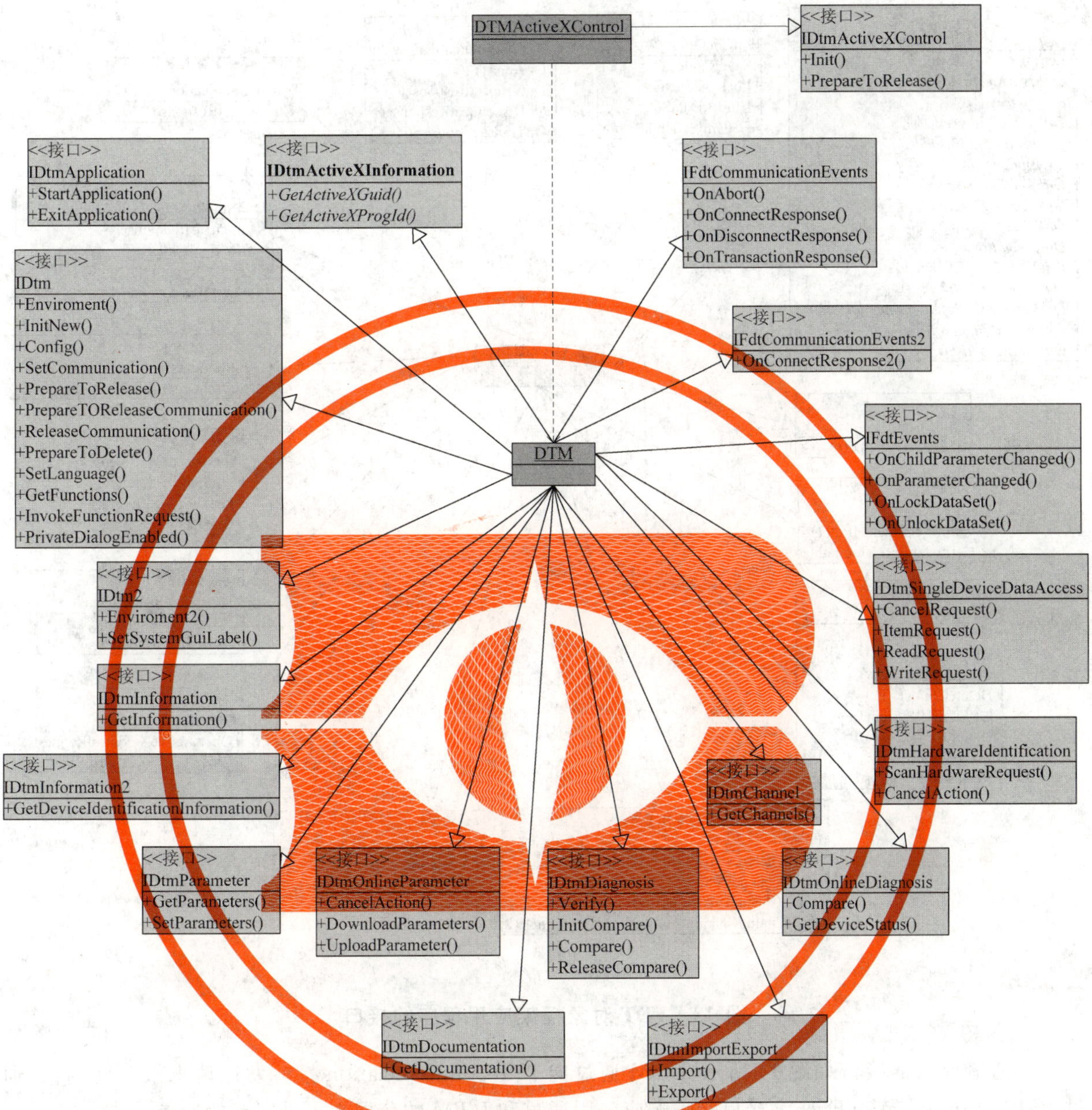

图 12 **FDT 对象 DTM 和 DtmActiveXControl 的接口**

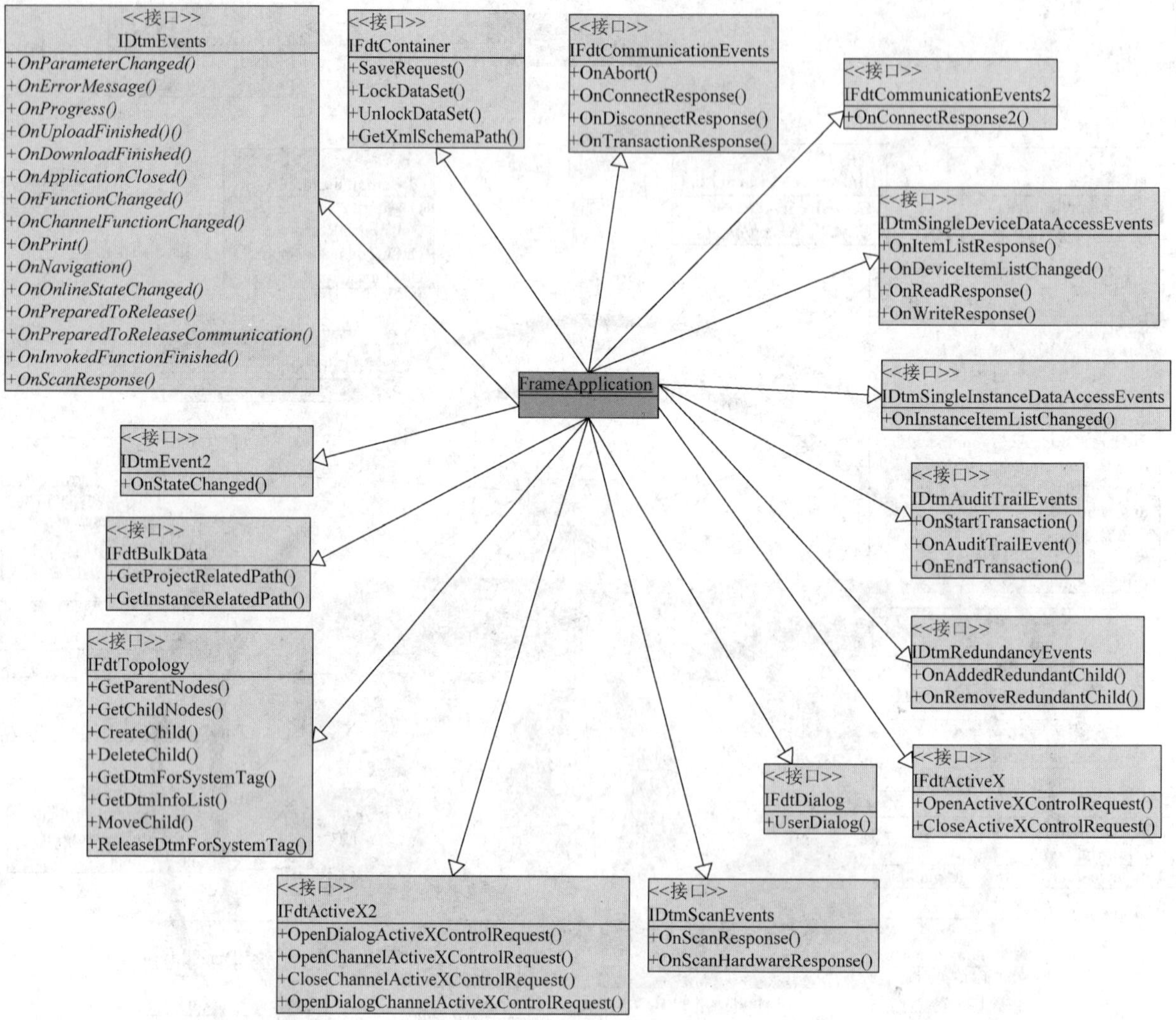

图 13　**FDT 对象框架应用程序的接口**

由通道提供的接口如图 14 所示，DTM 通过向 IFdtCommunication 接口发送请求来访问通信，通过 IFdtCommunicationEvents 接口接收响应。用通道和 DTM 的分层来提供嵌套的通信。

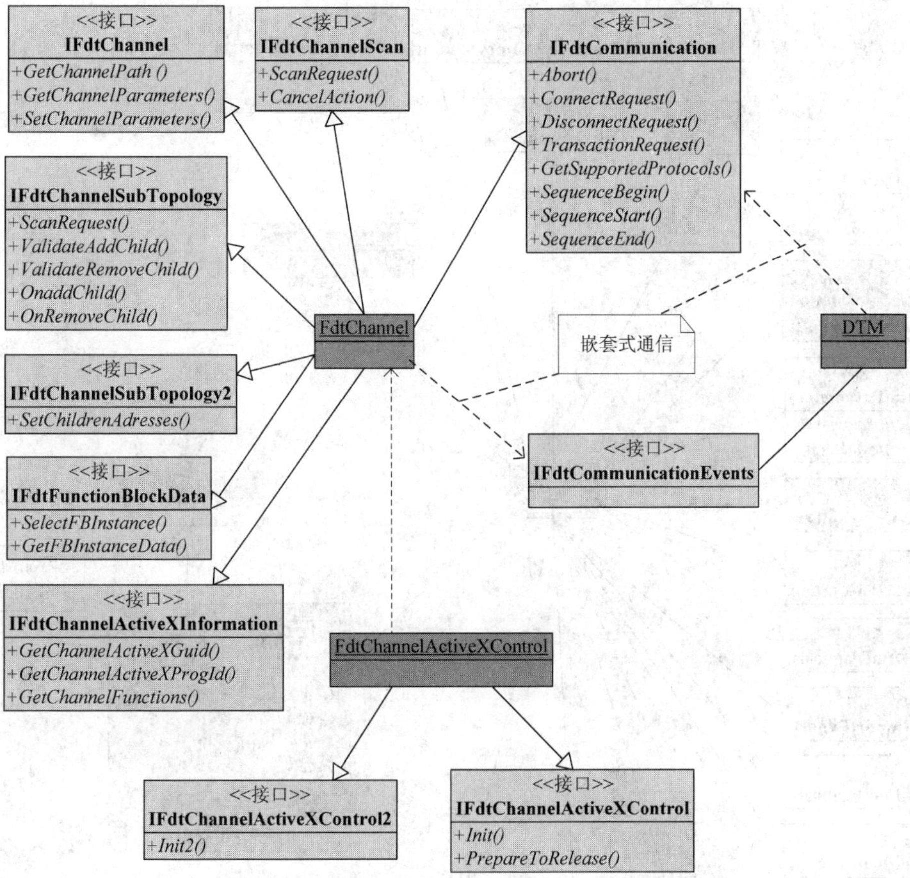

图 14　FDT 对象 FDTChannel

与 BTM 相关的接口如图 15 所示。

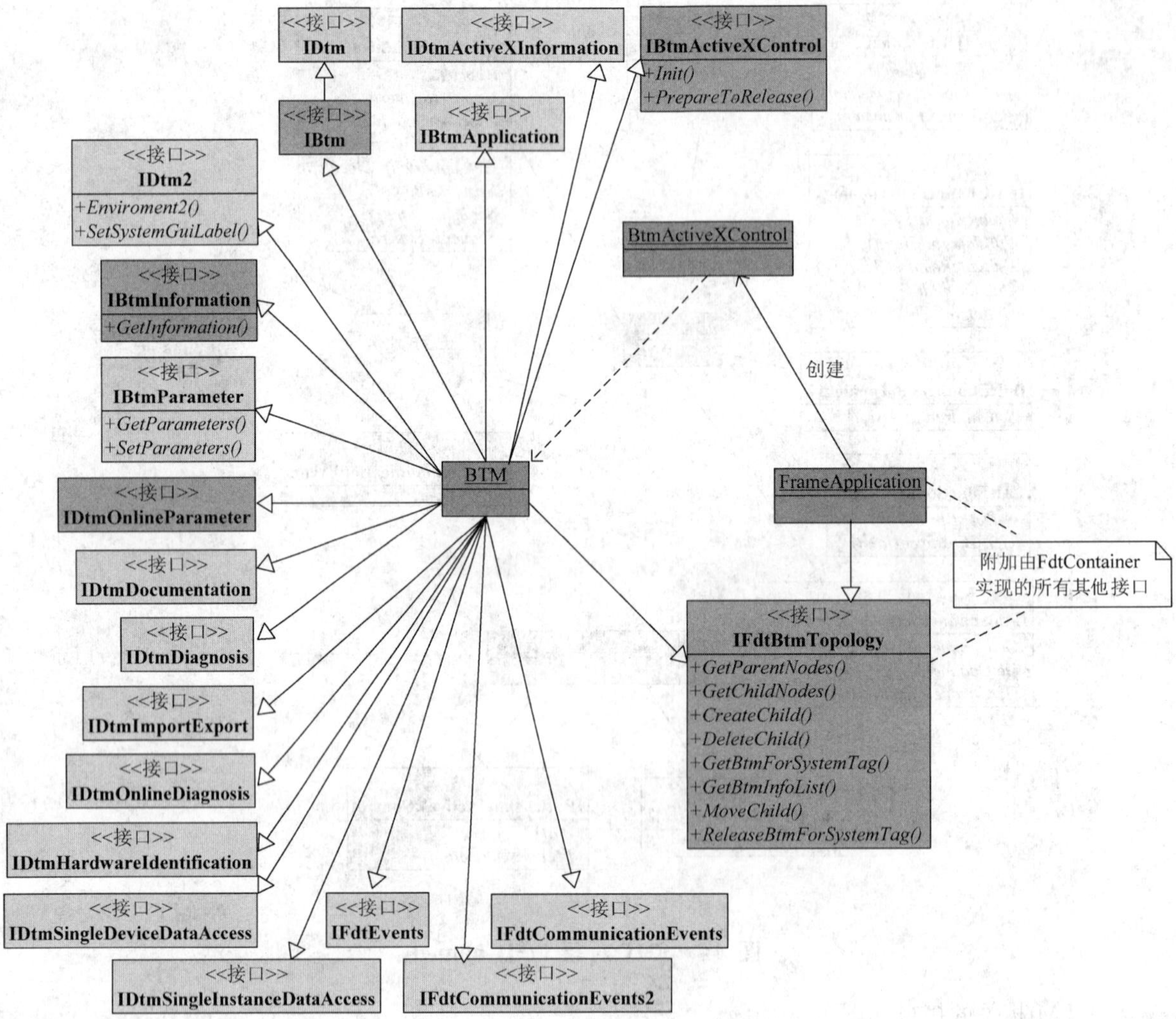

注： ▆ 指使用 BTM 的特定接口

图 15　FDT 对象-BTM 和 BtmActiveXControl

6.2.2　接口方法的可用性

不同对象的接口方法的可用性可能依赖于一个 DTM 实例的状态。这种依赖性定义在表 11 和表 12 中。

表 11 定义了在所示相应状态时框架应用程序可以使用的 DTM 接口。

表 11 不同状态中 DTM 方法的可用性

接口/方法	up	new created	new enabled	existing created	running	configured	going offline	online	going online	destroyed	communication set	zombie
IPersist×××												
InitNew()	√											(√)
Load()	√											(√)
Save()						√	√	√	√		√	
IDtm												
Environment()		√		√								
InitNew()			√									
Config()					√							
SetCommunication()						√						
ReleaseCommunication()											√	
PrepareToDelete()						√						
PrepareToRelease()			√			√				√		
SetLanguage()			√		√	√					√	
InvokeFunctionRequest()						√	√	√	√		√	
PrepareToReleaseCommunication()							√	√	√		√	
PrivateDialogEnabled()						√	√	√	√		√	
GetFunctions()					√	√	√	√	√		√	
IDtm2												
Environment2()		√		√								
SetSystemGuiLabel()			√		√	√	√	√	√		√	
IDtmActiveXInformation					√	√	√	√	√		√	
IDtmApplication						√	√	√	√		√	
IDtmChannel					√	√	√	√	√		√	
IDtmDocumentation						√	√	√	√		√	
IDtmDiagnosis						√	√	√	√		√	
IDtmInformation			√		√	√	√	√	√		√	
IDtmInformation2			√		√	√	√	√	√		√	
IDtmImportExport						√						
IDtmOnlineDiagnosis								√	√		√	
IDtmOnlineParameter								√	√		√	

表 11（续）

接口/方法	up	new created	new enabled	existing created	running	configured	going offline	online	going online	destroyed	communication set	zombie
IDtmParameter						√	√	√	√		√	
IDtmHardwareIdentification							√	√	√		√	
IFdtCommunicationEvents							√	√	√		√	
IFdtCommunicationEvents2							√	√	√		√	
IFdtEvents					√	√	√	√	√		√	
IFdtChannel					√	√	√	√	√		√	
IFdtChannelActiveXInformation					√	√	√	√	√		√	
IFdtChannelSubTopology												
OnAddChild()					√	√	√	√	√		√	
OnRemoveChild()					√	√	√	√	√		√	
ScanRequest()								√	√		√	
ValidateAddChild()					√	√	√	√	√		√	
ValidateRemoveChild()					√	√	√	√	√		√	
IdftChannelSubTopology2												
SetChildrenAdresses()					√	√	√	√	√		√	
IFdtChannelScan												
ScanRequesst()								√	√		√	
CancelAction()								√	√		√	
IFdtCommunication												
Abort()							√	√	√		√	
ConnectRequest()							√	√	√		√	
DisconnectRequest()							√	√	√		√	
TransActionRequest()							√	√	√		√	
GetSupportedProtocols()						√	√	√	√		√	
SequenceBegin()							√	√	√		√	
SequenceStart()							√	√	√		√	
SequenceEnd()							√	√	√		√	
IFdtFunctionBlockData						√	√	√	√		√	
IDtmSingleInstanceDataAccess						√	√	√	√		√	
GetItemList()						√	√	√	√		√	

表 11（续）

接口/方法	up	new created	new enabled	existing created	running	configured	going offline	online	going online	destroyed	communication set	zombie
Read()						√	√	√	√		√	
Write()						√	√	√	√		√	
IDtmSingleDeviceDataAccess												
CancelRequest()							√	√	√		√	
ItemListRequest()						√	√	√	√		√	
ReadRequest()								√	√		√	
WriteRequest()								√	√		√	

注 1：在 Zombie 状态并不是所有 DTM 都支持通过 IPersist×××接口重载实例，如用 VB 编写的 DTM。

注 2：状态之间的转换和带有异步行为的方法：通过调用一个异步行为定义的方法[如，PrepareToRelease()]启动转换。当相应的方法[如 OnPreparedToRelease()]被调用时，到达相应的结束状态。

注 3：关于错误情况下状态之间的转换：如果一个导致状态之间转换的方法失败(如，返回值为 FALSE 或出现一个 COM 错误)，状态保持不变。

表 12 定义了在所示相应状态时 DTM 可以使用的框架应用程序接口。框架应用程序应支持：调用 IDtm:Environment 后，符合 FDT 老版本的 DTM 能调用任何框架应用程序的接口方法。

表 12 框架应用程序接口的可用性

接口/方法	up	new created	new enabled	existing created	running	configured	going offline	online	going online	destroyed	communication set	zombie
IFdtContainer												
GetXMLSchemaPath()			√	√	√	√	√	√	√		√	
LockDataSet()					√	√	√	√	√		√	
SaveRequest()					√	√	√	√	√		√	
UnlockDataSet()					√	√	√	√	√		√	
IDtmEvents												
OnAplicationClosed()					√	√	√	√	√		√	
OnDownloadFinished()								√			√	
OnErorrorMessage()			√	√	√	√	√	√	√		√	
OnFunctionChanged()					√	√	√	√	√		√	

表 12（续）

接口/方法	up	new created	new enabled	existing created	running	configured	going offline	online	going online	destroyed	communication set	zombie
OnChannelFunctionChanged()					√	√	√	√	√		√	
OnInvokedFunctionFinished()					√	√	√	√	√		√	
OnNavigation()						√	√	√	√		√	
OnOnlineStateChanged()							√	√	√		√	
OnParameterChanged()					√	√	√	√	√		√	
OnPreparedToRelease()												√
OnPreparedToReleaseCommunication()							√	√	√		√	
OnPrint()					√	√	√	√	√		√	
OnProgress()						√	√	√	√		√	
OnScanResponse()							√	√			√	
OnUploadFinished()								√			√	
IDtmAuditTrailEvents						√	√	√	√		√	
IFdtActiveX					√	√	√	√	√		√	
IFdtActiveX2					√	√	√	√	√		√	
IFdtBulkData			√		√	√	√	√	√		√	
IFdtDialog					√	√	√	√	√		√	
IFdtTopology						√	√	√	√		√	
IDtmSingleDeviceDataAccessEvents												
OnItemListResponse()						√	√	√	√		√	
OnDeviceItemListChanged()						√	√	√	√		√	
OnReadResponse()								√	√		√	
OnWriteResponse()								√	√		√	
IDtmSingleInstanceDataAccessEvents						√	√	√	√		√	

6.3 设备类型管理器

6.3.1 IDtm 接口

6.3.1.1 概述

依照表 G.1 的第一行，本接口是 DTM 的主要接口。通过本接口，DTM 可以得到实例化后的初始值。

框架应用程序使用本接口设置信息，如通信接口或语言，在运行时为了释放 DTM 也需要复位 DTM。

此时，DTM 没有连接设备的实例数据集，在这种状态下，可以请求 DTM 的静态信息，如版本、厂商和它的性能。

如果 DTM 已初始化，则要求它的实例独立于支持的功能。

6.3.1.2 Config

```
HRESULT Config(
        [in] FdtXmlDocument userInfo,
        [out,retval] VARIANT_BOOL * result);
```

描述

框架应用程序调用该函数来实现当前用户的初始化。

这一方法是 GB/T 29618.2 所定义的初始化服务的部分实现。

参数	描述
userInfo	包含当前用户权限的和由 FDTUserInformationSchema 指定的用户角色的 XML 文档

返回值

返回值	描述
TRUE	DTM 接受给定数据
FALSE	操作失败

行为

初始化期间，告知 DTM 当前用户的角色和权限。

注释

一般而言，DTM 应按照当前用户的角色调整其提供的功能(见 6.3.1.4)。

6.3.1.3 Environment

```
HRESULT Environment(
        [in] BSTR systemTag,
        [in] IFdtContainer * container,
        [out,retval] VARIANT_BOOL * result);
```

描述

框架应用程序调用该函数来设置系统标签并传递指向自己的指针。

该方法是 GB/T 29618.2 所定义的初始化服务的部分实现。

参数	描述
systemTag	设备实例标识；由框架应用程序设定
container	指向框架应用程序的反向指针

返回值

返回值	描述
TRUE	DTM 已接受数据
FALSE	操作失败

行为

框架应用程序调用该函数来为设备实例初始化DTM。并且框架应用程序将自己的主接口的指针传递给DTM。

注释

系统标签独立于通信标签(如,IEC 61784 CPF 9设备标签)。

6.3.1.4 GetFunctions

```
HRESULT GetFunctions(
        [in] FdtXmlDocument operationState,
        [out,retval] FdtXmlDocument * result);
```

描述

返回一个XML文档,该文档包含标准(由applicationID定义)或附加功能(由functionID定义)信息和DTM支持文档的信息。

这个方法是GB/T 29618.2定义的GetFunctions服务的一个实现。

参数	描述
operationState	包含由FDTOperationPhaseSchema指定的当前运行阶段的XML文档

返回值

返回值	描述
result	包含DTMFunctionSchema指定的实际支持功能的XML文档

行为

带有用户界面的功能通过IDtmApplication::StartApplication(),IDtmActiveXInformation::GetActiveX Guid()或IDtmActiveXInformation::GetActiveXProgId()启动并异步运行。

注释

IDtm::GetFunctions()提供的XML文档能包含功能(〈Function〉或〈StandardFunction〉)或功能组(〈Functions〉)。两者都能分别通过一个〈Status〉元素描述其使能/禁用或显示/隐藏。

因为FDT规范没有定义状态继承。功能组(〈Functions〉)状态不能被子功能(〈Function〉或〈StandardFunction〉)继承。DTM应注意子功能的状态。

例如,如果DTM禁用一个功能组(〈Functions〉),且这是一个有意的行为,它也应禁用在那个组下的所有功能(〈Function〉)。如果DTM没有禁用子功能,框架应用程序还能使用这些子功能。

如果DTM已经设置〈Function〉元素的"isPrintable"属性为真,即使相同〈Function〉元素的"isEnabled"属性被设置为假,框架应用程序也应提供打印功能。

微软Windows通过它们的快捷字符可以从键盘调用菜单功能。一个在菜单项目字符串中的"&"号通常被转换成一个下划线的字符并用作该菜单项的快捷字符。

由于不同FDT框架应用程序特定的呈现方式(如,下拉菜单、列表框、组合框),IDtm::GetFunctions()所提供的XML文档不能使用快捷字符。

6.3.1.5 InitNew

```
HRESULT InitNew(
        [in] FdtXmlDocument deviceType,
        [out,retval] VARIANT_BOOL * result);
```

描述

框架应用程序调用该函数来为特定设备类型初始化一个新建实例数据集。

这一方法是 GB/T 29618.2 所定义的初始化服务的部分实现。

参数	描述
deviceType	XML 文档包含由 DTMInitSchema 指定的制造商特定数据，例如子设备类型的唯一标识符

返回值

返回值	描述
TRUE	DTM 已初始化
FALSE	操作失败

行为

框架应用程序为特定设备类型初始化 DTM，通过 IDtmInformation::GetInformation()可以获取 DTM 所支持的设备类型。尤其是对于支持多个设备类型的 DTM，这一初始化是必须的。

注释

无。

6.3.1.6 InvokeFunctionRequest

```
HRESULT InvokeFunctionRequest (
                [in] FdtUUIDString invokeId,
                [in] FdtXmlDocument functionCall,
                [out,retval] VARIANT_BOOL * result);
```

描述

启动 DTM 的功能。

该方法是 GB/T 29618.2 所定义的 InvokeFunction 服务的一个实现。

参数	描述
invokeId	启动的功能的标识
functionCall	XML 文档包含用于请求功能的 DTM 特定功能 ID 或由 DTMFunctionCallSchema 指定的用户界面

返回值

返回值	描述
TRUE	功能启动
FALSE	功能调用失败

行为

见 GB/T 29618.2

注释

无。

6.3.1.7 PrepareToDelete

```
HRESULT PrepareToDelete (
```

```
        [out,retval] VARIANT_BOOL * result);
```

描述

如果设备实例数据集可以从框架应用程序数据库中删除,则返回 TRUE。用于通知 DTM 清除它的日志文件或协议。框架应用程序将删除这个数据集。

该方法是 GB/T 29618.2 所定义的 ClearInstanceData 服务的一个实现。

返回值

返回值	描述
TRUE	数据集能被删除
FALSE	操作失败

行为

该方法用来通知 DTM 必须清除它的日志文件或协议,调用这一函数后,框架应用程序将清除数据集。框架应用程序将负责确保删除的前提条件,即框架应用程序要保证所有与这个数据集相关的 DTM 实例都已关闭(无论是 Zombie 状态还是 released 状态)。如果 DTM 返回 FALSE,框架应用程序要通知用户关闭用户界面或通过 ExitApplication()或 IDtmActiveXControl::PrepareToRelease()终止它们。一般而言 DTM 在释放它的用户界面过程中将结束当前通信进程。

注释

无。

6.3.1.8 PrepareToRelease

```
HRESULT PrepareToRelease(
        [out,retval] VARIANT_BOOL * result);
```

描述

用来通知 DTM 必须释放与其他组件的链接,框架应用程序将释放 DTM。

该方法是 GB/T 29618.2 所定义的终止服务的一个实现。

返回值

返回值	描述
TRUE	DTM 将释放它与其他组件的链接
FALSE	操作失败

行为

DTM 必须释放与其他组件的所有链接,并且必须终止所有的正挂起的或正运行的功能,它也应关闭所有用户界面。

如果 DTM 可以释放,DTM 通过 IDtmEvents::OnPreparedToRelease()向框架应用程序发送一个通知。

注释

是否存储临时数据由 DTM 决定。为了触发数据的存储,需要调用 IFdtContainer::SaveRequest()。

注:DTM 必须实现 4.4 中的正确的行为,以便框架应用程序获取 DTM 相关数据的存储状态信息(参见 FDT 数据类型"storageState"属性)。

6.3.1.9 PrepareToReleaseCommunication

```
HRESULT PrepareToReleaseCommunication(
```

```
                    [out,retval] VARIANT_BOOL * result);
```

描述

用来通知 DTM 必须释放与通信组件的链接。

该方法是 GB/T 29618.2 所定义的 EnableCommunication 服务的部分实现。

返回值

返回值	描述
TRUE	DTM 将释放它对通信指针的引用
FALSE	操作失败

行为

DTM 必须释放在 SetCommunication()期间对通信指针集的所有引用。如果通信调用有效且不能终止,则该方法返回 FALSE。

如果通信指针可以释放,则 DTM 通过 IDtmEvents::OnPreparedToReleaseCommunication()向框架应用程序发送通知。

注释

如果通信调用有效且不能终止,则该方法返回 FALSE。

如果 DTM 接受通信关闭,则返回 TRUE。如果 IDtmEvents::OnPreparedToReleaseCommunication()通知占据很长时间,DTM 必须触发进程事件向框架应用程序通知关于正在运行进程的信息,比如,如果一些通信调用还没有返回。

见 6.9.1.14 OnProgress 和 6.3.1.12 SetCommunication。

6.3.1.10 PrivateDialogEnabled

```
HRESULT PrivateDialogEnabled(
                    [in] VARIANT_BOOL enabled,
                    [out,retval] VARIANT_BOOL * result);
```

描述

向 DTM 发送是否允许打开私有对话框的通知。

该方法是 GB/T 29618.2 所定义的 PrivateDialogEnabled 服务的实现。

参数	描述
enabled	TRUE 意味着它允许 DTM 打开一个对话框窗口

返回值

返回值	描述
TRUE	功能成功
FALSE	功能失败

行为

如果 DTM 用 ActiveX 控件作为用户界面,DTM 必须通知其打开的控件是否允许它们打开对话框。

如果禁用私有对话框,DTM 应阻塞所有私有对话框。如果由于不允许私有对话框而导致一个特殊的功能不能执行,DTM 也应通过 IFdtDialog::UserDialog()通知用户。该消息应类似于“由于应用程序上下文请求功能不存在(不允许打开相应的窗口)”。

注释

按照以上说明，私有对话框的例子有：

——消息框(如，标准的消息框)；

——文件或打印机选择对话框(如，由微软通用控件库提供的)；

——(默认)网页浏览器(如，因特网浏览器)；

——(默认)邮件客户端(如，微软 OutLook)；

——帮助文件查看(如，HLP 或 CHM 文件)；

——手册阅读器(如，PDF 或 RTF)；

——启动屏幕；

——外部独立的应用程序；

——任何其他视窗。

如果在框架应用程序控件下打开对话框，它们不被定义为私有对话框：

——由 IFdtDialog::UserDialog()打开的对话框；

——由 IFdtActiveX::OpenActiveXControlRequest()打开的 ActiveX 控件；

——由 IDtmApplication::StartApplication()启动的应用程序；

——由于 IDtm::GetFunctions()接收到的 XML 文档存在〈Document〉入口，而导致框架应用程序打开的窗口。

6.3.1.11 ReleaseCommunication

```
HRESULT ReleaseCommunication(
                [out,retval] VARIANT_BOOL * result);
```

描述

用来通知 DTM 通信指针将被框架应用程序释放。

该方法是 GB/T 29618.2 所定义的 ReleaseLinkedCoummunicationChannel 服务的一个实现。

返回值

返回值	描述
TRUE	DTM 已将通信指针设置为 NULL
FALSE	操作失败

行为

在 SetCommunication()期间，推荐 DTM 将通信指针设置为空。如果通信调用有效，则该方法返回 FALSE。

如果 DTM 返回为 TRUE，它必须认为该通信指针对后续的函数调用是无效的。

通常，在释放通信指针之前，框架应用程序必须保证所有 DTM 的应用或函数调用都已结束。

注释

见 6.9.1.12 OnPreparedToReleaseCommunication。

6.3.1.12 SetCommunication

```
HRESULT SetCommunication(
                [in] IFdtCommunication * communication,
                [out,retval] VARIANT_BOOL * result);
```

描述

设置指向 DTM 在线访问必须使用的通信接口的接口指针。

该方法是 GB/T 29618.2 所定义的 SetLinkedCommunicatinChannel 和 EnableCommunication 服务的实现。

参数	描述
communication	通信通道的接口指针

返回值

返回值	描述
TRUE	已接受指针
FALSE	无效的通信指针

行为

框架应用程序设置指向通信通道的通信接口指针，以便在线调用函数，如 DownloadRequest() 或 UploadRequest()。

通信通道可以通过 IFdtChannel::GetChannelParameters()和 gatewayBusCategory 属性来检查所支持的通信协议。通常，框架应用程序负责在通道和 DTM 之间或两个通信通道之间建立有效的链接。在确保链接是否正确建立或者通信有问题的情况下要做这个检查。

注释

为了确保一个正确的行为，推荐框架应用程序遵循下列规则：

——对每一个作为嵌套通信接口链根节点的 DTM，用一个空指针作为"communication"参数来调用 IDtm::SetCommunication()方法，这将导致有关 DTM 状态机的 "configured"到"communication set"的转换，见图 9 DTM 状态机；

——为了建立嵌套通信链，框架应用程序应该移交来自作为嵌套通信接口链的根节点的 DTM 的接口指针。反之亦然，为了释放该链，框架应用程序应该根据 6.3.1.9 IDtm:PrepareToReleaseCommunication()采取动作。

6.3.1.13 SetLanguage

```
HRESULT SetLanguage(
        [in] long languageId,
        [out,retval] VARIANT_BOOL * result);
```

描述

如果 DTM 支持请求的语言，则返回 TRUE。

该方法是 GB/T 29618.2 所定义的 SetLanguage 服务的实现。

参数	描述
languageId	用于用户界面本地化的唯一标识符；由 Windows 定义为一个包含小写的语言标识符和排序的标识符的局部标识符(LCID)，也定义为大写的保留值。在 LCID 提供的标识符是一个标准的国际数字缩写词(如：German-Standard：0x0407，English-United States：0409)。(也见 WIN32/平台开发包，区域 ID 或 LCID)

返回值

返回值	描述
TRUE	语言被支持。所有人可读的输出将使用被请求的语言
FALSE	语言不被支持

行为

框架应用程序在初始化DTM时设置语言，因此所有同一实例的表示对象具有相同的语言。同样如OnErrorMessage()事件的接口信息和如IDtmDocumentation接口或IDtmInformation接口中的可读的XML文档的内容必须使用被请求的语言。如果DTM不支持被请求的语言，将使用当前语言，该语言已经初始化或在DTM第一次初始化时设定为默认语言。

注释

DTM所支持的语言列在DTMInformationSchema中，一个DTM实例通常被一种语言初始化，当显示用户界面时，它是否要改变用户界面的当前语言取决于DTM，对于数字、货币、时间和日期的输出格式将基于操作系统的区域选择。

6.3.2 IDtm2接口

6.3.2.1 概述

根据表G.1第2行，本接口是DTM的主要接口。通过本接口，DTM可以获取实例化后的初始值。本接口通过新方法扩展了接口，该接口是必备的。

根据表G.1的第2列，如果DTM支持这个接口，框架应用程序就需要使用IDtm2，这样的框架应用程序应该使用IDtm2::Environment2()方法而不是调用方法IDtm::Environment()。

6.3.2.2 Environment2

```
HRESULT Environment2(
        [in] BSTR systemTag,
        [in] IFdtContainer * container,
        [in] FdtXmlDocument frameInfo,
        [out,retval] VARIANT_BOOL * result);
```

描述

根据表G.1第2列及后面的列，框架应用程序调用该方法来设置系统标签、框架应用程序的反向指针以及提供框架应用程序版本信息的XML文档。这样的框架应用程序不调用IDtm::Environment()方法。

该方法是GB/T 29618.2所定义的初始化服务的部分实现。

参数	描述
systemTag	设备实例的标识符;由框架应用程序设定
container	指向框架应用程序的反向指针
frameInfo	包含DTMEnvironmentSchema架构描述的框架版本信息的XML文档

返回值

返回值	描述
TRUE	DTM已接受数据
FALSE	操作失败

行为

框架应用调用该接口，根据表 G.1 第 2 列及随后的列来初始化 DTM，根据表 G.1 第 2 行及其随后的行来初始化设备实例。而且框架应用程序将指针传递给其主要接口和提供框架应用程序版本信息的文档。

DTM 在导航运行期间需要 systemTag，或在框架应用程序的事件接口中需要使用 systemTag 来标识它自己。如果框架应用程序拷贝、移动或删除数据集，为了防止副作用，DTM 不应存储 systemTag。

注释

systemTag 独立于通信标签(如，IEC 61784 CPF 9 设备标签)。

6.3.2.3 SetSystemGuiLabel

```
HRESULT SetSystemGuiLabel (
                    [in] FdtXmlDocument systemGuiLabel,
                    [out,retval] VARIANT_BOOL * result);
```

描述

在框架应用程序上下文环境中，框架应用程序调用该方法设置框架应用程序文本中 DTM 实例的唯一人可读的标识符。

该方法是 GB/T 29618.2 所定义的 SetSystenGuiLabel 服务的实现。

参数	描述
systemGuiLabel	XML 文档包含框架应用程序上下文中 DTM 实例的唯一人可读的标识符。该文档由 DTM-SystemGuiLabelSchema 指定

返回值

返回值	描述
TRUE	DTM 已接受数据
FALSE	操作失败

行为

框架应用程序调用该方法来设置系统标签，如消息框的标签，或者不能嵌入框架应用程序的 DTM 的用户界面的标签。框架应用程序在其上下文环境中设置 DTM 实例唯一的人可读的标识，该标识确保设备和 DTM 的消息框之间标识符唯一。DTM 应将该系统标签用在它自身将要开启的所有窗口中，在特殊情况下，DTM 可以通过特定信息扩展该标题。

框架应用程序必须尽可能早调用该方法，如果没有调用该方法，DTM 必须使用设备标签作为默认的人可读的字符串。

注释

DTM 不能存储人可读的标识符。当调用 SetSystemGuiLabel()时，推荐更新所有已打开窗口的标签。

6.3.3 IDtmActiveXInformation 接口

该接口将 DTM 的用户界面作为 ActiveX 控件，以嵌入到框架应用程序中。

6.3.3.1 GetActiveXGuid

```
HRESULT GetActiveXGuid(
            [in] FdtXmlDocument functionCall,
```

```
        [out,retval] FdtUUIDString * result);
```

描述

根据功能 invokeID 返回 ActiveX 控件的 UUID。

该方法是 GB/T 29618.2 所定义的 GetGuiInformation 服务的部分实现。

参数	描述
functionCall	包含 DTMFunctionCallSchema 指定的被请求用户界面的功能 ID 的 XML 文档

返回值

返回值	描述
result	ActiveX 控件的 UUID

返回框架应用程序可用来实例化控件的 UUID。

如果被请求的应用程序不支持该接口,该方法返回一个 NULL 字符串。

DTM 要求的这种用户界面在 IDtm::GetFunctions()提供的架构中详细描述。

注释

无。

6.3.3.2 GetActiveXProgId

```
HRESULT GetActiveXProgId(
        [in] FdtXmlDocument functionCall,
        [out,retval] BSTR * result);
```

描述

按照功能 invokeID 为 ActiveX 控件返回 ProgId。

该方法是 GB/T 29618.2 所定义的 GetGuiInformation 服务的部分实现。

参数	描述
functionCall	XML 文档,包含 DTMFunctionCallSchema 指定的被请求用户界面的功能 ID

返回值

返回值	描述
result	ActiveX 控件的 ProgId

行为

按照功能 invokeID 为 ActiveX 控件返回 ProgID。用脚本语言实现的框架应用程序可以用这个 ProgId 来实例化控件。

如果一个被请求的设备不支持该接口,该方法返回 NULL 指针。

DTM 要求的这种用户界面在 IDtm::GetFunctions()提供的架构中详细描述。

注释

无。

6.3.4 IDtmApplication 接口

6.3.4.1 概述

该接口提供启动 DTM 用户界面的功能。这些用户界面是 DTM 本身的部分实现,不能嵌入到 FDT 框架应用程序中。

6.3.4.2 ExitApplicatioin

```
HRESULT ExitApplication(
        [in] FdtUUIDString invokeId,
        [out,retval] VARIANT_BOOL * result);
```

通知 DTM 关闭由 invokeId 标识的用户界面。

该方法是 GB/T 29618.2 所定义的 ClosePresentation 服务的部分实现。

参数	描述
invokeId	作为启动应用程序的标识符。其值与在 IDtmApplication::StartApplication()相应调用中提供的值一样

返回值

返回值	描述
TRUE	指定的应用程序将被关闭
FALSE	操作失败

行为

该方法异步运行。也就是说 DTM 仅检测是否关闭用户界面。在它能关闭用户界面的情况下，它首先返回 TRUE，然后启动它的用户界面关闭进程。在关闭过程中，如果有必要它必须解锁它的实例数据集，并释放与它的设备之间的在线连接。最后，它必须通过 IDtm::OnApplicationClosed()通知框架应用程序。该通知将导致框架应用程序释放相关连接。DTM 本身并不终止。在错误的情况下，DTM 应通过 IDtmEvents::OnErrorMessage()提供更详细的信息。

如果应用程序终止，框架应用程序使用 invokeId 以和回调接口关联。(见 IdtmEvents::OnApplicationClosed)。

注释

该方法必须异步运行，因为同步调用可能阻塞框架应用程序接口。

6.3.4.3 StartApplication

```
HRESULT StartApplication(
        [in] FdtUUIDString invokeId,
        [in] FdtXmlDocument functionCall,
        [in] BSTR windowTitle,
        [out,retval] VARIANT_BOOL * result);
```

描述

为特定的功能调用打开 DTM 的用户界面。

该方法是 GB/T 29618.2 所定义的 OpenPresentation 服务的实现。

参数	描述
invokeId	作为启动应用程序的标识符
functionCall	XML 文档，包含 DTMFunctionCallSchema 指定的被请求用户界面的功能 ID
windowTitle	框架应用程序要求的窗口标题

返回值

返回值	描述
TRUE	请求的应用被启动
FALSE	操作失败

行为

功能 invokeID 使 DTM 与功能的/逻辑的上下文相关联。每个 DTM 能提供不只一个功能。通过 IDtm::GetFunctions()提供的架构可以请求 DTM 支持的功能。

一般而言,传递的功能 invokeID 由框架应用程序确定,DTM 决定呈现的方式。

IDtmApplication::StartApplication()总是将用户界面带到前端或至少显示一个错误消息。由 invokeId 标识的已经启动的应用程序将被带到前端。由新 invokeId 的已经启动的应用程序的请求将被 DTM 拒绝。

如果应用程序在 DTM 的用户界面终止(见 IDtmEvents::OnApplicationClosed()),框架应用程序将 invokeID 用于关联回调接口。而且允许框架应用程序来处理打开的用户界面列表。

注释

无。

6.3.5 IDtmChannel 接口

该接口用于访问 FDT 通道对象。一方面提供的 FDT 通道对象携带创建设备 I/O 通道和框架应用程序功能之间的关联所必须的信息。另一方面,对于通信通道,这些 FDT 通道对象用来创建嵌套通信的通信链。

6.3.5.1 GetChannels

```
HRESULT GetChannels(
        [out,retval] IFdtChannelCollection * * result);
```

描述

返回 DTM 的 FDT 通道对象。

该方法是 GB/T 29618.2 所定义的 GetChannel 服务的实现。

返回值

返回值	描述
result	被请求通道对象的 IFdtChannel 的集合

行为

该方法返回 DTM 的通道集。DTM 本身能代表一个设备或设备的模块。

对于简单的设备,FDT 通道对象仅提供用于通道分配的信息。

在通道提供网关功能的情况下,FDT 通道对象额外地提供用于嵌套通信的通信接口。

注释

IFdtChannelCollection 允许访问 DTM 的 FDT 通道对象。接口定义遵循微软 COM 标准来访问一组对象,这组对象被称为集合接口。

IFdtChannelCollection 提供一个 Count 属性,一个 Item 属性和一个_NewEnum 属性。Count 属性返回集合内项目数量。基于索引或键值(key),Item 属性从集合中返回一个项目。_NewEnum 属性返回集合的计数器。

DTM 应通过在 IDtmParameter::GetParameter()内返回的 XML 的〈ChannelReference〉元素声明其可用的通道。IFdtChannelCollection 的 Item 属性应接受键值和索引值，键值与〈ChannelReference〉元素内的 idRef 属性相对应，索引值为 1 与 Count 属性值之间的数字。

由于不同类型的编程语言传递字符串不同(如 VB6 用 VT_BSTR|VT_BYREF)，Item 属性应按照可变数据类型 VT_BSTR 和(VT_BSTR|VT_BYREF)接受健值。

6.3.6 IDtmDocumentation 接口

6.3.6.1 概述

该接口为一个设备实例提供 XML 文档形式的 DTM 特定文件。

6.3.6.2 GetDocumentation

```
HRESULT GetDocumentation(
        [in] FdtXmlDocument functionCall,
        [out,retval] FdtXmlDocument * result);
```

描述

按照功能调用以 XML 文档的方式返回设备特定的文件。

该方法是 GB/T 29618.2 所定义的 GetDocumentation 服务的实现。

参数	描述
functionCall	XML 文档，包含 DTMFunctionCallSchema 指定的被请求文档的功能 ID

返回值

返回值	描述
result	XML 文档，包含由 DTMDocumentationSchema 指定的被请求的文档

行为

该方法返回一个 XML 文档，该文档可以直接用于归档。本部分的格式由通过 IDtm::GetFunctions()获取的功能 invokeID 定义，只支持“‘printable’=TRUE”的功能。框架应用程序能够使用 XSL 样式表单来把返回的 XML 文档转换成 HTML。嵌套的 DTM 特定的样式表单能用于把一个 XML 文档转换成 DTM 特定的 HTML。在这些嵌套的样式表单中，也可以放置附加文档或万维网的超链接。

注释

具体的示例样式表单参见 DTMDocumentationStyle.xsl，见附录 D。

6.3.7 IDtmdiagnosis 接口

6.3.7.1 概述

该接口为带有组态参数的 DTM 提供框架应用程序所需要的基本的诊断功能。

6.3.7.2 Compare

```
HRESULT Compare(
        [out,retval] VARIANT_BOOL * result);
```

描述

如果整个数据集相等返回 TRUE。

该方法是 GB/T 29618.2 所定义的 CompareDataValueSet 服务的部分实现。

返回值

返回值	描述
TRUE	数据集相等
FALSE	数据集不相等或比较失败

将外部的 DTM 的数据集与它自己的数据集进行比较,如果数据集相等返回 TRUE。

如果该方法在 InitCompare()-ReleaseCompare()顺序外被调用,该方法失败。

在错误的情况下,DTM 应该通过回调接口 IDTMEvent::OnErrorMessage()通知框架应用程序。

注释

组态、参数化和标识的结构和参数值可以用于比较。数据集的运行时相关参数(如运行时间)不用于比较。

6.3.7.3 **InitCompare()**

```
HRESULT InitCompare(
            [in] BSTR systemTag,
            [out,retval] VARIANT_BOOL * result);
```

描述

为两个设备实例比较而初始化 DTM。

该方法是 GB/T 29618.2 所定义的 CompareDataValueSet 服务的部分实现。

参数	描述
systemTag	相同类型的第二个 DTM 的 systemTag

返回值

返回值	描述
TRUE	初始化成功
FALSE	初始化失败(如,比较正在进行或 DTM 不是同一类型)

行为

初始化 DTM 本身拥有的数据集与第二个设备数据集之间的比较,这样的比较仅存在于 InitCompare()-ReleaseCompare()序列内部。

DTM 能够通过请求相应的 DTM 实例访问第二个设备数据集,该 DTM 实例可以通过用接收到的 systemTag 调用 IFdtTopology::GetDtmForSystemTag()来获取。

可以在后台调用 Compare()方法来执行比较。启动比较,用户界面可以执行用户交互比较。

只能比较相同类型的 DTM 处理的数据集。

注释

每一个以 InitCompare()开始的比较序列应使用 ReleaseCompare()来关闭。

6.3.7.4 **ReleaseCompare**

```
HRESULT ReleaseCompare(
```

```
        [out,retval] VARIANT_BOOL * result);
```

描述

如果现存的由 InitCompare()初始化比较序列已经关闭，返回 TRUE。

该方法是 GB/T 29618.2 所定义的 CompareDataValueSet 服务的部分实现。

返回值

返回值	描述
TRUE	关闭比较序列并释放外部 DTM 引用
FALSE	比较正在进行(如，当前有正打开的用户界面)

行为

如果该方法被调用，DTM 必须调用 IFdtTopology::ReleaseDtmForSystemTag()释放它对外部 DTM 的引用。

只有在比较结束且指向外部 DTM 的引用被释放时该方法成功。特别在有打开的用户界面情况下，应首先处理这些引用。

注释

如果 ReleaseCompare()函数在框架应用程序和 DTM 都没有按照正确的方式得到处理，被当做外部 DTM 引用的 DTM 不能在当前 DTM 的生命周期内被释放。

6.3.7.5 Verify

```
HRESULT Verify(
        [out,retval] VARIANT_BOOL * result);
```

描述

如果全部的数据集正确返回 TRUE。

该方法是 GB/T 29618.2 所定义的 Verify 服务的实现。

返回值

返回值	描述
TRUE	全部数据集有效
FALSE	数据集或部分数据集无效

行为

通过 DTM 的内部事务规则验证完整的数据集。

注释

通常框架应用程序调用该方法来确保数据集的一致性，如永久性上载之后或上线之前。

6.3.8 IDtmImportExport 接口

6.3.8.1 概述

为了创建 DTM 的导出映像，框架应用程序为每一个设备实例使用一个 IStream 对象。这个 IStream 对象用作 IDtmImportExport::Load()或 IDtmImportExport::Save()的参数。如果 DTM 不提供 IDtmImportExport 接口框架应用程序应使用 IPersist×××接口来查找和恢复实例数据。

6.3.8.2 Export

```
HRESULT Export(
```

```
        [in] IStream * stream,
        [out,retval] VARIANT_BOOL * result);
```

描述

保存存储到特定数据流的私有数据中的数据。

该方法是 GB/T 29618.2 所定义的 Export 服务的实现。

参数	描述
stream	包含实例所有 DTM 特定数据的流

返回值

返回值	描述
TRUE	操作成功
FALSE	操作失败

行为

导入/导出接口是 DTM 的必备接口,它不通 IPersist×××机制存储完整实例的特定数据。DTM 通过 IDtmImportExport 接口来指定框架应用程序提供的相应流对象的内容。如果 DTM 不提供该接口,框架应用程序使用 IPersist×××接口来实现导出/导入。

注释

无。

6.3.8.3 **Import**

```
HRESULT Import(
        [in] IStream * stream,
        [out,retval] VARIANT_BOOL * result);
```

描述

从指定数据流上载私有数据存储的数据。

该方法是 GB/T 29618.2 所定义的 Import 服务的实现。

参数	描述
stream	包含实例所有 DTM 特定数据的流

返回值

返回值	描述
TRUE	操作成功
FALSE	操作失败

行为

导入/导出接口是 DTM 的必备接口,它不通 IPersist×××机制存储完整实例的特定数据。DTM 通过 IDtmImportExport 接口来指定框架应用程序提供的相应流对象的内容。如果 DTM 不提供该接口,框架应用程序使用 IPersist×××接口来实现导出/导入。

注释

无。

6.3.9 IDtmInformation 接口

6.3.9.1 概述

按照 FDT1.2 版或更老的版本，该接口是 DTM 的第二个主要的接口。通过该接口，可以请求 DTM 的如版本，生产商等静态信息，以及允许 DTM 集成到框架应用程序库的能力。

6.3.9.2 GetInformation()

```
HRESULT GetInformation(
        [out,retval] FdtXmlDocument * result);
```

描述

该方法是 GB/T 29618.2 所定义的 GetTypeInformation 服务的一个实现。

返回一个包含生产商、图标、GSD 等信息的静态 XML 文档。

返回值

返回值	描述
result	包含由 DTMInformationSchema 指定的静态 DTM 信息的 XML 文档

行为

注释

框架应把从每一个〈DtmDeviceType〉及其〈VersionInformation〉元素获得的标识相关的信息处理为所支持设备类型的唯一的标识信息：

对 DTM 开发者来说，推荐标识信息至少包括以下的属性：

元素〈DtmDeviceType〉

——“生产商 ID”(见属性定义)；

——“设备类型 ID”(见属性定义)。

在〈DtmDeviceType〉内〈VersionInformation〉元素

——“名称”(设备类型名称)；

——“制造商”(设备类型的制造商)；

——“版本”(设备类型版本，如固件版本)。

对于 DTM 推荐：

——提供上述列出的属性(如果适用)；

——“生产商 ID”、“设备类型 ID”和“名称”用于唯一标识〈DtmDeviceType〉元素。在新的 DTM 软件版本中不允许改变相同元素的这些属性；

——支持新的设备版本，新的设备版本不能有已存在的〈DtmDeviceType〉元素提供，应该指向具有不同“name”属性的〈DtmDeviceType〉新元素；

——一个新的 DTM 软件版本应支持以前版本的所有设备类型。

示例：

DTMV1.0

生产商×	设备×	V1

DTMV1.1

生产商×	设备×	V1
生产商×	设备 XR2	V2

框架应用程序制造商应注意在市场上存在不遵循这些推荐的 DTM。DTM 能用相同的名字陈列

多个〈DtmDeviceType〉元素,但对于"生产商ID"、"设备类型ID"、"子设备类型ID"和"版本"具有不同的值。只有在这种情况下,框架应用程序应考虑列出的属性作为附加标识。这也可用来区分在设备目录里中现存设备的更新和附加设备类型的创建。

为了避免在基于FDT 1.2的框架应用程序中出问题,FDT 1.2.1的DTM应该以相同的方式使用此信息。

6.3.10 IDtmInformation2接口

6.3.10.1 概述

该接口通过新方法扩展IDtmInformation接口。该接口是必备的。

6.3.10.2 GetDeviceIdentifictionInformation()

```
HRESULT GetDeviceIdentificiationInformation (
            [in] FdtXmlDocument typeRequest,
            [in] FdtUUIDString protocolId,
            [out,retval] FdtXmlDocument * result);
```

描述

该方法实现了在GB/T 29618.2中所定义的GetDeviceIdentificationInformation服务。

为特定的类型和协议请求设备或块标识信息。

参数	描述
typeRequest	为请求的标识定义DTMDeviceType或BTMBlokType(XML依照TypeRequestSchema)
protocolID	为请求的标识定义协议UUID

返回值

返回值	描述
result	DTMDeviceType的协议特定的设备标识信息,DTMDeviceType由现场总线特定的架构指定(FDT××DeviceTypeIdentSchema中××处是协议名)。如果在通信DTM中调用该方法,那么返回依照DTMDeviceTypeIdentSchema的XML文档,该文档不必转换

行为

响应包含一个协议特定的文档,该文档能可通过框架应用程序对照协议特定的架构来验证。

注释

DTM应为框架应用程序提供的已存在的协议特定的架构检测框架协议特定的FDT架构子路径。如果缺少协议架构,设备DTM必须通知用户缺少被由请求协议的通信DTM提供的架构。

IDtmInformation2::GetDeviceIdentificiationInformation()返回信息的用法见7.4。

6.3.11 IDtmOnlineDiagnosis接口

6.3.11.1 概述

为了在批处理中来验证整个总线系统该接口提供一个被框架应用程序使用的可选的在线诊断功能。

6.3.11.2 Compare

```
HRESULT Compare(
```

```
        [out,retval] FdtXmlDocument * result);
```

描述

返回一个包含比较结果的 XML 文档。

该方法是 GB/T 29618.2 所定义的 CompareValueDataSetWithDevice 服务的实现。

返回值

返回值	描述
result	包含 DTMOnlineCompareSchema 指定的比较结果的 XML 文档

行为

将来自数据库的数据集和从相应设备上载的参数进行比较。

如果将存储在数据库的数据与从设备上载的数据进行比较,结果显示数据是否相等。否则该文档包含通信错误。

该方法用于批处理和没有用户界面的工作。

如果 DTM 没有比较在线数据,它将返回"noComparableData"作为"StatusFlag"属性的值。

注释

比较只包含用于组态、参数化和设备标识的重要数据。不包含与运行时间相关的数据(如运行时间)。

6.3.11.3 GetDeviceStatus

```
HRESULT GetDeviceStatus(
        [out,retval] FdtXmlDocument * result);
```

描述

返回一个描述设备状态的 XML 文档。

该方法是 GB/T 29618.2 所定义的 DeviceStatus 服务的部分实现。

返回值

返回值	描述
result	包含 DTMDeviceStatusSchema 指定的设备状态的 XML 文档

行为

DTM 从设备上载当前状态。根据不同的现场总线协议,DTM 应附加地上载它实际的诊断信息。根据这个信息 DTM 提供一个人可读的状态,并在一个 XML 文档中返回该信息。该功能应在用户界面外工作来允许检测整个网络。

注释

BTM 应返回相关块的状态。

6.3.12 IDtmOnlineParameter 接口

6.3.12.1 概述

该接口允许一个框架应用程序在线访问一个设备。该接口对所有在调试过程中加载的设备是必备的。

6.3.12.2 CancelAction

```
HRESULT CancelAction(
```

```
[in] FdtUUIDString invokeId,
[out,retval] VARIANT_BOOL * result);
```

描述

取消一个活动的参数上载或下载。

该方法是 GB/T 29618.2 所定义的 WriteDatatoDevice 和 ReadDataFromDevice 服务的部分实现。

参数	描述
invokeId	将被取消动作的标识符

返回值

返回值	描述
TRUE	接收取消动作
FALSE	取消动作不能被执行

行为

该方法取消一个活动的参数上载或下载。如果 DTM 已经接受 CancelAction 请求，它返回 TRUE，在接受请求后 DTM 有可能不能立即取消动作，但应尽可能快地取消该动作。DTM 不应触发 IDtmEvents::OnDownloadfinished()或 IDtmEvents::OnUploadFinished()事件。

如果 DTM 不能取消选择的动作，它将返回 FALSE，并且当动作完成后触发“完成”事件中的一个。

注释

无。

6.3.12.3 DownloadRequest

```
HRESULT DownloadRequest(
        [in] FdtUUIDString invokeId,
        [in] FdtXPath parameterPath,
        [out,retval] VARIANT_BOOL * result);
```

描述

发送请求将在线数据写到设备中。

该方法是 GB/T 29618.2 所定义的 WriteDataToDevice 服务的部分实现。

参数	描述
invokeId	请求的标识符
parameterPath	在 XML 文档内的 FdtXpath

返回值

返回值	描述
TRUE	已接受请求
FALSE	请求不能执行

行为

异步功能调用按照 IDtmParameter::GetParameters()指定的架构发送一个带有设备特定参数的 XML 文档到连接的设备。由 IDtmEvents::OnDownloadFinished()提供下载是否成功的响应。

在出错的情况下，DTM 应通过 IDtmEvents::OnErrorMessage()回调接口通知框架应用程序。

如果路径包含根标签，将完成设备所有参数的下载。在这种情况下，DTM为设备调试发送所有参数。

注释

无。

6.3.12.4 UploadRequest

```
HRESULT UploadRequest(
        [in] FdtUUIDString invokeId,
        [in] FdtXPath parameterPath,
        [out,retval] VARIANT_BOOL * result);
```

描述

发送请求从设备读取在线数据。

该方法是GB/T 29618.2所定义的ReadDataFromDevce服务的部分实现。

参数	描述
invokeId	请求的标识符
parameterPath	在XML文档内的FdtXpath

返回值

返回值	描述
TRUE	已接受请求
FALSE	请求不能执行

行为

异步功能调用请求DTM按照指向IDtmParameter::GetParameters()得到的XML文档的一个元素的路径来从连接设备上载参数。由IDtmEvents::OnuploadFinished()提供上载是否成功的响应。

在错误的情况下，DTM将通过IDtmEvents::OnerrorMessage()回调接口通知框架应用程序。

如果路径包含根标签，将完成设备所有参数的上载。在这种情况下，DTM从设备上载在调试中被发送的所有参数。

注释

无。

6.3.13 IDtmParameter 接口

6.3.13.1 概述

该接口允许框架应用程序访问设备参数。DTM提供它的实例数据集在内存中的真实表示。可以获取哪个参数取决于DTM，并依赖于设备类型和现场总线类型。

6.3.13.2 GetParameters

```
HRESULT GetParameters(
        [in] FdtXPath parameterPath,
        [out,retval] FdtXmlDocument * result);
```

描述

返回一个带有设备特定参数的XML文档。

该方法是 GB/T 29618.2 所定义的 GetActiveTypeInfo，InstanceDataInformation，InstanceDataRead，NetworkManangementInfoRead 和 GetChannels 服务的实现。

参数	描述
parameterPath	XML 文档内的 FdtXPath

返回值

返回值	描述
result	带有 DTMParameterSchema 指定的设备特定参数的 XML 文档

行为

返回一个带有设备特定参数的 XML 文档。对于没有公共数据的设备，该文档可能是空的。

该方法提供 DTM 的临时数据。也就是说，如果 DTM 是活动的或有一个打开的用户界面，提供的参数能区别于实际存储的实例数据。

获取数据的状态在 DTMParameterSchema 中分类。

DTM 总是在 XML 文档内返回当前的 DtmDeviceType。也就是说，在 DTM 更新的情况下，应返回改变的 DtmDeviceType 而不是在 IDtm::InitNew()中给定的 DtmDeviceType。

注释

设备集成依赖于通过该方法获取的数据数量。因此 DTM 应提供支持无缝集成所必须的所有数据。

见实例数据状态机。

6.3.13.3 SetParameters

```
HRESULT SetParameters(
            [in] FdtXPath parameterPath,
            [in] FdtXmlDocument xmlDocument,
            [out,retval] VARIANT_BOOL * result);
```

描述

设定设备特定的参数的改变。

该方法是 GB/T 29618.2 所定义的 InstanceDataWrite 和 NetworkManangementInfoWrite 服务的实现。

参数	描述
parameterPath	XML 文档内的 FdtXPath
xmlDocument	DTMParameterSchema 指定的 XML 文档

返回值

返回值	描述
TRUE	DTM 已接受完整的文档
FALSE	文档包含无效的数据且没有被接受

行为

只有可写元素的值才能通过调用 SetParameters 改变。接受请求变化之前，DTM 应按照业务规则来校验完整的文档。

如果 DTM 已经接受全部文档的改变，该方法返回 TRUE。

如果 DTM 拒绝任何一个值的改变，该方法返回 FALSE。临时数据将保持不变。DTM 通过 IDtm::OnErrorMessage()回调接口向框架应用程序通知错误。

该方法影响 DTM 的临时数据。也就是说，新数据不是隐含地保存。

DTM 能通过调用 IFdtContainer::SaveRequest()将请求的临时数据变成永久性数据。

注释

见 7.14.1。

6.3.14 IFdtCommunicationEvents 接口

6.3.14.1 概述

该 IFdtCommunicationEvents 接口是相关通信组件的回调接口。

6.3.14.2 OnAbort

```
HRESULT OnAbort(
        [in] FdtUUIDString communicationReference);
```

描述

通知由 communicationReference 标识的连接已经中止。

该方法是 GB/T 29618.2 所定义的 AbortRequest 服务的实现。

参数	描述
comunicationReference	连接的唯一标识符

返回值

无。

行为

该方法发送一个连接被终止的中止通知到一个连接的通信组件或 DTM，所有关于这个连接的正在挂起的请求也被终止。连接的终止不被确认。

一个连接的终止可能由一个被调用的功能引起，也可能自发地发生(如，如果底层通信结构自动记录了设备的缺失)。

注释

IFdtCommunicationEvents::OnAbort()和该接口的所有其他事件之间的差别在于 OnAbort 提供关于连接状态的信息。所有其他事件提供关于调用功能的信息。

6.3.14.3 OnConnectResponse

```
HRESULT OnConnectResponse(
        [in] FdtUUIDString invokeId,
        [in] FdtXmlDocument response);
```

描述

提供由 invokeID 标识的 ConnectRequest()的响应。

该方法是 GB/T 29618.2 所定义的 Connect 服务的部分实现。

参数	描述
invokeId	请求的唯一标识符
response	现场总线特定架构(如 FDTHARTCommunicationSchema 或 FDTProfibus-CommunicationSchema)指定的已建立连接的现场总线协议特定的信息

返回值

无。

行为

通过该方法连接请求的发送者从下一个通信组件接收连接是否被建立的信息。

该方法提供一个由现场总线架构指定的带有通信参数的 XML 文档。

注释

无。

6.3.14.4 OnDisconnectResponse

```
HRESULT OnDisconnectResponse(
            [in] FdtUUIDString invokeId,
            [in] FdtXmlDocument response);
```

描述

提供由 invokeID 标识的 DisconnectRequest()的响应。

该方法是 GB/T 29618.2 所定义的 Disconnect 服务的部分实现。

参数	描述
invokeId	请求的唯一标识符
response	由现场总线特定架构(如 FDTHARTCommunicationSchema 或 FDTProfibus-CommunicationSchema)指定的已接收数据,状态和错误代码

返回值

无。

行为

通过该方法,断开连接请求的发送者从下一个通信组件接收连接是否被释放的消息。

该方法提供一个由现场总线架构指定的带有通信参数的 XML 文档。

OnDisconnectResponse()导致释放所有挂起的响应数据并至少释放在 ConnectRequrest()传递的回调指针。

注释

无。

6.3.14.5 OnTransactionResponse

```
HRESULT OnTransactionResponse(
            [in] FdtUUIDString invokeId,
            [in] FdtXmlDocument response);
```

描述

提供由 invokeID 标识的 TransactionRequest()的响应。

该方法是 GB/T 29618.2 所定义的 Transaction 服务的部分实现。

参数	描述
invokeId	请求的唯一标识符
response	由现场总线特定架构如 FDTHARTCommunicationSchema 或 FDTProfibusCommunicationSchema 指定的已接收数据、状态和错误代码

返回值

无。

行为

通过该方法,数据交换请求的发送者从下一个通信组件接收传输的通信数据。

该方法提供一个由现场总线特定的架构指定的带有通信参数的 XML 文档,并导致释放通信组件响应数据队列内的响应数据。

注释

无。

6.3.15 IFdtCommunicationEvents2 接口

6.3.15.1 概述

IFdtCommunicationEvents2 接口是支持 FDT 1.2.1 或者更高版本的 DTM 的回调接口,该接口由相关的父通信组件调用。该接口使用新方法扩展了 IFdtCommunicationEvents 接口。该接口是必备的。

如果 DTM 支持该接口,一个支持 1.2.1 或更高版本的父组件必须调用 IFdtCommunicationEvents2。这样的一个父组件应该使用 IFdtCommunicationEvents2::OnConnectResponse2()方法而不是使用 IFdtCommunicationEvents::OnConnectResponse()。

6.3.15.2 OnConnectResponse2

```
HRESULT OnConnectResponse2(
                [in] FdtUUIDString invokeId,
                [in] FdtXmlDocument parentinformation,
                [in] FdtXmlDocument response);
```

描述

提供由 invokeId 标识的 ConnectRequest()的响应。

该方法是 GB/T 29618.2 所定义的 Connect 服务的部分实现。

参数	描述
invokeId	请求的唯一标识符
parentinformation	符合 FDTConnectResponseSchema 的父组件的版本信息
response	由现场总线特定架构(如 FDTHARTCommunicationSchema 或 FDTProfibusCommunicationSchema)指定的已建立连接的现场总线协议特定的信息

返回值

无。

行为

通过该方法,连接请求的发送者从下一个通信组件接收连接是否建立的信息。

该方法:

——通过“parentinformation”参数提供父组件 FDT 版本。DTM 只能使用与父组件版本一致的 XML 通信文档;

——通过“response”参数提供一个由现场总线特定的架构特定的带有通信参数的 XML 文档。

注释

无。

6.3.16 IFdtEvents 接口

6.3.16.1 概述

该接口是框架应用程序的回调接口。

6.3.16.2 OnChildParameterChange

```
HRESULT OnChildParameterChanged(
        [in] BSTR systemTag);
```

描述

对于 DTM 拓扑,它有必要向父 DTM 通知参数的改变。

该方法是 GB/T 29618.2 所定义的 OnChildInstanceDataChanged 服务的实现。

参数	描述
systemTag	设备实例标识符

返回值

无。

行为

如果 DTM 已经改变任何数据,它必须用一个包含特定实例改变的 XML 文档调用 IDtm::Onpa-rameterChanged()。框架应用程序将通过 IFdtEvents::OnParameterChanged()将这个文档发送到所有引用相同设备实例的 DTM。关于相应的父 DTM[第一父 DTM,第二父 DTM,见 IFdtTopology::GetParentNodes()],框架应用程序应执行下列行为:

——框架应用程序应通过 IFdtEvents::OnchildParameteChanged()发送一个通告到相应的父 DTM;

——在多用户环境中,该通告将仅发送到一个父 DTM 实例;

——该通告应发送给已经锁住相关实例数据集的父 DTM;

——如果当前没有父 DTM 启动,框架应用程序应启动父 DTM。

注释

因为通过 OnParameterChanged()交换的 XML 文档是 DTM 特定的,且不能被父 DTM 解释,所以父 DTM 只能得到一个通告。得到这种通告消息的父 DTM 能通过调用子 DTM GetParameters()更新相应子 DTM 的特定数据。框架应用程序必须确保:被选择来执行 IFdtEvents::OnChildParameter-Changed()的父 DTM 实例通常能够锁上它的数据集。

6.3.16.3 OnLockDataSet

```
HRESULT OnLockDataSet(
        [in] BSTR systemTag,
        [in] BSTR userName);
```

描述

在多用户环境下,必须通知 DTM 关于它的当前访问模式,尤其是当其他 DTM 要读/写它的数据集的情况下。

该方法是 GB/T 29618.2 所定义的 OnLockInstanceData 服务的实现。

参数	描述
systemTag	设备实例标识符
userName	锁定数据集的用户的人可读的名字

返回值

无。

行为

如果 DTM 已经通过 IFdtContainer::LockDataSet()锁上数据集,框架应用程序必须向所有引用相同数据集的 DTM 实例发送 OnLockDataSet()。

对于一个打开的用户界面,接收到该通告后,DTM 应禁止它的输入域,并记住不允许它执行任何需要数据存储的功能。

注释

userName 可能是用户的登录名或框架应用程序用户管理内的一个标识。在多用户环境中,userName 至少应提供在哪儿能发现其他用户的信息。

6.3.16.4 OnParameterChanged

```
HRESULT OnParameterChanged(
        [in] BSTR systemTag,
        [in] FdtXmlDocument parameter);
```

描述

在多用户环境情况下,有必要向 DTM 通知参数改变。

该方法是 GB/T 29618.2 所定义的 OnInstanceDataChanged 服务的实现。

参数	描述
systemTag	设备实例标识符
Parameter	包含已改变参数的 XML 文档

返回值

无。

行为

如果 DTM 已经存储任何改变的数据,它必须用一个包含 DTM 特定信息的 XML 文档调用 IDtmEvents::On-ParameterChanged()。框架应用程序将通过 IFdtEvents::OnParameterChanged()将该文档发送到所有引用相同设备实例的 DTM。

注释

无。

6.3.16.5 OnUnlockDataSet

```
HRESULT OnUnlockDataSet(
        [in] BSTR systemTag,
        [in] BSTR userName,
        [out,retval] VARIANT_BOOL * result);
```

描述

在多用户环境下，必须向DTM通知它的当前访问模式，尤其是在其他DTM读/写它的数据集的情况下。

该方法是GB/T 29618.2所定义的OnUnlockInstanceData服务的实现。

参数	描述
systemTag	设备实例标识符
userName	锁定数据集的用户的人可读的名字

返回值

返回值	描述
TRUE	DTM有实际的数据
FALSE	DTM有旧数据，应被关闭

行为

如果DTM已经通过IFdtContainer::UnlockDataSet()解锁一个数据集，框架应用程序必须对所有引用相同数据集的DTM实例发送OnUnlockDataSet()。

对于一个打开的用户界面，如果它有当前数据并使能其输入域，接受到该通知，DTM返回TRUE。为了支持该特性，DTM必须通过OnParameterChanged()为DTM实例实现一个同步机制。如果DTM不支持那样的同步，它必须返回FALSE。也就是说，DTM有旧数据，将不能写访问数据集。在打开的用户界面情况下，框架应用程序将通知用户必须关闭并重启DTM。

注释

无。

6.3.17 IDtmHardwareIdentification 接口

6.3.17.1 概述

框架应用程序使用该接口探测特定的通信硬件是否存在，或使用该接口从一个现场设备请求信息。

例如，通信DTM使用该接口探测相应硬件是否作出响应，或通过网关/设备DTM向现场设备请求生产商特定的标识。

6.3.17.2 ScanHardwareRequest

```
HRESULT ScanHardwareRequest(
            [in] FdtUUIDString invokeId,
            [in] FdtXmlDocument request,
            [out,retval] VARIANT_BOOL * result);
```

描述

请求扫描硬件的有效性和相应标识信息。

该方法是GB/T 29618.2所定义的HardwareInformation服务的部分实现。

参数	描述
invokeId	用于请求的唯一标识符
request	总是设置为“<FDT/>”（为将来使用的预留参数）

返回值

返回值	描述
TRUE	DTM 已接受这个调用
FALSE	操作失败

行为

框架应用程序执行该函数检测相应的硬件是否响应,并请求标识信息。

DTM 应连接到设备并请求必须的信息。当操作完成时,DTM 应调用 IDtmScanEvents::OnScan-Hard-wareResponse()。

注释

如果请求失败(如,由于通信失败),DTM 也应调用 IDtmScanEvents::OnScanHardwareResponse()并按照现场总线特定的架构传递 XML。

6.3.17.3 CancelAction

```
HRESULT CancelAction (
        [in] FdtUUIDString invokeId,
        [out,retval] VARIANT_BOOL * result);
```

描述

取消激活的硬件检测请求。

该方法是 GB/T 29618.2 所定义的 Hardwareinformation 服务的部分实现。

参数	描述
invokedId	扫描硬件请求的唯一标识符

返回值

返回值	描述
TRUE	取消动作被接受
FALSE	取消动作没有被接受

行为

框架应用程序调用该方法来取消已启动的扫描操作。如果 DTM 能取消该操作,它将返回 TRUE 且不触发 IDtmScanEvents::OnScanHardwareResponse()事件。

如果 DTM 不能取消该操作,它将返回 FALSE,当操作完成时,触发 IDtmScanEvents::OnScan-Hardware Response()事件。

注释

无。

6.3.18 IDtmSingleDeviceDataAccess 接口

6.3.18.1 概述

该接口允许一个框架应用程序在线访问一个设备的特定参数。

该接口以异步的方式执行。通过框架应用程序的多线程能访问设备内的数据。例如:框架应用程序通过该接口可以并行执行 IDtmOnlineParameter::DownloadRequest()和 WriteRequest()。

DTM 应为多个异步并行请求做好准备。这些请求应按照接受的顺序进行处理。

IDtmSingleDeviceDataAccess 方法不应改变实例数据集,但应考虑“modifiedDevice”属性(见 FDT-DataTypesScheme)。

6.3.18.2 CancelRequest

```
HRESULT CancelRequest (
                [in] FdtUUID invokeId,
                [out,retval] VARIANT_BOOL * result);
```

描述

取消 invokeId 标识的活动的读、写或项列表请求。

该方法是 GB/T 29618.2 所定义的 DeviceDataRead,DeviceDataWrite 和 DeviceDataInformation 服务的部分实现。

参数	描述
invokedId	读或写请求的唯一标识

返回值

返回值	描述
TRUE	取消挂起请求的请求被接受
FALSE	取消挂起请求的请求没有被接受

行为

框架应用程序调用该方法来取消一个活动的请求。如果 DTM 已经接受 CancelRequest(),它返回 TRUE,而不应触发取消操作的响应事件。

DTM 接收请求后,也许不能立即取消该动作,但它应尽快的取消该动作。

注释

无。

6.3.18.3 ItemListRequest

```
HRESULT ItemListRequest(
                [in] FdtUUIDString invokeId)
```

描述

ItemListRequest 执行一个异步 XML 文档请求,该 XML 文档包含可用的设备特定参数和过程值的列表。

该方法是 GB/T 29618.2 所定义的 DeviceDataInformation 服务的部分实现。

返回值

返回值	描述
invokeId	请求的唯一标识符

行为

通过该方法框架应用程序可请求一系列 DTM 可访问的项目。

数据源是设备本身。DTM 应一直接受该请求。如果不能处理该请求,失败的原因应作为响应部分异步地提供。响应(或失败或成功)应在 IDtmSingleDeviceDataAccessEvents::OnItemListResponse

()提供。

注释

依赖于用户角色,列表项的内容可能改变。

6.3.18.4 ReadRequest

```
HRESULT ReadRequest(
            [in] FdtUUIDString invokeId,
            [in] FdtXmlDocument itemSelectionList);
```

描述

ReadRequest 通过 DTM 与相关设备异步交换数据结构。

该方法是 GB/T 29618.2 所定义的 DeviceDataRead 服务的部分实现。

参数	描述
invokeId	用于请求的唯一标识符
itemSelectionList	由 DTMItemListSchema 指定,由 DtmItemSelectionList 描述的被请求项列表

返回值

无。

行为

通过该方法框架应用程序可以从设备请求数据。通过响应 XML 文档向框架应用程序传递错误信息。如果 DTM 不能接受请求,它可以在调用内发送响应。

ReadRequest()方法的执行应不改变实例数据集的数据。

DTM 应总是接受该请求。如果不能处理该请求,失败的理由应作为响应部分异步地提供。响应(失败或结果)应在 IDtmSingleDeviceDataAccessEvents::OnReadResponse()提供。

注释

为了向框架应用程序通知正在进行的活动,当一个响应挂起时,推荐触发 IDtmEvents::OnProgress()事件。

DTM 一次应能够处理多个请求。执行的顺序和请求的顺序一样。对于每个请求应有一个相应的响应。如果一个请求不能被执行,应提供相应的响应。

6.3.18.5 WriteRequest

```
HRESULT WriteRequest(
            [in] FdtUUIDString invokeId,
            [in] FdtXmlDocument itemList);
```

描述

WriteDeviceRequest 通过 DTM 与相关设备异步交换数据结构。

该方法是 GB/T 29618.2 所定义的 DeviceDataWrite 服务的部分实现。

参数	描述
invokeId	用于请求的唯一标识符
itemList	由 DTMItemListSchema 指定,由 DtmItemSelectionList 描述的被请求项列表

返回值

无。

行为

通过该方法,框架应用程序按照设备特定的规则请求 DTM 写特定的数据到它的设备中。通过相关的响应 XML 文档,错误信息传递给框架应用程序。如果 DTM 不接受请求,它能在调用内发送响应。

执行 WriteRequest()方法应不改变实例数据集的数据。

DTM 必须检测是否可以通过请求锁定操作实例数据集中的"modifiedInDevice"(参考 FDT 数据类型条款)标识。如果锁定请求失败,DTM 也必须拒绝 WriteRequest()-提供一个相应的响应。

DTM 应总是接受该请求。如果不能处理该请求,失败的原因应作为响应部分异步地提供。响应(失败或结果)应在 IDtmSingleDeviceDataAccessEvents::OnWriteResponse()中提供。

注释

为了向框架应用程序通知正在进行的活动,当一个响应挂起时,推荐触发 IDtmEvents::OnProgress()事件。

DTM 一次应能够处理多个请求。执行的顺序和请求的顺序一样。对于每个请求应有一个相应的响应。

6.3.19 IDtmSingleInstanceDataAccess 接口

6.3.19.1 概述

该接口允许框架应用程序离线访问设备特定的参数。

6.3.19.2 GetItemList

```
HRESULT GetItemList(
            [out,retval] FdtXmlDocument * result);
```

描述

GetItemList 返回一个 XML 文档,该文档包含可获取的设备特定的参数列表。在 DTM 内,该系列参数可能包含与组态参数相关的项,也包含资产管理相关的数据。

该方法是 GB/T 29618.2 所定义的 InstanceDataInformation 服务的部分实现。

返回值

返回值	描述
result	XML 文档包含一个带有 DTMItemListSchema 指定实际可用参数的 DtmInfoList

行为

该方法提供可以通过 DTM 访问的项列表。数据源是 DTM 实例数据集。

在这些列表中提供的项目也可以用作 FDT 通道对象(由 IDtmChannel::GetChannels()提供)或模型化为一个导出变量(由 IDtmParameter::GetParameters()或 IBtmParameter::GetParameters()提供的 DtmVariable)。这些项目的关系可通过"smanticld"属性标识。

注释

所提供的 XML 文档的内容依赖于设备的当前配置。如果内容改变,DTM 必须通过发送 IDtmSingle-InstanceDataAccess::OnItemListChanged()通知框架应用程序。

依赖于用户角色,该列表项可能变化。

6.3.19.3 Read

```
HRESULT Read (
            [in] FdtXmlDocument itemSelectionList,
```

```
        [out,retval] FdtXmlDocument * result);
```

描述

读与相关的实例数据集同步交换数据结构。

该方法是 GB/T 29618.2 所定义的 InstanceDataRead 服务的部分实现。

参数	描述
itemSelctionList	由 DTMItemListSchema 指定，由 DtmItemSelectionList 描述的被请求项列表

返回值

返回值	描述
result	数据被请求作为 DTMItemListSchema 指定的 DtmItemList

行为

通过该方法框架应用程序可以从一个实例数据集请求数据。

注释

无。

6.3.19.4 Write

```
HRESULT Write(
        [in] FdtXmlDocument itemList,
        [out,retval] FdtXmlDocument * result);
```

描述

写与 DTM 同步交换一个数据结构。

该方法是 GB/T 29618.2 所定义的 InstanceDataWrite 服务的部分实现。

参数	描述
itemList	由 DTMItemListSchema 指定，由 DtmItemSelectionList 描述的被请求项列表

返回值

返回值	描述
result	作为 DtmItemList 的数据，包含由 DTMItemListSchema 指定的被成功写入的设备数据(由于四舍五入过程，可能区别于设备内的写入值)

行为

通过该方法框架应用程序请求 DTM 将特定的数据写到实例数据集中。DTM 必须检测它是否能够通过请求锁定来操作实例数据集。如果锁定请求失败，DTM 也必须拒绝该请求。

此外为了保持实例数据集的一致性，DTM 必须应用业务规则。

注释

无。

6.4 DTM ActiveXControl

6.4.1 IDtmActiveXControl 接口

该接口是标准 ActiveX 控件的扩展，它允许 DTM 对象连接 ActiveX 控件。

6.4.2 Init

```
HRESULT Init (
            [in] FdtUUIDString invokeId,
            [in] FdtXmlDocument,
            [in] IDtm * dtm,
            [out,retval] VARIANT_BOOL * result);
```

描述

设置指向相应 DTM 的 ActiveX 控件的回调指针。

该方法是一个特定技术服务的实现。

参数	描述
invokeId	用于已启动的应用程序的标识符
functionCall	XML 文档包含用于 DTMFunctionCallSchema 指定的被请求功能标识符或用户界面的功能 ID
dtm	指向 DTM 事务对象的指针

返回值

返回值	描述
TRUE	控件被实例化
FALSE	操作失败

行为

设置指向相应 DTM 的 ActiveX 控件的回调指针。在运行期间,功能 ID 可用来触发一个用户界面。是否支持该功能由控件决定。

如果初始化返回 FALSE,框架应用程序必须释放该控件。

如果控件在 DTM 的用户界面内被终止(见 IDtmEvents::OnApplicationClosed()),框架应用程序使用 invokeId 来关联其回调接口。此外,它允许框架应用程序来处理一系列打开的用户界面。

注释

无。

6.4.3 PrepareToRelease

```
HRESULT PrepareToRelease(
            [out,retval] VARIANT_BOOL * result);
```

描述

用于通知 DTM 控件它必须释放与其他组件的链接。在 DTM 已发送 DtmEvents::OnApplicationClosed()后,框架应用程序将释放该控件。

该方法是一个技术特定的服务的实现。

返回值

返回值	描述
TRUE	请求被接受
FALSE	操作被拒绝

行为

如果该请求被接受,ActiveX 将释放 Init()期间设置的指向 DTM 的回调指针。此外控件必须释放所有与其他组件的链接,并必须终止所有挂起的或正在运行的功能。DTM 必须通过 IDtmEvents::OnAppli-cationClosed()向框架应用程序通知用户界面可以被释放。

如果返回 FALSE,DTM 将不调用 OnApplicationClosed()并保持它当前的状态。

注释

无。

6.5 FDT 通道

6.5.1 IFdtChannel 接口

6.5.1.1 概述

这是通道的主要接口,用来提供通道分配所必需的所有信息。

6.5.1.2 GetChannelParameters

```
HRESULT GetChannelParameters(
            [in] FdtXPath parameterPath,
            [in] FdtUUIDString protocolId,
            [out,retval] FdtXmlDocument * result);
```

描述

返回一个带有现场总线相关的通道特定参数的 XML 文档。

该方法是 GB/T 29618.2 所定义的 ReadChannelinformation 服务的部分实现。

参数	描述
parameterPath	XML 文档内的 FdtXPath
protocolId	现场总线协议的 UUID。该 UUID 可能是: ——GetSupportedProtocols()返回并由 DTMProtocolsSchema 指定的 UUID 中的一个。 ——在 DTM 返回的 DTM 参数文档相应〈ChanneReference〉元素内定义的 UUID

返回值

返回值	描述
result	带有架构(如 FDTHARTChannelParameterSchema 或 FDTProfibusChannelParameterSchema)指定通道特定参数的 XML 文档

行为

返回一个 XML 文档,该文档具有现场总线特定架构指定的通道特定参数。现场总线由 protocolId 选择。返回的参数主要用于通道分配。对于没有现场总线主站的设备,该文档可能为空。

没有任何过程相关数据(如,一个纯粹的通信通道)的通道应返回一个基于 FDTBasicChannel-ParameterSchema 的文档。

如果这个通道不支持被请求的协议 UUID,推荐返回一个基于 FDTBasicChannelParameterSchema 的文档。该文档至少应向用户提供一些基本信息。

注释

无。

6.5.1.3 GetChannelPath

```
HRESULT GetChannelPath(
        [out,retval] FdtXPath * result);
```

描述

返回一个通道的标识。

该方法是 GB/T 29618.2 所定义的 ReadChannelInformation 服务的部分实现。

返回值

返回值	描述
result	标识设备内通道的路径

行为

返回路径，该路径标识设备内的通道。该字符串不应为空。它总是以设备实例的 systemTag 开始，通道 ID 紧随着 systemTag。DTM 必须保证一个设备实例的路径是唯一的。通道路径是用来在 IFdtTopology 和 IFdtChannelSubTopology 处理系统结构的基本信息。

〈systemTag〉/〈id〉

对于通信通道有一些创建 channelPath 的特定规则。

如何生成通信通道的 channelPath 取决于该通道的功能。该通信通道也作为过程通道，从子设备的过程通道接收数据。

如果通道是被动的，也就是说它从一个子设备接收数据并将该数据不做任何改变提供到其通道参数文档中，channelPath 应由系统标签、设备自身的实例的通道 ID、子设备的系统标签和编组通道的 ID 组成。

〈systemTag〉/〈id〉//〈systemTag〉/〈id〉

如果通道是主动的，也就是说，它处理从一个子设备接受数据，并在它自己的通道参数文档内提供结果。ChannelPath 应由通道设备自身实例的系统标签和通道 ID 构成。

〈systemTag〉/〈id〉

这允许通过具有网关功能设备的内部通道分配来实现导航。

一般而言，如果通道的 channelPath 已改变，相应的 DTM 必须针对其他 FDT 对象可能的行为发送 OnParameterChanged() 。

注释

Profibus 远程 I/O 就是这种通道的一个例子。Profibus 远程 I/O 从底层 HART 设备读取主变量(提供作为 HART 通道)并在它自己的周期 I/O 数据(Profibus DP 通道)内提供该值。

6.5.1.4 SetChannelParameters

```
HRESULT SetChannelParameters(
        [in] FdtXPath parameterPath,
        [in] FdtUUIDString protocolId,
        [in] FdtXmlDocument xmlDocument,
        [out,retval] VARIANT_BOOL * result);
```

描述

设置通道特定参数的改变。

该方法是 GB/T 29618.2 所定义的 WriteChannelInformation 服务的实现。

参数	描述
parameterPath	XML 文档内的 FdtXPath
protocolId	现场总线协议的 UUID。这个 UUID 应该是由 GetSupportedProtocols()返回并由 DTMProtocolsSchema 指定的一个 UUID
xmlDocument	带有架构(如,FDTHARTChannelParameterSchema 或 FDTProfibusChannelParameterSchema)指定通道特定参数的 XML 文档

返回值

返回值	描述
TRUE	通道已接受带所有变化的整个文档
FALSE	文档包含无效的变化

行为

该方法按照一个现场总线特定的架构传递一个带有通道特定参数的 XML 文档。现场总线由 protocolId 参数定义。

如果通道已接受包括所有改变的完整文档,返回 TRUE。返回 FALSE 意味着通道已经拒绝所有传递的改变。在这种情况下,通道通过 IDtmEvents::OnErrorMessage()回调接口详细地向框架应用程序通知该错误。

该方法处理 DTM 的临时数据。也就是说,新数据没有被隐式存储。例如,通过调用 IFdtContainer::SaveRequest(),临时数据将变成永久性数据。

注释

见 7.14.1。

6.5.2 IFdtChannelActiveXInformation 接口

一般一个 FdtChannel 没有用户界面,但对于通信通道它可能需要有一个用户界面。依赖于现场总线协议和通信通道的能力,它可能需要实现一个用户界面用来配置通信本身。

例如,如果包含了一个硬件驱动,如选择 COM 端口或中断地址这些参数应由用户来设定。这些数据封装在通信通道内,只有通过网关特定的用户界面来配置。

6.5.2.1 GetChannelActiveXGuid

```
HRESULT GetChannelActiveXGuid(
        [in] FdtXmlDocument  functionCall
        [out,retval] FdtUUIDString * result);
```

描述

返回与功能调用相对应的 ActiveX 控件的 UUID。

该方法是 GB/T 29618.2 所定义的 GetGuiInformation 服务的一个实现。

参数	描述
functionCall	XML 文档包含 DTMFunctionSchema 指定的被请求用户界面的功能 ID

返回值

返回值	描述
result	ActiveX 控件的 UUID

行为

返回一个控件的UUID，框架应用程序能用这个UUID实例化控件。

如果不支持请求功能，方法返回NULL指针。

对于一个通信通道，它将是一个用来设置特定通信参数的用户界面。

注释

无。

6.5.2.2 GetChannelActiveXProgId

```
HRESULT GetChannelActiveXProgId(
            [in] FdtXmlDocument functionCall,
            [out,retval] BSTR * result);
```

描述

返回与功能调用相对应的ActiveX控件的ProgId。

该方法是GB/T 29618.2所定义的GetGuiInformation服务的一个实现。

参数	描述
functionCall	XML文档包含DTMFunctionSchema指定的被请求用户界面的功能ID

返回值

返回值	描述
result	ActiveX控件的ProgId

行为

返回与功能invokeID相对应的ActiveX控件的ProgId。用脚本语言实现的框架应用程序能用这个ProgId来实例化控件。

如果不支持被请求的应用，方法返回NULL指针。

该方法是GB/T 29618.2所定义的GetGuiInformation服务的一个实现。

对于一个通线通道，它将是一个用来设置特定通信参数的用户界面。

注释

无。

6.5.2.3 GetChannelFunctions

```
HRESULT GetChannelFunctions (
            [in] FdtXmlDocument operationState,
            [out,retval] FdtXmlDocument * result);
```

描述

返回一个XML文档，该文档包含FDT通道对象的标准功能信息(ApplicationID)或附加功能信息(functionId)。

该方法是GB/T 29618.2所定义的GetFunctions服务的部分实现。

参数	描述
operationState	XML文档包含由FDTOperationPhaseSchema指定的当前运行阶段

返回值

返回值	描述
result	XML 文档包含由 DTMChannelFunctionsSchema 指定的实际支持的功能

行为

该方法提供了对 DTM 通道对象功能的访问,该功能可由 applicationID 和不属于 FDT 范围的特定的功能来定义。一旦 FDT 通道对象实例化,这些数据就可以使用,但是如果它是实例特定的,该信息可能改变。

也就是说,在一个 OnChannelFunctionChanged()事件后,文档的内容可能改变或至少为空。如果组态导致扩展功能改变,DTM 发送该事件。

通常框架应用程序使用该信息创建菜单。仅支持具有用户界面的功能。这些用户界面可通过 GetChannelActiveXGuid()或 GetChannelActiveXProgId()访问且异步工作。

异步行为描述在相应的条款中。

注释

无。

6.5.3 IFdtCommunication 接口

6.5.3.1 概述

该接口是带有通信功能的通道的通信入口。该接口与相应组件的连接建立嵌套通信链。可向拥有通信通道的 DTM 请求相应通信组件的通信指针。

通道能够支持多种不同的现场总线协议。协议特定的 XML 文档可通过 IFdtCommunication 和 IFdtCommunicationEvents 接口在通信通道与连接的客户端之间交互。使用的协议类型由连接请求指定。

把通信功能调用分成请求和响应功能可实现非阻塞的行为。DTM 向下一个通信组件发送一个或多个请求。对于下一个通信组件,不允许在请求方法中向相应的响应方法发送响应。

6.5.3.2 Abort

```
HRESULT Abort(
        [in] FdtXmlDocument fieldbusFrame);
```

描述

中止没有任何响应的设备的通信链接。

该方法是 GB/T 29618.2 所定义的 AbortRequest 服务的实现。

参数	描述
fieldbusFrame	现场总线协议特定的关于如何中止的信息。这个结构由现场总线特定的架构如 FDTHART-CommunicationSchema 或 FDTProfibusCommunicationSchema 指定

返回值

无。

行为

该方法向下一个通信组件或连接设备发送中止事件,来终止所有挂起的请求并直接返回而不等待结果。连接的中止不用被确认。

注释

无。

6.5.3.3 ConnectRequest

```
HRESULT ConnectRequest(
        [in] IFdtCommunicationEvents * callBack,
        [in] FdtUUIDString invokeId,
        [in] FdtUUIDString protocolId,
        [in] FdtXmlDocument fieldbusFrame,
        [out,retval] VARIANT_BOOL * result);
```

描述

异步建立一个与现场总线报文指定设备的新通信链接。ConnectRequest() 建立一个到设备的路由作为对等连接。

该方法是 GB/T 29618.2 所定义的 Connect 服务的部分实现。

参数	描述
callBack	回调接口,用于通知响应是否存在
invokeId	用于请求的唯一标识符
protocol Id	被使用现场总线协议的 UUID。标识现场总线特定架构的类型
fieldbusFrame	现场总线协议特定的关于如何连接的信息,该结构由现场总线特定的架构如 FDTHARTCommunicationSchema 或 FDTProfibusCommunicationSchema 指定

现场总线协议特定的关于如何连接的信息。该结构由现场总线特定的架构指定,如 FDTHARTCommunicationSchema 或 FDTProfibusCommunicationSchema。

返回值

返回值	描述
TRUE	请求被发送
FALSE	请求被拒绝

行为

该方法传递一个 XML 文档,该文档带有现场总线特定架构指定的通信参数。使用的现场总线协议由参数 protocolId 标识。

基于这个信息,方法向下一个通信组件或连接的设备发送请求,并直接返回而不等待连接建立。

响应由 IFdtCommunicationEvents2::OnConnectResponse()提供。

现场总线报文包含现场总线主机如何建立连接的附加的现场总线协议特定信息。例如,对于 HART 主机来说,由 DTM 发送的信息(如重复次数或 HART 协议的前导符个数)等是一个提示信息。该信息是否恰当由环境决定。

此外,现场总线报文包含现场总线协议特定的信息——关于如何寻址连接到特定现场总线的设备。

在连接请求中提供的 systemTag 是通信客户端的 systemTag。它可以通过调用 IFdtTopology::GetDtmForSystemTag()获取通信客户端的 IDtm 接口。

如果 systmTag 为空(“”),通信客户端不是一个 DTM(可能是一个框架应用程序或其他组件)。

注释

见 FDT“用例与情境”。

6.5.3.4 DisconnectRequest

```
HRESULT DisconnectRequest(
[in] FdtUUIDString invokeId,
[in] FdtXmlDocument fieldbusFrame,
[out,retval] VARIANT_BOOL * result);
```

描述

通过异步功能调用释放与设备的通信链接。对于同一个设备的多个连接,链接由通信引用标识,该通信引用是现场总线报文的一部分。

该方法是 GB/T 29618.2 所定义的 Disconnect 服务的部分实现。

参数	描述
invokeId	用于请求的唯一标识符
fieldbusFrame	现场总线协议特定的信息——如何释放现场总线特定架构如 FDTHARTCommunicationSchema 或 FDTProfibusCommunicationSchema 指定的连接

返回值

返回值	描述
TRUE	请求被发送
FALSE	请求被拒绝

行为

方法传递一个 XML 文档,该文档带有现场总线特定架构指定的通信参数。

基于这些信息,方法向下一个通信组件或连接设备发送请求,终止所有挂起的请求并立即返回结果。

响应由 OnDisconnectResponse()提供。

注释

见 FDT"用例与情境"。

6.5.3.5 GetSupportedProtocols

```
HRESULT GetSupportedProtocols(
            [out,retval] FdtXmlDocument  *  result);
```

描述

获得一个文档,该文档描述通信接口所支持的协议。

该方法是 GB/T 29618.2 所支持的 GetSupportedProtocols 服务的实现。

返回值

返回值	描述
result	由 DTMProtocolsSchema 指定、描述通信接口所支持支持协议的 XML 文档

行为

通过该方法,希望建立连接的 DTM 向下一个通信组件请求所支持的通信协议。

该方法返回一个 XML 文档,该文档带有 DTMProtocolSchema 指定协议 UUID。只有组态子设备支持的协议才能被返回。

如果运行时一个通道支持多个协议，它必须并行支持所有协议。

由于一个改变可能导致一个无效的拓扑，如果一个子设备连接到通道，GetSupportedProtocols()必须返回静态信息。支持哪个协议可在拓扑设计中决定(见 ValidateAddChild() ，OnAddChild())。

所以如果通信通道能被配置为支持不同协议，只有在没有相连接的子设备时才能执行。

注释

在通信启动之前，支持多个协议的 DTM 必须向通道请求它支持的协议。

6.5.3.6 SequenceBegin

```
HRESULT SequenceBegin(
        [in] FdtXmlDocument fieldbusFrame,
        [out,retval] VARIANT_BOOL * result);
```

描述

通信组件必须遵守由 SequenceBegin()启动并由 SequenceEnd()关闭的块的事务通信调用，在时序定义的时间段内完成。

块支持异步读/写和数据交互请求。

该方法是 GB/T 29618.2 所定义的 SequenceDefine 服务的部分实现。

参数	描述
fieldbusFrame	描述时序的现场总线协议特定的信息。这个报文由现场总线特定架构如 FDTHARTCommunicationSchema 或 FDTProfibusCommunicationSchema 指定

返回值

返回值	描述
TRUE	加载支持的时序
FALSE	功能不被支持

行为

在一个时序成功开始后，最后一个通信组件或至少硬件本身收集了所有已发送的事务请求。这可以是在一个连接上包含几个 TransactionRequt()调用的序列。挂起的请求集通过 IFdtCommunication::SequenceEnd()关闭。

该方法的 filedFrame 参数必须包含"Sequence"元素(见架构)。该元素包含下列属性：

属性	描述
sequenceTime	整个时序是毫秒级的周期时间
delayTime	两次连续通信调用之间是毫秒级的最小延迟时间
communicationReference	通信链接的标识符

在时序大于 0 的情况下，通信组件必须检测整个序列执行时间是否小于或等于时序时间。

在延时时间大于 0 的情况下，已收集所有通信调用的最后一个通信组件必须在每个命令之后发送下一个命令之前等待延时时间定义的时间。

通信组件按照相关联的硬件决定它是否支持该功能。

如果后面的通信组件的最后一个通信组件不支持该功能，这可能由相关联的硬件导致，方法返回

FALSE。

实际的通信开始于 IFdtCommunication∷SequenceStart()调用。

每一个 TransactionRequest 对应一个 TransactionResponse. 一旦通信 DTM 探测到 SequenceTime 已经期满,它立即向所有挂起的请求发送带有 CommunicationError“sequenceTimeExpired”的 TransactionResponse.

注释

默认的执行是通过所有通信组件传递该函数调用。只有最后一个通信组件可以决定是否支持该功能。

6.5.3.7 SequenceEnd

```
HRESULT SequenceEnd(
            [in] FdtXmlDocument fieldbusFrame,
            [out,retval] VARIANT_BOOL * result);
```

描述

关闭开始于 SequenceBegin()的通信块。

改方法是 GB/T 29618.2 所定义的 SequenceDefine 服务的部分实现。

参数	描述
fieldbusFrame	关闭事务调用时序的现场总线协议特定信息。这个结构由现场总线特定架构(如 FDTHART-CommunicationSchema 或 FDTProfibus Communica- tionSchema)指定

返回值

返回值	描述
TRUE	时序被关闭
FALSE	没有打开的时序

行为

关闭开始于 SequenceBegin()的通信块,与设备的实际通信在 SequenceStart()时启动。

注释

默认的执行是通过所有通信组件传递该函数调用。只有最后一个通信组件可以决定是否支持该功能。

6.5.3.8 SequenceStart

```
HRESULT SequenceStart(
            [in] FdtXmlDocument fieldbusFrame,
            [out,retval] VARIANT_BOOL * result);
```

描述

在控制器启动时,执行通信序列。通信序列遇到错误时中止。相应的事务响应功能调用提供通信结果。(对于每一个记录的事务请求接收相应的事务响应)。

该方法是 GB/T 29618.2 所定义的 SequenceStart 服务的部分实现。

参数	描述
fieldbusFrame	启动事务调用时序的现场总线协议特定信息。这个报文由现场总线特定架构如 FDTHART-CommunicationSchema 或 FDTProfibu sCommunic- ationSchema 指定

返回值

返回值	描述
TRUE	通信时序被启动
FALSE	通信时序不能被启动

行为

不用任何中断,执行挂起的请求来启动通信方法直接返回而不等待结果,所以调用应用程序不会被阻塞。

通信序列遇到错误中止。

通过相应的响应事件 OnTransactionResponse()可以访问通信数据或通信错误。

注释

默认的执行是通过所有通信组件传递该函数调用。只有最后一个通信组件可以决定是否支持该功能。

6.5.3.9 TransactionRequest

```
HRESULT TransactionRequest(
            [in] FdtUUIDString invokeId,
            [in] FdtXmlDocument fieldbusFrame,
            [out,retval] VARIANT_BOOL * result);
```

描述

TransactionRequest 异步与现场总线报文指定的设备执行数据结构交换。

该方法是 GB/T 29618.2 所定义的 Transaction 服务的部分实现。

参数	描述
invokeId	用于请求的唯一标识符
fieldbusFrame	将被传输的、由现场总线特定架构如 FDTHARTCommunicationSchema 或 FDTProfibusCommunicationSchema 指定的现场总线协议特定的信息

返回值

返回值	描述
TRUE	请求被发送
FALSE	请求被拒绝

行为

方法传递一个 XML 文档,该文档带有特定现场总线指定的通信参数的。

基于这些信息,该方法向下一个通信组件或连接的设备发送数据交换请求,不等待结果直接返回。对于多个挂起请求的情况,通过传递的 invokeID 关联请求和响应。客户端负责为指定的通信链接传递一个独立的 invokeID。

响应由 OnTransactionResponse()提供。

如果在序列定义部分调用 TransactionRequest()且给定的时序期满,则返回值必为假。

注释

在通信通道执行哪个内部通信方法依赖于现场总线协议。例如,HART 支持数据交换命令,而 Profibus 提供读/写服务。

通信通道的开发者不能期望一个设备每次只有一个挂起的请求。例如几个客户端(框架应用程序和设备 DTM)试图从同一个设备上获取信息。

设备 DTM 的开发者应考虑到所使用的通信结构产生通信延时。所以设备 DTM 应限制通信请求数量。由于可能存在多种理由拒绝事务请求,设备 DTM 也应能够处理一个被拒绝的请求。

即使底层现场总线协议允许每次向一个或多个设备只能发送一个通信请求,通信通道应能够管理多个请求。

要求通信通道按照接收的顺序处理请求,如果没有指定顺序,按照协议处理请求。

6.5.4 IFdtChannelSubTopology 接口

6.5.4.1 概述

通信通道应支持该接口。它允许验证通道下面的子拓扑结构。框架应用程序总是负责通道的子拓扑,框架应用程序必须调用该接口以便通道能验证已配置的连接,或至少相应的 DTM 能验证已配置的连接。

6.5.4.2 OnAddChild

```
HRESULT OnAddChild(
            [in] BSTR childSystemTag);
```

描述

通知通道一个新的设备被加入到子拓扑。

该方法是 GB/T 29618.2 所定义的 ChildAdded 服务的实现。

参数	描述
childSystemTag	新添加的子实例的系统标签

返回值

无。

行为

通知通道一个新设备已经加入到子拓扑中,这个新设备由它的系统标签标识。

如果通道需要更多关于子 DTM 的信息,它能通过 IFdtTopology::GetDtmForSystemTag()传递已接收的系统标签来获得 DTM。

注释

该方法仅仅用于向父 DTM 通知拓扑已改变。在重载的情况下,如重载项目相关的数据,不应调用该方法。

6.5.4.3 OnRemoveChild

```
HRESULT OnRemoveChild(
            [in] BSTR childSystemTag);
```

描述

通知通道一个设备已从子拓扑删除。

该方法是 GB/T 29618.2 所定义的 ChildRemoved 服务的实现。

参数	描述
childSystemTag	将被删除的子 DTM 的系统标签

返回值

无。

行为

通知通道由系统标签指定的设备从子拓扑里被删除。

如果通道需要更多关于子 DTM 的信息，它能通过 IFdtTopology::GetDtmForSystemTag()传递已接收的系统标签获得 DTM。

注释

该方法仅仅用于向父 DTM 通知拓扑已改变。在销毁的情况下，如关闭一个项目，不应调用该方法。

从 OnRemoveChild()返回之前，DTM 应释放对被删除子 DTM 的所有引用。

6.5.4.4 ScanRequest

```
HRESULT ScanRequest(
        [in] FdtUUIDString invokeId,
        [out,retval] VARIANT_BOOL * result);
```

描述

该方法请求一次子拓扑的异步扫描。

该方法是 GB/T 29618.2 所定义的 Scan 服务的部分实现。

参数	描述
invokeId	用于请求的唯一标识符

返回值

返回值	描述
TRUE	子拓扑扫描请求被接受
FALSE	操作失败

行为

请求扫描子拓扑。如果扫描完成，通过 IDtmEvents::OnScanResponse()提供结果。

注释

如果运行在 FDT 1.2 环境下，该方法受限，应单独支持。

6.5.4.5 ValidateAddChild

```
HRESULT ValidateAddChild(
        [in] BSTR childSystemTag,
        [out,retval] VARIANT_BOOL * result);
```

描述

验证由系统标签指定的给定设备是否能被添加到子拓扑中。

该方法是 GB/T 29618.2 所定义的 ValidateAddChild 服务的实现。

参数	描述
childSystemTag	子 DTM 的系统标签

返回值

返回值	描述
TRUE	拓扑有效
FALSE	拓扑无效

行为

通道验证连接，如果连接无效，返回 TRUE。

如果通道需要更多关于子 DTM 的信息，它能通过 IFdtTopology::GetDtmForSystemTag()传递已接收的系统标签来获得 DTM。

注释

多协议支持的设备 DTM 应在〈BusInformation〉元素内包含 busCategory 信息。

如果 1.2.1 版本的 DTM 连接到 1.2 版本的通信通道，1.2.1 版本的框架应用程序必须考虑：

——在 DTM 的 DtmParameter 文档内的第一个 BusInformation 元素视为主要的协议；

——框架应用程序需要检测 DTM 的主要协议是否被通信通道支持。

1.2 版本的框架应用程序：

——因为旧版本的架构只支持一个 BusInformation 元素，所以 DTM 只能支持一个协议。

见 6.5.4.1。

6.5.4.6 ValidateRemoveChild

```
HRESULT ValidateRemoveChild(
            [in] BSTR childSystemTag,
            [out,retval] VARIANT_BOOL * result);
```

描述

验证由 systemTag 指定的给定设备是否可以从子拓扑被删除。

该方法是 GB/T 29618.2 所定义的 ValidateRemoveChild 服务的实现。

参数	描述
childSystemTag	子 DTM 的系统标签

返回值

返回值	描述
TRUE	拓扑有效
FALSE	拓扑无效

行为

通道必须验证设备是否可以从拓扑中被删除。

如果通道需要更多子DTM的信息，通过IFdtTopology::GetDtmForSystemTag()传递已接收的系统标签来获得DTM。

注释

验证应包括检测活动的连接，如果一个该通道的连接是活动的，返回FALSE。

6.5.5 IFdtChannelSubTopology2 接口

该必备接口由通信通道实现，并通过新方法扩展IFdtChannelSubTopology接口。

该接口支持网络拓扑地址设定的网络管理功能。该接口用于让DTM通信通道来为单个或子拓扑的所有DTM设置现场总线地址。

6.5.5.1 SetChildrenAddresses

```
HRESULT SetChildrenAddresses (
        [in] FdtXmlDocument dtmDeviceList,
        [out,retval] FdtXmlDocument * result);
```

描述

请求为指定的设备列表设定总线地址。

该方法是GB/T 29618.2所定义的SetChildrenAddresses服务的实现。

参数	描述
dtmDeviceList	符合DTMDeviceListSchema的XML,DTMDeviceListSchema定义了设备实例在哪儿设置地址

返回值

返回值	描述
Result	包含地址设置结果的XML文档，符合DTMDeviceListSchema格式

行为

通过相应子设备DTM的IDtmParameter接口，为一个或一系列设备请求总线地址的设置。请求指定：被调用的通信通道必须从用户打开的一个用户界面来请求设备地址设置。为了得到一个合乎条件的响应，在返回的文档中包含错误信息。

注释

作为执行该方法的一部分，IFdtActiveX2：OpenDialogActiveXControlRequest()方法可能用来请求地址选择。

通过IDtmParameter接口在设备DTM上设置总线地址，目的在于为设备DTM提供的信息。设备DTM不应使用现场设备设置地址的这个消息来执行通信事务。

6.5.6 IFdtChannelScan 接口

6.5.6.1 概述

该接口定义多个方法，这些方法取代与现存IFdtChannelSubTopology接口中扫描相关的方法。如果通信通道支持FDT 1.2.1并运行在支持FDT 1.2.1的环境中，FDT通道对象能使用该接口的方法而不使用IFdtChannelSubTopology接口的替代方法。

6.5.6.2 ScanRequest

```
HRESULT ScanRequest(
```

```
[in] FdtUUIDString invokeId,
[in] FdtXmlDocument request,
[out,retval] VARIANT_BOOL * result);
```

描述

请求子拓扑的异步扫描。

该方法是 GB/T 29618.2 所定义的 Scan 服务的部分实现。

参数	描述
invokeId	用于请求的唯一标识符
request	将要扫描的地址范围信息。符合 FDTscanRequestSchema 格式

返回值

返回值	描述
TRUE	子拓扑扫描请求被接受
FALSE	操作失败。应该调用 IDtmEvents:OnErrorMessage()

行为

该方法请求扫描子拓扑结构。通过 IDtmScanEvents::OnScanResponse()能返回多个扫描响应(临时的响应,最终的响应或错误)。

注释

提供临时扫描响应的能力特别适用于"慢"现场总线协议。操作者将看到活动设备列表如何增长。如果操作者接收足够的信息,可能停止扫描。

6.5.6.3 CancelAction

```
HRESULT CancelAction(
        [in] FdtUUIDString invokeID,
        [out,retval] VARIANT_BOOL * result);
```

描述

取消由 invokeID 标识的活动异步扫描请求。

该方法是 GB/T 29618.2 所定义的 Scan 服务的部分实现。

参数	描述
invokeId	扫描请求的唯一标识

返回值

返回值	描述
TRUE	接受取消扫描的请求
FALSE	未接受取消扫描的请求

行为

框架应用程序调用该方法用来取消激活的扫描请求操作。如果通道已经接受取消动作请求,它将返回 TRUE。

接受请求后,通道可能不立即取消动作,但是它应尽可能快地取消动作。在这种情况下,通道不触发 IDtmScanEvents::OnScanResponse()事件。

如果通道不能取消该操作，返回 FALSE。当操作完成时，触发 IDtmScanEvents::OnScanResponse() 事件。

注释

CancelAction 不能自动使临时扫描结果无效，但是能停止获取附加信息。通信通道应停止扫描过程。

6.5.7 IFdtFunctionBlockData 接口

6.5.7.1 概述

对于故障安全设备，DTM 应支持该接口。

一个 FDT 系统的根通信组件定义系统是否提供故障安全访问。

在一个能提供故障安全访问的系统中，重要的是所有通信组件支持故障安全访问。通信通道必须支持故障安全功能调用的传递。那也是为什么对所有具有通信功能的通道该接口是必备接口。如果网关设备本身不提供故障安全功能，传递功能调用给底层通信就足够了。

网关 DTM 和设备 DTM 必须注意底层通信可能不支持该接口。

该接口是一个允许可扩展拓扑的总线主站 DTM 的通信通道的一部分。管理故障安全功能块(FB)的 DTM 将成为框架应用程序的一部分且是 DCS 特定的。

通信通道必须完成故障安全功能调用的传播。那也是为什么对所有带网关功能的通道该接口是必备接口。

总线主站的该接口包含两个调用。第一个调用使框架应用程序打开一个浏览器显示故障安全主机和可以利用的设备功能块。用户可以选择一个将与 DTM 相关联的设备功能块。

第二个调用提供以 XML 报文封装的私有设备参数块。该 XML 报文提供关于总线主站和设备功能块的信息。

6.5.7.2 GetFBInstanceData

```
HRESULT GetFBInstanceData(
                [in] BSTR * systemTag,
                [out,retval] FdtXmlDocument * result);
```

描述

该方法被故障安全设备的 DTM 用来检验设备参数的一致性。

用户能将从设备直接上载的设备参数和比较和通过位于总线主站上的代理功能块从设备间接读取的设备参数。

返回一个包含故障安全设备参数的静态 XML 文档。

该方法是一个技术特定的服务。

参数	描述
systemTag	设备实例的标识符

返回值

返回值	描述
result	包含 FDTFailSafeDataSchema 指定的故障安全设备的参数的 XML 文档

行为

在拓扑中，通道对象路由到包含 DTM 代理功能块的总线主站驱动，直接从总线主站读出私有设备参数集并传递它们给 DTM。

如果还没有为代理功能块指派 DTM，起初它执行如 SelectFBInstance()所描述的浏览功能。

如果通信 DTM 不支持故障安全功能，它将返回一个有效的 XML 文档，该 XML 文档不包含“FDTFailSafeData”元素。

注释

无。

6.5.7.3 SelectFBInstance

```
HRESULT SelectFBInstance(
        [in] BSTR * systemTag,
        [out,retval] VARIANT_BOOL * result);
```

描述

在一个故障安全设备的 DTM 能检验设备参数的一致性之前，用户必须在主机(总线主站)中向包含故障安全设备参数的 DTM 指派代理功能块。

该方法是技术特定的服务。

参数	描述
systemTag	设备实例的标识符

返回值

返回值	描述
TRUE	功能块被关联
FALSE	没有功能块被关联

行为

打开一个浏览器，该浏览器提供所有可利用的、包含设备各参数的代理功能块。用户必须为 DTM 选择相应故障安全设备的代理功能块。总线主站 DTM 把分配给调用 DTM 实例的代理功能块存储下来。

为故障安全设备指派 DTM 的机制在“用于安全技术的 PROFIBUS 行规，版本 1.20，23—10—2002”文档的“4.5.3 F 参数分配路径”部分得到了更详细的定义。

如果通信 DTM 不支持故障安全功能，它将返回一个“假”成功。

注释

无。

6.6 ActiveXControl 通道

6.6.1 IFdtChannelActiveXControl 接口

该接口是对标准 ActiveX 控件的扩展，允许 FDT 通道对象与 ActiveX 控件连接。

6.6.1.1 Init

```
HRESULT Init (
```

```
            [in] FdtUUIDString invokeId,
            [in] IFdtChannel * channel,
            [out,retval] VARIANT_BOOL * result);
```

描述

对相应的 FdtChannel 设置 ActiveX 控件的回调指针。

该方法是技术特定的服务。

参数	描述
invokeId	被启动应用程序的标识符
channel	指向通道事务对象的指针

返回值

返回值	描述
TRUE	通道被初始化
FALSE	操作失败

行为

对相应的 FdtChannel 设置 ActiveX 控件的回调指针。

如果初始化返回 FALSE,框架应用程序必须释放控件。

如果控件在 DTM 的用户界面内终止(见 IDtmEvents∷OnApplicationClosed()),框架应用程序使用 invokeId 来关联其回调接口。此外,它允许框架应用程序来处理一系列打开的用户界面。

注释

无。

6.6.1.2 PrepareToRelease

```
HRESULT PrepareToRelease(
            [out,retval] VARIANT_BOOL * result);
```

描述

用来通知通道控件必须释放与其他组件的链接。DTM 发送 IDtmEvents∷OnApplicationClosed()后,框架应用程序将释放控件。

该方法是技术特定的服务。

返回值

返回值	描述
TRUE	请求被接受
FALSE	操作失败

行为

在 Init()过程中,释放相应通道集的 ActiveX 控件回调指针。此外控件必须释放所有与其他组件的链接并终止所有正在挂起或运行的功能。DTM 必须通过 IDtmEvents∷OnApplicationClosed()向框架应用程序通知用户界面可能被释放。

注释

无。

6.6.2 IFdtChannelActiveXControl2 接口

6.6.2.1 概述

通过新方法,该接口可以扩展 IFdtChannelActiveXControl 接口,该接口是必备的。

6.6.2.2 Init2

```
HRESULT Init 2(
            [in] FdtUUIDString invokeId,
            [in] FdtXmlDocument functionCall,
            [in] IFdtChannel * channel,
            [out,retval] VARIANT_BOOL * result);
```

描述

对相应的 FdtChannel 设置 ActiveX 控件的回调指针。

该方法是技术特定的服务。

参数	描述
invokeId	已启动的应用程序标识符
functionCall	XML 文档包含被请求功能的 ID 或 DTMFunctionCallSchema 指定的用户接口
channel	指向通道事务对象的指针

返回值

返回值	描述
TRUE	通道被初始化
FALSE	操作失败

行为

对相应的 FdtChannel 设置 ActiveX 控件的回调指针。FunctionCall 文档向 ActiveXControl 的实例通知它启动的上下文环境。

如果初始化返回 FALSE,框架应用程序必须释放控件。

如果控件在 DTM 的用户界面内终止,该 invokeID 被框架应用程序用于关联回调接口。(见 IDtmEvents::OnApplicationClosed()),此外它允许框架应用程序处理一系列打开的用户界面。

注释

该功能取代前面不向通道 ActiveX 控件提供当前 functionCall 文档的 IFdtChannelActiveXControl::Init()功能。

符合 FDT 1.2.1 版本的框架应用程序应使用该方法代替前面的方法。

6.7 块类型管理

BTM 遵循为 DTM 制定的规则。定义一套新接口来代替相应的 DTM 接口并与 BTM 一起使用。新接口遵循 DTM 相应接口的规范,这些接口适用于 BTM,且使用 BTM 指定的架构。

这些接口是:

——IBtm;

——IBtmInformation；
——IBtmParameter。

6.7.1 IBtm 接口

6.7.1.1 概述

该接口是 BTM 的主要接口。IBtm 方法具有与 IDtm 接口指定的相同的行为。仅有的不同点是方法应用于块类型对象(不是应用于设备)。相同的方法应用于 DTM 和 BTM，相应的 XML 架构定义反映块和设备类型管理器对象之间的不同。

对 IBtm 接口，仅有的不同点在于在 IDtm∷InitNew()方法中使用的架构。

6.7.1.2 Config

对于该方法的描述参考 IDtm∷Config()方法。

6.7.1.3 Environment

对该方法的描述参考 IDtm∷Environment()方法。

6.7.1.4 GetFunctions

对该方法的描述参考 IDtm∷GetFunctions()方法。

6.7.1.5 InitNew

设备类型参数变化如下：

参数	描述
deviceType	XML 文档包含生产商特定数据，如 BtmInitSchema 指定块类型的唯一标识符

对该方法的描述参考 IDtm∷InitNew()方法。

6.7.1.6 InvokeFunctionRequest

对该方法的描述参考 IDtm∷InvokeFunctionRequest()方法。

6.7.1.7 PrepareToDelete

对该方法的描述参考 IDtm∷PrepareToDelete()方法。

6.7.1.8 PrepareToRelease

对该方法的描述参考 IDtm∷PrepareToRelease()方法。

6.7.1.9 PrepareToReleaseCommunication

对该方法的描述参考 IDtm∷PrepareToReleaseCommunication()方法。

6.7.1.10 PrivateDialogEnabled

对该方法的描述参考 IDtm∷PrivateDialogEnabled()方法。

6.7.1.11 ReleaseCommunication

对该方法的描述参考 IDtm∷ReleaseCommunication()方法。

6.7.1.12 SetCommunication

对该方法的描述参考 IDtm∷SetCommunication()方法。

6.7.1.13 SetLanguage

对该方法的描述参考 IDtm∷SetLanguage()方法。

6.7.2 IBtmInformation 接口

IBtmInformation 方法具有与 IDtmInformation 接口指定的相同行为。仅有的不同点是 GetInformation 方法应用于块类型对象(而不是应用于设备)。新的 XML 架构定义反映块和设备类型管理器对象之间的不同。

6.7.2.1 GetInformation

结果参数变化如下：

参数	描述
result	XML 文档包含 BtmInformationSchema 指定静态 BTM 信息

对于该方法的描述参考 IDtmInformation∷GetInformation()方法。

6.7.3 IBtmParameter 接口

该接口允许框架应用程序访问 BTM 参数。IBtmParameter 方法具有与 IDtmParameter 接口指定的相同行为。仅有的不同点是 IDtmParameter∷GetParameter()和 IDtmParameter∷SetParameter()方法应用于块类型对象(而不是应用于设备)。新 XML 架构定义反映块和设备类型管理器对象之间的不同。

6.7.3.1 GetParameters

返回的参数变化如下：

参数	描述
result	BtmParameterSchema 指定带有块类型设备特定参数的 XML 文档

对该方法的描述参考 IDtmParameter∷GetParameter()方法。

6.7.3.2 SetParameters

输入 XMLDocument 参数变化如下：

参数	描述
xmlDocument	BtmParameterSchema 指定的 XML 文档。该文档详述了块类型特定的参数

对于该方法的描述参考 IDtmParameter∷SetParameter()方法。

6.8 BTM ActiveXControl

6.8.1 概述

本节描述由 BTMs 提供的 ActiveX 控件的处理方式。

6.8.2 IBtmActiveXControl 接口

6.8.2.1 概述

该接口是标准 ActiveX 控件的一个扩展，允许连接一个 DTM 对象和 ActiveX 控件。

6.8.2.2 Init

```
HRESULT Init (
            [in] FdtUUIDString  invokeId,
            [in] FdtXmlDocument  functionCall,
            [in] IBtm *  btm,
            [out,retval] VARIANT_BOOL *  result);
```

描述

对相应的 BTM 设置 ActiveX 控件的回调指针。

该方法是技术特定的服务。

参数	描述
invokeId	这是已启动应用程序的唯一标识符
functionCall	XML 文档包含被请求功能的 ID 或 DTMFunctionCallSchema 指定的用户接口
btm	指向 Btm 事务对象的指针

返回值

返回值	描述
TRUE	实例化控件
FALSE	操作失败

行为

对相应的 BTM 设置 ActiveX 控件的回调指针。

对于该方法的详细描述参考 IDtmActiveXControl::Init()，但注意 ActiveX 应与块类型管理器相关联。

注释

无。

6.8.2.3 PrepareToRelease

对于该方法的描述，参考 IDtmActiveXControl::PrepareToRelease()方法，但注意 ActiveX 应与块类型管理器相关联。

6.9 框架应用程序

6.9.1 IDtmEvents 接口

6.9.1.1 概述

该接口是 DTM 的回调接口。

6.9.1.2 OnApplicationClosed

```
HRESULT OnApplicationClosed(
            [in] FdtUUIDString invokeId);
```

描述

DTM 通知它的 invokeID 标识的用户界面已关闭。

该方法是 GB/T 29618.2 所定义的 ClosePresentation 服务的部分实现。

参数	描述
invokeId	被关闭应用程序的标识符

返回值

无。

行为

DTM 通知，IDtmApplication::StartApplication()打开的 DTM 用户界面或嵌入为 ActiveX 控件的 DTM 用户界面被关闭。这与通过用户动作或通过 IDtmApplication::ExitApplication()，IDtmActiveXControl::PrepareToRelease() 或 IFdtChannelActiveXControl::PrepareToRelease()关闭用户界面没有什么区别。

注释

在应用程序启动时或在 ActiveX 控件初始化时设定 invokeId。

6.9.1.3 OnDownloadFinished

```
HRESULT OnDownloadFinished(
            [in] FdtUUIDString invokeId,
            [in] VARIANT_BOOL success);
```

描述

DTM 通知由 invokeID 标识的异步下载功能调用已完成。

该方法是 GB/T 29618.2 所定义的 WriteDataToDevice 服务的部分实现。

参数	描述
invokeId	下载请求标识符
success	DTM 通知异步下载功能调用 IDtmOnlineParameter::Parameter:: DownloadRequest()是否成功完成

返回值

无。

行为

DTM 通知下载功能异步调用 IDtmOnlineParameter::DownloadRequest()是否成功完成。

注释

无。

6.9.1.4 OnErrorMessage

```
HRESULT OnErrorMessage(
            [in]BSTR systemTag,
            [in]BSTR errorMessage);
```

描述

DTM 通知功能调用时错误。

该方法是 GB/T 29618.2 所定义的 OnErrorMessage 服务的实现。

参数	描述
systemTag	设备实例标识符
errorMessage	人们易懂的错误信息

返回值

无。

行为

如果 DTM 在无用户界面下工作，该方法是必需的。如果 DTM 在无用户界面下工作，它不允许在自己的对话框中显示任何错误消息。

处理信息由框架应用程序决定。在错误或警告的情况下，这些易懂的字符串能显示在框架应用程序的对话框内。

注释

为了给用户一些关于错误的帮助信息，推荐在功能调用失败或不使用 IFdtDialog::UserDialog()的情况下使用该方法。

6.9.1.5 OnFunctionChanged

```
HRESULT OnFunctionChanged(
            [in] BSTR systemTag);
```

描述

DTM 通知当前可使用的附加功能已改变的信息。

该方法是 GB/T 29618.2 所定义的 OnFunctionChanged 服务的部分实现。

参数	描述
systemTag	设备实例标识符

返回值

无。

行为

如果附加功能依赖于设备组态使用该方法。通过该方法，DTM 通知框架应用程序更新它的菜单或引用这些扩展功能的功能调用。框架应用程序通过 IDtm::GetFunctions()得到实际可用的功能。

只要状态或功能数已经改变，该方法的调用对 DTM 是必备的。

注释

无。

6.9.1.6 OnChannelFunctionChanged

```
HRESULT OnChannelFunctionChanged(
            [in] BSTR systemTag,
            [in] FdtXPath channelPath);
```

描述

DTM 通知通道相关的功能已经改变的信息。

该方法是 GB/T 29618.2 所定义的 OnFunctionChanged 服务的部分实现。

参数	描述
systemTag	设备实例标识符
channelPath	通道标识符

返回值

无。

行为

通过该方法,DTM 通知框架应用程序更新菜单,这些菜单与引用这些功能的通道相关。框架应用程序通过 IFdtChannelActiveXInformation::GetChannelFunctions()得到实际可用的功能。

注释

无。

6.9.1.7 OnInvokedFunctionFinished

```
HRESULT OnInvokedFunctionFinished(
            [in] FdtUUIDString invokeId,
            [in] VARIANT_BOOL success);
```

描述

DTM 通知 invokeID 标识的异步调用的功能调用已完成。

该方法是 GB/T 29618.2 所定义的 InvokeFunction 服务的部分实现。

参数	描述
invokeId	被关闭应用程序的标识符
success	TRUE 如果操作被操作完成

返回值

无。

行为

DTM 通知异步调用的功能调用 IDtm::InvokeFunctionRequest()是否已经成功完成。

注释

无。

6.9.1.8 OnNavigation

```
HRESULT OnNavigation(
            [in] BSTR systemTag);
```

描述

DTM 发送通知来导航到框架应用程序特定的应用程序。

该方法是技术特定的服务。

参数	描述
systemTag	设备实例标识符

返回值

无。

行为

如果 DTM 发送一个导航请求,框架应用程序决定将打开哪个应用程序。

例如,如果启动一个 DTM 用来诊断、显示当前设备状态,用户可能想知道在系统拓扑中设备连接到哪里。因此,DTM 提供一个菜单项或按钮用于改变应用程序。如果用户选择了这样一个“导航”元素,DTM 发送 OnNavigate()事件,框架应用程序能打开系统拓扑树。

一般而言,框架程序已经启动 DTM,并检测应用上下文环境决定将启动哪个框架应用程序特定的应用程序,为用户确保一个唯一的导航行为。

框架应用程序能通过 systemTag 标识正在调用的 DTM。

注释

无。

6.9.1.9 OnOnlineStateChanged

```
HRESULT OnOnlineStateChanged(
            [in] BSTR systemTag,
            [in] VARIANT_BOOL onlineState);
```

描述

DTM 发送关于它在线状态的通知。

该方法是 GB/T 29618.2 所定义的 OnOnlineStatusChanged 服务的部分实现。

参数	描述
systemTag	设备实例标识符
onlineState	TRUE 意味着 DTM 当前在线,FALSE 意味着 DTM 离线

返回值

无。

行为

如果 DTM 已经成功地创建一个与它的设备的连接,它将发送这个通知(onlineState=TRUE)到框架应用程序,以便框架应用程序能使 DTM 的在线状态可见。DTM 释放连接后,它再发送这个通知(onlineState=FALSE)以便框架应用程序能够更新它的视图。

注释

如果状态还没有改变,允许 DTM 发送这个通知,向框架应用程序通知它还在相同的状态。例如,如果没有建立连接(onlineStateu=FALSE),这种情况可能发生。

框架应用程序应忽略这些附加的通知。

6.9.1.10 OnParameterChanged

```
HRESULT OnParameterChanged(
```

```
            [in] BSTR systemTag,
            [in] FdtXmlDocument parameter);
```

描述

在多用户环境情况下，必须向框架应用程序通知关于参数变化。

该方法是 GB/T 29618.2 所定义的 InstanceDataChanged 服务的实现。

参数	描述
systemTag	设备实例标识符
parameter	XML 文档包含改变的参数

返回值

无。

行为

如果 DTM 已经保存了任何改变的数据，它必须用一个包含实例特定变化的 XML 文档来调用 IDtmEvent::OnParameterChanged()。此时，框架应用程序必须通知提及的设备实例给所有 DTM，框架应用程序将通过 IFdtEvents::OnParameterChanged()把该 XML 文档发送给所有 DTM。

注释

框架应用程序也可用该通知触发一个更新，如使拓扑信息可见。

因为通过 OnParameterChanged()交换的 XML 文档是 DTM 特定的且不能被父 DTM IDtmParameter::GetParameters()解释，所以父 DTM 只能得到一个通知。接受这样通知的父 DTM 能通过在子 DTM 中调用 GetParameters()更新它孩子的特定数据。

6.9.1.11 OnPreparedToRelease

```
HRESULT OnPreparedToRelease(
            [in] BSTR systemTag);
```

描述

DTM 发送一个它可能被释放的通知。

该方法是 GB/T 29618.2 所定义的 Terminage 服务的部分实现。

参数	描述
systemTag	设备实例标识符

返回值

返回值	描述
TRUE	
FALSE	

行为

DTM 已释放对其他组件的引用。在框架应用程序已接受这个通知后，它可以释放 DTM。

注释

无。

6.9.1.12 OnPreparedToReleaseCommunication

```
HRESULT OnPreparedToReleaseCommunication(
```

```
        [in] BSTR systemTag);
```

描述

DTM 发送一个它的通信指针可能被释放的通知。

该方法是 GB/T 29618.2 所定义的 EnableCommunication 服务的部分实现。

参数	描述
systemTag	设备实例标识符

返回值

无。

行为

DTM 已经释放在 IDtm::Communication()中设置的通信指针的所有引用。在框架应用程序接受这个通知后,它能调用 IDtm::ReleaseCommunication()释放通信指针本身。

注释

无。

6.9.1.13 Onprint

```
HRESULT OnPrint(
        [in] BSTR systemTag,
        [in] FdtXmlDocument functionCall);
```

描述

DTM 发送一个它需要打印一个 DTM 特定文档的通知。

该方法是技术特定的服务。

参数	描述
systemTag	设备实例标识符
functionCall	XML 文档包含 DTMFunctionCallSchema 指定的被请求文档的 DTM 特定的功能 ID

返回值

无。

行为

如果 DTM 希望打印它的特定文档,使用该方法。因此它通过 OnPrint 用一个标识 DTM 特定文档的功能 ID 向框架应用程序发送请求。此刻通过 IDtmDocumentation::GetDocumentation()接收这个文档并发送它到特定环境的打印机。

注释

无。

6.9.1.14 OnProgress

```
HRESULT OnProgress(
        [in] BSTR systemTag,
        [in] BSTR title,
        [in] short percent,
        [in] VARIANT_BOOL show);
```

描述

DTM 发送一个关于功能调用处理进度的通知。

该方法是 GB/T 29618.2 所定义的 OnProgress 服务的实现。

参数	描述
systemTag	设备实例标识符
title	运行进程描述
percent	进度状态 0…100%
show	如果进度应被显示,设置为 TRUE,否则进度将不被显示并将关闭一个在框架应用程序中打开的进度条

返回值

无。

行为

DTM 在花费较长时间的功能中使用该方法来向框架应用程序通知正在进行的活动,至少向用户通知。如果 DTM 不能确定实际的进度,它可能有助于改变标题。

如何处理该信息由框架应用程序决定。

注释

无。

6.9.1.15 OnScanResponse

```
HRESULT OnScanResponse(
            [in] FdtUUIDString invokeId,
            [in] FdtXmlDocument response);
```

描述

返回标识连接设备的现场总线相关的信息列表。

该方法是 GB/T 29618.2 所定义的 Scan 服务的部分实现。

参数	描述
invokeId	请求的唯一标识符
response	包含 DTMTopologyScanSchema 指定的拓扑扫描结果的 XML 文档

返回值

无。

行为

返回一个包含标识连接设备的现场总线相关信息列表的 XML 文档。若没有发现设备,列表为空。

注释

在 FDT 1.2.1 版本中,废弃了该方法,只有基于 FDT 1.2 版本的 DTM 允许调用该方法。

6.9.1.16 OnUploadFinished

```
HRESULT OnUploadFinished(
            [in] FdtUUIDString invokeId,
            [in] VARIANT_BOOL success);
```

描述

DTM 通知由 invokeID 标识的异步上载功能调用已完成。

该方法是 GB/T 29618.2 所定义的 ReadDataFromDevice 服务的部分实现。

参数	描述
invokeId	上载请求标识符
success	DTM 通知异步上载功能调用 IDtmOnlineParameter::Request()是否被成功完成。

返回值

无。

行为

DTM 通知异步上载功能调用 IDtmOnlineParameter::UploadRequest()是否成功完成。

注释

无。

6.9.2 IDtmEvents2 接口

6.9.2.1 概述

该接口是用于 DTM 支持 FDT 1.2.1 版本或更高版本的回调接口。该接口通过一个新方法扩展 IDtmEvents 接口,该接口是必备的。

如果框架应用程序支持该接口,支持 1.2.1 或更高版本的 DTM 应调用 IDtmEvents2。因而这样的 DTM 应该使用 IDtmEvents2::OnStateChanged()方法,而不是调用 IDtmEvents::OnStateChanged()。

6.9.2.2 OnStateChanged

```
HRESULT OnStateChanged(
            [in] BSTR systemTag,
            [in] FdtXmlDocument xmldoc);
```

描述

DTM 发送关于状态变化的通知。

该方法是 GB/T 29618.2 所定义的 OnOnlineStatusChanged 服务的实现。

参数	描述
systemTag	设备实例的标识符
xmldoc	XML 文档包含请求功能 ID 或由 DTMStateSchema 指定的用户接口

返回值

无。

行为

DTM 已经按照 DTM 状态机在下列状态之间执行一个状态转换:

communication-set

going-online

going-offline

online

如果转换被一个错误条件(如,ConnectResponse 失败或 OnAbort)触发,应在 XML 文档中提供 fdt:CommunicationError 信息。

注释

无。

6.9.3 IDtmScanEvents 接口

6.9.3.1 概述

该接口定义了返回扫描信息时由 DTM 调用的回调方法。

6.9.3.2 OnScanResponse

```
HRESULT OnScanResponse (
            [in] FdtUUIDString invokeId,
            [in] FdtXmlDocument response);
```

描述

参数	描述
invokeId	扫描请求的唯一标识符

返回标识连接设备的现场总线相关的信息列表。

该方法是 GB/T 29618.2 所定义的 Scan 服务的部分实现。

返回值

返回值	描述
response	XML 文档包含由现场总线特定架构(FDT×××scanIdent Schema)指定的拓扑扫描的结果。现场总线特定的文档应使用协议特定的 xsl 转换获得一个协议无关的文档,这个协议无关的文档应对照 DTMScanIdentSchema 来验证

行为

通信通道调用该方法返回临时结果、最终扫描请求结果或错误信息。

注释

关于响应(临时的、最终的或错误)类型的信息是响应文档的一部分。

6.9.3.3 OnScanHardwareResponse

```
HRESULT OnScanHardwareResponse (
            [in] FdtUUIDString invokeId,
            [in] FdtXmlDocument response);
```

描述

DTM 通知异步扫描硬件请求操作已完成。

该方法是 GB/T 29618.2 所定义的 HardwareInformation 服务的部分实现。

参数	描述
InvokedId	扫描请求的唯一标识
response	如果向网关 DTM 或设备 DTM 调用发送请求,XML 文档包含由现场总线特定架构(FDT×××scanIdentSchema)指定的扫描硬件请求结果。现场总线特定文档包含附加的生产商特定的扩展,并用协议特定的架构转换得到一个独立于协议且符合 DTMScanIdentSchema 的文档。如果向通信 DTM 调用请求,那么返回符合 DTMScanIdentSchema 的 XML 文档,这个文档应被转换(没有被填充的 ID 条目保留为空)

返回值

无。

行为

DTM 通知异步扫描硬件请求操作已完成。DTM 传递包含已发现设备信息的 XML。

如果在通信 DTM 上下文环境中调用该操作,那么 XML 包含所有能被这个 DTM 设备类型处理并做出响应的硬件实体的信息。

如果在网关 DTM/设备 DTM 上下文环境调用该操作,那么 XML 仅包含启动该 DTM 的单个设备的信息。

注释

无。

6.9.4 IDtmAuditTrailEvents 接口

6.9.4.1 概述

所有的 DTM 用该接口向框架应用程序发送它们的审计追踪信息。由框架应用程序自身实现审计追踪应用程序,这个审计追踪应用程序实现记录设备特定信息并提供用户界面。

6.9.4.2 OnAuditTrailEvent

```
HRESULT OnAuditTrailEvent(
            [in] BSTR systemTag,
            [in] FdtXmlDocument logEntry);
```

描述

DTM 通知框架应用程序的审计追踪工具将记录改变的数据。

该方法是 GB/T 29618.2 所定义的 RecordAuditTrailEvent 服务的部分实现。

参数	描述
systemTag	设备实例标识符
logEntry	包含由 DTMAuditTrailSchema 指定的改变的 XML 文档

返回值

无。

行为

DTM 应向框架应用程序调用该功能为审计追踪记录添加一个条目。

注释

日志条目内容依赖于 DTM。审计追踪工具的实现是框架应用程序特定的。

6.9.4.3 OnEndTransaction

```
HRESULT OnEndTransaction(
            [in] BSTR systemTag,
            [out,retval] VARIANT_BOOL * result);
```

描述

DTM 发送通知关闭审计追踪序列。

该方法是 GB/T 29618.2 所定义的 RecordAuditTrailEvent 服务的部分实现。

参数	描述
systemTag	设备实例标识符

返回值

返回值	描述
TRUE	关闭审计追踪会话
FALSE	操作失败

行为

如果 DTM 想关闭由 IDtmAuditTrailEvents::OnStartTransaction()打开的审计追踪记录,它向框架应用程序调用该功能。

注释

当记录已被关闭,框架应用程序可能调用它来为自己指定审计追踪功能,如添加注释,时间标签等。

6.9.4.4 **OnStartTransaction**

```
HRESULT OnStartTransaction(
            [in] BSTR systemTag,
            [out,retval] VARIANT_BOOL * result);
```

描述

DTM 通知框架应用程序的审计追踪工具将记录下列变化。

该方法是 GB/T 29618.2 所定义的 RecordAuditTrailEvent 服务的部分实现。

参数	描述
systemTag	设备实例标识符

返回值

返回值	描述
TRUE	审计追踪应用程序允许打开一个新会话
FALSE	操作失败

行为

DTM 向框架应用程序调用该函数请求审计追踪行为(如,组态或仿真)。只有当记录被 IDtmAuditTrailEvents:: OnEndTransaction()关闭,所有对 OnAuditTrailEvent()的调用才被记录。

注释

无。

6.9.5 **IFdtActiveX 接口**

该接口由支持 GUI 的框架应用程序提供。

6.9.5.1 **CloseActiveXControlRequest**

```
HRESULT CloseActiveXControlRequest(
            [in] FdtUUIDString invokeId,
            [out,retval] VARIANT_BOOL * result);
```

描述

DTM 发送请求关闭它的一个 ActiveX 控件。

该方法是 GB/T 29618.2 所定义的 ClosePresentationRequest 服务的部分实现。

参数	描述
invokeId	被启动 ActiveX 控件的标识符

返回值

返回值	描述
TRUE	ActiveX 控件将被框架应用程序释放
FALSE	操作失败

行为

如果 DTM 想去关闭由框架应用程序实例化嵌入的 ActiveX 用户界面,DTM 使用该方法。框架应用程序将通过 IDtmActiveXControl::PrepareToRelease()释放用户界面与 DTM 之间的链接。

注释

无。

6.9.5.2 OpenActiveXControlRequest

```
HRESULT OpenActiveXControlRequest(
            [in] BSTR systemTag,
            [in] FdtXmlDocument functionCall,
            [out,retval] VARIANT_BOOL * result);
```

描述

请求 DTM 启动由功能 invokeID 定义的 DTM GUI。

该方法是 GB/T 29618.2 所定义的 OpenPresentationRequest 服务的部分实现。

参数	描述
systemTag	设备实例标识符
functionCall	包含被请求用户界面的 DTM 特定的功能 ID 的 XML 文档,该功能 ID 由 DTM-FunctionCallSchema 指定

返回值

返回值	描述
TRUE	被请求 ActiveX 控件将被框架应用程序实例化
FALSE	操作失败

行为

如果 DTM 想去关闭由框架应用程序实例化嵌入的 ActiveX 用户界面,DTM 使用该方法。框架应用程序将通过 IDtmActiveXControl::Init()建立新用户界面与 DTM 之间的链接。

注释

DTM 也必须考虑通过 XML 文档传递的附加信息(应用 ID 和运行阶段)。

一般而言,ActiveX 行为表现和一个非模态对话框一样。

6.9.6 IFdtActiveX2 接口

该接口通过新方法扩展 IFdtActiveX 接口。该接口是必备的。

6.9.6.1 OpenDialogActiveXControlRequest

```
HRESULT OpenDialogActiveXControlRequest(
            [in] BSTR systemTag,
            [in] FdtXmlDocument functionCall,
            [out,retval] VARIANT_BOOL * result);
```

描述

请求为在框架应用程序内的一个模态对话框内的某个 DTM 打开 ActiveX 控件。

该方法是 GB/T 29618.2 所定义的 OpenPresentationRequest 服务的部分实现。

参数	描述
systemTag	设备实例标识符
functionCall	包含被请求用户界面 DTM 特定的功能 ID 的 XML 文档,被请求用户界面由 DTMFunctionCallSchema 指定

返回值

返回值	描述
TRUE	框架应用程序实例化被请求的 ActiveX 控件
FALSE	操作失败(如,因为框架应用程序运行在用户界面外)

行为

该方法用来打开一个 ActiveX 用户界面,这个 ActiveX 控件将被框架应用程序实例化并嵌入到一个模态对话框内。框架应用程序将通过 IDtmActiveXControl::Init()建立新用户界面与 DTM 之间的链接。

该方法行为总是表现为模态的。框架应用程序至少必须确保禁止正在调用 DTM 的所有 ActiveX 控件不再有用户输入存在。

如果已打开的 ActiveX 用户界面希望晚些关闭,它应调用 IFdtActiveX:CloseActiveXControl-Request()。由于 OpenDialogActiveXControlRequest()异步地工作,在用户界面和相应的对话框关闭之前,DTM 处于阻塞状态。

注释

对于更复杂的对话框,DTM 应使用该方法,而不使用包含编辑变量的 FDTUserMessageSchema XML 来调用 IFdtDialog::UserDialog()方法,这是因为几乎所有的框架应用程序都不支持后者。如果 FDTUserMessage XML 仅包含文本行,应首选调用 IFdtDialog::UserDialog()。

如果打开模态对话框,OpenDialogChannelActiveXControlRequest()的调用者必须注意随之而来的同步问题。FDT 1.2 附录规范针对 IFdtDialog::UserDialog() 和 IDtmEvents:OnErrorMessage()调用讨论了该问题(见 FDT 1.2 最佳实现,消息循环分析)。

6.9.6.2 OpenDialogChannelActiveXControlRequest

```
HRESULT OpenDialogChannelActiveXControlRequest(
            [in] BSTR channelPath,
```

```
            [in] FdtXmlDocument functionCall,
            [out,retval] VARIANT_BOOL * result);
```

描述

请求为框架应用程序的模态对话框的某个通道对象(由 channelPath 标识)打开 ActiveX 控件。

该方法是 GB/T 29618.2 所定义的 OpenPresentationRequest 服务的部分实现。

参数	描述
channelPath	通道实例标识符(由 IFdtChannel::GetChannelPath 返回)
functionCall	包含被请求用户界面 ActiveX 功能 ID 的 XML 文档,该功能 ID 由 DTMFunctionCallSchema 指定

返回值

返回值	描述
TRUE	框架应用程序实例化被请求的 ActiveX 控件
FALSE	操作失败(如,因为框架应用程序在用户界面外运行)

行为

该方法用来打开一个 ActiveX 用户界面,这个 ActiveX 控件将由框架应用程序实例化并嵌入到一个模态对话框内。框架应用程序将通过 IDtmActiveXControl::Init2()建立新用户界面与 DTM 之间的连接。

该方法行为总是表现为模态的。框架应用程序至少必须确保禁止正在调用 DTM 的所有 ActiveX 控件不再有用户输入存在。

如果已打开的 ActiveX 用户界面希望晚些关闭,它应调用 IFdtActiveX2:CloseChannelActiveXControlRequest()。由于 OpenDialogChannelActiveXControlRequest()异步地工作,所以直到用户界面和相应的对话框关闭,才阻塞 DTM。

注释

因为大多数框架应用程序不支持该功能,对于更复杂的对话框,DTM 应使用该方法而不是用包含编辑变量的 FDTUserMessageSchema XML 调用 IFdtDialog::UserDialog()。如果 FDTUserMessage XML 仅包含文本行,应首选调用 IFdtDialog::UserDialog()。

如果打开模态对话框,OpenDialogActiveXControlRequest()的调用者必须注意模态对话框出现的同步环境。FDT 1.2 附录规范针对 IFdtDialog::UserDialog() 和 IDtmEvents:OnErrorMessage()调用讨论了该问题(见 FDT 1.2-Mai2003-附录,2.30.4 消息循环研究)。

6.9.6.3 CloseChannelActiveXControlRequest

```
HRESULT CloseChannelActiveXControlRequest(
            [in] FdtUUIDString invokeId,
            [out,retval] VARIANT_BOOL * result);
```

描述

DTM 发送请求关闭它的一个 ActiveX 控件。

该方法是 GB/T 29618.2 所定义的 ClosePresentationRequest 服务的部分实现。

参数	描述
invokeId	被启动的 ActiveX 控件的标识符

返回值

返回值	描述
TRUE	框架应用程序将释放 ActiveX 控件
FALSE	操作失败

行为

如果 DTM 希望关闭由框架应用程序实例化和嵌入的 ActiveX 用户界面，DTM 使用该方法。框架应用程序将释放用户界面与通道对象之间的链接。这通过 IFdtChannelActiveXControl::Prepare-ToRelease()完成。

注释

无。

6.9.6.4 OpenChannelActiveXControlRequest

```
HRESULT OpenChannelActiveXControlRequest(
            [in] BSTR channelPath,
            [in] FdtXmlDocument functionCall,
            [out,retval] VARIANT_BOOL * result);
```

描述

请求为某个通道对象(由 channelPath 标识)启动一个由功能 invokeID 定义的 ActiveX 功能。

该方法是 GB/T 29618.2 所定义的 OpenPresentationRequest 服务的部分实现。

参数	描述
channelPath	通道实例标识符(由 IFdtChannel::ChannelPath()返回)
functionCall	包含被请求用户界面 ActiveX 功能 ID 的 XML 文档，该功能 ID 由 DTMFunction-CallSchema 指定

返回值

返回值	描述
TRUE	请求的 ActiveX 控件将被框架应用程序实例化
FALSE	操作失败

行为

如果调用者希望打开由框架应用程序实例化和嵌入的 ActiveX 用户界面，使用该方法。框架应用程序将通过 IFdtChannelActiveXControl::Init()建立用户界面与通道对象之间的链接。

注释

该方法的调用者也必须考虑通过 XML 文档传递的附加信息(应用 ID 和运行阶段)。

框架应用程序创建通道 ActiveX，并通过调用 IFdtChannelActiveXControl::Init()将它指派给通道对象(由 channelPath 引用)。

6.9.7 IFdtBulkData 接口

BulkData 接口为 DTM 提供存储大量数据的能力，如测量值协议或组态变化的历史数据。DTM 能以私有的方式完成存储大量的附加数据。

如果不能访问这些数据，不会对 DTM 的实例特定的组态数据集造成影响。DTM 的实例数据集总是与通过标准 IPersist×××接口存储的组态数据一致。框架应用程序有责任为该类型的数据创建一个备份策略。

该接口处理设备层的大批数据。

6.9.7.1 GetInstanceRelatedPath

```
HRESULT GetInstanceRelatedPath(
        [in] BSTR systemTag,
        [out,retval] BSTR * result);
```

描述

返回大批数据的实例相关的路径。

该方法是 GB/T 29618.2 所定义的 GetPrivateDtmStorageInfo 服务的部分实现。

参数	描述
systemTag	设备实例标识符

返回值

Return Value	Description
result	大批数据的实例相关的路径(文件系统目录),它包含尾端反斜杠

行为

框架应用程序为 DTM 提供一种方法来请求指向以 DTM 特定的方式储存数据区域的路径。以哪种方式存储数据由 DTM 决定。它可能是使用 IStorage 或 PropertyBag 甚至一个 ASCII 文件的二进制格式。

框架应用程序负责为每个实例提供一个唯一的路径。它应是一个允许 DTM 直接访问的绝对路径。

注释

如果不存在路径,DTM 工作应不受任何副影响。

如果 IDtm::PrepareToDelete()被调用,DTM 应清理由实例相关路径指定的区域。

由于没有 FDT 特定的锁定机制,所以 DTM 负责一致性数据。

6.9.7.2 GetProjectRelatedPath

```
HRESULT GetProjectRelatedPath(
        [in] BSTR systemTag,
        [out,retval] BSTR * result);
```

描述

返回项目相关的大批数据的路径。结合项目和 DTM 类型,返回一个唯一的文件系统路径(如,它为两个项目中的同一个 DTM 返回不同的路径)。

该方法是 GB/T 29618.2 所定义的 GetPrivateDtmStorageInfo 服务的部分实现。

参数	描述
systemTag	设备实例标识符

返回值

返回值	描述
result	大批数据的项目相关路径(目录),该路径包括一个尾端反斜杠

行为

框架应用程序为 DTM 提供一种方法来请求指向以 DTM 特定的方式储存数据区域的路径。以哪种方式存储数据由 DTM 决定。它可能是使用 IStorage 或 PropertyBag 甚至一个 ASCII 文件的二进制格式。

框架应用程序负责为每个实例提供一个唯一的路径。它应是一个允许 DTM 直接访问的绝对路径。

注释

如果不存在路径,DTM 工作应不受任何副作用影响。

如果 DTM 拥有项目与相关实例数据之间的引用,且 IDtm::PrepareToDelete()被调用,DTM 应清理这些数据。

由于没有 FDT 特定的锁定机制,所以 DTM 负责数据的一致性。

6.9.8 IFdtContainer 接口

这是框架应用程序的主要接口。它支持实例数据管理功能,如,在多用户系统中锁定数据。

6.9.8.1 GetXmlSchemaPath

```
HRESULT GetXmlSchemaPath (
            [out,retval] BSTR * result);
```

描述

返回一个存储默认架构的路径。

该方法是一个特定技术的服务。

返回值

返回值	描述
result	指向默认架构的路径,该路径包括一个尾端反斜杠

行为

该函数返回指向 FDT 默认 XML 架构的文件系统路径。

注释

无。

6.9.8.2 LockDataSet

```
HRESULT LockDataSet(
            [in] BSTR systemTag,
            [out,retval] VARIANT_BOOL * result);
```

描述

DTM 向框架应用程序发送通知它希望对当前加载的数据集具有唯一的访问权限。

该方法是 GB/T 29618.2 所定义的 LockInstanceData 服务的部分实现。

参数	描述
systemTag	数据实例标识符

返回值

返回值	描述
TRUE	对于写访问锁定数据集
FALSE	数据集不应被锁定。DTM 只读

行为

通过该方法,DTM 通知数据库它希望改变或删除特定的实例数据集。在多用户会话系统中,由框架应用程序验证该请求。如果请求失败,DTM 不改变任何数据,对于一个打开的用户界面应把所有的输入域设置成“不能编辑”。

如果 DTM 没有注意它的只读状态,由框架应用程序负责拒绝写请求。

DTM 不应在整个生命周期锁定它的实例数据。取而代之,如果实例数据将要改变,DTM 应设法锁定数据,在实例数据保存后或认为不再改变时,DTM 应解锁数据。

注释

在单用户系统,方法总是返回 TRUE。

锁定条件例子如下:

——用户界面是活动的,允许改变实例数据;

——DTM 通过它的 COM 接口(IDtmParameter,IDtmInstanceData)接收改变数据的请求。

6.9.8.3 SaveRequest

```
HRESULT SaveRequest(
            [in] BSTR systemTag,
            [out,retval] VARIANT_BOOL * result);
```

描述

通知框架应用程序它应存储改变的数据。

该方法是 GB/T 29618.2 所定义的 SaveInstanceData 服务的部分实现。

参数	描述
systemTag	设备实例标识符

返回值

返回值	描述
TRUE	数据机将被保存
FALSE	操作失败

行为

通过该方法 DTM 通知框架应用程序它希望存储它的数据。存储数据由框架应用程序决定。

框架应用程序通过标准的存储接口获取它必须存储的数据。

直到框架应用程序成功完成 IPersist×××:Save()前,临时数据将一直保持过渡状态。

注释

该方法是用来通知框架应用程序存储改变的数据的唯一方法。即使 IPersist×××::IsDirty 属性可用,框架应用程序也不会使用它。框架应用程序本身也能初始化 DTM 的永久性接口。

考虑到多用户访问的情况,如果 DTM 没有写访问权限,框架应用程序将拒绝保存请求。

存储数据触发 IDtmEvents::OnParameterChange()通知,该通知可能引起系统活动;并且存储数据也触发 IFdtEvents::OnChildParameterChange()通知,该通知可能启动一个新 DTM。这可能导致性能问题。

因此 DTM 应限制对 IDtmEvents::SaveRequest()的调用。

例如,DTM 不应对用户界面内的每一个简单的变化触发 SaveRequest(),取而代之,它只有当用户界面关闭时,才调有 SaveRequest()一次。

框架应用程序决定 DTM 相关的实例数据集是否被存储到数据库和何时存储到数据库。框架应用程序通过对 DTM 调用 IPersist×××::Save()向 DTM 请求存储。成功执行存储过程后,DTM 数据集处于存储"永久"状态。

6.9.8.4 UnlockDataSet

```
HRESULT UnlockDataSet(
                [in] BSTR systemTag,
                [out,retval] VARIANT_BOOL * result);
```

描述

向框架应用程序通知 DTM 希望解锁一个数据集并只能读访问当前被加载的数据集。

该方法是 GB/T 29618.2 所定义的 UnlockInstanceData 服务的部分实现。

参数	描述
systemTag	设备实例标识符

返回值

返回值	描述
TRUE	解锁数据集
FALSE	数据集还被锁定

行为

通过该方法,DTM 向框架应用程序通知它已经完成了对实例数据集的修改。由框架应用程序管理所有相关组件的通知,例如在多用户多对话系统中通过 IFdtEvents::OnParameterChanged()管理所有组件通知。

如果请求失败,DTM 应通过 IDtmEvents:OnErrorMessage()通知框架应用程序让系统管理员清理数据库。

DTM 不能在整个生命周期锁定它的实例数据。取而代之,DTM 只有在实例数据将要被改变时设法锁定数据,在实例数据保存后且不再改变后,解锁数据。

注释

在一个单用户系统中,方法总是返回 TRUE。

6.9.9 IFdtDialog 接口

6.9.9.1 概述

该接口提供允许 DTM 显示如错误、警告和信息等消息的功能。

6.9.9.2 UserDialog

```
HRESULT UserDialog(
                [in] BSTR systemTag,
```

```
        [in] FdtXmlDocument userMessage,
        [out,retval] FdtXmlDocument * result);
```

描述

调用框架应用程序显示一个消息。

该方法是 GB/T 29618.2 所定义的 UserDialog 服务的实现。

参数	描述
systemTag	设备实例标识符
userMessage	符合 FDTUserMessageSchema 指定信息的 XML 文档

返回值

返回值	描述
result	符合用户动作的 XML 文档,这些用户动作由 FDTUserMessageSchema 行为指定

行为

DTM 总是将该方法用于标准用户对话框,如,错误或信息消息提示框。特别地,如果 DTM 不允许打开一个用户对话框(见 IDtm::PrivateDialogEnabled()),调用该方法指示框架应用程序打开它。该方法返回用户选择值或返回对话框指定的默认返回值。

由框架应用程序打开一个对话框或发送默认返回值。

框架应用程序应在一个恰当的时间间隔应答,这种方法同步工作,使得 DTM 接收到应答之前处于阻塞。

对于分布式控制系统,框架应用程序确保在同一工作空间显示用户对话框和 DTM 的用户界面。

注释

无。

6.9.10 IFdtTopology 接口

6.9.10.1 概述

该接口提供对整个系统拓扑的访问。框架应用程序必须通过 IFdtChannelSubTopology 接口配置一个通道的子拓扑。因此通道或至少相应的 DTM 能验证连接。

6.9.10.2 CreateChild

```
HRESULT CreateChild(
        [in] FdtXmlDocument deviceType,
        [in] FdtXPath channelPath,
        [out,retval] BSTR * result);
```

描述

DTM 向框架应用程序发送创建一个指定设备类型的新实例数据集的请求。

该方法是 GB/T 29618.2 为 DTM 所定义的 CreateChild 服务的实现。

参数	描述
deviceType	XML 文档包含由 DTMInitSchema 指定的信息
channelPath	指定父 DTM 到新建实例数据集放置位置的通道路径

返回值

返回值	描述
result	DTM 的系统标签。如果操作失败,将返回 NULL 指针

行为

返回新建 DTM 的系统标签。框架应用程序实例化 DTM。如果操作失败,返回一个 NULL 指针。框架应用程序必须执行在 6.13.1 新 DTM 实例化描述的行为。将新建的 DTM 插入到拓扑中也是框架应用程序的责任。

注释

无。

6.9.10.3 DeleteChild

```
HRESULT DeleteChild(
            [in] BSTR systemTag,
            [in] FdtXPath channelPath,
            [out,retval] VARIANT_BOOL * result);
```

描述

从由 channelPath 标识的拓扑中删除由系统标签指定的 DTM。如果这是拓扑中的最后一次引用,则删除实例数据集。

该方法是 GB/T 29618.2 为 DTM 所定义的 DeleteChild 服务的实现。

参数	描述
systemTag	将被删除设备的标识符
channelPath	父设备通道的路径

返回值

返回值	描述
TRUE	操作成功
FALSE	操作失败

行为

从由 channelPath 标识的拓扑中删除由系统标签指定的 DTM。因此框架应用程序必须调用 ValidateRemoveChild()。如果这是拓扑中的最后一次引用,则删除实例数据集。框架应用程序必须调用与该行为相关的 IDtm::PrepareToDelete()。如果存在子拓扑,该操作将失败。

注释

无。

6.9.10.4 GetChildNodes

```
HRESULT GetChildNodes(
            [in] BSTR systemTag,
            [in] FdtXPath channelPath,
            [out,retval] FdtXmlDocument * result);
```

描述

返回一个 XML 文档，该 XML 文档包含由系统标签和通道路径标识的 DTM 的所有子 DTM 系统标签。

该方法是 GB/T 29618.2 为 DTM 所定义的 GetChildNodes 服务的实现。

参数	描述
systemTag	设备实例的标识符
channelPath	通道标识符

返回值

返回值	描述
result	包含符合 DTMSystemTagListSchema 定义的信息 XML 文档

行为

返回一个 XML 文档，该 XML 文档包含由系统标签和通道路径标识的 DTM 的所有子 DTM 系统标签。

拓扑信息对于所有的 DTM 是全局可访问的。

注释

只有支持嵌套通信的框架应用程序才必须执行该方法。

6.9.10.5 GetDtmForSystemTag

```
HRESULT GetDtmForSystemTag(
            [in] BSTR systemTag,
            [out,retval] IDtm * result);
```

描述

依照给定的系统标签返回相关的 DTM。

该方法是 GB/T 29618.2 为 DTM 所定义的 GetDtm 服务的实现。

参数	描述
systemTag	设备的标识符

返回值

返回值	描述
result	指向 DTM 的指针

行为

依照给定的系统标签返回相关的 DTM。在一个框架应用程序实例内的附加调用将返回同一接口指针。

框架应用程序必须实现一种处理多次引用同一 DTM 实例所必需的引用计数。调用者必须调用 ReleaseDtmForSystemTag()来释放引用。

注释

无。

6.9.10.6 GetDtmInfoList

```
HRESULT GetDtmInfoList(
```

```
        [out,retval] FdtXmlDocument * result);
```

描述

返回一个包含DTM相关信息列表的XML文档。该信息通过在DTMInformationSchema中定义的DtmInfo-structure提供。

该方法是GB/T 29618.2为DTM相关信息所定义的GetDtmInfoList服务的实现。

返回值

返回值	描述
result	符合DTMInfoListSchema的DtmInfo列表

行为

返回一个包含DTM相关信息列表的XML文档。该信息可用来按照CreateDtmInstance用法创建一个DTMInitSchema类型XML文档。

注释

通过列表可以获取哪些DTM信息由框架应用程序决定。例如,即使安装了PROFIBUS设备,列表可能仅包含HART设备的信息。

6.9.10.7 GetParentNodes

```
HRESULT GetParentNodes(
        [in] BSTR systemTag,
        [out,retval] FdtXmlDocument * result);
```

描述

返回一个XML文档,该XML文档包含由系统标签标识的DTM的所有父DTM的标签列表。

该方法是GB/T 29618.2为DTM所定义的ParentNodes服务的实现。

参数	描述
systemTag	设备实例的标识符

返回值

返回值	描述
result	包含系统标签DTMSystemTagSchema列表的XML文档

行为

返回父DTM的系统标签列表。所有DTM在全局范围内可以访问拓扑信息。

注释

只有支持嵌套通信的框架应用程序才必须实现该接口。

6.9.10.8 MoveChild

```
HRESULT MoveChild(
        [in] BSTR systemTag,
        [in] FdtXPath destinationChannelPath,
        [out,retval] VARIANT_BOOL * result);
```

描述

把由系统标签定义的DTM从拓扑当前位置移动到由destiantionChannelPath定义的位置。整个子拓扑结构将被删除。

该方法是 GB/T 29618.2 为 DTM 所定义的 MoveChild 服务的实现。

参数	描述
systemTag	将被转移数据的设备标识符
destinationChannelPath	目标父设备的通道路径

返回值

返回值	描述
TRUE	数据集被转移
FALSE	操作失败

行为

把相关的实例数据集转移到由 systemTag 标识的设备。

框架应用程序必须调用 OnRemoveChild() 和 OnAddChild()。

注释

无。

6.9.10.9 ReleaseDtmForSystemTag

```
HRESULT ReleaseDtmForSystemTag(
            [in] BSTR systemTag,
            [out,retval] VARIANT_BOOL * result);
```

描述

依照给定的系统标签释放相关的 DTM。

该方法是 GB/T 29618.2 为 DTM 所定义的 ReleaseDtm 服务的实现。

参数	描述
systemTag	将被释放设备的标识符

返回值

返回值	描述
TRUE	操作成功
FALSE	操作失败

行为

依照给定的系统标签释放对相关 DTM 的引用。该方法仅与 GetDtmForSystemTag()联合使用。

注释

无。

6.9.11 IDtmRedundancyEvents 接口

6.9.11.1 概述

该框架应用程序接口提供对处理冗余从设备的父组件的访问。不实现该接口的框架应用程序不能在它的拓扑信息中显示冗余信息。(对于冗余参考 4.10.7 条款)

6.9.11.2 OnAddedRedundantChild

```
HRESULT OnAddedRedundantChild(
                [in] BSTR systemTag,
                [in] FdtXPath channelPath,
                [out,retval] VARIANT_BOOL * result);
```

描述

如果处理冗余设备的设备 DTM 被添加到拓扑中,父组件将向框架应用程序发送该事件。从而框架应用程序能够在附加的冗余通信通道显示实例。

该方法是 GB/T 29618.2 所定义的 OnAddedRedundantChild 服务的实现。

参数	描述
systemTag	描述冗余从设备的设备 DTM 实例的标识符
channelPath	指定父 DTM 到被连接 DTM 的冗余通道路径

返回值

返回值	描述
TRUE	操作成功
FALSE	操作失败

行为

父组件将 systemTag 指定的设备 DTM(处理冗余从设备)添加到由 channelPath 标识的通信通道。框架应用程序不能在通道上调用 ValidateAddChild()和 OnAddChild()。

注释

无。

6.9.11.3 OnRemovedRedundantChild

```
HRESULT OnRemovedRedundantChild(
                [in] BSTR systemTag,
                [in] FdtXPath channelPath,
                [out,retval] VARIANT_BOOL * result);
```

描述

如果处理冗余设备的 DTM 从拓扑中删除,父组件向框架应用程序发送该事件。框架应用程序能够在附加的冗余通信通道隐藏实例。

该方法是 GB/T 29618.2 所定义的 OnRemovedRedundantChild 服务的实现。

参数	描述
systemTag	描述冗余从设备的设备实例的标识符
channelPath	指定父 DTM 到被连接 DTM 的冗余通道路径。

返回值

返回值	描述
TRUE	操作成功
FALSE	操作失败

行为

父组件从通信通道删除设备 DTM,这个通信通道由 channelPath 标识,这个设备 DTM 由 systemTag 指定,用来处理冗余设备。框架应用程序不能在这个通道上调用 ValidateRemoveChild()和 OnRemoveChild()。

注释

无。

6.9.12 IDtmSingleDeviceDataAccessEvents 接口

该接口是由框架应用程序实现用于单个设备数据访问的回调接口。

6.9.12.1 OnItemListResponse

```
HRESULT OnItemListResponse(
            [in] FdtUUIDString invokeId,
            [in] FdtXmlDocument response);
```

描述

提供对 invokeID 标识的 ItemListRequest()响应。ItemList Response()提供一个 XML 文档,该 XML 文档包含可用的设备特定参数和过程值列表。在一个 DTM 内,该列表可能包含与组态参数、过程值相关的项目,也包括资产管理相关的数据,如行程次数。在 DTM"已组态"状态时,返回项列表基于当前实例数据,这些实例数据可能与设备组态不同。在这种情况下,读写请求可能失败。

该方法是 GB/T 29618.2 所定义的 DeviceDataInformation 服务的部分实现。

参数	描述
invokeId	该请求的唯一标识符
response	包含带有实际可用参数的 DtmItmInfoList 的 XML 文档,这些参数由 DTMItemListSchema 返回值指定

返回值

无。

行为

该方法提供项列表,这些项目列列表可以通过 ReadRequest()从 DTM 读出,或通过 WriteRequest()可以向 DTM 写入。数据源是设备本身。

在这些列表中提供的项目也可作为通道对象存在(由 IDtmChannel::GetChannels()提供)或模型化为一个导出变量(由 IDtmParameter::GetParameters()或 IBtmParameter::GetParameters()提供的 DtmVariable)。相关项目可通过"semanticId"属性标识(参考 FDT 数据类型条款)。

注释

提供的 XML 文档内容可能依赖于设备的当前配置。如果内容改变,DTM 必须通过发送 IDtmSingleDeviceDataAccess::OnItemListChanged()通知框架应用程序。

6.9.12.2 OnDeviceItemListChanged

```
HRESULT OnDeviceItemListChanged(
            [in] BSTR systemTag);
```

描述

DTM 向框架应用程序通知项列表的内容已改变。

该方法是 GB/T 29618.2 所定义的 DeviceDataInformation 服务的部分实现。

参数	描述
systemTag	设备实例标识符

返回值

无。

行为

通过该方法，DTM 向框架应用程序通知项列表的内容已改变(通常指存在的项目，不是值)。如果列表的内容依赖于设备组态，可能出现这种情况。

对于挂起的响应，不应触发 OnItemListChanged。

注释

无。

6.9.12.3 OnReadResponse

```
HRESULT OnReadResponse(
        [in] FdtUUIDString invokeId,
        [in] FdtXmlDocument response);
```

描述

提供对 invokeID 标识的 ReadRequest()的响应。

该方法是 GB/T 29618.2 所定义的 DeviceDataRead 服务的部分实现。

参数	描述
invokeId	请求的唯一标识符
response	已接受数据，如 DTMItemListSchema 返回值指定的 DtmItemList

返回值

无。

行为

通过该方法，发送读请求的框架应用程序程从 DTM 接收请求的数据。

注释

无。

6.9.12.4 OnWriteResponse

```
HRESULT OnWriteResponse(
        [in] FdtUUIDString invokeId,
        [in] FdtXmlDocument response);
```

描述

提供对 invokeID 标识的 WriteRequest() 的响应。

该方法是 GB/T 29618.2 所定义的 DeviceDataWrite 服务的部分实现。

参数	描述
invokeId	该请求的唯一标识符
response	作为 DtmItemList 的接收数据，包含由 DTMItemListSchema 指定的已成功写入的设备数据(由于如四舍五入过程，可能与设备内的写入值有区别)

返回值

无。

行为

通过该方法,框架应用程序可以从 DTM 接收成功写入数据的信息。

注释

无。

6.9.13 IDtmSingleInstanceDataAccessEvents 接口

该接口是由框架应用程序实现用于单个实例数据访问的回调接口。

6.9.13.1 OnInstanceItemListChanged

```
HRESULT OnInstanceItemListChanged(
            [in] BSTR systemTag);
```

描述

DTM 向框架应用程序通知项列表内容已改变。

该方法是 GB/T 29618.2 所定义的 InstanceDataInformation 服务的部分实现。

参数	描述
systemTag	设备实例标识符

返回值

无。

行为

通过该方法 DTM 向框架应用程序通知项列表的内容已改变(通常指存在的项目,不是值)。如果列表的内容依赖于设备组态,可能出现这种情况。

对于挂起的响应,不应触发 OnItemListChanged。

注释

无。

6.9.14 IFdtBtmTopology 接口

该接口提供对块拓扑的访问。IFdtBtmTopology 方法与用 IFdtTopology 接口指定的方法具有相同的行为。仅有的不同点是该方法应用于一个块类型对象(不是一个设备)。新 XML 架构定义展示了块类型管理器对象和设备类型管理器对象之间的不同。

如果 DTM 有一个既支持 DTM 又支持 BTM 的通信通道,IFdtBtmTopology 接口将仅提供关于 BTM 的信息。与 DTM 拓扑相关的信息将通过 IFdtTopology 接口提供。

6.9.14.1 CreateChild

该方法是 GB/T 29618.2 为 BTM 所定义的 CreateChild 服务的实现。

输入参数 deviceType 改变如下:

参数	描述
deviceType	包含 BTMInitSchema 指定信息的 XML 文档,对于该方法的描述参考 IFTopology::CreatChild()方法

6.9.14.2 DeleteChild

该方法是 GB/T 29618.2 为 BTM 所定义的 DeleteChild 服务的实现。

对于该方法的描述，参考 IFdtTopology::DeleteChild()。

6.9.14.3 GetChildNodes

该方法是 GB/T 29618.2 为 BTM 所定义的 GetChildNodes 服务的实现。

对于该方法的描述，参考 IFdtTopology::GetChildNodes()。

6.9.14.4 GetBtmForSystemTag

该方法是 GB/T 29618.2 为 BTM 所定义的 GetDtm 服务的实现。

对于该方法的描述，参考 IFdtTopology::GetDtmForSystemTag()。

6.9.14.5 GetBtmInfoList

该方法是 GB/T 29618.2 为 BTM 所定义的 GetDtmInfoList 服务的实现。

对于该方法的描述，参考 IFdtTopology::GetDtmInfoList()。

6.9.14.6 GetParentNodes

该方法是 GB/T 29618.2 为 BTM 所定义的 ParentNodes 服务的实现。

对于该方法的描述，参考 IFdtTopology::GetParentNodes()。

6.9.14.7 MoveChild

该方法是 GB/T 29618.2 为 BTM 所定义的 MoveChild 服务的实现。

对于该方法的描述，参考 IFdtTopology::MoveChild()。

6.9.14.8 ReleaseBtmForSystemTag

该方法是 GB/T 29618.2 为 BTM 所定义的 ReleaseDtm 服务的实现。

对于该方法的描述，参考 IFdtTopology::ReleaseDtmForSystemTag()。

7 FDT 程序图表

7.1 DTM 对等通信

7.1.1 概述

对于 DTM，每个连接建立为一个对等连接。该条款从 DTM 开发者的角度描述通信功能调用。

7.1.2 建立 DTM 与设备之间的对等连接

通过方法调用建立指向 IFdtCommunication 指针的连接，该连接提供给 DTM(见图 16)。

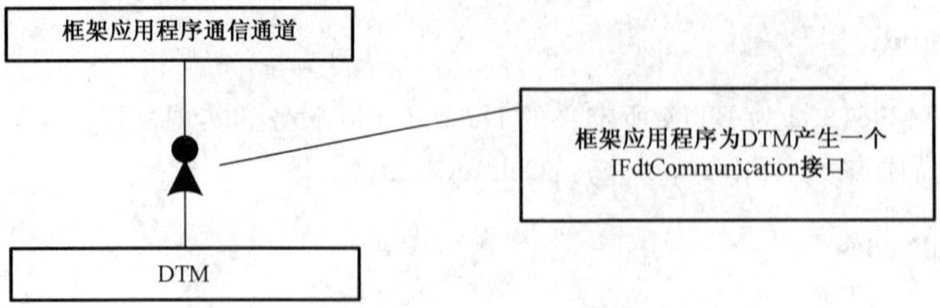

图 16 **DTM 和设备之间的对等连接**

7.1.3 对等连接的异步连接

异步地处理连接请求(见图 17)。

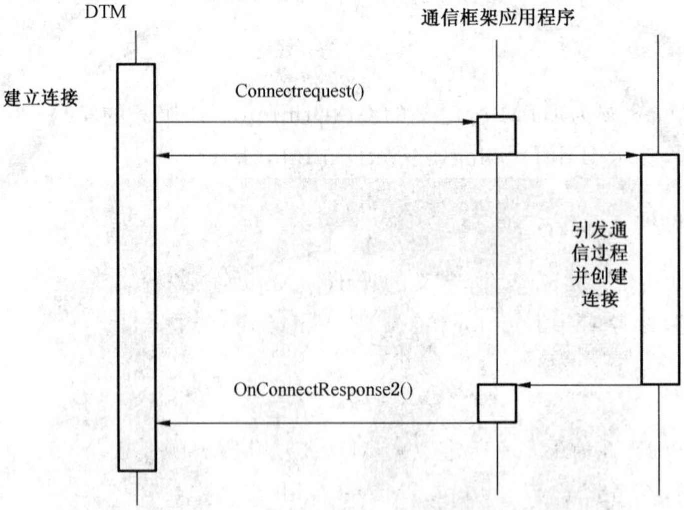

图 17 异步连接(对等)

用到的方法:

IFdtCommunication::ConnectRequest()

IFdtCommunicationEvents2::OnConnectResponse2()

7.1.4 **IFdtCommunicationEvents2::OnConnectResponse2()**对等连接的异步断开

断开也以异步的方式处理(见图 18)。

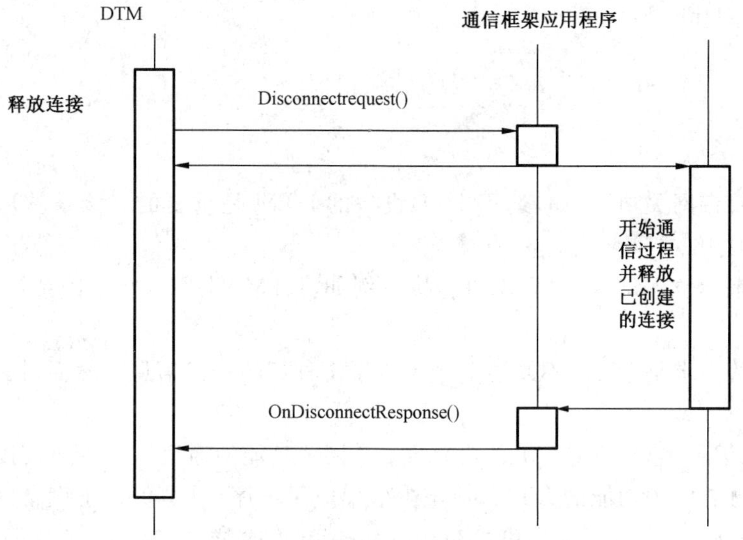

图 18 异步断开连接(对等)

用到的方法:

IFdtCommunication::DisconnectRequest()

IFdtCommunicationEvents::OnDisconnectResponse()

7.1.5 对等连接的异步事务

异步处理事务请求(见图 19)。

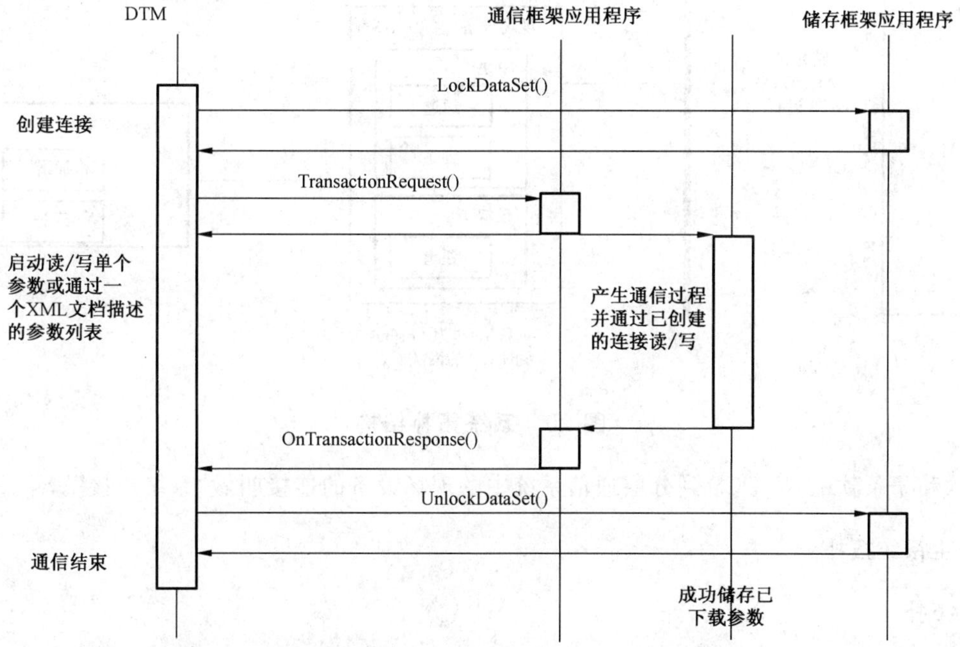

图 19 异步处理(对等)

用到的方法:

IFdtCommunication::TransactionRequest()

IFdtCommunicationEvents::()

IFdtContainer::LockDataSet()

IFdtContainer::UnlockDataSet()

7.2 嵌套式通信

7.2.1 概述

该条款对于支持带网关功能(如,远程 I/O)设备的 DTM 是重要的。该条款从通信组件开发者的角度描述通信功能调用。

嵌套式通信用来建立与子系统设备的连接。例如,DTM 调用一个连接到远程 I/O 通道的现场设备。

这个体系结构的需求是 DTM 不知道关于覆盖系统种类的任何信息。然而,框架应用程序和 DTM 熟知子系统的结构。

带有网关功能(远程 I/O)的 DTM 必须为每个带网关功能的通道提供带通信接口的 FdtChannel。

此外,父组件(具有网关功能的 DTM,或至少框架应用程序)总是负责子设备的通信寻址。因此它必须按照通信协议设置象“tag”和“BusInformation”这样的参数。(也见:IDtmParameter::SetParameters())。

图 20 显示了下面例子的系统拓扑结构:

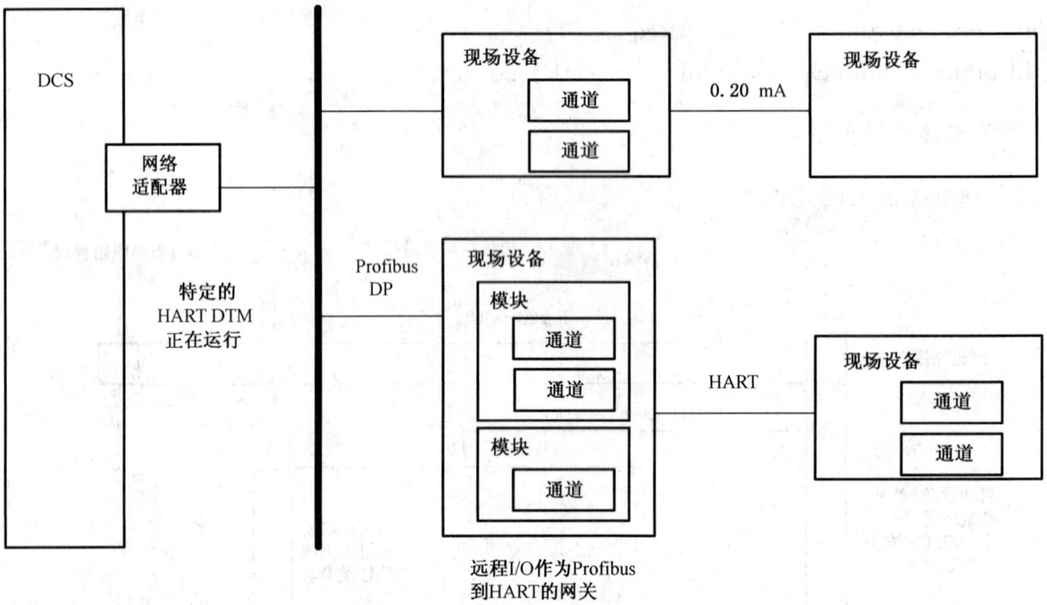

图 20 系统拓扑结构

在下面条款和子条款中,从 DCS 到分层通信系统中的现场设备的连接叫做“系统连接”。

7.2.2 产生系统拓扑

7.2.2.1 拓扑

下面的信息反映这个拓扑:

——HART 设备的实例数据集;

——远程 I/O 的实例数据集;

——HART 设备到远程 I/O 的数据集引用。

7.2.2.2 框架应用程序的角度

框架应用程序负责生成和管理拓扑。该时序显示了框架应用程序如何管理 DTM 和通信通道之间的关系(见图 21)。

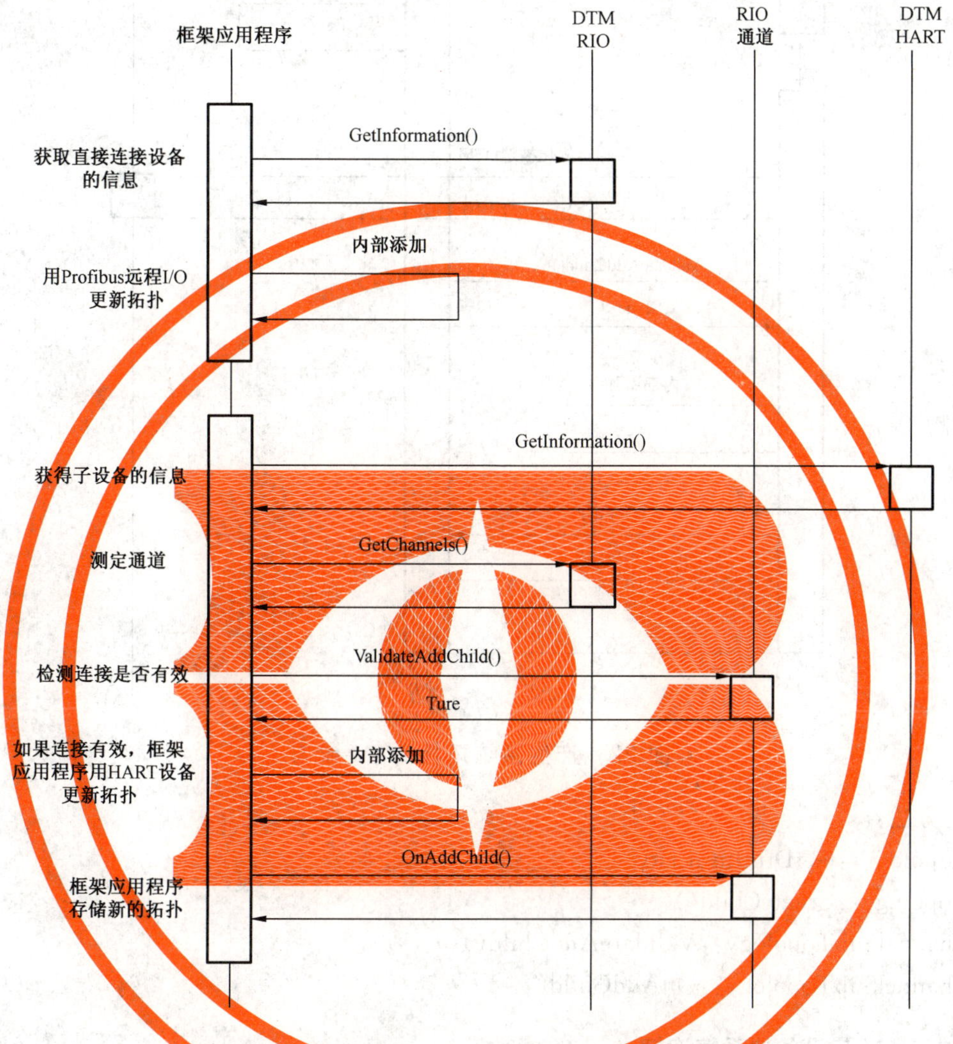

图 21　由框架应用程序产生的拓扑结构

用到的方法：

IDtmInformation::GetInformation()

IDtmChannel::GetChannels()

IFdtChannelSubTopology::ValidateAddChild()

IFdtChannelSubTopology::OnAddChild()

7.2.2.3 DTM 的角度

该时序显示了由 DTM 触发的拓扑生成(见图 22)。

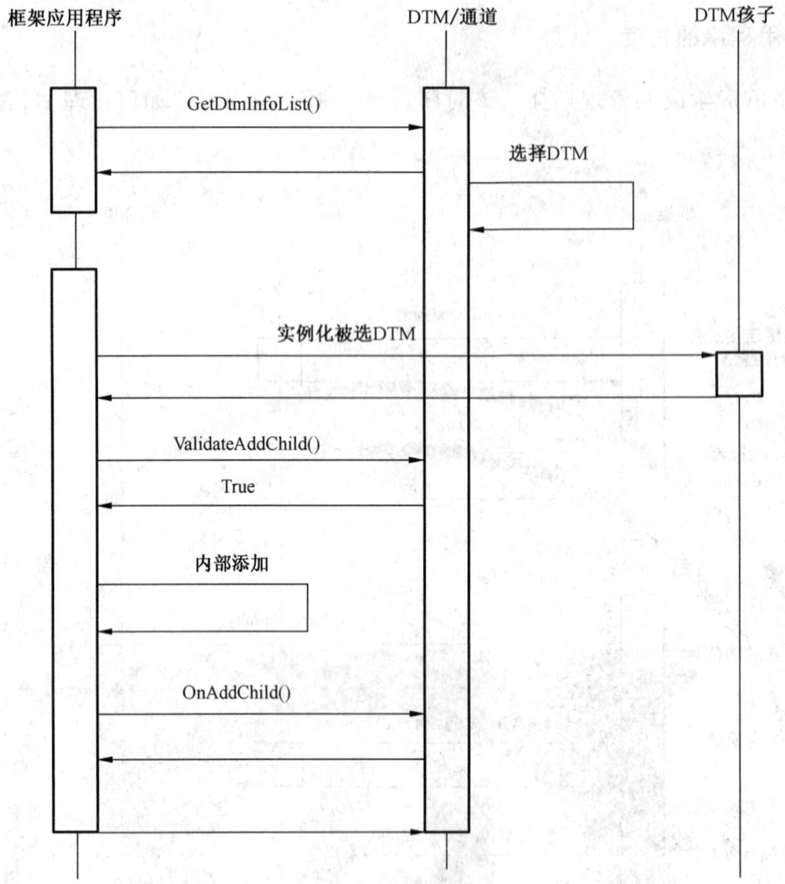

图 22 产生系统拓扑-DTM 参与

用到的方法：

IFdtTopology::GetDtmInfoList()

IFdtTopology::CreateChild()

IFdtChannelSubTopology::ValidateAddChild()

IFdtChannelSubTopology::OnAddChild()

7.2.3 建立 DTM 与设备的系统连接

图 23 显示了 FDT 中可能的通信层次。

可利用拓扑信息来创建正确的通信接口层次。

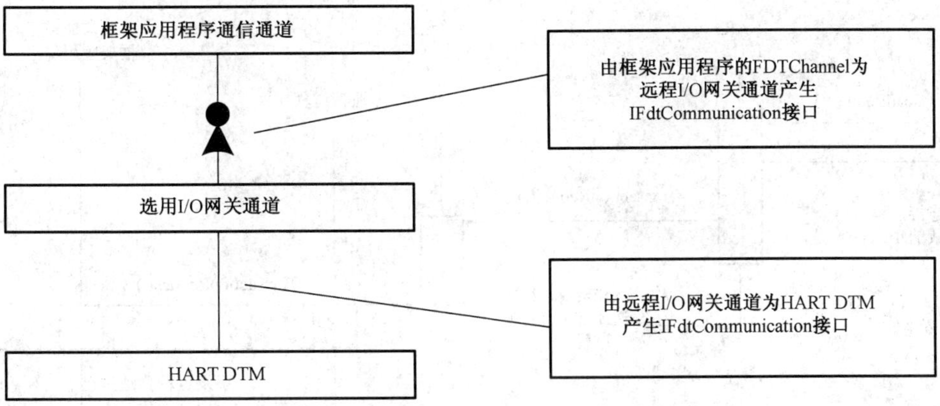

图 23　系统连接(穿过通信层)

用到的方法:

IDtm::SetCommunication()

IFdtTopology::GetChildNodes()

IFdtCommunication::ConnectRequest()

IFdtCommunicationEvents2::OnConnectResponse2()

7.2.4　系统连接的异步事务

示例:HART/PROFIBUS

将 HART DTM 的事务功能调用实现为 Profibus 远程 I/O 通信组件的读/写功能。用 PROFIBUS 写功能通信组件向远程 I/O 的 HART 主站传送 HART 数据到。可以通过 PROFIBUS 读功能从 HART 主站接收 HART 设备的应答。读写功能调用的寻址依赖于硬件和远程 I/O 的配置,也为通信通道所熟知(见图 24)。

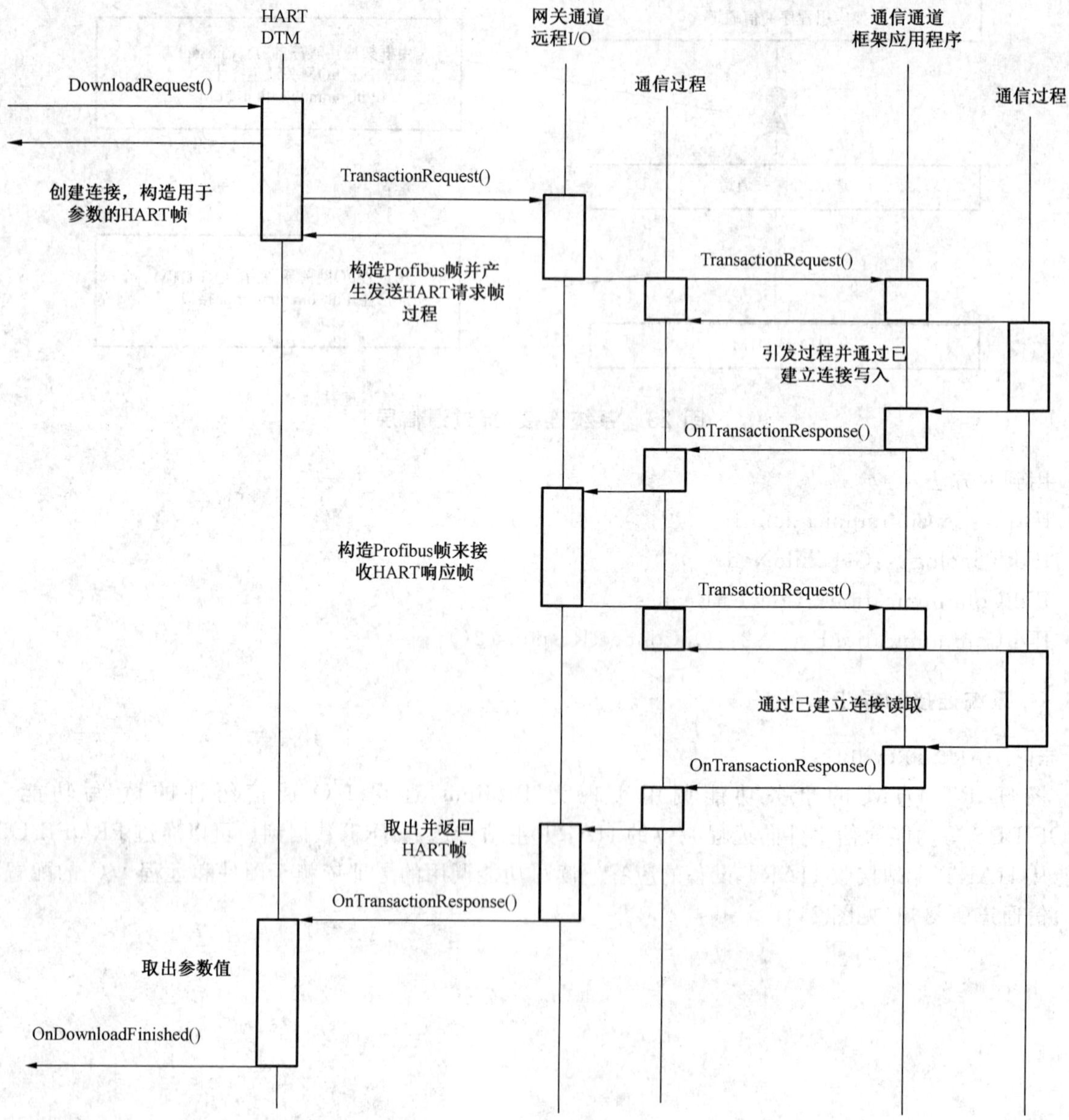

图 24　异步处理(系统连接)

用到的方法：

IFdtCommunication::TransactionRequest()

IFdtCommunicationEvents::OnTransactionResponse()

IDtmOnlineParameter::DownloadRequest()

IDtmEvents::OnDownloadFinished()

7.3　拓扑扫描

7.3.1　扫描网络

时序图:扫描网络拓扑(见图 25)。

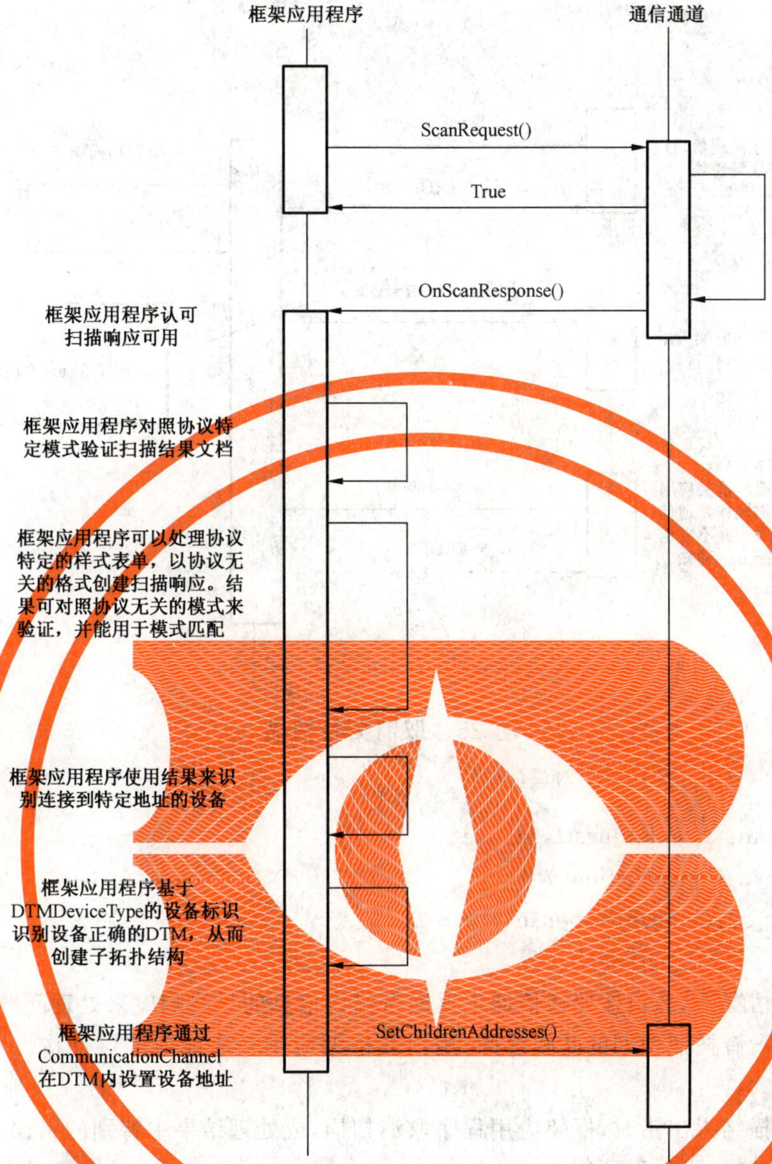

图 25　扫描网络拓扑

用到的方法：

IFdtChannelScan::ScanRequest()

IDtmScanEvents::OnScanResponse()

IFdtChannelSubTopology2::SetChildrenAddresses()

7.3.2　取消拓扑扫描

在这种假定下，框架应用程序取消一个激活的扫描请求（见图 26）。

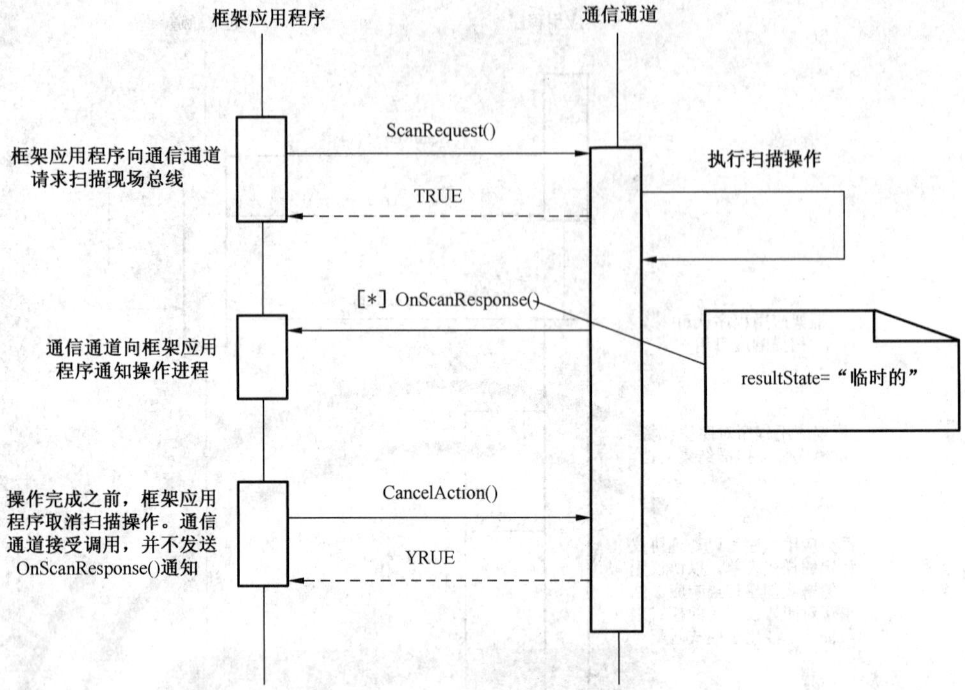

图 26 取消拓扑扫描

用到的方法：

IFdtChannelScan::ScanRequest()

IFdtChannelScan:CancelAction()

IDtmScanEvents::OnScanResponse()

行为

在出现问题的情况下，通道按照通信通道返回带错误信息的最终响应来处理问题。

如果最终响应没有按照预期的时间返回，用户或框架应用程序能取消该动作。不再调用 OnScan-Response()。

在出现临时扫描结果出错时，框架应用程序取消扫描，或处理结果中特别的错误并继续扫描。

当执行扫描时，应触发过程事件。

7.3.3 临时扫描结果通知

在这种情形下，通信通道向框架应用程序发送临时拓扑扫描结果 XML(见图 27)。

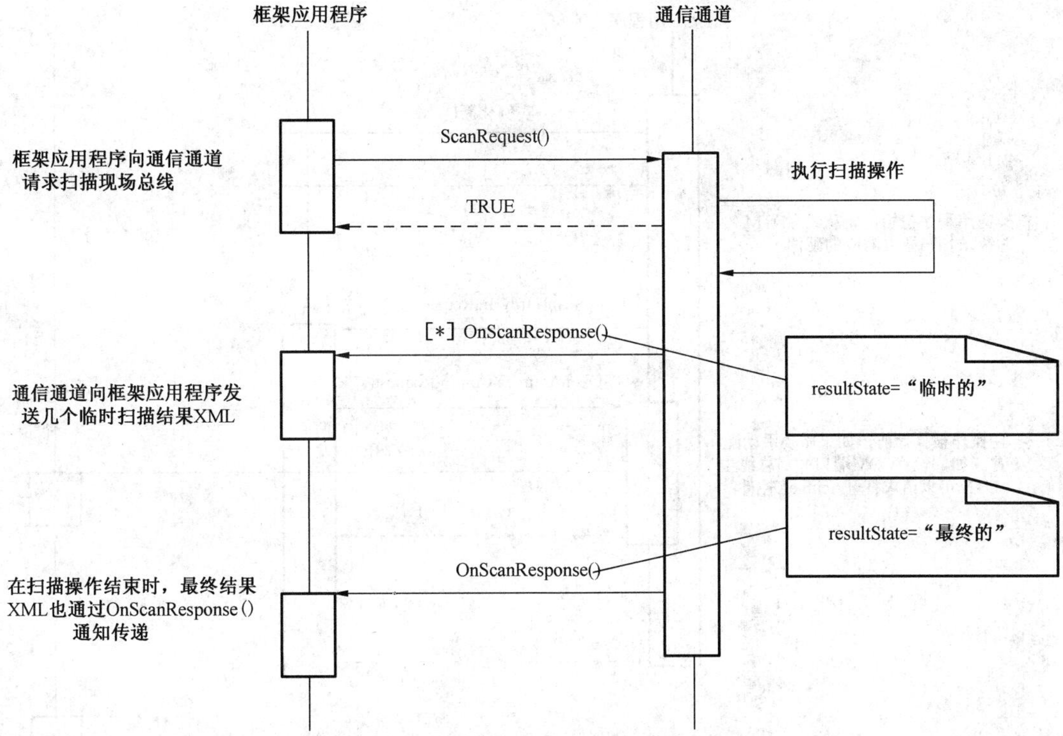

图 27 临时扫描结果

用到的方法：

IFdtChannelScan::ScanRequest()

IDtmScanEvents::OnScanResponse()

7.3.4 扫描通信硬件

从现存的总线拓扑全自动创建系统拓扑时，需要扫描通信硬件。在扫描子拓扑切实可行之前，框架应用程序需要先检测存在的通信硬件并实例化相应的总线主 DTM(见图 28)。

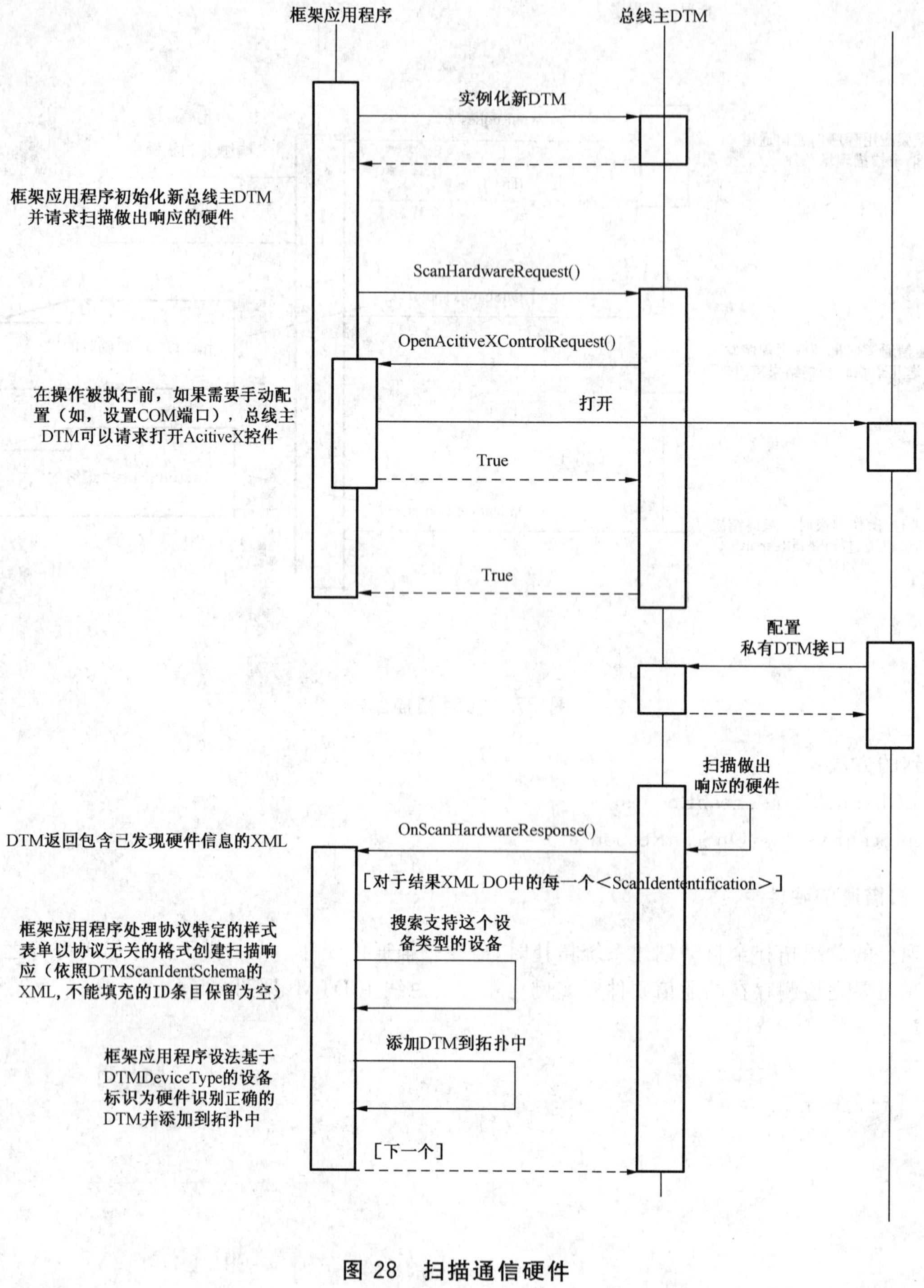

图 28　扫描通信硬件

用到的方法：

IDtmHardwareIdentification::ScanHardwareRequest()

IDtmScanEvents::OnScanHardwareResponse()

IFdtActiveX::OpenActiveXControlRequest()

(or IFdtActiveX2:OpenDialogActiveXControlRequest())

7.3.5　生产商特定的设备标识

在这种情形下，框架应用程序扫描现存的现场总线网络，并利用实现 IDtmHardwareIdentification

接口的 DTM 来识别设备应执行哪个生产商特定的操作(见图 29)。

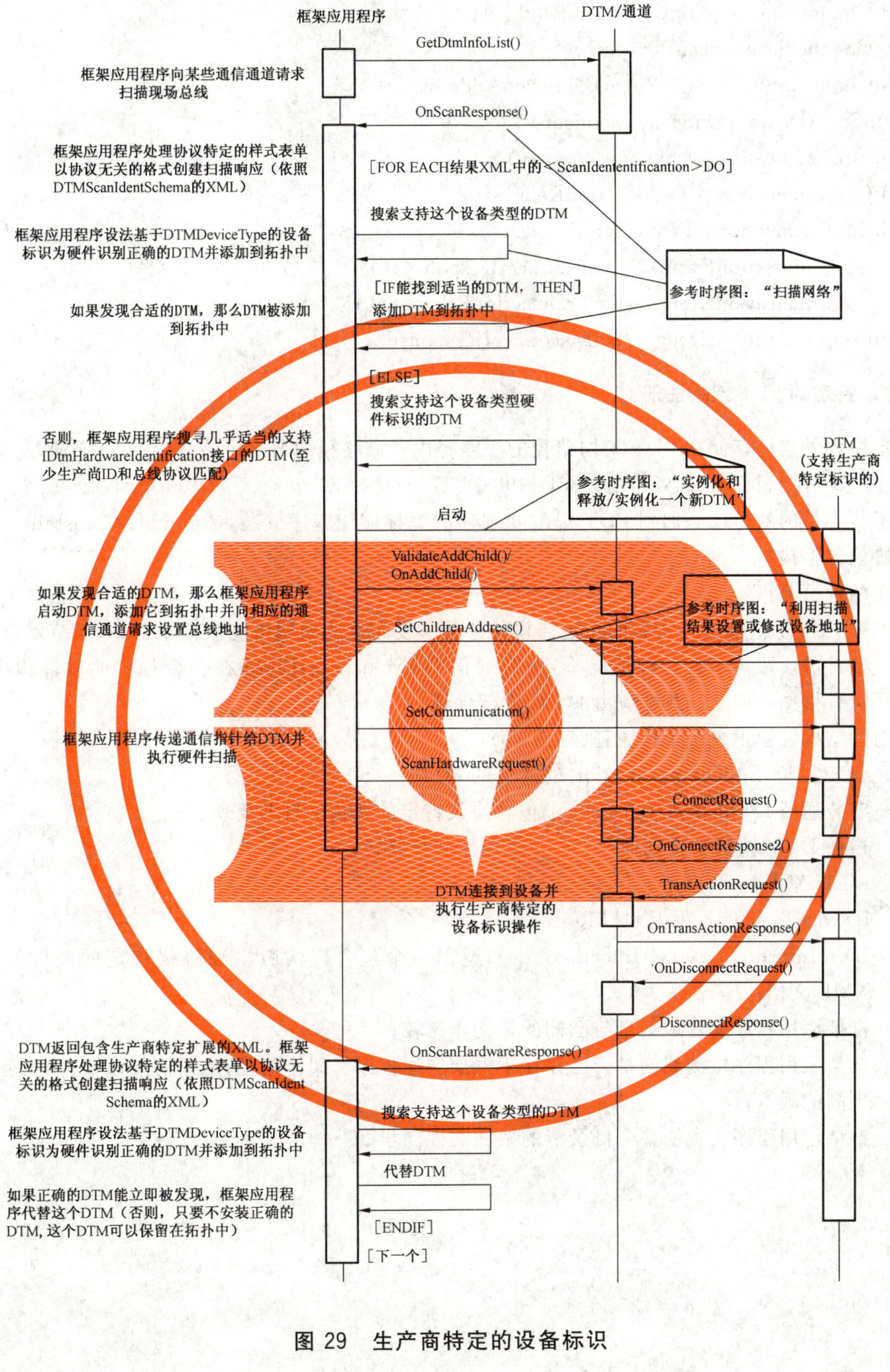

图 29 生产商特定的设备标识

用到的方法：

IDtmHardwareIdentification::ScanHardwareRequest()

IDtmScanEvents::OnScanHardwareResponse()

IDtm::SetCommunication()

IFdtChannelSubTopology::ValidateAddChild()

IFdtChannelSubTopology::OnAddChild()

IFdtChannelScan::ScanRequest()

IFdtChannelSubTopology2::SetChildrenAddresses()

IDtmScanEvents::OnScanResponse()

IFdtCommunication::ConnectRequest()

IFdtCommunication::TransActionRequest()

IFdtCommunication::DisconnectRequest()

IFdtCommunicationEvents2::OnConnectResponse2()

IFdtCommunicationEvents::OnTransactionResponse()

IFdtCommunicationEvents::OnDisconnectResponse()

7.4 协议特定的 FDT 架构注册

特定协议的架构存储在FDT架构路径的子路径内。该路径的名字用该协议的FDT现场总线种类ID来标识(如,对于HART协议,用"036D1498-387B-11D4-86E1-00E0987270B9"标识)。

为了将支持的新协议添加到FDT规范和现存的框架应用程序安装,CommDTM installation 应提供特定协议的架构。

存在两种情况:

a) 被FDT-JIG接受和发布的特定协议的架构。发布这些架构可能依赖于FDT规范发布。

b) 私有协议架构。在这种情况下,所有通信DTM和设备DTM在一个相容的软件包中提供。所有相关数据的一致性应由DTM内部保证。

下面的结构说明了整个工作流程(见图30):

——安装实现IFdtCommunication的通道的DTM;

——安装通信DTM,并在它的安装中包含协议特定的架构的合并模块;

——通信DTM拷贝架构到通信DTM指定的某个路径;

——DTM库更新。

DTMDeviceType信息用于DTMCatalog信息。

——IDtmInformation::GetInformation(),返回一个包含架构版本和协议特定的架构的路径的XML文档;

——框架应用程序将这个信息与已知的架构作比较;

——框架应用程序检测架构是否已存在于框架应用程序子架构路径,是否拷贝该架构,或是否提供更高的版本;

——框架应用程序负责使整个目录下的架构文件同步。

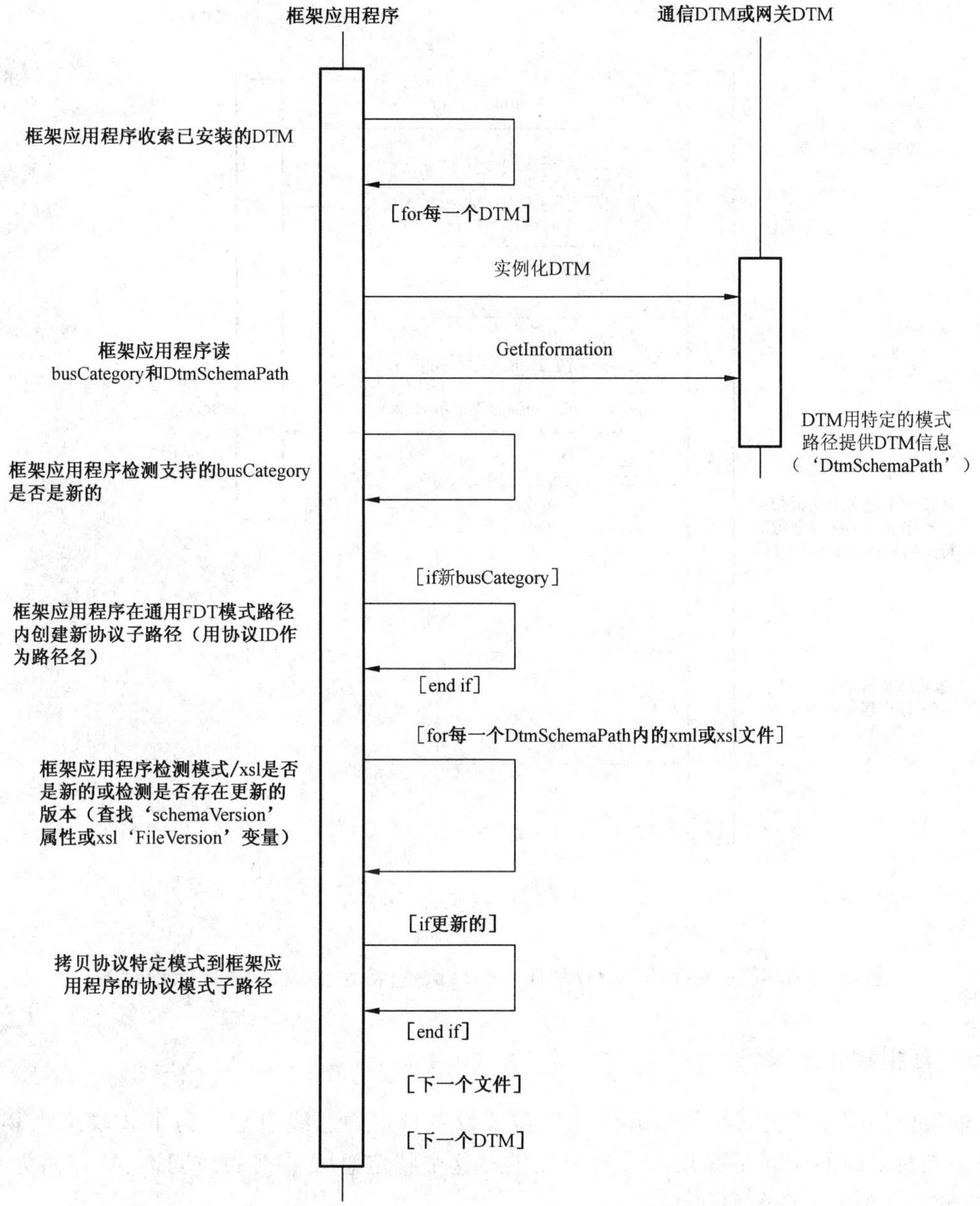

图 30　添加特定协议架构到框架应用程序架构子路径

用到的方法：

IDtmInformation::GetInformation()

更新架构高速缓存后，框架应用程序通过调用 IDtmInformation2::GetDeviceIdentification-Information 从一个 DTM 获取附加的特定设备标识信息(见图 31)。

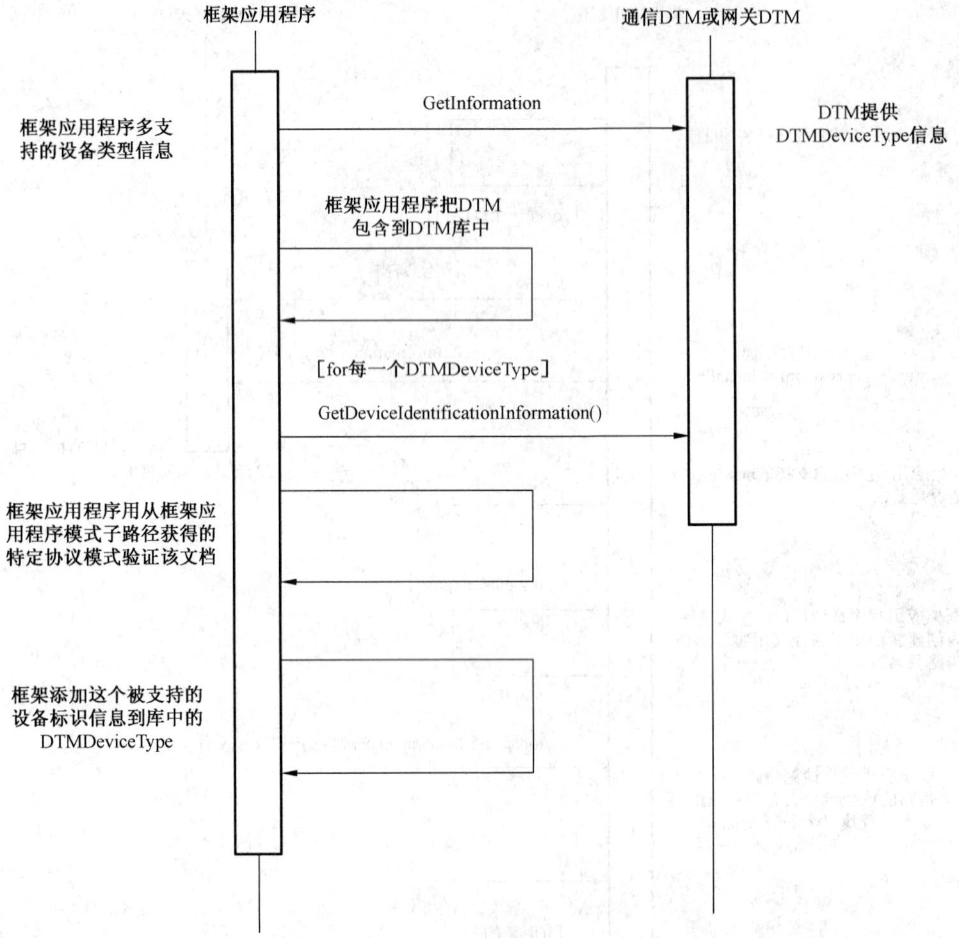

图 31 框架应用程序读 DTMDeviceType 的特定协议的设备标识信息

7.5 现场总线主站组态

组态框架应用程序的主站或通信调度程序需要设备特定的总线参数。为了获取这些参数，DTM 和主站组态工具之间的交互是必须的。为了提供对这个特定总线数据的访问，它被存储为一个通过 XML 标签预定义的可访问的公共数据。

〈busMasterConfigurationPart〉

〈busMasterConfigurationPart〉是一个包含符合现场总线协议规范的特定设备总线信息的二进制流。

每个 DTM 至少应填写设备特定的参数和所有能被它的应用程序改变的参数。

所有其他条目可用象 0 一样的替代值填充。〈busMasterConfigurationPart〉结构的替代值可依照整个现场总线的需求由外界主要的组态工具来设定。

无论填写何值，由 DTM 产生的结构符合现场总线规范定义是非常重要的。

在所有网络共享者已写入他们实例数据后，主站组态工具能调试现场总线(图 32)。为了这个目的，它收集每个网络共享者的〈busMasterConfigurationPart〉，并评估相应主站的总线参数。

主站组态工具可能是主站 DTM 的一部分，或是下例中一样是框架应用程序的一部分。如果主站 DTM 存在，主站组态将由 IDtmOnlineParameter::DownloadRequest()下载。

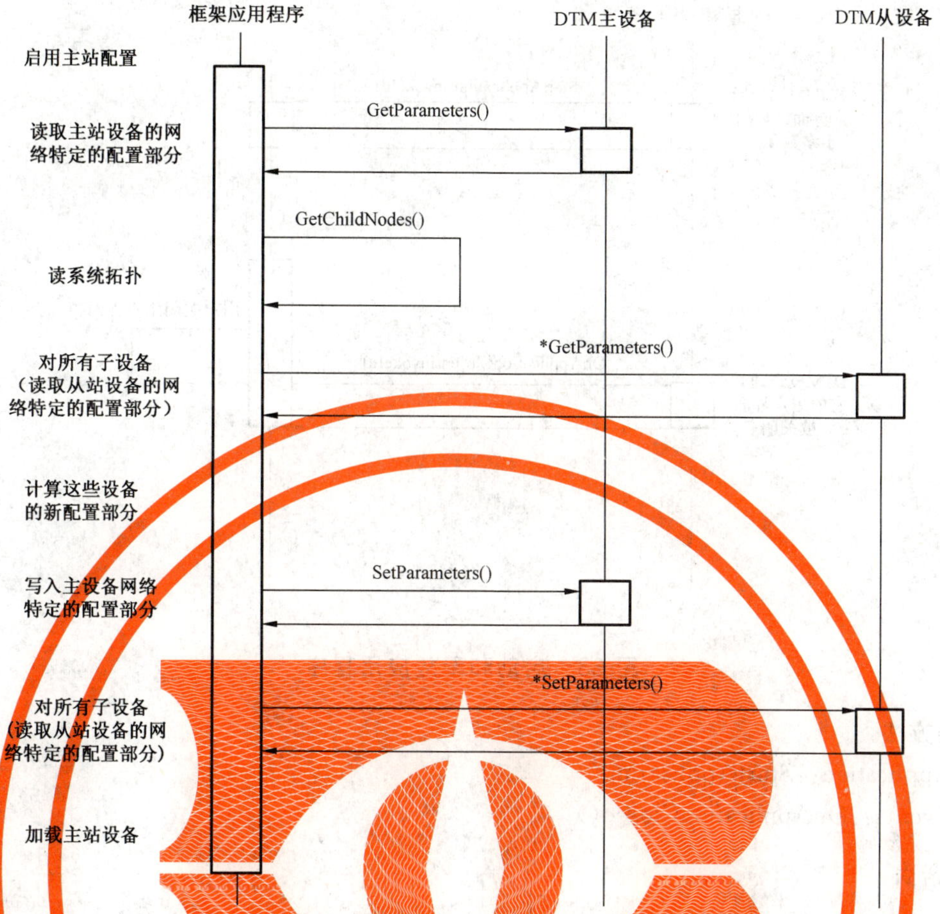

图 32 总线主站配置

用到的方法：

IDtmParameter::GetParameters()

IDtmParameter::SetParameters()

IFdtTopology::GetChildNodes()

7.6 启动和释放应用程序

一般而言，框架应用程序使用 IDtmApplication 接口启动一个应用程序，或用 IDtmActiveXInformation 获得关于必需的应用程序 ActiveX 控件的信息。时序图(图 33)显示了框架应用程序如何启动一个应用程序以及它如何通过 invokeID 处理用户界面的异步行为。相同的机制也用于 ActiveX 控件。无论用户关闭用户界面，或框架应用程序通过 ExitApplication()或 PrepareToRelease()关闭它，总是将用户界面和 invokeID 联合起来用于同步 DTM 和框架应用程序。

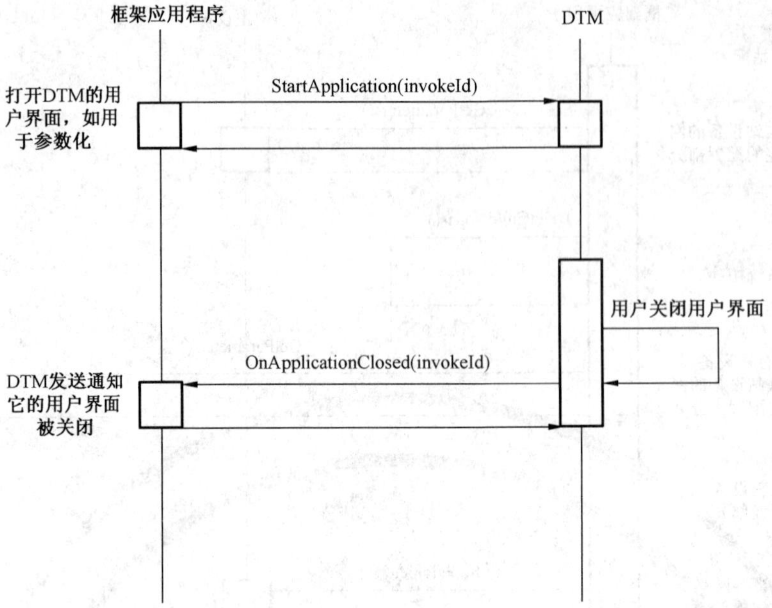

图 33 启动和释放应用程序

用到的方法：

IDtmApplication::StartApplication()

IDtmEvents::OnApplicationClosed()

7.7 通道访问

通过 FdtChannel 对象可以获取框架应用程序和嵌套通信的通信界面内访问设备 I/O 数据的信息。这些对象携带所有现场主站或连接的现场总线控制器的所有地址信息。如何访问这样的通信通道是独立于现场总线的(图 34)。但是作为 XML 文档的可访问的信息依赖于特定的现场总线协议。

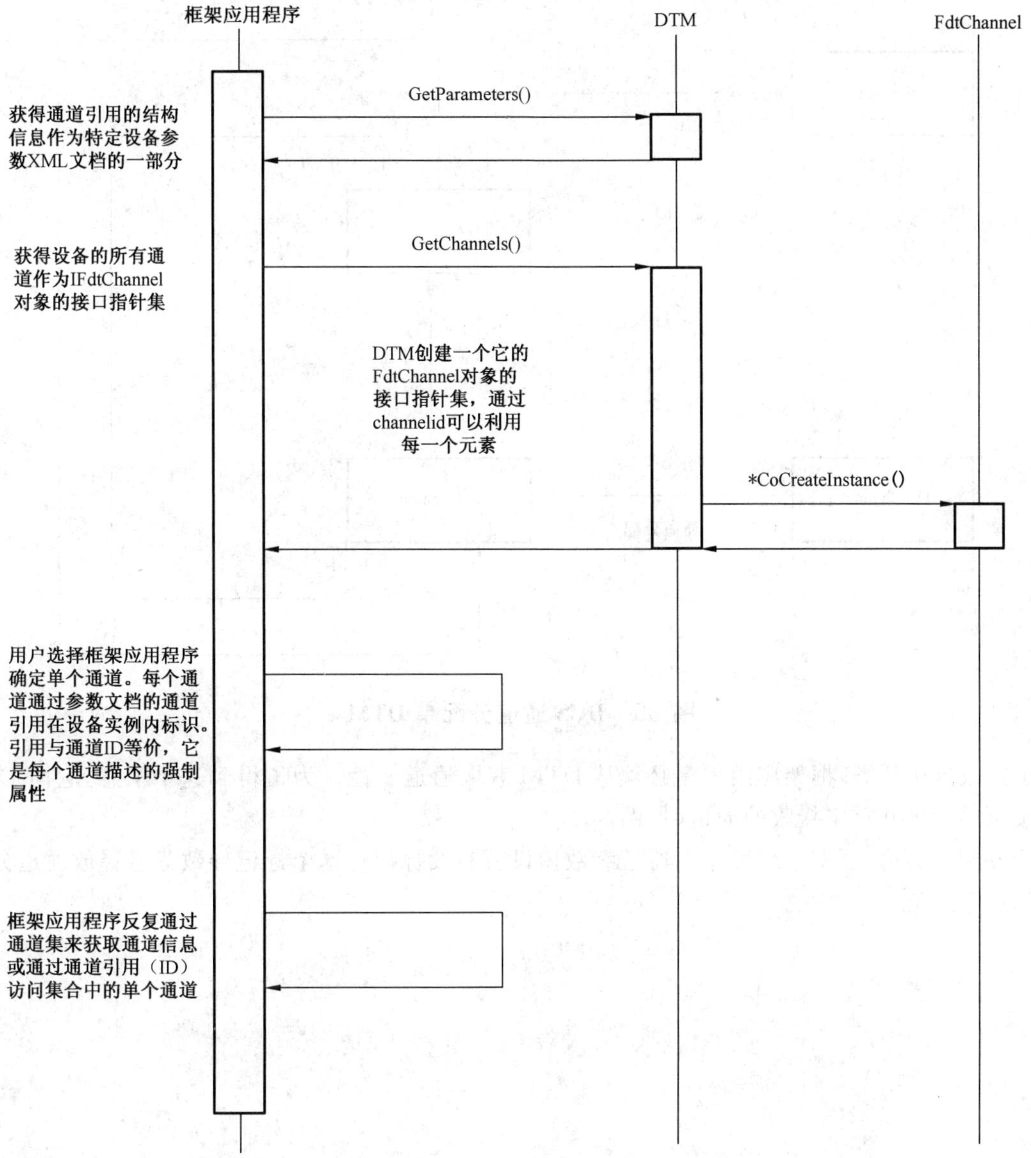

图 34　通道访问

用到的方法：

标准微软方法。

IDtmParameter::GetParameters()

IDtmChannel::GetChannels()

7.8　DCS 通道分配

在通道分配过程中，由 DTM 提供的通道与框架应用程序内的通道（DCS 通道）之间的关系由框架应用程序建立（图 35）。

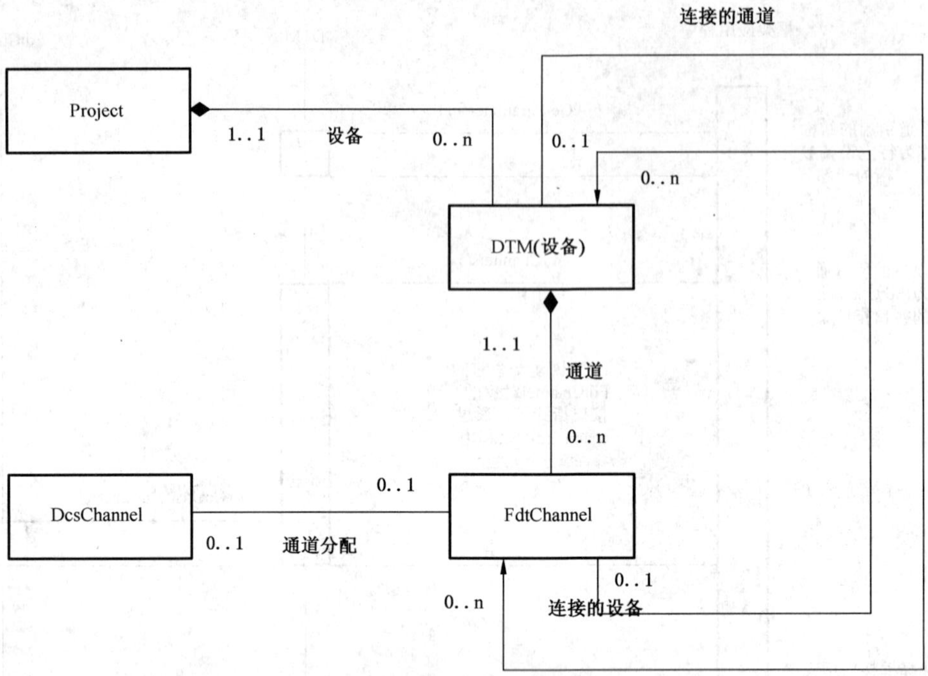

图 35　DCS 通道分配单 DTM

为了完成这个任务，框架应用程序必须从 DTM 获取通道属性。为了得到这个消息，它向 DTM 请求当前实例的通道并重申接收的通道(见图 36)。

对于分配的通道，框架应用程序在通道参数内设置只读标记。这个标记导致只有释放通道分配后，才能删除这个通道。

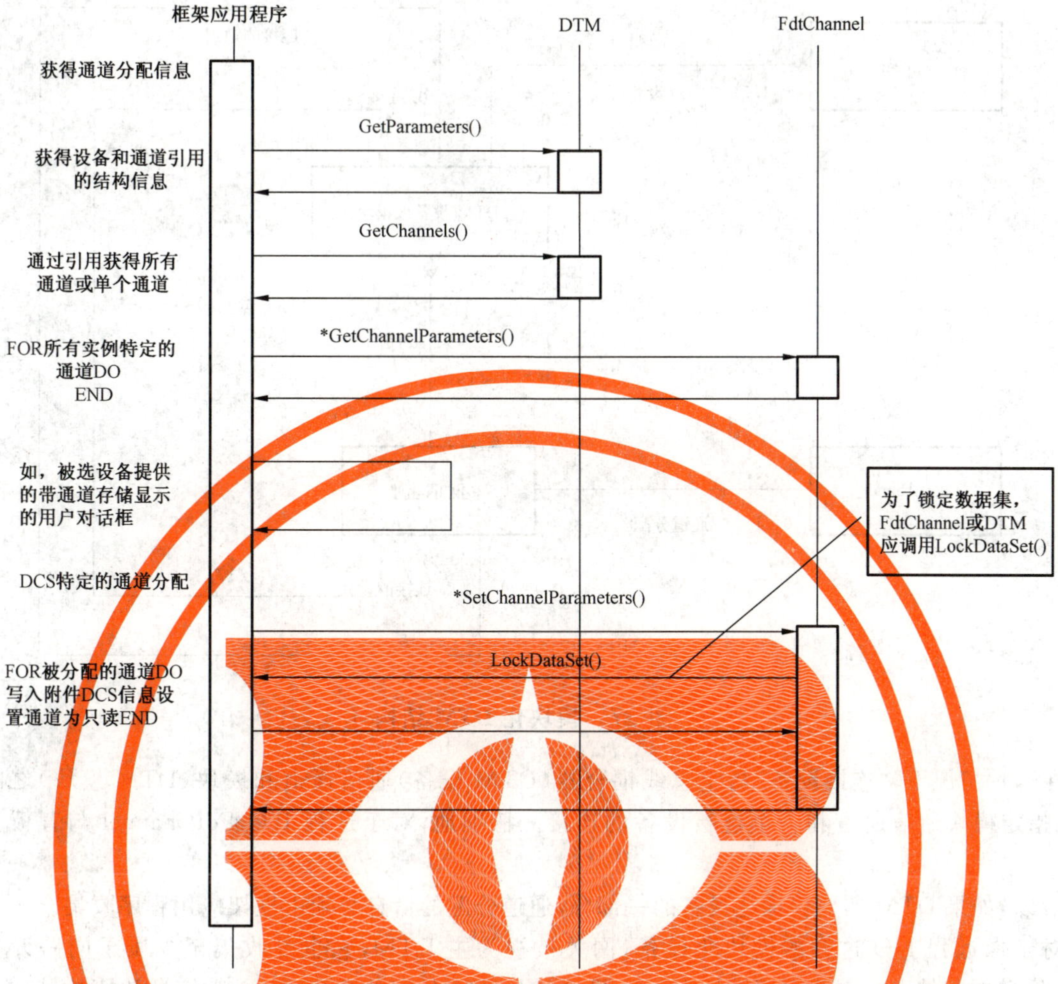

图 36　单 DTM 通道分配顺序

用到的方法：

IFdtContainer::LockDataSet()

IFdtContainer::UnlockDataSet()

IDtmParameter::GetParameters()

IDtmChannel::GetChannels()

IFdtChannel::GetChannelParameters()

IFdtChannel::SetChannelParameters()

如果 DTM 实例代表整个设备，在这个 DTM 中可获得通道分配的所有信息。

对于由一个 DTM 描绘的一个模块化设备（如远程 I/O），也可以通过参数接口获得内部结构。从通道分配的角度看，由于这个信息允许框架应用程序产生一个结构化的表达，因此对于一个用户来说，它和单个 DTM 工作或和扮演模块化设备多个部分的几个 DTM 一起工作没有什么区别。

图 37 显示了有模块化设备，特别是带有不同厂家模块的远程 I/O 的 DTM 子结构，通过标准拓扑方法建立设备 DTM 和它的模块 DTM 之间的连接。在这个子结构中，设备 DTM 是现场总线和私有背板总线之间的网关。所以通信可按照嵌套通信机制实现。

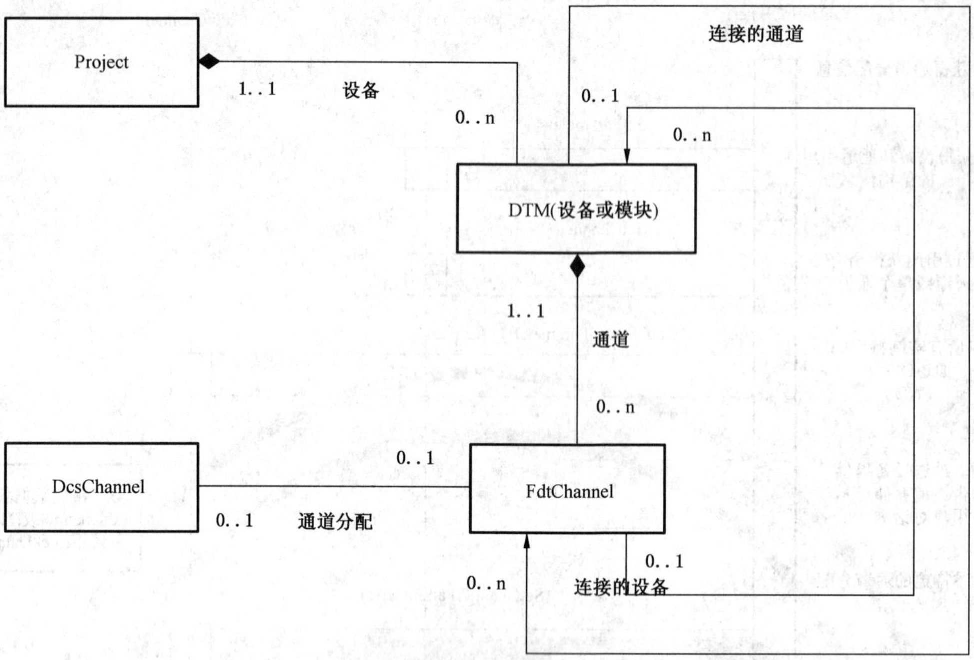

图 37　模块化 DTM 结构

在这种情况下，"连接设备"指定总线耦合器(DTM 设备)通信通道和模块(DTM 模块)之间的连接，也指定模块通信通道和一个连接设备的连接。特别地，对于远程 I/O FdtChannel 与背板上的槽相似。

所以，如果 DTM 实例仅描述设备的一部分，通道分配的信息必须由框架应用程序收集。

对于像远程 I/O 这样的模块化设备，网关被视为主 DTM，它也是收集至少属于同一设备的子 DTM 信息的起始点。因此内部结构由拓扑呈现。从通道分配的角度看，通道信息和拓扑结构一起使框架应用程序产生一个结构化的描述，因此对于用户来说，不同之处在于与单个设备一起工作或与代表多个模块化设备的多个部分的几个 DTM 一起工作(见图 38)。

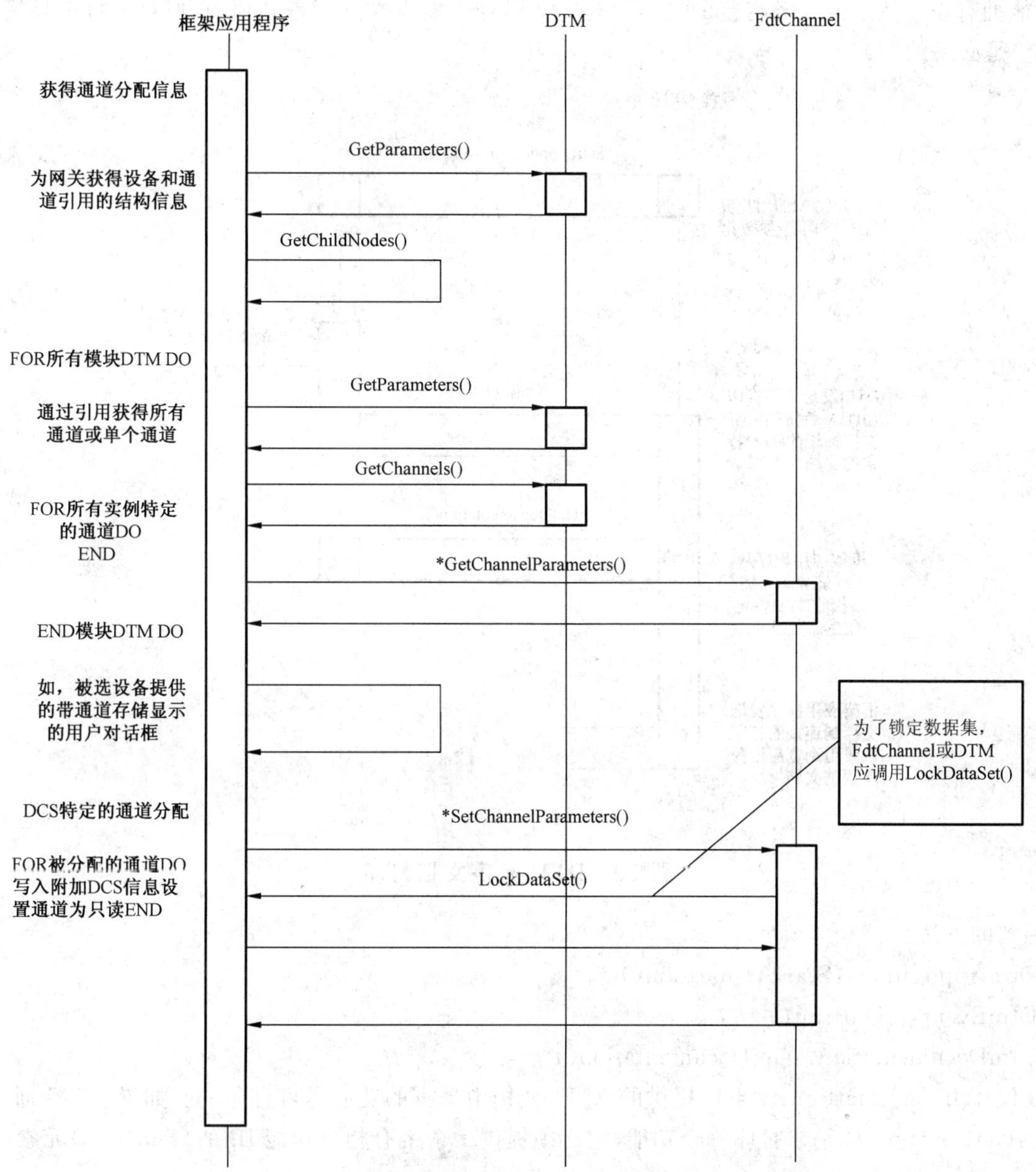

图 38 模块化 DTM 通道分配

用到的方法：

IFdtContainer::LockDataSet()

IFdtContainer::UnlockDataSet()

IDtmParameter::GetParameters()

IDtmChannel::GetChannels()

IFdtChannel::GetChannelParameters()

IFdtChannel::SetChannelParameters()

IFdtTopology::GetChildNodes()

7.9 DTM 特定文档打印

一般而言，框架应用程序用 IDtmDocumentation 进行文档编制。该接口允许框架应用程序向 DTM 请求 XML 传递信息标识的上下文特定文档(见图 39)。在框架应用程序应用 ID 标识的文档下，

DTM 能拥有设备特定或任务特定的文档。这些文档对于集成本身不是必须的，但对于特定环境（如故障安全）是必备的。

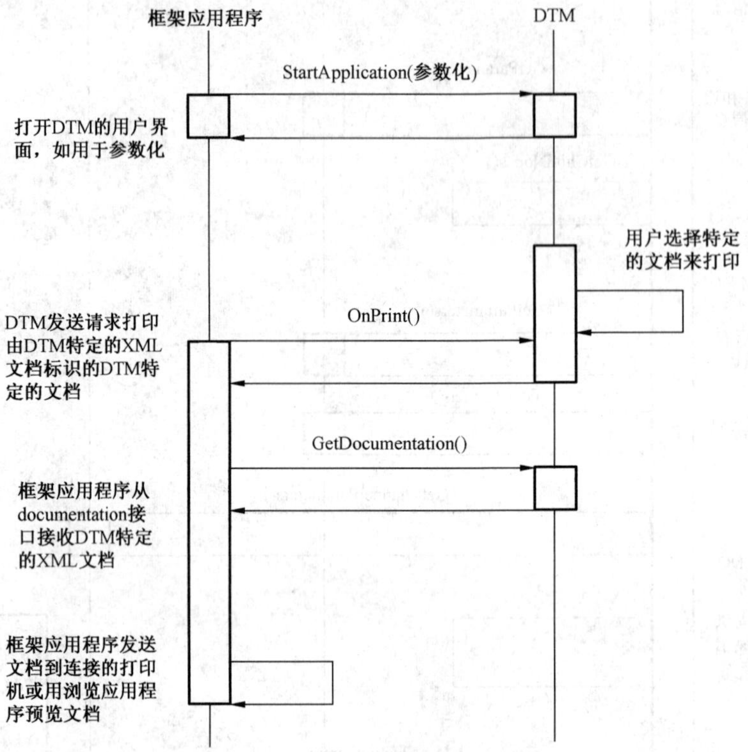

图 39 **DTM 特定文档打印**

用到的方法：

IDtmApplication::StartApplication()

IDtmEvents::OnPrint()

IDtmDocumentation::GetDocumentation()

仅仅在 IDtm::GetFunctions()提供的 XML 文档中暴露的功能是可打印的。如果 DTM 通过调用 IDtm::GetFunctions()请求打印一个功能，它必须提供一个带有相应功能 ID 的〈Function〉元素。

7.10 框架应用程序特定文档打印

7.10.1 概述

IDtmDocumentation 允许框架应用程序向 DTM 请求 XML 传递信息标识的上下文特定文档（见图 40）。

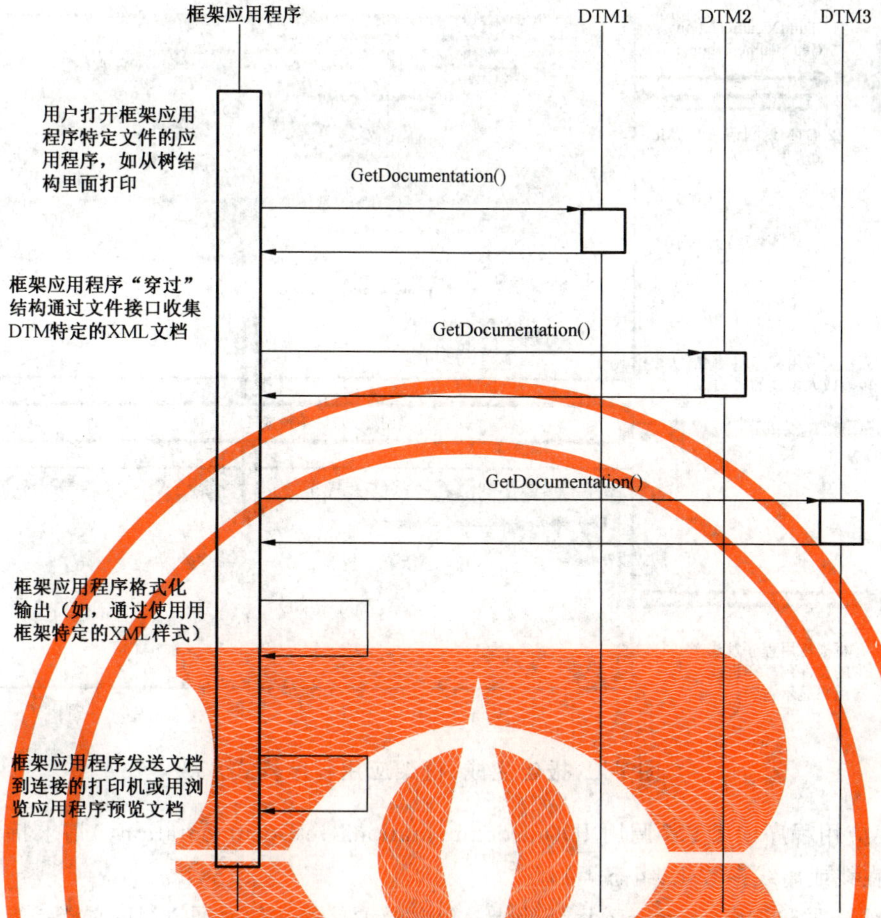

图 40　框架应用程序特定的文档打印

用到的方法：

IDtmDocumentation：：GetDocumentation()

7.10.2　处理文档

图 41 显示了处理文档事件的整个流程。

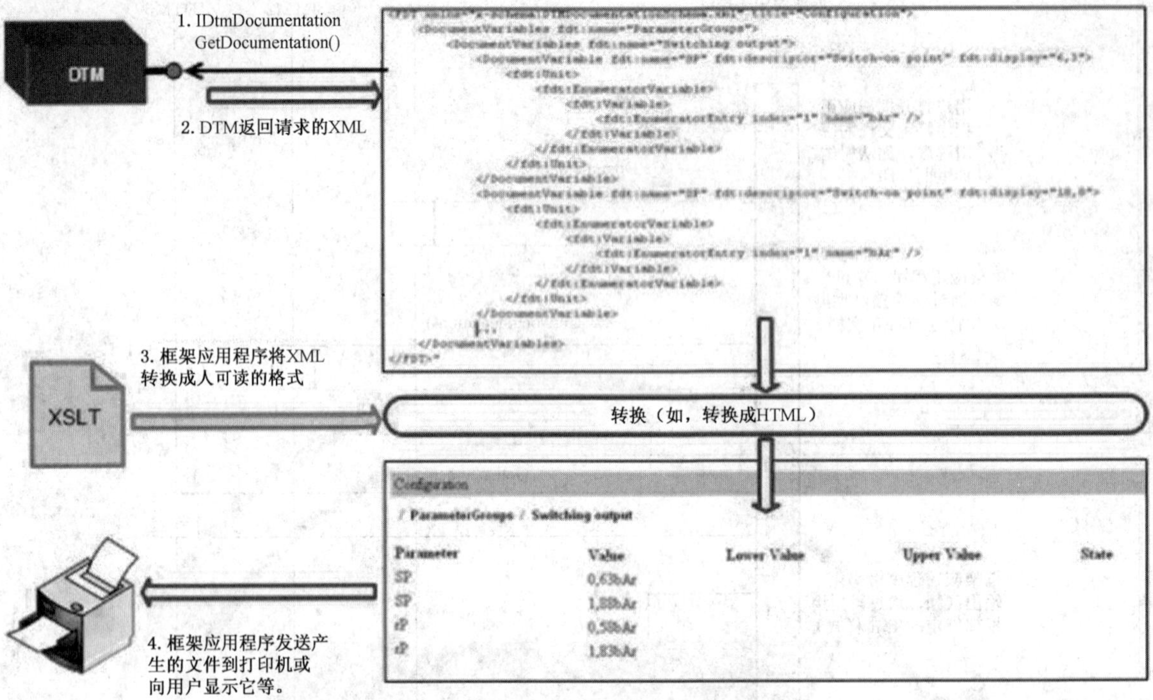

图 41　报告生成(框架应用程序样式)

a)　框架应用程序向 DTM 调用 IDtmDocumentation. GetDocumentation()请求特定功能的文件(如在线或离线参数化、组态等)；

b)　DTM 按照 DTMDocumentationSchema 包含的请求的文件返回 XML 文档；

c)　框架应用程序将 XML 文档转换为人可读的格式，如一个 HTML 或 PDF 文档。这个转换用到的信息包含在〈DocumentVariables〉，〈DocumentVariable〉 and 〈GraphicalReference〉XML 元素内；

d)　框架应用程序向打印机发送产生的文件，或向用户显示它。

DTM 能随意地定义一个 DTM 特定的样式表，框架应用程序能将它用于将 XML 转换成如图 42 中显示的设备厂家特定的 HTML 文档。

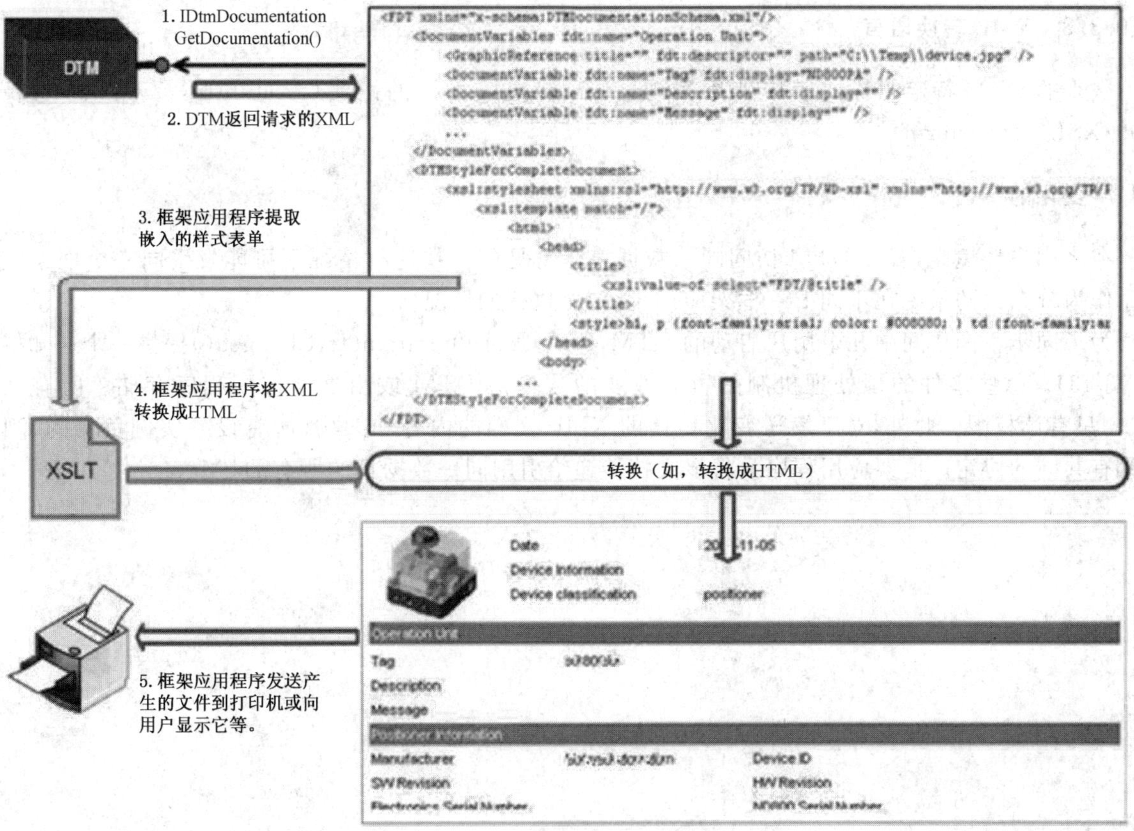

图 42　报告生成(设备生产商特定的样式)

a)　框架应用程序向 DTM 调用 IDtmDocumentation. GetDocumentation()请求特定功能的文件(如在线或离线参数化、组态等)；

b)　DTM 按照 DTMDocumentationSchema 包含的被请求的文件和嵌入在〈 DTMStyleForCompleteDocument〉XML 文档中的特定样式表返回 XML 文档；

c)　框架应用程序从〈〉XML 文档中提取 DTM 特定的样式表；

d)　框架应用程序利用 DTM 特定的样式表将返回的 XML 文档转换成 HTML 文档；

e)　框架应用程序将产生的 HTML 文件发送到打印机、或向用户显示它。

7.10.3　DTM 特定样式表使用规则

7.10.3.1　XML 文档使用

对于框架应用程序，使用 DTM 特定样式表是可选的。如果要产生工厂范围一致的文件或非 HTML 报告，一些框架应用程序可以忽略嵌入的样式表。

即使特定的样式表嵌入在返回的 XML 文档中，DTM 也应在〈DocumentVariables〉，〈DocumentVariable〉和〈GraphicalReference〉提供完整的信息。那意味着仅在 XML 元素中提供信息是不足够的。这个 XML 元素可以包含只应用制造商特定格式被时才使用的附加信息。

7.10.3.2　转换成 HTML

嵌入的 DTM 特定的样式表应将完整的 XML 文档转换成 HTML 格式。

7.10.3.3 XML 转换语言

嵌入的DTM特定的样式表应使用W3C XSL转换版本1的语法(参见 http://www.w3.org/1999/XSL/ Transform)。

7.11 变化的传递

在多用户环境内,多个DTM访问同一数据集是常见的。在这种情况下可能发生同一个框架应用程序作为分布式的系统在不同PC(框架应用系统)上执行的情况。

为了同步不同空间中几个用户启动的DTM,FDT通过OnParameterChanged()提供一个通知机制(见图43)。这些事件的预处理机制是所有改变的数据由DTM或由框架应用程序存储。所有其他DTM只有读权限。此外,对于发送变化传播的XML文档的内容和架构,所有设备实例负责的DTM应具有共同的协定。框架应用程序只将该文档传递给引用同一数据集的所有DTMs。

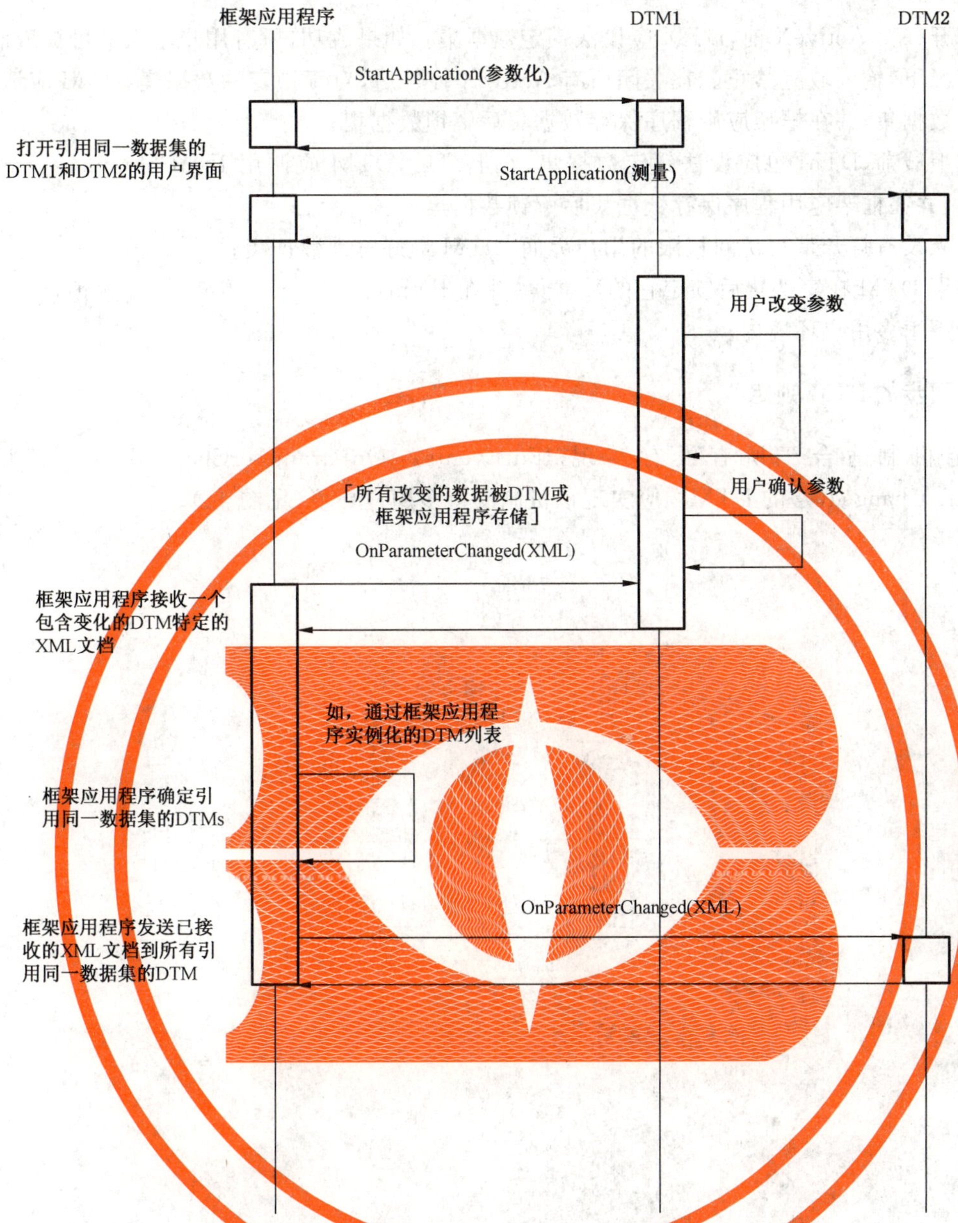

图 43　变化传递

用到的方法：

IDtmApplication::StartApplication()

IDtmEvents::OnParameterChanged()

IFdtEvents::OnParameterChanged()

7.12　锁定

在多用户环境内，多个 DTM 访问同一数据集是常见的。为了同步不同空间中几个用户启动的 DTM，FDT 通过 OnParameterChanged()提供锁定机制。这个事件机制的目的是只有一个 DTM 可以对数据集读/写访问。所有其他 DTM 只有读权限。

由于这个理由，DTM 只有在需要时和数据改变期间才锁定它的数据集。而且框架应用程序存储实例数据不再修改后，DTM 应立即解锁它的数据集使得在多用户环境下其他 DTM 实例能够同时访问设备数据。

——打开一个 ActiveX 前,DTM 应设法锁定数据集。如果成功,所有用户输入域可被激活,在其他情况下,输入域应禁止。在关闭所有 ActiveX 控件后,对于锁定的数据集,DTM 应请求保存这个数据集,并在框架应用程序保存数据集后解锁数据集;

——在上载前,DTM 也应设法锁定数据集,在上载后,DTM 应调用 IFdtContainer::SaveRequest(),并在框架应用程序保存数据集后解锁数据集;

——如果没有打开带写访问权限的用户界面,DTM 最好解锁数据集;

——如果 DTM 在实例化后锁定它的数据集,并在 IDtm::PrepareToRelease()解锁,该 DTM 不适合用于多用户环境内。

7.12.1 不同步的 DTM 锁定

该锁定机制适合于所有没有实现 IFdtEvents::OnParameterChanged()(IFdtEvents::OnParameter Changed())的 DTM。应实现该机制支持多用户环境(见图 44)。

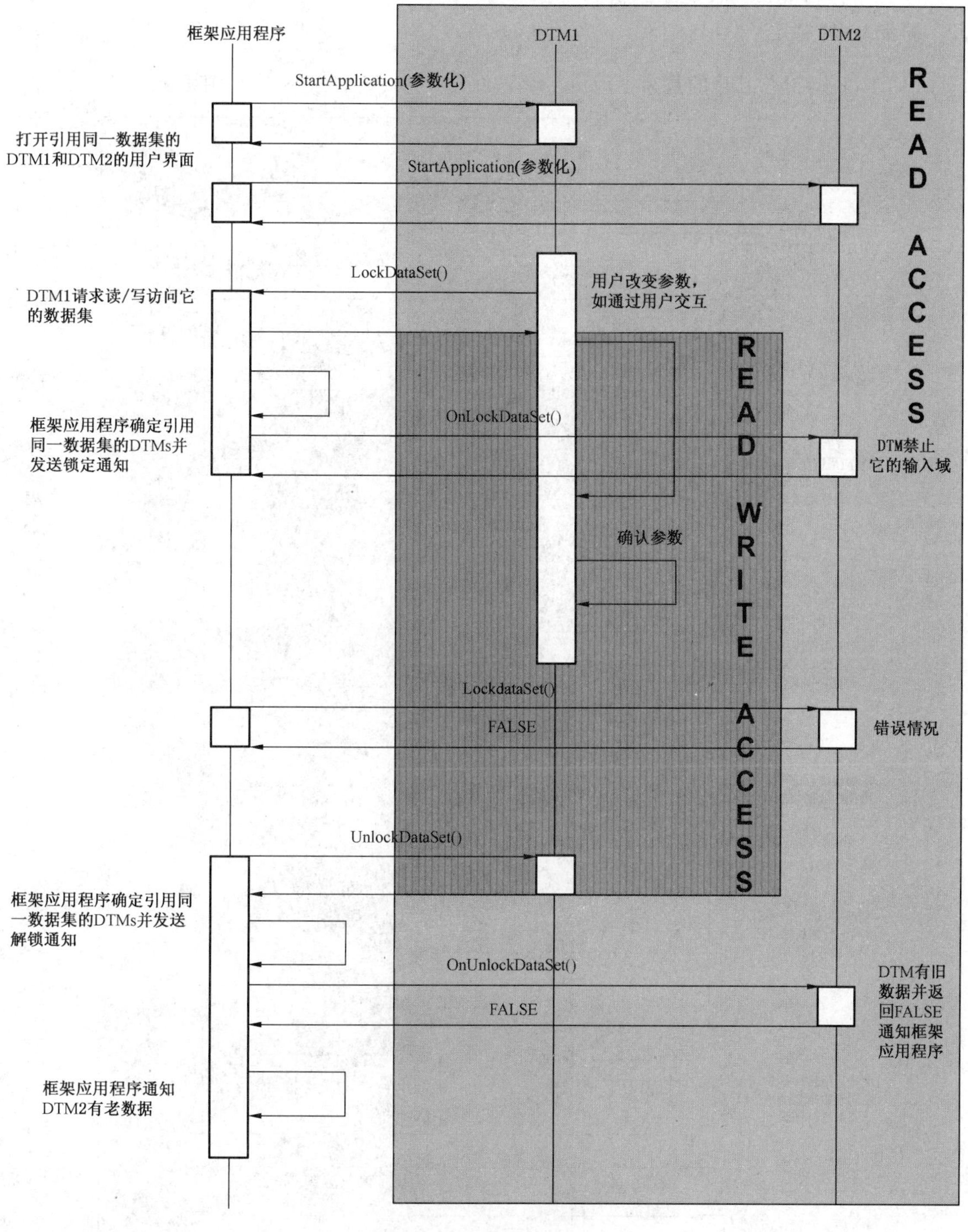

图 44　不同步 DTM 锁定

用到的方法：

IDtmApplication::StartApplication()

IFdtContainer::LockDataSet()

IFdtContainer::UnlockDataSet()

IFdtEvents::OnLockDataSet()

IFdtEvents::OnUnlockDataSet()

7.12.2 同步 DTM 锁定

DTM 同步可选特性,其目的是为多用户环境下的用户提供更好的处理(见图 45)。

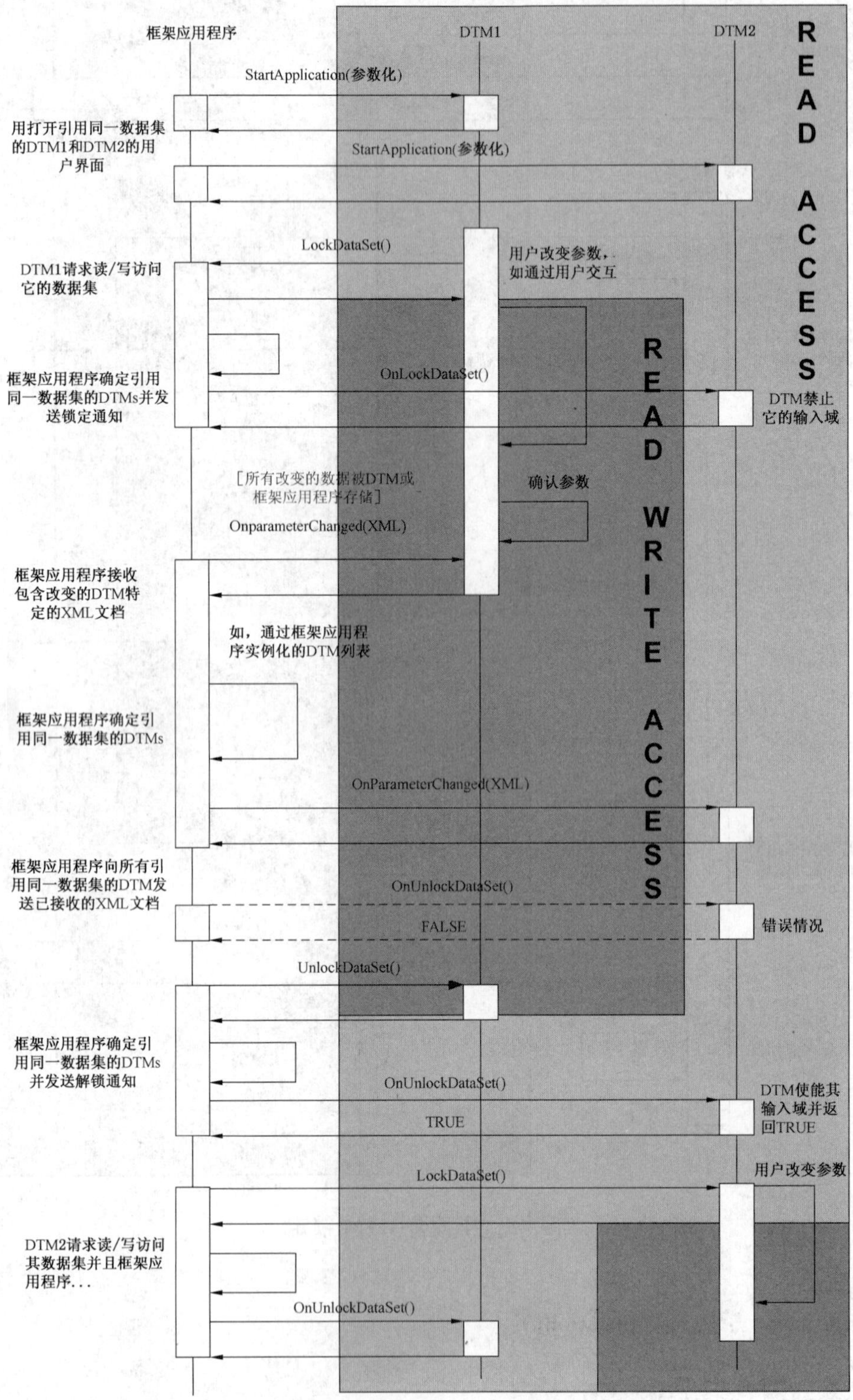

图 45 同步 DTM 锁定

用到的方法：

IDtmApplication::StartApplication()

IFdtContainer::LockDataSet()

IFdtContainer::UnlockDataSet()

IDtmEvents::OnParameterChanged()

IFdtEvents::OnParameterChanged()

IFdtEvents::OnLockDataSet()

IFdtEvents::OnUnlockDataSet()

7.13 实例化和释放

7.13.1 新 DTM 的实例化

DTM 事务对象创建后，框架应用程序应请求 IPersist×××接口指针，并调用 IPersist×××::InitNew()(见图 46)。在这个方法内，DTM 事务对象应初始化它默认设备参数。

图 46 新 DTM 实例化

用到的方法：

标准微软方法。

IDtm::Environment()

IDtm::InitNew()

IDtmInformation::GetInformation()

7.13.2 现有 DTM 的实例化

创建现有实例 DTM 事务对象后,框架应用程序应请求 IPersist××× 接口指针,并利用对相应现场设备实例的流对象的引用来调用 IPersist×××::Load()(见图 47)。在这个方法内,DTM 事务对象应初始化它基于流对象信息的设备参数。

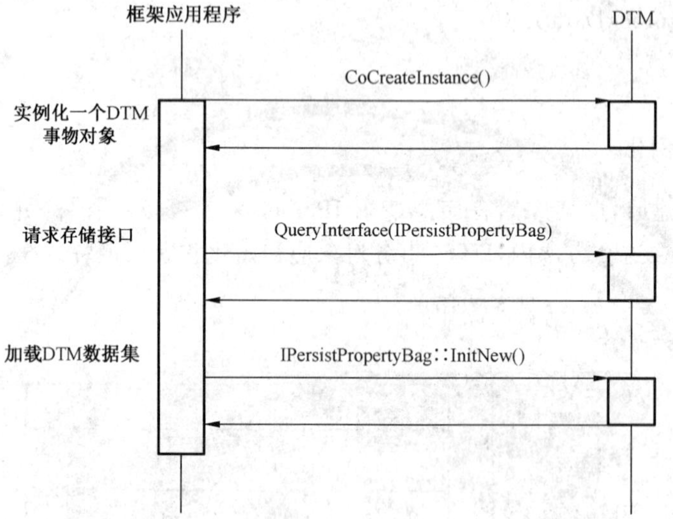

图 47 实例化现存 DTM

用到的方法:

标准微软方法。

7.13.3 DTM ActiveX 用户界面实例化

创建 DTM 事务对象后,框架应用程序能把一个表示对象实例化为一个用于和应用上下文相关的特定任务的用户界面(见图 48)。在 Init()方法内,表示对象应初始化它基于事务对象信息的设备参数。

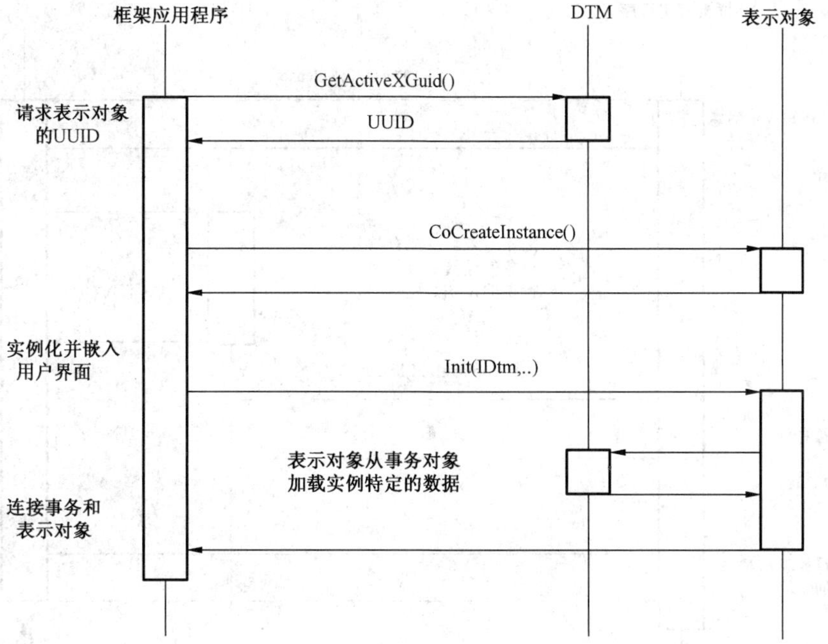

图 48 DTM 用户界面实例化

用到的方法：

标准微软方法。

IDtmActiveXControl::Init()

IDtmActiveXInformation::GetActiveXGuid()

7.13.4 DTM 用户界面释放

如果框架应用程序想去释放 DTM 的表示对象，它首先必须通过向表示对象发送准备释放的通知(见图 49)。在 IDtmActiveXControl::PrepareToRelease()方法后，表示对象应释放所有与其他组件的连接并调用 DTM 特定的反初始化方法。

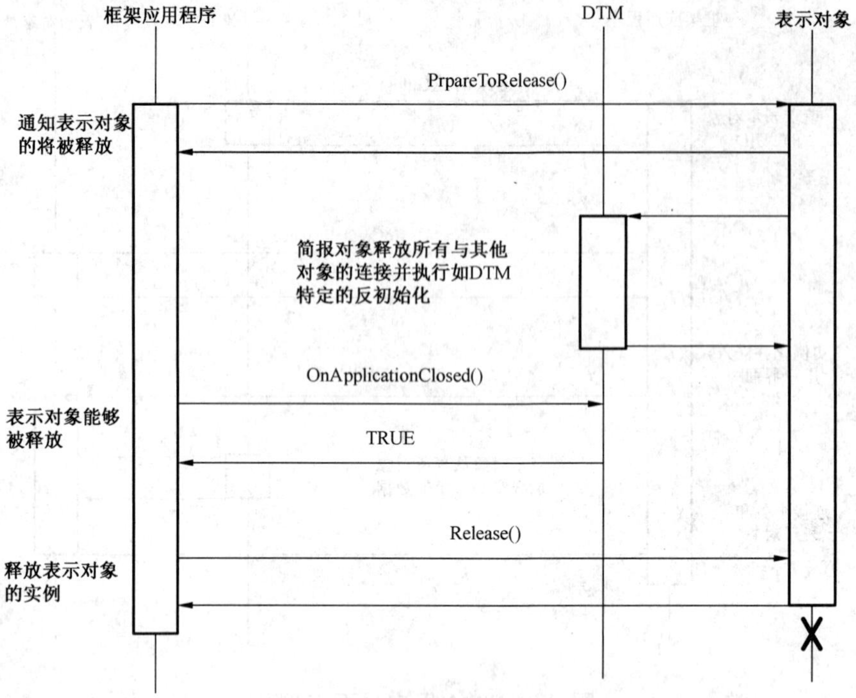

图 49　释放 DTM 用户界面

用到的方法：

标准微软方法。

IDtmActiveXControl::PrepareToRelease()

IDtmEvents::OnApplicationClosed()

7.14　DTM 永久存储

7.14.1　实例数据集状态机

7.14.1.1　修改

此状态机反映了实例数据集修改时可能的状态(见图 50)。

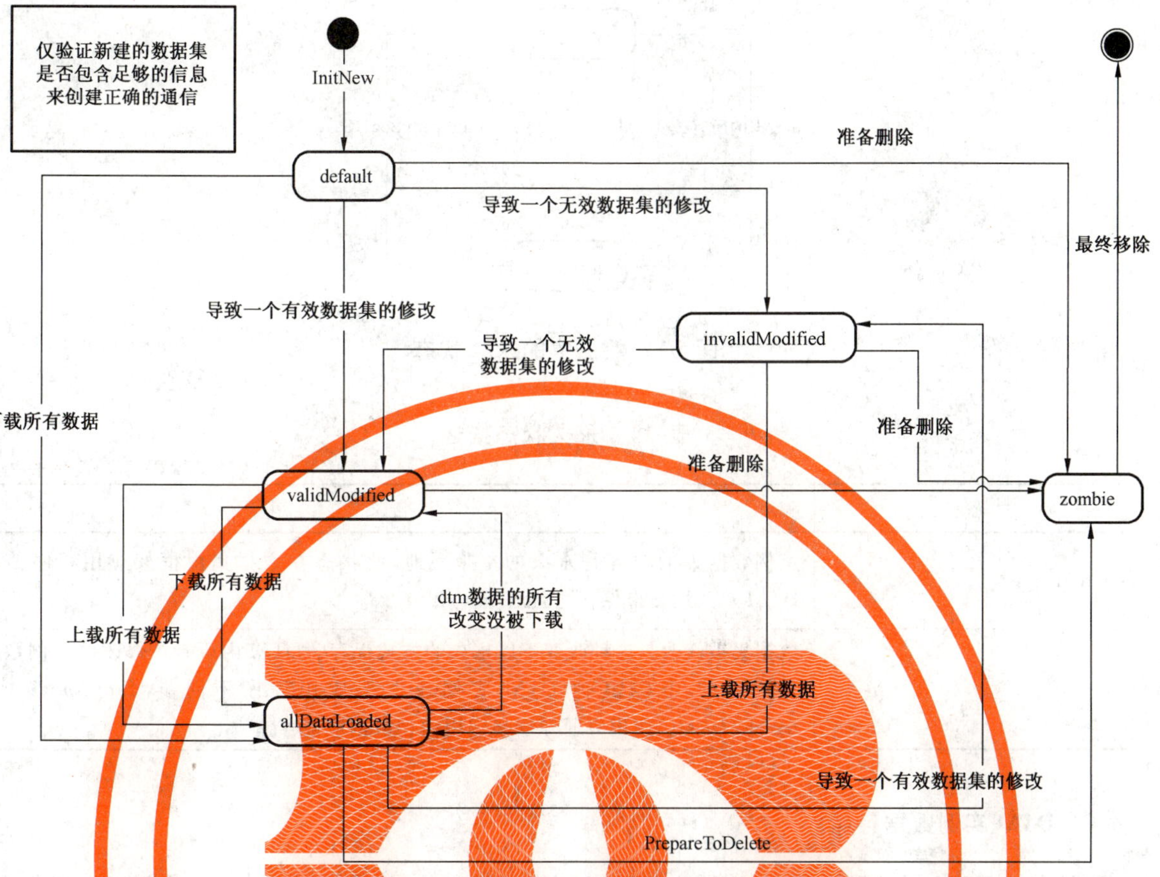

图 50　实例数据集状态机

不同状态的含义见表 13。

表 13　实例数据集状态描述

状态	含义
default	实例数据集的内容是默认数据。典型地，在新数据集创建后出现这个状态
validModified	数据集以一致的方式改变
invalidModified	数据集被改变，数据不在一致的状态
AllDataLoaded	实例数据集从相关设备加载或加载到相关设备。注：这个状态并不意味着设备内的数据等价于相关实例数据集内的数据。由于用户可能使用 FDT 范畴之外的工具，FDT 规范不能保证这样的状态
zombie	准备删除实例数据集，不允许访问这个数据集

7.14.1.2　永久状态

这个状态机反映了关于数据永久性的实例数据集可能的状态（见图 51）。状态描述可在表 14 中找到。

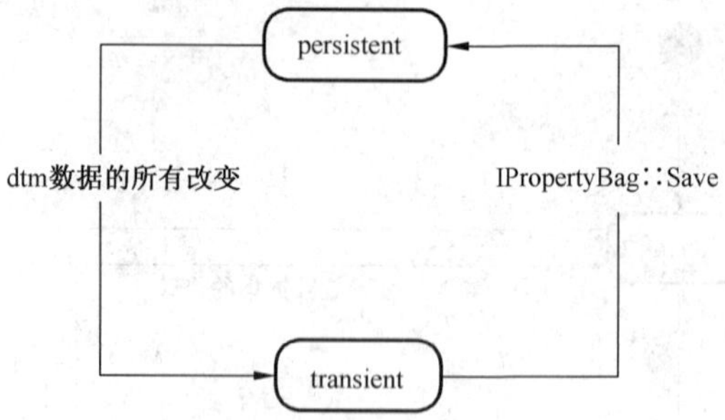

图 51 数据集的永久状态

表 14 永久状态描述

状态	含义
persistent	实例数据集的内容是永久的。典型地，此状态在数据集由框架应用程序使用DTM永久性接口保存之后出现
transient	数据集被修改。这种改变不以永久的方式保存。DTM内所有被修改的实例数据是暂时的，且与其他DTM实例或框架应用程序不同步，IFdtContainer::SaveRequest()调用只通知框架应用程序数据应被存储

7.14.2 DTM实例数据存储

为了存储DTM对象私有数据，框架应用程序应请求IPersist×××接口指针，并调用与相应现场设备实例的流/属性包对象相关的IPersist×××::Save()函数(见图52)。使用这种方法，DTM事务对象需存储所有必需的设备参数，以在IPersist×××::Load()函数调用内重新建立基于流/属性包对象信息的完整状态。

保存DTM私有数据后，框架应用程序能释放DTM事务对象。

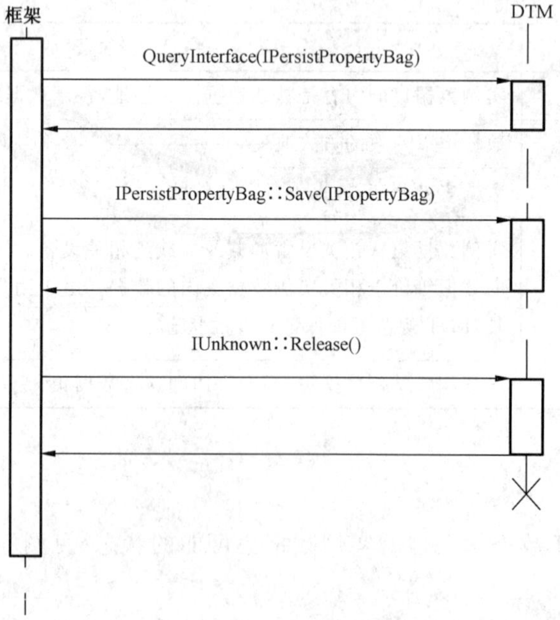

图 52 保存DTM实例数据

用到的方法：

标准微软方法。

7.14.3 重载 DTM 对象用于其他实例

框架应用程序可以通过多次调用 IPersist×××::Load()函数并采用不同的 Istream/IPopertyBag 对象作为参数，来使用同一个 DTM COM 对象，用于不同现场设备实例。但是，如果 IPersist×××::Load()调用失败，框架应用程序将实例化一个新 DTM COM 对象。

7.14.4 DTM 实例的副本与版本

DTM 对象创建后，框架应用程序应请求 IPersist×××接口指针并调用与相应现场设备实例的流/属性包对象相关的 IPersist×××::Load()函数(见图 53)。使用这种方法，DTM 事务对象应初始化它的基于流对象信息的设备参数。为了获取一个 DTM 事务对象私有数据的副本，框架应用程序应调用与新的流/属性包对象相关的 IPersist×××::Save()函数。

由框架应用程序来处理框架应用程序特定的版本特征和管理设备的不同的实例数据集。

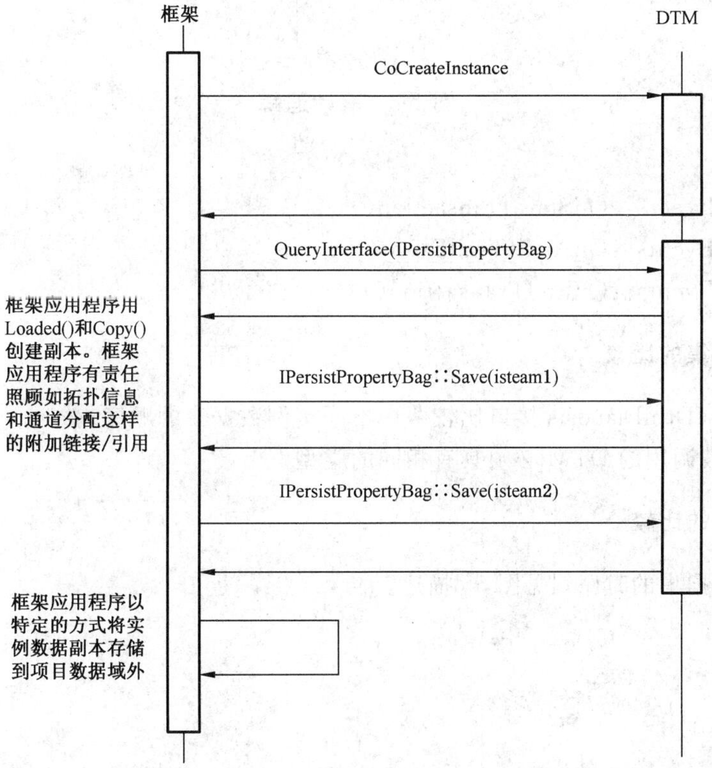

图 53 DTM 实例的副本和版本

用到的方法：

标准微软方法。

7.15 审计追踪

在框架应用程序内实现审计追踪服务。它存储关于审计追踪会话，如用户名，日期和时间，会话的描述和注释以及在会话中所有审计追踪事件的描述。它提供保存，分析审计追踪会话文件。它为 DTM 提供 IDtmAuditTrailEvents 接口。

当审计追踪启动后，框架应用程序可向用户请求附加注释(见图 54)。

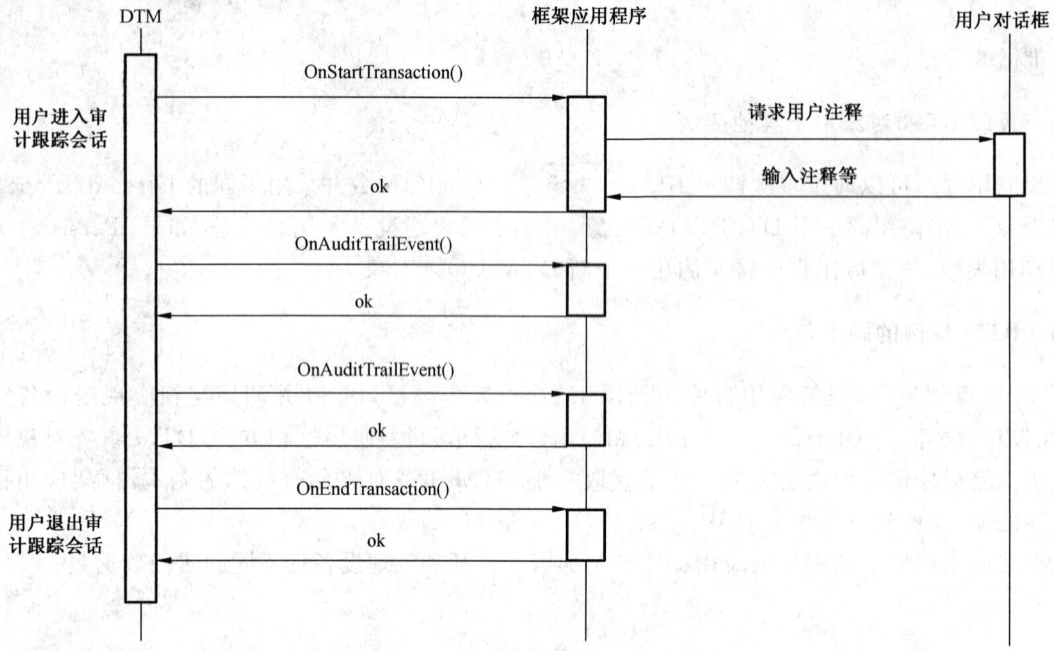

图 54 审计追踪

用到的方法：

IDtmAuditTrailEvents::OnStartTransaction()

IDtmAuditTrailEvents::OnAuditTrailEvent()

IDtmAuditTrailEvents::OnEndTransaction()

7.16 两个实例数据集的比较

这部分描述使用 IDtmDianosis 接口比较两个不同实例数据集的顺序。

在比较中，两个被调用的 DTM 必须具有相同的类型。

7.16.1 无用户界面的比较

比较两个实例数据集的时序图见图 55 描述。

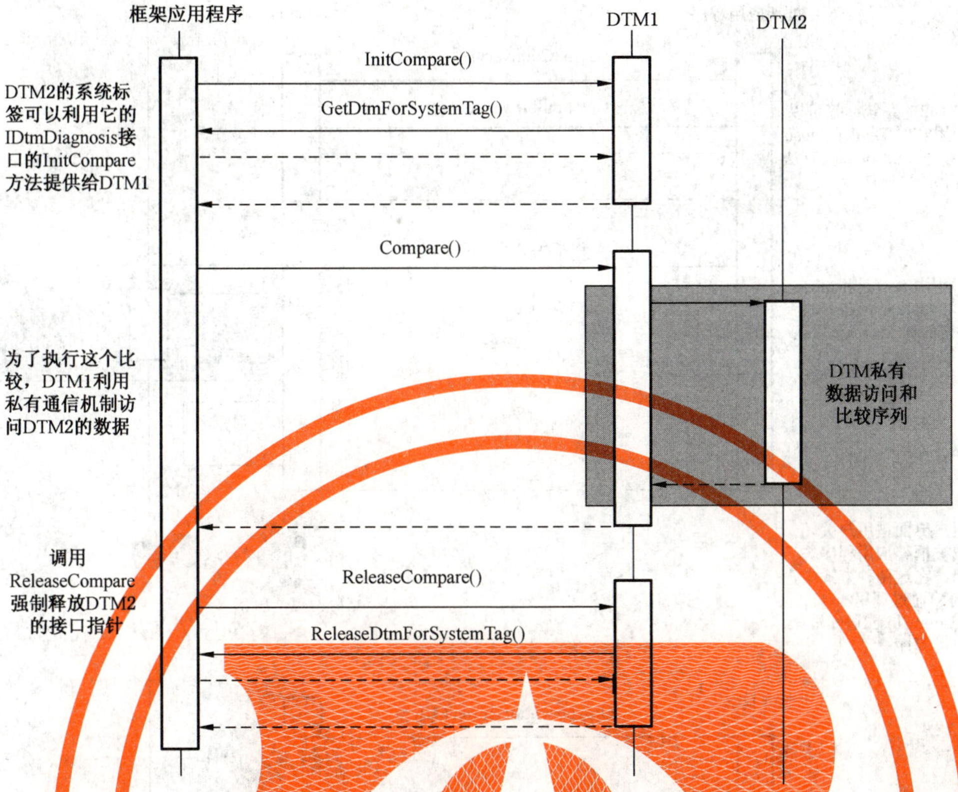

图 55 没有用户界面的比较

用到的方法：

IDtmDiagnosis::InitCompare()

IDtmDiagnosis::Compare()

IFdtTopology::GetDtmForSystemTag()

IFdtTopology::ReleaseDtmForSystemTag()

7.16.2 有用户界面的比较

调用用户界面来比较，将执行下面时序(图 56)。

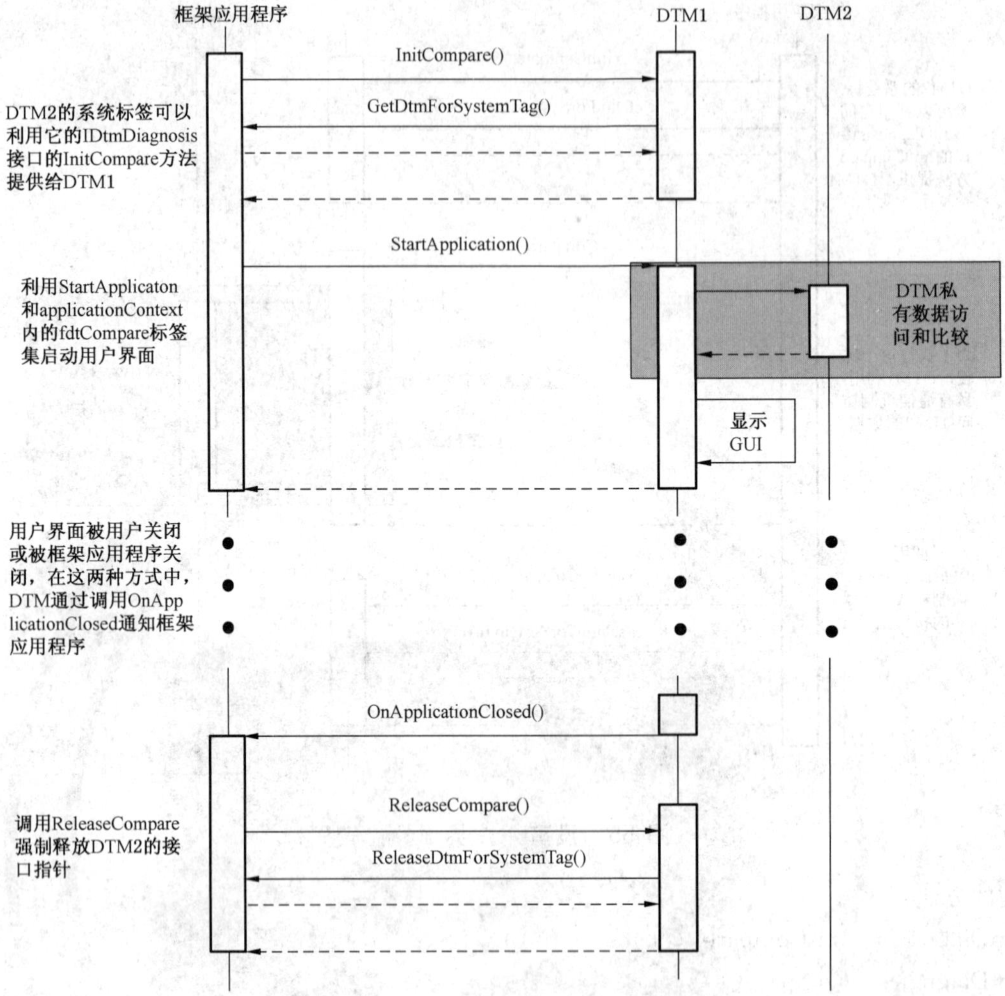

图 56　带有用户界面的比较

相当于 StartApplication()(如时序图中所示),可以使用 ActiveX 控件。

用到的方法:

IDtmDiagnosis::InitCompare()

IDtmDiagnosis::ReleaseCompare()

IDtmApplication::StartApplication()

IDtmEvents::OnApplicationClosed()

7.17　故障安全数据访问

图 57 的时序图显示了如何访问设备的故障安全数据及通过两个独立通信链接的相关功能块。

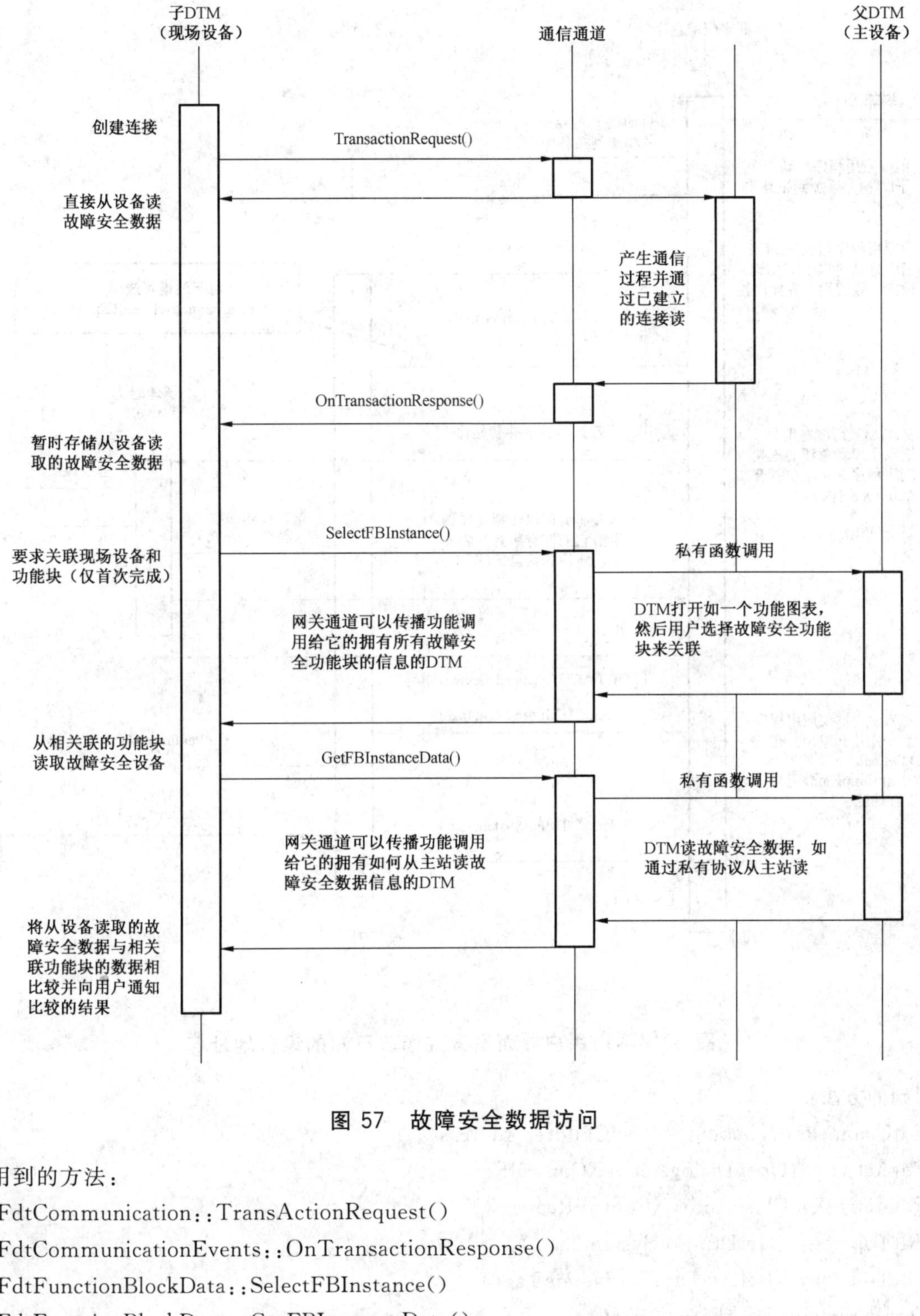

图 57　故障安全数据访问

用到的方法:

IFdtCommunication::TransActionRequest()

IFdtCommunicationEvents::OnTransactionResponse()

IFdtFunctionBlockData::SelectFBInstance()

IFdtFunctionBlockData::GetFBInstanceData()

7.18　通过用户界面设置或修改设备地址

在这种情况下,框架应用程序向总线主 DTM 请求特定子设备地址列表。例如,当一个新 DTM 添加到拓扑中时,启动这个流程(见图 58)。如果框架应用程序提供手动改变 DTM 上下文内的地址,可能使用相似的流程。

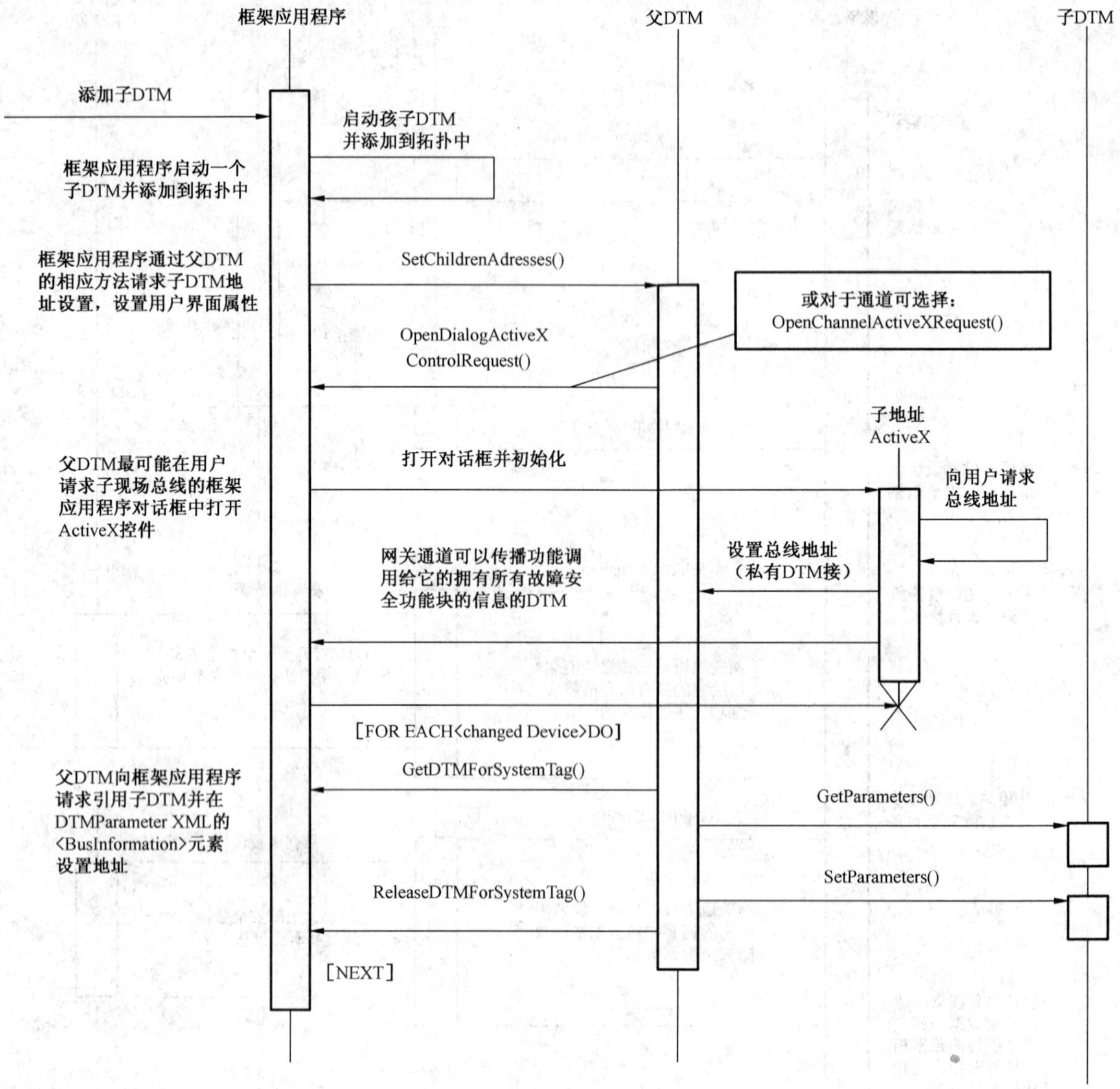

图 58 不用用户界面设置或修改已知的设备地址

用到的方法：

IFdtChannelSubTopology2::SetChildrenAddresses()

IFdtActiveX2:OpenDialogActiveXControlRequest()

IFdtActiveX::CloseActiveXControlRequest()

IFdtTopology::GetDtmForSystemTag()

IFdtTopology::ReleaseDtmForSystemTag()

IDtmParameter::SetParameters()

IDtmParameter::GetParameters()

7.19 不通过用户界面设置或修改已知的设备地址

在这种情形下，框架应用程序向 DTM 请求设置设备地址，如在扫描或导入操作后(见图 59)。

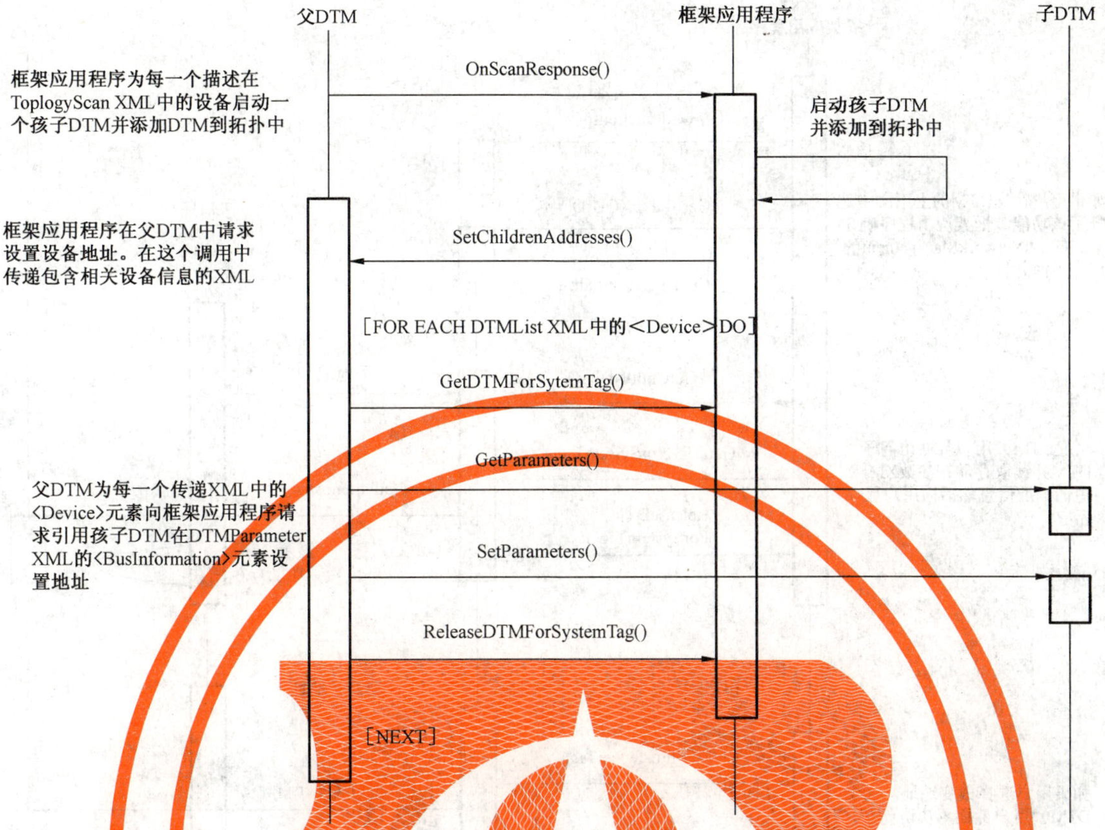

图 59 不用用户界面设置或修改已知的设备地址

用到的方法：

IFdtChannelSubTopology2::SetChildrenAddresses()

IDtmEvents::OnScanResponse()

IFdtTopology::GetDtmForSystemTag()

IFdtTopology::ReleaseDtmForSystemTag()

IDtmParameter::SetParameters()

IDtmParameter::GetParameters()

7.20 通过用户界面显示或修改所有子设备地址

在这种情形下，框架应用程序向父 DTM 请求显示或修改所有子设备地址。例如当用户在通信 DTM 或网关 DTM 上下文环境中选择相应的菜单入口，启动这个流程（见图 60）。

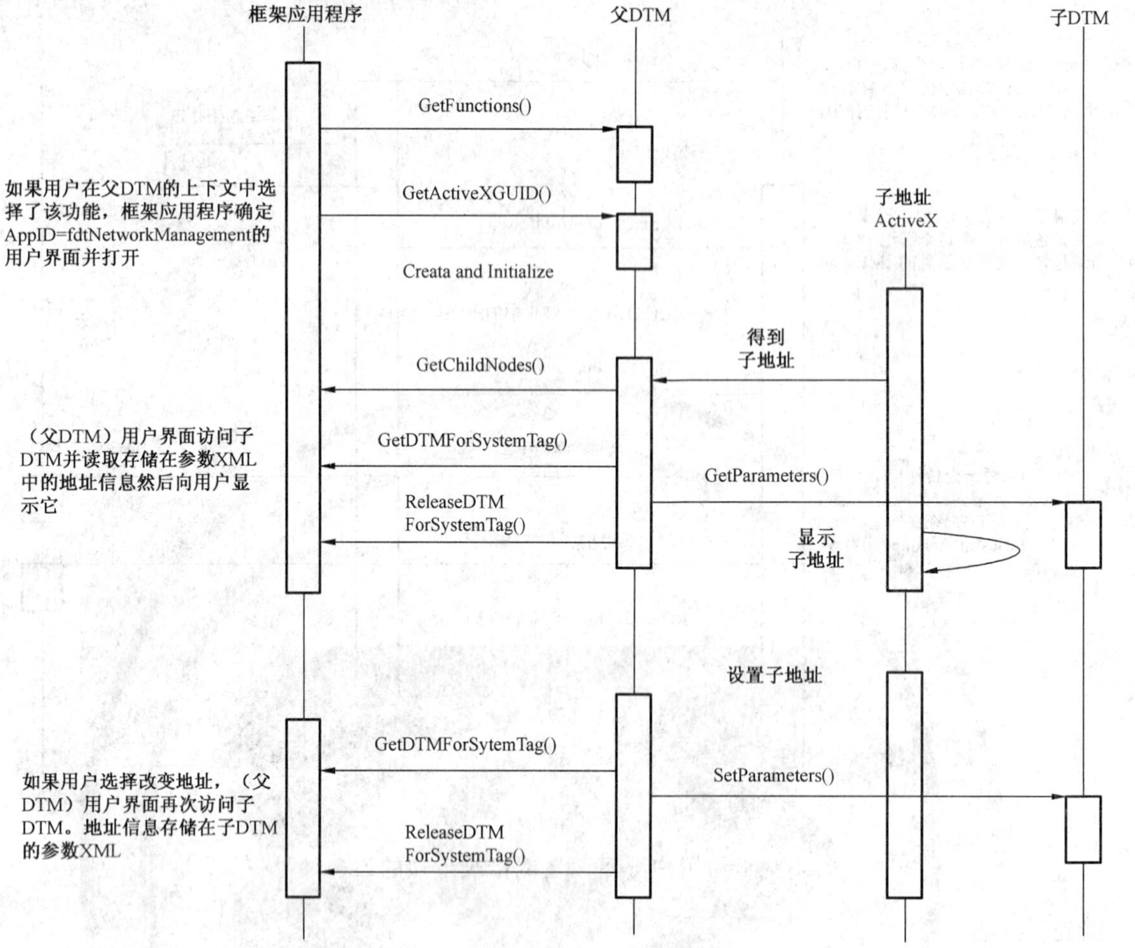

图 60 用用户界面显示修改所有子设备地址

用到的方法：

IDtm::GetFunctions()

IDtmActiveXInformation::GetActiveXGuid()

IFdtTopology::GetChildNodes()

IFdtTopology::GetDtmForSystemTag()

IFdtTopology::ReleaseDtmForSystemTag()

IDtmParameter::SetParameters()

IDtmParameter::GetParameters()

7.21 设备发起的数据传输

有些协议支持设备发起的，而不是 DTM 发起的数据传输服务。为了支持该服务，推荐下面的方法（见图 61）：

——这些服务的结构由 DTM 协议特定的处理请求发起，依赖于协议，该服务可以经过确认，也可以未经确认；

——由发起请求的处理响应来传输设备发起的数据转移(它们具有相同的 invokeID)；

——这些服务的结构有 DTM 的协议特定的事务请求来终止，这些事务请求可能携带原始 invokeID，这个 invokeID 作为请求 XML 文档的一个属性。

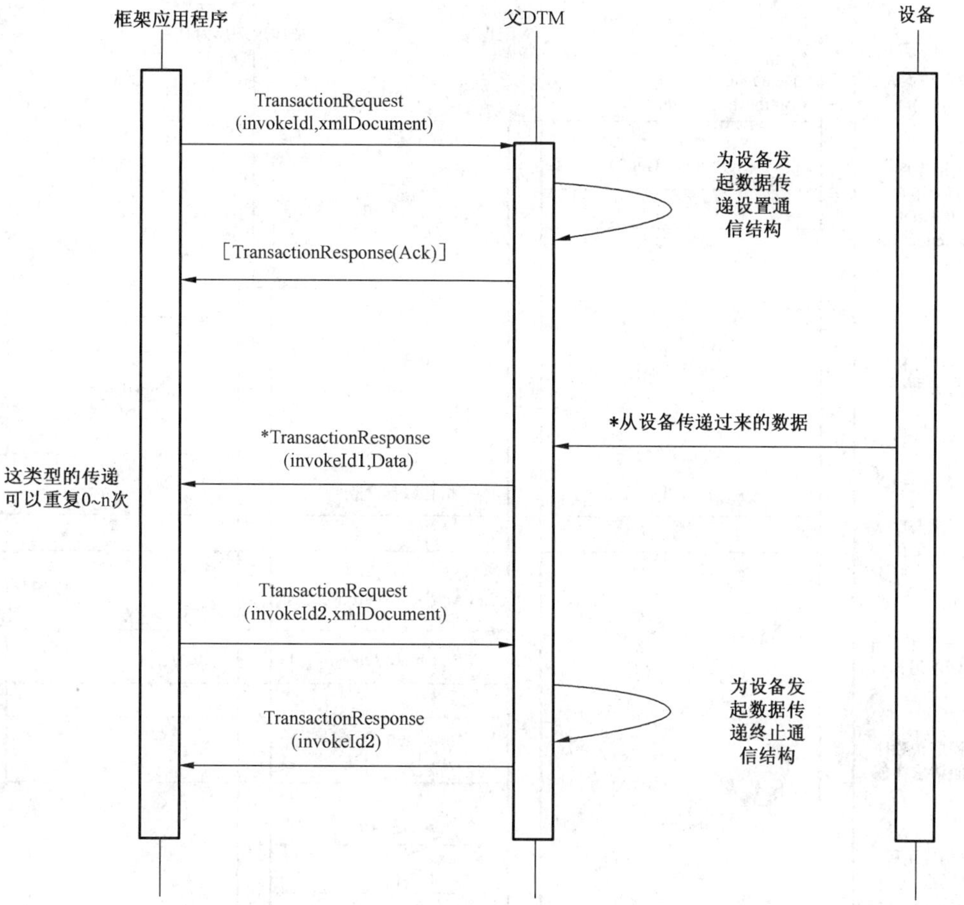

图 61 设备发起的数据传输

设备发起的数据传输需要通过通信基本结构管理。因此必须明确地识别这个请求来初始化和终止这种类型行为。

发起或终止设备发起的数据转移的 TransactionRequest 将传输协议特定的 XML 文档。

正在终止的 TransactionRequest 将包含终止设备发起的数据转移所必需的信息。这个信息可能包含正在发起的 TransactionRequests 的 invokeID。

如果 DTM 初始化这样的服务，它需要终止这些服务。终止必须在 DTM 离线(DisconnectRequest/ Abort)之前发生。如果连接被 IFdtCommunicationEvents::OnAbort()终止，该服务自动终止。

支持这些服务是协议特定和设备特定的。如果通信通道不能支持这种类型的服务，它将在 TransactionResponse 返回协议特定的错误文档，指示它不能支持这个特性。

7.22 启动和释放模态对话框内的 DTM 用户界面

通过框架应用程序实现 IFdtActiveX2 接口，在此界面上 DTM 请求启动用户界面(见图 62)。该请求将启动模态对话框，并打开模态对话框内中的 DTM 用户界面。DTM 用户界面通过私有接口与 DTM 交换数据，并在完成工作后请求关闭对话框。框架应用程序关闭对话框和 DTM 用户界面。现在 IFdtActiveX2:OpenDialogActiveXControl— Request()调用返回给 DTM。

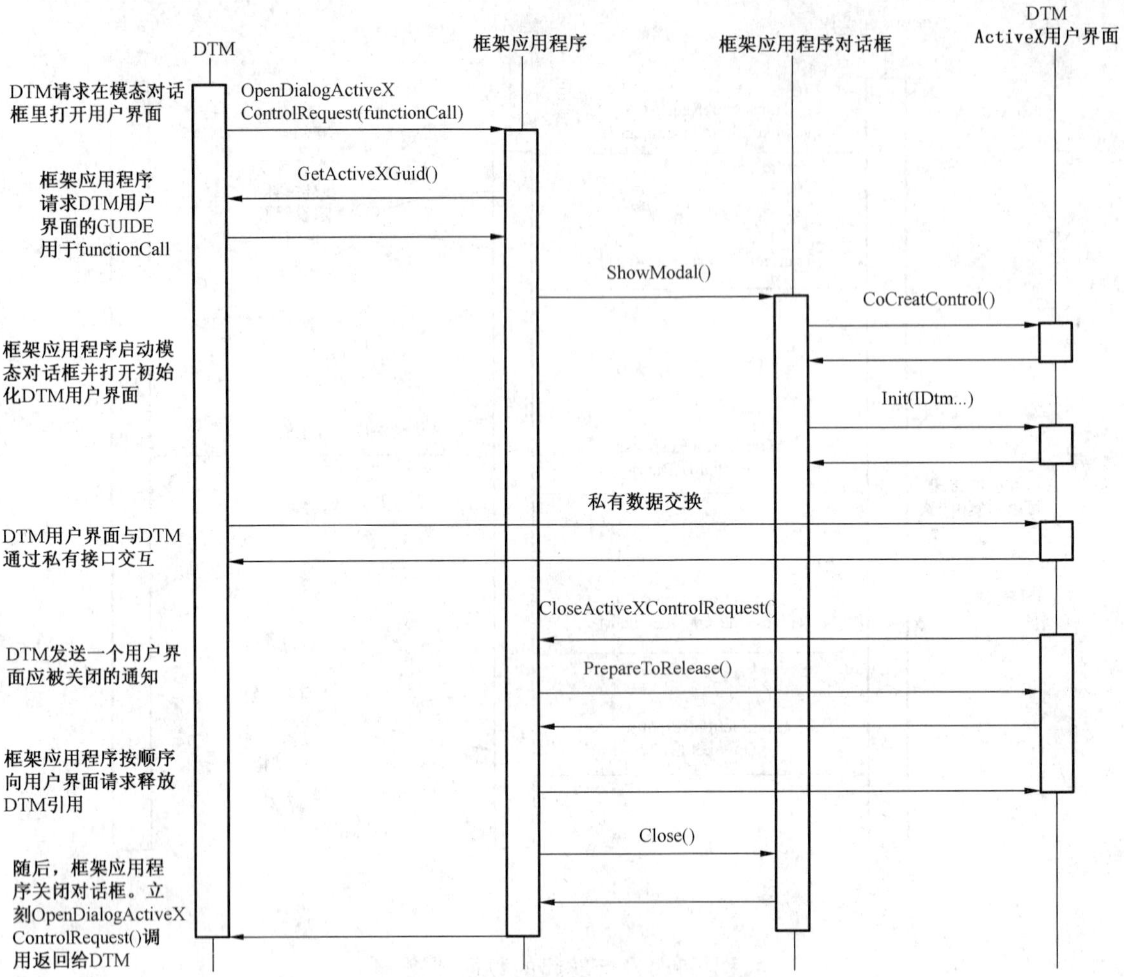

图 62　模态 **DTM** 用户界面

用到的方法：

标准微软方法。

IDtmActiveXInformation::GetActiveXGuid()

IFdtActiveX2:OpenDialogActiveXControlRequest()

IFdtActiveX:CloseActiveXControlRequest()

IDtmActiveXControl:Init()

IDtmActiveXControl:PerpareToRelease()

7.23　父组件处理冗余从设备

处理冗余现场总线的父组件(如通信 DTM 能够监测设备 DTM)能够通过检查这个 DTM 的参数文档处理 IFdtChannelSubTopology::OnAddChild()执行中的冗余从设备。通信 DTM 选择冗余通信路径(自动或使用对话框),并通过调用 SetParameter()设置设备 DTM 的冗余信息。

设备 DTM 在它对通信 DTM 的连接请求内提供这些冗余信息。对于每一个这样打开的连接,通信 DTM 能使用可用的通信路径中的一个路径,而不需要与设备 DTM 进一步交互(见图 63)。

实现 IDtmRedundancyEvent 接口的框架应用程序能够获取关于冗余 DTM 的拓扑信息。在这样的框架应用程序程中,拓扑视图可以显示这个冗余信息。另一方面,因为所有冗余功能由通信 DTM 和它的子 DTM 处理,框架应用程序使用冗余从站的通信 DTM 和设备 DTM,而不需要知道其冗余信息。

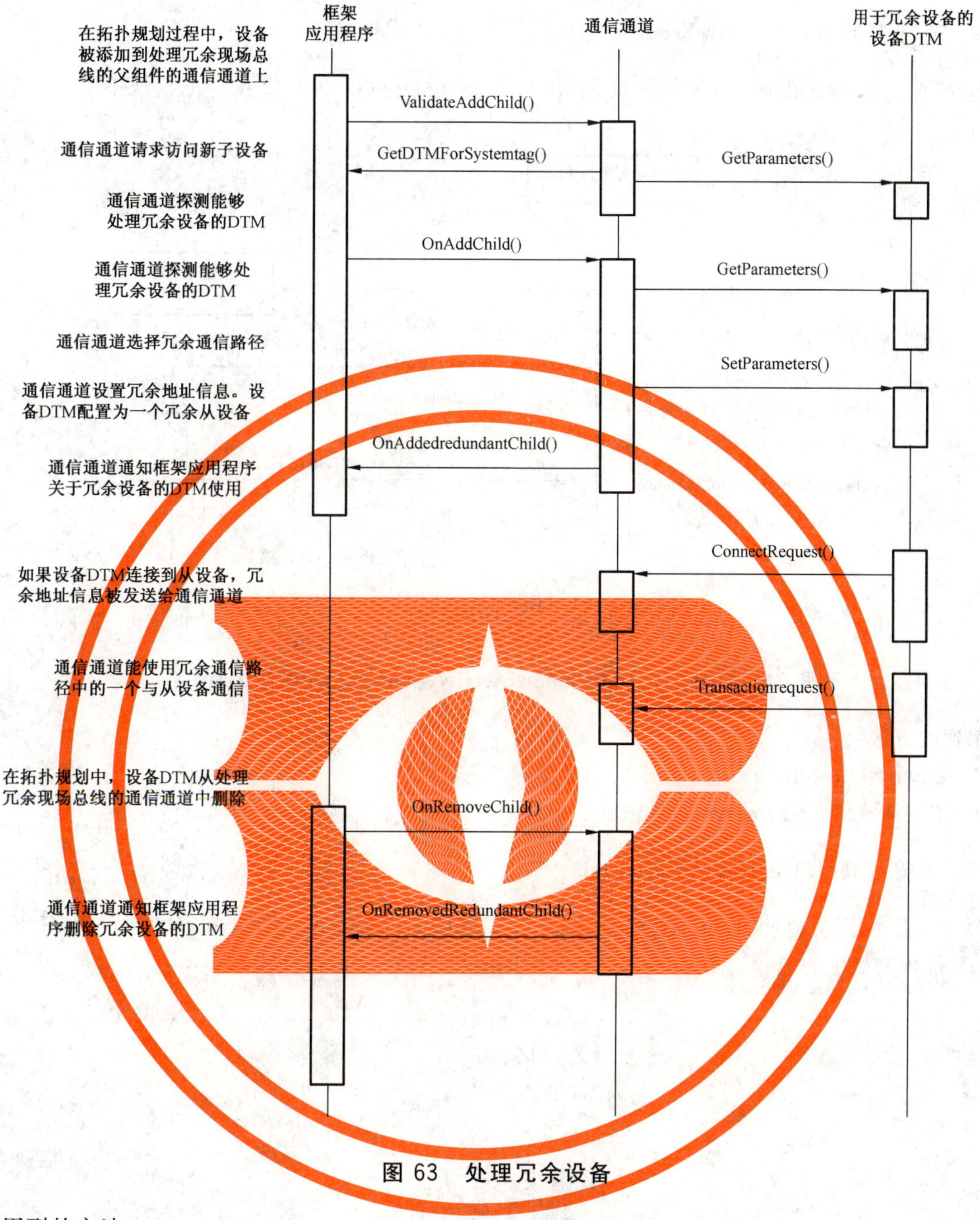

图 63 处理冗余设备

用到的方法：

IDtmRedundancy::OnAddedRedundantChild()

IDtmRedundancyEvents::OnRemovedRedundantChild()

7.24 初始化通道 ActiveX 控件

7.24.1 概述

为了初始化符合 FDT 规范的通道 ActiveX 控件，框架应用程序必须先检测 IFdtChannelActiveXControl2 接口是否存在。

如果存在，框架应用程序必须在这个接口调用 IFdtChannelActiveXControl2::Init2()函数。

如果不存在，框架应用程序调用 IFdtChannelActiveXControl2::Init()函数。

7.24.2 支持 IFdtChannelActiveXcontrol2

图 64 描述了在通道 ActiveX 控件提供 IFdtChannelActiveXControl2 接口的情况下通道 ActiveX 控件初始化的流程。

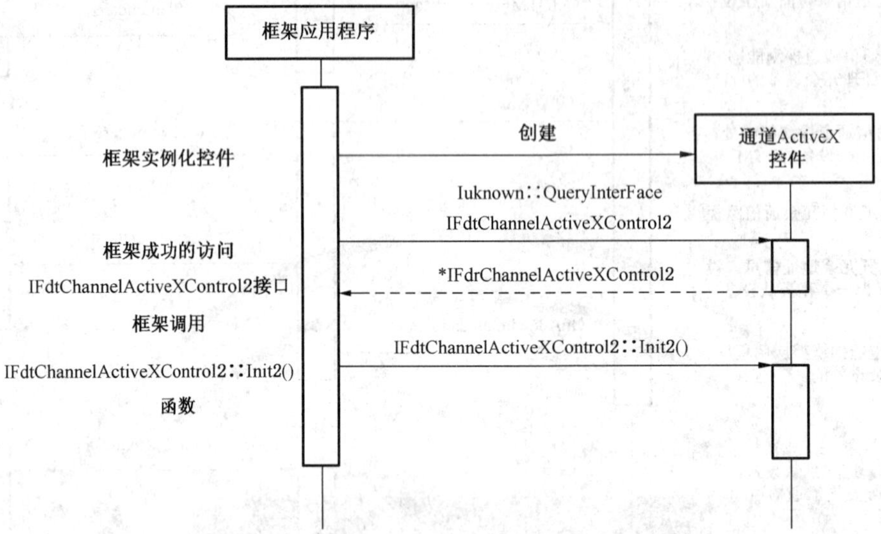

图 64 初始化带 IFdtChannelActiveXControl2 的通道 ActiveX

用到的方法：

IUnkown::QueryInterface

IFdtChannelActiveXControl2::Init2()

7.24.3 不支持 IFdtChannelActiveXcontrol2

图 65 描述了在通道 ActiveX 控件不提供 IFdtChannelActiveXControl2 接口的情况下通道 ActiveX 控件初始化的流程。

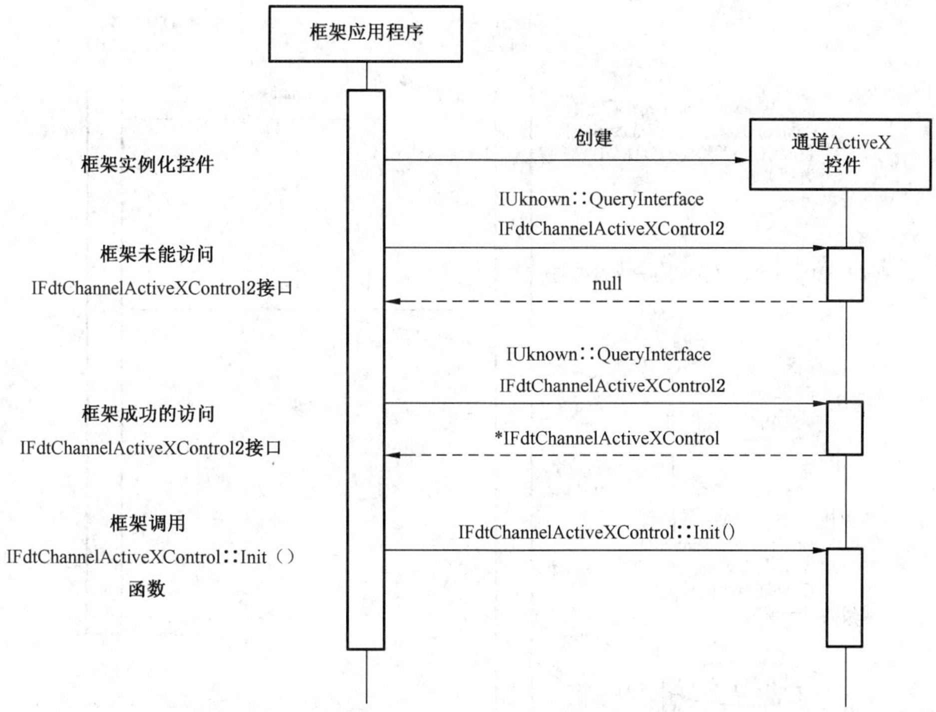

图 65　初始化无 IFdtChannelActiveXControl2 接口的 ActiveX 控件

用到的方法：

IUnkown::QueryInterface

IFdtChannelActiveXControl2::Init()

7.25　DTM 升级

7.25.1　概述

在升级中首先要解决的是检验存储的数据集是否与新 DTM 相关联。

每个 DTM 应公开一个唯一标识符(UUID)指定它的数据集格式。DTM 能提供一个它能载入的兼容数据集格式列表。这些 UUID 作为 IDtmInformation::GetInformation()方法调用的部分返回。

如果 DTM 的 CLSID 和 ProgID 没有改变，由 DTM 来处理版本升级。在这种情况下，当数据正在载入时，支持的数据集格式列表可能不被框架应用程序考虑。当数据载入后，应由 DTM 完成数据兼容性的附加检测。

7.25.2　保存 DTM 中将被升级的数据

第一步是保存 DTM 的升级的信息。

框架应用程序需要存储 DTM 附加的信息：

——DTM 的 CLSID；

——存储数据格式的 UUID；

——存储类型；

——设备的附加信息。

这些信息将被关联到存储数据相关，并可以被框架应用程序用来标识和管理数据集。

图 66 提供了该流程的说明。

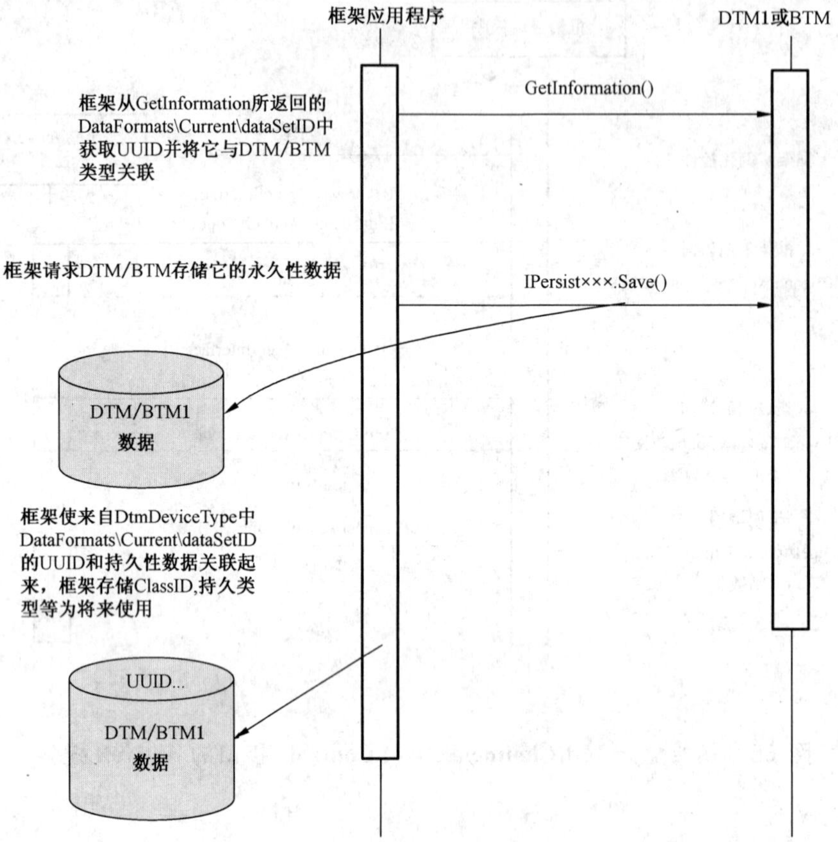

图 66　保存将被升级的 DTM 数据

7.25.3　在替换 DTM 中加载数据

框架应用程序创建一个新 DTM 后，新建 DTM 加载被替换 DTM 的数据集(见图 67)。

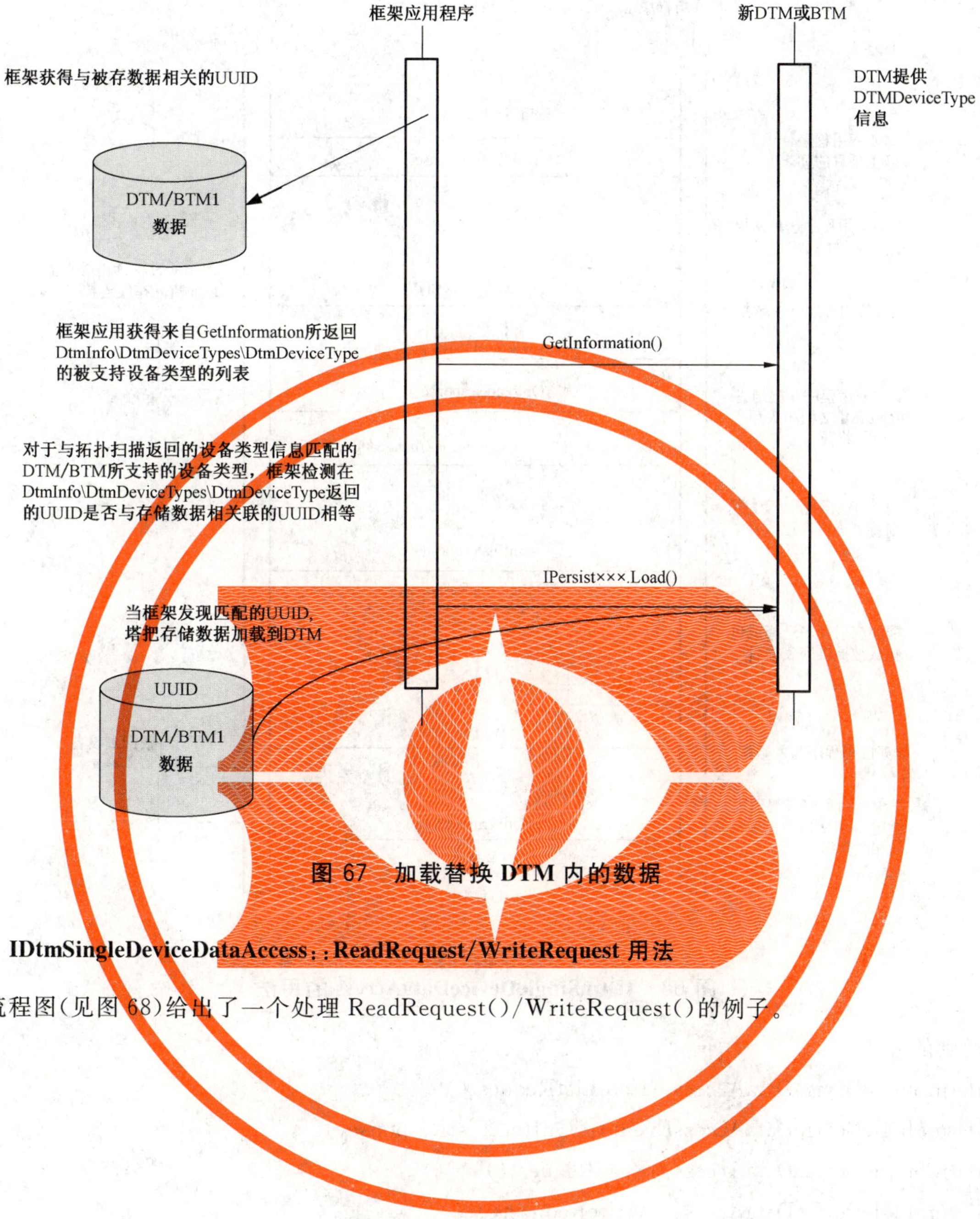

图 67 加载替换 DTM 内的数据

7.26 IDtmSingleDeviceDataAccess::ReadRequest/WriteRequest 用法

流程图(见图 68)给出了一个处理 ReadRequest()/WriteRequest()的例子。

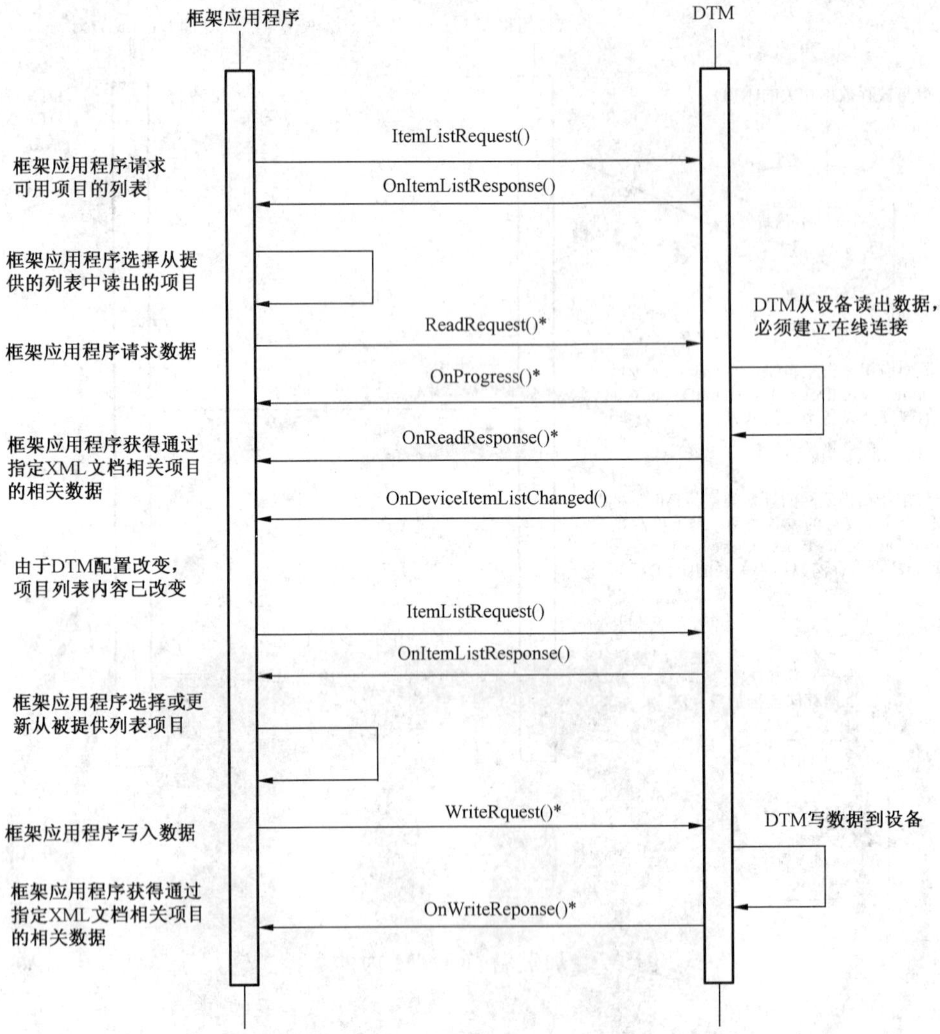

图 68　**IDtmSingleDeviceDataAccess** 的用法

用到的方法：

IDtmSingleDeviceDataAccess::ItemListRequest()

IDtmSingleDeviceDataAccessEvents::OnItemListResponse()

IDtmSingleDeviceDataAccess::ReadRequest()

IDtmSingleDeviceDataAccess::WriteRequest()

IDtmSingleDeviceDataAccessEvents::OnReadResponse()

IDtmSingleDeviceDataAccessEvents::OnWriteResponse()

IDtmEvents::OnProgress()

7.27　DTM 和 BTM 的实例化

按照与 DTM 一样的机制创建 BTM。这意味着总是由框架应用程序创建 BTM。如果 DTM 要创建 BTM，它必须使用框架应用程序的 IFdtTopology 接口。BTM 实例化方法：

——按照已定义流程由框架应用程序实例化；

——由以下描述的 DTM 触发器实例化。

分配的子 BTM 的校验通过使用 IFdtChannelSubTopology 接口的 ValidateAddChild()方法来

完成。

通用流程如图 69 所示。创建 BTM 可能在下面的任何状态：

——running；

——configured；

——communication set；

——going online；

——going offline；

——online。

创建 BTM 的触发器(通过事件触发器初始化 BTM 显示在图中)可能来于下面的来源：

——DTM GUI(如，正在运行的 DTM 的 GUI 提供"添加块"方法)；

——DTM 开放的函数(即，无 GUI 的功能)；

——DTM 上的事件(如从"running"到"configured"状态的转换)。

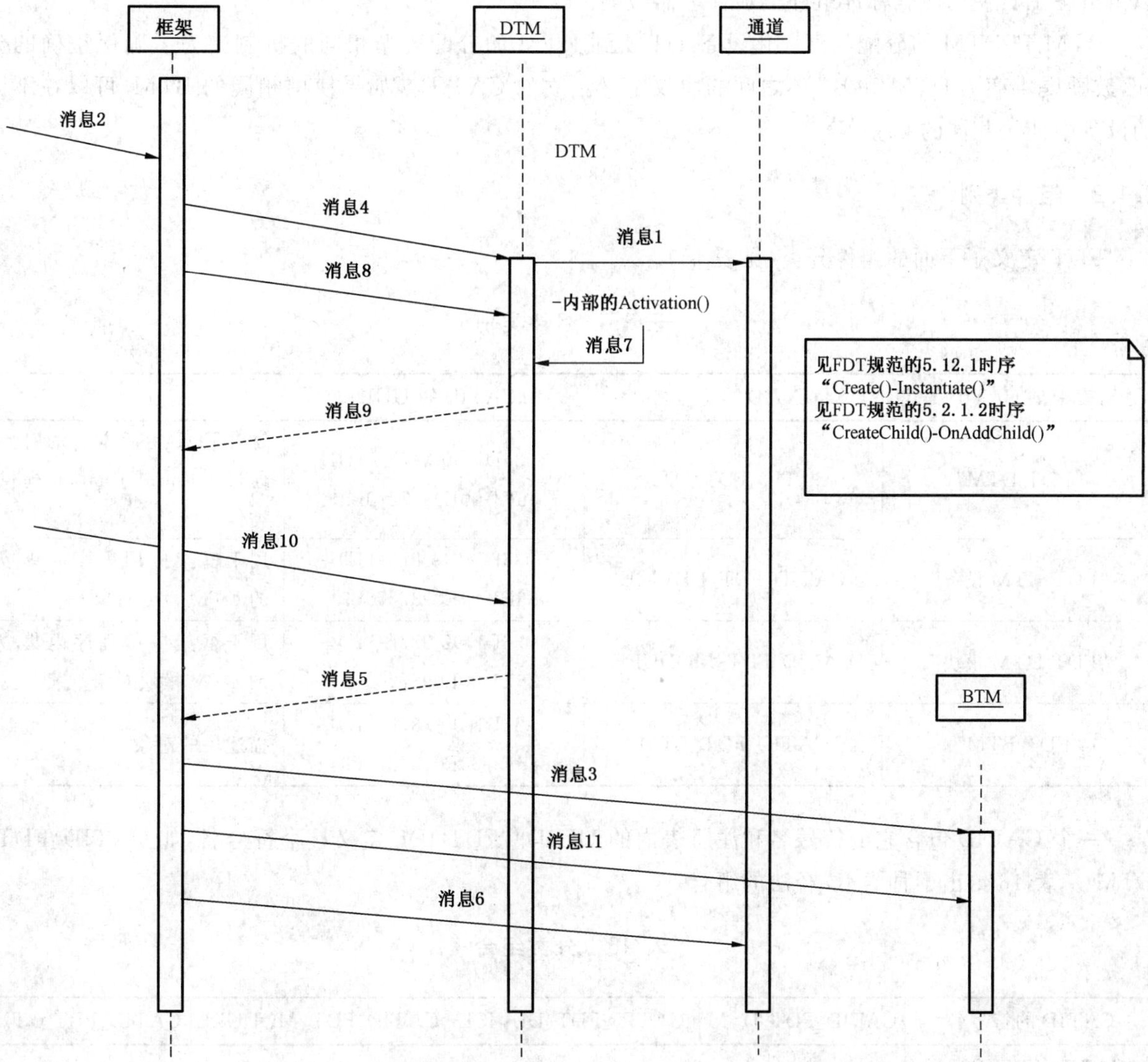

图 69　块创建和实例化的通用流程

框架应用程序可以拒绝 CreateChild 方法。在这种情况下，中止创建 BTM 的过程。由用户创建 BTM。

如何触发 BTM 实例化并不重要。事件的通用流程也并不改变。因此，每个 DTM 和每个 BTM 按照 DTM 状态机处理。

如果 DTM 被加载(从状态“UP”到状态“Exsiting Created”，到状态“running”)，它不应自动触发 BTM 创建。框架应用程序应处理 BTM 的实例化。

8 安装要点

8.1 注册和设备信息

8.1.1 DTM 业务对象的可见性

DTM 中每个需要在框架应用程序中可见的业务对象和单独的 DTM 表示对象，都应注册到 WINDOWS 注册表中 FDT 特定的 COM 组件类别项。DTM 的这些类对象可以由框架应用程序检测，也可以由组态工具使用微软标准组件类别管理器检测。

BTM 到 DTM 的分配与模块化设备 DTM 到 DTM 的分配遵循相同的机制。为了确保正确的分配，鼓励提供商为 DTM 和 BTM 之间的协议定义独立的 CATID。如果使用相同的 BTM，可以在不同的设备中使用相同的 CATID。

8.1.2 组件类别

FDT 定义了下面的组件分类(见表 15)。

表 15 组件类别

注册表中的 CATID 描述	CATID 的符号名	CATID 的 UUID	描述
“FDT DTM”	CATID_FDT_DTM	{036D1490-387B-11D4-86E1-00E0987270B9}	符合 FDT 主版本 1 的对象通过 IDtmInformation 提供类信息
“FDT DTM 设备”	CATID_FDT_DEVICE	{036D1491-387B-11D4-86E1-00E0987270B9}	用于框架应用程序内集成的 DTM 设备对象
“FDT DTM 模块”	CATID_FDT_MODULE	{036D1492-387B-11D4-86E1-00E0987270B9}	用于框架应用程序内集成的 DTM 模块对象
“FDT BTM”	CATID_FDT_BTM	{036D1690-387B-11D4-86E1-00E0987270B9}	描述块的对象

一个 CATID 包含它的符号名和注册表内的 UUID。FDT IDL 定义一个符号名，如 CATID_FDT_DTM 。表 16 给出了种类 ID 合法的组合。

表 16 分类组合

CATID 的符号名	CATID_FDT_DTM	CATID_FDT_DEVICE	CATID_FDT_MODULE	CATID_FDT_BTM
CATID_FDT_DTM		√	√	√
CATID_FDT_DEVICE	√			
CATID_FDT_MODULE	√			
CATID_FDT_BTM	√			

例如,类对象应按照表17分类注册:

表17 DTM注册的例子

描述	种类
用于设备的DTM	CATID_FDT_DTM CATID_FDT_DEVICE
用于模块化设备中模块的DTM	CATID_FDT_DTM CATID_FDT_MODULE

DTM应该首先创建它使用的任一分类,然后在安装中注册这些分类。撤销服务器注册将导致它从那个分类中删除,但不撤销这个分类本身的注册。更多信息请参考MSDN®的ICatRegister文件。

DTM可以按照COM规则注册附加的组件分类。

8.1.3 注册表入口

DTM内的每个对象应提供所有COM要求的HKEY_CLASSEA_ROOT中的注册表入口,也应支持自注册。

8.1.4 安装要点

假设DTM提供商提供一个SETUP.EXE来安装其DTM需要的组件。这一点不作进一步讨论。除了实际的组件,影响COM软件的主要问题是Windows注册表和组件分类的管理。

所有FDT组件应由一个至少包含版本号的版本信息资源,以便安装工具能决定它是否能重写一个已安装的组件。

此外框架应用程序负责安装所有FDT相关的XML架构。DTM必须使用由框架应用程序通过IFdtContainer::GetXMLSchemaPath()提供的这些文档。

在FDT相关的XML文档内,DTM特定的架构应声明为一个inline定义。在FDT相关组件卸载的过程中,为了避免必备使用微软安装技术用法的问题,程序必须注意已有的FDT相关的接口描述。这意味着应使用所有FDT-JIG提供的合并模块。例如,不允许直接在计算机上拷贝FDT100.dll。此外,如果由DLL的提供商提供DLL,所有公用的DLL(如使用ATL,VB运行时第三方控件)应通过一个合并模块安装。

此外,强烈推荐不要在自己的组件内包含FDT特定的接口描述(IDL)。

8.1.5 微软的标准组件分类管理器

利用微软标准组件分类管理器,框架应用程序能通过ICatInformation::EnumClassesOfCategories接口方法查询所有存在DTM的列表,或查询带有一套特定分类的DTM列表。

8.1.6 建立可支持设备的框架应用程序数据库

利用组件分类框架应用程序能检测所有已安装的DTM。附加信息(如提供商信息),支持的设备列表能通过实例化DTM和使用IDtmInformation和IDtmInformation2接口来确定。

通过使用这些信息,框架应用程序能建立带有下列信息的数据库:

——所有可用的DTM;

——所有可用的BTM;

——支持特定现场总线的 DTM;

——支持的现场设备;

——等。

基于这些信息,能够产生一个特定现场设备和支持的 DTM 之间的映射。这个功能在 4.10.8 中描述。

8.1.7 DTM 注册

DTM 必须写注册表入口,无论 DTM 被:

——安装;

——卸载;

——修改,(如新设备类型被支持或 DTM 被更新(错误修正))。

如果路径不存在,第一次安装的 DTM 必须创建路径。

在注册表中为 FDT 定义的 FDT 根路径:

DTM 注册-注册表内的路径
[HKEY_LOCAL_MACHINE\SOFTWARE\FDT\DTMCatalogUpdates][1]

键	格式	描述
ModificationComment	REG_SZ (String Value)	必备:任何字符串,如:修改的时间戳。允许字符串[a]
ModificationFlag	REG_SZ (String-GUID)	必备:安装期间 DTM 安装创建的 GUID
[a] 该属性应是必备的并允许设置为空字符串,而不是可以设置为可选,这避免了旧的注释与新的标签混合在一起。		

框架应用程序可以更新 DTM 库并在内部保存最新的 ModificationFlag 项。

框架通过比较上次已知的入口和当前入口能容易地检测是否有必要更新 DTM 分类。

注:由于可能在一个计算机上安装多个框架应用程序,保留注册表入口而不清除是可行的。

框架应用程序仅被允许读这些键。DTM 应在安装过程中更新 ModificationFlag 和 ModificationComment。

8.2 路径和文件信息

8.2.1 DTM 提供的路径信息

有几种可能的情况 DTM 必须在本地文件系统中提供文件路径:

——图标和位图(〈DeviceIcon〉,〈BlockIcon〉,〈DeviceBitmap〉);

——文件(〈DocumentFile〉,〈DocumentExe〉);

---

[1] HKEY_LOCAL_MACHINE 允许写入注册表键和字符串。在 DTM 安装过程中,用户必须拥有管理员权限,以便不失去权限写入到注册表中。在其他用例会话中,用户可能拥有一般权限。框架应只能读注册键,以便不会出现失去写权限的问题。

——协议特定的架构(〈DtmSchemaPath〉);

——GSD 文件(〈deviceTypeInformationPath〉)。

通常,在 DTM 安装过程中,这些文件将被拷贝在文件系统。DTM 必须提供全路径(包含驱动器)。

8.2.2 路径和永久性

在不同计算机上的安装可能导致不同的路径信息。

由于 DTM 实例数据可能从一台计算机拷贝到另一台计算机,DTM 不应依赖于存储在实例数据集中的路径信息。

通用规则:DTM 决不应该把路径信息存储在它的实例数据集中。

这个规则对于框架应用程序提供的路径也是有效的,并适用于 DTM IFdtBulkData:GetInstanceRelatedPath,IFdtBulkData:GetProjectRelatedPath 和 IFdtContainer:GetXmlSchemaPath)。

示例:

在 PC-A 上的安装路径:"c:\programs\manufacturer\"leads to the Icon path:

〈fdt:DeviceIcon path="file://c:/programs/manufacturer/icons/device.ico"/〉

在 PC-B 上的安装路径:"d:\programme\manufacturer\" leads to the Icon path:

〈fdt:DeviceIcon path="file://d:/programme/manufacturer/icons/device.ico"/〉

8.2.3 多用户系统

一些框架应用程序提供多用户能力,这意味着系统分布在几台计算机中。在这样的系统中,框架应用程序不应从一台计算机上查找路径信息,也不要期望在其他计算机的相同路径上的文件是可用的。

通用规则:FDT 接口提供的路径信息仅在本机上有效。

9 数据类型、参数和结构描述

9.1 标识符

ID 是特定上下文中的唯一标识符。它们用于标识组件,通知用户角色和权限,和异步功能调用的关联(见表 18)。

表 18 FDT 特定的 ID

名称	数据类型	描述
invokeId	FdtUUIDString	服务器对象请求方法的 InvokeId 是客户端通过 CoCreateGuid()API 产生的唯一标识符,并且在调用对象内是有效的。客户端在回调方法内使用这个标识符标识相应的发送给服务器对象的请求。 异步功能调用的关联用于类似×××Request(),On×××Response()的方法
systemTag	BSTR	在框架应用程序的一个工程内,设备实例的唯一标识符。系统标签将在 DTM 初始化过程中设置,并必须有 DTM 用于所有实例特定的对框架应用程序功能调用。DTM 不保存系统标签(如,在实例数据集)。DTM 不能依赖它在每次初始化期间接收同一 systemTag 的事实(调用 IDtm::Environment() 或 IDtm2::Environment2())

表 18（续）

名称	数据类型	描述
CommunicationReference	FdtUUIDString	设备通信链接的必备标识符。这个标识符在通过 CoCreateGuid() API 连接过程中由通信组件分配。这个通信引用必须用于所有后续通信调用

9.2 数据类型定义

对于基本的数据类型，定义了表 19 的映射。

表 19 基本数据类型

数据类型	映射成 COM 数据类型
ClassIdentifier	CLSID/ProgID
LanguageID	LCID
ObjectReference	IUnknown 指针
UUID	UUID
URI	URI

表 20 定义了文档的帮助对象。

表 20 文档的帮助对象

名称	数据类型	描述
FdtUUIDString	BSTR	字符串包含符合微软标准 UUID 的唯一标识符 格式如，"C2137DD1-7842-11d4-A3C9-005004D C410F"（没有括号） 由于 UUID 格式的定义，值不应区分大小写。也就是说比较 " C2137dd1-7842-11d4-A3C9-005004DC410F " 和 " C2137DD1-7842-11d4-A3C9-005004DC410f"将返回 TRUE
FdtXmlDocument	BSTR	包含 XML 文档的字符串
FdtXPath	BSTR	包含 XML 文档元素 Xpath 的字符串，对于 FDT1.2 和 FDT1.2.1 Xpath 必须是标签"FDT"-XML 文档被接收作为完整的文档。否则 DTM 通过接口事件向框架应用程序通知发生的错误。 例如： · IFdtChannel::GetChannelPath()，参考方法描述 · IFdtTopology 接口，用作指定方法内的通道路径
所有 boolean 参数	VARINAT_BOOL	符合 VARIANT_TRUE 和 VARIANT_FALSE 定义的 TRUE 和 FALSE

附 录 A
（规范性附录）
FDT IDL

本 IDL 文件不能做任何形式的修改。此标准编组可以基于本 IDL 生成的类型库上使用。如果在应用中添加了厂商相关的接口(这是允许的),则必须生成一个单独的厂商相关的 IDL 文件单独来描述那些接口,以及一个厂商相关的子代理 DLL 来编组这些接口。

```
/*****************************************************************
 *
 * FDT 1.2.1 Interfaces
 *
*****************************************************************
[
uuid(036D1471-387B-11D4-86E1-00E0987270B9),
version(1.20100)
]
library Fdt100
{
    importlib("STDOLE2.TLB");
    // FDT Datatypes
    typedef [uuid(036D1472-387B-11D4-86E1-00E0987270B9), version(1.0)] BSTR FdtUUIDString;
    typedef [uuid(036D1473-387B-11D4-86E1-00E0987270B9), version(1.0)] BSTR FdtXmlDocument;
    typedef [uuid(036D1474-387B-11D4-86E1-00E0987270B9), version(1.0)] BSTR FdtXPath;
    // Forward declaration of all required interfaces
    interface IFdtContainer;
    interface IFdtChannelCollection;
    interface IFdtCommunication;
    //
    // DTM Interfaces
    // ====================
    // IDtm
    [
        odl,
        uuid(036D1481-387B-11D4-86E1-00E0987270B9),
        dual,
        oleautomation
        ]
        interface IDtm : IDispatch {
        [id(0x1)]
            HRESULT Environment(
            [in] BSTR systemTag,
            [in] IFdtContainer * container,
```

```
        [out, retval] VARIANT_BOOL * result);
    [id(0x2)]
        HRESULT InitNew(
        [in] FdtXmlDocument deviceType,
        [out, retval] VARIANT_BOOL * result);
    [id(0x3)]
        HRESULT Config(
        [in] FdtXmlDocument userInfo,
        [out, retval] VARIANT_BOOL * result);
    [id(0x4)]
        HRESULT SetCommunication(
        [in] IFdtCommunication * communication,
        [out, retval] VARIANT_BOOL * result);
    [id(0x5)]
        HRESULT PrepareToRelease(
        [out, retval] VARIANT_BOOL * result);
    [id(0x6)]
        HRESULT PrepareToReleaseCommunication(
        [out, retval] VARIANT_BOOL * result);
    [id(0x7)]
        HRESULT ReleaseCommunication(
        [out, retval] VARIANT_BOOL * result);
    [id(0x8)]
        HRESULT PrepareToDelete(
        [out, retval] VARIANT_BOOL * result);
    [id(0x9)]
        HRESULT SetLanguage(
        [in] long languageId,
        [out, retval] VARIANT_BOOL * result);
    [id(0xa)]
        HRESULT GetFunctions(
        [in] FdtXmlDocument operationState,
        [out, retval] FdtXmlDocument * result);
    [id(0xb)]
        HRESULT InvokeFunctionRequest(
        [in] FdtUUIDString invokeId,
        [in] FdtXmlDocument functionCall,
        [out, retval] VARIANT_BOOL *result);
    [id(0xc)]
        HRESULT PrivateDialogEnabled(
        [in] VARIANT_BOOL enabled,
        [out, retval] VARIANT_BOOL *result);
};
```

```
// IDtmActiveXInformation
[
    odl,
    uuid(036D1480-387B-11D4-86E1-00E0987270B9),
    dual,
    oleautomation
    ]
    interface IDtmActiveXInformation : IDispatch {
    [id(0x1)]
        HRESULT GetActiveXGuid(
        [in] FdtXmlDocument functionCall,
        [out, retval] FdtUUIDString * result);
    [id(0x2)]
        HRESULT GetActiveXProgId(
        [in] FdtXmlDocument functionCall,
        [out, retval] BSTR * result);
};
// IDtmApplication
[
    odl,
    uuid(036D147E-387B-11D4-86E1-00E0987270B9),
    dual,
    oleautomation
    ]
    interface IDtmApplication : IDispatch {
    [id(0x1)]
        HRESULT StartApplication(
        [in] FdtUUIDString invokeId,
        [in] FdtXmlDocument functionCall,
        [in] BSTR windowTitle,
        [out, retval] VARIANT_BOOL * result);
    [id(0x2)]
        HRESULT ExitApplication(
        [in] FdtUUIDString invokeId,
        [out, retval] VARIANT_BOOL * result);
};
// IDtmChannel
[
    odl,
    uuid(036D1489-387B-11D4-86E1-00E0987270B9),
    dual,
    oleautomation
    ]
```

```
    interface IDtmChannel : IDispatch {
    [id(0x1)]
        HRESULT GetChannels(
        [out, retval] IFdtChannelCollection * * result);
};
// IDtmDocumentation
[
    odl,
    uuid(036D1476-387B-11D4-86E1-00E0987270B9),
    dual,
    oleautomation
    ]
    interface IDtmDocumentation : IDispatch {
    [id(0x1)]
        HRESULT GetDocumentation(
        [in] FdtXmlDocument functionCall,
        [out, retval] FdtXmlDocument * result);
};
// IDtmDiagnosis
[
    odl,
    uuid(036D1476-387B-11D4-86E1-00E0987270B9),
    dual,
    oleautomation
    ]
    interface IDtmDiagnosis : IDispatch {
    [id(0x1)]
        HRESULT Verify([out, retval] VARIANT_BOOL * result);
    [id(0x2)]
        HRESULT InitCompare(
        [in] BSTR systemTag,
        [out, retval] VARIANT_BOOL * result);
    [id(0x3)]
        HRESULT Compare(
        [out, retval] VARIANT_BOOL * result);
    [id(0x4)]
        HRESULT ReleaseCompare(
        [out, retval] VARIANT_BOOL * result);
};
// IDtmImportExport
[
    odl,
    uuid(036D148E-387B-11D4-86E1-00E0987270B9),
```

```
    dual,
    oleautomation
    ]
    interface IDtmImportExport : IDispatch {
    [id(0x1)]
        HRESULT Import(
        [in] IStream * stream,
        [out, retval] VARIANT_BOOL * result);
    [id(0x2)]
        HRESULT Export(
        [in] IStream * stream,
        [out, retval] VARIANT_BOOL * result);
};
// IDtmInformation
[
    odl,
    uuid(036D147F-387B-11D4-86E1-00E0987270B9),
    dual,
    oleautomation
    ]
    interface IDtmInformation : IDispatch {
    [id(0x1)]
        HRESULT GetInformation(
        [out, retval] FdtXmlDocument * result);
};
// IDtmOnlineDiagnosis
[
    odl,
    uuid(036D1477-387B-11D4-86E1-00E0987270B9),
    dual,
    oleautomation
    ]
    interface IDtmOnlineDiagnosis : IDispatch {
    [id(0x1)]
        HRESULT Compare(
        [out, retval] FdtXmlDocument * result);
    [id(0x2)]
        HRESULT GetDeviceStatus(
        [out, retval] FdtXmlDocument * result);
};
// IDtmOnlineParamete
[
    odl,
```

```
    uuid(036D1483-387B-11D4-86E1-00E0987270B9),
    dual,
    oleautomation
    ]
    interface IDtmOnlineParameter : IDispatch {
    [id(0x1)]
        HRESULT CancelAction(
        [in] FdtUUIDString invokeId,
        [out,retval] VARIANT_BOOL * result);
    [id(0x2)]
        HRESULT DownloadRequest(
        [in] FdtUUIDString invokeId,
        [in] FdtXPath parameterPath,
        [out,retval] VARIANT_BOOL * result);
    [id(0x3)]
        HRESULT UploadRequest(
        [in] FdtUUIDString invokeId,
        [in] FdtXPath parameterPath,
        [out,retval] VARIANT_BOOL * result);
};
// IDtmParameter
[
    odl,
    uuid(036D147D-387B-11D4-86E1-00E0987270B9),
    dual,
    oleautomation
    ]
    interface IDtmParameter : IDispatch {
    [id(0x1)]
        HRESULT GetParameters(
        [in] FdtXPath parameterPath,
        [out, retval] FdtXmlDocument * result);
    [id(0x2)]
        HRESULT SetParameters(
        [in] FdtXPath parameterPath,
        [in] FdtXmlDocument FdtXmlDocument,
        [out, retval] VARIANT_BOOL * result);
};
//
// DTM event interfaces
// ====================
// IFdtCommunicationEvents
[
```

```
    odl,
    uuid(036D1485-387B-11D4-86E1-00E0987270B9),
    dual,
    oleautomation
    ]
    interface IFdtCommunicationEvents: IDispatch {
    [id(0x1)]
        HRESULT OnAbort(
        [in] FdtUUIDString communicationReference );
    [id(0x2)]
        HRESULT OnConnectResponse(
        [in] FdtUUIDString invokeId,
        [in] FdtXmlDocument response);
    [id(0x3)]
        HRESULT OnDisconnectResponse(
        [in] FdtUUIDString invokeId,
        [in] FdtXmlDocument response);
    [id(0x4)]
        HRESULT OnTransactionResponse(
        [in] FdtUUIDString invokeId,
        [in] FdtXmlDocument response);
};
// IFdtEvents
[
    odl,
    uuid(036D1478-387B-11D4-86E1-00E0987270B9),
    dual,
    oleautomation
    ]
    interface IFdtEvents : IDispatch {
    [id(0x1)]
        HRESULT OnChildParameterChanged(
        [in] BSTR systemTag);
    [id(0x2)]
        HRESULT OnParameterChanged(
        [in] BSTR systemTag,
        [in] FdtXmlDocument parameter);
    [id(0x3)]
        HRESULT OnLockDataSet(
        [in] BSTR systemTag,
        [in] BSTR userName);
    [id(0x4)]
        HRESULT OnUnlockDataSet(
```

```
        [in] BSTR systemTag,
        [in] BSTR userName,
        [out, retval] VARIANT_BOOL * result);
};
//
// DTM ActiveX Control interfaces
// ==========================
//
// IDtmActiveXControl
[
    odl,
    uuid(036D1486-387B-11D4-86E1-00E0987270B9),
    dual,
    oleautomation
    ]
    interface IDtmActiveXControl : IDispatch {
    [id(0x1)]
        HRESULT Init(
        [in] FdtUUIDString invokeId,
        [in] FdtXmlDocument functionCall,
        [in] IDtm * dtm,
        [out, retval] VARIANT_BOOL * result);
    [id(0x2)]
        HRESULT PrepareToRelease(
        [out, retval] VARIANT_BOOL * result);
};
//
// FDT Channel interfaces
// ====================
//
// IFdtChannel
[
    odl,
    uuid(036D1488-387B-11D4-86E1-00E0987270B9),
    dual,
    oleautomation
    ]
    interface IFdtChannel : IDispatch {
    [id(0x1)]
        HRESULT GetChannelPath(
        [out, retval] FdtXPath * result);
    [id(0x2)]
        HRESULT GetChannelParameters(
```

```
        [in] FdtXPath parameterPath,
        [in] FdtUUIDString protocolId,
        [out, retval] FdtXmlDocument * result);
    [id(0x3)]
        HRESULT SetChannelParameters(
        [in] FdtXPath parameterPath,
        [in] FdtUUIDString protocolId,
        [in] FdtXmlDocument XmlDocument,
        [out, retval] VARIANT_BOOL * result);
};
// IFdtChannelActiveXInformation
[
    odl,
    uuid(F2BD2970-13FA-470c-A28C-6A5969A04037),
    dual,
    oleautomation
    ]
    interface IFdtChannelActiveXInformation : IDispatch {
    [id(0x1)]
        HRESULT GetChannelActiveXGuid(
        [in] FdtXmlDocument functionCall,
        [out, retval] FdtUUIDString * result);
    [id(0x2)]
        HRESULT GetChannelActiveXProgId(
        [in] FdtXmlDocument functionCall,
        [out, retval] BSTR * result);
    [id(0x3)]
        HRESULT GetChannelFunctions(
        [in] FdtXmlDocument operationState,
        [out, retval] FdtXmlDocument * result);
};
// IFdtCommunication
[
    odl,
    uuid(039ECFC4-9CA8-44e6-944D-B37F288A34D8),
    dual,
    oleautomation
    ]
    interface IFdtCommunication : IDispatch {
    [id(0x1)]
        HRESULT Abort(
        [in] FdtXmlDocument fieldbusFrame);
    [id(0x2)]
```

```
        HRESULT ConnectRequest(
        [in] IFdtCommunicationEvents * callBack,
        [in] FdtUUIDString invokeId,
        [in] FdtUUIDString protocolId,
        [in] FdtXmlDocument fieldbusFrame,
        [out, retval] VARIANT_BOOL * result);
    [id(0x3)]
        HRESULT DisconnectRequest(
        [in] FdtUUIDString invokeId,
        [in] FdtXmlDocument fieldbusFrame,
        [out, retval] VARIANT_BOOL * result);
    [id(0x4)]
        HRESULT TransactionRequest(
        [in] FdtUUIDString invokeId,
        [in] FdtXmlDocument fieldbusFrame,
        [out, retval] VARIANT_BOOL * result);
    [id(0x5)]
        HRESULT GetSupportedProtocols(
        [out, retval] FdtXmlDocument *result );
    [id(0x6)]
        HRESULT SequenceBegin(
        [in] FdtXmlDocument fieldbusFrame,
        [out, retval] VARIANT_BOOL * result);
    [id(0x7)]
        HRESULT SequenceStart(
        [in] FdtXmlDocument fieldbusFrame,
        [out, retval] VARIANT_BOOL * result);
    [id(0x8)]
        HRESULT SequenceEnd(
        [in] FdtXmlDocument fieldbusFrame,
        [out, retval] VARIANT_BOOL * result);
};
// IFdtChannelSubTopology
[
    odl,
    uuid(036D1484-387B-11D4-86E1-00E0987270B9),
    dual,
    oleautomation
    ]
    interface IFdtChannelSubTopology : IDispatch {
    [id(0x1)]
        HRESULT ScanRequest(
        [in] FdtUUIDString invokeId,
```

```
        [out, retval] VARIANT_BOOL * result);
    [id(0x2)]
        HRESULT ValidateAddChild(
        [in] BSTR childsystemTag,
        [out, retval] VARIANT_BOOL * result);
    [id(0x4)]
        HRESULT ValidateRemoveChild(
        [in] BSTR childsystemTag,
        [out, retval] VARIANT_BOOL * result);
    [id(0x5)]
        HRESULT OnAddChild(
        [in] BSTR childsystemTag);
    [id(0x6)]
        HRESULT OnRemoveChild(
        [in] BSTR childsystemTag);
};
// IFdtFunctionBlockData
[
    odl,
    uuid(036D1475-387B-11D4-86E1-00E0987270B9),
    dual,
    oleautomation
    ]
    interface IFdtFunctionBlockData : IDispatch {
    [id(0x1)]
        HRESULT SelectFBInstance(
        [in] BSTR systemTag,
        [out, retval] VARIANT_BOOL * result);
    [id(0x2)]
        HRESULT GetFBInstanceData(
        [in] BSTR systemTag,
        [out, retval] FdtXmlDocument * result);
};
//
// FDT Channel ActiveX Control interfaces
// ==================================
//
// IFdtChannelActiveXControl
[
    odl,
    uuid(036D148B-387B-11D4-86E1-00E0987270B9),
    dual,
    oleautomation
```

```
    ]
    interface IFdtChannelActiveXControl : IDispatch {
    [id(0x1)]
        HRESULT Init(
        [in] FdtUUIDString invokeId,
        [in] IFdtChannel * channel,
        [out, retval] VARIANT_BOOL * result);
    [id(0x2)]
        HRESULT PrepareToRelease(
        [out, retval] VARIANT_BOOL * result);
};
//
// Frame Application interfaces
// ========================
//
// IDtmEvents
[
    odl,
    uuid(F15BA42E-BBF1-42ed-8009-7F664A002CFB),
    dual,
    oleautomation
    ]
    interface IDtmEvents : IDispatch {
    [id(0x1)]
        HRESULT OnParameterChanged(
        [in] BSTR systemTag,
        [in] FdtXmlDocument parameter);
    [id(0x2)]
        HRESULT OnErrorMessage(
        [in] BSTR systemTag,
        [in] BSTR errorMessage);
    [id(0x3)]
        HRESULT OnProgress(
        [in] BSTR systemTag,
        [in] BSTR title,
        [in] short percent,
        [in] VARIANT_BOOL show);
    [id(0x4)]
        HRESULT OnUploadFinished(
        [in] FdtUUIDString invokeId,
        [in] VARIANT_BOOL success);
    [id(0x5)]
        HRESULT OnDownloadFinished(
```

```
            [in] FdtUUIDString invokeId,
            [in] VARIANT_BOOL success);
        [id(0x6)]
            HRESULT OnApplicationClosed(
            [in] FdtUUIDString invokeId);
        [id(0x8)]
            HRESULT OnFunctionChanged(
            [in] BSTR systemTag);
        [id(0x9)]
            HRESULT OnChannelFunctionChanged(
            [in] BSTR systemTag,
            [in] FdtXPath channelPath);
        [id(0xa)]
            HRESULT OnPrint(
            [in] BSTR systemTag,
            [in] FdtXmlDocument functionCall);
        [id(0xb)]
            HRESULT OnNavigation(
            [in] BSTR systemTag);
        [id(0xc)]
            HRESULT OnOnlineStateChanged(
            [in] BSTR systemTag,
            [in] VARIANT_BOOL onlineState);
        [id(0xd)]
            HRESULT OnPreparedToRelease(
            [in] BSTR systemTag);
        [id(0xe)]
            HRESULT OnPreparedToReleaseCommunication(
            [in] BSTR systemTag);
        [id(0xf)]
            HRESULT OnInvokedFunctionFinished(
            [in] FdtUUIDString invokeId,
            [in] VARIANT_BOOL success);
        [id(0x10)]
            HRESULT OnScanResponse(
            [in] FdtUUIDString invokeId,
            [in] FdtXmlDocument response);
    };
    // IDtmAuditTrailEvents
    [
        odl,
        uuid(036D1479-387B-11D4-86E1-00E0987270B9),
        dual,
```

```
    oleautomation
    ]
    interface IDtmAuditTrailEvents : IDispatch {
    [id(0x1)]
        HRESULT OnStartTransaction(
        [in] BSTR systemTag,
        [out, retval] VARIANT_BOOL * result);
    [id(0x2)]
        HRESULT OnAuditTrailEvent(
        [in] BSTR systemTag,
        [in] FdtXmlDocument logEntry);
    [id(0x3)]
        HRESULT OnEndTransaction(
        [in] BSTR systemTag,
        [out, retval] VARIANT_BOOL * result);
};
// IFdtActiveX
[
    odl,
    uuid(5959f485-2c51-4a55-80a7-dd3c45d8baf2),
    dual,
    oleautomation
    ]
    interface IFdtActiveX : IDispatch {
    [id(0x1)]
        HRESULT OpenActiveXControlRequest(
        [in] BSTR systemTag,
        [in] FdtXmlDocument functionCall,
        [out, retval] VARIANT_BOOL * result);
    [id(0x2)]
        HRESULT CloseActiveXControlRequest(
        [in] FdtUUIDString invokeId,
        [out, retval] VARIANT_BOOL * result);
};
// IFdtBulkData
[
    odl,
    uuid(036D148D-387B-11D4-86E1-00E0987270B9),
    dual,
    oleautomation
    ]
    interface IFdtBulkData : IDispatch {
    [id(0x60030000)]
```

```
        HRESULT GetProjectRelatedPath(
        [in] BSTR systemTag,
        [out, retval] BSTR * result);
    [id(0x60030001)]
        HRESULT GetInstanceRelatedPath(
        [in] BSTR systemTag,
        [out, retval] BSTR * result);
};
// IFdtContainer
[
    odl,
    uuid(036D1487-387B-11D4-86E1-00E0987270B9),
    dual,
    oleautomation
    ]
    interface IFdtContainer : IDispatch {
    [id(0x1)]
        HRESULT SaveRequest(
        [in] BSTR systemTag,
        [out, retval] VARIANT_BOOL * result);
    [id(0x2)]
        HRESULT LockDataSet(
        [in] BSTR systemTag,
        [out, retval] VARIANT_BOOL * result);
    [id(0x3)]
        HRESULT UnlockDataSet(
        [in] BSTR systemTag,
        [out, retval] VARIANT_BOOL * result);
    [id(0x4)]
        HRESULT GetXmlSchemaPath(
        [out, retval] BSTR * result);
};
// IFdtDialog
[
    odl,
    uuid(15C19931-6161-11d4-A0A9-005004011A04),
    dual,
    oleautomation
    ]
    interface IFdtDialog : IDispatch {
    [id(0x1)]
        HRESULT UserDialog(
        [in] BSTR systemTag,
```

```
        [in] FdtXmlDocument userMessage,
        [out, retval] FdtXmlDocument * result);
};
// IFdtTopology
[
    odl,
    uuid(036D147A-387B-11D4-86E1-00E0987270B9),
    dual,
    oleautomation
    ]
    interface IFdtTopology : IDispatch {
    [id(0x1)]
        HRESULT GetParentNodes(
        [in] BSTR systemTag,
        [out, retval] FdtXmlDocument * result);
    [id(0x2)]
        HRESULT GetChildNodes(
        [in] BSTR systemTag,
        [in] FdtXPath channelPath,
        [out, retval] FdtXmlDocument * result);
    [id(0x3)]
        HRESULT CreateChild(
        [in] FdtXmlDocument deviceType,
        [in] FdtXPath channelPath,
        [out, retval] BSTR * result);
    [id(0x4)]
        HRESULT DeleteChild(
        [in] BSTR systemTag,
        [in] FdtXPath channelPath,
        [out, retval] VARIANT_BOOL * result);
    [id(0x5)]
        HRESULT GetDtmForSystemTag(
        [in] BSTR systemTag,
        [out,retval] IDtm * * result);
    [id(0x6)]
        HRESULT GetDtmInfoList(
        [out, retval] FdtXmlDocument * result);
    [id(0x7)]
        HRESULT MoveChild(
        [in] BSTR systemTag,
        [in] FdtXPath destinationchannelPath,
        [out, retval] VARIANT_BOOL * result);
    [id(0x8)]
```

```
        HRESULT ReleaseDtmForSystemTag(
        [in] BSTR systemTag,
        [out, retval] VARIANT_BOOL * result);
};
//
// Collections
// ====================
// IFdtChannelCollection
[
    odl,
    uuid(E4F31A10-45BF-11d4-BBB3-0060080993FF),
    dual,
    oleautomation
    ]
    interface IFdtChannelCollection : IDispatch {
    [propget, id(0x1)]
        HRESULT Item(
        [in] VARIANT * pvarIndex,
        [out,retval] IFdtChannel * * ppRes);
    [propget, id(0x2)]
        HRESULT Count(
        [out,retval] long * plCount);
    //support VB FOR EACH syntax via an IEnumVariant
    [propget, id(DISPID_NEWENUM)]
        HRESULT NewEnum(
        [out,retval] IUnknown * * ppEnumVariant);
};
//
// BTM Interfaces
// ====================
// IBtm
[
    odl,
    uuid(96341E37-9611-46ba-80ED-A85BD73BF518),
    dual,
    oleautomation
    ]
    interface IBtm : IDtm {
};
// IBtmInformation
[
    odl,
    uuid(87DCC81C-9F97-46c2-A483-5A89B155204C),
```

```
    dual,
    oleautomation
    ]
    interface IBtmInformation : IDispatch {
    [id(0x1)]
        HRESULT GetInformation(
        [out, retval] FdtXmlDocument * result);
};
// IBtmParameter
[
    odl,
    uuid(43D592CC-5F8E-4eca-9365-8D4749390C55),
    dual,
    oleautomation
    ]
    interface IBtmParameter : IDispatch {
    [id(0x1)]
        HRESULT GetParameters(
        [in] FdtXPath parameterPath,
        [out, retval] FdtXmlDocument * result);
    [id(0x2)]
        HRESULT SetParameters(
        [in] FdtXPath parameterPath,
        [in] FdtXmlDocument FdtXmlDocument,
        [out, retval] VARIANT_BOOL * result);
};
// IBtmActiveXControl
[
    odl,
    uuid(0E0418B4-9BC6-4a28-B980-5D3E7F457E4F),
    dual,
    oleautomation
    ]
    interface IBtmActiveXControl : IDispatch {
    [id(0x1)]
        HRESULT Init(
        [in] FdtUUIDString invokeId,
        [in] FdtXmlDocument functionCall,
        [in] IBtm * btm,
        [out, retval] VARIANT_BOOL * result);
    [id(0x2)]
        HRESULT PrepareToRelease(
        [out, retval] VARIANT_BOOL * result);
```

```
};
// IFdtBtmTopology
[
    odl,
    uuid(18250F40-73FB-4c22-A0F1-DB2A11B3FE8D),
    dual,
    oleautomation
    ]
    interface IFdtBtmTopology : IDispatch {
    [id(0x1)]
        HRESULT GetParentNodes(
        [in] BSTR systemTag,
        [out, retval] FdtXmlDocument * result);
    [id(0x2)]
        HRESULT GetChildNodes(
        [in] BSTR systemTag,
        [in] FdtXPath channelPath,
        [out, retval] FdtXmlDocument * result);
    [id(0x3)]
        HRESULT CreateChild(
        [in] FdtXmlDocument deviceType,
        [in] FdtXPath channelPath,
        [out, retval] BSTR * result);
    [id(0x4)]
        HRESULT DeleteChild(
        [in] BSTR systemTag,
        [in] FdtXPath channelPath,
        [out, retval] VARIANT_BOOL * result);
    [id(0x5)]
        HRESULT GetBtmForSystemTag(
        [in] BSTR systemTag,
        [out,retval] IBtm * * result);
    [id(0x6)]
        HRESULT GetBtmInfoList(
        [out, retval] FdtXmlDocument * result);
    [id(0x7)]
        HRESULT MoveChild(
        [in] BSTR systemTag,
        [in] FdtXPath destinationchannelPath,
        [out, retval] VARIANT_BOOL * result);
    [id(0x8)]
        HRESULT ReleaseBtmForSystemTag(
        [in] BSTR systemTag,
```

```
        [out, retval] VARIANT_BOOL * result);
};
//
// FDT 1.2.1 Interfaces
// ====================
// IFdtActiveX2
[
    odl,
    uuid(1922C2DE-4EE7-4085-878A-80AC6C6728AD),
    dual,
    oleautomation
    ]
    interface IFdtActiveX2 : IDispatch
{
    [id(0x1)]
        HRESULT OpenDialogActiveXControlRequest(
        [in] BSTR systemTag,
        [in] FdtXmlDocument functionCall,
        [out, retval] VARIANT_BOOL * result);
    [id(0x2)]
        HRESULT OpenChannelActiveXControlRequest(
        [in] BSTR channelPath,
        [in] FdtXmlDocument functionCall,
        [out, retval] VARIANT_BOOL * result);
    [id(0x3)]
        HRESULT CloseChannelActiveXControlRequest(
        [in] FdtUUIDString invokeId,
        [out, retval] VARIANT_BOOL * result);
    [id(0x4)]
        HRESULT OpenDialogChannelActiveXControlRequest(
        [in] BSTR channelPath,
        [in] FdtXmlDocument functionCall,
        [out, retval] VARIANT_BOOL * result);
};
// IDtm2
[
    odl,
    uuid(51E1F44B-D6A1-423d-B11F-AD38EDE78047),
    dual,
    oleautomation
    ]
    interface IDtm2: IDispatch
{
```

```
    [id(0x1)]
        HRESULT Environment2(
        [in] BSTR systemTag,
        [in] IFdtContainer * container,
        [in] FdtXmlDocument frameInfo,
        [out, retval] VARIANT_BOOL * result);
    [id(0x2)]
        HRESULT SetSystemGuiLabel(
        [in] FdtXmlDocument systemGuiLabel,
        [out, retval] VARIANT_BOOL * result);
};
// IDtmRedundancyEvents
[
    odl,
    uuid(04808A4C-90C3-45a7-B69E-034A2FA8314D),
    dual,
    oleautomation
    ]
    interface IDtmRedundancyEvents: IDispatch
{
    [id(0x1)]
        HRESULT OnAddedRedundantChild(
        [in] BSTR systemTag,
        [in] FdtXPath channelPath,
        [out, retval] VARIANT_BOOL * result);
    [id(0x2)]
        HRESULT OnRemovedRedundantChild(
        [in] BSTR systemTag,
        [in] FdtXPath channelPath,
        [out, retval] VARIANT_BOOL * result);
};
// IDtmEvents2
[
    odl,
    uuid(494FFD2B-6E58-4e42-80DB-85EBDF6E2CF5),
    dual,
    oleautomation
    ]
    interface IDtmEvents2 : IDispatch
{
    [id(0x1)]
        HRESULT OnStateChanged(
        [in] BSTR systemTag,
```

```
        [in] FdtXmlDocument xmldoc);
};
// IFdtChannelActiveXControl2
[
    odl,
    uuid(73757F49-F3A6-41f7-BEA0-1A3E59D69D5B),
    dual,
    oleautomation
    ]
    interface IFdtChannelActiveXControl2 : IDispatch
{
    [id(0x1)]
        HRESULT Init2(
        [in] FdtUUIDString invokeId,
        [in] FdtXMLDocument functionCall,
        [in] IFdtChannel * channel,
        [out, retval] VARIANT_BOOL * result);
};
// IDtmScanEvents
[
    odl,
    uuid(515590B9-5177-474a-9310-708A3E785B2B),
    dual,
    oleautomation
    ]
    interface IDtmScanEvents : IDispatch
{
    [id(0x1)]
        HRESULT OnScanResponse(
        [in] FdtUUIDString invokeId,
        [in] FdtXMLDocument response);
    [id(0x2)]
        HRESULT OnScanHardwareResponse (
        [in] FdtUUIDString invokeId,
        [in] FdtXMLDocument response);
};
// IFdtChannelScan
[
    odl,
    uuid(64A4310D-F9EE-411d-B4F9-51D3360DF359),
    dual,
    oleautomation
    ]
```

```
    interface IFdtChannelScan : IDispatch
{
    [id(0x1)]
        HRESULT ScanRequest(
        [in] FdtUUIDString invokeId,
        [in] FdtXMLDocument request,
        [out, retval] VARIANT_BOOL * result);
    [id(0x2)]
        HRESULT CancelAction (
        [in] FdtUUIDString invokeId,
        [out, retval] VARIANT_BOOL * result);
};
// IFdtChannelSubTopology2
[
    odl,
    uuid(6359FBF1-D373-4202-90E8-E696C37739D4),
    dual,
    oleautomation
    ]
    interface IFdtChannelSubTopology2 : IDispatch
{
    [id(0x1)]
        HRESULT SetChildrenAdresses(
        [in] FdtXMLDocument dtmDeviceList,
        [out, retval] FdtXMLDocument * result);
};
// IDtmInformation2
[
    odl,
    uuid(C2934CC6-B72D-4611-890F-1C6531D1F8EB),
    dual,
    oleautomation
    ]
    interface IDtmInformation2 : IDispatch
{
    [id(0x1)]
        HRESULT GetDeviceIdentificationInformation(
        [in] FdtXMLDocument request,
        [in] FdtUUIDString protocolId,
        [out, retval] FdtXMLDocument * response);
};
// IDtmHardwareIdentification
[
```

```
        odl,
        uuid(9A1DD233-987C-43d1-9424-DA5C1FC6F292),
        dual,
        oleautomation
        ]
        interface IDtmHardwareIdentification : IDispatch
    {
        [id(0x1)]
            HRESULT ScanHardwareRequest (
            [in] FdtUUIDString invokeID,
            [in] FdtXMLDocument request,
            [out, retval] VARIANT_BOOL * result);
        [id(0x2)]
            HRESULT CancelAction (
            [in] FdtUUIDString invokeID,
            [out, retval] VARIANT_BOOL * result);
    };
    // IFdtCommunicationEvents2
    [
        odl,
        uuid(7A0AEF6A-A9E7-4673-8F45-01B8AC28F55D),
        dual,
        oleautomation
        ]
        interface IFdtCommunicationEvents2 : IDispatch
    {
        [id(0x1)]
            HRESULT OnConnectResponse2(
            [in] FdtUUIDString invokeID,
            [in] FdtXMLDocument parentInformation,
            [in] FdtXMLDocument response);
    };
    // IDtmSingleDeviceDataAccess
    [
        odl,
        uuid(D67240E4-664B-44b0-B692-A1D1ED3FB8F8),
        dual,
        oleautomation
        ]
        interface IDtmSingleDeviceDataAccess : IDispatch
    {
        [id(0x1)]
            HRESULT CancelRequest (
```

```
        [in] FdtUUIDString invokeId,
        [out, retval] VARIANT_BOOL * result);
    [id(0x2)]
        HRESULT ItemListRequest(
        [in] FdtUUIDString invokeId);
    [id(0x3)]
        HRESULT ReadRequest(
        [in] FdtUUIDString invokeId,
        [in] FdtXmlDocument itemSelectionList);
    [id(0x4)]
        HRESULT WriteRequest(
        [in] FdtUUIDString invokeId,
        [in] FdtXmlDocument itemList);
};
// IDtmSingleInstanceDataAccess
[
    odl,
    uuid(84F9A19A-7E38-40b5-A311-60B14F30C258),
    dual,
    oleautomation
    ]
    interface IDtmSingleInstanceDataAccess : IDispatch
{
    [id(0x1)]
        HRESULT GetItemList(
        [out, retval] FdtXmlDocument * result);
    [id(0x2)]
        HRESULT Read(
        [in] FdtXmlDocument itemSelectionList,
        [out, retval] FdtXmlDocument * result);
    [id(0x3)]
        HRESULT Write(
        [in] FdtXmlDocument itemList,
        [out, retval] FdtXmlDocument * result);
};
// IDtmSingleDeviceDataAccessEvents
[
    odl,
    uuid(2357691C-E69A-4e0a-A8AA-EB7F1D080CEF),
    dual,
    oleautomation
    ]
    interface IDtmSingleDeviceDataAccessEvents : IDispatch
```

```
    {
        [id(0x1)]
            HRESULT OnItemListResponse(
            [in] FdtUUIDString invokeId,
            [in] FdtXMLDocument response);
        [id(0x2)]
            HRESULT OnDeviceItemListChanged(
            [in] BSTR systemTag);
        [id(0x3)]
            HRESULT OnReadResponse(
            [in] FdtUUIDString invokeId,
            [in] FdtXMLDocument response);
        [id(0x4)]
            HRESULT OnWriteResponse(
            [in] FdtUUIDString invokeId,
            [in] FdtXMLDocument response);
    };
    // IDtmSingleInstanceDataAccessEvents
    [
        odl,
        uuid(EBC093F1-4F7A-4208-A209-C172E54AB185),
        dual,
        oleautomation
        ]
        interface IDtmSingleInstanceDataAccessEvents : IDispatch
    {
        [id(0x1)]
            HRESULT OnInstanceItemListChanged(
            [in] BSTR systemTag);
    };
};
```

附 录 B
（规范性附录）
服务到接口方法的映射

B.1 概述

本附录描述了 GB/T 29618 第 2 部分的服务到接口、方法和 XML 信息的映射。

GB/T 29618.2 没有定义实现已定义的服务是可选还是必备，表 2、表 4、表 6 和表 8 提供了该定义。

GB/T 29618.2 没有定义服务同步还是异步调用执行。如果服务执行可能需要较长时间，本实现规范（第 41 部分）使用异步模型。本部分为这种服务定义了单独的请求、回调和取消接口/方法。同步服务通过一个简单的接口/方法实现。

B.2 DTM 服务

DTM 服务见表 B.1～表 B.14。

表 B.1 通用服务

GB/T 29618 服务	FDT 接口/方法
PrivateDialogEnabled	*Request/Response*：IDtm. PrivateDialogEnabled
SetLanguage	*Request/Response*：IDtm. SetLanguage
SetSystemGuiLabel	*Request/Response*：IDtm. SetSystemGuiLabel

表 B.2 安装相关的 DTM 服务

GB/T 29618 服务	FDT 接口/方法
未定义	向系统注册 DTM（现在的 ProgID，也可能是 CategoryID）
未定义	修改标识符

表 B.3 DTM 信息相关的 DTM 服务

GB/T 29618 服务	FDT 接口/方法
GetTypeInformation	*Request/Response*：IDtmInformation. GetInformation IBtmInformation. GetInformation
GetIdentificationInformation	*Request/Response*：IDtmInformation2. GetDeviceIdentificiationInformation
HardwareInformation	*Request*： IDtmHardwareIdentification. ScanHardwareRequest *Response*： IDtmScanEvents. ScanHardwareResponse *Cancel*： IDtmHardwaeIdentification:CancelAction
GetActiveTypeInfo	*Request/Response*：IDtmParameter. GetParameters： - 〈DtmDeviceType〉 section ：〈InternalTopology〉 section IBtmParameter. GetParameters： - 〈BtmBlockType〉 section

表 B.4 DTM 状态机相关的 DTM 服务

GB/T 29618 服务	FDT 接口/方法
Initialize	*Request/Response*：IPersist×××. InitNew IPersist×××. Load IDtm. InitNew IBtm. InitNew IDtm. Environment IBtm. Environment IDtm2. Environment2 IDtm. Config IBtm. Config
SetLinked	*Request/Response*：SetCommunicationChannel 服务
CommunicationChannel	EnableCommunication ＝ TRUE 组合成
EnableCommunication	IDtm. SetCommunication. / IBtm. SetCommunication （SetCommunication 设置通道并激活通信） EnableCommunication ＝ FALSE 映射成 IDtm. PrepareToReleaseCommunication / IBtm. PrepareToReleaseCommunication 和 OnPreparedToReleaseCommunication
ReleaseLinked	*Request/Response*：IDtm. ReleaseCommunication
CommunicationChannel	IBtm. ReleaseCommunication
ClearInstanceData	*Request/Response*：IDtm. PrepareToDelete IBtm. PrepareToDelete
Terminate	*Request/Response*：IDtm. PrepareToRelease IDtmEvents. OnPreparedToRelease IBtm. PrepareToRelease

表 B.5 功能相关的 DTM 服务

GB/T 29618 服务	FDT 接口/方法
GetFunctions	*Request/Response*：IDtm. GetFunctions IBtm. GetFunctions *Event* IDtmEvents. OnFunctionChanged
InvokeFunction	*Request*： IDtm. InvokeFunction IBtm. InvokeFunction *Response*：IDtmEvents. OnInvokedFunctionFinished
GetGuiInformation	*Request/Response*：IDtmActiveXInformation. GetActiveXGuid IDtmActiveXInformation. GetActiveXProgId
OpenPresentation	*Request/Response*：IDtmApplication. StartApplication
ClosePresentation	*Request*： IDtmApplication. ExitApplication *Response*：IDtmEvents. OnApplicationClosed

表 B.6 文档相关的 DTM 服务

GB/T 29618 服务	FDT 接口/方法
GetDocumentation	*Request*/*Response*：IDtmDocumentation. GetDocumentation

表 B.7 访问实例数据的 DTM 服务

GB/T 29618 服务	FDT 接口/方法
InstanceDataInformation	*Request*/*Response*：IDtmSingleInstanceDataAccess. GetItemList IDtmParameter. GetParameters / IBtmParameter. GetParameters 〈ExportedVarialbes〉部分 *Event* IDtmSingleInstanceDataAccessEvents. OnItemListChanged IDtmEvents. OnParmenterChanged
InstanceDataRead	*Request*/*Response*：IDtmSingleInstanceDataAccess. Read 允许读单个和多个参数 IDtmParameter. GetParameters / IBtmParameter. GetParameters 〈*ExportedVarialbes*〉部分 在返回的 XML 内允许一次读所有参数
InstanceDataWrite	*Request*/*Response*：IDtmSingleInstanceDataAccess. Read 允许写单个和多个参数 IDtmParameter. GetParameters / IBtmParameter. SetParameters 〈*ExportedVarialbes*〉s 部分 在返回的 XML 内允许一次读所有参数

表 B.8 访问诊断的 DTM 服务

GB/T 29618 服务	FDT 接口/方法
Verify	*Request*/*Response*：IDtmDiagnosis. Verify
CompareDataVaueSet	*Request*/*Response*：IDtmDiagnosis. InitCompare IDtmDiagnosis. Compare IDtmDiagnosis. ReleaseCompare

表 B.9 访问设备数据的 DTM 服务

GB/T 29618 服务	FDT 接口/方法
DeviceDataInformation	*Request*：IDtmSingleDeviceDataAccess. ItemListRequest *Response* IDtmSingleDeviceDataAccessEvebts. OnItemListResponse *Cancel*：IDtmSingleDeviceDataAccess. CancelRequest *Event* IDtmSingleDeviceDataAccessEvents. OnDeviceItemListChanged
DeviceDataRead	*Request*：IDtmSingleDeviceDataAccess. ReadRequest *Response*：IDtmSingleDeviceDataAccessEvebts. OnReadResponse *Cancel*：IDtmSingleDeviceDataAccess. CancelRequest
DeviceDataWrite	*Request*：IDtmSingleDeviceDataAccess. WirteRequest *Response*：IDtmSingleDeviceDataAccessEvebts. OnWirteResponse *Cancel*：IDtmSingleDeviceDataAccess. CancelRequest

表 B.10　网络管理信息相关的 DTM 服务

GB/T 29618 服务	FDT 接口/方法
NetworkManagementInfoRead	*Request/Response*：IDtmParameter. GetParameters -〈*BusInformation*〉部分
NetworkManagementInfoWrite	*Request/Response*：IDtmParameter. SetParameters -〈*BusInformation*〉部分

表 B.11　在线操作相关的 DTM 服务

GB/T 29618 服务	FDT 接口/方法
DeviceStatus	*Request/Response*：IDtmOnlineDiagnosis. GetDeviceStatus
CompareValueDataSetWithDeviceDataSet	*Request/Response*：IDtmOnlineDiagnosis. Compare
WriteDataToDevice	*Request*：IDtmOnlineParameter. DowloadRequest *Response*：IDtmEvents. OnDownLoadFinished *Cancel*：IDtmOnlineParameter. CancelAction
ReadDataFromDevice	*Request*：IDtmOnlineParameter. UploadRequest *Response*：IDtmEvents. OnUploadLoadFinished *Cancel*：IDtmOnlineParameter. CancelAction

表 B.12　通道对象相关的 DTM 服务

GB/T 29618 服务	FDT 接口/方法
GetChannels	*Request/Response*：IDtmChannel. GetChannels GetParameters〈ChannelReferences〉部分

表 B.13　导入和导出相关的 DTM 服务

GB/T 29618 服务	FDT 接口/方法
Export	*Request/Response*：用于 DTM 的 IDtmImportExport. Export 使用私有数据存储 用于 DTM 的 IPersistStream×××. Save 不使用私有数据存储
Import	*Request/Response*：用于 DTM 的 IDtmImportExport. Export 使用私有数据存储 用于 DTM 的 IPersistStream×××. Save 不使用私有数据存储

表 B.14　数据同步相关的 DTM 服务

GB/T 29618 服务	FDT 接口/方法
OnLockInstanceData	*Request/Response*：IFdtEvents. OnLockDataSet
OnUnlockInstanceData	*Request/Response*：IFdtEvents. OnUnLockDataSet
OnInstanceDataChanged	*Request/Response*：IFdtEvents. OnParameterChange
OnChildInstanceDataChanged	*Request/Response*：IFdtEvents. OnChildParameterChanged

B.3 表示对象服务

框架应用程序、表示对象和 DTM 之间的交互和状态控制是技术相关的。GB/T 29618 在 GB/T 29618.4xy 文档中定义必需的服务。FDT 1.2.1 为此定义了下面的接口/方法：

——IDtmActiveXControl. Init / PrepareToReleas；

——IFdtChannelActiveX. Init / PrepareToRelease；

——IBtmActiveXControl. Init / PrepareToRelease。

B.4 通用通道服务

表 B.15 通用通道服务

GB/T 29618 服务	FDT 接口/方法
ReadChannelInformation	*Request/Response*：IFdtChannel. GetChannelPath IFdtChannel. GetChannelParameters -包含在所有协议相关通道参数架构最小信息集中(信息由 FDTBasicChannelSchema 定义)
WriteChannelInformation	*Request/Response*：IFdtChannel. SetChannelParameters -包含在所有协议相关通道参数架构最小信息集中(信息由 FDTBasicChannelSchema 定义)

B.5 过程通道服务

表 B.16 相关信息的通道服务

GB/T 29618 服务	FDT 接口/方法
ReadChannelData	*Request/Response*：IFdtChannel. GetChannelParameters -定义在相应 FDT 附录的协议无关的信息
WriteChannelData	*Request/Response*：IFdtChannel. SetChannelParameters -定义在相应 FDT 附录的协议无关的信息

B.6 通信通道服务

表 B.17 通信相关通道服务

GB/T 29618 服务	FDT 接口/方法
GetSupportedProtocols	*Request/Response*：IFdtCommunication：GetSupportedProtocols
Connect	*Request*：IFdtCommunication：ConnectRequest *Response*：IFdtCommunicationEvens. OnConnectRespones IFdtCommunicationEvents2：OnConnectResponse2

表 B.17（续）

GB/T 29618 服务	FDT 接口/方法
Disconnect	*Request*：IFdtCommunication. DisconnectRequest *Response*：IFdtCommunicationEvens. OnDisconnectRespones
AbortRequest	*Request/Response*：IFdtCommunication. Abort
AbortIndication	*Event*：IFdtCommunicationEvent. OnAbort
Transaction	*Request*：IFdtCommunication. TransactionRequest *Response*：IFdtCommunicationEvens：OnTransActionRespones
SequenceDefine	*Request/Response*：IFdtCommunication. SequenceBegin IFdtCommunication. SequenceEnd
SequenceStart	*Request/Response*：IFdtCommunication. SequenceStart
Not defined.	*Request/Response*：IFdtFunctionBlockData. GetFBInstanceData IFdtFunctionBlockData. SelectFBInstance

表 B.18 子拓扑管理相关通道服务

GB/T 29618 服务	FDT 接口/方法
ValidateAddChild	*Request/Response*： IFdtChannelSubTopology. ValidateAddChild
ChildAdded	*Request/Response*： IFdtChannelSubTopology. OnAddChild
ValidateRemoveChild	*Request/Response*： IFdChannelSubTopology. ValidateRemoveChild
ChildRemoved	*Request/Response*： IFdtChannelSubTopology. OnRemoveChild
SetChildrenAddresses	*Request/Response*： IFdtChannelSubTopology2. SetChildrenAddresses

表 B.19 功能相关通道服务

GB/T 29618 服务	FDT 接口/方法
GetFunctions	*Request/Response*：IFdtChannelFunctions. GetFunctions *Event* IDtmEvents. OnChannelFunctionChanged
GetGuiInformation	*Request/Response*：IFdtChannelActiveXInformation. GetActiveXGuid IFdtChannelActiveXInformation. GetActiveXProgId

表 B.20 扫描相关通道服务

GB/T 29618 服务	FDT 接口/方法
Scan	*Request*： IFdtChannelScan. ScanRequest IFdtChannelSubTopology. ScanRequest *Response*： IDtmScanEvents. OnScanResponse

B.7 框架应用程序服务

表 B.21 通用事件相关 FA 服务

GB/T 29618 服务	FDT 接口/方法
OnErrorMessage	*Request/Response*: IDtmEvents:OnErrorMessage
OnProgress	*Request/Response*: IDtmEvents:OnProgress
OnOnlineStatusChanged	*Request/Response*: IDtmEvents2:OnStateChanged
OnFunctionChanged	*Request/Response*: IDtmEvents:OnFunctionChanged IDtmEvents. OnChannelFunctionChanged
Not defined.	*Request/Response*: IDtmEvents:OnNavigation
Not defined.	*Request/Response*: IDtmEvents:OnPrint

表 B.22 拓扑管理相关 FA 服务

GB/T 29618 服务	FDT 接口/方法
GetDtmInfoList	*Request/Response*: IFdtTopology:GetDtmInfoList IFdtBtmTopology. GetBtmInfoList
CreateChild	*Request/Response*: IFdtTopology. CreateChild IFdtBtmTopology. CreateChild
DeleteChild	*Request/Response*: IFdtTopology. DeleteChild IFdtBtmTopology. DeleteChild
MoveChild	*Request/Response*: IFdtTopology. MoveChild IFdtBtmTopology. MoveChild
GetChildNodes	*Request/Response*: IFdtTopology:GetChildNodes IFdtBtmTopology. GetChildNodes
GetParentNodes	*Request/Response*: IFdtTopology:GetParentNodes IFdtBtmTopology. GetParentNodes
GetDtm	*Request/Response*: IFdtTopology:GetDtmForSystemTag IFdtBtmTopology. GetBtmForSystemTag
ReleaseDtm	*Request/Response*: IFdtTopology:ReleaseDtmForSystemTag IFdtBtmTopology. ReleaseBtmForSystemTag

表 B.23 冗余相关 FA 服务

GB/T 29618 服务	FDT 接口/方法
OnAddedRedundantChild	*Request/Response*: IDtmRedundancyEvents:OnAddedRedundantChild
OnRemovedRedundantChild	*Request/Response*: IDtmRedundancyEvents:OnRemovedRedundantChild

表 B.24 DTM 数据存储相关 FA 服务

GB/T 29618 服务	FDT 接口/方法
LoadInstanceData	*Request/Response*：IStream. Read / IPropertyBag. Read （通过 DTM 启动时调用的 IPersistStreamInit. Load 或 IPersist-PropertyBag. Load,DTM 访问这些框架应用程序接口/方法）
SaveInstanceData	*Request/Response*：IStream. Write / IPropertyBag. Write （通过调用 IFdtContainer. SaveRequest,DTM 访问这些框架应用程序要求的接口/方法。然后通过 IPersistStreamInit. Save 或 IPersistPropertyBag. Save 移交这个引用）
GetPrivateDtmStorageInfo	*Request/Response*：IFdtBulkData. GetProjectRelatedPath IFdtBulkData. GetInstanceRelatedPath

表 B.25 数据同步相关 FA 服务

GB/T 29618 服务	FDT 接口/方法
LockInstanceData	*Request/Response*： IFdtContainer. LockDataSet
UnlockInstanceData	*Request/Response*： IFdtContainer. UnLockDataSet
InstanceDataChanged	*Request/Response*： IDtmEvents. OnParameterChanged

表 B.26 表示相关 FA 服务

GB/T 29618 服务	FDT 接口/方法
OpenPresentationRequest	*Request/Response*：IFdtActiveX. OpenAcitveXControlRequest IFdtActiveX2. OpenChannelAcitveXControlRequest IFdtActiveX2. OpenDialogAcitveXControlRequest IFdtActiveX2. OpenDialogChannelAcitveXControlRequest 在 IDtmActiveXControl，IBtmActiveXControl，和 IFdtChannelActiveX Control 的初始化方法用来传递 InvokeID,这个 InvokeID 是允许通过调用 IFdtActiveX. Close-AcitveXControlRequest 或 IFdtActiveX2. CloseChannelAcitveXControlRequest 关闭 ActiveX 的 InvokeID
ClosePresentationRequest	*Request/Response*：IFdtActiveX. CloseAcitveXControlRequest IFdtActiveX2. CloseChannelAcitveXControlRequest
UserDialog	*Request/Response*：IFdtDialog. UserDialog

表 B.27 审计追踪相关 FA 服务

GB/T 29618 服务	FDT 接口/方法
RecordAuditTrailEvent	*Request/Response*：IFdtAuditTrai. OnAuditTrailEvent IFdtAuditTrai. OnStartTransaction IFdtAuditTrai. OnEndTransAction

附 录 C
（规范性附录）
FDT XML 架构

C.1 概述

此处定义的架构是对 GB/T 29618.2 所定义的数据类型的技术特定的实现。数据类型和架构元素之间的关系通过使用相同的名字显示。

为了符合这种特定实现技术，在映射中已进行了小的修改。这样的修改（如命名的不同）已经在本附录中说明。

注：实现者应按照这个文档检验数据类型的正确实现。

C.2 FDTDataTypeSchema

数据类型架构（Schema）用作全局的 FDT 定义。通过在其他架构（Schema）内使用前缀“fdt:”来引用该架构（Schema）的数据类型。在元素和组定义中，为了支持 XML 特性，一些数据被定义为属性和元素（见表 C.1）。

表 C.1 通用 XML 属性描述

属性	描述
alarmType	警告类型标识符，用来显示高和低警报之间和高高和低低警告之间的组合
applicationDomain	定义应用域的属性，应用于提供的 semanticId。这可能是一个协议特定的 ID 或其他 FDT 定义的应用领域
Address	参数地址信息。在规范的相应章节里，对每种通信协议描述了这个参数值格式 由于互操作的原因，这个参数定义为 XML 架构文档内的一个可选项。规范的协议部分提供了地址属性指南。大部分协议规定 DTM 应向框架应用程序开放地址信息
binData	包含二进制数据的变量
bitLength	二进制变量的位长度
bitPosition	枚举类型中某位的位置（基于 0 的位置）
boolValue	被配置成静态布尔数据，如警告值
busCategory	支持现场总线类型的唯一标识符，如 IEC 61784 CPF 3 或 IEC 61784 CPF 9 符合 FDT 规定的唯一标识符。 这个属性是数据类型‘fdt:protocolId’的一个实现
busCategoryName	人可读的总线类型字符串。例： DPV0 ->,Profibus DP/V0’ DPV1 ->,Profibus DP/V1’ HART ->,HART’ 在 GB/T 29618 的协议特定部分定义了这个分类。这个属性是数据类型‘fdt:protocol-IdName’的一个实现

表 C.1（续）

属性	描述
busRedundancy	冗余现场总线接口的个数
byteArray	用来传输二进制数据的变量。如果属性定义为‘bin. hex’，二进制数据可被传输。在COM中，值必须设置为字符串。因为如果这个值被设置为DOM的nodeTypeValue，在不能打印内容变量中，XML的‘bin. hex’数据类型将出现丢失最后字节的问题，所以这个字符串必须由DTM开发者产生
byteLength	描述象字符串这样的数据类型的字节个数
channelMode	通道枚举类型信息
classificationDomainId	依照IEC 62490附件G的设备分类域组（见附件G）
classificationId	通道或设备按照它主要功能分类的唯一标识符。首先推荐从表“符合IEC附录G的设备分类”中选择“classificationId”的属性，并使用适用于它的“classificationDomainId”属性。如果在那个表中不存在合适的分类ID，推荐从“FDT分类ID表”中选择ID，且不通过“classificationDomainId”属性来使用它（见附件G）
communicationError	通信期间发生的现场总线协议无关的错误。这种错误特别用于嵌套式通信中发生的错误。现场总线特定通信错误是现场总线特定XML架构的一部分。 应在子组件返回的XML文档中处理通信组件（通信DTM）检测到的通信错误。 推荐所有被设备作为现场总线事务结果返回的错误将由协议特定的响应读或写响应元素返回，典型地，通过使用现场总线特定状态和错误属性。 所有通信DTM探测到的错误应被映射成一个fdt:communicationE rror枚举值（如abort busy invalidCommunicationReference noConnection noParallelServices noPendingRequest unknownError timeout dtmSpecific notSupportedFeature）并作为fdt:CommunciationError元素返回给子DTM 对于发送给父组件的事务请求，DTM应能处理两种错误响应类型
communicationType	指出支持协议的类型： ● “supported”：DTM在通道能提供的总线协议； ● “required”：DTM期望从父DTM得到的总线协议。 **注**：实际支持的总线协议应来于DTM的设置。这个数据类型显示了可能支持的协议，并不是实际可用的协议
dataSetID	数据集版本的唯一标识符
dataSetState	修改的实例数据集状态（见7.14.1.1修改）
dataType	被传输变量数据类型的标识符
dataTypeDescriptor	数据类型描述
date	元素内的数据变量
descriptor	元素上下文内的人可读的描述
description	支持的当前数据集格式的人可读的描述。在部分支持的情况下，可用来向用户提供附加的信息
deviceGraphicState	在DeviceIcon和DeviceBitmap元素中，用到的可能的设备状态列表： 设备：设备的符号描述 诊断：如果存在在线诊断，设备的符号描述 原始设备制造商：在特定操作架构下的设备符号描述（如，OEM服务） 推荐框架应用程序按照协议特定规则显示合适的图片

表 C.1（续）

属性	描述
deviceTypeId	在现场总线规范名字空间内的设备类型唯一标识符
deviceTypeInformation	和设备一起提供的附加设备类型信息。如，一个 IEC61784 CPF3 必须提供它的 GSD 信息作为这个属性的人可读的字符串。 GSD 信息应基于当前现场依照 IDtm::SetLanguage()的用法来提供。 **注**：GSD 信息访问可通过： IDtmParameter::GetParameters() IDtmInformation::GetInformation()
deviceTypeInformationPath	指向包含"deviceTypeInformation"属性提供的信息的文件的路径 推荐使用这个属性提供设备类型附加的协议特定描述。这个属性的使用在协议特定的附件中规定
deviceTypeVariant	生产商特定的设备类型变量定义字符串
deviceTypeVariantInfo	包含生产商特定的设备类型变量定义的附加信息
display	为任务(例如文件)携带的人可读的显示字符串
displayFormat	描述显示属性的显示格式(如，用于浮点数格式的"%3.2f")
documentClassification	规定文档的主题
documentLanguageId	文档语言的标识符。language-id 定义为一个 Windows 场所标识符(LCID)
dtmDevTypeID	dtmDevTypeID 是设备类型相关软件的 DTM 特定的唯一标识符。 对于同一设备类型，尽管 DtmDeviceType 元素内的某些标识信息更新，但它的值保持不变。 这可能 DTM 更新的结果。 同一 dtmDevTypeID 值应总是与以前 DTM 版本的同一设备相关。(如，提供向后的兼容性)。 **强烈推荐提供该属性！**
dtmDevTypeIDVersion	dtmDevTypeID 的版本号。它也用来指示 DtmDeviceType 相关的信息被改变。框架应用程序能用这个信息来更新 DTM 库里面的相关信息。 **强烈推荐提供该属性！** **例：** 当 DTM 是基于 DD 的时，DD 的更新将导致 dtmDevTypeIDVersion 的改变而不改变 dtmDevTypeID
dtmStateMachine	DTM 状态机的当前状态
errorCode	符合 IEC 61784 CPF 3 规范的状态信息
file	用绝对路径包含一个文档或可执行文件
help	文档的人可读的帮助字符串
Id	元素的唯一标识符。这个标识符用在直接访问元素的集合中。在设备实例的名字空间内，这个 ID 是唯一的。在 XML 架构内的相应引用是"idref"属性
Idref	引用属性"ID"指定的元素。对于直接访问元素，在集合内部使用标识符
Index	枚举内的索引

表 C.1（续）

属性	描述
label	文档的人可读的标签
levelOfSupport	提供支持数据集版本的支持水平的指示。 完全支持整个数据集。 部分数据集内的部分信息不能在升级过程中使用。附加的信息可能在描述属性中提供。能用来提示用户某些值可能丢失
languageId	支持语言的标识符或 DTM 能交互的语言的标识符(依照微软标准) 也见 IDtm::SetLanguage()
manufacturerId	在现场总线规范名字空间内的生产商唯一标识符 Unique
modifiedInDevice	提供更多关于实例数据集当前状态信息的标记。尽管这个标记是可选属性，强烈推荐是使用这个标记。 TRUE，指参数已在设备内改变，而不是在实例数据集中改变(如，参见在线参数化用例，IDtmSingleDeviceDataAccess 接口定义) 在设备内数据已经改变后，"modifiedInDevice"标记只能设定一次。 在成功上载或下载整个数据集情况下，"modifiedInDevice"标记应被重新设置(设为 FALSE) 设备内的数据也可以直接通过 FDT 范围外的一个工具来修改。在这种情况下，推荐部要设置"modifiedInDevice"标记。 在应用程序启动之前，应锁定数据集，这可能需要改变"modifiedInDevice"标记("modifiedInDevice"标记是实例数据集的一部分，如果没有锁定数据集，不能修改"modifiedInDevice"标记)
name	元素上下文中人可读的名字
nodeId	DTM 特定节点标识符。能用来加速对节点的访问
number	像浮点数，整数或其他数字数据类型的数字变量
orderCode	设备变量的指令码
parameters	包含将传递给应用程序的参数，如果文件属性指定一个可执行文件
path	指向设备图标的路径
physicalLayer	描述现场总线物理层的 CATID
physicalLayerName	物理层人可读的描述符
readAccess	指定是否可以从设备读出值
reference	结构变量的引用
semanticId	元素的语义标识符。至少在元素上下文环境中这个标识符是唯一的。通过使用这个属性，如，框架应用程序能获得简单数据结构的含义和用法。标识符的定义是协议特定的，描述在协议特定的附录中。 此外，定义下列协议无关的 semanticId 来覆盖网络信息： FDT. slaveAddress FDT. busAddress FDT. busMasterConfigurationPart 具有这些 semanticId 中一个的参数应和 DTMParameterSchema 内描述的相应 XML 属性(slaveAddress，busAddress 或 busMasterConfigurationPart)是同一参数

表 C.1（续）

属性	描述
signalType	指定信号作为输入或输出
staticValue	已配置的静态数据变量，如警告值
statusFlag	设备或模块当前状态的标识符
storageState	关于永久性状态的实例数据集的状态(参考 7.14.1.2 条款 永久性状态)
string	元素内的字符串变量
subDeviceType	设备类型 ID 名字空间内的生产商特定的设备类型唯一标识符。在初始化过程中，推荐通过 IDtm::Init()对被请求子类型进行预配置，这个参数应传递给 DTM。例如，同一变送器能被预配置为液位或流量测量
substituteType	替换值的类型
systemGuiLabel	框架应用程序上下文环境中 DTM 实例唯一的人可读的标识符
tag	设备、模块或通道的唯一标识符
time	元素内的时间变量
url	包含指向网页内文档的 URL
vendor	组件生产商的人可读的描述
version	像"1.0"一样的组件版本的人可读描述
writeAccess	指定是否能将值写入设备

表 C.2 通用 XML 元素描述

标签	描述
Alarm	警报描述
AlarmEnumerationEntry	警报枚举项目
AlarmEnumerationEntries	警报枚举项目集
Alarms	警报集
BinaryVariable	包含二进制数据的元素
BitEnumeratorEntries	EnumerationEntry 集
BitEnumeratorVariable	当前 EnumeratorEntry 和可能的 EnumeratorEntry 集
BitVariable	枚举变量中被选的元素
BoolValue	已配置静态布尔数据变量
BusCategory	busCategory 描述
BusCategories	BusCategory 集
BusRedundancy	冗余现场总线接口个数
ChannelMode	通道的类型信息元素
ChannelModes	ChannelMode 元素的列表
ChannelInformation	FDT 通道的类型信息。推荐在 IDtmParameter::GetParameters()调用的文档中返回这个元素。要求 BusCategories 元素包含该通道支持的现场总线协议的列表

表 C.2（续）

标签	描述
ChannelReference	对象的引用，由 ID 标识
ChannelReferences	引用集
ClassificationId	分类 ID。见下表
ClassificationIds	ClassificationId 元素集。见下表
CommunicationData	用来传输二进制通信数据的变量
CommunicationError	描述带错误代码的嵌套式通信过程中出现的现场总线协议无关的错误、通信通道设备的标签和可选的错误描述
CommunicationTypeEntry	通信类型枚举元素
Current	用来保存数据的数据集的当前版本
DataSetFormats	DTM 使用的和支持的永久性数据的数据格式
Deadband	Deadband 是引发数值变化的数量，如新趋势值
DeviceIcon	设备图标
DeviceTypeVariant	包含生产商特定设备类型变量信息 设备类型变量是对软件没有影响的物理设备的一个特性(如，法兰材料，授权除外…)。然而一些框架应用程序将这些信息用于文件 在 DTMInformationSchema XML 上下文中的 DeviceVariants 元素下面，可能出现 DeviceVariant 元素，或直接出现在 DTMInitInstanceSchema 或 DTMParameterSchema XML 上下文环境中的 DtmDeviceType 下面
DeviceTypeVariants	DeviceVariant 元素集 DeviceVariants 元素只能用在 DTMInformationSchema 文档上下文环境中
Display	Display variable
DtmDeviceType	设备类型描述
DtmVariable	带有名字，值，量程等的变量描述
DtmVariables	DTM 变量集
DtmVariableReference	DTM 变量的引用
EnumeratorEntries	枚举元素
EnumeratorEntry	枚举的元素
EnumeratorVariable	当前 EnumeratorEntry 和可能的 EnumeratorEntry 集
LanguageId	包含 languageId (参考 languageId)
LowerRange	较低量程元素定义
LowerRawValue	通过传输值反应真实值的数据项(例如，通过 IEC 61784 CPF3 传输的值)。 这个值被映射成相关的量程(LowerRangeValue)。 例如，如果 IEC 61784 CPF 3 设备把一个从 10-100mbar 的量程映射成一个 1024-4096 的整数值，"LowerRawValue"包含 1024，"UpperRawValue"包含 4096
NumberData	数字变量，如浮点数，整数或其他数字数据类型
PhysicalLayer	现场总线物理层的唯一标识符，如 IEC 61784 CPF 3 (PA)

表 C.2（续）

标签	描述
Range	描述过程变量有效的量程
Ranges	量程集
SemanticInformation	元素提供数据对象的语义信息。对于每一个对象，至少应提供一个带有 FDT 定义的协议无关的 semanticId 的〈SemanticInformation〉元素。DTM 应提供一个用于 DTM 实例支持的所有现场总线的〈SemanticInformation〉元素
StaticValue	已配置静态数据变量，如警告值
StatusInformation	设备或模块的当前状态信息
StringData	字符串变量
StructuredElement	作为显示值的变量或作为引用带数据长度信息变量的引用
StructuredElements	结构化的元素集
StructuredVariable	描述二进制值和它的结构信息
SubstituteValue	该值描述了受干扰通道值的替换值
Supported	DTM 能被 DTM 升级的所支持的数据集列表
SupportedLanguages	语言 ID 集
TimeData	时间，日期值元素
Unit	过程变量的当前单位和可能的单位集
UpperRange	量程上限元素定义
UpperRawValue	如通过 IEC61784 CPF3 反映真实的被传输数据的数字项目。这个值被映射成相关的量程(LowerRangeValue)。 例如，如果 IEC 61784 CPF 3 设备把一个从 10～100 mbar 的量程映射成一个 1024-4096 的整数值，"LowerRawValue"包含 1024，"UpperRawValue"包含 4096
Value	包含用于变量或变量本身的显示字符串
Variable	枚举的被选元素
Variant	带数据类型和显示格式的变量
VersionInformation	使用的组件的版本描述。例如： 当用在 DtmInfo 中时，这个元素提供 DTM 的版本信息。 推荐在 DtmDeviceType 内使用这个元素来描述内的物理设备信息。要求这个信息与 IDtmInformation2::GetDeviceIdentificationInformation() 中提供的软件版本或硬件版本相关联
DtmDocument	文档定义，这个文档由 DTM 提供，由框架应用程序显示
DocumentFile	定义一个文件文档
DocumentExe	定义一个可执行的用来显示显示 DTM 的文档
DocumentUrl	在网页内定义一个指向文档 URL 实现提示： 文件、url 和可执行文档能通过调用 ShellExecute()函数来实现
DtmDocuments	DTM 文档列表。这个标签允许 DTM 发布它的文档
DeviceBitmap	BMP 格式的设备位图（70×40 像素(宽×高)，16 色）

表 C.3 提供 FDT 分类 ID(见表 C.3 有效的分类 ID 列表和表 C.4 到 IEC 60947 的映射)。

表 C.3 设备分类 ID

classificationID
flow
level
pressure
temperature
valve
positioner
actuator
nc_rc
encoder
speedDrive
hmi
analogInput
analogOuput
digitalInput
digitalOutput
electrochemicalAnalyser
dtmSpecific
universal
analyser
remoteIO
analogCombinedIO
digitalCombinedIO
recorder
controller
angle
limitSwitch
converter
motor

表 4 定义了 IEC 60947 设备分类和 FDT 分类属性之间的映射。

表 C.4 按照 IEC 62390 附录 G 的设备分类

Domain()		SubDomain
分类域 ID	IEC 域组名	分类 ID
powerDistribution	配电	switchboard
		circuitBreaker
		powerMonitoring
		distributionPanel
motionControl	运动控制	contactor
		protectionStarter
		softStarter
		drive
		axisControl
		motorControlCenter
		motorMonitoring
		positioner
		controlValve
measurement	检测/测量	electrical
		density
		flow
		level
		quality
		pressure
		speedOrRotaryFrequency
		radiation
		temperature
		weightMass
		distanceOrPositionOrPresence
operatorInterface	对话/操作员界面 interfaces	pushButton
		joystick
		keypad
		pilotLight
		stackLight
		display
		combinedButtonsAndLights
		operatorStation

表 C.4（续）

Domain()		SubDomain
分类域 ID	IEC 域组名	分类 ID
modulesAndControllers	逻辑/通用 I/O 模块和控制器	generalInput
		generalOuput
		combinedInputOuput
		relay
		timer
		scanner
		programmableController

```
<Schema name = "FDTDataTypesSchema" xmlns = "urn:schemas-microsoft-com:xml-data"
xmlns:dt = "urn:schemasmicrosoft-com:datatypes">
  <! --Definition of Attributes-->
  <AttributeType name = "alarmType" dt:type = "enumeration" dt:values = "highHighAlarm
    highAlarm lowLowAlarm lowAlarm"/>
  <AttributeType name = "binData" dt:type = "bin.hex"/>
  <AttributeType name = "bitLength" dt:type = "ui4"/>
  <AttributeType name = "byteArray" dt:type = "bin.hex"/>
  <AttributeType name = "byteLength" dt:type = "ui4"/>
  <AttributeType name = "classificationId" dt:type = "enumeration" dt:values = "flow level
pressure temperature valve positioner actuator nc_rc encoder speedDrive hmi analogInput
analogOutput digitalInput digitalOutput electrochemicalAnalyser dtmSpecific universal
analyser remoteIO analogCombinedIO digitalCombinedIO recorder controller angle limitSwitch
converter motor switchboard circuitBreaker powerMonitoring distributionPanel contactor
protectionStarter softStarter drive axisControl motorControlCenter controlValve electrical
density quality speedOrRotaryFrequency radiation weightMass distanceOrPositionPresence
pushButton joystick keypad pilotLight stackLight display combinedButtonsAndLights
operatorStation generalInput generalOutput combinedInputOutput relay timer scanner
programmableController"/>
  <AttributeType name = "communicationError" dt:type = "enumeration" dt:values = "abort busy
    invalidCommunicationReference noConnection noParallelServices noPendingRequest
    unknownError timeout dtmSpecific notSupportedFeature sequenceTimeExpired"/>
  <AttributeType name = "dataSetState" dt:type = "enumeration" dt:values = "default
    validModified invalidModified allDataLoaded"/>
  <AttributeType name = "dataType" dt:type = "enumeration" dt:values = "byte float double int
    unsigned enumerator bitEnumerator index ascii packedAscii password bitString hexString
    date time dateAndTime duration binary structured dtmSpecific"/>
  <AttributeType name = "dataTypeDescriptor" dt:type = "string"/>
  <AttributeType name = "date" dt:type = "date"/>
  <AttributeType name = "descriptor" dt:type = "string"/>
```

```
<AttributeType name = "display" dt:type = "string"/>
<AttributeType name = "displayFormat" dt:type = "string"/>
<AttributeType name = "errorCode" dt:type = "bin.hex"/>
<AttributeType name = "id" dt:type = "string"/>
<AttributeType name = "idref" dt:type = "string"/>
<AttributeType name = "index" dt:type = "ui4"/>
<AttributeType name = "name" dt:type = "string"/>
<AttributeType name = "number" dt:type = "number"/>
<AttributeType name = "reference" dt:type = "string"/>
<AttributeType name = "signalType" dt:type = "enumeration" dt:values = "input output "/>
<AttributeType name = "staticValue" dt:type = "number"/>
<AttributeType name = "statusFlag" dt:type = "enumeration" dt:values = "ok warning error
  invalid"/>
<AttributeType name = "storageState" dt:type = "enumeration" dt:values = "persistent
  transient"/>
<AttributeType name = "string" dt:type = "string"/>
<AttributeType name = "tag" dt:type = "string"/>
<AttributeType name = "time" dt:type = "dateTime"/>
<AttributeType name = "vendor" dt:type = "string"/>
<AttributeType name = "version" dt:type = "string"/>
<AttributeType name = "nodeId" dt:type = "id"/>
<AttributeType name = "readAccess" dt:type = "boolean" default = "1"/>
<AttributeType name = "writeAccess" dt:type = "boolean" default = "0"/>
<AttributeType name = "deviceTypeId" dt:type = "ui4"/>
<AttributeType name = "subDeviceType" dt:type = "string"/>
<AttributeType name = "deviceTypeInformation" dt:type = "string"/>
<AttributeType name = "languageId" dt:type = "ui4"/>
<AttributeType name = "manufacturerId" dt:type = "ui4"/>
<AttributeType name = "busCategory" dt:type = "uuid"/>
<AttributeType name = "substituteType" dt:type = "enumeration" dt:values = "lastValue
  lastValidValue upperRange lowerRange"/>
<AttributeType name = "path" dt:type = "uri"/>
<AttributeType name = "communicationType" dt:type = "enumeration" dt:values = "supported
  required"/>
<AttributeType name = "busCategoryName" dt:type = "string"/>
<AttributeType name = "help" dt:type = "string"/>
<AttributeType name = "label" dt:type = "string"/>
<AttributeType name = "file" dt:type = "uri"/>
<AttributeType name = "url" dt:type = "uri"/>
<AttributeType name = "parameters" dt:type = "string"/>
<AttributeType name = "documentLanguageId" dt:type = "ui4"/>
<AttributeType name = "documentClassification" dt:type = "enumeration" dt:values = "help
  technicalDocumentation orderingInformation miscellaneous"/>
```

```
〈AttributeType name = "deviceGraphicState" dt:type = "enumeration" dt:values = "device
  diagnosis oem"/〉
〈AttributeType name = "deviceTypeInformationPath" dt:type = "uri"/〉
〈AttributeType name = "systemGuiLabel" dt:type = "string"/〉
〈AttributeType name = "busAddress" dt:type = "string"/〉
〈AttributeType name = "systemTag" dt:type = "string"/〉
〈AttributeType name = "channelMode" dt:type = "enumeration" dt:values = "communication
  moduleSlot processValue"/〉
〈AttributeType name = "physicalLayerName" dt:type = "string"/〉
〈AttributeType name = "physicalLayer" dt:type = "uuid"/〉
〈AttributeType name = "busRedundancy" dt:type = "ui4"/〉
〈AttributeType name = "modifiedInDevice" dt:type = "boolean" default = "0"/〉
〈AttributeType name = "dtmStateMachine" dt:type = "enumeration" dt:values = "
  communicationSet goingOnline goingOffline online"/〉
〈AttributeType name = "orderCode" dt:type = "string"/〉
〈AttributeType name = "deviceTypeVariant" dt:type = "string"/〉
〈AttributeType name = "deviceTypeVariantInfo" dt:type = "string"/〉
〈AttributeType name = "bitPosition" dt:type = "ui4"/〉
〈AttributeType name = "boolValue" dt:type = "boolean"/〉
〈AttributeType name = "classificationDomainId" dt:type = "enumeration" dt:values = "
  powerDistribution motionControl measurement operatorInterface modulesAndControllers"/〉
〈AttributeType name = "dataSetID" dt:type = "uuid"/〉
〈AttributeType name = "description" dt:type = "string"/〉
〈AttributeType name = "levelOfSupport" dt:type = "enumeration" dt:values = "full
  partial" /〉
〈AttributeType name = "semanticId" dt:type = "string"/〉
〈AttributeType name = "address" dt:type = "string"/〉
〈AttributeType name = "applicationDomain" dt:type = "string"/〉
〈AttributeType name = "dtmDevTypeID" dt:type = "uuid"/〉
〈AttributeType name = "dtmDevTypeIDVersion" dt:type = "ui4"/〉
〈! --Definition of Elements--〉
〈ElementType name = "SemanticInformation" content = "empty" model = "closed"〉
  〈attribute type = "nodeId" required = "no"/〉
  〈attribute type = "applicationDomain" required = "yes"/〉
  〈attribute type = "semanticId" required = "yes"/〉
  〈attribute type = "address" required = "no"/〉
〈/ElementType〉
〈ElementType name = "LowerRawValue" content = "empty" model = "closed"〉
  〈attribute type = "nodeId" required = "no"/〉
  〈attribute type = "number" required = "yes"/〉
〈/ElementType〉
〈ElementType name = "UpperRawValue" content = "empty" model = "closed"〉
  〈attribute type = "nodeId" required = "no"/〉
```

```
  〈attribute type = "number" required = "yes"/〉
〈/ElementType〉
〈ElementType name = "Current" content = "empty" model = "closed"〉
  〈attribute type = "nodeId" required = "no"/〉
  〈attribute type = "dataSetID" required = "yes"/〉
  〈attribute type = "description" required = "no"/〉
〈/ElementType〉
〈ElementType name = "Supported" content = "empty" model = "closed"〉
  〈attribute type = "nodeId" required = "no"/〉
  〈attribute type = "dataSetID" required = "yes"/〉
  〈attribute type = "levelOfSupport" required = "no" default = "partial"/〉
  〈attribute type = "description" required = "no"/〉
〈/ElementType〉
〈ElementType name = "DataSetFormats" content = "eltOnly" model = "closed"〉
  〈attribute type = "nodeId" required = "no"/〉
  〈element type = "Current" minOccurs = "1" maxOccurs = "1"/〉
  〈element type = "Supported" minOccurs = "0" maxOccurs = " * "/〉
〈/ElementType〉
〈ElementType name = " ClassificationId" content = "empty" model = "closed"〉
  〈attribute type = "nodeId" required = "no"/〉
  〈attribute type = "classificationId" required = "yes"/〉
〈/ElementType〉
〈ElementType name = " ClassificationIds" content = "eltOnly" model = "closed"〉
  〈attribute type = "nodeId" required = "no"/〉
  〈attribute type = "classificationDomainId" required = "no"/〉
  〈element type = "ClassificationId" minOccurs = "1" maxOccurs = " * "/〉
〈/ElementType〉
〈ElementType name = "BoolValue" content = "empty" model = "closed"〉
  〈attribute type = "nodeId" required = "no"/〉
  〈attribute type = "boolValue" required = "no"/〉
〈/ElementType〉
〈ElementType name = "Deadband" content = "empty" model = "closed"〉
  〈attribute type = "nodeId" required = "no"/〉
  〈attribute type = "number" required = "yes"/〉
〈/ElementType〉
〈ElementType name = "AlarmEnumerationEntry" content = "empty" model = "closed"〉
  〈attribute type = "nodeId" required = "no"/〉
  〈attribute type = "bitPosition" required = "yes"/〉
  〈attribute type = "name" required = "yes"/〉
  〈attribute type = "boolValue" required = "yes"/〉
  〈attribute type = "descriptor" required = "no"/〉
〈/ElementType〉
〈ElementType name = "AlarmEnumerationEntries" content = "eltOnly" model = "closed"〉
```

```
  〈attribute type = "nodeId" required = "no"/〉
  〈element type = "AlarmEnumerationEntry" minOccurs = "1" maxOccurs = " * "/〉
〈/ElementType〉
〈ElementType name = "DeviceTypeVariant" content = "empty" model = "closed"〉
  〈attribute type = "nodeId" required = "no"/〉
  〈attribute type = "deviceTypeVariant" required = "yes"/〉
  〈attribute type = "deviceTypeVariantInfo" required = "no"/〉
  〈attribute type = "orderCode" required = "no"/〉
〈/ElementType〉
〈ElementType name = "DeviceTypeVariants" content = "eltOnly" model = "closed"〉
  〈attribute type = "nodeId" required = "no"/〉
  〈element type = "DeviceTypeVariant" minOccurs = "1" maxOccurs = " * "/〉
〈/ElementType〉
〈ElementType name = "BusRedundancy " content = "empty" model = "closed"〉
  〈attribute type = " busRedundancy " required = "yes"/〉
〈/ElementType〉
〈ElementType name = "ChannelMode" content = "empty" model = "closed" 〉
  〈attribute required = "no" type = "nodeId"/〉
  〈attribute required = "yes" type = "channelMode"/〉
〈/ElementType〉
〈ElementType name = "ChannelModes" content = "eltOnly" model = "closed" 〉
  〈attribute required = "no" type = "nodeId"/〉
  〈element type = "ChannelMode" minOccurs = "1" maxOccurs = " * "/〉
〈/ElementType〉
〈ElementType name = "ChannelInformation" content = "eltOnly" model = "closed" 〉
  〈attribute required = "no" type = "nodeId"/〉
  〈element type = "BusCategories" minOccurs = "1" maxOccurs = "1"/〉
  〈element maxOccurs = "1" minOccurs = "1" type = " ChannelModes"/〉
〈/ElementType〉
〈ElementType name = "CommunicationTypeEntry" content = "empty" model = "closed"〉
  〈attribute type = "nodeId" required = "no"/〉
  〈attribute type = "communicationType" required = "yes"/〉
〈/ElementType〉
〈ElementType name = "DeviceIcon" content = "empty" model = "closed"〉
  〈attribute type = "nodeId" required = "no"/〉
  〈attribute type = "deviceGraphicState" required = "no"/〉
  〈attribute type = "path" required = "yes"/〉
〈/ElementType〉
〈ElementType name = "DeviceBitmap" content = "empty" model = "closed"〉
  〈attribute type = "nodeId" required = "no"/〉
  〈attribute type = "deviceGraphicState" required = "yes"/〉
  〈attribute type = "path" required = "yes"/〉
〈/ElementType〉
```

```
〈ElementType name = "SubstituteType" content = "empty" model = "closed"〉
  〈attribute type = "nodeId" required = "no"/〉
  〈attribute type = "substituteType" required = "yes"/〉
〈/ElementType〉
〈ElementType name = "LanguageId" content = "empty" model = "closed"〉
  〈attribute type = "nodeId" required = "no"/〉
  〈attribute type = "languageId" required = "yes"/〉
〈/ElementType〉
〈ElementType name = "SupportedLanguages" content = "eltOnly" model = "closed"〉
  〈attribute type = "nodeId" required = "no"/〉
  〈element type = "LanguageId" minOccurs = "1" maxOccurs = " * "/〉
〈/ElementType〉
〈ElementType name = "PhysicalLayer" content = "empty" model = "closed"〉
  〈attribute type = "physicalLayer" required = "yes"/〉
  〈attribute type = "physicalLayerName" required = "no"/〉
〈/ElementType〉
〈ElementType name = "BusCategory" content = "eltOnly" model = "closed"〉
  〈attribute type = "nodeId" required = "no"/〉
  〈attribute type = "busCategory" required = "yes"/〉
  〈attribute type = "busCategoryName" required = "no"/〉
  〈element type = "CommunicationTypeEntry" minOccurs = "0" maxOccurs = " * "/〉
  〈element type = "PhysicalLayer" minOccurs = "0" maxOccurs = " * "/〉
〈/ElementType〉
〈ElementType name = "BusCategories" content = "eltOnly" model = "closed"〉
  〈attribute type = "nodeId" required = "no"/〉
  〈element type = "BusCategory" minOccurs = "1" maxOccurs = " * "/〉
〈/ElementType〉
〈! --Definition of a document entry, which specifies a path to a DTM provided document--〉
〈ElementType name = "DocumentFile" content = "empty" model = "closed"〉
  〈attribute type = "file" required = "yes"/〉
〈/ElementType〉
〈ElementType name = "DocumentUrl" content = "empty" model = "closed"〉
  〈attribute type = "url" required = "yes"/〉
〈/ElementType〉
〈ElementType name = "DocumentExe" content = "empty" model = "closed"〉
  〈attribute type = "file" required = "yes"/〉
  〈attribute type = "parameters" required = "no"/〉
〈/ElementType〉
〈ElementType name = "DtmDocument" content = "eltOnly" model = "closed"〉
  〈attribute type = "nodeId" required = "no"/〉
  〈attribute type = "label" required = "yes"/〉
  〈attribute type = "help" required = "no"/〉
  〈attribute type = "documentClassification" required = "yes"/〉
```

```
<attribute type = "documentLanguageId" required = "no"/>
<group order = "one" minOccurs = "1" maxOccurs = "1">
  <element type = "DocumentFile" minOccurs = "0" maxOccurs = "1"/>
  <element type = "DocumentUrl" minOccurs = "0" maxOccurs = "1"/>
  <element type = "DocumentExe" minOccurs = "0" maxOccurs = "1"/>
</group>
</ElementType>
<ElementType name = "DtmDocuments" content = "mixed" model = "closed">
  <attribute type = "nodeId" required = "no"/>
  <group order = "many">
    <element type = "DtmDocument" minOccurs = "1" maxOccurs = " * "/>
  </group>
</ElementType>
<ElementType name = "DtmDeviceType" content = "eltOnly" model = "closed">
  <attribute type = "nodeId" required = "no"/>
  <attribute type = "readAccess" required = "no"/>
  <attribute type = "writeAccess" required = "no"/>
  <attribute type = "manufacturerId" required = "no"/>
  <attribute type = "deviceTypeId" required = "no"/>
  <attribute type = "subDeviceType" required = "no"/>
  <attribute type = "deviceTypeInformation" required = "no"/>
  <attribute type = "deviceTypeInformationPath" required = "no"/>
  <attribute type = "classificationId" required = "no"/>
  <attribute type = "dtmDevTypeID" required = "no"/>
  <attribute type = "dtmDevTypeIDVersion" required = "no"/>
  <element type = "VersionInformation" minOccurs = "1" maxOccurs = "1"/>
  <element type = "SupportedLanguages" minOccurs = "1" maxOccurs = "1"/>
  <element type = "BusCategories" minOccurs = "0" maxOccurs = "1"/>
  <element type = "DeviceIcon" minOccurs = "0" maxOccurs = " * "/>
  <element type = "DtmDocuments" minOccurs = "0" maxOccurs = "1"/>
  <element type = "DeviceBitmap" minOccurs = "0" maxOccurs = " * "/>
  <element type = "ClassificationIds" minOccurs = "0" maxOccurs = "1"/>
  <element type = "DataSetFormats" minOccurs = "0" maxOccurs = "1"/>
  <group order = "one" minOccurs = "0" maxOccurs = "1">
    <element type = "DeviceTypeVariants"/>
    <element type = "DeviceTypeVariant"/>
  </group>
</ElementType>
<! -- Definition of Version Information -->
<ElementType name = "VersionInformation" content = "empty" model = "closed">
  <attribute type = "nodeId" required = "no"/>
  <attribute type = "readAccess" required = "no"/>
  <attribute type = "writeAccess" required = "no"/>
```

```
  〈attribute type = "name" required = "yes"/〉
  〈attribute type = "vendor" required = "no"/〉
  〈attribute type = "version" required = "no"/〉
  〈attribute type = "date" required = "no"/〉
  〈attribute type = "descriptor" required = "no"/〉
〈/ElementType〉
〈ElementType name = "NumberData" content = "empty" model = "closed"〉
  〈attribute type = "nodeId" required = "no"/〉
  〈attribute type = "number" required = "yes"/〉
〈/ElementType〉
〈ElementType name = "StringData" content = "empty" model = "closed"〉
  〈attribute type = "nodeId" required = "no"/〉
  〈attribute type = "string" required = "yes"/〉
〈/ElementType〉
〈ElementType name = "TimeData" content = "empty" model = "closed"〉
  〈attribute type = "nodeId" required = "no"/〉
  〈attribute type = "time" required = "yes"/〉
〈/ElementType〉
〈! -- Definition of Binary Variable --〉
〈ElementType name = "BinaryVariable" content = "empty" model = "closed"〉
  〈attribute type = "nodeId" required = "no"/〉
  〈attribute type = "binData" required = "yes"/〉
〈/ElementType〉
〈! -- Definition of Enumerator Variable --〉
〈ElementType name = "EnumeratorEntry" content = "empty" model = "closed"〉
  〈attribute type = "nodeId" required = "no"/〉
  〈attribute type = "index" required = "yes"/〉
  〈attribute type = "name" required = "yes"/〉
  〈attribute type = "descriptor" required = "no"/〉
〈/ElementType〉
〈ElementType name = "Variable" content = "eltOnly" model = "closed"〉
  〈attribute type = "nodeId" required = "no"/〉
  〈element type = "EnumeratorEntry" minOccurs = "1" maxOccurs = "1"/〉
〈/ElementType〉
〈ElementType name = "EnumeratorEntries" content = "eltOnly" model = "closed"〉
  〈attribute type = "nodeId" required = "no"/〉
  〈element type = "EnumeratorEntry" minOccurs = "1" maxOccurs = " * "/〉
〈/ElementType〉
〈ElementType name = "BitEnumeratorEntries" content = "eltOnly" model = "closed"〉
  〈attribute type = "nodeId" required = "no"/〉
  〈element type = "EnumeratorEntry" minOccurs = "1" maxOccurs = " * "/〉
〈/ElementType〉
〈ElementType name = "EnumeratorVariable" content = "eltOnly" model = "closed"〉
```

```
  <attribute type="nodeId" required="no"/>
  <element type="Variable" minOccurs="1" maxOccurs="1"/>
  <element type="EnumeratorEntries" minOccurs="0" maxOccurs="1"/>
</ElementType>
<!-- Definition of Bit Enumerator Variable -->
<ElementType name="BitVariable" content="eltOnly" model="closed">
  <attribute type="nodeId" required="no"/>
  <element type="EnumeratorEntry" minOccurs="0" maxOccurs="*"/>
</ElementType>
<ElementType name="BitEnumeratorVariable" content="eltOnly" model="closed">
  <attribute type="nodeId" required="no"/>
  <element type="BitVariable" minOccurs="1" maxOccurs="1"/>
  <element type="BitEnumeratorEntries" minOccurs="0" maxOccurs="1"/>
</ElementType>
<!-- Definition of Unit -->
<ElementType name="Unit" content="eltOnly" model="closed">
  <attribute type="nodeId" required="no"/>
  <attribute type="readAccess" required="no"/>
  <attribute type="writeAccess" required="no"/>
  <group order="one" minOccurs="0" maxOccurs="1">
    <element type="EnumeratorVariable"/>
    <element type="ChannelReference"/>
  </group>
</ElementType>
<!-- Definition of LowerRange -->
<ElementType name="LowerRange" content="eltOnly" model="closed">
  <attribute type="nodeId" required="no"/>
  <group order="one" minOccurs="0" maxOccurs="1">
    <element type="NumberData"/>
    <element type="StringData"/>
    <element type="TimeData"/>
    <element type="ChannelReference"/>
  </group>
</ElementType>
<!-- Definition of UpperRange -->
<ElementType name="UpperRange" content="eltOnly" model="closed">
  <attribute type="nodeId" required="no"/>
  <group order="one" minOccurs="0" maxOccurs="1">
    <element type="NumberData"/>
    <element type="StringData"/>
    <element type="TimeData"/>
    <element type="ChannelReference"/>
  </group>
```

```
</ElementType>
<! -- Definition of Ranges -->
<ElementType name = "Range" content = "eltOnly" model = "closed">
  <attribute type = "nodeId" required = "no"/>
  <element type = "LowerRange" minOccurs = "1" maxOccurs = "1"/>
  <element type = "UpperRange" minOccurs = "1" maxOccurs = "1"/>
  <element type = "Unit" minOccurs = "0" maxOccurs = "1"/>
  <element type = "LowerRawValue" minOccurs = "0" maxOccurs = "1"/>
  <element type = " UpperRawValue " minOccurs = "0" maxOccurs = "1"/>
</ElementType>
<ElementType name = "Ranges" content = "eltOnly" model = "closed">
  <attribute type = "readAccess" required = "no"/>
  <attribute type = "writeAccess" required = "no"/>
  <attribute type = "nodeId" required = "no"/>
  <element type = "Range" minOccurs = "1" maxOccurs = " * "/>
</ElementType>
<! -- Definition of Channel References -->
<ElementType name = "ChannelReference" content = "eltOnly" model = "closed">
  <attribute type = "nodeId" required = "no"/>
  <attribute type = "idref" required = "yes"/>
  <element type = "ChannelInformation" maxOccurs = "1" minOccurs = "0" />
</ElementType>
<ElementType name = "ChannelReferences" content = "eltOnly" model = "closed">
  <attribute type = "nodeId" required = "no"/>
  <element type = "ChannelReference" minOccurs = "1" maxOccurs = " * "/>
</ElementType>
<! -- Definition of Alarms -->
<ElementType name = "StaticValue" content = "empty" model = "closed">
  <attribute type = "nodeId" required = "no"/>
  <attribute type = "staticValue" required = "yes"/>
</ElementType>
<ElementType name = "Alarm" content = "eltOnly" model = "closed">
  <attribute type = "nodeId" required = "no"/>
  <attribute type = "alarmType" required = "yes"/>
  <element type = "Unit" minOccurs = "0" maxOccurs = "1"/>
  <group order = "one" minOccurs = "0" maxOccurs = "1">
    <element type = "StaticValue"/>
    <element type = "NumberData"/>
    <element type = "AlarmEnumerationEntries"/>
    <element type = "ChannelReferences"/>
  </group>
</ElementType>
<ElementType name = "Alarms" content = "eltOnly" model = "closed">
```

```
    〈attribute type = "nodeId" required = "no"/〉
    〈element type = "Alarm" minOccurs = "1" maxOccurs = " * "/〉
  〈/ElementType〉
  〈! -- DtmVariable --〉
  〈ElementType name = "Display" content = "empty" model = "closed"〉
    〈attribute type = "nodeId" required = "no"/〉
    〈attribute type = "string" required = "yes"/〉
  〈/ElementType〉
  〈ElementType name = "DtmVariableReference" content = "empty" model = "closed"〉
    〈attribute type = "nodeId" required = "no"/〉
    〈attribute type = "reference" required = "yes"/〉
  〈/ElementType〉
  〈! -- StructuredVariable --〉
  〈ElementType name = "StructuredElement" content = "eltOnly" model = "closed"〉
    〈attribute type = "nodeId" required = "no"/〉
    〈attribute type = "bitLength" required = "yes"/〉
    〈group order = "one" minOccurs = "1" maxOccurs = "1"〉
      〈element type = "Display"/〉
      〈element type = "DtmVariableReference"/〉
    〈/group〉
  〈/ElementType〉
  〈ElementType name = "StructuredElements" content = "eltOnly" model = "closed"〉
    〈attribute type = "nodeId" required = "no"/〉
    〈element type = "StructuredElement" minOccurs = "1" maxOccurs = " * "/〉
  〈/ElementType〉
  〈ElementType name = "StructuredVariable" content = "eltOnly" model = "closed"〉
    〈attribute type = "nodeId" required = "no"/〉
    〈element type = "BinaryVariable" minOccurs = "1" maxOccurs = "1"/〉
    〈element type = "StructuredElements" minOccurs = "1" maxOccurs = "1"/〉
    〈attribute type = "dataTypeDescriptor" required = "no"/〉
  〈/ElementType〉
  〈ElementType name = "Variant" content = "eltOnly" model = "closed"〉
    〈attribute type = "nodeId" required = "no"/〉
    〈attribute type = "dataType" required = "yes"/〉
    〈attribute type = "byteLength" required = "no"/〉
    〈attribute type = "displayFormat" required = "no"/〉
    〈group order = "one" minOccurs = "1" maxOccurs = "1"〉
      〈element type = "StringData"/〉
      〈! -- for types: ascii, packedAscii, password, bitString, hexString --〉
      〈element type = "NumberData"/〉
      〈! -- for types: float, double, int, unsigned, index --〉
      〈element type = "TimeData"/〉
      〈! -- for types: date, time, dateAndTime, duration --〉
```

```
    <element type = "EnumeratorVariable"/>
    <! -- for type: enumerator -->
    <element type = "BitEnumeratorVariable"/>
    <! -- for type: bitEnumerator -->
    <element type = "BinaryVariable"/>
    <! -- for types: binary, dtmSpecific -->
    <element type = "StructuredVariable"/>
    <! -- for type: structured -->
  </group>
</ElementType>
<! -- SubstituteValue -->
<ElementType name = "SubstituteValue" content = "eltOnly" model = "closed">
  <attribute type = "nodeId" required = "no"/>
  <group order = "one" minOccurs = "1" maxOccurs = "1">
    <element type = "SubstituteType"/>
    <element type = "Variant"/>
  </group>
</ElementType>
<! -- Value -->
<ElementType name = "Value" content = "eltOnly" model = "closed">
  <attribute type = "nodeId" required = "no"/>
  <attribute type = "readAccess" required = "no"/>
  <attribute type = "writeAccess" required = "no"/>
  <group order = "one" minOccurs = "1" maxOccurs = "1">
    <element type = "Display"/>
    <element type = "Variant"/>
  </group>
</ElementType>
<! -- DTMVariableStatus -->
<ElementType name = "StatusInformation" content = "eltOnly" model = "closed">
  <attribute type = "nodeId" required = "no"/>
  <attribute type = "readAccess" required = "no"/>
  <attribute type = "writeAccess" required = "no"/>
  <element type = "EnumeratorEntry" minOccurs = "1" maxOccurs = " * "/>
</ElementType>
<! -- DtmVariable -->
<ElementType name = "DtmVariable" content = "eltOnly" model = "closed">
  <attribute type = "nodeId" required = "no"/>
  <element type = "SemanticInformation" minOccurs = "0" maxOccurs = " * "/>
  <attribute type = "name" required = "yes"/>
  <attribute type = "descriptor" required = "no"/>
```

```
    <element type="Value" minOccurs="1" maxOccurs="1"/>
    <element type="Unit" minOccurs="0" maxOccurs="1"/>
    <element type="Ranges" minOccurs="0" maxOccurs="1"/>
    <attribute type="statusFlag" required="no"/>
    <element type="StatusInformation" minOccurs="0" maxOccurs="1"/>
  </ElementType>
  <ElementType name="DtmVariables" content="mixed" model="closed">
    <attribute type="nodeId" required="no"/>
    <element type="SemanticInformation" minOccurs="0" maxOccurs="*"/>
    <attribute type="name" required="yes"/>
    <attribute type="descriptor" required="no"/>
    <group order="many">
      <element type="DtmVariables" minOccurs="0" maxOccurs="*"/>
      <element type="DtmVariable" minOccurs="0" maxOccurs="*"/>
    </group>
  </ElementType>
  <!-- Communication Data -->
  <ElementType name="CommunicationData" content="empty" model="closed">
    <attribute type="nodeId" required="no"/>
    <attribute type="byteArray" required="yes"/>
  </ElementType>
  <!-- Definition of FDT specic communication errors for nested communication-->
  <ElementType name="CommunicationError" content="mixed" model="closed">
    <attribute type="nodeId" required="no"/>
    <attribute type="communicationError" required="yes"/>
    <attribute type="tag" required="yes"/>
    <attribute type="errorCode" required="no"/>
    <attribute type="descriptor" required="no"/>
  </ElementType>
</Schema>
```

C.3 FDTApplicationSchema

应用ID架构用作一个全局FDT定义(见表C.5和表C.6)。通过在其他架构的前缀fdt:来引用该架构的应用ID。通过applicationId、functionId和operationPhase元素的入口来控制DTM用户界面的外观和功能。

表C.5 ApplicationID属性描述

属性	描述
applicationId	当前应用上下文的标识(枚举引用DTM实现元素)

表 C.6 ApplicationID 元素描述

标签	描述
ApplicationId	编码为枚举的 FDT 全球应用 ID
FDTApplicationIds	应用 ID 集
FDT	根标签

```
〈Schema name = "FDTApplicationIdSchema" xmlns = "urn:schemas-microsoft-com:xml-data" xmlns:dt
 = "urn:schemasmicrosoft-com:datatypes" xmlns:fdt = "x-schema:FDTDataTypesSchema.xml"〉
  〈! --Definition of Attributes--〉
  〈AttributeType name = "applicationId" dt:type = "enumeration" dt:values = "
fdtAdjustSetValue fdtAssetManagement fdtAuditTrail fdtConfiguration fdtDiagnosis fdtForce
fdtManagement fdtObserve fdtOfflineCompare fdtOfflineParameterize fdtOnlineCompare
fdtOnlineParameterize fdtIdentify fdtCalibration fdtMainOperation fdtNetworkManagement"/〉
  〈! -- ApplicationId specifies the standard user interface called --〉
  〈ElementType name = "ApplicationId" content = "empty" model = "closed"〉
    〈attribute type = "fdt:nodeId" required = "no"/〉
    〈attribute type = "applicationId" required = "yes"/〉
  〈/ElementType〉
  〈! -- FDTApplicationIds: a list of application --〉
  〈ElementType name = "FDTApplicationIds" content = "eltOnly" model = "closed"〉
    〈attribute type = "fdt:nodeId" required = "no"/〉
    〈element type = "ApplicationId" minOccurs = "0" maxOccurs = "*"/〉
  〈/ElementType〉
  〈! -- main FDT element --〉
  〈ElementType name = "FDT" content = "eltOnly" model = "closed"〉
    〈attribute type = "fdt:nodeId" required = "no"/〉
    〈element type = "FDTApplicationIds" minOccurs = "1" maxOccurs = "1"/〉
  〈/ElementType〉
〈/Schema〉
```

示例：

见 DTMFunctionsSchema 内的用法。

C.4 FDTUserInformationSchema

用于 IDtm::Config()

用户信息架构用作一个全局 FDT 定义(见表 C.7 和表 C.8)。它在初始化期间向 DTM 通知关于当前用户的角色和权限。

表 C.7 用户信息属性描述

属性	描述
administrator	描述用户是否有管理权限的标签(默认设为"FALSE")
loginLocation	描述用户登录位置
loginTime	上一次登录时间
oemService	描述用户是否有管理权限的标签(默认设为"FALSE")
projectName	在框架应用程序名字空间内项目的唯一标识符
sessionDescription	描述用户会话(可能由用户给定)
userLevel	指定用户权限的用户等级
userName	当前用户名

表 C.8 用户信息元素描述

标签	描述
FDTUserInformation	描述用户角色
FDT	根标签

```
<Schema name = "FDTUserInformationSchema" xmlns = "urn:schemas-microsoft-com:xml-data"
xmlns:dt = "urn:schemas-microsoft-com:datatypes" xmlns:fdt = "x-schema:FDTDataTypesSchema.xml">
    <!--Definition of Attributes-->
    <AttributeType name = "administrator" dt:type = "boolean" default = "0"/>
    <AttributeType name = "loginLocation" dt:type = "string"/>
    <AttributeType name = "loginTime" dt:type = "dateTime"/>
    <AttributeType name = "oemService" dt:type = "boolean" default = "0"/>
    <AttributeType name = "projectName" dt:type = "string"/>
    <AttributeType name = "sessionDescription" dt:type = "string"/>
    <AttributeType name = "userLevel" dt:type = "enumeration" dt:values = "observer operator
      maintenance planningEngineer"/>
    <AttributeType name = "userName" dt:type = "string"/>
    <!-- FDTUserInformation -->
    <!--the contents of an FDTUserInformation instance lies in the responsibility of the frame-
      application only-->
    <ElementType name = "FDTUserInformation" content = "empty" model = "closed">
        <attribute type = "fdt:nodeId" required = "no"/>
        <attribute type = "projectName" required = "yes"/>
        <!-- project name -->
        <attribute type = "userName" required = "yes"/>
        <!-- user name -->
```

```
    <attribute type="userLevel" required="yes"/>
    <!-- user level as defined within the FDT sepcification -->
    <attribute type="oemService" required="no"/>
    <!-- oemService set to True enables OEM access -->
    <attribute type="administrator" required="no"/>
    <!-- administrator set to True enables administrative access -->
    <attribute type="loginTime" required="no"/>
    <!-- time and date of login for this session -->
    <attribute type="loginLocation" required="no"/>
    <!-- station description at which the user loged in -->
    <attribute type="sessionDescription" required="no"/>
    <!-- descriptive string for the actual session -->
  </ElementType>
  <!-- FDTUserInformation -->
  <ElementType name="FDT" content="eltOnly" model="closed">
    <attribute type="fdt:nodeId" required="no"/>
    <element type="FDTUserInformation" minOccurs="1" maxOccurs="1"/>
  </ElementType>
</Schema>
```

示例：

```
<?xml version="1.0" encoding="UTF-8"?>
<FDT xmlns="x-schema:FDTUserInformationSchema.xml"xmlns:fdt="x- schema:FDTDataTypesSchema.xml">
  <FDTUserInformation userName="ThisUser" userLevel="maintenance" loginTime="2000-05-07T18:39:09" loginLocation="WorkStation10" sessionDescription="The actor may specify his session here! "/>
</FDT>
```

C.5 DTMInformationSchema

用于 IDtmInformation::GetInformation()

该 XML 文档提供 DTM 特定的信息(见表 C.9 和表 C.10)。

表 C.9 DTM 信息属性描述

属性	描述
major	FDT 规范版本主版本号部分,DTM 基于它实现。对于 FDT 规范 1.2.1.0,它应设为‘1’
minor	FDT 规范版本次版本号部分,DTM 基于它实现。对于 FDT 规范 1.2.1.0,它应设为‘2’
release	FDT 规范版本发布版本号部分,DTM 基于它实现。对于 FDT 规范 1.2.1.0,它应设为‘1’。强烈推荐使用该属性
build	FDT 规范版本构建版本号部分,DTM 基于它实现。对于 FDT 规范 1.2.1.0,它应设为‘1’。强烈推荐使用该属性

表 C.10 DTM 信息元素描述

标签	描述
DtmDeviceTypes	设备类型集
DtmInfo	描述 DTM 本身
DtmSchemaPath	带协议特定架构和 XSLT 文件的文件系统路径(路径包含一个反斜杠)。要求该路径不包含其他文件。 为了避免合法性错误,推荐不要在这个路径中使用 XML 特定的字符串(如'&')
DtmSchemaPaths	DTM 架构路径集
FDTVersion	定义一个元素,该元素指定 DTM 实现时所基于的版本信息
FDT	根标签

```
<Schema name = "DTMInformationSchema" xmlns = "urn:schemas-micros oft-com:xml-data"
xmlns:dt = "urn:schemas-
microsoft-com:datatypes" xmlns:fdt = "x-schema:FDTDataTypesSchema.xml">
   <! --Definition of Attributes-->
   <AttributeType name = "major" dt:type = "number"/>
   <AttributeType name = "minor" dt:type = "number"/>
   <AttributeType name = "deviceTypeInformation" dt:type = "string"/>
   <AttributeType name = "release" dt:type = "number"/>
   <AttributeType name = "build" dt:type = "number"/>
   <! --Definition of Elements-->
   <ElementType name = "FDTVersion" content = "empty" model = "closed">
      <attribute type = "fdt:nodeId" required = "no"/>
      <attribute type = "major" required = "yes"/>
      <attribute type = "minor" required = "yes"/>
      <attribute type = "release" required = "no"/>
      <attribute type = "build" required = "no"/>
   </ElementType>
   <ElementType name = "DtmDeviceTypes" content = "eltOnly" model = "closed">
      <attribute type = "fdt:nodeId" required = "no"/>
      <element type = "fdt:DtmDeviceType" minOccurs = "1" maxOccurs = " * "/>
   </ElementType>
   <ElementType name = "DtmSchemaPath" content = "empty" model = "closed">
      <attribute type = "fdt:nodeId" required = "no"/>
      <attribute type = "fdt:busCategory" required = "yes"/>
      <attribute type = "fdt:path" required = "yes"/>
   </ElementType>
   <ElementType name = "DtmSchemaPaths" content = "eltOnly" model = "closed">
      <attribute type = "fdt:nodeId" required = "no"/>
      <element type = "DtmSchemaPath " minOccurs = "1" maxOccurs = " * "/>
   </ElementType>
```

```
    〈ElementType name = "DtmInfo" content = "eltOnly" model = "closed" order = "seq"〉
        〈attribute type = "fdt:nodeId" required = "no"/〉
        〈element type = "FDTVersion" minOccurs = "1" maxOccurs = "1"/〉
        〈element type = "fdt:VersionInformation" minOccurs = "1" maxOccurs = "1"/〉
        〈element type = "DtmSchemaPaths" minOccurs = "0" maxOccurs  = "1"/〉
        〈element type = "DtmDeviceTypes" minOccurs = "1" maxOccurs  = " * "/〉
    〈/ElementType〉
    〈ElementType name = "FDT" content = "eltOnly" model = "closed"〉
        〈attribute type = "fdt:nodeId" required = "no"/〉
        〈element type = "DtmInfo" minOccurs = "1" maxOccurs = "1"/〉
    〈/ElementType〉
〈/Schema〉
```

示例：

```
〈? xml version = "1.0"?〉
〈FDT xmlns = "x-schema:DTMInformationSchema.xml" xmlns:fdt = "x-schema: FDTDataTypesSchema.xml" 〉
    〈DtmInfo〉
        〈FDTVersion major = "1" minor = "2" release = "1" build = "1"/〉
        〈fdt:VersionInformation name = "myname" vendor = "myVendor" version = "1.0" date = "
        2000-08-05"/〉
        〈DtmSchemaPaths〉
                〈DtmSchemaPath
                fdt:busCategory = "12345678-ABCD-7890-86E1-00E0987270B9"
fdt:path = "file://c:/mySchemaPath/" /〉
        〈/DtmSchemaPaths〉
        〈DtmDeviceTypes〉
            〈fdt:DtmDeviceType〉
                〈fdt:VersionInformation name = "myname" vendor = "myVendor" version = "1.0" date
                = "2000-08-05"/〉
                〈fdt:SupportedLanguages〉
                    〈fdt:LanguageId languageId = "1131"/〉
                〈/fdt:SupportedLanguages〉
                〈fdt:BusCategories〉
                    〈fdt:BusCategory
                    busCategory = "036D1499-387B-11D4-86E1-00E0987270B9"
busCategoryName = "Profibus DP/V1"〉
            〈fdt:CommunicationTypeEntry communicationType = "required"/〉
                    〈/fdt:BusCategory〉
                    〈fdt:BusCategory
                    busCategory = "12345678-ABCD-7890-86E1-00E0987270B9"
busCategoryName = "Private Bus"〉
                        〈fdt:CommunicationTypeEntry communicationType = "supported"/〉
                    〈/fdt:BusCategory〉
                    〈fdt:BusCategory
```

```
            busCategory = "036D1498-387B-11D4-86E1-00E0987270B9"
busCategoryName = "HART"〉
                    〈fdt:CommunicationTypeEntry communicationType = "supported"/〉
                    〈fdt:PhysicalLayer
                    physicalLayer = "036D1590-387B-11D4-86E1-00E0987270B9"
physicalLayerName = "IEC61158-2"/〉
            〈/fdt:BusCategory〉
        〈/fdt:BusCategories〉
        〈fdt:DeviceIcon path = "file://c:/programs/manufacturer/icons/device.ico" /〉
        〈fdt:DeviceIcon deviceGraphic State = "device" path = "file://c:/dev.ico" /〉
        〈fdt:DeviceIcon deviceGraphic State = "diagnosis" path = "file://c:/devdiag.ico" /〉
        〈fdt:DtmDocuments〉
            〈fdt:DtmDocument label = "Online Help" help = "Help for Dtm" documentClassifi-
            cation = "help"
documentLanguageId = "1033"〉
                〈fdt:DocumentFile file = "c:\mydtm\helpEN.chm"/〉
            〈/fdt:DtmDocument〉
            〈fdt:DtmDocument label = "Online Hilfe" help = "Hilfe für DTM" documentClassi-
            fication = "help"
documentLanguageId = "1031"〉
                〈fdt:DocumentFile file = "c:\mydtm\helpDE.chm"/〉
            〈/fdt:DtmDocument〉

            〈fdt:DtmDocument label = "Ordering Information" help = "Order our Products"
documentClassification = "orderingInformation"〉
                〈fdt:DocumentUrl url = "http://www.manufacturer.com"/〉
            〈/fdt:DtmDocument〉

            〈fdt:DtmDocument label = "Product Database" help = "Find a Product" document-
Classification = "miscellaneous" documentLanguageId = "1033"〉
                〈fdt:DocumentExe file = "c:\programs\manufacturer\productFinder.exe" pa-
                rameters = "-L1033"/〉
            〈/fdt:DtmDocument〉
        〈/fdt:DtmDocuments〉
        〈fdt:DeviceBitmap deviceGraphicState = "device" path = "file://c:/dev.bmp" /〉
        〈fdt:DeviceBitmap deviceGraphicState = "diagnosis" path = "file://c:/devdiag.bmp" /〉
        〈fdt:DataSetFormats〉
            〈fdt:Current dataSetID = "036D1497-387B-11D4-86E1-00E0987270B9" description
            = "The data set
in encrypted according to the client recommendation"/〉
            〈 fdt: Supported  dataSetID = " 036D1497-387B-11D4-86E1-00E0987270B9 "  lev
            elOfSupport = "full"
description = "The data set is fully supported"/〉
```

```
        〈fdt: Supported dataSetID = " 036D1497-387B-11D4-86E1-00E0987270BA" level-
        OfSupport = "full"
description = "The default value for fault action is not supported in this version"/〉
      〈/fdt:DataSetFormats〉
    〈fdt:DeviceTypeVariants〉
      〈fdt:DeviceTypeVariant deviceTypeVariant = "PM255-EX" deviceTypeVariantInfo = "
      PM255-EX Info"
orderCode = "ExampleOrderCode1"/〉
      〈fdt:DeviceTypeVariant deviceTypeVariant = "PM255-TX" deviceTypeVariantInfo = "
      PM255-TX Info"
orderCode = "ExampleOrderCode2"/〉
      〈fdt:DeviceTypeVariant deviceTypeVariant = "PM255-ZX" deviceTypeVariantInfo = "
      PM255-ZX Info"
orderCode = "ExampleOrderCode3"/〉
      〈fdt:DeviceTypeVariant deviceTypeVariant = "PM255-XX" deviceTypeVariantInfo = "
      PM255-XX Info"
orderCode = "ExampleOrderCode4"/〉
    〈/fdt:DeviceTypeVariants〉
    〈/fdt:DtmDeviceType〉
  〈/DtmDeviceTypes〉
 〈/DtmInfo〉
〈/FDT〉
```

示例:IEC 61784 CPF3

```
〈? xml version = "1.0"?〉
〈FDT xmlns = "x -schema:DTMInformationSchema.xml" xmlns:fdt = "x-schema: FDTDataTypesSchema.xml" 〉
 〈DtmInfo〉
   〈FDTVersion major = "1" minor = "2" release = "1" build = "1"/〉
   〈fdt:VersionInformation name = "myName" vendor = "myVendor" version = "1. 0" date = "
   2000-08-05"/〉
   〈DtmDeviceTypes〉
     〈fdt:DtmDeviceType manufacturerId = "12" deviceTypeId = "3456" deviceTypeInforma-
     tion = "
#Profibus_DP
GSD_Revision = 2
Vendor_Name = &amp;myVendor&amp;
Model_Name = &amp;myName&amp;
Revision = &amp;1. 0&amp;
Ident_Number = 0x0D80
Protocol_Ident = 0
Station_Type = 0
Bitmap_Device = &amp;Src0D80n&amp;
FMS_supp = 0
Hardware_Release = &amp;1. 0&amp;
```

```
Software_Release = &amp;1.0&amp;
31.25_supp = 1
45.45_supp = 1
93.75_supp = 1
187.5_supp = 1
MaxTsdr_31.25 = 100
MaxTsdr_45.45 = 250
MaxTsdr_93.75 = 1000
MaxTsdr_187.5 = 1000
Redundancy = 0
Repeater_Ctrl_Sig = 0
24V_Pins = 0
Freeze_Mode_supp = 0
Sync_Mode_supp = 0
Auto_Baud_supp = 0
Set_Slave_Add_supp = 1
Min_Slave_Intervall = 250
Modular_Station = 1
Max_Module = 6
Max_Input_Len = 30
Max_Output_Len = 6
Max_Data_Len = 36
Max_Diag_Data_Len = 14
Slave_Family = 12
User_Prm_Data_Len = 0
;Ext_User_Prm_Data_Const(0) = 0x00,0x 00,0x00
;Empty module
Module = &amp;EMPTY_MODULE&amp;0x00
EndModule
"deviceTypeInformationPath = "file://c:/myDtm/myGsdFile.gsd">
            <fdt:VersionInformation name = "myname" vendor = "myVendor" version = "1.0" date
            = "2000-08-05"/>
            <fdt:SupportedLanguages>
               <fdt:LanguageId languageId = "1131"/>
            </fdt:SupportedLanguages>
            <fdt:BusCategories>
               <fdt:BusCategory
               busCategory = "036D1499-387B-11D4-86E1-00E0987270B9"
busCategoryName = "Profibus DP/V1">
                     <fdt:CommunicationTypeEntry communicationType = "required"/>
               </fdt:BusCategory>
            </fdt:BusCategories>
            <fdt:DeviceIcon path = "file://c:/programs/manufacturer/icons/device.ico" />
```

```
〈fdt: DeviceIcon deviceGraphic State = " device" path = " file://c:/myDtm/
Src0D80n.ico" /〉
〈fdt: DeviceIcon deviceGraphic State = " diagnosis" path = " file://c:/myDtm/
Src0D80ndiag.ico" /〉
〈fdt:DtmDocuments〉
   〈fdt:DtmDocument label = "Online Help" help = "Help for Dtm" documentClassifi-
   cation = "help"
documentLanguageId = "1033"〉
      〈fdt:DocumentFile file = "c:\mydtm\helpEN.chm"/〉
   〈/fdt:DtmDocument〉
   〈fdt:DtmDocument label = "Online Hilfe" help = "Hilfe für DTM" documentClassi-
   fication = "help"
documentLanguageId = "1031"〉
      〈fdt:DocumentFile file = "c:\mydtm\helpDE.chm"/〉
   〈/fdt:DtmDocument〉

   〈fdt:DtmDocument label = "Ordering Information" help = "Order our Products"
documentClassification = "orderingInformation"〉
      〈fdt:DocumentUrl url = "http://www.manufacturer.com"/〉
   〈/fdt:DtmDocument〉

   〈fdt:DtmDocument label = "Product Database" help = "Find a Product"
documentClassification = "miscellaneous" documentLanguageId = "1033"〉
      〈fdt:DocumentExe file = "c:\programs\manufacturer\productFinder.exe" pa-
      rameters = "-L1033"
/〉
   〈/fdt:DtmDocument〉
〈/fdt:DtmDocuments〉
〈fdt: DeviceBitmap deviceGraphicState = " device" path = " file://c:/myDtm/
Src0D80n.bmp" /〉
〈fdt: DeviceBitmap deviceGraphicState = " diagnosis" path = " file://c:/myDtm/
Src0D80diag.bmp" /〉
〈fdt:DataSetFormats〉
    〈fdt:Current dataSetID = "036D1497-387B-11D4-86E1-00E0987270B9" description
    = "The data set in encrypted according to the client recommendation"/〉
    〈 fdt: Supported dataSetID = " 036D1497-387B-11D4-86E1-00E0987270B9 " lev
    elOfSupport = "full"
description = "The data set is fully supported"/〉
    〈fdt: Supported dataSetID = " 036D1497-387B-11D4-86E1-00E0987270BA " level-
    OfSupport = "full"
description = "The default value for fault action is not supported in this version"/〉
 〈/fdt:DataSetFormats〉
〈fdt:DeviceTypeVariants〉
```

```
            〈fdt:DeviceTypeVariant deviceTypeVariant = "PM255-EX" deviceTypeVariantInfo = "
            PM255-EX Info"
orderCode = "ExampleOrderCode1"/〉
            〈fdt:DeviceTypeVariant deviceTypeVariant = "PM255-TX" deviceTypeVariantInfo = "
            PM255-TX Info"
orderCode = "ExampleOrderCode2"/〉
            〈fdt:DeviceTypeVariant deviceTypeVariant = "PM255-ZX" deviceTypeVariantInfo = "
            PM255-ZX Info"
orderCode = "ExampleOrderCode3"/〉
            〈fdt:DeviceTypeVariant deviceTypeVariant = "PM255-XX" deviceTypeVariantInfo = "
            PM255-XX Info"
orderCode = "ExampleOrderCode4"/〉
          〈/fdt:DeviceTypeVariants〉
          〈/fdt:DtmDeviceType〉
        〈/DtmDeviceTypes〉
    〈/DtmInfo〉
〈/FDT〉
```

C.6 DTMFunctionCallSchema

用于：

IDtmActiveXInformation::GetActiveXGuid()

IDtmActiveXInformation::GetActiveXProgId()

IDtmApplication::StartApplication()

IDtmDocumentation::GetDocumentation()

IFdtChannelActiveXInformation::GetChannelActiveXGuid()

IFdtChannelActiveXInformation ::GetChannelActiveXProgId

该 XML 文档提供规范一个特定功能调用的信息(见表 C.11)。

表 C.11 功能调用属性描述

标签	描述
FDTFunctionCall	定义一个元素,该元素指定特定的功能调用
FDT	根标签

```
〈Schema name = "DTMFunctionCallSchema"xmlns = "urn:schemas-microsoft-com:xml-data"
xmlns:dt = "urn:schemas-microsoft-com:datatypes"
xmlns:fdt = "x-schema:FDTDataTypesSchema.xml"
xmlns:appId = "x-schema:FDTApplicationIdSchema.xml" xmlns:func = "x-schema:DTMFunctionsS-
chema.xml"
xmlns:ops = "x-schema:FDTOperationPhaseSchema.xml"〉
    〈!--Definition of Elements--〉
    〈ElementType name = "FDTFunctionCall" content = "eltOnly" model = "closed"〉
```

```
    <attribute type="fdt:nodeId" required="no"/>
    <attribute type="func:functionId" required="yes"/>
    <element type="appId:ApplicationId" minOccurs="0" maxOccurs="1"/>
    <attribute type="ops:operationPhase" required="no"/>
  </ElementType>
  <ElementType name="FDT" content="eltOnly" model="closed">
    <attribute type="fdt:nodeId" required="no"/>
    <element type="FDTFunctionCall" minOccurs="1" maxOccurs="1"/>
  </ElementType>
</Schema>
```

示例：

```
<?xml version="1.0"?>
<FDT xmlns="x-schema:DTMFunctionCallSchema.xml"
xmlns:func="x-schema:DTMFunctionsSchema.xml"
xmlns:appId="x-schema:FDTApplicationIdSchema.xml"
xmlns:ops="x- schema:FDTOperationPhaseSchema.xml" >
  <FDTFunctionCall func:functionId="32" ops:operationPhase ="runtime">
    <appId:ApplicationId applicationId="fdtObserve"/>
  </FDTFunctionCall>
</FDT>
```

C.7 DTMParameterSchema

用于：

IDtmParameter::GetParameters ()

IDtmParameter::SetParameters()

该 XML 文档提供设备所有实例特定的信息(见表 C.12)。

表 C.12 参数文档属性的描述

属性	描述
busAddress	符合现场总线协议(如 IEC 61784 CPF 3)的设备参与网络的编号
busMasterConfigurationPart	DTM 和主配置工具之间交互需要总线参数。为了提供对这个现场总线指定数据的标准访问，它被存储为一个二进制数据流，这个二进制流包含符合现场总线规范的设备特定的总线信息。 每个 DTM 应至少提供设备特定的参数和所有可以被应用程序改变的所有参数。 所有其他项目可以用替代值(如 0)替代。结构体的替代值将由环境主配置工具依照总线完整的要求来设置。 对由 DTM 产生并符合现场总线定义的结构体来说，不依赖于所替代的值是非常重要的。 所有网络参与者写入它们的实例数据后，主站组态工具能调试现场总线。为此目的，它收集每个网络参与者的组态部分，并计算相应主站的总线参数
configurationData	附加的配置数据，如符合现场总线规范的二进制流

表 C.12（续）

属性	描述
moduleId	设备实例名字空间内模块类型的唯一标识符
moduleTypeId	设备类型名字空间内模块类型的唯一标识符
redundant	指定设备或模块是否冗余
slaveAddress	通用从设备地址，如，IEC 61784 CPF 9 的轮询地址
slot	在设备实例名字空间内模块槽的唯一标识符

表 C.13　参数文档元素描述

标签	描述
BusInformation	该元素是 GB/T 29618.2 内所定义的数据类型‘fdt:NetworkInfo’的实现。 推荐具有多个必需协议的设备 DTM 在 BusInformation 中包含 busCategory。 如果一个 1.2.1 版本的 DTM 连接到 1.2 版本的通信通道，1.2.1 版本的框架应用程序必须考虑： ——在 DTM 的 DtmParameter 文档内的第一个 BusInformation 元素被认为主协议； ——框架应用程序需要检测 DTM 主协议是否被通道支持。 1.2 版本的框架应用程序： 因为旧架构仅支持一个 BusInformation 元素，所以 DTM 仅能支持一个协议
DtmDevice	描述设备实例 推荐具有多个必需的协议的设备 DTM 包含每个协议的 BusInformation
ExportedVariables	用于公共访问的 DTM 变量集。这意味着框架应用程序或其他 DTM 允许在这个区访问这些数据
FDT	根标签
InternalChannel	内部通道是内部拓扑中内部模块的连接点
InternalTopology	模块化设备的内部拓扑描述，这些模块化设备能够创建为非软件模块 DTM
MasterSlaveBus	描述通信和配置的总线参数，该元素是 GB/T 29618.2 所定义的数据类型‘fdt:DeviceAddress’的实现
Module	描述设备的软件或硬件模块
Modules	模块集
SlaveAddress	通用从设备地址。该元素是 GB/T 29618.2 所定义的数据类型‘fdt:DeviceAddress’的实现
UserDefinedBus	描述私有总线系统集成的总线参数。 该元素是 GB/T 29618.2 所定义的数据类型‘fdt:UserDefinedBus’的实现。它被规定为开放元素，以便协议特定的元素能被集成到这个元素

如果一个冗余父组件能把一个 DTM 当成冗余从设备的 DTM 使用，参数文档应提供附加冗余信息：

——BusInformation 元素应包含一个 BusRedundancy 元素，BusRedundancy 元素带有从设备现场总线接口支持冗余设备的数目。

推荐父组件使用由调用 SetParameter()设置的地址来提供完整的冗余地址信息。因而 DTM 能检测其相应从设备是否被用作冗余设备。只有在这种情况下，特定的冗余处理将在 DTM 内激活，如，在通信请求或组态对话中。因此，推荐父组件使用 SlaveAddress 元素来设置所有现场总线地址。

```
<Schema name = "DTMParameterSchema" xmlns = "urn:schemas-microsoft-com:xml-data" xmlns:dt
 = "urn:schemas- microsoft-com:datatypes" xmlns:fdt = "x-schema:FDTDataTypesSchema.xml">
  <! --Definition of Attributes-->
  <AttributeType name = "busAddress" dt:type = "ui4"/>
  <AttributeType name = "busMasterConfigurationPart" dt:type = "bin.hex"/>
  <AttributeType name = "configurationData" dt:type = "bin.hex"/>
  <AttributeType name = "moduleId" dt:type = "ui4"/>
  <AttributeType name = "moduleTypeId" dt:type = "ui4"/>
  <AttributeType name = "redundant" dt:type = "boolean"/>
  <AttributeType name = "slaveAddress" dt:type = "ui4"/>
  <AttributeType name = "slot" dt:type = "ui4"/>
  <! --Definition of Elements-->
  <ElementType name = "SlaveAddress" content = "empty" model = "closed">
    <attribute type = "fdt:nodeId" required = "no"/>
    <attribute type = "fdt:readAccess" required = "no"/>
    <attribute type = "fdt:writeAccess" required = "no"/>
    <attribute type = "slaveAddress" required = "yes"/>
  </ElementType>
  <ElementType name = "MasterSlaveBus" content = "empty" model = "closed">
    <attribute type = "fdt:nodeId" required = "no"/>
    <attribute type = "fdt:readAccess" required = "no"/>
    <attribute type = "fdt:writeAccess" required = "no"/>
    <attribute type = "busAddress" required = "yes"/>
    <attribute type = "busMasterConfigurationPart" required = "yes"/>
  </ElementType>
  <ElementType name = "UserDefinedBus" content = "mixed" model = "open"/>
  <ElementType name = "BusInformation" content = "eltOnly" model = "closed">
    <attribute type = "fdt:nodeId" required = "no"/>
    <attribute type = "fdt:busCategory" required = "no"/>
    <element type = "fdt:BusRedundancy" maxOccurs = "1" minOccurs = "0"/>
    <group order = "one" minOccurs = "0" maxOccurs = "*">
      <element type = "SlaveAddress"/>
      <element type = "MasterSlaveBus"/>
      <element type = "UserDefinedBus"/>
    </group>
  </ElementType>
  <ElementType name = "ExportedVariables" content = "eltOnly" model = "closed">
    <attribute type = "fdt:nodeId" required = "no"/>
    <element type = "fdt:DtmVariables" minOccurs = "1" maxOccurs  = "1"/>
  </ElementType>
```

```
<ElementType name = "Module" content = "eltOnly" model = "closed">
   <attribute type = "fdt:nodeId" required = "no"/>
   <attribute type = "fdt:readAccess" required = "no"/>
   <attribute type = "fdt:writeAccess" required = "no"/>
   <attribute type = "moduleId" required = "yes"/>
   <attribute type = "moduleTypeId" required = "no"/>
   <attribute type = "slot" required = "no"/>
   <attribute type = "redundant" required = "no"/>
   <attribute type = "configurationData" required = "no"/>
   <element type = "fdt:VersionInformation" minOccurs = "1" maxOccurs = "1"/>
   <element type = "fdt:ChannelReferences" minOccurs = "0" maxOccurs = "1"/>
   <element type = "ExportedVariables" minOccurs = "0" maxOccurs = "1"/>
</ElementType>
<ElementType name = "InternalChannel" content = "eltOnly" model = "closed">
   <attribute type = "fdt:readAccess" required = "no"/>
   <attribute type = "fdt:writeAccess" required = "no"/>
   <attribute type = "fdt:nodeId" required = "no"/>
   <element type = "Module" minOccurs = "0" maxOccurs = "1"/>
</ElementType>
<ElementType name = "InternalTopology" content = "eltOnly" model = "closed">
   <attribute type = "fdt:readAccess" required = "no"/>
   <attribute type = "fdt:writeAccess" required = "no"/>
   <attribute type = "fdt:nodeId" required = "no"/>
   <element type = "BusInformation" minOccurs = "0" maxOccurs = "1"/>
   <element type = "InternalChannel" minOccurs = "1" maxOccurs = " * "/>
</ElementType>
<ElementType name = "DtmDevice" content = "eltOnly" model = "closed" order = "seq">
   <attribute type = "fdt:nodeId" required = "no"/>
   <attribute type = "fdt:readAccess" required = "no"/>
   <attribute type = "fdt:writeAccess" required = "no"/>
   <attribute type = "fdt:tag" required = "yes"/>
   <attribute type = "redundant" required = "no"/>
   <element type = "fdt:ChannelReferences" minOccurs = "0" maxOccurs = "1"/>
   <element type = "BusInformation" minOccurs = "0" maxOccurs = " * "/>
   <element type = "InternalTopology" minOccurs = "0" maxOccurs  = "1"/>
   <element type = "ExportedVariables" minOccurs = "0" maxOccurs = "1"/>
</ElementType>
<ElementType name = "FDT" content = "eltOnly" model = "closed">
   <attribute type = "fdt:nodeId" required = "no"/>
   <attribute type = "fdt:storageState" required = "yes"/>
   <attribute type = "fdt:dataSetState" required = "yes"/>
   <attribute type = "fdt:modifiedInDevice" required = "no"/>
   <element type = "fdt:DtmDeviceType" minOccurs = "1" maxOccurs = "1"/>
```

```
    <element type="DtmDevice" minOccurs="1" maxOccurs="1"/>
  </ElementType>
</Schema>
```

示例:简单设备

```
<?xml version="1.0"?>
<FDT xmlns="x-schema:DTMParameterSchema.xml"
xmlns:fdt="x-schema:FDTDataTypesSchema.xml"
fdt:storageState="persistent" fdt:dataSetState="default ">
    <fdt:DtmDeviceType >
        <fdt:VersionInformation name = "Transmitter" vendor = "Vendor name" version = "1.0"
        date="2000-08-05"/>
<fdt:SupportedLanguages>
    <fdt:LanguageId languageId="1"/>
</fdt:SupportedLanguages>
<fdt:BusCategories>
    <fdt:BusCategory busCategory="036D1497-387B-11D4-86E1-00E0987270B9"/>
    <fdt:BusCategory busCategory="036D1499-387B-11D4-86E1-00E0987270B9"/>
</fdt:BusCategories>
    </fdt:DtmDeviceType>
    <DtmDevice fdt:tag="00PGH10EC001">
        <fdt:ChannelReferences>
            <fdt:ChannelReference idref="temperature"/>
        </fdt:ChannelReferences>
        <ExportedVariables>
            <fdt:DtmVariables name="Parameter" descriptor="root of parameters">
                <fdt:DtmVariable name="Cell" descriptor="Measuring point data">
                    <fdt:Value>
                        <fdt:Display string="PT100"/>
                    </fdt:Value>
                    <fdt:Unit>
                        <fdt:EnumeratorVariable>
                            <fdt:Variable>
                                <fdt:EnumeratorEntry index="1" name="C"/>
                            </fdt:Variable>
                            <fdt:EnumeratorEntries>
                                <fdt:EnumeratorEntry index="1" name="C"/>
                                <fdt:EnumeratorEntry index="2" name="K"/>
                                <fdt:EnumeratorEntry index="3" name="F"/>
                            </fdt:EnumeratorEntries>
                        </fdt:EnumeratorVariable>
                    </fdt:Unit>
                </fdt:DtmVariable>
                <fdt:DtmVariables name = "Curve" descriptor = "characteristic curve interpolation
```

```
            points")
                <fdt:DtmVariable name="point1">
                    <fdt:Value>
                        <fdt:Display string="1.1"/>
                    </fdt:Value>
                </fdt:DtmVariable>
                <fdt:DtmVariable name="point2">
                    <fdt:Value>
                        <fdt:Display string="1.2"/>
                    </fdt:Value>
                </fdt:DtmVariable>
                <fdt:DtmVariable name="point3">
                    <fdt:Value>
                        <fdt:Display string="1.3"/>
                    </fdt:Value>
                </fdt:DtmVariable>
            </fdt:DtmVariables>
        </fdt:DtmVariables>
    </ExportedVariables>
  </DtmDevice>
</FDT>
```

示例：冗余从设备

```
<? xml version="1.0"?>
<FDT fdt:dataSetState="default " fdt:storageState="persistent"
xmlns="x-schema:DTMParameterSchema.xml"
xmlns:fdt="x -schema:FDTDataTypesSchema.xml">
  <fdt:DtmDeviceType readAccess="1" writeAccess="0">
    <fdt:VersionInformation date="2000-08-05" name="myname" readAccess="1" vendor="
    myVendor"
version="1.0" writeAccess="0"/>
    <fdt:SupportedLanguages>
        <fdt:LanguageId languageId="1"/>
    </fdt:SupportedLanguages>
    <fdt:BusCategories>
        <fdt:BusCategory busCategory ="036D1497-387B-11D4-86E1-00E0987270B9">
        </fdt:BusCategory>
        <fdt:BusCategory busCategory ="036D1499-387B-11D4-86E1-00E0987270B9">
        </fdt:BusCategory>
    </fdt:BusCategories>
  </fdt:DtmDeviceType>
  <DtmDevice fdt:tag="myTag">
    <fdt:ChannelReferences>
        <fdt:ChannelReference idref="n1"/>
```

```xml
            <fdt:ChannelReference idref = "n25"/>
        </fdt:ChannelReferences>
        <BusInformation>
            <fdt:BusRedundancy busRedundancy = "2"/>
            <SlaveAddress fdt:readAccess = "1" fdt:writeAccess = "0" slaveAddress = "123"/>
            <SlaveAddress fdt:readAccess = "1" fdt:writeAccess = "0" slaveAddress = "1234"/>
        </BusInformation>
        <ExportedVariables>
            <fdt:DtmVariables descriptor = "root of parameters" name = "ParaRoot">
                <fdt:DtmVariable descriptor = "display only parameter" name = "Simple">
                    <fdt:Value readAccess = "1" writeAccess = "0">
                        <fdt:Display string = "12.345"/>
                    </fdt:Value>
                </fdt:DtmVariable>
            </fdt:DtmVariables>
        </ExportedVariables>
    </DtmDevice>
</FDT>
```

示例：通道架构用法

```xml
<? xml version = "1.0"?>
<FDT xmlns = "x-schema:DTMParameterSchema.xml"
xmlns:fdt = "x-schema:FDTDataTypesSchema.xml"
fdt:storageState = "persistent" fdt:dataSetState = "default ">
    <fdt:DtmDeviceType readAccess = "1" writeAccess = "0">
        <fdt:VersionInformation name = "myname" vendor = "myVendor" version = "1.0" date = "
        2000-08-05"/>
        <fdt:SupportedLanguages>
            <fdt:LanguageId languageId = "1"/>
        </fdt:SupportedLanguages>
        <fdt:BusCategories>
            <fdt:BusCategory busCategory  = "036D1497-387B-11D4-86E1-00E0987270B9"/>
            <fdt:BusCategory busCategory  = "036D1499-387B-11D4-86E1-00E0987270B9"/>
        </fdt:BusCategories>
    </fdt:DtmDeviceType>
    <DtmDevice fdt:tag = "myTag">
        <fdt:ChannelReferences>
            <fdt:ChannelReference idref = "n1"/>
            <fdt:ChannelReference idref = "n25"/>
        </fdt:ChannelReferences>
        <InternalTopology>
            <InternalChannel>
                <Module moduleId = "1">
                    <fdt:VersionInformation name = "myname" vendor = "myVendor" version = "1.0"
```

```
                date = "2000-08-05"/>
<fdt:ChannelReferences>
   <fdt:ChannelReference idref = "m25.n1">
      <fdt:ChannelInformation>
         <fdt:BusCategories>
            <fdt:BusCategory busCategory = "036D1499-387B-11D4-86E1-00E0987270B9"/>
         </fdt:BusCategories>
         <fdt:ChannelModes>
            <fdt:ChannelMode channelMode = "processValue" />
         </fdt:ChannelModes>
      </fdt:ChannelInformation>
                  </fdt:ChannelReference>
                  <fdt:ChannelReference idref = "m25.n25">
                     <fdt:ChannelInformation>
                        <fdt:BusCategories>
                           <fdt:BusCategory busCategory = "036D1497-387B-11D4-86E1-
                           00E0987270B9"/>
                           <fdt:BusCategory busCategory = "036D1499-387B-11D4-86E1-
                           00E0987270B9"/>
                        </fdt:BusCategories>
                        <fdt:ChannelModes>
                           <fdt:ChannelMode channelMode = "communic ation" />
                           <fdt:ChannelMode channelMode = "processValue" />
                        </fdt:ChannelModes>
                     </fdt:ChannelInformation>
                  </fdt:ChannelReference>
               </fdt:ChannelReferences>
            </Module>
         </InternalChannel>
      </InternalTopology>
      <ExportedVariables>
         <fdt:DtmVariables name = "ParaRoot" descriptor = "root of parameters">
            <fdt:DtmVariable name = "Simple" descriptor = "display only parameter">
               <fdt:Value>
                  <fdt:Display string = "12.345"/>
               </fdt:Value>
            </fdt:DtmVariable>
            <fdt:DtmVariables name = "SubStructur" descriptor = "sub struc ture of parame-
            ters">
               <fdt:DtmVariable name = "Integer" descriptor = "editable integer format">
                  <fdt:Value>
                     <fdt:Variant dataType = "int" byteLength = "2">
                        <fdt:NumberData number = "4711"/>
```

```
              〈/fdt:Variant〉
            〈/fdt:Value〉
          〈/fdt:DtmVariable〉
        〈/fdt:DtmVariables〉
      〈/fdt:DtmVariables〉
    〈/ExportedVariables〉
  〈/DtmDevice〉
〈/FDT〉
```

示例:模块化设备

```
〈? xml version = "1.0"?〉
〈FDT xmlns = "x-schema:DTMParameterSchema.xml"
xmlns:fdt = "x-schema:FDTDataTypesSchema.xml"
fdt:storageState = "persistent" fdt:dataSetState = "default"〉
  〈fdt:DtmDeviceType〉
    〈fdt:VersionInformation name = "RemoteI/O" vendor = "Vendor name" version = "1.0" date
    = "2000-08-05"
descriptor = "Bus coupler"/〉
    〈fdt:SupportedLanguages〉
      〈fdt:LanguageId languageId = "1"/〉
    〈/fdt:SupportedLanguages〉
    〈fdt:BusCategories〉
      〈fdt:BusCategory busCategory = "036D1497-387B-11D4-86E1-00E0987270B9"/〉
      〈fdt:BusCategory busCategory = "036D1499-387B-11D4-86E1-00E0987270B9"/〉
    〈/fdt:BusCategories〉
  〈/fdt:DtmDeviceType〉
  〈DtmDevice fdt:tag = "00PGH10EC001"〉
    〈fdt:ChannelReferences〉
      〈fdt:ChannelReference idref = "Binary input"/〉
    〈/fdt:ChannelReferences〉
    〈InternalTopology〉
      〈InternalChannel〉
        〈Module moduleId = "1"〉
          〈fdt:VersionInformation name = "AI4" vendor = "Vendor name" version = "1.0"
          date = "2000-08-05" descriptor = "Analog Input 4 Channels"/〉
          〈fdt:ChannelReferences〉
            〈fdt:ChannelReference idref = "AI4.C1"/〉
            〈fdt:ChannelReference idref = "AI4.C2"/〉
            〈fdt:ChannelReference idref = "AI4.C3"/〉
            〈fdt:ChannelReference idref = "AI4.C4"/〉
          〈/fdt:ChannelReferences〉
        〈/Module〉
      〈/InternalChannel〉
      〈InternalChannel〉
```

```
          〈Module moduleId = "8"〉
            〈fdt:VersionInformation name = "AO4" vendor = "Vendor name" version = "1.0"
            date = "2000-08-05" descriptor = "Analog Output 4 Channels"/〉
            〈fdt:ChannelReferences〉
              〈fdt:ChannelReference idref = "AO4.C1"/〉
              〈fdt:ChannelReference idref = "AO4.C2"/〉
              〈fdt:ChannelReference idref = "AO4.C3"/〉
              〈fdt:ChannelReference idref = "AO4.C4"/〉
            〈/fdt:ChannelReferences〉
            〈ExportedVariables〉
              〈fdt:DtmVariables name = "Parameter" descriptor = "root of parameters"〉
                〈fdt:DtmVariable name = "Substitute Value" descriptor = "Module type
                specific parameter"〉
                    〈fdt:Value〉
                      〈fdt:Display string = "false"/〉
                    〈/fdt:Value〉
                〈/fdt:DtmVariable〉
              〈/fdt:DtmVariables〉
          〈/ExportedVariables〉
      〈/Module〉
        〈/InternalChannel〉
      〈/InternalTopology〉
    〈/DtmDevice〉
  〈/FDT〉
```

示例:模块化设备,该模块化设备的总线耦合器带有一个 DTM,且每种模块类型也带有一个 DTM

```
〈? xml version = "1.0"?〉
 〈FDT xmlns = "x-schema:DTMParameterSchema.xml"
  xmlns:fdt = "x-schema:FDTDataTypesSchema.xml"
  fdt:storageState = "persistent" fdt:dataSetState = "default "〉
    〈fdt:DtmDeviceType 〉
      〈fdt:VersionInformation name = "RemoteI/O" vendor = "Vendor name" version = "1.0" date
       = "2000-08-05" descriptor = "Bus coupler"/〉
      〈fdt:SupportedLanguages〉
        〈fdt:LanguageId languageId = "1"/〉
      〈/fdt:SupportedLanguages〉
      〈fdt:BusCategories〉
        〈fdt:BusCategory busCategory = "036D1497-387B-11D4-86E1-00E0987270B9"/〉
        〈fdt:BusCategory busCategory = "036D1499-387B-11D4-86E1-00E0987270B9"/〉
      〈/fdt:BusCategories〉
    〈/fdt:DtmDeviceType〉
    〈DtmDevice fdt:tag = "00PGH10EC001"〉
      〈fdt:ChannelReferences〉
        〈fdt:ChannelReference idref = "Binary input"/〉
```

```
        〈/fdt:ChannelReferences〉
    〈/DtmDevice〉
〈/FDT〉

〈? xml version="1.0"?〉
〈FDT xmlns = "x-schema:DTMParameterSchema.xml" xmlns:fdt = "x-schema:FDTDataTypesSchema.
xml" fdt:storageState="persistent" fdt:dataSetState="default "〉
    〈fdt:DtmDeviceType 〉
        〈fdt:VersionInformation name = "AI4" vendor = "Vendor name" version = "1.0" date = "
        2000-08-05" descriptor="Analog Input 4 Channels"/〉
        〈fdt:SupportedLanguages〉
            〈fdt:LanguageId languageId="1"/〉
        〈/fdt:SupportedLanguages〉
        〈fdt:BusCategories〉
            〈fdt:BusCategory busCategory="036D1499-387B-11D4-86E1-00E0987270B9"/〉
        〈/fdt:BusCategories〉
    〈/fdt:DtmDeviceType〉
    〈DtmDevice fdt:tag="00PGH10EC001"〉
        〈fdt:ChannelReferences〉
            〈fdt:ChannelReference idref = "AI4.C1"/〉
            〈fdt:ChannelReference idref = "AI4.C2"/〉
            〈fdt:ChannelReference idref = "AI4.C3"/〉
            〈fdt:ChannelReference idref = "AI4.C4"/〉
        〈/fdt:ChannelReferences〉
    〈/DtmDevice〉
〈/FDT〉

〈? xml version="1.0"?〉
〈FDT xmlns = "x-schema:DTMParameterSchema.xml" xmlns:fdt = "x-schema:FDTDataTypesSchema.
xml" fdt:storageState="persistent" fdt:dataSetState="default "〉
    〈fdt:DtmDeviceType 〉
        〈fdt:VersionInformation name = "AO4" vendor = "Vendor name" version = "1.0" date = "
        2000-08-05"
descriptor="Analog Output 4 Channels"/〉
        〈fdt:SupportedLanguages〉
            〈fdt:LanguageId languageId="1"/〉
        〈/fdt:SupportedLanguages〉
        〈fdt:BusCategories〉
            〈fdt:BusCategory busCategory="036D1497-387B-11D4-86E1-00E0987270B9"/〉
            〈fdt:BusCategory busCategory="036D1499-387B-11D4-86E1-00E0987270B9"/〉
        〈/fdt:BusCategories〉
    〈/fdt:DtmDeviceType〉
    〈DtmDevice fdt:tag="00PGH10EC001"〉
```

```
        〈fdt:ChannelReferences〉
            〈fdt:ChannelReference idref = "A04.C1"/〉
            〈fdt:ChannelReference idref = "A04.C2"/〉
            〈fdt:ChannelReference idref = "A04.C3"/〉
            〈fdt:ChannelReference idref = "A04.C4"/〉
        〈/fdt:ChannelReferences〉
        〈ExportedVariables〉
            〈fdt:DtmVariables name = "Parameter" descriptor = "root of parameters"〉
                〈fdt:DtmVariable name = "Substitute Value" descriptor = "Module type specific
                parameter"〉
                    〈fdt:Value〉
                        〈fdt:Display string = "false"/〉
                    〈/fdt:Value〉
                〈/fdt:DtmVariable〉
            〈/fdt:DtmVariables〉
        〈/ExportedVariables〉
    〈/DtmDevice〉
〈/FDT〉
```

示例:完整数据类型结构

```
〈? xml version = "1.0"?〉
〈FDT xmlns = "x-schema:DTMParameterSchema.xml"
xmlns:fdt = "x-schema:FDTDataTypesSchema.xml"
fdt:storageState = "persistent" fdt:dataSetState = "default "〉
    〈fdt:DtmDeviceType〉
        〈fdt:VersionInformation name = "Transmitter" vendor = "Vendor name" version = "1.0"
        date = "2000-08-05"/〉
〈fdt:SupportedLanguages〉
    〈fdt:LanguageId languageId = "1"/〉
〈/fdt:SupportedLanguages〉
〈fdt:BusCategories〉
    〈fdt:BusCategory busCategory = "036D1497-387B-11D4-86E1-00E0987270B9"/〉
〈/fdt:BusCategories〉
    〈/fdt:DtmDeviceType〉
    〈DtmDevice fdt:tag = "00PGH10EC001"〉
        〈ExportedVariables〉
            〈fdt:DtmVariables name = "Parameter" descriptor = "root of parameters"〉
                〈fdt:DtmVariable name = "Float"〉
                    〈fdt:Value〉
                        〈fdt:Display string = "2.34"/〉
                    〈/fdt:Value〉
                〈/fdt:DtmVariable〉
                〈fdt:DtmVariable name = "Integer"〉
                    〈fdt:Value〉
```

```
            <fdt:Variant dataType="int">
              <fdt:NumberData number="2"/>
            </fdt:Variant>
          </fdt:Value>
        </fdt:DtmVariable>
        <fdt:DtmVariable name="Integer2">
          <fdt:Value>
            <fdt:Variant dataType="int">
              <fdt:NumberData number="3"/>
            </fdt:Variant>
          </fdt:Value>
        </fdt:DtmVariable>
        <fdt:DtmVariable name="Structured1">
          <fdt:Value>
            <fdt:Variant dataType="structured">
              <fdt:StructuredVariable>
                <fdt:BinaryVariable binData="28FC215403"/>
                <fdt:StructuredElements>
                  <fdt:StructuredElement bitLength="4">
                    <fdt:DtmVariableReference reference="Integer"/>
                  </fdt:StructuredElement>
                  <fdt:StructuredElement bitLength="32">
                    <fdt:DtmVariableReference reference="Float"/>
                  </fdt:StructuredElement>
                  <fdt:StructuredElement bitLength="4">
                    <fdt:DtmVariableReference reference="Integer2"/>
                  </fdt:StructuredElement>
                </fdt:StructuredElements>
              </fdt:StructuredVariable>
            </fdt:Variant>
          </fdt:Value>
        </fdt:DtmVariable>
      </fdt:DtmVariables>
    </ExportedVariables>
  </DtmDevice>
</FDT>
```

示例:设备类型变量

```
<FDT xmlns="x-schema:DTMParameterSchema.xml" xmlns:fdt="x-schema:FDTDataTypesSchema.xml"
fdt:storageState="persistent" fdt:dataSetState="default ">
  <fdt:DtmDeviceType readAccess="1" writeAccess="0">
    <fdt:VersionInformation name="Name" vendor="Vendor" version="1.0" date="2000-08-
    05"/>
    <fdt:SupportedLanguages>
```

```
        <fdt:LanguageId languageId = "1311"/>
      </fdt:SupportedLanguages>
      <fdt:BusCategories>
        <fdt:BusCategory busCategory = "036D1497-387B-11D4-86E1-00E0987270B9"/>
      </fdt:BusCategories>
    <fdt:DeviceTypeVariant deviceTypeVariant = "PM255-EX" deviceTypeVariantInfo = "PM255-EX
    Info"
  orderCode = "ExampleOrderCode"/>
    </fdt:DtmDeviceType>
    <DtmDevice fdt:tag = "myTag">
      ...
    </DtmDevice>
  </FDT>
```

C.8 DTMDocumentationSchema

用于：

IDtmDocumentation::GetDocumentation()

该 XML 文档包含与请求相一致的实例特定信息。通过传递的类型 DTMFunctionCallSchema 的 XML 文档来描述上下文(功能 ID、应用 ID 和运行阶段)(见表 C.14 和表 C.15)。

表 C.14　文档属性描述

属性	描述
path	指向对象的路径，该对象可以像位图或其他图形元素一样嵌入到文档内
title	文件的人们易懂的标题

表 C.15　文档元素描述

标签	描述
DocumentVariable	带有名字、值、量程等信息的人可读的变量描述
DocumentVariables	文档变量集
DTMSpecificXMLData	可选的附加信息应以私有的方式描述
DTMStyleForCompleteDocument	如果 DTM 返回文档不能按 FDT 标准的样式描述，可选的样式信息必须由 DTM 提供
FDT	根标签
GraphicReference	对必须嵌入在文档内部的对象的引用。如位图或其他图形元素

```
<Schema name = "DTMDocumentationSchema" xmlns = "urn:schemas-microsoft-com:xml-data"
xmlns:dt = "urn:schemas-mic ros oft-com:datatypes" xmlns:fdt = "x-schema:FDTDataTypesSchema.xml"
```

```
xmlns:dtmi = "x-schema:DTMInformationSchema.xml" >
  <! --Definition of Attributes-->
  <AttributeType name = "path" dt:type = "uri"/>
  <AttributeType name = "title" dt:type = "string"/>
  <! --Definition of Elements-->
  <ElementType name = "Graphic Reference" content = "empty" model = "closed">
    <attribute type = "fdt:nodeId" required = "no"/>
    <attribute type = "title" required = "yes"/>
    <attribute type = "fdt:descriptor" required = "no"/>
    <attribute type = "path" required = "yes"/>
  </ElementType>
  <ElementType name = "DocumentVariable" content = "eltOnly" model = "closed">
    <attribute type = "fdt:nodeId" required = "no"/>
    <attribute type = "fdt:name" required = "yes"/>
    <attribute type = "fdt:descriptor" required = "no"/>
    <attribute type = "fdt:display" required = "yes"/>
    <element type = "fdt:Unit" minOccurs = "0" maxOccurs = "1"/>
    <element type = "fdt:Ranges" minOccurs = "0" maxOccurs = "1"/>
    <attribute type = "fdt:statusFlag" required = "no"/>
    <element type = "fdt:StatusInformation" minOccurs = "0" maxOccurs = "1"/>
  </ElementType>
  <ElementType name = "DocumentVariables" content = "mixed" model = "closed">
    <attribute type = "fdt:nodeId" required = "no"/>
    <attribute type = "fdt:name" required = "yes"/>
    <attribute type = "fdt:descriptor" required = "no"/>
    <group order = "many">
      <element type = "DocumentVariables" minOccurs = "0" maxOccurs = "*"/>
      <element type = "DocumentVariable" minOccurs = "0" maxOccurs = "*"/>
      <element type = "GraphicReference" minOccurs = "0" maxOccurs = "*"/>
    </group>
  </ElementType>
  <ElementType name = "DTMStyleForCompleteDocument" content = "mixed" model = "open">
    <! -- can be filled with DTM specific information -->
  </ElementType>
  <ElementType name = "DTMSpecificXMLData" content = "mixed" model = "open">
    <! -- can be filled with DTM specific information -->
  </ElementType>
  <ElementType name = "FDT" content = "eltOnly" model = "closed">
    <attribute type = "fdt:nodeId" required = "no"/>
    <attribute type = "title" required = "yes"/>
    <attribute type = "fdt:classificationId" required = "no"/>
    <attribute type = "fdt:manufacturerId" required = "no"/>
    <attribute type = "fdt:deviceTypeId" required = "no"/>
```

```
        〈attribute type="dtmi:deviceTypeInformation" required="no"/〉
        〈attribute type="fdt:descriptor" required="no"/〉
        〈attribute type="fdt:date" required="no"/〉
        〈attribute type="fdt:systemGuiLabel" required="no"/〉
        〈element type="fdt:VersionInformation" minOccurs="1" maxOccurs="1"/〉
        〈element type="fdt:ClassificationIds" minOccurs="0" maxOccurs="1"/〉
        〈element type="DocumentVariables" minOccurs="1" maxOccurs="1"/〉
        〈group order="seq" minOccurs ="0" maxOccurs="1"〉
            〈element type="DTMStyleForCompleteDocument" minOccurs="1" maxOccurs="1"/〉
            〈element type="DTMSpecificXMLData" minOccurs="1" maxOccurs="1"/〉
        〈/group〉
    〈/ElementType〉
〈/Schema〉
```

示例：

```
〈? Xml version="1.0"?〉
〈? xml:stylesheet type="text/xsl" href="DTMDocumentationStyle.xsl"?〉
〈FDT xmlns="x-schema:DTMDocumentationSchema.xml" xmlns:fdt="x-schema:FDTDataTypesSchema.xml"
xmlns:dtmi="x-schema:DTMInformationSchema.xml"title="Example of FDT-Documentation"
fdt:classificationId="dtmSpecific" fdt:manufacturerId="0" fdt:deviceTypeId="0"
dtmi:deviceTypeInformation="Special Information concerning the type" fdt:descriptor="De-
scription of: Example of FDT-Documentation" fdt:date="2000-02-06"〉
    〈fdt:VersionInformation name="Name concerning this information" vendor="Name of Vendor"
version="Current Version" date="2000-02-06" descriptor="Additional Description"/〉
    〈DocumentVariables fdt:name="myName"〉
        〈DocumentVariable fdt:name="1st Value"fdt:descriptor="Description of 1st Value"
fdt:display="11.111" fdt:statusFlag="ok"〉
            〈fdt:Unit〉
                〈fdt:EnumeratorVariable〉
                    〈fdt:Variable〉
                        〈fdt: EnumeratorEntry index = " 1 " name = "° C " descriptor = " Additional
                        Description "/〉
                    〈/fdt:Variable〉
                〈/fdt:EnumeratorVariable〉
            〈/fdt:Unit〉
            〈fdt:Ranges〉
                〈fdt:Range〉
                    〈fdt:LowerRange〉
                        〈fdt:NumberData number="11"/〉
                    〈/fdt:LowerRange〉
                    〈fdt:UpperRange〉
                        〈fdt:NumberData number="22"/〉
                    〈/fdt:UpperRange〉
                〈/fdt:Range〉
```

```
        〈/fdt:Ranges〉
      〈/DocumentVariable〉
      〈DocumentVariable fdt:name = "2nd Value" fdt:descriptor = "Description of 2nd Value"
  fdt:display = "3.1415" fdt:statusFlag = "warning"/〉
      〈DocumentVariable fdt:name = "3rd" fdt:descriptor = "Description of 3rd Value" fdt:
      display = "1.717"
  fdt:statusFlag = "error"/〉
      〈DocumentVariable fdt:name = "4th" fdt:descriptor = "Description of 4th Value" fdt:
      display = "42"
  fdt:statusFlag = "ok"/〉
      〈GraphicReference title = "GraphicReferenceTitle" fdt:descriptor = "Descriptor Graph-
      icReference"
  path = "device.gif"/〉
    〈/DocumentVariables〉
    〈DTMStyleForCompleteDocument〉...〈/DTMStyleForCompleteDocument〉
    〈DTMSpecificXMLData〉...〈/DTMSpecificXMLData〉
〈/FDT〉
```

C.9 DTMProtocolsSchema

用于：

IFdtCommunication::GetSupportedProtocols()

IFdtChannel::GetChannelParameters()

IFdtChannel::SetChannelParameters()

该 XML 文档提供特定设备支持的现场总线协议信息。

表 C.16 协议元素描述

标签	描述
FDT	根标签

```
  〈Schema name = "DTMProtocolsSchema" xmlns = "urn:schemas-microsoft-com:xml-data"
  xmlns:fdt = "x-schema:FDTDataTypesSchema.xml" 〉
    〈! --Definition of Elements--〉
    〈ElementType name = "FDT" content = "eltOnly" model = "closed"〉
      〈element type = "fdt:BusCategories" minOccurs = "1" maxOccurs = "1"/〉
    〈/ElementType〉
  〈/Schema〉
```

示例：

```
  〈? xml version = "1.0"?〉
  〈FDT xmlns = "x-schema:DTMProtocolsSchema.xml" xmlns:fdt = "x-schema:FDTDataTypesSchema.xml"〉
    〈fdt:BusCategories〉
      〈fdt:BusCategory busCategory = "036D1497-387B-11D4-86E1-00E0987270B9"/〉
```

```
    <fdt:BusCategory busCategory="036D1499-387B-11D4-86E1-00E0987270B9"/>
  </fdt:BusCategories>
</FDT>
```

C.10 DTMSystemTagListSchema

用于：

IFdtTopology::GetParentNodes()

IFdtTopology::GetChildNodes()

该 XML 文档包含一个系统标签列表。依照其用法，实例可包含一个父系统或子系统标签列表。

表 C.17 系统标签属性描述

属性	描述
systemTag	见 systemTag 的定义

表 C.18 系统标签元素描述

标签	描述
DtmChildList	由系统标签定义的子节点列表
DtmParentList	由系统标签定义的父节点列表
DtmPrimaryParentSystemTag	DTM 的主父设备
DtmSystemTag	系统标签
DtmSystemTagList	系统标签列表
FDT	根标签

```
<Schema name="DTMSystemTagListSchema" xmlns="urn:schemas-microsoft-com:xml-data"
xmlns:dt="urn:schemas-microsoft-com:datatypes" xmlns:fdt="x-schema:FDTDataTypesSchema.xml">
  <!--Definition of Attributes-->
  <AttributeType name="systemTag" dt:type="string"/>
  <!--Definition of Elements-->
  <ElementType name="DtmSystemTag" content="empty" model="closed">
    <attribute type="fdt:nodeId" required="no"/>
    <attribute type="systemTag" required="yes"/>
  </ElementType>
  <ElementType name="DtmPrimaryParentSystemTag" content="empty" model="closed">
    <attribute type="fdt:nodeId" required="no"/>
    <attribute type="systemTag" required="yes"/>
  </ElementType>
  <ElementType name="DtmSystemTagList" content="eltOnly" model="closed">
```

```
    <attribute type="fdt:nodeId" required="no"/>
    <element type="DtmSystemTag" minOccurs="0" maxOccurs="*"/>
  </ElementType>
  <ElementType name="DtmParentList" content="eltOnly" model="closed">
    <attribute type="fdt:nodeId" required="no"/>
    <element type="DtmPrimaryParentSystemTag" minOccurs="0" maxOccurs="1"/>
    <element type="DtmSystemTagList" minOccurs="0" maxOccurs="1"/>
  </ElementType>
  <ElementType name="DtmChildList" content="eltOnly" model="closed">
    <attribute type="fdt:nodeId" required="no"/>
    <element type="DtmSystemTagList" minOccurs="0" maxOccurs="1"/>
  </ElementType>
  <ElementType name="FDT" content="eltOnly" model="closed">
    <attribute type="fdt:nodeId" required="no"/>
    <group order="one" minOccurs="1" maxOccurs="1">
      <element type="DtmParentList"/>
      <element type="DtmChildList"/>
    </group>
  </ElementType>
</Schema>
```

示例：IFdtTopology::GetParentNodes()

```
<?xml version="1.0"?>
<FDT xmlns="x-schema:DTMSystemTagListSchema.xml">
  <DtmParentList>
    <DtmPrimaryParentSystemTag systemTag = "DTM-1"/>
    <DtmSystemTagList>
      <DtmSystemTag systemTag = "DTM-2"/>
      <DtmSystemTag systemTag = "DTM-3"/>
      <DtmSystemTag systemTag = "DTM-4"/>
    </DtmSystemTagList>
  </DtmParentList>
</FDT>
```

示例：IFdtTopology::GetChildNodes()

```
<?xml version="1.0"?>
<FDT xmlns="x-schema:DTMSystemTagListSchema.xml">
  <DtmChildList>
    <DtmSystemTagList>
      <DtmSystemTag systemTag = "DTM-2"/>
      <DtmSystemTag systemTag = "DTM-3"/>
      <DtmSystemTag systemTag = "DTM-4"/>
    </DtmSystemTagList>
  </DtmChildList>
</FDT>
```

C.11 DTMAuditTrailSchema

用于：

IDtmAuditTrailEvents::OnAuditTrailEvent()

该 XML 文档包含框架应用程序必须记录的已改变变量、已执行函数或状态时间的信息。

表 C.19 审计追踪属性描述

属性	描　述
path	指向必须嵌入在文档内部的对象路径，如位图或其他图形元素
title	文件的人们易懂的标题

表 C.20 审计追踪元素描述

标签	描　述
AuditTrailDeviceStatusEvent	描述设备状态
AuditTrailEvent	关于已改变的变量、已执行的功能或状态事件的通知
AuditTrailFunctionEvent	描述一个已执行的功能
AuditTrailVariable	描述一个已改变的变量
AuditTrailVariableEvent	关于一个已变化变量的通知
ChangedFrom	审计追踪变量的最后一个值
ChangedTo	审计追踪变量的新值
FDT	根标签

```
<Schema name = "DTMAuditTrailSchema" xmlns = "urn:schemas-microsoft-com:xml-data"
xmlns:dt = "urn:schemas-microsoft-com:datatypes" xmlns:fdt = "x-schema:FDTDataTypesSchema.
xml">
    <!--Definition of Attributes-->
    <AttributeType name = "path" dt:type = "uri"/>
    <AttributeType name = "title" dt:type = "string"/>
    <!--Definition of Elements-->
    <ElementType name = "AuditTrailDeviceStatusEvent" content = "eltOnly" model = "closed">
        <attribute type = "fdt:nodeId" required = "no"/>
        <attribute type = "fdt:statusFlag" required = "yes"/>
        <element type = "fdt:StatusInformation" minOccurs = "0" maxOccurs = "1"/>
    </ElementType>
    <ElementType name = "AuditTrailFunctionEvent" content = "empty" model = "closed">
        <attribute type = "fdt:nodeId" required = "no"/>
        <attribute type = "fdt:display" required = "yes"/>
    </ElementType>
    <ElementType name = "AuditTrailVariable" content = "eltOnly" model = "closed">
        <attribute type = "fdt:nodeId" required = "no"/>
```

```
    <attribute type = "fdt:display" required = "yes"/>
    <element type = "fdt:Unit" minOccurs = "0" maxOccurs = "1"/>
    <element type = "fdt:Ranges" minOccurs = "0" maxOccurs = "1"/>
    <attribute type = "fdt:statusFlag" required = "no"/>
    <element type = "fdt:StatusInformation" minOccurs = "0" maxOccurs = "1"/>
  </ElementType>
  <ElementType name = "ChangedFrom" content = "eltOnly" model = "closed">
    <attribute type = "fdt:nodeId" required = "no"/>
    <element type = "AuditTrailVariable" minOccurs = "1" maxOccurs = "1"/>
  </ElementType>
  <ElementType name = "ChangedTo" content = "eltOnly" model = "closed">
    <attribute type = "fdt:nodeId" required = "no"/>
    <element type = "AuditTrailVariable" minOccurs = "1" maxOccurs = "1"/>
  </ElementType>
  <ElementType name = "AuditTrailVariableEvent" content = "eltOnly" model = "closed">
    <attribute type = "fdt:nodeId" required = "no"/>
    <attribute type = "fdt:name" required = "yes"/>
    <attribute type = "fdt:descriptor" required = "no"/>
    <element type = "ChangedFrom" minOccurs = "1" maxOccurs = "1"/>
    <element type = "ChangedTo" minOccurs = "1" maxOccurs = "1"/>
  </ElementType>
  <ElementType name = "AuditTrailEvent" content = "eltOnly" model = "closed">
    <attribute type = "fdt:nodeId" required = "no"/>
    <attribute type = "fdt:descriptor" required = "no"/>
    <group order = "one" minOccurs = "1" maxOccurs = "1">
      <element type = "AuditTrailFunctionEvent"/>
      <element type = "AuditTrailVariableEvent"/>
      <element type = "AuditTrailDeviceStatusEvent"/>
    </group>
  </ElementType>
  <ElementType name = "FDT" content = "eltOnly" model = "closed">
    <attribute type = "fdt:nodeId" required = "no"/>
    <element type = "AuditTrailEvent" minOccurs = "0" maxOccurs = " * "/>
  </ElementType>
</Schema>
```

示例：

```
<? xml version = "1.0"?>
<FDT xmlns = "x-schema:DTMAuditTrailSchema.xml" xmlns:fdt = "x-schema:FDTDataTypesSchema.
xml">
  <AuditTrailEvent fdt:descriptor = "myDescription">
    <AuditTrailFunctionEvent fdt:display = "myFunctionEvent"/>
  </AuditTrailEvent>
</FDT>
```

C.12 DTMDeviceStatusSchema

用于 IDtmOnlineDiagnosis::GetDeviceStatus()

该 XML 文档包含设备当前状态的描述(见表 C.21 和表 C.22)。

表 21 设备状态属性描述

属性	描述
deviceInitiatedCommunication	当前设备正在使用的已发起的通信

表 C.22 设备状态元素描述

属性	描述
DtmDeviceStatus	设备当前状态的描述
FDT	根标签

```
<Schema name="DTMDeviceStatusSchema" xmlns="urn:schemas-micros oft-com:xml-data"
xmlns:dt="urn:schemas-microsoft-com:datatypes" xmlns:fdt="x-schema:FDTDataTypesSchema.
xml">
    <!--Definition of Attributes-->
    <AttributeType name="deviceInitiatedCommunication" dt:type="boolean"/>
    <ElementType name="DtmDeviceStatus" content="mixed" model="closed">
        <attribute type="fdt:nodeId" required="no"/>
        <attribute type="fdt:statusFlag" required="yes"/>
        <attribute type="deviceInitiatedCommunication" required="no"/>
        <element type="fdt:StatusInformation" minOccurs="0" maxOccurs="1"/>
    </ElementType>
    <ElementType name="FDT" content="eltOnly" model="closed">
        <attribute type="fdt:nodeId" required="no"/>
        <element type="DtmDeviceStatus" minOccurs="1" maxOccurs ="1"/>
    </ElementType>
</Schema>
```

示例:

```
<?xml version="1.0"?>
<FDT xmlns="x-schema:DTMDeviceStatusSchema.xml" xmlns:fdt="x-schema:FDTDataTypes
Schema.xml">
    <DtmDeviceStatus fdt:statusFlag="error" deviceInitiatedCommunication="1">
        <fdt:StatusInformation>
            <fdt:EnumeratorEntry index="2" name="ErrorName1" descriptor="Thats error
            number 1"/>
            <fdt:EnumeratorEntry index="0815" name="ErrorName0815" descriptor="Thats
            error number 0815"/>
        </fdt:StatusInformation>
```

```
  </DtmDeviceStatus>
</FDT>

<? xml version="1.0"?>
<FDT xmlns = "x-schema:DTMDeviceStatusSchema.xml" xmlns:fdt = "x-schema:FDTDataTypes
Schema.xml">
  <DtmDeviceStatus fdt:statusFlag="ok"/>
</FDT>

<? xml version="1.0"?>
<FDT xmlns = "x-schema:DTMDeviceStatusSchema.xml" xmlns:fdt = "x-schema:FDTDataTypes
Schema.xml">
  <DtmDeviceStatus fdt:statusFlag="error">
    <fdt:StatusInformation>
      <fdt:EnumeratorEntry index = "2" name = "ErrorName1" descriptor = "Thats error
      number 1"/>
      <fdt:EnumeratorEntry index = "0815" name = "ErrorName0815" descriptor = "Thats
      error number 0815"/>
    </fdt:StatusInformation>
  </DtmDeviceStatus>
</FDT>
```

C.13 DTMFunctionsSchema

用于 IDtm::GetFunctions()

该 XML 文档以结构化的方式描述 DTM 向框架应用程序提供的功能。这些功能可能是标准的(由应用 ID 定义)或附加的(由 DTM 特定功能 ID 定义)功能。此外,该文档包含框架应用程序如何访问这些功能的信息。

表 C.23 功能属性描述

属性	描 述
checked	菜单项目状态
enabled	菜单项目状态
functionId	为 DTM 名字空间内的功能调用指定一个唯一标识符
hasGUI	为扩展的功能指定 DTM 是否支持用户界面
printable	为功能指定 DTM 是否支持文件可打印(通过 IDtmDocumentation::GetDocumentation()访问)
help	功能的人可读的帮助字符串
hidden	菜单项目状态
label	功能的人可读的标签
path	指向必须嵌入在文档内部的对象路径,如位图或其他图形元素
mime-type	DTM 提供的文档的 Mime-type

表 C.23（续）

属性	描　述
programName	指定文档查看器程序的名字
resizable	指定 DTM 是否支持一个可缩放的用户界面
separator	专用的菜单项目
toggle	菜单项目的状态，无论它是否激活
moduleId	模块在设备实例名字空间内的唯一标识符。应使用 DTMParameter 文档内定义的相同的 ID
defaultFunctionId	可选属性，包含能打开一个默认 ActiveX 控件的功能 ID 或能唤起一个默认功能的功能 ID

表 C.24　功能元素描述

标签	描　述
FDT	根标签
Function	简单功能项目定义，该功能不是一个标准的功能(applicatioinIds 相关)
Document	文档定义，如果用户选择该项目，由 DTM 提供并由框架应用程序显示该文档
Functions	标准功能项组定义。该项目没有自己的标签。标签应由框架应用程序提供。它不包含标准功能
Icon	功能的图标
StandardFunction	简单功能项目定义，该功能是一个标准的功能(与 applicatioinIds 相关)。该项目没有自己的标签，标签由框架应用程序提供
Status	菜单描述
MimeType	DTM 提供的文档 Mime-type。框架应用程序用该 mime-type 来确定相应的文档查看器
OpenW ith	用来打开一个文档的程序名

```
〈Schema name = "DTMFunctionsSchema" xmlns = "urn:schemas-microsoft-com:xml-data" xmlns:dt
= "urn:schemas-microsoft-com:datatypes"xmlns:fdt = "x -schema:FDTDataTypesSchema.xml"
  xmlns:appId = "x- schema:FDTApplicationIdSchema.xml"〉
   〈! --Definition of Attributes--〉
   〈AttributeType name = "functionId" dt:type = "i4"/〉
   〈AttributeType name = "checked" dt:type = "boolean"/〉
   〈AttributeType name = "enabled" dt:type = "boolean"/〉
   〈AttributeType name = "hasGUI" dt:type = "boolean" default = "0"/〉
   〈AttributeType name = "printable" dt:type = "boolean" default = "0"/〉
   〈AttributeType name = "help" dt:type = "string"/〉
   〈AttributeType name = "hidden" dt:type = "boolean"/〉
   〈AttributeType name = "label" dt:type = "string"/〉
   〈AttributeType name = "path" dt:type = "uri"/〉
```

```
<AttributeType name = "mime-type" dt:type = "string"/>
<AttributeType name = "programName" dt:type = "string"/>
<AttributeType name = "resizable" dt:type = "boolean" default = "0"/>
<AttributeType name = "separator" dt:type = "boolean"/>
<AttributeType name = "toggle" dt:type = "boolean"/>
<AttributeType name = "printableStandardFunction" dt:type = "boolean" default = "1"/>
<AttributeType name = "resizableStandardFunction" dt:type = "boolean" default = "1"/>
 <AttributeType name = "moduleId" dt:type = "ui4"/>
 <AttributeType name = "defaultFunctionId" dt:type = "i4"/>
<! --Definition of Elements-->
<ElementType name = "MimeType" content = "empty" model = "closed">
  <attribute type = "mime-type" required = "no"/>
</ElementType>
<ElementType name = "OpenWith" content = "empty" model = "closed">
  <attribute type = "programName" required = "no"/>
</ElementType>
<ElementType name = "Status" content = "empty" model = "closed">
  <attribute type = "fdt:nodeId" required = "no"/>
  <attribute type = "toggle" required = "yes"/>
  <attribute type = "checked" required = "yes"/>
  <attribute type = "enabled" required = "yes"/>
  <attribute type = "hidden" required = "yes"/>
  <attribute type = "separator" required = "yes"/>
</ElementType>
<ElementType name = "Icon" content = "empty" model = "closed">
  <attribute type = "fdt:nodeId" required = "no"/>
  <attribute type = "path" required = "yes"/>
</ElementType>
<! --Definition of a single function entry, which is not a standard function (concerning
the applicationIds)-->
<! --This entry has its own label-->
<ElementType name = "Function" content = "eltOnly" model = "closed">
  <attribute type = "fdt:nodeId" required = "no"/>
  <attribute type = "label" required = "yes"/>
  <attribute type = "fdt:name" required = "yes"/>
  <attribute type = "help" required = "yes"/>
  <attribute type = "hasGUI" required = "no"/>
  <attribute type = "printable" required = "no"/>
  <attribute type = "resizable" required = "no"/>
  <attribute type = "functionId" required = "yes"/>
  <element type = "Icon" minOccurs = "0" maxOccurs = "1"/>
  <element type = "Status" minOccurs = "0" maxOccurs = "1"/>
  <element type = "appId:FDTApplicationIds" minOccurs = "0" maxOccurs = "1"/>
```

```
</ElementType>
<!--Definition of a document entry, which specifies a path to a DTM provided document-->
<!--This entry has its own label-->
<ElementType name = "Document" content = "eltOnly" model = "closed">
    <attribute type = "fdt:nodeId" required = "no"/>
    <attribute type = "label" required = "yes"/>
    <attribute type = "help" required = "yes"/>
    <attribute type = "path" required = "yes"/>
    <group order = "one" minOccurs = "1" maxOccurs = "1">
        <element type = "MimeType" minOccurs = "1" maxOccurs = "1"/>
        <element type = "OpenWith" minOccurs = "1" maxOccurs = " * "/>
    </group>
    <element type = "Icon" minOccurs = "0" maxOccurs = "1"/>
</ElementType>
<!--Definition of a single function entry, which is a standard function (concerning the
applicationIds)-->
<!--This entry has not an own label. The label shall be supplied by the frame applic
ation-->
<ElementType name = "StandardFunction" content = "eltOnly" model = "closed">
    <attribute type = "fdt:nodeId" required = "no"/>
    <attribute type = "fdt:name" required = "yes"/>
    <attribute type = "help" required = "yes"/>
    <attribute type = "printableStandardFunction" required = "no"/>
    <attribute type = "resizableStandardFunction" required = "no"/>
    <attribute type = "functionId" required = "yes"/>
    <element type = "Icon" minOccurs = "0" maxOccurs = "1"/>
    <element type = "Status" minOccurs = "0" maxOccurs = "1"/>
    <element type = "appId:ApplicationId" minOccurs = "1" maxOccurs = "1"/>
</ElementType>
<!--Definition of a group of standard function entries-->
<!--This entry has not an own label. The label shall be supplied by the frame application. It
can not contain standard functions-->
<ElementType name = "StandardFunctions" content = "eltOnly" model = "closed">
    <attribute type = "fdt:nodeId" required = "no"/>
    <element type = "appId:ApplicationId" minOccurs = "1" maxOccurs = "1"/>
    <attribute type = "fdt:name" required = "yes"/>
    <attribute type = "help" required = "yes"/>
    <attribute type = "moduleId" required = "no"/>
    <element type = "Status" minOccurs = "0" maxOccurs = "1"/>
    <group order = "many" minOccurs = "0" maxOccurs = " * ">
        <element type = "Function" minOccurs = "0" maxOccurs = " * "/>
        <element type = "Functions" minOccurs = "0" maxOccurs = " * "/>
    </group>
```

```
</ElementType>
<! --Definition of a group of function entries-->
<! --This entry has its own label and could contain standard, non standard functions and
doc uments-->
<ElementType name = "Functions" content = "eltOnly" model = "closed">
    <attribute type = "fdt:nodeId" required = "no"/>
    <attribute type = "label" required = "yes"/>
    <attribute type = "fdt:name" required = "yes"/>
    <attribute type = "help" required = "yes"/>
    <attribute type = "moduleId" required = "no"/>
    <element type = "Status" minOccurs = "0" maxOccurs = "1"/>
    <group order = "many" minOccurs = "0" maxOccurs = " * ">
        <group order = "one" minOccurs = "0" maxOccurs = " * ">
            <element type = "Function" minOccurs = "0" maxOccurs = " * "/>
            <element type = "Document" minOccurs = "0" maxOccurs = " * "/>
            <element type = "StandardFunction" minOccurs = "0" maxOccurs = " * "/>
        </group>
        <group order = "one" minOccurs = "0" maxOccurs = " * ">
            <element type = "Functions" minOccurs = "0" maxOccurs = " * "/>
            <element type = "StandardFunctions" minOccurs = "0" maxOccurs = " * "/>
        </group>
    </group>
</ElementType>
<ElementType name = "FDT" content = "eltOnly" model = "closed">
    <attribute type = "fdt:nodeId" required = "no"/>
    <attribute type = "defaultFunctionId" required = "no"/>
    <element type = "Functions" minOccurs = "1" maxOccurs = "1"/>
  </ElementType>
</Schema>
```

示例:简单结构

```
<? xml version = "1.0"?>
<FDT xmlns = "x-schema:DTMFunctionsSchema.xml"xmlns:fdt = "x-schema:FDTDataTypesSchema.xml"
xmlns:appId = "x-schema:FDTApplicationIdSchema.xml" defaultFunctionId = "1">
    <Functions label = "Standard Functions" fdt:name = "" help = "">
        <StandardFunction fdt:name = "Observe" help = "Help text for Observe" functionId = "1">
            <Status toggle = "1" checked = "0" enabled = "1" hidden = "0" separator = "0"/>
            <appId:ApplicationId applicationId = "fdtObserve"/>
        </StandardFunction >
        <StandardFunction fdt: name = " Configuration" help = " Help text for Configuration"
        functionId = "2">
            <Status toggle = "1" checked = "0" enabled = "1" hidden = "0" separator = "0"/>
            <appId:ApplicationId applicationId = "fdtConfiguration "/>
        </StandardFunction >
```

```
    <StandardFunction fdt:name="Diagnos is" help="Help text for Diagnos is" functionId="3">
      <Status toggle="1" checked="0" enabled="1" hidden="0" separator="0"/>
      <appId:ApplicationId applicationId="fdtDiagnos is "/>
    </StandardFunction >
  </Functions>
</FDT>
<? xml vers ion="1.0"?>
<FDT xmlns="x-schema:DTMFunctionsSchema.xml"xmlns:fdt="x-schema:FDTDataTypesSchema.xml"
xmlns:appId="x-schema:FDTApplicationIdSchema.xml">
  <Functions label="External Functions" fdt:name="ExFuns1" help="Help text for
  External Functions 1">
    <Function label="External Function 1" fdt:name="ExFun1" help="Help text for Exter-
    nal Function 1"functionId="32">
      <Status toggle="1" checked="0" enabled="1" hidden="0" separator="0"/>
      <appId:FDTApplicationIds>
        <appId:ApplicationId applicationId="fdtDiagnos is"/>
        <appId:ApplicationId applicationId="fdtForce"/>
        <appId:ApplicationId applicationId="fdtObserve"/>
      </appId:FDTApplic ationIds>
    </Function>
  </Functions>
</FDT>
```

示例:复杂结构

```
<? xml vers ion="1.0"?>
<FDT xmlns="x-schema:DTMFunctionsSchema.xml" xmlns:fdt="x-schema:FDTDataTypesSchema.
xml"
xmlns:appId="x-schema:FDTApplicationIdSchema.xml" defaultFunctionId="42">
  <Functions label="Functions" fdt:name="" help="">
    <! --Definition of a group of function entries below the standard applicationID Config-
    uration-->
    <! --This entry has its own label and could contain only non standard functions-->
    <! --The menu should appear as-->
    <! --Configuration(label supplied by the frame applic ation)-->
    <! --Inputs(label supplied by DTM)-->
    <! --Outputs(label supplied by DTM)-->
    <! --Extras(label supplied by the DTM)-->
    <! --Extra entry 1 (label supplied by DTM)-->
    <! --Extra entry 2 (label supplied by DTM)-->
    <! -- Modules (optional submenu supplied by the frame application)-->
      <! -- AI (module name supplied by the DTM through GetParameters)-->
      <! --AI entry 1 (label supplied by DTM)-->
```

```
    〈! --AI entry 2 (label supplied by DTM)--〉
    〈! -- AO(module name supplied by the DTM through GetParameters)--〉
    〈! --AO entry 1 (label supplied by DTM)--〉
    〈! --AO entry 2 (label supplied by DTM)--〉
〈StandardFunctions fdt:name = "Configuration" help = "Help text for Configuration"〉
    〈appId:ApplicationId applicationId = "fdtConfiguration "/〉
    〈Status toggle = "1" checked = "0" enabled = "1" hidden = "0" separator = "0"/〉
    〈Function label = "Inputs" fdt:name = "Inputs" help = "Help text for Configuration
    Inputs" functionId = "42"〉
        〈Status toggle = "1" checked = "0" enabled = "1" hidden = "0" separator = "0"/〉
        〈appId:FDTApplicationIds〉
            〈appId:ApplicationId applicationId = "fdtConfiguration"/〉
        〈/appId:FDTApplic ationIds 〉
    〈/Function〉
    〈Function label = "Outputs" fdt:name = "Outputs" help = "Help text for Configuration
    Outputs"functionId = "52"〉
        〈Status toggle = "1" checked = "0" enabled = "1" hidden = "0" separator = "0"/〉
        〈appId:FDTApplicationIds〉
            〈appId:ApplicationId applicationId = "fdtConfiguration"/〉
        〈/appId:FDTApplic ationIds 〉
    〈/Function〉
〈/StandardFunctions 〉
〈Functions label = "Extras" fdt:name = "My extra functions" help = "Help text for my ex-
tra functions"〉
    〈Function label = "Extra entry 1" fdt:name = "Extra  1" help = "Help for extra 1" has-
    GUI = "1"functionId = "65"/〉
    〈Function label = "Extra entry 2" fdt:name = "Extra 2" help = "Help for extra 2" func-
    tionId = "75"/〉
    〈Document label = "Help for Extras" help = "Help file for Extras" path = "file://C:/
    MyDTMPath/Extra.hlp"〉
        〈OpenWith programName = "WinHelp.ex e"/〉
    〈/Document〉
〈/Functions〉
〈Functions label = "AI functions" fdt:name = "My AI functions" help = "Help text for AI
functions" moduleId = "1"〉
    〈Function label = "AI entry 1" fdt:name = "AI 1" help = "Help for AI entry 1" hasGUI = "1"
    functionId = "1001"/〉
    〈Function label = "AI entry 2" fdt:name = "AI 2" help = "Help for AI entry 2" func-
    tionId = "1002"/〉
    〈Document label = "Help for AI" help = "Help file for AI"path = "http://www.your_com-
    poany.com/support/AI.hlp"〉
        〈OpenWith programName = "WinHelp.exe"/〉
    〈/Document〉
```

```
</Functions>
<Functions label = "AO functions"fdt:name = "My AO functions" help = "Help text for AO
functions"moduleId = "2">
  <Function label = "AO entry 1" fdt:name = "AO 1" help = "Help for AO entry 1" hasGUI
  = "1" functionId = "2001"/>
  <Function label = "AO entry 2" fdt:name = "AO 2" help = "Help for AO entry 2" func-
  tionId = "2002"/>
  <Document label = "Help for AO"help = "Help file for AO"path = "ftp://ftp.your_com-
  poany.com/support/AO.hlp">
    <OpenWith programName = "WinHelp.exe"/>
  </Document>
</Functions>
</Functions>
</FDT>
```

C.14 DTMChannelFunctionsSchema

用于 IFdtChannelActiveXInformation::GetChannelFunctions()

该 XML 文档以结构化的方式描述 DTM 向框架应用程序提供的功能(见表 C.25 和表 C.26)。这些功能可能是标准的(由应用 ID 定义)或附加的(由 DTM 特定功能 ID 定义)功能。此外,该文档包含框架应用程序如何访问这些功能的信息。只支持面向功能的用户界面。

表 C.25 通道功能属性描述

属性	描 述
defaultFunctionId	可选属性,包含一个功能 ID,该功能 ID 能用来打开一个默认 ActiveXControl,或用来唤醒一个默认功能
functionId	在 DTM 名字空间内指定功能调用的唯一标识符
printable	对于功能指定 DTM 是否支持文件可打印(通过 IDtmDocumentation::GetDocumentation()访问)
help	功能的人可读的帮助字符串
hidden	菜单项目的状态
label	功能的人可读的标签
path	指向必须嵌入到功能的对象路径。如位图或其他图形元素
mime-type	DTM 提供的文档的 Mime-type
programName	指定文档查看器程序的名字
resizable	指定 DTM 是否支持可缩放的用户界面
separator	特殊菜单项目

表 C.26　通道功能元素描述

标签	描　述
FDT	根标签
Function	简单功能项定义，这个功能不是一个标准的功能(applicatioinIds 相关)
Functions	定义一组标准功能项目。该项目没有自己的标签。标签应由框架应用程序提供。它不能包含标准功能
Icon	功能的图标
StandardFunction	简单功能项定义，该功能是一个标准的功能(applicatioinIds 相关)。该项目没有自己的标签，标签由框架应用程序提供
Status	菜单的描述

```
<Schema name = "DTMChannelFunctionsSchema" xmlns = "urn:schemas-microsoft-com:xml-data"
  xmlns:dt = "urn:schemas-microsoft-com:datatypes"xmlns:fdt = "x-schema:FDTDataTypesSchema.
  xml"xmlns:appId = "x-schema:FDTApplicationIdSchema.xml">
    <! --Definition of Attributes-->
    <AttributeType name = "functionId" dt:type = "i4"/>
    <AttributeType name = "defaultFunctionId" dt:type = "i4"/>
    <AttributeType name = "enabled" dt:type = "boolean"/>
    <AttributeType name = "printable" dt:type = "boolean" default = "0"/>
    <AttributeType name = "help" dt:type = "string"/>
    <AttributeType name = "hidden" dt:type = "boolean"/>
    <AttributeType name = "label" dt:type = "string"/>
    <AttributeType name = "path" dt:type = "uri"/>
    <AttributeType name = "mime-ty pe" dt:type = "string"/>
    <AttributeType name = "programName" dt:type = "string"/>
    <AttributeType name = "resizable" dt:type = "boolean" default = "0"/>
    <AttributeType name = "separator" dt:type = "boolean"/>
    <! --Definition of Elements-->
    <ElementType name = "MimeTy pe" content = "empty" model = "closed">
       <attribute type = "mime-type" required = "no"/>
    </ElementType>
    <ElementType name = "OpenWith" content = "empty" model = "closed">
       <attribute type = "programName" required = "no"/>
    </ElementType>
    <ElementType name = "Status" content = "empty" model = "closed">
       <attribute type = "fdt:nodeId" required = "no"/>
       <attribute type = "enabled" required = "yes"/>
       <attribute type = "hidden" required = "yes"/>
       <attribute type = "separator" required = "yes"/>
    </ElementType>
    <ElementType name = "Icon" content = "empty" model = "closed">
```

```
    〈attribute type = "fdt:nodeId" required = "no"/〉
    〈attribute type = "path" required = "yes"/〉
〈/ElementType〉
〈! --Definition of a single function entry, which is not a standard function (concerning the applicationIds)--〉
〈! --This entry has its own label--〉
〈ElementType name = "Function" content = "eltOnly" model = "closed"〉
    〈attribute type = "fdt:nodeId" required = "no"/〉
    〈attribute type = "label" required = "yes"/〉
    〈attribute type = "fdt:name" required = "yes"/〉
    〈attribute type = "help" required = "yes"/〉
    〈attribute type = "printable" required = "no"/〉
    〈attribute type = "resizable" required = "no"/〉
    〈attribute type = "functionId" required = "yes"/〉
    〈element type = "Icon" minOccurs = "0" maxOccurs = "1"/〉
    〈element type = "Status" minOccurs = "0" maxOccurs = "1"/〉
    〈element type = "appId:FDTApplicationIds" minOccurs = "0" maxOccurs = "1"/〉
〈/ElementType〉
〈! --Definition of a document entry, which specifies a path to a DTM provided document--〉
〈! --This entry has its own label--〉
〈ElementType name = "Document" content = "eltOnly" model = "closed"〉
    〈attribute type = "fdt:nodeId" required = "no"/〉
    〈attribute type = "label" required = "yes"/〉
    〈attribute type = "help" required = "yes"/〉
    〈attribute type = "path" required = "yes"/〉
    〈group order = "one" minOccurs = "1" maxOccurs = "1"〉
        〈element type = "MimeType" minOccurs = "1" maxOccurs = "1"/〉
        〈element type = "OpenWith" minOccurs = "1" maxOccurs = " * "/〉
    〈/group〉
    〈element type = "Icon" minOccurs = "0" maxOccurs = "1"/〉
〈/ElementType〉
〈! --Definition of a single function entry, which is a standard function (concerning the ap-plic ationIds)--〉
〈! --This entry has not an own label. The label shall be supplied by the frame applic ation--〉
〈ElementType name = "StandardFunction" content = "eltOnly" model = "closed"〉
    〈attribute type = "fdt:nodeId" required = "no"/〉
    〈attribute type = "fdt:name" required = "yes"/〉
    〈attribute type = "help" required = "yes"/〉
    〈attribute type = "functionId" required = "yes"/〉
    〈element type = "Icon" minOccurs = "0" maxOccurs = "1"/〉
    〈element type = "Status" minOccurs = "0" maxOccurs = "1"/〉
    〈element type = "appId:ApplicationId" minOccurs = "1" maxOccurs = "1"/〉
```

```
  </ElementType>
  <! --Definition of a group of standard function entries-->
<! --This entry has not an own label. The label shall be supplied by the frame application. It
can not contain standard functions-->
  <ElementType name = "StandardFunctions" content = "eltOnly" model = "closed">
     <attribute type = "fdt:nodeId" required = "no"/>
     <element type = "appId:ApplicationId" minOccurs = "1" maxOccurs = "1"/>
     <attribute type = "fdt:name" required = "yes"/>
     <attribute type = "help" required = "yes"/>
     <element type = "Status" minOccurs = "0" maxOccurs = "1"/>
     <group order = "many" minOccurs = "0" maxOccurs = " * ">
        <element type = "Function" minOccurs = "0" maxOccurs = " * "/>
        <element type = "Functions" minOccurs = "0" maxOccurs = " * "/>
     </group>
  </ElementType>
  <! --Definition of a group of function entries-->
  <! --This entry has its own label and could contain standard, non standard functions and
  doc uments-->
  <ElementType name = "Functions" content = "eltOnly" model = "closed">
     <attribute type = "fdt:nodeId" required = "no"/>
     <attribute type = "label" required = "yes"/>
     <attribute type = "fdt:name" required = "yes"/>
     <attribute type = "help" required = "yes"/>
     <element type = "Status" minOccurs = "0" maxOccurs = "1"/>
     <group order = "many" minOccurs = "0" maxOccurs = " * ">
        <group order = "one" minOccurs = "0" maxOccurs = " * ">
           <element type = "Function" minOccurs = "0" maxOccurs = " * "/>
           <element type = "Document" minOccurs = "0" maxOccurs = " * "/>
           <element type = "StandardFunction" minOccurs = "0" maxOccurs = " * "/>
        </group>
        <group order = "one" minOccurs = "0" maxOccurs = " * ">
           <element type = "Functions" minOccurs = "0" maxOccurs = " * "/>
           <element type = "StandardFunctions" minOccurs = "0" maxOccurs = " * "/>
        </group>
     </group>
  </ElementType>
  <ElementType name = "FDT" content = "eltOnly" model = "closed">
     <attribute type = "fdt:nodeId" required = "no"/>
     <attribute type = "defaultFunctionId" required = "no"/>
     <element type = "Functions" minOccurs = "1" maxOccurs = "1"/>
  </ElementType>
</Schema>
```

示例：

```
<? xml version="1.0"?>
<FDT xmlns="x-schema:DTMChannelFunctionsSchema.xml" xmlns:fdt="x- schema:FDTDataTypesS-
chema.xml" xmlns:appId="x-schema:FDTApplicationIdSchema.xml">
    <Functions label="Standard Functions" fdt:name="" help="">
        <StandardFunction fdt:name="Configuration" help="Help text for Configuration"
        functionId="2">
            <Status enabled="1" hidden="0" separator="0"/>
            <appId:ApplicationId applicationId="fdtConfiguration "/>
        </StandardFunction >
        <StandardFunction fdt:name="Diagnosis" help="Help text for Diagnosis" functionId
        ="3">
            <Status enabled="1" hidden="0" separator="0"/>
            <appId:ApplicationId applicationId="fdtDiagnosis "/>
        </StandardFunction >
    </Functions>
</FDT>
```

C.15 DTMOnlineCompareSchema

用于 IDtmOnlineDiagnosis::Compare()

该 XML 文档描述是否能比较存储在数据库的数据和从设备上载的数据(见表 C.27 和表 C.28)。如果数据能比较,结果显示数据是否相等。否则,文档包含通信错误。

表 C.27 比较属性描述

属性	描 述
statusFlag	描述数据是否相等

表 C.28 比较元素描述

标签	描 述
CompareResult	包含比较结果和通信错误
FDT	根标签

```
<Schema name="DTMOnlineCompareSchema" xmlns="urn:schemas-microsoft-com:xml-data"
xmlns:dt="urn:schemas-microsoft-com:datatypes" xmlns:fdt="x-schema:FDTDataTypesSchema.
xml">
    <!--Definition of Attributes-->
    <AttributeType name="statusFlag" dt:type="enumeration" dt:values="equal notE-
    qual"/>
    <!--Definition of Elements-->
    <ElementType name="CompareResult" content="eltOnly" model="closed">
```

```
        〈attribute type = "fdt:nodeId" required = "no"/〉
        〈attribute type = "statusFlag" required = "yes"/〉
        〈element type = "fdt:StatusInformation" minOccurs = "0" maxOccurs = "1"/〉
    〈/ElementType〉
    〈ElementType name = "FDT" content = "eltOnly" model = "closed"〉
        〈attribute type = "fdt:nodeId" required = "no"/〉
        〈group order = "one"〉
            〈element type = "CompareResult"/〉
            〈element type = "fdt:CommunicationError"/〉
        〈/group〉
    〈/ElementType〉
〈/Schema〉
```

示例

```
〈? xml version = "1.0"?〉
〈FDT xmlns = "x-schema:DTMOnlineCompareSchema.xml" xmlns:fdt = "x-schema:FDTDataTypesSche-
ma.xml"〉
    〈CompareResult statusFlag = "equal"/〉
〈/FDT〉

〈? xml version = "1.0"?〉
〈FDT xmlns = "x-schema:DTMOnlineCompareSchema.xml"xmlns:fdt = "x- schema:FDTDataTypesSche-
ma.xml"〉
    〈CompareResult statusFlag = "notEqual"〉
        〈fdt:StatusInformation〉
            〈fdt:EnumeratorEntry index = "2" name = "ErrorName1" descriptor = "Thats error num-
            ber 1"/〉
            〈fdt:EnumeratorEntry index = "0815" name = "ErrorName0815" descriptor = "Thats
            error number 0815"/〉
        〈/fdt:StatusInformation〉
    〈/CompareResult〉
〈/FDT〉

〈? xml version = "1.0"?〉
〈FDT xmlns = "x-schema:DTMOnlineCompareSchema.xml"xmlns:fdt = "x- schema:FDTDataTypesSche-
ma.xml"〉
    〈fdt:CommunicationError communicationError = "noConnection" tag = "00PGH10EB004"/〉
〈/FDT〉
```

C.16 FDTFailSafeDataSchema

用于 IFdtFunctionBlockData::GetFBInstanceData()

该 XML 文档描述了相关功能块的故障安全数据((见表 C.29 和表 C.30)。

表 C.29　故障安全属性描述

属性	描　述
fsBulkData	故障安全数据
fsBusMasterTag	相应主站的设备标签
fsDeviceFBTag	相应功能块的设备标签
fsDeviceTag	故障安全设备的设备标签

表 C.30　故障安全属元素描述

属性	描　述
FDTFailSafeData	包含功能块的故障安全数据
FDT	根标签

```
<Schema name = "FDTFailSafeDataSchema"
xmlns = "urn:schemas-microsoft-com:xml-data"xmlns:dt = "urn:schemas-microsoft-com:datatypes"
xmlns:fdt = "x-schema:FDTDataTypesSchema.xml">
    <! --Definition of Attributes-->
    <AttributeType name = "fsDeviceTag" dt:type = "string"/>
    <AttributeType name = "fsBusMasterTag" dt:type = "string"/>
    <AttributeType name = "fsDeviceFBTag" dt:type = "string"/>
    <AttributeType name = "fsBulkData" dt:type = "bin.base64"/>
    <! --Definition of Elements-->
    <ElementType name = "FDTFailSafeData" content = "empty" model = "closed">
        <attribute type = "fdt:nodeId" required = "no"/>
        <attribute type = "fsDeviceTag" required = "no"/>
        <attribute type = "fsBusMasterTag" required = "no"/>
        <attribute type = "fsDeviceFBTag" required = "yes"/>
        <attribute type = "fsBulkData" required = "yes"/>
    </ElementType>
    <ElementType name = "FDT" content = "eltOnly" model = "closed">
        <attribute type = "fdt:nodeId" required = "no"/>
        <element type = "FDTFailSafeData" minOccurs = "0" maxOccurs = "1"/>
    </ElementType>
</Schema>
```

示例

```
<? xml version = "1.0"?>
<FDT xmlns = "x-schema:FDTFailSafeDataSchema.xml" xmlns:fdt = "x-schema:FDTDataTypesSchema.xml">
    <FDTFailSafeData fsDeviceTag = "MyDevice" fsBusMasterTag = "MyBusMasterTag"
    fsDeviceFBTag = "MyDeviceFBTag" fsBulkData = "1"/>
</FDT>
```

C.17 DTMTopologyScanSchema

用于 IFdtChannelSubTopology::OnScanResponse()

这个 XML 文档包含拓扑扫描结果(见表 C.31)。

表 C.31 拓扑扫描元素描述

标签	描　述
TopologyScan	关于扫描结果的总线特定信息集
FDT	根标签

```
<? xml version = "1.0"?>
<Schema name = "DTMTopologyScanSchema" xmlns = "urn:schemas-microsoft-com:xml-data"
xmlns:fdtprofidevice = "x-schema:DTMProfibusDeviceSchema.xml" xmlns:fdthartdevice = "x-
schema:DTMHARTDeviceSchema.xml" xmlns:fdt = "x-schema:FDTDataTypesSchema.xml">
  <! --Definition of Elements-->
  <ElementType name = "TopologyScan" content = "eltOnly" model = "open">
    <attribute type = "fdt:nodeId" required = "no"/>
    <group order = "one">
      <element type = "fdthartdevice:HARTDevice" minOccurs = "0" maxOccurs = " * "/>
      <element type = "fdtprofidevice:ProfibusDevice" minOccurs = "0" maxOccurs = " * "/>
    </group>
  </ElementType>
</Schema>
```

示例

```
<? xml version = "1.0"?>
<TopologyScan xmlns = "x-schema:DTMTopologyScanSchema.xml" xmlns:fdthart = "x-
schema:FDTHARTCommunicationSchema.xml"
xmlns:dtminfo = "x-schema:DTMInformationSchema.xml"
xmlns:fdthartdevice = "x-schema:DTMHARTDeviceSchema.xml"
xmlns:fdt = "x-schema:FDTDataTypesSchema.xml" >
  <fdthartdevice:HARTDevicefdthart:manufacturerId = "22" fdthart:deviceTypeId = "133"
  fdt:subDeviceType = "TypA" fdthart:shortAddress = "2" fdt:tag = ""/>
  <fdthartdevice:HARTDevice fdthart:manufacturerId = "22" fdthart:deviceTypeId = "133"
  fdt:subDeviceType = "TypB" fdthart:shortAddress = "3" fdt:tag = ""/>
</TopologyScan>
```

C.18 FDTOperationPhaseSchema

用于 IDtm::GetFunctions()

该 XML 文档包含运行阶段定义(见表 C.32 和表 C.33)。

表 C.32 操作阶段属性描述

属性	描述
operationPhase	包含当前运行阶段的属性(参考 GB/T 29618.2)

表 C.33 操作阶段元素描述

标签	描述
FDT	根标签

```
<Schema name = "FDTOperationPhaseSchema" xmlns = "urn:schemas-microsoft-com:xml-data"
xmlns:dt = "urn:schemas-micros oft-com:datatypes">
   <! --Definition of Attributes-->
   <AttributeType name = "operationPhase" dt:type = "enumeration" dt:values = "notSupported
   engineering commissioning
   runtime service"/>
   <ElementType name = "FDT" content = "empty" model = "closed">
      <attribute type = "operationPhas e" required = "yes"/>
   </ElementType>
</Schema>
```

示例:

```
<? xml version = "1.0"?>
<FDT xmlns = "x-schema:FDTOperationPhaseSchema.xml" perationPhase = "runtime"/>
```

C.19 DTMInitSchema

用于 IDtm:: InitNew()

该 XML 文档包含设备类型信息。

表 C.34 DTM Init 元素描述

标签	描述
FDT	根标签

```
<Schema name = "DTMInitSchema" xmlns = "urn:schemas-microsoft-com:xml-data" xmlns:dt = "urn:
schemas-microsoft-com:datatypes" xmlns:fdt = "x-schema:FDTDataTypesSchema.xml"
xmlns:dtminfo = "x- schema:DTMInformationSchema.xml">
   <ElementType name = "FDT" content = "eltOnly" model = "closed">
      <element type = "fdt:DtmDeviceType"/>
   </ElementType>
</Schema>
```

示例:

```
<? xml version = "1.0"?>
<FDT xmlns = "x-schema:DTMInitSchema.xml" xmlns:fdt = "x-s chema:FDTDataTypesSchema.xml"
```

```
xmlns:dtminfo = "x- schema:DTMInformationSchema.xml">
   <fdt:DtmDeviceType>
      <fdt:VersionInformation name = "myname" vendor = "myVendor" version = "1.0" date = "
      2000-08-05"/>
      <fdt:SupportedLanguages>
         <fdt:LanguageId languageId = "1131"/>
      </fdt:SupportedLanguages>
      <fdt:BusCategories>
         <fdt:BusCategory busCategory  = "036D1499-387B-11D4-86E1-00E0987270B9"/>
      </fdt:BusCategories>
    <fdt:DeviceTypeVariant deviceTypeVariant = "PM255-EX" deviceTypeVariantInfo = "PM255-EX
    Info"/>
   </fdt:DtmDev iceType>
</FDT>
```

C.20 FDTUserMessageSchema

用于 IFdtDialog::UserDialog()

该 XML 文档包含用户信息定义(见表 C.35 和表 C.36)。

表 C.35 用户消息属性描述

属性	描　述
helpContext	帮助上下文(如帮助文件内的引用号码)
helpFile	定义帮助文件
messageButtons	定义在消息框出现哪种按钮类型
messageDefault	定义默认按钮
messageType	消息类型,如警示、信息、……
resultMessage	定义用户交互结果
resultStatus	
title	消息框的 Window 标题

表 C.36 用户消息元素描述

标签	描　述
FDT	根标签
FDTUserMessage	定义整个消息
TextLine	定义消息内文本行数

```
<Schema name = "FDTUserMessageSchema" xmlns = "urn:schemas-microsoft-com:xml-data"
  xmlns:dt = "urn:schemas-microsoft-com:datatypes"
  xmlns:fdt = "x-schema:FDTDataTypesSchema.xml">
     <!--Definition of Attributes-->
```

```
〈AttributeType name = "messageType"dt:type = "enumeration" dt:values = "messageExclamat-
ion messageInformation messageQuestion messageStop"/〉
〈AttributeType name = "messageButtons" dt:type = "enumeration"dt:values = "buttonsAbor-
tRetryIgnorebuttonsOk buttonsOkCancel
buttonsRetryCancel buttonsYesNo buttonsYesNoCancel"/〉
〈AttributeType name = "messageDefault" dt:type = "enumeration"  dt:values = "buttonAbort
buttonRetrybuttonIgnore buttonOk buttonCancel buttonYes buttonNo"/〉
〈AttributeType name = "resultMessage" dt:type = "enumeration"  dt:values = "nobutton but-
tonAbort buttonRetry buttonIgnore buttonOk buttonCancel buttonYes buttonNo"/〉
〈AttributeType name = "resultStatus" dt:type = "enumeration" dt:values = "notSupported
deniedsystemResponse ok"/〉
〈AttributeType name = "title" dt:type = "string"/〉
〈AttributeType name = "helpFile" dt:type = "string"/〉
〈AttributeType name = "helpContext" dt:type = "number"/〉
〈! -- ApplicationId specifies the standard user interface called --〉
〈ElementType name = "TextLine" content = "mixed" model = "closed"〉
   〈attribute type = "fdt:nodeId" required = "no"/〉
   〈attribute type = "fdt:string" required = "yes"/〉
〈/ElementType〉
〈ElementType name = "FDTUserMessage" content = "mixed" model = "closed"〉
   〈attribute type = "fdt:nodeId" required = "no"/〉
   〈attribute type = "messageType" required = "yes"/〉
   〈attribute type = "messageButtons" required = "yes"/〉
   〈attribute type = "messageDefault" required = "yes"/〉
   〈attribute type = "title" required = "yes"/〉
   〈attribute type = "helpFile" required = "no"/〉
   〈attribute type = "helpContext" required = "no"/〉
   〈group order = "many"〉
      〈element type = "TextLine" minOccurs = "0" maxOccurs = " * "/〉
      〈element type = "fdt:DtmVariable" minOccurs = "0" maxOccurs = " * "/〉
   〈/group〉
   〈attribute type = "resultMessage" required = "no"/〉
   〈attribute type = "resultStatus" required = "no"/〉
〈/ElementType〉
〈ElementType name = "FDT" content = "mixed" model = "closed"〉
   〈attribute type = "fdt:nodeId" required = "no"/〉
   〈element type = "FDTUserMessage" minOccurs = "1" maxOccurs = "1"/〉
〈/ElementType〉
〈/Schema〉
```

示例：

```
〈? xml version = "1.0" encoding = "UTF-8"?〉
〈FDT xmlns = "x-schema:FDTUserMessageSchema.xml" xmlns:fdt = "x-schema:FDTDataTypesSchema.xml"〉
   〈FDTUserMessage messageType = "messageQuestion"
```

```
messageButtons = "buttonsOkCancel"messageDefault = "buttonCancel" title = "Information">
   <TextLine fdt:string = "Please give in your name:"/>
   <TextLine fdt:string = "Please give in your name:"/>
   <fdt:DtmVariable name = "strUser">
      <fdt:Value>
         <fdt:Variant dataType = "ascii">
            <fdt:StringData string = "New Name"/>
         </fdt:Variant>
      </fdt:Value>
   </fdt:DtmVariable>
   <TextLine fdt:string = "(more than 2 characters needed)"/>
 </FDTUserMessage>
</FDT>
```

C.21 DTMInfoListSchema

用于 IFdtTopology::GetDtmInfoList()

该 XML 文档包含 DTM 信息列表(见表 C.37)。

表 C.37 DTM 信息列表元素描述

标签	描述
DtmInfoList	DtmInfo 结构元素集
FDT	根标签

```
<Schema name = "DTMInfoListSchema"  xmlns = "urn:schemas-microsoft-com:xml-data"
 xmlns:dt = "urn:schemas-microsoft-com:datatypes"  xmlns:dtmInfo = "x-schema:DTMInforma-
 tionSchema.xml"
 xmlns:fdt = "x-schema:FDTDataTypesSchema.xml">
   <! --Definition of Elements-->
   <ElementType name = "DtmInfoList" content = "eltOnly" model = "closed" order = "seq">
      <attribute type = "fdt:nodeId" required = "no"/>
      <element type = "dtmInfo:DtmInfo" minOccurs = "1" maxOccurs = " * "/>
   </ElementType>
   <ElementType name = "FDT" content = "eltOnly" model = "closed">
      <attribute type = "fdt:nodeId" required = "no"/>
      <element type = "DtmInfoList" minOccurs = "1" maxOccurs = "1"/>
   </ElementType>
</Schema>
```

示例:

```
<? xml version = "1.0"?>
<FDT xmlns = "x-schema:DTMInfoListSchema.xml" xmlns:fdt = "x-schema:FDTDataTypesSchema.xml"
xmlns:dtmInfo = "x-schema:DTMInformationSchema.xml">
   <DtmInfoList>
```

```
    〈dtmInfo:DtmInfo〉
        〈dtmInfo:FDTVersion major = "1" minor = "2"/〉
        〈fdt:VersionInformation name = "myname" vendor = "myVendor" version = "1.0" date = "
        2000-07-01"/〉
        〈dtmInfo:DtmDeviceTypes〉
            〈fdt:DtmDeviceType〉
                〈fdt:VersionInformation name = "myname" vendor = "myVendor" version = "1.0"
                date = "2000-08-05"/〉
        〈fdt:SupportedLanguages〉
            〈fdt:LanguageId languageId = "1131"/〉
        〈/fdt:SupportedLanguages〉
        〈fdt:BusCategories〉
            〈fdt:BusCategory busCategory = "036D1497-387B-11D4-86E1-00E0987270B9"/〉
        〈/fdt:BusCategories〉
    〈/fdt:DtmDeviceType〉
    〈fdt:DtmDeviceType〉
        〈fdt:VersionInformation name = "myname" vendor = "myVendor" version = "1.2" date = "2000-
        03-05"〉
        〈fdt:SupportedLanguages〉
            〈fdt:LanguageId languageId = "1131"/〉
        〈/fdt:SupportedLanguages〉
        〈fdt:BusCategories〉
            〈fdt:BusCategory busCategory = "036D1497-387B-11D4-86E1-00E0987270B9"/〉
            〈fdt:BusCategory busCategory = "036D1499-387B-11D4-86E1-00E0987270B9"/〉
        〈/fdt:BusCategories〉
    〈/fdt:DtmDeviceType〉
〈/dtmInfo:DtmDeviceTypes〉
        〈/dtmInfo:DtmInfo〉
        〈dtmInfo:DtmInfo〉
            〈dtmInfo:FDTVersion major = "1" minor = "2"/〉
            〈fdt:VersionInformation name = "myname" vendor = "myVendor" version = "1.0" date = "
            2000-07-23"/〉
            〈dtmInfo:DtmDeviceTypes〉
                〈fdt:DtmDeviceType〉
                    〈fdt:VersionInformation name = "myname" vendor = "myVendor" version = "1.1"
                    date = "2000-03-05"/〉
        〈fdt:SupportedLanguages〉
            〈fdt:LanguageId languageId = "1131"/〉
        〈/fdt:SupportedLanguages〉
        〈fdt:BusCategories〉
            〈fdt:BusCategory busCategory = "036D1498-387B-11D4-86E1-00E0987270B9"/〉
        〈/fdt:BusCategories〉
    〈/fdt:DtmDeviceType〉
```

```
</dtmInfo:DtmDeviceTypes>
        </dtmInfo:DtmInfo>
      </DtmInfoList>
 </FDT>
```

C.22 FDTTopologyImportExportSchema

用于框架应用程序的私有功能。不需要用 FDT 规范内定义的接口。

该 XML 文档描述系统拓扑。它可用于拓扑的导入和导出(见表 C.38 和表 C.39)。

表 C.38 拓扑属性描述

属性	描　述
category	描述结构类型
comment	元素上下文内的注释
dataStream	数据描述
date	导出日期
frameApplicationTag	用于标识和导航的框架应用程序特定的标签
gatewayBusCategory	所支持总线类型的唯一标识符,如符合 FDT 特定 CATID 的 Profibus 或 HART
identifier	元素的唯一标识符
label	对象人可读的名字
progId	DTM 的 ProgId
projectName	在框架应用程序名字空间内的项目唯一标识符
propertyName	属性名
propertyValue	属性值
propertyValueType	属性类型
systemTag	系统标签
time	导出时间
uuid	DTM 的 UUID

表 C.39 拓扑元素描述

标签	描　述
ChannelNode	拓扑内的通道描述
ChannelSubNodes	通道子节点
Dataset	DTM 的数据集
Description	拓扑的一般信息
DTM	DTM 描述
BTM	BTM 描述
DTMNode	拓扑内的 DTM 描述
BTMNode	拓扑内的 BTM 描述

表 C.39（续）

标签	描　述
DTMSubNodes	DTM 子节点
FDT	根标签
FDTChannelType	通道组件描述
ProgId	DTM 的 ProgId
Property	PropertyBag 内的属性描述
PropertyBag	PropertyBag 描述
Source	拓扑数据源描述
Stream	流描述
StructuringNode	拓扑结构信息
StructuringSubNodes	“StructuringNode”的子注释
UUID	DTM 的 UUID
ChannelNode	拓扑内的通道描述
ChannelSubNodes	通道子节点
Dataset	DTM 数据集

框架应用程序应注意处理冗余从设备的 DTM 实例应在导入/导出文档的 DTM 元素内使用 Bus-Information 元素。

```
〈Schema name = "FDTTopology ImportExportSchema"
    xmlns = "urn:schemas-mic rosoft-com:xml-data"
    xmlns:dt = "urn:schemas-microsoft-com:datatypes"
    xmlns:fdt = "x -schema:FDTDataTypesSchema.xml"
    xmlns:dtmInfo = " x-schema:DTMInformationSchema.xml" xmlns:btm = " x -schema:BtmData-
    TypesSchema.xml" xmlns:btmInfo = "x-schema:BtmInformationSchema.xml"
    xmlns:dtmParam = "x -schema:DTMParameterSchema.xml"〉
    〈! --Definition of Attributes--〉
    〈AttributeType name = "date" dt:type = "date"/〉
    〈AttributeType name = "time" dt:type = "time"/〉
    〈AttributeType name = "comment" dt:type = "string"/〉
    〈AttributeType name = "identifier" dt:type = "string"/〉
    〈AttributeType name = "label" dt:type = "string"/〉
    〈AttributeType name = "category" dt:type = "string"/〉
    〈AttributeType name = "uuid" dt:type = "uuid"/〉
    〈AttributeType name = "progId" dt:type = "string"/〉
    〈AttributeType name = "systemTag" dt:type = "string"/〉
    〈AttributeType name = "dataStream" dt:type = "bin.hex"/〉
    〈AttributeType name = "projectName" dt:type = "string"/〉
    〈AttributeType name = "propertyName" dt:type = "string"/〉
    〈AttributeType name = "propertyValue" dt:type = "bin.hex"/〉
```

```
〈AttributeType name = "propertyValueType" dt:type = "ui4"/〉
〈AttributeType name = "frameApplicationTag" dt:type = "string"/〉
〈AttributeType name = "gatewayBusCategory" dt:type = "uuid"/〉
〈! --Definition of Elements--〉
〈ElementType name = "ChannelSubNodes" content = "eltOnly" model = "closed"〉
   〈attribute type = "fdt:nodeId" required = "no"/〉
   〈element type = "DTMNode" minOccurs = "0" maxOccurs = " * "/〉
   〈element type = "BTMNode" minOccurs = "0" maxOccurs = " * "/〉
   〈element type = "StructuringNode" minOccurs = "0" maxOccurs  = " * "/〉
〈/ElementType〉
〈ElementType name = "FDTChannelType" content = "eltOnly" model = "closed"〉
   〈attribute type = "fdt:nodeId" required = "no"/〉
   〈element type = "fdt:VersionInformation" minOccurs = "1" maxOccurs = "1"/〉
   〈attribute type = "gatewayBusCategory" required = "no"/〉
〈/ElementType〉
〈ElementType name = "ChannelNode" content = "eltOnly" model = "closed"〉
   〈attribute type = "fdt:nodeId" required = "no"/〉
   〈attribute type = "frameApplicationTag" required = "no"/〉
   〈attribute type = "label" required = "yes"/〉
   〈attribute type = "fdt:tag" required = "yes"/〉
   〈attribute type = "fdt:id" required = "yes"/〉
   〈element type = "FDTChannelType" minOccurs = "1" maxOccurs = "1"/〉
   〈element type = "ChannelSubNodes" minOccurs = "0" maxOccurs = "1"/〉
〈/ElementType〉
〈ElementType name = "StructuringSubNodes" content = "eltOnly " model = "closed"〉
   〈attribute type = "fdt:nodeId" required = "no"/〉
   〈element type = "DTMNode" minOccurs = "0" maxOccurs = " * "/〉
   〈element type = "BTMNode" minOccurs = "0" maxOccurs = " * "/〉
   〈element type = "StructuringNode" minOccurs = "0" maxOccurs  = " * "/〉
〈/ElementType〉
〈ElementType name = "StructuringNode" content = "eltOnly" model = "closed"〉
   〈attribute type = "fdt:nodeId" required = "no"/〉
   〈attribute type = "identifier" required = "yes"/〉
   〈attribute type = "label" required = "yes"/〉
   〈attribute type = "category" required = "no"/〉
   〈element type = "StructuringSubNodes" minOccurs = "1" maxOccurs = "1"/〉
〈/ElementType〉
〈ElementType name = "Property" content = "empty" model = "closed"〉
   〈attribute type = "fdt:nodeId" required = "no"/〉
   〈attribute type = "propertyName" required = "yes"/〉
   〈attribute type = "propertyValue" required = "yes"/〉
   〈attribute type = "propertyValueType" required = "yes"/〉
〈/ElementType〉
```

```
<ElementType name = "PropertyBag" content = "eltOnly" model = "closed">
   <attribute type = "fdt:nodeId" required = "no"/>
   <element type = "Property" minOccurs = "0" maxOccurs = " * "/>
</ElementType>
<ElementType name = "Stream" content = "empty" model = "closed">
   <attribute type = "fdt:nodeId" required = "no"/>
   <attribute type = "dataStream" required = "yes"/>
</ElementType>
<ElementType name = "ImportExport" content = "empty" model = "closed">
   <attribute type = "fdt:nodeId" required = "no"/>
   <attribute type = "dataStream" required = "yes"/>
</ElementType>
<ElementType name = "Dataset" content = "eltOnly" model = "closed">
   <attribute type = "fdt:nodeId" required = "no"/>
   <attribute type = "systemTag" required = "yes"/>
   <group minOccurs = "1" maxOcc urs = "1" order = "one">
      <element type = "PropertyBag" minOccurs = "1" maxOccurs = "1"/>
      <element type = "Stream" minOccurs = "1" maxOccurs = "1"/>
      <element type = "ImportExport" minOccurs = "1" maxOccurs = "1"/>
   </group>
</ElementType>
<ElementType name = "ProgId" content = "empty" model = "closed">
   <attribute type = "fdt:nodeId" required = "no"/>
   <attribute type = "progId" required = "yes"/>
</ElementType>
<ElementType name = "UUID" content = "empty" model = "closed">
   <attribute type = "fdt:nodeId" required = "no"/>
   <attribute type = "uuid" required = "yes"/>
</ElementType>
<ElementType name = "DTM" content = "eltOnly" model = "closed">
   <attribute type= "fdt:nodeId" required = "no"/>
   <element type = "dtmInfo:FDTVersion" minOccurs = "1" maxOccurs = "1"/>
   <element type = "fdt:VersionInformation" minOccurs = "1" maxOccurs = "1" />
   <element type = "fdt:DtmDeviceType" minOccurs = "1" maxOccurs = "1"/>
   <element type = "dtmParam:Bus Information" minOccurs = "0" maxOccurs = "1"/>
   <group order = "one" minOccurs = "1" maxOccurs = "1">
      <element type = "UUID"/>
      <element type = "ProgId"/>
   </group>
</ElementType>
<ElementType name = "BTM" content = "eltOnly" model = "closed">
   <attribute type = "fdt:nodeId" required = "no"/>
   <element type = "dtmInfo:FDTVersion" minOccurs = "1" maxOccurs = "1"/>
```

```
    〈element type = "fdt:VersionInformation" minOccurs = "1" maxOccurs = "1"/〉
    〈element type = "btm:BtmBlockType" minOccurs = "1" maxOccurs = "1"/〉
    〈group order = "one" minOccurs = "1" maxOccurs = "1"〉
        〈element type = "UUID"/〉
        〈element type = "ProgId"/〉
    〈/group〉
〈/ElementType〉
〈ElementType name = "DTMSubNodes" content = "eltOnly" model = "closed"〉
    〈attribute type = "fdt:nodeId" required = "no"/〉
    〈element type = "ChannelNode" minOccurs = "1" maxOccurs = " * "/〉
〈/ElementType〉
〈ElementType name = "DTMNode" content = "eltOnly" model = "closed"〉
    〈attribute type = "fdt:nodeId" required = "no"/〉
    〈attribute type = "identifier" required = "yes"/〉
    〈attribute type = "label" required = "yes"/〉
    〈element type = "DTM" minOccurs = "1" maxOccurs = "1"/〉
    〈element type = "Dataset" minOccurs = "0" maxOccurs = "1"/〉
    〈element type = "DTMSubNodes" minOccurs = "0" maxOccurs = "1"/〉
〈/ElementType〉
〈ElementType name = "BTMNode" content = "eltOnly" model = "closed"〉
    〈attribute type = "fdt:nodeId" required = "no"/〉
    〈attribute type = "identifier" required = "yes"/〉
    〈attribute type = "label" required = "yes"/〉
    〈element type = "BTM" minOccurs = "1" maxOccurs = "1"/〉
    〈element type = "Dataset" minOccurs = "0" maxOccurs = "1"/〉
〈/ElementType〉
〈ElementType name = "Source" content = "empty" model = "closed"〉
    〈attribute type = "fdt:nodeId" required = "no"/〉
    〈attribute type = "identifier" required = "no"/〉
    〈attribute type = "label" required = "yes"/〉
    〈attribute type = "projectName" required = "yes"/〉
〈/ElementType〉
〈ElementType name = "Description" content = "eltOnly" model = "closed"〉
    〈attribute type = "fdt:nodeId" required = "no"/〉
    〈attribute type = "date" required = "yes"/〉
    〈attribute type = "time" required = "yes"/〉
    〈attribute type = "comment" required = "no"/〉
    〈element type = "Source" minOccurs = "1" maxOccurs = "1"/〉
〈/ElementType〉
〈ElementType name = "FDT" content = "eltOnly" model = "closed"〉
    〈attribute type = "fdt:nodeId" required = "no"/〉
    〈element type = "Description" minOccurs = "1" maxOccurs = "1"/〉
    〈group order = "one" minOccurs = "1" maxOccurs = "1"〉
```

```
            〈element type = "DTMNode" minOccurs = "1" maxOccurs = "1"/〉
            〈element type = "BTMNode" minOccurs = "1" maxOccurs = "1"/〉
            〈element type = "StructuringNode" minOccurs = "1" maxOccurs  = "1"/〉
        〈/group〉
    〈/ElementType〉
〈/Schema〉
```

示例：

```
〈? xml version = "1.0" ?〉
〈FDT xmlns = "x-schema:FDTTopologyImportExportSchema.x ml" xmlns:fdt = "x-schema:FDTData-
TypesSchema.xml"xmlns:dtmInfo = "x-schema:DTMInformationSchema.xml"〉
    〈Description date = "2002-11-20" time = "11:11:11"〉
        〈Source identifier  = "FBB" label = "ABB Fieldbus Builder" projectName = "LEBUILDPC-WAL
        System"/〉
    〈/Description〉
    〈StructuringNode identifier = "B13A8777-AFEB-457e-A7DF-A5BEEE498CAC" label = "Root" cate-
    gory = "Domain"〉
        〈StructuringSubNodes〉
            〈DTMNode identifier = "2888AF1B-2D50-446D-86BE-9D16D78DF580" label = "Modem 1" 〉
                〈DTM〉
                    〈dtmInfo:FDTVersion major = "1" minor = "0"/〉
                    〈fdt:VersionInformation name = "HARTCommunication" vendor = "ABB Automation
                    GmbH" version = "1.0" date = "2000-12-20"/〉
                    〈fdt:DtmDeviceType〉
                        〈fdt: VersionInformation name = " HARTCommunication " vendor = " ABB
                        Automation GmbH" version = "1.0" date = "2000-12-20"/〉
                        〈fdt:SupportedLanguages〉
                            〈fdt:LanguageId languageId = "1131"/〉
                        〈/fdt:SupportedLanguages〉
                        〈fdt:BusCategories〉
                            〈fdt:BusCategory busCategory  = "036D1498-387B-11D4-86E1-00E0987270B9"/〉
                        〈/fdt:BusCategories〉
                    〈/fdt:DtmDeviceType〉
                    〈ProgId progId  = "HARTComm.ABBHARTCommDTM.1"/〉
                〈/DTM〉
                〈DTMSubNodes〉
                    〈ChannelNode frameApplicationTag = "Channel 1" label = "HART Channel" fdt:tag
                    = "HARTChannel" fdt:id = "1"〉
                        〈FDTChannelType gatewayBusCategory = "036D1498-387B-11D4-86E1-00E0987270B9"〉
                            〈fdt:VersionInformation name = "HARTCommunication" vendor = "ABB Auto-
                            mation GmbH" version = "1.0" date = "2000-12-20"/〉
                        〈/FDTChannelType〉
```

```
        〈ChannelSubNodes〉
          〈DTMNode identifier = "3E58A0F2-890F-4118-9463-78C880B0810E" label = "
          GH 1" 〉
            〈DTM〉
              〈dtmInfo:FDTVersion major = "1" minor = "2"/〉
              〈fdt:VersionInformation name = "HARTCommunication" vendor = "ABB
              Automation GmbH" version = "1.0" date = "2000-12-20"/〉
              〈fdt:DtmDeviceType readAccess = "1" writeAccess = "0" manufac-
              turerId = "0" deviceTypeId = "0" deviceTypeInformation = "-/-"〉
                〈fdt:VersionInformation readAccess = "1" writeAccess = "0"
                name = "Generic HART" vendor = "ABB" version = "1.0" date = "
                2002-11-17"/〉
                    〈fdt:SupportedLanguages〉
                  〈fdt:LanguageId languageId = "1033"/〉
                      〈/fdt:SupportedLanguages〉
                〈fdt:BusCategories〉
                  〈fdt:BusCategory
                  busCategory = "036D1498-387B-11D4-86E1-00E0987270B9"/〉
                〈/fdt:BusCategories〉
              〈/fdt:DtmDeviceType〉
            〈ProgId progId = "Generic HARTDtm.Main"/〉
          〈/DTM〉
          〈Dataset systemTag = "3E58A0F2-890F-4118-9463-78C880B0810E"〉
          〈Stream
dataStream = "2800000050006500720073006900730074006500 6e0074005000610072006100
6d006500740065007200000000800a03200003c003f0078006d006c0020007600650072007300690 06f006
e003d00220031002e00300022003f003e000d000a003c004600440054002000780 06d006c006e0073003d
00220078002d007300630068006500 6d0061003a00440054004d005000610072006100 6d"/〉
            〈/Dataset〉
          〈/DTMNode〉
        〈/ChannelSubNodes〉
      〈/ChannelNode〉
    〈/DTMSubNodes〉
  〈/DTMNode〉
〈/StructuringSubNodes〉
〈/StructuringNode〉
〈/FDT〉
```

C.23 DTMDeviceListSchema

用于 IFdtChannelSubTopology2::SetChildrenAddresses()

该 XML 文档包含 DTM 系统标签列表和相关的用来设定的设备地址(见表 C.40 和表 C.41)。

表 C.40 设备列表属性描述

属性	描 述
rrorDescription	在 dtmSpecificError 情况下的详细错误信息
errorInfo	如果用作 DeviceList 元素,返回 DTMDeviceListSchema 时用来指示错误摘要,当用在设备元素中时,用来指示特定地址的错误信息。枚举: “ok” 地址被成功设置-用在 DeviceList 中,也用在设备中。 “failedToSet”-用在设备中,指示设置参数失败。 “failedDuplicateAddress”-用来指示地址已存在,不能被设置。 “cancelled”- 用来指示设置被用户取消。 “dtmSpecificError”-指示 DTM 特定的错误。在这种情况下,描述文本用来给出更详细的信息
showUserInterface	指出为了获取由用户决定选择的协议特定的地址,通信通道是否应该打开一个用户界面。 枚举: openUserInterface-应打开用户界面向用户请求地址 noUserInterface-没有打开用户界面 setNextValidAddress-在不使用用户界面时,通信通道必须设置下一个有效的地址。在这种情况下,通信通道不使用 busAddress。 如果没有设置这个属性,假定为 NoUserInterface

注:busAddress 属性是字符串格式的,并能通过框架应用程序以协议无关的方式访问。busAddress 字符串是协议特定的。必须按照协议规则来处理它。

表 C.41 设备列表元素描述

元素	描 述
BusAddress	包含一个总线地址
BusAddressList	包含总线地址列表 为了支持带有多个地址的设备(一个总线地址和可选冗余地址),应能提供多个地址
Device	包含设备标识信息和相应 DTM 的系统标签
DeviceList	设备集和可选错误摘要。无论如何,只要列表中的一个设备有 errorInfo,应设置这个 errorInfo 属性

〈Schema name = "DTMDeviceListSchema" xmlns = "urn:schemas-micros oft-com:xml-data" xmlns:dt = "urn:schemas- microsoft-com:datatypes" xmlns:fdt = "x-schema:FDTDataTypesSchema.xml"〉

〈AttributeType name = "errorDescription" dt:type = "string"/〉

〈AttributeType name = "showUserInterface" dt:type = "enumeration" dt:values = " openUserInterface noUserInterface setNextValidAddress"/〉

〈AttributeType name = "errorInfo" dt:type = "enumeration" dt:values = "ok failedToSet failedDuplic ateAddress cancelled dtmSpec ificError"/〉

〈ElementType name = "BusAddress" content = "empty" model = "closed"〉

```
        〈attribute type = "fdt:nodeId" required = "no"/〉
        〈attribute type = "fdt:busAddres s" required = "yes"/〉
    〈/ElementType〉
    〈ElementType name = "BusAddressList" content = "eltOnly" model = "closed"〉
        〈attribute type = "fdt:nodeId" required = "no"/〉
        〈element type = "BusAddress" minOccurs = "1" maxOccurs = " * "/〉
    〈/ElementType〉
    〈ElementType name = "Device" content = "eltOnly" model = "closed"〉
        〈attribute type = "fdt:nodeId" required = "no"/〉
        〈attribute type = "fdt:systemTag" required = "yes"/〉
        〈attribute type = "errorInfo" required = "no"/〉
        〈attribute type = "errorDescription" required = "no"/〉
        〈element type = "BusAddressLis t" minOccurs = "1" maxOccurs = "1"/〉
    〈/ElementType〉
    〈ElementType name = "DeviceList" content = "eltOnly" model = "closed"〉
        〈attribute type = "fdt:nodeId" required = "no"/〉
        〈attribute type = "errorInfo" required = "no"/〉
        〈attribute type = "errorDescription" required = "no"/〉
        〈attribute type = "showUserInterface" required = "no"/〉
        〈element type = "Device" minOccurs = "1" maxOccurs = " * "/〉
    〈/ElementType〉
    〈ElementType name = "FDT" content = "eltOnly" model = "closed"〉
        〈attribute type = "fdt:nodeId" required = "no"/〉
        〈element type = "DeviceList" minOccurs = "1" maxOccurs = "1"/〉
    〈/ElementType〉
〈/Schema〉
```

示例：

```
〈? xml version = "1.0" encoding = "UTF-8"?〉
〈devList:FDT xmlns:devList = "x-schema:DTMDeviceListSchema.xml"
xmlns:fdt = "x - schema:FDTDataTypesSchema.xml"〉
    〈devList:DeviceList〉
        〈devList:Device fdt:systemTag = "DTM-1"〉
            〈devList:BusAddressList〉
                〈devList:BusAddress fdt:busAddress = "1"/〉
            〈/devList:BusAddressList〉
        〈/devList:Device〉
        〈devList:Device fdt:systemTag = "DTM-2"〉
            〈devList:BusAddressList〉
                〈devList:BusAddress fdt:busAddress = "2"/〉
            〈/devList:BusAddressList〉
        〈/devList:Device〉
        〈devList:Device fdt:systemTag = "DTM-3"〉
            〈devList:BusAddressList〉
```

```
            <devList:BusAddress fdt:busAddress = "3"/>
        </devList:BusAddressList>
    </devList:Device>
  </devList:DeviceList>
</devList:FDT>
<? xml version = "1.0" encoding = "UTF-8"?>
<devList:FDT xmlns:devList = "x-schema:DTMDeviceListSchema.xml"
xmlns:fdt = "x - schema:FDTDataTypesSchema.xml">
  <devList:DeviceList>
    <devList:Device fdt:systemTag = "DTM-1" errorInfo = "failedToSet" errorDescription = "
    DTM-1 not available">
        <devList:BusAddressList>
            <devList:BusAddress fdt:busAddress = "1"/>
        </devList:BusAddressList>
    </devList:Device>
    <devList:Device fdt:systemTag = "DTM-2" errorInfo = "failedDuplic ateAddress ">
        <devList:BusAddressList>
            <devList:BusAddress fdt:busAddress = "2"/>
        </devList:BusAddressList>
    </devList:Device>
    <devList:Device fdt:systemTag = "DTM-3" errorInfo = "ok">
        <devList:BusAddressList>
            <devList:BusAddress fdt:busAddress = "3"/>
        </devList:BusAddressList>
    </devList:Device>
  </devList:DeviceList>
</devList:FDT>
```

C.24 DTMSystemGuiLabelSchema

用于 IDtm2::SetSystemGuiLabel()

该 XML 文档提供系统标签(见表 C.42)。

表 C.42 GUI 标签元素描述

标签	描述
SystemGuiLabel	系统标签描述

```
<Schema name = "DTMSystemGuiLabelSchema" xmlns = "urn:schemas-microsoft-com:xml-data"
xmlns:dt = "urn:schemas-microsoft-com:datatypes" xmlns:fdt = "x-schema:FDTDataTypesSchema.
xml">
  <! --Definition of Elements-->
  <ElementType name = "SystemGuiLabel" content = "empty" model = "closed">
    <attribute type = "fdt:nodeId" required = "no"/>
    <attribute type = "fdt:systemGuiLabel" required = "no"/>
```

```
  </ElementType>
  <ElementType name = "FDT" content = "eltOnly" model = "closed">
    <attribute type = "fdt:nodeId" required = "no"/>
    <element type = "SystemGuiLabel"/>
  </ElementType>
</Schema>
```

示例：

```
<? xml version = "1.0"?>
<FDT xmlns = "x -schema:DTMSystemGuiLabelSchema.xml" x mlns:fdt = "x-schema:FDTDataTypesS-
chema.xml">
  <SystemGuiLabel fdt:nodeId = "myId" fdt:systemGuiLabel = "This is the system label of the
  DTM instance" />
</FDT>
```

C.25 DTMStateSchema

DTM 状态描述用于向框架应用程序通知 DTM 的当前状态(见表 C.43)。

表 C.43 DTM 状态元素描述

标签	描　述
PreviousState	DTM 状态机以前的状态
CurrentState	DTM 状态机的当前状态
DtmStateTransition	DTM 状态机状态之间的状态转换

```
<Schema name = "DTMStateSchema" xmlns = "urn:schemas-microsoft-com:xml-data" xmlns:dt = "
urn:schemas-microsoft-com:datatypes" xmlns:fdt = "x-schema:FDTDataTypesSchema.xml">
  <! --Definition of Attributes-->
  <ElementType name = "PreviousState" content = "empty" model = "closed">
    <attribute type = "fdt:nodeId" required = "no"/>
    <attribute type = "fdt:dtmStateMachine" required = "yes"/>
  </ElementType>
  <ElementType name = "CurrentState" content = "empty" model = "closed">
    <attribute type = "fdt:nodeId" required = "no"/>
    <attribute type = "fdt:dtmStateMachine" required = "yes"/>
  </ElementType>
  <ElementType name = "DtmStateTransition" content = "eltOnly" model = "closed">
    <attribute type = "fdt:nodeId" required = "no"/>
    <element type = "PreviousState" minOccurs = "1" maxOccurs = "1"/>
    <element type = "CurrentState" minOccurs = "1" maxOccurs = "1"/>
    <element type = "fdt:CommunicationError" minOccurs = "0" maxOccurs = "1"/>
  </ElementType>
  <ElementType name = "FDT" content = "eltOnly" model = "closed">
    <attribute type = "fdt:nodeId" required = "no"/>
```

```
    <element type = "DtmStateTransition" minOccurs = "1" maxOcc urs = "1"/>
  </ElementType>
</Schema>
```

示例：

```
<? xml version = "1.0"?>
<FDT xmlns = "x -schema:DTMStateSchema.xml" xmlns:fdt = "x-schema:FDTDataTypesSchema.xml">
  <DtmStateTransition>
    <PreviousState fdt:dtmStateMachine = "online"/>
    <CurrentState fdt:dtmStateMac hine = "communicationSet"/>
    <fdt:CommunicationError tag = "myTag" communicationError = "noConnection" descriptor
     = "device not found"/>
  </DtmStateTransition>
</FDT>
```

C.26 DTMEnvironmentSchema

D 环境文档用于向 DTM 通知框架应用程序支持的 FDT 版本(见表 C.44)。

表 C.44 框架版本元素描述

标签	描 述
FrameVersion	描述框架应用程序的版本

```
<Schema name = "DTMEnvironmentSchema" xmlns = "urn:schemas-microsoft-com:xml-data" x mlns:dt
 = "urn: schemas -microsoft-com: datatypes" xmlns: fdtvers = " x-schema: DTMInformationSchema.
xml" xmlns:fdt = "x-schema:FDTDataTypes Schema.xml">
  <ElementType name = "FrameVersion" content = "eltOnly" model = "closed" order = "seq">
    <attribute type = "fdt:nodeId" required = "no"/>
    <element type = "fdtvers:FDTVersion" minOccurs = "1" maxOccurs = "1"/>
  </ElementType>
  <ElementType name = "FDT" content = "eltOnly" model = "closed">
    <attribute type = "fdt:nodeId" required = "no"/>
    <element type = "FrameVersion" minOccurs = "1" maxOccurs = "1"/>
  </ElementType>
</Schema>
```

示例：

```
<? xml version = "1.0"?>
<FDT xmlns = "x -schema:DTMEnvironmentSchema.xml"
        xmlns:fdtvers = "x-schema:DTMInformationSchema.xml"
        xmlns:fdt = "x -schema:FDTDataTypesSchema.xml"
        xmlns:fdtappid = "x-schema:FDTApplicationIdSchema.xml">
  <FrameVersion>
    <fdtvers:FDTVersion major = "1" minor = "2" release = "0" build = "1" />
  </FrameVersion>
</FDT>
```

C.27 FDTConnectResponseSchema

连接响应文档向 DTM 通知父通道支持的 FDT 版本(见表 C.45)。

表 C.45 连接响应元素描述

标签	描 述
FrameVersion	描述父组件的版本

```
<Schema name="FDTConnectResponseSchema" xmlns="urn:schemas-microsoft-com:xml-data"
  xmlns:dt="urn:schemas-microsoft-com:datatypes"
      xmlns:fdtvers="x-schema:DTMInformationSchema.xml" xmlns:fdt="x-schema:
      FDTDataTypes Schema.xml">
    <ElementType name="ParentVersion" content="eltOnly" model="closed">
      <attribute type="fdt:nodeId" required="no"/>
      <element type="fdtvers:FDTVersion" minOccurs="1" maxOccurs="1"/>
    </ElementType>
    <ElementType name="FDT" content="eltOnly" model="closed">
      <attribute type="fdt:nodeId" required="no"/>
      <element type="ParentVersion" minOccurs="1" maxOccurs="1"/>
    </ElementType>
  </Schema>
```

示例:

```
<?xml version="1.0"?>
      <FDT xmlns="x-schema:FDTConnectResponseSchema.xml" xmlns:fdtvers="x-schema:
      DTMInformationSchema.xml" xmlns:fdt="x-schema:FDTDataTypesSchema.xml"
      xmlns:fdtappid="x-schema:FDTApplicationIdSchema.xml">
    <ParentVersion>
      <fdtvers:FDTVersion major="1" minor="2" release="0" build="1"/>
    </ParentVersion>
  </FDT>
```

C.28 TypeRequestSchema

用作 GetDeviceIdentificationInformation()的参数定义被请求标识的类型(见表 C.46)。

表 C.46 类型请求元素描述

标签	描 述
FDT	根标签

```
<Schema name="TypeRequestSchema" xmlns="urn:schemas-microsoft-com:xml-data"
  xmlns:dt="urn:schemas-microsoft-com:datatypes"
  xmlns:fdt="x-schema:FDTDataTypesSchema.xml"
  xmlns:btm="x-schema:BtmDataTypesSchema.xml"
```

```
xmlns:dtminfo = "x-schema:DTMInformationSchema.xml">
   <ElementType name = "FDT" content = "eltOnly" model = "closed">
      <group order = "one" minOccurs = "1" maxOccurs = "1">
         <element type = "fdt:DtmDeviceType"/>
         <element type = "btm:BtmBlockType"/>
      </group>
   </ElementType>
</Schema>
```

C.29 FDTScanRequestSchema

用于 IFdtChannelScan::ScanRequest()

该 XML 文档包含扫描地址的范围。提供下列选项：

——地址范围，也能使用一个地址；

——现场总线提供的所有地址；

——在支持多个协议的情况下标识协议的协议 UUID。

表 C.47 扫描请求属性描述

属性	描述
busAddressBegin	用作拓扑扫描开始地址的总线地址。符合扫描响应格式
busAddressEnd	用作结束地址的总线地址，符合扫描响应格式
scanMode	枚举定义是否扫描全部地址范围或定义通信 DTM 是否应打开一个用户界面向用户请求地址

表 C.48 扫描请求元素描述

标签	描述
BusAddressRange	包含请求总线扫描的开始和结束地址
BusAddressRanges	包含总线地址范围列表
FDT	根标签
ScanMode	该元素定义了是请求整个总线扫描还是通过用户界面选择地址

```
<? xml version = "1.0"?>
 <Schema name = "FDTTopologyScanRequestSchema" xmlns  = "urn:schemas-microsoft-c om:xml-data"
 xmlns:fdt = "x- schema:FDTDataTypesSchema.xml">
    <! --Definition of Attributes-->
    <AttributeType name = "busAddressBegin" dt:type = "string"/>
    <AttributeType name = "busAddressEnd" dt:type = "string"/>
    <AttributeType name = "scanMode" dt:type = "enumeration" dt:values = "allAddresses open-
    GUI"/>
    <! --Definition of Elements-->
    <ElementType name = "BusAddressRange" content = "empty" model = "closed">
       <attribute type = "busAddressBegin" required = "yes"/>
```

```
    〈attribute type = "busAddressEnd" required = "no"/〉
  〈/ElementType〉
  〈ElementType name = "BusAddressRanges" content = "eltOnly" model = "closed"〉
    〈attribute type = "fdt:nodeId" required = "no"/〉
    〈attribute type = "fdt:busCategory" required = "yes"/〉
    〈element type = "BusScanAddressRange" minOccurs = "1" max Occurs = "*"/〉
  〈/ElementType〉
  〈ElementType name = "ScanMode" content = "empty" model = "closed"〉
    〈attribute type = "fdt:nodeId" required = "no"/〉
    〈attribute type = "scanMode" required = "yes"/〉
    〈attribute type = "fdt:busCategory" required = "yes"/〉
  〈/ElementType〉
  〈ElementType name = "FDT" content = "eltOnly" model = "closed"〉
    〈attribute type = "fdt:nodeId" required = "no"/〉
    〈group order = "one"〉
      〈element type = "BusScanAddressRanges"/〉
      〈element type = "ScanMode"/〉
    〈/group〉
  〈/ElementType〉
〈/Schema〉
```

示例 1:扫描所有地址

```
〈? xml version = "1.0"?〉
〈FDT xmlns = "x-schema:FDTTopologyScanRequestSchema.xml" xmlns:fdt = "x-schema:FDTDataTypesSchema.xml"〉
  〈ScanMode scanMode = "allAddresses" busCategory = "036D1498-387B-11D4-86E1-00E0987270B9"/〉
〈/FDT〉
```

示例 2:针对可选的地址范围,向用户显示地址

```
〈? xml version = "1.0"?〉
〈FDT xmlns = "x-schema:FDTTopologyScanRequestSchema.xml" xmlns:fdt = "x-schema:FDTDataTypesSchema.xml"〉
  〈ScanMode scanMode = "openGUI" busCategory = "036D1498-387B-11D4-86E1-00E0987270B9"/〉
〈/FDT〉
```

示例 3:扫描地址范围,如 5～10

```
〈? xml version = "1.0"?〉
〈FDT xmlns = "x-schema:FDTTopologyScanRequestSchema.xml" xmlns:fdt = "x- schema:FDTDataTypesSchema.xml"〉
  〈BusScanAddressRanges busCategory = "036D1498-387B-11D4-86E1-00E0987270B9"〉
    〈 BusScanAddressRange busAddressBegin = "5" busAddressEnd = "10" /〉
  〈/BusScanAddressRanges〉
〈/FDT〉
```

示例 4:扫描两个地址范围

```
〈? xml version = "1.0"?〉
```

〈FDT xmlns = "x-schema:FDTTopologyScanRequestSchema.xml" xmlns:fdt = "x- schema:FDTDataTypesSchema.xml"〉

〈BusScanAddressRanges "busCategory = "036D1498-387B-11D4-86E1-00E0987270B9"〉

〈 FieldbusScanAddressRange busAddressBegin = "5" busAddressEnd = "10"/〉

〈 FieldbusScanAddressRange busAddressBegin = "15" busAddressEnd = "20"/〉

〈/BusScanAddressRanges〉

〈/FDT〉

示例5:只扫描一个地址

〈? xml version = "1.0"?〉

〈FDT xmlns = "x-schema:FDTTopologyScanRequestSchema.xml" xmlns:fdt = "x- schema:FDTDataTypesSchema.xml"〉

〈BusScanAddressRanges "busCategory = "036D1498-387B-11D4-86E1-00E0987270B9"〉

〈FieldbusScanAddressRange busAddressBegin = "5"/〉

〈/BusScanAddressRanges〉

〈/FDT〉

C.30 FDT×××IdentSchema

协议特定的基本架构。在这个架构中,定义 FDT××××DeviceTypeIdentSchema 和 FDT××××ScanIdentSchema 协议特定的名字空间。

例:FDTHARTIdentSchema.xml。

C.31 FDT×××DeviceTypeIdentSchema

用于 IDtmInformation2:GetDeviceIdentificationInformation()。

专门为每个协议创建该架构。通过协议特定的 XSL 文件转换 XML 文档。转换结果应对照 DTMDeviceTypeSchema 来验证。

这个架构符合 FDT×××IdentSchema 所定义的协议特定名字空间。

DTM 至少应为必需的标识元素提供一个属性或规则的表达式元素。

例:FDTHARTDeviceTypeIdentSchema.xml。

C.32 FDT×××ScanIdentSchema

用于 IDtmScanEvents::OnScanResponse()

该架构是协议特定的。通过协议特定的 xsl 文件来转换该文档。转换结果应对照 DTMScanIdentSchema 验证转换结果。

这个架构符合 FDT×××IdentSchema 所定义的协议特定名字空间。

例:FDTHARTDeviceTypeIdentSchema.xml。

C.33 DTMIdentSchema

DTMScanIdentSchema 和 DTMDeviceTypeIdentSchema 的不依赖于定义在这个架构中的协议标识名字空间(见表 C.49 和表 C.50)。

表 C.49 公用标识属性描述

属性	描　述
Match	属性包含一个规则表达式字符串,它与扫描结果提供的属性相匹配
Nomatch	属性包含一个规则表达式字符串,它与扫描结果提供的属性不匹配
Name	包含单个标识符信息的名字
Value	包含单个标识符信息的名字
protocolSpecificName	现场协议特定的名字。该属性提供对现场总线规范的引用
idDTMSupportLevel	定义 DTMDeviceType 对物理设备的支持等级。框架应用程序用这个属性来向用户显示 DTM 的支持等级。用户可使用这个信息用于分配决策 genericSupport:适用于所有的相应现场总线协议物理设备 DTMDeviceType profileSupport:能够适用于现场总线某行规物理设备的 DTMDeviceType。 blockspecificProfileSupport:适用于包含在物理设备内的块类型的 DTMDeviceType(如:在 Profibus PA 的 TransducerBlock) specificSupport:针对物理设备类型开发的 DTMDeviceType。 identSupport:这个 DTMDeviceType 能以制造商特定的方式标识物理设备,并能推荐更好的 DTMDeviceType

表 C.50 公用标识元素描述

标签	描　述
RegExpr	包含一个或多个类型匹配或不匹配规则表达式属性(参考规则表达式规定条款)

```
<Schema name = "DTMIdentSchema" xmlns = "urn:schemas-microsoft-com:xml-data" xmlns:dt = "urn:
schemas-microsoft-com:datatypes" xmlns:fdt = "x-schema:FDTDataTypesSchema.xml">
        <! --Definition of Attributes-->
        <AttributeType name = "match" dt:type = "string"/>
        <AttributeType name = "nomatc h" dt:type = "string"/>
        <AttributeType name = "name" dt:type = "string"/>
        <AttributeType name = "value" dt:type = "string"/>
        <AttributeType name = "protocolSpec ificName" dt:type = "string"/>
        <AttributeType name = "idDTMSupportLevel" dt:type = "enumeration" dt:values = "gener-
        icSupport profileSupport blockspec ificProfileSupport specificSupport identSup-
        port"/>
        <! --Definition of Elements-->
        <ElementType name = "RegExpr" content = "empty" model = "closed">
                <attribute type = "match" required = "no"/>
                <attribute type = "nomatch" required = "no"/>
        </ElementType>
</Schema>
```

C.34 DTMScanIdentSchema

由 ScanResponse 提供的协议特定的 XML 文档将通过协议特定的 XSLT 来转换(见表 C.51 和表

C.52)。转换结果应对照 DTMScanIdentSchema 来校验。

表 C.51 扫描标识属性描述

属性	描 述
resultState	标记为 ScanResponse( )返回的第一个临时结果。DTM 将发送更多的临时 XML (resultState =“provisional”)并在扫描操作结束时发送一个结果文档(resultState = “final”)。在错误的情况下,结果通过设置 resultState = error 指示这个错误
configuredState	这个属性仅用于像 Profibus 一样具有主配置的协议,对于所有其他协议使用“notApplicable”。 这个属性定义了连接到该地址的扫描模块是否在组态状态中。框架应用程序可选地使用这个属性向用户显示信息。 下列值在枚举中有效: configuredAndPhysicallyAvailable configuredAndNotPhysicallyAvailable availableButNotConfigured notApplicable

表 C.52 扫描标识元素描述

标签	描 述
IdAddress	包含设备的现场总线地址或模块地址 这个属性仅用在在线扫描过程和信息中。不能用于匹配
IdBusProtocol	提供协议变量,如 Profibus PA
IdBusProtocolVersion	包含协议版本信息,如:HART 的版本 5 或 6,Profibus PA 的版本 3.0
IdManufacturer	标识设备或块的制造商
IdTypeID	标识设备或块类型
IdSoftwareRevision	包含设备或块的软件版本
IdDeviceTag	包含被扫描设备或块实例标签。该属性仅存在于扫描结果中和信息中。不能用于匹配
IdHardwareRevision	包含设备或块的硬件版本
IdSerialNumber	包含被扫描设备或模块的序列号。这个属性仅存在于扫描结果中和信息中。不能用于匹配。 注:对于制造商和一个设备类型,这个序列号是唯一的。 为了提出一个世界范围内的唯一设备标识,框架应用程序必须联合 IdManufacturer, IdTypeID 和 IdSerialNumber
IdValue	对于一个没有框架应用程序语义的标识参数,包含一对名字值
IdValues	标识元素列表,上面列出元素不特别定义这些标识元素。对于那些标识元素,不存在协议无关的语义信息
ScanIdentification	包含单个被扫描设备或块的所有标识元素。这个标签包含语义定义良好的元素,也包含 IdValues
ScanIdentifications	多个被扫描物理设备或块的标识列表

```
<Schema name="DTMScanIdentSchema" xmlns="urn:schemas-microsoft-com:xml-data" xmlns:dt="urn:schemas-microsoft-com:datatypes" xmlns:ident="x-schema:DTMIdentSchema.xml" xmlns:fdt="x-schema:FDTDataTypesSchema.xml">
    <!--Definition of Attributes-->
    <AttributeType name="resultState" dt:type="enumeration" dt:values="provisional final error"/>
    <AttributeType name="configuredState" dt:type="enumeration" dt:values="configuredAndPhysic allyAvailable
 configuredAndNotPhysicallyAvailable availableButNotConfigured notApplicable"/>
    <ElementType name="IdAddress" content="empty" model="closed">
        <attribute type="ident:value" required="yes"/>
        <attribute type="ident:protocolSpecificName" required="yes"/>
    </ElementType>
    <ElementType name="IdBusProtocol" content="empty" model="closed">
        <attribute type="ident:value" required="yes"/>
        <attribute type="ident:protocolSpecificName" required="yes"/>
    </ElementType>
    <ElementType name="IdBusProtocolVersion" content="empty " model="closed">
        <attribute type="ident:value" required="no"/>
        <attribute type="ident:protocolSpecificName" required="yes"/>
    </ElementType>
    <ElementType name="IdManufacturer" content="empty" model="closed">
        <attribute type="ident:value" required="no"/>
        <attribute type="ident:protocolSpecificName" required="yes"/>
    </ElementType>
    <ElementType name="IdTypeID" content="empty" model="closed">
        <attribute type="ident:value" required="no"/>
        <attribute type="ident:protocolSpecificName" required="yes"/>
    </ElementType>
    <ElementType name="IdSoftwareRevision" content="empty" model="closed">
        <attribute type="ident:value" required="no"/>
        <attribute type="ident:protocolSpecificName" required="yes"/>
    </ElementType>
    <ElementType name="IdDeviceTag" content="empty" model="closed">
        <attribute type="ident:value" required="no"/>
        <attribute type="ident:protocolSpecificName" required="yes"/>
    </ElementType>
    <ElementType name="IdHardwareRevision" content="empty" model="closed">
        <attribute type="ident:value" required="no"/>
        <attribute type="ident:protocolSpecificName" required="yes"/>
    </ElementType>
    <ElementType name="IdSerialNumber" content="empty" model="closed">
        <attribute type="ident:value" required="no"/>
```

```
      〈attribute type="ident:protocolSpecificName" required="yes"/〉
   〈/ElementType〉
   〈ElementType name="IdValue" content="empty" model="closed"〉
      〈attribute type="ident:name" required="yes"/〉
      〈attribute type="ident:value" required="yes"/〉
      〈attribute type="ident:protocolSpecificName" required="yes"/〉
   〈/ElementType〉
   〈ElementType name="IdValues" content="eltOnly" model="closed"〉
      〈element type="IdValue" minOccurs="0" maxOccurs="*"/〉
   〈/ElementType〉
   〈ElementType name="ScanIdentification" content="eltOnly" model="closed"〉
      〈attribute type="configuredState" required="no"/〉
      〈element type="fdt:CommunicationError" minOccurs="0" max Occurs="1"/〉
      〈element type="IdBusProtocol" minOccurs="1" maxOccurs="1"/〉
      〈element type="IdBusProtocolVersion" minOccurs="1" maxOccurs="1"/〉
      〈element type="IdAddress" minOccurs="1" maxOccurs="1"/〉
      〈element type="IdManufacturer" minOccurs="1" maxOccurs="1"/〉
      〈element type="IdTypeID" minOccurs="1" maxOccurs="1"/〉
      〈element type="IdSoftwareRevision" minOccurs="1" maxOccurs="1"/〉
      〈element type="IdHardwareRevision" minOccurs="1" maxOccurs="1"/〉
      〈element type="IdDeviceTag" minOccurs="1" maxOccurs="1"/〉
      〈element type="IdSerialNumber" minOccurs="1" maxOccurs="1"/〉
      〈element type="IdValues" minOccurs="0" maxOccurs="1"/〉
   〈/ElementType〉
   〈ElementType name="ScanIdentifications" content="eltOnly" model="closed"〉
      〈attribute type="fdt:busCategory" required="yes"/〉
      〈attribute type="resultState" required="yes"/〉
      〈element type="ScanIdentification" minOccurs="0" maxOccurs="*"/〉
   〈/ElementType〉
   〈ElementType name="FDT" content="eltOnly" model="closed"〉
      〈element type="ScanIdentifications" minOccurs="1" maxOccurs="1"/〉
   〈/ElementType〉
〈/Schema〉
```

C.35 DTMDeviceTypeIdentSchema

用来验证 IDTMInformation2::GetDeviceIdentificationInformation()的转换响应。

该 XML 文档包含一个 DTMDeviceType(见表 C.53)的 DTMDeviceType 标识信息。XSLT 转换成不依赖于协议的格式后,框架应用程序验证该文档。

表 C.53 设备类型标识元素描述

标签	描 述
IdBusProtocol	见 DTMScanIdentSchema.xml 中的相应描述
IdBusProtocolVersion	

表 C.53（续）

标签	描　述
IdManufacturer	
IdTypeID	
IdSoftwareRevision	
IdHardwareRevision	
IdDTMSupportLevel	该元素仅用在 DTMDeviceTypeIdentSchema 中，不用在 DTMScanIdentSchema 中。它不能用于匹配。它只能被框架应用程序显示用于用户的分配决策
IdValue	对于一个没有框架应用程序语义的标识参数，包含一堆名字值
IdValues	标识元素列表，上面列出的元素不特别定义这些标识元素。对于那些标识元素，不存在协议无关的语义信息
DeviceTypeIdentification	包含物理设备类型或分组的设备类型标识元素
DeviceTypeIdentifications	物理设备类型的几个设备类型标识列表。该 DeviceTypeIdentifications 元素不应用在 IDtmInformation2::GetDeviceIdentificationInformation()返回 XML 上下文中。 这个元素仅用在能包含多个设备类型标识信息的 XML 上下文中。（如，IDtmChannelSubTopology2、IDtmHardwareIdentification）

```
〈Schema name = "DTMDeviceTypeIdentSchema.xml" xmlns = "urn:schemas-microsoft-com:xml-data"
xmlns:dt = "urn:schemas-microsoft-com:datatypes" xmlns:ident = "x-schema:DTMIdentSchema.xml"
xmlns:fdt = "x-schema:FDTDataTypesSchema.xml"〉
    〈! --Definition of Attributes--〉
    〈ElementType name = "IdBusProtocol" content = "eltOnly" model = "closed"〉
        〈attribute type = "ident:value" required = "no"/〉
        〈attribute type = "ident:protocolSpecificName" required = "yes"/〉
        〈element type = "ident:RegExpr" minOccurs = "0" maxOccurs = " * "/〉
    〈/ElementType〉
    〈ElementType name = "IdBusProtocolVersion" content = "eltOnly" model = "closed"〉
        〈attribute type = "ident:value" required = "no"/〉
        〈attribute type = "ident:protocolSpecificName" required = "yes"/〉
        〈element type = "ident:RegExpr" minOccurs = "0" maxOccurs = " * "/〉
    〈/ElementType〉
    〈ElementType name = "IdManufacturer" content = "eltOnly" model = "closed"〉
        〈attribute type = "ident:value" required = "no"/〉
        〈attribute type = "ident:protocolSpecificName" required = "yes"/〉
        〈element type = "ident:RegExpr" minOccurs = "0" maxOccurs = " * "/〉
    〈/ElementType〉
    〈ElementType name = "IdTypeID" content = "eltOnly" model = "closed"〉
        〈attribute type = "ident:value" required = "no"/〉
        〈attribute type = "ident:protocolSpecificName" required = "yes"/〉
```

```
    <element type = "ident:RegExpr" minOccurs = "0" maxOccurs = " * "/>
  </ElementType>
  <ElementType name = "IdSoftwareRevision" content = "eltOnly" model = "closed">
    <attribute type = "ident:value" required = "no"/>
    <attribute type = "ident:protocolSpecificName" required = "yes"/>
    <element type = "ident:RegExpr" minOccurs = "0" maxOccurs = " * "/>
  </ElementType>
  <ElementType name = "IdHardwareRevision" content = "eltOnly" model = "closed">
    <attribute type = "ident:value" required = "no"/>
    <attribute type = "ident:protocolSpecificName" required = "yes"/>
    <element type = "ident:RegExpr" minOccurs = "0" maxOccurs = " * "/>
  </ElementType>
  <ElementType name = "IdDTMSupportLevel" content = "eltOnly" model = "closed">
    <attribute type = "ident:value" required = "no"/>
    <attribute type = "ident:protocolSpecificName" required = "yes"/>
    <element type = "ident:RegExpr" minOccurs = "0" maxOccurs = " * "/>
  </ElementType>
  <ElementType name = "IdValue" content = "eltOnly" model = "closed">
    <attribute type = "ident:name" required = "yes"/>
    <attribute type = "ident:value" required = "no"/>
    <attribute type = "ident:protocolSpecificName" required = "yes"/>
    <element type = "ident:RegExpr" minOccurs = "0" maxOccurs = " * "/>
  </ElementType>
  <ElementType name = "IdValues" content = "eltOnly" model = "closed">
    <element type = "IdValue" minOccurs = "0" maxOccurs = " * "/>
  </ElementType>
  <ElementType name = "DeviceIdentification" content = "eltOnly" model = "closed">
    <attribute type = "ident:idDTMSupportLevel" required = "yes"/>
    <element type = "IdBusProtocol" minOccurs = "1" maxOccurs = "1"/>
    <element type = "IdBusProtocolVersion" minOccurs = "1" maxOccurs = "1"/>
    <element type = "IdManufacturer" minOccurs = "1" maxOccurs = "1"/>
    <element type = "IdTypeID" minOccurs = "1" maxOccurs = "1"/>
    <element type = "IdSoftwareRevision" minOccurs = "1" maxOccurs = "1"/>
    <element type = "IdHardwareRevision" minOccurs = "1" maxOccurs = "1"/>
    <element type = "IdValues" minOccurs = "0" maxOccurs = "1"/>
  </ElementType>
  <ElementType name = "DeviceIdentifications" content = "eltOnly" model = "closed">
    <element type = "DeviceIdentification" minOccurs = "1" maxOccurs = " * "/>
  </ElementType>
  <ElementType name = "FDT" content = "eltOnly" model = "closed">
    <element type = "DeviceIdentifications" minOccurs = "1" maxOcc urs = "1"/>
  </ElementType>
</Schema>
```

示例：

XSLT 转换之后的 HART 示例：

```
〈? xml version = "1.0"?〉
〈! -- This file is created by FDTxxxIdentTransformation.xsl after transformation of xxxDTM-
Devic eIdentificationIns tance.xml --〉
〈 FDT xmlns = " x-schema: DTMDeviceTypeIdentSchema. x ml " xmlns: ident = " x-schema:
DTMIdentSchema.xml"
xmlns:fdt = "x -schema:FDTDataTypesSchema.xml"〉
   〈DeviceIdentifications〉
〈DeviceIdentification ident:idDTMSupportLevel = "s pecificSupport"
xmlns:ident = "x- schema:DTMIdentSchema.xml"〉
         〈IdBusProtocol ident:value = "HART" ident:protocolSpecificName = "HART"/〉
         〈IdBusProtocolVersion ident:value = "5" ident:protocolSpecific Name = "HART Revi-
         sion"/〉
         〈IdManufacturer ident:value = "17" ident:protocolSpecific Name = "Manufacturer I-
         dentification Code"/〉
         〈IdTypeID ident:value = "200" ident:protocolSpecificName = "Device Type Code"/〉
         〈IdSoftwareRevision ident:value = "11" ident:protocolSpecific Name = "Software Re-
         vision"/〉
         〈IdHardwareRevision ident:protocolSpecificName = "Hardware Revision"〉
            〈ident:RegExpr match = "[123].[0-9]"/〉
         〈/IdHardwareRevision〉
         〈IdValues〉
            〈IdValue ident:name = "DeviceCommandRevisionLevel" ident:value = "2"
         ident:protocolSpecificName = "Device Revision Level"/〉
            〈IdValue ident: name = " DeviceFlag" ident: value = " 0" ident: protocolSpecific
            Name = "Flags"/〉
         〈/IdValues〉
      〈/DeviceIdentification〉
   〈/DeviceIdentifications〉
〈/FDT〉
```

C.36 DTMItemListSchema

该架构(见表 C.54 和表 C.55)用在与 SingeDataAccess 接口相关的方法中。

表 C.54 项列表属性描述

属性	描 述
moduleName	该属性包含模块名
itemErrorDescription	描述错误的枚举: dtmSpecific:DTM 特定的错误 noLock:实例数据集不能被锁定 notLongerValid:项目不再有效。由于配置改变,可能出现这种情况。 outOfResources:DTM 没有资源执行请求,如果 DTM 不能将这个请求加入等待队列,可能出现这种情况。 invalidValue:请求的值无效

表 C.54（续）

属性	描　述
itemType	该项是符合通过通用规则为一个特定协议定义的语义(标准的)信息,还是符合 DTM/生产商特定的语义信息(特殊的)
label	人们易懂的名字
qualityBits	项目的质量状态(另外,参见 OPC XML-DA 规范 1.0 版本)
limitBits	项目的限制状态(另外,参见 OPC XML-DA 规范 1.0 版本)
itemKind	项目上下文标识。该属性是关于值类型的某种分类。 枚举: Entry　指定那个项目 alarm　包含报警界限 analogInput　模拟输入模块的一部分 analogOutput　模拟输入模块的一部分 computation　计算模块的一部分 contained　描述物理设备特征 correction　修正模块的一部分 device　描述物理设备特征 diagnostic　指设备状态 digitalInput　数字输入模块的一部分 digitalOutput　数字输出模块的一部分 discretInput　离散输入模块的一部分 discreteOutput　离散输出模块的一部分 dynamic　由设备本身改变,而不是由来源于网络上的刺激而改变。 frequencyInput　频率输入模块一部分 frequencyOutpu　频率输出模块一部分 input　输入模块的一部分,输入模块是专用的计算模块,它能用来做单位转换,比例定标,阻尼。输入模块参数的参数可由其他模块的输出确定 local　应用程序本地使用。局部项目不存储在设备中,但能发送给设备。 localDisplay　局部显示模块的一部分。局部显示模块包含设备局部接口相关的项目(键盘,显示等) Operate　用来控制块操作 Output　输出模块的一部分。输出项的值可通过其他模块的输入访问。 Service　执行例行维护时使用 Tune　用于调整块的算法 Others　用于所有其他不相符的项目

表 C.55　项列表元素描述

标签	描述
DtmItemInfo	描述通过单个数据访问接口可以获取的参数或过程值。这个信息包含像名字一样的描述性属性,也包含如何访问项目的信息。项目信息和项目本身之间的联系通过唯一的 ID 来实现
DtmItem	包含如参数值或过程变量的可选信息,如时间戳。基于 UTC 提供时间信息。对于没有值的写请求,项目不带有值,意味着 fdt:Variant 不存在

表 C.55（续）

标签	描　述
DtmItemInfoList	包含 DTM 项列表信息和/或组项目信息列表
DtmItemInfoGroup	包含 DTM 项目信息列表
DtmItemList	包含 DTM 项列表
itemError	包含通信或非通信错误
ItemErrorDescription	非通信错误描述
UnitDescription	项目单位描述
ValueDescription	项目值描述
RangeDescriptions	项目量程描述
RangeDescription	量程描述
UpperRangeDescription	上量程描述
LowerRangeDescription	下量程描述
ItemReference	对 XML 文档内其他项目的引用
PossibleEnumerations	项目可能的枚举
Quality	项目质量描述。对于写请求： 框架应用程序可以定义一个 Quality。 如果底层设备/参数支持质量定义，值＋质量应由 DTM 传递给设备，否则 DTM 应该只处理质量好的过程值

```
〈Schema name = "DTMItemListSchema" xmlns = "urn:schemas-microsoft-com:xml-data" xmlns:dt = "
urn:schemas-microsoft-com:datatypes" xmlns:fdt = "x-schema:FDTDataTypesSchema.xml"〉
    〈! --Definition of Attributes--〉
    〈AttributeType name = "moduleName" dt:type = "string"/〉
    〈AttributeType name = "itemErrorDescription" dt:type = "enumeration" dt:values = "dtmSpe-
    cific noLock notLongerValid outOfResources invalidValue"/〉
      〈AttributeType name = "itemType" dt:type = "enumeration" dt:values = "standard specific"/〉
    〈AttributeType name = "itemKind" dt:type = "enumeration" dt:values = "alarm analogInput
    analogOutput computation contained correction device diagnostic digitalInput digitalOut-
    put discretInput discreteOutput dynamic frequencyInput frequencyOutput input local lo-
    calDisplay operate output service tune others"/〉
      〈AttributeType name = "label" dt:type = "string"/〉
      〈AttributeType name = "qualityBits" dt:type = "enumeration" dt:values = "bad badCon-
      figurationError
    badNotConnected badDeviceFailure badSensorFailure badLastKnownValue badCommFailure badOutOf-
    Service
    badWaitingForInitialData uncertain uncertainLastUsableValue uncertainSensorNotAccurate uncer-
    tainEUExceededuncertainSubNormal good goodLocalOverride" /〉
      〈AttributeType name = "limitBits " dt:type = "enumeration" dt:values = "none low high
      constant"/〉
```

```
〈! --Definition of Elements--〉
〈ElementType name = "ItemKind" content = "empty" model = "closed" order = "seq"〉
   〈attribute type = "fdt:nodeId" required = "no"/〉
   〈attribute type = "itemKind" required = "yes"/〉
〈/ElementType〉
〈ElementType name = "Quality" content = "empty" model = "closed" order = "seq"〉
   〈attribute type = "fdt:nodeId" required = "no"/〉
   〈attribute type = "qualityBits" required = "yes"/〉
   〈attribute type = "limitBits" required = "no"/〉
〈/ElementType〉
〈ElementType name = "TimeStamp" content = "empty" model = "closed" order = "seq"〉
   〈attribute type = "fdt:nodeId" required = "no"/〉
   〈attribute type = "fdt:time" required = "yes"/〉
〈/ElementType〉
〈ElementType name = "ItemErrorDescription" content = "empty" model = "closed" order
= "seq"〉
   〈attribute type = "fdt:nodeId" required = "no"/〉
   〈attribute type = "itemErrorDescription" required = "yes"/〉
   〈attribute type = "fdt:descriptor" required = "no"/〉
〈/ElementType〉
〈ElementType name = "ItemError" content = "eltOnly" model = "closed" order = "seq"〉
   〈attribute type = "fdt:nodeId" required = "no"/〉
   〈group order = "one" minOccurs = "0" maxOccurs = "1"〉
      〈element type = "ItemErrorDescription"/〉
      〈element type = "fdt:CommunicationError"/〉
   〈/group〉
〈/ElementType〉
〈ElementType name = "PossibleEnumerations" content = "eltOnly" model = "closed" 〉
   〈attribute type = "fdt:nodeId" required = "no"/〉
   〈element type = "fdt:EnumeratorEntries" minOccurs = "1" maxOc curs = "1"/〉
〈/ElementType〉
〈ElementType name = "ItemReference" content = "empty" model = "closed" 〉
   〈attribute type = "fdt:nodeId" required = "no"/〉
   〈attribute type = "fdt:idref" required = "no"/〉
〈/ElementType〉
〈ElementType name = "LowerRangeDescription" content = "eltOnly" model = "closed"
order = "seq"〉
   〈attribute type = "fdt:nodeId" required = "no"/〉
   〈group order = "one" minOccurs = "0" maxOccurs = "1"〉
      〈element type = "ItemReference"/〉
      〈element type = "fdt:StringData"/〉
      〈element type = "fdt:NumberData"/〉
      〈element type = "fdt:TimeData"/〉
```

```
    </group>
  </ElementType>
  <ElementType name = " UpperRangeDescription" content = " eltOnly" model = " closed"
  order = "s eq">
    <attribute type = "fdt:nodeId" required = "no"/>
    roup order = "one" minOccurs = "0" maxOccurs = "1">
      <element type = "ItemReference"/>
      <element type = "fdt:StringData"/>
      <element type = "fdt:NumberData"/>
      <element type = "fdt:TimeData"/>
    </group>
  </ElementType>
  <ElementType name = "RangeDescription" content = "eltOnly" model = "closed">
    <attribute type = "fdt:nodeId" required = "no"/>
    <element type = "LowerRangeDescription" minOccurs = "1" max Occurs = "1"/>
    <element type = "UpperRangeDescription" minOccurs = "1" max Occurs = "1"/>
    <element type = "fdt:LowerRawValue" minOccurs = "0" maxOccurs = "1"/>
    <element type = "fdt:UpperRawValue" minOccurs = "0" maxOccurs = "1"/>
  </ElementType>
  <ElementType name = "RangeDescriptions" content = "eltOnly" model = "closed">
    <attribute type = "fdt:nodeId" required = "no"/>
    <element type = "RangeDescription" minOccurs = "1" maxOccurs = " * "/>
  </ElementType>
  <ElementType name = "ValueDescription" content = "eltOnly" model = "closed" order = "
  seq">
    <attribute type = "fdt:nodeId" required = "no"/>
    <element type = "Poss ibleEnumerations" minOccurs = "1" maxOccurs = "1"/>
  </ElementType>
  <ElementType name = "UnitDescription" content = "eltOnly" model = "closed" order = "
  seq">
    <attribute type = "fdt:nodeId" required = "no"/>
    <group order = "one" minOccurs = "0" maxOccurs = "1">
      <element type = "ItemReference" minOccurs = "1" maxOccurs = "1"/>
      <element type = "fdt:EnumeratorEntry" minOccurs = "1" maxOcc urs = "1"/>
    </group>
  </ElementType>
  <ElementType name = "DtmItemInfo" content = "eltOnly" model = "closed" order = "seq">
    <attribute type = "fdt:nodeId" required = "no"/>
    <attribute type = "fdt:id" required = "yes"/>
    <element type = "fdt:SemanticInformation" minOccurs = "0" max Occurs = " * "/>
    <attribute type = "fdt:name" required = "yes"/>
    <attribute type = "fdt:dataType" required = "yes"/>
      <attribute type = "itemType" required = "yes"/>
```

```
    〈attribute type = "fdt:descriptor" required = "no"/〉
    〈attribute type = "moduleName" required = "no"/〉
    〈attribute type = "fdt:readAccess" required = "no"/〉
    〈attribute type = "fdt:writeAccess" required = "no"/〉
    〈attribute type = "label" required = "no"/〉
    〈element type = "ItemKind" minOccurs = "1" maxOccurs = " * "/〉
    〈element type = "UnitDescription" minOccurs = "0" maxOccurs = "1"/〉
    〈group order = "one" minOccurs = "1" maxOccurs = "1"〉
        〈element type = "RangeDescriptions" minOccurs = "0" maxOccurs = "1"/〉
        〈element type = "ValueDescription" minOccurs = "0" maxOccurs  = "1"/〉
    〈/group〉
〈/ElementType〉
〈ElementType name = "DtmItemInfoGroup" content = "eltOnly" model = "closed" order = "
seq"〉
        〈attribute type = "fdt:nodeId" required = "no"/〉
        〈attribute type = "fdt:name" required = "yes"/〉
        〈attribute type = "fdt:semanticId" required = "yes"/〉
        〈attribute type = "label" required = "no"/〉
        〈element type = "DtmItemInfo" minOccurs = "0" maxOccurs = " * "/〉
        〈element type = "DtmItemInfoGroup" minOccurs = "0" maxOccurs = " * "/〉
〈/ElementType〉
〈ElementType name = "DtmItemSelection" content = "empty" model = "closed"〉
    〈attribute type = "fdt:nodeId" required = "no"/〉
    〈attribute type = "fdt:id" required = "yes"/〉
〈/ElementType〉
〈ElementType name = "DtmItem" content = "eltOnly" model = "closed" order = "seq"〉
    〈attribute type = "fdt:nodeId" required = "no"/〉
    〈attribute type = "fdt:id" required = "yes"/〉
    〈element type = "TimeStamp" minOccurs = "1" maxOccurs = "1"/〉
    〈element type = "Quality" minOccurs = "1" maxOccurs = "1"/〉
    〈group order = "one" minOccurs = "1" maxOccurs = "1"〉
        〈element type = "fdt:Variant"/〉
        〈element type = "ItemError"/〉
    〈/group〉
〈/ElementType〉
〈ElementType name = "DtmItemInfoList" content = "eltOnly" model = "closed" 〉
    〈attribute type = "fdt:nodeId" required = "no"/〉
    〈element type = "DtmItemInfo" minOccurs = "0" maxOccurs = " * "/〉
    〈element type = "DtmItemInfoGroup" minOccurs = "0" maxOccurs = " * "/〉
〈/ElementType〉
〈ElementType name = "DtmItemList" content = "eltOnly" model = "closed" order = "seq"〉
    〈attribute type = "fdt:nodeId" required = "no"/〉
    〈element type = "DtmItem" minOccurs = "1" maxOccurs = " * "/〉
```

```
    〈/ElementType〉
    〈ElementType name = "DtmItemSelectionList" content = "eltOnly " model = "closed" order = "seq"〉
      〈attribute type = "fdt:nodeId" required = "no"/〉
      〈element type = "DtmItemSelection" minOccurs = "1" maxOccurs = " * "/〉
    〈/ElementType〉
    〈ElementType name = "FDT" content = "eltOnly" model = "closed"〉
      〈attribute type = "fdt:nodeId" required = "no"/〉
      〈group order = "one" minOccurs = "1" maxOccurs = "1"〉
        〈element type = "DtmItemInfoList"/〉
        〈element type = "DtmItemList"/〉
        〈element type = "DtmItemSelectionList"/〉
      〈/group〉
    〈/ElementType〉
〈/Schema〉
```

示例:关于导出项的信息

```
〈? xml version = "1.0"?〉
〈FDT xmlns = "x -schema:DTMItemListSchema.xml" xmlns:fdt = "x-schema:FDTDataTypesSchema.xml"〉
    〈DtmItemInfoList〉
      〈DtmItemInfo fdt:id = "1" fdt:name = "PV" fdt:dataType = "float" itemType = "standard"〉
        〈fdt:SemanticInformation semanticId = " CMD3B5" applic ationDomain = " FDT_HART"/〉
        〈ItemKind itemKind = "analogInput"/〉
        〈UnitDescription〉
          〈ItemReference fdt:idref = "2"/〉
        〈/UnitDescription〉
        〈RangeDescriptions〉
          〈RangeDescription〉
            〈LowerRangeDescription〉
              〈ItemReference fdt:idref = "4"/〉
            〈/LowerRangeDescription〉
            〈UpperRangeDescription〉
              〈ItemReference fdt:idref = "3"/〉
            〈/UpperRangeDescription〉
          〈/RangeDescription〉
        〈/RangeDescriptions〉
      〈/DtmItemInfo〉
      〈DtmItemInfo fdt:id = "2" fdt:name = "PV_UNITS" fdt:dataType = "byte" itemType = "standard"〉
        〈fdt:SemanticInformation semanticId = " CMD3B4" applic ationDomain = " FDT_HART"/〉
```

```
        〈ItemKind itemKind = "contained"/〉
        〈ValueDescription〉
          〈PossibleEnumerations〉
            〈fdt:EnumeratorEntries〉
              〈fdt:EnumeratorEntry index = "1" name = "inH2O" /〉
              〈fdt:EnumeratorEntry index = "2" name = "inHg" /〉
              〈fdt:EnumeratorEntry index = "3" name = "ftH2O" /〉
              〈fdt:EnumeratorEntry index = "4" name = "mmH2O" /〉
              〈fdt:EnumeratorEntry index = "5" name = "mmHg" /〉
              〈fdt:EnumeratorEntry index = "6" name = "ps i" /〉
              〈fdt:EnumeratorEntry index = "7" name = "bar" /〉
              〈fdt:EnumeratorEntry index = "8" name = "mbar" /〉
              〈fdt:EnumeratorEntry index = "9" name = "g/Sqcm" /〉
              〈fdt:EnumeratorEntry index = "10" name = "kg/Sqcm" /〉
              〈fdt:EnumeratorEntry index = "11" name = "Pa" /〉
              〈fdt:EnumeratorEntry index = "12" name = "kPa" /〉
              〈fdt:EnumeratorEntry index = "13" name = "torr" /〉
              〈fdt:EnumeratorEntry index = "14" name = "atm" /〉
            〈/fdt:EnumeratorEntries〉
          〈/PossibleEnumerations〉
        〈/ValueDescription〉
      〈/DtmItemInfo〉
      〈DtmItemInfo    fdt:id = "3"    fdt:name = "PV_UPPER_RANGE_VALUE"
      fdt:dataType = "float"
  itemType = "standard"〉
        〈fdt: SemanticInformation semanticId = " CMD15B3" applicationDomain = " FDT _
        HART"/〉
        〈ItemKind itemKind = "contained"/〉
        〈UnitDescription〉
          〈ItemReference fdt:idref = "5"/〉
        〈/UnitDescription〉
      〈/DtmItemInfo〉
      〈DtmItemInfo    fdt:id = "4"    fdt:name = "PV_LOWER_RANGE_VALUE"
      fdt:dataType = "float"
  itemType = "standard"〉
        〈fdt: SemanticInformation semanticId = " CMD15B7" applicationDomain = " FDT _
        HART"/〉
        〈ItemKind itemKind = "contained"/〉
        〈UnitDescription〉
          〈ItemReference fdt:idref = "5"/〉
        〈/UnitDescription〉
      〈/DtmItemInfo〉
      〈DtmItemInfo    fdt:id = "5"    fdt:name = "PV_RANGE_VALUES_UNITS_CODE"
```

```
        fdt:dataType = "byte"
itemType = "standard"〉
        〈fdt: SemanticInformation semanticId = " CMD15B2 " applicationDomain = " FDT _
        HART"/〉
        〈ItemKind itemKind = "contained"/〉
        〈ValueDescription〉
          〈PossibleEnumerations〉
            〈fdt:EnumeratorEntries〉
              〈fdt:EnumeratorEntry index = "1" name = "inH2O" /〉
              〈fdt:EnumeratorEntry index = "2" name = "inHg" /〉
              〈fdt:EnumeratorEntry index = "3" name = "ftH2O" /〉
              〈fdt:EnumeratorEntry index = "4" name = "mmH2O" /〉
              〈fdt:EnumeratorEntry index = "5" name = "mmHg" /〉
              〈fdt:EnumeratorEntry index = "6" name = "ps i" /〉
              〈fdt:EnumeratorEntry index = "7" name = "bar" /〉
              〈fdt:EnumeratorEntry index = "8" name = "mbar" /〉
              〈fdt:EnumeratorEntry index = "9" name = "g/Sqcm" /〉
              〈fdt:EnumeratorEntry index = "10" name = "kg/Sqcm" /〉
              〈fdt:EnumeratorEntry index = "11" name = "Pa" /〉
              〈fdt:EnumeratorEntry index = "12" name = "kPa" /〉
              〈fdt:EnumeratorEntry index = "13" name = "torr" /〉
              〈fdt:EnumeratorEntry index = "14" name = "atm" /〉
            〈/fdt:EnumeratorEntries〉
          〈/PossibleEnumerations〉
        〈/ValueDescription〉
      〈/DtmItemInfo〉
    〈/DtmItemInfoList〉
〈/FDT〉
```

项目选择：

```
〈? xml version = "1.0"?〉
〈! --Selection of PV and PV_UNITS--〉
〈FDT xmlns = "x -schema:DTMItemListSchema.xml" xmlns:fdt = "x-schema:FDTDataTypesSchema.
xml"〉
  〈DtmItemSelectionList〉
    〈DtmItemSelection fdt:id = "1"/〉
    〈DtmItemSelection fdt:id = "2"/〉
  〈/DtmItemSelectionList〉
〈/FDT〉
```

结果：

```
〈? xml version = "1.0"?〉
〈! --Result: 10.1 mbar--〉
〈FDT xmlns = "x -schema:DTMItemListSchema.xml" xmlns:fdt = "x-schema:FDTDataTypesSchema.
xml"〉
```

```
    <DtmItemList>
        <DtmItem fdt:id="1">
            <TimeStamp fdt:time="2005-12-01T18:01:01"/>
            <Quality qualityBits="good"/>
            <fdt:Variant dataType="float">
                <fdt:NumberData number="10.1"/>
            </fdt:Variant>
        </DtmItem>
        <DtmItem fdt:id="2">
            <TimeStamp fdt:time="2005-12-01T18:01:02"/>
            <Quality qualityBits="good"/>
            <fdt:Variant dataType="byte">
                <fdt:NumberData number="8"/>
            </fdt:Variant>
        </DtmItem>
    </DtmItemList>
</FDT>
```

C.37 BtmDataTypesSchema

BTM 数据类型架构用作一个全局 BTM 定义(见表 C.56 和表 C.57)。通过其他架构内的 btm:前缀引用该架构的数据类型。

表 C.56 BTM 数据类型属性描述

属性	描 述
blockCategory	块类型的唯一标识符,如模拟输入、资源块
blockCategoryName	人可读的块类型名字
blockTag	块标签是用于块的唯一标识符
Index	一个整数值,它提供从块开始或从结构开始的偏移
Label	可读的名字。如果可选属性“Label”存在,这个“name”属性包含一个语言独立的标识符
Profile	由现场总线基金会分配的号码,它唯一地标识块所基于的行规
profileRevision	块定义所基于的行规版本号
Slot	提供参数分组号的整数。在 Profibus 中,它能提供槽号(如果设备支持槽)。在 FF 中,如果仪表支持多个应用 VFD,它能提供应用 VFD 号
Usage	指示该对象是被其他功能块设置(I),为其他功能块提供一个值(O),还是只提供对设备而不是功能块通信支持(C)。(可见字符串,一个八位位组)

表 C.57 BTM 数据类型元素描述

标签	描　述
BlockIcon	块的图标
BlockTypeCategory	块类型
BtmBlockType	块类型描述
BtmVariable	带名字、索引、值、量程等的块变量描述
BtmVariables	BTM 变量集
FDT	根标签

```
〈Schema name = "BtmDataTypesSchema"
    xmlns = "urn:schemas-microsoft-com:xml-data"
    xmlns:dt = "urn:schemas-microsoft-com:datatypes"
    xmlns:fdt = "x-schema:FDTDataTypesSchema.xml"〉
    〈! --Definition of Attributes--〉
    〈AttributeType name = "profile" dt:type = "ui2"/〉
    〈AttributeType name = "profileRevision" dt:type = "ui2"/〉
    〈AttributeType name = "blockTag" dt:type = "string"/〉
    〈AttributeType name = "blockCategory" dt:type = "uuid"/〉
    〈AttributeType name = "blockCategoryName" dt:type = "string"/〉
    〈AttributeType name = "usage" dt:type = "enumeration" dt:values = "contained input output
    eventSource eventSink"/〉
    〈AttributeType name = "index" dt:type = "ui4"/〉
    〈AttributeType name = "s lot" dt:type = "ui4"/〉
    〈AttributeType name = "label" dt:type = "string" /〉
    〈! --Definition of Elements--〉
    〈ElementType name = "BtmVariable" content = "eltOnly" model = "closed"〉
        〈attribute type = "fdt:nodeId" required = "no"/〉
        〈attribute type = "fdt:name" required = "yes"/〉
        〈attribute type = "label" required = "yes"/〉
        〈attribute type = "index" required = "yes"/〉
        〈attribute type = "s lot" required = "no"/〉
        〈attribute type = "fdt:descriptor" required = "no"/〉
        〈attribute type = "usage" required = "yes"/〉
        〈element type = "fdt:Value" minOccurs = "1" maxOccurs = "1"/〉
        〈element type = "fdt:Unit" minOccurs = "0" maxOccurs = "1"/〉
        〈element type = "fdt:Ranges" minOccurs = "0" maxOccurs = "1"/〉
        〈attribute type = "fdt:statusFlag" required = "no"/〉
        〈element type = "fdt:StatusInformation" minOccurs = "0" maxOccurs = "1"/〉
    〈/ElementType〉
    〈ElementType name = "BtmVariables" content = "eltOnly" model = "closed" order = "seq"〉
        〈attribute type = "fdt:nodeId" required = "no"/〉
```

```
        <attribute type="fdt:name" required="yes"/>
        <attribute type="label" required="yes"/>
        <attribute type="index" required="yes"/>
        <group order="many">
            <element type="BtmVariables" minOccurs="0" maxOccurs="*"/>
            <element type="BtmVariable" minOccurs="0" maxOccurs="*"/>
        </group>
    </ElementType>
    <ElementType name="BlockIcon" content="empty" model="closed">
        <attribute type="fdt:nodeId" required="no"/>
        <attribute type="fdt:path" required="yes"/>
    </ElementType>
    <ElementType name="BlockTypeCategory" content="empty" model="closed">
        <attribute type="fdt:nodeId" required="no"/>
        <attribute type="blockCategory " required="yes"/>
        <attribute type="blockCategory Name" required="no"/>
    </ElementType>
    <ElementType name="BtmBlockType" content="eltOnly" model="closed">
        <attribute type="fdt:nodeId" required="no"/>
        <attribute type="fdt:readAccess" required="no"/>
        <attribute type="fdt:writeAccess" required="no"/>
        <attribute type="fdt:manufacturerId" required="no"/>
        <attribute type="profile" required="no"/>
        <attribute type="profileRevision" required="no"/>
        <element type="fdt:VersionInformation" minOccurs="1" maxOccurs="1"/>
        <element type="fdt:SupportedLanguages" minOccurs="0" maxOccurs="1"/>
        <element type="BlockTypeCategory" minOccurs="0" maxOcc urs="1"/>
        <element type="fdt:BusCategories" minOccurs="1" maxOccurs="1"/>
        <element type="BlockIcon" minOccurs="0" maxOccurs="1"/>
    </ElementType>
</Schema>
```

C.38 BtmInformationSchema

用于 IBtmInformation::GetInformation()

XML 文档提供 BTM 特定的信息(见表 C.58)。

表 C.58 BTM 信息元素描述

标签	描述
BtmBlockTypes	块类型集
BtmInfo	描述 BTM 本身
FDT	根标签

```
〈Schema name = "BtmInformationSchema"xmlns = "urn:schemas-microsoft-com:xml-data" xmlns:dt = "
urn:schemas-microsoft-com:datatypes" xmlns:fdt = "x -schema:FDTDataTypesSchema.xml"
    xmlns:dtminfo = "x-schema:DTMInformationSchema.xml"
    xmlns:btm = "x -schema:BtmDataTypesSchema.xml"〉
    〈! --Definition of Elements--〉
    〈ElementType name = "BtmBlockTypes" content = "eltOnly" model = "closed"〉
        〈attribute type = "fdt:nodeId" required = "no"/〉
        〈element type = "btm:BtmBlockType" minOccurs = "1" maxOccurs = " * "/〉
    〈/ElementType〉
    〈ElementType name = "BtmInfo" content = "eltOnly" model = "closed" order = "seq"〉
        〈attribute type = "fdt:nodeId" required = "no"/〉
        〈element type = "dtminfo:FDTVersion" minOccurs = "1" maxOccurs = "1"/〉
        〈element type = "fdt:VersionInformation" minOccurs = "1" maxOccurs = "1"/〉
        〈element type = "BtmBlockTypes" minOccurs = "1" maxOccurs = " * "/〉
    〈/ElementType〉
    〈ElementType name = "FDT" content = "eltOnly" model = "closed"〉
        〈attribute type = "fdt:nodeId" required = "no"/〉
        〈element type = "BtmInfo" minOccurs = "1" maxOccurs = "1"/〉
    〈/ElementType〉
〈/Schema〉
```

示例：

```
〈? xml version = 1.0?〉
〈FDT xmlns = "x -schema:BtmInformationSchema.xml" xmlns:fdt = "x -schema:FDTDataTypesSchema.
xml" xmlns:dtminfo = "x-schema:DTMInformationSchema.xml" xmlns:btm = "x -schema:BtmData-
TypesSchema.xml"〉
    〈BtmInfo〉
        〈dtminfo:FDTVersion major = "1" minor = "2"/〉
        〈fdt:VersionInformation name = "myname" vendor = "myVendor" version = "1.0" date = "
        2002-06-20"/〉
        〈BtmBlockTypes〉
            〈btm:BtmBlockType profile = "257" profileRevision = "1"〉
                〈fdt:VersionInformation name = "AI" vendor = "myVendor" version = "1.0" date = "
                2002-06-20"/〉
                〈fdt:SupportedLanguages〉
                    〈fdt:LanguageId languageId = "1131"/〉
                〈/fdt:SupportedLanguages〉
                〈btm:BlockTypeCategory blockCategory = "D8AF8561-F174-451d-AE87-E467CBE7907A"
blockCategoryName = "Analog Input"/〉
                〈fdt:BusCategories〉
                    〈fdt:BusCategory busCategory = "036D1693-387B-11D4-86E1-00E0987270B9"/〉
```

```
        </fdt:BusCategories>
      </btm:BtmBlockType>
    </BtmBlockTypes>
  </BtmInfo>
</FDT>
```

C.39 BtmParameterSchema

用于：

IBtmParameter::GetParameters()

IBtmParameter::SetParameters()

XML 文档提供块的所有特定实例的信息(见表 C.59)。

表 C.59 BTM 参数元素描述

标签	描 述
BtmBlockTypes	块实例描述
BtmInfo	用于公共访问的 BTM 变量集，这就意味着框架应用程序、DTMs 或其他 BTM 被允许访问这个区内的数据。
FDT	根标签

```
<Schema name = "BtmParameterSchema" xmlns = "urn:schemas-microsoft-com:xml-data" xmlns:dt = "urn:schemas-microsoft-com:datatypes" xmlns:fdt = "x -schema:FDTDataTypesSchema.xml" xmlns:btm = "x -schema:BtmDataTypesSchema.xml">
    <ElementType name = "BtmExportedVariables" content = "eltOnly" model = "closed">
      <attribute type = "fdt:nodeId" required = "no"/>
      <element type = "btm:BtmVariables" minOccurs = "1" maxOccurs = "1"/>
    </ElementType>
    <! --Definition of Elements-->
    <ElementType name = "BtmBlock" content = "eltOnly" model = "closed" order = "s eq">
      <attribute type = "fdt:nodeId" required = "no"/>
      <attribute type = "fdt:readAccess" required = "no"/>
      <attribute type = "fdt:writeAccess" required = "no"/>
      <attribute type = "fdt:tag" required = "yes"/>
      <element type = "fdt:ChannelReferences" minOccurs = "0" max Occurs = "1"/>
      <element type = "BtmExportedVariables" minOccurs = "0" maxOccurs = "1"/>
    </ElementType>
    <ElementType name = "FDT" content = "eltOnly" model = "closed">
      <attribute type = "fdt:nodeId" required = "no"/>
      <attribute type = "fdt:storageState" required = "yes"/>
      <attribute type = "fdt:dataSetState" required = "yes"/>
      <element type = "btm:BtmBlockType" minOccurs = "1" maxOccurs = "1"/>
      <element type = "BtmBlock" minOccurs = "1" maxOccurs = "1"/>
    </ElementType>
```

〈/Schema〉

示例：

```
〈? xml version = "1.0"?〉
〈FDT xmlns = "x -schema:BtmParameterSchema.xml"
   xmlns:fdt = "x-schema:FDTDataTypesSchema.xml"
   xmlns:btm = "x-schema:BtmDataTypesSchema.xml"
   fdt:storageState = "pers istent" fdt:dataSetState = "default"〉
  〈btm:BtmBlockType profile = "257" profileRevision = "1"〉
    〈fdt:VersionInformation name = "AI" vendor = "myVendor" version = "1.0" date = "2002-06-
    20"/〉
    〈fdt:SupportedLanguages〉
      〈fdt:LanguageId languageId = "1131"/〉
    〈/fdt:SupportedLanguages〉
    〈btm:BlockTypeCategory
    blockCategory = "D8AF8561-F174-451d-AE87-E467CBE7907A"
blockCategoryName = "Analog Input"/〉
    〈fdt:BusCategories〉
      〈fdt:BusCategory busCategory  = "036D1693-387B-11D4-86E1-00E0987270B9"/〉
    〈/fdt:BusCategories〉
  〈/btm:BtmBlockType〉
  〈BtmBlock fdt:tag = "SomeTag"〉
    〈BtmExportedVariables〉
      〈btm:BtmVariables fdt:name = "FF_BLOCK" label = "FF_BLOCK" index = "528"〉
        〈btm:BtmVariables fdt:name = "BlockDescriptor" label = "BlockDescriptor" index
        = "528"〉
          〈btm:BtmVariable fdt:name = "BlockTag" label = "Block Tag" index = "528" s lot
          = "1" usage = "contained"〉
            〈fdt:Value〉
              〈fdt:Variant dataType = "ascii" 〉
                〈fdt:StringData string = "MyBloc k"/〉
              〈/fdt:Variant〉
            〈/fdt:Value〉
          〈/btm:BtmVariable〉
          〈btm:BtmVariable fdt:name = "Profile" label = "Profile" index = "528" s lot = "
          1" us age = "contained"〉
            〈fdt:Value〉
              〈fdt:Variant dataType = "int" 〉
                〈fdt:NumberData number = "257"/〉
              〈/fdt:Variant〉
            〈/fdt:Value〉
          〈/btm:BtmVariable〉
          〈btm:BtmVariable dt:name = "ProfileRevision" label = "ProfileRevision" index
          = "528"usage = "contained"〉
```

```
        〈fdt:Value〉
            〈fdt:Variant dataType = "int" 〉
                〈fdt:NumberData number = "257"/〉
            〈/fdt:Variant〉
        〈/fdt:Value〉
    〈/btm:BtmVariable〉
    〈btm:BtmVariable fdt:name = "ExecutionTime" label = "ExecutionTime" index = "
    528" usage = "contained"〉
        〈fdt:Value〉
            〈fdt:Variant dataType = "int" 〉
                〈fdt:NumberData number = "1280"/〉
            〈/fdt:Variant〉
        〈/fdt:Value〉
    〈/btm:BtmVariable〉
    〈btm:BtmVariable fdt:name = "PeriodOfExecution" label = "PeriodOfExecution"
    index = "528"usage = "contained"〉
        〈fdt:Value〉
            〈fdt:Variant dataType = "int" 〉
                〈fdt:NumberData number = "1280"/〉
            〈/fdt:Variant〉
        〈/fdt:Value〉
    〈/btm:BtmVariable〉
    〈btm:BtmVariable fdt:name = "NextFBToExecute" abel = "NextFBToExecute" index
    = "528"usage = "contained"〉
        〈fdt:Value〉
            〈fdt:Variant dataType = "int" 〉
                〈fdt:NumberData number = "0"/〉
            〈/fdt:Variant〉
        〈/fdt:Value〉
    〈/btm:BtmVariable〉
    〈btm:BtmVariable fdt:name = "NumOfParms" label = "NumOfParms" index = "528"
    usage = "contained"〉
        〈fdt:Value〉
            〈fdt:Variant dataType = "int" 〉
                〈fdt:NumberData number = "38"/〉
            〈/fdt:Variant〉
        〈/fdt:Value〉
    〈/btm:BtmVariable〉
〈/btm:BtmVariables〉
〈btm:BtmVariable fdt:name = "ST_REV" label = "Static Revision" index = "529"
usage = "contained"〉
    〈fdt:Value〉
        〈fdt:Variant dataType = "int" 〉
```

```
            <fdt:NumberData number = "15"/>
          </fdt:Variant>
        </fdt:Value>
      </btm:BtmVariable>
      <btm:BtmVariable fdt:name = "TAG_DESC" label = "Tag description" index = "530"
      usage = "contained">
        <fdt:Value>
          <fdt:Variant dataType = "ascii" >
            <fdt:StringData string = "MyBlock"/>
          </fdt:Variant>
        </fdt:Value>
      </btm:BtmVariable>
      <btm:BtmVariable fdt:name = "And so on" label = "..." index = "530" usage = "con-
      tained">
        <fdt:Value>
          <fdt:Variant dataType = "ascii" >
            <fdt:StringData string = "To be continued"/>
          </fdt:Variant>
        </fdt:Value>
      </btm:BtmVariable>
    </btm:BtmVariables>
  </BtmExportedVariables>
</BtmBlock>
```

C.40 </FDT>BtmInitSchema

用于:IBtm::InitNew()

XML 文档包含块类型信息(见表 C.60)。

表 C.60 BTM Init 元素描述

标签	描　述
FDT	根标签

```
<Schema name = "BtmInitSchema" xmlns = "urn:schemas-microsoft-com:xml-data" xmlns:dt = "urn:
schemas-microsoft-com:datatypes" xmlns:btm = "x-schema:BtmDataTypesSchema.xml">
  <ElementType name = "FDT" content = "eltOnly" model = "closed">
    <element type = "btm:BtmBlockType"/>
  </ElementType>
</Schema>
```

示例:

```
<? xml version = 1.0?>
<FDT xmlns = "x -schema:BtmInitSchema.xml" xmlns:fdt = "x -schema:FDTDataTypesSchema.xml"
  xmlns:btm = "x -schema:BtmDataTypesSchema.xml">
  <btm:BtmBlockType profile = "257" profileRevision = "1">
```

```
        <fdt:VersionInformation name = "AI" vendor = "myVendor" version = "1.0" date = "2002-
        06-20"/>
        <fdt:SupportedLanguages>
            <fdt:LanguageId languageId = "1131"/>
        </fdt:SupportedLanguages>
        <btm:BlockTypeCategory blockCategory = "D8AF8561-F174-451d-AE87-E467CBE7907A" block-
        CategoryName = "Analog Input"/>
        <fdt:BusCategories>
            <fdt:BusCategory busCategory = "036D1693-387B-11D4-86E1-00E0987270B9"/>
        </fdt:BusCategories>
    </btm:BtmBlockType>
</FDT>
```

C.41 BtmInfoListSchema

BTM 信息列表用来通知可用的 BTM(见表 C.61)。

表 C.61 BTM 信息列表元素描述

标签	描　述
FDT	BtmInfo 列表

```
<Schema name = "BtmInfoListSchema" xmlns = "urn:schemas-microsoft-com:xml-data" xmlns:dt = "
urn:schemas-microsoft-com:datatypes" xmlns:btm = "x-schema:BtmInformationSchema.xml"
xmlns:fdt = "x - schema:FDTDataTypesSchema.xml">
    <! --Definition of Elements-->
    <ElementType name = "BtmInfoList" content = "eltOnly" model = "closed" order = "seq">
        <attribute type = "fdt:nodeId" required = "no"/>
        <element type = "btm:BtmInfo" minOccurs = "1" maxOccurs = " * "/>
    </ElementType>
    <ElementType name = "FDT" content = "eltOnly" model = "closed">
        <attribute type = "fdt:nodeId" required = "no"/>
        <element type = "BtmInfoList" minOccurs = "1" maxOccurs = "1"/>
    </ElementType>
</Schema>
```

附 录 D
（资料性附录）
FDT XML 样式-文件

用于 IDtmDocumentation∷GetDocumentation()

该 XML 文档包含文件的 FDT 样式示例。

```
〈? xml version = "1.0"?〉
  〈xsl:stylesheet version = "1.0"
  xmlns:xsl = "http://www.w3.org/TR/WD-xsl"
  xmlns:xslt = "http://www.w3.org/1999/XSL/Transform"
  xmlns = "http://www.w3.org/TR/REC-html40" result-ns = ""〉
  〈xsl:template match = "/"〉
     〈xsl:apply-templates select = "FDT"/〉
     〈B〉2. Application Area〈HR/〉
     3. Operating Mode and System Structure〈HR/〉
     4. Input〈HR/〉
     5. Output〈HR/〉
     6. Characteristics〈HR/〉
     7. Operating Condition〈HR/〉
     8. Mechanical Design〈HR/〉
     9. Display and Control Interface〈HR/〉
     10. Auxiliary Supply〈HR/〉
     11. Certificates and Approvals〈HR/〉
     12. Ordering Information〈HR/〉
     13. External Standards and Technical Specifications〈HR/〉
     14. Device Variables〈/B〉
     〈BR/〉
        〈div〉
          〈TABLE〉
          〈xsl:apply-templates select = "FDT/DocumentVariable"/〉
          〈/TABLE〉
          〈br/〉
          〈dl〉
            〈xsl:for-each select = "FDT/DocumentVariables"〉
            〈dt〉〈b〉〈xsl:value-of select = "@fdt:name"/〉〈/b〉〈br/〉〈/dt〉
              〈dd〉
              〈div〉
                〈table〉
                〈xsl:apply-templates select = "DocumentVariable"/〉
                〈/table〉
               〈xsl:apply-templates select = "DocumentVariables"/〉
              〈/div〉
```

```
            〈/dd〉
            〈/xsl:for-each〉
          〈/dl〉
        〈/div〉
    〈HR/〉
    〈xsl:apply-templates select = "FDT/DTMStyleForCompleteDocument"/〉
    〈xsl:apply-templates select = "FDT/DTMSpecificXMLData"/〉
〈/xsl:template〉

〈xsl:template match = "DocumentVariables"〉
    〈dl〉
      〈dt〉〈b〉
        〈xsl:value-of select = "@fdt:name"/〉〈/b〉〈br/〉〈/dt〉
        〈xsl:if test = "./GraphicReference"〉
        〈IMG〉
            〈xsl:attribute name = "SRC"〉
                〈xsl:value-of select = "./GraphicReference/@path"/〉
            〈/xsl:attribute〉
            〈xsl:attribute name = "width"〉200〈/xsl:attribute〉
      〈/IMG〉
      〈/xsl:if〉
    〈dd〉〈div〉
      〈table〉
          〈xsl:apply-templates select = "DocumentVariable"/〉
        〈/table〉
        〈xsl:apply-templates select = "DocumentVariables"/〉
      〈/div〉
      〈/dd〉
      〈/dl〉
      〈br/〉
      〈/xsl:template〉

      〈xsl:template match = "DocumentVariable"〉
        〈TR〉
          〈TD〉
            〈xsl:value-of select = "@fdt:name"/〉
              〈/TD〉
              〈TD〉 〈/TD〉
            〈/TR〉
            〈TR〉
              〈TD〉 〈/TD〉
              〈TD〉
                  〈TABLE〉
```

```
        <TR>
            <TD>Value:</TD>
            <TD>
              <xsl:value-of select="@fdt:display"/>
            </TD>
            <TD>State:</TD>
            <TD>
             <xsl:value-of select="@fdt:statusFlag"/>
            </TD>
        </TR>
        <TR>
            <TD>
            <BR/>
            </TD>
        </TR>
        <TR>
            <TD>Descriptor:</TD>
            <TD>
              <xsl:value-of select="@fdt:descriptor"/>
            </TD>
        </TR>
        <xsl:if test="fdt:Unit">
            <xsl:apply-templates select="fdt:Unit"/>
        </xsl:if>
        <xsl:if test="fdt:Ranges">
            <xsl:apply-templates select="fdt:Ranges"/>
        </xsl:if>
      </TABLE>
    </TD>
    </TR>
    <TR>
      <TD>
       <HR/>
      </TD>
      <TD>
        <HR/>
      </TD>
    </TR>
  </xsl:template>
  <xsl:template match="fdt:Unit">
    <TR>
      <TD>
        <BR/>
```

```
        〈/TD〉
      〈/TR〉
      〈TR〉
        〈TD〉Unit：〈/TD〉
        〈TD〉
          〈xsl：value-of select = "./fdt：EnumeratorVariable/fdt：Variable/fdt：Enumerator-
          Entry/@name"/〉
        〈/TD〉
      〈/TR〉
      〈TR〉
        〈TD〉Unit Descriptor：〈/TD〉
        〈TD〉
          〈xsl：value-of select = "./fdt：EnumeratorVariable/fdt：Variable/fdt：Enumerator-
          Entry/@descriptor"/〉
        〈/TD〉
      〈/TR〉
      〈/xsl：template〉
      〈xsl：template match = "fdt：Ranges"〉
      〈TR〉
        〈TD〉
          〈BR/〉
        〈/TD〉
      〈/TR〉
      〈TR〉
        〈TD〉Ranges〈/TD〉
      〈/TR〉
      〈TR〉
        〈TD〉Lower Value：〈/TD〉
        〈TD〉
          〈xsl：value-of select = "./fdt：Range/fdt：LowerRange/fdt：NumberData/@number"/〉
        〈/TD〉
      〈/TR〉
      〈TR〉
        〈TD〉Upper Value：〈/TD〉
        〈TD〉
          〈xsl：value-of select = "./fdt：Range/fdt：UpperRange/fdt：NumberData/@number"/〉
        〈/TD〉
      〈/TR〉
    〈/xsl：template〉
    〈xsl：template match = "FDT/DTMStyleForCompleteDocument"〉
      〈B〉15. Additional Vendor specific Documentation〈/B〉
      〈BR/〉
      〈xsl：value-of select = "."/〉
```

```
  <HR/>
</xsl:template>
<xsl:template match="FDT">
  <TABLE width="100%">
  <TR>
    <TD width="100%" valign="bottom">
        <H2>FDT Device Documentation</H2>
    </TD>
    <TD width="120">
        <IMG SRC="fdtlogo.gif" width="100" height="100"/>
    </TD>
  </TR>
  <TR>
    <TD>
    <H1>
      <xsl:value-of select="@title"/>
    </H1>
    </TD>
  </TR>
  </TABLE>
  <HR/>
  <B>1. Identification</B>
  <BR/>
  <TABLE>
    <TR>
      <TD>
      <TABLE>
    <TR>
      <TD>Manufacturer:</TD>
      <TD>
        <xsl:value-of select="@dtmi:manufacturerId"/>
      </TD>
  </TR>
  <TR>
      <TD>Classification:</TD>
      <TD>
        <xsl:value-of select="@fdt:classificationId"/>
      </TD>
  </TR>
  <TR>
      <TD>Device Type:</TD>
      <TD>
        <xsl:value-of select="@dtmi:deviceTypeId"/>
```

```
        〈/TD〉
    〈/TR〉
    〈TR〉
        〈TD〉Device Type Information:〈/TD〉
        〈TD〉
        〈xsl:value-of select = "@dtmi:deviceTypeInformation"/〉
        〈/TD〉
    〈/TR〉
    〈TR〉
        〈TD〉Date:〈/TD〉
        〈TD〉
        〈xsl:value-of select = "@fdt:date"/〉
        〈/TD〉
    〈/TR〉
    〈TR〉
        〈TD〉Descriptor:〈/TD〉
        〈TD〉
        〈xsl:value-of select = "@fdt:descriptor"/〉
        〈/TD〉
    〈/TR〉
    〈TR〉
        〈TD〉
        〈BR/〉
        〈/TD〉
    〈/TR〉
    〈TR〉
        〈TD〉Version:〈/TD〉
        〈TD〉
        〈xsl:value-of select = "fdt:VersionInformation/@name"/〉
        〈/TD〉
    〈/TR〉
    〈TR〉
        〈TD〉Vendor:〈/TD〉
        〈TD〉
        〈xsl:value-of select = "fdt:VersionInformation/@vendor"/〉
        〈/TD〉
    〈/TR〉
    〈TR〉
        〈TD〉Version's version:〈/TD〉
        〈TD〉
        〈xsl:value-of select = "fdt:VersionInformation/@version"/〉
        〈/TD〉
    〈/TR〉
    〈TR〉
```

```
          〈TD〉Version's date：〈/TD〉
          〈TD〉
          〈xsl：value-of select = "fdt：VersionInformation/@date"/〉
          〈/TD〉
        〈/TR〉
        〈TR〉
          〈TD〉Version's descriptor：〈/TD〉
          〈TD〉
          〈xsl：value-of select = "fdt：VersionInformation/@descriptor"/〉
          〈/TD〉
        〈/TR〉
        〈/TABLE〉
      〈/TD〉
      〈TD width = "400" align = "right"〉
        〈xsl：if test = "DocumentVariables/GraphicReference"〉
          〈IMG〉
          〈xsl：attribute name = "SRC"〉
            〈xsl：value-of select = "DocumentVariables/GraphicReference/@path"/〉
          〈/xsl：attribute〉
          〈xsl：attribute name = "width"〉200〈/xsl：attribute〉
          〈/IMG〉
        〈/xsl：if〉
      〈/TD〉
    〈/TR〉
    〈/TABLE〉
    〈HR/〉
  〈/xsl：template〉
〈/xsl：stylesheet〉
```

附 录 E
（资料性附录）
FDT XSL 转换

E.1 标识转换

为了将协议特定的 XML 文档转换成协议独立的 XML 文档，将用到协议特定的 XSL 转换。该文档内的语法：FDT×××IdentTransformation. xsl，×××是协议标识。

例：

FDTHARTIdentTransformation. xsl

FDTProfibusIdentTransformation. xsl

框架应用程序必须将通信 DTM 提供的 XSL 文件拷贝到特定协议架构的路径下，并执行它以获取协议无关格式的标识文档，该标识文档可用 DTM[Scan|DeviceType]Schema. xml 来验证。

E.2 提示

强烈推荐通信 DTM 使用从 FDT-JIG 下载的官方转换样式表。

关于任务和规则的更多信息请参见最佳实践文档。

在图 E.1 中，图 a)描述了 HART XSLT 扫描工作流程中的角色。该 XSLT 由框架应用程序处理。见协议细节条款内的 XSLT 实现。图 b)描述了 HART XSLT DTM 设备标识流程中的角色。

这样协议特定的转换样式表处理 OnScanResponse()和 GetDeviceIdentificationInformation()返回的协议特定的文档，并创建协议独立的 XML 文档。

——所有协议特定的数据格式转换成字符串。

所有用语义意义定义的属性转换成定义的协议独立语义标签。在相应的协议特定附录内为每个协议定义语义标签映射规则。

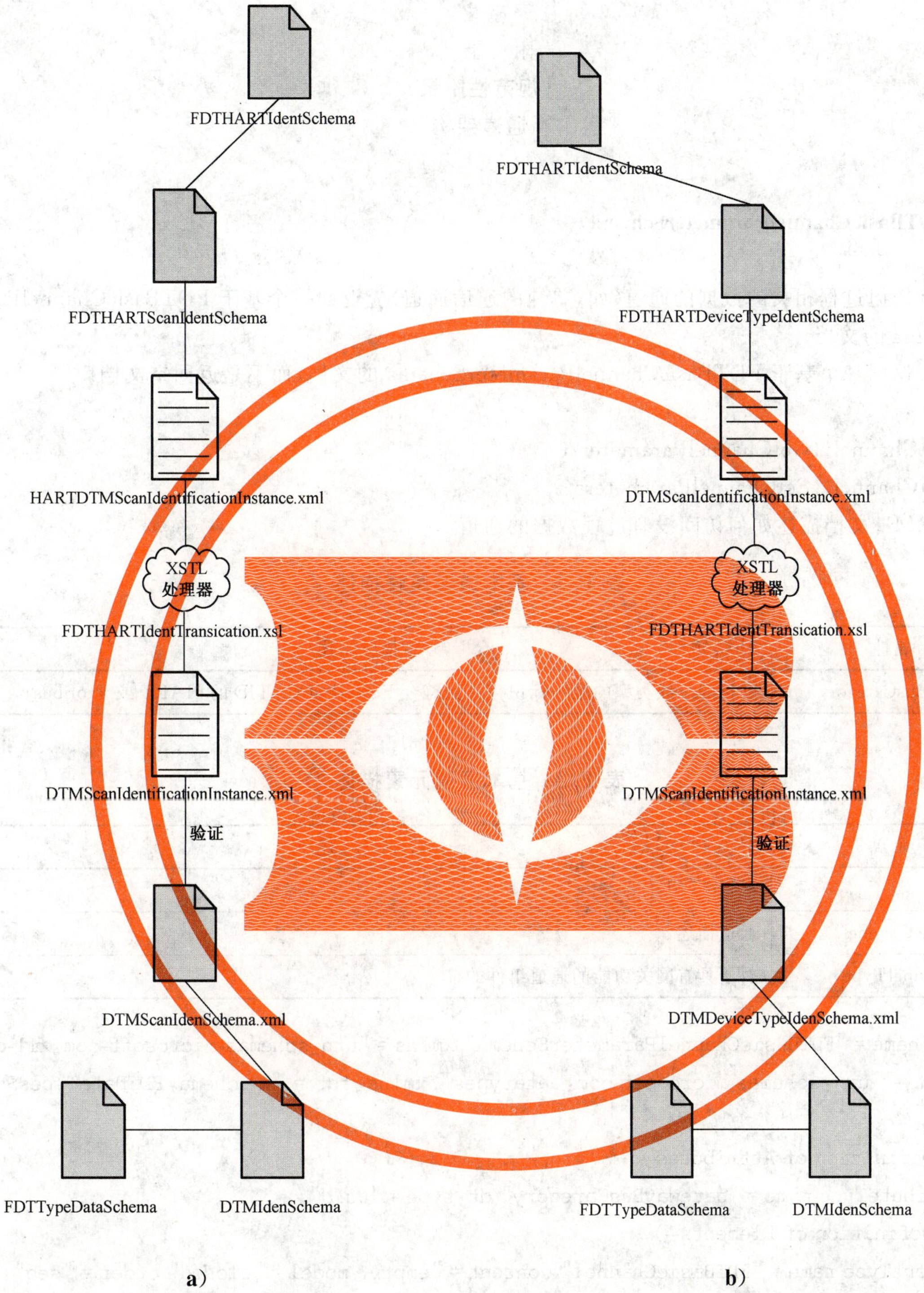
FDTHARTIdentSchema
FDTHARTScanIdentSchema
HARTDTMScanIdentificationInstance.xml
XSTL
处理器
FDTHARTIdentTransication.xsl
DTMScanIdentificationInstance.xml
验证
DTMScanIdenSchema.xml
FDTTypeDataSchema
DTMIdenSchema
a)
FDTHARTIdentSchema
FDTHARTDeviceTypeIdentSchema
DTMScanIdentificationInstance.xml
XSTL
处理器
FDTHARTIdentTransication.xsl
DTMScanIdentificationInstance.xml
验证
DTMDeviceTypeIdenSchema.xml
FDTTypeDataSchema
DTMIdenSchema
b)

图 E.1 XSTL 角色

附 录 F
（规范性附录）
通道架构

F.1 FDTBasicChannelParameterSchema

没有任何过程相关的数据的通道（如，单纯的通信通道）应返回一个基于 FDTBasicChannelParameterSchema 的文档。

推荐返回一个基于 FDTBasicChannelParameterSchema 的文档，而不是返回空文档。

用于：

IFdtChannel::GetChannelParameters()

IFdtChannel::SetChannelParameters()

该 XML 文档描述如何访问没有过程数据的通道。

表 F.1 基本通道属性描述

属性	描 述
gatewayBusCategory	支持的总线类型的唯一标识符。如符合 FDT 特定 CATID 的 HART 或 Profibus

表 F.2 基本通道元素描述

元素	描 述
FDT	根标签
FDTBasicChannel	通道描述
FDTChannelType	对于具有网关功能的通道组件的描述

```
<Schema name="FDTBasicChannelParameterSchema" xmlns="urn:schemas-microsoft-com:xml-data"
xmlns:dt="urn:schemas-microsoft-com:datatypes" xmlns:fdt="x-schema:FDTDataTypesSchema.
xml">
  <!--Definition of Attributes-->
  <AttributeType name="gatewayBusCategory" dt:type="uuid"/>
  <!--Definition of Elements-->
  <ElementType name="FDTBasicChannel" content="empty" model="closed" order="seq">
    <attribute type="fdt:nodeId" required="no"/>
    <attribute type="fdt:tag" required="yes"/>
    <attribute type="fdt:id" required="yes"/>
  </ElementType>
  <ElementType name="FDTChannelType" content="eltOnly" model="closed">
    <attribute type="fdt:nodeId" required="no"/>
    <element type="fdt:VersionInformation" minOccurs="1" maxOccurs="1"/>
    <attribute type="gatewayBusCategory" required="no"/>
```

```
  </ElementType>
  <ElementType name = "FDT" content = "eltOnly" model = "closed">
    <attribute type = "fdt:nodeId" required = "no"/>
    <element type = "FDTChannelType" minOccurs = "1" maxOccurs = "1"/>
    <element type = "FDTBasicChannel" minOccurs = "1" maxOccurs = "1"/>
  </ElementType>
</Schema>
```

F.2 通道架构模板

FDT-Channel 对象通过 IFdtChannel 接口提供数据。提供的数据在一个协议特定的 XML 文档内模型化，例如基于 FDTProfibusChannelParameterSchema 或 FDTBasicChannelParameterSchema 架构模型化。

FDT〈×××〉ParameterSchema 定义了包含最小属性集的基本架构作为必备的关于 DTM 特定通道文档的指南。

用于 IFdtChannel::GetChannelParameters()

IFdtChannel::SetChannelParameters()

表 F.3 ×××通道参数属性描述

属性	描述
gatewayBusCategory	支持的总线类型的唯一标识符。如符合 FDT 特定 CATID 的 HART 或 Profibus
schemaVersion	架构的版本(用于标识架构，而不用在 XML 文档内)

表 F.4 ×××通道参数元素描述

元素	描述
FDT	根标签
FDT×××Channel	×××通道处包含 DTM 特定部分的描述
FDTChannelType	对于具有网关功能的通道组件的描述。

```
<Schema name = "FDT<×××>ParameterSchema" xmlns = "urn:schemas-microsoft-com:xml-data"
xmlns:dt = "urn:schemas-microsoft-com:datatypes" xmlns:fdt = "x-schema:FDTDataTypesSchema.
xml"
xmlns:fdtinfo = "x-schema:DTMInformationSchema.xml" >
    <!--Definition of Attributes-->
    <AttributeType name = "gatewayBusCategory" dt:type = "uuid"/>
    <AttributeType name = "schemaVersion" dt:type = "string" default = "1.0"/>
    <!--Definition of Elements-->
    <ElementType name = "FDT<×××>Channel" content = "empty" model = "closed" order = "seq">
      <attribute type = "fdt:nodeId" required = "no"/>
      <attribute type = "fdt:tag" required = "yes"/>
      <attribute type = "fdt:id" required = "yes"/>
```

```
    </ElementType>
    <ElementType name = "FDTChannelType" content = "eltOnly" model = "closed">
      <attribute type = "fdt:nodeId" required = "no"/>
      <element type = "fdt:VersionInformation" minOccurs = "1" maxOccurs = "1"/>
      <attribute type = "gatewayBusCategory" required = "no"/>
      <! -Additional channel specific attributes / elements to be place here-->
    </ElementType>
    <ElementType name = "FDT" content = "eltOnly" model = "closed">
      <attribute type = "fdt:nodeId" required = "no"/>
      <attribute type = "fdtinfo:FDTVersion" required = "yes"/>
      <attribute type = "schemaVersion" required = "yes"/>
    <element type = "FDTChannelType" minOccurs = "1" maxOccurs = "1"/>
    <element type = "FDT< × × × >Channel" minOccurs = "1" maxOccurs = "1"/>
    </ElementType>
</Schema>
```

附 录 G
（规范性附录）
FDT 版本互操作性指南

G.1 总揽

FDT 是基于标准的组件，它能经常升级成一个新的改良版本。相反，典型的控制系统环境能运行 10 年～15 年。如果必须改变控制系统内的硬件或软件组件，可能出现为不同 FDT 版本设计的混合组件。

这可能出现基于不同版本的组件如何协作的问题。本条款 FDT 版本互操作指南探究这个问题，并提供解决方案。

G.2 概述

本条款主要处理两个 FDT 版本互操作的问题：

永久性：新版本的 FDT 组件(框架应用程序和 DTM)应能够加载旧版本的项目数据；

组件互操作：不同版本的组件应能正确地互操作。新 FDT 版本的 DTM 应能运行在旧框架应用程序。反之亦然。即使设备 DTM 和通信 DTM 版本不同，通信应能工作。

将来 FDT 升级的限定条件用来确保不同 FDT 版本的最大兼容性。这将导致最初为不同 FDT 版本设计的 FDT 组件最大的互操作性。

FDT 在两个层次上考虑版本互操作：

a) 规范层次：FDT 规范目标定位为不同规范版本的完全兼容型(如，新的发布版本与旧的版本兼容)。正确设计的 FDT 组件将不需要附加的实现就能达到兼容性；

b) 实现层次：FDT 提供测试工具来检查 FDT 组件的兼容性。尽管这里提到这个问题，但该问题不在 GB/T 29618.41 规定的范畴内。

FDT 版本由主、次、发布和构建版本号组成。例如，1.2.0.3 中 1 为主版本号，2 为次版本号，0 为发布版本号，3 为构建版本号。

——具有相同主版本号的 FDT 组件之间的兼容性由规范来确定；

——具有不同 FDT 次版本号、发布版本号和构建版本号的 FDT 组件之间的兼容性可以通过额外的代码途径来获得。FDT 将提供所需的信息和机制来支持该层次上的完全兼容性。如果新的功能(取决于其适度的重要性)添加到 FDT 规范中，则增加次版本号或发布版本号。如果规范或类型库中存在必要的缺陷修复，则增加构建版本号。

G.3 组件互操作

框架应用程序和 DTM 组件的互操作显示在表 G.1 中。

表 G.1 不同版本组件之间的互操作性

行/列		1 框架应用程序，FDT 版本 1.2	2 框架应用程序，FDT 版本 1.2.1	3 框架应用程序，FDT 版本…	4 框架应用程序，FDT 版本 1.9	5 框架应用程序，FDT 版本 2.0
1	DTM FDT 版本 1.2	√	√	√	√	○
2	DTM FDT 版本 1.2.1	√	√	√	√	○
3	DTM FDT 版本…	√	√	√	√	○
4	DTM FDT 版本 1.9	√	√	√	√	○
5	DTM FDT 版本 2.0	○	○	○	○	√

注：○—可选的，√—确定的

不管次版本如何，FDT 规范确保相同主版本的 DTM 和框架应用程序能够互操作，如，FDT 1.2 版与 FDT 1.2.1 版本兼容。在这种情况下，可能不提供在更高 FDT 版本中定义的附加功能。

如果主版本号改变，这种情形是不同的：

具有更高主版本的 DTM(与框架应用程序相比)可能不能运行于版本更低的框架应用程序内。在这种情况下，互操作性是可选的。为了运行在旧框架应用程序中，DTM 需要按照框架应用程序提供的 FDT 版本运行。

具有更高主版本的框架应用程序(与 DTM 相比)可拒绝与更低主版本的 DTM 一起工作。这种情况下的互操作性是可选的。为了与旧 DTM 一起工作，框架应用程序需要提供接口集(见"设计规则"部分)。在这种情形下，对于 DTM(旧版本号，旧 XML 架构)框架应用程序像老版本一样运行。

为了确保容器类应用程序只探测已安装的兼容 DTM，对于每个 FDT 主版本，将在 FDT 规范中定义单独的分类 ID。这确保了框架应用程序能探测已安装的特定 FDT 主版本的 DTM。支持 FDT 1.2.1 版本或更高版本的 DTM 应实现 IDtm2 接口。支持 FDT1.2.1 版本或更高版本的框架应用程序应在 DTM 实例实例化后检测这个 DTM 是否支持 IDtm2 接口。在这种情况下，框架应用程序应使用这个接口而不使用 IDtm。

DTM 在它的信息文档中提供版本信息，框架应用程序的版本在 IDtm2::Environment2()中设定。使用 IDtm::Environment 调用支持 FDT 1.2.1 版本或更高版本的 DTM 应假定框架应用程序支持 FDT1.2 版本。

框架应用程序总是按照它在 IDtm2::Environment2()内发布的 FDT 版本提供架构。例如，如果框架应用程序支持一个 FDT 更新的版本，即使基于 1.2 版本的 DTM 也将发现更新的架构。

G.4 FDT 类型库

COM 类型库只能用一个两部分组成的版本号。如果只有次版本号增加，以前的类型库的所有特点将以兼容的方式被支持。如果主版本号改变，按照类型库编译的代码应重新编译。类型库的版本号可能与应用程序的版本号不同。

利用包含5位数的COM次版本可将FDT版本号的第四部分映射成两部分组成的类型库版本。第一个数字代表FDT次版本,第二和第三代表FDT发布版本和第四以及第五数字代表FDT构建版本号(如,FDT 1.2.0.2描绘成类型库版本1.20001,FDT版本1.2.1.0描绘成类型库版本1.20100)。

FDT版本(主版本号,副版本号,发布版本号和构建版本号)也用作fdt100.dll文件的版本号,这确保在安装期间新版本代替老版本。

G.5 DTM和设备版本

当为一个新主FDT版本提供一个新DTM时,强烈推荐使用新ClassID和ProgID。处理新主FDT版本的DTM要求容器类应用程序已经安装相应的新COM类型库,典型的代表是DTM新版本与以前主FDT版本不一致。推荐使用这个新的ClassID和ProgID按照相应的FDT主版本注册分类ID。

如果DTM的ClassID和ProgID已改变,FDT将提供升级更新的DTM的机制(也见G.6和GB/T 29618.2 9.14)。

在它的设备分类信息内(如IDtmInformation文档中的DTMDeviceType),一个新DTM版本能提供老版本设备相同的列表或老版本设备的子集,在这种情况下,FDT框架应用程序能够把DTM的两个版本处理成两个有区别的DTM,就像其他DTM能够处理同一现场设备一样。

不使用新ClassID和ProgID的更高版本的DTM至少应支持该DTM前一版本支持的所有DTM-DeviceTypes。

G.6 永久性

如果框架应用程序的版本或DTM的版本改变,永久性(加载存储的项目)可能存在问题。

即使DTM版本已改变,框架应用程序应能上载旧数据集并向DTM提供未改变的数据集。只要DTM的ClassID和ProgID不改变,DTM应能加载旧的数据集。如果DTM的ClassID和ProgID已改变,FDT将提供升级新DTM的机制。通过这种方式,能够把现存DTM旧数据集加载到其他DTM对象。因此,新DTM负责转换数据集。

新DTM提供它能够加载(数据集兼容性)的DTM数据集的信息(通过IDtmInformation::GetInformation()方法)。它应支持旧DTM的所有设备类型。如果框架应用程序认可新DTM,它能通知用户(如,一个新兼容的DTM被安装,你希望用旧版本代替新版本吗?)。如果用户确定实例化新DTM对象代替旧DTM对象,它加载并转换旧数据集。

G.7 嵌套通信

G.7.1 概述

由于DTM能被链接到FDT拓扑,所以他们必须正确地通信。因为相关的DTM可能支持不同的FDT版本,所以应考虑系列限制。

G.7.2 数据交换

通过IFdtCommunication和IFdtCommunicationEvents交换的XML文档能包含不依赖版本的属性和元素。不像新版本的属性,和定义并处理为可选的新版本属性不同,在高版本中的新元素将不会被老版本的父组件识别,并且在那样的组件中可能产生不可预知的结果。

因此，DTM只能按照它的父组件的FDT版本使用通信文档。父组件的这个版本信息应在IFdtCommunicationEvents2::OnConnectResponse2()中提供。因而DTM只能使用与这个FDT版本一致的通信文档。

G.7.3 通信通道升级

如果它升级到更高的次版本，通信通道应支持旧的FDT次版本。这是由于它已存在的部分子版本可能不支持更高的次版本接口。

G.7.4 情景

G.7.4.1 版本1.2的父组件

因为调用IFdtCommunicationEvents::OnConnectResponse()，比1.2还高的FDT版本的DTM将不能从通信通道获取版本信息。在这种情况下，DTM只能使用与FDT 1.2一致的通信文档。

G.7.4.2 比版本1.2较新的父组件

因为IFdtCommunicationEvents::OnConnectResponse()被父组件调用，比1.2还高的FDT版本的DTM将不能从通信通道获取版本信息。这样的DTM应使用与父组件提供的FDT版本相一致的通信文档。

G.7.4.3 版本1.2的DTM

DTM不暴露IFdtCommunicationEvents2接口。比1.2还高的父组件将调用IFdtCommunicationEvents::OnConnectResponse()。

G.7.4.4 嵌套通信

在嵌套通信内，由网关DTM返回的版本号依赖于它的父组件的功能。

如果网关DTM的版本比父组件的版本高，那么网关DTM：

——能返回和父组件相同的版本，并按照这个版本提供功能；

——如果可能可以仿效更高版本的功能。那么网关DTM确保它的父组件提供所有必须的功能。

示例：

a) 尽管IEC 61784 CF3-IEC 61784 CPF9远程I/O的DTM的父组件只支持FDT 1.2版本，它能支持与FDT 1.2.1版本一致的IEC 61784 CPF9通信。在这种情况下，远程I/ODTM应能将所有FDT 1.2.1 IEC 61784 CPF3的事务请求(如，IEC 61784 CPF9触发架构)映射成与FDT 1.2.1 IEC 61784 CPF3一致的相应事务请求。

b) 带有只支持FDT 1.2版本的父组件的版本1.2.1的多路器DTM可能不提供更高FDT版本提供的功能(如，因为它取决于设备发起的数据传输)。

G.7.5 OnAddChild

如果FDT 1.2.1或更高版本的DTM被连接到1.2版本的通信通道，框架应用程序必须使用DTM的DtmParameter文档内第一个BusInformation元素(作为主协议)，必须检验通信通道是否支持DTM。因为FDT 1.2版本的通信通道不能获取附加的BusInformation元素，所以这是必需的。

G.8 实现提示

G.8.1 接口

在新FDT次版本定义的必备接口在老版本中可能没有定义。因此针对老版本设计的组件将不会执行这些接口。尽管系统运行在框架应用程序定义的较新的FDT版本,组件需要注意如果服务器组件基于较低的FDT版本,可能不支持某个接口。

例:FDT 1.2.1版本的DTM不依赖IDtm2接口。尽管这个接口可能被定义为FDT 1.2.1版本DTM的必备接口,应能够将这个DTM连接到仅支持IDtm的FDT 1.2版本的其他DTM。

永久性

推荐DTM将版本信息添加到它的存储数据集,如作为属性包的一个属性。

附 录 H
（资料性附录）
用.NET 技术实现

H.1 FDT 如何支持基于.NET 的开发

微软认识到.NET 需要一种与现存 Windows COM 技术一起工作的方法。因此微软为 COM 互操作在.NET 运行时环境添加叫做“COM Interop”的支持，更多详细细节请参考：.NET 框架开发者指南“高级 COM 互操作”（http://msdn2.microsoft.com/en-us/library/bd9cdfyx.aspx）。

为了导入相关的 COM 类型，COM 组件可以通过使用“COM interop”工具被集成到.NET 框架应用程序。

FDT 组为 FDT COM 接口描述提供主 interop 装配（FDT100.DLL）。它作为 FDT 1.2.1 规范的一部分发布（见可重发布的 FDT_InteropAssembly.msm）。

H.2 微软.NET 框架 1.1 和 2.0 兼容性

.NET 框架试图保持版本间的兼容性。然而，那些引起兼容性问题的改变已被检测出。这些改变被称为“破坏性改变”。

更多关于.NET 框架兼容性的信息请参考：

http://msdn.microsoft.com/library/default.asp? url=/library/enus/dnnetdep/html/netfxcompat.asp)

关于可能影响应用程序的破坏性改变的信息，见“.NET 框架内的破坏性改变”。

http://msdn.microsoft.com/netframework/programming/breakingchanges/default.aspx

H.3 并行安装和相关问题

现存多种.NET 框架版本（V1.0，V1.1，V2.0）。这些框架版本能并行安装在一个计算机上。在 Windows XP 和 Windows Server2003 上，多个.NET 框架版本可以在不同进程中并行运行。换句话说，一个进程可能是正在运行.NET 框架 1.1 上的应用程序，同时另一个进程可能正在运行一个在.NET 框架 2.0 版本上的应用程序。

有一个限制是在一个进程内只能运行一个版本的框架。这意味着在同一进程中被启动的.NET 框架版本依赖于基于.NET 的应用程序实例化的顺序

这种行为可能导致互操作问题，至少涉及下面的使用情况：

——FDT 框架应用程序不是基于.NET 的，DTM 基于.NET 运行时版本 1.1 实现，.NET 运行时版本 2.0 被安装（不管版本 1.1 是否被安装）：在这种情况下，总是加载.NET 的运行时最新版本。由于上述提到的“破坏性改变”，DTM 可能不正确地工作；

——FDT 框架应用程序是基于.NET 1.1 运行时版本的：由于上述提到的“破坏性改变”，基于运行时版本 2.0 的 DTM 可能不能运行；

——FDT 框架应用程序是基于.NET 2.0 运行时版本的，DTM 基于.NET 运行时版本 1.1 实现：由于上述提到的“破坏性改变”，DTM 可能不运行。

这些类型的问题不是 FDT 特有的。在使用基于不同.NET 运行时版本组件的所有应用程序中，都

会出现这种情况。

H.4 如何避免兼容性问题

DTM 应基于.NET 框架 1.1 版本并以与.NET 框架 2.0 一致的方式实现。

应针对.NET 框架 1.1 版本和 2.0 版本测试 DTM。该测试可以通过使用基于.NET 的框架应用程序执行,也可以通过使用不基于.NET 的框架应用程序执行。

关于测试策略的更多信息请参考"对照.NET 框架 2.0 版本测试使用.NET 框架 1.1 版本开发的应用程序":

http://msdn.microsoft.com/library/default.asp?url=/library/enus/dnnetdep/html/netfxcompat.asp

按照微软的规定(参考"减少可能的兼容性问题的策略"章节),无论不同.NET 版本,要求用.NET 1.1 和.NET 2.0 测试的 DTM 将没有问题地运行在所有框架应用程序中。

在 FDT 组发布如何基于一个不受限的方法解决这个问题的信息之前,这是一个暂时的方法。

附 录 I
（资料性附录）
商 标

下面的传统名称用于该文档。

HART®是 HART 通信基金会所提供产品的商标，由于 IEC 还没有制定产品命名标准，为了方便使用该文档的用户，本部分给出了该信息。如果等同产品能够实现相同的功能，也可以使用。

Java®是 Sun Microsystems (Santa Clara, USA)所提供的产品商标。由于 IEC 还没有制定产品命名标准，为了方便使用该文档的用户，本部分给出了该信息。如果等同产品能够实现相同的功能，也可以使用。

ActiveX®是微软公司(Redmond, USA)所提供的产品商标。由于 IEC 还没有制定产品命名标准，为了方便使用该文档的用户，本部分给出了该信息。如果等同产品能够实现相同的功能，也可以使用。

Microsoft®是微软公司(Redmond, USA)所提供的产品商标。由于 IEC 还没有制定产品命名标准，为了方便使用该文档的用户，本部分给出了该信息。如果等同产品能够实现相同的功能，也可以使用。

Microsoft Windows®是微软公司(Redmond, USA)所提供的产品商标。由于 IEC 还没有制定产品命名标准，为了方便使用该文档的用户，本部分给出了该信息。如果等同产品能够实现相同的功能，也可以使用。

MSDN®是微软公司(Redmond, USA)所提供的产品商标。由于 IEC 还没有制定产品命名标准，为了方便使用该文档的用户，本部分给出了该信息。如果等同产品能够实现相同的功能，也可以使用。

Visual Basic®是微软公司(Redmond, USA)所提供的产品商标。由于 IEC 还没有制定产品命名标准，为了方便使用该文档的用户，本部分给出了该信息。如果等同产品能够实现相同的功能，也可以使用。

VC++®是微软公司(Redmond, USA)所提供的产品商标。由于 IEC 还没有制定产品命名标准，为了方便使用该文档的用户，本部分给出了该信息。如果等同产品能够实现相同的功能，也可以使用。

参 考 文 献

[1] GB 14048.2—2008 低压开关设备和控制设备 第2部分:断路器

[2] OPC, Data Access Custom Interface Specification 2.03 (1999)

[3] Microsoft MSDN Library March (2000)

[4] World Wide Web Consortium (W3C) Extensible Stylesheet Language (XSL) Document: WDxsl—19981216 1.0 (1998)

[5] XML kompakt Hanser Verlag1999 ISBN 3-446-21302-3

[6] XML Handbuch Prentice Hall1999 ISBN 3-8272-9575-0

[7] XML/XSL Examples Refer to MSDN Library and W3C 〈http://www.w3.org〉

[8] GB/T 20540.5—2006, 测量和控制数字数据通信 工业控制系统用现场总线 类型3: PROFIBUS规范 第5部分:应用层服务定义

[9] FDT V 1.2—May 2003—Addendum, chapter 2.30.4—A closer look at message loops, paragraph DTM's point of view

ICS 25.040
N 10

中华人民共和国国家标准

GB/T 29618.302—2013/IEC 62453-302:2009

现场设备工具(FDT)接口规范 第302部分:通信行规集成 通用工业协议

Field device tool (FDT) interface specification—Part 302:Communication profile integration—Common industrial protocol

(IEC 62453-302:2009,IDT)

2013-11-12 发布　　　　2014-02-01 实施

中华人民共和国国家质量监督检验检疫总局
中国国家标准化管理委员会　发布

前　　言

GB/T 29618《现场设备工具(FDT)接口规范》暂分为以下几个部分:

——第1部分:概述与导则;

——第2部分:概念与详细描述;

——第301部分:通信行规集成　FF现场总线规范;

——第302部分:通信行规集成　通用工业协议;

——第303-1部分:通信行规集成　PROFIBUS现场总线规范;

——第303-2部分:通信行规集成　PROFINET输入输出接口规范;

——第306部分:通信行规集成　INTERBUS现场总线规范;

——第309部分:通信行规集成　HART现场总线规范;

——第315部分:通信行规集成　MODBUS现场总线规范;

——第41部分:对象模型行规集成　通用对象模型;

——第501部分:通用对象模型的通信实现　FF现场总线规范;

——第502部分:通用对象模型的通信实现　通用工业协议;

——第503-1部分:通用对象模型的通信实现　PROFIBUS现场总线规范;

——第503-2部分:通用对象模型的通信实现　PROFINET输入输出接口规范;

——第506部分:通用对象模型的通信实现　INTERBUS现场总线规范;

——第509部分:通用对象模型的通信实现　HART现场总线规范;

——第515部分:通用对象模型的通信实现　MODBUS现场总线规范;

——第61部分:通用对象模型的设备类型管理器样式指南。

本部分为GB/T 29618的第302部分。

本部分按照GB/T 1.1—2009和GB/T 20000.2—2009给出的规则起草。

本部分使用翻译法等同采用IEC 62453-302:2009《现场设备工具(FDT)接口规范　第302部分:通信行规集成　通用工业协议》(英文版)。

与本部分中规范性引用的国际文件有一致性对应关系的我国文件如下:

——GB/T 16657.2—2008　工业通信网络　现场总线规范　第2部分:物理层规范和服务定义(IEC 61158-2:2007,IDT)

——GB/T 18858.3—2002　低压开关设备和控制设备　控制器-设备接口(CDI)　第3部分:DeviceNet (IEC 62026-3:2000,IDT)

本部分做了下列编辑性修改:

——删除了IEC 62453-302:2009的前言,重新编写了本部分的前言;

——凡有“IEC 62453”之处改为“GB/T 29618”;

——按照汉语习惯对一些编排格式进行了修改;

——将一些适用于国际标准的表述改为适用于我国标准的表述。

本部分由中国机械工业联合会提出。

本部分由全国工业过程测量和控制标准化技术委员会(SAC/TC 124)负责归口。

本部分参加起草单位:西南大学、赫优信(上海)自动化系统贸易有限公司、机械工业仪器仪表综合技术经济研究所、罗克韦尔自动化(中国)有限公司、上海恩德斯豪斯(E+H)自动化设备有限公司、上海自动化仪表有限公司、施耐德电气(中国)公司、苏州美名软件有限公司、浙江大学智能系统与控制研究所、中国四联仪器仪表集团。

本部分主要起草人:欧阳劲松、王春喜、谢素芬、刘宽、黑伟亮、杜佳琳、王信红、包伟华、刘进、田英明、华镕、袁海峰、冯冬芹、刘枫、吕静、张渝、黄仁杰。

引　言

本标准为FDT(现场设备工具)组件的开发者提供接口规范,FDT组件用于客户端/服务器结构中的功能控制和数据访问。本部分是开发标准接口过程中的分析和设计的结果。这些标准接口易于多个制造商开发可无缝互操作的服务器和客户端。

将现场设备集成到控制系统中,需要执行一些其他任务。除了需要现场总线特定工具和设备特定工具外,还需将这些工具集成到更高层次系统范围内的规划或工程工具中。特别是,为了在大规模异构的控制系统中(典型地在过程工业领域)使用,明确定义易于使用的相关工程接口是非常重要的。

按照本部分创建的设备特定的软件组件称为设备类型管理器(DTM)。它通过本部分定义的FDT服务,将所有设备特定的数据、功能和业务规则都集成到系统中。

FDT/DTM方法对所有类型的现场总线都是开放的,允许将各种设备集成到异构系统中。

图1给出了GB/T 29618.302在GB/T 29618系列标准结构中的位置。

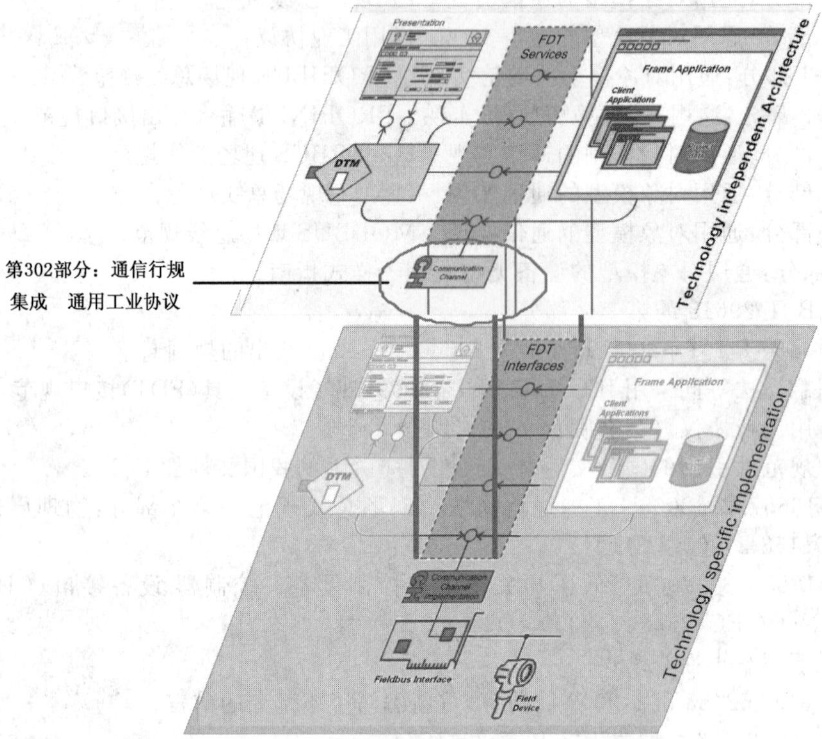

图1　GB/T 29618系列中的第302部分

现场设备工具(FDT)接口规范
第302部分:通信行规集成
通用工业协议

1 范围

通信行规族CPF 2(统称为CIP)定义了基于IEC 61158-2的类型2、IEC 61158-4-2、IEC 61158-5-2、IEC 61158-6-2和IEC 62026-3的通信行规。基础行规CP 2/1(ControlNet)、CP 2/2(EtherNet/IP)和CP 2/3(DeviceNet)在IEC 61784-1和IEC 61784-2中定义。附加通信行规(CompoNet)也是基于CIP,它在[14]中定义。

GB/T 29618的本部分提供了将CIP技术集成到FDT接口规范(GB/T 29618.2)的信息。

本部分规定了通信和其他服务。

本部分不包含FDT规范,也不对其进行修改。

2 规范性引用文件

下列文件对于本文件的应用是必不可少的。凡是注日期的引用文件,仅所注日期的版本适用于本文件。凡是不注日期的引用文件,其最新版本(包括所有的修改单)适用于本文件。

GB/T 29618.1—2013 现场设备工具(FDT)接口规范 第1部分:概述和导则(IEC 62453-1:2009,IDT)

GB/T 29618.2—2013 现场设备工具(FDT)接口规范 第2部分:概念和详细描述(IEC 62453-2:2009,IDT)

GB/T 19659.2—2006 工业自动化系统与集成 开放系统应用集成框架 第2部分:基于ISO 11898的控制系统的参考描述(ISO 15745-2:2003,IDT)

GB/T 19659.3—2006 工业自动化系统与集成 开放系统应用集成框架 第3部分:基于IEC 61158控制系统的参考描述(ISO 15745-3:2003,IDT)

IEC 61158-2 工业通信网络 现场总线规范 第2部分:物理层规范和服务定义(Industrial communication networks—Fieldbus specifications—Part 2:Physical layer specification and service definition)

IEC 61158-3-2 工业通信网络 现场总线规范 第3-2部分:数据链路层服务定义 类型2元素(Industrial communication networks—Fieldbus specifications—Part 3-2:Data-link layer service definition—Type 2 elements)

IEC 61158-4-2 工业通信网络 现场总线规范 第4-2部分:数据链路层协议规范 类型2元素(Industrial communication networks—Fieldbus specifications—Part 4-2: Data-link layer protocol specification—Type 2 elements)

IEC 61158-5-2:2007 工业通信网络 现场总线规范 第5-2部分:应用层服务定义 类型2元素(Industrial communication networks—Fieldbus specifications—Part 5-2: Application layer service definition—Type 2 elements)

IEC 61158-6-2:2007 工业通信网络 现场总线规范 第6-2部分:应用层协议规范 类型2元素(Industrial communication networks—Fieldbus specifications—Part 6-2: Application layer protocol specification—Type 2 elements)

IEC 61784-1 工业通信网络 行规 第1部分:现场总线行规(Industrial communication networks—Profiles—Part 1: Fieldbus profiles)

IEC 61784-2 工业通信网络 行规 第2部分:用于基于ISO/IEC 8802-3的实时以太网的附加现场总线行规(Industrial communication networks—Profiles—Part 2: Additional fieldbus profiles for real-time networks based on ISO/IEC 8802-3)

IEC 61784-3-2:2007 工业通信网络 行规 第3-2部分:功能安全现场总线 用于CPF2的附加行规(Industrial communication networks—Profiles—Part 3-2: Functional safety fieldbuses—Additional specifications for CPF 2)

IEC 62026-3 低压开关设备和控制设备 控制器-设备接口(CDI) 第3部分:DeviceNet [Low-voltage switchgear and controlgear—Controller-device interfaces (CDIs)—Part 3: DeviceNet]

ISO/IEC 19501:2005 信息技术 开放分布式处理 统一建模语言(UML)版本1.4.2 [Information technology—Open Distributed Processing—Unified Modeling Language (UML) Modeling Language (UML) Version 1.4.2]

3 术语和定义、符号和缩略语、约定

3.1 术语和定义

GB/T 29618.1和GB/T 29618.2界定的术语和定义适用于本文件。

3.2 符号和缩略语

GB/T 29618.1和GB/T 29618.2规定的以及下列符号和缩略语适用于本文件。

CIP:通用工业协议(common industrial protocol)

CP:通信行规(communication profile)[IEC 61784-1]

CPF:通信行规族(communication profile family)[IEC 61784-1]

EDS:电子数据单(electronic data sheet)[GB/T 19659]

UML:统一建模语言(unified modelling language)[ISO/IEC 19501]

3.3 约定

3.3.1 数据类型名称和数据类型引用

数据类型命名和引用的约定在GB/T 29618.2—2013的A.1中规定。

3.3.2 词汇要求

在对要求进行描述的时候,使用以下的表达方式:

——使用“应”或“必备”,表示不允许有例外;

——使用“宜”或“推荐”,表示强烈推荐。在特定的例外情况下,可能具有与描述不相同的行为;

——使用“能”或“可选”,可能提供某种功能或行为,取决于定义的条件。

4 总线类别

IEC 61784 CPF2协议在结构化的数据类型“fdt:BusCategory”的ProtocolId元素中通过表1中规定的唯一标识符进行辨识。

表 1 ProtocolId 标识符

标识符的值	ProtocolId 名称	描述
19B91472-EDB9-4e8c-BB61-516EEC79C1C0	CIP DeviceNet	支持 CP 2/3(DeviceNet)
6CD80F51-019D-4e60-AEAC-B10144943B4B	CIP EthernetIP	支持 CP 2/2(EtherNet/IP)
C290CE23-62EA-478c-97F2-97EFEC602E05	CIP ControlNet	支持 CP 2/1(ControlNet)
089BB2BC-B75A-11DB-8314-0800200C9A66	CIP ControlNet	支持 CompoNet

5 实例数据和设备数据访问

InstanceDataInformation 和 DeviceDataInformation 服务至少应能提供对 EDS 的参数段(Params section)中定义的所有参数的访问。

6 协议特定行为

IEC 61784 CPF2 协议具有与现场总线主站配置相关的特殊要求。

保持数据提供者和消费者同步是非常重要的。因此,如果被提供的数据已被修改,应通知数据提供者。例如,当扫描器/主站 DTM 已修改了提供的数据时,应将新的数据集提供给从站/适配器 DTM。

注:对于 DTM 间数据交换的描述,见 GB/T 29618.2—2013 的 6.3(现场总线主站或通信调度器的组态)。

7 通用数据类型的协议特定用法

表 2 表示 IEC 61784 CPF2 设备使用 GB/T 29618.2—2013 的命名空间"fdt"中定义的通用数据类型的方法。

根据 GB/T 29618.2—2013,至少应使用"SemanticInformation"通用数据类型对每个可访问数据对象提供一套语义信息(每种支持的现场总线协议一套)。相应的数据类型"applicationDomain"应具有值"FDT_CIP",且数据类型"semanticId"应具有表 2 中规定的一个合适的值。

表 2 通用数据类型的协议特定用法

数据类型	用法描述
fdt:address	"address"数据类型对于 DTM 中的外置(exposed)参数不是强制的。但是,如果使用了该地址,那么应根据 semanticId 规则来构建该字符串。这意味着数据类型"semanticId"总是与数据类型"address"相同
fdt:protocolId	见第 4 章
fdt:deviceTypeId	如标识对象中的定义(见 IEC 61158-5-2:2007 的 6.2.1.2.2)
fdt:deviceTypeInformation	CIP DTM 应使用该数据类型提供访问设备特定 EDS 文件的路径。对于 DTM 认证,这里应提供访问已认证 EDS 文件的路径。 注:EDS 信息可通过下列方法访问: ——IDtmParameter::GetParameters(); ——IDtmInformation::GetInformation()
fdt:deviceTypeInformationPath	与"deviceTypeInformation"属性一样,也提供访问 EDS 文件的路径。 该属性包含访问 EDS 文件的完整路径,包括以 URL 表示的文件名称。 对于 CIP 设备,提供该数据类型的信息是强制的。 该属性专用于 FDT 1.2.1(见 GB/T 29618.2 和[8]),因此如果 DTM 运行在基于 FDT 1.2 的框架应用程序(见[7])中,那么不应提供该属性

表 2（续）

数据类型	用法描述
fdt:manufacturerId	如标识对象中的定义(见 IEC 61158-5-2:2007 的 6.2.1.2.2)。
fdt:semanticId fdt:applicationDomain	applicationDomain: FDT_CIP。 包含在对象中的数据通过 classId、instanceId 和 attributeId 进行寻址。该数据可以是数据的变量或复合块。semanticId 直接基于 CIP 地址信息。 semanticId 是:CLASSxx. INSTANCEyy. ATTRIBUTEzz。 xx classId; yy instanceId; zz attributeId。 xx、yy 和 zz 基于没有前导"0"的十进制格式。 因为"ATTRIBUTE" 在 CIP 中是根据情况而定的,因此它可以被省略。在这种情况下,semanticID 是: CLASSxx. INSTANCEyy
fdt:tag	CIP 集合、参数名称或 I/O 连接的名称(根据通道数据的内容)

8 协议特定的通用数据类型

表 3 和表 4 规定了协议特定的通用数据类型,它用于其他数据类型的定义。

本章描述的数据类型用于以下命名空间:

Namespace:cip

表 3 简单协议特定通用数据类型

数据类型	定 义	描 述
attributeId	USINT	CIP 属性标识符
bitOffset	UDINT	以集合表示的参数的位偏移
cipStatus	UINT	表示标识对象的状态(Status,属性 5)。见 IEC 61158-5-2:2007 的 6.2.1.2.2
classId	UINT	CIP 类标识符
constValue	UDINT	表示在数据类型 Constant 中使用的常数值
dataType	Enumeration(byte |float|double| int|unsigned| enumerator| bitEnumerator| index|ascii| password|bitString |hexstring|date| time|dateAndTime| duration|binary| structured| dtmSpecific)	定义 CIP 数据类型的不同枚举
deviceType	UINT	表示标识对象的设备类型(DeviceType,属性 2)。见 IEC 61158-5-2:2007 的 6.2.1.2.2

表 3（续）

数据类型	定　义	描　述
ePath	ARRAY OF USINT	CIP EPATH。见 IEC 61158-6-2:2007 的 4.1.9
extendedIdentifier	STRING	如果用于 CIP 网络的地址是一个名称或 IP 地址，那么表示 CIPNodeID 中的 CIP 设备地址。extendedIdentifier 应被用于 CompoNet 网络，以覆盖 CompoNet MAC ID。也见 shortIdentifier
instanceID	UINT	CIP 对象实例标识符
majorRevision	USINT	表示标识对象的主版本（Major Revision，属性 4.1）。见 IEC 61158-5-2:2007 的 6.2.1.2.2
minorRevision	USINT	表示标识对象的次版本（Minor Revision，属性 4.2）。见 IEC 61158-5-2:2007 的 6.2.1.2.2
portNumber	UINT	表示 CIP 网桥或路由设备内的端口号，用于将报文路由到其他网段
productCode	UINT	表示标识对象的产品代码（Product code，属性 3）。见 IEC 61158-5-2:2007 的 6.2.1.2.2
productName	STRING	表示标识对象的产品名称（Product name，属性 7）。见 IEC 61158-5-2:2007 的 6.2.1.2.2
serialNumber	ARRAY OF USINT	表示标识对象的序列号（Serialnumber，属性 6）。见 IEC 61158-5-2:2007的 6.2.1.2.2。如果因为离线组态，所以序列号未知，则应返回 0
serviceCode	USINT	CIP 服务代码。这是由 CIP 对象或属性支持的功能或方法
Servicename	STRING	CIP 服务名称。这是由 CIP 对象或属性支持的功能或方法。该属性提供了关于相关服务代码附加的可读信息
shortIdentifier	USINT	如果用于 CIP 网络的地址是一个简单地址，那么表示 CIPNodeID 中的 CIP 设备地址。也见 extendedIdentifier
symbolicAddress	STRING	表示设备内组件的名称
vendorID	UINT	表示标识对象的供应商 ID（Vendor ID，属性 1）。见 IEC 61158-5-2:2007 的 6.2.1.2.2

表 4　结构化协议特定通用数据类型

数据类型	定义			描述
	基本数据类型	用法	多重性	
CIPDevice	STRUCT			规定一个 CIP 设备。 CIPDevice 包含每个 CIP 节点中的制造商和设备信息（Identity Object，标识对象）
	cipStatus	M	[1..1]	
	CIPPath	M	[1..1]	
	CIPDeviceIdentity	M	[1..1]	

表 4（续）

数据类型	定义			描述
	基本数据类型	用法	多重性	
CIPDeviceIdentity	STRUCT	M	[1..1]	表示 CIP 设备的标识对象的静态部分。见 IEC 61158-5-2:2007 的 6.2.1.2.2
	vendorID	M	[1..1]	
	deviceType	M	[1..1]	
	productCode	M	[1..1]	
	majorRevision	M	[1..1]	
	minorRevision	M	[1..1]	
	serialNumber	M	[1..1]	
	productName	M	[1..1]	
CIPNodeID	STRUCT	M	[1..1]	用于识别 CIP 网络上特定节点(设备)的标识符,例如,用于 Devicenet 和 ControlNet 的 CIP MAC(媒体访问控制) ID (1 字节)、用于 EtherNet/IP 的 IP 地址。由于其大小随协议的不同而不同,该结构可以包含两种属性:扩展标识符(n byte string)和短标识符(1 byte unsigned integer),但只应使用其中之一
	choice of	M	[1..1]	
	ExtendIdentifier	S	[1..1]	
	ShortIdentifier	S	[1..1]	
CIPObjectAddress	STRUCT			作为 CIPObjectId 的 CIP 对象地址、CIPSymbolicAddress 或 HexAddress
	choice of	M	[1..1]	
	CIPObjectID	S	[1..1]	
	CIPSymbolicAddress	S	[1..1]	
	HexAddress	S	[1..1]	
CIPObjectId	STRUCT			CIP 对象和属性的 CIP classID、instanceID 和(有条件的) attributeID 地址信息。如果用于过程通道,这可能是集合对象或参数对象
	classID	M	[1..1]	
	instanceID	M	[1..1]	
	attributeID	O	[0..1]	
CIPPath	STRUCT			CIP 节点(设备)的完整地址。通常包括存储在 CIPNodeID 元素中的 Node ID。RoutingPath 元素用于传输 CIP FDT 通信组件使用的附加路由信息
	RoutingPath	O	[0..1]	
	CIPNodeID	M	[1..1]	

表 4（续）

数据类型	定义			描述
	基本数据类型	用法	多重性	
CIPSymbolicAddress	STRUCT			classId、instanceId 和 attributeIdde（地址）不是必须知道的，也可以使用符号地址。 CIPSymbolicAddress、HexAddress 或 CIPObjectId 能被用于 DataExchangeRequest
	symbolicAddress	M	[1..1]	
Constant	STRUCT			一个常数值
	constValue	M	[1..1]	
ExtendedIdentifier	STRUCT			见属性 extendedIdentifier
	extendedIdentifier	M	[1..1]	
HexAddress	STRUCT			作为 ePath 的 CIP 对象地址
	ePath	O	[0..1]	
LinkAddress	STRUCT			表示一个网段内的 CIPNodeID
	CIPNodeID	M	[1..1]	
ParameterReference	STRUCT			参数描述的引用
	Fdt:idref	M	[1..1]	
	bitOffset	O	[0..1]	
ReservedBits	STRUCT			用于需要有保留位的地方
RoutingPath	STRUCT			能被通信通道理解的任何附加的 CIP 网络路由信息
	Segment	M	[1..1]	
Segment	STRUCT			表示为了到达被寻址的 CIP 设备，报文应遵循的路径
	portNumber	M	[1..1]	
	LinkAddress	M	[1..1]	
	Segment	O	[0..1]	
Service	STRUCT			由 serviceCode 和 serviceName 标识的 CIP 服务。CIP 服务代码。它是由 CIP 对象或属性支持的功能或方法
	serviceCode	M	[1..1]	
	serviceName	O	[0..1]	
ShortIdentifier	STRUCT			见属性 shortIdentifier
	shortIdentifier	M	[1..1]	

9 网络管理数据类型

9.1 概述

本章规定的数据类型用于以下服务：

——NetworkManagementInfoRead 服务；

——NetworkManagementInfoWrite 服务。

9.2 节点地址

CIPNodeID 应存储在 fdt:DeviceAddress 数据类型的 busAddress 元素中。因为主站有固定(fixed)地址，所以该地址不用于 CompoNet——由于它是必备元素，推荐使用值“0”。

9.3 扫描器/主站-总线参数集（CIP）

使用表 5 和表 6 中规定的数据类型，将信息通过数据类型为 NetworkInfo 的 UserDefinedBus 元素发送给 CIP 扫描器/主站。该信息应设置为用以配置扫描器/主站的扫描列表。

本条描述的数据类型用于以下命名空间：

命名空间：cippar

表 5 现场总线组态简单数据类型

数据类型	定义	描述
async	USINT	见[13]的表 7-2.3。这是 CIP 安全专有的字段，仅用于生产者连接(producing connections)。消费者连接(consuming connections)时该字段应为空。用于计算网络反应时间
base	UINT	定标参数，见 GB/T 19659.2—2006 的 A.4.1.4.6
class0	BOOL	见 GB/T 19659.3—2006 的表 A.25
class1	BOOL	
class2	BOOL	
class3	BOOL	
class4	BOOL	
class5	BOOL	
class6	BOOL	
compoNetDeviceCategory	USINT	定义不同的 CompoNet 设备种类，见[14]的第 7-4 章
compoNetIOLength	UINT	见[14]的第 7-5 章
compoNetIOLengthUnit	USINT	
connectionNameString	STRING	见 GB/T 19659.3—2006 的表 A.24
connectionTypeMulticast	BOOL	见 GB/T 19659.3—2006 的表 A.26
connectionTypeNULL	BOOL	
connectionTypePoint2Point	BOOL	
consumedConnectionSize	UINT	通过该连接接收的最大字节数
defaultConnection	BOOL	指示 CIPConnection 是否是缺省值
defaultSafetyConnections	USINT	见[13]的表 7-2.2。Instance Number(实例号)
defaultValue	STRING	表示离线状态下的属性值
div	UINT	定标参数，见 GB/T 19659.2—2006 的 A.4.1.4.6

表 5（续）

数据类型	定义	描述
expectedPacketRate	UINT	扫描器确定该参数。可能有部分原因由从站提供该参数给主站
fixedSizeSupported	BOOL	见 GB/T 19659.3—2006 的表 A.26
helpString	STRING	见 GB/T 19659.3—2006 的表 A.24
inhibitTime	UINT	对 COS 可选，对其他连接类型无效。 扫描器确定该参数。可能有部分原因由从站提供该参数给主站
maxCIPConnections	UINT	通信容量，见[9]的第 7-3.6.11.7 章
maxConsumerNumber	USINT	见[13]的表 7-2.3。这是 CIP 安全专有字段。当安全设备希望定义多播连接并需要将消费者的最大个数限定为小于缺省最大个数 15 时，该字段可定义生产者限值。如果该字段为空，SNCT 应总使用多播连接缺省最大个数 15。单播连接时该字段可为空
maxEMConnections	UINT	通信容量，见[9]的第 7-3.6.11.7 章
maxIOConnections	UINT	
maxSafetyConnections	USINT	见[13]的表 7-2.2，可选
maxSafetyInputCnxns	USINT	
maxSafetyOutputCnxns	USINT	
multiplier	UINT	定标参数，见 GB/T 19659.2—2006 的 A.4.1.4.6
offset	INT	
precision	UINT	
priorityHigh	BOOL	见 GB/T 19659.3—2006 的表 A.26
priorityLow	BOOL	
priorityScheduled	BOOL	
producedConnectionSize	UINT	通过该连接传输的最大字节数
realTimeTransferFormat	USINT	见 GB/T 19659.3—2006 的表 A.26
rpi	UDINT	见 GB/T 19659.3—2006 的表 A.24
scId	ARRAY OF USINT	安全性组态标识符，见 IEC 61784-3-2 的 6.6.5.17
server	BOOL	见 GB/T 19659.3—2006 的表 A.25
transportTypeExclusiveOwner	BOOL	
transportTypeInputOnly	BOOL	
transportTypeListenOnly	BOOL	
transportTypeRedundantOwner	BOOL	
triggerApplication	BOOL	
triggerChangeOfState	BOOL	
triggerCyclic	BOOL	
unId	ARRAY OF USINT	见 IEC 61784-3-2:2007 的 6.6.5.18
variableSizeSupported	BOOL	见 GB/T 19659.3—2006 的表 A.26

表 6 现场总线组态结构化数据类型

数据类型	定义			描述
	基本数据类型	用法	多重性	
AssemblyMemberDefinition	STRUCT			表示集合的所有成员
	fdt:id	O	[0..1]	
	fdt:tag	M	[1..1]	
	fdt:descriptor	O	[0..1]	
	cip:dataType	M	[1..1]	
	defaultValue	O	[0..1]	
	Scaling	O	[0..1]	
	cip:CIPObjectAddress	O	[0..1]	
	fdt:BitEnumeratorEntries	O	[0..1]	
	fdt:EnumeratorEntries	O	[0..1]	
	fdt:Unit	O	[0..1]	
	fdt:Ranges	O	[0..1]	
	fdt:SubstituteValue	O	[0..1]	
AssemblyMemberDefinitions	STRUCT			见 AssemblyMember 定义
	AssemblyMemberDefinition	O	[0..*]	
BitStrobeConnection	STRUCT			代表 Bitstrobe IO 连接
	MasterSlaveConnection	M	[1..1]	
Capacity	STRUCT			通信容量,见[9]的第 7-3.6.11.7 章
	MaxCIPConnections	O	[0..1]	
	MaxIOConnections	O	[0..1]	
	MaxEMConnections	O	[0..1]	
CIPConnection	STRUCT			定义一个所支持的 CIP 连接。 包含属性,见 GB/T 19659.3—2006 的表 A.24。 对安全设备,见[13]的第 7-2.2.4.3 章,表 7-2-3
	connectionNameString	M	[1..1]	
	helpString	M	[1..1]	
	cip:ePath	M	[1..1]	
	defaultConnection	O	[0..1]	
	Config1	O	[0..1]	
	Config2	O	[0..1]	
	TriggerAndTransport	M	[1..1]	
	Originator2TargetParameters	M	[1..1]	
	Target2OriginatorParameters	M	[1..1]	

表 6（续）

数据类型	定义			描述
	基本数据类型	用法	多重性	
CIPNode	STRUCT			代表设备的所有连接信息
	fdt:readAccess	O	[0..1]	
	fdt:writeAccess	O	[0..1]	
	fdtpar:configurationData	O	[0..1]	
	scId	O	[0..1]	
	unId	O	[0..1]	
	cip:CIPDeviceIdentity	M	[1..1]	
	cip:CIPNodeID	M	[1..1]	
	PossibleConnections	M	[1..1]	
	CurrentConnections	M	[1..1]	
	AssemblyMemberDefinitions	O	[0..1]	
CompoNetIO	STRUCT			定义 CompoNet 设备的 IO 。见[14]的第 7-2 章
	CompoNetInputInfo	O	[0..1]	
	CompoNetOutputInfo	O	[0..1]	
	compoNetDeviceCategory	M	[1..1]	
CompoNetInputInfo	STRUCT			代表 CompoNet 设备的输入
	CompoNetIOInfo	M	[1..1]	
CompoNetIOInfo	STRUCT			代表 CompoNet 设备的输入或输出
	compoNetIOLengthUnit	M	[1..1]	
	compoNetIOLength	M	[1..1]	
CompoNetOutputInfo	STRUCT			代表 CompoNet 设备的输出
	CompoNetIOInfo	M	[1..1]	
Config	STRUCT			包含元素 Size 和 Format
	Size	O	[0..1]	
	Format	O	[0..1]	
Config1	STRUCT			见 GB/T 19659.3—2006 的表 A.24
	Config	M	[1..1]	
Config2	STRUCT			见 GB/T 19659.3—2006 的表 A.24
	Config	M	[1..1]	
ConnectionParameters	STRUCT			代表 EDS 文件的 Connection Manager Section 的关键字 Connection Parameters。见 GB/T 19659.3—2006 的 A.4.1.4.9

表 6（续）

数据类型	定义			描述
	基本数据类型	用法	多重性	
ConnectionParameters	FixedSizeSupported	O	[0..1]	
	VariableSizeSupported	O	[0..1]	
	RealTimeTransferFormat	O	[0..1]	
	ConnectionTypeNULL	O	[0..1]	
	ConnectionTypeMulticast	O	[0..1]	
	ConnectionTypePoint2Point	O	[0..1]	
	PriorityLow	O	[0..1]	
	PriorityHigh	O	[0..1]	
	PriorityScheduled	O	[0..1]	
	cip:ReservedBits	O	[0..1]	
ConsumedAssemblyReference	STRUCT			给出该IO连接所消费的数据的CIPObjectAddress。 引用属于该连接的I/O集合使得扫描器了解消费的集合的成员
	cip:CIPObjectAddress	M	[1..1]	
COSConnection	STRUCT			表示COS IO连接。与Cyclic IO连接互斥
	MasterSlaveConnection	M	[1..1]	
CurrentConnections	STRUCT			表示该设备的所有缺省连接
	CIPConnection	O	[0..*]	
	MasterSlaveConnectionSet	O	[0..1]	
	CompoNetIO	O	[0..1]	
CyclicConnection	STRUCT			CyclicConnection代表Cyclic IO连接，与COS IO连接互斥
	MasterSlaveConnection	M	[1..1]	
Format	STRUCT			见GB/T 19659.3—2006的表A.24
	choice of	M	[1..1]	
	cip:ParameterReference	S	[1..1]	
	fdt:ChannelReference	S	[1..1]	
MasterSlaveConnection	STRUCT			定义一个支持的MasterSlave连接
	producedConnectionSize	M	[1..1]	
	consumedConnectionSize	M	[1..1]	
	expectedPacketRate	O	[0..1]	
	inhibitTime	O	[0..1]	
	ConsumedAssemblyReference	O	[0..1]	
	ProducedAssemblyReference	O	[0..1]	

表 6（续）

数据类型	定　义			描　述
	基本数据类型	用法	多重性	
MasterSlaveConnectionSet	STRUCT			零或多个 MasterSlaveConnection。可根据 CIP 规范组合 MasterSlave-Connection 元素（见 IEC 62026-3）。应为 DeviceNet 提供该元素。如果设备不支持通过 MasterSlave 连接集的 I/O 连接，该列表应为空
	PolledIOConnection	O	[0..1]	
	BitStrobeConnection	O	[0..1]	
	choice of	O	[0..1]	
	COSConnection	S	[1..1]	
	CyclicConnection	S	[1..1]	
	MulticastPollingConnection	O	[0..1]	
MulticastPollingConnection	STRUCT			表示 Multicast Polled IO 连接
	MasterSlaveConnection	M	[1..1]	
Originator2TargetParameters	STRUCT			发起者到目标的连接参数。见 GB/T 19659.3—2006 的表 A.24
	rpi	O	[0..1]	
	ConnectionParameters	M	[1..1]	
	choice of	M	[1..*]	
	Size	S	[1..1]	
	Format	S	[1..1]	
PolledIOConnection	STRUCT			表示 Polled IO 连接
	MasterSlaveConnection	M	[1..1]	
PossibleConnections	STRUCT			表示到该设备的所有可能连接
	maxSafetyConnections	O	[0..1]	
	maxSafetyInputCnxns	O	[0..1]	
	maxSafetyOutputCnxns	O	[0..1]	
	defaultSafetyConnections	O	[0..1]	
	Capacity	O	[0..1]	
	CIPConnection	O	[0..*]	
	PolledIOConnection	O	[0..1]	
	BitStrobeConnection	O	[0..1]	
	COSConnection	O	[0..1]	
	CyclicConnection	O	[0..1]	
	MulticastPollingConnection	O	[0..1]	
	SafetyInputConnection	O	[0..*]	
	SafetyOutputConnection	O	[0..*]	
	CompoNetIO	O	[0..1]	

表 6（续）

数据类型	定义			描述
	基本数据类型	用法	多重性	
ProducedAssemblyReference	STRUCT			给出在该 IO 连接上生产的数据的 CIPObjectAddress。 引用属于该连接的 I/O 集合使得扫描器了解生产的集合的成员
	cip:CIPObjectAddress	M	[1..1]	
Target2OriginatorParameters	STRUCT			目标到发起者的连接参数。见 GB/T 19659.3—2006 的表 A.24
	rpi	O	[0..1]	
	ConnectionParameters	M	[1..1]	
	choice of	M	[1..*]	
	Size	S	[1..1]	
	Format	S	[1..1]	
TransportTypeExclusiveOwner	STRUCT			见 transportTypeExclusiveOwner
	transportTypeExclusiveOwner	M	[1..1]	
TransportTypeInputOnly	STRUCT			见 transportTypeInputOnly
	transportTypeInputOnly	M	[1..1]	
TransportTypeListenOnly	STRUCT			见 transportTypeListenOnly
	transportTypeListenOnly	M	[1..1]	
TransportTypeRedundantOwner	STRUCT			见 transportTypeRedundantOwner
	transportTypeRedundantOwner	M	[1..1]	
TriggerAndTransport	STRUCT			表示 EDS 文件 Connection Manager Section 的 Trigger 和 Transport 关键字。见 GB/T 19659.3—2006 的 A.4.1.4.9
	class0	O	[0..1]	
	class1	O	[0..1]	
	class2	O	[0..1]	
	class3	O	[0..1]	
	class4	O	[0..1]	
	class5	O	[0..1]	
	class6	O	[0..1]	
	triggerCyclic	O	[0..1]	
	triggerChangeOfState	O	[0..1]	
	triggerApplication	O	[0..1]	
	server	O	[0..1]	
	choice of	M	[1..1]	
	TransportTypeListenOnly	S	[1..1]	

表 6（续）

数据类型	定义			描述
	基本数据类型	用法	多重性	
TriggerAndTransport	TransportTypeInputOnly	S	[1..1]	
	TransportTypeExclusiveOwner	S	[1..1]	
	TransportTypeRedundantOwner	S	[1..1]	
	cip:ReservedBits	O	[0..1]	
SafetyInputConnection	STRUCT			定义一个支持的 CIP Safety Input(安全输入)连接
	async	M	[1..1]	
	maxConsumerNumber	O	[0..1]	
	CIPConnection	M	[1..1]	
SafetyOutputConnection	STRUCT			定义一个支持的 CIPSafety Output(安全输出)连接
	maxConsumerNumber	O	[0..1]	
	CIPConnection	M	[1..1]	
Scaling	STRUCT			参数的定标。见 GB/T 19659.2—2006 的 A.4.1.4.6
	offset	M	[1..1]	
	base	M	[1..1]	
	multiplier	M	[1..1]	
	div	M	[1..1]	
	precision	O	[0..1]	
Size	STRUCT			见 GB/T 19659.3—2006 的表 A.24
	choice of	M	[1..1]	
	cip:Constant	S	[1..1]	
	cip:ParameterReference	S	[1..1]	
UserDefinedBus	STRUCT			表示 NetworkInfo 的 CIP 协议特定部分
	CIPNode	M	[1..1]	

10 通信数据类型

本章指定的数据类型用于以下的服务：

——Connect 服务；

——Transaction 服务；

——Disconnect 服务；

——Abort 服务；

——Sequence 服务。

服务变量包含地址信息和通信数据(见表 7 和表 8)。

本章的数据类型用于以下的命名空间：

命名空间:fdtcipcomm

表 7 简单通信数据类型

数据类型	定义	描述
communicationReference	UUID	必备的内部 FDT 值,它唯一地标识了到一个设备的连接。在连接请求(ConnectRequest)时,由 Communication Channel(通信通道)分配给它。这个值在接下来的通信调用中使用,一直到断开连接请求(DisconnectRequest)或者中止(Abort)
delayTime	UDINT	在两次通信调用间的延迟时间(毫秒)
extendedStatusCode	ARRAY OF USINT	CIP 扩展状态码进一步详述 CIP 状态码并可能在来自一个 CIP 对象的一个错误响应(Error Response)报文中出现。 (CIP 范围:0-255 字) (DeviceNet:1 字节) 覆盖 CIP 扩展状态码的十六进制字符串。该信息是协议特定的
sequenceTime	UDINT	整个序列的时间段(毫秒)
statusCode	USINT	CIP 状态码,在来自一个 CIP 对象的 Response(响应)报文的 General Status Code(通用状态码)字段中出现。 对于 DeviceNet,这只在错误情况中提供

表 8 结构化通信数据类型

数据类型	定义			描述
	基本数据类型	用法	多重性	
Abort	STRUCT			描述中止。中止取消了所有未完成的请求并关闭连接
	communicationReference	M	[1..1]	
ConnectRequest	STRUCT			调用 ConnectRequest 时使用的元素,以用于标识 CIP 节点(设备),即要与之建立通信连接的设备
	cip:CIPPath	M	[1..1]	
ConnectResponse	STRUCT			调用 ConnectResponse 时使用的元素,以用于传达一个唯一值——communicationReference,它将用于在这个通信连接上以后的调用。 ConnectResponse 包含在 DTMCIPDataTypeSchema.xml 中定义的 CIPDevice 元素,它用来表明到要求的节点(nodeID)的连接确实已建立
	communicationReference	M	[1..1]	
	cip:CIPDevice	M	[1..1]	
DataExchangeRequest	STRUCT			调用 TransactionRequest 时使用的元素,以描述到 CIP 节点内的一个特定对象的通信请求(该 CIP 节点是与由 connectionReference 标识的连接相关联的)。 对象地址用 CIPObjectAddress 元素来指定。要执行的服务用 Service 元素指定。 如果服务要求数据,它存储在 fdt:CommunicationData 元素中
	communicationReference	M	[1..1]	
	cip:serviceCode	M	[1..1]	
	cip:CIPObjectAddress	M	[1..1]	
	fdt:CommunicationData	O	[0..1]	

表 8 (续)

数据类型	定义			描述
	基本数据类型	用法	多重性	
DataExchangeResponse	STRUCT			调用 TransactionResponse 时使用的元素,以返回 TransactionRequest 的结果。 依赖于网络,结果码在 ServiceResponse 中返回
	communicationReference	M	[1..1]	
	ServiceResponse	M	[1..1]	
	fdt:CommunicationData	O	[0..1]	
DisconnectRequest	STRUCT			调用 DisconnectRequest 时使用的元素,以标识要断开的连接
	communicationReference	M	[1..1]	
DisconnectResponse	STRUCT			调用 DisconnectResponse 时使用的元素,以指明由 communicationReference 标识的连接已断开
	communicationReference	M	[1..1]	
SequenceBegin	STRUCT			描述序列的开始
	sequenceTime	O	[0..1]	
	delayTime	O	[0..1]	
	communicationReference	M	[1..1]	
SequenceEnd	STRUCT			描述序列的结束
	communicationReference	M	[1..1]	
SequenceStart	STRUCT			描述序列的启动
	communicationReference	M	[1..1]	
ServiceResponse	STRUCT			CIP 服务响应和状态码。 所有的错误码在 IEC 61158-6-2:2007 的 4.1.11 中描述
	cip:serviceCode	M	[1..1]	
	statusCode	M	[1..1]	
	extendedStatusCode	O	[0..1]	

11 通道参数数据类型

本章指定的数据类型用于以下服务:

——ReadChannelData 服务;

——WriteChannelData 服务。

在一个 DTM 中的通道可以用于表示那个设备的可用的"过程值"。有时也称为过程通道。一个过程控制系统(比如某些外部系统监视设备的值)可以询问每个 DTM 通道的通道参数。通道参数方式描述了过程值,所以在设备正常运行时,一个外部系统可以使用这个信息访问和解释来自设备的值。该外部系统也许不用 FDT 访问这个值。

关于可用通道的信息(如果有的话)包含在调用 GetChannels 服务时返回来的信息中。

使用服务 ReadChannelData 和 WriteChannelData 的数据类型在表 9 和表 10 中指定。

这些数据类型可以用于一个 DTM(比如:从站/适配器设备的 DTM)描述它的 I/O 集合-数据格式和要素参数(与在建立一个 EDS 文件的[IO_Info]/[Variant_IO_Info]/[Connection Manager],[Assembly]和 [Params] 部分,提供相似的信息)- 和用于一个主站/扫描器设备的 DTM,以描述用来访问一个从站设备的 I/O 数据影像的对象。主站 DTM 的过程通道还涉及子 DTM 和子 DTM 的过程通道,它描述了在主站设备内集合数据的布局。

在本章描述的数据类型用于下面的命名空间:

命名空间:cipchannel

表 9 简单通道参数数据类型

数据类型	定义	描述
assemblySize	USINT	以字节表示的集合数据的长度
frameApplicationTag	STRING	用于标识和导航的框架应用程序特定的位号
gatewayBusCategory	UUID	按照特定的 CATID,一个支持的总线类型(DeviceNet,Ethernet/IP,ControlNet 或者 CompoNet)的唯一标识符
helpMessage	STRING	CIP 集合、参数或者 I/O 连接帮助字符串
memberPosition	UDINT	基于 0 开始的比特偏移量。在集合数据中数据成员的位置。这必须从集合结构信息中算出
memberSize	UDINT	比特的数量。在集合数据中数据成员的长度
protectedByChannelAssignment	BOOL	这个标记由客户端设定。如果设置了该标记,则不允许 DTM 改变 I/O 连接定义

表 10 结构化通道参数数据类型

数据类型	定义			描述
	基本数据类型	用法	多重性	
AssemblyMember	STRUCT			描述集合中的成员。它提供了以比特计的从集合数据块起始的 bitPosition 和 bitLength,以及描述成员数据的通道的 FDT 通道引用。 对 AssemblyMember 数据成员的引用可以是: a) 由 GETParametersList 从设备 DTM 得到的参数列表的 ParameterReference; b) 引用其他集合的; AssemblyMemberReference,本集合是一个嵌套集合; c) 指向设备 DTM 提供的通道的 FDT ChannelReference; d) 以 CIP 的寻址方式指向持有数据的属性的 CIPObject Address。 如果成员是一个常数,它以这个方式表达
	memberPosition	M	[1..1]	
	memberSize	M	[1..1]	
	choice of	M	[1..1]	
	AssemblyMemberReference	S	[0..1]	
	fdt:ChannelReference	S	[0..1]	
	cip:CIPObjectAddress	S	[1..1]	
	cip:Constant	S	[1..1]	
AssemblyMemberReference	STRUCT			对集合成员描述的引用
	fdt:idref	M	[1..1]	
	cip:bitOffset	O	[0..1]	
AssemblyMembers	STRUCT			AssemblyMembers 的集合。 仅当 FDT 通道对象代表一个集合时这个成员有效;否则,通道代表一个 CIP 对象
	AssemblyMember	O	[0..*]	
ChannelReference	STRUCT			指一个 FDT 通道和一个 CIP 对象引用
	fdt:ChannelReference	M	[1..1]	

表 10（续）

数据类型	定义			描述
	基本数据类型	用法	多重性	
ChannelReference	cip:CIPObjectAddress	M	[1..1]	
	cip:bitOffset	M	[1..1]	
FDTChannel	STRUCT			详细地描述过程通道
	fdt:tag	M	[1..1]	
	fdt:id	M	[1..1]	
	protectedByChannelAssignm ent	M	[1..1]	
	fdt:dataType	M	[1..1]	
	assemblySize	M	[1..1]	
	fdt:signalType	M	[1..1]	
	frameApplicationTag	O	[0..1]	
	helpMessage	O	[0..1]	
	fdt:SemanticInformation	O	[0..1]	
	ServiceSet	M	[1..1]	
	cip:CIPObjectAddress	M	[1..1]	
	AssemblyMembers	O	[0..1]	
FDTChannelType	STRUCT			当通道有网关功能时，通道组件的描述。表述 DTM 的版本号，也可选择性地表述现场总线类别 ID
	gatewayBusCategory	O	[0..1]	
	fdt:VersionInformation	M	[1..1]	
ServiceSet	STRUCT			支持的 CIP 服务码的集合
	cip:Service	M	[1..*]	

12 设备标识

12.1 设备类型标识数据类型

IEC 61784 CPF 2 设备类型标识数据类型提供具有协议特定语义（见表 11）的通用数据类型，以及没有这种映射的数据类型（见表 12 和表 13）。

在本条描述的数据类型用于下面的命名空间：

命名空间：cipident

表 11 有协议特定映射的标识数据类型

IEC 61784 CPF 2 属性名	语义要素名	物理设备中的数据请求	协议特定名	IEC 61784 CPF 2 数据格式	FDT 数据类型（显示格式）	特定参考
busProtocol	IdBusProtocol	对所有 DeviceNet 设备：protocol_CIP_DeviceNet 对所有 Ethernet/IP 设备：protocol_CIP_EthernetIP 对所有 ControlNet 设备：protocol_CIP_ControlNet 对所有 CompoNet 设备：protocol_CIP_CompoNet	—	—	枚举 (protocol_CIP_DeviceNet | protocol_CIP_EthernetIP | protocol_CIP_ControlNet | protocol_CIP_CompoNet)	—

表 12 协议无关语义的简单标识数据类型

数据类型	定义	描述
idDTMSupportLevel	enumeration (genericSupport | profileSupport | blockspecificProfileSupport | specificSupport | identSupport)	枚举（见 GB/T 29618.2）
match	STRING	由 DTM 用来定义一个正则表达式，它应匹配扫描到的物理标识信息
nomatch	STRING	由 DTM 用来定义一个正则表达式，它不应匹配扫描到的物理标识信息。 如果标识信息不匹配，由设备 DTM 示出

表 13 协议无关语义的结构化的标识数据类型

数据类型	定 义			描述
	基本数据类型	用法	多重性	
RegExpr	STRUCT I			包括正则表达式字符串-匹配或者不匹配
	match	O	[0..1]	
	nomatch	O	[0..1]	

12.2 拓扑扫描数据类型

数据类型 CIPDevice（见表 4），在 Scan 服务响应中使用。

该数据类型描述了扫描到的设备列表中的一个条目。

12.3 扫描标识数据类型

本条定义了用来提供一个 CIP 网络(见表 14 和表 15)的扫描响应的数据类型。

本条描述的数据类型定义用于下面的命名空间：

命名空间：cipdevscanid

表 14 简单扫描标识数据类型

数据类型	定 义	描 述
configuredState	enumeration (configuredAndPhysicallyAvailable | configuredAndNotPhysicallyAvailable | availableButNotConfigured | notApplicable)	通信主站应在这个属性中指出扫描响应是否与监测到已组态或没有组态的物理设备有关
resultState	enumeration (provisional | final | error)	标识结果是分离扫描结果的临时结果之一还是最后的结果

表 15　结构化的扫描标识数据类型

数据类型	定义			描述
	基本数据类型	用法	多重性	
IdBusProtocol	STRUCT			该元素只包含一个属性，该属性包含扫描到的物理设备的值。 该元素有语义的含意，因此带一个前缀“Id”以便更好识别
	cipident:busProtocol	O	[0..1]	
	cipident:RegExpr	O	[0..*]	
ScanIdentification	STRUCT			这些元素包含合适的协议变体的所有元素
	configuredState	O	[0..1]	
	fdt:CommunicationError	O	[0..1]	
	IdBusProtocol	M	[1..1]	
	cip:CIPDevice	M	[1..1]	
ScanIdentifications	STRUCT			ScanIdentification 元素的集合
	fdt:protocolId	M	[1..1]	
	resultState	M	[1..1]	
	ScanIdentification	O	[0..*]	

12.4　设备类型标识数据类型

本条定义了用来提供协议特定的设备类型信息的数据类型(见表 16)。

本条描述的数据类型为下述命名空间定义：

命名空间：cipdevid

表 16　结构化的设备类型标识数据类型

数据类型	定义			描述
	基本数据类型	用法	多重性	
DeviceIdentification	STRUCT			该元素包含适用协议变体的所有元素
	cipident:idDTMSupportLevel	M	[1..1]	
	IdBusProtocol	M	[1..1]	
	cip:CIPDeviceIdentity	M	[1..1]	
DeviceIdentifications	STRUCT			DeviceIdentification 元素的集合
	fdt:protocolId	M	[1..1]	
	DeviceIdentification	O	[0..*]	
IdBusProtocol	STRUCT			该元素只包含一个属性，该属性包含扫描到的物理设备的值。 该元素有语义的含意，因此带一个前缀“Id”以便更好识别
	cipident:busProtocol	O	[0..1]	
	cipident:RegExpr	O	[0..*]	

附 录 A
（资料性附录）
实 现 提 示

A.1 CompoNet DTM 中的寻址

CompoNet 中，节点地址可以用开关在设备上设定（见[14]，9-3）。这同一地址用来在 DTM 上设定地址。

注：结果，DTM 总是使用通过开关在设备上设定的地址。

对所有其他的 CIP 协议，在 DTM 的参数文档中使用“UserDefinedBus”寻址。因为 CompoNet 节点地址范围限于 127，可以用“ShortIdentifier”来指定在“UserDefinedBus”数据类型中的地址。

CompoNet 定义不同类型的设备，它们在 EDS 文件中用 Device Category 关键字指定（见[14]，7 和 A.1）。

节点地址范围依赖于设备种类，见表 A.1 的定义。

用于第 2 层（介质访问控制地址，MAC）通信的地址，即 MAC ID，是按照表 A.1 从设备类型和节点地址计算的（可见[14]，1-4）。

表 A.1 CompoNet 在 Device Category、Node Address、MAC ID 之间的关系

Device Category（设备分类）	Value（值）	Node Address（节点地址）	Node Address（节点地址）长度	前缀码 bit 9-7	MAC ID
Master		0	6-bit	0x111	0x1C0
Word IN F	1	0x00-0x3F	6-bit	0x000	0x0-0x3
Word OUT	2	0x00-0x3F	6-bit	0x001	0x40-0x7F
Word MIX	3	0x00-0x3F	6-bit	0x000	0x0-0x3F
Bit IN	4	0x00-0x7F	7-bit	0x01 *	0x80-0xFF
Bit OUT	5	0x00-0x7F	7-bit	0x10 *	0x100-0x17F
Bit MIX	6	0x00-0x7F	7-bit	0x01 *	0x80-0xFF
Repeater	7	0x00-0x3F	6-bit	0x110	0x180-0x1BF

MAC ID 应该用于直接通信而不是 Node Address（节点地址）。因为 MAC ID 的长度是 9 比特，DTM 的参数文档中的 UserDefinedBus 元素使用的短标识符不再适用，因它受限于一个八位位组。

因此，DTM 应该使用带有前缀的 Node Address（节点地址）来寻址。前缀依赖于表 A.1 中定义的设备类型。前缀和 Node Address（节点地址）结合起来建立 MAC ID，该 MAC ID 通过 ExtendedIdentifier 提供。

示例：

Word IN at Node Address 1　　is MAC ID　　0x0001

Word OUT at Node Address 5　　is MAC ID　　0x0045

Bit IN at Node Address 127　　is MAC ID　　0x00FF

Bit OUT at Node Address 127　　is MAC ID　　0x017F

当在 FDT 中进行通信时（从站请求与主站进行通信），MAC ID 在 ExtendedIdentifier 中使用。格式是十六进制。

A.2 显示 CompoNet DTM 的地址

因为按照 Device Category(设备类别)有不同类型的设备但它们可能有同样的 Node Address(节点地址),应当有一个方法来区分不同 Device Category(设备类别)的设备。建议在 DTM 的名称中增加 Device Category(设备类别),如图 A.1 所示。

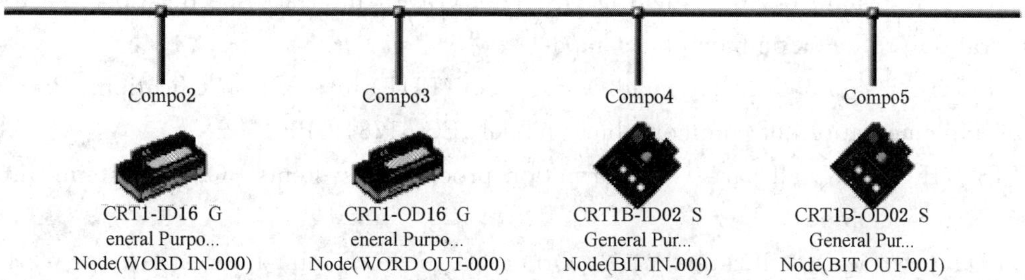

图 A.1 CompoNet 的 DTM 命名示例

参 考 文 献

[1] IEC 60050 (all parts) International Electrotechnical Vocabulary

注：参见 IEC Multilingual Dictionary—Electricity, Electronics and Telecommunications(可从 http://domino.iec.ch/iev 获取 CD-ROM)

[2] IEC 61131-3:2003 Programmable controllers—Part 3:Programming languages

[3] IEC/TR 62453-41:2009 Field Device Tool (FDT) interface specification—Part 41:Object model integration profile—Common object model

[4] IEC/TR 62453-502:2009 Field Device Tool (FDT) interface specification—Part 502:Communication implementation for common object model-IEC 61784 CPF 2

[5] ISO/IEC 7498 (all parts) Information processing systems—Open Systems Interconnection—Basic Reference Model

[6] FDT Interface Specification V1.2, Order No. of FDT Joint Interest Group: 0001-0001-001

[7] FDT Interface Specification V1.2.1, Order No. of FDT Group: 0001-0001-002

[8] ODVA: THE CIP NETWORKS LIBRARY—Volume 1 Common Industrial Protocol (CIP™)—Edition 3.4, available at http://www.odva.org

[9] ODVA: THE CIP NETWORKS LIBRARY—Volume 2 EtherNet/IP™ Adaptation of CIP—Edition 1.5, available at http://www.odva.org

[10] ODVA: THE CIP NETWORKS LIBRARY—Volume 3 DeviceNet™ Adaptation of CIP—Edition 1.5, available at http://www.odva.org

[11] ControlNet International: THE CIP NETWORKS LIBRARY—Volume 4 ControlNet™ Adaptation of CIP—Edition 1.1, available at http://www.controlnet.org

[12] ODVA: THE CIP NETWORKS LIBRARY—Volume 5 CIP Safety™, Edition 2.1

[13] ODVA: THE CIP NETWORKS LIBRARY—Volume 6 CompoNet™ Adaptation of CIP—Edition 1.3, available at http://www.odva.org

ICS 25.040
N 10

中华人民共和国国家标准

GB/T 29618.309—2013/IEC 62453-309:2009

现场设备工具(FDT)接口规范 第309部分:通信行规集成 可寻址远程传感器高速通道

Field device tool (FDT) interface specification—Part 309: Communication profile integration—Highway addressable remote transducer

(IEC 62453-309:2009,IDT)

2013-11-12 发布 2014-03-15 实施

中华人民共和国国家质量监督检验检疫总局
中国国家标准化管理委员会 发布

前　言

GB/T 29618《现场设备工具(FDT)接口规范》暂分为以下几个部分：

——第1部分：概述与导则；

——第2部分：概念与详细描述；

——第301部分：通信行规集成　FF现场总线规范；

——第302部分：通信行规集成　通用工业协议；

——第303-1部分：通信行规集成　PROFIBUS现场总线规范；

——第303-2部分：通信行规集成　PROFINET输入输出接口规范；

——第306部分：通信行规集成　INTERBUS现场总线规范；

——第309部分：通信行规集成　HART现场总线规范；

——第315部分：通信行规集成　MODBUS现场总线规范；

——第41部分：对象模型行规集成　通用对象模型；

——第501部分：通用对象模型的通信实现　FF现场总线规范；

——第502部分：通用对象模型的通信实现　通用工业协议；

——第503-1部分：通用对象模型的通信实现　PROFIBUS现场总线规范；

——第503-2部分：通用对象模型的通信实现　PROFINET输入输出接口规范；

——第506部分：通用对象模型的通信实现　INTERBUS现场总线规范；

——第509部分：通用对象模型的通信实现　HART现场总线规范；

——第515部分：通用对象模型的通信实现　MODBUS现场总线规范；

——第61部分：通用对象模型的设备类型管理器样式指南。

本部分为GB/T 29618的第309部分。

本部分按照GB/T 1.1—2009给出的规则起草。

本部分使用翻译法等同采用IEC 62453-309:2009《现场设备工具(FDT)接口规范　第309部分：通信行规集成—IEC 61784 CPF 9》。

与本部分规范性引用的国际文件有一致性对应关系的我国文件如下：

GB/T 20540.5—2006　测量和控制数字数据通信　工业控制系统用现场总线　类型3：PROFIBUS规范　第5部分：应用层服务定义(IEC 61158-5-type3:2003,MOD)

GB/T 20540.6—2006　测量和控制数字数据通信　工业控制系统用现场总线　类型3：PROFIBUS规范　第6部分：应用层协议规范(IEC 61158-6-type3:2003,MOD)

本部分做了下列编辑性修改：

——删除了IEC 62453-309:2009的前言，重新编写了本部分的前言；

——凡有“IEC 62453”的地方改为“GB/T 29618”；

——按照汉语习惯对一些编排格式进行了修改；

——将一些适用于国际标准的表述改为适用于我国标准的表述；

IEC 61784 CPF 9是指“可寻址远程传感器高速通道”。

本部分由中国机械工业联合会提出。

本部分由全国工业过程测量和控制标准化技术委员会(SAC/TC 124)归口。

本部分参加起草单位：西南大学、赫优信(上海)自动化系统贸易有限公司、机械工业仪器仪表综合技术经济研究所、罗克韦尔自动化(中国)有限公司、上海恩德斯豪斯(E+H)自动化设备有限公司、上海自动化仪表有限公司、施耐德电气(中国)公司、苏州美名软件有限公司、浙江大学智能系统与控制研究所、中国四联仪器仪表集团。

本部分主要起草人：欧阳劲松、王春喜、谢素芬、刘宽、黑伟亮、杜佳琳、王信红、包伟华、刘进、田英明、华镕、袁海峰、冯冬芹、刘枫、吕静、张渝、黄仁杰。

引　言

本部分是为现场设备工具(FDT)开发者而制定的接口规范。它包括功能控制和在C/S体系结构下的数据访问。此接口规范是在分析和设计开发标准接口的过程中产生的,该标准接口是为了简化不同厂商的客户端和服务器之间能够进行无缝互操作而开发的。

现场总线集成到控制系统中必须执行几项任务。在大多数的现场总线中,虽然有现场总线工具和设备描述工具,但是没有一个统一的方式将这些工具集成到更高层次的系统级规划和工程工具中。为了更大程度地满足异构控制系统,特别是在过程工业领域,对所有涉及的、易于使用的工程接口做一个明确的定义是非常重要的。

称为设备类型管理器(DTM)的设备特定软件组件由现场设备制造商随设备一起提供。DTM通过此规范定义的FDT接口集成到工程工具中。这种集成方法对大多数的现场总线开放并且满足了将不同类型的设备集成到异构控制系统的需要。

图1给出了GB/T 29618.309是如何与GB/T 29618系列的结构对应的。

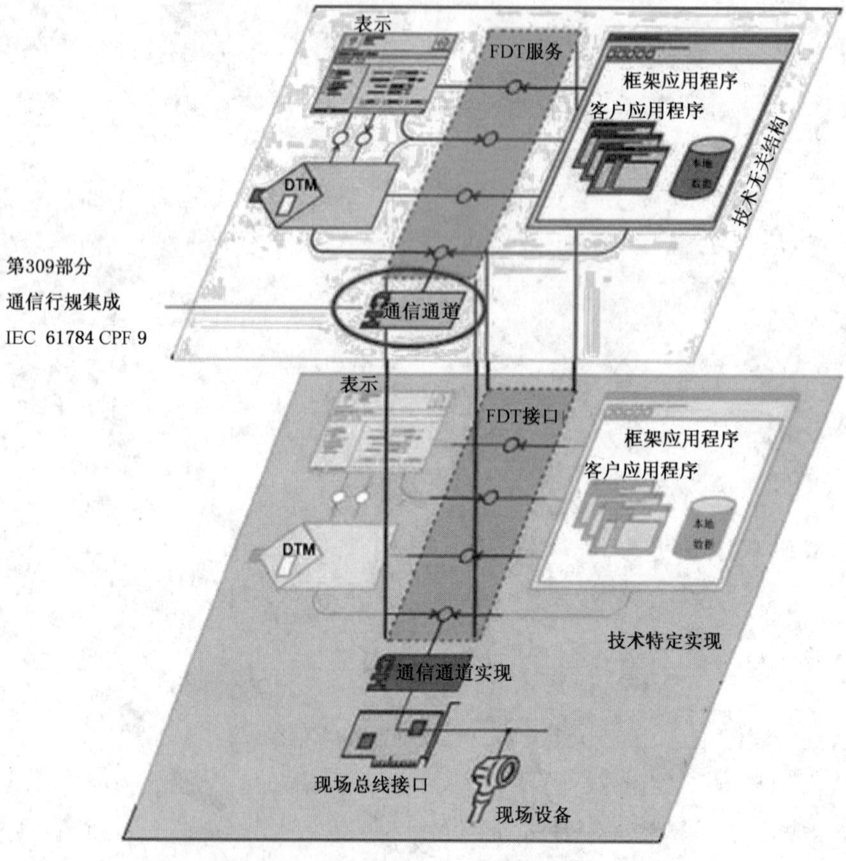

图1　GB/T 29618系列的第309部分

现场设备工具(FDT)接口规范 第309部分:通信行规集成 可寻址远程传感器高速通道

1 范围

GB/T 29618的本部分规定通信服务和其他服务。

本部分既没包含FDT规范也没有对它进行改动。

通信行规族9(HART)定义了基于IEC 61158-5-20和IEC 61158-6-20的通信行规。基础行规CP 9/1在IEC 61784-1中定义。

本部分提供了将HART总线技术集成到FDT接口规范中(GB/T 29618.2)的信息。

本部分适用于《现场设备工具(FDT)接口规范》的通信行规集成。

2 规范性引用文件

下列文件对于本文件的应用是必不可少的。凡是注日期的引用文件,仅注日期的版本适用于本文件。凡是不注日期的引用文件,其最新版本(包括所有的修改单)适用于本文件。

GB/T 29618.1—2013 现场设备工具(FDT)接口规范 第1部分:概述与导则(IEC 62453-1:2009,IDT)

GB/T 29618.2—2013 现场设备工具(FDT)接口规范 第2部分:概念与详细描述(IEC 62453-2:2009,IDT)

IEC 61158-5-type3:2003 测量和控制数字数据通信 工业控制系统用现场总线 类型3:PROFIBUS规范 第5部分:应用层服务定义(Digital data communication for measurement and control—Fieldbus for use in industrial systems Type 3:PROFIBUS specification—Part 5:Application layer service definition)

IEC 61158-6-type3:2003 测量和控制数字数据通信 工业控制系统用现场总线 类型3:PROFIBUS规范 第6部分:应用层协议规范(Digital data communication for measurement and control—Fieldbus for use in industrial systems Type 3:PROFIBUS specification—Part 6:Application layer protocol specification)

IEC 61784-1 工业通信网络 行规 第1部分:现场总线行规(Industrial communication networks—Profiles—Part 1:Fieldbus profiles)

3 术语和定义、符号和缩略语、约定

3.1 术语和定义

GB/T 29618.1和GB/T 29618.2界定的以及下列术语和定义适用于本文件。

3.1.1

迸发模式 burst mode

现场设备在没有主机请求报文的情况下产生响应报文的模式。

3.2 符号和缩略语

下列符号和缩略语适用于本文件。

BACK　　迸发确认(Burst ACKnowledge)

UML　　统一建模语言(Unified Modelling Language)

3.3 约定

3.3.1 数据类型命名和对数据类型的引用

对数据类型命名和引用的约定见 GB/T 29618.2—2013 中的 A.1。

3.3.2 UML 的使用

本部分中的图片使用 GB/T 29618.1—2013 附录 A 中所定义的 UML 符号。

4 总线类型

IEC 61784 CPF 9 协议，是通过用以下唯一标识符(见表 1)，定义结构化数据类型“fdt:BusCategory”中的成员 “protocolId”来指定的。

表 1 协议标识符

标识值	ProtocolId 名称	描述
036D1498-387B-11D4-86E1-00E0987270B9	“HART”	支持 IEC 61784 CPF 9 协议

5 对实例和设备数据的访问

5.1 DTM 提供的过程通道对象

提供数据的最小集必须是：

处理过程相关值的前四个数据(PV,SV,……)，如果存在，将被模型化为通道引用，引用的通道必须包括范围和缩放比例。

5.2 访问实例和设备数据的 DTM 服务

InstanceDataInformation 服务和 DeviceDataInformation 服务必须至少提供对全局和通用命令(就设备支持的功能而言)的所有参数的访问。

而且，必须提供每个命令的响应字节 0 和响应字节 1。

InstanceDataInformation 服务和 DeviceDataInformation 服务也可以提供对设备特定参数(如诊断信息)的访问。

6 协议特定行为

6.1 概述

只为 IEC 61784 CPF 9 定义了唯一一种协议特定序列：

——进发模式订阅。

这一序列解释了本标准第2部分定义的序列是如何在IEC 61784 CPF9中定义的进发报文模式中应用的。

6.2 进发模式订阅

能够通过发送一个带SubscribeRequest内容的事务请求来请求订阅设备初始化数据传输(见图2)。通信通道可以检测到设备是否已处于进发模式。

注:在HART 5中进发模式只有在收到设备进发帧后才能被检测到。在HART 6中用105号命令就可以检测到进发模式。

通信通道用SubscribeResponse响应SubscribeRequest。如果通信通道收到进发帧,就可以确定设备处于进发模式,burstModeDetected的值被置为TRUE。这就意味着设备DTM开始通过事务响应机制接收进发报文。如果没有接收到进发报文,burstModeDetected的值就被置为FALSE,设备DTM可以决定是否将设备设置为进发模式。然后设备DTM可以调用一个带SubscribeRequest内容的事务请求来接收进发信息。

为了取消订阅,设备DTM需要发送一个带UnsubscribeRequest的事务请求,通信通道返回一个UnsubscribeResponse响应报文,其中,burstModeDetected置为FALSE。设备DTM将不再通过事务响应机制接受任何进发信息。通信通道不会关闭设备的进发模式,但是设备DTM可以通过使用通常的事务请求(第109号命令)来开启或关闭进发模式。此过程与订阅无关。

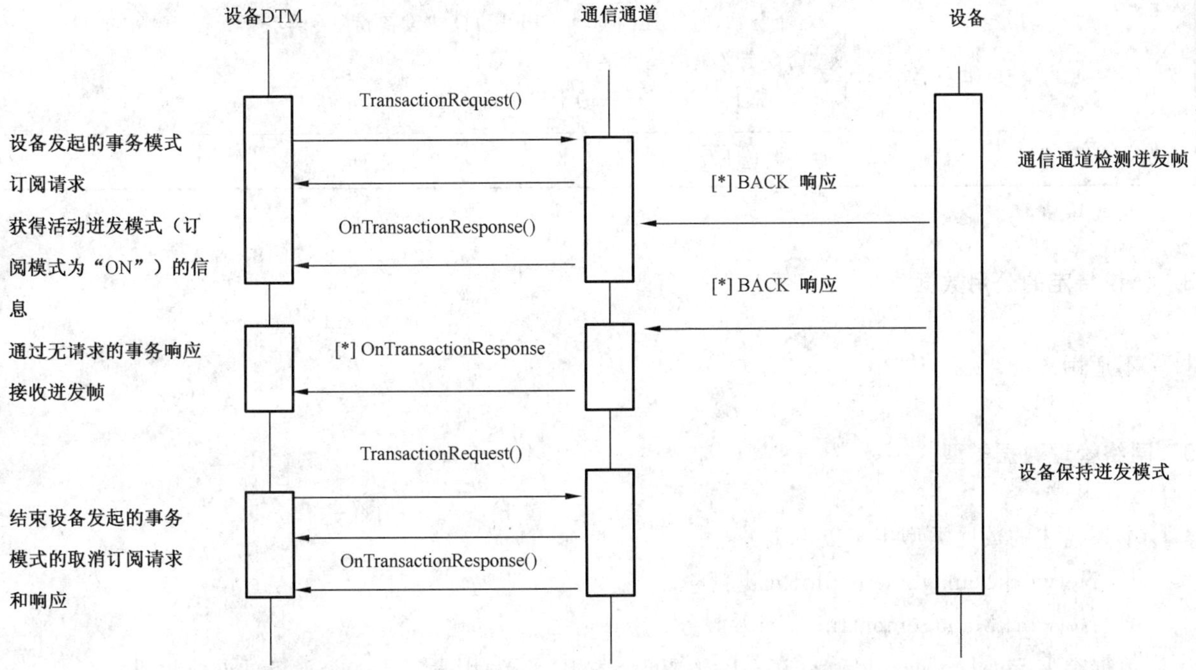

注:BACK响应表示进发确认。

图2 进发模式订阅

7 通用数据类型的协议特定用法

表2说明了通用数据类型(定义在GB/T 29618.2中,具有命名空间“fdt”的数据类型)是如何在HART设备中使用的。

表 2　通用数据类型的协议特定用法

数据类型	用法描述
fdt:address	在 DTM 所提供的参数中，地址属性不是必备的显示参数。但是如果使用地址属性，地址字符串必须参照"semanticId"的规则来构造，也意味着属性"semanticId"总是和属性"address"相同
fdt:protocolId	参见第 4 章
fdt:deviceTypeId	属性"fdt:DtmDevicetType.deviceTypeId"应包含支持与 HCF 在线产品目录相一致的物理设备的"DeviceTypeID"
fdt:manufacturerId	依照 HCF 列表输入制造商编号
fdt:semanticId fdt:applicationDomain	属性"fdt:applicationDomain"的值是:FDT_HART 与协议相关参数的 semanticId 直接与协议规范有关，命令的定义是 semanticId 的基础。对于扩展的 HART6 设备家族命令来说，semanticId 符合以下定义： CMDxxBy 和 CMD31EXTENDEDxxBy。 定义在 IEC61784 CPF9 规范中的响应字节 0 和 1 的 semanticId 为： CMDxxRESPONSE_BYTE_0 CMDxxRESPONSE_BYTE_1 xx:命令号，通过 IEC61784 CPF9 协议或设备族命令号获得； y:命令定义里的起始字节； xx,y:基于不以"0"开头的十进制格式
subDeviceType	输入制造商特定值

8　协议特定的公用数据类型

不适用。

9　网络管理数据类型

本条描述的数据类型用于以下服务：

- NetworkManagementInfoRead 服务；
- NetworkManagementInfoWrite 服务。

数据类型 net:DeviceAddress(在 GB/T 29618.2 中定义)用来定义一个设备的网络地址。

10　通信数据类型

本条描述的数据类型用于以下服务：

- connect 服务；
- disconnect 服务；
- transaction 服务。

服务参数包括地址信息和通信数据(见表 3 和表 4)。

本条描述的数据类型使用以下的命名空间：
命名空间:fdthart。

表 3 通信数据类型

数据类型	定　义	描　　述
address1	USINT	符合 IEC 61784 CPF 9 规范的地址信息
address2	USINT	符合 IEC 61784 CPF 9 规范的地址信息
address3	USINT	符合 IEC 61784 CPF 9 规范的地址信息
burstFrames	BOOL	指明 IEC 61784 CPF9 应答帧是否是迸发帧
burstModeDetected	BOOL	指明通信通道是否已检测到设备处于迸发模式，该检测在订阅请求期间进行
commandNumber	USINT	符合 IEC 61784 CPF 9 规范的地址信息
communicationReference	UUID	通信通道连接到设备的强制标识符，该标识符由连接期间的通信组件分配。在随后的所有通信调用中都使用该地址信息
delayTime	UDINT	两个通信调用之间的最小延迟时间，单位为毫秒(ms)
deviceStatus	USINT	状态信息，根据 IEC 61784 CPF9 规范定义，它是返回的命令应答报文中的第二个状态字节
deviceTypeId	USINT	符合 IEC 61784 CPF 9 规范的地址信息
longFrameRequire	BOOL	符合 IEC 61784 CPF 9 规范的地址信息
manufacturerId	USINT	符合 IEC 61784 CPF 9 规范的地址信息(表Ⅷ，manufacturer identification codes)
preambleCount	USINT	在连接请求时，该属性是可选的，而且包含了一个关于通信组件与设备类型所要求的前导码个数相关的提示；在连接响应时，该属性是强制性的，包含了当前使用“preambleCount”的信息
primarymaster	BOOL	在连接请求时，该属性是可选的，并包含了一个关于通信组件的提示，该提示显示 DTM 需要其作为第一主站通信还是第二主站通信；在连接响应时，该属性是强制性的，包含了主站的当前状态信息
sequenccTime	UDINT	整个序列的时间周期，单位为毫秒(ms)
shortAddress	USINT	符合 IEC 61784 CPF 9 规范的地址信息，该值通过 slaveAddress 属性访问。slaveAddress 是 BusInformation 结构的一部分。这些值必须通过 GB/T 29618.2 嵌套通信条款中所描述的相关组件来设置
value	USINT	状态信息变量
systemTag	String	DTM 的系统标签。强烈建议在请求文档中提供此属性

表 4 结构化通信数据类型

数据类型	定义			描述
	基本数据类型	用法	多重性	
Abort	STRUCT			描述中止
	communicationReference	O	[0..1]	
CommandResponse	STRUCT			状态信息。根据 IEC 61784 CPF9 规范，由返回的命令应答报文中第一个状态字节计算获得。如果状态字节的第 7 位被复位，则该值包含在第一个状态字节中的值；如果第 7 位被置位，则该元素不会在状态结构中被返回
	value	M	[1..1]	
CommunicationStatus	STRUCT			状态信息。由根据 IEC 61784 CPF9 规范的命令响应返回的第一个状态字节计算获得。如果状态字节的第 7 位被置位，则该值包含在第一个状态字节中的值(这正是我们需要声明是第一个字节还是第一个字节的 0—6 位的地方)；如果第 7 位被复位，则该元素不会在状态结构中返回
	value	M	[1..1]	
ConnectRequest	STRUCT			描述通信请求
	fdt:tag	M	[1..1]	
	preambleCount	O	[0..1]	
	primaryMaster	O	[0..1]	
	longFrameRequired	O	[0..1]	
	fdt:systemTag	O	[0..1]	
	LongAddress	O	[0..1]	
	ShortAddress	M	[1..1]	
ConnectResponse	STRUCT			描述通信响应
	fdt:tag	M	[1..1]	
	preambleCount	M	[1..1]	
	primaryMaster	M	[1..1]	
	communicationReference	M	[1..1]	
	LongAddress	O	[0..1]	
	ShortAddress	M	[1..1]	
DataExchangeRequest	STRUCT			描述通信请求
	commandNumber	M	[1..1]	
	communicationReference	M	[1..1]	
	fdt:CommunicationData	O	[0..1]	

表 4（续）

数据类型	定义			描述
	基本数据类型	用法	多重性	
DataExchangeResponse	STRUCT			描述通信响应
	commandNumber	M	[1..1]	
	communicationReference	M	[1..1]	
	burstFrame	O	[0..1]	
	fdt:CommunicationData	O	[0..1]	
	Status	M	[1..1]	
DisconnectRequest	STRUCT			描述通信请求
	communicationReference	M	[1..1]	
DisconnectResponse	STRUCT			描述通信响应
	communicationReference	M	[1..1]	
SubscribeRequest	STRUCT			描述对设备发起的数据传输的订阅请求(IEC 61784 CPF9 迸发模式)
	communicationReference	M	[1..1]	
SubscribeResponse	STRUCT			描述对设备发起的数据传输的订阅响应(IEC 61784 CPF9 迸发模式)
	communicationReference	M	[1..1]	
	burstModeDetected	M	[1..1]	
	fdt:communicationError	O	[0..1]	
UnsubscribeRequest	STRUCT			描述释放订阅设备发起的数据传输的请求(IEC 61784 CPF9 迸发模式)
	communicationReference	M	[1..1]	
UnsubscribeResponse	STRUCT			描述请求释放订阅设备发起的数据传输的响应(IEC 61784 CPF9 迸发模式)
	communicationReference	M	[1..1]	
	fdt:communicationError	O	[0..1]	
LongAddress	STRUCT			符合 IEC 61784 CPF9 规范的地址信息(只支持基于 HART 5 以上的设备，参见相关文档)。 在 IEC 61784 CPF9 协议中，制造商 ID 和设备类型 ID 包含在长地址中。 如果通道在 fdthart:manufactureId/fdt:deviceTypeId 和与 fdthart:LongAddress 相关的字节中发布了不同的值，适用以下规则： ● fdthart:LongAddress 必须用于通信；以及 ● fdthart:manufactureId 和 fdthart:deviceTypeId 只能被用于与制造商和设备类型相关的信息

表 4（续）

数据类型	定义			描述
	基本数据类型	用法	多重性	
LongAddress	manufacturerId	M	[1..1]	
	deviceTypeId	M	[1..1]	
	address1	M	[1..1]	
	address2	M	[1..1]	
	address3	M	[1..1]	
SequenceBegin	STRUCT			描述序列的起始
	sequenceTime	O	[0..1]	
	delayTime	O	[0..1]	
	communicationReference	M	[1..1]	
SequenceEnd	STRUCT			描述了序列的结束
	communicationReference	M	[1..1]	
SequenceStart	STRUCT			描述了序列的开始
	communicationReference	M	[1..1]	
ShortAddress	STRUCT			符合 IEC 61784 CPF9 的地址信息
	shortAddress	M	[1..1]	
Status	STRUCT			符合 IEC 61784 CPF9 的状态信息
	deviceStatus	M	[1..1]	
	choice of	M	[1..1]	
	CommunicationStatus	S	[0..1]	
	CommandResponse	S	[0..1]	
注：属性“fdt:tag”是 DtmDevice 数据类型的一部分，并且包含了 IEC 61784 CPF9 指定的被称为 TAG 的值，它被用在诸如命令＃11 中，如“READ UNIQUE IDENTIFIEER ASSOCIATED WITH TAG”，这些值由相关组件设置，见 GB/T 29618.2 的嵌套通信。				

11 通道参数数据类型

是否提供通道完全取决于 DTM。如果 DTM 允许一个框架应用程序、其他 DTM 或控制器直接访问它的过程值，通过 IEC 61784 CPF9 协议，它应按照本条的描述提供通道对象。只有当属于命令的所有通道都完全描述后，外部应用程序才能进行正常访问。

对于通道的描述，特别是对过程值的描述，允许框架应用程序以更有效的方式来支持设备。

在 ReadChannelData 服务和 WriteChannelData 服务中使用。

ReadChannelData 服务返回的信息描述如何通过一个命令来存取一个 I/O 值(见表 5 和表 6)。

本条描述的数据类型使用以下命名空间：

命名空间：hartchannel。

表 5 简单通道参数数据类型

数据类型	定　义	描　述
byteLength	USINT	请求或者应答中的静态字节数
commandNumber	UDINT	包含通道值的命令的命令号
frameApplicationTag	STRING	用于标识和引导的框架应用程序特定的标签。DTM 应该在通道指定用户接口处显示这个标识
gatewayBusCategory	UUID	由 FDT 特定 CATID 归类的所支持的总线类型的唯一标识符
protectedByChannelAssignment	BOOL	如果通道被框架应用程序设为只读，则该值为 TRUE。如果通道任务存在，通常设为 TRUE
value	STRING	用于读或写通道的当前值

表 6 结构化通道参数数据类型

数据类型	定义			描　述
	基本数据类型	用法	多重性	
CommandParameters	STRUCT			在请求或者应答中的静态命令参数字节
	fdt:binData	O	[0..1]	
	byteLength	M	[1..1]	
FDTChannel	STRUCT			对通道的描述
	fdt:tag	M	[1..1]	
	fdt:id	M	[1..1]	
	fdt:descriptor	O	[0..1]	
	protectedByChannelAssignment	M	[1..1]	
	fdt:dataType	M	[1..1]	
	byteLength	M	[1..1]	
	fdt:signalType	M	[1..1]	
	frameApplicationTag	O	[0..1]	
	appId:applicationId	O	[0..1]	
	fdt:SemanticInformation	O	[0..*]	
	fdt:BitEnumeratorEntries	O	[0..1]	
	fdt:EnumeratorEntries	O	[0..1]	
	fdt:Unit	O	[0..1]	
	ReadCommand	O	[0..1]	
	WriteCommand	O	[0..1]	
	fdt:Alarms	O	[0..1]	

表 6（续）

数据类型	定义			描述
	基本数据类型	用法	多重性	
FDTChannel	fdt:Ranges	O	[0..1]	
	fdt:Deadband	O	[0..1]	
	fdt:SubstituteValue	O	[0..1]	
FDTChannelType	STRUCT			如果通道具有网关功能,对通道组件进行描述
	fdt:VersionInformation	M	[1..1]	
	gatewayBusCategory	O	[0..1]	
ReadCommand	STRUCT			描述了从设备中读通道命令
	commandNumber	M	[1..1]	
	Request	O	[0..1]	
	Reply	O	[0..1]	
	ResponseCodes	O	[0..1]	
Reply	STRUCT			描述一个符合 IEC 61784 CPF9 的命令的应答结构
	collection of	M	[1..1]	
	fdt:ChannelReference		[0..*]	
	CommandParameters		[0..*]	
	ResponseCodes	O	[0..1]	
Request	STRUCT			描述一个符合 IEC 61784 CPF9 的命令的请求结构
	collection of	M	[1..1]	
	fdt:ChannelReference		[0..*]	
	CommandParameters		[0..*]	
ResponseCodes	STRUCT			符合 IEC 61784 CPF9 的特定响应代码集(即 COMMAND-SPECIFIC RESPONSE CODES)
	fdt:EnumeratorEntry	M	[1..*]	
WriteCommand	STRUCT			描述了向设备写通道命令
	commandNumber	M	[1..1]	
	Request	O	[0..1]	
	Reply	O	[0..1]	
	ResponseCodes	O	[0..1]	

12 设备标识

12.1 数据类型 STRING 的协议特定处理

IEC 61784 CPF 9 字符数组规定：

——所有字符范围内的字符串都要左对齐。字符数字以 0x20h 填充(空格)；

——在 VisibleString 中，设备提供的不可见的字符以“?”代替。

12.2 公用设备类型标识数据类型

本条中描述的数据类型能够像 12.3 和 12.5 所定义的一样重用。

IEC 61784 CPF9 的设备类型标识数据类型提供了带协议特殊语义(见表 7 和表 8)的一般数据类型和不带这类映射的数据类型(见表 9 和表 10)。

本条所描述的数据类型使用以下的命名空间：

命名空间：hartident。

表 7 协议特殊映射的标识数据类型

IEC 61784 CPF 9 属性	语义元素名	物理设备中的数据请求	协议特定名称	IEC 61784 CPF 9 的数据格式	FDT 数据格式(显示格式)	规范参考
shortAddress	IdAddress	调用 Cmd.0 来轮询可能的地址范围(HART5：[0-15]，HART6：[0-63])。如果 Cmd.0 的响应可用，则一个物理设备连接到该地址。 Cmd #0 的响应不论请求是采用短格式或者长格式，都不包括短地址的值。如果用短地址轮询的主站接收到一个响应，则可以假设该设备的短地址和轮询请求中的地址是一样的。除此之外，轮询地址 可以通过命令 7 从支持 HART6 的设备读取	轮询地址(Polling Address)	8 位无符号数	USINT	[1] 6.8 命令 7：Read Loop Configuration
busProtocol	IdBusProtocol	在该属性内，CommChannel 必须传递“HART”	HART	枚举：用于 HART5 和 HART6 的“HART”	Enumeration (HART)	
universalCommandRevisionLevel	IdBusProtocolVersion	命令 0 的第 4 字节	HART 修订版 HART Revision	8 位无符号整型	USINT (dec)	[1] 6.1 命令 0：Read Unique Identifier

表 7（续）

IEC 61784 CPF 9 属性	语义元素名	物理设备中的数据请求	协议特定名称	IEC 61784 CPF 9 的数据格式	FDT 数据格式（显示格式）	规范参考
manufacturerIdentificationCode	IdManufacturer	命令 0 的第 1 字节：HART6：制造商标识码 HART5：制造商设备类型码	制造商标识码（Manufacturer Identification Code）	8 位无符号整型，如：Endress + Hauser：17（0x11）	USINT（dec）	[2] 5..8 制造商标识码
deviceTypeID	IdTypeID	命令 0 的第 2 字节：制造商设备类型码	设备类型码（Device Type Code）	8 位无符号整型	USINT(dec)	[1] 6.1 命令 0：Read Unique Identifier
softwareRevision	IdSoftwareRevison	命令 0 的第 6 字节	软件版本（Software Revision）	8 位无符号整型	USINT(dec)	[1] 6.1 命令 0：Read Unique Identifier
hardwareRevision	IdHardwareRevision	命令 0 的第 7 字节	硬件版本（Hardware Revision）	8 位无符号整型，前 5 位（x）表示硬件修正的程度，后 3 位（y）表示物理信号代码	REAL	[1] 6.1 命令 0：Read Unique Identifier
tag	IdTag	命令 13 的 0-5 字节	标签（Tag）	6 字节或者封装的 ASCII 码字符	STRING	[1] 6.13 命令 13：Read Tag. Descriptor. Date
deviceID	IdSerialNumber	命令 0 的 9-11 字节	设备标识号（Device Identification Number）	24 位无符号数	UDINT	[1] 6.1 命令 0：Read Unique Identifier
N/A	IdDTMSupportLevel	不应用于扫描/物理设备。只在 DTMDevice 类型标识中使用。 枚举： Generic DTM； Profile DTM； BlockSpecificProfileDTM	DTM 支持的等级（DTM Support Level）	—	enumeration（genericSupport | profileSupport | blockspecificProfileSupport | specificSupport | identSupport）	—

表 8 不带协议无关语义的标识数据类型

IEC 61784 CPF 9 属性	语义元素名	物理设备中的数据请求	协议中特定名称	IEC 61784 CPF 9 的数据格式	XML-FDT 格式(显示格式)	规范参考
deviceCommandRevisionLevel		命令 0 的第 5 字节	设备修正等级 (Device Revision Level)	8 位无符号整型	USINT (dec)	[1] 6.1 命令 0:Read Unique Identifier
deviceFlag		命令 0 的第 8 字节	标志 (Flags)	8 位无符号整型,	USINT (hex)	[1] 5.11 表格标志分配
manufacturerSpecificExtension		DTM 将它用于供应商特殊设备标识信息,如:将大量设备参数值合并为一个字符串值。这能够用来辨识一个特殊的设备变量			STRING	

表 9 带协议无关语义的简单标识数据类型

数据类型	定 义	描 述
idDTMSupportLevel	enumeration(genericSupport | profileSupport | blockspecificProfileSupport | specificSupport | identSupport)	枚举: genericSupport profileSupport blockspecificProfileSupport specificSupport
match	STRING	用于设备 DTM 定义一个与被扫描的物理定义标识信息相匹配的正则表达式
nomatch	STRING	用于设备 DTM 定义一个与被扫描的物理定义标识信息不匹配的正则表达式。 用于设备 DTM 指示标识信息是否不匹配

表 10 带协议无关语义的结构化标识数据类型

元素	定 义			描述
	基本数据类型	用法	多重性	
RegExpr	STRUCT			包括了正则表达式字符串:无论是匹配还是不匹配
	match	O	[0..1]	
	nomatch	O	[0..1]	

12.3 拓扑扫描数据类型

该数据类型用于 Scan 服务响应。

该数据类型描述扫描设备列表中的一个条目(见表 11)。

本条所描述的数据类型使用以下命名空间。

命名空间:fdthartdevice。

表 11 结构化设备类型标识数据类型

数据类型	定义			描述
	基本数据类型	用法	多重性	
HARTDevice	STRUCT			一个关于扫描响应的 IEC 61784 CPF9 的设备的定义
	fdthart:LongAddress	O	[0..1]	
	fdthart:manufacturerId	O	[0..1]	
	fdthart:deviceTypeId	O	[0..1]	
	fdt:subDeviceType	O	[0..1]	
	fdt:tag	M	[1..1]	
	fdthart:shortAddress	O	[0..1]	

12.4 扫描标识数据类型

本条定义了用于提供协议特定的扫描过程的数据类型(见表 12 和表 13)。

本条定义的数据类型用于 Scan 服务。

本条所描述的数据类型使用以下命名空间。

命名空间:hartscan

表 12 简单扫描标识数据类型

数据类型	定义	描述
resultState	enumeration(provisional | final | error)	指明分组扫描的结果是一个临时结果还是最终结果
configuredState	enumeration(configuredAndPhysicallyAvailable | configuredAndNotPhysicallyAvailable | availableButNotConfigured | notApplicable)	在该属性内,一个通信主站必须指明扫描响应是否与被检测到的设备相关,无论该设备是被配置过的还是未被配置过的

表 13　结构化扫描标识数据类型

数据类型	定　义			描　述
	基本数据类型	用法	多重性	
IdAddress	STRUCT			所有元素包含一个确切的属性，每个属性都包含了已扫描到的物理设备的值。 为了更好地标识，所有带语义含义的元素有一个前缀“Id”
	hartident:shortAddress	M	[1..1]	
IdBusProtocol	STRUCT			
	hartident:busProtocol	M	[1..1]	
IdBusProtocolVersion	STRUCT			
	hartident:universalCommandRevisionLevel	M	[1..1]	
IdManufacturer	STRUCT			
	hartident:manufacturerIdentificationCode	M	[1..1]	
IdTypeID	STRUCT			
	hartident:deviceTypeID	M	[1..1]	
IdSoftwareRevision	STRUCT			
	hartident:softwareRevision	M	[1..1]	
IdHardwareRevision	STRUCT			
	hartident:hardwareRevision	M	[1..1]	
IdTag	STRUCT			
	hartident:tag	M	[1..1]	
IdSerialNumber	STRUCT			
	hartident:deviceID	M	[1..1]	
DeviceCommandRevisionLevel	STRUCT			不带语义前缀“Id”的所有元素通过 XSL 转换成“名-值”对(name value pairs)。这些元素恰好构成了定义在 GB/T 29618.2 中的一个属性，每一个元素包含了物理设备的一个值
	hartident:deviceCommandRevisionLevel	M	[1..1]	
DeviceFlag	STRUCT			
	hartident:deviceFlag	M	[1..1]	
ManufacturerSpecificExtension	STRUCT			
	hartident:manufacturerSpecificExtension	M	[1..1]	

表 13（续）

数据类型	定　义			描　述
	基本数据类型	用法	多重性	
ScanIdentification	STRUCT			用于一个被扫描物理设备的所有 IEC 61784 CPF9 的扫描标识元素
	configuredState	O	[0..1]	
	fdt:CommunicationError	O	[0..1]	
	IdAddress	M	[1..1]	
	IdBusProtocol	M	[1..1]	
	IdBusProtocolVersion	M	[1..1]	
	IdManufacturer	M	[1..1]	
	IdTypeID	M	[1..1]	
	IdSoftwareRevision	M	[1..1]	
	IdHardwareRevision	M	[1..1]	
	IdTag	M	[1..1]	
	IdSerialNumber	M	[1..1]	
	DeviceCommandRevisionLevel	M	[1..1]	
	DeviceFlag	M	[1..1]	
	ManufacturerSpecificExtension	O	[0..1]	
ScanIdentifications	STRUCT			ScanIdentification 元素集
	fdt:protocolId	M	[1..1]	
	resultState	M	[1..1]	
	ScanIdentification	O	[0..*]	

12.5 DTM 提供的设备类型标识数据类型

本条定义了用于为设备类型提供特定协议信息的数据类型(见表 14)。

本条定义的数据类型用于以下服务：

- GetIdentificationInformation

本条所描述的数据类型使用以下命名空间：

命名空间：hartdevtype

表 14　结构化设备类型标识数据类型

数据类型	定义			描述
	基本数据类型	用法	多重性	
IdBusProtocol	STRUCT			所有元素恰好构成一个属性，每一个元素包含了被扫描物理设备的值。 为了更好地标识，所有带语义含义的元素有一个前缀“Id”
	hartident:busProtocol	O	[0..1]	
	hartident:RegExpr	O	[0..*]	
IdBusProtocolVersion	STRUCT			
	hartident: universalCommandRevisionLevel	O	[1..1]	
	hartident:RegExpr	O	[0..*]	
IdManufacturer	STRUCT			
	hartident: manufacturerIdentificationCode	O	[0..1]	
	hartident:RegExpr	O	[0..*]	
IdTypeID	STRUCT			
	hartident:deviceTypeID	O	[0..1]	
	hartident:RegExpr	O	[0..*]	
IdSoftwareRevision	STRUCT			
	hartident:softwareRevision	O	[0..1]	
	hartident:RegExpr	O	[0..*]	
IdHardwareRevision	STRUCT			
	hartident:hardwareRevision	O	[0..1]	
	hartident:RegExpr	O	[0..*]	
DeviceCommandRevisionLevel	STRUCT			不带语义前缀“Id”的所有元素通过 XSL 转换成“名-值”对(name value pairs)。这些元素恰好构成了定义在 GB/T 29618.2 中的一个属性，每一个元素包含了物理设备的一个值
	hartident: deviceCommandRevisionLevel	O	[0..1]	
	hartident:RegExpr	O	[0..*]	
DeviceFlag	STRUCT			
	hartident:deviceFlag	O	[0..1]	
	hartident:RegExpr	O	[0..*]	
ManufacturerSpecificExtension	STRUCT			
	hartident: manufacturerSpecificExtension	M	[1..1]	
	hartident:RegExpr	O	[0..*]	

表 14（续）

数据类型	定 义			描 述
	基本数据类型	用法	多重性	
DeviceIdentification	STRUCT			IEC 61784 CPF9 特殊标识元素
	Hartident:idDTMSupportLevel	M	[1..1]	
	IdBusProtocol	M	[1..1]	
	IdBusProtocolVersion	M	[1..1]	
	IdManufacturer	M	[1..1]	
	IdTypeID	M	[1..1]	
	IdSoftwareRevision	M	[1..1]	
	IdHardwareRevision	M	[1..1]	
	DeviceCommandRevisionLevel	M	[1..1]	
	DeviceFlag	M	[1..1]	
	ManufacturerSpecificExtension	O	[0..*]	
DeviceIdentifications	STRUCT			设备标识列表
	fdt:protocolId	M	[1..1]	
	DeviceIdentification	M	[1..*]	

参 考 文 献

[1] HCF SPEC-127 Revision 6.0 Universal Command Specification, 18 April 2001

[2] HCF SPEC-183 Revision 16.0 Common Tables Specification, 19 December 2005

[3] ISO/IEC 19501:2005 Information technology—Open Distributed Processing—Unified Modeling Language (UML) Version 1.4.2

ICS 25.040
N 10

中华人民共和国国家标准

GB/T 29618.315—2013/IEC 62453-315:2009

现场设备工具(FDT)接口规范 第315部分:通信行规集成 MODBUS 现场总线规范

Field device tool (FDT) interface specification—Part 315: Communication profile integration—MODBUS

(IEC 62453-315:2009,IDT)

2013-07-19 发布　　2013-12-15 实施

中华人民共和国国家质量监督检验检疫总局
中国国家标准化管理委员会　发布

前　言

GB/T 29618《现场设备工具(FDT)接口规范》暂分为以下几个部分:

——第 1 部分:概述和导则;

——第 2 部分:概念和详细描述;

——第 301 部分:通信行规集成　FF 现场总线规范;

——第 302 部分:通信行规集成　通用工业协议;

——第 303-1 部分:通信行规集成　PROFIBUS 现场总线规范;

——第 303-2 部分:通信行规集成　PROFINET 输入输出接口规范;

——第 306 部分:通信行规集成　INTERBUS 现场总线规范;

——第 309 部分:通信行规集成　HART 现场总线规范;

——第 315 部分:通信行规集成　MODBUS 现场总线规范;

——第 41 部分:对象模型行规集成　通用对象模型;

——第 501 部分:通用对象模型的通信实现　FF 现场总线规范;

——第 502 部分:通用对象模型的通信实现　通用工业协议;

——第 503-1 部分:通用对象模型的通信实现　PROFIBUS 现场总线规范;

——第 503-2 部分:通用对象模型的通信实现　PROFINET 输入输出接口规范;

——第 506 部分:通用对象模型的通信实现　INTERBUS 现场总线规范;

——第 509 部分:通用对象模型的通信实现　HART 现场总线规范;

——第 515 部分:通用对象模型的通信实现　MODBUS 现场总线规范;

——第 61 部分:通用对象模型的设备类型管理器样式指南。

本部分为 GB/T 29618 的第 315 部分。

本部分按照 GB/T 1.1—2009 和 GB/T 20000.2—2009 给出的规则起草。

本部分使用翻译法等同采用 IEC 62453-315:2009《现场设备工具(FDT)接口规范　第 315 部分:通信行规集成-IEC 61784 CPF 15》(英文版)。

与本部分中规范性引用的国际文件有一致性对应关系的我国文件如下:

—— GB/T 15969.3—2005 可编程控制器　第 3 部分:可编程语言(IEC 61131-3:2002,IDT)

本部分做了下列编辑性修改:

——删除了 IEC 62453-315:2009 的前言,重新编写了本部分的前言;

——凡有“IEC 62453”的地方改为“GB/T 29618”;

——按照汉语习惯对一些编排格式进行了修改;

——将一些适用于国际标准的表述改为适用于我国标准的表述。

本部分由中国机械工业联合会提出。

本部分由全国工业过程测量和控制标准化技术委员会(SAC/TC 124)负责归口。

本部分参加起草单位:西南大学、赫优信(上海)自动化系统贸易有限公司、机械工业仪器仪表综合技术经济研究所、罗克韦尔自动化(中国)有限公司、上海恩德斯豪斯(E+H)自动化设备有限公司、上海自动化仪表有限公司、施耐德电气(中国)公司、苏州美名软件有限公司、西南大学、浙江大学智能系统与控制研究所、中国四联仪器仪表集团。

本部分主要起草人:欧阳劲松、王春喜、谢素芬、刘宽、黑伟亮、杜佳琳、王信红、包伟华、刘进、田英明、华镕、袁海峰、冯冬芹、刘枫、吕静、张渝、黄仁杰。

引　言

本部分为FDT(现场设备工具)组件的开发者提供接口规范,FDT组件用于客户端/服务器结构中的功能控制和数据访问。本部分是开发标准接口过程中的分析和设计的结果。这些标准接口易于多个制造商开发可无缝互操作的服务器和客户端。

将现场设备集成到控制系统中,需要执行一些其他任务。除了需要现场总线特定工具和设备特定工具外,还需将这些工具集成到更高层次系统范围内的规划或工程工具中。特别是,为了在大规模异构的控制系统中(典型地在过程工业领域)使用,明确定义易于使用的相关工程接口是非常重要的。

按照本部分创建的设备特定的软件组件称为设备类型管理器(DTM)。它通过本部分定义的FDT服务,将所有设备特定的数据、功能和业务规则都集成到系统中。

FDT/DTM方法对所有类型的现场总线都是开放的,允许将各种设备集成到异构系统中。

图1给出了GB/T 29618.315在GB/T 29618系列标准结构中的位置。

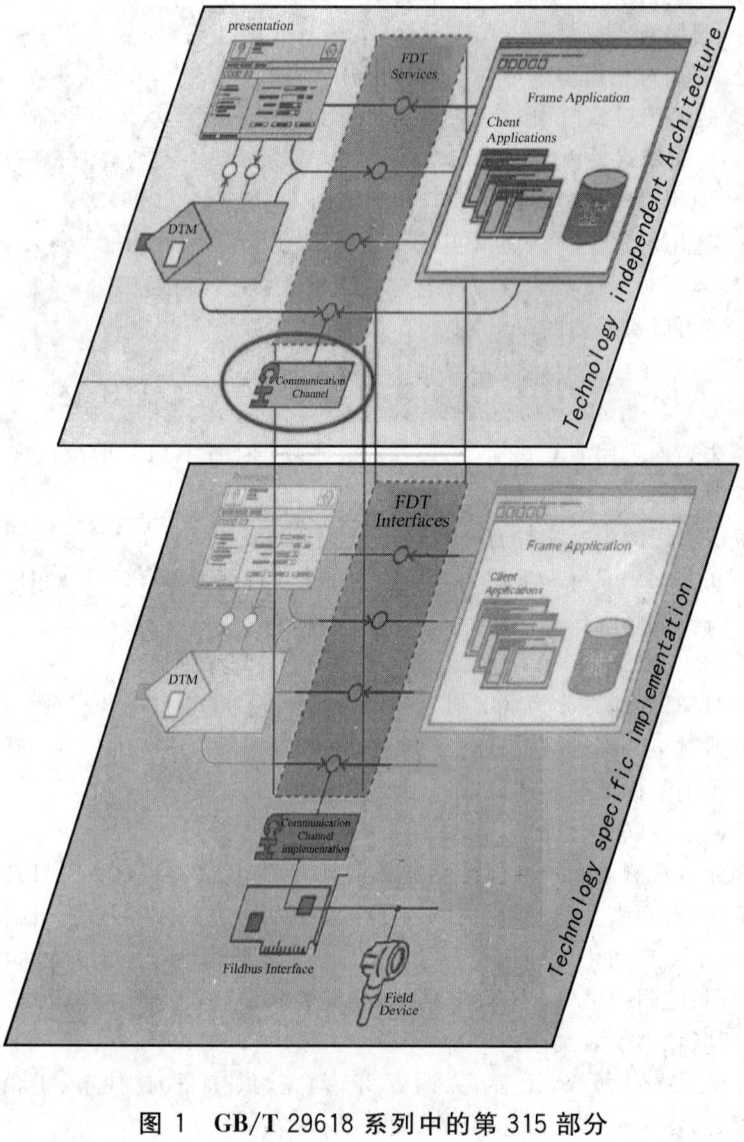

图1　GB/T 29618系列中的第315部分

现场设备工具(FDT)接口规范 第315部分:通信行规集成 MODBUS现场总线规范

1 范围

通信行规族15(通常称作Modbus)基于IEC 61158-5-15和IEC 61158-6-15定义了通信行规。基本的行规CP 15/1(Modbus TCP)定义在IEC 61784-1中。附加的通信行规(Modbus Serial Line)定义在文献[2]中。

GB/T 29618的本部分提供了将Modbus TCP和Modbus Serial Line协议集成在基于FDT的系统中的信息。

注:本部分仅定义了Modbus参数到FDT数据类型的映射。对于在FDT数据类型定义中使用的协议相关参数的限制,如允许值,以及数组的限制,请参考IEC 61158-5-15和Modbus应用协议规范。

2 规范性引用文件

下列文件对于本文件的应用是必不可少的。凡是注日期的引用文件,仅注日期的版本适用于本文件。凡是不注日期的引用文件,其最新版本(包括所有的修改单)适用于本文件。

GB/T 15969.3 可编程控制器 第3部分:编程语言(GB/T 15969.3—2005,IEC 61131-3:2002,IDT)

GB/T 29618.1 现场设备工具(FDT)接口规范 第1部分:概述和导则(GB/T 29618.1—2013,IEC 62453-1:2009,IDT)

GB/T 29618.2 现场设备工具(FDT)接口规范 第2部分:概念和详细描述(GB/T 29618.2—2013,IEC 62453-2:2009,IDT)

IEC 61158-5-15 工业通信网络 现场总线规范 第5-15部分:应用程序层服务定义 类型15元素(Industrial communication networks—Fieldbus specifications—Part 5-15:Application layer service definition—Type 15 elements)

IEC 61158-6-15 工业通信网络 现场总线规范 第6-20部分:应用程序层协议描述 类型15元素(Industrial communication networks—Fieldbus specifications—Part 6-15:Application layer protocol specification—Type 15 elements)

IEC 61784-1 工业通信网络 行规 第1部分:现场总线行规(Industrial communication networks—Profiles—Part 1:Fieldbus profiles)

IEC 61784-2 工业通信网络 行规 第2部分:基于ISO/IEC 8802-3的实时网络的额外现场总线行规(Industrial communication networks—Profiles—Part 2:Additional fieldbus profiles for real-time networks based on ISO/IEC 8802-3)

RFC 791 互联网协议(可从http://www.ietf.org/rfc/rfc0791.txt获取)

3 术语,定义,符号,缩略语和约定

3.1 术语和定义

GB/T 29618.1和GB/T 29618.2界定的术语和定义适用于本文件。

3.2 缩略语

GB/T 29618.1 和 GB/T 29618.2 界定的以及下列缩略语适用于本文件。

ASCII American Standard Code for Information Interchange 美国信息交换标准码

DTM Device Type Manager 设备类型管理器

FA Frame Application 框架应用程序

IP Internet Protocol 互联网协议

RFC Request For comment 请求注解

TCP Transmission Control Protocol 传输控制协议

3.3 约定

3.3.1 数据类型命名和引用

数据类型命名和引用的约定参考 GB/T 29618.2—2013 A.1。

3.3.2 词汇要求

在对要求进行描述的时候,使用以下的表达方式:

——使用"应"或"必备",表示不允许有例外;

——使用"宜"或"推荐",表示强烈推荐。在特定的例外情况下,可能具有与描述不相同的行为。

——使用"能"或"可选",可能提供某种功能或行为,取决于定义的条件。

4 总线类别

Modbus 协议在结构化数据类型"fdt:BusCategory"的"protocolId"属性里边,由下列唯一标识符来标识(见表 1)。

表 1 协议标识符

标识值	ProtocolId 名	描 述
59629a40-285f-11db-a98b-0800200c9a66	"Modbus over Serial Line"	基于串行线路的 Modbus
59629a41-285f-11db-a98b-0800200c9a66	"Modbus over TCP"	基于 TCP 的 Modbus

5 实例和设备数据的访问

5.1 DTM 提供的过程通道对象

对于 Modbus,DTM 没有一个必须提供的参数最小集。如果一个 DTM 提供了过程值,那些过程变量应该被建模成过程通道。

5.2 DTM 提供访问实例和设备数据的服务

不适用。

6 协议特定的行为

6.1 概述

本章定义了在 FDT 中如何处理无需确认的 Modbus 请求。FDT 支持以下两种无需确认的 Modbus 请求：

——广播；

——无需确认的私有 Modbus 请求。

6.2 广播

在广播模式，DTM 可以给所有连在总线上的设备发送 Modbus 请求。只有通过 Modbus Serial Line 方式连接的设备支持该模式。连接方式可以是直接连接或通过网关连接。广播模式必须由 fdt-modbus:ConnectRequest 发起，并将目标设备的从站地址设置为 0(slaveAddress=0)。关于广播模式提供的寻址信息的更多的详细信息，见表 2。

表 2 广播模式的寻址信息

数据类型	定义			描述
	基本数据类型	用法	多重性	
ModbusSerial	STRUCT			Modbus Serial Line 寻址信息
	slaveAddress	M	[1..1]	对于广播模式应该是 0
Modbus TCP	STRUCT			Modbus TCP 寻址信息
	slaveAddress	M	[1..1]	对于广播模式应该是 0
	tcpAddress	M	[1..1]	Modbus TCP/Modbus Serial Line 网关的 IP 地址
	tcpPort	O	[0..1]	Modbus TCP 连接的端口(如果没有端口信息，应该使用缺省的端口 502)

因为在广播模式下设备不返回响应，广播模式应该仅仅和表 3 中的事务请求一起使用：

表 3 广播事务请求

广播事务请求	限制
WriteSingleCoilReq	无
WriteSingleRegisterReq	无
DiagnosticsReq	在广播模式下，该事务请求应该仅仅和以下子功能一起使用： 0X01:重启通信选项 0X03:修改 ASCII 输入分隔符 0X04:强制仅监听(Listen Only)模式 0X0A:清空计数器和诊断寄存器 0X14:清空溢出计数器和标志
WriteMultipleCoilsReq	无

表 3（续）

广播事务请求	限　制
WriteMultipleRegistersReq	无
WriteFileRecordReq	无
MaskWriteRegisterReq	无
PrivateModbusReq	仅仅和无需设备返回响应的私有服务一起使用

虽然广播模式下目标设备无需返回响应，但是仍然应该产生一个与该事务请求相应的一个事务响应。该事务响应的目的是通知 DTM 广播请求已经传送到总线了。如果用 Modbus 通信 DTM 建立连接，该 DTM 必须提供这个产生的事务响应(见图 2 和图 3)。

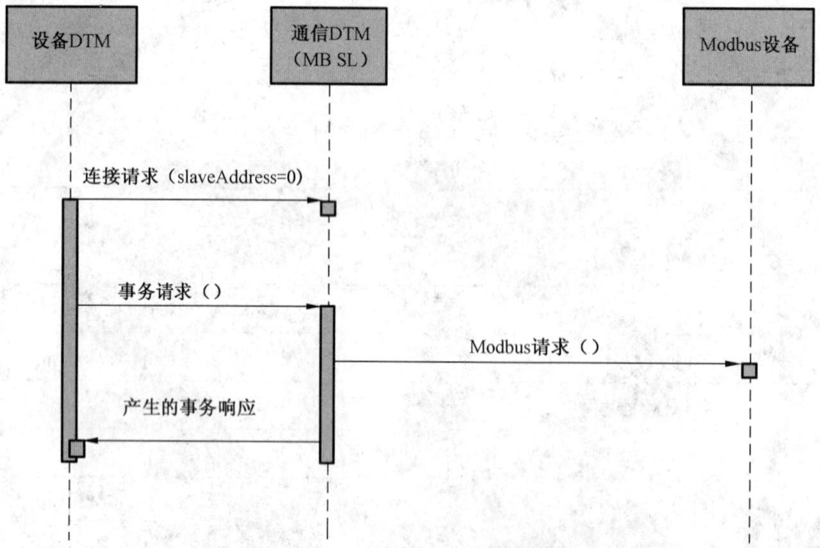

图 2　Modbus Serial Line 通信 DTM 广播序列图

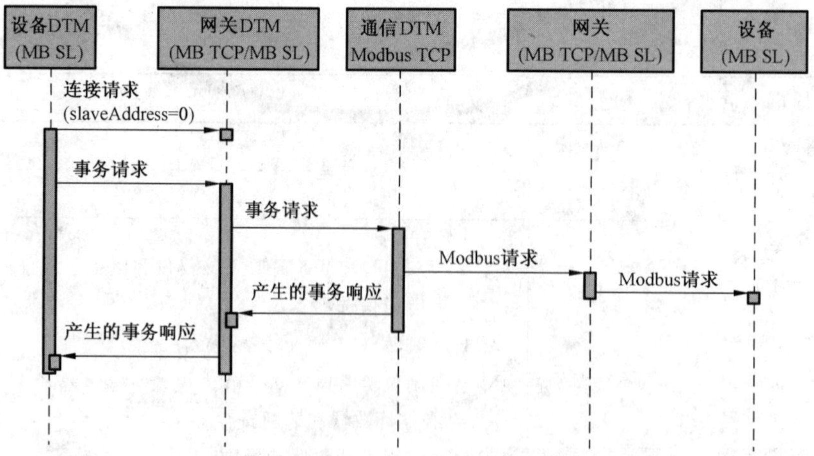

图 3　Modbus TCP 通信 DTM 广播序列图

如果没有用Modbus通信DTM来建立通信,那么提供到不同于Modbus的更高通信层次链接的Modbus网关DTM必须提供这个事务响应(见图4)。

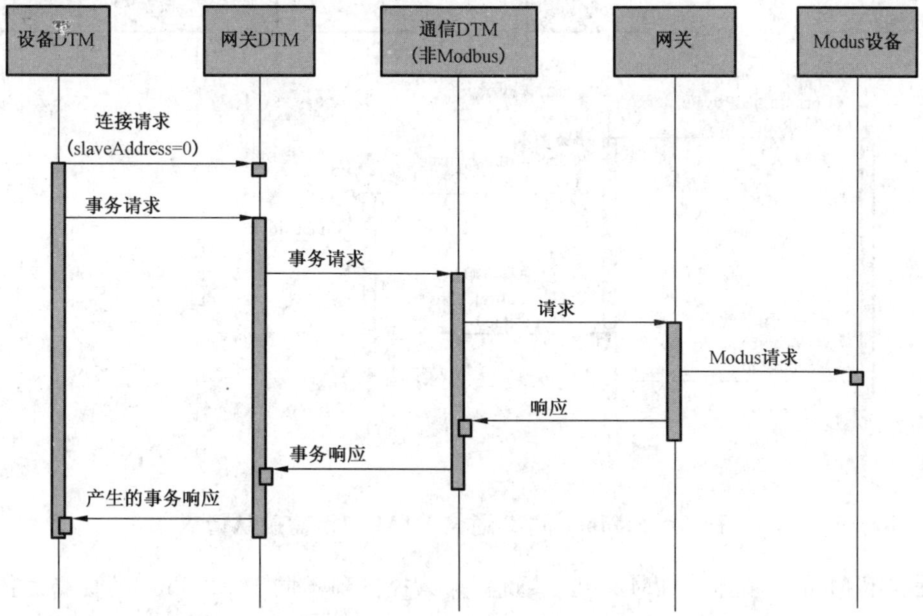

图4 没有Modbus通信DTM的广播序列图

6.3 无需确认的私有Modbus请求

事务请求可以用来发送任何无需确认的私有Modbus请求。虽然目标设备不会返回响应,该事务请求相应的事务响应还是必须产生。这个事务响应的目的是为了通知DTM那个无需确认的请求已经传送到总线了。如果用一个Modbus通信DTM来建立通信,那么它必须提供这个产生的事务响应(见图5和图6)。

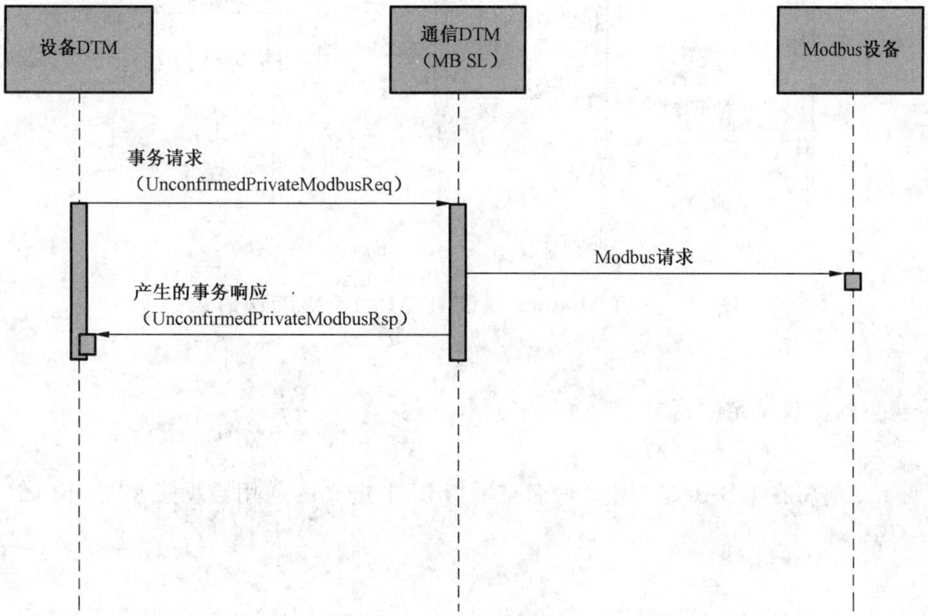

图5 Modbus Serial Line通信DTM的无需确认请求

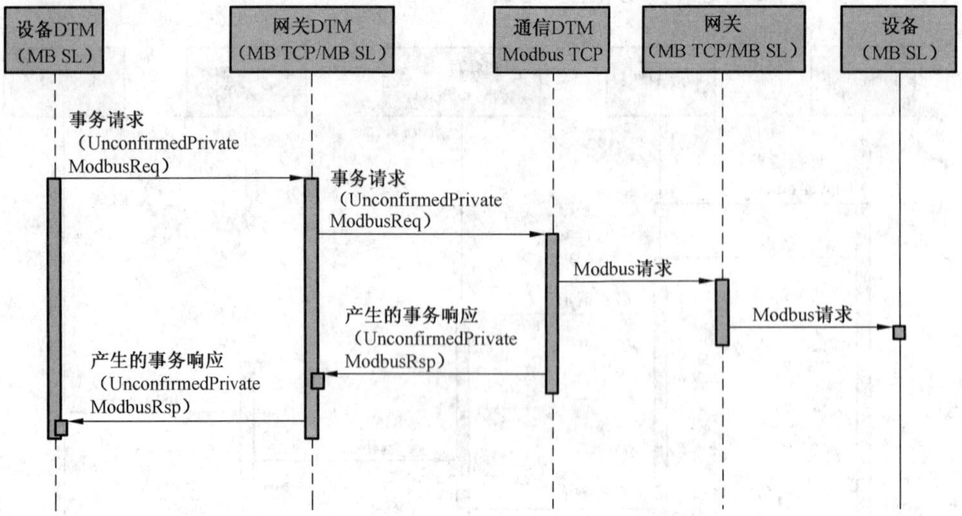

图 6　**Modbus TCP 通信 DTM 的无需确认请求**

如果没有用 Modbus 通信 DTM 来建立通信，那么提供到不同于 Modbus 的更高通信层次链接的 Modbus 网关 DTM 必须提供这个事务响应(见图 7)。

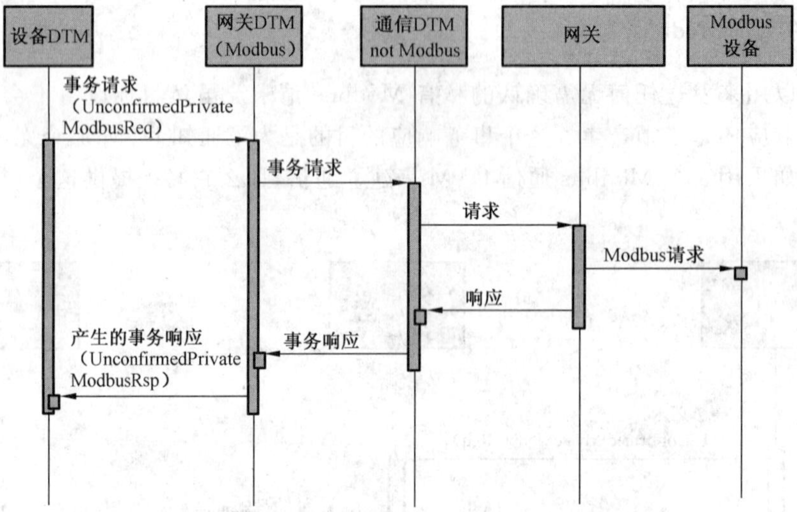

图 7　没有 **Modbus** 通信 **DTM** 的无需确认请求

7　通用数据类型的协议特定的用法

表 4 说明了如何将在 GB/T 29618.2 命名空间“fdt”中定义的通用数据类型与 IEC 61784 CPF 15 的设备一起使用。

表 4　通用 FDT 数据类型的协议特定的用法

数据类型	描　　述
fdt:dataType	FDT 通道对象的数据类型的标识
fdt:busCategory	见第 4 章
deviceTypeInformation	人可读格式的 Modbus 设备描述，可由 DTM 提供
deviceTypeInformationPath	包含 Modbus 设备描述的文件路径(如果存在)
fdt:readAccess	指定该值能否从设备读取： ● "0"，如果不允许读访问； ● "1"，如果允许读访问
fdt:systemTag	在框架应用程序项目中设备实例的唯一标识符
fdt:writeAccess	指定该值是否可写入设备： ● "0"，如果不允许写访问； ● "1"，如果允许写访问

8　协议特定的通用数据类型

8.1　概述

本章规定了用于定义其他数据类型的协议特定的公用数据类型。

8.2　寻址信息

本条规定了 FDT 中协议特定寻址信息的结构和语义，在 Modbus TCP 和 Modbus Serial Line 的不同的底层通信层中用到。

关于如何将地址信息映射到数据类型的详细描述，见表 5 和表 6。

本条中所描述的数据类型定义在命名空间中。

命名空间：mb。

表 5　简单寻址信息数据类型

数据类型	定义	描　　述
slaveAddress	USINT	一个 Modbus 设备的从站地址
tcpAddress	STRING	RFC 791 互联网协议(IP)所规定的 IP 地址字符串表示
tcpPort	UINT	Modbus TCP 连接的端口号(如果没有提供端口号，必须使用缺省的 502)

表 6　结构化的地址信息数据类型

数据类型	定义			描述
	基本数据类型	用法	多重性	
ModbusSerial	STRUCT			Modbus Serial Line 寻址信息
	slaveAddress	M	[1..1]	

表 6（续）

数据类型	定义			描述
	基本数据类型	用法	多重性	
Modbus TCP	STRUCT			Modbus TCP 寻址信息： 目标 Modbus TCP 服务器的 IP 地址； 如果 Modbus TCP 服务器提供了到 Modbus Serial Line 的路由服务，则作为目标设备的从站地址
	slaveAddress	O	[0..1]	
	tcpAddress	M	[1..1]	
	tcpPort	O	[0..1]	

9 网络管理数据类型

本章所描述的数据类型在以下服务中使用：

——NetworkManagementInfoRead 服务；

——NetworkManagementInfoWrite 服务。

本条款描述了 UserDefinedBus 数据类型(见表 7)中的信息，该信息必须为 Modbus 设备提供。

表 7　结构化的网络管理数据类型

数据类型	描述			描述
	基本数据类型	用法	多重性	
UserDefinedBus	STRUCT			UserDefinedBus 数据类型包含设备的地址信息。要求 UserDefinedBus 数据类型包含目标设备的至少一个地址信息数据类型
	mb:ModbusSerial	O	[0.. *]	
	mb:ModbusTCP	O	[0.. *]	

有些设备及其模块需要一个以上的总线地址。UserDefinedBus 数据类型可能包含几个地址元素。在这种情况下，第一个地址元素必须包含该设备的主要地址信息。

10 通信数据类型

10.1 概述

本章所描述的数据类型在以下服务中使用：

——连接服务；

——断开连接服务；

——事务服务。

本章描述了协议特定通信相关数据的结构和语义，该数据在 DTM 和其父组件之间进行交换。

用于这些服务中的共同通信数据类型的详细描述见表 8。

本章描述的数据类型是为下列命名空间定义的。

命名空间:fdtmodbus

表 8 简单共同的通信数据类型

数据类型	定义	描 述
comunicationReference	UUID	到设备的通信链接的必备标识符。该标识符在连接过程中由通信组件来分配。地址信息在以下所有通信调用中必须使用

10.2 连接管理数据类型

用于连接服务和断开连接服务信息的详细描述见表 9。

表 9 结构化的连接管理数据类型

数据类型	描述			描 述
	基本数据类型	用法	多重性	
Abort	STRUCT			如果将 Abort 命令发送到下一个通信组件或已连接的设备,终止所有挂起的请求立即返回而无需等待结果。连接的终止不被确认
	comunicationReference	O	[0..1]	
ConnectRequest	STRUCT			描述了通信请求: ——建立到 Modbus TCP 服务器设备的通信链接; ——建立到 ModbusSerial Line 从站设备的通信链接。 该请求包含目标设备的寻址信息
	fdt:systemTag	M	[1..1]	
	choice of	M	[1..1]	
	mb:ModbusSerial	S	[1..1]	
	mb:ModbusTCP	S	[1..1]	
ConnectResponse	STRUCT			描述了连接请求的通信响应
	comunicationReference	M	[1..1]	
DisconnectRequest	STRUCT			描述了释放通信链接的通信请求
	comunicationReference	M	[1..1]	
DisconnectResponse	STRUCT			描述了断开连接请求的通信响应
	comunicationReference	M	[1..1]	

10.3 事务服务特定的数据类型

10.3.1 概述

本条描述了用于事务服务中的信息。

10.3.2 数据项寻址

该文档指定了 Modbus 参数到 FDT 数据类型的映射。由于这个原因，所有作为参数提供的地址信息和有关的如下 Modbus 数据项：

——线圈；

——离散量输入；

——保持寄存器；

——输入寄存器。

应当和随后发送到总线上信息保持一致(见图 8)。

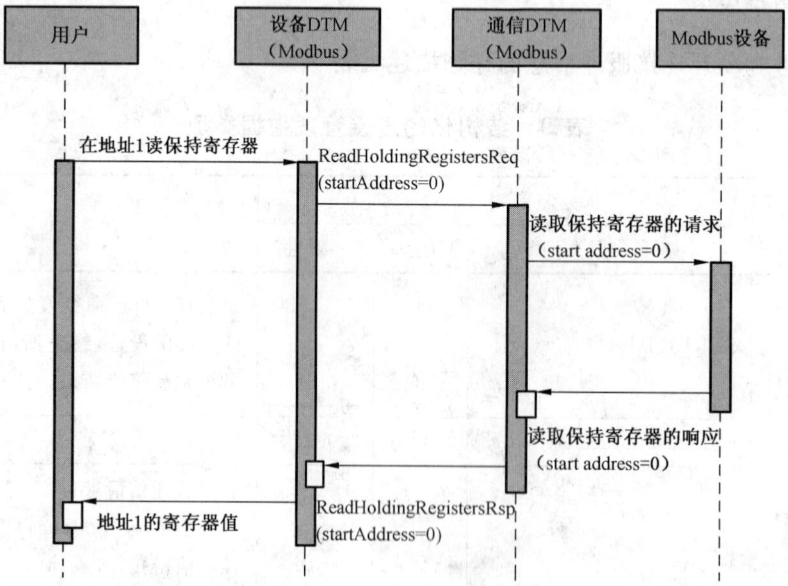

图 8 数据项寻址

10.3.3 读线圈事务服务

该事务服务的参数描述见表 10、表 11、表 12 和表 13，该服务等同于 IEC 61158-5-15 中定义的读线圈服务。

表 10 简单的 ReadCoilsReq 数据类型

数据类型	定义	描述	对应的 IEC 61158-5-15 服务参数
startAddress	UINT	将读取的第一个线圈的地址	第一个线圈的地址
quantity	UINT	将读取的线圈数量	线圈数量

表 11 结构化的 ReadCoilsReq 数据类型

数据类型	描述			描述
	基本数据类型	用法	多重性	
ReadCoilsReq	STRUCT			通信请求，等同于 IEC 61158-5-15 中定义的读线圈服务的请求

表 11（续）

数据类型	描述			描　述
	基本数据类型	用法	多重性	
ReadCoilsReq	comunicationReference	M	[1..1]	
	quantity	M	[1..1]	
	startAddress	M	[1..1]	

表 12　简单的 ReadCoilsRsp 数据类型

数据类型	定义	描　述	对应的 IEC 61158-5-15 服务参数
multipleCoilValues	STRING	具有每个线圈状态的 ASCII 字符串，每个状态被编码在一个字符中。字符串中的第一个字符代表了被读取的第一个线圈 ● “0” = FALSE 或“OFF”； ● “1” = TRUE 或“ON”	Data

表 13　结构化的 ReadCoilsRsp 数据类型

数据类型	描述			描　述
	基本数据类型	用法	多重性	
ReadCoilsRsp	STRUCT			通信响应，等同于 IEC 61158-5-15 中定义的读线圈服务的响应
	comunicationReference	M	[1..1]	
	multiplecoilValues	M	[1..1]	

10.3.4　读离散量输入事务服务

该事务服务的参数描述见表 14、表 15、表 16 和表 17，该服务等同于 IEC 61158-5-15 中定义的读离散量输入服务。

表 14　简单的 ReadDiscreteInputsReq 数据类型

数据类型	定义	描述	对应的 IEC 61158-5-15 服务参数
startAddress	UINT	将读取的第一个离散量输入的地址	第一个离散量输入的地址
quantity	UINT	将读取的离散量输入数量	离散量输入的数量

表 15 结构化的 ReadDiscreteInputsReq 数据类型

数据类型	描述			描　述
	基本数据类型	用法	多重性	
ReadDiscreteInputsReq	STRUCT			通信请求,等同于 IEC 61158-5-15 中定义的读离散量输入服务的请求
	comunicationReference	M	[1..1]	
	quantity	M	[1..1]	
	startAddress	M	[1..1]	

表 16 简单的 ReadDiscreteInputsRsp 数据类型

数据类型	定义	描述	对应的 IEC 61158-5-15 服务参数
discreteInputsStatus	STRING	具有每个离散量输入状态的 ASCII 字符串,每个状态被编码在一个字符中。字符串中的第一个字符代表了被读取的第一个离散量输入。 ● "0" = FALSE 或"OFF"; ● "1" = TRUE 或"ON"	Data

表 17 结构化的 ReadDiscreteInputsRsp 数据类型

数据类型	描述			描　述
	基本数据类型	用法	多重性	
ReadDiscreteInputsRsp	STRUCT			通信响应,等同于 IEC 61158-5-15 中定义的读离散量输入服务的响应
	comunicationReference	M	[1..1]	
	discreteInputsStatus	M	[1..1]	

10.3.5 读保持寄存器事务服务

该事务服务的参数描述见表 18、表 19、表 20 和表 21,该服务等同于 IEC 61158-5-15 中定义的读保持寄存器服务。

表 18 简单的 ReadHoldingRegistersReq 数据类型

数据类型	定义	描述	对应的 IEC 61158-5-15 服务参数
startAddress	UINT	将读取的第一个保持寄存器的地址	将读取的第一个保持寄存器的地址
quantity	UINT	将读取的保持寄存器数量	将读取的保持寄存器的数量

表 19 结构化的 ReadHoldingRegistersReq 数据类型

数据类型	描述			描述
	基本数据类型	用法	多重性	
ReadHoldingRegistersReq	STRUCT			通信请求,等同于 IEC 61158-5-15 中定义的读保持寄存器服务的请求
	comunicationReference	M	[1..1]	
	startAddress	M	[1..1]	
	quantity	M	[1..1]	

表 20 简单的 ReadHoldingRegistersRsp 数据类型

数据类型	定义	描述	对应的 IEC 61158-5-15 服务参数
registerValues	ARRAY OF WORD	读取保持寄存器值	Data

表 21 结构化的 ReadHoldingRegistersRsp 数据类型

数据类型	描述			描述
	基本数据类型	用法	多重性	
ReadHoldingRegistersRsp	STRUCT			通信响应,等同于 IEC 61158-5-15 中定义的读保持寄存器服务的响应
	comunicationReference	M	[1..1]	
	registerValues	M	[1..1]	

10.3.6 读输入寄存器事务服务

该事务服务的参数描述见表 22、表 23、表 24 和表 25,该服务等同于 IEC 61158-5-15 中定义的读输入寄存器服务。

表 22 简单的 ReadInputRegistersReq 数据类型

数据类型	定义	描述	对应的 IEC 61158-5-15 服务参数
startAddress	UINT	将读取的第一个输入寄存器的地址	第一个输入寄存器的地址
quantity	UINT	将读取的输入寄存器的数量	输入寄存器的数量

表 23 结构化的 ReadInputRegistersReq 数据类型

数据类型	描述			描述
	基本数据类型	用法	多重性	
ReadInputRegistersReq	STRUCT			通信请求,等同于 IEC 61158-5-15 中定义的读输入寄存器服务的请求
	comunicationReference	M	[1..1]	
	startAddress	M	[1..1]	
	quantity	M	[1..1]	

表 24　简单的 **ReadInputRegistersRsp** 数据类型

数据类型	定义	描述	对应的 IEC 61158-5-15 服务参数
registerValues	ARRAY OF WORD	读取输入寄存器值	Data

表 25　结构化的 **ReadInputRegistersRsp** 数据类型

数据类型	描述			描　述
	基本数据类型	用法	多重性	
ReadInputRegistersRsp	STRUCT			通信响应,等同于 IEC 61158-5-15 中定义的读输入寄存器服务的响应
	comunicationReference	M	[1..1]	
	registerValues	M	[1..1]	

10.3.7　写单个线圈事务服务

该事务服务的参数描述见表 26、表 27 和表 28,该服务等同于 IEC 61158-5-15 中定义的写单个线圈服务。

表 26　简单的 **WriteSingleCoilReq** 数据类型

数据类型	定义	描述	对应的 IEC 61158-5-15 服务参数
outputAddress	UINT	强制的线圈地址	第一个线圈的地址
singleCoilValue	BOOL	强制的线圈状态 ● "0" =FALSE 或 "OFF"; ● "1" =TRUE 或"ON"	单个线圈的值

表 27　结构化的 **WriteSingleCoilReq** 数据类型

数据类型	描述			描　述
	基本数据类型	用法	多重性	
WriteSingleCoilReq	STRUCT			通信请求,等同于 IEC 61158-5-15 中定义的写单个线圈服务的请求
	comunicationReference	M	[1..1]	
	outputAddress	M	[1..1]	
	singleCoilValue	M	[1..1]	

表 28 结构化的 WriteSingleCoilRsp 数据类型

数据类型	描述			描　述
	基本数据类型	用法	多重性	
WriteSingleCoilRsp	STRUCT			通信响应,等同于 IEC 61158-5-15 中定义的写单个线圈服务的响应
	comunicationReference	M	[1..1]	

10.3.8 写单个寄存器事务服务

该事务服务的参数描述见表 29、表 30 和表 31,该服务等同于 IEC 61158-5-15 中定义的写单个保持寄存器服务。

表 29 简单的 WriteSingleRegisterReq 数据类型

数据类型	定义	描述	对应的 IEC 61158-5-15 服务参数
outputAddress	UINT	待写入的保持寄存器的地址	第一个被写入保持寄存器的地址
singleRegister	WORD	待写入的寄存器的值	Data

表 30 结构化的 WriteSingleRegisterReq 数据类型

数据类型	描述			描　述
	基本数据类型	用法	多重性	
WriteSingleRegister-Req	STRUCT			通信请求,等同于 IEC 61158-5-15 中定义的写单个保持寄存器服务的请求
	comunicationReference	M	[1..1]	
	outputAddress	M	[1..1]	
	singleRegister	M	[1..1]	

表 31 结构化的 WriteSingleRegisterRsp 数据类型

数据类型	描述			描　述
	基本数据类型	用法	多重性	
WriteSingleRegis-terRsp	STRUCT			通信响应,等同于 IEC 61158-5-15 中定义的写单个保持寄存器服务的响应
	comunicationReference	M	[1..1]	

10.3.9 读异常状态事务服务

此事务服务等同于 Modbus 应用协议规范中定义的读异常状态服务,参数描述见表 32、表 33 和表 34。

表 32 结构化 ReadExceptionStatusReq 数据类型

数据类型	定义			描　述
	基本数据类型	用法	多重性	
ReadExceptionStatusReq	STRUCT			通信请求，等同于 MODBUS 应用协议规范中定义的读异常状态服务请求
	communicationReference	M	[1..1]	
注：根据 MODBUS 应用协议规范版本 1.1a，此 MODBUS 服务只能在基于串行线路的 MODBUS 上使用。				

表 33 简单 ReadExceptionStatusRsp 数据类型

数据类型	定义	描　述	等效的 MODBUS 应用协议服务参数
exceptionStatus	BYTE	MODBUS 串行线路设备的异常状态	Output Data

表 34 结构化 ReadExceptionStatusRsp 数据类型

数据类型	定义			描　述
	基本数据类型	用法	多重性	
ReadExceptionStatusRsp	STRUCT			通信响应，等同于 MODBUS 应用协议规范中定义的读异常状态服务响应
	communicationReference	M	[1..1]	
	exceptionStatus	M	[1..1]	
注：根据 MODBUS 应用协议规范版本 1.1a，此 MODBUS 服务只能在基于串行线路的 MODBUS 上使用。				

10.3.10 诊断事务服务

此事务服务等同于 MODBUS 应用协议规范中定义的诊断服务，参数描述见表 35、表 36 和表 37。

表 35 简单诊断数据类型

数据类型	定义	描　述	等效的 MODBUS 应用协议服务参数
diagnosticsData	ARRAY OF WORD	需要的数据，取决于子功能类型	Data
diagnosticsSubFct	UINT	子功能码	Sub-function

表 36 结构化 DiagnosticsReq 数据类型

数据类型	定义			描述
	基本数据类型	用法	多重性	
DiagnosticsReq	STRUCT			通信请求，等同于 MODBUS 应用协议规范中定义的诊断服务请求
	communicationReference	M	[1..1]	
	diagnosticsData	M	[1..1]	
	diagnosticsSubFct	M	[1..1]	
注：根据 MODBUS 应用协议规范版本 1.1a，此 MODBUS 服务只能在基于串行线路的 MODBUS 上使用。				

表 37 结构化 DiagnosticsRsp 数据类型

数据类型	定义			描述
	基本数据类型	用法	多重性	
DiagnosticsRsp	STRUCT			通信响应，等同于 MODBUS 应用协议规范中定义的诊断服务响应
	communicationReference	M	[1..1]	
	diagnosticsData	M	[1..1]	
	diagnosticsSubFct	M	[1..1]	
注：根据 MODBUS 应用协议规范版本 1.1a，此 MODBUS 服务只能在基于串行线路的 MODBUS 上使用。				

10.3.11 获取通信事件计数器事务服务

此事务服务等同于 MODBUS 应用协议规范中定义的获取通信事件计数器服务，参数描述见表 38、表 39 和表 40。

表 38 结构化 GetCommEventCounterReq 数据类型

数据类型	定义			描述
	基本数据类型	用法	多重性	
GetCommEvent-CounterReq	STRUCT			通信请求，等同于 MODBUS 应用协议规范中定义的获取通信事件计数器服务请求
	communicationReference	M	[1..1]	
注：根据 MODBUS 应用协议规范版本 1.1a，此 MODBUS 服务只能在基于串行线路的 MODBUS 上使用。				

表 39 简单 GetCommEventCounterRsp 数据类型

数据类型	定义	描　述	等效的 MODBUS 应用协议服务参数
commStatus	WORD	两字节状态信息。如果之前发布的程序指令仍被远端设备处理(忙状态),则状态信息值为 0xFFFF;否则,值为 0x0000	Status
eventCount	UINT	由设备计数的事件的数量	Event Count

表 40 结构化 GetCommEventCounterRsp 数据类型

数据类型	定义			描　述
	基本数据类型	用法	多重性	
GetCommEvent-CounterRsp	STRUCT			通信响应,等同于 MODBUS 应用协议规范中定义的获取通信事件计数器服务响应
	commStatus	M	[1..1]	
	communicationReference	M	[1..1]	
	eventCount	M	[1..1]	
注:根据 MODBUS 应用协议规范版本 1.1a,此 MODBUS 服务只能在基于串行线路的 MODBUS 上使用。				

10.3.12 获取通信事件日志事务服务

此事务服务等同于 MODBUS 应用协议规范中定义的获取通信事件日志服务,参数描述见表 41、表 42 和表 43。

表 41 结构化 GetCommEventLogReq 数据类型

数据类型	定义			描　述
	基本数据类型	用法	多重性	
GetCommEven-tLogReq	STRUCT			通信请求,等同于 MODBUS 应用协议规范中定义的获取通信事件日志服务请求
	communicationReference	M	[1..1]	
注:根据 MODBUS 应用协议规范版本 1.1a,此 MODBUS 服务只能在基于串行线路的 MODBUS 上使用。				

表 42 简单 GetCommEventLogRsp 数据类型

数据类型	定义	描　述	等效的 MODBUS 应用协议服务参数
commStatus	WORD	两字节状态信息。如果之前发布的程序指令仍被远端设备处理(忙状态),则状态信息值为 0xFFFF;否则,值为 0x0000	Status

表 42（续）

数据类型	定义	描　述	等效的 MODBUS 应用协议服务参数
eventCount	UINT	由设备计数的事件的数量	Event Count
events	ARRAY OF BYTE	每一字节对应于 MODBUS 发送或接收给远端设备操作的状态	Events
messageCount	UINT	自从其最后的重启、清除计数器操作或上电后，远端设备处理的消息的数量	Message Count

表 43　结构化 GetCommEventLogRsp 数据类型

数据类型	定义			描　述
	基本数据类型	用法	多重性	
GetCommEventLogRsp	STRUCT			通信响应，等同于 MODBUS 应用协议规范中定义的获取通信事件日志服务响应
	commStatus	M	[1..1]	
	communicationReference	M	[1..1]	
	eventCount	M	[1..1]	
	events	O	[0..1]	
	messageCount	M	[1..1]	
注：根据 MODBUS 应用协议规范版本 1.1a，此 MODBUS 服务只能在基于串行线路的 MODBUS 上使用。				

10.3.13　写多个线圈事务服务

此事务服务等同于 IEC 61158-5-15 中定义的写多个线圈服务，参数描述见表 44、表 45 和表 46。

表 44　简单 WriteMultipleCoilsReq 数据类型

数据类型	定义	描　述	等效的 MODBUS 应用协议服务参数
multipleCoilValues	STRING	对应每个线圈状态编码的 ASCII 字符串，字符串的第一个字符标识了第一个被写的线圈 ● "0" = FALSE 或 "OFF"； ● "1" = TRUE 或 "ON"	Data
outputAddress	UINT	要写入的第一个线圈地址	第一个线圈的地址

表 45　结构化 WriteMultipleCoilsReq 数据类型

数据类型	定义			描　　述
	基本数据类型	用法	多重性	
WriteMultiple-CoilsReq	STRUCT			通信请求,等同于 IEC 61158-5-15 中定义的写多个线圈服务请求
	communicationReference	M	[1..1]	
	multipleCoilValues	M	[1..1]	
	outputAddress	M	[1..1]	

表 46　结构化 WriteMultipleCoilsRsp 数据类型

数据类型	定义			描　　述
	基本数据类型	用法	多重性	
WriteMultiple-CoilsRsp	STRUCT			通信响应,等同于 IEC 61158-5-15 中定义的写多个线圈服务响应
	communicationReference	M	[1..1]	

10.3.14　写多个寄存器事务服务

此事务服务等同于 IEC 61158-5-15 中定义的写多个保持寄存器服务,参数描述见表 47、表 48 和表 49。

表 47　简单 WriteMultipleRegistersReq 数据类型

数据类型	定义	描　　述	等效的 MODBUS 应用协议服务参数
outputAddress	UINT	待写入的第一个保持寄存器的地址	待写入的第一个保持寄存器的地址
registerValues	ARRAY OF WORD	待写入的寄存器值	Data

表 48　结构化 WriteMultipleCoilsReq 数据类型

数据类型	定义			描　　述
	基本数据类型	用法	多重性	
WriteMultiple-CoilsReq	STRUCT			通信请求,等同于 IEC 61158-5-15 中定义的写多个线圈服务请求
	communicationReference	M	[1..1]	
	multipleCoilValues	M	[1..1]	
	outputAddress	M	[1..1]	

表 49 结构化 WriteMultipleCoilsRsp 数据类型

数据类型	定义			描　　述
	基本数据类型	用法	多重性	
WriteMultiple-CoilsRsp	STRUCT			通信响应，等同于 IEC 61158-5-15 中定义的写多个线圈服务响应
	communicationReference	M	[1..1]	

10.3.15 报告从站 ID 事务服务

此事务服务等同于 MODBUS 应用协议规范中定义的报告从站 ID 服务，参数描述见表 50、表 51 和表 52。

表 50 结构化 ReportSlaveIDReq 数据类型

数据类型	定义			描　　述
	基本数据类型	用法	多重性	
ReportSlaveIDReq	STRUCT			通信请求，等同于 MODBUS 应用协议规范中定义的报告从站 ID 服务请求
	communicationReference	M	[1..1]	
注：根据 MODBUS 应用协议规范版本 1.1a，此 MODBUS 服务只能在基于串行线路的 MODBUS 上使用。				

表 51 简单 ReportSlaveIDRsp 数据类型

数据类型	定义	描　　述	等效的 MODBUS 应用协议服务参数
data	ARRAY OF BYTE	此属性包括： ● 从站 ID； ● 运行指示器状态（0x00 or 0xFF）； ● 附加的设备特定的数据。 以与 MODBUS 应用协议相同的格式和顺序定义	Slave ID Run Indicator Status Additional data

表 52 结构化 ReportSlaveIDRsp 数据类型

数据类型	定义			描　　述
	基本数据类型	用法	多重性	
ReportSlaveIDRsp	STRUCT			通信响应，等同于 MODBUS 应用协议规范中定义的报告从站 ID 服务响应
	communicationReference	M	[1..1]	
	data	M	[1..1]	
注：根据 MODBUS 应用协议规范版本 1.1a，此 MODBUS 服务只能在基于串行线路的 MODBUS 上使用。				

10.3.16 读文件记录事务服务

此事务服务等同于 IEC 61158-5-15 中定义的读文件记录服务，参数描述见表 53～表 58。

表 53 简单 ReadFileSubRequest 数据类型

数据类型	定义	描述	等效的 IEC 61158-5-15 服务参数
fileNumber	UINT	文件号	File number
quantity	UINT	读出的记录长度等于寄存器的数量	Record length
recordNumber	UINT	文件中的起始记录号	Record number
referenceType	USINT	引用类型	Reference type
注：根据 IEC 61158-5-15，引用类型必须规定为 0x06。			

表 54 结构化 ReadFileSubRequest 数据类型

数据类型	定义			描述
	基本数据类型	用法	多重性	
ReadFileSubRequest	STRUCT			子请求等同于 IEC 61158-5-15 中定义的读文件记录子请求元素
	fileNumber	M	[1..1]	
	quantity	M	[1..1]	
	recordNumber	M	[1..1]	
	referenceType	M	[1..1]	

表 55 结构化 ReadFileRecordReq 数据类型

数据类型	定义			描述
	基本数据类型	用法	多重性	
ReadFileRecordReq	STRUCT			通信请求，等同于 IEC 61158-5-15 中定义的读文件记录服务请求
	communicationReference	M	[1..1]	
	ReadFileSubRequest	M	[1..*]	

表 56 简单 ReadFileSubResponse 数据类型

数据类型	定义	描述	等效的 IEC 61158-5-15 服务参数
recordData	ARRAY OF WORD	记录数据	Record data array

表 57 结构化 ReadFileSubResponse 数据类型

数据类型	定义			描 述
	基本数据类型	用法	多重性	
ReadFileSubResponse	STRUCT			子响应等同于 IEC 61158-5-15 中定义的读文件记录子响应元素
	recordData	M	[1..1]	

表 58 结构化 ReadFileRecordRsp 数据类型

数据类型	定义			描 述
	基本数据类型	用法	多重性	
ReadFileRecordRsp	STRUCT			通信响应,等同于 IEC 61158-5-15 中定义的读文件记录服务响应
	communicationReference	M	[1..1]	
	ReadFileSubResponse	M	[1..*]	

10.3.17 写文件记录事务服务

此事务服务等同于 IEC 61158-5-15 所定义的 Write File Record 服务,其参数参见表 59~表 62。

表 59 简单 WriteFileSubRequest 数据类型

数据类型	定义	描 述	等同于 IEC 61158-5-15 服务参数
fileNumber	UINT	文件号	文件号
recordData	ARRAY OF WORD	被读取的寄存器数量记录的长度	记录长度
recordNumber	UINT	文件中起始记录号	记录号
referenceType	USINT	引用类型	引用类型
注:根据 IEC 61158-5-15,引用类型应被设为 0x06			

表 60 结构化的 WriteFileSubRequest 数据类型

数据类型	定义			描 述
	基本数据类型	用法	多重性	
WriteFileSubRequest	STRUCT			通信请求,等同于 IEC 61158-5-15 中所定义的 WriteFileSubRequest 元素
	fileNumber	M	[1..1]	
	quantity	M	[1..1]	
	recordNumber	M	[1..1]	
	referenceType	M	[1..1]	

表 61 结构化的 WriteFileRecordReq 数据类型

数据类型	定义			描 述
	基本数据类型	用法	多重性	
WriteFileRecordReq	STRUCT			通信请求，等同于 IEC 61158-5-15 中所定义的 WriteFileRecordReq
	communicationReference	M	[1..1]	
	WriteFileSubRequest	M	[1..*]	

表 62 结构化的 ReadFileRecordRsp 数据类型

数据类型	定义			描 述
	基本数据类型	用法	多重性	
ReadFileRecordRsp	STRUCT			通信应答，等同于 IEC 61158-5-15 中所定义的写文件记录服务请求
	communicationReference	M	[1..1]	

10.3.18 屏蔽写寄存器事务服务

此事务服务，等同于 IEC 61158-5-15 定义的 Mask Write Holding Register 服务，其参数参见表 63、表 64 和表 65。

表 63 简单 MaskWriteRegisterReq 数据类型

数据类型	定义	描 述	等同于 IEC 61158-5-15 服务参数
andMask	WORD	AND 屏蔽	AND 屏蔽
orMask	WORD	OR 屏蔽	OR 屏蔽
referenceAddress	UINT	屏蔽所应用的保持寄存器的地址	第一个待写入保持寄存器的地址

表 64 结构化的 MaskWriteRegisterReq 数据类型

数据类型	定义			描 述
	基本数据类型	用法	多重性	
MaskWriteRegister-Req	STRUCT			通信请求，等同于 IEC 61158-5-15 中所定义的 MaskWriteRegisterReq
	andMask	M	[1..1]	
	communicationReference	M	[1..1]	
	orMask	M	[1..1]	
	referenceAddress	M	[1..1]	

表 65 结构化的 MaskWriteRegisterRsp 数据类型

数据类型	定义			描　述
	基本数据类型	用法	多重性	
MaskWriteRegisterRsp	STRUCT			通信应答，等同于 IEC 61158-5-15 中所定义的 MaskWriteRegisterRsp
	communicationReference	M	[1..1]	

10.3.19 读写存储寄存器通信服务

此事务服务，等同于 IEC 61158-5-15 定义的 Read/Write Holding Registers 服务，其参数参见表66、表67、表68和表69。

表 66 简单 ReadWriteRegistersReq 数据类型

数据类型	定义	描　述	等同于 IEC 61158-5-15 服务参数
readQuantity	UINT	将被读取的保持寄存器的数量	将被读取的保持寄存器的数量
readStartAddress	UINT	第一个被读取的保持寄存器的地址	第一个被读取的保持寄存器的地址
writeRegisterValues	ARRAY OF WORD	待写的寄存器的值	数据
writeStartAddress	UINT	第一个待写的保持寄存器的地址	第一个待写的保持寄存器的地址

表 67 结构化的 ReadWriteRegistersReq 数据类型

数据类型	定义			描　述
	基本数据类型	用法	多重性	
ReadWriteRegistersReq	STRUCT			通信请求，等同于 IEC 61158-5-15 中所定义的 ReadWriteRegistersReq
	communicationReference	M	[1..1]	
	readQuantity	M	[1..1]	
	readStartAddress	M	[1..1]	
	writeRegisterValues	M	[1..1]	
	writeStartAddress	M	[1..1]	

表 68 简单 ReadWriteRegistersRsp 数据类型

数据类型	定义	描　述	等同于 IEC 61158-5-15 服务参数
readRegisterValues	ARRAY OF WORD	读保持寄存器值	Data

表 69 结构化的 ReadWriteRegistersRsp 数据类型

数据类型	定义			描　述
	基本数据类型	用法	多重性	
ReadWriteRegistersRsp	STRUCT			通信应答，等同于 IEC 61158-5-15 中所定义的 ReadWriteRegistersRsp
	communicationReference	M	[1..1]	
	readRegisterValues	M	[1..1]	

10.3.20 读 FIFO 队列通信服务

此事务服务，等同于 IEC 61158-5-15 所定义的 Read FIFO 服务，其参数参见表 70、表 71、表 72 和表 73。

表 70 简单 ReadFifoQueueReq 数据类型

数据类型	定义	描　述	等同于 IEC 61158-5-15 服务参数
fifoPointerAddress	UINT	FIFO 寄存器队列中待读取的第一个寄存器的地址	FIFO 队列的地址

表 71 结构化的 ReadFifoQueueReq 数据类型

数据类型	定义			描　述
	基本数据类型	用法	多重性	
ReadFifoQueueReq	STRUCT			通信请求，等同于 IEC 61158-5-15 中所定义的 ReadFifoQueueReq
	communicationReference	M	[1..1]	
	fifoPointerAddress	M	[1..1]	

表 72 简单 ReadFifoQueueRsp 数据类型

数据类型	定义	描　述	等同于 IEC 61158-5-15 服务参数
fifoRegisterValues	ARRAY OF WORD	从 FIFO 队列中所读取的寄存器值	Data

表 73 结构化的 ReadFifoQueueRsp 数据类型

数据类型	定义			描　述
	基本数据类型	用法	多重性	
ReadFifoQueueRsp	STRUCT			通信应答，等同于 IEC 61158-5-15 中所定义的读 FIFO 队列服务应答
	communicationReference	M	[1..1]	
	fifoPointerAddress	M	[1..1]	

10.3.21 封装接口传输事务服务

此事务服务等同于 IEC 61158-5-15 定义的 Encapsulated Interface 所提供的服务，其参数见表 74、表 75、表 76 和表 77。

表 74 简单 EncapsulatedInterfaceTransportReq 数据类型

数据类型	定义	描述	等同于 IEC 61158-5-15 服务参数
meiData	ARRAY OF BYTE	Modbus 封装接口类型特定数据	Modbus 封装接口类型特定数据
meiType	USINT	Modbus 封装接口类型	Modbus 封装接口类型

表 75 结构化的 EncapsulatedInterfaceTransportReq 数据类型

数据类型	定义			描述
	基本数据类型	用法	多重性	
EncapsulatedInterface TransportReq	STRUCT			通信请求，等同于 IEC 61158-5-15 中所定义的 EncapsulatedInterface TransportReq
	communicationReference	M	[1..1]	
	meiData			
	meiType	M	[1..1]	

表 76 简单 EncapsulatedInterfaceTransportRsp 数据类型

数据类型	定义	描述	等同于 IEC 61158-5-15 服务参数
meiData	ARRAY OF BYTE	Modbus 封装接口类型特定数据	Modbus 封装接口类型特定数据
meiType	USINT	Modbus 封装接口类型	Modbus 封装接口类型

表 77 结构化的 EncapsulatedInterfaceTransportRsp 数据类型

数据类型	定义			描述
	基本数据类型	用法	多重性	
EncapsulatedInterface TransportRsp	STRUCT			通信应答，等同于 IEC 61158-5-15 中所定义的 EncapsulatedInterface TransportRsp
	communicationReference	M	[1..1]	
	meiData			
	meiType	M	[1..1]	

10.3.22 读设备标识事务服务

此事务服务等同于由 IEC 61158-5-15 所定义的 Encapsulated Interface 所提供的 Read Device Identification 服务，其参数见表 78～表 83。

10.3.23 私有 Modbus 事务服务

事务服务可用于发送私有 Modbus 请求。事务服务参数描述见表 84～表 87。

表 84 简单 PrivateModbusReq 数据类型

数据类型	定 义	描 述
privateRequest	ARRAY OF BYTE	表示私有 Modbus 请求的 16 进制数据序列

表 85 结构化 PrivateModbusReq 数据类型

数据类型	定义			描 述
	基本数据类型	用法	多重性	
PrivateModbusReq	STRUCT			私有 Modbus 事务服务通信请求
	communicationReference	M	[1..1]	
	privateRequest	M	[1..1]	

表 86 简单 PrivateModbusRsp 数据类型

数据类型	定义	描 述
privateResponse	ARRAY OF BYTE	表示私有 Modbus 响应的 16 进制数据序列

表 87 结构化 PrivateModbusRsp 数据类型

数据类型	定义			描 述
	基本数据类型	用法	多重性	
PrivateModbusRsp	STRUCT			私有 Modbus 事务服务的通信响应
	communicationReference	M	[1..1]	
	privateResponse	M	[1..1]	

10.3.24 无需确认的私有 Modbus 事务服务

此事务服务用于发送所有无需确认的私有 Modbus 请求。事务服务参数见表 88、表 89 和表 90。尽管此服务说明了无需确认 Modbus 服务，在 FDT 层一个事务响应仍需返回以告知 DTM 该请求已发送。详细信息见 6.3。

表 88 简单 UnconfirmedPrivateModbusReq 数据类型

数据类型	定义	描 述
privateRequest	ARRAY OF BYTE	表示私有无需确认的 Modbus 请求的十六进制数据序列

10.3.21 封装接口传输事务服务

此事务服务等同于IEC 61158-5-15定义的Encapsulated Interface所提供的服务，其参数见表74、表75、表76和表77。

表74 简单EncapsulatedInterfaceTransportReq数据类型

数据类型	定义	描　述	等同于IEC 61158-5-15服务参数
meiData	ARRAY OF BYTE	Modbus封装接口类型特定数据	Modbus封装接口类型特定数据
meiType	USINT	Modbus封装接口类型	Modbus封装接口类型

表75 结构化的EncapsulatedInterfaceTransportReq数据类型

数据类型	定义			描　述
	基本数据类型	用法	多重性	
EncapsulatedInter-face TransportReq	STRUCT			通信请求，等同于IEC 61158-5-15中所定义的EncapsulatedInterface TransportReq
	communicationReference	M	[1..1]	
	meiData			
	meiType	M	[1..1]	

表76 简单EncapsulatedInterfaceTransportRsp数据类型

数据类型	定义	描　述	等同于IEC 61158-5-15服务参数
meiData	ARRAY OF BYTE	Modbus封装接口类型特定数据	Modbus封装接口类型特定数据
meiType	USINT	Modbus封装接口类型	Modbus封装接口类型

表77 结构化的EncapsulatedInterfaceTransportRsp数据类型

数据类型	定义			描　述
	基本数据类型	用法	多重性	
EncapsulatedInter-face TransportRsp	STRUCT			通信应答，等同于IEC 61158-5-15中所定义的EncapsulatedInterface TransportRsp
	communicationReference	M	[1..1]	
	meiData			
	meiType	M	[1..1]	

10.3.22 读设备标识事务服务

此事务服务等同于由IEC 61158-5-15所定义的Encapsulated Interface所提供的Read Device Identification 服务，其参数见表78～表83。

10.3.23 私有 Modbus 事务服务

事务服务可用于发送私有 Modbus 请求。事务服务参数描述见表 84～表 87。

表 84 简单 PrivateModbusReq 数据类型

数据类型	定 义	描 述
privateRequest	ARRAY OF BYTE	表示私有 Modbus 请求的 16 进制数据序列

表 85 结构化 PrivateModbusReq 数据类型

数据类型	定义			描 述
	基本数据类型	用法	多重性	
PrivateModbusReq	STRUCT			私有 Modbus 事务服务通信请求
	communicationReference	M	[1..1]	
	privateRequest	M	[1..1]	

表 86 简单 PrivateModbusRsp 数据类型

数据类型	定义	描 述
privateResponse	ARRAY OF BYTE	表示私有 Modbus 响应的 16 进制数据序列

表 87 结构化 PrivateModbusRsp 数据类型

数据类型	定义			描 述
	基本数据类型	用法	多重性	
PrivateModbusRsp	STRUCT			私有 Modbus 事务服务的通信响应
	communicationReference	M	[1..1]	
	privateResponse	M	[1..1]	

10.3.24 无需确认的私有 Modbus 事务服务

此事务服务用于发送所有无需确认的私有 Modbus 请求。事务服务参数见表 88、表 89 和表 90。尽管此服务说明了无需确认 Modbus 服务，在 FDT 层一个事务响应仍需返回以告知 DTM 该请求已发送。详细信息见 6.3。

表 88 简单 UnconfirmedPrivateModbusReq 数据类型

数据类型	定义	描 述
privateRequest	ARRAY OF BYTE	表示私有无需确认的 Modbus 请求的十六进制数据序列

表 89 结构化 UnconfirmedPrivateModbusReq 数据类型

数据类型	定义			描　　述
	基本数据类型	用法	多重性	
UnconfirmedPrivateModbusReq	STRUCT			私有无需确认的 Modbus 事务服务的通信请求
	communicationReference	M	[1..1]	
	privateRequest	M	[1..1]	

表 90 结构化的 UnconfirmedPrivateModbusRsp 数据类型

数据类型	定义			描　　述
	基本数据类型	用法	多重性	
UnconfirmedPrivateModbusRsp	STRUCT			私有无需确认的 Modbus 事务服务的通信响应
	communicationReference	M	[1..1]	

10.3.25 Modbus 异常响应

此事务服务，等同于 IEC 61158-5-15 定义的异常响应所提供的服务，其参数见表 91 和表 92。

表 91 简单 ModbusExceptionRsp 数据类型

数据类型	定义	描　　述	等同于 IEC 61158-5-15 服务参数
modbusExceptionCode	BYTE	Modbus 异常代码	异常代码
modbusService	enumeration (ReadCoils | ReadDiscreteInputs | ReadHoldingRegisters | ReadInputRegisters | WriteSingleCoil | WriteSingleRegister | ReadExceptionStatus | Diagnostics | GetCommEventCounter | GetCommEventLog | WriteMultipleCoils | WriteMultipleRegisters | ReportSlaveID | ReadFileRecord | WriteFileRecord | MaskWriteRegister | ReadWriteRegisters | ReadFifoQueue | EncapsulatedInterface Transport | ReadDeviceIdentification | PrivateModbus)	Modbus 失败服务名称： ReadCoils ReadDiscreteInputs ReadHoldingRegisters ReadInputRegisters WriteSingleCoil WriteSingleRegister ReadExceptionStatus Diagnostics：Diagnostics GetCommEventCounter GetCommEventLog WriteMultipleCoils WriteMultipleRegisters ReportSlaveID ReadFileRecord WriteFileRecord MaskWriteRegister ReadWriteRegisters ReadFifoQueue EncapsulatedInterfaceTransport ReadDeviceIdentification PrivateModbus	未定义

表 94（续）

数据类型	定义			描　述
	基本数据类型	用法	多重性	
	frameApplicationTag	O	[0..1]	
	iecDataType	O	[0..1]	
	ModbusAccessData	O	[0..1]	
	protectedByChannelAssignment	M	[1..1]	
	UnitScaling	O	[0..1]	
FDTChannelType	STRUCT			带网关功能的通道组件的描述
	fdt:VersionInformation	M	[1..1]	
ModbusAccessData	STRUCT			用标准的 Modbus 服务读写访问过程值所需要的信息集
	address	M	[1..1]	
	modbusDataTypes	M	[1..1]	
	quantity	M	[1..1]	
	fdt:readAccess	O	[0..1]	
	fdt:writeAccess	O	[0..1]	
UnitScaling	STRUCT			通道对象所提供的参数实际值的定标(Scaling)信息
	scaleValue	M	[1..1]	

12　设备标识

在 FDT 中，为了精确标识 Modbus 设备，下面章节描述了设备必须提供哪种设备标识信息，以及在 FDT 中如何解释这些信息。

12.1　通用设备类型标识数据类型

本节描述用于协议特定的设备标识的信息，通用设备标识参数的详细描述见表 95。

本节描述的数据类型用于以下命名空间。

命名空间：mbident。

表 89　结构化 **UnconfirmedPrivateModbusReq** 数据类型

数据类型	定义			描　述
	基本数据类型	用法	多重性	
UnconfirmedPrivate-ModbusReq	STRUCT			私有无需确认的 Modbus 事务服务的通信请求
	communicationReference	M	[1..1]	
	privateRequest	M	[1..1]	

表 90　结构化的 **UnconfirmedPrivateModbusRsp** 数据类型

数据类型	定义			描　述
	基本数据类型	用法	多重性	
UnconfirmedPrivate-ModbusRsp	STRUCT			私有无需确认的 Modbus 事务服务的通信响应
	communicationReference	M	[1..1]	

10.3.25　Modbus 异常响应

此事务服务，等同于 IEC 61158-5-15 定义的异常响应所提供的服务，其参数见表 91 和表 92。

表 91　简单 **ModbusExceptionRsp** 数据类型

数据类型	定义	描　述	等同于 IEC 61158-5-15 服务参数
modbusExceptionCode	BYTE	Modbus 异常代码	异常代码
modbusService	enumeration (ReadCoils | ReadDiscreteInputs | ReadHoldingRegisters | ReadInputRegisters | WriteSingleCoil | WriteSingleRegister | ReadExceptionStatus | Diagnostics | GetCommEventCounter | GetCommEventLog | WriteMultipleCoils | WriteMultipleRegisters | ReportSlaveID | ReadFileRecord | WriteFileRecord | MaskWriteRegister | ReadWriteRegisters | ReadFifoQueue | EncapsulatedInterface Transport | ReadDeviceIdentification | PrivateModbus)	Modbus 失败服务名称： ReadCoils ReadDiscreteInputs ReadHoldingRegisters ReadInputRegisters WriteSingleCoil WriteSingleRegister ReadExceptionStatus Diagnostics：Diagnostics GetCommEventCounter GetCommEventLog WriteMultipleCoils WriteMultipleRegisters ReportSlaveID ReadFileRecord WriteFileRecord MaskWriteRegister ReadWriteRegisters ReadFifoQueue EncapsulatedInterfaceTransport ReadDeviceIdentification PrivateModbus	未定义

表 92 结构化 ModbusExceptionRsp 数据类型

数据类型	定义			描　述
	基本数据类型	用法	多重性	
ModbusExceptionRsp	STRUCT			私有 Modbus 事务服务的通信响应
	communicationReference	M	[1..1]	
	modbusExceptionCode	M	[1..1]	
	modbusService	M	[1..1]	

11 通道参数数据类型

本章所描述的数据类型适用于以下服务：

——ReadChannelInformation；

——WriteChannelInformation。

一个 DTM 能够提供过程通道，将详细信息（包括设备可获取的过程变量）暴露给外部系统包括控制器、人机接口（HMI）应用以及框架应用程序。外部系统可以使用这些信息通过标准的协议服务来解释和访问运行过程运行变量。

本章描述 DTM 通过过程通道的方式所暴露的信息的结构和语义。这由 DTM 是否提供通信通道决定。对于过程通道变量的详细描述见表 93 和表 94。

本章描述的数据类型用于以下命名空间。

命名空间：modbuschannel。

表 93 简单通道参数数据类型

数据类型	定　义	描　述
address	UINT	应访问的离散输入、线圈或者寄存器的地址。如果访问一系列的 Modbus 数据项，这个地址数据类型包含此系列的第一个 Modbus 数据项的地址
frameApplicationTag	STRING	标识和导航所用的框架应用程序特定的位号。 DTM 应该在通道特定的用户界面上显示该位号
gatewayBusCategory	UUID	符合 FDT 特定的 CATID 为一个支持总线（比如 Profibus、HART）的唯一标识
iecDataType	enumeration(BOOL | SINT | INT | DINT | LINT | USINT | UINT | UDINT | ULINT | REAL | LREAL | TIME | DATE | TimeOfDay | DateAndTime | STRING | BYTE | WORD | DWORD | LWORD | WSTRING)	通道对象在 IEC 61131-3 中定义的数据类型的标识

表 93（续）

数据类型	定　义	描　述
modbusDataTypes	enumeration (coil | discreteInput |holdingRegister |inputRegister)	Modbus 通道对象数据项的标识
protectedByChannelAssignment	BOOL	● "0",不限制对参数值的访问； ● "1",如果通道由框架应用程序设为只读,无论框架应用程序还是 DTM 都不能修改参数值。 一般,如果通道分配存在,被设为 1
quantity	UINT	代表设备通道对象的离散输入、线圈或寄存器的数量
scaleValue	STRING	以"."为小数点的 ASCII 编码的 REAL 值。该值代表比例因子,实际的值必须乘以该因子,以形成一个换算值
statusChannel	BOOL	通道只提供状态信息则为 TRUE

表 94　结构化通道参数数据类型

数据类型	定义			描　述
	基本数据类型	用法	多重性	
FDTChannel	STRUCT			通道描述
	appId:applicationId	O	[0..1]	
	fdt:Alarms	O	[0..1]	
	fdt:BitEnumeratorEntries	O	[0..1]	
	fdt:dataType	M	[1..1]	
	fdt:Deadband	O	[0..1]	
	fdt:descriptor	O	[0..1]	
	fdt:EnumeratorEntries	O	[0..1]	
	fdt:id	M	[1..1]	
	fdt:Ranges	O	[0..1]	
	fdt:SemanticInformation	O	[0..*]	
	fdt:signalType	M	[1..1]	
	fdt:StructuredElements	O	[0..1]	
	fdt:SubstituteValue	O	[0..1]	
	fdt:tag	M	[1..1]	
	fdt:Unit	O	[0..1]	

表 94（续）

数据类型	定义			描　述
	基本数据类型	用法	多重性	
	frameApplicationTag	O	[0..1]	
	iecDataType	O	[0..1]	
	ModbusAccessData	O	[0..1]	
	protectedByChannelAssignment	M	[1..1]	
	UnitScaling	O	[0..1]	
FDTChannelType	STRUCT			带网关功能的通道组件的描述
	fdt:VersionInformation	M	[1..1]	
ModbusAccessData	STRUCT			用标准的 Modbus 服务读写访问过程值所需要的信息集
	address	M	[1..1]	
	modbusDataTypes	M	[1..1]	
	quantity	M	[1..1]	
	fdt:readAccess	O	[0..1]	
	fdt:writeAccess	O	[0..1]	
UnitScaling	STRUCT			通道对象所提供的参数实际值的定标(Scaling)信息
	scaleValue	M	[1..1]	

12　设备标识

在 FDT 中，为了精确标识 Modbus 设备，下面章节描述了设备必须提供哪种设备标识信息，以及在 FDT 中如何解释这些信息。

12.1　通用设备类型标识数据类型

本节描述用于协议特定的设备标识的信息，通用设备标识参数的详细描述见表 95。

本节描述的数据类型用于以下命名空间。

命名空间：mbident。

表 95 简单通用标识数据类型

数据类型	定义	描述
idDTMSupportLevel	enumeration(genericSupport | profileSupport | blockspecificProfileSupport | specificSupport | identSupport)	定义物理设备的 DTMDeviceType 的支持等级。该数据类型能被框架应用程序用来显示 DTM 对用户的支持等级。用户利用该信息进行分配决策。 ● genericSupport:DTMDeviceType 适用于相应现场总线协议的所有物理设备; ● profileSupport:DTMDeviceType 适用于该现场总线协议某一行规的物理设备; ● blockspecificProfileSupport:DTMDeviceType 适用于包含在该物理设备类型的块(如:PA 中的压力 Transducer-Block); ● specificSupport:DTMDeviceType 专用于该物理设备类型; ● identSupport:DTMDeviceType 能够以生产商特定的方式标识该物理设备,并提出一个更好的 DTMDeviceType
majorMinorRevision	STRING	协议特定的标识对象 MajorMinorRevision 的信息
match	STRING	正则表达式字符串,其应该与扫描结果提供的数据类型匹配
name	enumeration(ProductName | ModelName | VendorURL | UserApplicationName)	协议特定标识对象(Regular category)的名称
nomatch	STRING	正则表达式字符串,其应该与扫描结果提供的数据类型不匹配
productCode	STRING	协议特定的标识对象 ProductCode 的信息
protocolName	STRING	所支持通信协议的名称,该数据类型应包含"Modbus 协议"的信息
protocolSpecificName	enumeration(ProductName | ModelName | VendorURL | UserApplicationName)	单一标识符信息的现场总线协议特定的名称
value	STRING	单一标识符信息
vendorName	STRING	协议特定的标识对象 VendorName 的信息

12.2 拓扑扫描数据类型

本条描述的数据类型适用于以下服务:

——Scan。

本条描述的设备信息用于扫描设备列表中的一个设备。对于该设备信息参数的详细描述见表 96 和表 97。

本条描述的数据类型用于以下命名空间。

命名空间：fdtmodbusdevice。

表 96 简单设备信息数据类型

数据类型	定 义	描 述
majorMinorRevision	STRING	协议特定的标识对象 MajorMinorRevision 的信息
name	enumeration（ProductName | ModelName | VendorURL | UserApplicationName）	协议特定的标识对象(常规类别)的名称
productCode	STRING	协议特定的标识对象 ProductCode 的信息
protocolName	STRING	所支持通信协议的名称。该数据类型应包含"protocol_Modbus"的信息
protocolSpecificName	enumeration（ProductName | ModelName | VendorURL | UserApplicationName）	单一标识信息的现场总线协议特定的名称
value	STRING	单一标识信息
vendorName	STRING	协议特定的标识对象 VendorName 的信息

表 97 结构化设备信息数据类型

数据类型	定义			描 述
	基本数据类型	用法	多重性	
IdManufacturer	STRUCT			制造商标识
	vendorName	M	[1..1]	
IdSoftwareRevision	STRUCT			物理设备的工具相关的版本——固件版本
	majorMinorRevision	M	[1..1]	
IdTypeID	STRUCT			单一设备的设备类型标识信息
	productCode	M		
IdValue	STRUCT			标识参数的 FDT 名称，协议特定名称和值，对于框架应用程序来说，其不具有语义信息。
	name	M	[1..1]	
	protocolSpecificName	M	[1..1]	
	value	M	[1..1]	
IdValues	STRUCT			多标识对象集
	IdValue	O	[0..*]	

表 97（续）

数据类型	定义			描　　述
	基本数据类型	用法	多重性	
ModbusDevice	STRUCT			设备标识信息
	schemaVersion	O	[0..1]	
	protocolName	M	[1..1]	
	choice of	M	[1..1]	
	mb:ModbusSerial	S	[1..1]	
	mb:ModbusTCP	S	[1..1]	
	IdManufacturer	M	[1..1]	
	IdSoftwareRevision	M	[1..1]	
	IdTypeID	M	[1..1]	
	IdValues	O	[0..1]	

12.3 Scan 标识数据类型

本条描述的该数据类型用于以下服务：

- Scan

本条描述的信息用于协议特定的扫描标识。表 98 和表 99 给出了扫描标识参数的详细描述。

本条描述的数据类型用于以下的命名空间。

命名空间：mbscan。

表 98　简单的扫描标识数据类型

数据类型	定　　义	描　　述
configuredState	enumeration(configuredAndPhysicallyAvailable | configuredAndNotPhysicallyAvailable | availableButNotConfigured | notApplicable)	应包含“notApplicable”值
resultState	enumeration(provisional | final | error)	传输的扫描信息的当前状态

表 99　结构化的扫描标识数据类型

数据类型	定义			描　　述
	基本数据类型	用法	多重性	
IdAddress	STRUCT			目标设备的地址信息
	choice of	M	[1..1]	
	mb:ModbusSerial	S	[1..1]	
	mb:ModbusTCP	S	[1..1]	

表 99（续）

数据类型	定义			描　述
	基本数据类型	用法	多重性	
IdBusProtocol	STRUCT			使用的协议的信息
	modbusident:protocolName	M	[1..1]	
IdManufacturer	STRUCT			制造商的标识
	modbusident:vendorName	M	[1..1]	
ScanIdentification	STRUCT			单个设备的扫描标识信息
	configuredState	O	[1..1]	
	fdt:CommunicationError	O	[1..1]	
	IdAddress	M	[1..1]	
	IdBusProtocol	M	[1..1]	
	IdManufacturer	M	[1..1]	
	IdSoftwareRevision	M	[1..1]	
	IdTypeID	M	[1..1]	
	IdValues	O	[1..1]	
ScanIdentifications	STRUCT			多个设备扫描信息的集合
	fdt:protocolId	M	[1..1]	
	resultState	M	[1..1]	
	ScanIdentification	O	[0..*]	
IdSoftwareRevision	STRUCT			物理设备的工具相关版本——固件版本
	modbusident:majorMinorRevision	M	[1..1]	
IdTypeID	STRUCT			单个设备的设备类型标识信息
	modbusident:productCode	M	[1..1]	
IdValue	STRUCT			一个标识参数的 FDT 名称、协议特定的名称和值。 不带有框架应用程序的语义信息
	modbusident:name	M	[1..1]	
	modbusident:value	M	[1..1]	
	modbusident:protocolSpecificName	M	[1..1]	
IdValues	STRUCT			多个标识对象的集合
	IdValue	O	[0..*]	

12.4 DTM 提供的设备类型标识数据类型

本条描述的该数据类型用于以下服务：

- GetIdentificationInformation

本条描述的信息用于协议特定的设备类型标识。表 100 给出了设备类型标识参数的详细描述。

本条描述的数据类型用于以下命名空间。

命名空间：mbdevice。

表 100 结构化的设备标识数据类型

数据类型	定义			描　述
	基本数据类型	用法	多重性	
DeviceIdentification	STRUCT			单个设备标识信息
	IdBusProtocol M	M	[1..1]	
	IdManufacturer	M	[1..1]	
	IdSoftwareRevision	M	[1..1]	
	IdTypeID	M	[1..1]	
	IdValues O	O	[0..1]	
	modbusident:idDTMSupportLevel	M	[1..1]	
DeviceIdentifications	STRUCT			多个设备标识信息的集合
	DeviceIdentification M	M	[1..*]	
IdBusProtocol	STRUCT			使用协议的信息
	modbusident:protocolName	M	[1..1]	
IdManufacturer	STRUCT			制造商标识
	modbusident:RegExpr	O	[0..*]	
	modbusident:vendorName	M	[1..1]	
IdSoftwareRevision	STRUCT			物理设备的工具相关版本——固件版本
	modbusident:majorMinorRevision	M	[1..1]	
	modbusident:RegExpr	O	[0..*]	
IdTypeID	STRUCT			单个设备的设备类型标识信息
	modbusident:productCode	M	[1..1]	
	modbusident:RegExpr	O	[0..*]	
IdValue	STRUCT			一个标识参数的 FDT 名称、协议特定的名称和值。 不带有框架应用程序的语义信息
	modbusident: protocolSpecificName	M	[1..1]	
	modbusident:name	M	[1..1]	
	modbusident:RegExpr	O	[0..*]	
	modbusident:value	O	[0..1]	

12.5 协议特定的设备标识对象到FDT数据类型的映射

FDT中协议特定的设备标识基于通过协议特定的读设备标识(Read Device Identification)服务(0x2B/0xE)从设备获取的信息。因此,要求Modbus设备,为Basic Device Identification类别下的所有对象,支持协议特定的Read Device Identification服务。为了清晰地标识FDT中的设备,推荐Modbus设备也为Regular Device Identification类别下的对象,支持协议特定的Read Device Identification服务。

以下描述的协议特定设备标识信息如何到FDT数据类型的映射,适用于:

——FDT Device Type Identification(见12.4);

——FDT Scan(见12.2)。

Basic Device Identification类别下的协议特定标识对象提供的所有信息应映射到表101中的特定数据类型。Regular Device Identification类别下的协议特定标识对象提供的所有信息以及表102中的其他信息应映射到结构化数据类型IdValue的value数据类型。

表101 FDT中协议特定标识对象的映射

协议特定的设备信息				协议特定的FDT信息		
对象ID	对象名称	Modbus要求	类别	语义数据类型	数据类型	FDT要求
0x00	VendorName	必备	Basic	IdManufacturer	vendorName	必备
0x01	ProductCode	必备		IdTypeID	productCode	必备
0x02	MajorMinorRevision	必备		IdSoftwareRevision	majorMinorRevision	必备
0x03	VendorUrl	可选	Regular	IdValue	value	推荐
0x04	ProductName	可选		IdValue	value	推荐
0x05	ModelName	可选		IdValue	value	推荐
0x06	UserApplicationName	可选		IdValue	value	推荐

表102 可选标识对象的其他信息

协议特定的设备信息		协议特定的FDT信息		
对象ID	对象名称	语义元素	名称	protocolSpecificName
0x03	VendorUrl	IdValue	VendorURL	VendorURL
0x04	ProductName	IdValue	ProductName	ProductName
0x05	ModelName	IdValue	ModelName	ModelName
0x06	UserApplicationName	IdValue	UserApplicationName	UserApplicationName

参 考 文 献

[1] MODBUS Application Protocol Specification V1.1a, Modbus IDA, June 4, 2004

[2] MODBUS over Serial Line Specification & Implementation guide V1.0, Modbus IDA, 12 December 2002

[3] MODBUS MESSAGING ON TCP/IP IMPLEMENTATION GUIDE V1.0a, Modbus IDA, June 4, 2004

[4] ISO/IEC 19501:2005, Information technology—Open Distributed Processing—Unified Modeling Language (UML) Version 1.4.2